U0944441

KECHIXU GONGYE GUTI FEIWU CHULI YU ZIYUANHUA JISHU

可持续工业固体废物处理与资源化技术

马建立　卢学强　赵由才　主编

化学工业出版社

·北京·

本书以可持续的工业固体废物的处理与资源化为主线，涉及工业固体废物的常用处理技术、工业生产全过程（原材料—生产过程—产品）中的资源化利用技术、资源化新技术及新工艺设备及发展趋势、案例分析及分析监测方法的发展等内容。从末端处置到过程治理，从处理方法到管理模式，全面描述工业固体废物的处理和资源化的各种方法、原理、工艺、管理、法律和法规，力求全面完整地描述国内外工业固体废物处理与资源化新技术、新方法、新理论。

本书可供从事工业固体废物处理的工程技术人员、有关管理人员等阅读，也可作为高等学校相关专业师生的教材。

图书在版编目（CIP）数据

可持续工业固体废物处理与资源化技术/马建立，卢学强，赵由才主编．—北京：化学工业出版社，2015.8
ISBN 978-7-122-24114-6

Ⅰ.①可… Ⅱ.①马…②卢③赵… Ⅲ.①工业固体废物-固体废物处理②工业固体废物-固体废物利用 Ⅳ.①X705

中国版本图书馆CIP数据核字（2015）第112784号

责任编辑：左晨燕　　文字编辑：荣世芳
责任校对：王素芹　　装帧设计：张　辉

出版发行：化学工业出版社（北京市东城区青年湖南街13号　邮政编码100011）
印　　刷：北京永鑫印刷有限责任公司
装　　订：三河市胜利装订厂
787mm×1092mm　1/16　印张43½　字数1142千字　2015年11月北京第1版第1次印刷

购书咨询：010-64518888（传真：010-64519686）　售后服务：010-64518899
网　　址：http://www.cip.com.cn
凡购买本书，如有缺损质量问题，本社销售中心负责调换。

定　　价：198.00元

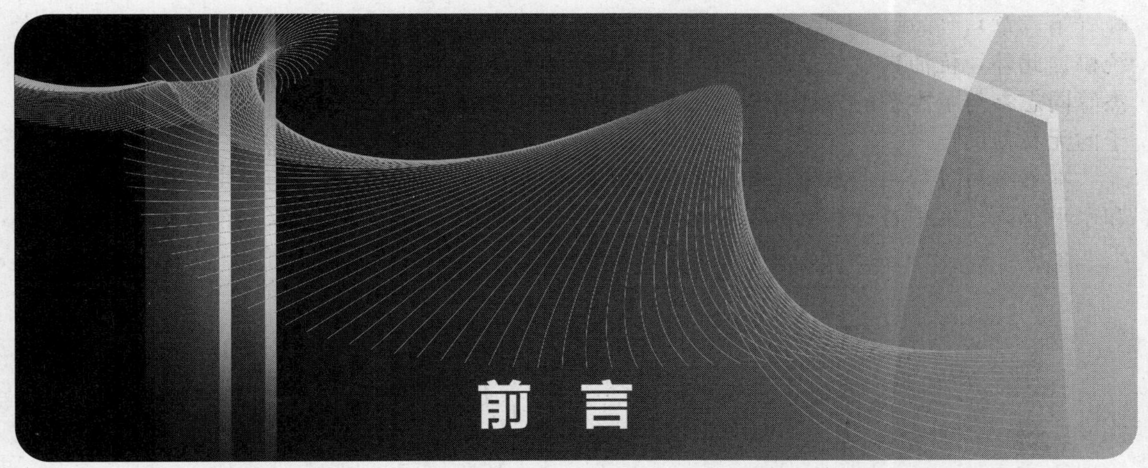

前言

工业固体废物是指在工业生产活动中产生的固体废物。其产生源涵盖了几乎所有的工业生产过程及工业资源的应用过程。

随着工业生产的快速发展，工业固体废物种类与数量日益增加。其中矿业、冶金等行业的固体废物（如尾矿、有色金属渣、粉煤灰、盐泥等）排放量最大，化工、电子等行业的固体废物（如油泥、酸碱液、电子废物等）排放种类广泛，上述特点给后续的处理带来了很多的困难。因此目前国内外大部分工业固体废物多以消极处理（堆存、焚烧、填埋等）为主，部分有害的工业废物尚未得到妥善有效的处理，带来了极大的环境污染风险。

从物质流角度来看，工业固体废物产生后未能再进入到流通过程，即失去了使用价值。然而随着固体废物处理技术的发展，工业废物经过适当的工艺处理或者通过产业共生体的彼此交换，可以成为工业原料或能源，再次进入物质循环链中，延长其使用的生命周期，达到资源化利用的目的。一些工业废物已制成多种产品，如制成水泥、混凝土骨料、砖瓦、纤维、路基等建筑材料；提取铁、铝、铜、铅、锌等金属和钒、铀、锗、钼、钪、钛等稀有金属；制造肥料、土壤改良剂等。此外，还可用于处理废水、矿山灭火，以及用作化工产品等。

一些工业固体废物，可追溯到秦朝或更早的年代。青铜器时代炼铜，就已经产生了大量含铜等重金属废物；明朝、清朝、民国时期，也有许多冶炼厂产生的尾矿、冶炼渣等随意堆放；新中国成立六十多年来，工业迅速发展，堆放的一般工业固体废物和危险废物，其数量远远超过同期的城市生活垃圾。国内外对工业固体废物的治理、利用程度仍然严重偏低，新产生的工业固体废物都无法及时消纳和无害化处理，对历年堆存的废物，就更难治理了。

本书的编写以可持续的工业固体废物的处理与资源化为主线，涉及工业固体废物常用的处理技术、工业生产全过程（原材料—生产过程—产品）中的资源化利用技术、资源化新技术及新工艺设备及发展趋势、案例分析及分析监测方法的发展等内容。从末端处置到过程治理，从处理方法到管理模式，全面描述工业固体废物的处理和资源化的各种方法、原理、工艺、管理、法律和法规，力求全面完整地描述国内外工业固体废物处理与资源化新技术、新方法、新理论。

本书适合于从事工业固体废物处理的工程技术人员、有关管理人员等阅读和参考，也可以作为相关大学和大、中专院校师生的教材。

参与本书编写的人员有：蔡凌、马建立（第一章），李良玉、王金梅（第二章），马建立、赵由才（第三章），周保华、崔宁（第四章），焦刚珍、张良运（第五章），俞磊、戢运峰（第六章），郭斌、李晓光（第七章）。本书由马建立、卢学强、赵由才担任主编，并负责统稿。此外，伉沛崧、蒋家超、霍宁、马云鹏、周金倩、商晓甫、乔鹏、宋玉、唐平、孙晓杰等同志参与了本书的整理工作，感谢 Terry Oda 博士、Suzanne 博士在本书编写过程中给予的无私帮助。

本书编写过程中，参考了相关著作文献，其出处已经在参考文献中列出。由于作者时间和水平有限，书中若有遗漏和不妥之处，在此表示歉意，敬请有关专家和读者批评指正。

编者

2014 年 10 月

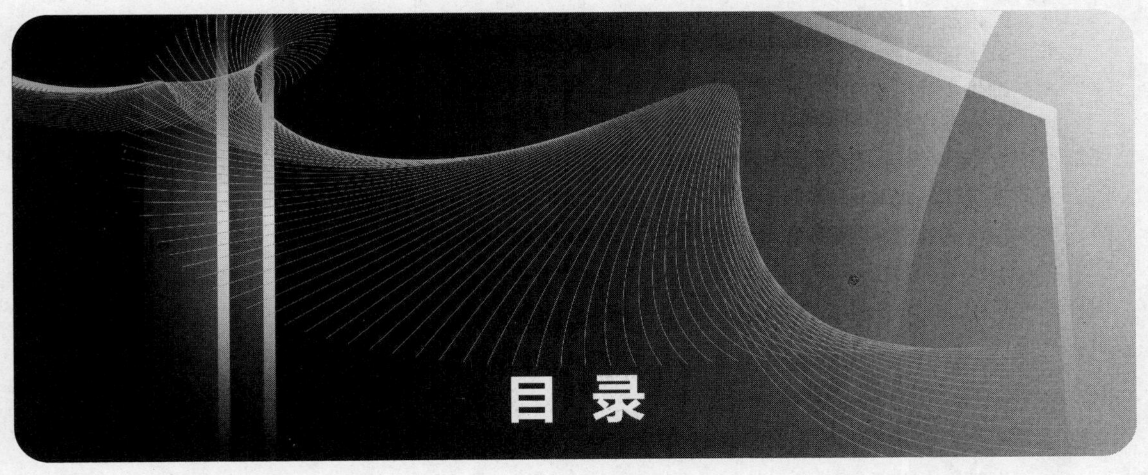

目录

第一章 绪论

第二章 工业固体废物的常用处理技术

第四章 工业生产过程固体废物的无害化与再生利用

第五章 工业产品固体废物的回收与再生利用

第六章 工业固废处理及资源化新工艺设备

第七章 工业清洁生产与循环利用案例分析

参考文献

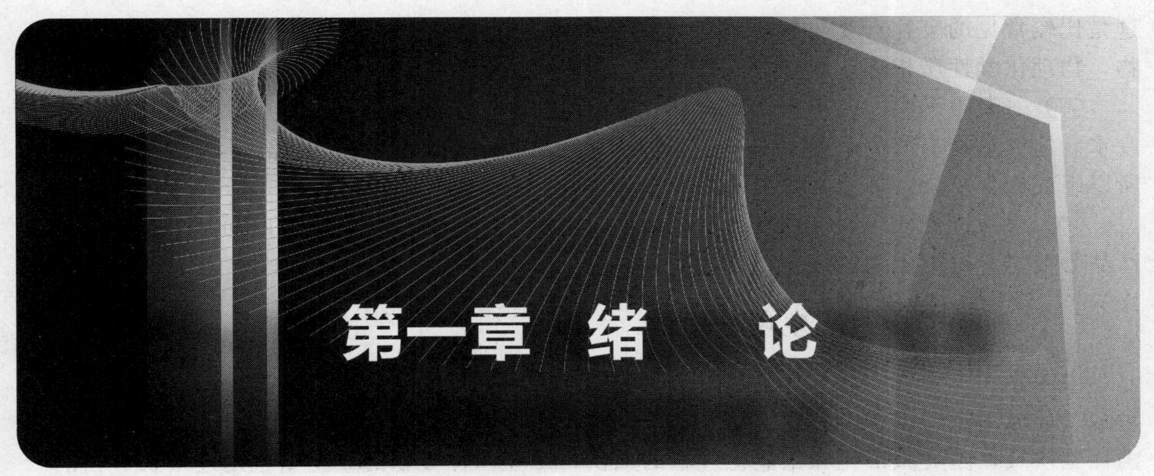

第一章 绪论

第一节 工业固体废物的产生状况

一、工业废物的定义

工业固体废物（Industrial Solid Waste）是指在工业生产和经营活动全过程中产生的，对原过程已不再具有实用价值而被废弃的所有固态、半固态和除废水以外的高浓度液态物质，如冶金废渣、采矿废渣、燃料废渣、化工废渣等。

固体废物的种类繁多，成分繁杂，数量巨大，是环境的主要污染源之一，其危害程度不亚于水污染和大气污染造成的危害。按危害状况可分为一般工业废物、危险工业废物、非传统类或产品类工业废物等。

一般工业废物是指不具有危险特性或未列入《国家危险废物名录》的工业固体废物，根据浸出液污染物浓度又被分为Ⅰ类废物和Ⅱ类废物。包括尾矿、煤矸石、粉煤灰、冶炼渣、工业副产石膏、电石渣、赤泥、硼泥、盐泥、废水污泥及工业粉尘等。

危险工业废物是指列入《国家危险废物名录》或者根据国家危险废物鉴别标准鉴定具有危险特性的工业废物。此类废物成分较复杂，多含有重金属、有毒化学品、强酸强碱等有害成分，具有毒性、腐蚀性、易燃易爆性等特性，其污染具有潜在性和滞后性。主要产生自化工、医药、有色金属冶炼、表面处理等行业。

非传统类或产品类工业废物是对一般工业废物的定义的延续或补充，特指近年来电子产品、汽车、塑料、橡胶等产品的大量使用，造成了此类废物正以惊人的速度增长，已成为工业固体废物的主要来源之一。

根据生产工艺和废物形态，工业固体废物的产生有连续产生、定期批量产生、一次性产生和事故性排放等多种方式。

(1) 连续产生　固体废物在整个生产过程中连续不断地产生出来，通过输送泵站和管道、传送带等排出，如热电厂粉煤灰浆。这类废物在产生过程中，物理性质相对稳定，化学性质则有时呈现周期性变化。

(2) 定期批量产生　固体废物在某一相对固定的时间段内分批产生，如食品加工废物。

这是比较常见的废物产生方式，通常定期批量产生的废物，批量大体相等。同批产生的废物，物理化学性质相近，但批间有可能存在着较大的差异。

（3）一次性产生　多指产品更新或设备检修时产生废物的方式，如废催化剂、设备清洗废水。这类废物的产生量大小不等，有时常混杂有相当数量的车间清扫废物和生活垃圾等，所以组成成分复杂，污染物含量变化无规律。

（4）事故性排放　因突发性事故或因停水、停电使生产过程被迫中断而产生报废原料和产品等废物。这类废物的污染物含量通常较高。

二、工业废物的产生现状

中国是一个发展中国家，也是一个工业固体废物的产生大国，存在着人口基数大、资源短缺、环境污染严重、经济发展水平低等一些相当严峻的问题。长期以来，经济发展为资源消耗型模式，随着城市化和工业化进程的加快，工业固体废物的产生量也迅速增长。当前严重的资源短缺和环境污染问题归根结底是由于长期的传统粗放型的“资源—产品—废物”线性生产模式造成的。

1991 年，全国开始在 17 个城市进行固体废物申报登记工作试点，到 1995 年在国内开展了固体废物的申报登记工作，对固体废物和工业危险废物的产生和废物流向基本上有了一个全面的认识。排放、综合利用、贮存与处置，构成了全国工业危险废物流向的基本特征。目前，全国工业固体废物的产生量已经达到 20 多亿吨，累计堆存量超过 67 亿吨，占用土地达到 65412 万平方米。大宗工业废物产生和综合利用情况见表 1-1。

表 1-1　大宗工业废物产生和综合利用情况

种类	产生量/万吨		综合利用量/万吨		综合利用率/%	
	2005 年	2010 年	2005 年	2010 年	2005 年	2010 年
尾矿	71400	121400	5000	17000	7	14
煤矸石	37000	59800	19600	36500	53	61
粉煤灰	30100	48000	19900	32600	66	68
冶炼渣	18000	31700	9000	19000	50	60
工业副产石膏	5000	12500	500	5000	10	40
赤泥	1000	3000	20	120	2	4
合计	162500	276400	54020	110220	33	40

从产生工业固体废物的地区分布来看，近年，产生量排名前 10 位的省份合计产生量达到 12.6 万吨，约占总产量的 61.6%。从产生工业固体废物的不同行业来看，化学原料及化学制品制造业、有色冶金矿采选业、煤炭开采和洗选业、黑色金属矿采选业和石油加工、炼焦及核燃料加工业等的产生量最大，合计约占总量的 87%（图 1-1）。

全国工业危险废物的产生量有逐年上升的趋势，且有明显的行业分布和地区分布特点。目前，危险废物年产生量已达到 1429.8 万吨，年平均增长率为 5.3%。同时，全国每年约有 300 万吨危险废物临时储存在各生产单位，累计储存量已达 3000 万吨以上。

从产生危险废物的不同行业来看，化学原料及化学制品制造业、有色冶金矿采选业、石油加工、炼焦及核燃料加工业和非金属矿采选业的产生量较大，合计约占总量的 95%（图 1-2）。全国历年危险废物产生情况见表 1-2。

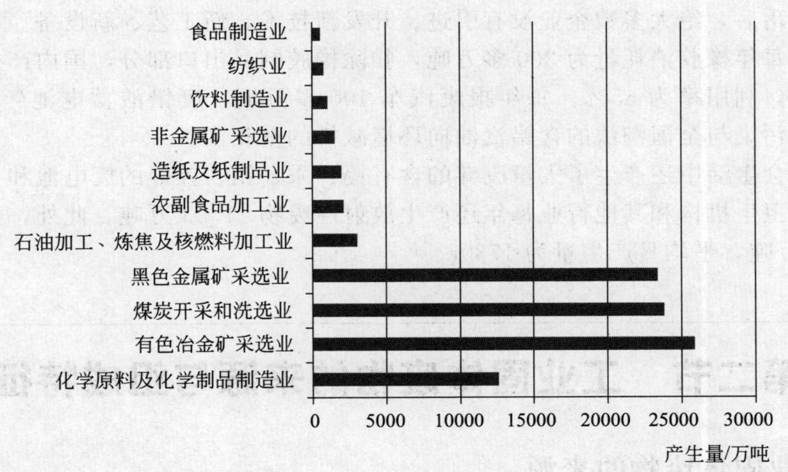

图 1-1 工业固体废物的产生业别

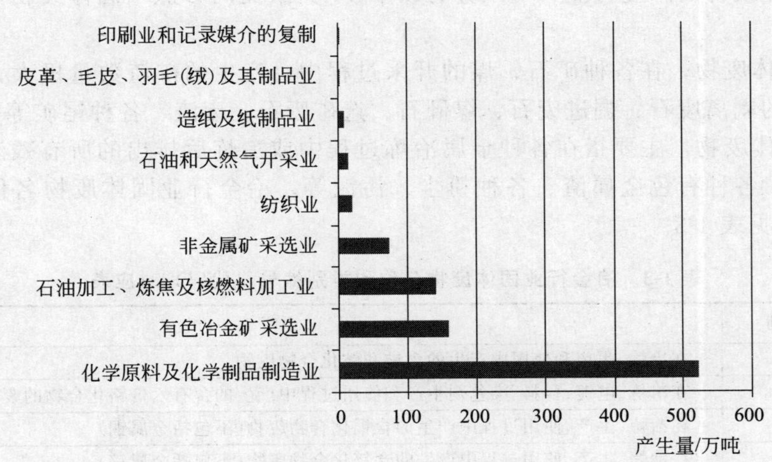

图 1-2 危险废物的产生业别

表 1-2 全国历年危险废物产生情况

年份	2008 年	2009 年	2010 年	2011 年	2012 年
危险废物/万吨	1162	1084	1079	1357.0	1429.8
占工业固体废物的比例/%	0.86	0.72	0.61	0.71	0.70

同时，随着社会工业水平的发展，很多非传统类或产品类工业废物产量不断增加。据中国电子商会消费电子产品调查办公室调研数据估算，现阶段中国消费者家庭平板电视保有量达 2.5 亿台，预计 2015 年年底达到 3 亿台。另据美国一家调研公司发布的报告显示，截至 2013 年 6 月，我国智能手机、平板电脑等新兴电子产品的社会保有量超过了 2.6 亿台，约占全球总量的 24%。每年有约 1500 万台电视机、1300 万台电脑、8000 万部手机报废。电子废物的明显增长对环境造成了很大压力，而目前全国还没有建立完善的废旧电子产品回收利用体系。

全国塑料制品年产量为 2500 万吨，按 20%可回收量计算，一年应回收废塑料约 500 万吨，而目前实际回收量只有 200 万吨，废塑料回收任重道远。目前废塑料回收和加工企业存在的主要问题是：①回收分类等级制度不健全；②由于废塑料回收利用企业普遍经营规模小、工艺技术落后，绝大多数企业没有引进、开发新技术、新工艺、新设备。

目前全国每年橡胶消耗量为300多万吨，扣除橡胶制品出口部分，国内产生的废橡胶量约为200万吨，利用率为65%。每年报废汽车100多万辆，废铅酸蓄电池年产量近40万吨，产生的铅污染与全国淘汰的含铅汽油向环境减排的量相当。

此外，社会生活中还产生了大量废弃的含有镉、汞、铅、镍等的废电池和日光灯管等危险废物，医疗卫生机构和其他行业每年还产生放射性废物11.53万吨。此外，全国年产生医疗废物约65万吨，平均日产生量为1780t。

第二节　工业固体废物的来源与组成特征

一、工业固体废物的来源

按工业固体废物的产生行业，可以分为以下14类（类码参照《固体废物申报登记工作指南》）。

① 采矿固体废物，在各种矿石、煤的开采过程中，产生的矿渣数量极大，涉及的范围很广，如矿山的剥离废石、掘进废石、煤矸石、选矿废石、废渣、各种尾矿等。

② 冶金固体废物，主要指在各种金属冶炼过程中或冶炼后排出的所有残渣废物，如高炉矿渣、钢渣、各种有色金属渣、各种粉尘、污泥等。冶金行业固体废物名称和类别编号（代码）对应表见表1-3。

表1-3　冶金行业固体废物名称和类别编号（代码）对应表

类码	废物类别	说明
20	含铍废物	在冶炼、生产和使用中产生的含铍和铍化合物废物
21	含铬废物	在冶炼、电镀、鞣料、染色剂生产和使用过程中产生的含有六价铬化合物的废渣和废液
22	含铜废物	在冶炼、生产、使用过程中产生的含铜化合物废物(不包括金属铜)
23	含锌废物	在冶炼、生产、使用过程中产生的含锌化合物废物(不包括金属锌)
24	含砷废物	在冶炼、生产、使用过程中产生的含砷及砷化合物废物
25	含硒废物	在冶炼、生产、使用过程中产生的含硒及硒化合物废物
26	含镉废物	在冶炼、生产、使用过程中产生的含镉及镉化合物废物
27	含锑废物	在冶炼、生产、使用过程中产生的含锑及锑化合物废物
28	含碲废物	在冶炼、生产、使用过程中产生的含碲及碲化合物废物
29	含汞废物	在冶炼、生产、使用过程中产生的含汞及汞化合物废物
30	含铊废物	在冶炼、生产、使用过程中产生的含铊及铊化合物废物
31	含铅废物	在冶炼、生产、使用过程中产生的含铅及铅化合物废物
32	无机氟化物废物	在冶炼及加工中产生的氟化合物废物(不含氟化钙)
52	硼泥	
53	赤泥	
54	盐泥	从炼铝中产生的废物
73	高炉渣	包括炼铁和化铁冲天炉产生的废渣
74	钢渣	
81	冶炼废物	指金属冶炼(干法和湿法)过程中产生的废物，不包括本表中已提到的钢渣、高炉渣和含有色金属化合物的废物
82	有色金属废物	仅指各种有色金属，如铜、铝、锌、锡等金属在机械加工时产生的屑、灰和边脚废料
83	矿物型废物	包括铸造型砂、金刚砂等矿物型废物

③ 燃料固体废物，燃料燃烧后所产生的废物，主要有煤渣、烟道灰、煤粉渣、页岩灰等。

④ 化工固体废物，化学工业生产中排出的工业废渣，主要包括硫酸矿渣、电石渣、碱渣、煤气炉渣、磷渣、汞渣、铬渣、污泥、硼渣、废塑料以及橡胶碎屑等。化工行业固体废物名称和类别编号（代码）对应表见表 1-4。

表 1-4 化工行业固体废物名称和类别编号（代码）对应表

类码	废物类别	说明
06	含有机溶剂废物	有机溶剂的生产、配制和使用过程中（如作清洗剂、原材料、载体）产生的废物
07	含氰热处理中产生的废物	从含有氰化物的热处理和退火作业中产生的废物
10	含多氯联苯废物	含有沾染多氯联苯、多氯三联苯、多溴联苯的废物质和废物品
11	精（蒸）馏残渣	从精炼、蒸馏和任何热解处理中产生的废焦油状残留物
12	废漆（颜料、涂料）	从油墨、染料、颜料、真漆、罩光漆的生产、配制和使用中产生的废渣、废溶剂、废涂料等废物
13	有机树脂类废物	从树脂、乳胶、增塑剂、胶水、胶合剂的生产、配制和使用过程中产生的废物
14	新化学品废物	从研究和发展教学活动中产生的尚未鉴定的或新的并对人类和环境的影响未明的化学废物
16	感光材料废物	从摄影化学品和加工材料的生产、配制和使用光刻胶及其配套化学品（如添加剂、显影剂、增感剂溶剂）过程中产生的废物
17	表面处理废物	从金属和塑料表面处理工业或工艺过程（如电镀、酸洗、氧化、磷化、抛光、镀层、喷涂、着色、发黑等）中产生的废物
18	焚烧处理残渣	从工业废物处置作业中产生的残余物
19	含金属羰基化合物废物	在金属羰基化合物制造以及使用过程中产生的含有羰基化合物成分的废物
33	无机氰化物废物	除含氰化合物处理废渣以外的无机氰化物废物
34	废酸和固态酸	包括废酸、固态酸和酸渣
35	废碱和固态碱	包括碱溶液和固态碱（碱渣、碱泥、碱液）
36	石棉废物（尘和纤维）	包括石棉尘和石棉纤维废物
37	有机磷化合物废物	除农药以外的有机磷化合物废物
38	有机氰化合物废物	有机氰化合物废物的废液、废渣
39	含酚废物	含酚化合物（不包括氰酚类）废物
40	含醚废物	在生产、配制和使用中产生的含醚废物
41	卤化有机溶剂废物	在工业、商业、家庭应用中产生的卤化有机溶剂废物
42	有机溶剂废物	在工业、商业、家庭应用中产生的除卤化有机溶剂以外的有机溶剂废物
43	含多氯苯并呋喃类废物	含任何多氯苯并呋喃同系物的废物
44	含多氯苯并二噁英类废物	含多氯苯并二噁英同系物的废物
45	含有机卤化物废物	有包括 39、41、43、44 所列的有机卤化合物
46	含镍废物	仅指含有镍化合物的废物（包括废液和污泥），不包括金属镍
47	含钡废物	仅指含有钡化合物的废物（包括废液和污泥）
51	含钙废物	包括电石渣、废石、造纸白泥、氧化钙等废物
55	金属氧化物废物	铁、镁、铝等金属氧化物废物（包括铁泥）
56	无机废水污泥	指含无机污染物的废水经处理后产生的污泥，但不包括本表中已提到过的污泥
57	有机废水污泥	指含有机污染物的废物经处理后产生的污泥，包括城市污水处理厂的生化活性污泥
84	工业粉尘	指以各种除尘设施收集的工业粉尘

⑤ 放射性固体废物，在核燃料开采、制备以及辐照后燃料的回收过程中，都有固体放射性废渣或浓缩的残渣排出。

⑥ 玻璃、陶瓷固体废物。

⑦ 造纸、木材、印刷等工业固体废物，包括刨花、锯末、碎木、化学药剂、金属填料、塑料、木质素。

⑧ 建筑固体废物，主要有金属、水泥、黏土、陶瓷、石膏、石棉、砂石、纸、纤维。

⑨ 电力工业固体废物，主要有炉渣、粉煤灰、烟尘。

⑩ 交通、机械、金属结构等工业固体废物，主要有金属、矿渣、砂石、模型、陶瓷、边角料、涂料、管道、绝缘材料、粘接剂、废木、塑料、橡胶、烟尘等。

⑪ 纺织服装业固体废物，主要有布头、纤维、橡胶、塑料、金属。

⑫ 制药工业固体废物，主要指药渣。

⑬ 食品加工业固体废物，主要有肉类、谷物、果类、菜蔬、烟草。

⑭ 电器、仪器仪表等工业固体废物，主要有金属、玻璃、木材、橡胶、塑料、化学药剂、研磨料、陶瓷、绝缘材料等。

二、工业固体废物的组成特征

工业固体废物的类型不同，其组成也不同。本文按矿山固体废物、冶金固体废物、化工固体废物、其他固体废物这四大类来分别阐述工业固体废物的组成。

1. 矿山固体废物

由于各矿山矿体和上方覆盖物组成不同，矿山剥离物在组成和性质上都有差异，一般多为土岩混杂、块度大小不一的固体废物，其性质随围岩的性质而变化，而且往往还含有矿床中所含的金属矿物。

(1) 煤矸石　煤矸石是煤炭生产过程中产生的岩石的统称。包括混入煤中的岩石、巷道掘进排出的岩石、采空区中垮落的岩石、工作面冒落的岩石以及选煤过程中排出的碳质岩等。煤矸石产生量占煤炭开采量的10%～15%。煤矸石是多种矿岩组成的混合物，其岩石种类主要有黏土岩类、砂岩类、碳酸盐类、铝质岩类。其化学成分受岩石种类和矿物组成直接影响，其化学成分见表1-5。

表1-5　煤矸石化学成分　单位：%

成分	SiO_2	Al_2O_3	CaO	MgO	Fe_2O_3	R_2O	烧失量
含量	40～65	15～35	1～7	1～4	2～9	1～2.5	2～17

目前，世界硬煤年产量约为56亿吨，其中电煤为48.5亿吨，焦煤为7.5亿吨。2007年全国煤炭年产量约为25.23亿吨，以排矸量占原煤生产量的10%估算，新增煤矸石约为2.5亿吨，除综合利用约为8000万吨外，其余部分就近自然混杂堆积。全国已形成1500座煤矸石山，贮存煤矸石超过30亿吨、占地近30万亩，煤矸石已成为全国积存量和年产量最大、占用堆积场地最多的一种工业固体废物。

(2) 尾矿　尾矿是矿山开采的原矿石经选矿或其他工艺回收有用组分后废弃的固体物料，一般堆存在尾矿库中，是工业固体废物的主要组成部分。尾矿并不是完全无用的废料，只是在当前的技术经济条件下，已不宜再进一步分选。但随着科学技术的发展，有用目标组分还可能有进一步回收利用的经济价值。

尾矿是采矿企业在一定技术经济条件下排出的“废弃物”，但同时又是潜在的二次资源，当技术、经济条件允许时，可再次进行有效开发。据统计，2000年以前，全国矿山产出的尾矿总量为50.26亿吨，其中，铁矿尾矿量为26.14亿吨，主要有色金属的尾矿量为21.09亿吨，黄金尾矿量为2.72亿吨，其他0.31亿吨。

目前，全国约有9000多座大中型国有矿山，乡镇经营和个人开采的矿山超过30万座，较大的尾矿库400多座，各类矿山累计产生尾矿59.7亿吨，占地670km^{2}以上，而且每年仍以3亿吨的速度增长，尾矿产量占全国工业固体废物产量的30%。

尾矿一般由矿石、脉石及围岩中所含矿物组成，以脉石为主，其主要化学成分为SiO_2、CaO、MgO、Fe_2O_3、K_2O、Na_2O等。各种化学成分所占的百分比与矿石、脉石和围岩的矿物组成相关。根据矿物组成，尾矿种类可分为铁矿尾矿、黄金尾矿、铜矿尾矿和铅锌矿尾矿等。

① 铁矿尾矿。全国铁矿尾矿中一般含铁8%～12%，如按全国现有铁矿尾矿26亿吨估算，铁资源量仍有2.08亿～3.12亿吨。例如，湖北大冶铁矿是一个多金属共生矿，已查明的元素有34种，其中包括铁239万吨，铜2万吨，金3267kg，银2934kg，此外钴、镍、硒、硫也达到综合回收指标。

② 黄金尾矿。黄金尾矿品位大多数在每吨1g以上，技术水平低的尾矿中金品位能达到2～3g；在一些品位高和难选冶的金精矿尾矿中，金品位可达3～5g甚至更高。同时尾矿中还含有Cu、Pb、Zn、S、Fe、Ag、Sb、W等。例如，在湘西金矿沃溪矿区中，1号尾矿库堆存的尾矿有35.27万吨，金、锑、钨的平均品位分别为4.18g/t、0.714%、0.16%。该尾矿中的金属于微细粒金，其中－10μm微粒金占29.61%，与脉石连生及包裹的金占39.77%。

③ 铜矿尾矿。从铜矿尾矿中，可以选出铜、金、银、铁、硫、萤石、硅灰石、重晶石等多种有用成分。例如，铜绿山铜矿尾矿中含Au0.32g/t，Ag3.1g/t，Cu0.57%，Fe22%等。武山铜矿尾矿中含有多种有用元素，其中Cu0.69%，Si7.94%，Fe0.12%，As0.12%，Ba0.85%，CaO0.281%，Mg0.086%，$Al_2O_3$1.17%，$SiO_2$46.88%，Au0.614g/t，Ag17.14g/t，由此可见，尾矿中的Cu、S、Au、Ag均具有很高的综合回收价值。

④ 铅锌矿尾矿。中国铅锌多金属矿产资源丰富，矿石常伴生有铜、银、金、铋、锑、硒、碲、锡、钨、钼、锗、镓、铟、铊、硫、铁及萤石等。全国银产量的70%来自铅锌矿石。八家子铅锌矿从1969年投产至1990年已堆存尾矿260万吨，尾矿含Ag69.94g/t，S2.335%，Pb0.19%，Zn0.187%，Cu0.027%。银矿物主要为自然银、辉银矿、金银矿及黑硫银矿。柴河铅锌矿至1990年积存尾矿363万吨。按处理尾矿85万吨计，送浮选的矿量为15万吨，可产铅精矿1890t（46%Pb）、硫精矿10542t（35%S）、硫化锌精矿（45%Zn）5840t、氧化锌精矿（35%Zn）18991t。另外，铅精矿中含银3212kg。

2. 冶金固体废物

冶金固体废物主要包括赤泥、钢渣、高炉渣、轧钢、铁合金渣、烧结以及有色金属冶炼废物等。

(1) 赤泥　赤泥亦称红泥，是从铝土矿中提炼氧化铝后排出的工业固体废物。一般平均每生产1t氧化铝，附带产生1.0～2.0t赤泥。中国作为世界第4大氧化铝生产国，每年产生的赤泥为3000万吨以上，全世界每年产生的赤泥约7000万吨。目前，世界上赤泥的利用率为15%左右，而我国利用率远低于这个水平。

因氧化铝生产方法不同，可分为烧结法、联合法和拜耳法3种赤泥。具体来说，国外主要采用拜耳法工艺生产赤泥，中国主要采用的是烧结法和联合法，但近年来新建的氧化铝厂多采用拜耳法工艺。

赤泥的组成比较复杂，随矿石和氧化铝的生产方式不同而不同（表 1-6）。联合法和烧结法所产赤泥的成分大致相同，而与这两种赤泥相比，拜耳法赤泥氧化铁及氧化铝含量高，碱含量及氧化钙含量低。如山东铝厂产生的赤泥的化学成分为 SiO_2 21.8%、Fe_2O_3 9.5%、Al_2O_3 6.0%、CaO47.1%、Na_2O 2.1%、TiO_2 2.4%。

表 1-6 赤泥的化学成分 单位：%

方法	SiO_2	Al_2O_3	Fe_2O_3	Na_2O	CaO	MgO	TiO_2	K_2O	酌减
烧结法	22.67	7.68	10.97	2.93	40.78	1.77	3.26	0.38	11.77
联合法	20.56	8.10	12.10	2.77	44.86	2.02	5.09	0.35	8.18
拜耳法	12.04	17.21	23.07	4.00	14.90	1.36	5.46	1.00	6.35

赤泥的熔点为 1200～1250℃，pH 值为 10～12，粒度为 0.08～0.25mm，密度为 2.7～2.9t/m^3，表现密度为 0.8～1.0t/m^3。赤泥中放射性物质按放射强度计，总 α 值在 $3.7\times10^{10}\sim1.1\times10^{11}$Bq/kg，不属于放射性废渣，属于强碱性废渣。铝生产中产生氟化物和氰化物等有害物质，露天堆存会造成地表水、地下水与土壤的污染。

(2) 钢渣　钢渣是炼钢过程中的副产物。钢渣按冶炼方法可以分为平炉钢渣（初期渣、出钢渣、精炼渣、浇钢余渣)、转炉钢渣和电炉钢渣（氧化渣、还原渣）。现代炼钢的主要方法是转炉吹氧炼钢，中国已由平炉炼钢为主逐渐转变到以转炉炼钢为主，并在逐步淘汰现有平炉。

钢渣的矿物组成取决于它的化学成分。当钢渣碱度［$CaO/(SiO_2+P_2O_5)$］为 0.78～1.8 时，主要矿物为 CMS（镁橄榄石）、C_3MS_2（镁蔷薇辉石）；碱度为 1.8～2.5 时，主要矿物为 C_2S（硅酸二钙）及 RO 相；碱度为 2.5 以上时，主要矿物为 C_3S（硅酸三钙）、C_2S 及 RO 相。部分钢渣的化学成分见表 1-7。

表 1-7 各种钢渣的化学成分 单位：%

渣别	CaO	FeO	Fe_2O_3	SiO_2	Al_2O_3	MnO	MgO	P_2O_5	S
转炉钢渣	44～55	10	10	20	5	<5	<10	1	2
平炉前期渣	20～30	20	20	20	5	<5	<10	1	2
平炉精炼渣	35～40	15	15	20	5	<5	<10	1	2
平炉后期渣	40～45	10	10	20	5	<5	<10	1	2
电炉氧化渣	30～40	20	20	20	5	<5	5	1	2
电炉还原渣	55～65	<10	<10	20	5	<5	5	1	2

钢冶炼过程中，每生产 1t 钢，要排出 0.15～0.25t 钢渣，钢渣的产生量约为钢量的 20%。中国目前每年排钢渣约 900 万吨，美国为 1700 万吨以上，全世界为 1 亿～1.5 亿吨。

钢渣的构成中转炉钢渣所占比例较大，占 87.5%，电炉钢渣仅占 12.5%。转炉钢渣的预处理主要有水淬法、热焖法、热泼法及自然风化法等，经以上方法预处理，再经过磁选回收废钢后，可用作生产建材制品、钢铁冶炼的熔剂或原料等，广泛地应用在各相关领域。

(3) 高炉渣　高炉渣是高炉冶炼过程中，由矿石中的脉石、燃料中的灰分和熔剂（一般是石灰石）中的非挥发组分形成的固体废物。按冶炼生铁种类的不同，可分为铸造生铁渣、炼钢生铁渣、特种生铁渣和炼合金钢生铁渣四种。

高炉渣的主要化学成分是 CaO、SiO_2、Al_2O_3 和 MgO，其总量一般占 90%以上；次要成分是少量的 MnO、TiO_2、S、Na_2O 和 K_2O。高炉渣经过缓慢冷却后可生成钙黄长石（$2CaO\cdot SiO_2\cdot Al_2O_3$)、硅酸二钙（$2CaO\cdot SiO_2$)、镁方柱石（$2CaO\cdot MgO\cdot 2SiO_2$)、钙镁橄榄石（$CaO\cdot MgO\cdot SiO_2$）等的固熔体和玻璃体矿物。部分高炉渣的化学成分见表 1-8。

表 1-8　部分高炉渣的化学成分（质量分数）　　单位：%

名称	CaO	SiO_2	Al_2O_3	MgO	MnO	Fe_2O_3	TiO_2	V_2O_5	S	F
普通渣	38～49	26～42	6～17	1～13	0.1～1	0.15～2	—	—	0.2～1.5	—
高钛渣	23～46	20～35	9～15	2～10	<1	—	20～29	0.1～0.6	<1	—
锰铁渣	28～47	21～37	11～24	2～8	5～23	0.1～1.7	—	—	0.3～3	—
含氟渣	35～45	22～29	6～8	3～7.8	0.1～0.8	0.15～0.19	—	—	—	7～8

由于矿石的品位及冶炼生铁的种类不同，高炉渣的化学成分波动较大。目前中国冶炼1t生铁排出高炉渣0.6～0.8t，日本、美国等国为0.27～0.3t。中国目前一年大约排2100万吨高炉渣，美国、日本各排2700万吨。

通常把高炉渣中碱性氧化物（CaO、MgO）与酸性氧化物（SiO_2、Al_2O_3）的质量比（M_0）称为碱度。根据碱度的大小，可将高炉渣分为碱性渣（$M_0>1$）、酸性渣（$M_0<1$）和中性渣（$M_0=1$）。我国高炉渣大部分接近中性渣（$M_0=0.99\sim1.08$）。

（4）轧钢固体废物　轧钢氧化铁皮产生于轧钢过程中，如加热的钢坯经轧机轧制时，从钢坯表面上剥落下来的氧化铁皮，以及钢材在酸洗过程中溶解而成的渣泥，其化学成分见表1-9。轧钢氧化铁皮的质量分散度随项目不同而不同，其密度也不同，初轧为5.85g/cm^3，型钢为5.76g/cm^3，钢板为4.41g/cm^3，钢管为5.76g/cm^3。

表 1-9　轧钢氧化铁皮的化学成分　　单位：%

Fe	FeO	CaO	SiO_2	MgO	S
71	47	0.3	1.0	0.18	0.1

轧钢厂产生的酸洗液是钢铁厂具有代表性的污染物，其特点是浓度高、废液量大，并且废液温度高达50～100℃。所以，酸洗液必须进行处理，否则将造成严重的环境污染。另外，因为废酸的主要成分是游离酸、化合酸、金属离子和水，对某些有效成分的回收、利用不仅是可能的，有时也是必需的。在所有的处理方法中，对废液进行回收或再生是最合理的方法。

（5）铁合金渣　铁合金渣的物质组成随铁合金产品品种和生产工艺而不同（表1-10），除含有与合金品种相同的元素外，一般均含有SiO_2、MgO、CaO、FeO等。铝热法生产的铝合金渣中含有较高的Al_2O_3，如钛铁渣含Al_2O_3达73%～75%。

表 1-10　铁合金工业废渣的主要化学成分　　单位：%

炉渣名称	MnO	SiO_2	Cr_2O_3	CaO	MgO	Al_2O_3	FeO
高炉锰铁渣	5～10	25～30		33～37	2～7	14～19	1～2
锰硅合金渣	6～10	35～40		20～25	1.5～6	10～20	0.2～2
碳素合金渣		27～30	2.4～3	2.5～3.5	26～46	16～18	0.5～1.2

由于部分铁合金渣是铬浸出渣，含有近1%的可溶性Cr^{6+}而具有毒性，对人体和环境造成危害。因此，需对有毒废渣进行安全处置处理。

（6）烧结固体废物　烧结固体废物含铁尘泥的性质与其来源有关，如用除尘装置收集的烧结粉尘，其堆积密度为1.5～2.6g/cm^3，烧结机尾粉尘（干）比电阻为$5\times10^9\sim1.3\times10^{10}\Omega\cdot cm$。

高炉粉尘分干、湿两种。干粉尘颗粒较粗，用干式除尘器收集，称高炉瓦斯灰；湿式颗粒较细，经煤气、洗涤塔及湿式除尘器收集，一般呈泥浆状，称高炉瓦斯泥。高炉粉尘的密度为 7.72～3.89g/cm^3，比电阻为（2.2～3.4）×10^8Ω·cm。

炼钢尘泥包括转炉炼钢尘泥、平炉炼钢粉尘和电炉炼钢粉尘。其中，转炉粉尘的密度为 4.41g/cm^3；平炉粉尘的密度为 5.0g/cm^3，比电阻为 2.08×10^{11}Ω·cm。各种烧结固体废物的化学成分见表 1-11。

表 1-11 各种烧结固体废物的化学成分 单位：%

名称	总 Fe	FeO	Fe_2O_3	CaO	SiO_2	Al_2O_3	MgO	MnO	S	C	P
烧结粉尘	约 50	约 50	约 50	10	7	1.85	3.4	0.12			
高炉尘泥	30～40	5～10	40	8～12	10～15	5～7	2～3		0.4～0.5	15～50	
转炉粉尘	50～62	35～65	13～16	8～14	2～5	0.6～1.3	1～6	0.8～3	0.2～0.5		0.55
平炉粉尘	67.86			1.47	0.84		0.66			34～42	

（7）重有色金属冶炼废物　由于原料产生、成分、组成以及生产方式的不同，在重有色金属冶炼生产金属的过程中，产生的渣的成分有较大的差别。重有色金属冶炼废渣的成分见表 1-12。

表 1-12 部分重有色金属冶炼废渣的化学成分 单位：%

名称	Cu	Pb	Zn	Cd	As	S	Fe	SiO_2	CaO
铜鼓风炉渣	0.21	0.52	2.0	0.004	0.033		25～30	30～35	10～15
铅鼓风炉渣	0.228	3.097	8.17	0.01	0.17				
锡电炉渣					0.112	0.918	14.7	34.64	1.96
ISP 炉渣	0.26	0.6	7.76	0.0014	0.41				

重有色金属冶炼的无害渣都应进行综合利用，而有害渣须在解毒或回收有价金属成分之后再进行综合利用，以达到无渣排出。

（8）稀有金属冶炼固体废物　不同稀有金属的组成不同，表 1-13 列出了部分稀有金属废渣成分。

表 1-13 部分稀有金属废渣成分 单位：%

成分	钨渣	磷砷渣	钒渣	成分	钨渣	磷砷渣	钒渣
Fe	30.53～35.36		28.04	Ti	0.46～0.31		2.87
Mn	14.64～18.79			SiO_2	5.69～6.5	0.70～8.0	18.21
WO_3	3.25～5.00	12.0～16.0		MgO		33～45	
$Ta(Nb)_2O_5$	0.073～0.93			CaO	3.40～4.99		
ThO_2	0.01～0.015			S	0.013～0.13		
R_2O_3	0.14～0.60			P	0.087～0.10	0.37～6.0	
UO_2	0.02～0.03			Al_2O_3		0.01～0.30	
As	0.002～0.006	0.3～2.0		As		0.01～0.30	

由于一部分稀土金属废渣具有放射性，因此必须进行妥善处置。

3. 化工固体废物

化工固体废物是指化学工业生产过程中产生的固体、半固体或浆状废物，包括化工生产过程中进行化合、分解、合成等化学反应所产生的不合格产品（包括中间产品）和副产物、失效催化剂、废添加剂、未反应的原料及原料中夹带的杂质等直接从反应装置排出的，或在产品精制、分离、洗涤时由相应装置排出的工艺废物；还包括空气污染控制设施排出的粉尘，废水处理产生的污泥，设备检修和事故泄漏产生的固体废物以及报废的设备、化学品宣传品和工业垃圾等。

化学固体废物产生量较大，种类繁多，主要包括无机盐、氯碱、磷肥、氮肥、纯碱、硫酸、有机原料、染料及感光材料等工业固体废物。

(1) 无机盐工业固体废物

① 铬盐固体废物。铬盐固体废物主要是指在重铬酸钠生产过程中，铬铁矿等配料经过煅烧、用水浸取出铬酸钠后的残渣，通称为铬渣。中国铬盐生产量及消费量均居世界第一。全国已累计生产铬盐200多万吨，产生铬渣600多万吨，其中仅有约200万吨得到处置，尚有400多万吨堆存铬渣没有得到无害化处置。铬渣含有含铬芒硝、铝泥、酸泥和含铬硫酸氢钠等，其基本组成见表1-14。

表1-14 铬渣基本组成（质量分数） 单位：%

组成	Cr_2O_3	Cr^{6+}	SiO_2	CaO	MgO	Al_2O_3	Fe_2O_3
含量	3～7	0.3～2.9	8～11	29～36	20～33	5～8	7～11

铬渣中的Cr(Ⅵ)在土壤中通常以$Cr_2O_7^{2-}$或CrO_4^{2-}的形式存在，土壤对其吸附能力较小，进入土壤中的Cr(Ⅵ)易发生迁移扩散。对天津、杭州和重庆等地的铬渣堆场调查发现，铬污染土壤面积为铬渣堆场占地面积的3～5倍，或者吨铬渣造成的污染土壤体积为1～1.36m^3。受Cr(Ⅵ)污染土壤的深度可达5～6m。在污染最严重的铬渣堆存区内，地下3m深处的土壤中Cr(Ⅵ)含量高达950mg/kg，地下6m深处的土壤中Cr(Ⅵ)含量仍能达到112～200mg/kg。

② 黄磷行业的工业固体废物。主要有电炉炉渣、磷泥和磷铁等。电炉炉渣是指炉渣经水淬后的固体废物，其基本组成见表1-15。磷泥是黄磷生产过程中伴生的一种磷、水和固体粉尘杂质物，以块状或泥浆状的形态沉降在精制锅、沉降槽、磷泥沉淀池等处，其含磷量一般在20%～70%，1t黄磷产生0.1～0.15t富磷泥、0.3～0.6t贫磷泥，贫磷泥的主要成分是硅化物、氧化钙、元素磷和水等。

表1-15 电炉炉渣基本组成 单位：%

组成	P_2O_5	SiO_2	CaO	Al_2O_3	Fe_2O_3	F^-	S^{2-}
含量	1.8	40.9	48.2	4.5	0.8	2.8	0.2

③ 氰化钠生产排出的工业固体废物。其含氰固体废物的种类随生产工艺而不同。轻油裂解法生产氰化钠排放的废渣主要是从尾气除尘装置中回收的含氰石油焦粉和炭黑；氰熔体法的固体废物则是来自萃取工序的水不溶物和发生工序的硫酸钙；氨钠法的固体废物是石油焦、金属钠和氨经反应炉反应后的炉渣。

④ 锌盐行业的工业固体废物。含有锌、镉、铅和砷等污染物质，属于毒性较大的固体废物。由于锌盐产品种类、生产工艺和原料来源不同，这种类型的固体废物的种类、排放量和组成也不同。氯化锌的固体废物是除杂渣；硫酸锌的固体废物是粗制工序排出的残渣；由矿石直接法生产的硫酸锌，其固体废物来自浸取渣、除砷渣、除镉渣和除铁渣等。

(2) 氯碱工业固体废物　中国是世界氯碱生产大国。氯碱工业是以盐和电为原料生产烧碱、氯气、氢气的基础原材料工业，产品种类多，包含烧碱、聚氯乙烯、盐酸、芳烃氯化物等有机、无机化工产品200余种。

氯碱工业废物主要是含汞和非含汞盐泥、汞膏、废石棉隔膜、电石渣泥和废汞催化剂。其中，盐泥来自化盐槽和沉降器，汞膏和废石棉隔膜来自电解槽，电石渣来自电石制乙炔的乙炔发生器，废汞催化剂来自氯乙烯合成反应器。

① 盐泥。盐泥是氯碱企业共同的污染物之一，排出盐泥量一般为盐水量的1%～5%。一般每生产1t 100%NaOH，排出0.3～0.9m^3的盐泥，也就是说，产量1万吨/年烧碱的氯碱厂，每年需排出的盐泥为3000～9000m^3。盐泥中含固体物10%～12%，其余为水。其主要成分大体相同，不同盐种其组成部分比例略有差别，黏度为1.2～1.5mPa·s；粒度低于1.5μm的占35%，1.5～9μm的占62%；pH值为8.5～11。表1-16列出了盐泥的组成情况。

表1-16　盐泥的组成　　单位：%

项目	NaCl	$Mg(OH)_2$	$CaCO_3$	$BaSO_4$	不溶物	Hg
盐泥产生量(40～50kg/t)	15～20	10～15	5～10	30～40	10～15	0.2～0.3

② 电石渣。电石渣是电石水解获取乙炔气后的以氢氧化钙为主要成分的废渣。电石渣浆为灰褐色浑浊液体。在静置后分成三部分，澄清液、固体沉积层及中间胶体过渡层，三者比例随静置时间及环境条件变化呈可逆变换。固体沉积物即是我们常说的电石废渣。电石渣泥的组成见表1-17。

表1-17　电石渣泥的组成　　单位：%

项目	CaC	SiO_2	Al_2O_3	Fe_2O_3	烧失量
电石渣产生量(1～2t/t)	65.04	1.94	2.45	0.12	24.58

干电石废渣中主要含$Ca(OH)_2$，可以作消石灰的代用品，广泛用在建筑、化工、冶金、农业等行业。但当电石废渣含水量>50%时，其形态呈厚浆状，贮存、运输困难，给用户带来不便。还因其在运输途中污染路面给厂家带来极大麻烦。因此电石渣综合利用的关键是控制含水量。

③ 废汞催化剂。中国氯碱行业是汞的主要使用领域和释放来源。目前国内市场每年的需求量在1000t以上，占全球消耗量60%以上，仅PVC生产对汞的需求量就达到850t左右。国内聚氯乙烯工业、电池工业的发展，加快了汞的消耗。

汞催化剂是电石法聚氯乙烯使用的催化剂，以活性炭为载体，浸渍吸附质量分数为10%～12%的氯化汞制备而成。使用过的废催化剂中，氯化汞含量在5%～7%，还含有少量的氯化亚汞和氯乙烯。废氯化汞催化剂吸附有大量氯化氢气体，水溶液呈强酸性，并有水溶性汞溶于溶液中。汞及其化合物毒性都很大，特别是汞的有机化合物毒性更大，水俣病就是甲基汞中毒的典型疾病。

(3) 氮肥工业固体废物　主要有以下三种类型。

① 造气炉渣：包括煤造气炉渣、重油气化炭黑、锅炉炉渣。

② 废催化剂：包括变换、合成、联醇流程合成甲醇的废催化剂。

③ 其他废渣：如铜洗工序的铜泥及NH_4NO_3生产中硝酸合成时的氧化炉灰。

其组成见表1-18。

(4) 纯碱工业固体废物　主要有氨碱法生产中产生的蒸氨废液，一、二次盐泥，苛化泥及石灰返砂、碎石等，还有联合制碱法生产中产生的洗盐泥、氨Ⅱ泥等。

① 氨碱法生产是以食盐、石灰石为原料，借助氨的媒介作用，经过石灰石煅烧、盐水精制、吸氨、碳化、碳酸氢钠过滤、煅烧、母液蒸氨等工序制得纯碱。氨碱生产中蒸馏废液

产生自母液蒸氨过程，一、二次盐泥产生于盐水精制过程，废砂石产生于石灰石煅烧及乳化过程中。一般，生产1t纯碱要产生9～11m^3 废液，其中含固体废物200～300kg。目前全国氨碱法生产纯碱每年产生废液1300～1400m^3，废渣（30～40）×10^4t。氨碱废渣的组成见表1-19。

表1-18 氮肥工业主要废渣的组成

废渣名称	组成	废渣名称	组成
煤(焦)造气炉渣	SiO_2、CaO、Al_2O_3、Fe_2O_3、Mg	合成废催化剂	Al_2O_3、Fe_2O_3、K_2O
油造气炭黑	C	甲醇废催化剂	Cu、Zn、S^{2-}、Al_2O_3
变换废催化剂	Fe_2O_3、MgO、Cr_2O_3、K_2O、Mo	硝酸氧化炉废渣	Pt、Rh、Pd、Fe_2O_3、Al_2O_3、CaO、SiO_2

表1-19 氨碱生产废液废渣性质

废物种类	固体物料溶解量/(kg/m^3)	固体物料悬浮量/(kg/m^3)	pH	色泽	排出时温度
蒸馏废液	170	15	11	白	100℃
二次盐泥	40	250	8.4	浅灰	常温

氨碱工厂的废渣常年堆积，占用大片土地，排入海洋、河流，形成“白海”之患，已成为纯碱工业的主要污染源。

② 联合制碱法以原盐、氨及合成氨副产CO_2为原料，经过洗盐、母液吸氨、碳化、重碱过滤、煅烧制得纯碱。由于原盐带入系统的杂质，也产生了少量的废泥渣，主要是母液澄清过程中产生的“氨Ⅱ泥”，其产生量为0.02～0.04m^3/t碱，主要成分是$CaCO_3$和$MgCO_3$，还夹带有少量的NH_3和NaCl。

总之，纯碱生产过程中排出的废液、废渣全部来源于原料盐及石灰石，均是原料中未被利用的元素，具有排放量大、利用价值低等特点，虽然其化学组成全为无毒，但废液的pH值、悬浮物含量及排出温度等均不符合国家规定的“三废”排放标准。

(5) 硫酸工业固体废物　主要有硫铁矿烧渣、水洗净化工艺废水处理后的污泥、酸洗净化工艺含泥稀硫酸及废催化剂。表1-20列出了部分硫酸企业矿渣的组成。

表1-20 部分硫酸企业矿渣的组成　　单位：%

单位名称	Fe	FeO	Cu	Pb	S	SiO_2	Zn	P
铜陵化工总厂	55～57	4～6	0.2～0.35	0.015～0.04	0.43	10.06	0.043～0.083	<0.1
杭州硫酸厂	48.83		0.25	0.074	0.33		0.72	
衢州化工厂	41.99		0.23	0.0781	0.16		0.0952	

硫酸生产水洗净化工艺废水处理后1t酸产生污泥130kg，主要成分为$CaSO_4$、$CaSO_4$、CaF_2、Ca（OH）AsO_2、Fe_2O_3、SiO_2等。

(6) 有机原料及合成材料工业固体废物　主要是有机原料合成以及合成材料单体生产中产生的反应副产物、蒸馏塔轻重组分、蒸馏塔釜残液、反应废催化剂以及废水生化处理的剩余活性污泥。其特点是：①废渣产生量不大，一般生产每吨产品只有几千克到几吨；②废物组成复杂，大多含有高浓度有机物，有些是具有毒性、易燃性、爆炸性的物质，大部分蒸馏塔釜残液可通过蒸馏等方法分离回收利用或焚烧处理。其组成见表1-21。

(7) 染料工业固体废物　主要是染料合成过程中产生的固体废渣及高浓度废母液、产品分离精制过程中产生的滤渣及残液等，含有大量有机物质（如残余染料、重氮盐、低氯蒽醌、萘酚、硝基苯等）、无机盐（如氯化钠、碳酸铜、硫化铜、四氧化三铁等）、无机酸（如硫酸、醋酸等）和杂染料等。

染料合成以苯、甲苯、萘、蒽、咔唑等及各种无机酸、碱、盐类等为原料，其产生的固体废物具有成分复杂、浓度高、颜色深的特点。表1-22列出了几种主要染料产品固体废物的组成情况。

表1-21 几种主要有机原料及合成材料产品废物情况

产品	废物名称	废物组成/%
甲醇	精馏残液	甲醇0.1～1，其余为水
乙醛	丁烯醛废液	乙醛5～10，丁烯醛50～60
苯酚	精馏残渣	苯酚20～40，苯基苯酚10～20，苯磺酸钠5～8
苯乙烯	精馏塔焦油	聚苯乙烯73，苯乙烯27
综合污水处理厂	沉淀池渣及剩余污泥	脱水污泥中的有机物40，热值753kJ/kg(180kcal/kg)

表1-22 几种主要染料产品固体废物的组成

染料品种	废物名称	废物组成/%
还原咔叽2G	氯化母液	低氯蒽醌3.6，硫酸93
碱性紫	酸化铜渣	硫化亚铜27～30，有机物20～23
双倍硫化青	氧化滤液	大苏打($Na_2S_2O_3\cdot5H_2O$)20
活性艳蓝K-NR	含铜滤渣	有机物8.3，无机盐25.7，碳酸铜5.3，水55.4

4. 其他固体废物

主要是指粉煤灰、水泥厂窑灰及放射性废物。

(1) 粉煤灰 从煤燃烧后的烟气中收捕下来的细灰称为粉煤灰。其细度随煤灰细度、燃烧条件和除尘方式不同而不同，多数电厂粉煤灰为4900孔筛筛余10%～20%。

粉煤灰的化学成分与黏土相似，但SiO_2含量偏低，Al_2O_3含量偏高，详见表1-23。大中型电厂粉煤灰含碳量少于8%的较多，约占68%。

表1-23 粉煤灰的化学成分 单位：%

成分	SiO_2	Al_2O_3	CaO	MgO	Fe_2O_3	K_2O和Na_2O	SO_3	烧失量
含量	43～56	20～32	1.5～5.5	0.6～2.0	4～10	0.5～2	1.0～2.5	3～20

(2) 水泥厂窑灰 窑灰中的SiO_2、Fe_2O_3、CaO、MgO主要来源于生产和煤灰，其矿物组成主要有未分解的石灰石、未化合的石灰、烧黏土质、熟料矿物、钾和钠的硫酸盐、石膏、煤灰玻璃球等，化学成分见表1-24。窑灰的细度与生产工艺、窑型、原料燃料的种类、生料细度及电除尘器效率等因素有关，但除个别厂外，一般的都比较细。

表1-24 38家大中型水泥厂窑灰的化学成分 单位：%

生产方式	烧失量	SiO_2	Al_2O_3	Fe_2O_3	CaO	MgO	SO_3	K_2O	Na_2O	f-CaO	TiO_2	S
湿法	24.02	15.05	4.75	3.30	43.92	1.67	4.36	2.18	0.28	4.91	0.30	0.54
干法	10.85	19.15	5.48	3.96	51.86	2.99	2.80	2.32	0.29	16.63	0.31	0.08
半干法	21.41	18.80	5.82	4.02	43.62	1.92	1.92	2.06	0.37	6.99	0.33	0.08

在回转窑生产水泥熟料时，有大量的窑灰从窑中随尾气排出，部分水泥厂通过收尘设备把窑灰收集起来，重新喂入窑内。但由于原料、设备和工艺的原因，窑灰往往不能全部重新入窑。在重喂入窑的工艺中，也存在着影响生料均匀性、烧成操作及熟料的质和量等不利因素，因此，有相当多的水泥厂不能充分利用收尘器收集窑灰，而是将窑灰从烟囱中放空，造

成了料耗增加、污染环境等许多问题。

(3) 炉渣　是以煤为燃料的锅炉燃烧过程中产生的块状废渣，而沸腾炉渣又称沸渣，是沸腾锅炉燃烧时产生的炉渣。

炉渣的化学成分和粉煤灰相似，但含碳量通常比粉煤灰高，一般在15%左右，有些还更高，其热值一般为3500～6000kJ/kg，有的高达8000kJ/kg以上，容量一般为0.7～1.0t/m^3；沸渣的化学成分与普通炉渣相似，以SiO_2和Al_2O_3为主，含碳量少，活性较好，易磨。

(4) 放射性废物　放射性废物是核能和核技术发展的必然产物，要使其毒性的减少、降低或变得无毒，唯一的方法是靠自身衰变，即由放射性核素变成稳定核素。

第三节　工业固体废物的环境污染

一、污染环境的途径

固体废物特别是有害固体废物，如处理、处置不当，其中的有毒有害物质如化学物质、病原微生物等可以通过环境介质——大气、土壤、地表或地下水体进入生态系统形成化学物质型污染和病原体型污染，对人体产生危害，同时破坏生态环境，导致不可逆的生态变化。其具体途径取决于固体废物本身的物理、化学和生物性质，而且与固体废物处置所在场地的水质、水文条件有关，如：有些可通过蒸发直接进入大气；但更多通过接触浸入、食用或咽入受污染的饮用水或食物进入人体。图1-3给出了化学物质致人疾病的途径，图1-4给出了病原体型污染途径。

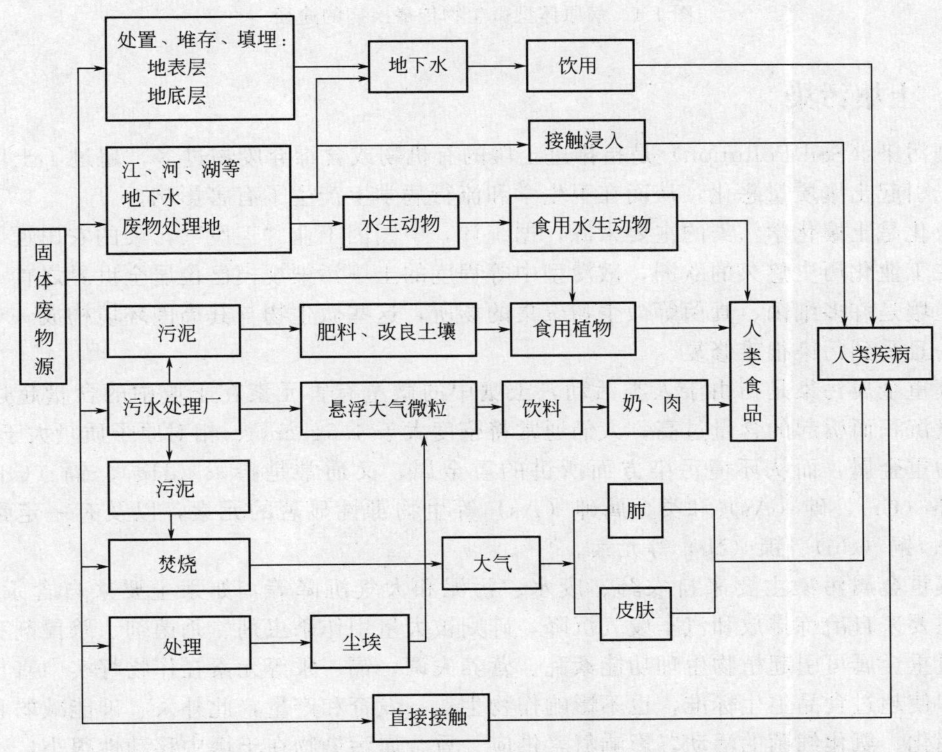

图1-3　固体废物中化学物质致人疾病的途径

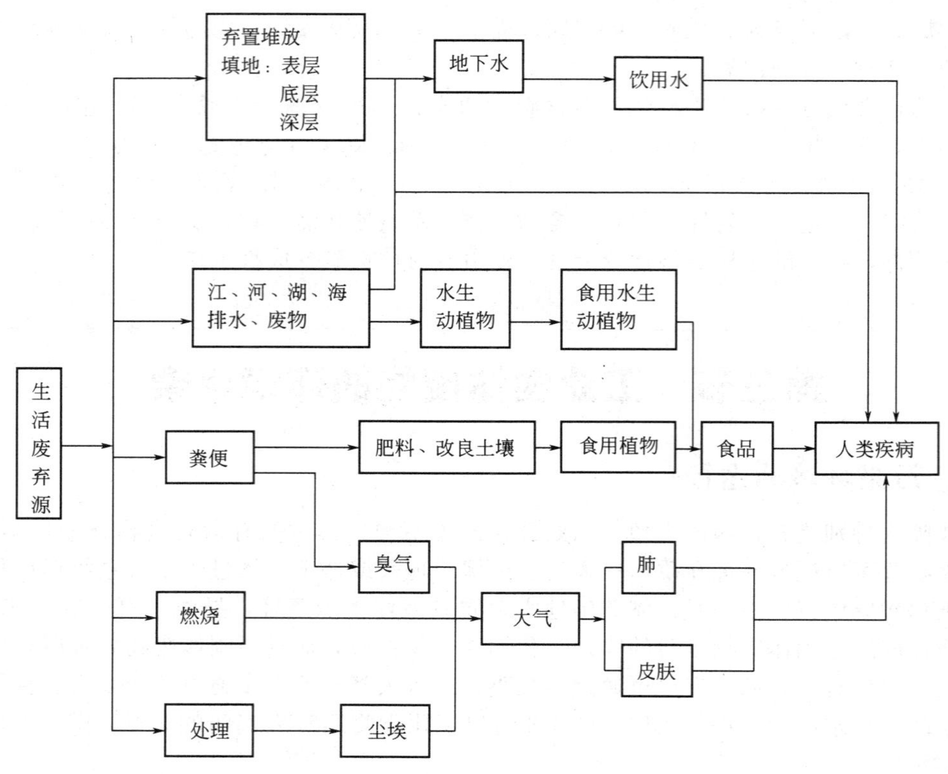

图 1-4　病原体型微生物传播疾病的途径

二、土壤污染

土壤污染（Soil Pollution）是指排进土壤的有机物或含毒弃废物过多，超过了土壤的自净能力，引起土壤质量恶化，从而在卫生学和流行病学上产生了有害影响。

工业化是土壤化学污染的主要来源，据统计，中国因工业“三废”污染的农田近 700 万公顷；在工业化历史悠久的欧洲，散漫型中等程度的土壤污染规模已位居全世界之首。众所周知，土壤是许多细菌、真菌等微生物聚集的场所，这些微生物与其周围环境构成一个生物系统，一旦受到污染很难修复。

土壤重金属污染是指由于人类活动，土壤中的微量有害元素在土壤中的含量超过背景值，过量沉积而引起的含量过高。人们通常将密度大于 $4.5g/cm^3$、相对原子质量大于 55 的金属称为重金属，而从环境污染方面所讲的重金属，又通常是指汞（Hg）、镉（Cd）、铅（Pb）、铬（Cr）、砷（As）和类金属砷（As）等生物毒性显著的元素，以及有一定毒性的锌（Zn）、铜（Cu）、镍（Ni）等元素。

土壤重金属污染主要来自农药、废水、污泥和大气沉降等，如汞主要来自含汞废水，镉、铅主要来自冶炼排放和汽车废气沉降，砷则被大量用作杀虫剂、杀菌剂、杀鼠剂和除草剂。过量重金属可引起植物生理功能紊乱、营养失调，镉、汞等元素在作物籽实中富集系数较高，即使超过食品卫生标准，也不影响作物生长、发育和产量，此外汞、砷能减弱和抑制土壤中硝化、氨化细菌的活动，影响氮素供应。重金属污染物在土壤中移动性很小，不易随水淋滤，不为微生物降解，通过食物链进入人体后，潜在危害极大，应特别注意防止重金属对土壤的污染。

土壤有机污染是由有机物引起的土壤污染。土壤中主要有机污染物有农药、三氯乙醛、多环芳烃、多氯联苯、石油、甲烷等，其中农药和化肥是最主要的有机污染物。目前大量使用农药与化肥，使用的农药包括杀虫剂、杀菌剂、除草剂、氮化肥增效剂等有100多种，中国化肥用量全年约1亿吨。但由于使用不合理，农药的利用率只有10%，化肥利用率也只30%～40%，其余均进入环境主要是土壤之中。

土壤中的有机污染物按降解性难易分成两类：①易分解类，如2,4-D、有机磷农药、酚、氰、三氯乙醛；②难分解类，如2,4,5-T、有机氯等。在生物和非生物作用下，土壤中有机物可转化和降解成不同稳定性的产物，或最终成为无机物，特别是土壤微生物起着重要作用。土壤有机污染可造成作物减产，如用含三氯乙醛废酸制成的过磷酸钙肥料可造成小麦、水稻大面积减产，可引起污染物在植物中残留，如DDT可转化成DDD、DDE成为植物残毒等。

另外，国际禁止使用的持续性有机污染物（Persistent Organic Pollutants，POPs），能够在环境中持久地存在。由于POPs物质对生物降解、光解、化学分解作用有较高的抵抗能力，一旦被排放到环境中，它们难以被分解。根据原国家环保总局组织的清单调查结果，中国废弃库存POPs农药的总量为4000～6000t，其中：滴滴涕废物量为2600～4500t；六氯苯、氯丹、灭蚁灵的废物量约为1500t。目前在生产领域，已经确定位置与数量的杀虫剂类POPs废物为2228～2458t。在农业流通领域，已核实的滴滴涕废物量为14t；卫生流通领域，已知的滴滴涕废物量为11t。这些POPs农药废物主要分布在江苏、湖南、四川、山东、天津、山西、河北、辽宁8个省或直辖市，占总废物量的70%～80%。这类废弃物进入水体或渗入土壤中，将会严重影响当代人和后代人的健康，对生态环境也会造成长期的不可低估的影响。残留毒害物质不仅在土壤里难以挥发消解，而且杀死土壤中的微生物，破坏土壤的腐解能力，改变土壤的性质和结构，阻碍植物根系的发育和生长，并在植物体内积蓄，破坏生态环境，而且会积存在人体内，对肝脏和神经系统造成严重损害，诱发癌症和使胎儿畸形。

例如，20世纪70年代，美国密苏里州为了控制道路粉尘，曾把混有2,3,7,8-TCDD的淤泥废渣当作沥青铺洒路面，造成土壤污染，土壤中TCDD浓度高达300×10^{-9}，污染深度达60cm，致使牲畜大批死亡，人们备受各种疾病折磨。在市民强烈的要求下，美国环保局同意全体市民搬迁，并花了3300万美元买下该城市的全部地产，还赔偿了市民的一切损失。20世纪80年代，中国内蒙古的某尾矿堆污染了大片土地，造成一个乡的居民被迫搬迁。据报道中国受工业废渣污染的农田已达25万亩。

三、水体污染

工业固体废物对水体的污染主要表现在：由于工业固体废物的随意倾倒或事故性排放，在堆放腐烂过程中产生大量的酸性和碱性有机污染物，并将废渣中的重金属溶解出来，成为有机物、重金属和病原微生物三位一体的污染源。任意堆放或简易填埋的工业固体废物，雨水淋入后产生的渗滤液流入周围地表水体和渗入土壤，使有害物质及污染物随地表径流和地下流汇入河中和地下水中，造成地表水或地下水的污染，污染着十分匮乏的淡水资源，而且直接影响水生动植物的生存环境，造成水质下降、水域面积减少等直接的恶劣影响，致使污染环境的事件屡有发生，造成水资源的水质型短缺。

值得一提的是，在固废处理初期，人们常将固体废物排入河流、湖泊和海洋作为一种处置方法，即便现在仍有许多国家将废物直接排入大海进行处置，其引起的环境影响应该加以警惕，理由如下：将固体废物直接倾倒于江河，可以缩短江河湖面有效面积，使排洪和灌溉能力有所下降，并使水体受到直接污染，严重危害水生生物的生存条件，并影响水资源的充分利用；将固体废物排入大海，也有一定的危害性，基本同上，只是由于海洋的环境容量较大，其生态平衡变化不大或尚未被发觉，对人体的危害和生态平衡的影响还不明显，而且人们现在对于向海洋倾倒废物所导致的后果尚未研究透彻，因此有些国家开始禁止向海洋倾倒垃圾。据有关资料表明，由于江河排进固体废物，20 世纪 80 年代的水面较之于 50 年代减少约 2000 多万亩（1 亩＝666.6m^2）。目前在不同地区每年仍有成千上万吨的固体废物直接倾入江湖之中，其所产生的严重后果是不言而喻的。

20 世纪 40 年代，美国胡克化学公司在尼亚加拉瀑布附近的腊芙运河的废河谷里，堆放了数以百计的废渣桶。1953 年该废运河被废渣填满后，在此修建中学和运动场，建起住宅区。后来发现这里有地面塌陷和患皮疹孩子增多等现象，纽约州卫生部门对居民健康作了调查，发现新生婴儿生理缺陷、头痛等发病率很高。1978 年，纽约环境保护部门对当地的空气、地下水和土壤进行监测，检测出六六六、氯苯、三氯乙烯、三氯苯酚等 82 种有毒化学物质，其中有 11 种是致癌物。该年 8 月，当时的美国总统卡特宣布腊芙运河地区处于“卫生紧急状态”，疏散居民、封闭住宅、关闭学校，使这个地区成为无人居住区，这就是震惊世界的“腊芙运河污染事件”。造成这起事件的凶手正是工业固体废物。

锦州市某铁合金厂的铬渣露天堆放，经雨水淋溶渗入土壤，污染了 70 多平方千米范围内的水域，800 多口井的井水不能饮用，为此前后共花费了几百万元才使污染得以控制。美国得克萨斯州一个废物公司的沙坑，由于废酸和含油废物的污染，周围 26 口水井水质变坏，发出恶臭，饮用后引起恶心和头痛。

不少国家直接将工业固体废物倾倒入河流、湖泊、海洋，严重污染、恶化了水质，减少了水面，甚至淤塞航道，引起水道阻滞和排洪困难。新中国成立初期，武汉地区 100 亩以上水面的大、中型湖泊还有 300 多个，犹如“珠落玉盘”散落武汉城郊，总面积在 1000 平方千米以上，可调蓄地表径流数十亿立方米。一段时期以来，由于生活垃圾、工业固体废物“就近填埋”和随意倾倒，到 1988 年，已有 100 多个大、中型湖泊从武汉市的地图上消失，所剩的湖泊水面不足 400 平方千米，调蓄地表径流的能力不足 40 年前的 30%。每逢天降大雨，市区便积涝成灾，1981—1982 年，武汉地区连降暴雨造成内涝，直接经济损失达 5 亿元。

地中海的近况特别典型，沿岸 10 多个国家每年抛入地中海的工业固体废物超过 5 亿吨，其中大多为有害物质，包括重金属（汞、铅等）和碳氢化合物，地中海正在慢慢地死亡。第聂伯河、德涅斯特河和多瑙河每年将数百万吨的工业固体废料和农业垃圾带入黑海，专家预测，黑海若干年后将像咸海一样变成“死亡之海”。

如前所述，各种工业废物种类不同，成分差别很大，所以对于地下水的影响也不同，下面具体分析几类典型工业废物对地下水的影响。

1. 尾矿对地下水的影响

对尾矿的淋溶实验表明，其中有害成分包括 Cu、Pb、Zn、Cd、Hg 等重金属和部分无机阴离子，如硫化物、无机氰化物等，对尾矿中库存水和溢流口的水质进行定期监测结果表明，不但检出上述污染物质，而且这些污染物质时有超过国家废水排放标准的现象发生，下面从尾矿库周围的地下观测井的定期监测资料来进一步分析污染物对地下水的影响，某座尾矿库建库 10 年，周围地下观测井水质变化情况见表 1-25。

表 1-25 尾矿周围地下观测井水质对比情况 单位：mg/L

项目	Cu	Pb	Zn	Cd	Hg	Cl	CN
1986 年本底值	0.006	0.001	0.02	0.0000	0.00004	239	未检出
1996 年本底值	0.052	0.027	0.21	0.0000	0.00090	432	0.005
10 年增长量	0.046	0.026	0.19	0.0000	0.00086	193	0.005

以上两组数据对比可见，污染物扩散虽然缓慢，但地下水受到的污染是比较明显的。

2. 无机氰化废渣对地下水的影响

冶金采选中产生的大量硫精矿渣，因含硫量很高而被化工行业作为生产硫酸的原料，这部分硫精矿渣以半固态形式运输到露天的晾点晾晒，据监测，其中有毒氰化物含量在90mg/kg 左右，Cu、Pb 等金属离子含量也相当高，污染物风干、雨淋，特别在汛期，随雨水冲淋下侵，据监测，晾晒点周围 300m 以内地下井水中有氰化物检出。

3. 炉渣、粉煤灰及其他污染物对地下水的影响

发电厂采用湿法除灰，但粉煤灰及炉渣中污染物质在水力输运和储灰场储存过程中，被淋溶后进入水体，其中 pH 值、总硬度、氟化物均达到或超过地下水指标，其他种类的固体废物也对地下水产生了不同程度的影响。

由此可见，工业固体废物在产生、储存、堆积、处理、处置过程中都可能释放大量污染物质进入环境而污染水体。因此，控制工业固体废物对水体的污染有利于保护水体环境。

四、大气污染

堆放的固体废物中的细微颗粒、粉尘等可随风飞扬，进入大气并扩散到很远的地方；一些有机固体废物在适宜的温度和湿度下还可发生生物降解，释放出沼气，在一定程度上消耗其上层空间的氧气，使种植物衰败；有毒有害废物还可发生化学反应产生有毒气体，扩散到大气中危害人体健康。

焚烧作为一种废物处理法，可以导致二次污染，已成为有些国家大气污染的主要源泉之一。据报道美国废物焚烧炉约有 2/3 由于缺少空气净化装置而污染大气，有的露天焚烧炉排出的粉尘在接近地面处的浓度达到 $0.56g/m^3$。特别是最近发现焚烧垃圾可以产生致癌物质二噁英，因此对固废进行处置时要注意二次污染问题。

工业固体废物对大气的污染，主要表现在：固体废物中的尾矿、粉煤灰、干泥和垃圾中的尘粒随风进入大气中，直接影响大气能见度和人的身体健康，成为粉尘污染的主要来源；工业固体废物中的有机物受日晒、风吹和雨淋的作用，会分解产生恶臭毒气，从而造成大气污染；废物在焚烧时所产生的毒气和恶臭，也直接影响大气质量。

如飞扬的粉煤灰、工业粉尘、干泥等，加重了大气的污染。煤矸石、粉煤灰等固体废物中煤因贮存管理不当极易氧化，甚至会自燃，产生大量对人体和周围环境有害的硫氧化物和氮氧化物。而且，由自燃引起的火灾往往还很难扑灭，极易导致事故的发生。美国有 3/4 的固体废物堆积体散发臭气，造成大气污染；华盛顿附近有一固体废物堆燃烧达 20 多年，成为远近闻名的“火焰山”；美国长岛的一个垃圾场填埋含氯乙烯的污泥，具有强烈致癌作用的氯乙烯从填埋场挥发到大气中，使得附近一所小学关闭。

固体废物填埋场释放的气体是温室效应的主要根源。填埋场的污染主要是由有机固体废物生物分解造成的。1t 混合固体垃圾产生 $300m^3$ 的有机气体，其中甲烷的含量为 55%～65%。从全球角度讲，填埋气体是温室气体的主要来源。如果有机气体得以应用来取代石化能源，那么可再生的二氧化碳就可以取代石化燃烧产生的二氧化碳。1800—1993 年期间大

气中甲烷的含量从 0.8×10^{-6} 上升到 1.89×10^{-6}，并有继续上升的趋势。1995 年世界气候变化小组的数字表明垃圾处置中所排放的气体占到温室气体的 5.9%，成为一种主要的温室气体。工业固体废物管理成为各欧盟成员国过去 20 年的主要课题，奥地利、德国和芬兰等国家已经采取了有效的措施实施综合性固体废物管理政策。

五、对动植物和人体的危害

工业固体废物由于其中含有大量重金属和有机污染物，对动植物生长发育以及人体健康构成很大危害。

以下具体介绍几类含重金属工业固体废物对动植物和人体的危害。

1. 含汞废物的危害

汞（Hg）是毒性较大的重金属元素之一，因而也是对动植物生长发育和人类健康造成极大危害的环境污染元素。

汞的沸点为 356.58～356.95℃。但在 0℃ 就有一定的汞蒸气，20℃ 时汞蒸气压为 0.0013mmHg 柱。这种汞蒸气吸入人体会产生慢性中毒，如牙齿动摇、毛发脱落和神经错乱等。空气中汞蒸气的最大允许浓度为 $0.1mg/m^3$。

作为植物、动物、微生物和人体的最重要的有毒元素，汞在土壤中的存在也就意味着可能产生不利于生物生长、发育、繁殖及进化的效应以及促使生态系统产生结构和功能上的变化。不论是从植物和动物体内摄取的汞，还是直接来自于土壤中的汞，都对人体健康产生危害。这已由一些人体汞中毒的例子所佐证。

汞化合物侵入人体，被血液吸收后可迅速弥散到全身各组织器官。血液和组织中蛋白质的巯基与汞迅速结合，并逐步将汞集中到肝脏和肾脏组织中。据报道，无机汞在人体内的分布主要是肾＞肝＞脾＞甲状腺＞头发，而有机汞在人体内的分布则是肝＞肾＞脑组织和睾丸＞其他组织。

人体汞中毒的症状是疲乏、多汗、头痛以及易怒，随即是战栗，手指和脚趾失去感觉，视力模糊及肌肉协调萎靡，出现运动失调，听觉损害和语言障碍等。但是，轻微的人体汞中毒很难察觉，特别是当汞浓度很低对智力和行为仅产生轻微的影响时，确定汞是否为真正的祸因更是困难。

2. 含铅废物的危害

铅非生物必需元素，至今尚未发现它对人体的有益作用。人体含铅通常为 77mg 左右，主要分布在骨骼中，进入血液中的铅以可溶性磷酸氢铅、甘油磷酸铅等有机铅化合物存在，它们与蛋白质结合，在体内循环，可为软组织（肝、肾、脑、胰）等吸收，每人每日允许摄入量约为 420μg（FAO/WHO 标准）。许多国家的健康管理机构都已规定了一个血铅水平的指标，即＜10μg/dL（微克/分升，或微克/100 毫升），这一指标在医学定义上是不可接受的铅暴露水平。但对胎儿和初生婴儿，更低的暴露水平也可能产生不良影响。人们已建立了一个有关血液中铅浓度与特定毒性效应关系的内容充实的数据库系统，认为铅的毒性是随暴露的剂量和时间长短连续累计的。

铅可对许多人体器官和器官系统带来不良影响，特别是对于人胸、肾脏、生殖系统、心血管系统。这些影响表现为智力下降（尤其是在儿童学习方面引起明显问题）、肾损伤、不育、流产以及高血压，还可引起铅脑病、腹绞痛、多发性神经炎、溶血性贫血等。儿童对于铅的不良影响特别敏感。低水平暴露对于儿童产生的不良影响主要是对中枢神经系统功能与发育方面，并导致各种行为失常，如精神不能集中、不服从要求或命令、智商测验分数较低等。近期，英国研究者对 1979 年后铅和智商流行病学研究的报导进行了回顾，把 100 多个儿童测量的智商（IQ）作为血铅或牙铅水平的一个函数。基于对所有数据资料总的分析，他们得出如果人体血液中铅水平加倍（从 10μg/dL 升至 20μg/dL）将导致智商（IQ）平均下降 1～2 个点的结论。加州空气资源局（CARB）最近指出："成人收缩压和舒张压两者同时增加以及心血管疾病等症状与铅的暴露有关。"

此外，铅还可能是一种致癌物质。根据对铅致癌性的动物实验和人群研究，美国环保局认为铅是"可能人类致癌物"。大鼠、小鼠经口或皮的几种铅盐染毒后，其肾脏肿瘤的增高有统计意义，且结果有可重复性；短期实验也表明铅可影响基因表达。动物实验有"充足证据"证明铅是一种致癌物质。不过，虽然有人群流行病学调查资料证明某些铅暴露的工人癌症死亡率增高，但其暴露资料不完整，未提出铅的致癌强度系数，对人群的研究"证据有限"。

3. 含镍废物的危害

镍是不是植物的必需元素，目前尚无定论。尽管人们在镍对植物的生物功能方面尚未得出明确的结论，但适量的镍在植物生长中所起的有利作用已为人们所肯定。过量镍对植物有危害作用，最严重时可能导致整株坏死。

镍是动物必需的微量元素，它的原子结构使之能参与生物反应，各种生物体表现的白色，可能和镍有关。微量的镍能使胰岛素增加，血糖降低。因此，镍可能是胰岛素的一种辅基。

镍虽然是人体的微量元素，但并非必需元素。成人每天摄入 300～500mg 镍。调查结果表明，95%健康人尿镍范围为 0～11μg/L，平均为 4.4μg/L。

经口服摄入的金属镍和镍盐，一般是低毒的，对人体健康产生不利影响的镍主要来源于空气。镍经呼吸道吸入或皮肤吸收后，其影响程度受化学形态的支配，金属镍几乎没有急性毒性，一般镍盐具有毒性。

目前已经确认镍是致癌物质，中国规定车间空气中羟基镍的容许浓度为 0.001mg/m^3。

4. 含砷废物的危害

砷中毒时，常在摄入 30～60min 后出现症状，口眼中毒者，主要表现为消化系统症状，即腹痛、呕吐、水样或血性腹泻，吞咽困难，口腔及呕吐物有大蒜气味，重者会出现痉挛、心脏麻痹及急性肾功能衰竭等症而导致死亡。长期接触空气中的砷可引起鼻中隔穿孔等呼吸道症状，皮肤损害表现为角化过度、皮肤色素沉着，血液系统损害表现为贫血、粒细胞减少。长期接触砷可引起末梢血管循环不良。妇女在妊娠期间长期与砷接触可导致畸胎。

5. 氰化物废物的危害

氰化物的急性中毒多见于误服，氰化物进入人体后可被迅速吸收入血，在血液中氰化物与红细胞中的氧化型细胞色素氧化酶结合，并阻碍其还原，使生物体内的氧化还原反应不能进行，造成细胞窒息、组织缺氧，出现神经性呼吸衰竭，是氰化物急性中毒致死的主要原因。氰化物的慢性中毒多为吸入性中毒，一方面氰化物使神经系统发生细胞退行性变，产生头痛、头晕、动作不协调等症状；另一方面氰化物的代谢产物硫氰化物在体内蓄积，妨碍甲状腺素的合成，引起甲状腺功能低下。

综上所述，各种工业固体废物对于人体健康和动植物生长、发育的危害相比于城市生活垃圾更加严重。

六、工业固体废物的其他危害

工业固体废渣在城市堆放，既妨碍市容，又容易传染疾病。在城市下水道污泥中，可以检测出800多种菌种、100多种病毒，这些病原微生物可在固体废物中存活数天、数月，甚至数年之久。由于工业固体废物危害的潜伏期较长，有时候短时间内不易觉察，所以能长期地威胁着人体健康。

此外，由于部分危险废物没有得到严格管制，有相当一部分的工业固体废物和危险废物被混入生活垃圾一并处理，不仅对环境造成污染，而且存在潜在的环境安全隐患。

工业固体废物污染不仅对人类自身及其赖以生存的自然环境造成危害，而且对经济发展也产生很大的制约作用。例如，工业固体废物的直接污染及其带来的二次污染，给农业、林业、畜牧业带来很大损失，致使一些要求严格的食品加工业由于农畜产品不过关而无法上线；一些精密仪器和高纯度的劳动加工业无法开展；同时，没有一个良好的自然环境就无法吸引大量的外资、外商。此外，工业固体废物还会制约旅游业的发展。近年来，旅游业已成为地方一个新的经济增长点，但地方政府开发旅游资源的时候，往往只注意交通和基础设施，却忽视对工业固体废物污染的预防和环境保护，致使游客少，效益不佳。

工业固体废物引起的环境污染纠纷增多，已成为影响社会稳定的负面因素。

第四节　工业固体废物的处理与资源化

一、工业固体废物的处理

随着社会经济的迅速发展，工业废渣日益增多，它不仅对城市环境造成巨大压力，而且限制了城市的发展。因此，从环保角度考虑，这些固体废渣的处理显得尤为重要。对固体废渣实行管理与控制是一项复杂的系统工程。发达国家对固体废渣的污染控制和管理已经取得很大进展，并积累了丰富的经验，逐步形成对固体废渣全过程的管理模式，即对固体废渣从产生、收集、运输、存储、处理、处置等全过程的各个环节做到整体控制，使固体废渣从产生到处置的全过程达到管理标准化、规范化。进一步说，全过程管理首先是进行固体废渣最小量化，通过工艺流程的改造，使生产过程中排出尽可能少的废渣，然后对此废渣进行综合利用，尽可能使其资源化；在此基础上，对废渣进行最终的处理、处置。

目前，固体废渣处理技术水平低，资金缺乏，收费制度尚未建立，要建成一整套管理体系还需在实践中反复摸索、探讨。因此，开发适合中国特点的固体废渣处理技术体系十分必要。

固体废物的污染控制与其他环境问题一样，经历了从简单处理到全面管理的发展过程。在早期，世界各国都注重末端治理，提出了资源化、减量化和无害化的“三化”原则。在经历了许多教训之后，人们越来越意识到对其进行首端控制的重要性，于是出现了“Cradle-to-Grave”的新概念。目前，在世界范围内取得共识的基本对策是避免产生（Clean）、综合作用（Cycle）、妥善处理（Control）的所谓“3C原则”。

依据上述原则，固体废物从产生到处置的过程可以分为5个连续或不连续的环节。

① 废物的产生：在这一环节应大力提倡清洁生产技术，通过改变原材料、改进生产工艺或更换产品，力求减少或避免废物的产生。

② 系统内部的回收利用：对生产过程中产生的废物，应推行系统内的回收利用，尽量减少废物外排。

③ 系统外的综合利用：对于从生产过程中排出的废物，通过系统外的废物交换、物质转化、再加工等措施，实现其综合利用。

④ 无害化/稳定化处理：对于那些不可避免且难以实现综合利用的废物，则通过无害化、稳定化处理，破坏或消除有害成分。为了便于后续管理，还应对废物进行压缩、脱水等减容减量处理。

⑤ 最终处置与监控：最终处置作为固体废物的归宿，必须保证其安全、可靠，并应长期对其监控，确保不对环境和人类造成危害。

对应上述第②～⑤环节，现在各地一般采用集中与分散相结合的工业固废处理处置系统。

集中处理处置就是针对工厂企业产生的不能利用或产生量少、自身又无法治理的工业固废提供安全、妥善的处理处置技术和途径，以有效控制和消除危害。集中处理处置方式可分为四种技术：综合利用技术、焚烧技术、填埋处置技术、稳定化/固化技术。

分散处理处置方式是指有处理处置废物能力的工厂企业，在环保业务主管部门的监督指导下，因地制宜，根据各自行业特点，将产生的固废在系统内或系统外进行各种处理处置。

下面就集中处理方式中的几种主要技术作简单介绍。

(1) 综合利用技术　综合利用是实现固体废物资源化、减量化的最重要手段之一，在废物进入环境之前，对其加以回收利用，可以大大减轻后续处理处置的负荷，应放在固体废物处理处置技术体系建立过程的首要位置。近年来，中国加强重视固体废物综合利用，综合利用率有明显增加。2009 年工业废物综合利用量达 138185 万吨，利用率比 2008 年增加近 10%。

通过集中收集，对不同种类的工业固废采用不同的回收技术，有计划、有步骤地开展固废的综合利用。如对工业废物采用人工和气流、磁力等分选法进行回收利用；通过蒸馏方法回收废有机溶剂、废丙酮等；感光材料生产中的废胶片可用洗涤液将涂层洗脱后回收废片和白银；对污泥类、废食品渣、畜禽粪等，可采用集中速效堆肥技术生产农用肥和颗粒复合肥；可通过不同工艺将大量的粉煤灰、煤渣等开发制作水泥、烧结砖、蒸养砖、混凝土、墙体材料等建材，也可将粉煤灰用作农业肥料和土壤改良剂；对废橡胶可采用物理和化学处理方法制作再生橡胶或通过高温热解方法生产液态油和炭黑；开发煤矸石代替燃料，回收热能；利用电镀污泥回收重金属。

(2) 焚烧技术　一般有毒、高能量的有机工业废物采用焚烧处理。正常操作时，固体废渣由仓库用叉车及皮带输送到焚烧炉内。废渣在炉内经过三个区进行焚烧处理：一区为干燥区，将废渣的表面水分蒸发掉；二区为燃烧区，使废渣开始燃烧进行热分解，并聚集成高热量，释放出废渣中的挥发组分；三区为燃尽区，将废渣烧尽，形成灰渣。

焚烧用的空气由鼓风机提供，风量通过测定炉内的含氧量来控制。空气的进入要适量，如空气量不足，则废渣燃烧不充分，产生黑烟；如空气量过大，则导致炉温降低，同样影响焚烧效果。焚烧炉焚烧产生的灰渣在炉尾落进湿式出渣机中，定期排出。有机物中含有的氯、溴、碘燃烧时生成 HCl、HBr、HI，还有游离的 Br_2 和 I_2，生成游离卤素的量与烟气中的水蒸气含量有关。卤素被烟气中足量的 SO_2 还原为卤化物，产生的烟气进入二次燃烧炉。

在二次燃烧炉中，再次喷入燃料油和空气焚烧，此时温度可达 1100～1200℃，以进一步除去烟气中的有害物质。从焚烧炉底部排出的固体残渣送到填埋场填埋。由二次燃烧炉出来的烟气经废热锅炉回收热能，使烟气温度降低并产生过热蒸汽送到用户。回收热量后的烟气进入冷却塔，用水喷淋冷却，分离粉尘、HCl 及 HF 后进入吸收塔，用配制的 NaOH、$NaHSO_3$ 吸收烟气中的 SO_2、碘和溴。吸收后的烟气进入烟气分离器，分出水分后，由引风机将烟气抽入烟囱排至大气。吸收产生的废水排入污水处理系统，经处理达标后排放。

焚烧法具有显著的减容、稳定和无害化效果，目前发展比较快。但此法也有明显的缺点，不仅一次性投资较大，还存在操作运行费用高、热值低等问题，而且焚烧过程中产生了导致二次污染的多种有害物质与有害气体。

(3) 填埋处置技术　填埋处置技术是工业固体废物的无害化处理方式。根据不同有害废物的特点，采用不同的填埋方法。一般工业固体废物填埋场的修建可参照城市生活垃圾卫生填埋场的建设标准。

对填埋物的要求：所填埋废渣的含湿量、固体含量、渗透率等不影响废渣本身的长期稳定性；对毒性较大的废弃物要经过妥善的预处理后才可送填埋场处置，对具有特殊毒性及放射性的废弃物严禁填埋；两种或两种以上废弃物混合时应是相容的，不会发生反应、燃烧、爆炸或放出有害气体；对生产区产生的垃圾、施工残土、锅炉灰渣等不含有毒有害污染物质的废弃物，不得送入填埋场，需分类分别处理。

参照国内先进经验，并结合场地地质、地貌，对废渣防渗层的做法如下：自然地面黑色耕土挖出，上铺碎石灌沥青 2 层（每层厚 120mm），再铺 150mm 厚的沥青混凝土，并采用 3000mm×3000mm 分格，缝内灌沥青玛瑞脂，缝宽 30mm，共计 390mm 厚。防渗层做完后向场内填埋 600mm 废渣，然后填 300mm 黏土层碾压，依次类推，直到填满整个填埋场。

渗滤液收集系统的具体设置需注意以下几点。

① 防渗层具有 1%的坡度，使渗滤液凭借重力即可沿坡度流入集液地点。

② 在防渗层的低洼地段可设置多孔管排水系统，以便渗滤液能更快地汇集到集液地点。

③ 渗滤液收集后流入污水管线，排入污水处理厂。

填埋废渣经过微生物作用之后会产生废气，其主要成分有 CH_4、CO_2、H_2S 等，这些废气必须进行安全排放或收集、净化处理和利用。

排气设施可采用耐腐蚀性强的多孔玻璃钢管，根据地形垂直埋设于废渣层内，管四周填碎石，碎石用铁丝网或塑料网围住，围网外径为 1～1.5m，垂直向上的排气管设施随废渣层的填高而接长。导排气管收集废气的有效半径约 45m。

对填埋场的封场有以下要求。

① 填埋场填满之后，其上覆一层 200～300mm 厚的黏土，再覆盖 400～500mm 厚的自然土，并均匀压实。

② 在最终覆土之上加营养土 250mm，总覆土厚度在 1m 以上。

③ 封场顶面坡度不大于 33%。

在填埋场两侧的山坡需修建截洪沟，排除山坡雨水汇流，使场外径流不得进入填埋场内。截洪沟的设防能力按 25 年一遇的洪水量考虑。

填埋法建设和运行费用比较低，操作简单，但此法技术上的不完善所造成的环境问题仍很多。例如：废渣中的有机组分在填埋场厌氧环境中产生甲烷，增加了大气污染，并易引起甲烷爆炸事故；废渣受雨水淋滤或地下水的浸蚀，大量污染物进入地下水或地表水，造成水体的污染。另外，填埋场内产生的大量渗滤液的成分复杂，有害物质浓度高，必须进行处理方可排入水体。

一般认为填埋法比较适合中国国情，但此法还有待进一步完善与提高。

(4) 稳定化/固化技术　固体废物的稳定化/固化在区域性集中管理系统中占有举足轻重的地位。经其他无害化、减量化处理的废物，都要全部或部分地经过稳定化/固化处理后，才能进行最终处置或加以利用。目前已经应用和正在开发的稳定化/固化技术有：水泥固化、石灰固化、熔融固化、热塑性固化、自胶结固化、化学药剂稳定化等。其中水泥固化工艺简单，成本低，是最常用的危险废物稳定剂。

工业发达国家从20世纪50年代初期开始研究水泥固化处理放射性废物，后来又研究出沥青固化、玻璃固化等方法。目前，这些方法已被广泛采用，并积累了大量经验。进入70年代后，随着各类污染事故的发生，人们开始重视危险废物的污染控制，这些方法又被用于电镀污泥等的无害化处理，并取得令人满意的效果。美国80年代颁布和修改的固体废物管理法规为稳定化/固化技术的应用提供了指导性文件，水泥固化、石灰固化等技术被广泛用于危险废物的处理。从其技术现状来看，主要是采用无机胶结剂处理重金属废物，正在运行的处理系统大部分仍采用以水泥和石灰为基材的工艺方法，有机固化工艺由于高成本和高能耗，其推广和应用受到一定限制，仍局限在放射性废物的处理。今后的发展方向是开发处理有机物和以非传统方法处理重金属废物的技术。

日本由于人口密集、国土狭窄，固体废物处理处置领域一直重点强调减量化，这一点在稳定化/固化技术的发展过程中也同样得到了体现。在现行管理法规中规定的稳定化/固化技术，除了传统的水泥固化仍在应用外，其他技术均考虑了减量化的因素。20世纪70年代初，日本在焚烧基础上开始研究熔融固化技术，并在80年代得到推广应用。近年来，针对传统固化工艺增容比大的特点，又研究开发了化学药剂稳定化技术，并部分得到应用。

国内的稳定化/固化技术研究也是从放射性废物处理起步的。清华大学环境工程系和核能研究院在这方面做了大量工作，尤其在水泥和沥青固化方面积累了许多经验。进入20世纪80年代，这些成果被用于危险废物处理，并对其他稳定化/固化技术进行了尝试，如自胶结固化、药剂稳定化等。在深圳市爆炸废物安全处理处置工程中，清华大学首次将药剂稳定化技术用于实际工程，并取得良好效果。主要污染物——砷、氟、钡、有机磷等全部达到规定的入场控制标准，为特殊废物的无害化处理积累了宝贵经验。该领域今后应该从区域性集中处理处置的角度出发，在对各种稳定化/固化方法进行技术经济分析的基础上，筛选出适合中国国情的技术路线，并针对不同的废物特性，开展工艺、技术和设备研究。传统的固化技术由于固化基材的添加量大，使得废物增容比较大，给后续处理带来诸多技术和经费上的问题，同时，这些传统技术已有较长的应用历史，经验成熟。因此，今后的研究重点应放在开发新型化学药剂稳定化技术和设备，筛选和研制高效稳定化药剂，在对废物进行无害化处理的同时，实现其最小量化。

二、工业固体废物的资源化价值

工业固体废物是人们在生产过程中利用了矿物等原材料中对特定工艺有益的物质而剩下来的部分，其中仍蕴藏有大量资源。

首先，多数工业固体废物中仍含有非常高含量的贵金属等。表1-26～表1-29中列出了一些典型工业固体废物中的化学成分。

表1-26 典型砷碱渣的化学成分 单位：%

名称	Sb	As	Na_2CO_3	Na_2SO_4	Na_2S	H_2O	其他
砷碱渣	40.72	24.9	27.95	6.01	2.57	2.44	<0.5

表1-27 典型赤泥的化学成分 单位：%

名称	Al_2O_3	SiO_2	CaO	Fe_2O_3	Na_2O	TiO_2	K_2O	P_2O_5	B
烧结法赤泥(1)	5～7	19～22	44～48	8～12	2～2.5	2～2.5	—	—	—
联合法赤泥(2)	5.4～7.5	20～20.5	44～47	6.1～7.5	2.8～3.0	6.0～7.7	0.5～0.7	—	—
拜耳法赤泥(3)	21.6	14.0	31.0	3.1	4.5	—	—	—	—
赤泥(4)	7.0	28.0	48.0	8～10	2.5	2.5	0.5	0.5	0.03

表 1-28 铜阳极泥的化学成分 单位：%

厂别	Au	Ag	Cu	Pb	Bi	Ni	Se	Te	SiO_2	As	Sb
1	0.60	10.6	21.6	10.0	0.62	—	3.5	0.51	—	4.2	20.6
2	0.80	18.8	0.5	12.0	0.77	2.8	1.3	0.50	11.5	3.1	11.5
3	0.49	15.5	15.0	4.5	2.3	1.6	3.1	0.03	—	6.5	10.2
4	0.19	17.5	12.8	9.3	0.41	—	2.1	0.91	15.05	—	—
5	0.24	12.5	27.4	—	—	1.6	12.8	0.21	—	—	—
6	0.02	7.0	29.0	4.0	0.50	0.05	0.75	—	2.5	2.0	1.5

表 1-29 铅阳极泥的化学成分 单位：%

厂别	Pb	Bi	Au	Ag	Tc	Sb	Cu	As	Sc
1	8～10	5～8	0.32	15.4	0.43	45～55	0.60	2～3	微～0.2
2	8～10	约 12	0.05	10.3	0.43	20～30	0.83	12～13	0.2
3	20	10	0.02	5.0	—	18	0.80	<1	—

由表 1-26～表 1-29 可以看出，有关废渣的主要化学组成为原生矿石的伴生组分以及不同冶炼方法需要加入的溶剂组分。这些废渣中普遍含有有用的金属组分或者富含某些非金属组分。废渣中主要组分的含量变化，随着生产厂家的不同而有所不同。可以认为，大多废渣具有一定的资源化价值，关键是看是否有合适的技术可以进行再生利用。一些废渣中的金属元素含量甚至比该种金属的矿石品位还高，很有利用价值。例如，一些铅锌废渣中银的含量可达每吨数十克，一些铜渣中金的含量远远超过矿石的品位。

这些废渣的主要矿物成分除了与原生矿物中的矿物组成有关外，更主要的是在冶金过程中存在复杂的物理化学反应可能使之生成新的矿物。在高温条件下，成分复杂的原生矿石和材料彼此化合可以生成新的物质。

其次，由于目前生产工艺尚不够先进，废渣的产量是非常大的。如前所述，各种矿山开采的剥离层、坑道掘进的渣、石，如碎石、煤矸石等数量巨大。煤矸石是采煤和选煤过程中的排弃物，通常占采煤量的 5%～20%。每年煤矸石的排放量在 1.4 亿吨，历年的积存量已超过 20 亿吨。此外，中国是世界上第三大粉煤生产国，仅电力工业的年粉煤灰排放量已逾亿吨，但目前的利用率仅在 38%左右。

如果能对其加以利用，可以获得非常可观的环境效益和经济效益。如鞍钢的矿渣山经多年堆放，存积钢铁渣近 1 亿吨。这些废渣占地挤河，污染环境。为使渣山变废为宝，1985 年初，鞍钢将原来 8 个零散的渣山合并成立矿渣开发公司，改造了 8 条小型旧式磁选加工流水线，新建了 35 万吨、50 万吨和 240 万吨 3 条破碎磁选加工线，每年可回收钢铁原料 30 万吨，每年创利 200 多万元。

三、工业固体废物的资源化途径

资源短缺与生态环境恶化是当前人类社会发展的两大主要问题，受到普遍的关注与重视。环境污染归根结底是由于资源未能得到充分合理的利用。解决资源短缺和环境污染的根本出路在于使资源得到充分合理的利用，实现无废或少废的清洁生产工艺。然而，目前大多利用其主要有用组分，其他被弃为“废物”。因此，现阶段资源综合利用的主要表现形式是废弃物的再资源化。固体废物常被称为“放错地方的原料”，尤其在自然资源日趋匮乏的今天，将固体废物作为再生资源进一步利用，具有很高的社会效益、环境效益和经济效益。

开展资源综合利用是中国国民经济与社会发展的一项重大经济技术政策和长远的战略方针，是节约资源、治理污染、保护环境、实现可持续发展的现实选择与重要措施，是提高经济增长的质量和效益、促进经济增长方式转变、实现资源优化配置的有效途径，也是实现固体废物资源化与减量化的最重要手段。

工业固体废物的综合利用是防止环境污染的最根本的方法。综合利用就是通过回收、加工、循环使用等方式，从工业固体废物中提取或者使它转化为可以利用的资源、能源和其他材料的活动，如利用工业固体废物制作建筑材料，从工业固体废物中回收能源、回收有用的物资等，这是当前和今后大力发展的方向。特别是近 20～30 年来，环境问题日益尖锐，资源日益短缺，工业固体废物综合利用也越来越引起人们的重视。

在综合利用途径和项目的选择上必须遵循的原则是：投资少、用废量大、见效快；技术上成熟、易于掌握和推广应用；用量虽小，但具有明显的经济效益；产品具有市场竞争能力或具有明显社会环境效益。目前，消纳和综合利用固体废物的途径主要有以下几项。

1. 生产建材

工业固体废物是指在工业、交通等生产活动中产生的固体废物，主要包括各种金属、能源及非金属矿开采、选矿、金属冶炼、电力、化工生产等大量产生、排放的各种固体废弃物，其大部分为硅酸盐、铝酸盐、硫酸盐、碳酸盐等类物质。而建筑材料大多是由硅酸盐、碳酸盐、硫酸盐、铝酸盐物质制成的材料。因此，通过科学的方法和途径，大部分工业固体废物具备生产建筑材料的潜能。

① 煤矸石综合利用的途径较多，在制造建筑材料方面，依据其化学成分和工艺性能，可选择烧制砌砖，也可以替代黏土烧制硅酸盐熟料，或生产无熟料水泥。

② 各种矿产选矿的尾矿，如铁、铝、铜、铅、锌、锑、锰、钾、钠、矾、镁及各种稀土、非金属矿尾矿等。华南理工大学材料学院利用冶炼锌铅湿废渣替代 20％的黏土及 50％的铁粉原料生产优质普通硅酸盐水泥。赵爱琴利用金属镁厂提炼镁时排出的镁渣，将其直接磨细后与一定比例的磨细矿渣混合，在复合激发剂作用下，配制胶结料生产各种新型墙体材料，具有工艺简单、节省能源、制成的墙体材料密度小、强度高、耐久性好等优点。

③ 冶炼渣，如炼铁高炉矿渣、钢渣、铜渣、铅锌渣等各种金属冶炼渣。蒋元海利用苏州钢铁厂、苏州望亭发电厂每年排放的大量废钢渣（集料）和粉煤灰，加入市售的石灰、消石灰和水泥生产免蒸免烧砖（100～150 号），砖的性能稳定，抗冻性能良好，后期强度仍不断增加，可用作工业与民用建筑中的承重墙体材料。同济大学研究了用磨细钢渣替代 50％熟料生产 525 号水泥。生产生态水泥是保护环境并使废弃物再资源化的一条有效途径。

④ 化工生产，如碱渣、制酸渣、磷石膏、氟石膏等。磷石膏、氟石膏、排烟脱硫石膏等废渣可替代天然石膏生产石膏板、石膏砌块等。

⑤ 电力工业废物，如粉煤灰、炉底渣等。粉煤灰是以煤为燃料的发电厂的工业废弃料。粉煤灰广泛应用于软路基处理、添筑路堤、桥梁或路面水泥混凝土掺合料、路面基层结合料、压浆处理路基、路面等公路工程以及制造粉煤灰水泥等。事实上，粉煤灰经适当处理后，可制造价值更高的若干墙体材料，如高性能混凝土砌块、压蒸纤维增强粉煤灰水泥墙板、加气混凝土砌块与条板等。

综上所述，各类工业废渣如粉煤灰、煤矸石、矿渣、炉渣、页岩等废弃物均可作为基料，制造空心砖、实心砖、砌块等产品以取代黏土砖，或采取不同的处理方式制造生态水泥。这两种方式可以大量消耗固体废物，且技术易于掌握，造价较低，有利于大规模推广应用。当然在固体废物的处置上增加技术含量、提高产品价值、提高性能是发展的重要方向。

利用固体废物生产建材前景非常广阔，优点是：

① 耗渣量大，具有较好的社会与经济效益。例如，贵州省1990年生产各类建筑用砖26.42亿块，其中黏土砖为2.83亿块，若有1/3的黏土砖即9亿块掺用30%的粉煤灰，则全年用灰62.1万吨，即可少毁农田162亩（平均按取土深5m计），节约标煤4.5万吨以上。

② 投资少，见效快，产品质量高，市场前景好。

③ 能耗低，节省原材料，不产生二次污染。

④ 可生产的产品种类繁多，如作水泥原料与配料、掺合料、缓凝剂，墙体材料、混凝土的混合料与骨料、加气混凝土、砂浆、砌块、装饰材料、保温材料、矿渣棉、轻质骨料、铸石、微晶玻璃等。

2. 回收或利用其中的有用组分

开发新产品，取代某些工业原料：如煤矸石沸腾炉发电，洗矸泥炼焦、作工业或民用燃料，钢渣作冶炼熔剂，硫铁矿烧渣炼铁、赤泥塑料，开发新型聚合物基、陶瓷基与金属基的废弃物复合材料，从烟尘和赤泥中提取Ca与K等，能起到节约原材料、降低能耗、提高经济效益的目的。

3. 提取各种有价金属

有色金属渣中往往含有其他金属，如金、银、钴、镍等，有的金属含量可达到工业矿床的品位，甚至超过很多倍，有些矿渣回收稀有贵重金属的价值超过主金属的价值，把这些有价金属提取出来是固体废物重要的利用途径。

4. 筑路、筑坝与回填

投资少，用量大，技术成熟，易推广。美国、英国、法国、德国、波兰等国在这方面的粉煤灰综合利用量占50%～70%，中国不少地方也做得比较好，筑1km公路用灰可达几万吨。有的地方回填后覆土，还可开辟为耕地、林地或进行住宅建设。贵阳发电厂由于在这方面做得好，被评为全国粉煤灰综合利用先进单位。只要在经济上可行的运输距离范围内，应大力提倡。

5. 生产农肥和土壤改良

许多工业固体废物含有较高的硅、钙以及各种微量元素，有些还含磷和其他有用组分，可作为农业肥料使用。如利用粉煤灰、炉渣、钢渣、黄磷渣和赤泥及铁合金渣等制作硅钙肥，铬渣制造钙镁磷肥等，施于农田均具有较好的肥效，不但可提供农作物所需的营养元素，还有改良土壤的作用，使作物增产，同时还改善植物吸收磷的能力，有的固体废物可作为石灰的补充来源。但必须注意的是要严格检验这些固体废物是否有毒。另外施用废渣要因地制宜，避免农田板结。

第五节　工业固体废物的管理及管理体系

一、工业废物的分类管理

中国固体废物分类管理工作的主要依据是《中华人民共和国固体废物污染环境防治法》，规定“国务院环境保护行政主管部门对全国固体废物污染环境的防治工作实施统一监督管理，国务院有关部门在各自的职责范围内负责固体废物污染环境防治的监督管理工作”。相关部门根据实际工作需要建立了相应的固体废物分类标准或分类目录。依据产生源和对环境的危害程度，将固体废物分为工业固体废物、危险废物和生活垃圾。

目前，生活垃圾、危险废物及医疗废物都已建立了各自的分类目录，例如《国家危险废物名录》共列举了 49 类 400 种废物，并建立了废物代码信息。工业固体废物的分类目录，是根据排放污染物申报登记、环境统计、污染源普查以及大、中城市固体废物环境防治信息发布等实际工作需要来制定的分类统计目录，将工业固体废物分为 99 类。

二、工业危险废物的全过程管理

目前固体废物环境管理工作的重点是危险废物、危险化学品的监管。危险废物中绝大部分是工业废物，种类和产生量与生产工艺有关。危险废物的全过程管理，即对废物产生、收集、运输、贮存、循环、利用、无害处理以及最终无害化处置等环节的管理，其优先序列为最小量化、废物回收利用、废物的环境无害化处置。通过严格执行危险废物申报登记、转移联单、经营许可证、行政代执行、交换管理等制度，切实做到对危险废物从产生到最终处置的“从摇篮到坟墓”的全过程环境监管。工业固体废物“从摇篮到坟墓”的管理控制体系见图 1-5。

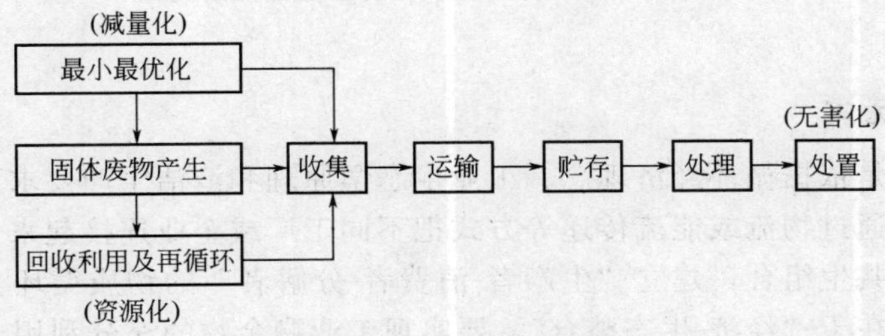

图 1-5 工业固体废物“从摇篮到坟墓”的管理控制体系

危险废物产生单位按照国家有关规定，建立危险废物台账，跟踪记录危险废物在产生单位内部运转的整个流程，制定危险废物内部流转管理计划，并向所在地县级以上地方人民政府环境保护行政主管部门申报危险废物的种类、产生量、流向、贮存、处置等有关资料，定期向所辖地环保机构申报登记。在转移危险废物前，须按照国家有关规定报批危险废物转移计划，经批准后，向移出地环境保护行政主管部门申请领取废物转移联单。

危险废物产生单位，必须制定危险废物突发事故的应急预案，应急预案包括：危险废物的性状，如形态、粒度、pH 值、闪点、易燃性、爆炸性、腐蚀性、反应性等；危险废物主要成分的化学方程式；危险废物在贮存期间、运输过程中可能发生的污染事故急救措施和防护措施等。

危险废物处置单位包括垃圾处理场、危险废物集中处置厂、医疗废物集中处置厂和其他固体废物专业处置单位等，从事收集、利用、贮存、处置危险废物经营活动的单位，必须按照国家有关法律法规申请领取危险废物经营许可证，危险废物收集经营许可证。在接收、贮存和处置废物的过程中应对废物进行严格控制，具体控制流程如图 1-6 所示。

三、工业危险废物的静脉产业实施途径

静脉产业（资源再生利用产业）是以保障环境安全为前提，以节约资源、保护环境为目的，运用先进的技术，将生产和消费过程中产生的废物转化为可重新利用的资源和产品，实现各类废物的再利用和资源化的产业，包括废物转化为再生资源及将再生资源加工为产品两

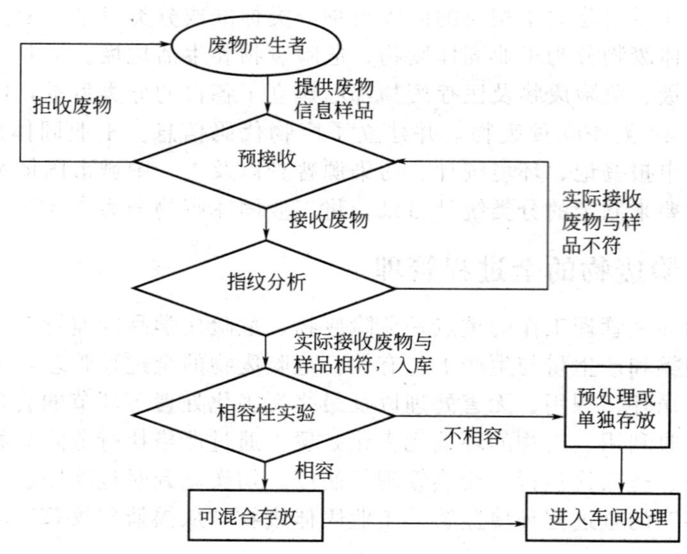

图 1-6　危险废物处置单位的全过程控制流程

个过程。

1. 工业共生体系

工业共生体系是依据循环经济理念、工业生态学原理和清洁生产要求而设计建立的一种新型工业体系。它通过物流或能流传递等方式把不同工厂或企业连接起来，形成共享资源和互换副产品的产业共生组合，建立“生产者-消费者-分解者”的物质循环方式，产业共生系统的标志性特征就在于“经济-生态整合”，要实现工业剩余物的充分利用。从工业生态学角度考察，一个共生体系中可分为以下 3 类产业：前导产业、传递产业和末端产业。

前导产业，主要指产业共生体系中位于“工业食物链”最基础地位的产业。这类产业成为工业食物链的最原始供应者。传递产业，在整个工业食物链中起着承上启下的作用，这类产业既吸收前导产业所产生的工业剩余物，又将自身工业剩余物传递给下游产业。由于这两类产业都具有一定的主动性，因而归纳为主动产业。末端产业位于工业食物链的末端，其产业资源、产品种类以及生产工艺直接取决于主动产业，而末端产业的副产品以及剩余物则影响到外部自然环境。这类产业在生产中对资源、生产方向的选择没有自主性，因而我们可以将这类产业称为被动产业。

主动产业和被动产业之间存在着非常明确的剩余物的流动关系。各产业进行合作，以使资源得到最优化利用，特别是相互利用废料（一个产业的废料作为另一个产业的原料）不满足于简单的一来一往的资源循环，而旨在系统地使一个地区总体资源增值。同时，产业的这种生态型划分是相对的，在不同的历史阶段和不同的工业食物链中，各产业的地位可以相互转换。

2. 静脉产业体系

针对各类废弃物的收集运输、分类、分解、资源化或最终处理的过程称为静脉产业。静脉产业（Venous Industry）一词最早是由日本学者提出，即将上游生产和消费过程中产生的废物转化成为可重新利用的资源和产品，实现各类废物再利用和资源化的产业。

城市静脉产业发展模式需要以生产者责任延伸（EPR）制度为依据。根据联合国经济合作与发展组织在《EPR 框架报告》中对生产者责任延伸制度的定义，生产者责任延伸是指产品的生产商和进口商必须对其产品在整个生命周期中对环境的影响负大部分责任，包括原材料选取和产品设计的上游影响，生产过程的中游影响以及产品消费后回收处理、处置的下游影响。静脉产业类生态工业园区是以从事静脉产业生产的企业为主体建设的生态工业园区，实现经济系统“资源能源消耗低、环境污染负荷小、经济社会效益高”的发展模式，通过把废物再次变成资源以减少末端处理负荷。

2006 年 6 月 2 日，原国家环境保护总局正式批准了《静脉产业类生态工业园区标准（试行）》（HJ/T 275—2006），规定了静脉产业类生态工业园区验收的基本条件和指标，用于指导城市静脉产业类生态工业园区的建设。国家循环经济试点重点领域见表 1-30。

表 1-30 国家循环经济试点重点领域

领域		试点单位
第一批	再生资源回收利用体系建设	北京市朝阳区中兴再生资源回收利用公司、石家庄市物资回收总公司、吉林省吉林市再生资源集散市场、湖南汨罗再生资源集散市场、广东清远再生资源集散市场、深圳报业集团
	废旧金属再生利用	天津大通铜业有限公司、上海新格有色金属有限公司、河南豫光金铅集团有限责任公司、江苏春兴合金集团有限公司、深圳东江环保公司、广东新会双水拆船钢铁有限公司
	废旧家电回收利用	浙江省、青岛市、广东贵屿镇
	再制造	济南复强动力有限公司、北京金运通大型轮胎翻修厂
第二批	再生资源加工利用基地	天津子牙工业园、河南省大周镇再生金属回收加工区、辽宁省沈阳市再生资源产业基地、江苏省吴江市再生资源回收利用有限公司、江苏中再生投资开发有限公司、安徽省界首市田营循环经济工业区、湖南省郴州市永兴县、陕西省西安市物资回收利用总公司
	再生金属回收利用	宁波金田铜业股份有限公司、山东金升有色集团有限公司、厦门钨业股份有限公司
	废电子产品、废轮胎、废电池回收利用	伟翔环保科技发展(上海)有限公司、青岛天盾橡胶有限公司、深圳市格林美高新技术有限公司、湖北金洋冶金股份有限公司
	包装物回收利用	盈创再生资源有限公司、四川绵阳长鑫新材料发展有限公司

第六节 工业固体废物的生命周期评价

生命周期评价最早出现于 20 世纪 60 年代末至 70 年代初，起源于美国开展的一系列针对包装品的分析、评价，当时称为资源与环境状况分析（Resources and Environmental Profile Analysis，REPA）。作为生命周期评价研究开始的标志是 1969 年由美国中西部资源研究所开展的针对可口可乐公司的饮料包装瓶进行评价的研究。该研究试图从最初的原料采掘到最终的废弃物处理，进行全过程的跟踪与定量分析（从摇篮到坟墓）。

产品生命周期评价（LCA）现已被应用于公司和政府决策的制定中，到目前为止，LCA 已在能量运输系统、化工行业、金属、固体废物的管理、造纸和林木业、水、环境标志产品的评价及其他行业中得到广泛应用。工业危险废物生命周期管理过程见图 1-7。

以美国环境保护署、环境毒理学与化学学会（SETAC）为代表的美国研究机构认为，产品生命周期评价是对产品生命周期全过程的环境影响评价的一种思想和方法。需要评价的环境因素包括原材料使用、能源消耗和污染排放；全部生产过程包括原材料采集、生产制造、运输和销售、使用、回收和最终处置。

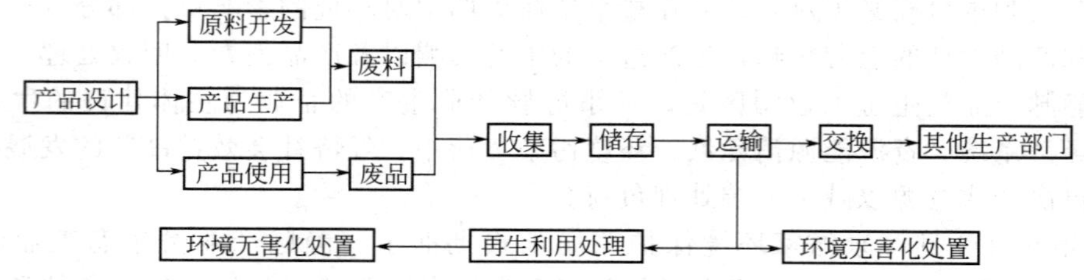

图 1-7　工业危险废物生命周期管理过程

它的基本思想是通过对产品生命周期过程的定量调查，做出环境负荷分析，制订出环境负荷改善措施，并将此结果反馈给生命周期的各个环节，以提高产品的“绿色性能”。

它的主要内容是，首先辨识和量化整个生命周期阶段中能量和物质的消耗以及环境的释放，然后评价这些消耗和释放对环境的影响，最后辨识和评价减少这些影响的机会，生命周期评价注重研究系统在生态健康、人类健康和资源消耗领域内的环境影响。

按照其技术复杂程度可分为以下三类。

概念型 LCA（或称“生命周期思想”）：根据有限的，通常是定性的清单分析评估环境影响。因此，它不宜作为市场促销或公众传播的依据，但可帮助决策人员识别哪些产品在环境影响方面具有竞争优势。

简化型或速成型 LCA：它涉及全部生命周期，但仅限于进行简化的评价，例如使用通用数据（定性或定量），使用标准的运输或能源生产模式，着重最主要的环境因素、潜在环境影响、生命周期阶段或 LCA 步骤，同时给出评价结果的可靠性分析。其研究结果多数用于内部评估和不要求提供正式报告的场合。

详细型 LCA：包括 ISO 14040 所要求的目的和范围确定、清单分析、影响评价和结果解释四个阶段。常用于产品开发、环境声明（环境标志）、组织的营销和包装系统的选择等。

具体来说，LCA 采用系统分析方法，可以通过以下四个步骤实现（图 1-8）。

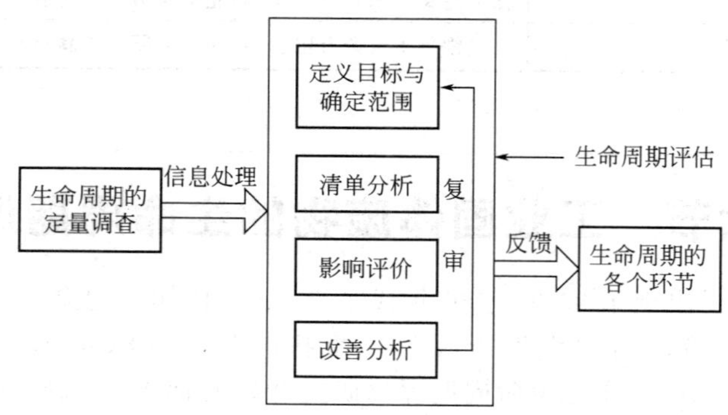

图 1-8　生命周期评估（LCA）模式图

① 定义目标与确定范围（Purpose and Scope）。定义目标是为了清楚地说明开展此项生命周期评价的目的和原因，以及研究结果的可应用领域。确定研究范围应当保证能够满足研究的目的，包括选择产品系统、确定系统边界、说明数据要求、指出重要的假设和限制等。在这个阶段，必须清楚地定义系统的功能单元。

② 清单分析（Inventory）。清单分析就是根据已确定的系统边界和功能单元，建立产品系统在寿命周期每个阶段的能流、物流流程图。它是一种考察分析产品的工艺和生产活动在整个生命周期内对能量和原材料需要量以及各种排放物（包括废气、废水、固体

废弃物及其他环境污染物）对环境的污染程度，并以数据为基础对此进行客观量化的过程。清单分析应当通过以下几个步骤进行：a. 详细地收集针对功能单元的输入、输出数据；b. 对所有数据进行标准化处理；c. 采取一定的方法确保在每个系统功能单元内物质和能量都能达到平衡；d. 最后建立生命周期清单分析表格，使清单分析的结果能够明确地表现出来。

③ 影响评价（Impact）。影响评价就是对清单分析阶段所识别的环境压力进行定量或定性的表征评价，即确定产品系统的物质、能量交换及其对外部环境的影响。这种评价要考虑绿色产品在生产和使用中对生态系统、人体健康以及其他方面的影响。影响评价主要包括三个步骤：a. 影响分类。将清单分析阶段所得到的环境干扰因子（如 SO_2、NO_x 排放、固体废弃物排放等）综合为一系列的环境影响类型，同一环境干扰因子可能会被包括在不同的影响类型中。b. 标准化。针对所确定的环境影响类型对数据进行分析和定量化，其结果最终可表达为各个环境干扰因子对环境的影响状况。c. 比较评估。对各种不同环境影响类型的贡献进行分析，从而可以对不同的潜在环境影响进行比较。

④ 改善分析（Improvement）。对产品的生态环境影响有了定性和初步结论后，就可以对产品进行生态诊断，其目的在于确定该产品最重要的潜在环境影响及其主要来源，进而确定生命周期的哪一阶段和产品结构的哪一部分对环境的影响最大。根据生态诊断的结果，需要进一步替代模拟数据，改变产品中对环境影响最大的某个部件结构或选择新的材料，提出相应的替代方案，然后比较新方案与原方案之间对环境影响的差别，为进一步进行生态产品的定义和开发打下基础。

(1) 评价指标体系的制定原则　产品生命周期评价最关键的一项是指标体系的确定，评价体系优劣很大程度上与所采用的表征指标有关，科学的指标体系能全面反映产品的环境特征并指导改进环境情况。

制定指标体系的基本原则是：应尽可能依据目前对资源和环境问题的科学认识，动态指标和静态指标相结合，定性指标与定量指标相结合，能全面、完整地反映当前的资源和环境问题的状况，指标应尽可能简单、明确、具有可操作性、不重复。具体体现在以下几个方面。

① 综合性原则。指标体系应能全面反映被评价产品“绿色”程度的综合情况，应能从技术、经济和生态三方面进行评价，充分利用多学科知识、学科间的交叉和综合知识，以保证综合评价的全面性和可信度。

② 科学性原则。力求客观、真实、准确地反映被评价产品的“绿色”属性。有些指标可能目前尚无法获取必要的数据，但与评价关系较大时仍可作为建议指标提出。

③ 系统性原则。要有反映产品资源属性、能源属性、经济性及环境属性的各自指标，并注意从中抓住影响较大的主要因素，又要充分认识到与社会经济发展过程有不可分割的联系，反映这几大属性之间协调性的指标。

④ 层次性原则。绿色产品的评价指标体系为产品设计人员、管理部门及消费者提供了设计决策、产品检查及绿色产品消费选择的依据。由于使用对象不同，因此应在不同层次采用不同指标。如对管理部门，需要知道的是产品总体指标的满意程度，显然这一层次的指标应着重于其整体性和综合性；而设计人员需要知道所选的具体方案满足特定要求或功能的程度。

(2) 产品生命周期评价指标体系　绿色产品的评价指标体系应包括资源利用指标、能源利用指标、环境负荷指标、人体职业健康及经济指标。每一指标都是由复杂的多元参数组成，见表 1-31。这些指标经细化后进行定量或定性分析，即可对产品进行评价。

表 1-31 生命周期产品指标体系

指标分类	描述性指标
资源利用	材料种类、材料消耗、毒性材料污染、材料有效利用率、材料回收率、零部件可拆卸/重用率
能源利用	能源浪费、能源污染、能源结构、能源有效利用率、再生能源的使用率、清洁能源利用率
环境负荷	污染物排放量、温室气体的排放如 CO_2 等、消耗臭氧层物质的状况、酸化物质的排放如 SO_x 等、土地污染面积、废气利用率、废弃物回收利用率、废弃物处置率
人体健康	生产中有毒有害物质及粉尘的排放量、生产中各种噪声源排放量、化学物质致癌、刺激皮肤、刺激眼睛、损害呼吸系统、损害神经系统、噪声对听力的损害
经济	单位材料或零部件成本、单位制造及包装成本、运行成本(能源、保养等)、运输费用回收、废弃物管理支出

第七节 工业固体废物的危害风险评价

一、固体废物在环境中的迁移、富集和危害指标

1. 滞留因子

滞留因子（R_d）反映有毒有害物质在土壤中由于吸附作用产生的随水流迁徙时的滞后现象。滞后因子的定义为：

$$R_d=1+\frac{\rho_0 K_d}{\theta} \tag{1-1}$$

式中，ρ_0 为土壤容重，g/cm^3；θ 为土壤含水率，cm^3/cm^3；K_d 为有毒有害物质的土壤/水分配系数，cm^3/g。

对于无机物，如重金属的 K_d 可根据实验数据取值；对于有机物，K_d 可通过下式计算得到：

$$K_d=K_{oc}f_{oc} \tag{1-2}$$

式中，K_{oc}为有机物在水与纯有机碳之间的分配系数，cm^3/g，由该物质与土壤的物理化学性质确定，范围在 1～10000000 之间；f_{oc}为土壤中有机碳含量，g/g。

2. 降解常数、转化系数和生成系数

降解常数是由于化学反应（如水解、分解、化合、氧化还原等反应）和生物降解而导致的有毒有害物质的减少，可用单位时间内单位有毒有害物质的减少量来衡量，也可称之为转化系数；生成系数可用单位有毒有害物质在单位时间内生成另一种有毒有害物质的量来衡量。

有毒有害物质在空气中、水中和土壤中由于受到物质形态的影响，其三种常数值是有差异的，应分别给予测定。化学反应的转化系数和生成系数一般可靠实验得出，其降解速率的估算与物质的化学结构式有密切关系，且关系复杂。而生物降解常数由于受到具体环境下的生物种类影响，测定准确性较差。

3. 生物富集因子

有毒有害物质生物富集因子（BCF）反映此种有毒有害物质在生物体内的浓度累积作用。BCF 的范围为 1～1000000。BCF 是通过大量生物实验，尤其是鱼类实验得到的，数据主要取自国际潜在有毒化学品登记数据库 IRPTC。如未查得，则可以通过估算公式，根据 K_{oc}、K_{ow}等估算。

$$\lg(\mathrm{BCF})=0.76\lg K_{\mathrm{ow}}-0.23 \tag{1-3}$$

式中，K_{ow}为正辛醇/水分配系数，范围为（7.9～8.1）×10^6。

$$\lg(\mathrm{BCF})=2.791-0.564\lg S \tag{1-4}$$

式中，S 为水溶解度，g/cm^3，范围为 0.001～50000。

$$\lg(\mathrm{BCF})=1.119\lg K_{\mathrm{oc}}-1.579 \tag{1-5}$$

式中，K_{oc}为有机物在水中与纯有机碳间的分配系数，cm^3/g，范围为<（1～1.2）×10^6。

4. 空气扩散系数

空气扩散系数（D_{a}）是有毒有害物质的基本特性，有毒有害物质在土壤中的扩散系数就是通过 D_{a} 来计算的。空气扩散系数是密度、压力和温度的函数，与密度和压力成反比。D_{a} 一般可以通过文献查得，其大小在 0.08cm^2/s 左右。常用的估算方法是 FSG 方法：

$$D_{\mathrm{a}}=1.858\times10^{3}\ \frac{T^{3/2}\sqrt{M_{\mathrm{t}}}}{p\sigma_{\mathrm{AB}}^{2}\Omega_{\mathrm{AB}}} \tag{1-6}$$

式中，T 为温度，K；p 为压力，atm（1atm = 101325Pa）；$M_{\mathrm{t}}=(M_{\mathrm{A}}+M_{\mathrm{B}})/(M_{\mathrm{A}}M_{\mathrm{B}})$，$M_{\mathrm{A}}$ 和 M_{B} 是空气和待求物的分子量；σ_{AB}为分子 A、B 相互作用的特征长度；Ω_{AB}为碰撞积分。

σ_{AB}和 Ω_{AB}除通过 Lennard-Jones 势能函数直接估算外，还可以通过不同化合物的扩散系数关联来求其中某一物质的扩散系数。扩散系数是通过分子量来关联的，即

$$D_1/D_2=\sqrt{M_1/M_2} \tag{1-7}$$

二、危害风险评价

1989 年，根据相关规定凡是新建或扩建项目均需要做环境影响评价，但是到目前为止，除对废物进口必须进行风险评价外，风险评价工作尚未全面展开。随着社会的进步，经济的发展，进行风险评价工作乃是大势所趋，特别是对人体健康产生危害的危险物。由于固体废物中含有大量的有毒有害废物，如重金属、有毒化学物质、腐蚀性物质等，因而必须进行风险评价。

环境风险评价是环境影响评价领域的一个新课题。这里，环境风险被视作是一种危害发生可能性和危害后果大小都不确定的环境影响，主要分析研究工程项目可能发生的偶然事件对环境的危害影响。建设项目的环境风险评价主要是针对建设项目本身引起的、具有不确定性的危害进行评价。在固体废物这一块中，主要分为两种评价：固体废物源头危害评价和固体废物处理、处置评价（如土地填埋、垃圾焚烧工程等）。

1. 术语及定义

危害：一种对人、生态、自然、社会系统造成的可观的伤害、损失。

风险：危害产生的可能性，含危害产生的频率与严重程度两重意义。

不确定性：由于缺乏对事物发展内在机理的认识，事物状态（时间、地点、强度）不能确切定义（或测定）的一种性质。

环境风险所需解决的问题：a. 找出所有可能出现的危害及差错；b. 其不良后果的严重程度有多大？多少人受影响？受到的影响有多大？受到影响的区域有多大？经济损失有多大？c. 这些危害发生的可能性有多大？d. 为降低分析出来的过高风险我们能做什么？付出什么代价？

具体操作可分为环境风险识别、环境风险估算以及环境风险对策和管理三步。

环境风险识别：a. 危险物质识别，《危险物品手册》所列物质均是危险废物；b. 风险源识别，装有以上危险物质、总量超过安全限制、发生事故后外泄的有毒或易燃物质有可能导致周围区域环境内的人群急性中毒或引起燃爆事故的贮存容器等设备和场所皆认为是环境风险源；c. 事故形式与危害类型，按事故性质可分为物理事故风险、化学事故风险、自然灾害事故风险和病原微生物事故风险四大类；按事故发展的时间尺度可分为爆炸、泄露两大类；按危害的性质可分为短期危害和长时危害，又可分为突发性危害和长期积累危害。

2. 环境风险的预测和量化

对于多发性事故，已有大量事故案例积累，可以直接统计历史资料得出这类事故发生的概率。有些事故虽无先例（或先例很少），但与有些多发生性事故十分类似，也可以通过类比调查、相似归纳与订正分析（经验）方法得出事故发生概率。这些概率数值，建立在历史资料的归纳、统计基础上，虽有相当大的可靠性，但也具有很大的局限性。因为历史资料是在一定历史条件（相对于一定的科学技术及管理水平）下取得的，若条件相差太大便不好使用。当然也可进行修正，但加入主观因素后，可靠性大大降低。

（1）先验概率估算法　对于一些重大事故，可对事故的发展形成过程用“与”、“或”、“非”逻辑关系推理演绎的方法分层次进行层层因果分析，从顶上事件（即重大事故）直到各个基础事件（如部件出故障、人的行为失误），构成事故树。各基础事件的概率可通过构造函数或用后验概率估算得出。再从各基本事故发生概率出发，逐步向顶上事件推算，最后得出事故发生概率。对于存在管理因素的某层次的事件分析，可用以下公式估算。

① A 事件和的概率估算。若 A_1，A_2，A_3，…，A_n 之间完全独立，对应的是理想管理（难得有祸），则

$$P_T = P_1 = P_{A_1} \times P_{A_2} \times P_{A_3} \times \cdots \times P_{A_n} \tag{1-8}$$

若 A_1，A_2，A_3，…，A_n 之间完全相关，对应的是混乱管理（祸不单行），则

$$P_T = P_1 = \min(P_{A_1}, P_{A_2}, P_{A_3}, \cdots, P_{A_n}) \tag{1-9}$$

实际情况介于两者之间，取生产（经营）管理评分为 N，N 取值为 0（无管理）～1（理想管理），则：

$$P_T = P_2 - (P_2 - P_1) \times N \tag{1-10}$$

② B 事件和的概率估算。若 A_1，A_2，A_3，…，A_n 之间完全独立，对应的是理想管理（难得有祸），则

$$P_T = P_2 = \max(P_{A_1}, P_{A_2}, P_{A_3}, \cdots, P_{A_n}) \tag{1-11}$$

若 A_1，A_2，A_3，…，A_n 之间完全相关，对应的是混乱管理（祸不单行），则

$$P_T = P_2 = P_{A_1} + P_{A_2} + P_{A_3} + \cdots + P_{A_n} \tag{1-12}$$

实际情况介于两者之间，取生产（经营）管理评分为 N，N 取值为 0（无管理）～1（理想管理），则：

$$P_T = P_2 - (P_2 - P_1) \times N \tag{1-13}$$

（2）风险度计算　风险度（F）可定义为事故概率（P）与事故后果危害程度（R）之乘积。

$$F = R \times P \tag{1-14}$$

式中，P 为危害事故发生概率，次/时间；R 为危害程度，是从事生产或社会活动可能发生有害后果程度的定量描述。因此由上式可见风险的评估既要看它的发生概率，又要看它的危害后果。对固体废物的运输、贮存、利用和处理、处置中的风险评价具体如下。

运输过程中的风险评价：分析正常情况下和非正常情况下对人类和环境的影响，可能发生的交通事故造成的危害及范围、发生的概率，当运输路线经过居民密集区、水源保护区、

自然动物保护区和文物保护区等关键地区时要着重对此类区域进行分析，并提出应急防范措施。

贮存过程中的风险评价：根据有害废物的特性及包装方式，分析在正常情况下对周围环境和人类有无影响。调查贮存场所的设施状况，找出发生事故的隐患，分析在遇到自然灾害或风险事故时危险废物可能泄漏或释放污染物质对周围环境和人类的危害及其程度和范围等。

处理、处置中的风险评价：根据处理、处置方式的具体特征，分析在正常和非正常情况下对周围环境和居民的影响，可能造成的污染，特别是对人体健康的危害，找出风险源，分析最大可能发生概率及可能的最大危害程度。例如：固体废物填埋场，由于其可能产生沼气、臭气、有毒气体及含有重金属离子的渗滤液，因此必须对其扩散到大气中和水中进而对人体产生危害的可能性和危害程度进行评估。又如建造垃圾焚烧厂，必须对其产生的废气（污染大气，产生致癌物质）和废渣进行风险评价，以分析对周围居民和生态环境的影响，决定建厂是否可行。

(3) 环境风险评价可接受标准　环境风险评价的最终目的是确定什么样的风险是社会可以接受的。判断一种环境风险是否可能被接受，通常用比较的方法，即把估算得出的风险同已经存在的其他风险进行比较。在环境风险评价中一般可用下列四种风险比较方式。

① 与可达到同一目标的替代方案带来的风险进行比较，如铁路运输与公路运输的风险比较。

② 与一些熟悉的风险进行比较，包括对不同时间段内同一种风险进行比较、不同地点相同项目的风险比较、与已有项目的风险比较。

③ 与承受风险所带来的好处比较。

④ 与降低风险措施所需的费用及其效益进行比较。环境风险评价可建议项目作一些改变、采取一些降低风险的措施，把采取措施所需要的费用与效益进行比较，找出最有效的、所需费用最低的措施和方法。

(4) 环境风险评价的不确定性及其处理　环境风险评价结论的不确定性比一般环境影响评价的不确定性要大得多，主要反映在涉及风险的过程描述、数据收集、预测模式、参数选择、评价方法遇到的困难比常规环境影响评价遇到的困难大得多，因而造成事故发生率、事故状态、事故传播途径、事故影响范围、受体危害程度、风险评价结论具有较大的不确定性。对于这种不确定性的处理，有的用概率分布来表示，但大部分不确定性很难用定量化的方法表示，只能定性说明，指出评价方法、预测模式、数据信息在某些方面的局限性。

三、累积影响评价

累积影响评价的定义是在较大的时空范围内系统分析和评估一项开发行动的累积影响，并提出避免或消减累积影响的对策措施，以及对人体和生态可能造成的在短时期内不能表现的长期影响和危害。因为固体废物迁移扩散较慢，因而对人体和生态可能造成的危害在短时期内不能表现出来，但长时期后累积引发，并常常不可挽回，如重金属累积污染效应，因此有必要进行研究。目前这部分研究尚处在起步阶段。

(1) 累积影响评价的原则

① 扩大评价时空范围，包括过去、现在和可预见的将来的其他行动。

② 从受影响的环境资源的角度进行评价。

③ 注重环境影响的加和与协同效应。

④ 采用自然边界或生态边界，而不是行政边界。

⑤ 从环境承载力出发，分析资源利用和发展的可持续性。

⑥ 具有现实可行性。

(2) 累积影响评价的程序

① 根据由一系列问题构成的决策树来判断某一环境问题是否需要进行累积影响评价，主要从项目的类型、规模、个数和预期影响时间、空间范围等方面进行识别。

② 根据待识别的问题类型，可在两种累积影响分析方法中进行选择。事前分析法，主要识别将来的累积环境影响；事后分析法，主要分析影响源和累积过程中尚不明了的已有累积环境影响。

③ 对开发方案进行评估，评价将来环境状况的可接受性，选择环境影响管理方案，多学科的专家、受影响的公众都要参与这一步骤。

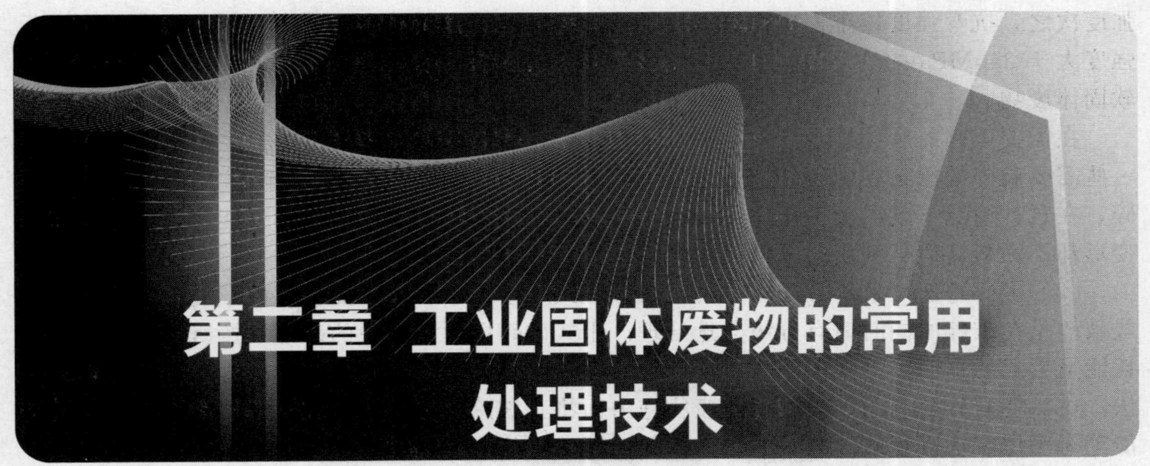

第二章 工业固体废物的常用处理技术

一般工业固体废物是指未被列入《国家危险废物名录》或者根据国家规定的鉴别标准（GB 5085）和鉴别方法（GB 5086 及 GB/T 15555）判定不具有危险特性的工业固体废物。

第一节 固体废物的预处理

固体废物的预处理一般可分为两种情况：其一是分选作业之前的预处理，主要包括筛分、分级、破碎和粉磨等，以使废物单体分离或分成适当的级别，更利于下一步工序的进行；其二是运输前或最终处理前的预处理，主要包括破碎、压缩和各种固化方法等，其目的是使废物减容以利于运输、贮存、焚烧或填埋等。

一、固体废物破碎

1. 破碎的原理与目的

破碎几乎是所有固体废物处理方法必不可少的预处理工序，主要基于以下几项优点。

① 对于填埋处理而言，破碎后废物置于填埋场并施行压缩，其有效密度要比未破碎物高 25%～60%，减少了填埋场工作人员用土覆盖的频率，加快实现垃圾干燥覆土还原。与好氧条件相组合，还可有效解决蚊蝇、臭味问题，减少了昆虫、鼠类的疾病传播可能。

② 使垃圾均匀化。破碎后，原来组成复杂且不均匀的废物变得混合均一，比表面积增加，易于实现稳定安全高效地燃烧，尽可能回收其中的潜在热值，也有助于提高堆肥效率。

③ 废物容重的增加，使得贮存与远距离运输更加经济有效，易于进行。

④ 便于材料的分离回收，为后续加工和资源化利用做准备。为分选提供要求的入选粒度，使原来的联生矿物或联结在一起的异种材料等单体分离，从而更有利于提取其中的有用物质与材料。

⑤ 防止粗大、锋利的固体废物损坏运行中的处理处置设备，如分选机、炉膛等。

⑥ 尺寸减小后的废物颗粒不易被风吹走。

2. 固体废物的机械强度和破碎方法

(1) 固体废物的机械强度　固体废物的机械强度是指固体废物抗破碎的阻力。通常都用静载下测定的抗压强度、抗拉强度、抗剪强度和抗弯强度来表示。其中抗压强度最大，抗剪强度次之，抗弯强度较小，抗拉强度最小。一般以固体废物的抗压强度为标准来衡量：抗压强度大于 250MPa 的为坚硬固体废物；40～250MPa 的为中硬固体废物；小于 40MPa 的为软固体废物。

在需要破碎的废物当中，大多数都呈现脆性，废物在碎裂之前的塑性变形很小。但也有一些需要破碎的废物在常温下呈现较高的韧性和塑性，因此用传统的破碎方法难以将其破碎，在这种情况下就需要采用特殊的破碎手段。例如，橡胶在压力作用下能产生较大的塑性变形却不断裂，但可利用它在低温时变脆的特性来有效地破碎。

（2）破碎方法　破碎方法可分为干式、湿式、半湿式破碎三类。其中，湿式破碎与半湿式破碎是在破碎的同时兼有分级分选处理。干式破碎即通常所说的破碎，按所用的外力即消耗能量形式的不同，干式破碎（以下简称破碎）又可分为机械能破碎和非机械能破碎两种方法。机械能破碎是利用工具对固体废物施力而将其破碎的；非机械能破碎则是利用电能、热能等对固体废物进行破碎的新方法，如低温破碎、热力破碎、低压破碎或超声波破碎等。

固体废物的机械强度特别是废物的硬度，直接影响到破碎方法的选择。在有待破碎的废物（如各种废石和废渣等）中，大多数呈现脆硬性，宜采用劈碎、冲击、挤压破碎；对于柔韧性废物（如废橡胶、废钢铁、废器材等）在常温下用传统的破碎机难以破碎，压力只能使其产生较大的塑性变形而不断裂，这时，宜利用其低温变脆的性能而有效地破碎，或是剪切、冲击破碎；而当废物体积较大不能直接将其供入破碎机时，需先行将其切割到可以装入进料口的尺寸，再送入破碎机内；对于含有大量废纸的城市垃圾，近几年来国外已采用半湿式和湿式破碎。

目前，被广泛应用的固体废物破碎途径是直接从采矿工业部门借鉴而来的机械破碎方法，破碎作用分为压碎、剪切、冲击、劈裂、折断和磨剥等（图 2-1）。

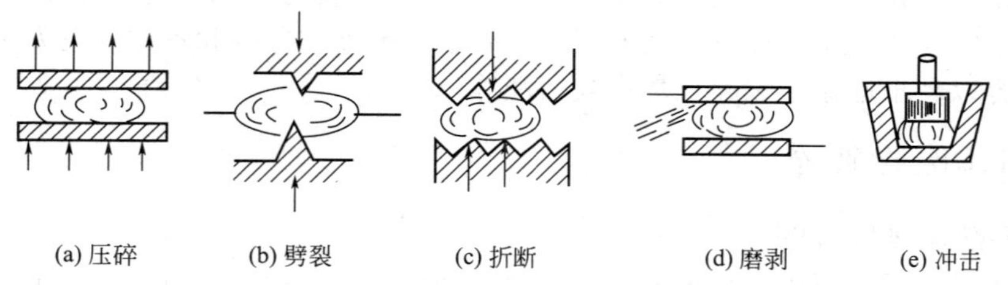

图 2-1　破碎方法

冲击作用有两种形式：重力冲击和动冲击。前者是使物体落到一个硬的表面上，物体在自重作用下而被撞碎；动冲击是指供料碰到一个比它硬的快速旋转的表面时发生的作用，在这种情况下供料是无支撑的，冲击力使破碎的颗粒向破碎板以及向另外的锤头和机器的出口加速。摩擦作用是在两个坚硬物体表面的中间来碾碎废物的。挤压作用是将材料在挤压设备两个坚硬表面之间挤压，这两个表面或都是移动的，或是一个静止一个移动。剪切作用指切开或割裂废物，特别适合于二氧化硅含量低的松软物料。

为避免机器的过度磨损，工业固体废物的尺寸减小往往分几步进行，一般采用三级破碎，第一级破碎可以把材料的尺寸减小到 3in（7.62cm），第二级破碎减小到 1in（2.54cm），第三级减小到 1/8in（0.32cm）。

近年来，低温冷冻粉碎、超声波粉碎等一些特殊的粉碎方法也得到了实际应用，如利用低温冷冻粉碎法粉碎废塑料及其制品、废橡胶及其制品、废电线（塑料橡胶被覆）等。

3. 破碎比与破碎段

在破碎过程当中，原废物粒度与破碎产物粒度的比值称为破碎比。破碎比表示废物粒度在破碎过程中减少的程度，也就是表征了废物被破碎的程度。破碎机的能量消耗和处理能力都与破碎比有关，破碎比的计算方法有以下两种。

① 用废物破碎前的最大粒度（D_{max}）与破碎后的最大粒度（d_{max}）之比值来确定破碎比（i）：

$$i=D_{max}/d_{max}$$

用该法确定的破碎比称为极限破碎比，在工程设计中常被采用。根据最大物料直径来选择破碎机给料口的宽度。

② 用废物破碎前的平均粒度（D_{cp}）与破碎后平均粒度（d_{cp}）的比值来确定破碎比（i）：

$$i=D_{cp}/d_{cp}$$

用该法确定的破碎比称为真实破碎比，能较真实地反映破碎程度，因此在科研和理论研究中常被采用。

一般破碎机的平均破碎比在 3～30 之间；磨碎机破碎比可达 40～400 以上。

固体废物每经过一次破碎机或磨碎机称为一个破碎段。如若要求的破碎比不大，则一段破碎即可。但对有些固体废物的分选工艺，例如浮选、磁选等而言，由于要求入料的粒度很细，破碎比很大，所以往往根据实际需要将几台破碎机或磨碎机依次串联起来组成破碎流程。对固体废物进行多次（段）破碎，其总破碎比等于各段破碎比（i_1，i_2，…，i_n）的乘积：

$$i=i_1\times i_2\times i_3\times\cdots\times i_n$$

破碎段数是决定破碎工艺流程的基本指标，它主要决定破碎废物的原始粒度和最终粒度。破碎段数越多，破碎流程就越复杂，工程投资相应增加，因此，如果条件允许的话，应尽量减少破碎段数。

4. 破碎流程

根据固体废物的性质、颗粒的大小、要求达到的破碎比和选用的破碎机类型，每段破碎流程可以有不同的组合方式，其基本的工艺流程如图 2-2 所示。

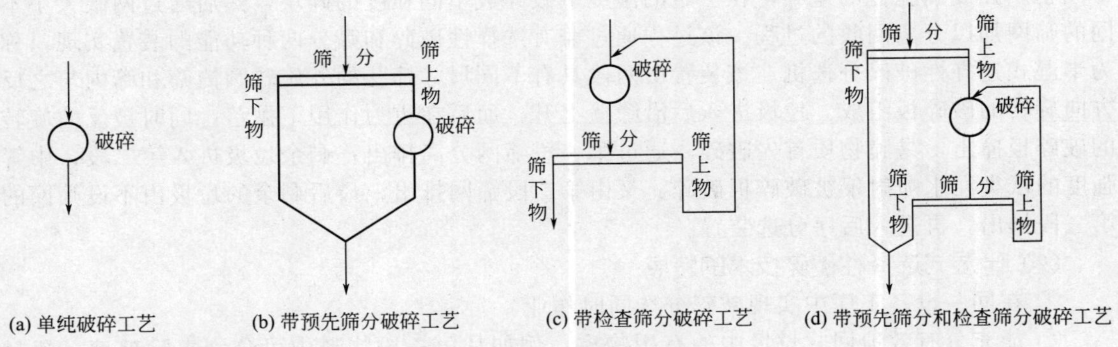

图 2-2　破碎的基本工艺流程

二、工业固废破碎方法

1. 低温破碎技术

对于一些难以破碎的固体废物，如汽车轮胎、包覆电线等，可以利用其低温变脆的性能有效地施行破碎，也可利用组成不同的物质其脆化温度的差异进行选择性破碎，这就是所谓

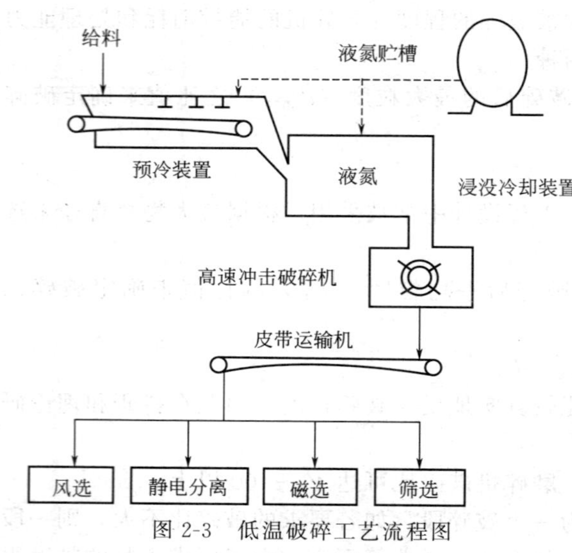

图 2-3　低温破碎工艺流程图

的低温冷冻破碎技术。

(1) 原理和流程　固体废物各组分在低温冷冻（－120～－60℃）条件下易脆化，且脆化温度不同，其中某些物质易冷脆，另一些物质则不易冷脆。利用低温变脆既可将一些废物有效地破碎，又可以利用不同材质脆化温度的差异进行选择性分选。

在低温破碎技术中，通常需要配置制冷系统，通常采用液态氮作为制冷剂，因其具有制冷温度低、无毒、无爆炸性且货源充足的优点。但是所需的液态氮量较大，且制备液态氮需要消耗大量的能量使空气液化，再从中分离出液态氮，故出于经济上的考虑，低温破碎对象仅限于常温下难破碎且回收价值高的合成材料。

典型的低温破碎的工艺流程如图 2-3 所示。

将需要破碎的固体废物如钢丝胶管、塑料或橡胶包覆的电线电缆等先投入预冷装置，再进入浸没冷却装置，进行冷冻处理，使橡胶、塑料等易冷脆物质迅速脆化，之后，再送入高速冲击式破碎机进行破碎，破碎产品再进入不同的分选设备进一步分选。

(2) 低温破碎的优点　据日本试验测定，低温破碎所需动力仅为常温破碎的四分之一，噪声约降低 4dB，振动减轻 1/5～1/4；由于同一材质破碎后粒度均匀，异质废物则有不同的破碎尺寸，便于进一步筛分，使复合材质的物料可进行有效的分离与回收。

2. 半湿式选择性破碎分选

(1) 半湿式选择性破碎分选原理和设备　半湿式选择性破碎分选是利用城市垃圾中各种不同物质强度和脆性的差异，在一定的湿度下破碎成不同粒度的碎块，然后通过网眼大小不同的筛网加以分离回收的过程。该过程通过兼有选择性破碎和筛分两种功能的装置实现，称为半湿式选择性破碎分选机。该装置由两段具有不同尺寸筛孔的外旋转圆筒筛和筛内与之反方向旋转的破碎板组成。垃圾进入后沿筛壁上升，而后在重力作用下抛落，同时被反向旋转的破碎板撞击，易脆物质首先破碎，通过第一段筛网分离排出；剩余垃圾进入第二段，中等强度的纸类在水喷射下被破碎板破碎，又由第二段筛网排出，最后剩余的垃圾由不设筛网的第三段排出，再进入后序分选装置。

(2) 半湿式选择性破碎技术的特点

① 在同一设备工序中实现破碎分选同时作业。

② 能充分有效地回收垃圾中的有用物质，例如从第一段物料中可分别去除玻璃、塑料等，有望得到以厨余为主（含量可达到 80%）的堆肥沼气发酵原料；从第二段物料中可回收含量为 85%～95%的纸类，难以分选的塑料类废物可在三段后经分选达到 95%的纯度，废铁可达 98%。

③ 对进料适应性好，易破碎物及时排出，不会出现过破碎现象。

④ 动力消耗低，磨损小，易维修。

⑤ 当投入的垃圾在组成上有所变化及以后的处理系统另有要求时，则需改变分选条件或改变滚筒长度、破碎板段数、筛网孔径等，以适应其变化。

3. 湿式破碎技术

（1）湿式破碎的原理和设备　湿式破碎技术是利用纸类在水力作用下的浆液化特性，以回收城市垃圾中的大量纸类为目的而发展起来的，因而将废物与制浆造纸结合起来。

湿式破碎机是20世纪70年代由美国一家生产造纸设备的BLACK-CLAUSON公司研制完成的。该破碎机为一圆形立式转筒，底部设有多孔筛。初步分选的垃圾经由传输带投入机内后，靠筛上安装的六只切割叶轮的旋转作用，使废物与大量水流在同一个水槽内急速旋转，搅拌，破碎成泥浆状。浆体由底部筛孔流出，经湿式旋风分离器除去无机物，送到纸浆纤维回收工序进行洗涤、过筛与脱水。除去纸浆的有机残渣可再与4%浓度的城市下水污泥混合，脱水至50%后，送至焚烧炉焚烧，回收热能。破碎机内未能粉碎和未通过筛板的金属、陶瓷类物质从机内的底部侧口压出，由提升斗送到传输带，由磁选器进行分离。

（2）湿式破碎技术的优点　湿式破碎把垃圾变成泥浆状，物料均匀，呈流态化操作，具有以下优点。

① 垃圾变成均质浆状物，可按流体处理法处理。

② 不会孳生蚊蝇和恶臭，符合卫生条件。

③ 不会产生噪声、发热和爆炸的危险性。

④ 脱水有机残渣，无论质量、粒度大小、水分等变化都小。

⑤ 在化学物质、纸和纸浆、矿物等处理中均可使用，可以回收纸纤维、玻璃、铁和有色金属，剩余泥土等可堆肥。

三、固体废物的分选及机械

固体废物分选简称废物分选，是废物处理的一种方法（单元操作）。城市生活垃圾分选有很重要的意义。在固体废物处理处置与回用之前必须进行分选，将有用的成分分选出来加以利用，并将有害的成分分离出来。根据物料的物理性质或化学性质（包括粒度、密度、重力、磁性、电性、弹性等），分别采用不同的分选方法，包括筛分、重力分选、跳汰分选、磁选、电选、光电分选、摩擦与弹性分选、浮选以及最简单有效的人工分选等。

1. 物料分选的一般理论

为了从一种混合物料中将各种纯净物质选别出来，分选过程可以按两级识别（两个排料口）或按多级识别（两个以上排料口）来确定。例如：磁选机只能选别出磁性与非磁性物质，因此是它是两级分选装置；而一台具有一系列不同大小筛孔的筛分机，能够分选出若干种产品，故而是一种多级分选装置。

（1）两级分选机　在两级分选机中，给入的物料是由X和Y组成的混合物，X、Y为待选别的物料。单位时间内进入分选机的X物料和Y物料的量分别为X_0和Y_0；单位时间内X和Y从第一排出口排出的量分别为X_1和Y_1；从第二排料口排出的量为X_2和Y_2。假定要求该二级分选机将X物料选入第一排料口，将Y物料选入第二排料口，如果该分选机效率足够高，那么X物料都通过第一排料口排出，Y物料都通过第二排料口排出。实际上这是不可能达到的，从第一出料口排出的物料流中会含有部分Y物料，而从第二出料口中排出的物料流中也会含有部分X物料，因此分选效率可以用回收率来表示。

所谓回收率指的是单位时间内某一排料口中排出的某一组分的量与进入分选机的此组分量之比。X物料的回收率可用下式表示：

$$R_{X_1}=\frac{X_1}{X_0}\times 100\%$$

式中，R_{X_1}为回收率。

同样在第二排料口的物流中，Y 物料的回收率可用下式表示：

$$R_{Y_2}=\frac{Y_2}{Y_0}\times 100\%$$

由于物料流保持质量平衡：$X_0=X_1+X_2$，因此：

$$R_{X_1}=\frac{X_0-X_2}{X_1+X_2}\times 100\%$$

仅用回收率不能说明分选的效率，可以设想，如果一台两级分选机进行分选达到 $X_2=Y_2=0$，那样会发生什么情况呢？虽然此时 X 物料的回收率达到 100%，但是它根本没有进行分选。因此需要引入第二个工作参数，通常用纯度来表示。

$$P_{X_1}=\frac{X_1}{X_1+Y_1}\times 100\%$$

式中，P_{X_1}是 X 物料从第一排料口排出的纯度。

一般说来，为了全面而精确地评价两级分选机的分选性能，需要用回收率和纯度这两个参数。不过在有些情况下例外，例如筛分机，要测定不同粒度的物料的回收情况，则回收率就等于纯度，因为某一级粒度必然透过筛孔，而不可能含有尺寸更大的成分。

(2) 多级分选机　有两类多级分选机。第一类多级分选机，其给料中只有 X 和 Y 两种物料，分选机有两个以上的排料口，每一排料口中都有 X 和 Y 物料，但含量不同，这时第一排料口物流中 X 物料的回收率是：

$$R_{X_1}=\frac{X_1}{X_0}\times 100\%$$

同理在第一排料口物流中 X 物料的纯度为：

$$P_{X_1}=\frac{X_1}{X_1+Y_1}\times 100\%$$

在第 m 个出料口中，X 物料回收率为：

$$R_{X_m}=\frac{X_m}{X_0}\times 100\%$$

第二类多级分选机是最常用的，进料中含有几种成分（X_{10}，X_{20}，X_{30}，…，X_{n0}），要分选出 m 种物料，在第一排出物流中，X_{11}是物料 X_1 最终进入第一排出物流中的部分；X_{21}是物料 X_2 进入第一排出物流中的部分。以此类推，因此 X_1 在第一排出物流中的回收率为 $R_{X_{11}}$：

$$R_{X_{11}}=\frac{X_{11}}{X_{10}}\times 100\%$$

在第一排出物流中 X_1 的纯度为：

$$R_{X_{11}}=\frac{X_{11}}{X_{11}+X_{21}+\cdots+X_{n1}}\times 100\%$$

(3) 分选效率　由于用两参数（回收率和纯度）来评价一台分选机的工作性能在实用中不方便，因此，不少人致力于寻求一种单一的综合指标。雷特曼提出了综合分选效率这一参数，对于给料中含有 X 和 Y 两种物料的两级分选过程来说，雷特曼定义其综合分选效率为

$$E_{(X,Y)}=\left|\frac{X_1}{X_0}-\frac{Y_1}{Y_0}\right|\times 100\%=\left|\frac{X_2}{X_0}-\frac{Y_2}{Y_0}\right|\times 100\%$$

互雷提出另一种方法，同样也能得出评价两级分选机性能的综合分选效率，即综合分选效率等于第一排出物流中 X 的回收率与第二排出物流中 Y 的回收率的乘积，其式如下：

$$E_{(X,Y)}=\left(\frac{X_1}{X_0}\right)\left(\frac{Y_2}{Y_0}\right)\times 100\%$$

2. 筛分

(1) 筛分原理　筛分是利用筛子将物料中小于筛孔的细粒物料透过筛面，而大于筛孔的粗粒物料留在筛面上，完成粗、细物料分离的过程。该分离过程可看作是由物料分层和细粒透筛两个阶段组成的。物料分层是完成分离的条件，细粒透筛是分离的目的。

为了使粗细物料通过筛面而分离，必须使物料和筛面之间具有适当的相对运动，使筛面上的物料层处于松散状态，即按颗粒大小分层，形成粗粒位于上层，细粒处于下层的规则排列，细粒到达筛面并透过筛孔。同时，物料和筛面的相对运动还可使堵在筛孔上的颗粒脱离筛孔，以利于细粒透过筛孔。细粒透筛时，尽管粒度都小于筛孔，但它们透筛的难易程度却不同。粒度小于筛孔尺寸 3/4 的颗粒，很容易通过粗粒形成的间隙到达筛面而透筛，称为“易筛粒”；粒度大于筛孔尺寸 3/4 的颗粒，很难通过粗粒形成的间隙，而且粒度越接近筛孔尺寸就越难透筛，这种颗粒称为“难筛粒”。

(2) 筛分分类　根据筛分在工艺过程中应完成的任务，筛分作业可分为以下六类。

① 独立筛分。其目的在于获得符合用户要求的最终产品。

② 准备筛分。其目的在于为下一步作业做准备。

③ 预先筛分。在破碎之前进行的筛分，目的在于预先筛分出合格或无须破碎的产品，提高破碎作业的效率，防止过度破碎并节省能源。

④ 检查筛分。对破碎的产品进行筛分，又称为控制筛分。

⑤ 选择筛分。利用物料中的有用成分在各粒级中的分布，或者性质上的显著差异来进行筛分作业。

⑥ 脱水筛分。脱出物料中的水分，该法常用于废物脱水或脱泥。

(3) 筛分效率　从理论上讲，固体废物中凡是粒度小于筛孔尺寸的细粒都应该透过筛孔成为筛下产品，而大于筛孔尺寸的粗粒应全部留在筛上排出成为筛上产品。但是，实际上由于筛分过程中受各种因素的影响，总会有一些小于筛孔的细粒留在筛上随粗粒一起排出成为筛上产品，筛上产品中未透过筛孔的细粒越多，说明筛分效果越差。为了评定筛分设备的分离效率，引入筛分效率这一指标。

筛分效率是指筛分时实际得到的筛下产品质量与入原料中所含小于筛孔尺寸的细粒物料质量之比，用百分数表示，即

$$E=\frac{Q_1}{Q\alpha}\times 100\%$$

式中，E 为筛分效率，%；Q 为入筛固体废物质量；Q_1 为筛下产品质量；α 为原料中小于筛孔尺寸的颗粒的质量分数，%。

(4) 影响筛分效率的因素

① 入筛物料性质的影响。固体废物的颗粒尺寸分布对筛分效率影响较大。废物中“易筛粒”含量越多，筛分效率越高；而粒度接近筛孔尺寸的“难筛粒”越多，筛分效率则越低。

固体废物的含水率和含泥量对筛分效率也有一定的影响。废物外表水分会使细粒结团或附着在粗粒上而不易透筛。当筛孔较大、废物含水率较高时，反而造成颗粒活动性的提高，此时水分有促进细粒透筛作用，但此时已属于湿式筛分法，即湿式筛分法的筛分效率较高。水分影响还与含泥量有关，当废物中含泥量高时，稍有水分也能引起细粒结团。

另外，废物颗粒形状对筛分效率也有影响，一般球形、立方形、多边形颗粒相对而言筛

分效率较高；而颗粒呈扁平状或长方块，用方形或圆形筛孔的筛子筛分，其筛分效率较低；线状物料如废电线、管状物质等，必须以一端朝下的“穿针引线”方式缓慢透筛。而且，物料越长，筛分越难。在圆盘筛中，这种线状物的筛分效率会高些。而对于平面状的物料如塑料膜、纸、纸板类等，会大片地覆在筛面上，形成“盲区”而堵塞大片的筛分面积。

② 筛分设备性能的影响。常见的筛面有棒条筛面、钢板冲孔筛面及钢丝编织筛网三种。其中棒条筛面有效面积小，筛分效率低，编织筛网则相反，有效面积大，筛分效率高，冲孔筛面介于两者之间。

筛子运动方式对筛分效率有较大的影响，同一种固体废物采用不同类型的筛子进行筛分时，其筛分效率大致见表 2-1。

表 2-1 不同类型筛子的筛分效率

筛子类型	固定筛	转筒筛	摇动筛	振动筛
筛分效率/%	50～60	60	70～80	90 以上

即使是同一类型的筛子，如振动筛，它的筛分效率也受运动强度的影响而有差别。如果筛子运动强度不足，筛面上物料不易松散和分层，细粒不易透筛，筛分效率就不高；但运动强度过大又使废物很快通过筛面排出，筛分效率也不高。

筛面宽度主要影响筛子的处理能力，其长度则影响筛分效率。负荷相等时，过窄的筛面使废物层增厚而不利于细粒接近筛面；过宽的筛面则又使废物筛分时间太短，一般宽长比为 1∶(2.5～3)。

筛面倾角是为了便于筛上产品排出，倾角过小起不到此作用；倾角过大时，废物排出速度过快，筛分时间短，筛分效率低。一般筛分倾角以 15°～25°较适宜。

③ 筛分操作条件的影响。在筛分操作中应注意连续均匀给料，使废物沿整个筛面宽度铺成一薄层，既充分利用筛面，又便于细粒透筛，可以提高筛子的处理能力和筛分效率。及时清理和维修筛面也是保证筛分效率的重要条件。

筛分设备振动不足时，物料不易松散分层，使透筛困难；振动过于剧烈时，物料来不及透筛，便又一次被卷入振动中，使废物很快移动至筛面末端而被排出，也使筛分效率不高。因此，对振动筛应调节振动频率与振幅等，对滚筒筛而言，重要的是转速的调节，应使振动程度维持在最适水平。

(5) 筛分设备类型及应用　在固体废物处理中最常用的筛分设备有以下几种类型。

① 固定筛。筛面由许多平行排列的筛条组成，筛面固定不动，可以水平安装或倾斜安装，物料靠自身重力作下落运动。由于构造简单、不耗用动力、设备费用低和维修方便，故在固体废物处理中被广泛应用。固定筛又可分为格筛和棒条筛两种。

格筛一般安装在粗碎机之前，起到保证入料块度适宜的作用。

棒条筛主要用于粗碎和中碎之前，安装倾角应大于废物对筛面的摩擦角，一般为 30°～35°，以保证废物沿筛面下滑。棒条筛筛孔尺寸为要求筛下粒度的 1.1～1.2 倍，一般筛孔尺寸不小于 50mm。筛条宽度应大于固体废物中最大块度的 2.5 倍。该筛适用于筛分粒度大于 50mm 的粗粒废物。

② 滚筒筛。滚筒筛也称转筒筛，是物料处理中重要的运行单元。滚筒筛为一缓慢旋转（一般转速控制在 10～15r/min）的圆柱形筛分面，以筛筒轴线倾角为 3°～5°安装。筛面可用各种构造材料制成编织筛网，但筛分线状物料时会很困难，最常用的则是冲击筛板。

筛分时，固体废物由稍高一端供入，随即跟着转筒在筛内不断翻滚，细颗粒最终穿过筛孔而透筛。滚筒筛倾斜角度决定了物料轴向运行速度，而垂直于筒轴的物料行为则由转速决定。物料在筛子中的运动有三种状态。a. 沉落状态：此时筛子的转速很低，物料颗粒由于筛子的圆周运动而被带起，然后滚落到向上运动的颗粒层上面，物料混合很不充分，不易使中间的细料翻滚物移向边缘而触及筛孔。b. 抛落状态：当转速足够高但又低于临界速度时，颗粒克服重力作用沿筒壁上升，直至到达转筒最高点之前。这时重力超过了离心力，颗粒沿抛物线轨迹落回筛底。这种情况下，颗粒以可能的最大距离下落（如转筒直径），翻滚程度最为剧烈，很少有堆积现象发生，筛子的筛分效率最高，物料以螺旋状前进方式移出滚筒筛。c. 离心状态：若滚筒筛的转速进一步提高，达到某一临界速度，物料由于离心作用附着在筒壁上而无下落、翻滚现象，这时的筛分效率很低。

无疑，操作运行中，应尽可能使物料处于最佳的抛落状态。根据经验，筛子的最佳速度约为临界速度的45%。不同负荷条件下的试验数据表明，筛分效率随倾角的增大而迅速降低。随着筛分器负荷增加，物料在筒内所占容积比例增加。这时，要达到抛落状态的转速以及功率要求也随之增加。实际上，筛子完全充满时，已无可能进入抛落状态。

③ 振动筛。振动筛是在筑路、建筑、化工、冶金和谷物加工等部门应用非常广泛的一种设备。它的特点是振动方向与筛面垂直或近似垂直，振动次数600～3600r/min，振幅0.5～1.5mm。物料在筛面上发生离析现象，密度大而粒度小的颗粒钻过密度小而粒度大的颗粒的空隙，进入下层达到筛面。振动筛的倾角一般控制在8°～40°之间。倾角过小使物料移动缓慢，单位时间内的筛分效率势必降低；但倾角过大同样也使筛分效率降低，因为物料在筛面上移动过快，还未充分透筛即排出筛外。

振动筛由于筛面强烈振动，消除了堵塞筛孔的现象，有利于湿物料的筛分，可用于粗、中、细粒的筛分，还可以用于脱水振动和脱泥筛分。振动筛主要有惯性振动筛和共振筛两种。

惯性振动筛是通过由不平衡物体（如配重轮）的旋转所产生的离心惯性力使筛箱产生振动的一种筛子。当电动机带动皮带轮高速旋转时，配重轮上的重块即产生离心惯性力，其水平分力使弹簧作横向变形，由于弹簧横向刚度大，所以水平分力被横向刚度所吸收。而垂直分力则垂直于筛面通过筛箱作用于弹簧，强迫弹簧做拉伸及压缩的强迫运动。因此，筛箱的运动轨迹为椭圆或近似于圆。由于该种筛子的激振力是离心惯性力，故称为惯性振动筛。

惯性振动筛适用于细粒废物（0.1～15mm）的筛分，也可用于潮湿及黏性废物的筛分。

共振筛是利用连杆上装有弹簧的曲柄连杆机构驱动，使筛子在共振状态下进行筛分的。当电动机带动装在下机体上的偏心轴转动时，轴上的偏心使连杆做往复运动。连杆通过其端的弹簧将作用力传给筛箱，与此同时下机体也受到相反的作用力，使筛箱和下机体沿着倾斜方向振动，但它们的运动方向相反，所以达到动力平衡。筛箱、弹簧及下机体组成一个弹性系统，该弹性系统固有的自振频率与传动装置的强迫振动频率接近或相同时，使筛子在共振状态下筛分，故称为共振筛。

当共振筛的筛箱压缩弹簧而运动时，其运动速度和动能都逐渐减小，被压缩的弹簧所储存的位能却逐渐增加。当筛箱的运动速度和动能等于零时，弹簧被压缩到极限，它所储存的位能达到最大值，接着筛箱向相反方向运动，弹簧释放出所储存的位能，转化为筛箱的动能，因而筛箱的运动速度增加。当筛箱的运动速度和动能达到最大值时，弹簧伸长到极限，所储存的位能也就最小。可见，共振筛的工作过程是筛箱的动能和弹簧的位能相互转化的过程。所以，在每次振动中，只需要补充为克服阻尼的能量，就能维持筛子的连续振动。这种筛子虽大，但功率消耗却很小。

共振筛的优点有处理能力大、筛分效率高、耗电少以及结构紧凑，是一种有发展前途的筛子；但同时也有制造工艺复杂、机体重大、橡胶弹簧易老化等缺点。共振筛的应用很广，适用于废物中细粒的筛分，还可用于废物分选作业的脱水、脱重介质和脱泥筛分等。

(6) 筛分设备的选择　选择筛分设备时应考虑如下因素：颗粒大小、形状、PSD、整体密度、含水率、黏结或缠绕的可能；筛分器的构造材料，筛孔尺寸，形状，筛孔占筛面比例，转筒筛的转速、长与直径，振动筛的振动频率、长与宽；筛分效率与总体效果要求；运行特征，如能耗、日常维护、运行难易、可靠性、噪声、非正常振动与堵塞的可能等。

3. 重力分选

重力分选是根据固体废物中不同物质颗粒间的密度差异，在运动介质中受到重力、介质动力和机械力的作用，使颗粒群产生松散分层和迁移分离，从而得到不同密度产品的分选过程。

重力分选的介质有空气、水、重液（密度比水大的液体)、重悬浮液等。

固体废物的重力分选方法有很多，按作用原理可分为风力分选、跳汰分选、重介质分选、摇床分选和惯性分选等。各种重力分选过程具有的共同工艺条件是：①固体废物中颗粒间必须存在密度的差异；②分选过程都是在运动介质中进行的；③在重力、介质动力及机械力的综合作用下，使颗粒群松散并按密度分层；④分好层的物料在运动介质流的推动下互相迁移，彼此分离，并获得不同密度的最终产品。

影响重力分选的因素很多，主要是物料颗粒的尺寸、颗粒与介质的密度差以及介质的黏度。

4. 风力分选

(1) 风力分选原理　风力分选简称风选，又称气流分选。是以空气为分选介质，在气流的作用下，将轻物料从较重物料中分离出来一种方法。风选实质上包含两个分离过程：分离出低密度、空气阻力大的轻质部分（提取物）和高密度、空气阻力小的重质部分（排出物）；进一步将轻颗粒从气流中分离出来。后一分离步骤常由旋流器完成，与除尘原理相似。

空气与水相比较，其密度和黏度都较小，并具有可压缩性。当压力为 1MPa 及温度为 20℃时，空气密度为 $0.00118g/cm^3$，黏度为 $0.000018Pa \cdot s$。因为在风选过程中应用的风压不超过 1MPa，所以，实际上可以忽略空气的压缩性，而将其视为具有液体性质的介质。颗粒在水中的沉降规律也同样适用于在空气中的沉降。但由于空气密度较小，与颗粒密度相比可忽略不计，故颗粒在空气中的沉降末速（v_0）为：

$$v_0=\sqrt{\frac{\pi d\,\rho_s g}{6\psi\,\rho}}$$

式中，v_0 为沉降速度，m/s；d 为颗粒的直径，m；ρ_s 为颗粒的密度，kg/m^3；ρ 为空气的密度，kg/m^3；ψ 为阻力系数；g 为重力加速度，m/s^2。

从上式中我们可以明显地看到，当颗粒粒度一定时，密度大的颗粒沉降末速大；当颗粒密度相同时，直径大的颗粒沉降末速大。由于颗粒的沉降末速同时与颗粒的密度、粒度及形状有关，因而在同一介质中，密度、粒度和形状不同的颗粒在特定的条件下，可以具有相同的沉降速度。这样的相应颗粒称为等降颗粒。其中，密度小的颗粒粒度（d_{r1}）与密度大的颗粒粒度（d_{r2}）之比，称为等降比，以 e_0 表示，即：

$$e_0=\frac{d_{r1}}{d_{r2}}>1$$

等降比的大小可由沉降末速的个别公式或通式写出，如两颗粒等降，则 $v_{01}=v_{02}$，那么：

$$\sqrt{\frac{\pi d_1 \rho_{s1} g}{6\psi_1 \rho}}=\sqrt{\frac{\pi d_2 \rho_{s2} g}{6\psi_2 \rho}}$$

$$\frac{d_1 \rho_{s1}}{\psi_1}=\frac{d_2 \rho_{s2}}{\psi_2}$$

所以

$$e_0=\frac{d_1}{d_2}=\frac{\psi_1 \rho_{s2}}{\psi_2 \rho_{s1}}$$

从公式可见，等降比（e_0）将随两种颗粒密度差（$\rho_{s2}-\rho_{s1}$）的增大而增大；而且e_0还是阻力系数（ψ）的函数。理论与实践都表明，e_0将随颗粒粒度变细而减小。颗粒在空气中的等降比远远小于在水中的等降比，大约为其1/5～1/2。所以，为了提高分选效率，在风选之前需要将废物进行窄分级，或经破碎使粒度均匀后，使其按密度差异进行分选。

颗粒在空气中沉降时，所受到的阻力远小于在水中沉降时所受到的阻力，所以颗粒在静止空气中沉降达到末速所需的时间和沉降距离都较长。颗粒在上升气流中达到沉降末速时，颗粒的沉降速度（v_0'）等于颗粒对介质的相对速度（v_0）和上升气流速度（u_a）之差，即

$$v_0'=v_0-u_a$$

所以，上升气流可以缩短颗粒达到沉降末速的时间和距离。因此，在风选过程中常采用上升气流。

颗粒在实际的风选过程中的运动是干涉沉降。在干涉条件下，上升气流速度远小于颗粒的自由沉降末速时，颗粒群就呈悬浮状态。颗粒群的干涉末速（v_{hs}）为

$$v_{hs}=v_0(1-\lambda)^n$$

式中，λ为物料的容积浓度；n值大小与物料的粒度及状态有关，多介于2.33～4.65之间。

在颗粒达到末速保持悬浮状态时，上升气流速度（u_a）和颗粒群的干涉末速（v_{hs}）相等。使颗粒群开始松散和悬浮的最小上升气流速度（u_{min}）为：

$$u_{min}=0.125v_0$$

在干涉沉降条件下，使颗粒群按密度分选时，上升气流速度的大小，应根据固体废物中各种物质的性质，通过实验确定。

在风选中还常应用水平气流。在水平气流分选器中，物料是在空气动压力及本身重力作用下按粒度或密度进行分选的。

(2) 风选设备及应用　风选方法工艺简单。作为一种传统的分选方式，风选在国外主要用于城市垃圾的分选，将城市垃圾中以可燃性物料为主的轻组分和以无机物为主的重组分分离，以便分别回收利用或处置。

按气流吹入分选设备内的方向不同，风选设备可分为水平气流风选机（又称为卧式风力分选机）、垂直气流风选机（又称为立式风力分选机）和倾斜式分选机三种类型，其中垂直气流分选机应用最为广泛。

立式风力分选机的构造和工作原理见图2-4。根据风机与旋流器安装的位置不同，该分选机可分为直筒形和曲折形两种结构形式。

在直筒形风选机的风道里，物料由上向下降落，而空气则由底部向上运动，物料中的轻质组分被上升的气流带出风道，重质组分则由于质量较大而降落到底部，从而实现组分的分离。曲折形风选机的风道呈弯曲状，因此，气流和物料的运动轨迹是曲线形的，这样有利于物料的分散和气流与物料的混合搅动，从而提高分选效果。

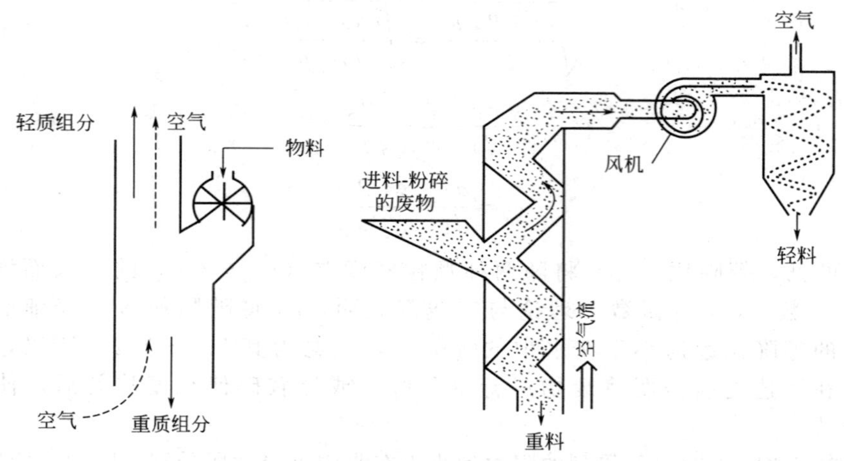

图 2-4 立式风力分选机的构造和工作原理

水平气流风选机的基本结构和气流的流向如图 2-5 所示。破碎后的垃圾随空气一起落入气流工作室内。水平方向吹入的气流使重质组分（如金属物）和轻质组分（如废纸、塑料等）分别落入不同的落料口，从而实现物料的分离。此种分选系统结构简单、紧凑，工作室内没有活动部件，分选效率较高。有经验表明，水平气流分选机的最佳风速为 20m/s。

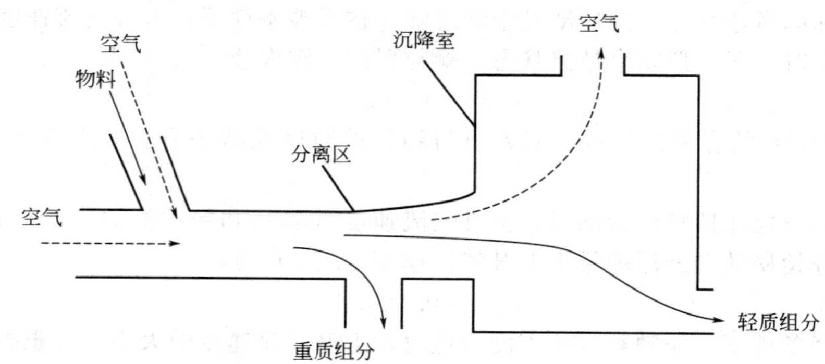

图 2-5 水平气流风选机工作原理

水平气流风选机构造简单，维修方便，但分选精度不高，一般很少单独使用，常与破碎、筛分、立式风力分选机组成联合处理工艺。

倾斜式分选机的特点是其气流工作室是倾斜的，它也有两种典型的结构形式（图 2-6）。两种装置的工作室都是倾斜的，但气流工作室的结构形式不同。为使工作室内的物料保持松散状，并使其中的重质组分较易排出，在图 2-6(a) 的结构中，工作室的底板有较大的倾角，且处于振动状态，它兼有振动筛和气流分选的作用。而在图 2-6(b) 的结构中，工作室为一倾斜的转鼓滚筒，它兼有滚筒筛和气流分选的作用。当滚筒旋转时，较轻的颗粒悬浮在气流中而被带往集料斗，较重和较小的颗粒则透过圆筒壁上的筛孔落下，较重的大颗粒则在滚筒的下端排出。倾斜式分选机既有垂直分选机的一些特色，又具有水平分选机的某些特点。

为了取得更好的分选效果，通常可以将其他的分选手段与风力分选在一个设备中结合起来，例如振动式风力分选机和回转式分选机。前者兼有振动和气流分选的作用，它是让给料沿着一个斜面振动，较轻的物料逐渐集中于表面层，随后由气流带走；后者实际上兼有圆筒筛的筛分作用和风力分选的作用，当圆筒旋转时，较轻颗粒悬浮在气流中而被带往集料斗，

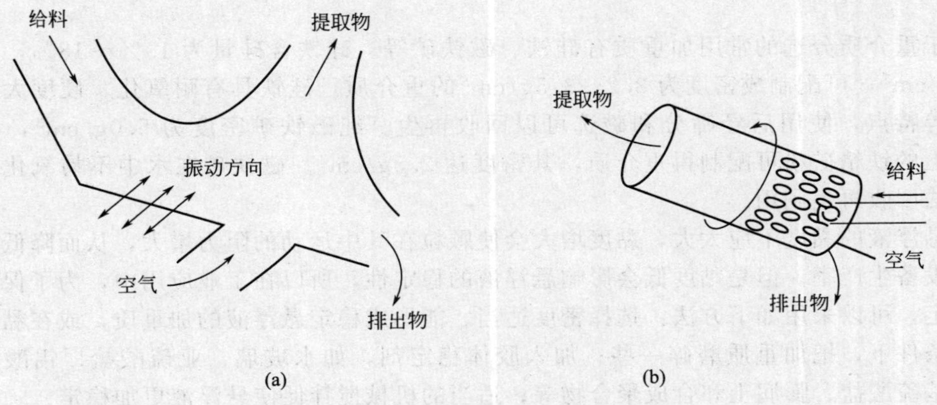

图 2-6　倾斜式分选机工作原理

较重和较小的颗粒则透过圆筒壁上的筛孔落下，较重的大颗粒则在圆筒的下端排出。

5. 重介质分选

(1) 基本原理　重介质分选又称浮沉法，主要适用于几种固体的密度差别较小及难以用跳汰法等其他分离技术分选的场合。通常将密度大于水的介质称为重介质，包括重液和重悬浮液两种流体。选择的重介质密度（ρ_c）需介于固体废物中轻物料密度（ρ_L）和重物料密度（ρ_w）之间，即：$\rho_L<\rho_c<\rho_w$

凡颗粒密度大于重介质密度的重物料都下沉，集中于分选设备的底部成为重产物；颗粒密度小于重介质密度的轻物料都上浮，集中于分选设备的上部成为轻产物。它们分别排出，从而达到分选的目的。

固体颗粒在介质中的沉降速度 v_s 可用牛顿公式表示：

$$v_s=\sqrt{\frac{4(\rho_s-\rho)gd}{3C_D\rho}}$$

式中，ρ为重介质密度。

由上式可看出，如果大密度颗粒的密度$\rho_{s2}>\rho$，v_{s2}为正值；若小密度颗粒的密度$\rho_{s1}<\rho$，v_{s1}为负值，即大密度颗粒下沉，而小密度颗粒将悬浮，从而实现了物料的分选。重介质分选的精度很高，入选物料颗粒粒度范围也可以很宽，很适合于各种固体废物的分选。

从上式中也可看出，如果颗粒密度接近重介质密度，将导致 v_s 很小，分离很慢。所以实际分离前，应筛去细粒部分，大密度物料的粒度下限为 2～3mm；小密度物料粒度下限 3～6mm。采用重悬浮液时，粒度下限可降至 0.5mm。

(2) 重介质　重介质是由高密度的固体微粒和水构成的固液两相分散体系，它是密度高于水的非均匀介质。重介质可以是重液和重悬浮液两大类，但重液价格昂贵，只能在实验室中使用。在固体废物分选中只能使用重悬浮液。高密度固体微粒起着加大介质密度的作用，故把这些固体微粒称为加重质。

重液是一些可溶性高密度的盐溶液（如 $CaCl_2$、$ZnCl_2$ 等）或高密度的有机液体（如 CCl_4、$CHCl_3$、$CHBr_3$、四溴乙烷等）。四溴乙烷与丙酮的混合液密度约为 2.4g/cm³，可将铝从较重的物料中分离出来。另一种常用的重液是五氯乙烷，密度为 1.67g/cm³。重液作介质的主要问题是不能根据需要迅速改变其密度，而且成本较高，损失较大。重悬浮液是在水中添加高密度的固体颗粒而构成的固液两相分散体系，其密度可随固体颗粒的种类和含量而变。

用于重介质分选的常用加重质有硅铁、磁铁矿等。硅铁含硅量为13%～18%，其密度为6.8g/cm³，可配制成密度为3.2～3.5g/cm³的重介质。硅铁具有耐氧化、硬度大、带强磁化性等特点，使用后经筛分和磁选可以回收再生。纯磁铁矿密度为5.0g/cm³，用含铁60%以上的铁精矿粉可配制得重介质，其密度达2.5g/cm³。磁铁矿在水中不易氧化，可用弱磁选法回收再生利用。

重悬浮液的黏度不应太大，黏度增大会使颗粒在其中运动的阻力增大，从而降低分选的精度和设备生产率。但是黏度低会影响悬浮液的稳定性，所以在工业应用中，为了保持悬浮液的稳定，可以采用如下方法：选择密度适当、能形成稳定悬浮液的加重质，或在黏度要求允许的条件下，把加重质磨碎一些；加入胶体稳定剂，如水玻璃、亚硫酸盐、铝酸盐、淀粉、烷基硫酸盐、膨润土和合成聚合物等；适当的机械搅拌促使悬浮液更加稳定。

除此以外，重介质还应具有密度高、化学稳定性好（不与处理的废物发生化学反应）、无毒、无腐蚀性，易回收再生等特性。

（3）重介质分选机　工业上应用的分选机一般分为鼓形重介质分选机和深槽式、浅槽式、振动式、离心式分选机，比较常用的是鼓形重介质分选机，其构造和原理如图2-7所示。由图可见，该设备外形是一圆筒形转鼓，由四个辊轮支撑，通过圆筒腰间的大齿轮由转动装置带动旋转（转速为2r/min）。在圆筒的内壁沿纵向设有扬板，用以提升重产物到溜槽内。圆筒水平安装，固体废物和重介质一起由圆筒一端给入，在向另一端流动过程中，密度大于重介质的颗粒沉于槽底，由扬板提升落入溜槽内，排出槽外成为重产物；密度小于重介质的颗粒随重介质流从圆筒溢流口排出成为轻产物。

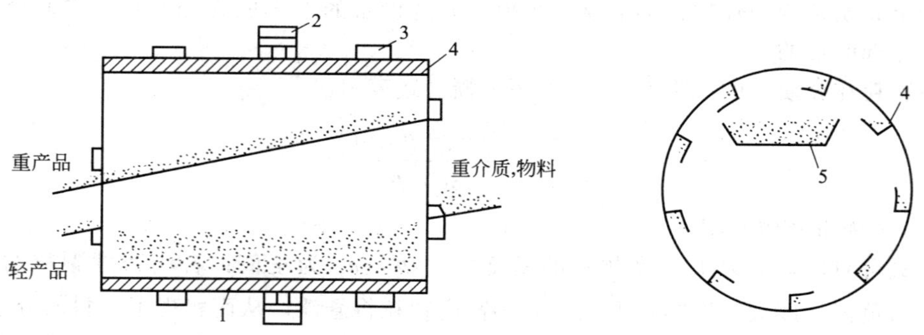

图2-7　鼓形重介质分选机的构造和原理

1—圆筒形转鼓；2—大齿轮；3—辊轮；4—扬板；5—溜槽

鼓形重介质分选机适用于分离粒度较粗（40～60mm）的固体废物，具有结构简单、紧凑，便于操作，分选机内密度分布均匀，动力消耗低等优点。缺点是轻重产物量调节不方便。

深槽式圆锥形重悬浮液分选机的空心轴同时作为排出重产物的空气提升管。

6. 跳汰分选

（1）跳汰分选原理　跳汰分选是一个典型的从采矿工业部门借鉴而来的运行单元，它是在垂直变速介质流中颗粒群反复交替的膨胀收缩，按密度分选固体废物的一种方法。从动力而言，跳汰分选区别于其他的装置。通常使用水为介质，故称为水力跳汰分选。跳汰分选机供料在水介质中受到脉冲力作用，于是，整个筛面上的物料层不断地被冲起又落下。颗粒之间频繁接触，逐渐形成一按密度分层的床面。一个脉冲循环中包括这样两个过程：床面先是浮起，然后被压紧。在浮起状态，轻颗粒加速较快，运动到床面物上面；在压紧状态重颗粒比轻颗粒加速快，钻入床面物的下层中，脉冲作用使物料分层，该过程如图 2-8 所示。已经证实，在这样的周期性的脉冲水流中进行的分选要优于在一股稳定的上升流中进行的分选，其原因就在于，前者更为直接地利用了密度这一分离特征，而将颗粒尺寸的影响降至最小。也即水面振动使颗粒之间的密度差异表现得更为明显了。

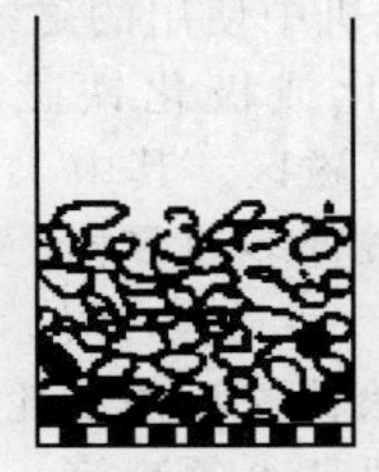

(a) 分层前颗粒混杂堆积

(b) 上升水流将床层抬起

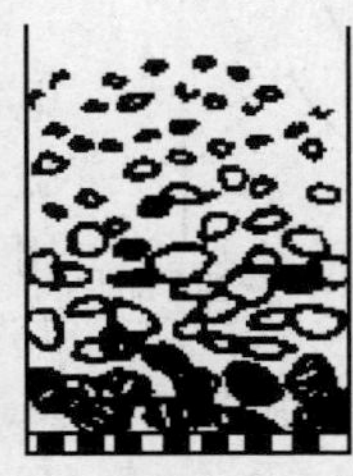

(c) 颗粒在水中沉降分层

(d) 下降水流使床层紧密，重颗粒进入底层

图 2-8　颗粒在跳汰时的分层过程

分层后，密度大的重颗粒群集中于底层，其中小而重的颗粒会透筛成为筛下重产物，密度小的轻物料群进入上层，被水平水流带到机外成为轻产物。

(2) 跳汰分选设备　按推动水流运动方式，分为隔膜跳汰机和无活塞跳汰机两种。隔膜跳汰机是利用偏心连杆机构带动橡胶隔膜做往复运动，借以推动水流在跳汰室内做脉冲运动［图 2-9(a)］；无活塞跳汰机采用压缩空气推动水流［图 2-9(b)］。跳汰分选主要用于混合金属的分离与回收。尽管在此过程中水的消耗量并不大，但所排放的跳汰用水仍需认真对待，加以处理。

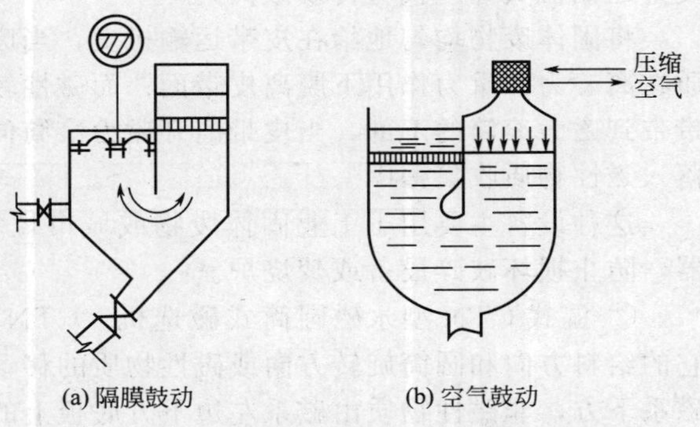

(a) 隔膜鼓动　(b) 空气鼓动

图 2-9　跳汰机中推动水流运动的形式

7. 磁力分选

磁力分选有两种类型：一种是通常意义上的磁选，它主要应用于供料中磁性杂质的提纯、净化以及磁性物料的精选。前者是清除杂铁物质以保护后续设备免遭损坏，产品为非磁性物料，而后者用于铁磁矿石的精选和从城市垃圾中回收铁磁性黑色金属材料。另一种是近二十年发展起来的磁流体分选法，可应用于城市垃圾焚烧厂焚烧灰以及堆肥厂产品中铝、铜、铁、锌等金属的提取与回收。

(1) 磁选原理　磁选是利用固体废物中各种物质的磁性差异在不均匀磁场中进行分选的一种处理方法。固体废物按其磁性大小可分为强磁性、弱磁性、非磁性等不同组分。磁选过程（图 2-10）是将固体废物输入磁选机，其中的磁性颗粒在不均匀磁场作用下被磁化，受到磁场吸引力的作用。除此之外，所有穿过分选装置的颗粒，都受到诸如重力、流动阻力、摩擦力、静电力和惯性力等机械力的作用。若磁性颗粒受力满足 $F_{磁}>\sum F_{机}$（其中，$F_{磁}$ 为作用于磁性颗粒的吸引力，$\sum F_{机}$ 为与磁性引力方向相反的各机械力的合力），则该磁性颗粒就会沿磁场强度增加的方向移动直至被吸附在滚筒或带式收集器上，而后随着传输带运动而被排出。其中的非磁性颗粒所受到的机械力占优势，对于粗粒，重力、摩擦力起主要作

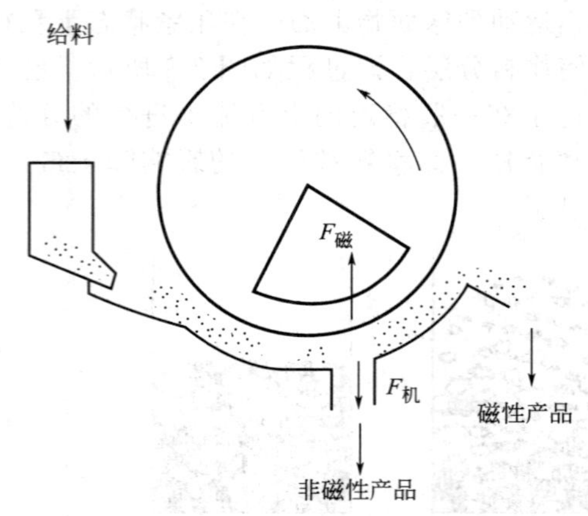

图 2-10　颗粒在磁选机中分离示意图

用，而对于细粒，静电引力和流体阻力则较明显。在这些作用下，它们仍会留在废物中而被排出。因此，磁选是基于固体废物各组分的磁性差异，作用于各种颗粒上的磁力和机械力的合力不同，使它们的运动轨迹也不同，从而实现分选作业。

（2）磁选设备　磁选机中使用的磁铁有两类：电磁——用通电方式磁化或极化铁磁材料；永磁——利用永磁材料形成磁区。其中永磁较为常用。回收应用中磁铁的布置多种多样，最常见的几种设备介绍如下。

① 磁力滚筒。磁力滚筒又称磁滑轮，有永磁和电磁两种。应用较多的是永磁滚筒。这种设备的主要组成部分是一个回转的多极磁系和套在磁系外面的用不锈钢或铜、铝等非导磁材料制的圆筒。磁系与圆筒固定在同一个轴上，安装在皮带运输机头部（代替传动滚筒）。

将固体废物均匀地给在皮带运输机上，当废物经过磁力滚筒时，非磁性或磁性很弱的物质在离心力和重力作用下脱离皮带面；而磁性较强的物质受磁力作用被吸在皮带上，并由皮带带到磁力滚筒的下部，当皮带离开磁力滚筒伸直时，磁性较强的物质由于磁场强度减弱而落入磁性物质收集槽中。

这种设备主要用于工业固体废物或城市垃圾的破碎设备或焚烧炉前，除去废物中的铁器，防止损坏破碎设备或焚烧炉。

② 湿式 CTN 型永磁圆筒式磁选机。CTN 型永磁圆筒式磁选机的构造形式为逆流型，它的给料方向和圆筒旋转方向或磁性物质的移动方向相反。物料液由给料箱直接进入圆筒的磁系下方，非磁性物质由磁系左边下方底板上的排料口排出。磁性物质随圆筒逆着给料方向移到磁性物质排料端，排入磁性物质收集槽中。

这种设备适用于粒度为≤0.6mm 强磁性颗粒的回收及从钢铁冶炼排出的含铁尘泥和氧化铁皮中回收铁，以及回收重介质分选产品中的加重质。

③ 悬吊磁铁器。悬吊磁铁器主要用来去除城市垃圾中的铁器，保护破碎设备及其他设备免受损坏。悬吊磁铁器有一般式除铁器和带式除铁器两种。当铁物数量少时采用一般式，当铁物数量多时采用带式。一般式除铁器是通过切断电磁铁的电流排除铁物，而带式除铁器则是通过胶带装置排除铁物。

（3）选择磁选装置时应考虑的因素

① 供料传输带和产品传输带的位置关系。

② 供料传输带的宽度、尺寸以及能否在整个传输带的宽度上有足够的磁场强度而有效地进行磁选。

③ 与磁性材料混杂在一起的非磁性材料的数量与形状。

④ 操作要求，如电耗、空间要求、结构支撑要求、磁场强度、设备维护等。

8. 磁流体分选（MHS）

（1）磁流体分选概述　所谓磁流体是指某种能够在磁场或磁场和电场联合作用下磁化，呈现似加重现象，对颗粒产生磁浮力作用的稳定分散液。通常使用的磁流体有强电解质溶液、顺磁性溶液和铁磁性胶体悬浮液。

磁流体分选是利用磁流体作为分选介质，在磁场或磁场和电场的联合作用下产生“加重”作用，按固体废物各组分的磁性和密度的差异或磁性、导电性和密度的差异，使不同组分分离。当固体废物中各组分间的磁性差异小而密度或导电性差异较大时，采用磁流体可以有效地进行分离。

磁流体分选根据分离原理与介质的不同，可分为磁流体动力分选和磁流体静力分选两种。

(2) 磁流体动力分选（MHDS）　磁流体动力分选是在磁场（包括均匀磁场或非均匀磁场）与电场的联合作用下，以强电解质溶液为分选介质，按固体废物中各组分间密度、比磁化率和电导率的差异使不同组分分离。

磁流体动力分选的研究历史较长，技术也较成熟，其优点是分选介质为导电的电解质溶液，来源广、价格便宜，黏度较低，分选设备简单，处理能力较大，处理粒度为0.5～6mm的固体废物时，可达50t/h，最大可达100～600t/h。缺点是分离精度较低。

(3) 磁流体静力分选（MHSS）　磁流体静力分选是在非均匀磁场中，以顺磁性液体和铁磁性胶体悬浮液为分选介质，按固体废物中各组分间密度和比磁化率的差异进行分离。由于不加电场，不存在电场和磁场联合作用产生的特性涡流，故称为静力分选。其优点是介质黏度较小，分离精度高。缺点是分选设备较复杂，介质价格较高，回收困难，处理能力较小。

通常，要求分离精度高时，采用静力分选；固体废物中各组分间电导率差异大时，采用动力分选。磁流体分选是一种重力分选和磁力分选联合作用的分选过程。各种物质在似加重介质中按密度差异分离，这与重力分选相似；在磁场中按各种物质间的磁性（或电性）差异分离，与磁选相似。不仅可以将磁性和非磁性物质分离，而且也可以将非磁性物质按密度差异分离。因此，磁流体分选法在固体废物处理与利用中占有特殊的地位，它不仅可以分离各种工业固体废物，而且还可以从城市垃圾中回收铝、铜、锌、铅等金属。

(4) 分选介质　理想的分选介质应具有磁化率高、密度大、黏度低、稳定性好、无毒、无刺激性气味、无色透明、价廉易得等特殊条件。

① 顺磁性盐溶液。顺磁性盐溶液有30余种，Mn、Fe、Ni、Co盐的水溶液均可作为分选介质。常用的有 $MnCl_2 \cdot 4H_2O$、$MnBr_2$、$MnSO_4$、$Mn(NO_3)_2$、$FeCl_2$、$FeSO_4$、$Fe(NO_3)_2 \cdot 2H_2O$、$NiCl_2$、$NiBr_2$、$NiSO_4$、$CoCl_2$、$CoBr_2$ 和 $CoSO_4$ 等。这些溶液的体积磁化率为 8×10^{-8}～8×10^{-7}，真密度为1400～1600kg/m^3，且黏度低、无毒。

$MnCl_2$ 和 $Mn(NO_3)_2$ 溶液基本具有上述分选介质所要求的特性条件，是较理想的分选介质。$FeSO_4$、$MnSO_4$ 和 $CoSO_4$ 水溶液价格便宜，适合分离固体废物（轻产物密度＜3000kg/m^3）。

② 铁磁性胶粒悬浮液。一般采用超细粒（100Å）磁铁矿胶粒作为分散质，用油酸、煤油等非极性液体介质，并添加表面活性剂为分散剂调制成铁磁性胶粒悬浮液。一般每升该悬浮液中含 10^7～10^{18} 个磁铁矿粒子。其真密度为1050～2000kg/m^3，在外磁场及电场作用下，可使介质加重到20000kg/m^3。这种磁流体介质黏度高，稳定性差，介质回收再生困难。

(5) 磁流体分选设备及应用　J. Shimoiizaka 分选槽的分离区呈倒梯形，上宽130mm、下宽50mm、高150mm、纵向深150mm，采用永磁磁系。分离密度较高的物料时，磁系用钐-钴合金磁铁。每个磁体大小为40mm×123mm×136mm，两个磁体相对排列，夹角为30°。分离密度较低的物料时，磁系用锶铁氧体磁体。这种分选槽使用的分选介质是油基或水基磁流体。它可用于汽车的废金属碎块的回收、低温破碎物料的分离和从垃圾中回收金属碎块等。

9. 电力分选

电力分选简称电选，是利用城市生活垃圾中各种组分在高压电场中电性的差异而实现分选的一种方法。一般物质大致可分为电的良导体、半导体和非导体，它们在高压电场中有着不同的运动轨迹，加上机械力的共同作用，即可将它们互相分开。电场分选对于塑料、橡胶、纤维、废纸、合成皮革、树脂等与某些物料的分离，各种导体、半导体和绝缘体的分离等都十分简便有效。

(1) 电选的分离过程　电选分离过程是在电晕-静电复合电场电选设备中进行的。废物由给料斗均匀地给入辊筒上，随着辊筒的旋转，废物颗粒进入电晕电场区，由于空间带有电荷，使导体和非导体颗粒都获得负电荷（与电晕电极电性相同），导体颗粒一面荷电，一面又把电荷传给辊筒（接地电极），其放电速度快，因此，当废物颗粒随辊筒旋转离开电晕电场区而进入静电场区时，导体颗粒的剩余电荷少，而非导体颗粒则因放电速度慢，致使剩余电荷多。导体颗粒进入静电场后不再继续获得负电荷，但仍继续放电，直至放完全部负电荷，并从辊筒上得到正电荷而被辊筒排斥，在电力、离心力和重力分力的综合作用下，其运动轨迹偏离辊筒而在辊筒前方落下。偏向电极的静电引力作用更增大了导体颗粒的偏离程度。非导体颗粒由于有较多的剩余负电荷，将与辊筒相吸，被吸附在辊筒上，带到辊筒后方，被毛刷强制刷下。半导体颗粒的运动轨迹则介于导体与非导体颗粒之间，成为半导体产品落下，从而完成电选分离过程。

(2) 静电分选机及应用　辊筒式静电分选机将含有铝和玻璃的废物，通过电振给料器均匀地给到带电辊筒上，铝为良导体从辊筒电极获得相同符号的大量电荷，因而被辊筒电极排斥落入铝收集槽内。玻璃为非导体，与带电辊筒接触被极化，在靠近辊筒一端产生相反的束缚电荷，被辊筒吸住，随辊筒带至后面被毛刷强制刷落进入玻璃收集槽，从而实现铝与玻璃的分离。

(3) YD-4 型高压电选机及应用　YD-4 型高压电选机的特点是具有较宽的电晕电场区、特殊的下料装置和防积灰漏电措施；整机密封性能好；采用双筒并列式，结构合理、紧凑，处理能力大，效率高。可作为粉煤灰专用设备。

该机的工作原理是将粉煤灰均匀给到旋转接地辊筒上，带入电晕电场后，炭粒由于导电性良好，很快失去电荷，进入静电场后从辊筒电极获得相同符号的电荷而被排斥，在离心力、重力及静电斥力综合作用下落入集炭槽成为精煤。而灰粒由于导电性较差，能保持电荷，与带相反电荷的辊筒相吸，并牢固地吸附在辊筒上，最后被毛刷强制刷落进入集灰槽，从而实现炭灰分离。

10. 浮选

(1) 浮选原理　浮选是在固体废物与水调制的料浆中，加入浮选药剂，并通入空气形成无数细小气泡，使欲选物质颗粒黏附在气泡上，随气泡上浮于料浆表面成为泡沫层，然后刮出回收；不浮的颗粒仍留在料浆内，通过适当处理后废弃。

在浮选过程中，固体废物各组分对气泡黏附的选择性，是由固体颗粒、水、气泡组成的三相界面间的物理化学特性所决定的。其中比较重要的是物质表面的湿润性。

固体废物中有些物质表面的疏水性较强，容易黏附在气泡上，而另一些物质表面亲水，不易黏附在气泡上。物质表面的亲水、疏水性能，可以通过浮选药剂的作用而加强。因此，在浮选工艺中正确选择、使用浮选药剂是调整物质可浮性的主要外因条件。

(2) 浮选药剂　根据药剂在浮选过程中的作用不同，可分为捕收剂、起泡剂和调整剂三大类。

（3）浮选设备　国内外浮选设备类型很多，我国使用最多的是机械搅拌式浮选机。大型浮选机每两个槽为一组，第一个槽称为吸入槽，第二个槽为直流槽。小型浮选机多为4～6个槽为一组，每排可以配置2～20个槽。每组有一个中间室和料浆面调节装置。

浮选工作时，料浆由进浆管进入，给到盖板与叶轮中心处，由于叶轮的高速旋转，在盖板与叶轮中心处造成一定的负压，空气由进气管和套管吸入，与料浆混合后一起被叶轮甩出，在强烈的搅拌下气流被分割成无数微细气泡。欲选物质颗粒与气泡碰撞黏附在气泡上而浮升至料浆表面形成泡沫层，经刮泡机刮出成为泡沫产品，再经消泡脱水后即可回收。

四、其他分选方法

1. 摩擦与弹跳分选

（1）概述　摩擦与弹跳分选是根据固体废物中各组分的摩擦系数和碰撞系数的差异，在斜面上运动或与斜面碰撞弹跳时，产生不同的运动速度和弹跳轨迹而实现彼此分离的一种处理方法。

固体废物从斜面顶端给入，并沿着斜面向下运动时，其运动方式随颗粒的性质或密度不同而不同。其中纤维状废物或片状废物几乎全靠滑动，球形颗粒有滑动、滚动和弹跳三种运动。

当颗粒单体（不受干扰）在斜面上向下运动时，纤维体或片状体的滑动运动加速度较小，运动速度不快，所以，它脱离斜面抛出的初速度较小，而球形颗粒由于是滑动、滚动和弹跳相结合的运动，其加速度较大，运动速度较快，因此，它脱离斜面抛出的初速度也较大。

当废物离开斜面抛出时，又因受空气阻力的影响，抛射轨迹并不严格沿着抛物线前进，其中纤维废物由于形状特殊，受空气阻力影响较大，在空气中减速很快，抛射轨迹表现出严重的不对称（抛射开始接近抛物线，其后接近垂直落下），使它抛射不远；废物颗粒接近球形，受空气阻力影响较小，在空气中运动减速较慢，抛射轨迹表现为对称，使它抛射较远，因此，在固体废物中，纤维状废物与颗粒废物、片状废物与颗粒废物因形状不同，在斜面上运动或弹跳时，产生不同的运动速度和运动轨迹，因而可以彼此分离。

城市垃圾自一定高度给到斜面上时，其废纤维、有机垃圾和灰土等近似塑性碰撞，不产生弹跳；而砖瓦、铁块、碎玻璃、废橡胶等则属弹性碰撞，产生弹跳，跳离碰撞点较远，两者运动轨迹不同，因而得以分离。

（2）摩擦与弹跳分选设备与应用

① 带式筛。带式筛是一种倾斜安装带有振打装置的运输带，其带面由筛网或刻沟的胶带制成。带面安装倾角大于颗粒废物的摩擦角，小于纤维废物摩擦角。

废物从带面的下半部由上方给入，由于带面的振动，颗粒废物在带面上做弹性碰撞，向带的下部弹跳，又因带面的倾角大于颗粒废物的摩擦角，所以颗粒废物还有下滑的运动，最后从带的下端排出。纤维废物与带面为塑性碰撞，不产生弹跳，并且带面倾角小于纤维废物的摩擦角，所以纤维废物不沿带面下滑，而随带面一起向上运动，从带的上端排出。在向上运动过程中，由于带面的振动使一些细粒灰土透过筛孔从筛下排出，从而使颗粒状废物与纤维废物分离。

② 斜板运输分选机。城市垃圾由给料皮带运输机从斜板运输分选机的下半部的上方给入，其中砖瓦、铁块、玻璃等与斜板板面产生弹性碰撞，向板面下部弹跳，从斜板分选机下端排入重的弹性产物收集仓，而纤维织物、木屑等与斜板板面为塑性碰撞，不产生弹跳，因而随斜板向上运动，从斜板上端排入轻的非弹性产物收集仓，从而实现分离。

③ 反弹滚筒分选机。该分选系统由抛物皮带运输机、回弹板、分料滚筒和产品收集仓组成。其工作过程是将城市垃圾由倾斜抛物皮带运输机抛出，与回弹板碰撞，其中铁块、砖瓦、玻璃等与回弹板、分料滚筒产生弹性碰撞，被抛入重的弹性产品收集仓；而纤维废物、木屑等与回弹板为塑性碰撞，不产生弹跳，被分料滚筒抛入轻的非弹性产品收集仓，从而实现分离。

2. 光电分选

(1) 光电分选系统及工作过程　光电分选系统及工作过程包括以下三个部分。

① 给料系统。固体废物入选前，需要预先进行筛分分级，使之成为窄粒级物料，并清除废物中的粉尘，以保证信号清晰，提高分离精度。分选时，使预处理后的物料颗粒排队呈单行，逐一通过光检区受检，以保证分离效果。

② 光检系统。光检系统包括光源、透镜、光敏元件及电子系统等，这是光电分选机的心脏，因此，要求光检系统工作准确可靠，工作中要维护保养好，经常清洗，减少粉尘污染。

③ 分离系统。固体废物通过光检系统后，其检测所收到的光电信号经过电子电路放大，与规定值进行比较处理，然后驱动执行机构，一般为高频气阀（频率为 300Hz），将其中一种物质从物料流中吹动使其偏离出来，从而使物料中不同物质得以分离。

(2) 光电分选机及应用　光电分选过程：固体废物经预先窄分级后进入料斗，由振动溜槽均匀地逐个落入高速沟槽进料皮带上，在皮带上拉开一定距离并排队前进，从皮带首端抛入光检箱受检。当颗粒通过光检测区时，受光源照射，背景板显示颗粒的颜色或色调，当欲选颗粒的颜色与背景颜色不同时，反射光经光电倍增管转换为电信号（此信号随反射光的强度变化而变化），电子电路分析该信号后，产生控制信号驱动高频气阀，喷射出压缩空气，将电子电路分析出的异色颗粒（即欲选颗粒）吹离原来的下落轨道，加以收集。而颜色符合要求的颗粒仍按原来的轨道自由下落加以收集，从而实现分离。光电分选可用于从城市垃圾中回收橡胶、塑料、金属等物质。

第二节　工业固体废物的焚烧技术

焚烧法是一种高温热处理技术，即以一定的过剩空气量与被处理的有机废物在焚烧炉内进行氧化燃烧反应，废物中的有害有毒物质因在高温下氧化、热解而被破坏。目前，在固体废物处理中，美国的焚烧比例已达 16％～20％，西欧为 35％～55％，而在日本等可耕地奇缺的国家，焚烧比例高达 65％～80％。我国深圳、上海等大城市也正逐渐采用焚烧技术应对日益增长的工业废物。

焚烧技术在处理工业废物方面的广泛应用，源于其以下独特的优点。

① 垃圾经焚烧处理后，垃圾中的病原体被彻底消灭，燃烧过程中产生的有害气体和烟尘经处理后达到排放要求，无害化程度高。

② 经过焚烧，垃圾中的可燃成分被高温分解后，一般可减重 80％和减容 90％以上；在一些新设计的焚烧装置中，焚烧后的废物体积只是原体积的 5％或更少，减量效果好，可节约大量填埋场占地。

③ 垃圾焚烧所产生的高温烟气，其热能被废热锅炉吸收转变为蒸汽，用来供热或发电，垃圾被作为能源来利用，还可回收铁磁性金属等资源，可以充分实现垃圾处理的资源化。

④ 垃圾焚烧厂占地面积小，尾气经净化处理后污染较小，可以靠近市区建厂。既节约

用地又缩短了垃圾的运输距离，对于经济发达的城市尤为重要。

⑤ 焚烧处理可全天候操作，不易受天气影响。

⑥ 随着对城市垃圾填埋的环境措施要求的提高，焚烧法的操作费用可望低于填埋。

但此法也有明显的缺点，除了投资昂贵、操作运行费用高、对炉内废物的热值有一定要求（一般不能低于 3360kJ/kg）外，焚烧过程还将产生导致二次污染的多种有害物质与气体，如有机卤化物、氮氧化物、二噁英等，这将增加后续的尾气处理成本。

一、焚烧过程机理

焚烧是通过燃烧处理废物的一种热力技术。燃烧是一种剧烈的氧化反应，常伴有光与热的现象，即辐射热，也常伴有火焰现象，会导致周围温度的升高。燃烧系统中有三种主要成分：燃料或可燃物质、氧化物及惰性物质。燃料是含有碳碳、碳氢及氢氢等高能量化学键的有机物质，这些化学键经氧化后，会放出热能。氧化物是燃烧反应中不可缺少的物质，最普通的氧化物为含有 21%氧气的空气，空气量的多寡及与燃料的混合程度直接影响燃烧的效率。惰性物质虽然不直接参与燃烧过程，但在燃烧系统中，这三种主要成分相互影响，必须小心控制其成分及速率，才能达到燃烧或焚烧的最终目的。

固体废物的燃烧过程比较复杂，通常由热分解、熔融、蒸发和化学反应等传热、传质过程所组成。一般根据不同可燃物质的种类，有三种不同的燃烧方式：①蒸发燃烧。垃圾受热熔化成液体，继而化成蒸气，与空气扩散混合而燃烧。②分解燃烧。垃圾受热后首先分解，轻的碳氢化合物挥发，留下固定碳及惰性物，挥发分与空气扩散混合而燃烧，固定碳的表面与空气接触进行表面燃烧。③表面燃烧。如木炭、焦炭等固体受热后不发生熔化、蒸发和分解等过程，而是在固体表面与空气反应进行燃烧。从工程技术的观点看，又可将固体废物的焚烧分为三个阶段：干燥阶段、焚烧阶段和燃尽阶段。由于焚烧是一个传质、传热等复杂过程，所以在废物实际焚烧过程中，这三个阶段没有明显的界限，只不过在总体上有时间上的先后差别而已。从炉内实际过程看，送入的固体废物中有的物质还在预热干燥，而有的物质已经开始燃烧，甚至已经燃尽了。对同一物料来讲，物料表面已进入了焚烧阶段，而内部还在加热干燥。这表明焚烧过程的实际工况非常复杂。

（1）干燥阶段　干燥阶段是利用燃烧室的热能使固体废物的附着水和固有水气化，生成的水蒸气的过程。按热量传递的方式，可将干燥分为传导干燥、对流干燥和辐射干燥三种方式。物料所含水分越大，干燥阶段也就越长，消耗的热能也就越高，从而使炉内温度降低太大，着火燃烧就困难，此时需投入辅助燃料燃烧，以提高炉温，改善干燥着火条件。

（2）焚烧阶段　物料在干燥阶段基本完成后，如果炉内温度足够高，且又有足够的氧化剂，物料就会很顺利地进入真正的焚烧阶段。焚烧是固体废物中的可燃组分在高温作用下分解和挥发的化学反应过程，生成各种烃类挥发分和固体炭等产物。焚烧阶段包括了强氧化反应、热解和原子基团碰撞三个同时发生的化学反应模式。

（3）燃尽阶段　物料在主焚烧阶段进行了强烈的发热发光氧化反应之后，开始进入燃尽阶段。此时，参与反应的物质的量大大减少了，而反应生成的惰性物质、气态的 CO_2、H_2O 和固态的灰渣则增加了。由于灰层的形成和惰性气体的比例增加，剩余氧化剂难以与物料内部未燃尽的可燃成分接触和发生氧化反应，燃烧过程因此而减弱。此时，物料周围温度降低，整个反应处于不利状况。因此，要使物料中未燃的可燃成分燃烧干净，就必须延长焚烧过程，使之能够有足够的时间尽可能地完全燃烧掉。这就是设置燃尽段的主要目的。为改善燃尽阶段的工况，也常采用翻动、拨火等方法来减少物料外表面的灰层，增加过剩空气量和使物料与空气尽可能充分地接触。

二、焚烧产物

1. 固体废物焚烧的产物

在废物焚烧时既发生了物料分子转化的化学过程，也发生了以各种传递为主的物理过程。大部分废物及辅助燃料的成分非常复杂，但是可燃的固体废物基本上是有机物，由大量的碳、氢、氧元素组成，有些还含有氮、硫、磷和卤素等元素，因此在分析化合物成分时一般仅要求提供主要元素分析的结果，也就是碳、氢、氧、氮、硫、氯等元素和水分及灰分的含量。它们的化学方程式虽然复杂，但是从燃烧的观点而论，它们可用 $C_xH_yO_zN_uS_vCl_w$ 表示，一个完全燃烧的氧化反应可表示为：

$$C_xH_yO_zN_uS_vCl_w+\left(x+v+\frac{y-w}{4}-\frac{z}{2}\right)O_2 \longrightarrow$$

$$xCO_2+wHCl+\frac{u}{2}N_2+vSO_2+\left(\frac{y-w}{2}\right)H_2O$$

① 有机物中碳的焚烧产物是二氧化碳气体。

② 有机物中氢的焚烧产物是水。若有氟或氯存在，也可能有它们的氢化物生成。

③ 固体废物中的有机硫和有机磷，在焚烧过程中生成二氧化硫或三氧化硫以及五氧化二磷。

④ 有机氮化物的焚烧产物主要是气态的氮，也有少量的氮氧化物生成。由于高温时空气中的氧和氮也可结合生成一氧化氮，相对于空气中的氮来说，生活垃圾中的氮元素含量很少，一般可以忽略不计。

⑤ 有机氟化物的焚烧产物是氟化氢。若体系中氢的量不足以与所有的氟结合生成氟化氢，可能出现四氟化碳或二氟氧碳（COF_2），除非有其他元素存在，例如金属元素，它可与氟结合生成金属氟化物。添加辅助燃料（CH_4、油品）增加氢元素，可以防止四氟化碳或二氟氧碳的生成。

⑥ 有机氯化物的焚烧产物是氯化氢。由于氧和氯的电负性相近，存在着下列可逆反应：

$$4HCl+O_2 \rightleftharpoons 2Cl_2+2H_2O$$

当体系中氢量不足时，有游离的氯气产生。添加辅助燃料（天然气或石油）或较高温度的水蒸气（1100℃）可以使上述反应向左进行，减少废气中游离氯气的含量。

⑦ 有机溴化物和碘化物焚烧后生成溴化氢及少量溴气以及元素碘。

⑧ 根据焚烧元素的种类和焚烧温度，金属在焚烧以后可生成卤化物、硫酸盐、磷酸盐、碳酸盐、氢氧化物和氧化物等。

上述有机物在燃烧过程中有成千上万种反应途径，最终的反应产物未必是上述的 CO_2、HCl、N_2、SO_2 与 H_2O，事实上完全燃烧反应只是一种理论上的假说。在实际燃烧过程中，要考虑废物与氧气混合的传质问题、燃烧温度与热传导问题等，包括流场及扩散现象。通过加入足够的氧气、保持适当温度和反应停留时间，控制燃烧反应使之接近完全燃烧，不致产生有毒气体。

2. 焚烧产生的污染物

固体废物的完全燃烧反应只是理想状态，实际的燃烧过程过程非常复杂。若燃烧工况控制不良，废物焚烧过程会产生大量的酸性气体、炭烟、CO、未完全燃烧有机组分、粉尘、灰渣等物质，甚至可能产生有毒气体，包括二噁英、多环碳氢化合物（PAH）和醛类等。因此有必要对固体废物燃烧污染产物的产生和控制原理进行深入研究。

(1) 粉尘 焚烧烟气中的粉尘可以分为无机烟尘和有机烟尘两部分，主要是固体废物焚烧过程中由于物理原因和热化学反应产生的微小颗粒物质。其中无机烟尘主要来自固体废物中的灰分，而有机烟尘主要是由于灰分包裹固定炭粒形成的。焚烧烟气中粉尘产生的机理见表 2-2。

表 2-2 粉尘产生机理

粉尘	炉室	燃烧室	锅炉室、烟道	除尘器	烟囱
无机烟尘	①由燃烧空气卷起的不燃物、可燃灰分；②高温燃烧区域中低沸点物质气化；③有害气体（HCl、SO_x）去除时，投入的$CaCO_3$粉末引起的反应生成物和未反应物	气-固、气-气反应引起的粉尘	①烟气冷却引起的盐分；②为去除有害气体（HCl、SO_x）而投入的$Ca(OH)_2$，反应生成物和未反应物	—	微小粉尘（<1μm），碱性盐占多数
有机烟尘	①纸屑等的卷起；②不完全燃烧引起的未燃碳分	不完全燃烧引起的纸灰	—	再度飞散的粉灰	—
粉尘浓度	—	1～6 g/m^3	1～4 g/m^3	—	0.01～0.04g/m^3（使用除尘器的场合）

粉尘的产生量与垃圾性质和燃烧方法有关。机械炉排焚烧炉膛出口粉尘含量一般为 1～6g/m^3，除尘器入口为 1～4g/m^3，换算成垃圾燃烧量一般为 5.5～22kg/t（湿垃圾）。

粉尘粒径的分布十分广。微小粒径的粉尘比较多，30μm 以下的粉尘占 50%～60%。粉尘的真密度为 2.2～2.3g/cm^3，表观密度为 0.3～0.5g/cm^3。垃圾焚烧设施的粉尘比较轻。而且，由于碱性成分多有一定的黏性，微小粒径的粉尘含有重金属。

尾气中的粉尘是用除尘设备来去除的。选择除尘设备时，首先应考虑粉尘负荷、粒径大小、处理风量及容许排放浓度等因素。必要时，还需进一步了解粉尘的其他特性，如粒径尺寸分布、平均与最大浓度、真密度、黏度、湿度、电阻系数、磨蚀性、磨损性、易碎性、易燃性、毒性、可溶性、爆炸限制等，以便做出最合适的选择。除尘器有多种形式，在垃圾焚烧厂中常用的有多管离心除尘器、布袋除尘器和静电除尘器等。

(2) 炉渣和飞灰 焚烧过程产生的灰渣（包括炉渣和飞灰），一般为无机物质，它们主要是金属的氧化物、氢氧化物和碳酸盐、硫酸盐、磷酸盐以及硅酸盐。大量的灰渣特别是其中含有重金属化合物的灰渣，对环境会造成很大危害。炉渣、飞灰的产生和特性见表 2-3。

表 2-3 炉渣、飞灰的产生和特性

项目	产生机理与性状	产生量（干重）	重金属浓度	溶出特性
炉渣	Cd、Hg 等低沸点金属都成为粉尘，其他金属、碱性成分也有一部分气化，冷却凝结成为炉渣。炉渣由不燃物、可燃物灰分和未燃分组成	混合收集时湿垃圾质量的 10%～15%；不可燃物分类收集时湿垃圾质量的 5%～10%	除尘器飞灰浓度的 1/100～1/2	分类收集或燃烧不充分时，Pb、Cr^{6+} 可能会溶出，成为 COD、BOD
除尘器飞灰	除尘器飞灰以 Na 盐、K 盐、磷酸盐、重金属为多	湿垃圾质量的 0.5%～1%	Pb、Zn：0.3%～3%。Cd：20～40mg/kg。Cr：200～500mg/kg。Hg：110mg/kg	Pb、Zn、Cd 挥发性重金属含量高。pH 值高时，Pb 溶出；中性时，Cd 溶出
锅炉飞灰	锅炉飞灰的粒径比较大（主要是砂土），锅炉室内用重力或惯性力可以去除	与除尘器飞灰量相当	浓度介于炉渣与除尘器飞灰之间	

垃圾焚烧设施灰渣的产量，与垃圾种类、焚烧炉形式、焚烧条件有关。一般焚烧 1t 垃圾会产生 100～150kg 炉渣，除尘器飞灰为 10kg 左右，余热锅炉室飞灰的量与除尘器差不多。

(3) 烟气　在适当或完全燃烧条件下，固体废物中的硫与氧气反应的主要产物是 SO_2 和 SO_3。但如果燃料燃烧的过量空气系数低于 1.0 时，有机硫将分解氧化生成 SO_2、S 和 H_2S 等气体。

固体废物燃烧过程中生成的氮氧化物，主要是由燃烧空气和固体废物中的氮在高温下氧化而成。相对于空气中的氮来说，生活垃圾中的氮元素含量很少，一般可以忽略不计。

固体废物中有机氯化物的焚烧产物是氯化氢。当体系中氢量不足时，有游离的氯气产生。添加辅助燃料（天然气或石油）或较高温度的水蒸气（1100℃）可以减少废气中游离氯气的含量。

固体废物中的金属元素在焚烧过程中可生成卤化物、硫酸盐、磷酸盐、碳酸盐、氢氧化物和氧化物等，具体产物取决于金属元素的种类和燃烧温度以及固体废物的组成。

烟气中污染物来源、产生原因及存在形态见表 2-4。

表 2-4　烟气中污染物来源、产生原因及存在形态

污染物		来源	产生原因	存在形态
酸性气体	HCl	PVC、其他氯代碳氢化合物	—	气态
	HF	氟代碳氢化合物	—	气态
	SO_2	橡胶及其他含硫组分	—	气态
	HBr	火焰延缓剂	—	气态
	NO_x	丙烯腈、胺	热 NO_x	气态
CO 与碳氢化合物	CO	—	不完全燃烧	气态
	未燃烧的碳氢化合物	溶剂	不完全燃烧	气、固态
	二噁英、呋喃	多种来源	化合物的离解及重新合成	气、固态
颗粒物		粉末、沙	挥发性物质的凝结	固态
重金属	Hg	温度计、电子元件、电池	—	气态
	Cd	涂料、电池、稳定剂/软化剂	—	气、固态
	Pb	多种来源	—	气、固态
	Zn	镀锌原料	—	固态
	Cr	不锈钢	—	固态
	Ni	不锈钢 Ni-Cd 电池	—	固态
	其他	—	—	气、固态

用于控制焚烧厂尾气中酸性气体的方法主要有湿式洗气法、干式洗气法和半干式洗气法三种。尾气中重金属的含量与废物组成、性质、重金属存在形式、焚烧炉的操作及空气污染控制方式有关，去除重金属的方法主要有除尘器去除、活性炭吸附、化学药剂法和湿式洗气塔等。

二噁英（Dioxin）是指含有一个或两个氧键连结两个苯环的含氯有机化合物。它可以有 2～8 个氯原子在取代位置上，共可生成 73 种不同的化合物，都是多氯二苯二噁英（PCDD）。一般把它们统称为氯化二苯二噁英（CDD）。其中毒性最大的是 2,3,7,8-四氯二苯二噁英（TCDD），它的毒性比氰化物大 1000 倍，比马钱子碱大 500 倍，属剧毒类物质。

控制二噁英的方法主要是通过废物分类收集，控制来源；控制好燃烧的“3T”条件，避免二噁英在炉内产生；避免炉外二噁英低温再合成等。

三、废物焚烧的控制参数

一般来说，影响焚烧的主要因素有四个，即焚烧温度、焚烧停留时间、搅拌混合程度及过剩空气量。

1. 焚烧温度

废物焚烧温度是指废物中有害组分在高温下氧化、分解所需达到的温度，它比废物的着火温度高得多，焚烧温度是焚烧炉衬结构设计与选材的重要依据。提高焚烧温度有利于废物中有毒物质的分解，并可抑制黑烟的产生，但过高的焚烧温度不仅增加了燃料消耗量，而且会增加废物中金属的挥发量及氧化氮数量，引起二次污染，因此不宜采用过高的焚烧温度。焚烧温度与废物在炉内的停留时间有密切关系。若停留时间短，则要求较高的焚烧温度；停留时间长则反之。大多数有机物在初级燃烧室中的焚烧温度在 800～1100℃之间，在二级燃烧室中则为 1200℃左右。处理二噁英的母体——氯化物，焚烧温度应大于 1200℃，并使燃烧气中的过量氧为 6%～12%。

2. 焚烧停留时间

废物在焚烧炉内燃烧，使有害物质变成无害物质所需时间称为焚烧停留时间。停留时间的长短，直接影响到焚烧的完全程度。停留时间也是决定炉体容积的重要依据。设计上不宜采取提高焚烧温度的办法来缩短停留时间，而应从技术经济角度确定焚烧温度，并通过试验确定所需的停留时间。对于一般有机液体，在较好地进行雾化及正常的焚烧温度条件下，焚烧所需的停留时间为 0.3～2s，而较多的实际操作表明停留时间为 0.6～1s。含氰化物的废液较难焚烧，一般需较长时间，约 3s。在设计炉子的容积尺寸时，需要对工艺要求的停留时间留一定的余量，通常按 1.5 倍考虑。

3. 搅拌混合程度

要使废物燃烧完全，减少污染物形成，必须使废物与助燃空气充分接触、燃烧气体与助燃空气充分混合。为增大固体与助燃空气的接触和混合程度，扰动方式是关键所在。焚烧炉所采用的扰动方式有空气流扰动、机械炉排扰动、流态化扰动及旋转扰动等，其中以流态化扰动方式效果最好。中小型焚烧炉多数属固定炉床式，扰动多由空气流动产生，包括以下两种方式。

(1) 炉床下送风　助燃空气自炉床下方送风，由废物层空隙中窜出，这种扰动方式易将不可燃的底灰或未燃炭颗粒随气流带出，形成颗粒物污染，废物与空气接触的机会大，废物燃烧较完全，焚烧残渣热灼减量较小。

(2) 炉床上送风　助燃空气由炉床上方送风，废物进入炉内时从表面开始燃烧，优点是形成的粒状物较少，缺点是焚烧残渣热灼减量较高。

4. 过剩空气量

废物焚烧所需空气量是由废物燃烧所需理论空气量和为了供氧充分的过剩空气量两部分所组成的。理论空气量可根据废物组分的氧化反应方程式计算求得。根据经验选取过剩空气量时，应视所焚烧废物种类选取不同的数据。焚烧废液、废气时过剩空气量一般取理论空气量的 20%～30%；但焚烧固体废物时则要取较高的数值，通常占理论需氧量的 50%～90%，过剩空气系数为 1.5～1.9，有时甚至要在 2 以上，才能达到较完全的焚烧。

空气量供应是否充分，将直接影响焚烧的完全程度。过多的空气量将增大燃料的消耗量、降低炉温，是不经济的；过少的空气量会使燃烧不完全，甚至冒黑烟，有害物质焚烧不彻底。因此控制适当的过剩空气量是很必要的。在考虑过剩空气量时，还要注意废物中的含氧量和含空气量。

5. 燃烧四个控制参数的互动关系

在焚烧系统中，燃烧室温度、搅拌混合程度、气体停留时间和过剩空气量是四个重要的设计及操作参数。过剩空气量由进料速率及助燃空气供应速率即可决定。气体停留时间由燃烧室几何形状、供应助燃空气速率及废气产率决定。而助燃空气供应量亦将直接影响到燃烧室中的温度和流场混合（紊流）程度，燃烧温度则影响垃圾焚烧的效率。这四个焚烧控制参数相互影响，其互动关系见表 2-5。

表 2-5　控制参数的互动关系

参数变化	垃圾搅拌混合程度	气体停留时间	燃烧室温度
燃烧温度上升	可减少	可减少	—
过剩空气率增加	会增加	会减少	会降低
气体停留时间增加	可减少	—	会降低

燃烧温度和废物在炉内的停留时间有密切关系。若停留时间短，则要求较高的燃烧温度；停留时间长，则可采用略低的燃烧温度。因此，设计时不宜采用提高燃烧温度的办法来缩短停留时间，而应从技术经济角度确定燃烧温度，并通过试验确定所需的停留时间。同样，也不宜片面地以延长停留时间而达到降低燃烧温度的目的，因为这不仅使炉体结构设计得庞大，增加炉子的占地面积和建造费用，甚至会使炉温不够，使废物焚烧不完全。

废物焚烧时如能保证供给充分的空气，维持适宜的温度，使空气与废物在炉内均匀混合，且炉内气流有一定的扰动作用，保持较好的焚烧条件，所需停留时间就可小一点。

四、焚烧工艺系统

一个典型的焚烧系统，通常由废物预处理、焚烧、热能回收、尾气和废水的净化四个基本过程组成，而一座大型工业废物焚烧厂通常包括下述九个系统。

（1）废物预处理系统　根据工业废物性质、种类和数量等的不同，常需要对其进行破碎、分选等预处理操作，如果废物热值较低，需酌情加入燃料助燃。焚烧系统设计中大部分采用液体燃料和气体燃料。相比来说，液体燃料容易贮存，气体燃料容易燃烧。常用的固体燃料主要为煤和焦炭；常用的液体燃料有重油、渣油、有机废液等；常用的气体燃料有碳氢化合物、天然气、煤气等。

（2）贮存及进料系统　本系统由废物贮坑、抓斗、破碎机（有时可无）、进料斗及故障排除/监视设备组成，废物贮坑提供了废物贮存、混合及去除大型垃圾的场所，一座大型焚烧厂通常设有一座贮坑，负责对 3～4 座焚烧炉进行供料的任务。每一座焚烧炉均有一进料斗，贮坑上方通常由一至二座吊车及抓斗负责供料，操作人员由监视屏幕或目视垃圾由进料斗滑入炉体内的速度决定进料频率。若有大型物件卡住进料口，进料斗内的故障排除装置亦可将大型物顶出，落回贮坑。操作人员亦可指挥抓斗抓取大型物品，吊送到贮坑上方的破碎机破碎，以利进料。

（3）焚烧系统　即焚烧炉本体内的设备，主要包括炉床及燃烧室。每个炉体仅一个燃烧室。炉床多为机械可移动式炉排构造，可让垃圾在炉床上翻转及燃烧。燃烧室一般在炉床正上方，可提供燃烧废气数秒钟的停留时间，由炉床下方往上喷入的一次空气可与炉床上的垃圾层充分混合，由炉床正上方喷入的二次空气可以提高废气的搅拌时间。

(4) 废热回收系统　包括布置在燃烧室四周的锅炉路管（即蒸发器）、过热器、节热器、炉管吹灰设备、蒸汽导管、安全阀等装置。锅炉炉水循环系统为一封闭系统，炉水不断在锅炉管中循环，经不同的热力学相变化将能量释出给发电机。炉水每日需冲放以泄出管内污垢，损失的水则由饲水处理厂补充。

(5) 发电系统　由锅炉产生的高温高压蒸汽被导入发电机后，在急速冷凝的过程中推动了发电机的涡轮叶片，产生电力，并将未凝结的蒸汽导入冷却水塔，冷却后贮存在凝结水贮槽，经由饲水泵再打入锅炉炉管中，进行下一循环的发电工作。在发电机中的蒸汽亦可中途抽出一小部分作次级用途，例如助燃空气预热等。饲水处理厂送来的补充水则可注入饲水泵前的除氧器中，除氧器则以特殊的机械构造将溶于水中的氧去除，防止炉管腐蚀。

(6) 饲水处理系统　饲水处理系统的主要工作为处理外界送入的自来水或地下水，将其处理到纯水或超纯水的品质，再送入锅炉水循环系统，其处理方法为高级用水处理程序，一般包括活性炭吸附、离子交换及逆渗透等单元。

(7) 废气处理系统　从炉体产生的废气在排放前必须先行处理到排放标准，早期常使用静电集尘器去除悬浮颗粒，再用湿式洗涤塔去除酸性气体（如 HCl、SO_x、HF 等）。近年来则多采用干式或半干式洗涤塔去除酸性气体，配合滤袋集尘器去除悬浮微粒及其他重金属等物质。

(8) 废水处理系统　锅炉泄放的废水、员工生活废水、实验室废水或洗车废水，可以综合在废水处理厂一起处理，达到排放标准后再放流或回收再利用。废水处理系统一般由数种物理、化学及生物处理单元所组成。

(9) 灰渣收集及处理系统　炉体产生的底灰及废气处理单元所产生的飞灰，可采用合并收集的方式，也可分开收集。国外一些焚烧厂将飞灰进一步固化或熔融后，再合并底灰送到灰渣填埋场处置，以防止沾在飞灰上的重金属或有机毒物产生二次污染。回转窑焚烧炉处理工业固体废物的流程见图 2-11。

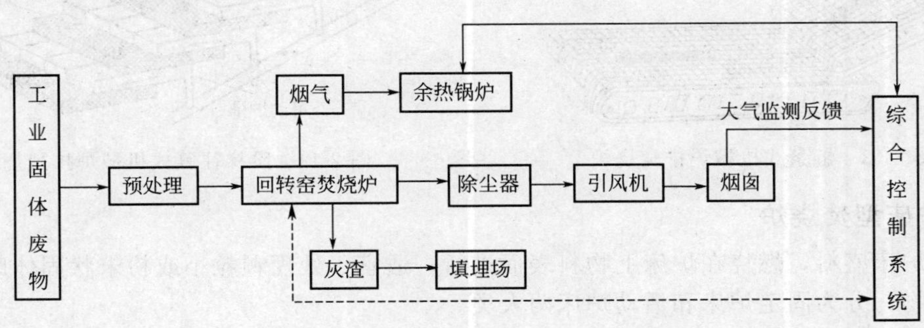

图 2-11　工业固体废物焚烧工艺流程

五、焚烧技术与设备

工业废物焚烧炉种类繁多，主要有炉排型焚烧炉、炉床型焚烧炉和流化床焚烧炉三种类型。但每一种类型的炉子又视其具体的结构有不同的形式，具体分为以下几种类型。

1. 炉排型焚烧炉

将废物置于炉排上进行焚烧的炉子称为炉排型焚烧炉。若炉排是固定的，则称为固定炉排焚烧炉；若炉排是活动的，则称为活动炉排焚烧炉。

(1) 固定炉排焚烧炉　固定炉排焚烧炉一般只用于间歇式或半连续式操作，多采用人工加料，劳动强度大，工作环境条件差、效率低，拨料不充分时会焚烧不彻底。最简单的是水平固定炉排焚烧炉。废物从炉子上部投入后经人工扒平，使物料均匀铺在炉排上，炉排下部的灰坑兼作通风室，由出灰门处靠自然通风送入燃烧空气，也可采用风机强制通风。为了使废物焚烧完全，在焚烧过程中需对料层进行翻动，燃尽的灰渣落在炉排下面的灰坑，人工扒出，劳动条件和操作稳定性差，炉温不易控制，因此对废物量较大及难以燃烧的固体废物是不适用的。

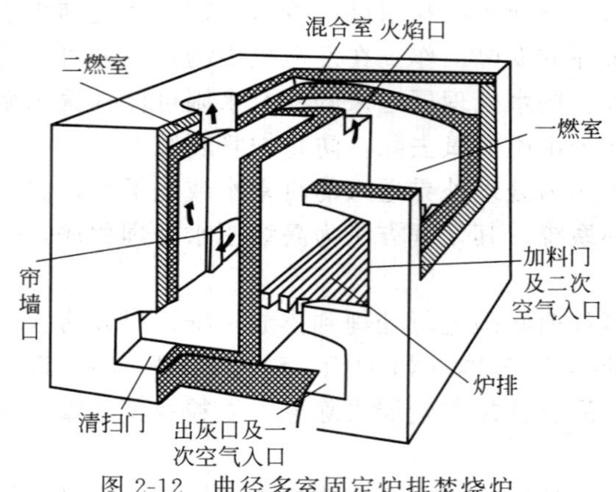

图 2-12　曲径多室固定炉排焚烧炉

倾斜式固定炉排焚烧炉的基本原理同前，只是炉排布置成倾斜式，有的倾斜炉排后仍有水平炉排，这样增加一段倾斜段可有一个干燥段以适应含水量较大的固体废物的焚烧。此种炉型仍只能用于小型易燃的固体废物焚烧。

曲径多室固定炉排焚烧炉如图 2-12 所示。

(2) 活动炉排焚烧炉　活动炉排焚烧炉即为机械炉排焚烧炉。炉排是活动炉排焚烧炉的心脏部分，其性能直接影响垃圾的焚烧处理效果，可使焚烧操作自动化、连续化。按炉排构造不同可分为链条式、阶梯往复式炉排焚烧炉，功能较差，如图 2-13 和图 2-14 所示。大部分功能较好的机械炉排均为专利炉排。

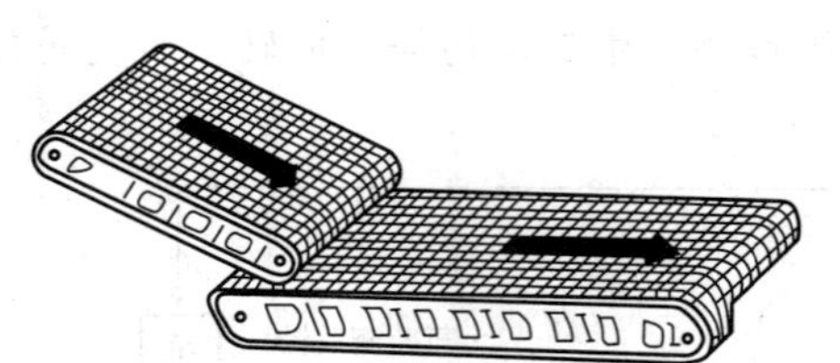

图 2-13　链条式机械炉排焚烧炉

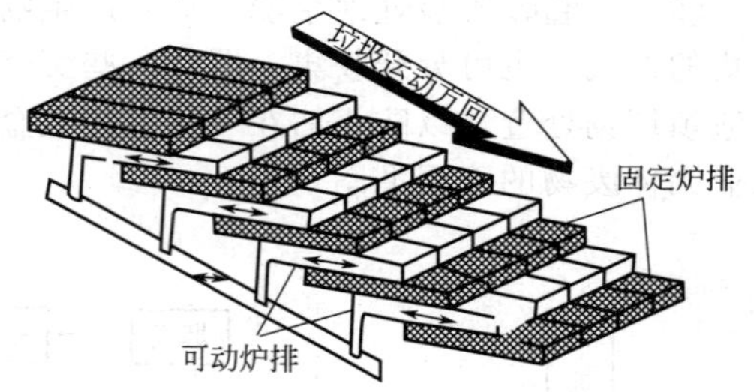

图 2-14　阶梯往复式机械炉排焚烧炉

2. 炉床型焚烧炉

采用炉床盛料，燃烧在炉床上物料表面进行，适宜于处理颗粒小或粉末状固体废物以及泥浆状废物，分为固定炉床和活动炉床两大类。

(1) 固定炉床焚烧炉　最简单的炉床式焚烧炉是水平固定炉床焚烧炉，炉床为水平或略呈倾斜，燃烧室与炉床成为一体。废物的加料、搅拌及出灰均为手工操作，劳动条件差，且为间歇式操作，故不适用于大量废物的处理。固定炉床焚烧炉适用于蒸发燃烧形态的固体废物，例如塑料、油脂残渣等；但不适用于橡胶、焦油、沥青、废活性炭等以表面燃烧形态燃烧的废物。处理能力由炉床面积大小决定。

倾斜式固定炉床焚烧炉的炉床做成倾斜式，便于投料、出灰，并使在倾斜床上的物料一边下滑一边燃烧，改善了焚烧条件。与水平炉床相同，该型焚烧炉的燃烧室与炉床成为一体。这种焚烧炉的投料、出料操作基本上是间歇式的。但如固体废物焚烧后灰分很少，并没有较大的贮灰坑，或有连续出灰机和连续加料设备，亦可连续操作。

螺旋式固定炉床焚烧炉如图 2-15 所示。

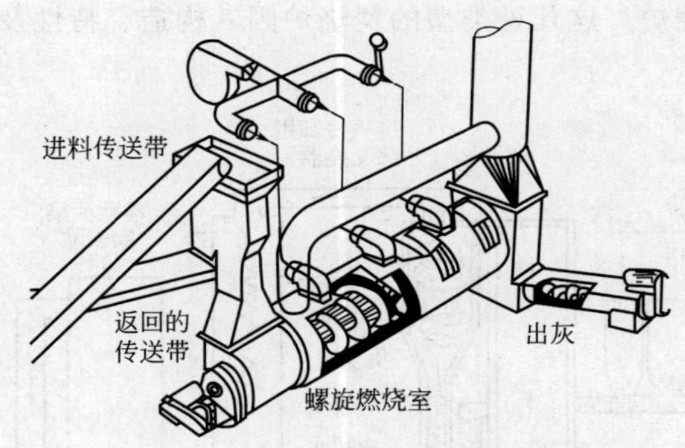

图 2-15 螺旋式固定炉床焚烧炉

(2) 活动炉床焚烧炉 活动床焚烧炉的炉床是可动的，可使废物在炉床上松散和移动，以改善焚烧条件，进行自动加料和出灰操作。这种炉型的焚烧炉有转盘式炉床、隧道回转式炉床和回转式炉床（即旋转窑）三种。应用最多的是旋转窑焚烧炉，如图 2-16 所示。

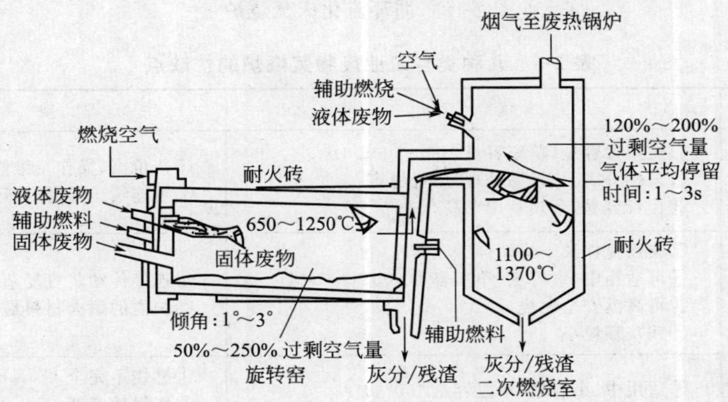

图 2-16 旋转窑焚烧炉

3. 流化床焚烧炉

这是一种近年发展起来的高效焚烧炉，利用炉底分布板吹出的热风将废物悬浮起呈沸腾状进行燃烧。一般常采用中间媒体即载体（砂子）进行流化，再将废物加入到流化床中与高温的砂子接触、传热进行燃烧。按照有无流化媒体（载体）及流化状态进行分类。

通常使用的流化床主要有气泡式流化床焚烧炉和循环流化床焚烧炉两种，如图 2-17 和图 2-18 所示。前者常用于处理城市污泥及污泥，后者多用于有害工业废物的处理。

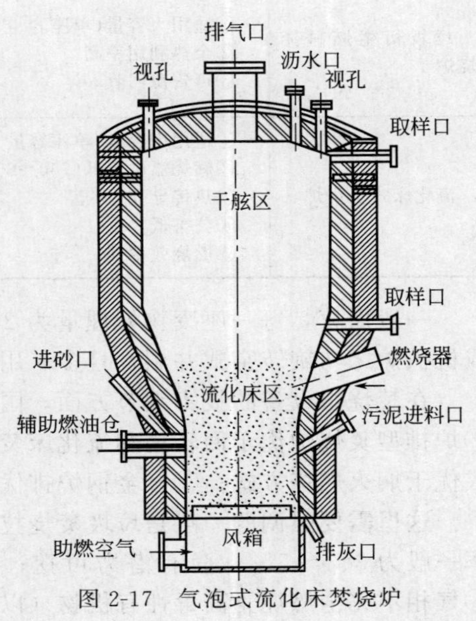

图 2-17 气泡式流化床焚烧炉

按废物是否有前处理，焚烧厂可分为混烧式焚烧厂和废物衍生燃料焚烧厂。混烧式焚烧厂采用的焚烧炉主要有控气式、水墙式、旋转窑式及流化床四类，其中尤以采用各种大型专利机械炉排的水墙式焚烧炉应用最广；废物衍生燃料焚烧厂则不需要采用大型专利炉排的焚烧炉。这几种类型的焚烧炉因其构造、特性及处理容量不同，各有其优缺点，见表 2-6。

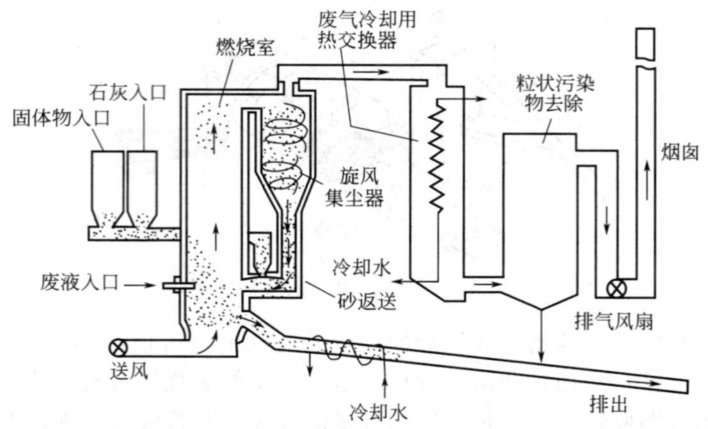

图 2-18　循环流化床焚烧炉

表 2-6　几种类型工业废物焚烧炉的优缺点

焚烧炉种类	优　　点	缺　　点
机械炉床水墙式焚烧炉（混烧式焚烧炉）	①适用大容量（单座容量 100～500t/d） ②未燃分少，公害易处理，燃烧稳定 ③控管容易，余热利用率高	①造价高，操作及维修费高 ②须连续运转，操作运转技术高
旋转窑式焚烧炉	①废物搅拌及干燥性佳 ②可适用中、大容量（单座容量 100～400t/d） ③可高温安全燃烧 ④残灰颗粒小	①连接传动装置复杂 ②炉内的耐火材料易损坏
控气式焚烧炉	①适用中、小容量（单座容量 150t/d） ②构造简单 ③装置可移动、机动性大	①燃烧不完全 ②燃烧效率低 ③使用年限短 ④平均建造成本较高
垃圾衍生燃料焚烧炉	①适用大容量（单座容量 200～750t/d） ②余热利用率高 ③可资源回收	①造价昂贵 ②设备构造多且复杂 ③操作运转技术高 ④不适合含水率高的垃圾
流化床式焚烧炉	①适用中容量（单座容量 50～200t/d） ②燃烧温度较低（750～850℃） ③热传导佳 ④公害低 ⑤燃烧效率佳	①操作运转技术高 ②燃料的种类受到限制 ③进料颗粒小（约 5cm 以下） ④单位处理量所需动力高 ⑤炉床材料易被冲蚀损坏

一般而言，每一座废物处理量为 200t/d 以上的大型焚烧炉，均采用机械炉床式焚烧炉或机械炉床与旋转窑式并用，且多采用水墙式焚烧炉。

在焚烧炉设备的技术细节方面，国外大量垃圾焚烧经验表明：①卧式焚烧炉优于立式；②炉排型焚烧炉优于回转窑和流化床焚烧炉；③往复式炉排优于链条式炉排；④明火燃烧方式优于焖火燃烧方式；⑤合金钢炉排优于球墨铸铁炉排。

这里需要强调的一点是垃圾焚烧技术远非完善，主要表现在：①目前焚烧炉渣的热灼减率一般为 3%～5%，尚有潜力可挖；②气相中亦残留有少量以 CO 为代表的可燃组分；③气相不完全燃烧为高毒性有机物（以二噁英为代表）的再合成提供了潜在的条件；④未燃尽的有机质和不均匀的品相条件，使灰渣中有害物质的再溶出污染不能完全避免；⑤垃圾焚烧的经济性及资源化仍有改善的余地。

4. 工业废物热处理技术发展

除常规的焚烧炉工艺外，近年来国内外开发的工业废物热处理技术还有以下几种。

(1) 富氧焚烧　富氧焚烧是近几年发展起来的一项新的焚烧工艺技术，它以富氧空气（30%左右氧含量）代替空气作为焚烧过程的氧化剂，从而提高了有害组分的破坏去除率，并且达到节能降耗的目的。这是一项较有发展前途的新工艺。

(2) 催化焚烧　催化焚烧主要是用催化剂对有机组分进行破坏分解。与焚烧法相比，其特点是运行温度低、节能及高效。这种方法适应于气相有机废物的处理，但对废物的组成要求较严格。例如，对能使催化剂中毒的含氯或含硫废物以及含尘量高的废气的处理均不适用。

(3) 高温热解　针对多数有机化合物具有热不稳定性的特征，在高温缺氧条件下，使化合物裂解成分子量较小的组分，从而达到回收资源和废物无害化的双重目的。这是一种对危险废物进行再利用型热处理方法，恰当地使用能达到事半功倍的效果。

(4) 等离子体电弧分解　该方法是利用等离子火焰吹管气化并使废物有害成分在超高温下（2000℃以上）得以彻底分解。这是危险废物处置领域新发展的一种方法，也是破坏去除率最高的一种方法（破坏去除率为99.999999%）。

(5) 湿式空气氧化　湿式空气氧化已成功地用于含低浓度有机物废水的处理中，其工作原理就是利用一定温度和压力下有机物的氧化速度明显提高这一特点，对含有机物的废水实行加热和加压并通入空气，从而产生液相的氧化反应，使有机组分大部分被破坏分解掉。

(6) 蒸馏和汽提　这是一种用于分离、提纯及回收挥发性有机物的方法，适用于处理含有机物的废液和含有挥发性有机物的固体废物。该方法可用于废液中不溶于水的有机物去除或高沸点水溶性化合物的分离，也可用于将挥发性物质转移到蒸汽相中以便回收利用或处理。

(7) 微波处理工艺　微波处理系统用于分解气态、液态和固态的有毒化合物。目前认为微波技术处理某些有毒的有机化合物是成功的，但是具有一些局限性。

六、焚烧技术应用现状及发展前景

1. 焚烧技术国内外应用现状

自20世纪70年代以来，随着烟气处理技术和焚烧设备制造技术的发展，垃圾焚烧技术正逐步为越来越多的欧美发达国家所采用。在国土资源相对紧张的瑞士、法国和新加坡等国焚烧的比例都已接近或超过填埋。目前垃圾焚烧技术应用现状以日本和欧美等发达国家最具代表性。

日本最早的垃圾发电站1965年建于大阪市，目前共有垃圾焚烧炉约3000座，其中垃圾发电站131座，总装机容量650MW。2000年垃圾发电总容量达到2000MW。垃圾日处理能力1000t/d以上的垃圾发电站8座，1995年建成一座最大的垃圾电站，发电容量24MW。

美国垃圾焚烧厂发展很快，截至1990年已建成400座，生活垃圾焚烧率达18%，2000年提高到了40%。美国垃圾日发电已达2000MW，最近在建的有日处理垃圾2000t/d、蒸汽温度达430～450℃、发电量为85MW的垃圾电站。

法国现有垃圾焚烧锅炉300多台，可处理40%的城市垃圾，巴黎有4台日处理垃圾450t/d的马丁式锅炉。德国拥有世界上最高效率的垃圾发电技术，至1998年有75台垃圾焚烧锅炉。英国最大的垃圾电站位于伦敦，共有5台滚动炉排式锅炉，年处理垃圾40万吨。表2-7给出了最近主要发达国家使用焚烧技术处理城市垃圾情况的数据统计。

表2-7 主要发达国家城市垃圾焚烧处理量及所占比例

国家	焚烧/%	焚烧厂数量/座	年焚烧垃圾量/(万吨/年)	填埋/%	堆肥/%
美国	26	400	3000	62	5
日本	72.8	1854	3086	23	4.2
德国	50.5	67	1100	45.5	4
英国	11	38	180	88	1
法国	38	284	200	40	22
荷兰	51	11	170	45	4
比利时	29	29	132	62	9
瑞士	80	34	170	20	—
丹麦	70	46	145	18	12
瑞典	55	23	140	35	10
澳大利亚	24	3	35	62	11

在我国，由于经济水平的限制，长期以来焚烧法处理垃圾应用较少，在垃圾处理中占的比例甚微，发展也非常缓慢。我国城市垃圾焚烧处理始于20世纪80年代末，在90年代才得到迅速发展，但使用还不广泛。目前国内正在使用或研究开发焚烧炉，或借鉴国外已有的焚烧炉，引进或仿制国外20世纪80年代的炉型与系统设备；或以一般燃煤锅炉或其他工业炉窑为参考，将这些燃烧技术和工艺移植过来进行垃圾焚烧处理。但随着国民经济及城市建设的发展、人们环保意识的不断提高，垃圾焚烧处理因其具有显著的减容化、稳定化和无害化等优势越来越受到重视，国家政策也支持和提倡焚烧法处理垃圾，特别是垃圾焚烧发电技术的应用。另外，由于人们生活水平提高，我国垃圾成分、结构均发生了较大变化，垃圾中可燃物大量增多，垃圾热值明显提高，使焚烧技术成为近年来许多城市解决垃圾问题的新趋势和新热点。

2. 发展前景

从目前看来，在今后很长一段时间内发展城市生活垃圾焚烧技术的有利因素将依然存在。同时垃圾焚烧管理与经营的集约化程度较高，比较适宜民营化运行，因此垃圾焚烧技术在全球范围内仍有较大的发展空间。综合近年来生活垃圾焚烧技术的发展过程，将来的垃圾焚烧技术将会向以下几个方向发展。

(1) 焚烧技术正向着自我完善方向发展　焚烧设备构造的不断改进，废气处理新技术的广泛应用，特别是许多高新技术在垃圾焚烧厂的应用，促使垃圾焚烧厂向高新技术方向发展。另外，先进的自控技术和新颖的外观设计，都使垃圾焚烧厂更加趋于完善。

(2) 焚烧技术正向着多功能方向发展　现代垃圾焚烧厂不仅具有焚烧垃圾的功能，还具有发电、供电、供热、供气、制冷以及区域性污水处理、附带娱乐设施等多种功能。

(3) 焚烧技术正向着资源化方向发展　如垃圾焚烧余热发电、焚烧残渣制砖等，使垃圾焚烧与能源回收有机地结合起来。利用焚烧垃圾产生的余热进行发电不仅可以解决垃圾焚烧厂内的用电需要，还可以外售盈利，促进了垃圾焚烧技术的迅速发展。另外，节能化也被国外垃圾焚烧厂所普遍重视。如提高焚烧炉燃烧效率及余热锅炉的热回收率、减小排烟等散热损失，均是节能的有效措施。

（4）焚烧技术正在向智能化方向发展　垃圾焚烧厂运行实现自动化后，为了保证较佳的运行状态，目前仍然必须依赖人的判断。将来会开发出更先进的软件，可以进行图像解析、模糊控制等，使其与熟练操作员的判断非常接近，从而实现真正意义上的自动化控制。另外，人工智能的发展，高效传感器的开发，机器人的研制，使垃圾焚烧厂设备及系统故障的自我诊断功能成为可能，从而得以实现低故障率和高运转率。

七、焚烧技术的指标

由于固体废物产生许多有害污染物，包括重金属和二噁英类等，如果不加以严格监督和控制，必然会造成对周围环境的二次污染，并危害人类身体健康。为此，世界各国的主管部门都制定了污染控制指标和标准，借以对废物焚烧设施及焚烧全过程实行有效控制，以减少乃至消除对周围环境的影响。

（1）减量比　用于衡量焚烧处理废物减量化效果的指标是减量比，定义为可燃废物经焚烧处理后减少的质量占所投加废物中可燃物总质量的百分比，即：

$$\mathrm{MRC}=\frac{m_{\mathrm{b}}-m_{\mathrm{a}}}{m_{\mathrm{b}}-m_{\mathrm{c}}}\times100\%$$

式中，MRC为减量比，%；m_{a} 为焚烧残渣的质量，kg；m_{b} 为投加的废物质量，kg；m_{c} 为残渣中不可燃物质的质量，kg。

（2）热灼减量　热灼减量指焚烧残渣在（600±25）℃经3h灼热后减少的质量占原焚烧残渣质量的百分数，其计算方法如下：

$$Q_{\mathrm{R}}=\frac{m_{\mathrm{a}}-m_{\mathrm{d}}}{m_{\mathrm{a}}}\times100\%$$

式中，Q_{R} 为热灼减量，%；m_{a} 为焚烧残渣在室温时的质量，kg；m_{d} 为焚烧残渣在（600±25）℃经3h灼热后冷却至室温的质量，kg。

（3）燃烧效率及破坏去除效率　在焚烧处理城市垃圾及一般工业废物时，多以燃烧效率（CE）作为评估是否可以达到预期处理要求的指标：

$$\mathrm{CE}=\frac{[\mathrm{CO_2}]}{[\mathrm{CO_2}]+[\mathrm{CO}]}\times100\%$$

式中，$[CO_2]$ 和 [CO] 分别为烟道气中该种气体的浓度值。

（4）对危险废物，验证焚烧是否可以达到预期的处理要求的指标还有特殊化学物质［有机性有害主成分（POHCS）］的破坏去除效率（DRE），定义为：

$$\mathrm{DRE}=\frac{W_{\mathrm{in}}-W_{\mathrm{out}}}{W_{\mathrm{in}}}\times100\%$$

式中，W_{in} 为进入焚烧炉的POHCS的质量流量，kg/h；W_{out} 为从焚烧炉流出的该种物质的质量流量，kg/h。

（5）烟气排放浓度限制指标　废物在焚烧过程中会产生一系列新污染物，有可能造成二次污染。对焚烧设施排放大气污染物的控制项目大致包括以下四个方面。①烟尘：常将颗粒物、黑度、总碳量作为控制指标。②有害气体：包括 SO_2、HCl、HF、CO和 NO_x。③重金属元素单质或其化合物：如Hg、Cd、Pb、Ni、Cr、As等。④有机污染物：如二噁英，包括多氯代二苯并-对-二噁英（PCDDs）和多氯代二苯并呋喃（PCDFs）。

国外城市垃圾焚烧标准见表2-8。

表 2-8　一些国家城市垃圾焚烧大气污染物排放限值

污染物	欧共体（1989 年）	荷兰（1989 年）	瑞士（1990 年）	瑞典（1990 年）	法国（1990 年）	丹麦（1990 年）	韩国	新加坡
参考标准	11%O_2	11%O_2	12%O_2	10%O_2	9%O_2			12%O_2
监测要求	日平均	时平均	日平均	月平均	日平均	年平均		
颗粒物/(mg/m^3)	30	5	20	20	—	35	300	200
CO/(mg/L)	100	50	—	100	130	—	400	1000
HCl/(mg/L)	50	10	20	30	65	100	25	200
HF/(mg/L)	2～4	1	2	—	2	2	10	—
SO_2/(mg/L)	300	40	50	—	330	300	1800	—
NO_x/(mg/L)		70	80	—	—	—	250	1000
Ⅰ类金属(Cd、Hg)/(mg/L)	共 0.2	各 0.05	各 0.1	Hg0.08	Hg0.1	—	Hg1.0	各 10
Ⅱ类金属/(mg/L)	(Ni+As)0.1	—	—	—	—	—	As3	As20
Ⅲ类金属/(mg/L)	(Pb+Cr+Cu+Mn)5.0	—	—	—	—	Pb1.4	Pb30，Cr1	Pb20，Cu20，Sb10
PCDD/Fs/(ngTEQ/m^3)	—	0.1	—	0.1	—	—	—	—

国内原颁布的焚烧炉大气污染物排放限值列在表 2-9 中。我国现行生活垃圾焚烧炉烟气大气污染物排放限值见表 2-10。

表 2-9　我国原执行废物焚烧技术烟气排放限值标准

标　　准	SO_2	NO_x	CO	HCl	烟　　尘
HJ/T 18—1996/(mg/m^3)	≤300	≤500	≤1000	≤500	200
CJ 3036—1995/(kg/h)	11.0	6.0	120.0	0.4	

表 2-10　我国现行生活垃圾焚烧炉烟气大气污染物排放限值①

序号	项目	单位	数字含义	限值
1	烟尘	mg/m^3	测定均值	80
2	烟气黑度	格林曼黑度，级	测定值②	1
3	一氧化碳	mg/m^3	小时均值	150
4	氮氧化物	mg/m^3	小时均值	400
5	二氧化碳	mg/m^3	小时均值	260
6	氯化氢	mg/m^3	小时均值	75
7	汞	mg/m^3	测定均值	0.2
8	镉	mg/m^3	测定均值	0.1
9	铅	mg/m^3	测定均值	1.6
10	二噁英类	ngTEQ/m^3	测定均值	1.0

① 表 2-9、表 2-10 规定的各项标准限值，均以标准状态下含 11% O_2 的干烟气为参考值换算。

② 烟气最高黑度延续时间，在任何 1h 内累计不得超过 5min。

在我国若焚烧危险废物时，则执行于 2002 年 1 月 1 日开始实施的《危险废物焚烧污染控制标准》(GB 18484—2001)。其中规定的焚烧炉大气污染物排放限值见表 2-11。

表 2-11　我国危险废物焚烧炉大气污染物排放限值①

序号	污染物	不同焚烧容量时的最高允许排放浓度限值/(mg/m^3)		
		≤300	300～2500	≥2500
1	烟气浓度	格林曼Ⅰ级		
2	烟尘	100	80	65
3	一氧化碳(CO)	100	80	80
4	二氧化硫(SO_2)	400	300	200
5	氟化氢(HF)	9.0	7.0	5.0
6	氯化氢(HCl)	100	70	60
7	氮氧化物(以 NO_2 计)	500		
8	汞及其化合物(以 Hg 计)	0.1		
9	镉及其化合物(以 Cd 计)	0.1		
10	砷、镍及其化合物(以 As+Ni 计)②	1.0		
11	铅及其化合物(以 Pb 计)	1.0		
12	铬、锡、锑、铜、锰及其化合物(以 Cr+Sn+Sb+Cu+Mn 计)③	4.0		
13	二噁英类	0.5ngTEQ/m^3		

① 在测试计算过程中，以含 11% O_2 的干烟气作为换算标准。换算公式为：

$$\rho=\rho_s\times[10/(21-O_s)]$$

式中，ρ 为标准状态下被测污染物经换算后的浓度，mg/m^3；O_s 为排气中氧气的浓度，%；ρ_s 为标准状态下被测污染物的浓度，mg/m^3。

② 指砷和镍的总量。

③ 指铬、锡、锑、铜和锰的总量。

第三节　工业固体废物的热解技术

固体废物热解技术是固体废物资源化的重要途径之一。该技术除了能够实现减少废物体积与重量、有机成分矿物化、分解污染物、高温杀菌、获得能源、物质再利用等传统的固体废物焚烧技术目标外，还可使资源能源利用率更高、环境污染更小。但并非所有的有机物废物都适于热解，对含水率过高、性质不同的可热解的有机混合物，因热解困难，回收燃料油或燃料气在经济上并不合算。即使是同类有机物，若数量不足以发挥处理设备能力的经济优势，也是不经济的。因此在使用热解技术时需充分研究废物的组成、性质和数量，考虑其经济性。

一、热解概念与原理

热解（Pyrolysis），在工业上也称为干馏。固体废物热解法是利用废物中有机物的热不稳定性，在无氧或缺氧条件下对之进行加热蒸馏，使有机物产生热裂解，经冷凝后形成各种新的气体、液体和固体，从中提取燃料油、油脂和燃料气的过程。

固体废物热解过程是一个复杂、连续的化学反应过程，其中包括大分子的键断裂，异构化和小分子的聚合等反应，最后生成各种较小的分子。在热解过程中，其热解的中间产物一方面进行大分子变成小分子直至气体裂解的过程，另一方面又有使小分子聚合成较大分子的过程。这些反应大多是交叉进行的。

热解反应可以用通式表示为：

有机固体废物 $\xrightarrow[\text{无氧或缺氧}]{\text{加热}}$ 气体（H_2、CH_4、CO、CO_2）＋有机液体（有机酸、芳烃、焦油）＋固体（炭黑、炉渣）

精确的反应方程式可表示为：

$$\text{含碳固体物质} \xrightarrow[\text{无氧或缺氧}]{\text{加热}} \begin{cases} \text{大、中分子量的有机液体（焦油等）} \\ \text{小分子量的有机液体} \\ \text{其他液体芳香化合物} \\ CH_4+H_2+H_2O+CO+CO_2+NH_3+H_2S+HCN\text{ 等气体产物} \\ \text{炭黑等固体残余物} \end{cases}$$

例如，关于纤维素热分解，凯萨（Kaiser）提出如下的反应方程式：

$$3(C_6H_{10}O_5) \xrightarrow{\text{热解}} 8H_2O+\text{“}C_6H_8O\text{”}+2CO+2CO_2+CH_4+H_2+7C$$

固体废物的热解与焚烧的区别如下。

① 热解可以将固体废物中的有机物转化为可燃的低分子化合物：气态的有氢气、甲烷、一氧化碳；液态的有甲醇、丙酮、醋酸、乙醛等有机物及焦油、溶剂油等；固态的主要是焦炭或炭黑。焚烧的产物主要是二氧化碳和水。

② 热解由于是缺氧分解，排气量少，有利于减轻对大气环境的二次污染。

③ 热解温度相对较低，废物中的硫、重金属等有害成分大部分被固定在炭黑中，挥发量少；焚烧过程中有害金属挥发量高，尾气的污染性强。

④ 由于保持还原条件，Cr^{3+} 不会转化为 Cr^{6+}。

⑤ 热解过程为吸热过程，焚烧为放热过程。焚烧产生的热能量大的可用于发电，热能量小的只可供加热水或产生蒸汽，适于就近利用；而热解的产物是燃料油及燃料气，便于贮藏和远距离输送。

二、热解的主要影响因素

热解产物的产量及成分与热解原料成分、热解温度、加热速率和反应时间等参数有关。

(1) 热解原料　固体废物的组分不同，热解的起始温度也有所不同，这对热解过程的产物成分及产量也有较大影响。例如，纤维素开始解析的温度大致在 180～200℃，而煤的热解开始温度也随煤质的不同在 200～400℃不等。从热解开始到结束，有机物都处在一个复杂的热裂解过程中，不同的温度区间所进行的反应过程不同，产出物的组成也不同。通常城市固体废物比大多数工业固体废物更适合于用热解方法来产生燃气、焦油及各种有机液体，但所得固体残渣较多。适于热解的工业固体废物包括废塑料（含氯的除外）、废橡胶、废轮胎、废油及油泥、废有机污泥等。几种固体废物组分的工业分析见表 2-12。

表 2-12　几种固体废物组分的工业分析　　单位：%

名称	水分	灰分	挥发分	固定碳
废橡胶	1.90	42.78	53.06	2.23
废皮革	6.73	8.69	75.02	9.56
废塑料	0.78	8.67	79.19	11.36

有机物成分比例大、热值高的热解物料可热解性相对好，产品热值高，可回收性好，残渣也少；物料中含水率低，加热到工作温度所需时间短，干燥和热解过程的能耗就少；物料颗粒尺寸大小也很重要，较小的颗粒尺寸有利于促进热量传递，保证热解过程的顺

利进行。

（2）温度　温度是热解过程中最重要的控制参数，热解产品的产量和成分可通过控制反应器的温度来有效地改变。在较低温度下，有机废物大分子裂解成较多的中小分子，油类含量相对较多。随着温度的升高，除大分子裂解外，许多中间产物也发生二次裂解，C_5以下分子及 H_2 成分增多，气体产量成正比增长，而各种酸、焦油、炭渣产量相对减少。工业固体废物热解产物收率见表 2-13。分解温度不仅影响气体产量，也影响气体质量，见表 2-14。所以，应根据回收目标定控制适宜的热解温度。

表 2-13　工业固体废物热解产物收率　单位：%

热解温度＼产物	残留物	气体	焦油与油	氨	水溶液
750℃	37.5	22.8	1.6	0.3	30.6
900℃	37.8	29.5	0.8	0.4	21.8

表 2-14　温度对气体成分所产生的影响　单位：%

气体成分＼温度	480℃	650℃	815℃	925℃
H_2	5.56	16.58	28.55	32.48
CH_4	12.43	15.91	13.73	10.45
CO	33.5	30.49	34.12	35.25
CO_2	44.77	31.78	20.59	18.31
C_2H_4	0.45	2.18	2.24	2.43
C_2H_6	3.03	3.06	0.77	1.07
总计	99.74	100.00	100.00	99.99

（3）加热速率　低温-低速加热条件下，有机物分子有足够时间在其最薄弱的接点处分解，重新结合为热稳定性固体，而难以进一步分解，固体产率增加；高温-高速加热条件下，有机物分子结构发生全面裂解，生成大范围的低分子有机物，产物中气体组分增加。对于粒度较大的原料有机物，要达到均匀的温度分布需要较长的传热时间，其中心附近的加热速度低于表面的加热速度，热解产生的气体和液体也要经过较长的传质过程，这期间将会发生许多二次反应。

（4）反应时间　反应时间是指反应物料完成反应在炉内停留的时间。它与物料尺寸、物料分子结构特性、反应器内的温度水平等因素有关，并且它又会影响热解产物的成分和总量。一般来讲，物料尺寸愈小，反应时间愈短；物料分子结构愈复杂，反应时间愈长；反应温度愈高，反应物颗粒内外温度梯度愈大，这就会加快物料被加热的速度，缩短反应时间。反应物的浓度对反应时间也有影响。热解方式对反应时间的影响就更加明显，直接热解与间接热解相比热解时间要短得多。因为直接热解可理解为在反应器同一断面的物料基本上处于等温状态，而壁式间接加热，在反应器的同一断面上就不是等温状态，而是存在一个温度梯度。反应器内径（或当量内径）越大，温度差越大。

（5）反应器类型　反应器是热解反应进行的场所，是整个热解过程的关键。不同反应器有不同的燃烧床条件和物流方式。一般来说，固定床处理量大，而流化床温度可控性好。气体与物料逆流行进有利于延长物流在反应器内的滞留时间，从而可提高有机物的转化率；气体与物料顺流行进可促进热传导，加快热解过程。

三、热解技术类型

热分解过程由于供热方式、产品状态、热解炉结构等方面的不同，热解方式也各异。按热解的温度不同，分为高温热解、中温热解和低温热解；按供热方式可分为直接加热和间接加热；按热解炉的结构可分为固定床、移动床、流化床和旋转炉等；按热解产物的聚集状态可分成气化方式、液化方式和炭化方式；按热分解与燃烧反应是否在同一设备中进行，热分解过程可分成单塔式和双塔式；还可按热解过程是否生成炉渣分为造渣型和非造渣型。下面简单介绍按供热方式和按热解温度的分类。

1. 按供热方式分类

(1) 直接加热法　供给被热解物的热量是被热解物（所处理的废物）部分直接燃烧或者向热解反应器提供补充燃料时所产生的热量。由于燃烧需提供氧气，因而就会产生 CO_2、H_2O 等惰性气体混在热解可燃气中，稀释了可燃气，结果降低了热解产气的热值。如果采用空气作氧化剂，热解气体中不仅含有 CO_2、H_2O，而且含有大量的 N_2，更稀释了可燃气，使热解气的热值大大降低。因此，采用的氧化剂是纯氧、富氧或空气，其热解可燃气的热质是不同的。如用空气作氧化剂，热解美国城市混合有机废物所得的可燃气，其热值一般只在 5500kJ/m^3（标准状态下）左右。采用纯氧作氧化剂热解，其热解气热值可达 11000kJ/m^3（标准状态下）。

(2) 间接加热法　是将被热解的物料和直接供热介质在热解反应器（或热解炉）中分离开来的一种方法。可利用干墙式导热或一种中间介质来作传热（热砂料或熔化的某种金属床层）。墙式导热方式由于热阻大，熔渣可能会出现包覆传热壁面或者腐蚀等问题，以及不能采用更高的热解温度等而受限；采用中间介质传热，虽然可能出现固体传热或物料下中间介质的分离等问题，但二者综合比较起来后者较墙式导热方式要好一些。

直接加热法的设备简单，可采用高温，其处理量和产气率也较高，但所产气的热值不高，作为单一燃料直接利用还不行，而且采用高温热解，在 NO_x 产生的控制上，还需认真考虑。

间接加热法的主要优点在于其产品的品位较高，同样用如前所述的美国城市有机混合垃圾作物料，其产气热值可达 18630kJ/m^3（标准状态下），相当于用空气作氧化剂的直接加热法产气热值的 3 倍多，完全可当成燃气直接燃烧利用。但间接加热法每千克物料所产生的燃气量即产气率大大低于直接法。除流化床技术外，间接加热一般而言，其物料被加热的性能较直接加热差，从而增长了物料在反应器里的停留时间，即间接加热法的生产率是低于直接加热法的，间接加热法不可能采用高温热解方式，这可减轻产生 NO_x 的顾虑。

对于不同的反应器形式，在加热方法、运行繁简和加热速度大小方面的一般性能，可以由表 2-15 反映出来。

表 2-15　不同反应器的性能

项目	直接加热法		间接加热法			
			墙式		中间介质	
	运行简易	加热速度	运行简易	加热速度	运行简易	加热速度
竖井炉	+	0	+	−	−	+
卧式炉	/	/	−	−	+	+
旋转窑	+	0	+	−	−	+
流化床	−	+	/	/	−	+

注："+"表示性能好；"−"表示不好；"0"表示不好不坏；"/"表示尚无发展。

2. 按热解温度分类

(1) 高温热解　热解温度一般都在 1000℃ 以上，高温热解方案采用的加热方式几乎都是直接加热法，如果采用高温纯氧热解工艺，反应器中的氧化-熔渣区段的温度可高达1500℃，从而将热解残留的惰性固体（金属盐类及其氧化物和氧化硅等）熔化，以液态渣形式排出反应器，清水淬冷后粒化。这样可大大减少固态残余物的处理困难，而且这种粒化的玻璃态渣可作建筑材料的骨料。

(2) 中温热解　热解温度一般在600～700℃之间，主要用在比较单一的物料作能源和资源回收的工艺上，像废轮胎、废塑料转换成类重油物质的工艺。所得到的类重油物质既可作能源，亦可作化工初级原料。

(3) 低温热解　热解温度一般在600℃以下。林业和农业产品加工后的废物用来生产低硫低灰的炭就可采用这种方法，生产出的炭视其原料和加工的深度不同，可作不同等级的活性炭和水煤气原料。

四、热解技术的发展过程

热解是一种古老的工业化生产技术，该技术应用于煤的干馏，所得到的焦炭产品主要作为冶炼钢铁的燃料。随着现代化工业的发展，该技术的应用范围逐渐得到扩大，被用于重油和煤炭的气化。20世纪70年代初期，世界性石油危机对工业化国家经济的冲击，使得人们逐渐意识到开发再生能源的重要性，热解技术开始用于固体废物的资源化处理。

1. 美国

美国是最早开展固体废物热解技术开发的国家。1970年，随着美国将《固体废物法》改为《资源再生法》，原来由多个部门分别管理的固体废物处理处置技术的开发统一划归环境保护局（EPA），各种固体废物资源化首端处理和末端处理的系统得到广泛开发。其中，热解技术作为从城市垃圾中回收燃料气和燃料油等贮存性能源的再生能源新技术，其研究开发也得到大力推进。Landgard process、Occidental process、Purox process、Torrax process等技术均是在这一时期诞生的。在各企业和研究机构开发的诸多热解技术中，EPA首先选中了以有机物气化为目标的回转窑式Landgard process，并于1975年2月在Baltimore市投资建成了处理能力为1000t/d的生产性设施。城市垃圾经破碎后投入回转窑，通过辅助燃料燃烧产生的热量进行分解，最终回收可燃性气体。但是，由于种种原因，该系统最长只连续运行了30天，最后改成了处理能力为600t/d的垃圾焚烧炉。

EPA选中的以有机物液化为目标的热解技术是Occidental Research Corporation（ORC）开发的Occidental系统，并于1977年在圣地亚哥郡建成了处理能力为200t/d的生产性设施，总建设费用为：EPA资助420万美元，圣地亚哥郡投资200万美元，ORC投资820万美元，合计1440万美元。该系统分为垃圾预处理系统和热解系统两大部分。城市垃圾经一次破碎、分选、干燥后，再经过二次破碎投入反应器，与在反应器内循环流动的灰渣在450～510℃混合接触数秒，使之分解为油、气和炭黑。该种技术最终并没有实现工业化生产。后期，EPA将城市垃圾资源化处理的方向转到了垃圾衍生燃料（Refuse Derived Fuel，RDF）技术的开发。

进入20世纪80年代后，美国能源部（Department of Energy，DOE）又推出了一套对固体废物实施资源和能源再利用的技术开发计划。该计划包括机械系统、热化学系统、微生物学系统、制度、相关计划的援助五项内容。其研究开发的目标不仅仅是对化石燃料和有价物质的节约，还充分考虑了对环境和健康的保护。研究开发的对象也从一般性城市垃圾转向了木材、农业废物等可能转化为能源的生物质，从微生物学和热化学两条技术路线开发作为替代化石燃料的清洁能源转换技术。其中，作为热化学技术路线的开发内容包括：

① 以产生热、蒸汽、电力为目的的燃烧技术。

② 以制造中低热值燃料气、燃料油和炭黑为目的的热解技术。

③ 以制造中低热值燃料气或 NH_3、CH_3OH 等化学物质为目的的气化热解技术。

④ 以制造重油、煤油、汽油为目的的气化热解技术。

2. 欧洲

欧洲在世界上最早开发了城市垃圾焚烧技术，并将垃圾焚烧余热广泛用于发电和区域性集中供热。但是，焚烧过程对大气环境造成的二次污染一直成为人们关注的热点。为了减少垃圾焚烧造成的二次污染，配合广为实行的垃圾分类收集，欧洲各国也建立了一些以垃圾中的纤维素物质（如木材、庭院废物、农业废物等）和合成高分子（如废橡胶、废塑料等）为对象的热解试验性装置，其目的是将热解作为焚烧处理的辅助手段。

在欧洲，主要根据处理对象的种类、反应器的类型和运行条件对热解处理系统进行分类，研究不同条件下反应产物的性质和组成，尤其重视各种系统在运行上的特点和问题。

欧洲运行的固体废物热解系统以 10t/d 以下的规模居多，以城市垃圾为对象的大部分设施主要生成气体产物，伴生的油类凝聚物通过后续的反应器进一步裂解。也有若干系统将热解产物直接燃烧产生蒸汽。在 Kiener 系统中采用的是以热解气体为燃料的燃气发电机。而 Saarberg-Fernwarme 开发的热解系统为了提高热解气体的品质，采用了纯氧氧化，在该系统中还包括了在－150℃下分馏热解气体的过程。使用最多的反应器类型是竖式炉，间接加热的回转窑和流化床也得到一定程度的开发。

3. 加拿大

加拿大的热解技术研究主要是围绕农业废物等生物质，特别是木材的气化进行的。据有关研究测算，加拿大丰富的生物质资源可以满足 2000 年全国运输部门的能源需求。基于这种观点，加拿大政府于 20 世纪 70 年代末，开始了以利用大量存在的废弃生物质资源为目的的 R&D 计划，相继开展了利用回转窑、流化床对生物质进行气化和利用镍催化剂在高温高压下对木材进行液化的研究，这些研究与欧美国家相比起步较晚。

4. 日本

日本有关城市垃圾热解技术的研究是从 1973 年实施的 Star Dust’80 计划开始的，该计划的中心内容是利用双塔式循环流化床对城市垃圾中的有机物进行气化。随后，又开展了利用单塔式流化床对城市垃圾中的有机物液化回收燃料油的技术研究。在上述国家行动计划的推动下，一些民间公司也相继开发了许多固体废物热解技术和设备，这些技术大都是作为焚烧的替代技术得到开发的，并部分实现了工业化生产。

在各企业开发的诸多热解系统中，新日铁的城市垃圾热解熔融技术最早得以实用化。首先，于 1979 年 8 月在釜石市建成了两座处理能力 50t/d 的设备，接着又于 1980 年 2 月在茨木市建成了三座 150t/d 的移动床竖式炉，1996 年又在该市兴建了二期工程。该系统是将热解和熔融一体化的设备，通过控制炉温，使城市垃圾在同一炉体内完成干燥、热解、燃烧和熔融。干燥段温度约为 300℃，热解段温度为 300～1000℃，熔融段温度为 1700～1800℃。城市垃圾在干燥段受热蒸发掉水分后，逐渐下移至热解段，通过控制炉内的缺氧条件，使垃圾中的有机物热解转化为可燃性气体，该气体导入二燃室进一步燃烧，并利用其产生的热量进行发电。由于灰渣熔融所需的热量仅靠固定在固相中的炭黑不够，故还需要通过添加焦炭来保证燃烧熔融段的温度。灰渣熔融后形成玻璃体，使垃圾的体积大大减小，重金属等有害物质也被完全固定在固相中，可以直接填埋处置或作为建材加以利用。

5. 中国

我国对城市垃圾处理处置的研究起步较晚，随着《中华人民共和国固体废物污染环境防治法》的出台，对固体废物的处理处置研究也快速发展起来。浙江大学与宁波海曙机电工具研究所试验研究垃圾沸腾锅炉，广东环境卫生研究所研制垃圾裂解气化炉等工程都取得了一定的成效。

纵观国际上早期对热解技术的开发过程，其目的主要集中在两个方面：一个是以美国为代表的，以回收贮存性能源（燃料气、燃料油和炭黑）为目的；另一个是以日本为代表的，以减少焚烧造成的二次污染和需要填埋处置的废物量，以无公害型处理系统的开发为目的。

其中，以回收能源为目的的热解处理系统，由于城市垃圾的物理及化学成分极其复杂，而且其组分随区域、季节、居民生活水平以及能源结构的改变而有较大的变化，如果将热解产物作为资源加以回收，要保持产品具有稳定的质和量有较大的困难。因此，美国在开发城市垃圾热解技术的同时，还充分考虑了配套的城市垃圾破碎、分选等预处理技术。对于成分复杂、破碎性能各异的城市垃圾，要进行较为彻底的破碎和分选，需要消耗大量的动力和极其复杂的机械系统，其总体效率就不能仅仅对热解的单元操作进行单独评价。此外，城市垃圾中的低熔点物质给系统操作可能造成的障碍，有害物质的混入等对回收产物质量以及应用方面的影响等也必须予以充分考虑。从这个意义上来说，从城市垃圾中直接热解回收燃料的技术，在实现工业化生产方面并没有取得太大的进展。与此相对，将热解作为焚烧处理的辅助手段，利用热解产物进一步燃烧废物，在改善废物燃烧特性、减少尾气对大气环境造成二次污染等方面，许多工业发达国家已经取得了成功的经验。

近年来，随着各国经济生活的不断改善，城市垃圾中的有机物含量越来越多，其中废塑料等高热值废物的增加尤为明显。城市垃圾中的废塑料成分不仅会在焚烧过程中造成炉膛局部过热，从而导致炉膛及耐火衬里的烧损，同时也是剧毒污染物——二噁英的主要发生源。随着各国对焚烧过程中二噁英排放限制的严格化，废塑料的焚烧处理越来越成为人们关注的焦点问题。许多国家相继制定了有关法律、法规，大力推行城市垃圾的分类收集，鼓励开发城市垃圾的资源化/再生利用技术，限制大量焚烧废塑料。在此背景下，废塑料的热解处理技术又重新成为世界各国研究开发的热点，尤其是废塑料热解制油技术也已经开始进入工业实用化阶段。

五、热解技术与设备

城市垃圾的热解技术可以根据其装置的类型分为：移动床熔融炉方式；回转窑方式；流化床方式；多段炉方式；Flush Pyrolysis 方式等。其中，回转窑方式和 Flush Pyrolysis 方式作为最早开发的城市垃圾热解处理技术，代表性的系统有 Landgard 系统和 Occidental 系统，其内容已在前面作了简要介绍。多段炉主要用于含水率较高的有机污泥的处理。流化床有单塔式和双塔式两种，其中双塔式流化床已经达到工业化生产规模。移动床熔融炉方式是城市垃圾热解技术中最成熟的方法，代表性的系统有新日铁系统、Purox 系统和 Torrax 系统。下面介绍几种主要的热解技术。

1. 新日铁系统

该系统是将热解和熔融一体化的设备，通过控制炉温和供氧条件，使垃圾在同一炉体内完成干燥、热解、燃烧和熔融。干燥段温度约为 300℃，热解段温度为 300～1000℃，熔融段温度为 1700～1800℃，其工艺流程见图 2-19。垃圾由炉顶投料口进入炉内，为了防止空气的混入和热解气体的泄漏，投料口采用双重密封阀结构。进入炉内的垃圾在竖式炉内由上向下移动，通过与上升的高温气体换热，垃圾中的水分受热蒸发，垃圾逐渐降至热解段，在控制的缺氧状态下有机物发生热解，生成可燃气和灰渣。有机物热解产生可燃性气体导入二燃室进一步燃烧，并利用尾气的余热发电。灰渣进一步下移进入燃烧区，灰渣中残存的热解固相产物炭黑与从炉下部通入的空气发生燃烧反应，其产生的热量不足以满足灰渣熔融所需温度，通过添加焦炭来提供炭源。新日铁方式垃圾热解熔融处理工艺流程见图 2-19。

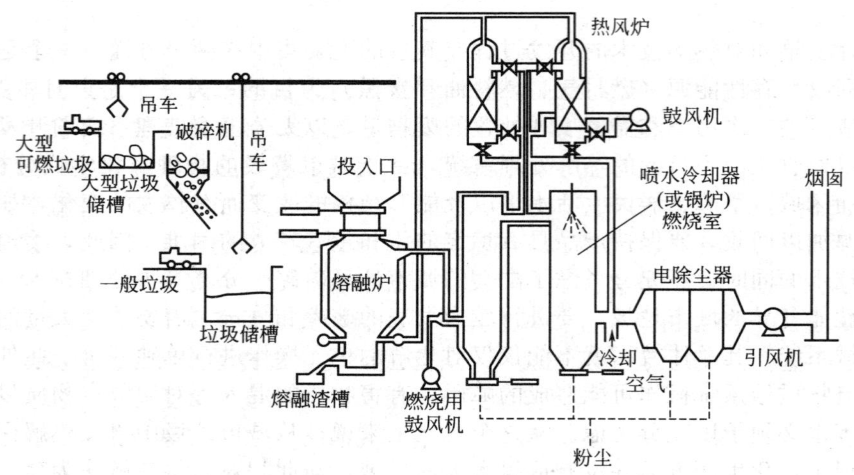

图 2-19　新日铁方式垃圾热解熔融处理工艺流程

灰渣熔融后形成玻璃体和铁，体积大大减少，重金属等有害物质也被完全固定在固相中。玻璃体可以直接填埋处置或作为建材加以利用，磁分选出的铁也有足够的利用价值。热解得到的可燃性气体的热值为 6276～10460kJ/m^3（1500～2500kcal/m^3），其组分见表 2-16。熔融固相产物的玻璃体和金属铁的成分分析分别列于表 2-17、表 2-18 中。

表 2-16　热解气体组分分析

产气量(标态)/(m^3/t)	组分/%							热值/(kcal/m^3)
	CO_2	CO	H_2	N_2	CH_4	C_2H_4	C_2H_6	
550	23.8	29.6	25.0	17.8	2.65	1.03	0.10	1880

表 2-17　熔融产物（玻璃体）成分分析

成分	FeO	SiO_2	CaO	Al_2O_3	TiO_2	MgO	K_2O	Na_2O	MnO	Cl	S
含量/%	10.1	42.4	16.1	16.8	0.75	1.64	0.78	5.32	0.24	0.13	0.11

表 2-18　回收金属铁成分分析

成分	C	Si	Mn	P	S	Ni	Cr	Cu	Mo	Sn	Sb
含量/%	1.38	3.22	0.09	1.70	0.34	0.46	0.51	1.41	0.01	0.06	0.03

2. Purox 系统

本法是由美国 Union Carbide Corp 开发的，又称 U. C. C. 纯氧高温热分解法。该系统的工艺流程如图 2-20 所示。

系统也采用竖式热解炉，破碎后的垃圾从塔顶投料口进入并在炉内缓慢下移。纯氧由炉底送入首先到达燃烧区，参与垃圾燃烧。垃圾燃烧产生的高温烟气与向下移动的垃圾在炉体中部相互作用，有机物在还原状态下发生热解。热解气向上运动穿过上部垃圾层并使其干燥。热解残渣在炉的下部与氧气在 1650℃ 的温度下反应，生成金属块和其他无机物熔融的玻璃体。熔融渣由炉底部连续排出，经水冷后形成坚硬的颗粒状物质。底部燃烧产生的高温气体在炉内自下向上运动，在热解段和干燥段提供热量后，以 90℃ 的温度从炉顶排出。该

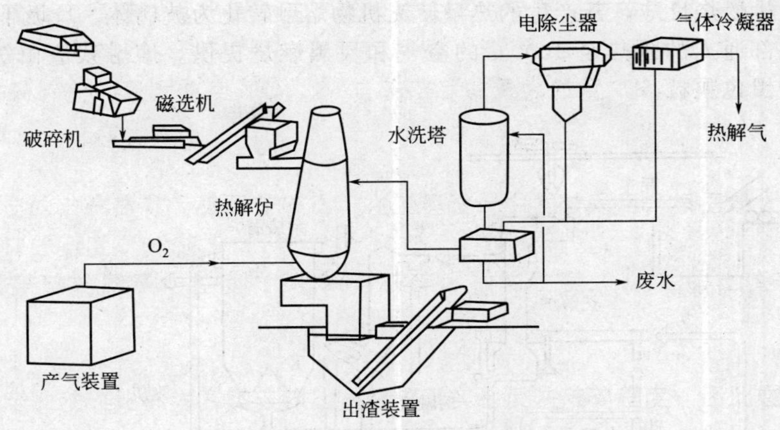

图 2-20 垃圾热解处理的 Purox Process

气体含有 30%～40%的水分，经过洗涤操作去除其中的灰分和焦油后加以回收。净化气体中含有 75%左右的 CO 和 H_2，其比例约为 2∶1，其他气体组分（包括 CO_2、CH_4、N_2 和其他低分子碳氢化合物）约占 25%，热值约为 11168kJ/m^3。

本法有机物几乎全部分解，热分解温度高达 1650℃，由于不是供应空气而是采用纯氧，NO_x 发生量很少。垃圾减量较多，为 95%～98%；突出的优点是对垃圾不需要或只需要简单的破碎和分选加工，即可简化预处理工序。主要问题是能否供给廉价的氧气。

Union Carbide 公司 1970 年在纽约州的 Tarrytown 建成了处理能力为 4t/d 的中试装置，1974 年在西弗吉尼亚州的 South Charleston 建成了处理能力为 180t/d 的生产性装置。进入 20 世纪 80 年代，该公司又将该系统的单炉处理能力提高到 317t/d。

该系统主要的能量消耗是垃圾破碎过程和 1t 垃圾热解需要的 0.2t 氧气的制造过程。该系统每处理 1kg 垃圾可以产生热值为 11168kJ/m^3（2669kcal/m^3）的可燃性气体 0.712m^3，该气体以 90%的效率在锅炉中燃烧回收热量，系统总体的热效率为 58%（图 2-21）。

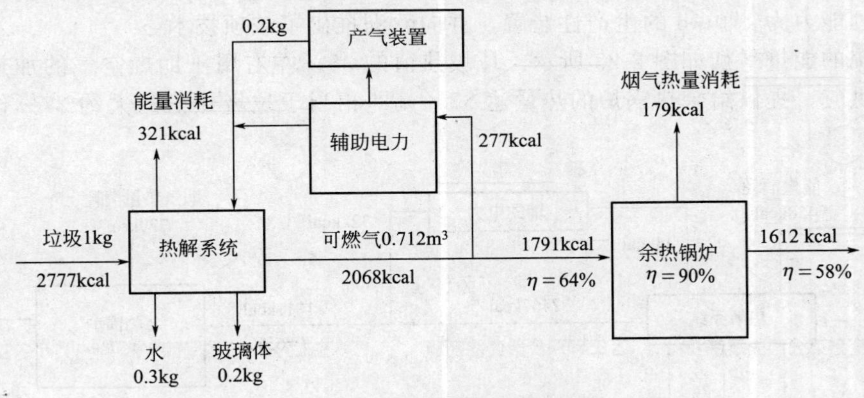

图 2-21 Purox 系统的能量及物料衡算图

（注：1kcal＝4.1868kJ）

3. Torrax 系统

该系统的工艺流程如图 2-22 所示，由气化炉、二燃室、一次空气预热器、热回收系统和尾气净化系统构成。垃圾不经预处理直接投入竖式气化炉中，在其自重的作用下由上向下移动，与逆向上升的高温气体接触，完成干燥、热解过程，在塔底部灰渣中的炭黑与从底部通入的空气发生燃烧反应，其产生的热量使无机物熔融转化为玻璃体。垃圾干燥和热解所需的热量由炉底部通入的预热至1000℃的空气和炭黑燃烧提供。熔融残渣由炉底连续排出，经水冷后变为黑色颗粒。

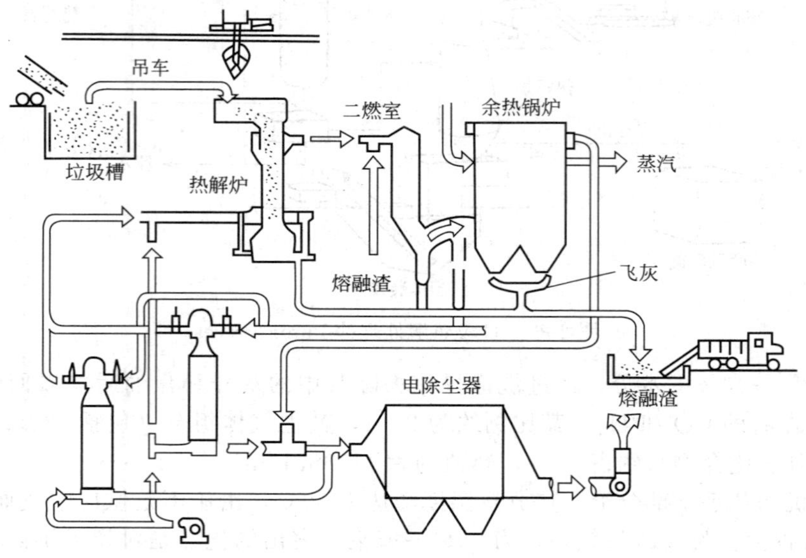

图 2-22　Torrax Process 的系统示意图

热解气体导入二燃室，在1400℃条件下使可燃组分和颗粒物完全燃烧，二燃室出口气体的温度为1150～1250℃，部分用于助燃空气的预热，其余通过废热锅炉回收蒸汽。通过废热锅炉和空气预热器的尾气再由静电除尘器处理后排放。

最早的Torrax系统是1971年由EPA资助在纽约州的Eire County建造的处理能力为68t/d的中试装置，除了城市垃圾的处理以外，还进行过城市垃圾与污泥混合物的处理，包括废油、废轮胎和聚氯乙烯的热解处理试验。进入20世纪80年代，在美国的Luxemburg建设了处理能力为180t/d的生产性装置，并向欧洲推出了该项技术。

该系统的能量平衡如图2-23所示。垃圾热值的35%左右用于助燃空气的加热和设施所需电力的供应，提供给余热锅炉的热量达57%，即相当于垃圾热值的大约37%作为蒸汽得到回收。

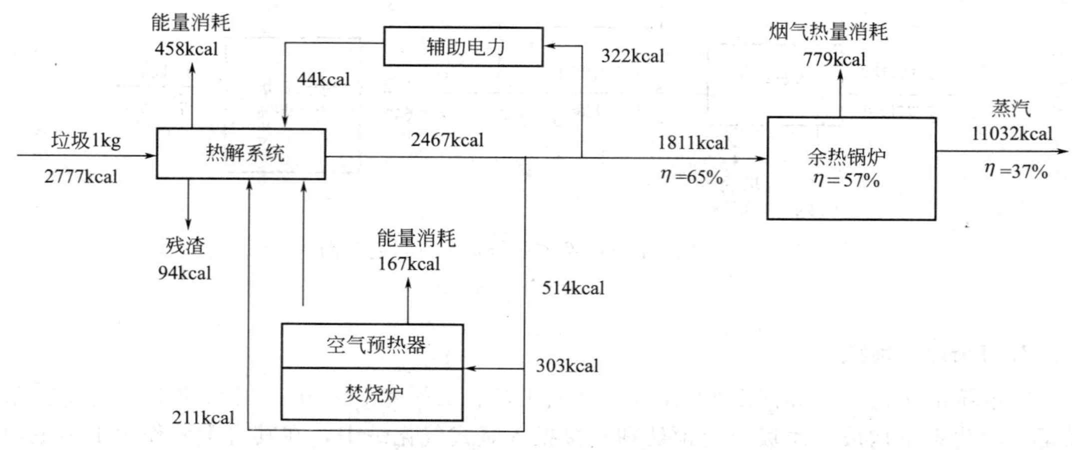

图 2-23　Torrax系统的能量衡算图（注：1kcal=4.1868kJ）

4. Occidental 系统

系统工艺流程图如图 2-24 所示。在该系统中，首先将垃圾破碎至 76.2mm（3.0in）以下，通过磁选分离出铁金属，再通过分选将垃圾分为重组分（无机物）和轻组分（有机物）。利用热解气体的热量将轻组分干燥至含水率 4%以下，通过二次破碎装置使有机物粒径小于 3.175mm（0.125in），再由空气跳汰机分离出其中的玻璃等无机物，作为热解原料。热解设备为一不锈钢筒式反应器，有机原料由空气输送至炉内。热解反应产生的炭黑加热至 760℃后返回至热解反应器内，提供热解反应所需的热源，热解反应在炭黑和垃圾的混合物通过反应器的过程中完成。热解气体首先通过旋风分离器分离出新产生的炭黑，再经过 80℃的急冷分离出燃料油。残余气体的一部分用于垃圾输送载体，其余部分用于加热炭黑和送料载气的热源。产生的热解油中含有较多的固体颗粒，经旋风分离后，贮存于油罐。

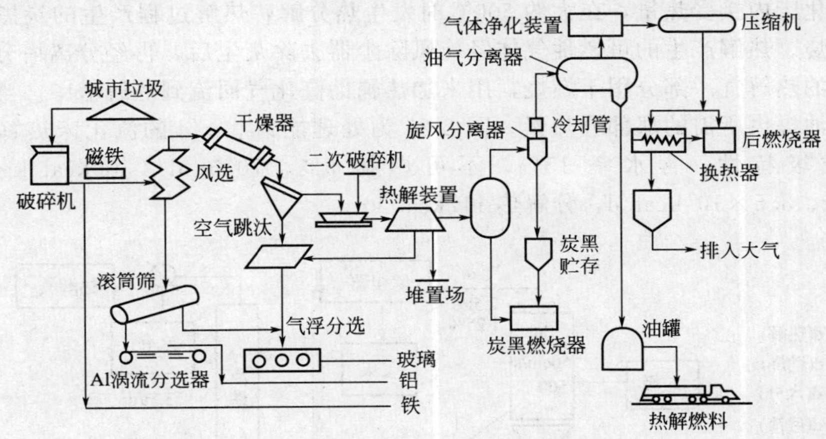

图 2-24　Occidental 系统工艺流程

分选出来的重组分经滚筒筛分离成三部分，小于 12.7mm（0.5in）的进入玻璃回收系统，粒径在 12.7～102.8mm（0.5～4.0in）的进入铝金属回收系统，大于 102.8mm（4.0in）的重新返回至一次破碎装置。玻璃的回收采用气浮分选，垃圾中玻璃的回收率约为 77%。铝的回收采用涡电流分选方式，铝的回收率达到 60%。

得到的热解油的平均热值约为 24401kJ/kg（5832kcal/kg），低于普通燃料油的热值[42400kJ/kg(10134kcal/kg)]，这是由于热解油中碳、氢含量较低，而氧含量较高。其黏度也较普通燃料油高，在 116℃下可以喷雾燃烧。

该系统的能量平衡见图 2-25。由图可知，热值为 11619kJ/kg（2777kcal/kg）的垃圾

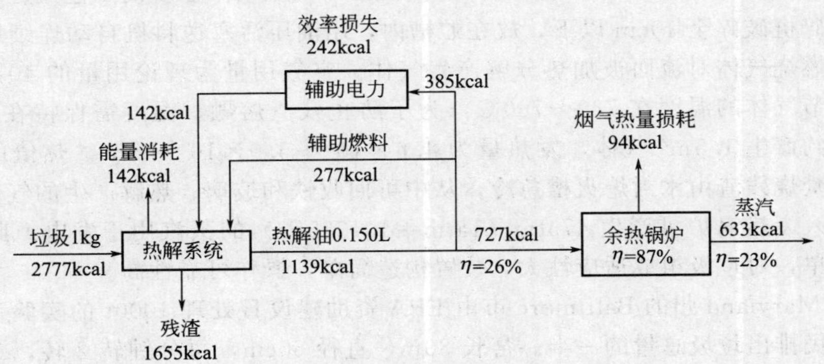

图 2-25　Occidental 系统的能量衡算图（注：1kcal＝4.1868kJ）

1kg 可以得到热值为 1139kcal 的热解油 0.150L，其他热量则通过残渣和炭黑损失掉了。在热解过程中还消耗掉 1724kJ（412kcal）的外加能量，扣除这部分能量后，相当于只回收了 3045kJ（727kcal）的能量。

Occidental 系统从利用垃圾生产贮存性燃料这一点来看，是一种非常有意义的技术，但由于炭黑产生量太大（约占垃圾总质量的 20%，含有总热值 30%以上的能量），大部分热量都以炭黑的形式损失，系统的有效性没有得到充分发挥。今后，应进一步开展炭黑作为燃料或其他原料利用的研究。

5. 流化床系统

将垃圾破碎至粒径 50mm 以下，经定量输送带传至螺杆进料器，由此投入热解炉内。在流化床内，作为载体的石英砂在热解生成气和助燃空气的作用下产生流动，从投料口进入的垃圾在流化床内接受热量，在大约 500℃时发生热分解，热解过程产生的炭黑在此过程中发生部分燃烧。热解产生的可燃性气体经旋风除尘器去除灰尘后，再经分离塔分出气、油和水。分离出的热解气一部分用于燃烧，用来加热辅助流化气回流到热解塔中。当热解气不足时，由热解油提供所需的那部分热量。图 2-26 为处理能力 50t/d 的流化床热解系统的物料平衡图。垃圾特性：含水率 15%，不可燃物 5%，70.5t/d（500kcal/kg），燃烧热 4000kcal/kg、3.5×10^7kcal/d，分解热 112kcal/kg。

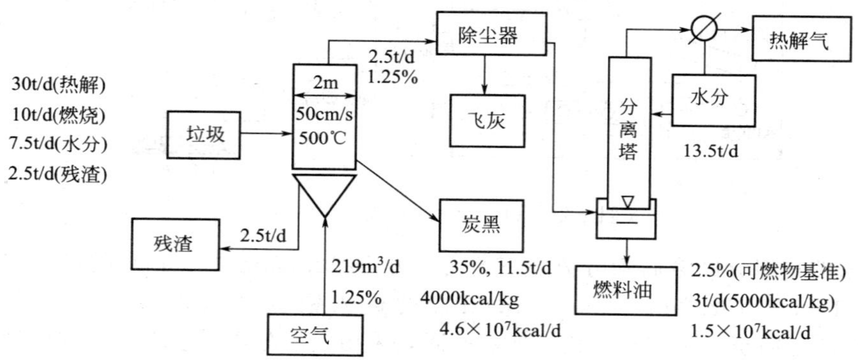

图 2-26 流化床（50t/d）热解系统物料平衡图

（注：1kcal=4.1868kJ）

6. Landgard 系统

该法是由 Monsanto Enviro-Chem System，Inc. 开发的，系统的工艺流程见图 2-27。垃圾经锤式破碎机破碎至 10cm 以下，放在贮槽内，用油压活塞送料机自动连续地向回转窑送料，垃圾与燃烧气体对流而被加热分解产生气体。空气用量为理论用量的 40%，使垃圾部分燃烧，调节气体的温度在 730～760℃，为了防止残渣熔融，温度需保持在 1090℃以下，每公斤垃圾约产生 1.5m^3 气体，发热量为 $4.6\times10^3\sim5.0\times10^3$kJ/$m^3$。热值的大小与垃圾组成有关。焚烧残渣由水封熄火槽急冷，从中可回收铁和玻璃。热解产生的气体在后燃室完全燃烧，进入废热锅炉可产生 47atm（1atm=101325Pa）的蒸汽用于发电。此分解流程由于前处理简单，对垃圾组成适应性大，装置构造简单，操作可靠性高。

在美国 Maryland 州的 Baltimore 市由 EPA 资助建设日处理 1000t 的实验工厂，处理能力为该市居民排出垃圾总量的一半。窑长 30m，直径 60cm，每分钟转 2 转，二次燃烧产生的气体用两个并列的废热锅炉回收 91000kg 的蒸汽。

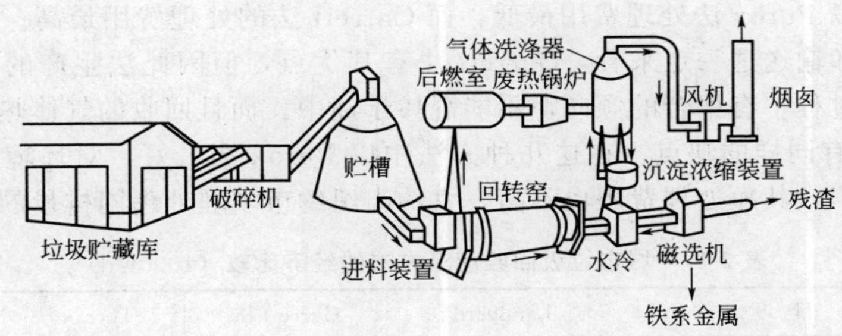

图 2-27 Landgard 系统工艺流程

7. Garrett 系统

该法是由 Garrett Research and Development 公司开发的，工艺流程见图 2-28。垃圾从垃圾坑中被抓斗吊起送上皮带输送机，由破碎机破碎至约 5cm 大小，经风力分选后干燥脱水，再筛分以除去不燃组分。不燃组分送到磁选及浮选工段，在浮选工段可以得到纯度为 99.7%的玻璃，回收 70%的玻璃和金属。由风力分选获得的轻组分经二次破碎成约 0.36mm 大小，由气流输送入管式热分解炉。该炉为外加热式热分解炉，炉温约为 500℃、常压、无催化剂。有机物在送入的瞬间即行分解，产品经旋风分离器除去炭末，再经冷却后热解油冷凝，分离后得到油品。气体作为加热管式热分解炉的燃料。由于是间接加热得到的油、气，发热量都较高（油的热值为 3.18×10^4kJ/L，气的热值为 1.86×10^4kJ/m^3）。1t 垃圾可得 136L 油、约 60kg 铁和 70kg 炭黑（热值 2.09×10^4kJ/kg）。此法由于前处理工艺复杂，破碎过程动力消耗量大，运转费用高，故难以长期稳定运行。

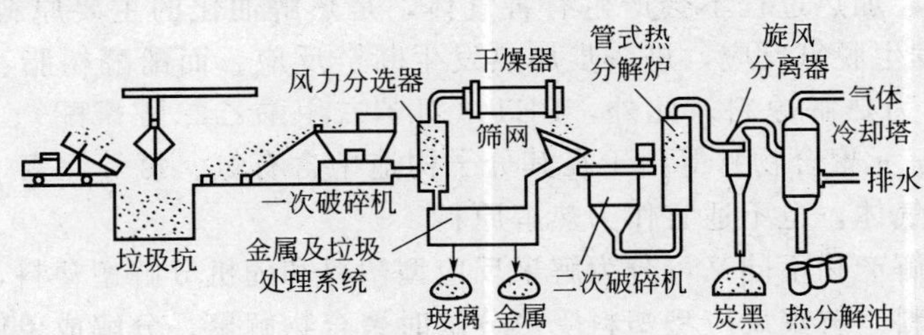

图 2-28 Garrett 系统工艺流程

8. Battelle 系统

该工艺是由 Battelle Pacific Memorial Institute 的 Pacific Northwest 实验室开发的。经适当破碎除去重组分的城市垃圾从炉顶的气锁加料斗进入热解炉，从炉底送入约 600℃的空气-水蒸气混合气，炉子的温度由上到下逐渐增加。炉顶为预热区，向下依次为热分解区和气化区。垃圾经过各区分解后产生的残渣经回转炉栅从炉底排出。空气-水蒸气与残渣换热使排出的残渣温度接近室温，热解产生的气体从炉顶出口排出。炉内的压力为 700mmH_2O。生成的气体含 $N_2$43%，H_2 和 CO 均为 21%，$CO_2$12%，$CH_4$1.8%，C_2H_6、C_2H_4 在 1%以下。由于含大量的 N_2，热值非常低，约为 3770～7540kJ/m^3。

存在问题是垃圾进料不均匀，有时会出现偏流、结瘤等现象。另外，熔融渣出料也较困难。

美国 Columbia 大学的技术中心，对从城市垃圾回收能量的方法进行比较和评价。主要从对环境的影响、运转的可靠性和经济可行性几个方面进行了比较，经济比较结果见表 2-19。以每日处理 1000t 为基准，以日元计算，投资金额假设 15 年偿还，年息 7%。从经济比较结果来看，以 Purox 法处理费用最低，而 Garrett 法的处理费用最高。尽管从产生的液态燃料易于贮藏和输送这一点来看，Garrett 法有其优点，但因此法生产的焦油黏性高、辐射性强，在贮藏过程中有聚合的倾向，不能混掺于油中，而且回收的气体热值低，使用受到限制。Torrax 也有同样的缺点。在这几种方法中以 Purox 法最好，对环境影响小，运转简单，产品适应面广，其净处理费用也不高，大约与纽约市填埋处理同样量的垃圾费用相当。

表 2-19　城市垃圾回收能量方法的经济比较（1000t/d）

项　　目	Landgard 法	Garrett 法	Torrax 法	Purox 法
投资额/(日元/t)	645	657	485	687
偿还费/(日元/t)	2151	2184	1644	2280
运转费/(日元/t)	3606	3683	3273	3576
运转费总额/(日元/t)	5757	5877	4917	5856
回收资源折价/(日元/t)	3930	2835	2070	4668
净处理费用/(日元/t)	1827	3042	2847	1188

六、典型工业固废的热解工艺

1. 废塑料的热解

（1）废塑料热解性能与产物　废塑料的种类很多，如聚乙烯（PE）、聚丙烯（PP）、聚丙乙烯（PS）、聚氯乙烯（PVC）、酚醛树脂、脲醛树脂、PET、ABS 树脂等。通常将塑料分为两大类，即热塑性塑料和热固性塑料，其中 PE、PP、PS、PVC 等热塑性塑料当加热到 300～500℃时，大部分分解成低分子碳氢化合物，特别是 PE、PP、PS，由于其分子构成中只含有碳和氢，加热过程不会产生有害气体，是热解油化的主要原料。PVC 在加热到 200℃左右时开始发生脱氯反应，进一步加热发生断链反应。而酚醛树脂、脲醛树脂等热固性塑料则不适合作为热解原料。此外，PET（对苯二甲酸乙二醇聚酯）、ABS 树脂（丙烯腈-丁二烯-苯乙烯三元聚合物）等由于在其分子构造中含有氮、氯等元素，热解过程会产生有害气体或腐蚀性气体，也不适宜作为热解原料。

废塑料按其热解产物不同又可分为解聚反应型塑料和随机分解型塑料，以及二者兼而有之的中间分解型塑料。解聚反应型塑料受热分解时聚合物解聚，分解成单体，主要是切断了单体分子之间的结合键。这类塑料有聚氧化甲烯、聚甲基丙烯酸甲酯、四氟乙烯塑料等，受热时它们几乎 100％地分解成单体。随机分解型塑料受热分解时，链的断裂是随机的，因此产生一定数目的碳原子和氢原子的低分子化合物，这类塑料有聚乙烯（PE）、聚氯乙烯（PVC）等。大多数塑料为中间分解型塑料。各种热解产物的比例随塑料的种类、分解的温度不同而不同。一般温度越高，气态的（低级的）碳氢化合物的比例越高。通常情况下，热解产生的燃料气基本上在系统内全部消耗，生成的燃料油也部分消耗，在配备发电设施的系统中，最终得到的燃料油产品约为总投入物料的 40％。

（2）废塑料的热解流程

① 低温热解工艺。日本川崎重工利用聚氯乙烯（PVC）脱 HCl 的温度比聚乙烯、聚丙烯和聚苯乙烯分解的温度低的特点，将 PVC、PE、PP、PS 加入到 380～400℃的 PE、PP、PS 的热浴媒体中，分解温度低的 PVC 首先脱除 HCl 气化，以后 PE、PP、PS 熔融形成热浴媒体，再根据停留时间的长短 PE、PP、PS 逐渐分解。分解产物有 HCl 和 C_1～C_{30} 的碳氢化合物，此外还有 CO、N_2、H_2O 及残渣等。HCl、C_1～C_4 是气体，C_5、C_6 是液体，C_7～C_{30} 是油脂状的碳氢化合物，经冷凝塔及水洗塔回收油品及 HCl，气体经碱洗后作为燃料气燃烧供给热解需要的热量。本流程的优点是用对流传热代替热导率小的热传导。由于分

解温度低，没有金属（PVC 的稳定剂）的飞散，该工艺流程见图 2-29。

该系统采用槽式聚合浴反应器，特点是在槽内分解过程中进行混合搅拌，物料处于充分混合状态。另外采取外部加热，根据温度来控制生成油的性状。

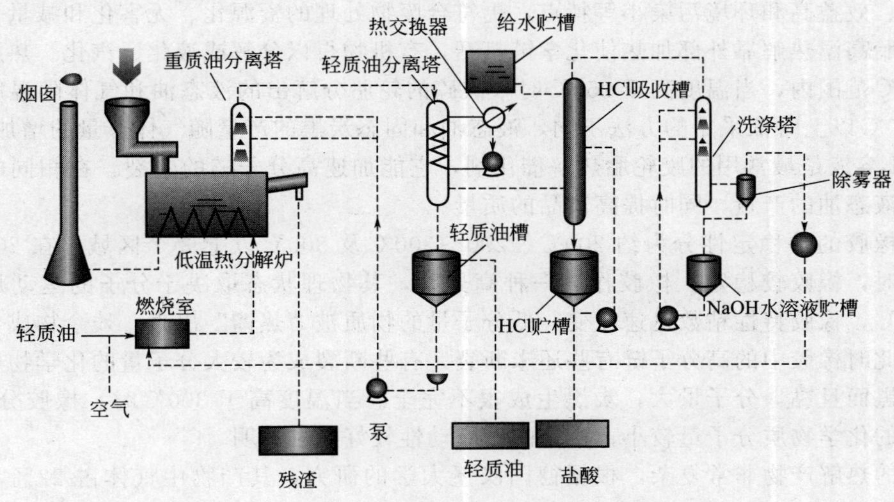

图 2-29　低温分解废塑料流程

② 减压热解工艺。日本三洋电机根据塑料热导率低［0.29～1.26kJ/(m·h·℃)］的特点，开发利用微波炉与热风炉加热、减压蒸馏的流程，于 1972 年完成了 3t/d 处理量的试验性工厂，其工艺流程见图 2-30。废塑料经破碎至约 10mm 大小后送入熔化炉，并在其中加入发热效率高的热媒体（如炭粒），当其受到微波照射时会产生热量。微波炉与热风炉一同把塑料加热至 230～280℃，使塑料熔融。熔融的塑料除去金属等不熔融的物质后，送入反应炉，再用热风加热到 400～500℃，在绝对压力为 6.7×10^4Pa 下发生热分解，生成的气体经冷却液化回收燃料油。

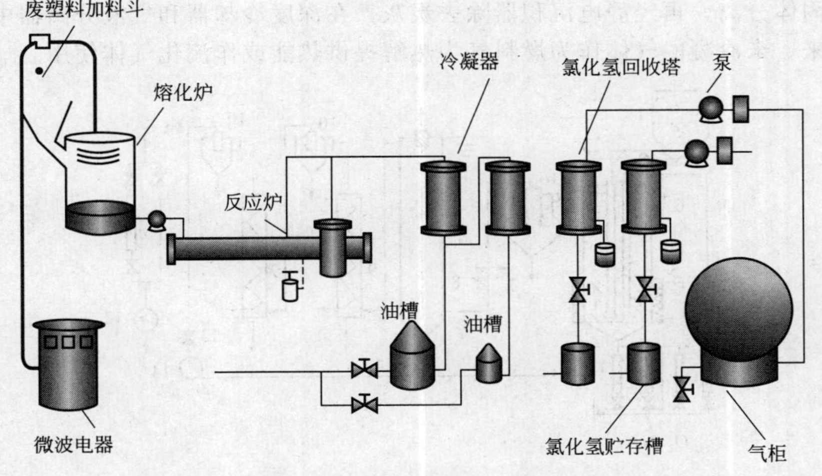

图 2-30　微波加热减压分解废塑料流程

2. 废轮胎的热解

(1) 热解性能与产物　橡胶有天然橡胶和人工橡胶两大类。废橡胶主要为天然橡胶制作的废轮胎、工业废皮带和废胶管等。人工合成橡胶（如氯丁橡胶、丁腈橡胶等）热解会产生

HCl和HCN而不宜热解处理，故热解主要用于天然废旧橡胶。在废橡胶中，废轮胎由于产生量最大，大量废弃造成了环境污染，世界各国尤其是发达国家纷纷致力于废轮胎的回收利用研究。与翻新、制造胶粉和再生胶、焚烧等废旧轮胎处理方法相比，热解法具有对废轮胎处理量大、效益高和环境污染小等特点，更符合废物处理的资源化、无害化和减量化原则。

废轮胎高温热解靠外部加热使化学链打开，有机物得以分解或液化、汽化。热解温度在250～500℃范围内，当温度高于250℃时，破碎的轮胎分解出的液态油和气体随温度升高而增加，400℃以上时依采用的方法不同，液态油和固态炭黑的产量随气体产量的增加而减少。4%NaOH溶液是最常用的废轮胎热解催化剂，它能加速高分子链的断裂，在相同的温度下可以增加液态油的产量，同时提高产品的质量。

轮胎橡胶的热稳定性分为约200℃、200～300℃及300℃以上3个区域。在200℃以下无氧存在时，橡胶较稳定，橡胶作为一种高聚物，其物理状态取决于分子的运动形式。在200～300℃，橡胶特性粘数迅速改变，低分子量的物质被“热馏”出来，残余物成为不溶性干性物。此时橡胶中的高分子链有些还未断裂，有些断裂成为较大分子量的化学物质，因此产生的油黑而且黏，分子量大，炭黑生成很不完全。当温度高于300℃时，橡胶分解加快，断裂出来的化学物质分子量较小，产生的油流动性较好而且透明。

轮胎的热解产物非常复杂，根据德国汉堡大学的研究，其产物中气体占22%，主要为甲烷、乙烷、乙烯、丙烯、CO、H_2O、CO_2、H_2等；液体占27%，主要为苯、甲苯、及其他芳香族化合物；固体中炭灰占39%，钢丝约占12%。气体和液体中还有微量的H_2S和噻吩（一种含S的杂环有机物），但S的含量都低于标准。

(2) 热解流程　近年来，废轮胎热解处理逐渐由小型试验转向中试规模试验，废轮胎的热解研究也逐步从新工艺开发、工况优化向热解产物的分析和利用方向侧重。

废轮胎一般采用流化床和回转窑作为热解炉。某实验室规模流化床热解炉的工艺流程见图2-31。废轮胎先经剪切破碎机破碎至5mm，然后把轮缘及钢丝帘子布等分离出来，再用磁选去除金属丝。轮胎粒子经螺旋加料器等进入直径为5cm、流化区为8cm、底铺石英砂的电加热反应器中。流化床的气流速率为50L/h，流化气体由氮及循环热解气组成。热解气流经除尘器与固体分离，再经静电沉积器除去炭灰，在深度冷却器和气液分离器中将热解所得油品冷凝下来，未冷凝的气体作为燃料气为热解提供热能或作流化气体使用。

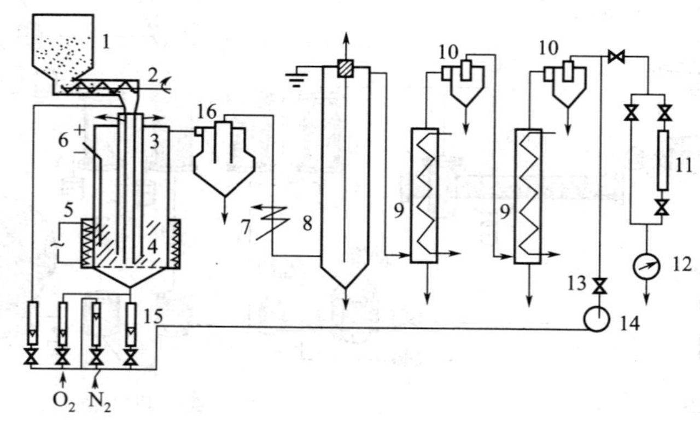

图2-31　流化床热解橡胶工艺流程

1—橡胶加料斗；2—螺旋输送器；3—冷却下伸管；4—流化床反应器；5—加热器；6—热电偶；7—冷却器；8—静电沉积器；9—深度冷却器；10,16—气旋；11—取样器；12—气量计；13—节气阀；14—压气机；15—转子流量机

由于上述工艺的热解炉很小，要求进料切成小块，预加工费用较大，实际应用困难。故日本、美国、前西德研制了一种轮胎不破碎直接进行热解的流化床反应器：流化床由石英砂或炭黑构成，整个轮胎通过气锁进入反应器，到达流化床后，慢慢地沉入砂内，热砂粒使轮胎热透软化，流化床内的砂粒与软化的轮胎不断交换热量并发生摩擦，使轮胎不断分解，一般 2～3min 即完全分解。流化床内残留的是一堆弯曲的钢丝，由伸入流化床内的移动式格栅移走；热解产物连同流化气体经旋风分离器、静电除尘器将橡胶、填料、炭黑及 ZnO 分离去除；气体通过油洗涤器冷却，分离出芳香族含量较高的油品，及甲烷和乙烯含量较高的气体。整个过程所需要的能量不仅可以自给，还有剩余热量可供给其他地方使用。

产品中芳香烃馏分含硫量小于 0.4%，气体含硫量小于 0.1%。含氧化锌和硫化物的炭黑，通过气流分选器可以得到符合质量标准的炭黑，再应用于橡胶工业。残余部分可以回收氧化锌。

此外，外国公司还研究了用废轮胎作制水泥燃料的试验。轮胎中的 Fe、S 是水泥所需的原料组分，橡胶和炭黑又可作为煅烧水泥的燃料。结果表明，在水泥原料中投入废轮胎，生产每吨水泥可节省 C 号重油 3%。反应原理：

轮胎中的 S 氧化为 SO_3：$S+O_2 \longrightarrow SO_3$

SO_3 与水泥原料中的氧化钙反应：$SO_3+CaO \longrightarrow CaSO_4$

金属丝$\longrightarrow$熔化(1200℃)$\longrightarrow$氧化$\longrightarrow$ $Fe_2O_3+CaO+Al_2O_3 \longrightarrow$ CFA(铁铝酸钙)

第四节　工业固体废物的厌氧消化技术

有机固体废物的有机成分含量较高，进入环境后很容易缺氧发酵、腐烂变质，产生高浓度的渗滤液和散发臭气，严重污染地下水、地表水和空气环境。有些有机固体废物（如人畜粪便）还携带有大量病原菌，会传播疾病。厌氧消化是实现有机固体废物无害化、资源化的一种有效方法。厌氧消化可通过人为控制，加速有机物质的稳定，使有机废物无害化；还可通过厌氧分解产生沼气，获得可再生的能源，实现有机废物的资源化。厌氧消化可以去除并稳定固体废物中 30%～50%的有机物。20 世纪 70 年代初，由于能源危机等因素，许多国家开始寻找新的替代能源，厌氧消化越来越显示出它的优势。

厌氧消化技术的特点如下。

① 过程具有可控性、降解快、生产过程全封闭，无需氧气的供给。

② 与好氧处理相比，易操作，设施简单，厌氧消化不需要通风动力，运行成本低。

③ 产物能够再利用，经厌氧消化处理后的废物基本得到稳定，可以用于农肥、饲料或堆肥原料。

④ 资源化效果好，可以将潜在于废弃有机物中的低品位生物能转化为可以直接利用的高品位沼气。

⑤ 可杀死传染性病原菌，有利于防止病毒传播。

⑥ 厌氧微生物的生长速率慢，发酵效率低，消化速度慢，稳定化时间长，常规方法的处理效率低，设备体积大。

⑦ 厌氧过程中会产生 H_2S 等恶臭气体。

⑧ 厌氧发酵的原料复杂，参加反应的微生物种类繁多，使得厌氧消化过程变得非常复杂。

厌氧消化技术在国外应用已相当广泛，据统计，到目前为止，已有大约 117 个垃圾处理厂采用厌氧消化工艺，其中 90 个已在运行，27 个还在建设过程中，这些厂的处理能力都在 2500t/a 以上。主要分布在澳大利亚、丹麦、德国等国家，采用此工艺的公司主要有澳大利亚的 Entech 公司、德国的 BAT 公司、瑞士的 Kompogas 公司、丹麦的 Kruger 公司等。目前国内正在建设的北京市董村分类垃圾综合处理厂（650t/d）和上海市普陀区生活垃圾处理厂（800t/d）主要工艺采用厌氧发酵技术。

一、厌氧消化原理

厌氧消化（Anaerobic Digestion）是一种普遍存在于自然界的微生物新陈代谢过程。有机物（包括纤维素、半纤维素、木质素等）、蛋白质和类脂化合物（脂肪、磷脂、蜡脂等）等在无氧或缺氧条件下经微生物分解产生甲烷、二氧化碳、硫化氢和氨等气体，还有水和其他有机酸等还原性终产物。因此固体废物厌氧消化处理是指固体废物中的有机物在无氧或缺氧条件下被厌氧及兼性厌氧微生物分解、转化成甲烷和二氧化碳，并合成自身细胞物质的生物学过程。

有机物厌氧消化的生物化学反应过程是非常复杂的，中间反应及中间产物有数百种，每种反应都是在酶或其他物质的催化下进行的。总反应式为：

$$\text{有机物}+H_2O+\text{营养物}\xrightarrow{\text{厌氧微生物}}\text{细胞质}+CH_4+CO_2+NH_3+H_2S+\cdots+\text{抗性物质}+\text{热量}$$

由于厌氧发酵的原料来源复杂，参加反应的微生物种类繁多，使得厌氧消化过程变得更加复杂。20 世纪 60 年代末，一些学者对厌氧发酵过程中物质的代谢、转化和各种菌群的作用机理等进行了大量的研究，但仍有许多问题有待进一步探讨。目前，对厌氧消化的生化过程有三种见解，即两段理论、三段理论和四段理论。

两段理论是早期较为简单、清楚的理论，被人们普遍接受。该理论将厌氧消化过程分成两个阶段，即酸性发酵阶段和碱性发酵阶段，如图 2-32 所示。在分解初期，产酸菌的活动占主导地位，有机物被分解成有机酸、醇、二氧化碳、氨、硫化氢等，由于有机酸大量积累，pH 值随之下降，故把这一阶段称作酸性发酵阶段。在分解后期，产甲烷细菌占主导地位，在酸性发酵阶段产生的有机酸和醇等被甲烷菌进一步分解产生甲烷和二氧化碳等，由于有机酸等的分解和产生的氨的中和作用，使得 pH 值迅速上升，发酵从而进入第二阶段——碱性发酵阶段。到碱性发酵后期，可降解有机物大都已被分解，消化过程也就趋于完成。

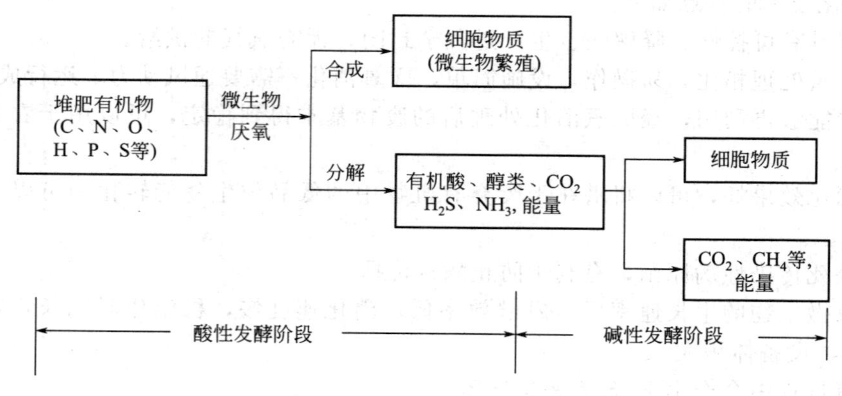

图 2-32　两段有机物厌氧消化

1979 年由布赖恩提出，将厌氧消化依次分为水解（液化）阶段、产酸阶段、产甲烷阶段。起作用的细菌分别称为发酵细菌、乙酸分解菌、产甲烷细菌，见图 2-33。水解阶段：

厌氧发酵系统中，发酵细菌利用的最主要的底质是纤维素、淀粉、脂肪和蛋白质。发酵细菌利用胞外水解酶对这些复杂的有机物进行体外酶解，使其变成可溶于水的简单化合物，然后，细菌再吸收这些简单化合物，并将其继续分解成为不同产物。产酸阶段：水解阶段产生的简单的可溶性有机物在产氢和产酸细菌的作用下，进一步分解成挥发性脂肪酸、醇、酮、醛、二氧化碳和氢气等，并提供部分能量因子 ATP；产氢、产乙酸细菌把前一阶段产生的一些中间产物丙酸、丁酸、乳酸、长链脂肪酸、醇类等进一步分解成乙酸和氢。产甲烷阶段：产甲烷菌将第二阶段的产物乙酸以及甲醇、甲酸、甲胺等化合物降解成 CH_4 和 CO_2，同时利用产酸阶段产生的 H_2 将部分 CO_2 再转变为 CH_4。以上三个阶段中，产甲烷菌形成甲烷是关键，产甲烷菌是自然界碳素循环中厌氧生物链的最后一个成员，对自然界物质循环关系重大。

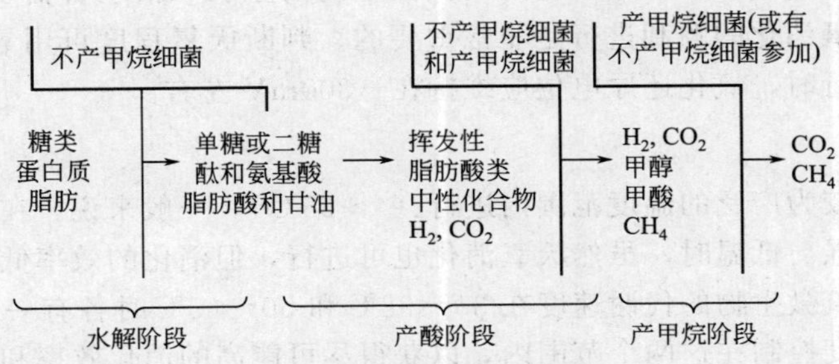

图 2-33 厌氧发酵的三个阶段

Zeikus 于 1979 年提出四种群学说，他认为在厌氧消化过程中共有四种群的复杂微生物参与厌氧发酵过程，分别是水解发酵菌、产氢产乙酸菌、同型产氢产乙酸菌和产甲烷菌，见图 2-34。四段理论和三段理论大致相同，其中除了发酵酸化阶段以外，其他过程一样。四段理论酸化阶段发酵细菌将水溶性低脂肪酸转化为 H_2、甲酸、乙醇等，酸化阶段料液 pH 值迅速下降；产氢产乙酸阶段，专性产氢产乙酸菌对还原性有机物产生氧化作用，生成 H_2、乙酸等。同型产乙酸细菌将 H_2、CO_2 转化为乙酸，此阶段由于大量有机酸的分解导致 pH 值上升。

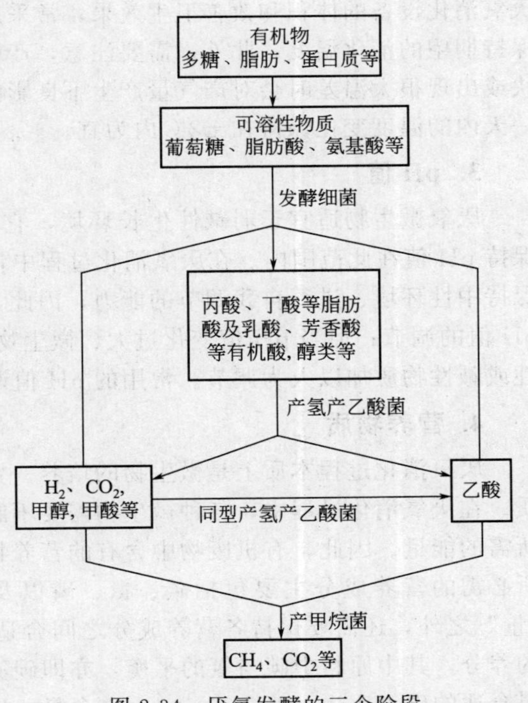

图 2-34 厌氧发酵的三个阶段

厌氧消化过程和固体废物厌氧堆肥化过程的原理差不多，但在目的和手段上还是有一定区别的，主要表现以下两点。

① 它们除了都具有处理固体废物的目的外，厌氧消化还有制取沼气获得能源的目的，如前些年在农村广泛使用的沼气池。而厌氧堆肥虽然也会产生沼气，但一般都不会增加沼气收集装置，它只是对堆肥化的产物进行利用。

② 在具体的工艺上也有不相同的地方，厌氧消化一般在液相中进行，能很快地产生沼气而获得能源，而厌氧堆肥一般是干式的，不会在液相中进行。

二、厌氧消化影响因素

影响厌氧消化过程的因素有很多，其中主要有厌氧条件、消化温度、pH 值、营养物质、接种物、有毒物质和搅拌等。

1. 厌氧条件

厌氧消化是有机物在无氧条件下被微生物分解与细胞合成的生物学过程。这些微生物主要包括产甲烷菌和不产甲烷菌两大类。产酸阶段不产甲烷的微生物大多数是厌氧菌，需要在厌氧的条件下才能把复杂的有机物质分解成简单的有机酸等。而产气阶段的产甲烷细菌是专性厌氧菌，氧对产甲烷细菌有毒害作用，因而需要严格的厌氧环境。也就是说，在整个厌氧消化过程中，不论是酸化阶段还是碱化阶段，微生物的生长和活动都需要厌氧条件。因此，保持厌氧环境对厌氧消化的顺利进行是非常重要的。判断厌氧程度可用氧化还原电位表示。当厌氧消化正常进行时，氧化还原电位应维持在－300mV 左右。

2. 消化温度

厌氧消化可在较为广泛的温度范围内进行（4～65℃）。一般来说，在一定范围内，温度越高微生物活性越强。低温时，虽然厌氧消化也可进行，但消化的效率低、速度慢、产气量少。研究发现，厌氧微生物的代谢速度在 35～38℃和 50～65℃时各有一个高峰。因此，一般厌氧消化常把温度控制在这两个范围内，以获得尽可能高的消化效率和降解速度。前者称为中温发酵，后者称为高温发酵，而低于 20℃的称为常温发酵。为了提高消化速度、缩小厌氧消化设备的体积和改善卫生效果，常采用较高的消化温度。可通过加热、保温等措施以保持期望的消化温度。此外，需要注意，产甲烷菌对温度的急剧变化非常敏感，温度上升过快或出现很大温差时会对产气量产生不良影响。因此，厌氧消化过程还要求温度相对稳定，一天内的温度变化保持在±2℃内为宜。

3. pH 值

厌氧微生物适宜于弱碱性生长环境，它的最佳 pH 值范围是 6.8～7.4，一般需要尽量保持 pH 值在此范围内。在厌氧消化过程中，消化液的 pH 值是变化的。但厌氧微生物具有保持中性环境、进行自我调节的能力，因此，在 pH 值变化不大时，微生物可通过自身进行 pH 值的调节；但当 pH 值变化过大、微生物自我调节功能不起作用时，就需要通过添加酸性或碱性物质加以人为调节。常用的 pH 值调节剂有石灰等。

4. 营养物质

厌氧消化过程本质上是微生物的培养、繁殖过程，待消化的有机废物是微生物的营养物质。在厌氧消化过程中，各种微生物需要不断地分解有机物，从中吸收营养和获得生命活动所需的能量。因此，有机废物中含有的营养物质的种类和数量就显得非常重要。微生物生长所必需的营养成分主要包括碳、氮、磷以及其他微量元素等。除了需要保持足够的营养“量”之外，还需要保持各营养成分之间合适的比例，以为微生物提供“足量”且“平衡”的养分，其中原料中碳与氮的平衡，亦即碳氮比（C/N）尤为重要。一般认为，厌氧消化原料合适的碳氮比为（20～30）：1，磷含量（以磷酸盐计）一般要求为有机物量的 1/1000 为好。当有机废物的某些养分不够或比例失调时，就需要额外添加和进行调节。当原料中的氮、磷含量不足时，可以考虑添加铵态氮、磷酸盐等加以补充。例如消化富碳、贫氮的作物秸秆如稻草、麦秸和玉米秸时，通过添加含氮量较高的人畜粪便，可以调节消化料的 C/N。除了常量营养成分外，在消化物料中添加少量有益的化学物质，也有助于促进厌氧发酵，提高产气量和原料利用率。研究表明，在消化液中添加少量的硫酸锌、钢渣、碳酸钙、炉灰等，均可不同程度地提高有机物的分解率、产气量和甲烷含量。

5. 接种物

厌氧消化中菌种数量的多少和质量的好坏直接影响沼气的产生。若反应器中厌氧微生物的数量和种类不够时，则需要从外界人为添加微生物。这种含有丰富厌氧微生物的活性污泥或发酵液等即是通常所说的“接种物”。添加接种物可有效提高消化液中微生物的种类和数量，从而提高反应器的消化处理能力，加快有机物的分解速度，提高产气量，还可使开始产气的时间提前。

6. 有毒物质

固体废物中含有多种废物，成分非常复杂，其中含有一些对微生物有毒性或对其生长活动有抑制作用的物质，这些毒性物质的存在会对厌氧消化产生不利的影响，严重时可导致厌氧消化系统无法运行。例如城市垃圾，尤其是未分类收集、存放的垃圾，其中就混杂有大量有毒物质，如铅-酸蓄电池中含有的铅和硫酸，干电池中含有的汞、铅、铬、砷等重金属和废弃药物等。这些有毒物质有无机的，也有有机的。固体废物中常见的毒性物质有汞、铜、铬、镍等重金属；无机盐有铵、钠和氰化钾等；有机溶剂有苯酚、甲苯、重油等。

7. 搅拌

有机物的厌氧消化依靠的是微生物的代谢活动，因此需要微生物与物料之间始终保持良好的接触，使微生物不断接触到新的食料和进行高效的消化，搅拌是实现此目的的一种最简单有效的方法。搅拌可使消化物料分布均匀，增加微生物与物料的接触机会，并使消化产物及时分离，从而提高消化效率、增加产气量。在以固体废物为原料的情况下，搅拌显得尤为重要。如果不用搅拌或搅拌不合适，会发生活性污泥和物料的漂浮以及物料与活性污泥分离分层等现象，从而对厌氧消化产生不利的影响。因此，适当的搅拌是厌氧消化工艺控制的重要组成部分。

8. 水分含量

有机物中的含水量直接影响各类细菌的活性，若物料缺少一定量的湿度，则会使发酵工艺的正常进行受到不同程度的限制，甚至完全停止。

三、厌氧消化装置

厌氧消化装置一般由密闭反应器、搅拌系统、加热系统和固液气三相分离系统组成。厌氧消化反应器的类型主要有常规消化反应器、连续搅拌式反应器、推流式反应器、折流式反应器、厌氧生物滤池、厌氧接触法、上流式厌氧污泥床反应器、两相厌氧消化法、干发酵等。

（1）常规消化反应器（CD）　也称常规沼气池，是一种结构简单、应用广泛的厌氧消化反应器，其结构与工作过程如图 2-35 所示。该种反应器无搅拌装置，原料在反应器内呈自然沉淀状态，一般分为 4 层，从上到下依次为浮渣层、上清液层、活性层和沉渣层，其中厌氧消化活动主要限于活性层内，且多于常温条件下运行，因而消化效率较低。中国农村使用最多的水压式沼气池即属于这种反应器类型。经过多年试验研究和生产实践，近年来对其进行了较大的改进，有多种改进型的 CD 出现，如分离浮罩式、连续搅拌式等。

（2）连续搅拌式反应器（CSTR）　CSTR 又称完全混合式反应器，是一种改进的常规消化反应器（图 2-36）。CSTR 的主要特点是在反应器里设置了搅拌装置，通过其搅拌作用，使得消化液中的液体、固体和微生物始终保持均匀混合与接触，原料的进入和流出始终处于动平衡状态，因而具有如下优点：反应器内物料均匀分布，增加了物料与微生物的接触机会和传质效率，使消化效率得到提高；反应器内温度分布均匀，有利于微生物均衡生长和整体消化效率的提高；可有效地消除物料与活性污泥的分离，因而可消化高悬浮固体含量的消化液；迅速分散反应过程中产生的抑制物质，避免其对微生物的不利影响。其缺点主要是反应器体积较大、能量消耗较高、大型反应器难以做到完全混合、物料消化不完全和微生物流失较多等。

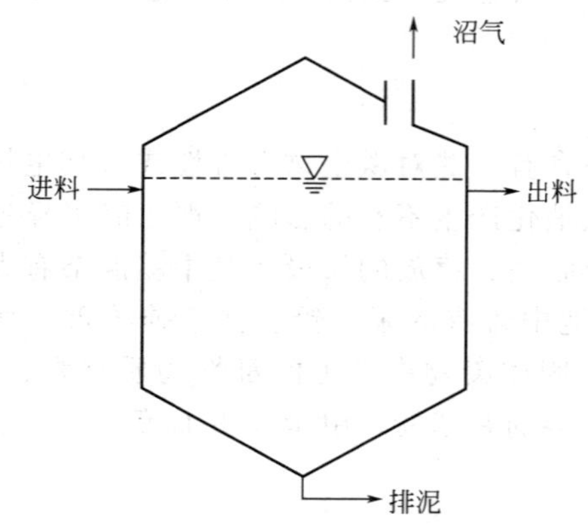

图 2-35　常规消化反应器示意图

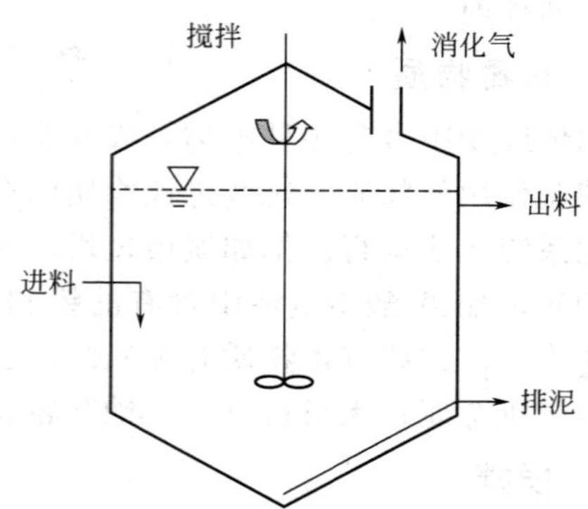

图 2-36　连续搅拌式消化反应器示意图

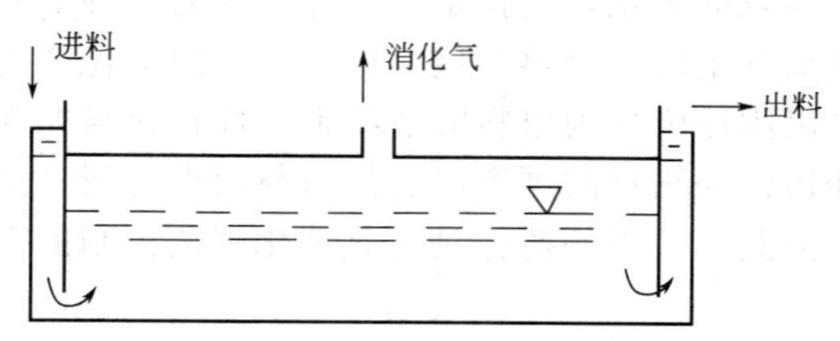

图 2-37　推流式反应器示意图

（3）推流式反应器（PFR）　PFR 是一种长方形的非完全混合式反应器，原料从一端流入，呈“活塞式”推移状态从另一端流出。由于消化气的产生，反应器内的消化液呈垂直的搅拌作用，而横向搅拌作用甚微。在进料端呈现较强的水解酸化作用，甲烷的产生随消化液向出料端的流动而增加。由于该类反应器进料端缺乏接种物，所以常需要污泥的回流。为减少微生物的冲出，在反应器内应设置挡板以利于运行的稳定（图 2-37）。

推流式反应器的主要优点有：无需搅拌装置、结构简单、能耗低；运转方便、故障少、稳定性高；对物料的适应性较强。其缺点是：固体物可能沉淀于底部，影响反应器的有效体积；需要污泥回流，因而需要增加污泥回流系统；反应器的面积/体积比较大，难以保持一致的温度，从而降低消化效率。

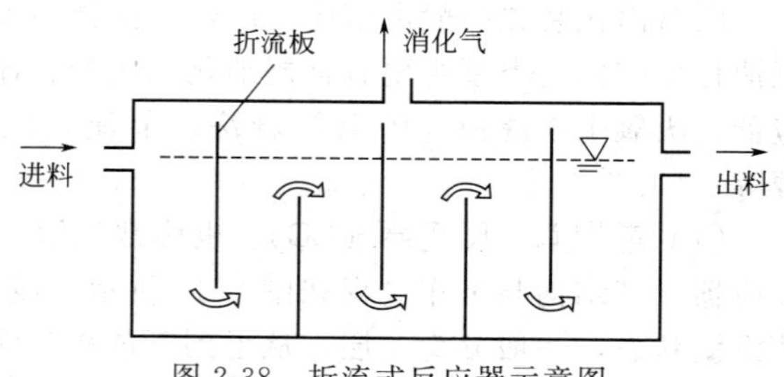

图 2-38　折流式反应器示意图

（4）折流式反应器（BFF）　折流式反应器的结构和工作过程如图 2-38 所示。这种反应器实际上是推流式反应器的另一种形式，因而具有推流式反应器的一些特点。不同之处在于，在 BFF 内增加了挡板，使得消化液呈折返、塞流式流动。挡板使消化液上下折流穿过污泥层，并不断改变方向，有利于物料与微生物的混合、接触和提高消化效率。隔断的每个单元都相当于一个反应器，反应器的总效率等于各反应器效率之和。折流式反应器的主要缺点是反应器结构较为复杂、施工难、造价高，运行管理也比较困难。目前在实际生产中应用较少。

(5) 厌氧生物滤池　厌氧生物滤池是一个密封的水池，池内放置供微生物附着生长的填料，污水从池底进入，通过滤料后从池顶排出（图 2-39）。微生物附着生长在滤料上，平均停留时间可长达 100d 左右。滤料可采用呈颗粒的粒径为 25～38mm 的碎石、卵石、焦炭或炉渣等，也可使用塑料填料。塑料填料具有较高的空隙率，重量也轻，但价格较贵。根据对一些有机废水的试验结果，当温度在 25～35℃时，使用碎石滤料，体积负荷率可达 3～6kgCOD/(m^3·d)；使用塑料填料，体积负荷率可达 3～10kgCOD/(m^3·d)。

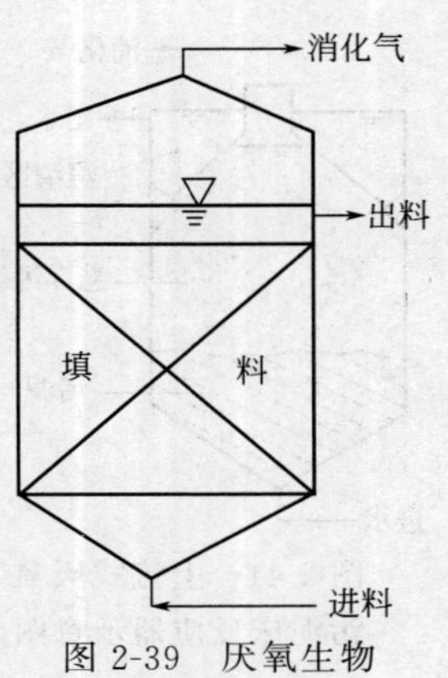

图 2-39　厌氧生物滤池示意图

厌氧生物滤池的主要优点是：滤池内可以保持很高的微生物浓度，消化能力较强；出水中悬浮固体浓度较低，一般无需另设泥水分离设备；设备与构筑物简单、操作方便等。但滤料容易堵塞，清洗不便，对物料的颗粒尺寸要求较高，适应性较差。

(6) 厌氧接触法　厌氧接触法的装置系统如图 2-40 所示。经预处理（如粉碎）后的固体物料先进入完全混合式反应器，在其中与回流的厌氧污泥混合并被消化，期间产生的沼气由消化器顶部的出气口引出，消化液由反应器排出后，经真空脱气器脱气，然后流入沉淀池进行固液分离。该法要求反应器中要保持很高的污泥浓度（12000～15000mg/L），因此污泥回流量很大。

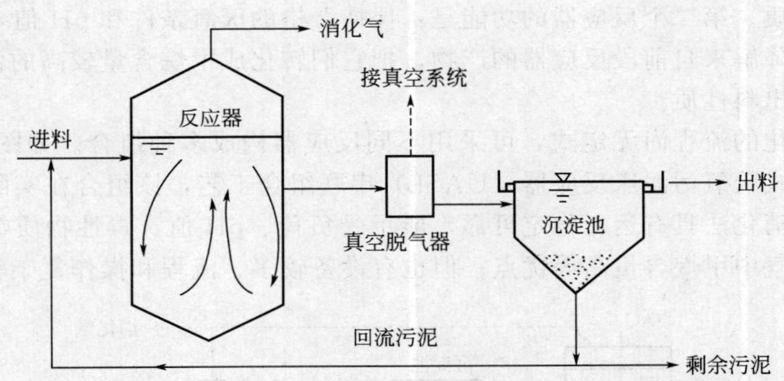

图 2-40　厌氧接触式反应器示意图

厌氧接触法实质上是一种强化厌氧活性污泥法。厌氧接触法对悬浮物含量高的消化液处理效果很好，悬浮颗粒不仅可成为微生物的载体，而且很容易在沉淀池中沉淀分离。在混合接触池中，要进行适当搅拌以使污泥保持悬浮状态，促使进料的发酵反应均匀。搅拌可以用机械方法（如搅拌桨），也可以用泵循环池中的消化液或消化气达到搅拌的目的。

(7) 上流式厌氧污泥床反应器（UASB）　早在 20 世纪 60 年代，美国斯坦福大学麦卡蒂教授提出了厌氧过滤器的装置，内部装有可固定菌种的卵石之类的填料，为新型装置的研究开辟了道路。但是，这种填料极易引起堵塞，影响过程的运行。新型填料的研究便纷纷开展，诸如软性填料、半软性填料相继问世，为环境工程作出了贡献。到了 70 年代，荷兰农业大学列亭格教授对装置的设施进行了改革，在其上部装上气、液、固三相分离器，能有效地起到气液分离和截留活性污泥的作用，保证工程的高效运行，这就是目前在国内外应用极为普遍的上流式污泥床反应器（UASB），如图 2-41 所示，在 UASB 反应器中，进料自下而上地通过厌氧污泥床反应器。在反应器的底部有一个高浓度（可达 60～80g/L）、高活性的污泥层，大部分有机物在这里被转化为 CH_4 和 CO_2。由于产生的消化气的搅动和气泡黏附在污泥上，在污泥层之上形成了一个悬浮污泥层。反应器的上部设有三相分离器，以完成

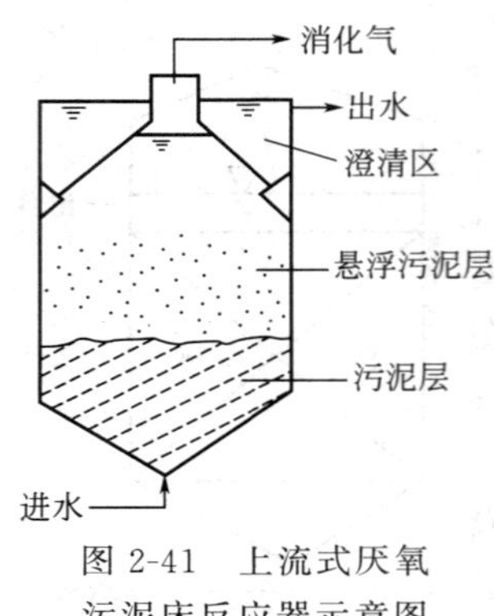

图 2-41 上流式厌氧污泥床反应器示意图

气、液、固三相的分离。被分离的消化气从上部导出，污泥则自动滑落到悬浮污泥层，出料则从澄清区流出。由于在反应器内保留了大量厌氧污泥，反应器的负荷能力很大。对一般的高浓度消化液，当水温在 30℃左右时，负荷率可达 10～20kg COD/(m^3·d)。UASB 的主要优点是有机负荷率高、消化效率高，无需搅拌，抗冲击负荷能力强，能适应温度和 pH 值等的变化，在固体废物消化和污水的厌氧处理方面得到了广泛的应用。

(8) 两相厌氧消化法　厌氧消化由酸化与气化（即甲烷化）两个阶段组成，各阶段起主导作用的微生物是不同的。在酸化阶段起主导作用的是水解酸化菌，水解酸化菌繁殖速度较快，并需要酸性条件。在气化阶段起主导作用的是产甲烷菌，产甲烷菌繁殖速度慢，并需要中性条件。最初的厌氧消化采用的都是单个反应器（单相），把两种生长速度、环境条件要求完全不同的微生物限制在同一个反应器中，是不可能同时满足两者的最适生长需要的，因而会影响系统的厌氧消化效率。基于此，研究开发出了两相厌氧消化法。该法是将酸化过程和甲烷化过程分开在两个反应器内进行，以使两类微生物都能在各自最适条件下生长。第一个反应器的功能是：水解和液化固态有机物为有机酸；缓冲和稀释负荷冲击与有害物质，并截留难降解的固态物质。第二个反应器的功能是：保持严格的厌氧条件和 pH 值，以利于甲烷菌的生长；消化、降解来自前段反应器的产物，把它们转化成甲烷含量较高的消化气，并截留悬浮固体，改善出料性质。

两相厌氧消化的流程尚无定式，可采用不同反应器构成多种组合。如图 2-42 所示为厌氧接触法与上流式厌氧污泥床反应器（UASB）串联组合工艺，该组合在实际中已经取得了成功。两相厌氧消化法具有运行稳定可靠，能承受负荷、pH 值、毒性物质等的冲击，有机负荷率高，消化气中甲烷含量高等优点；但也有设备较多、流程和操作复杂等缺点。

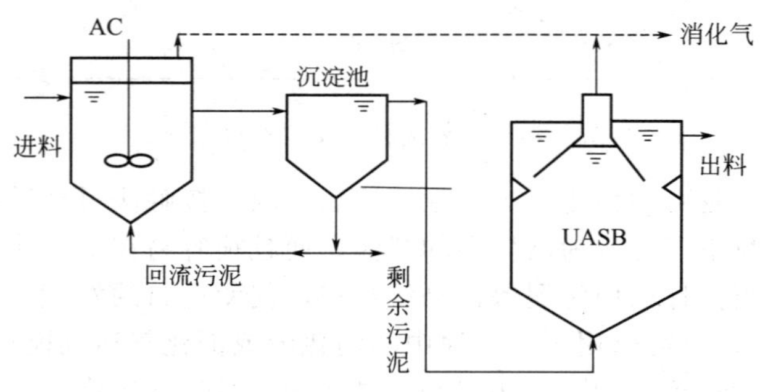

图 2-42　两相厌氧消化反应器

(9) 干发酵　干发酵是指以固体有机物质为原料、在无流动水条件下进行厌氧发酵的一种方法。与通常厌氧消化最主要的不同是，干发酵原料的含水率很低，一般采取批式发酵，物料处于非流动状态。发酵料含水率是影响干发酵过程的最重要的参数。研究表明，发酵料干物质含量在 20%左右较为适宜；当干物质含量超过 30%时，产气量则明显下降。干发酵时，需要特别注意物料的酸化，尤其在初始阶段。由于干发酵时水分含量低、底物浓度很高，在发酵开始阶段产生的有机酸因得不到稀释而大量积累，常导致 pH 值严重下降，使发酵原料酸化，严重时导致干发酵失败。为了防止酸化现象的产生，常可加大接种物用量，使酸化与甲烷化速度尽快达到平衡，一般接种物用量为原料量的 1/3～1/2；将原料进行堆沤处理是另一种有效的方法，堆沤能使易于分解产酸的有机物在好氧条件下大部分分解掉，同时降低了 C/N 值；也可以在原料中加入 1%～2%的石灰水，以中和所产生的有机酸。由于干发酵要求物料含水率较低，无需或需要添加的水分较少，发酵料的运输、贮存、预处理比较容易，也有利于降低处理成本；发酵料含水少，体积相对较小，处理同样数量的物料时，要求的反应器的体积较小；发酵时物料处于非流动状态，反应器结构相对简单、运行管理容易；发酵完成后，物料的处理处置也比较方便。

四、厌氧消化工艺与操作

1. 厌氧消化工艺

一个完整的厌氧消化系统应包括原料预处理、厌氧消化反应器、消化气净化与贮存、消化液与污泥的分离、处理和利用等。对于不同的固体废物，采用不同的消化反应器时，可组成多种厌氧消化工艺。厌氧消化的工艺一般可按发酵温度、进料方式、发酵含固率、发酵级数进行划分。

（1）按发酵温度分为低温、中温、高温消化　目前，应用较普遍的是按发酵温度来划分厌氧发酵的工艺类型。

① 高温厌氧发酵：该工艺最佳温度为 47～55℃，产气率高，停留时间短（12～14d），反应器容积小，卫生水平高，但维修成本高。

② 中温厌氧发酵：该工艺最佳温度为 35～38℃，因反应温度较低，所以降解相同水平的有机物，一般停留时间比高温发酵要长（15～30d），卫生化水平低。另外，中温厌氧反应器产气率低，尽管生物反应过程比较稳定，但长停留时间需要更大的容积和更高的成本。

③ 低温厌氧发酵：在自然界的温度下进行厌氧发酵过程，发酵的温度随外界温度变化而发生变化。这种发酵产气量低，成本低。如果采用此工艺处理有机固体废物，其发酵周期必须根据季节和地区的不同进行必要的控制，否则将达不到预期的处理效果。

（2）按照发酵固含率分为湿式、干式　湿式：垃圾固含率为 10%～15%。干式：垃圾固含率为 20%～40%。

湿式单级发酵系统与在废水处理中应用了几十年的污泥厌氧稳定化处理技术相似，但是在实际设计中有很多问题需要考虑，特别是对于机械分选的城市生活垃圾，分选去除粗糙的硬垃圾、将垃圾调成充分连续的浆状的预处理过程非常复杂，为了既去除杂质，又保证有机垃圾进入系统正常地处理，需要采用过滤、粉碎、筛分等复杂的预处理单元，这些预处理过程会导致 15%～25%的挥发性固体损失。浆状垃圾并不能保持均匀的连续性，因为在消化过程中重物质沉降，轻物质形成浮渣层，导致在反应器中形成了三种明显不同密度的物质层。重物质在反应器底部聚集可能破坏搅拌器，因此必须通过特殊设计的水力旋流分离器或者粉碎机去除。

干式发酵系统的难点在于：①生物反应在高固含率条件下进行；②输送、搅拌固体流。但是在法国、德国已经证明对于机械分选的城市生活有机垃圾的发酵采用干式系统是可靠的。Dranco 工艺中，消化的垃圾从反应器底部回流至顶部。垃圾固含率范围为 20%～50%。Kompogas 工艺的工作方式相似，只是采用水平式圆柱形反应器，内部通过缓慢转动的桨板使垃圾均质化，系统需要将垃圾固含率调到大约 23%。而 Valorga 工艺显著不同，同为在圆柱形反应器中，水平进料是循环的，垃圾搅拌是通过底部高压生物气的射流而实现的。Valorga 工艺的优点是不需要用消化后的垃圾来稀释新鲜垃圾，缺点是气体喷嘴容易堵塞，维护比较困难。Valorga 工艺产生的水回流使反应器内保持 30%的固含率，且也能单独处理湿垃圾，因为在固含率 20%以下时重物质在反应器内发生沉降。

(3) 按照阶段数可分为单级、多级　目前，工业上一般用单级发酵系统，因为设计简单，一般不会发生技术故障。并且对于大部分有机垃圾而言，只要设计合理、操作适当，单级系统具有与多级系统相同的效能。

(4) 按照进料方式分为序批式、连续式　序批式：消化罐进料、接种后密闭直至完全降解，之后，消化罐清空并进行下一批进料。

连续式：消化罐连续进料，完全分解的物质连续从消化罐底部取出。

不同类型的厌氧反应器在市场中占的份额也不同：中温消化、高温消化都是可行的技术，实际运行的处理厂，中温消化占62%；湿式、干式系统各占一半；而单级消化、两相消化的比重相差大，其中两相消化占10.6%。

2. 厌氧消化的操作

通常厌氧发酵过程的主要操作应包括发酵原料的选择和预处理、配料、接种、沼气收集、发酵原料的投入与取出等工作。

(1) 原料的选择和预处理　厌氧发酵原料种类很多，农村地区主要使用农作物秸秆、杂草、人畜粪便等，城镇则主要使用有机生活垃圾、污泥和人粪尿等。由于原材料的差异性，故在处理技术选择中，需要根据原料的不同来源、种类和数量进行物料衡算，为沼气均衡生产提供基础保证。选定原料后，须根据不同的厌氧消化工艺确定适宜的预处理方法。不可发酵降解的物质用分离法除去；难降解的物质（如秸秆中的纤维素等）可先经过高温堆积的方法进行预处理。此外，对于固态有机物常采用的预处理方法还包括破碎、制浆等。

(2) 配料　厌氧发酵原料的碳氮比以（20～30）∶1为宜，可按照各种原料的碳氮含量计算配料。

(3) 接种　新鲜原料一般缺少微生物，需要进行接种。常用的接种物料为消化污泥，其加入量一般为处理原料的5%～10%（质量比）。但对高温厌氧发酵而言，其接种菌种还需要先进行驯化培养和逐级扩大培养，直到厌氧发酵稳定方能接种。

(4) 加热　若采用中温或高温工艺进行厌氧发酵，则需维持厌氧发酵装置内的温度在一定范围内，为此必须在其内部布设加热用的盘管或蛇型管，再通入蒸汽加热浆料。厌氧发酵消化装置的加热方式主要有内部热交换式、外部热交换式和蒸汽吹入式三种。

(5) 搅拌　在厌氧发酵（特别是高温）过程中，必须对物料进行搅拌，搅拌既可以防止局部过热，又能够使整个反应装置内保持温度的均匀性，还能打碎浮渣，保持物料和微生物菌种的良好接触，及时分离发酵产物，提高沼气产量。搅拌的方式有三种：机械搅拌、充气式搅拌和充液式搅拌。

(6) 沼气收集　通常物料投入厌氧发酵装置3～5d后开始产气，最初3d气体中甲烷含量较低，二氧化碳含量较高，一般不适宜利用。产气3d后甲烷含量可以达到50%～60%，是良好的气体燃料，此时就可收集气体，进行适当的处理，包括压缩、净化等，以便于贮存或者利用。

(7) 进料和出料　在厌氧发酵中，若是采用连续发酵的方式处理，则需进行连续的原料补充作业。对采用高温连续发酵方式的处理而言，每天需要补充新料的投配率为初始原料量的10%，中温连续发酵方式的每天投配率约为初始量的5%，而自然温度发酵平均每5天需加新料量为初始量的4%，每次出料需在进料前进行，而且出料量应与进料量相等。

五、沼气与沼渣的综合利用

沼气是中热值的可燃气体，它有着广泛的用途，用沼气发电，作动力燃料，还可以作为化工原料等。

1. 沼气的燃烧特性

沼气与煤气、天然气、液化石油气等燃气比较，在燃烧中有以下三个明显的特点。

① 燃点高。在常温下，在空气中燃烧，沼气燃点为 610～750℃，而水煤气中的氢气燃点为 350～590℃，一氧化碳为 610～658℃。点燃时氢气先燃，再由氢引燃一氧化碳，所以，煤气易点燃，也易燃烧，而沼气相对较差。

② 火焰传播速度低，极易脱火。在常温下，在空气中燃烧，沼气的火焰传播速度仅为 0.19m/s 左右（二氧化碳含量为 40%），而水煤气约为 0.8m/s，从中可看出，沼气的火焰传播速度仅是水煤气的 1/4，液化石油气的 1/2。因此，沼气在燃烧中极不稳定，极易脱火。

③ 需氧量大。

沼气的燃烧化学反应式为：$CH_4+2O_2 = CO_2+2H_2O$

一氧化碳的燃烧化学反应式为：$2CO+O_2 = 2CO_2$

氢气的燃烧化学反应式为：$2H_2+O_2 = 2H_2O$

由上式可以看出，甲烷燃烧的需氧量是一氧化碳和氢气的 4 倍。沼气燃烧的三个特点，说明沼气燃烧性能比较差，对炉具的要求比较高。根据沼气的燃烧特性，目前国内存在两种强化稳定燃烧炉具的设计路线：一是预混预热式：二是密植孔式。

2. 沼气的利用

沼气的利用基本上是围绕其产热能力而展开的，如用于各种小型燃烧器、锅炉、燃气发电机、汽车发动机等。除供作气体燃烧外，沼气还可以用作原料制取化工产品，如四氯化碳等。

(1) 用沼气作生活燃料　$1m^3$ 沼气可以满足四五口人家烧水做饭。利用沼气作生活燃料，不仅清洁卫生、使用方便，而且热效率高，可节约时间，一般烧一次饭只需半个小时，用 $0.3m^3$ 沼气。$1m^3$ 沼气能供一盏沼气灯照明 5～6h，相当于 60～100W 的电灯光亮度，特别适合于偏远地区电力不足的地方。一般来说沼气工程规模小的地方，将制取的沼气供家属宿舍、食堂等燃用。

(2) 用沼气发电　有些工厂的电力供应不足或供应不稳定，此时，可用沼气发电，以补充电力的不足。沼气发电的形式有两种：一是单独用沼气燃烧；二是与汽油或柴油混合燃烧。前者的稳定性较差，但较经济；后者则相反。目前尚无专用沼气发电机，大多是由柴油或汽油发电机改装而成，容量 5～120kW 不等。每发一度电约消耗 0.6～$0.7m^3$ 沼气，热效率为 25%～30%。沼气发电的成本略高于火电，但比油料发电便宜得多，如果考虑到环境因素，它将是一个很好的能源利用方式。

(3) 用沼气作化工原料　沼气经过净化，可得到很纯净的甲烷，甲烷是一种重要的化工原料，在高温、高压或有催化剂的作用下，甲烷能进行很多反应：在光照条件下，甲烷分子中的氢原子能逐步被卤素原子所取代，生成一氯甲烷、二氯甲烷、三氯甲烷和四氯化碳的混合物。

$$CH_4+Cl_2 = CH_3Cl+HCl$$
$$CH_3Cl+Cl_2 = CH_2Cl_2+HCl$$
$$CH_2Cl_2+Cl_2 = CHCl_3+HCl$$
$$CHCl_3+Cl_2 = CCl_4+HCl$$

上述反应产生的四种产物都是重要的有机化工原料：一氯甲烷是制取有机硅的原料；二氯甲烷是塑料和醋酸纤维的溶剂；三氯甲烷是合成氟化物的原料；四氯化碳既是溶剂，又是灭火剂，也是制造尼龙的原料。

在特殊条件下，甲烷还可以转变成甲醇、甲醛和甲酸等。甲烷在隔绝空气加强热（1000～1200℃）的条件下，可裂解生成炭黑和氢气。

$$CH_4 \xlongequal{高温} C+2H_2$$

甲烷在1600℃高温下（电燃处理）裂解生成乙炔和氢气。乙炔可以用来制取醋酸、化学纤维和合成橡胶。

$$2CH_4 \xlongequal{裂解} C_2H_2+3H_2$$

甲烷在800～850℃高温并有催化剂存在的情况下，能跟水蒸气反应生成氢气、一氧化碳，是制取氨、尿素、甲醇的原料。

$$CH_4+H_2O \xlongequal[催化剂]{高温} 3H_2+CO$$

用甲烷代替煤为原料制取氨，是今后氮肥工业发展的方向。

沼气的另一种主要成分二氧化碳也是重要的化工原料。沼气在利用之前，如将二氧化碳分离出来，可以提高沼气的燃烧性能，还能用二氧化碳制造一种叫“干冰”的冷凝剂，可制取碳酸氢氨肥料。

$$CO_2+NH_3 \cdot H_2O \xlongequal{} NH_4HCO_3$$

(4) 沼气用作运输工具的动力燃料　沼气是一种很好的动力燃料，$1m^3$ 沼气的热量相当于0.5kg汽油，或0.6kg柴油，或1kg原煤。沼气的抗爆性能良好，其辛烷值高达125。同样容积的内燃机，在使用沼气时可获得不低于原机的功率。沼气可直接用于各种内燃机，如煤气机、汽油机、柴油机等，每千瓦小时约耗沼气 $0.82 \sim 1.36m^3$。据有关资料，1997年我国有沼气动力站186个，总功率3458.8kW。

沼气用于煤气机时，无需任何改装，但为获得较好效果，应改变煤气机的压缩比，因为沼气在压缩比为12时燃烧效果最好。沼气用于汽油机时，只需在原机的化油器前加一个沼气-空气混合器，混合器应适应沼气和空气1∶7的混合比，但由于汽油机的压缩比较低，一般为7，因此效率低，耗能大。沼气用于柴油机时，由于甲烷燃点为841℃，比柴油机压缩终了的汽缸温度（一般为700℃）高，难以靠压缩着火，故除加沼气-空气混合器外，还需另加一点火装置或采用混烧的方法，以沼气为主要燃料，少量柴油用于引燃，一般柴油量控制在10%～20%范围内。用柴油机烧沼气的效率高于汽油机。

(5) 用沼气孵化禽类　可避免传统的炭孵、炕孵工艺造成的温度不稳定和一氧化碳中毒现象。沼气孵化技术可靠，操作方便，孵化率高，不污染环境。四川省农能办研制的孵化容量为1万只种蛋的大型沼气孵化器，孵化成本仅为电孵化的三分之一，节电率达73.1%。

(6) 沼气用于蔬菜种植，增产效果显著　把沼气通入种植蔬菜的大棚或温室内燃烧，利用沼气燃烧产生的二氧化碳进行气体施肥，不仅具有明显的增产效果，而且生产出的是无公害蔬菜。辽宁省农能所的实验表明，在大棚内燃烧沼气，可提高棚温2～5℃，CO_2 浓度达到1000～1300mg/L时，蔬菜叶片光合强度可提高7%～20%，黄瓜、辣椒、西红柿和芹菜产量分别比对照增产49.8%、36%、21.5%、25%。

(7) 利用沼气贮粮防虫　沼气中含氧量极低，当向储粮装置内输入适量的沼气并密闭停留一定时间时，即可排除空气，形成缺氧窒息的环境，使害虫因缺氧而窒息死亡。此法可保持粮食品质，对粮食无污染，对人体和种子发芽均无影响。此项技术可节约贮存成本60%以上，减少粮食损失10%左右。

3. 沼气发酵余物的利用

在厌氧条件下，各种农作物秸秆和人畜粪便等有机物质经过沼气发酵后，除碳、氢组成沼气外，其他有利于农作物的元素氮、磷、钾几乎没有损失。这种发酵余物是一种优质的有机肥，通常称为沼气肥。其中，沼液称为沼气水肥，沼渣称为沼气渣肥。其主要成分含量与其他有机肥比较见表 2-20。

表 2-20　沼气肥和其他有机肥主要成分比较

肥料＼成分	有机质/%	腐植酸/%	全氮/%	全磷/%	全钾/%
沼气水肥	—	—	0.03～0.08	0.02～0.06	0.05～0.1
沼气渣肥	30～50	10～20	0.8～1.5	0.4～0.6	0.6～1.20
人粪尿	5～10	—	0.5～0.8	0.2～0.4	0.2～0.3
猪粪	15	—	0.56	0.4	0.44

可见，沼气肥的有机质含量比人粪尿高 5～6 倍，氮素比例也略高。水肥中可溶性养分多，但含量较低。渣肥的养分含量高，含有丰富的有机质和较多的腐植酸。沼气肥具有原料来源广、成本低、养分全、肥效长、能改良土壤等特点。

4. 沼液的利用

沼液是一种速效肥料，适于菜田或有灌溉条件的旱田作追肥使用。

沼液可随水灌入田内。因沼液中的氨态氮易挥发，尽量在傍晚时灌溉。旱田施后要及时覆土。也可用氨水施肥机、氨水犁将沼液直接深施入土层内，以减少肥分损失。除用机械施用外，还可将沼液装入氨水袋、粪箱或抗旱水箱里，并在粪箱或水箱后面安装好开关和喷水管，用手扶拖拉机牵引，在耕地前普遍喷洒，然后起垄、播种，既省工，肥效也高，每亩用量为 1000～1500kg。长期施用沼液可促进土壤团粒结构的形成，使土壤疏松，增强土壤保肥保水能力，改善土壤理化性状，使土壤有机质、全氮、全磷及有效磷等养分均有不同程度的提高，因此，对农作物有明显的增肥效果。

沼液有助于作物抗病防虫。用沼液进行根外追肥或进行叶面喷施，其营养成分可直接被作物茎叶吸收，参与光合作用，从而增加产量，提高品质，同时增强抗病和防冻能力，对防治作物病虫害很有益。若将沼液和农药配合使用，会大大超过单施农药的治虫效果。

5. 沼渣的利用

沼渣含有较全面的养分和丰富的有机物，是一种缓速兼备又有改良土壤功效的优质肥料。连年施用沼气渣肥的试验表明，使用沼渣的土壤中，有机质与氮磷含量都比未施沼渣肥的土壤有所增加，而土壤容重下降，孔隙度增加，土壤的理化性状得到改善，保水保肥能力增强，见表 2-21。

沼渣单做基肥效果很好，若和沼液浸种、根外追肥相结合，效果更好，还可使作物和果树在整个生育期内基本不发生病虫害，减少化肥和农药的施用量。

表 2-21　施用沼渣肥后土壤理化性状的变化

类别＼项目	酸碱度(pH 值)	有机质/%	含量/%		有效量/$\times10^{-6}$		容重/(g/cm³)	孔隙度/%
			氮、磷	钾	氮、磷	钾		
对照	7.62	1.37	0.062、0.154	1.58	73.5 32.9	79.4	1.37	48.7
施沼肥	7.62	2.17	0.080、1.64	0.156	96.2 36.31	12.8	1.18	55.0

旱地施用沼气渣肥，最好施入 10cm 深的土中，或结合田间操作，使土壤和肥料融合在一起。水田施用可将沼渣撒在田里，再经犁、耙使其与泥土混拌。一般每亩用沼渣 1000kg

左右。

沼渣中含有大量的菌体蛋白，可用来制成饲养畜禽的蛋白饲料，饲养貂等。

沼渣可作培养蚯蚓、蜥蜴和食用菌的培养土。用沼渣栽培蘑菇，发菇快，菇质好，杂菌少，产量较传统培养料增产10%以上。沼渣饲养蚯蚓、生产配合饲料等已被广泛运用，效果很好。

从沼渣中可提取维生素B_{12}和多种维生素。

沼气肥应用试验表明，沼渣肥用在水稻上的效果好于旱地作物，沼液用在旱地作物上的效果好于水田。沼气肥与化肥配合施用，效果好于单用一种的增产效果之和。因为有机肥是迟效肥而化肥是速效肥，二者配合使用能相互取长补短，既保证了较快较高的肥效，又能避免连续大量施用化肥对土壤结构的破坏及土壤肥力的降低。

第五节　工业固体废物的综合利用技术

一、概况

综合利用是实现固体废物资源化、减量化的最重要手段之一。焚烧、填埋和堆肥等技术虽然能暂时解决工业废物的堆积问题，但三者在实际运作过程中不可避免会对环境产生不利影响。在废物进入环境之前，从源头上减少废物的产生，对其分类回收，并将剩下的废物进行综合处理，不仅可节省土地，使回收利用的废物转化为可再生资源，还可以大大减轻后续处理处置的负荷。

近年来，我国加强重视固体废物综合利用。1985年以来，工业废物综合利用率平均每年增加1%～2%。近年来，由于强化了资源管理，综合利用率又有明显增加。1992年工业废物综合利用量达25854万吨，利用率比1985年增加近20%。我国工业废物的综合利用主要集中在食品烟草、纺织、石油加工、医药、橡胶制品和建材等行业，其综合利用率基本都在75%以上，而工业固体废物产生量最大的矿业以及易产生危险废物的有色金属冶炼业却低于平均水平，分别为25%和20%左右，其中煤矸石、炉渣、粉煤灰和冶炼渣的利用量占总利用量的80%，尾矿和化工废渣分别占总量的5%左右，这说明我国当前工业固废的综合利用潜力很大。

通过集中收集，对不同种类的工业固废采用不同的回收技术，有计划、有步骤地开展固废的综合利用。如对工业废物采用人工和气流、磁力等分选法进行回收利用；通过蒸馏方法回收废有机溶剂、废丙酮等；感光材料生产中的废胶片可用洗涤液将涂层洗脱后回收废片和白银；对污泥类、废食品渣、禽粪等，可采用集中速效堆肥技术生产农用肥和颗粒复合肥；可通过不同工艺将大量的粉煤灰、煤渣等，开发制作水泥、烧结砖、蒸养砖、混凝土、墙体材料等建材；也可将粉煤灰用作农业肥料和土壤改良剂；对废橡胶可采用物理和化学处理方法制作再生橡胶，或通过高温热解方法生产液态油和炭黑；开发煤矸石代替燃料，回收热能；利用电镀污泥回收重金属。

二、工业固体废物资源化利用的发展方向

针对工业固体废物排放量大、利用率低、分布行业相对集中、有价值的伴生组分多、含有毒组分及放射性危险废物少等特点，需采用不同的物理、化学或生物技术，有计划、有步骤地开展有价物质的回收和综合利用，今后我国对其资源化利用的发展方向主要如下。

① 深入开展分散回收、集中处理的综合利用模式，回收或利用其中的有用组分，开发新产品，取代某些工业原料。如煤矸石沸腾炉发电，洗矸泥炼焦、作工业或民用燃料，钢渣作冶炼熔剂，硫铁矿烧渣炼铁，赤泥塑料，开发新型聚合物基、陶瓷基与金属基的废物复合材料，从烟尘和赤泥中提取镓、铟、锗等。

② 开发建材、筑路、筑坝与回填等能大量消纳工业固体废物，且投资少、见效快、能耗低的实用技术。如将硫铁矿渣用作水泥原料与配料、掺合料、缓凝剂，墙体材料，混凝土的混合料与骨料，加气混凝土、砂浆、砌块、装饰材料、保温材料、矿渣棉、轻质骨料、铸石、微晶玻璃等；用铬渣制造建筑材料、水泥掺合料、钙镁磷肥、玻璃着色剂、钙镁粉等；用可燃性废物生产水泥；高炉渣制水泥混凝土、矿渣砖、修筑道路；钢渣作为筑路材料、回填材料、生产钢渣水泥等。

③ 因地制宜，在废物产生地增加后续综合利用工序，低耗高效地对废物开展综合利用。如可通过不同工艺将大量的粉煤灰、煤渣等，开发制作水泥、烧结砖、蒸养砖、混凝土、墙体材料等建材；对废橡胶可采用物理和化学处理方法制作成再生橡胶，或通过高温热解方法生产液态油和炭黑；开发煤矸石代替燃料，回收热能；利用电镀污泥回收重金属。

④ 生产农肥和土壤改良。许多工业固体废物含有较高的硅、钙以及各种微量元素，有些还含磷和其他有用组分，可作为农业肥料使用。如利用粉煤灰、炉渣、钢渣、黄磷渣和赤泥及铁合金渣等制作硅钙肥，利用铬渣制造钙镁磷肥等，施于农田均具有较好的肥效，不但可提供农作物所需的营养元素，还有改良土壤的作用，使作物增产，同时还可改善植物吸收磷的能力。有的固体废物可作为石灰的补充来源，但必须注意的是要严格检验这些固体废物是否有毒。另外施用废渣要因地制宜，避免农田板结。

三、工业固体废物综合利用的主要措施

工业固体废物的综合利用是一个系统工程，涉及国民经济许多部门，也与社会发展和生态环境建设密切相关，必须在国家和地方政策指导下，统一协调，充分发挥各个部门、各单位的积极性，开展多层次、多渠道的利用。要使我国工业固体废物资源化水平有一个较大的提高，还应采取如下一些措施。

① 在制定有关工业发展规划时，必须进行产品生产、废物排放、综合利用整个系统的可行性研究，提出具体的废物资源化方案，走源头控制的道路，充分体现废物减量化、资源化、无害化的原则。要加强法制建设，加快制定固体废物污染防治的法规和标准，建立和完善工业固体废物的全过程控制，增加执法力度。制定工业固体废物排放控制方案和实施污染防治技术政策，推行资源回收和综合利用的产业化进程，从制度和法制上保证废物资源化。同时还要提高全民族的环境保护意识，引导全社会的生产和消费向健康有益的方向发展。

② 在当前，除大力推广量大面广、技术成熟、易推广的大宗实用技术外，还要大力开发新的大量消纳固体废物的实用技术和深加工、多功能、高效能产品的生产技术。

③ 加快推行清洁生产工艺，采用再生性能技术，这是目前国际固体废物资源化的重要发展趋势。清洁生产是对污染物的“全程”控制和预防，通过选择合理的原材料，应用专门的生产技术（主要是无废和少废的技术和工艺）以及产品消费后利于拆卸和回收的设计，达到减少和避免废物的产生、不危害人类和环境的目的，避免产生应是首先遵循的原则。必须加快对现有企业的技术改造，改造现有落后的生产工艺，积极推广先进工艺与技术，使废物闭路循环与再生利用，实现原位处理。

④ 加强应用基础与应用开发研究。二次资源与天然资源相比，其利用难度大，涉及面广，利用途径和技术还有待探索与研究，已积累的经验和资料也不十分丰富，加上各地区、

各企业的生产工艺、采用的原材料和产品类型与性质等的不同，所排出的废物在成分和性质上有较大差异，不可能用统一的模式加以处理或推广应用，这就增加了其综合利用的难度和复杂性。所以，要进行多兵种、多学科的联合攻关，对各类固体废物（特别是排放量大的固体废物）的成分、性质，有用组分含量、结构与赋存状态，分选提纯最佳工艺，工艺性能，深度贫化的物理化学原理，减少废物排放的最佳工艺与条件，安全处理处置的有效途径，有毒、有害组分的迁移、富集规律，废物闭路循环新途径、新设备、新工艺等进行深入细致的研究。并需积极运用诸如化学修饰（如表面改性与活化）、生物工程（如美国CBS公司开发的CBS系统）、绿色化学等新方法、新手段和新概念来处理与处置固体废物，使之资源化。

四、几种工业固体废物的综合利用技术

固体废物（特别是一些燃料渣和冶炼渣）的综合利用，国内外文献已有大量报道，也有不少成功的经验，综合有关资料，将一些工业固体废物资源化的主要途径列于表 2-22。

表 2-22　一些工业固体废物资源化的主要途径

废物名称	水泥配料或原料	砖混凝土等建材	冶炼配料	民用或动力燃料	筑路与回填	农肥与改土	提炼或制造新产品	回收有用组分	其他应用
粉煤灰	√	√		√	√	√	保温材料	空心微珠、碳、铁、铝、锗、钼等	排烟脱硫剂、水处理、灭火剂、固化剂、氧化剂、填充剂、型砂
煤矸石	√	√		√	√	√	白炭黑、硅胶、涂料、铸造、$AlCl_3$	硫铁矿、煤炭、铝矾土、镓等	陶瓷原料、复合塑料、处理印染污水
煤泥	√	√	√	√					
钢渣	√	√	√		√	√	保温材料	铌、稀土等	
铁渣	√	√							
铁合									
金渣	√	√	√		√	√			
含铁尘泥	√	√	√						
赤泥	√	√	√			√	絮凝净化剂、流态自硬砂、硬化剂	铁、碱	橡胶、塑性填料
有色废渣	√				√		白炭黑	稀有、稀散和贵金属	
黄磷渣	√	√				√	合成硅灰石，保温材料		陶瓷
黄铁矿烧渣	√	√	√					有色和贵金属	
电石渣	√	√	√		√				

资（能）源行业固体废物即在资（能）源行业开发生产过程中产生的固体废物，其中包括矿石开采过程废渣，如尾矿、低品位的铜矿、铅锌矿、铁矿及其他难分离的矿产组分；冶金过程中的工业废渣，如炼铅废渣、炼铜废渣、各种合金渣等。此类固体废物的来源不同，其组分、存在形态各不相同，资源化方式也各不相同。

第一节　工业固体废物的液膜分离技术

液膜分离技术（Liquid Membrane Permeation，LMP）是一种有效的工业化分离技术。它是受生物膜选择透过性运输功能和固膜技术的启发，将膜分离与溶媒萃取相结合，使选择性渗透、膜相萃取和膜内相反萃取 3 个传质环节同时完成，具有溶剂萃取和膜分离两项技术的一些特点。液膜分离技术传递速率高，物质可以从低浓度向高浓度扩散，即有溶质“逆其浓度梯度传递”的效应；萃取与反萃取可同时进行，既可用于分离也可用于浓缩。

液膜过程与溶剂萃取过程具有较多相似之处。液膜与溶剂萃取一样，都由萃取与反萃取两个步骤组成。但是，溶剂萃取中的萃取与反萃取是分步进行的，而液膜过程的萃取与反萃取分别发生在膜的两侧界面，溶质从料液相萃入膜相，并扩散到膜相另一侧，再被反萃入接收相，由此实现萃取与反萃取的“内耦合”液膜传质的方式，打破了溶剂萃取所固有的化学平衡，所以，液膜过程是一种非平衡传质过程。

与具有相同分离作用的传统分离操作（如蒸发、萃取或离子交换等）相比较，液膜分离过程可以在常温或低温下进行，特别适用于热敏物质的分离，可以避免组分受热变质或混入杂质。液膜分离的推动力主要是压力差、浓度差、电势差和温度差等，因此分离装置简单，易于操作，容易实现自动化控制和容易维修。与层析和电泳技术相比，膜技术更容易放大，通常还有显著的经济效益。

自 1968 年美籍华人黎念之博士首次提出乳状液膜分离技术以来，各个国家都相继开展了大量研究，其方向涉及湿法冶金、废水处理、气体分离、有机物分离、生物制品分离、生物医学分离、化学传感器以及离子选择性电极等领域。

一、液膜分离技术的特点

液膜分离的过程不发生相变化，与有机变化的分离法相比，其优点是能耗低，化学品消耗少，操作简单方便，不产生二次污染。因此，膜分离技术又是节能的清洁技术。

液膜分离过程涉及三个液相：料液是第一液相，接受液是第二液相，处于两者之间的液膜是第三液相。液膜必须与料液和接受液互不相溶。液液相之间的传质分离操作类似于萃取与反萃取，溶质从料液进入液膜相当于萃取，溶质再从液膜进入接受液相当于反萃取。液膜可以看成萃取与反萃取的结合。

液膜通常由膜溶剂、表面活性剂、流动载体和膜增强添加剂组成。膜溶剂是液膜的主体，它对液膜体系的性能有一定的影响，一般选用煤油作膜溶剂。选择的依据是液膜的稳定性和对溶质的溶解性。表面活性剂是液膜的主要成分之一，它不仅对液膜的稳定性起决定作用，而且对组分通过液膜的传质速率和破乳、油相回用等都有显著影响。流动载体的作用是快速、高效、选择性地传输指定的物质。膜增强添加剂用于进一步提高膜的稳定性。

不同的分离对象，采用的分离方法是不同的，根据膜材质、膜来源、膜体结构、膜断面的物理形态、膜的功能、固体膜的形状，分离用膜分类见图 3-1。

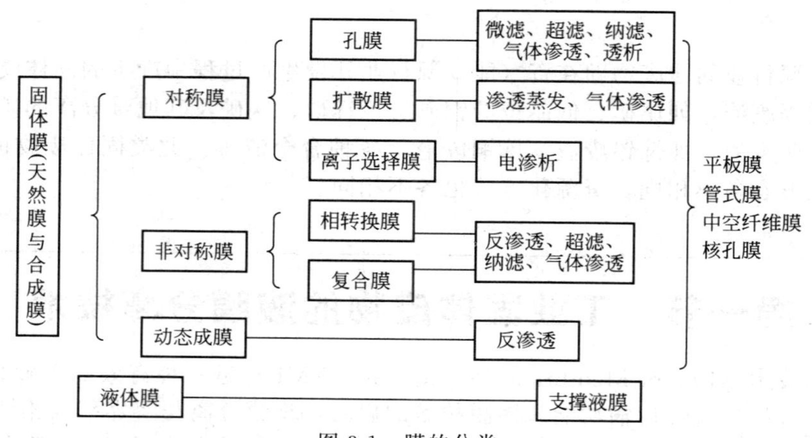

图 3-1 膜的分类

液膜分离技术按其操作方式，可分为乳状液型液膜和支撑体型液膜。

乳状液型液膜（Emulsion Liquid Membrane）也可称之为液体表面活性剂膜，实质上是一种双重高分散乳状液体系，即“水-油-水”（W/O/W）体系（图 3-2）或者“油-水-油”（O/W/O）体系。如将两个互不相溶的液相制成乳状液，然后把乳状液分散到第三相中便形成了乳状液型的液膜体系。乳化液膜透过机理见图 3-3。为了乳状液具有一定的稳定性，通常在膜相中加入表面活性剂，在迁移过程结束后，乳状液采用静电凝聚等方法破乳，膜相

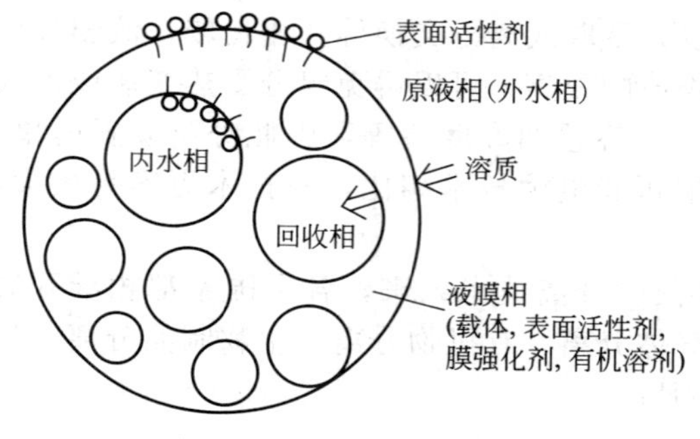

图 3-2 W/O/W 型乳化液膜

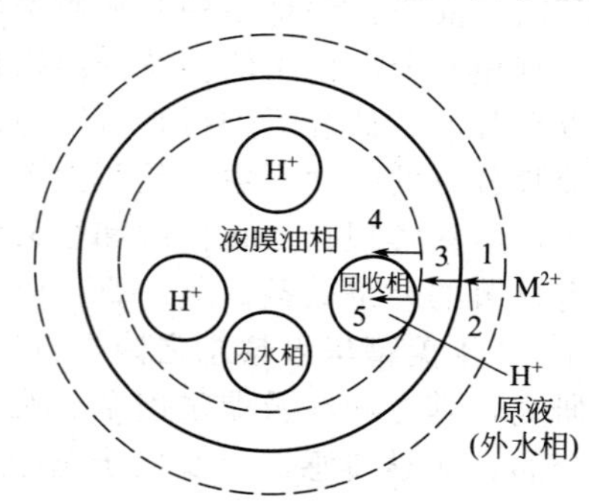

图 3-3 乳化液膜及透过机理

1—载体与原液溶质反应；2—膜相；3—反应物向膜内扩散；4—内相；5—稳定回收相

可以反复使用，膜内相经进一步处理后，回收所需物质。支撑体型液膜是将液膜相溶液牢固地吸着在多孔的支撑体微孔中，在膜的两侧是与膜相不互溶的水溶液。它的操作方式较乳状液型液膜简单，乳状液型液膜的研究开展较早，但是目前支撑体型液膜的研究正在逐步增加。

支撑体型液膜（Supported Liquid Membrane，SLM）它是由成膜溶液吸附于多孔薄层固体介质上或涂覆于固体表面而成，如中空纤维夹芯型支撑液膜、板式夹芯型支撑液膜、框式隔板夹芯支撑液膜等。聚四氟乙烯、聚丙烯制成的微孔膜，用以支撑有机液膜；滤纸、醋酸纤维素微孔膜和微孔陶瓷，可支撑水膜。SLM 具有很高的选择性和通量，可以承担有机高分子固态膜所不能达到的要求，在萃取重金属离子和有机物等方面取得了成功应用。SLM 的缺点是不稳定，使用寿命只有几个小时到几个月。

二、液膜分离的分离机理

乳状液膜根据膜相中是否含有载体可分为非流动载体液膜和流动载体液膜，其促进传递机理如图 3-4 所示。

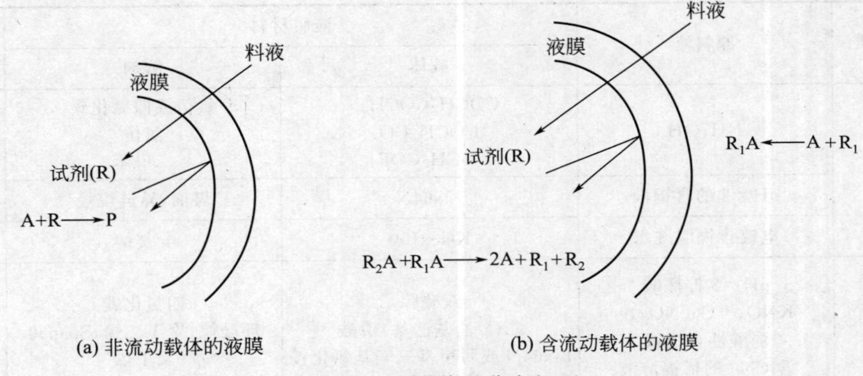

图 3-4　液膜传递分离机理

(1) 非流动载体的液膜传质机理　当液膜中不含流动载体时，其分离的选择性主要取决于溶质在液膜中的溶解度。溶解度相差大，才能产生选择性，即混合物中一种溶质的渗透速度要高。渗透速度是扩散系数和分配系数的乘积，由于扩散系数很接近（在一定的膜溶剂中），所以分配系数的差别就成为设计非流动载体液膜选择性的关键。分配系数乃是溶质在膜相和料液相中的溶解度比值，所以溶质在膜中溶解度不同就成了液膜选择性的决定因素。使用非流动载体液膜进行分离时，当膜两侧被迁移的溶质浓度相等时，传质便自行停止。因此，它不能产生浓缩效应。为了实现高效分离，可以采取在接受相内发生化学反应的办法来促进迁移，它的机理是通过在乳状液形成液膜的封闭相中引起一个选择性不可逆反应，使特定的迁移溶质或离子与封闭相中的另一部分相互作用，变成一种不能逆扩散穿过膜的新产物，从而使封闭相中的渗透物的浓度实质上为 0，保持渗透物在液膜两侧有最大的浓度梯度，此即促进输送，也叫Ⅰ型促进迁移。利用这一办法，可以把强酸或碱的水溶液封闭在乳状液油膜中，以达到从废水中除去弱酸或弱碱组分的目的。

(2) 含流动载体液膜的分离机理　使用含流动载体的液膜，其选择性分离主要取决于所添加的流动载体，因此提高液膜的选择性的关键在于找到合适的流动载体。流动载体除了能提高选择性之外，还能通过流动载体和被迁移物质之间的离子交换增大溶质通量，它实质上是流动选择性可逆反应，极大地提高了渗透溶质在液膜中的溶解度，而且增大了膜内浓度梯度，提高了输送效果，这种机理叫载体输送，又叫Ⅱ型促进迁移。液膜之所以能够进行化学仿生，就在于含流动载体的液膜在选择性、渗透性和定向性三个方面类似于生物细胞膜的功能，因而液膜分离能使浓缩和分离两步合二为一同时进行，这是分离科学中的一个重要突破。

三、液膜材料的选择

液膜分离技术的关键在于制备合乎要求的液膜和构成合适的液膜分离体系，其关键是选择最合适的流动载体、表面活性剂和有机溶剂等液膜材料。

要求流动载体对需迁移物质的选择性要高和通量要大。流动载体按电性可分为带电载体与中性载体。一般说来，中性载体的性能比带电载体（离子型载体）好。中性载体中又以大环化合物为佳。许多研究认为，大环化醚（皇冠醚）能与各种金属阳离子络合，选择具有合乎要求的中心空腔半径的皇冠醚做流动载体，能够有效地分离任何两种半径稍有差别的阳离子，或者将它与其他大小不同的离子分离。由于皇冠醚的结构可以认为是无限组合的，所以对各种金属离子都可以设计出适宜作载体的大环多元醚。

表 3-1　液膜材料

被迁移的溶质	原料液	液膜材料		接受相
		载体	溶剂	
Cu^{2+}	NH_4OH	$COCH_2COCH_3$ $COCH_2CO$ $COCH_2COF_3$	氯仿或四氯化碳 氯仿 二甲苯	HCl HCl HCl
	pH=2 的含铜液	Lix64N	煤油，异链烷烃	H_2SO_4
	电镀含铜漂洗水	Kelex100	异癸醇	H_2SO_4
Zn^{2+}，Pb^{2+} Co^{2+} Ni^{2+} Cd^{2+} $Cr_2O_7^{2-}$ Hg^{2+}	pH=8 柠檬酸 $KNO_3+Co(NO_3)_2$ 弱酸性含镍液 含 CN^- 的稀镉溶液 H_2CrO_7 HCl	双硫腙 二(2-乙基己基)磷酸 Lix64N 或肟甲基三辛基氯化铵 三辛胺 三辛胺	四氯化碳 环己烷，聚丁二烯，Span80 聚丁烯 二甲苯 二甲苯	HCl HNO_3 HCl EDTA NaOH NaOH

目前，常采用的表面活性剂有 Span80（山梨糖醇单油酸酯）、ENJ-3029（聚胺）、ENJ-3064（聚胺）等。

常用的膜溶剂除表 3-1 中所列举的以外，还可使用辛醇、聚丁二烯以及其他有机溶剂。此外，在液膜系统中还根据实验效果加入其他添加剂如四氯乙烷、六氯代丁二烯等，它们作为膜的增稠剂，可调节膜的黏度，增加膜的稳定性。

液膜分离的操作过程简单，分为 3 道工序：乳液制备、传质、破乳。以乳状液膜对废水处理过程为例进行介绍

（1）乳液制备　针对不同的废水，选择合适的膜溶剂、表面活性剂及内水相，在搅拌作用下后制成 W/O 乳液。

（2）传质　这个阶段直接影响到废水处理的效果，是液膜技术的关键。将 W/O 乳液分散到待处理废水中，形成 W/O/W 乳液。废水中的待分离组分通过选择性渗透、化学反应、萃取和吸附等作用进入内相，与内相中的特定组分发生反应，从而富集到内相。

（3）破乳　W/O/W 乳液经一段时间传质后，静置，分层，水层为出水，油层为油相与内水相的乳状液，富集废液离子后，要达到离子的回收及膜材料的重复利用，还必须破乳。

四、液膜分离技术在金属回收中的应用

液膜分离技术可应用于铀的提取，稀土元素的分离与回收，金的提取，铜的提取，锌的

提取和气体金属离子的提取分离。

1. 液膜分离技术分离回收稀土

在我国蕴藏着丰富的低品位稀土矿，目前主要采用电解质溶液浸出处理矿石，最近也有用电解质溶液原地浸出提取稀土元素。无论堆浸还是原地浸出，对浸出液处理都是采用草酸或碳铵沉淀稀土。但是，目前我国在稀土的深加工、新材料的开发和应用等方面，和国外先进国家相比还有一定的差距。为此，为了生产出纯度高、成本低的单一稀土，必须寻求高效低成本的分离技术。

液膜提取稀土离子的特点是流程短、速度快、富集比大、试剂少、成本低. 具有广阔的工业应用前景。工藤彻一首先报道了用液膜法分离铕（Eu）和镨（Pr），从此，用液膜法浓缩分离稀土的研究日渐增多。我国在这方面的研究始于20世纪80年代初。液膜提取稀土的情况见表3-2。提取稀土的液膜体系组成为：一般有机溶剂采用煤油或磺化煤油，载体采用LA、P204、P502等，内相采用HCl、HNO_3等。对稀土浸出母液可根据需要进行分组、提纯、分离等操作（表3-2）。

表3-2　液膜提取稀土离子

有机相	内水相	外水相	提取效果
5%TBP+2%LMS-2+磺化煤油	0.1mol/L $NaHCO_3$	NH_4NO_3 100mg/L Y(Ⅲ)	回收率98%以上
3%Cyanex272+3%LMA-1+磺化煤油	2mol/L HCl	1g/L稀土矿浸矿液	提取率>90%
3%P204+2%LMA-1+95%磺化煤油	3mol/L HCl	500mg/L La	回收纯La84%
3%LMS-2+2.5%P502+磺化煤油	1mol/L HCl	稀土溶液	得纯度97.4%铒和99.8%钛
2%Span80+12%P502+86%煤油	6mol/L HCl	0.56g/L稀土母液	提取率98%左右
0.04mol/L TBP+3%Span80+二甲苯	0.15mol/L $Na_2S_2O_3$	0.25mol/L HNO_3 钕(Ⅲ)	回收率94%以上
9%TBP+3%L113B+磺化煤油	4% NH_4NO_3	1g/L Re^{3+}	提取率99.4%以上
HNMBP+$CHCl_3$大块液膜	0.5mol/L HCl	Eu^{3+} CH_3COONa	Eu^{2+}有显著的富集作用
5%P204+5%L113B+90%磺化煤油	HCl	1.45g/L Re^{3+}	回收率99.9%
N_2O_5+P502煤油+石蜡	8mol/L HCl	2.3g/L Re^{3+}	提取率94%
12%P502+3%Span80+1%石蜡+84%磺化煤油	4mol/L HCl	0.287g/L Th^{3+}	提取率98%
2%LMS-2+5%TRPO+93%磺化煤油	15%$K_4[Fe(CN)_6]$	0.045g/L Ga^{3+}	迁移率98.5%
1.5%P204+1.0%LMS-2+磺化煤油	3mol/L HCl	稀土溶液	Tb^{3+}迁移率达90%

在稀土矿的开发和有关稀土分离过程中，往往会排放出大量的稀土废水，严重地污染水源，危害人民的身体健康。因此，开展应用液膜技术处理稀土废水的研究具有重要的实际意义：一方面能保护环境；另一方面又能回收废水中的稀土离子。

2. 液膜分离技术分离回收铜离子

矿山浸出液的富集是铜湿法冶金的一个重要环节，传统的沉淀法、离子交换法以及溶剂萃取法虽然在此担当着重要角色，但并非是最好的工艺选择，因为各类矿山浸出液的溶质浓度往往较低，对于这类稀溶液的提取，沉淀法成本高，选择性差；离子交换法既需要吸附-解析的循环操作，又需要较严格的料液预处理工序；溶剂萃取法虽然选择性高，料液状态适应性强，但是以萃取平衡为特征的传质机理限制了萃取及传质效率的进一步提高，使分离过程所需要的级数较多，试剂的耗量较大。

乳状液膜法以非平衡萃取为传质特征，实现了萃取过程与反萃取过程的合二为一，工艺步骤和有机试剂消耗少，矿渣可以利用，避免了环境污染，是一项既经济高效又环保的富集矿山浸出液的新工艺。表 3-3 列出了一些乳状液膜提取矿山浸出液中铜的研究概况。

表 3-3　液膜法提取矿山浸出液铜离子

有机相	内水相	外水相	提取效果
6％Lix984＋5％ECA4360J＋磺化煤油	3mol/L HCl	pH＝3～6 的蓝铜矿浸出液	提取率约 100％
Lix984＋L113B＋煤油	3mol/L H_2SO_4	0.406g/L 铜矿堆浸溶液	提取率 99.1％
3％ DIPSA ＋ 3％ 正辛醇 ＋ 3％ TIBPS＋3％LMS-2＋煤油	1mol/L H_2SO_4	湿法冶锌的硫酸浸出液	提取率 99.9％以上
3％N235＋3％L113A＋磺化煤油	0.5mol/L H_2SO_4	100mg/L 金矿浸出液除金后液	提取率 99％
6％ AcorgaM5640 ＋ 2％（LMS-2＋LMA-1）＋磺化煤油	2～3mol/L H_2SO_4	低品位铜矿浸出液	提取率 100％

利用乳化液膜法分离提取铜矿浸出液，根据溶剂萃取化学的研究成果，肟类化合物对 Cu^{2+} 有很好的选择萃取能力。如用 Lix64N 作载体由下列反应可以完成液膜萃取 Cu^{2+} 过程。

萃取：

$$2HR + Cu^{2+} \longrightarrow CuR_2 + 2H^+$$

反萃取：

$$2H^+ + CuR_2 \longrightarrow 2HR + Cu^{2+}$$

Cu^{2+} 与载体进行如下反应：

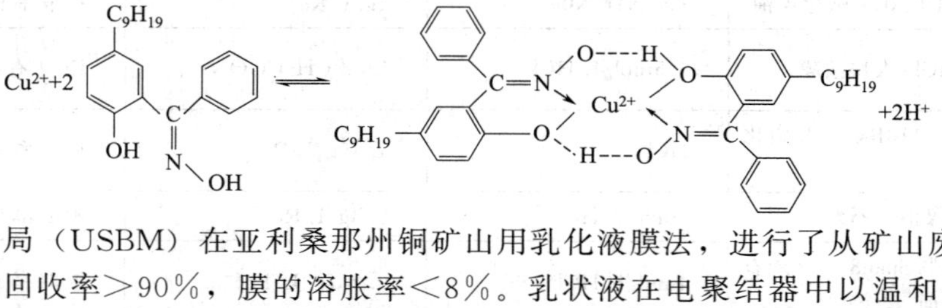

美国矿山局（USBM）在亚利桑那州铜矿山用乳化液膜法，进行了从矿山废水中回收铜的试验。铜的回收率＞90％，膜的溶胀率＜8％。乳状液在电聚结器中以温和条件破乳后，萃取剂用羟胺盐溶液再生，使活性浓度保持 85％后循环使用；铜溶液在标准条件下电积阴极铜，电流效率为 92.6％～93.1％。这种工艺已由美国埃克森研究与工程公司提出中间工厂专利，英国已经建立中间工厂。

3. 液膜分离技术分离回收贵金属离子

贵金属的分离富集方法主要有火试金法、溶剂萃取法、吸附法、离子交换法、离子浮选等。在湿法冶金中，溶剂萃取是最常用的方法，但此法成本较高。液膜法吸收有溶剂萃取的优点，特别适合稀贵金属的分离和富集。表 3-4 示出了液膜法分离富集贵金属的概况。

表 3-4 液膜法分离富集贵金属

有机相	内水相	外水相	提取效果
2%TOA＋4%OLOA1200＋72%煤油＋液体石蜡	8%硫脲＋2%HCl	金矿氰化液 $Au(CN)_2^-$	提取率 99.8%
DOSO＋L113A＋煤油＋1,2-二氯乙烷	Na_2SO_3＋NaOH	$AuCl_4^-$,HCl,NaCl	提取率＞90%
煤油＋石油醚＋D2EADTPA＋TOA	$H_2C_2O_4$	0.025mg/L Au^{3+}	提取率＞99%
5%TBP＋92%磺化煤油	0.4mol/L 硫酸肼	$AuCl_4^-$	一级回收率为 99.9%
PSO＋L113＋煤油＋液体石蜡	8%硫脲＋1%HCl	$AuCl_4^-$	一次提金＞98%
N503＋polyamineE644＋煤油	Na_2SO_4	$AuCl_4^-$,HCl	提取率 100%
18%N816＋7%L113B＋67%磺化煤油	3.5%氨水	Ag^+	银回收率＞99.2%
3%N503＋3%L113A＋煤油	EDTA	Pd(Ⅱ)	钯提取率＞98%
0.1%TNOA＋6%Span80＋煤油＋EDTA 二钠盐	0.1mol/L HCl	Pd(Ⅱ)	钯回收率＞97%
1%N701＋4%Span80＋煤油	EDTA	Pd(Ⅱ)	钯提取率＞96%
6%N301＋4%L113A＋煤油	盐酸羟胺	$PtCl_6^{2-}$	铂提取率 100%

五、液膜分离技术在工业废水及资源回收方面的应用

液膜分离技术是处理工业废水的重要手段之一，可用以脱除铜、汞、铵、银、铬、镉等阳离子；也可用以脱除硫化物、磷酸根、硝酸根、氰根等阴离子，还可用以分离酚、烃类、胺、有机酸等有机物。

1. 从含吡啶类废水中回收吡啶化合物

用表面活性剂、添加剂与一定浓度的盐酸溶液制成油包水型乳化液，废水中的吡啶能溶于油相，经膜迁移进入内水相形成吡啶盐酸盐，盐不溶于油相，故不能返回外水相，从而达到吡啶在内相富集的目的。萃取后的乳化液经破乳分层，油相重新制乳回用，水相即是吡啶类化合物。

以有机磷农药毒死蜱为例，毒死蜱是大吨位农药产品，生产企业较多，毒死蜱主要产生缩合废水，内含不易生物降解的杂环类化合物——三氯吡啶醇。三氯吡啶醇不易分解，用常规COD方法检测不出。处理效果见表 3-5。液膜处理苯氧羧酸类农药废水工艺流程见图 3-5。

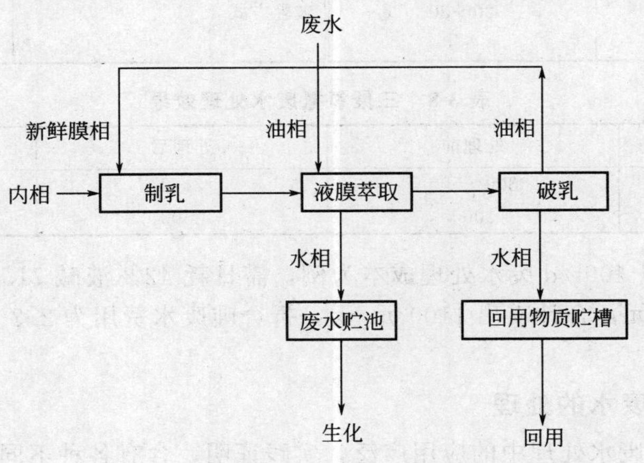

图 3-5 液膜处理苯氧羧酸类农药废水工艺流程

表 3-5　苯氧羧酸类废水处理效果

污染物	处理前	处理后	去除率/%
2,4-母液处理效果			
COD/(mg/L)	33000	10200	69
2,4-二氯酚/(mg/L)	6500	320	95
2,4-D产品/(mg/L)	350	1～2	98
二甲四氯废水处理效果			
COD/(mg/L)	74970	2500～3000	95
邻甲酚/(mg/L)	15314	30	98
精恶唑禾草灵废水处理效果			
COD/(mg/L)	63200	5000	92
对苯二酚/(mg/L)	25300	50	99
高效氟吡草禾灵醚化分层废水处理效果			
对苯二酚/(mg/L)	35000	50～100	99.7
COD/(mg/L)	123100	42600	65

2. 从含氰废水中回收氰化物

采用液膜分离工艺处理含氰废水，可以将 CN^- 从废水中分离、提浓，作为资源综合利用，并且解决了高毒性的 CN^- 污染问题。以中间体三聚氯氰废水处理为例，三聚氯氰是大吨位产品，目前的生产企业较多。该产品废水来源于三聚氯氰生产过程中产生的工艺水，产生量大，主要成分是氰化钠。

① 工艺原理。乳化液的内水相为10%的氢氧化钠，废水中的HCN能溶于油相，经膜迁移进入内水相生成NaCN，NaCN不溶于油相，故不能返回外水相，从而达到 CN^- 与废水分离的目的。萃取后的乳化液经破乳分层，油相循环套用，水相即为氰化钠溶液。该回收相不含其他杂质，可以回用于三聚氯氰生产。

废水水质分析见表 3-6，工艺条件见表 3-7，处理效果见表 3-8。

表 3-6　三聚氯氰废水水质分析

废水名称	外观	CN^-/(mg/L)	COD/(mg/L)	pH值
氰化钠废水	透明、浅黄色	300～500	3000	4～5

表 3-7　三聚氯氰废水工艺条件

乳水比	1∶70	处理方式	连续
有效反应时间/min	20～30	破乳方式	静电破乳
油相周期损耗/%	<1		

表 3-8　三聚氯氰废水处理效果

测定项目	处理前	处理后	去除率/%
CN^-/(mg/L)	300～500	2～3	>99
COD/(mg/L)	3000	2500	—

② 成本分析。以400t/d废水处理成本为例，需日耗42%液碱715kg，约500元，油相损耗100kg，约600元，合计支出1100元/天，折合吨废水费用为2.2元，可日回收10%氰化钠2250kg。

3. 重金属离子废水的处理

液膜分离技术在废水处理中的应用广泛，实践证明，含有各种不同的流动载体（液态离子交换剂）的液膜系统，能从废水中有效地去除和回收各种重金属离子。对不同被分离物选用不同的溶剂、表面活性剂、载体及液膜种类，可有针对性地去除或回收废水中的污染物，见表3-9。

表3-9　液膜法处理废水处理效果及膜材料的选择

废水	被分离物质		膜相			膜内相(溶液)	处理效果
	名称	废水浓度/(mg/L)	流动载体	膜溶剂	表面活性剂		
含铜	Cu^{2+}	116	Lix984N	磺化煤油	TI25、Span80	硫酸	99.1%
含锌	Zn^{2+}	110	TBP	煤油	Span80	盐酸	>95%
含镉	Cd^{2+}	100	TBP	煤油	Span80	盐酸	>90%
含铬	Cr^{6+}	200～1000	TBP、TOA	煤油	Alamine336	NaOH	98.4%
含镍	Ni^{2+}	—	P204	煤油	Span80	氨水	>93.3%
含汞	Hg^{2+}	—	TBP	煤油	Span80	NaOH	95%～99%
含铅	Pb^{2+}	100	P507	煤油	LMS-2	柠檬酸	94%
含酚	酚	1000～300	—	煤油	Span80	NaOH	>99%
含胺	苯胺	480	TBP	煤油	Span80	盐酸	96%
含磷酸	PO_4^{3-}	100～700	TBP	煤油	L113B	$CaCl_2$	>97%
含氰	CN^-	850～900	—	煤油	L113B	NaOH	>95.5%
含氨氮	氨氮	>500	N205	航空煤油	Span80	硫酸	<15mg/L

注：Lix984N：5-壬基水杨醛与2-羟基-5-壬基乙酰苯1：1的混合物。TI25：双丁二酰亚胺。Span80：单油酸山梨糖醇酐。P204：双-2-乙基己基磷酸。P507：2-乙基己基膦酸单2-乙基己基酯。Alamine336：三辛胺。TOA：正三辛胺。TBP：磷酸三丁酸。LMS-2：C4-烯烃共聚物。N205：聚双丁二酰亚胺。

目前该技术研究应用较广的废水有：含重金属废水（如含铜、镉、铬、汞、铅等）、有机废水（如含酚、胺、烃类、有机酸等）和含阴离子废水（如含 CN^-、F^-、NO_3^-、PO_4^{3-} 等）。

间歇实验结果表明：处理时间10min，料液含汞浓度由 1100×10^{-6} 降至 0.2×10^{-6}，含铬浓度由 400×10^{-6} 降至接近零，含镉浓度由 50×10^{-6} 降至 0.5×10^{-6}，含铜浓度由 50×10^{-6} 降至 0.3×10^{-6}。在连续流动条件下进行液膜分离，同样可以使这些金属离子降至 1×10^{-6} 以下。

为了从盐酸溶液中除去 Hg^{2+}，可以采用三辛胺为载体，聚胺为表面活性剂，二甲苯为膜溶剂，NaOH 溶液为接受相构成的液膜体系。

处理含铬废水时，使用叔胺或季铵盐作为载体，以 NaOH 或 H_2SO_4 溶液为接受相，可得到很好的效果。

处理含铜废水时，最常用的载体是 Lix 型萃取剂（脂类化合物），此外，P17、P50、SME529、Kelex100、D2EHPA、苯酰丙酮等都可以作为载体。表面活性剂（乳化剂）可用ENJ3029、Span80。常用的有机溶剂为S100N（异链烷烃）、煤油、环己烷、甲苯。接受相（解脱剂）可用 H_2SO_4、HCl、HNO_3 溶液。根据连续实验结果估算，采用液膜法处理相同的含铜废水比萃取法的投资低约40%。

4. 用液膜法从废水中脱酚

与处理含重金属离子废水的方法不同，处理含酚废水时，所用的液膜为不含流动载体的乳状液膜。首先用膜溶液（煤油）和0.5%的 NaOH 溶液、1%的表面活性剂溶液（用 Span80 或其他）混合制成油包水型乳液，然后在混合器中将乳液与含酚废水搅拌混合（常温、常压、转速为10r/s），构成水包油包水三重乳液体系。这时，废水中的酚很快溶于膜相后，再扩散进入内水相和膜相界面与 NaOH 作用，生成不溶于膜相的酚钠。由于反应是不可逆的，所以酚源源不断地从废水相迁移至内水相，直到废水含酚趋于零。最后将混合相在澄清器中沉降分离，已脱酚的净化水排放或回用；含酚乳液则经破乳器加酸破乳后，回收液膜材料循环使用，含酚钠的 NaOH 溶液可用以回收酚。液膜法脱酚效果很好，处理几分钟时间就可使废水含酚由 1740×10^{-6}降至 10×10^{-6}以下。

主要技术经济指标为：原废水酚含量 1500～2500mg/L；苯酚去除率≥99.8%；苯酚回收率>85%；油相周期损耗<2%；COD 去除率>65%；装置运行费用<10 元/t 废水（不含苯酚回收价值）。

液膜分离技术在处理农药、染料、石油化工、精细化工等行业排放的高浓度、高毒性含氰类、酚类有机废水等方面具有广阔的应用前景。

第二节　工业固体废物的贫化处理技术

炉渣是矿石冶炼后的残留废弃物，但由于冶炼、提炼技术的不过关，炉渣中往往会残留很多有价值的未提取金属、矿物，这是一种极大的浪费行为。以铜冶炼为例，通常生产 1t 金属铜产生 2～4t 炉渣。铜炉渣中除含有大量铁和原料中的脉石成分外，还含有相当数量的铜、锌等重金属和金、银等贵金属。据统计，平均生产 1t 金属铜，损失于炉渣中的铜量约为 13kg。因此，贫化炉渣，并综合回收渣中的有价组分具有重要的经济意义。

炉渣贫化（cleaning of slag）就是提高矿石的冶炼、提炼技术，对炉渣进行二次处理，或者对含铜废渣回收，尽量提取其中的有价值物，使最终残留的废渣“贫化”，从而提高金属的利用效率。炉渣贫化的方法主要有电炉法、浮选法、烟化法、回转窑法等。

一、电炉贫化

贫化作用是基于电炉的高温使熔渣过热，从而改善相分离的条件；同时还通过还原或还原硫化反应，使渣中的有色金属呈金属（液态或气态）或锍、或合金相被回收。电炉法是应用最广的炉渣贫化方法，常用于贫化铜及铜镍闪速炉渣和转炉渣，以及铅渣、铅锌渣、锡渣等炉渣。

1. 电炉贫化原理

以铜渣为例，不同冶炼工艺所产生的铜渣的组成有所不同。一般来说，炼铜炉渣的主要成分为铁硅酸盐和磁性氧化物。铁硅酸盐类矿物包括铁橄榄石、辉石类等；磁性氧化物包括铜锍化物、磁铁矿、磁黄铁矿、少量的金属铜、玻璃铁等。由表 3-10 可以看出，尽管铜冶炼方法不同，但冶炼所产生的炉渣中都含有大量的 Fe 和部分的 Cu。需选择适当的贫化方法，使渣中的有价组分（如 Cu、Fe 等）得以回收利用。

表 3-10　各种冶炼方法的铜渣组分　　单位：%

铜冶炼方法	SO_2	FeO	Fe_3O_4	CaO	MgO	Al_2O_3	S	Cu
密闭鼓风炉	31～39	33～42	3～10	6～19	0.8～7.0	4～12	0.2～0.45	0.35～2.4
转炉	16～28	48～65	12～29	1～2	0～2	5～10	1.5～7.0	1.1～2.9
诺兰达法	22～25	42～52	19～29	0.5～1.0	1.0～1.5	0.5	5.2～7.9	3.4
瓦纽科夫法	22～25	48～52	8	1.1～2.4	1.2～1.6	1.2～4.5	0.55～0.65	2.53
三菱法	30～35	51～58		5～8		2～6	0.55～0.65	2.14
艾萨法	31～34	40～45	7.5	2.3	2	0.2	2.8	1
Ineo 闪速熔炼	33	48～52	10.8	1.73	1.61	4.72	1.1	0.9
闪速熔炼	28～38	38～54	12～15	5～15	1～3	2～12	0.46～0.79	0.17～0.33
特尼恩特转炉	26.5	48～55	20	9.3	7	0.8	0.8	0.46

根据贫化过程的需要，可向电炉加入各种还原剂（如碎焦、碎煤、粉煤以及天然气、重油，以至铝废料、含碳生铁、电石等）、硫化剂（如黄铁矿、铜镍硫化精矿、熔融锍等）和熔剂（如石灰石、石英石等）。有时为了强化贫化过程，还向液态炉渣中鼓入某些气体搅动炉渣，或进行机械搅动。铜或铜镍炉渣电热法贫化的主要化学反应属还原硫化反应，渣中大量的 Fe_3O_4 被还原为 FeO 和 Fe，铜或镍被硫化并形成锍，少量铁氧化物被还原为金属铁进入锍中，形成金属化锍，使渣中的有色金属呈金属（液态或气态）或锍、或合金相被回收，电炉贫化炉渣工艺流程如图 3-6 所示。

火法回收转炉渣中各种形态的铜，必须满足下列条件：

① 大量还原渣中的 Fe_3O_4 以便降低渣的黏度，使夹带的冰铜和金属铜滴的沉降速度加快。

② 控制渣的高度氧化条件，使其氧化铜的含量减少。

③ 渣含 SiO_2 应高于 30%，以便确保冰铜和渣的有效分离，降低 FeO 的活度，促进 Fe_3O_4 还原。

④ 较高的温度，这样可以加速 FeO 和 SiO_2 的反应速度，形成铁橄榄石渣（Fe_2SiO_4）和增加固态 Fe_3O_4 在渣中的溶解度。

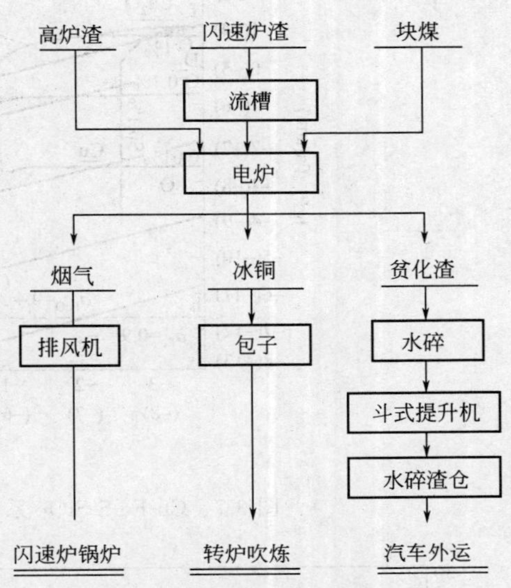

图 3-6 电炉贫化炉渣工艺流程

电炉贫化的技术特点是：a. 可以提高熔体的温度，降低铜渣黏度，利于熔渣中氧化铜的还原，可回收渣中细小的铜粒子；b. 使用范围广，不仅可以处理各种成分的渣，而且还可以处理各种返料；c. 由于熔体搅拌作用大，促使渣中铜粒子聚集长大；d. 回收率较高，弃渣含铜约 0.66%。我国贵溪冶炼厂、金昌冶炼厂和金隆铜业公司均采用此法处理铜渣。

电炉贫化法可以处理各种成分的炉渣，也可以处理各种返料。熔体中电流在电极间的流动产生的搅拌作用能够促进渣中铜粒子的集聚长大。

2. 硫化剂和还原剂

常用的硫化剂和还原剂分别列于表 3-11 和表 3-12。铜锍或金属化铜锍的产率和组成取决于炼铜炉渣的含铜量和硫化剂、还原剂的添加量。还原剂加入量大，锍的金属化程度高，而品位低，锍的产率高。一般锍中的金属铁量宜在 30%以下。贫化闪速炼铜炉渣时，硫化剂加入量低于 3%，不加还原剂，所产弃渣含铜 0.5%～0.65%。贫化铜锍吹炼转炉渣时，还原剂和硫化剂的加入量分别为 3%～5%和 20%左右，所产弃渣含铜 0.28%～0.50%。

表 3-11 电炉贫化常用的硫化剂

硫化剂	状态或粒度	主要组分含量(质量分数)/%				贫化渣别
		Cu	Fe	S	SiO_2	
黄铁矿精矿	自然黏结	0.14	34.30	29.60	9.10	铜锍吹炼转炉渣
土硫黄	10～25mm		5～6			闪速炼铜炉渣
铜精矿	粒状	19～24	30～33			闪速炼铜炉渣
贫铜锍	液体	14.50				铜锍吹炼转炉渣

表 3-12 电炉贫化常用的还原剂

还原剂	还原剂粒度 d/mm	主要组分含量(质量分数)/%				灰分的主要组分含量(质量分数)/%			
		固定碳	挥发分	灰分	硫	SiO_2	Fe	CaO	Al_2O_3
碎焦	3～5	78.99	0.46	20.12	0.59	7.68	3.65	0.63	3.36
焦粉		84.14		15.92		6.96	1.47	0.72	3.43

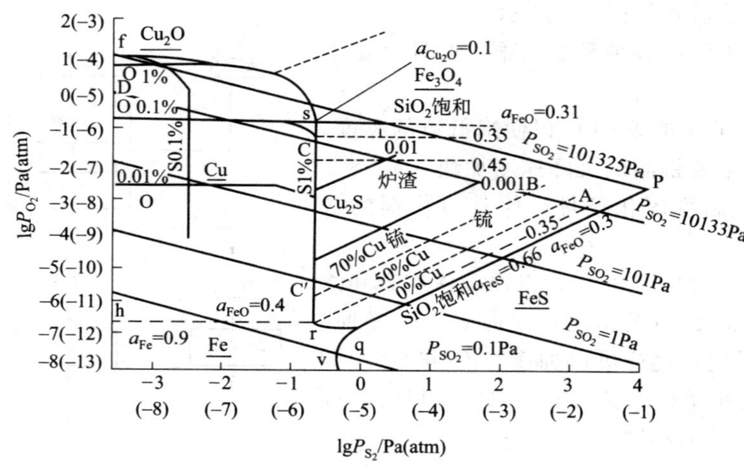

图 3-7 Cu-Fe-S-SiO_2 系在 1523K 时的 $\lg P_{O_2}$-$\lg P_{S_2}$ 图（矢泽彬）

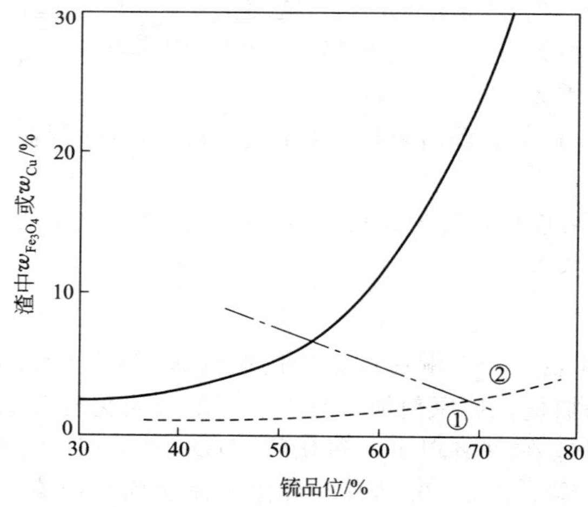

图 3-8 锍品位与渣中 w_{Cu} 或 $w_{Fe_3O_4}$ 的关系

奥托昆普闪速炉：——— 渣中 $w_{Fe_3O_4}$/%；

—·— 锍中 $w_{Fe_3O_4}$/%；------- 渣中 w_{Cu}/%

范围①w_{Cu}/%（三菱法贫化炉渣中）；范围②w_{Cu}/%（诺兰达炉 75%铜锍时）炉渣送选矿；弃渣含铜 0.28%

3. 热力学分析

在电炉或燃料加热的沉淀炉内的贫化作业，实质上是一个使 Fe_3O_4 还原为 FeO，进而形成硅酸盐炉渣的过程。影响过程效果的关键因素是 Fe_3O_4 的还原条件。在锍熔炼体系中，从热力学上看，贫化过程与造锍熔炼相反，贫化过程需要降低体系的氧势，提高硫势，如图 3-7 所示。

Fe_3O_4 的熔点高达 1523K，在渣中以 Fe-O 复杂离子状态存在。其量较多时，会使炉渣熔点升高，密度增大，恶化渣与锍的沉淀分离条件。当熔体温度下降时，Fe_3O_4 会析出沉于炉底及某些部位形成炉结，还会在冰铜与炉渣界面上形成一层隔离层危害正常操作。高 $w_{Fe_3O_4}$（Fe_3O_4 的质量分数）在贫化电炉的生产中，最大的影响即贫化炉渣中 w_{Cu} 升高。图 3-8 显示了渣中 w_{Cu} 或 $w_{Fe_3O_4}$ 与锍品位的关系。

4. 贫化炉结构

贫化过程多在单独的阻抗电炉中进行，结构主要由电炉本体、电极提升机构和冷却水系统组成（图 3-9）。在自焙电极产生的电热能（以电阻热为主，少量的电弧热）作用下，熔体温度保持在1200～1250℃，以便使炉中的低冰铜（镍）和炉渣能较好地澄清分离。也有的工厂采用“内藏式”电炉，即在闪速炉的沉淀池中插入电极，构成贫化电炉直接贫化炉渣。典型的贫化电炉尺寸为长10m、宽5m、高2.5m。炉型为椭圆形或长方形。炉子功率多为3000～3500kV·A。日本玉野冶炼厂采用“内藏式”电炉，即在闪速炉的沉淀池中插入电极贫化炉渣，直接产出弃渣。

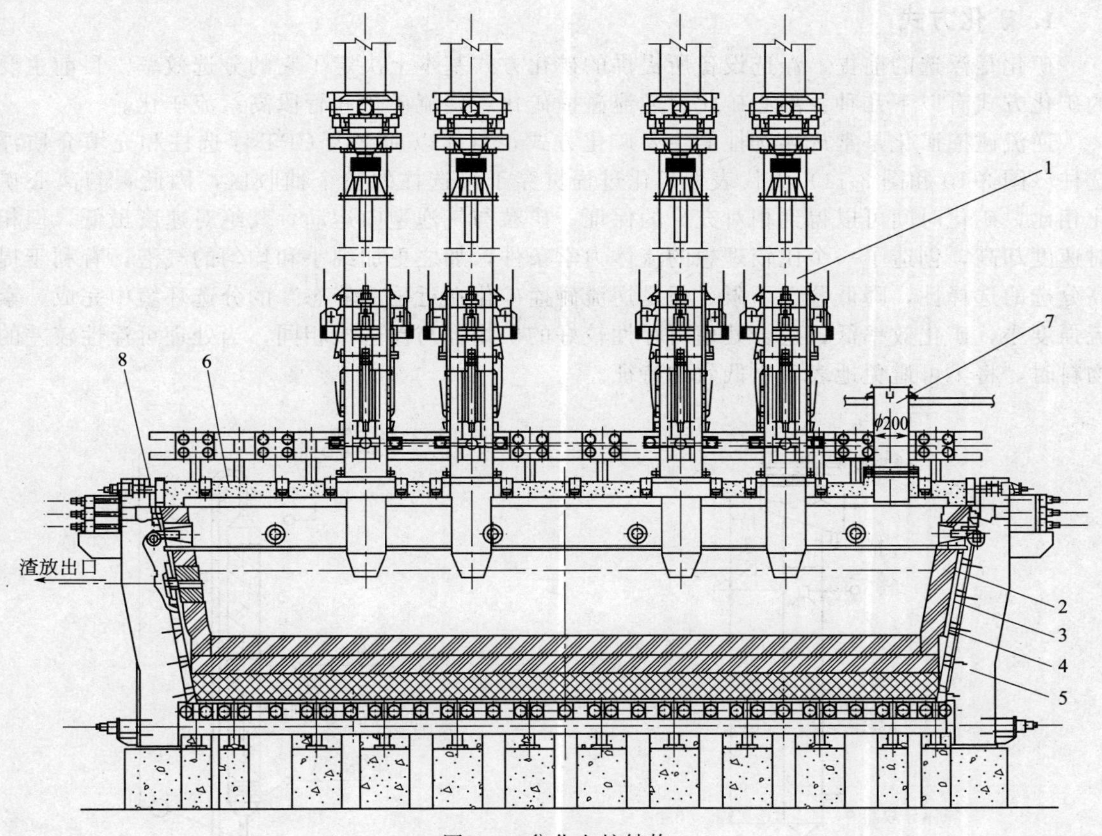

图3-9　贫化电炉结构

1—电极；2—砌体；3—铜水套；4—炉壳；5—骨架；6—浇注炉顶；7—烟道；8—烧嘴

5. 贫化炉操作

电炉贫化分连续操作和间断操作两种制度。采用连续操作制度贫化闪速炼铜炉渣时，在不加或少加硫化剂的情况下电耗较低，平均1t液体炉渣耗电60～80kW·h，铜的回收率一般为60%～75%。采用间断操作制度时，需加入一定数量的添加剂，电耗较高，波动范围较大，1t液体炉渣平均耗电150～350kW·h，铜的回收率一般为75%～85%。美国肯尼柯特（Kennecott）铜公司开发的两段贫化法贫化高氧势转炉炼铜炉渣效果良好。第一段加焦炭还原，产出含铜超过50%的高品位铜锍；第二段加黄铁矿洗涤并进行机械搅拌，产出低品位铜锍，铜的总回收率达96%。

用电热法贫化含锌高的铅渣时，采用1523～1623K贫化温度和碎焦还原剂，贫化过程中铜进入锍内，铅和锌挥发，经冷凝器锌被冷凝下来，余下的蒸气在773K下进入熔析炉析出金属铅。

除了电炉贫化，工业上使用的返回重熔和还原造锍工艺，还包括反射炉贫化、真空贫化、铜锍提取、直接电流电极还原、沸腾焙烧炉贫化、高温氯化挥发贫化等方法。

二、浮选贫化

浮选法是将液态炉渣缓慢冷却，经破碎、磨细后配成矿浆，并加入浮选药剂进行浮选，使有价金属富集于浮选产物中。浮选最终产物为硫化铜精矿，硫化镍精矿和含铜、镍很低的尾砂。

1. 矿化方式

矿化是浮选的前提，浮选设备所提供的矿化方式基本上决定了它的分选效率。目前主要的矿化方式有以下几种：离心矿化、逆流碰撞矿化、旋流矿化和管段高紊流矿化。

逆流碰撞矿化是常规浮选柱的主要矿化方式，目前以加拿大 CPT 浮选柱和充填介质浮选柱（图 3-10 和图 3-11）为代表，矿化过程贯穿于浮选柱的整个捕收区，因此，与离心矿化相比，矿化时间可以得到相对充分的保证，矿粒与气泡逆向运动，其绝对速度虽低，但相对速度却高，创造了一个比较理想的流体力学条件，加之更加细小和均匀的气泡，有利于提高分选的选择性，降低分选下限。但是逆流碰撞矿化在近乎“静态”的分选环境中完成，紊流强度小，矿化效率低，适合处理可浮性较好的矿物，与浮选机相同，当处理可浮性较差的物料时，将不可避免地表现出低效的特征。

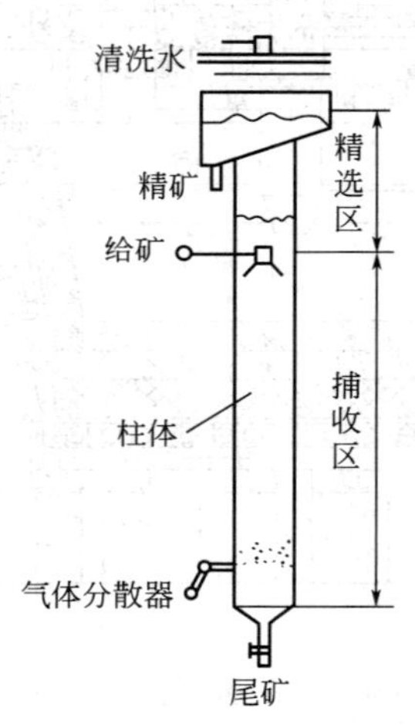

图 3-10　CPT 浮选柱

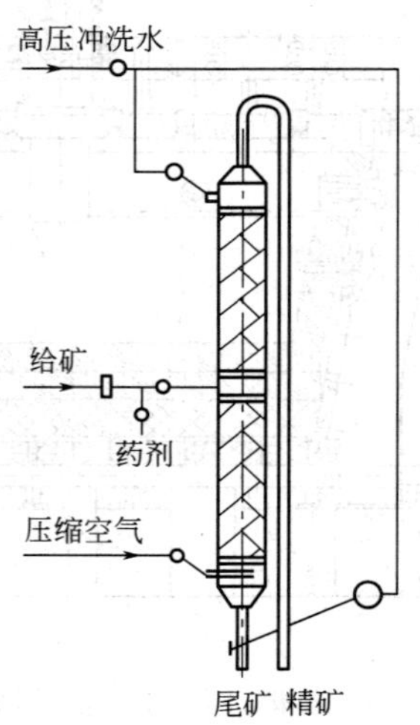

图 3-11　充填介质浮选柱

旋流矿化最早是由美国犹他大学研制的旋流充气浮选柱（图 3-12）引入的。旋流矿化与逆流碰撞矿化相对应，它的成泡与矿化过程突出了“垂直”的特点。旋流力场可通过提高离心力场强度，增加矿粒与气泡的相对运动速度，使浮选速率得到大幅度提高；同时降低了浮选粒度下限和非选择性夹带，在更大程度上强化了浮选效果。但旋流矿化也存在着不足之处，主要表现在离心力场所具有的按粒度差和密度差的分离行为，与按矿粒表面疏水性之差的浮选行为未必一致，若两行为不一致，前者会严重影响浮选分选效率。

管段高紊流矿化最早出现在 Jameson cell（图 3-13）中，Jameson cell 所提供的管段高紊流矿化技术是利用射流原理引入空气，并在高度紊动流体作用下，在狭小的圆形管道空间内，将气体分割成气泡并不断与矿粒碰撞黏附，得到高效矿化。在矿化过程中，矿浆和气泡在圆管内同向流动，迫使气泡克服浮力向下运动，为气泡和矿浆接触创造理想的条件，具有气含率高、浮选效率高等优点。

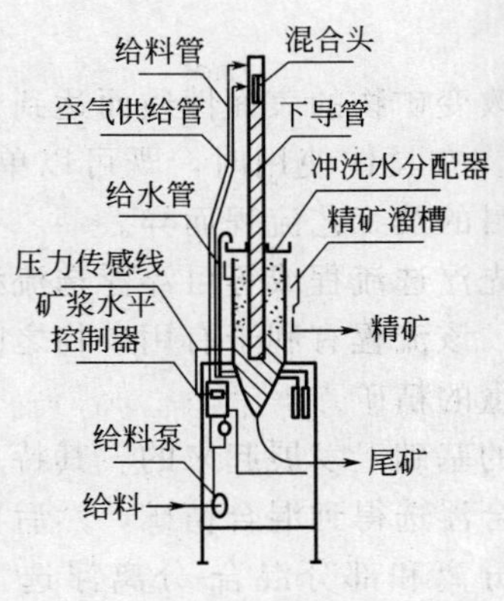

图 3-12　旋流充气浮选柱

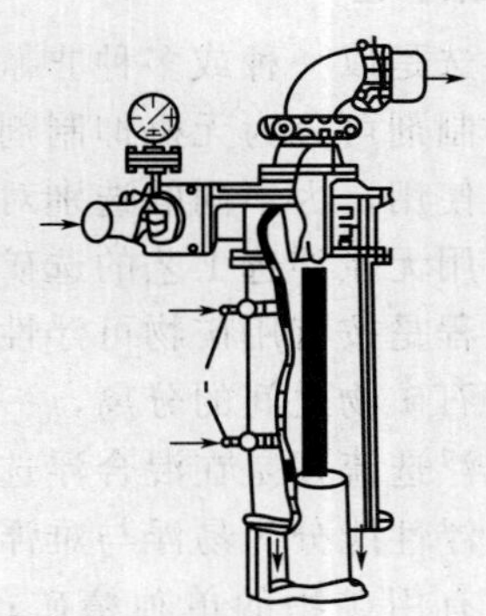

图 3-13　詹姆森浮选柱

2. 浮选贫化的应用

浮选贫化早先用于处理转炉炼铜炉渣，后来也用于处理闪速炼铜炉渣和诺兰达法炼铜炉渣。此法基于铜的硫化物与炉渣中其他组分可选性的差别，将铜以硫化铜精矿的形式回收。

浮选贫化的关键是熔融炉渣必须经过缓冷（约 10h），且须细磨至 90%小于 50μm 的粒度。当渣含铜超过 4%时，在细磨前需经磁选，优先回收白金属和金属铜，以保证浮选矿浆中的含铜量稳定。浮选法处理 1t 炉渣耗电量 70～80kW·h，浮选药剂消耗 400～500g。浮选转炉炼铜炉渣时，铜回收率为 80%～95%，铁回收率为 90%左右；浮选闪速炼铜炉渣时，铜回收率约 90%；浮选诺兰达法铜炉渣时，铜的回收率约 96%。

浮选法的特点是：铜回收率高，一般在 90%以上，所得精矿含铜大于 20%，尾矿含铜 0.3%～0.5%。浮选法与电炉贫化法相比能耗低，可降低渣中 Fe_3O_4 和某些杂质的含量，利于铜渣的贫化处理。目前浮选法已用于闪速铜渣和转炉铜渣铜的回收，但是对于含粒度较粗的单体金属铜的铜渣，浮选法的效果并不明显。铜渣选矿应用实例见表 3-13。

表 3-13　铜渣选矿应用实例

铜渣类型	原矿含 Cu(Fe、SiO_2)/%	弃渣含 Cu/%	回收率/%	工艺特点
日本小坂转炉渣	Cu 7、Fe 42、SiO_2 16	0.46	Cu、Ag、Au 93.5～94.5	一段单槽浮选，二段-粗-精浮选，三段对二段粗选底流再磨再选
犹他诺兰达炉渣	Cu 7、Fe 42.2	0.42	Cu 95	三段破碎两段磨浮选
澳大利亚转炉渣	Cu 3.1	0.62	Cu 93.4	磨碎后混入原矿浮选
大冶诺兰达炉渣	Cu 4.0	0.37	Cu 94.18	二段细磨后一段浮选，粗选直接得精矿

从富氧熔炼渣（如闪速炉渣）和转炉渣中浮选回收铜，在炼铜工业上已得到广泛应用。浮选法铜回收率高、能耗低（与电炉贫化、炉渣返回熔炼法比较），可以将 Fe_3O_4 及一些杂质从流程中除去，吹炼过程的石英用量将大幅度减少。铜浮选收率一般在 90%以上，所得的精矿中铜锍的质量分数大于 20%，尾矿中 Cu 的质量分数为 0.3%～0.5%。王红梅等提出闪速浮选的概念，即是一种回收磨矿-分级回路循环负荷中粗粒矿物的浮选技术，随着技术的成熟，有望在炉渣选矿应用中得到进一步推广。Sarrafi 等在对反射炉渣浮选回收铜的研究中发现 R407 作为捕收剂可获得品位为 12%～6%、铜回收率为 72%的铜精矿，同时发现缓冷熔渣中铜的回收率可达 84%。浮选法虽然应用广、药剂用量小，但选矿药剂多数为有机物，有刺激性气味，且价格昂贵。

3. 无氰浮选

无氰浮选是以一种或多种非氰抑制剂与矿物作用，改变矿物的表面性质而达到分选的目的。非氰抑制剂可分为无机抑制剂和有机抑制剂两大类。在具体使用时，既可以单独使用，也可以组合使用，因不同的选别对象、矿物组成、分选目的及工艺流程而异。

我国采用无氰浮选工艺的选矿厂，一般采用直接优先浮选流程或等可浮浮选流程。直接优先浮选流程是按有用矿物可浮性原则依次地进行浮选，该流程有利于有用矿物之间以及有用矿物与脉石矿物之间的分离，一般来说可以获得高质量的精矿。

等可浮浮选流程是在混合浮选流程和优先浮选流程的基础上发展起来的。其特点是将有价矿物按可浮性能分为易浮与难浮两部分，分别进行混合浮选得到混合精矿，然后再依次分选出各种含有用矿物的单独精矿；该工艺克服了混合-分离和部分混合-分离浮选工艺“重拉、重压”的缺点，有利于实现无氰浮选，而且能适应矿石性质的变化。例如，水口山铅锌矿采用铅-锌-硫等可浮浮选流程，增加了中矿再磨作业，在铅、锌、硫浮选分离作业中采用抑制剂硫化钠、硫酸锌和硫代硫酸钠抑制锌矿物，用石灰抑制黄铁矿，用捕收剂 SN-9 浮选方铅矿，实现了无氰浮选工艺。其浮选指标与原生产指标相比，铅、锌、硫分别提高了0.14%、2.09%和 5.41%；金、银回收率分别提高了 4.08%和 0.87%。黄沙坪铅锌矿矿石中硫化矿物呈中细粒不均匀嵌布，硫化矿物之间共生密切。

采用等可浮浮选流程与组合药剂和改进磨矿制度等技术相配合，提高了技术经济指标，与原流程相比较，不但铅精矿、锌精矿品位提高，回收率均在 90%以上，选矿药剂费用也大幅度降低。广西大厂对 100 号矿体进行了浮选流程及工艺条件的探索研究，分别制定了“磁—浮—重”和“磁—重—浮—重”两个原则流程，并将“磁—浮—重”流程应用于生产，实现了锡、铅、锌无氰浮选分离。霍锡晓等采用二步分选工艺不但解决了大厂锡石一多金属硫化矿多重浮选中相互影响的问题，同时提高了铅、锌回收率。黄廷选对云南马关铅、锌多金属混合矿采用了硫化铅、硫化锌、氧化铅依次优先浮选，尾矿再重选氧化锌的工艺流程。

三、烟化贫化

烟化贫化是仅次于电热法的重要炉渣贫化方法，主要用来处理铅、锌及锡冶炼炉渣，过程在烟化炉中进行，原理与电热法相似。

1. 烟化贫化炉

处理铅、锌渣的常用方法是烟化挥发法。烟化挥发法主要用于处理液态炉渣。液态熔炼炉渣周期性地加入烟化炉，再向熔融的铅熔炼炉渣中鼓入空气和加入碳质还原剂进行吹炼，使锌、铅等有价金属的氧化物还原成金属。在烟化处理的温度下，熔渣中的铅、锌、锗等金属被还原挥发，逸出熔渣表面。金属蒸气在炉子上部空间和前部废热利用装置里，被二次风口吸入的空气重新氧化生成金属氧化物（或以金属蒸气），随炉气进入收尘器（或冷凝器）而被收集。

烟化炉是一只从炉子下部向铅熔炼熔渣鼓入碳质还原剂，使有价金属挥发的水套矩形炉。有些在烟化前还设有沉淀清除的电热前床。炉底的四周由垂直的钢板水套构成长方形的炉井，炉井水平断面积一般为 2～21m^2。炉身由 2～3 排水套组成，高 4～10m。沿炉子长边各有一排风口用于收入空气和粉煤，风口数目为 12～72 个，风口直径 38～100m。炉顶和烟道为封闭式，均由水套组成。烟化炉烟气温度高达 1200℃以上，一般要设废热锅炉回收其中的热能，近年来，我国烟化炉废热利用有所进展，一种利用废热的方法是采用废热锅炉产出蒸汽，其压力可达 4.3MPa，可用来发电，也可用于湿法冶金；另一种方法是采用汽化冷却器，产出0.4MPa的蒸汽，可用于湿法冶金。由于烟化炉为间断作业，因此产出的蒸汽量波动很大，目前多用于湿法冶金。

图3-14为瑞典波利登公司烟化炉（$F=20m^2$）粉煤直供系统的分配方式。

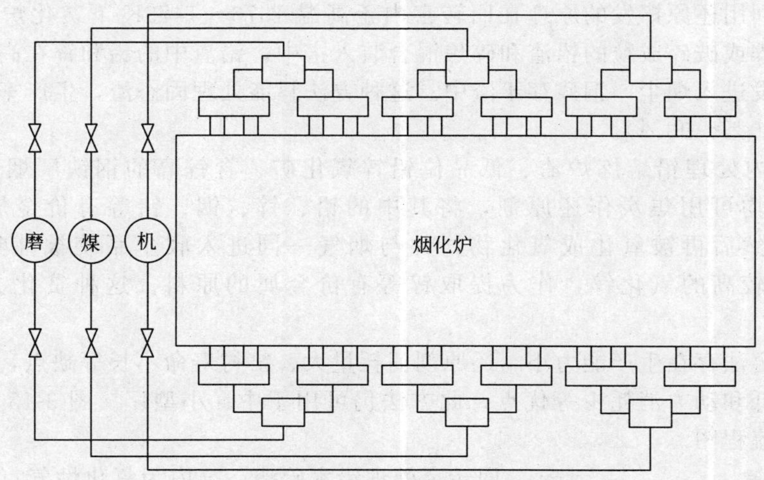

图3-14 烟化炉粉煤直供系统的分配方式

2. 烟化贫化作业

加料和烟化吹炼是烟化法的主要作业。加料时，熔渣有两种加入方式：一种是利用设备配置的高差，使保温炉中的熔渣直接流入烟化炉加料口；另一种是将熔渣放入包子用桥式起重机吊至烟化炉入炉。炉中的熔渣深度一般至风口中心线以上700～1200mm。为周期性进料，每周期间隔视吹炼时间而定，一般为90～150min。为提高效率，保加利亚普罗夫迪夫厂的烟化炉已使间歇性作业连续化，还原剂改用重油，瑞典波利登公司由磨煤机直接向烟化炉风口供送粉煤，不采用中间贮仓和室式给煤系统，原煤含水率小于10%，便不必预先干燥。

烟化吹炼分为加热期吹炼和还原期吹炼。加热期吹炼是在熔渣入炉后，从炉子底部的风口鼓入空气和粉煤。为提高处理能力，降低燃料消耗，改善烟化技术经济指标，可采用富氧空气，有利于缩短吹炼时间，使炉内温度迅速提高到1523～1573K。在加热期吹炼中，当保持高温及弱还原性气氛时，铅和锌能迅速而完全挥发。加热期吹炼鼓入的空气量既要保证大部分粉煤燃烧，发出足够的热量以提高炉温，又要保持炉内弱还原气氛。此时的过剩空气系数可取0.8～0.9，当炉温升到1533～1573K时，即进入还原期吹炼。在此期间应减少空气供给量，使粉煤燃烧时产生大量的一氧化碳，保持炉内较强的还原气氛，使锌迅速还原挥发。此时的过剩空气系数一般为0.5～0.7。

世界各国的铅熔炼炉渣多数采用烟化炉烟化法处理。金属挥发率一般为：铅95%～98%、锌80%～90%、锗85%～90%。烟化炉床处理能力视炉渣性质和冷料加入量而定，一般为20～40t/m²。

经烟化炉吹炼后，熔渣中的铅、锌和锗分别降至0.1%～0.2%、1%～2%和0.0007%～0.001%，可作建材原料或弃去。我国一些有色金属冶炼厂用此法处理铅鼓风炉渣取得了较好的效果。如株洲冶炼厂的烟化挥发法的挥发率分别为Pb75%～80%，Zn80%～85%；云南会泽铅锌矿的烟化挥发率分别为Pb90%～96%，Zn88%～92%；云南鸡街冶炼厂的烟化挥发率分别为Pb94%～95%，Zn88%，Sn92%。湖南水口山矿务局和辽宁葫芦岛锌厂，用旋涡炉处理铅、锌渣，已在工业中回收铅和锌。

四、回转窑贫化

回转窑法利用还原挥发的原理在回转窑内于高温 1373～1473K 下贫化炉渣，主要用于处理铅渣。水碎或破碎成粒的铅渣和碎焦混合装入窑中，铅渣中的铅和锌在高温作用下还原成金属，并挥发进入烟尘，铜残存于渣中。这种方法只能处理固态渣，生产率较低，但锌的挥发率较高（90%～93%）。

在回转窑内处理铅熔炼炉渣、低品位铅锌氧化矿、含锌高的钢铁厂烟尘和湿法炼锌的中性浸出渣均可用焦炭作还原剂，将其中的铅、锌、铟、锗等有价金属予以还原挥发进入烟气，然后再被氧化成氧化物，并与烟气一同进入收尘系统被捕集下来，获得的产品为品位较高的氧化锌，作为提取锌等有价金属的原料。这种贫化方法又称威尔兹法。

尽管回转窑法存在生产能力小、还原剂消耗量大、窑衬寿命不长等缺点，但由于设备简单、建设费用低和动力消耗少等优点，此方法仍可用于中、小型厂。图 3-15 为回转窑挥发铅水碎渣工艺流程图。

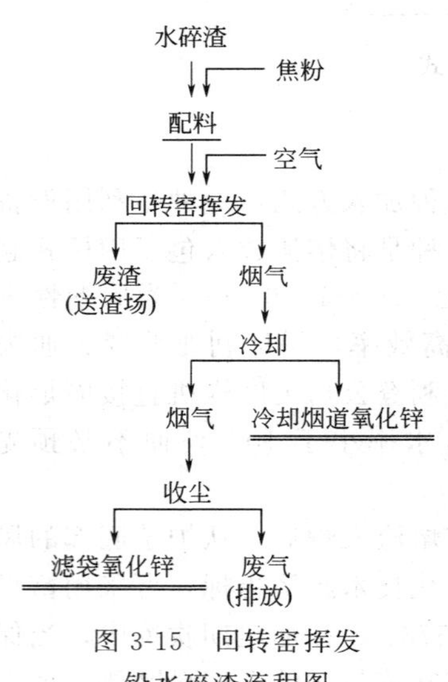

图 3-15 回转窑挥发铅水碎渣流程图

回转窑处理铅水碎渣，窑内为氧化性气氛，通常控制烟气中含 CO_2 15%～20%，O_2 大于 5%，此时窑内反应情况较好。渣含锌以大于 8%为宜，低于 8%时则锌的回收率小于 80%，产出的氧化锌质量差。如果渣含锌低于 6%，则在经济上不合理。铅水碎渣的粒度小于 3mm 者，通常回收率在 65%～81%之间。铅水碎渣配入一定数量的焦粉，作为燃料兼还原剂，并对炉料起松散作用，以防止炉料过早熔融黏结成团，影响锌、铅挥发。一般情况下，水碎渣与焦粉的比例为 100∶(35～45)，焦粉质量差时应取上限。焦粉的质量，除对化学成分有要求外，还要求有适宜的粒度。如粒度太细，大部分在窑尾燃烧完，会造成窑头粘料，渣含锌量高。一般要求粒度为：9～15mm 者小于 10%，3～9mm 者大于 50%，3mm 以下者小于 40%。

窑内焦粉燃烧所需的空气，通常靠排风机造成的炉内负压吸入来供给。常在窑头导入压缩空气和高压风，喷吹炉料强化反应，以延长反应带，使锌铅充分挥发。生产中高压风的风压为 14.7MPa 以上，压缩空气的压力为 0.18～0.25MPa。混合料消耗鼓风量约 $450m^3/t$，其中压缩空气量约占 1/3 以上。

回转窑产出的窑渣呈半熔融状，温度可达 900～1000℃，窑渣采用水淬或先经冷却筒后排入渣池中，经捞渣装置装入渣仓运出。

第三节 工业固体废物的生物浸出回收技术

生物浸出技术也就是用微生物浸矿，借助某些特定微生物的催化作用，使金属离子进入液相并实现对金属离子的富集作用。该技术适合于处理各类含金属工业废渣、贫矿、废矿、表外矿及难采、难选、难冶矿的堆浸和就地浸出。

一、生物冶金浸出机理

生物冶金的浸出机理一直存在着争论，现在讨论最多的是直接浸出机制、间接浸出机制、协作浸出机制和原电池效应。

1. 直接浸出机制

直接浸出是指细菌吸附于矿物颗粒表面，利用微生物自身的氧化或还原特性，使物质中有用组分氧化或还原，从而以可溶态或沉淀的形式与原物质分离的过程。即微生物直接吸附在矿物表面，使矿物晶格中的组分进入溶液，从而达到浸出的作用。细菌吸附在矿石表面，能对矿物产生腐蚀电化学作用来加快浸矿速度。以黄铜矿为例，微生物的直接作用机理可以概括为：

$$CuFeS_2 + 4O_2 \longrightarrow Cu^{2+} + 2SO_4^{2-} + Fe^{2+}$$

$$2FeSO_4 + H_2SO_4 + \frac{1}{2}O_2 \longrightarrow Fe_2(SO_4)_3 + H_2O$$

此外，我们还必须看到在直接作用中，细菌对吸附位点的选择并不是随意的，研究表明，大多数细菌吸附于矿物晶体表面的离子镶布点或者位错点上，进而使矿物表面形成腐蚀点。

2. 间接浸出机制

是指在浸出体系中，依靠微生物的代谢产物（有机酸、无机酸和 Fe^{3+} 等）与矿物质进行化学反应，而得到有用组分的过程。例如，微生物通过代谢反应把 Fe^{2+} 氧化为 Fe^{3+}，Fe^{3+} 氧化硫化矿产生 Fe^{2+}，细菌又把 Fe^{2+} 氧化为 Fe^{3+}，此反应反复进行，形成新的氧化剂，使这种间接作用不断进行下去，从而达到浸出矿物的目的，其化学反应可以概括为：

$$4FeS_2 + 15O_2 + 2H_2O \longrightarrow 2Fe_2(SO_4)_3 + 2H_2SO_4$$

$$4CuFeS_2 + 17O_2 + 2H_2SO_4 \longrightarrow 4CuSO_4 + 2Fe_2(SO_4)_3 + 2H_2O$$

$$4FeSO_4 + O_2 + 2H_2SO_4 \longrightarrow 2Fe_2(SO_4)_3 + 2H_2O$$

$$2S^0 + 3O_2 + 2H_2O \longrightarrow 2H_2SO_4$$

3. 协作浸出机制

协作浸出机制既有接触细菌的参与，也有游离细菌参与，它们通过各自的化学反应，共同对矿石发生作用，既包含有接触作用也包含有非接触作用，不仅仅包括微生物同矿物表面的相互作用，还包括浸矿体系中存在的各种离子或物质对矿物的作用，比如酸的作用等。

4. 原电池效应

如果有两个静电不同的矿物组分在浸矿的体系中互相接触时，静电位高的矿物就会充当阴极，相应的，静电位低的矿物则会充当阳极，并形成电极对，这样形成的原电池就会加速阳极矿物的氧化，而与浸矿相关的微生物的存在又会进一步增强此电化学氧化的过程。如以黄铁矿与黄铜矿为主的矿物体系为例：

阳极：$$CuFeS_2 \longrightarrow Cu^{2+} + Fe^{2+} + 2S^0 + 4e$$

阴极：$$4H^+ + O_2 + 4e \longrightarrow 2H_2O$$

5. 硫化矿浸出机理

发生在硫化矿浸出期间的生物化学反应多半是通过一种直接或间接的机理来完成的。直接机理需要在细菌与矿物表面间有一个紧密的物理接触，以使细菌附着在矿物表面上；而间接浸出机理包括由细菌产生的三价铁离子的作用，其作用机理如图 3-16 和图 3-17 所示。

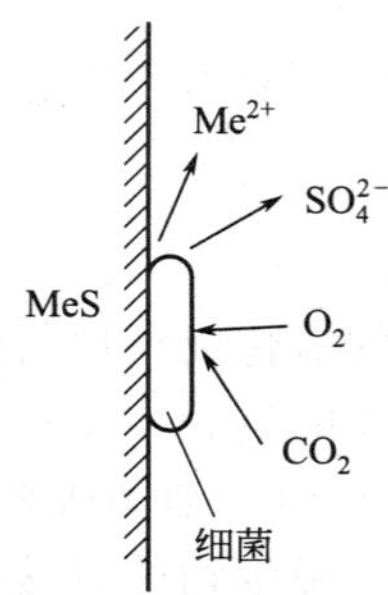

图 3-16　直接浸出机理示意图

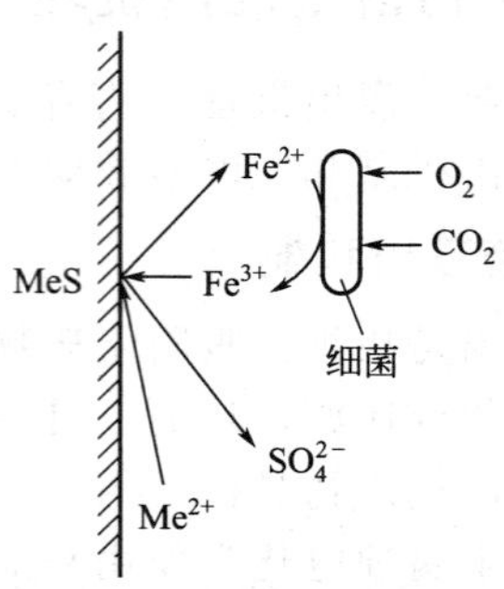

图 3-17　间接浸出机理示意图

① 细菌对黄铁矿直接浸出机理

$$4FeS_2 + 15O_2 + 2H_2O \xrightarrow{细菌} 2Fe_2(SO_4)_3 + 2H_2SO_4$$

在这个反应过程中所产生的三价铁离子没有氧化能力，因为它与细菌的分泌物产生螯合作用。

砷黄铁矿的直接接触机理按上式进行，但也有研究者认为反应也许会生成作为生物氧化的一种中间产物的亚砷酸，接着再由高价铁将三价砷氧化为五价砷，反应按下式进行。

$$4FeAsS + 13O_2 + 6H_2O \xrightarrow{细菌} 4H_3AsO_4 + 4FeSO_4$$

$$4FeAsS + 11O_2 + 6H_2O \xrightarrow{细菌} 4H_3AsO_3 + 4FeSO_4$$

$$H_3AsO_3 + Fe_2(SO_4)_3 + H_2O \xrightarrow{细菌} H_3AsO_4 + 2FeSO_4 + H_2SO_4$$

② 细菌对黄铁矿间接浸出机理。对于砷黄铁矿的反应如下：

$$2FeAsS + 2Fe_2(SO_4)_3 + 1.5O_2 + 3H_2O \xrightarrow{细菌} 2H_3AsO_3 + 6FeSO_4 + 2S^0$$

$$2FeSO_4 + H_2SO_4 + 0.5O_2 \xrightarrow{细菌} Fe_2(SO_4)_3 + H_2O$$

$$S^0 + 1.5O_2 + H_2O \xrightarrow{细菌} H_2SO_4$$

$$H_3AsO_3 + 0.5O_2 \xrightarrow{细菌} H_3AsO_4$$

$$Fe_2(SO_4)_3 + 2H_3AsO_4 \xrightarrow{细菌} 2Fe_2AsO_4 + 3H_2SO_4$$

6. 锰矿浸出机理

微生物浸出锰矿的机理主要有三种类型：锰的氧化；锰的还原；微生物代谢产物的浸出作用。埃利斯等系统地研究了微生物在海洋中氧化与还原锰的机理。

(1) 微生物氧化 Mn^{2+} 形成锰核的机理　在锰氧化过程中，首先二价锰离子被吸附在三价锰离子核上（如微核、石质颗粒或类似物），从而使二价锰被氧化，反应方程式如下：

$$H_2MnO_3 + Mn^{2+} \xrightarrow{细菌} MnMnO_3 + 2H^+$$

$$MnMnO_3 + 0.5O_2 + 2H_2O \xrightarrow{细菌} 2H_2MnO_3$$

上述反应说明锰氧化过程有两个阶段，第一阶段是二价锰为 H_2MnO_3 所吸附，这个反应是非生物反应，反应速度很快；第二个反应是被吸附的二价锰为适当的细菌所催化氧化，这是一个速度有限的反应。因为电子传递系统能够经过氧化磷酸化，使细胞偶联 ATP 而使锰氧化生成 H_2MnO_3，H_2MnO_3 再成为新的吸附剂，连续吸附二价锰而增大成核，形成锰核。

（2）微生物还原锰氧化物的机理　细菌浸出锰矿时也能将四价的锰还原为二价的锰。这种还原作用也有直接作用与间接作用两个方面。钟慧芳等认为细菌还原二氧化锰过程中葡萄糖是电子供体，二氧化锰是电子受体。细菌把在氧化葡萄糖过程中的还原能力传递给二氧化锰，形成 $Mn(OH)_2$，细菌作用于葡萄糖、硫酸、碳酸盐产生酸，溶解 $Mn(OH)_2$。其反应式可以表示如下：

$$\text{葡萄糖(硫酸盐，碳酸盐)} \xrightarrow{\text{细菌}} ne^- + nH^+ + \text{终点产物}$$

$$MnO_2 + 2e + 2H^+ \xrightarrow{\text{细菌}} Mn(OH)_2$$

$$MnO_2 + 2e + 4H^+ \xrightarrow{\text{细菌}} Mn^{2+} + 2H_2O$$

但 Ehrlich 等认为真菌黑曲霉和大肠杆菌对葡萄糖代谢的最终产物是乙二酸和甲酸，它们是 MnO_2 在酸性溶液中的有效还原剂，其反应式如下：

$$MnO_2 + H_2C_2O_4 + 2H^+ \longrightarrow Mn^{2+} + 2H_2O + 2CO_2$$

$$MnO_2 + HCOOH + 2H^+ \longrightarrow Mn^{2+} + 2H_2O + CO_2$$

而今井和民认为，氧化硫硫杆菌浸出锰的机理是细菌首先将 H_2S 氧化成中间还原性产物，如 S、SO_2、SO_3^{2-}，MnO_2 被细菌的中间代谢产物所还原，然后在细菌氧化的最终产物 H_2SO_4 的作用下以硫酸盐的形式溶解出来，其反应方程式如下：

$$MnO_2 + H_2S + H_2SO_4 \longrightarrow MnSO_4 + S + 2H_2O$$

$$4MnO_2 + H_2S + 3H_2SO_4 \longrightarrow 4MnSO_4 + 4H_2O$$

$$2MnO_2 + 4SO_2 + H_2O \longrightarrow Mn_2(SO_3)_3 + H_2SO_4$$

$$Mn_2(SO_3)_3 \longrightarrow MnS_2O_6 + MnSO_3$$

$$MnO_2 + H_2SO_3 \longrightarrow MnSO_4 + H_2O$$

二、浸出微生物的种类

浸矿微生物主要是一些在酸性环境中生长的，可利用低价态铁或还原态无机硫化合物作为电子供体的菌。主要是无机化能自养微生物，他们可以通过氧化无机物获得能量，并以 CO_2 为碳源和以无机含氮化合物作为氮源合成细胞物质。近些年来，已发现多种可以氧化金属硫化矿物的微生物，按其生长的最适宜温度范围分为以下三组。

① 嗜温细菌（acidophile mesophilic microorganisms），是生物浸出中最常用的细菌，包括氧化亚铁硫杆菌、氧化硫硫杆菌、氧化亚铁钩端螺菌等。嗜酸硫杆菌属属于典型的浸矿微生物，最先分离出的菌为极端嗜酸的硫氧化菌和亚铁氧化菌，即嗜中温的氧化硫硫杆菌与嗜酸氧化亚铁硫杆菌。生物冶金中的主要嗜温细菌见表 3-14。

表 3-14　生物冶金中主要的嗜温细菌

名称	最佳生长 pH 值	最佳生长温度/℃	革兰染色	菌体形状	生长类型	主要能源
At. f	2.5	30～45	阴性	棒	化能自养	Fe^{2+}，$S_2O_3^{2-}$，各种含硫化合物
At. t	2.0～3.0	28～30	阴性	棒	化能自养	S^0，$S_2O_3^{2-}$
At. albertensis	3.5～4.0	25～30	阴性	杆	化能自养	S^0，$S_2O_3^{2-}$ 和还原型硫化物
L. ferriphilum	1.3～1.8	30～37	阴性	杆，螺旋	化能自养	Fe^{2+}
L. ferrooxidans	1.5～3.0	28～30	阴性	杆，螺旋	化能自养	Fe^{2+}

② 中度嗜温细菌（moderate acidophile thermophile microorganisms），相对而言，此类细菌研究进展较缓慢，如硫化芽孢杆菌属、中等嗜热菌 *At. caldus* 等，这些浸矿菌都属于革兰阴性 γ-变形菌门。变形菌门的其他嗜酸菌属细菌还包括 *Ac. acidophilum*，钩端螺菌属的

细菌则属于另一个门。生物冶金中主要的中度嗜温细菌见表 3-15。

表 3-15 生物冶金中主要的中度嗜温细菌

名称	最佳生长pH值	最佳生长温度/℃	革兰染色	菌体形状	生长类型	主要能源
Acidimirobium ferrooxidans	2.0	45～50	阳性	杆	兼性自养	Fe^{2+},酵母提取液
Sulfobacillus thermosalf idooxidans	2.0	45～48	阳性	杆,棒	兼性自养	Fe^{2+},硫化矿,酵母提取液
Sulf obacillus ocidop hilus	2.0	45～50	阳性	杆,棒	兼性自养	S^0,酵母提取液
At. caldus	2.0～2.5	45	阴性	短杆	兼性自养	Fe^{2+},含硫化合物,酵母提取液,葡萄糖

③ 极端嗜温细菌（extremeacidophile thermophile microorganisms），此类细菌的适宜生长温度为 60～80℃，如硫化叶菌。在硫化矿生物浸出中应用最多的是硫化杆菌中的硫杆菌属。在一定的温度、pH 值、含氮无机物和空气存在的情况下，硫杆菌就能够生长繁殖，将单质硫和某些还原态的硫化物氧化成 SO_4^{2-}，并从中获得自身生长所需能量。如浸矿菌中的革兰阳性菌包括酸微菌属、硫化杆菌属等。浸矿古菌也是一组极端嗜温且能氧化硫及亚铁的微生物，属于硫化叶菌目，包括硫化叶菌属、酸菌属、球菌属、硫磺球形菌属。生物冶金中主要的极端嗜热古生菌见表 3-16。

表 3-16 生物冶金中主要的极端嗜热古生菌

名称	最佳生长pH值	最佳生长温度/℃	革兰染色	菌体形状	培养类型	主要能源
A. brierleyi	1.5～2.0	70	阴性	球	自养或异养	Fe^{2+},S^0
A. infernus	2.0	90	阴性	球	厌氧或好氧	Fe^{2+},S^0
M. hakonensis	3.0	70	阴性	球	自养或异养	S^0,牛肉膏,蛋白胨等
M. prunae	2.0～3.0	75	阴性	球	自养或异养	Fe^{2+},S^0,牛肉膏,蛋白胨等
M. sedula	2.0～3.0	75	阴性	球	自养或异养	Fe^{2+},S^0,牛肉膏,蛋白胨等
S. metallicus	2.0～3.0	65	阴性	球叶	兼性自养	Fe^{2+},S^0,硫化矿,酵母膏,谷氨酸等
S. yangmingensis	4.0	80	阴性	球叶	兼性自养	Fe^{2+},S^0,酵母膏,谷氨酸等
S. likearchaea	2.0～3.0	70～75	阴性	球叶	兼性自养	Fe^{2+},S^0,酵母膏,核糖等
So. mirabilis	2.0～2.6	70～75	阴性	球	自养或异养	Fe^{2+},S^0,含硫化合物,酵母膏等
So. yellowstonensis	2.0～2.6	60	阴性	球	自养或异养	Fe^{2+},S^0,含硫化合物,酵母膏等

三、浸矿反应动力学

细菌浸出过程十分复杂，包括细菌生长、物质传输、生化反应、化学反应以及电化学反应等多种过程。细菌浸矿的过程快慢涉及多个因素，如介质的酸度、氧化还原电位、温度、充气程度等。

而影响细菌浸出效果的因素很多，其主要有以下几种：细菌的驯化和接种量、矿物的特性、浸出温度、pH 值、矿浆浓度、搅拌方式、氧气供给方式等。下面着重对几个重要因素进行分析。

1. 细菌的驯化

一定的细菌只能氧化一定的矿物质，甚至同一种菌株由于驯化的时间和介质不同所表现的浸出能力也不同。细菌的主要作用是产生作为浸出主要试剂的三价铁离子，而三价铁离子的浓度又直接影响到浸出率。目前强化细菌氧化浸出过程的措施有物理的、化学的、生物的方法以及通过对工艺参数的调整达到强化浸出的效果等。目前国内外强化氧化铁硫杆菌的浸出的主要措施有以下几种。

① 添加氧化剂强化细菌的氧化能力。通过选择培养液介质和向溶液中添加氧化剂如高锰酸钾、过氧化氢、过氧化钠等，强化 T.f 菌的氧化能力。当氧化剂的用量由 0.01mol/L 提高到 0.03mol/L 时，金的溶解速度可提高 2～3 倍。

② 组合菌群。用 T.f 菌和硫氧化杆菌自养微生物从矿石中浸出锰，当固液比为（1∶1)～(1∶10)，浸出时间为 5 天，可以使矿浆 pH 值从 4.5 降到 1.2 左右，并且获得以硫酸盐形式存在的含锰 150～170g/L 的溶液。

③ 采用紫外线。原苏联国家稀有金属研究所伊乐库茨克分所研究人员采用紫外线和乙烯亚氨处理菌株，使菌种产生突变，从而提高菌种的浸出能力。经诱变后的菌株比野生的菌株氧化能力强，浸金率比野生的高出 5～10 倍。

细菌在矿浆浸出时，其存活率和繁殖率不可分割，其量的多少对浸出效果有明显的影响。当细菌接种量为 10g/L、20g/L、40g/L、60g/L 和 80g/L，氧化 72h 时，砷氧化率分别为 42.8%、46.5%、51.6%、53.7%和 54.2%。可见，细菌接种量在大于 60%后，氧化效果并不明显。因此，一般将细菌的接种量控制在 40%～60%为宜。

2. 矿物特性

由于矿物的特性，不同的矿物在相似条件下浸出速率不同，这可能是由于以下几种因素引起。

① 矿物的电位。浸没在电解质溶液中的矿物组成一个个电极，根据以前研究者们的测定数据可以大致得到各种矿物的电位顺序，如图 3-18 所示。由于浸出过程中真正的电子受体是溶解于浸矿液中的氧或三价铁离子，从热力学角度看，矿物的电位越小，与氧的电位差越大，其氧化的热力学趋势越大，越有利于浸出。

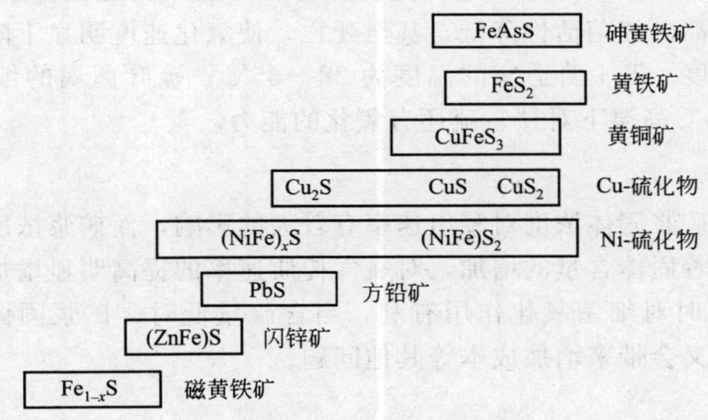

图 3-18　各种矿物的电位顺序

② 矿石的化学成分。同一种矿物即使在相同的条件下浸出，因矿石的化学成分差异，所表现出的动力学特征有显著的差别。Monroy 研究表明，难处理的金矿生物氧化速率与其组成有关。当砷黄铁矿与黄铁矿的含量比小于 0.5 时，氧化速率慢；含量比大于 0.5 时，氧化速率快。

3. pH 值

在细菌氧化过程中，当 pH 值为 1.5～2.0 时可以保证铁盐不沉淀，此时矿浆的氧化还原电位为 450～680mV。pH 值降低，氧化速度减慢，当 pH 值为 1 左右时，铁的氧化率仅有 10%～20%；当 pH 小于 0.7 时，细菌的生长被抑制。pH 值在溶液介质中的变化，主要是由产酸反应和耗酸反应谁占主导地位来决定的。在氧化亚铁硫杆菌氧化黄铁矿的过程中，主要的耗酸反应为：

$$MCO_3+2H^+ \longrightarrow M^{2+}+CO_2+H_2O(M 为 Ca、Mg 等) \tag{3-1}$$

$$4Fe^{2+}+4H^++O_2 \longrightarrow 4Fe^{3+}+2H_2O \tag{3-2}$$

主要的产酸反应如下：

$$FeS_2+3.5O_2+0.5H_2O_2 \longrightarrow Fe^{3+}+2SO_4^{2-}+H^+ \tag{3-3}$$

$$2S^0+3O_2+2H_2O \longrightarrow 3H^++HSO_4^-+SO_4^{2-} \tag{3-4}$$

$$As^{3+}+3H_2O \longrightarrow H_3AsO_3+3H^+ \tag{3-5}$$

$$H_3AsO_4+Fe^{3+} \longrightarrow FeAsO_4+3H^+ \tag{3-6}$$

$$3Fe^{3+}+SO_4^{2-}+HSO_4^-+6H_2O \longrightarrow HFe_3(SO_4)_2(OH)_6+6H^+ \tag{3-7}$$

$$Fe^{3+}+3H_2O \longrightarrow Fe(OH)_3+3H^+ \tag{3-8}$$

在浸出的初始阶段，pH 值的上升是由于耗酸反应占主导地位所致，反应(3-3) 的进行，一方面使氧化亚铁硫杆菌因氧化二价铁离子而获得生理代谢所需的能量，并进行自身的繁殖，而当体系中菌种浓度增加，反应(3-4) 的反应速度增加，这就必然产生一定量的酸以抑制因耗酸反应的进行而造成 pH 值的上升，而且一旦反应(3-4) 占主导地位，会使体系的 pH 值下降；另一方面，反应(3-3) 的进行，以及由反应(3-3) 引起的反应(3-4) 的加速进行，使得浸出体系中三价铁离子浓度增加，Fe^{3+} 浓度累积到一定值时，将促使反应的进行，这一反应的进行又为反应(3-3) 的进行提供了反应物，不至于使反应(3-3) 因缺乏反应物而终止。

$$FeS_2+Fe_2(SO_4)_3 \longrightarrow 3FeSO_4+2S^0 \tag{3-9}$$

4. 浸出温度

细菌氧化最适宜的温度要比细菌繁殖温度上限低几度，当温度低于 15℃时，细菌氧化不能进行；但温度过高，细菌活性降低，甚至死亡，使氧化速度明显下降。此时应用冷却系统进行冷却以控制温度。T. f 菌适宜的温度为 28～35℃，硫叶菌属的细菌具有较高的嗜热及好酸性，在 70～80℃高温下对铁、硫还有氧化的能力。

5. 矿浆浓度

对于搅拌浸出，矿浆固体浓度对浸出速率有较大的影响，而矿浆浓度的最大值取决于氧气传质速率，因为随着固体含量的增加，对氧气传质速率的提高明显增加。一般地，矿浆固体浓度为 15%～20%时对细菌氧化作用有利，当含硫量低时，矿浆固体含量容许达 30%，但是矿浆浓度过低，又会带来增加成本等其他问题。

6. 氧气量

在细菌氧化过程中，所用设备主要是搅拌反应槽，氧气的供给一般以空气的形式输入。氧气的需要量随矿物组成而变化。一般精矿需氧量多，而贫矿则相对少些。通气流量一般又取决于搅拌强度和矿浆浓度，一般在固体含量为 25%，硫氧化率为 45%，浸出时间为 60h 的情况下，0.05～0.1L 空气/min 就可满足要求。

7. Monod 方程

影响反应的传质因素，最主要的是研究矿物颗粒大小和微生物的生长的变化，PBhattacharya 和 RNMukherjea 在研究黄铜矿的细菌淋洗时引入了描述细菌生长的 Monod 方程，以关联细菌浓度与颗粒半径的变化。根据 Monod 方程：

$$\frac{dc_X}{dt}=\frac{\mu_m c_A}{K_A+c_A}c_X$$

式中，c_X 为细胞浓度，g/L；c_A 为黄铜矿浓度，g/L；μ_m 为最大比生长速率，h^{-1}；K_A 为常数。通过推导进而可以得到：

$$\frac{dr_c}{dt}=\frac{-r_c}{3\rho_A}\frac{\mu_m c_A}{K_A+c_A}\times\frac{c_X}{Y_A}$$

式中，r_c 为颗粒核半径；Y_A 为常数，即转化每克基质产生的细菌克数。

通过计算和作图得到各常数的值，将模拟计算得到的曲线与实验曲线比较，可以发现模拟效果很好。

MNHerrera 等提出了一个表象模型，采用 Monod 方程模拟细菌的生长，与各金属元素的浸出率相关联，最终得到的大多数模拟结果与实验结果符合得较好。Herrera 等虽然强调了细菌生长作用，但仍然很重视传质因素的影响，他们提出浸出动力学表达式中，矿粒内核半径 r_c 下降的速率表示为：

$$-\frac{dr_c}{dt}=\frac{M_s}{\rho G\varphi}\frac{[Fe^{3+}]}{1/(G\beta)+(\sigma/\mathrm{Deff})(r_c/R)(R-r_c)+(1/K_c)(r_c/R)^2}$$

式中，M_s 为矿物分子量；ρ 为颗粒密度；G 为铜矿品位；φ 为颗粒形状因子；β 为球状比动力学因子；σ 为化学计量因子；Deff 为有效扩散参数；R 为颗粒半径；K_c 为液-固膜内的物质传递参数。

8. 细菌浸矿的热力学

无论是细菌的直接作用还是间接作用，最终的电子受体都是氧，而细菌只是起催化作用。从热力学角度看，体系的自由能、电势等仅与体系的始态与终态有关，而与所经历的途径无关。图 3-19 是主要金属硫化物氧化反应的电位-pH 图，表 3-17 列出了图中各反应在一定条件下的还原电位值。

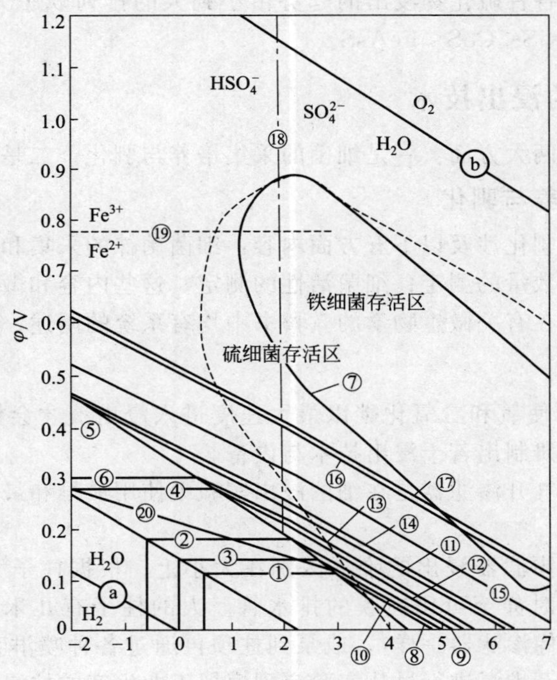

图 3-19　主要硫化物氧化反应的电位-pH 图（T=298K）

表 3-17 主要硫化物电极反应与平衡方程式

代号	反应式	平衡方程式 $\varphi=\varphi^0+A\,pH+B\lg[Me^{2+}]+C\lg[SO_4^{2-}]$				φ^2
		φ^0	A	B	C	
ⓐ	$2H^++2e^-=H_2$	0.000	−0.0591	−0.0296		
ⓑ	$1/2O_2+2H^++2e^-=H_2O$	1.229	−0.0591	0.0148		1.111
①	$Fe^{2+}+S+2e^-=FeS$	0.113	0	0.0296	0	0.054
②	$Ni^{2+}+S+2e^-=NiS$	0.178	0	0.0296	0	0.119
③	$Co^{2+}+S+2e^-=CoS$	0.145	0	0.0296	0	0.033
④	$Zn^{2+}+S+2e^-=ZnS$	0.282	0	0.0296	0	0.223
⑤	$Cd^{2+}+S+2e^-=CdS$	0.408	0	0.0296	0	0.349
⑥	$CuS+Fe^{2+}+S+2e^-=CuFeS_2$	0.301	0	0.0296	0	0.242
⑦	$Fe^{2+}+2S+2e^-=FeS_2$	0.458	0	0.0296	0	0.399
⑧	$Fe^{2+}+SO_4^{2-}+8H^++8e^-=FeS+4H_2O$	0.293	−0.0591	0.0074	0.0074	0.197
⑨	$Ni^{2+}+SO_4^{2-}+8H^++8e^-=NiS+4H_2O$	0.308	−0.0591	0.0074	0.0074	0.212
⑩	$Co^{2+}+SO_4^{2-}+8H^++8e^-=CoS+4H_2O$	0.301	−0.0591	0.0074	0.0074	0.205
⑪	$Cd^{2+}+SO_4^{2-}+8H^++8e^-=CdS+4H_2O$	0.366	−0.0591	0.0074	0.0074	0.270
⑫	$Zn^{2+}+SO_4^{2-}+8H^++8e^-=ZnS+4H_2O$	0.355	−0.0591	0.0074	0.0074	0.239
⑬	$Fe^{2+}+CuS+SO_4^{2-}+8H^++8e^-=CuFeS_2+4H_2O$	0.340	−0.0591	0.0074	0.0074	0.244
⑭	$Fe^{2+}+2SO_4^{2-}+16H^++14e^-=FeS_2+8H_2O$	0.368	−0.0591	0.0037	0.0074	0.272
⑮	$Cu^{2+}+SO_4^{2-}+8H^++8e^-=CuS+4H_2O$	0.419	−0.0591	0.0074	0.0074	0.323
(16)	$2Cu^++SO_4^{2-}+8H^++8e^-=Cu_2S+4H_2O$	0.506	−0.0591	0.0148	0.0074	0.410
(17)	$2Ag^++SO_4^{2-}+8H^++8e^-=Ag_2S+4H_2O$	0.517	−0.0591	0.0148	0.0074	0.421

从图 3-19 和表 3-17 可以得出如下结论：

① 细菌的活动区是各金属硫化物的氧化区，从而使得细菌的存活与硫化物的氧化统一在一个环境中。

② pH 值为 2 时，各种硫化物浸出的趋势由小到大的排列顺序为 Cu_2S<CuS<Fe_2S<CdS<$CuFe_2S$<ZnS<NiS<CoS<FeAsS。

四、生物冶金的浸出技术

细菌浸出技术包括两大方面：一是细菌的采集培养与驯化；二是浸出技术。

1. 细菌的采集培养与驯化

细菌的采集培养与驯化涉及以下五方面内容：细菌菌株的采集和鉴别；细菌的分离和培养；细菌的驯化；细菌数量的测定；细菌活性的测定。这些内容和微生物学实验研究采用的方法及技术大体一致，在有关微生物学的教科书中均有系统的阐述。

2. 浸出方式

细菌浸出过程必须使氧和二氧化碳以最大速度进入浸出液才会使金属提取有最好的结果，围绕着这一目的，研制出若干浸出技术与设备。

(1) 气升渗滤器　气升渗滤器是在细菌浸出实验中使用最早和最普遍的装置，该装置如图 3-20 所示。

(2) 柱浸　柱浸与渗滤器浸出的唯一区别在大小上。根据柱子大小需要，柱子可由玻璃、塑料或钢制造，有时甚至可用镀膜的排水管。大的柱子有几米高，装的矿石多达 2t。浸出液通过气升循环（像渗滤器一样），或泵到柱顶再通过各种喷淋系统喷洒在矿石的表面上。已对堆摊浸出和废石堆浸进行过从实验室到模拟工业生产的柱浸试验，对影响浸出效率的一些可能因素也进行了研究，其中最重要的是有效地供给氧和二氧化碳。据报道，最大浸出柱的矿石处理量为 200t，需要配备耗氧、温度及 pH 值控制装置。

(3) 静置浸出技术　这种技术是把磨细的矿与接种的营养浸出液一起放进浸出瓶里，并使之浅层沉淀以使液面最大限度地暴露在空气中，如此进行几星期或几个月。由于这种技术氧的质量传递很差，因而细菌活性大大受到限制。

(4) 使用搅拌的浸出技术　在搅拌的浸出液中，溶液表面不断更新，加速了氧的传递，摇瓶方法和槽浸方法都属于这种类型，摇瓶浸出法能很快地提供影响细菌活性的各种参数。浸出槽有带机械搅拌的或带空气搅拌的（帕丘卡槽）。槽浸试验可以安装测试仪表，控制全部重要参数，由这些研究得出的数据可用于工艺流程的放大，这种技术已用来评价浸出工艺的可行性，并可对微生物浸出各种含硫化物精矿进行初步评价。高效的搅拌系统与空气弥散系统在槽浸中起着至关重要的作用，这住往成为各厂家的专利技术。目前在国外用于金矿预处理的大多是充气机械搅拌槽。

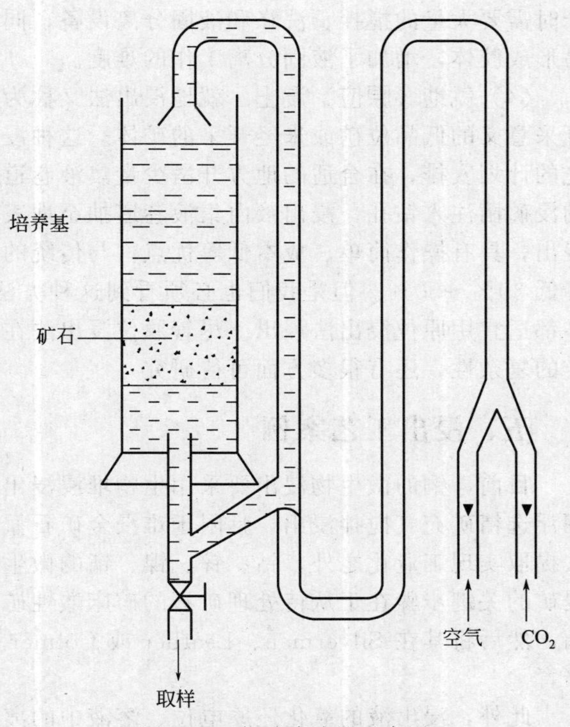

图 3-20　气升渗滤器示意图

3. 工业浸出技术

低品位矿所使用的工业浸出技术有堆浸、渗滤浸出、搅拌浸出和原位浸出等，这些浸出方式都是使细菌繁殖与浸出同时进行。

(1) 堆浸　堆浸用于难选氧化矿、低铜表外矿、废矿石的浸出。浸出场通常选择在不透水的山坡处，清除植被后铺设高密度聚乙烯衬垫，有时还铺设输液管。将开采的矿石或破碎至一定粒度的矿石堆成堆（通常为 6m），在堆表面喷洒浸出剂，浸出剂渗过矿堆时将铜溶出，流到集液池。浸出一定周期后，再在其上面用新矿筑堆，反复进行堆浸。

对于硫化铜矿的浸出，细菌浸出已越来越广泛地被采用。通过氧化亚铁硫杆菌、氧化硫杆菌、细螺旋铁杆菌等的生物化学作用可提高浸出速度和浸出率，矿物通常需先经过几小时的细磨处理。在澳大利亚新南威尔士的 Girilambone 矿细菌浸出已成功应用，NIFTY 矿也计划在旧有堆浸的基础上增加细菌浸出。在常规堆浸的基础上，1975 年美国 H&N（霍姆斯-纳维）公司推出薄层浸出法（TL），1979 年智利 SMP 索达西矿产公司对此进一步作了改进，并于 1980 年建成 LoAguirre 矿铜水冶厂。

(2) 渗滤浸出　渗滤浸出是在渗滤槽内进行，它适用于处理精矿或品位较高且矿石粒度<5的矿石。浸出效果跟矿石粒度密切相关，渗滤浸出是生产成本最低的浸出方式，但是由于生产过程一直处于静止状态，导致浸出周期较长，浸出时间为数十天至数百天，浸出率也低于前两种方式。然而，从经济效益角度考虑，渗滤浸出最具应用于工业生产的潜力。

(3) 搅拌浸出　搅拌浸出用于处理富矿及精矿，它要求小于 0.075mm 粒度的矿石占总矿石含量的 90%以上，且矿浆浓度要小于 20%。通过搅拌矿浆可以加强细菌和矿粒的接触，从而强化传质，保证充足的 O_2 和 CO_2 的供应。搅拌浸出法具有金属回收率高、浸出速度快、浸出时间短（仅数小时至数十小时）等优点。但是，利用搅拌浸出法进行大规模工业生产时需要大量的搅拌、洗涤和液固分离设备，同时，搅拌浸出过程或对浸出液进行处理时容易形成胶体，增加了液固分离工作的难度。

(4) 就地（原位）浸出　就地浸出法又称为原位浸出法或矿床内浸出法，常用于处理无开采意义的低品位矿或未经开采的矿体。这种浸出方式通常在矿体中直接进行。首先根据事先的计划安排，在合适的地方开凿少量集液巷道，在矿体上的合适位置钻孔，然后将培养好的浸矿菌注入钻孔，浸出液由集液巷道抽至地表相应车间进行处理。应用这种方式进行生物浸出，具有操作简单、成本低等优点，与传统的采矿选矿冶炼的生产方法相比生产成本可以降低 30%～50%。但是我们也必须看到这种方法对于环境的依靠性很大，并不是所有的矿体都适宜用原位浸出法浸出。尽管原位浸出法在工业应用中不断被改进，但是考虑到工业生产的复杂性，还有很多方面可待研究。

五、浸出工艺案例

目前，铜的微生物浸出要采用生物堆浸浸出-萃取-电积工艺，金的生物氧化浸出主要采用浮选精矿充气搅拌浸出，且限于难浸金矿石氰化提金的预处理，除铜、铀、金的微生物湿法提取实现工业化之外，钴、锌、镍、锰的微生物湿法提取也正向工业化生产过渡。微生物浸矿的关键步骤在于从待处理矿石的矿床酸性矿水中分离出所需的微生物，如氧化亚铁硫杆菌，然后将其在 Silverman、Leather 或 Colmer 培养基中培养并逐步改变介质以转移驯化培育。

此外，浸出液的氧化还原电位、溶液中的离子、原电池效应和湿法冶金等方面的因素也对提矿过程有着显著影响。

1. 德兴铜矿含铜废石综合处理厂

年产 2000t 阴极铜，采用细菌堆浸-萃取-电积工艺生产。堆浸厂分为 3 个堆，主要由其中的 $1^{\#}$、$2^{\#}$ 堆轮流筑堆，喷淋布液浸出。含铜废石由采场用汽车运至堆场，第一层平均堆高 30m，以上各层均高 10m，用松土犁犁松矿堆表面 1.2～1.4m 矿层。用旋摇式喷头，喷淋密度为 6～8L/(m^2·h)，由祝家山酸性水库提供浸出剂，流量约 7500m^3/d，用泵扬至喷淋高位槽后喷淋。浸出时通过将部分合格的浸出液配入酸性水返回喷淋的手段来维持富铜浸出液含铜浓度。PLS 成分为：Cu≥1g/L，Fe8～12g/L，pH＝2～2.1。

合格浸出液用泵送至合格液高位槽后，自流入萃取箱。萃取在常温下进行，采用 2 级萃取 1 级反萃级配，萃取剂为 4%～5%的 Lix984，稀释剂为 $260^{\#}$ 煤油，相比 O/A＝1∶1，混合 3min，澄清速率 3.6m^3/(m^2·h)。用含铜 35g/L，铁 5g/L，硫酸 175g/L 的电积贫液反萃，反萃后液含铜 45g/L，经气浮塔和电积液过滤器分离有机相后，送电积车间。萃余液经澄清池回收有机相后，自流至卧式离心机分离，分离出的有机相及水相返回萃取箱，残渣外排。

电积部分有 30 个电积槽，尺寸 3.5m×1.2m×1.4m，每槽 32 片不锈钢永久阴极，33 片 Pb-Ca-Sn 合金阳极，电流密度 185～195A/m^2，电压 1.9～2.1V。反萃后液自流至电积供液槽与部分电积贫液混合后，通过板式换热器升温，再扬至高位槽，自流至电积槽。用阴离子交换膜每天处理部分电积贫液回收部分酸。

设计的堆浸浸出率 18%，萃取回收率 90%，电积回收率 99.5%。

2. 铜矿生物浸出

低品位硫化铜矿和含铜废石的生物浸出在国外已实现大规模的产业化。美国在 20 世纪 80 年代中后期形成了 62.3 万吨级铜的生产能力，依靠发展大规模的堆浸和堆浸-萃取-电解沉积工艺，实现了铜的稳定增长。美国和智利利用萃取-电解沉积法生产的铜中有50%以上是采用生物浸出技术制备。为了保证细菌的生存条件，从矿堆的底部通入空气。由于在温度较高时，金属浸出的动力学性能提高，因此培育出耐高温菌种是关键。目前，国外已培育出并在生产上采用能耐受40～50℃甚至75～80℃的高温菌种，其浸出容积已可达1500m^3。而我国早在1959年就开始用氧化亚铁硫杆菌浸出铜矿的研究，曾对湖南柏坊铜铀共生矿、江西德兴铜矿、安徽铜官山铜矿以及云南大姚铜矿等进行过大规模的细菌浸出扩大实验，取得了一些经验和成果。其中江西德兴铜矿于1997年建成国内规模最大的硫化铜矿堆浸厂，该厂的设计能力为2000吨/年阴极铜，采用浸出-萃取-电沉积工艺流程。

在硫化铜矿物中，辉铜矿、铜蓝、斑铜矿、黝铜矿容易浸出，黄铜矿较难浸出。硫化铜矿的生物浸出使用的是氧化铁硫杆菌，与其他菌种相比，它具有最好的浸出效果。其中各种铜矿的主要化学反应为：

黄铜矿：

$$CuFeS_2 + 4O_2 \xrightarrow{细菌} CuSO_4 + FeSO_4$$

铜蓝：

$$CuS + Fe_2(SO_4)_3 \xrightarrow{细菌} CuSO_4 + 2FeSO_4 + S^0$$

斑铜矿：

$$Cu_5FeS_4 + 6Fe_2(SO_4)_3 \xrightarrow{细菌} 5CuSO_4 + 13FeSO_4 + 4S^0$$

辉铜矿：

$$Cu_2S + 2Fe_2(SO_4)_3 \xrightarrow{细菌} 2CuSO_4 + 4FeSO_4 + S^0$$

3. 金矿的生物浸出

近年来，世界上很多科研机构都致力于难浸金矿的细菌氧化法，以处理采用直接氰化难以奏效的黄铁矿、砷黄铁矿等金矿石，而对于金精矿的处理更具有吸引力。目前世界上有约30%的金资源属于难处理硫化矿，因此细菌氧化具有较大的潜力。

用细菌氧化法处理难浸金矿提高金回收率的重要条件是选育氧化能力强、繁殖快的菌株作菌种，而重要的影响因素是浸金时的温度、pH值、溶解氧量、空气分散浓度以及固液比和加入矿浆的速度、浸出时间、培养液的浓度等。用细菌氧化法预处理金矿与其他预处理方法相比具有以下优点：

① 细菌氧化是在常温常压下进行的硫化物的生物氧化过程，流程较简单，操作方便，并且对外部条件适应性强。

② 金回收率高。

③ 投资少，生产成本低，有较高的经济效益。

④ 没有环境污染问题，具有较高的社会效益。

但是细菌繁殖需要适宜的条件，并且处理时间较长，水电消耗较高，从而在一定程度上减慢了该方法在工业上的应用。

细菌氧化硫化矿有直接和间接作用两种方式。细菌氧化预处理难浸金矿的目的就是使被硫化物包裹的金露出来，以利于氰化物或其他试剂的浸出，提高金的回收率。细菌氧化预处理金矿的工艺主要包括制备或获得活性较好的细菌、细菌氧化、固液分离以及从细菌氧化残渣中提取金等工序，其工艺流程如图3-21所示。

迄今国外已有十多个生产或在建的细菌氧化提金厂，其简况见表3-18。南非的Fairview工厂是世界上第一个细菌氧化预处理金矿厂，1988年10月投入生产，氧化处理时间已由原来的5～6天缩至3～4天，金精矿的日处理量由原来的12t增至35t。Fairview金矿含砷黄铁矿和黄铁矿，没经过预处理，金很难浸出，直接氧化时浸出率仅为35%，但经细菌氧化预处理后，金浸出率稳定在95%以上。其工艺流程如图3-22所示。

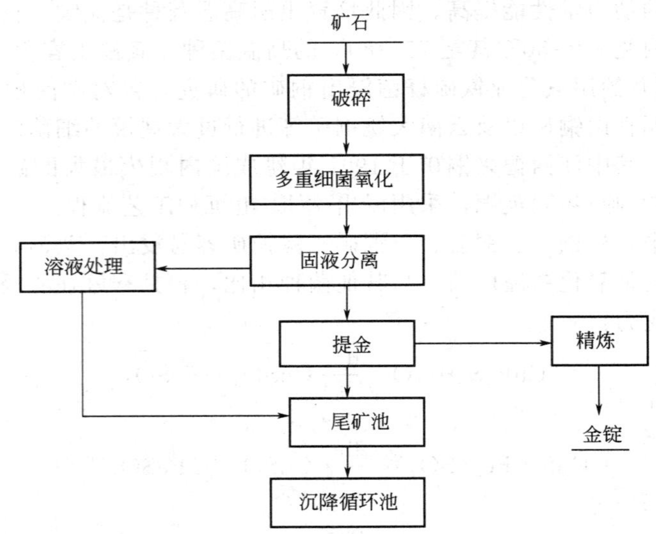

图3-21 难浸金矿的细菌氧化提金工艺流程图

表3-18 细菌氧化处理金矿应用简况

工厂	处理量/(t/d)	氧化时间/h	硫氧化率/%	预计金回收率/%	投产或试验日期	说明
Vaal Reefs 南非	20	72	50	70	1989年6月	最大反应槽为125m²，中间试验厂1991年已停产
Fairview 南非	35	96	85	92	1988年10月	1991年扩大
Salmita 加拿大	100	96	—	95.6	—	
Sao Bento 巴西	150	40	30	—	1990年12月	反应槽容积580m³，预处理高压釜物料
Harbour Lights 澳大利亚	115	120	87	94	1992年1月	澳大利亚Ractech公司提供细菌浸出装置
Austin 美国	40	120	—	90	1988年	1989年工业厂设计
Congress 加拿大	75	—	—	90	1989年2月	

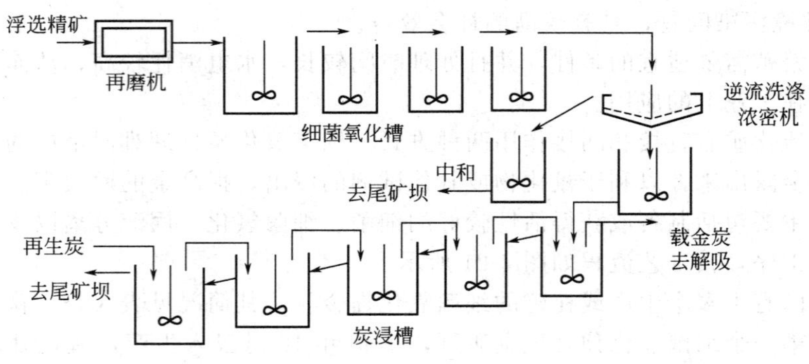

图3-22 Fairview细菌氧化提金厂流程

精矿细菌氧化预处理后经浓缩或过滤分离，溶液用石灰两段中和，第一段，pH 值为 5，第二段，pH 值大于 8，溶液中的砷以碱式砷酸铁形式沉淀，溶液中的一些金属也随之沉淀。

加拿大的 Equity 厂处理含金尾矿，氧化处理时间 40h，金浸出率为 74%左右，澳大利亚已采用嗜热铁硫杆菌处理金精矿。

Austin 金矿原处理工艺是采用硫化物混合浮选和炭浸法处理浮选尾矿。随着开采深度的增加，矿石中天然有机碳物质增加，氧化矿减少，加之浮选过程中加入药剂的影响，致使尾矿处理遇到很大困难，为解决以上困难，研究了各种方法处理精矿，如焙烧、加压氧化、氯化和细菌氧化等，其结果以细菌预氧化-氰化钠浸出提金工艺最为经济。

Austin 金矿细菌氧化实验室始建于 1988 年，是在加拿大 Coastech 研究中心进行的。经分批细菌氧化后的金浸出率达 90%以上，而直接氰化时金的浸出率小于 20%。在 1989 年初进行了工业生产厂的设计，工厂是按 20t/d 和 40t/d 精矿设计的，以便与 Austin 金矿目前和将来金精矿产量相匹配，金的浸出率为 90%。其流程图如图 3-23 所示。首先是浓度为 20%的矿浆泵送并均匀分流到 3 个平行反应器中，含细菌营养液给入矿浆分配器，3 个平行反应器的流出矿浆进入 2 个串联的细菌反应器，最末一台反应器的溢流进入 2 台浓密机组成的洗涤段，以逆流方式洗涤，洗涤比为 2∶1；第一台洗涤 pH 值为 6.7～7.0 之间的排放液，同时产生细菌氧化所需的二氧化碳，以供细菌氧化时使用；第二台浓密机底流和石灰接触后泵送至氰化浸出槽，氰化浸出金后尾渣送到尾矿池。在细菌氧化硫化矿过程中，向反应器中充入空气，以提供足够的氧，并通过蛇形管以冷却水控制氧化反应槽中的温度，使其在所控温度范围内。

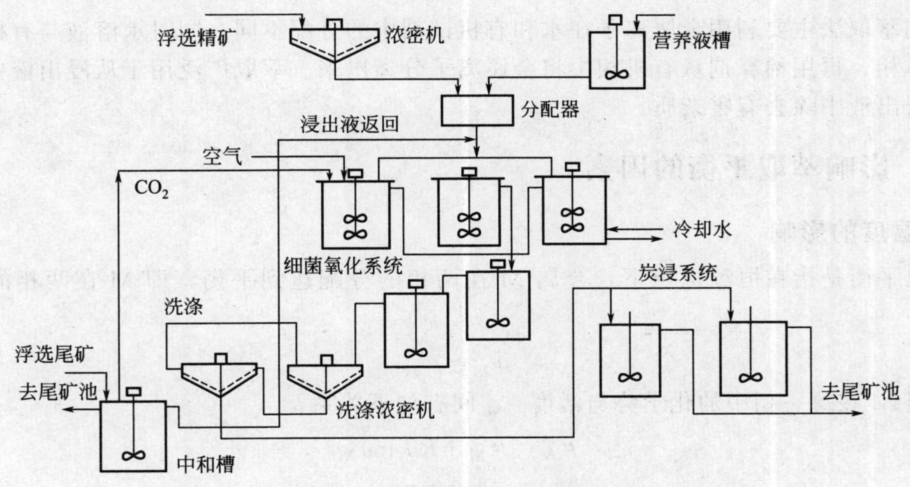

图 3-23　Austin 金矿 40t/d 细菌氧化提金厂流程

4. 微生物冶金技术在铀矿石中的应用

细菌浸铀也已有多年历史。葡萄牙 1953 年开始试验细菌浸铀，到 1959 年时某铀矿用细菌浸铀，浸出率达 60%～80%。在 20 世纪 60 年代，加拿大就开始用细菌浸出 ElliotLake 铀矿中的铀。在该区的 3 个铀矿公司都有细菌生产厂，1986 年 U_3O_8 产量达 3600t。1983 年成功地以原位浸出的方式从 Dension 矿中回收了大约 250tU_3O_8。到目前为止，美国、俄罗斯、南非、法国、葡萄牙等国都有工厂在用生物堆浸法回收铀。1966 年加拿大研究成功了细菌浸铀的工业应用，用细菌浸铀生产的铀占加拿大总产量的 10%～20%，而西班牙几乎所有的铀都是通过细菌浸出获得的，印度、南非、法国、前南斯拉夫、塔吉克斯坦、日本等国也广泛应用细菌法溶浸铀矿。我国在20世纪70年代初，也曾在湖南711铀矿作了处理量为700t贫铀矿石的细菌堆浸扩大试验，而在柏坊铜矿则将堆积在地表的含铀0.02%～0.03%的2万多吨尾砂历经8年用细菌浸出铀浓缩物2t多。进入20世纪90年代后，新疆某矿山利用细菌地浸浸出铀取得了良好的经济效益。此外，北京化工冶金研究院在细菌浸矿方面做过许多研究工作，他们曾在相山铀矿进行过细菌堆浸半工业试验研究，而赣州铀矿原地爆破浸出试验及在草桃背矿石堆浸试验中也都应用了细菌技术。

5. 微生物冶金技术在其他金属矿中的应用

据报道，锑、镉、钴、钼、镍和锌等硫化物的生物浸出试验比较成功。由此可知，氧化铁硫杆菌和喜温性微生物可从纯硫化物或复杂的多金属硫化物中将上述重金属有效地溶解出来。金属提取速度取决于其溶度积，因而溶度积最高的金属硫化物具有最高的浸出速度。这些金属硫化物可用细菌直接或间接浸出。除上述金属硫化物外，铅和锰的硫化物、二价铜的硒化物、稀土元素以及镓和锗也可以用微生物浸出。硅酸铝的生物降解曾被广泛研究，特别是采用在生长过程中能释放出有机酸的异养微生物的生物降解，这些酸对岩石和矿物有侵蚀作用。另外，它还应用在贵金属和稀有金属的生物吸附锰、难选铜-锌混合矿、大型铜-镍硫化矿、含金硫化矿、稀有金属钼和钪的细菌浸取等众多方面。

第四节 工业固体废物的溶剂萃取处理技术

溶剂萃取法主要利用金属离子在水和有机试剂中的分配不同，同时水溶液与有机液形成两层液体相，再用稀释剂从有机相中将金属离子分离出来。萃取广泛用于从浸出液中提取金属和从浸出液中除去有害杂质。

一、影响萃取平衡的因素

1. 温度的影响

萃取平衡是指在恒温恒压下，金属M在两相的分配达到平衡，即M在两相的化学势相等。

$$\bar{\mu}_{M}=\mu_{M} \tag{3-10}$$

金属M在每一相中的化学势与活度a_{M}间有如下关系：

$$\mu_{M}=\mu_{M}^{0}+RT\ln a_{M} \tag{3-11}$$

$$\bar{\mu}_{M}=\bar{\mu}_{M}^{0}+RT\ln\bar{a}_{M} \tag{3-12}$$

式中，μ_{M}^{0}，$\bar{\mu}_{M}^{0}$分别为金属M在水相和有机相中的标准化学势，也就是活度等于1时的化学势。当萃取达到平衡时，有

$$\mu_{M}^{0}+RT\ln a_{M}=\bar{\mu}_{M}^{0}+RT\ln\bar{a}_{M}$$

$$-(\bar{\mu}_{M}^{0}-\mu_{M}^{0})=RT\ln\frac{\bar{a}_{M}}{a_{M}}$$

即：

$$\frac{\bar{a}_{M}}{a_{M}}=e^{-(\bar{\mu}_{\phi_d}^{0}-\mu_{\phi_d}^{0})/(RT)} \tag{3-13}$$

根据分配系数定义

$$K_D=\frac{\bar{a}_M}{a_M}=e^{-(\bar{\mu}_{\phi_d}^0-\mu_{\phi_d}^0)/(RT)} \tag{3-14}$$

式(3-14) 为分配系数与温度的函数关系式。温度不同，萃取的平衡状态也不一样。

2. 萃取剂浓度的影响

当金属离子浓度一定，其他条件保持不变时，萃取因数 E 随萃取剂浓度增加而提高，如图 3-24 所示。

图 3-24 中萃取剂浓度与萃取因数的线性方程斜率可以根据以下方程式计算：

$$M^{n+}+n\,\overline{HR}\rightleftharpoons\overline{MR_n}+nH^+ \tag{3-15}$$

$$K_E=\frac{[\overline{MR_n}][H^+]^n}{[M^{n+}][\overline{HR}]^n} \tag{3-16}$$

当 pH 值恒定时，则有：

$$E=K_E[\overline{HR}]^n \tag{3-17}$$

式中，K_E 为平衡常数。

对式(3-17) 取对数可得：

$$\lg E=n\lg[\overline{HR}]+C \tag{3-18}$$

上式中常数 C 可由图 3-24 的截距求出。实际上斜率 n 即是与被萃取金属离子形成萃合物需要的萃取剂分子数。

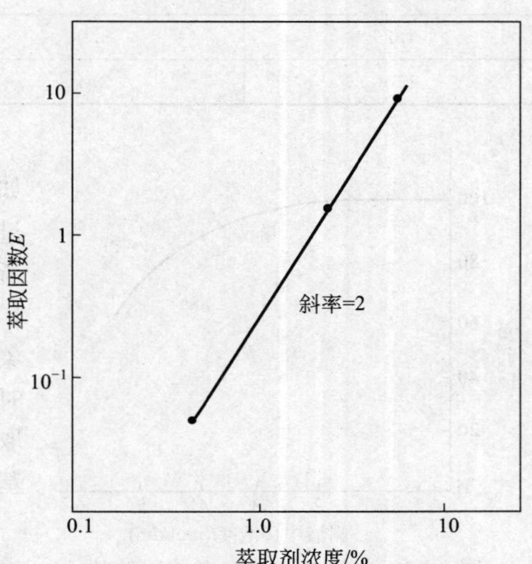

图 3-24 萃取剂浓度对萃取因数的影响（用 TBP 萃取铀）

3. pH 值的影响

螯合萃取剂或酸性萃取在萃取金属过程中都放出氢离子，根据式(3-19) 可看出，萃取的金属越多，产生的氢离子越多。结果使体系的 pH 值降低，从而降低了金属的萃取效率。对式(3-16) 取对数可得：

$$-\lg[H^+]=pH=\frac{1}{n}\lg E-\frac{1}{n}\lg K_E-\lg[\overline{HR}] \tag{3-19}$$

当固定萃取剂浓度，要想增加金属的萃取率只有提高 pH 值。一般来说，pH 值对于萃取率都有个最佳值。

4. 水相组分的影响

水相组分通常是指水相中存在的阴离子，它的类型和浓度往往会影响金属的萃取效率。

水相阴离子种类和浓度对萃取影响的一般规律是：如果水相中某种阴离子可与金属离子形成配合物，那么随阴离子浓度的增大和配合物稳定性的增强，对萃取的影响愈显著。对于中性络合物萃取体系，形成可萃取的稳定性高的中性配合物有利于分配比的提高，对于离子缔合萃取体系，则形成可萃取的稳定性高的络合阴离子有利于分配比的提高；对于酸性络合（或螯合）萃取体系，水相配合物的形成对萃取一般是不利的。

5. 金属离子浓度的影响

当萃取剂浓度一定时，水相金属离子浓度对萃取平衡的分配比产生影响。萃取平衡时，游离萃取剂的浓度为：

$$(\overline{HR})_F=(\overline{HR})_T-(\overline{MR_n}) \tag{3-20}$$

式中，$(\overline{HR})_T$ 表示萃取剂的总浓度；$(\overline{HR})_F$ 表示与金属形成萃合物的萃取剂浓度。如果体系中金属离子浓度增高，在其他条件不变的情况下，就意味$\overline{(MR_n)}$增多，结果$(\overline{HR})_F$减少，分配比D（萃取体系达到平衡时，被萃溶质在有机相中的总浓度与水相中总浓度之比）也就相应下降，如铜浓度对铜分配比的影响见表3-19。所以在实际操作时，就要考虑变更操作条件，如采取适当提高萃取剂浓度或提高O/A相（O代表有机相体积，A代表水相体积）比等来消除或减弱这些影响。

表3-19 铜浓度对铜的萃取分配比的影响

料液含铜/(g/L)	铜的分配比D	料液含铜/(g/L)	铜的分配比D
4.29	3.0	0.57	4.1
1.00	3.4	0.085	6.0

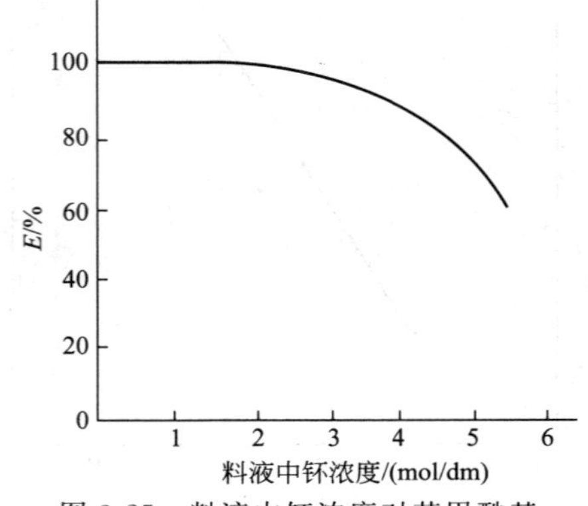

图3-25 料液中钚浓度对苯甲酰基苯基羟胺萃取钚的影响

但实验表明，若水相中金属离子浓度较低（例如不大于1×10^{-3}mol/L），而有机相中萃取剂相对过量，则分配比和萃取率与金属浓度无关，如图3-25所示的情况。从图中曲线来看，当金属钚浓度大于1×10^{-3}mol/L时，钚的萃取率才开始下降。这种现象似乎可从两个方面来理解：一是在金属浓度很低时，可认为分配比即是热力学分配系数；二是因萃取剂相对过量，可认为有机相中自由萃取剂的浓度基本不变，故对金属的分配比无明显影响。

6. 盐析剂的影响

用中性或碱性萃取剂萃取时，水相中常添加一定量的盐析剂来提高金属的分配比或增大分离系数，其效果都比较显著。

盐析剂的加入可提高分配比的主要原因如下。

① 盐析剂离子的水化作用，生成水化离子，使水相中自由水分子数减少，从而提高了被萃取物在水相中的有效浓度。

② 盐析剂阴离子的同离子效应，有利于萃取平衡向生成萃合物的方向移动。

盐析效应的大小主要与盐析剂的阳离子电荷数和半径大小有关。一般说来，电荷越多，盐析效应越大，电荷相同时，半径越小，盐析效应越大。这是由于离子的水化作用的强弱与离子的电荷和半径有关。常见的硝酸盐的盐析效应大小有下列顺序：

$Al(NO_3)_3 > Fe(NO_3)_3 > Zn(NO_3)_2 > Cu(NO_3)_2 > Mg(NO_3)_2 > Ca(NO_3)_2 > LiNO_3 > NaNO_3 > NH_4NO_3 > KNO_3$

在实际应用中，选用哪种无机盐作盐析剂，首先应考虑不影响下一步的分离，并应考虑盐析剂在水中的溶解度以及价廉易得等因素。

二、萃取剂、稀释剂、改质剂

1. 萃取剂的分类

常用工业金属萃取剂根据酸碱质子理论可分为中性萃取剂、酸性萃取剂、碱性萃取剂和螯合萃取剂四大类。

① 中性萃取剂。为一类中性有机化合物，如醇、醚、酮、酯、硫醚、亚砜和冠醚等。其中的酯包括羧酸酯和磷（膦）酸酯。它们在水中一般是显中性的。

② 酸性萃取剂。为一类有机酸，如羧酸、磺酸和有机磷（膦）酸等。它们在水中一般显酸性，可电离出氢离子。

③ 碱性萃取剂。为一类有机碱，通常包括伯胺、仲胺、叔胺和季铵等。有机胺在水中能加合氢离子，其碱性一般强于无机氨。

④ 螯合萃取剂。为一类在萃取分子中同时含有两个或两个以上配位原子（或官能团）可与中央金属离子形成螯环的有机化合物。如羟肟酸类化合物（如 Lix64 等）的分子中同时含有羟基（—OH）和肟基（═NOH）；再如 8-羟基喹啉及其衍生物（如 Kelex100 等）的分子中，同时含有酸性的酚羟基和碱性的氮原子。

商业用铜萃取包括酮肟类和醛肟类两种，第一种酮肟类萃取剂由美国 General Mills 公司开发，几经改进成为 Henkel 公司的 Lix84，这类萃取剂萃取能力较弱，在 pH>2 条件下萃取，且 Cu/Fe 选择性不好。第二类萃取剂以最先由英国 ICI 公司研制成功的 Corgal P50 为代表，其后 Henkel 公司也推出 Lix860。这类醛肟类萃取剂萃铜能力很强，Cu/Fe 选择好，能在较高的酸度下萃取铜，但反萃困难，须加改质剂改性。目前常用工业铜萃取剂是芳香基乙醛肟，2-羟基-5-壬基苯甲醛肟。

2. 稀释剂的作用与一般要求

性能优良的稀释剂对萃取工艺的顺利进行是非常重要的，不仅起着降低有机相黏度，溶解萃取剂和改质剂，改善有机相的分散和聚结的作用，同时，对萃取剂最大负荷能力、操作容量、动力速度、金属离子的选择性及相分离都有影响。常用的稀释剂有 Escanicl 100、Shell 40、工业煤油、DSR3、200# 溶剂油、260# 溶剂油、辛烷、庚烷、苯、甲苯、二乙苯、氯仿和四氯化碳等。

在萃取过程中，稀释剂的主要作用如下。

① 改变萃取剂的浓度，以便调整与控制萃取剂的萃取和分离能力。

② 溶剂化作用。溶质和溶剂相互作用叫做溶剂化。同一萃取剂在不同稀释剂中的萃取能力往往不同，本质上是稀释剂对萃取剂的溶剂化作用造成的。

③ 增大萃合物在有机相中的溶解度。某些萃合物分子中若含有水分子，则极性大的稀释剂通过与水分子的作用，可使萃合物在有机相中的溶解度增大。

④ 改善有机相的物理性能，如降低萃取剂的黏度增加其流动性，改变有机相的密度，扩大它与水相的密度差，有利于两相的分离澄清。

稀释剂需满足以下要求。

① 能与萃取剂或改质剂很好地互溶，对金属萃合物有高的溶解度。

② 在操作条件下化学稳定性好。

③ 较高的闪点和较低的挥发性。

④ 在水相中的溶解度小。

⑤ 表面张力低，密度和黏度小。

⑥ 价格便宜，来源广泛，毒性小。

3. 稀释剂对萃取剂萃取性能的影响

稀释剂的组成、介电常数等对萃取剂的最大负荷能力、操作容量、动力速度、金属离子的选择性以及相的分离都有影响。

① 稀释剂的极性。稀释剂的极性往往会影响到金属的萃取率，特别是对中性和碱性金属的影响更大。这种影响主要是在有机相中生成萃取剂-稀释剂络合物。从而降低“游离”萃取剂的浓度。

② 稀释剂介电常数。一般而论，介电常数高的稀释剂常会使金属的分配比降低。

③ 稀释剂的组分。稀释剂中芳烃或烷烃的含量，对不同的金属萃取体系的影响十分惊人。

④ 溶解度参数。溶解度用以表征稀释剂与溶剂混合物的其他组分分离形成稳定的均相混合物的程度，其量度由溶解度参数 δ 表示。

4. 改质剂的影响

在用酸性或碱性如胺类和磷类萃取剂的萃取过程中，通常会出现两层有机相，介于水相和上层有机相之间的有机相称为第三相，它主要含有萃取剂与金属形成的络合物，其密度介于有机相和水相中间。形成第三相的原因很多，但归根到底是萃合物在有机相的溶解度问题。故凡是加到有机相中能消除第三相的试剂就称作改质剂。

经常用的改质剂是醇类（异癸醇、二乙基已醇、p-壬基酚）或 TBP。

改质剂的用量一般在 2%～5%（体积），但也可能会用 20%左右。在萃取剂浓度高的情况下，用量会更多。

三、萃取方式和过程计算

工业萃取操作过程一般由以下步骤组成。

① 混合，料液和萃取密切接触。

② 分离，萃取相与萃余相分离。

③ 溶媒回收，萃取剂从萃取相（有时也需从萃余相）中除去，并加以回收。

因此在萃取流程中必须包括混合器、分离器与回收器。

萃取操作流程可分为批和连续、单级和多级萃取流程，后者又可分为多级错流萃取流程和多级逆液萃取流程，以及两者结合进行操作的流程。

1. 单级萃取

(1) 单级萃取一般流程　单级萃取是液-液萃取中最简单的操作形式，其流程见图 3-26。

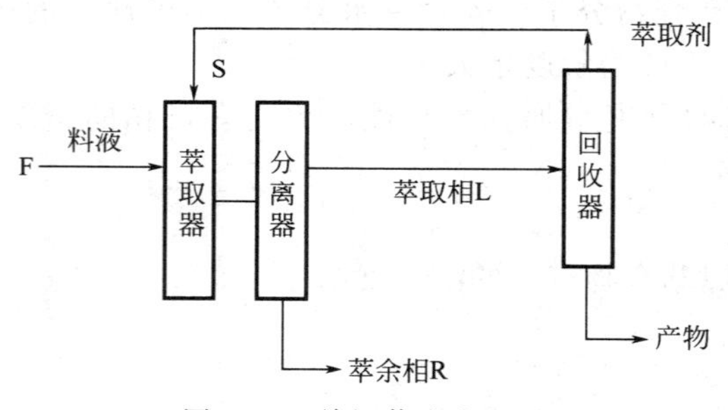

图 3-26　单级萃取流程图

一般用于间歇操作，也可以进行连续操作。它是只用一个混合器和一个分离器的萃取操作，将料液 F 与萃取剂 S 一起加入萃取器内，并用搅拌器加以搅拌，使两种液体均匀混合，在萃取器（即混合器）内产物由一相转入另一相。经过萃取以后的溶液流入分离器，分离得到萃取相 L 和萃余相 R。最后将萃取相送入回收器，在回收器中将溶剂与产物进一步分离，经回收后溶剂仍可作为萃取剂循环使用，留下的溶液即为萃取产品（产物）。

(2) 单级萃取过程计算　在进行单级萃取过程的计算时，首先要建立两个关系式，即平衡关系式和溶质质量衡算关系式。

平衡关系式：

$$X=K_{D}Y \tag{3-21}$$

式中，K_D 为分配系数；X 为溶质在萃取溶剂中的浓度；Y 为溶质在进料溶剂中的浓度。

溶质的质量平衡公式：

$$HY_F+LX_F=HY+LX \tag{3-22}$$

式中，Y_F 为料液（重相）中溶质的浓度；X_F 为萃取溶剂（轻相）中溶质的浓度，一般新鲜萃取溶剂中不含溶质，即 $X_F=0$；H 及 L 分别为重相（水相）和轻相（有机相）的体积，可认为是常数。

平衡时，溶质在两相中的浓度

$$X=K_DY_F/(1+E) \tag{3-23}$$

$$Y=Y_F/(1+E) \tag{3-24}$$

式中，E 为萃取因子。显然，当 K_D 值很大时，大部分溶质会转移到萃取溶剂中去。

单级萃取过程的收率或称萃取率由下式定义得到：

$$\eta=\frac{LX}{HY_F}=\frac{E}{1+E} \tag{3-25}$$

未被萃取分率为：

$$\varphi=\frac{1}{1+E} \tag{3-26}$$

2. 多级错流萃取

(1) 多级错流萃取流程　多级错流萃取是由几个萃取器串联组成，料液经第一级萃取（每级萃取由萃取器与分离器所组成）后分离成两个相：萃余相流入下一个萃取器，再加入新鲜萃取剂继续萃取；萃取相则分别由各级排出，混合在一起，再进入回收器回收溶剂，回收得到的溶剂仍作萃取剂循环使用，见图 3-27。

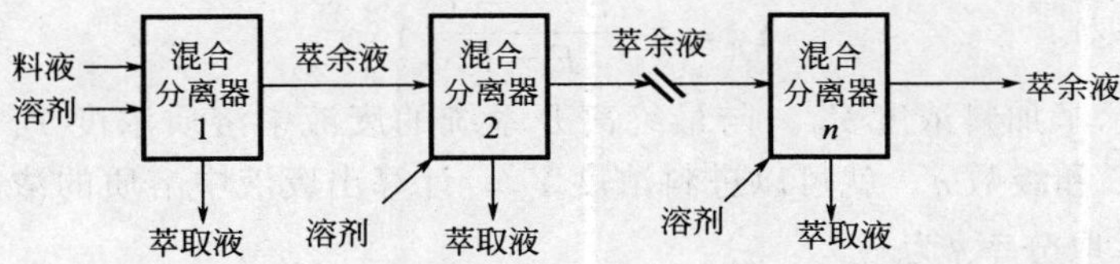

图 3-27　多级错流萃取流程图

(2) 多级错流萃取过程计算　首先，溶质在两相中的分配服从分配定律。设各级萃取中溶剂的用量相等，则第一级的物料衡算式为：

$$HY_F+L(0)=HY_1+LX_1 \tag{3-27}$$

因为

$$X_1=K_DY_1$$

所以

$$HY_F=HY_1+LK_DY_1$$

则

$$Y_1=\frac{Y_F}{1+E} \tag{3-28}$$

依此计算第二级，得

$$Y_2=\frac{Y_F}{(1+E)(1+E)} \tag{3-29}$$

同理，对第 n 级，得

$$Y_n=\frac{Y_F}{(1+E)\times(1+E)\times\cdots\times(1+E)}=\frac{Y_F}{(1+E)^n} \tag{3-30}$$

解方程式可求出理论级数 n，为

$$n=\frac{\lg\frac{Y_F}{Y_n}}{\lg(1+E)} \tag{3-31}$$

过程的萃取分率或收率为

$$\eta=\frac{(1+E)^n-1}{(1+E)^n} \tag{3-32}$$

而未被萃取分率为

$$\varphi=\frac{HY_n}{HY_F}=\frac{1}{(1+E)^n} \tag{3-33}$$

3. 多级逆流萃取

（1）多级逆流萃取流程　在多级逆流操作中，包括若干萃取级，料液与溶剂分别从两端加入，萃取相与萃余相逆流流动，操作连续进行。其流程如图 3-28 所示。

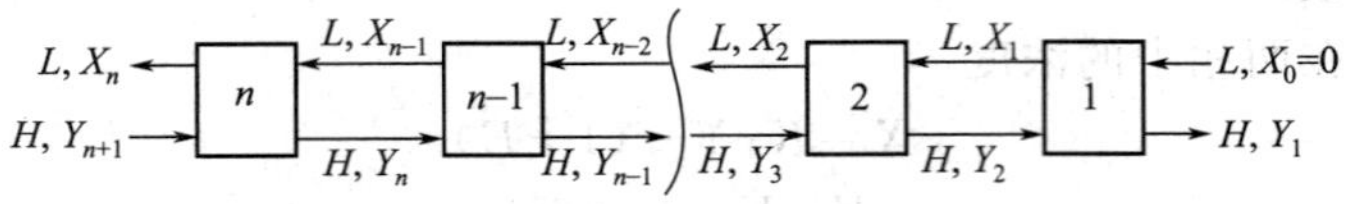

$$
\begin{array}{c}
L, X_n \leftarrow \boxed{n} \xleftarrow{L, X_{n-1}} \boxed{n-1} \xleftarrow{L, X_{n-2}} \cdots \xleftarrow{L, X_2} \boxed{2} \xleftarrow{L, X_1} \boxed{1} \leftarrow L, X_0=0 \\
H, Y_{n+1} \rightarrow \boxed{n} \xrightarrow[H, Y_n]{} \boxed{n-1} \xrightarrow[H, Y_{n-1}]{} \cdots \xrightarrow[H, Y_3]{} \boxed{2} \xrightarrow[H, Y_2]{} \boxed{1} \rightarrow H, Y_1
\end{array}
$$

图 3-28　多级逆流萃取流程图

（2）多级逆流萃取过程的计算　多级逆流萃取操作的每一级也需要用一个平衡线方程和一个线方程来描述。对于第 i 级，平衡线及操作方程分别为

$$X_i = K_D Y_i \tag{3-34}$$

$$HY_i + 1 + LX_{i-1} = HY_i + LX_i \tag{3-35}$$

对于第 1 级，由于 $X_0 = 0$，可以解得

$$Y_2 = (1+E)Y_1 \tag{3-36}$$

对于第 2 级

$$Y_3 = (1+E)Y_2 - EY_1 = (1+E+E_2)Y_1 \tag{3-37}$$

依此类推，对于第 n 级

$$Y_n + 1 = (1+E+E_2+\cdots+E_n)Y_1 \tag{3-38}$$

或

$$Y_{n+1} = \left(\frac{E^{n+1}-1}{E-1}\right)Y_1 \tag{3-39}$$

式(3-39) 表示了加料浓度 Y_{n+1} 与最终离开系统的废液中溶质浓度 Y_1 之间的关系。只要知道萃取因子 E 和级数 n，就可以进料浓度 Y_{n+1} 计算出废液中溶质的浓度 Y_1。同样多级逆流萃取过程的萃取分率 η 为

$$\eta = \frac{LX_n}{HY_{n+1}} = E\left(\frac{Y_n}{Y_{n+1}}\right) = \frac{E^{n+1}-E}{E^{n+1}-1} \tag{3-40}$$

未被萃取分率为

$$\varphi = \frac{E-1}{E^{n+1}-1} \tag{3-41}$$

四、萃取设备与过程控制

1. 萃取设备

萃取工艺的核心设备常用的为混合澄清萃取箱，传统的混合澄清萃取箱为内衬防腐材料的混凝土材料或不锈钢结构，包括混合室和澄清室两个部分，混合室中水相和有机相充分接触，完成离子的传递，在澄清室中两相分离开来，达到从浸出液中提取有价金属的目的。目前应用较多的是浅池式混合澄清萃取箱。目前有不少研究着力于强化萃取箱的性能，20 世纪 90 年代法国 Krebs 公司将铀萃取工厂的 Krebs 萃取箱引入铜萃取，这种萃取箱的比流量可达 $9m^3/(m^2 \cdot h)$，已于 1994 年在智利伊万矿应用，并向美国和澳大利亚铜萃取工厂推广。芬兰奥托昆普公司设计的 VSF 垂直平流混合澄清器则具有独特的双螺旋搅拌器，特殊的 DOP 分散溢流泵和栏栅，保证了 VSF 的高效率，目前 VSF 在美国莫伦西矿、澳大利亚奥林匹克坝矿使用。鹰桥公司的 Kristiansand 厂则设计了反向液流混合澄清器，也有一定程度的应用。有潜力的其他类型还包括分部环状澄清室（DAVY)、联合混合-澄清器（CMS)、C. E. NATCO 溶剂萃取法系统（静电）及 KENICS 混合澄清器。

2. 过程控制

萃取过程的相连续的控制对提高电铜质量、降低有机相损耗，减轻对絮凝物的处理工作强度都是非常重要的。在电解液料液杂质含量非常高的时候，如氯含量超过（100～200）×10^{-6}（对于不锈钢阴极来说太高了），锰含量>1g/L（造成阳极剥落，电流效率降低，有机相降解），Fe含量>5g/L，以及钼（影响相分离）含量高的情况下，必须在萃取和反萃取之间增加洗涤工艺，用酸化清水将有机相夹带的水相粒液洗涤下来。如新疆喀什昆仑铜业公司铜厂利用地下盐碱水浸出，地下水总氯离子达1650mg/L，故加入洗涤工艺，保证了电解液纯净。此外，采用负载有机相聚结器也能除去夹带水相。絮凝物的产生在铜溶剂萃取系统的运转过程中是正常现象。絮凝物由有机相、水相和固体组成。固体粒子引入的途径包括：富浸出物中的悬浮物、溶液pH值下降产生的沉淀物、环境间的尘埃以及繁殖的细菌。

控制絮凝物的手段包括给澄清室加盖、铲除贮水池周围植物、定期清除絮凝物、机械破乳等方法。在Gibraltar矿，待处理的有机相被喷入絮凝物储罐，升温至43～49℃后，再用离心机分离，发现升温措施大大地减少了需处理的絮凝物量，同时絮凝物更易分离。在Chuquicamata矿，将稀释剂（或有机相）装在容器内，在搅拌的情况下加入絮凝物，分相后用黏土处理有机物回收绝大部分有机物，同时采用每天除去产生的絮凝物的方法以避免絮凝物的积累，ICI公司也在试验中规模应用了类似的技术。Cyprus Miami试验将反萃部分积累的絮凝物间歇地泵入萃取段最后一级混合澄清器的混合室中，由于强烈的分散作用，絮凝物中的吸附有机相被释放回有机相中，而固体颗粒随水相流出。应用表面活性剂处理矿料以改变悬浮颗粒表面的物化性能以减少絮凝物的产生的技术也在研究中。此外，江西铜业公司科研设计所研究成功了化学试剂回收絮凝物中有机相的方法，萃取剂的回收率达90%以上。

五、从含铟物料中提取铟

从含铟的氧化锌烟尘、炼铅鼓风炉烟尘、炼锌反射炉烟尘、铜转炉烟尘中均可提取铟。炼锌反射炉烟尘含铟可达0.02%，是回收铟的重要原料之一。现以炼锡反射炉烟尘提取铟为例，说明从烟尘中提取铟的方法。

我国工厂多用P204有机溶剂萃取法从冶炼中间产物中提取铟，其优点是：

① P204对铟选择性较好，能从含铟很低的混合液中萃取铟。

② 萃取富集倍率高达100倍以上。

③ 工艺简单，操作连续，便于实现自动化。

④ 铟的萃取回收率可高达96%～99%。

1. 工艺方法

其工艺方法是：将烟尘集中配料后，加入反射炉熔炼。目的在于，一方面充分回收金属锡；另一方面使铟、镓、锗、镉等有价金属进一步挥发富集，同时使下一步湿法处理烟尘时的溶剂消耗量减少。熔炼得到的二次烟尘，用硫酸浸取使锌转入溶液。含铟浸出渣用盐酸浸取，铟以及镓、锗、镉等便以氯化物形态进入溶液。这种溶液用丹宁酸沉淀分离锗以后，用苏打中和至pH值为4.8～5.5，便可获得铟精矿。

2. 原料

从竖罐炼锌的中间产物中回收铟（图3-29）的原料有：

① 焦结所产含铟氧化锌。焦结过程中，铟随碳氢化合物燃烧而挥发进入氧化锌（含铟0.1%～0.2%，含锌50%～60%）中。它是竖罐炼锌过程中数量最多、含铟品位较高的原料，约占铟总回收量的70%～80%。

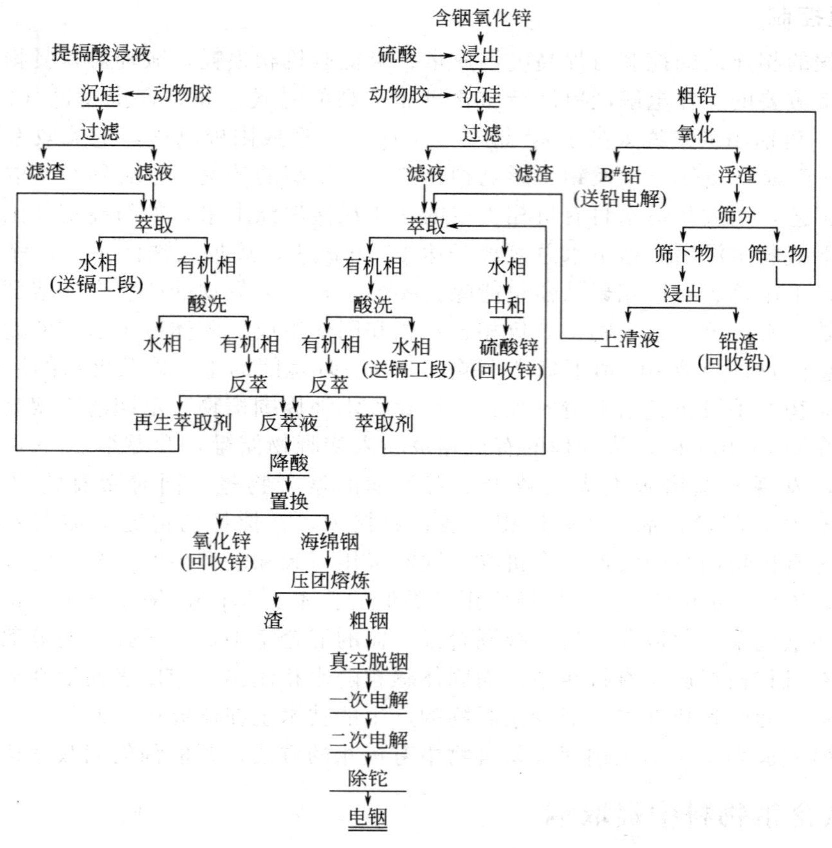

图 3-29　竖罐炼锌中间产物中回收铟工艺流程

② 镉系统酸浸液。提镉原料中含有 0.01%～0.008%的铟在中浸终点时水解，酸浸时进入酸浸液。

③ 锌精馏过程副产的含铟粗铅锌。精馏时，高沸点金属进入铅塔熔析炉，经熔析分离，铟富集于底层的粗铅中，含铟达 0.5%～1.2%。

由于原料不同，制造萃取原液的方法也有所不同。含铟氧化锌经酸浸、沉硅、过滤后即得萃取原液，提镉酸浸液经沉硅、过滤后即为萃取原液。对含铟粗铅，则先经熔化，在750～800℃的温度下鼓风氧化，使铟呈氧化铟进入浮渣，用球磨机粉碎、过筛，所得粉状氧化铟以稀硫酸浸出得到硫酸铟溶液，再与氧化锌沉硅过滤后液合并。

3. 料液制备

① 氧化锌浸出。浸出可在机械搅拌槽内进行，采用一段酸性浸出，终点含酸 20～30g/L。氧化锌的主要成分是可溶性金属氧化物，易溶于稀硫酸溶液中，浸出率很高，渣率仅为1%～5%，因此可浸出 10 个周期左右再排渣一次。

② 沉硅。氧化锌浸出液与镉酸浸液含二氧化硅（SiO_2）都较高，而且波动范围很大。实践中，原液含二氧化硅超过 0.5g/L 时，萃取过程中产生第三相。同时萃取过程中原液需保持较高的酸度，否则铜与镉在萃取中的分配系数显著下降；二氧化硅在酸性溶液中容易形成不易沉淀的胶体，因此必须加动物胶沉硅。溶液中含 Si 1～3g/L，加胶 0.1～0.3g/L 可使二氧化硅降至 0.5g/L 以下。

③ 过滤。沉硅后的溶液经刚玉过滤器过滤。其技术操作条件为：过滤速度 0.8～1$m^3/(m^2·h)$；

压力 0.2～0.3MPa；温度 50～60℃；反吹压力 0.3～0.5MPa。

④ 粗铅氧化。含铟粗铅在铸铁锅内熔化后，鼓入压缩空气搅拌氧化，使铟与杂质金属氧化进入浮渣，与铅分离而富集。同时，产出含 Bi 0.1%左右的精铅。通常鼓风 5～6h，铟的氧化即趋完全，铅液残铟为 0.001%～0.002%，浮渣率达 25%～30%，因此，每锅要反复捞渣鼓风 4～5 次。浮渣经球磨磨细，用 0.42mm 筛筛分，筛上铅粒返回再氧化。

⑤ 浮渣浸出。含铟氧化浮渣在 85～90℃下用稀硫酸浸出，液固比（5～6）∶1，始酸 110～120g/L，终酸 20～30g/L，使铟转化为硫酸铟进入溶液。为使铟最大限度地进入溶液，一般需进行 2～3 次浸出，后两次浸出的液固比可缩小至（2～3）∶1，最终渣含铟 0.05%以下。

⑥ 镉酸浸液沉硅。镉酸浸液的主要成分是：Zn 70～90g/L；Cd 20～30g/L；In 0.1～0.5g/L；Fe 5～10g/L；SiO_2 0.2～0.6g/L；H_2SO_4 20～30g/L。此种溶液的沉硅操作条件与氧化锌液沉硅相同，但应单独萃取，以便将萃余液返回镉系统。

⑦ 溶剂萃取。用 P204 有机溶剂萃取，使铟进入有机相；经酸洗除去其中的重金属杂质，再用盐酸反萃，得浓度较高的氯化铟，铟的富集倍率可达 100～300 倍。

萃取剂 P204 属于酸性萃取剂，相对分子质量 322，堆积密度 0.9694～0.97g/cm^3，黏度 25.92 厘泊，系淡黄色油状液体，透明，几乎无臭，易溶于苯、石油、煤油等有机溶剂中。在水中的溶解度为 0.012g/L，在 1mol 硫酸中的溶解度为 0.017g/L。

P204 常用 3～4 倍 200 号煤油稀释，以降低其黏度及密度，便于与水相分层。200 号煤油密度为 0.78g/cm^3，化学成分为 C_{13}～C_{15}烷烃混合物，不宜有烯烃存在。

葫芦岛锌厂采用萃取、酸洗及反萃都在同一箱式萃取槽内进行。萃取箱共分 10 级，其中 4 级萃取，3 级酸洗，3 级反萃。水相与有机相逆流萃取，搅拌器转速为 600～650r/min。

4. 置换与熔炼

用锌板置换 $InCl_3$ 溶液中的铟，置换温度在 50～60℃之间，要求在密闭并有通风设施的槽内进行，保持负压操作，置换时间为 4～5h，严防反应过程中产生的砷化氢逸出，置换后溶液含铟＜0.01g/L。

置换沉积的海绵铟，以清水洗涤 3～4 遍，用油压机压制成团（成团压力大于 1.5MPa）。团块在液体烧碱保护下熔炼铸锭，熔炼温度为 350～450℃。

5. 粗铟电解

① 极板制造。粗铟在甘油保护下熔化浇铸成阳极，外面用分析过滤纸包裹两层，再套蚕丝袋，以免电解时阳极泥落入电解液中。电解合格的成品电铟在甘油保护下熔化，铸成 1mm 厚的薄片，即为阴极。

② 电解液制造。将电铟溶解于分析纯硫酸中，添加 NaCl 及动物胶，配制成如下成分：In 80～100g/L，NaCl 80～100g/L，动物胶 0.5～1g/L，pH 2～3。

③ 电解。电解技术条件：温度 20～30℃；电流密度 60～80A/m^2；槽电压 0.25～0.3V，同极中心距 4mm，电解周期 6～7d，电流效率大于 96%，残极率 45%～50%，电解回收率＞95%。电解铟需进行二次电解，其操作条件与一次相同。

6. 电铟精制

电铟含铊及镉较高，须用化学方法除之，其技术操作条件如下。

① 除镉。温度 170～180℃，甘油∶铟＝1∶10；机械搅拌，KI 加入量为镉量的 2～3 倍，时间 1.5～2.0h/次。由于含镉量的不同可根据分析情况反复操作 2～3 次。

② 除铊。除镉后保持温度 170～180℃，甘油∶铟＝1∶（5～6），通氯化氢气体约

30min 并用机械搅拌。

第五节　工业固体废物的火法富集处理技术

火法富集工艺主要是利用主金属与杂质某些物理、化学性质的差异，在相应的设备中提供或控制适当的温度和压力，或添加其他物质进行某种化学反应或物理过程，使主金属和杂质分别富集到不同的相中实现彼此分离，而达到主金属提纯的目的。

火法富集法简单，生产稳定，能有效地将矿石中的铁、磷分离出去。在处理复杂废料时，火法富集具有很强的适应性。目前，世界上一些著名的贵金属回收厂几乎都采用火法富集过程。火法富集有熔炼富集、火法氯化、高温挥发及焚烧等工艺，其主要过程为燃烧和熔炼。

一、炼铅废渣火法富集技术

由于粗铅精炼要除去的杂质很多，所以工序多，中间产物也多。除铅、锌以粗铅、粗锌形态返回精炼外，精炼过程中约有 10% 的铅及绝大多数的金、银、铜和铋等有价金属进入中间产物，需要进一步处理中间产物以回收其中的铅以及其他有价金属。其他有价金属在处理过程中被进一步富集在副产品中，副产品再送往回收这些金属的部门。

下面依次叙述铜浮渣、氧化浮渣、稀碱渣的处理。

1. 铜浮渣

铜浮渣是粗铅初步火法精炼除铜过程的产物，其主要成分是铅和铜。因捞渣方式或捞渣设备不同，浮渣形态和成分有较大差异。气力抽渣所得到的铜浮渣含铜高，且呈疏松细颗粒状，宜用湿法冶金处理；用其他方法捞取的浮渣大部分呈块状。铜浮渣火法处理的目的是使铜富集于铜锍并产出粗铅，采用的设备有电炉、鼓风炉、反射炉、回转短窑等。浮渣处理方法实例见表 3-20。

表 3-20　浮渣处理方法实例

名称	浮渣成分/%	浮渣处理方法及设备	产出铜锍成分/%
株冶	Cu 10～20,Pb 60～70	9.5m² 反射炉,纯碱-铁屑法	Cu 26～45,Pb 3～7
	Cu 15～25,Pb 45～60	10m² 反射炉,纯碱-铁屑法	Cu 37～45,Pb 6～8
水口山三冶	Cu 20～30,Pb 50～70	鼓风炉,纯碱-铁屑法	Cu 35～40,Pb 5～6
韶冶	Cu 10～15,Pb 60	反射炉,纯碱-铁屑法	Cu>40,Pb<7
皮里港	Cu 30～50,Pb 35～50	ϕ3m 短窑加铁屑、石英石	Cu 70～75
特累尔	Cu 15～20,Pb 40	2.1m×3.96m 反射炉,不加熔剂	铜锍及砷铜锍混合物 Cu 55,Pb 19
斯托尔贝克	Cu 16～18	回转炉	Cu 35,Pb 45
圣加维诺	Cu 25,Pb 60	短窑加硫	铜锍及砷锍混合物 Cu 60,Pb 15
列宁诺戈尔斯克	Cu 20～30,Pb 50～70	1300kV·A 电炉,加 Na_2S	Cu 41.5,Pb 6.2 砷锍 Cu 63.5,Pb 10
杜依斯堡	Cu 30～45,Pb 40～60	硫酸浸出湿冶工艺	产 1# 电铜
科克尔-克里克	Cu 15～20,Pb 60～70	氨浸法	1# 电铜或硫酸铜

(1) 回转短窑处理　铜浮渣回转短窑（图 3-30）窑体左端装燃烧喷嘴和排烟道，采用

迷宫式密封；窑体右端设加料装置，加料口处设置带保温的门。加料时窑内保持微负压，确保窑内的烟尘不外溢而影响工作环境。熔化物料时，加料设施拖出窑体，将门关上。

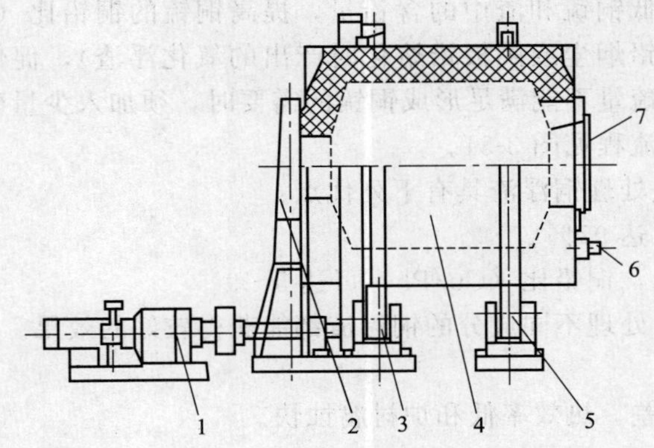

图 3-30 铜浮渣回转短窑结构示意图

1—传动装置；2—窑头装置（安装燃烧喷嘴与排烟道）；3,5,6—支撑装置；4—筒体装置；7—炉门装置（加料装置）

回转短窑排渣口设于窑体中部，熔炼时（窑体转动）排渣口盖板不仅要能够耐 1200℃高温，还要能经受渣的腐蚀，而且不溶于高温锡液中。所以设计上采用窑体摆动的方法予以解决，即熔炼时窑体作 220°的摆动，使排渣口的盖板只受高温作用但不与熔渣、锡液接触，从而避免了熔渣、锡液对盖板的腐蚀。但是存在炉内炉气温度不均匀，耐火砖受热不均匀，排渣口所在位置的上部始终暴露在高温烟气中等问题。为此，在铜浮渣回转短窑设计时取消了窑体中部的排渣口，将排渣口、排冰铜口、排铅液口均设置在加料端，3 个排料口在同一圆周上等分布置。正常工作时窑体连续慢速 360°旋转，根据加料、熔化、造渣、沉淀、放渣、放冰铜及放铅等工艺过程要求，利用行程开关系统控制停车位置，并根据排料的性质选择不同的排料口。

实际应用工艺参数指标如下。

① 处理物料：熔铅锅产铜浮渣与电铅锅产氧化渣及熔剂。入炉物料粒度小于 100mm，分 3 次加入。铜浮渣与氧化渣成分：Pb 77.5%～82.3%，Cu 5.5%～5.9%，Sb 1.6%～1.8%，As 4.7%～5.0%，S 3%～3.2%，其他 4.6%～4.9%。配入熔剂比例：纯碱 7%～10%，铁屑 6%～8%，焦粉 2%～3%。

② 冶炼产物产出率：炉渣 3%～10%。冰铜（含砷冰铜）15%～20%。粗铅 50%～70%。

③ 烟气收尘：回转短窑烟气经过热交换器（预热回转短窑的助燃空气）-表面冷却器-布袋除尘器-风机-30m 烟囱排放，总收尘效率达到 99.7%。

热交换器出口烟气有关参数如下：烟气量 2620m^3（标况），烟气温度 610℃，烟气含尘量 19g/m^3（标况），烟气压力－100～50Pa。热交换器出口烟气组成（体积分数）：SO_2 0.01%，CO_2 11.17%，N_2 75.78%，O_2 4.96%，H_2O 8.08%。

排放烟气主要参数如下：烟气量（标况、湿基）3268m^3/h，温度 80℃，烟气含尘（标况、干基）0.056g/m^3。烟气成分：SO_2 0.008%（747mg/m^3），CO_2 8.985%，N_2 76.124%，O_2 8.063%，H_2O 6.851%。

排放烟气含尘 0.056g/m^3，含 SO_2 747mg/m^3，低于《工业炉窑大气污染排放标准》（GB 9078—1996）中含尘 100mg/m^3、含 SO_2 850mg/m^3 的限值，并符合《大气污染物综

合排放标准》(GB 16297—1996)。

(2) 反射炉熔炼 多用纯碱-铁屑法处理铜浮渣，利用纯碱使砷、锑生成钠盐进入炉渣，并造铜锍，加入铁屑降低铜锍和渣中的含铅量，提高铜锍的铜铅比(Cu/Pb)。过程中加入部分氧化铅(通常是含铅烟尘或阴极铅熔化时产出的氧化浮渣)，促使浮渣中的As、Sb氧化挥发。当铜浮渣中的硫量不能满足形成铜锍的需要时，须加入少量硫化铅精矿。

铜浮渣反射炉处理流程见图3-31。

反射炉纯碱-铁屑法处理铜浮渣具有下列优点：

① 铅回收率高，可达97%。

② 铜锍中含铅较低，铜铅比(Cu/Pb)可达5～9。

③ 流程适应性强，处理不同成分的铜浮渣都能获得较好的效果。

④ 投资省。

其缺点为劳动条件差、热效率低和炉衬腐蚀快。

2. 氧化渣处理

氧化渣一般先用熔析法分成粗铅和富锑渣，这一过程又称为富集熔炼，得到的富锑渣经还原熔炼得到铅锑合金，氧化渣处理流程如图3-32所示。

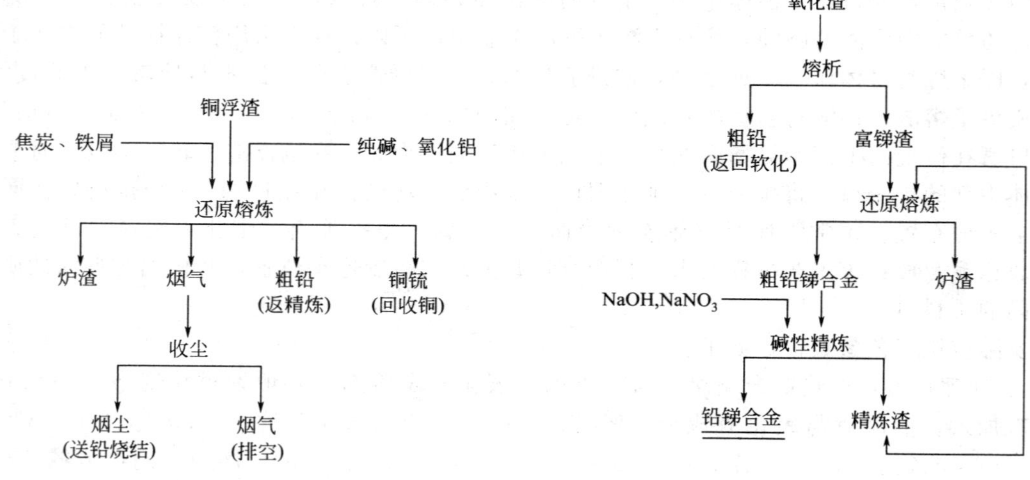

图3-31 铜浮渣反射炉处理流程　　图3-32 氧化渣处理流程

熔析一般都用反射炉，还原熔炼则可采用反射炉、鼓风炉、回转炉或电炉等。一般在氧化渣积累到一定数量后，利用厂内已有设施处理，不设专用设备。

反射炉还原熔炼所用的还原剂，过去用木炭，用量为富锑渣量的7%～10%。熔炼时添加的熔剂为纯碱，也可用铅精炼软化时产出的干碱渣，用量为富锑渣的3%～5%。炉温为900℃。含锑铅中锑的回收率约为95%，其余的锑进入炉渣和烟尘。含锑铅的成分和炉渣成分见表3-21。

表3-21 含锑铅的成分和炉渣成分 单位：%

含锑铅成分					炉渣成分		
Sb	As	Cu	Ag/(g/t)	Pb	Sb	As	Pb
13～15	0.5～0.8	0.05	4	85～86	6	15	5.0

用短回转炉处理富锑渣是装备上的进步，其工艺与反射炉相似，各厂操作制度不尽相

同。如有的工厂采用二次加料操作法，先将富锑渣、熔剂、还原剂混合，第一批加入35%的混合料，加完料进行熔炼，放一次粗铅，再加入剩下的混合料进行熔炼。第一次放出的粗铅中锑量占炉料总锑量的15%～20%，其余锑集中在第二次放出的粗铅中，第一次放出的粗铅含锑2%～3%，第二次的含锑25%～30%，炉渣中含Sb 3%，含Pb 2.6%。

3. 稀碱渣处理

稀碱渣的处理方法随着碱渣成分和回收金属种类的不同而异，可分为：

① 从碱渣中只回收碱。

② 从砷碱渣中回收砷。

③ 从锡碱渣中回收锡。

④ 从锑碱渣中回收锑。

⑤ 从砷、锡、锑碱渣中全面回收碱、砷、锡和锑，见图3-33～图3-37。

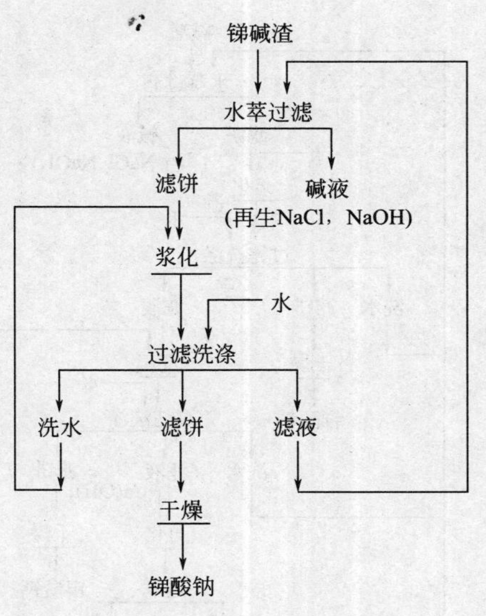

图3-33　从碱渣中回收锑流程图

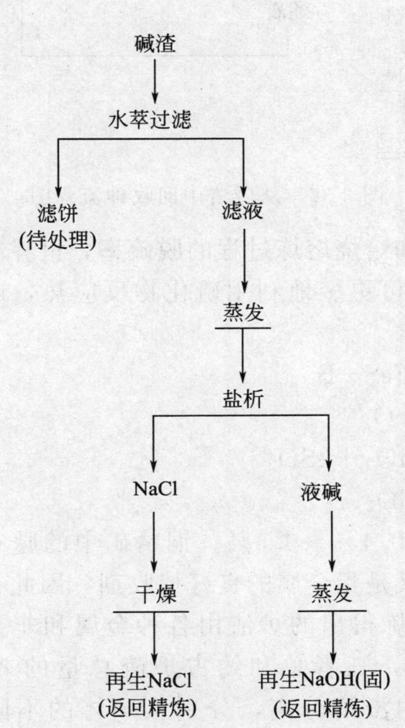

图3-34　从碱渣回收碱流程图

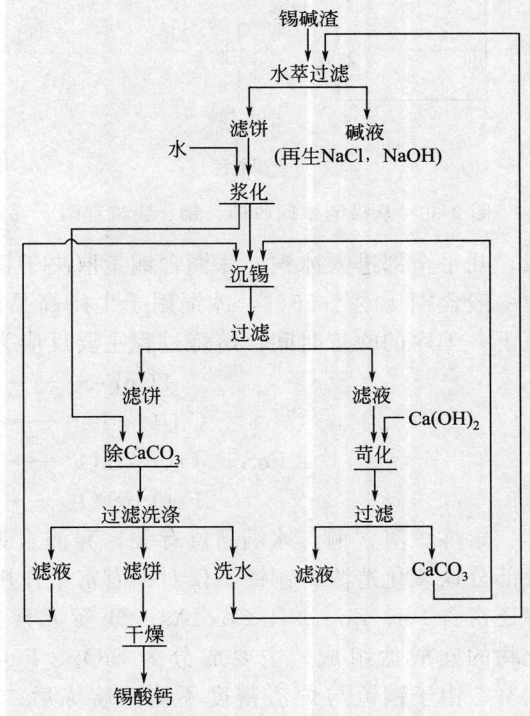

图3-35　从碱渣中回收锡流程图

二、含铜废渣强氧化熔炼技术

强氧化熔炼的目的是使含铜废渣或焙烧矿中的部分铁氧化，并与脉石、熔剂等造渣除去，产出含铜量较高的冰铜（$xCu_2S \cdot yFeS$）。冰铜中铜、铁、硫的总量常占80%～90%，炉料中的贵金属，如Pb、Zn、Ni、Co、As、Bi、Sb等元素的硫化物以及金、银和铂族金

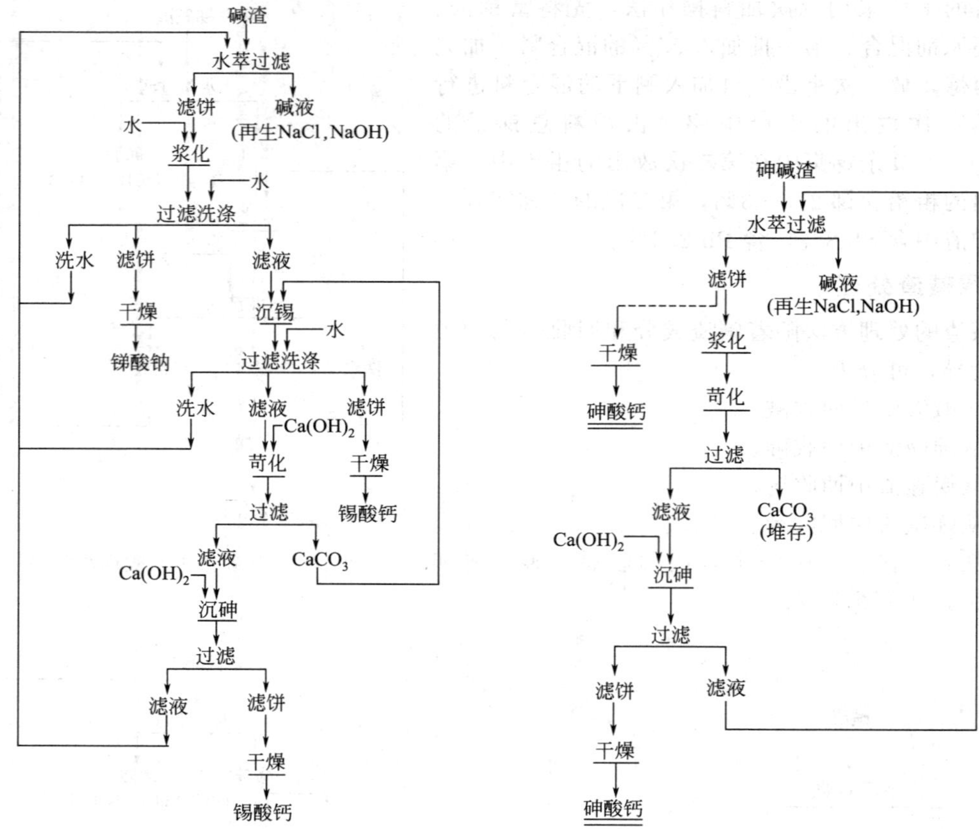

图 3-36 从碱渣中回收砷、锑、锡流程图

图 3-37 从碱渣中回收砷流程图

属，几乎全部进入冰铜。冰铜含铜量取决于精矿品位和焙烧熔炼过程的脱硫率，世界冰铜品位一般含铜 40%～55%，冰铜用于生产高品位冰铜，可更多地利用硫化物反应热，还可缩短下一工序的吹炼时间。熔炼过程主要反应为：

$$2CuFeS_2 \longrightarrow Cu_2S+2FeS+S$$

$$Cu_2O+FeS \longrightarrow Cu_2S+FeO$$

$$2FeS+3O_2+2SiO_2 \longrightarrow 2FeO \cdot SiO_2+2SO_2$$

$$2FeO+SiO_2 \longrightarrow 2FeO \cdot SiO_2$$

熔炼炉渣含铜与冰铜品位有关，弃渣含铜一般在 0.4%～0.5%。铜精矿中的脉石成分及部分铁氧化造渣。铜锍不仅对铜有富集作用，同时又是贵金属的良好捕收剂，因此在铜锍中还富含 Pb、Zn、Ni、Co、As、Sb 等元素。造锍熔炼得出的炉渣由各种金属和非金属氧化物的硅酸盐组成，主要成分为 SiO_2、FeO 和 CaO，三者总和约占炉渣总量的 85%～90%。由于铜锍与炉渣密度不同，熔炼后二者在炉内澄清分离，分别从炉体的不同出口放出。

强氧化熔炼包括熔池熔炼、闪速炉熔炼两种，强氧化熔炼的发展趋势是高氧浓度、高冰铜品位、高 SO_2 浓度，但是由此带来的渣含铜问题就日益突出。

1. 熔池熔炼

熔池熔炼是将氧气或富氧空气经设于侧墙、溶池（底）中的风口或顶部的喷枪直接鼓进炉内的锍层或炉渣层的冶炼过程，它的处理方法主要是将炉料直接加到受鼓风强烈搅拌的炉池表面，在熔体（炉渣与冰铜）和气体包围的涡流中进行熔化，迅速实现气-液-固三相反应。

熔池熔炼具有如下的特点：

① 铜矿（渣）和熔剂加入到强烈湍动的熔体熔池内。

② 炉料的熔化是通过熔体的熔解和浸蚀。

③ 熔体内的硫化物氧化作用是借助于液-气相质量传递。

④ 熔剂的造渣是靠固-液相反应来完成。

⑤ 铜矿（渣）不需要特殊的配料和特别的干燥（含水可在6%～8%范围），这一点也是熔池熔炼的优点之一，免去了如闪速炉那样庞大、严格的干燥工序。

由于熔池熔炼过程的传热与传质效果好，可大大强化冶金过程，达到了提高设备产率和降低冶炼过程能耗的目的，因此 20 世纪 70 年代后熔池熔炼得到了迅速发展。世界上从事熔池熔炼研究工作最多和生产应用最早（1973 年）的国家是加拿大，我国和前苏联差不多是同时（20 世纪 70 年代初）开展这一项新技术的研究。1980 年我国白银炉（炉床面积为 $100m^2$）开始投入工业生产。目前在工业上已应用的有诺兰达法、白银法、瓦纽科夫法、三菱法、特尼恩特法、艾萨法及顶吹转炉法等。

(1) 诺兰达法　诺兰达法炼铜是侧吹熔池熔炼在工业上的最早应用。1973 年，在加拿大 Noranda Horne 炼铜厂第一台日处理 726t 精矿的诺兰达反应器投入工业生产，直接熔炼铜精矿生产粗铜（1975 年起改为生产高品位 $w=70\%\sim75\%$的铜锍）。该法具有加速气、液、固三相间传质和传热过程的特点。是一种重要的强化、低能耗、少污染的炼铜新方法。

诺兰达炉（图 3-38）是水平式圆筒反应器，类似 PS 转炉。炉料通过抛料机从反应区端墙的侧加料口加到炉内湍动的熔池表面，熔融后被底部风口鼓入的富氧空气氧化，熔池温度为 1473K。诺兰达熔炼过程可产出 $m(Fe)/m(SiO_2)$ 比值达 1.5～1.9 的炉渣，相当于渣中 SiO_2 质量分数为 22%～25%。虽然渣中含 Fe_3O_4 达 25%～30%，但由于熔体的强烈搅动，操作亦能顺利进行。炉渣含铜一般为 5%～6%，经浮选后得到的尾矿含铜 0.4%，但产出烟气中 SO_2 浓度低，仅为 7%～15%。

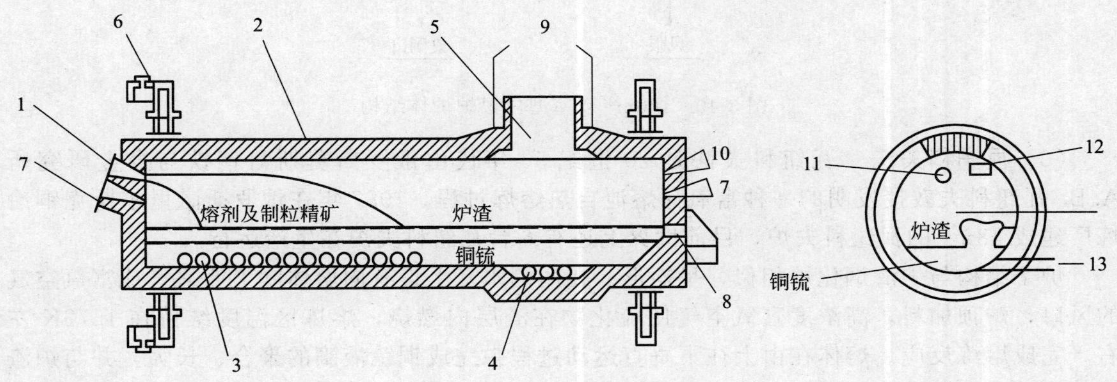

图 3-38　诺兰达反应炉

1,12—加料口；2—炉壳；3,13—风眼；4—放铜口；5—炉口；6—转动齿轮；7—烧嘴安置口；8—放渣口；9—炉气眼罩；10—炉渣端；11—烧嘴口

(2) 白银法　白银法系 1979 年白银有色金属公司铜冶炼厂研究成功的一种向熔池鼓风强化气-液反应的新型炼铜工艺。是我国自主开发的熔炼技术，铜产量占国内铜产量的 4%。

白银法的熔炼过程是在一台矩形熔池熔炼炉内进行的，熔池分为熔炼区和沉淀区两大部分。炉料从炉顶加料孔连续加入熔炼区。从浸没在熔炼区熔池深处（熔体面以下 450mm）的风口鼓入空气或富氧空气发生气-液氧化反应，熔炼区温度为 1423～1473K。

白银炼铜法的突出优点是：炉子结构简单，检修方便；物料制备简单，对炉料适应性强，铜直收率达 96.42%；可用碎煤或重油补热；烟尘率不高，仅为 3%，含 SO_2 的烟气适于双转双吸制酸工艺。但白银炼铜法尚需进一步完善，如提高炉子寿命，稳定生产实践，进一步提高硫的利用率等。100m^2 白银炉生产流程见图 3-39。100m^2 双室型白银炉炉体结构见图 3-40。

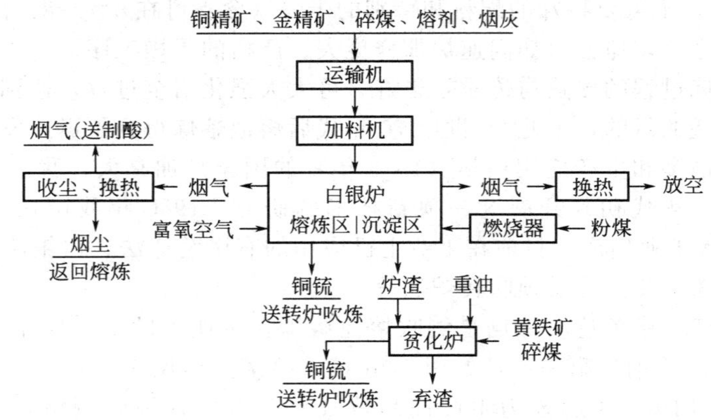

图 3-39　100m^2 白银炉生产流程

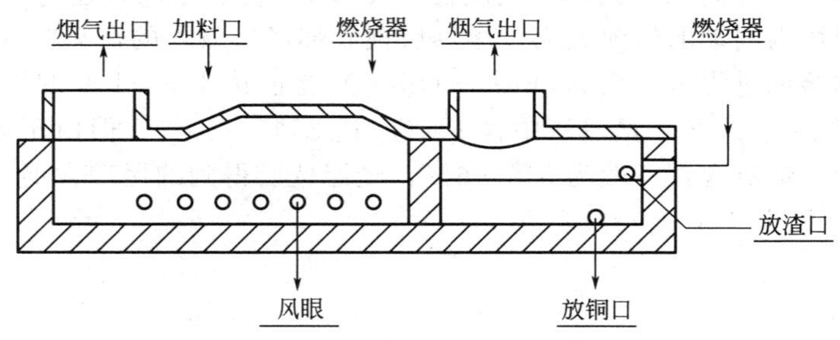

图 3-40　100m^2 双室型白银炉炉体结构

(3) 瓦纽科夫法　瓦纽科夫法是 20 世纪 50 年代由俄罗斯莫斯科钢铁与合金研究所 A. B. 瓦纽科夫教授发明的一种富氧深熔池自热熔炼过程。1987 年在俄罗斯诺里尔斯克铜冶炼厂建成 48m^2 的瓦纽科夫炉，目前世界上还有 6 台瓦纽科夫炉在生产运行。

炉子结构与炉渣烟化炉相似，呈矩形。在两侧水套上设有向熔体吹工业氧气或富氧空气的风口，炉顶加料，高浓度富氧空气使硫化物在渣层内燃烧，熔炼区温度维持在 1572K 左右，完成熔炼反应。熔体在由上往下垂直运动过程中完成铜锍液滴的聚合、长大，并与炉渣分离，然后从两端虹吸池分别放出铜锍和炉渣。

瓦纽科夫法是有色冶金的一种高效、节能的新工艺，其显著的技术优势表现为：炉料制备简单，能熔炼湿精矿和块矿，对原料的适应性强；熔炼强度大，其床能率达 60～70t/(m^2·d)，是各种冶炼方法中最高的；铜回收率高，达 98%；炉体结构简单，寿命长；烟气量小，烟尘率低，烟气中 SO_2 浓度可达 25%～40%，原料中硫利用率达 75%；作业可靠，且采用全负压操作，劳动条件好。因此，瓦纽科夫法被认为是一种极有发展潜力的熔池熔炼方法。瓦纽科夫炉示意图见图 3-41。

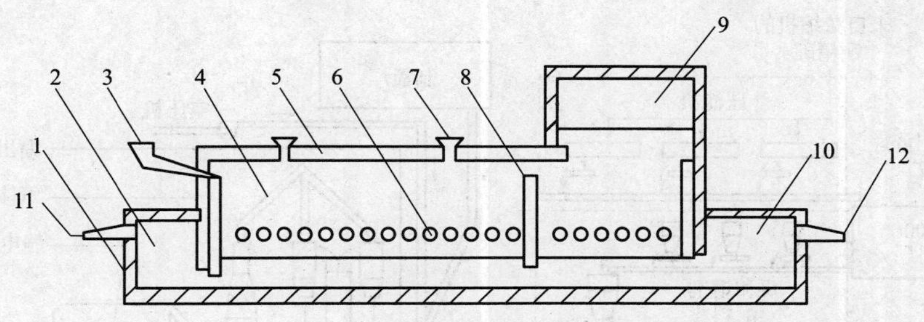

图 3-41　瓦纽科夫炉示意图

1—炉缸；2—铜锍池；3—转炉渣涮槽；4—炉壁；5—炉顶；6—风口；
7—加料口；8—挡墙；9—烟道；10—渣池；11—铜锍排出口；12—炉渣排出口

(4) 三菱法　三菱法是日本三菱金属公司发明的多炉连续炼铜法，属于顶吹熔池熔炼方法，它采用的是铁酸钙渣系。1974 年在日本直岛炼铜厂投入工业生产，加拿大的梯明斯冶炼厂也采用此法。

三菱法的冶金过程是利用在功能上连续的三个炉子即熔炼炉、炉渣贫化炉和吹炼炉连续地将铜精矿熔炼成粗铜。三个炉子之间采用溜槽相连接。熔炼炉产物由溢流口经溜槽流入贫化电炉，在贫化电炉内炉渣与锍分离，贫化电炉渣水淬后弃去，锍流入吹炼炉吹炼成粗铜。

三菱法目前世界上唯一在工业上应用较成熟的连续炼铜方法，与其他熔炼方法相比，三菱法的优势在于：

① 基建费用及阳极加工费用均降低 30%。

② 原料中硫回收率高，而回收费用却只需一般炼铜法的 1/5～1/3。

③ 能耗降低 20%～40%。

④ 操作人员可减少 35%～40%。

(5) 特尼恩特法　特尼恩特法利用富氧空气吹炼反射炉产出的铜锍，同时自热熔炼铜精矿，产出富铜锍或白铜锍。特尼恩特法是铜精矿在两座反射炉、两台特尼恩特改良转炉（TMC）和四台常规卧式转炉组成的系统中炼成粗铜的铜熔炼方法。

各炉的冶炼功能为：在安装有氧气和燃料烧嘴的反射炉内熔炼一部分铜精矿，产出含铜 48%～50%的铜锍和弃渣，铜锍作为下道作业的底料；大致等量的铜锍和铜精矿在富氧鼓风（含氧气 30%～34%）的 TMC 中连续、自热地熔炼和吹炼，产出含铜 75%～78%的高品位铜锍和含铜 4%～6%的炉渣，炉渣返回反射炉中处理；高品位铜锍送入富氧鼓风的卧式转炉内吹炼成粗铜。

其主要特点是投资少，设备生产率大，能耗及生产成本明显下降，连续产出烟气中 SO_2 浓度可达 7%～9%，有利于制酸；但是炉体风口砖寿命短，生产中渣含铜高且硫捕集率低。从总体来看，特尼恩特法是传统反射炉炼铜流程现代化改造的有效方案之一。

(6) 艾萨法　艾萨法是通过炉顶插入的喷枪将富氧空气和燃料喷入竖式熔池内，浸没喷射产生湍动熔池，使氧化反应或还原反应激烈地进行，进行造锍熔炼的炼铜方法。它最初于 1978 年用于炼铅工艺的研究，直到 1994 年才正式在澳大利亚投入工业生产，用这样两台设计相似而又相连的顶吹炉，完成硫化铅精矿的氧化熔炼和炉渣还原两段吹炼过程，直接产出粗铅。芒特艾萨矿业有限公司铜冶炼厂熔炼系统生产工艺流程见图 3-42。

艾萨法熔炼的优点是烟尘率低，生产效率高，操作简单，但喷枪与炉衬腐蚀严重，且渣含铜量高，必须进行炉外贫化处理。

(7) 顶吹转炉法　顶吹旋转转炉又称为卡尔多（Kaldo）炼钢转炉，而顶吹转炉法也称

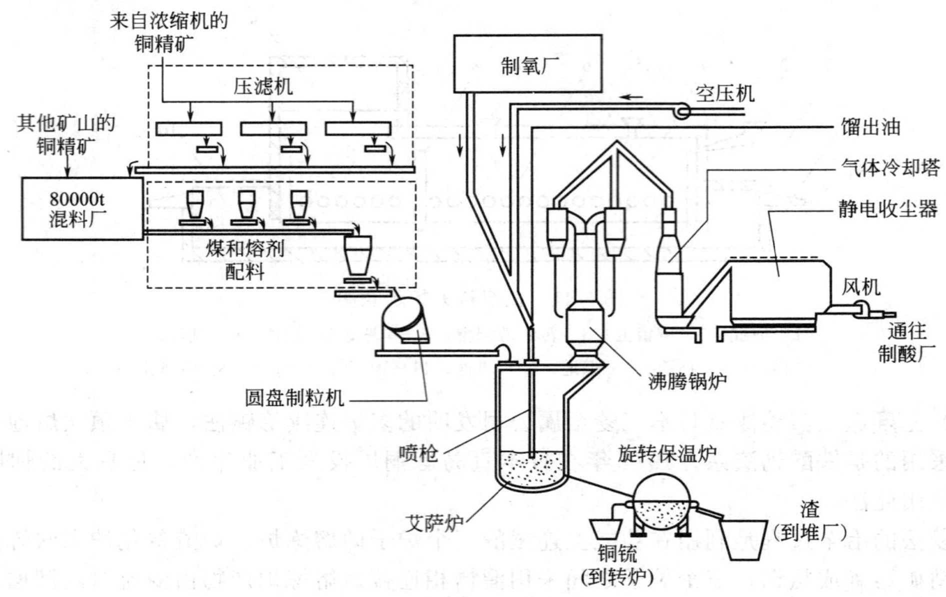

图 3-42　芒特艾萨铜冶炼厂熔炼系统生产工艺流程

为 TBRC 法，它既可用来熔炼铜精矿或吹炼铜锍，也可用于直接炼铅。该熔炼方法多用于处理二次铜精矿或者杂质高的复杂原料。顶吹转炉法属于间断作业工程，适用于小型生产，其炉温可调范围大，熔体搅拌良好，热效率可达 60％以上，但炉子寿命短，渣含铜高。

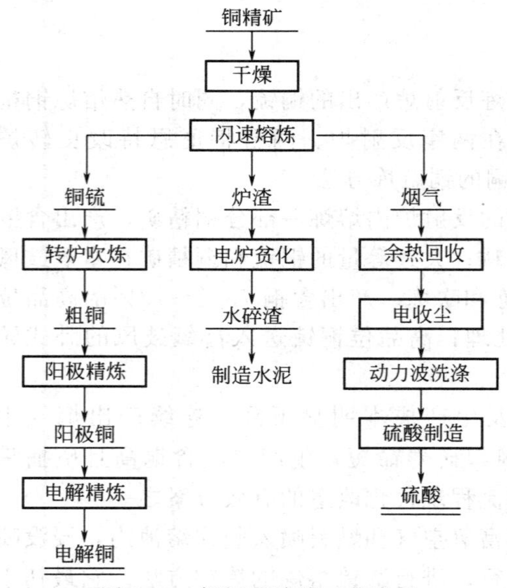

图 3-43　铜闪速熔炼工艺流程

2. 闪速炉熔炼

闪速炉熔炼是近年来各种炼铜方法中发展最快的一种火法熔炼工艺。自 1949 年芬兰奥托昆普公司的哈里亚伐尔塔炼铜厂应用于工业生产以来，经过半个多世纪的不断改进、完善和发展，逐步取代了反射炉和鼓风炉的地位。世界上采用闪速炉生产的冶炼厂不断增加，目前已有 20 多个国家应用。该法生产的铜量约占世界铜产量的三分之一以上，它已成为当今铜冶金所采用最具有竞争力的熔炼技术，被普遍认为是标准的清洁炼铜工艺。

闪速熔炼的熔炼过程是将经过脱水（含水＜0.3％）的粉状精矿，在喷嘴中与热空气或富氧氧气混合后，以高速度（60～70m/s）从反应塔顶部喷入高温（1450～1550℃）的反应塔内。此时，精矿颗粒为气体包围，处于悬浮状态，在 2～3s 内就完成了炉料的分解、氧化和熔化等熔炼过程。熔融硫化物和氧化物的混合熔体液滴落下到反应塔底部的沉淀池中汇集起来，继续完成铜锍和炉渣的最终形成过程。铜闪速熔炼工艺流程见图 3-43。

闪速熔炼集焙烧、熔炼和部分吹炼过程于一个设备内，适用于硫化物原料的造锍、吹炼、造渣和直接熔炼等过程。与传统炼铜方法相比，闪速炼铜具有五方面的优点。

① 熔炼强度高，设备能力大，床能率为反射炉和电炉的 2～4 倍，由于充分利用和平衡了铜精矿的巨大表面能和所含的硫及铁的反应热，即最大限度地利用了精矿的自身反应热，实现了自燃熔炼，能量消耗不足传统炼铜方法的二分之一。

② 同时通过采用高投料量、富氧熔炼工艺、高品位铜锍、高热负荷等生产技术，不仅可以大大降低能源消耗和提高生产能力，而且减少了烟气量。这样，可以减少烟气处理设备（废热锅炉、电收尘、制酸等）的投资，在降低成本的基础上，其生产率也不断得到提高。

③ 铜锍品位容易控制。通过调节反应塔（奥托昆普闪速炉）供氧总量，可在较大范围内控制脱硫率和冰铜品位，冰铜品位一般控制在 50%左右，这样对下一步吹炼有利。

④ 烟气含 SO_2 量高达 10%～80%，便于综合利用，闪速炉烟气可用双接触法制硫酸或生产元素硫，烟气制酸的硫回收率超过 95%。制酸后烟气中 SO_2 的含量达到排放标准，能满足严格的环保要求。

⑤自动化程度高，目前世界上所有闪速炉基本都实现了工艺过程计算机在线控制，从而保证了闪速炉生产高质量稳定运行。所以，闪速炉作业率明显高于其他工艺。

此外，闪速炉的炉龄较长，一般立体冷却的闪速炉炉龄至少都在 10 年以上，即闪速炉在此期间内不需进行停炉冷修。同闪速熔炼相比，熔池熔炼（艾萨炉、诺兰达炉、瓦纽可夫炉等）主要不足之一就是耐火砖损耗严重，炉寿命短，一般每年至少都需停炉大修一次。

闪速炉熔炼虽然具有以上优点，但它仍有许多不足之处。

① 对精矿干燥要求高（含水小于 0.3%）。

② 渣含铜高，炉渣需经电炉贫化或浮选处理后才能弃去。

③ 烟尘率高，一般为 8%～13%。

④ 附属设备较复杂，闪速炉的耐火材料质量要求较高。

对于不同的冶炼厂，以上四个缺点有不同程度的突出。以贵溪冶炼厂为例，渣含铜问题就更突出。贵溪冶炼厂对闪速炉渣的贫化，是采用电炉贫化，但是由于锍品位较高、氧势高、炉渣停留时间过短等原因，电炉实际只起了一个简单的沉淀前床的作用而已。贫化电炉渣含铜依然很高，均在 1%左右。

闪速熔炼根据不同炉型的工作原理可分为两类：奥托昆普（Outokumpu）型和国际镍公司因科（Inco）型。另外，基夫赛特（Kivcet）法和氧气喷撒熔炼（OSS）法也属于闪速熔炼的范畴。

（1）奥托昆普闪速熔炼　奥托昆普法是芬兰奥托昆普公司（Outokumpu）哈贾瓦尔塔（Harjavalta）冶炼厂在 1949 年首先用来熔炼钢精矿，1959 年开始用于熔炼铜精矿，1962 年用来从黄铁矿精矿生产元素硫。目前世界上已有几十个工厂采用奥托昆普型闪速炉，中国贵溪冶炼厂也采用此种炉型。

奥托昆普法的熔炼过程采用 723～1273K 的热风或富氧空气将干燥精矿垂直喷入靠闪速炉一端的反应塔中进行氧化反应，反应放出大量的热量，使反应塔中的温度维持在 1673K 以上。熔融物料的内部温度和浓度差造成液滴内部的强烈循环，使氧化反应速度加快。最后溶体落入沉淀池中完成最终造渣和造锍反应，澄清分离后分别排放。其工作原理见图 3-44。当烟气掠过沉淀池液面时，带走许多微小的液滴，所以闪速熔炼的烟尘率比较大。烟气从闪速炉另一端的上升烟道排出。

奥托昆普法烟气的特点是“三高”，即温度高（1573K 以上）、含尘高（含尘浓度为 50～150g/m³）、SO_2 体积分数高（8%～15%）。通常此烟气经过余热锅炉、电收尘后送去制酸。

奥托昆普法反应塔中氧位较高，能产出高品位锍，但是炉渣中 Cu 的质量分数也高，一

般为1.0%～1.5%。这样的炉渣必须进一步处理，回收其中的铜。目前贫化炉渣的工业方

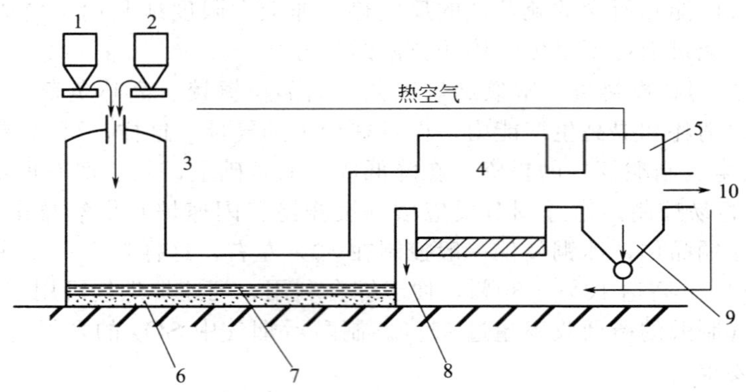

图 3-44 奥托昆普法原理图

1—硫化精矿；2—熔剂；3—精矿喷嘴；4—余热锅炉；5—换热器；6—炉渣；7—铜锍；8—烟尘；9—冷空气；10—静电除尘器和 H_2SO_4 回收

法有电炉贫化法和选矿法。

(2) 因科闪速熔炼　继奥托昆普法之后，加拿大钢崖（Copper Cliff）冶炼厂于1952年开始采用国际镍公司的因科法熔炼铜精矿。因科法的特点是将炉料水平喷入炉膛，而采用不预热的工业氧气（95%～97%）来氧化熔炼精矿，其原理见图3-45。与奥托昆普法相比，床能率更高，可达10%～12%；烟尘率更低，仅有2%；能耗更低。

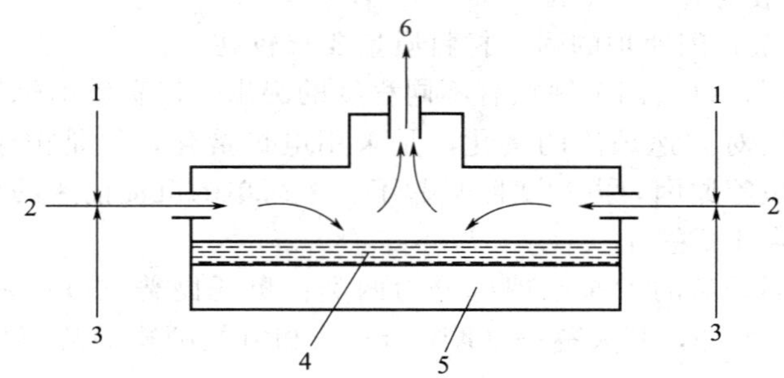

图 3-45 因科法原理图

1—硫化精矿和熔剂；2—空气；3—氯气；4—铜锍；5—炉渣；6—废气

因科法的冶炼过程是用工业氧气将干铜精矿、黄铁矿和溶剂从设在炉子两端的精矿喷嘴水平喷入炉内熔池上方空间，炉料在空间内处于悬浮状态发生氧化反应，放出大量热，使过程自热进行，产出锍、炉渣和 SO_2 体积分数很高（80%）的烟气。

3. Contop 炼铜新工艺

Contop（Continuous Top-feed Oxygen Process）即炉料高速连续地熔炼和吹炼。Contop炼铜法是由德国KHD Humtbolt Wedag公司在20世纪80年代末开始研究开发的炼铜新工艺。第一台旋涡炉安装在智利国家铜公司楚基卡马塔。目前世界上采用Contop工艺炼铜的工厂虽为数不多，但该工艺适合反射炉的改造，能充分利用了旋涡熔炼温度高、热强度大、炉料停留时间短和顶吹反应易于控制的特点，必将成为在技术上更具竞争性的炼铜工艺。

(1) Contop熔炼结构　Contop熔炼同闪速熔炼一样，属于悬浮熔炼。由于炉子结构不同，两者有较大差别。Contop炉主要包括旋涡熔炼室和顶吹反应室两部分，旋涡室有水平

式和垂直式两种，从热分配和冶炼过程的控制来看，垂直旋涡室均优于水平式旋涡室，美国和智利都采用这种方式。旋涡室呈圆筒形，一般采用箱式或管式水冷。

顶吹反应室与旋涡室底部相连，是一个较大的熔池。顶吹反应室宽 9m、长 38m、高 3m，用镁砖砌筑，顶部挂砖。美国的 El Paso 冶炼厂的 Contop 炉结构见图 3-46，它有两座旋涡室。圆柱形旋涡室结构见图 3-47，其侧壁采用不锈钢水冷结构，直径为 1.83m，高为 4.57m。

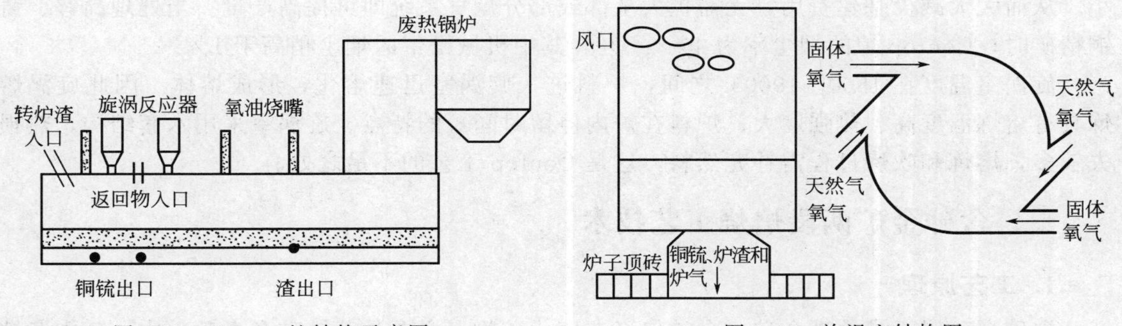

图 3-46　Contop 炉结构示意图　　图 3-47　旋涡室结构图

顶吹反应室有 2 个水冷出渣口和 4 个铜筑出口，位于炉子的两侧。转炉渣从反应室前部池顶的渣口加入。各种返回物可以通过两旋涡室之间的加料口加入。粉状物料以切线方向通过旋涡室侧壁上部的四个风口喷入炉内，每个风口的对面是一个氧气、天然气烧嘴，四支顶吹喷枪高速喷入天然气、氧气，使炉渣进一步贫化。反应室的温度主要靠反应器的热量和 8 个安装在顶部的氧油烧嘴来维持。烧嘴区域温度很高，精矿被氧油火焰点燃并迅速熔化成熔融的渣、铜锍。熔融物料在水冷护壳上形成的保护层使之免于腐蚀和磨损。熔体和炉气通过反应器的咽喉口流入顶吹反应室。铜锍通过铜包用吊车运至转炉。SO_2 烟气通过直升烟道进入余热锅炉。

(2) Contop 工艺原理　Contop 技术分两个部分：一是旋涡熔炼技术；二是顶吹技术。

旋涡熔炼是在旋涡室内进行的，高密度粉粒由喷嘴切向喷入旋涡炉内，炉内喷嘴出口处的高密度料流和固体炉料与反应气体间较高的相对速度，是在狭小容积内能够进行高速反应的动力学前提。在旋涡室上部燃烧区内温度高达 1800℃左右，所以喷入的炉料立即熔化。强烈的涡流运动使熔体与气体迅速分离，铜锍和炉渣在水冷炉壁上凝聚并下流，进入顶吹反应室。在连续反应过程中，熔体与水冷炉壁之间达成了一种温度平衡，使一部分炉渣凝结在炉壁上，形成保护层。在较高的熔炼温度下，精矿中的杂质氧化物挥发进入气相，因此旋涡炉在处理复杂铜精矿方面有决定性的优势。

在顶吹反应室中，还原气体和工业氧的混合物以超声速的高速度从水冷喷枪中吹在渣熔体上，打破了熔池内熔体表面的平静，使熔渣表面上形成凹坑，气体射流因此改变方向。反射回来的气体沿熔体表面逃散。气体和熔体之间的摩擦力使得熔体发生旋转运动，使反应表面不断地更新，从而导致传热和传质的高速进行。以氧化物形式存在于炉渣中的有价金属成分被还原，同时转化成重金属相。或在适当的蒸汽压条件下挥发，并以有价金属氧化物形式在废气系统中捕集下来。与此同时，炉渣中富集的磁性氧化铁也被还原。因此炉渣贫化速度比电炉贫化要快。

(3) Contop 炉的工艺特点　旋涡室是一种容易操作、具有很大灵活性的熔炼设备。如果需要，可以在几秒钟内完成开停动作。加料量可在几秒钟内从设计能力的 80%上升到 120%，正常生产的百分比为 105%。生产的铜锍品位非常稳定。

旋涡炉对原料要求不高，它不需要专门的配料，可以处理多种不同成分的精矿，也可以处理单一、复杂的精矿。改变物料成分和铜锍成分不必停产。但旋涡熔炼要求炉料粒度小于3mm、含水0.5%以下，且具有良好的流动性。

顶吹反应室气体成分易于控制，便于炉渣贫化。在状态良好的情况下，渣中铜损失约为0.65%以下，但转炉渣返回和提高铜锍品位可使铜损失增加。氧气的使用大大减少了烟气量，有利于实现严格的污染控制和保持良好的工作环境，并使烟气处理设备的规模相应减小，从而大大减少基建费用，无需扩大全部或部分烟气系统即可提高产量。当处理高锌、铸铜精矿时，Contop炉的烟尘率为4%～5%，其中机械携带的烟尘稍高于1%。

旋涡室温度在1800～1900℃之间，炉料进入旋涡室迅速熔化，形成熔体。因此旋涡熔炼具有熔炼温度高、热强度大、炉料在炉内停留时间短的特点。旋涡室采用水套结构，热损失较多，熔炼和吹炼过程需补充燃料，这是Contop工艺的不足之处。

三、含砷金矿两段焙烧工艺技术

1. 工艺原理

含砷金矿属于难处理金矿，金被包裹在硫化矿物（主要是黄铁矿和毒砂）中，其中黄铁矿是最重要的载金矿物，毒砂是砷矿物主要的存在形式。

含砷金矿中的砷主要附存在FeAsS中，另有一定量砷存在于FeS_2两段焙烧工艺，是将含砷金精矿先在一段炉缺氧条件下进行焙烧，FeS_2生成四氧化三铁Fe_3O_4，物料中的砷挥发；之后再进行二段氧化焙烧，使铁充分氧化，金与紧密结合的硫化矿物和其他矿物分离，在氰化物浸出时获得较高的浸出率：

$$12FeAsS+29O_2 \longrightarrow 6As_2O_3+4Fe_3O_4+12SO_2$$

$$3FeS_2+8O_2 \longrightarrow Fe_3O_4+6SO_2$$

$$3FeS+5O_2 \longrightarrow Fe_3O_4+3SO_2$$

$$2FeAsS+3FeS_2 \longrightarrow 5FeS+As_2S_3$$

$$2As_2S_3+9O_2 \longrightarrow 6SO_2+As_4O_6$$

因此，两段焙烧工艺可提高氧化浸出时金的浸出率，并可有效脱出金精矿中的砷，显著提高金的回收率。

2. 工艺流程

两段焙烧工艺中一般包括上料、焙烧、烟气净化、收砷4个工序，其原则流程见图3-48。

（1）上料　入炉的原料要先进行配料，由于原料来源不同，成分差别较大，因此需要按照焙烧要求进行配料，主要是对物料中的金、银及铜、锌、铅、砷等进行合理配置，含硫量必须达到26%以上，含砷量控制在合理范围，一般要求控制在2%～8%之间。两段焙烧工艺通常有干法和湿法两种上料方式。其中干式进料是先将物料进行干燥，使其含水量降低到8%以下，再通过圆盘给料机和其他形式的加料机送入焙烧炉内。干式进料的优点是可以处理含硫量较低的精矿，缺点是干燥时使用柴油等，污染较大，并形成矿物粉尘，造成原料浪费以及资源的流失。湿式进料，物料在浆化前先要除杂，浆化后再经振动筛除杂（避免杂质堵塞软管泵），然后由软管泵泵送入焙烧炉。与干式进料相比，湿式进料进入焙烧炉的物料比较均匀，无原料飞扬，减轻了环境污染。国内多采用湿法上料，矿浆浓度控制在75%左右。采用湿式进料时，需要充分考虑国内软管泵和国外软管泵输送能力的差异，以及输送到炉内需要的压力，可以增加高位缓冲槽，采用两级输送，这样既保证了泵送料浆到炉内的压力，同时也延长了输送软管的寿命。

（2）焙烧 两段焙烧采用在一段炉内进行缺氧焙烧，在二段炉内进行氧化焙烧。一段炉的烟气经两级旋风收尘器收尘，收集的物料进入二段炉进行氧化焙烧。一段炉焙烧时，料浆经软管泵输送到一段焙烧炉内，炉况稳定时，根据一级旋风后工艺气体和后燃烧室后工艺气体的温差，判断炉内气氛，调整一段焙烧炉的给料量。一段炉焙烧在较低的温度和缺氧条件下进行，炉温控制在600～700℃之间，通过添加工艺水来控制炉温。经过一段炉焙烧，精矿中的铁大部成为四氧化三铁，砷则以 As_2S_3、As_3O_4，硫以 SO_2、S_2 从烟气中排出，物料的细粒和烟尘有75%～80%从烟气中排出。

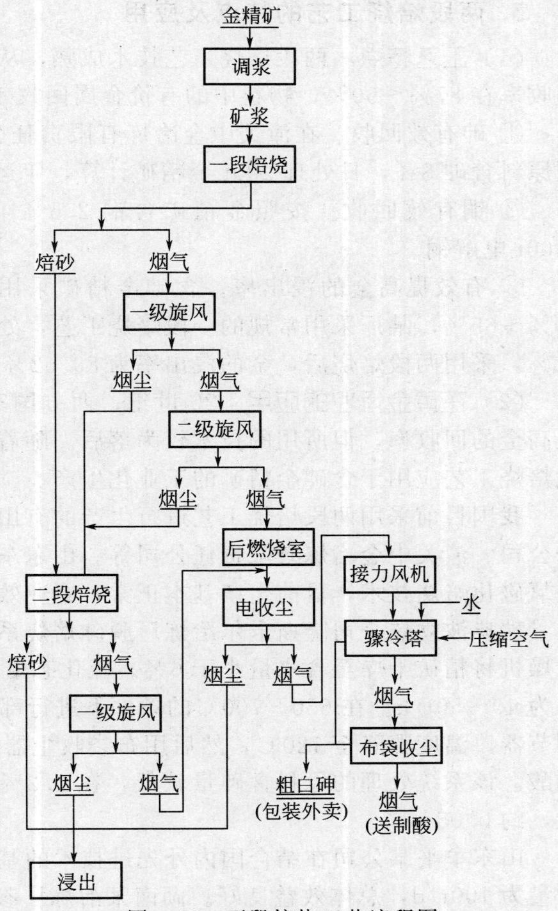

图3-48 两段焙烧工艺流程图

一段炉的沸腾层高度一般控制在1～1.5m，炉内微负压，通过设置在炉顶通风管道内的仪表测量，并以此为依据控制一段炉和二段炉达到良好的热平衡。经过一段炉焙烧的物料残硫控制在3%～4.5%，物料经翻板阀或星形阀进入二段炉进行氧化焙烧。二段炉烟气同一段炉的烟气混合进入燃烧室，部分没有燃烧的气体在此充分燃烧，烟气中的 S_2 生成 SO_2，As_4S_6 和 As_2O_3 转化为 As_4O_6。焙烧炉烟气流速由鼓风机鼓入的空气控制，控制其足以使产生的细粒焙砂移走。粗焙砂积聚在炉床上，通过焙烧炉的排料口排出。焙砂超过炉床的水平高度取决于流化床的压降比，其反过来又控制翻板阀或星形阀的排料。

（3）烟气净化 目前多数冶炼厂的收尘都采用重力、旋风、电收尘联合作业，也有对旋风收尘进行改进，采用并列式一拖二式旋风收尘，同时与电收尘结合，以提高收尘效果。

某厂一段炉和二段炉旋风收尘采用并列运行的两组收尘器，在炉子烟气处理上，增加了后燃烧室，以保证烟气充分燃烧。在收尘物料的输送方面，借鉴国内外生产厂家的经验，对密封螺旋的密封进行了技术改进，考虑到输送物料的具体情况，调整了埋刮板输送速度以及链条的宽度，并且改单链为双链输送，增加底板厚度，以提高设备使用寿命和使用效果。

（4）收砷 常规的两段焙烧工艺烟气中砷的回收，主要是先将烟气经过旋风收尘处理，再经冷却塔降温冷却，使烟气温度从600～700℃降至约350℃。烟气进入骤冷塔，通过高压喷水，温度从350℃骤降到125℃，其中气态的 As_2O_3 成为粉状，形成粗砷。骤冷塔冷却水的喷水装置必须确保喷水呈雾化状态，一旦雾化喷嘴出现滴水或小量的水流，将会使粉状的粗砷浆化，并凝结在骤冷塔的塔壁，出现玻璃砷，对设备产生严重影响，其清理难度较大，造成停车生产，并污染环境。

收砷后的烟气从布袋收尘器中排出，进入硫酸系统，生产硫酸。硫酸系统中设有碱液循环槽，对制酸尾气再次进行回收，做到达标排放。

3. 两段焙烧工艺的特点及应用

（1）工艺特点　两段焙烧工艺技术成熟，从国内诸多厂家的实际生产情况看，金的综合回收率在87%～90%，物料中的有价金属回收效果良好，经济效益显著。

① 砷有效回收。在潼关中金冶炼有限责任公司的两段焙烧处理含砷金精矿工艺中，按照原料含砷8%，日处理200t金精矿计算，年运行300d，可生产白砷约7500t。

② 铜有效回收。按照金精矿含铜2.5%，日处理200t金精矿，运行300d，将生产1500t电解铜。

③ 有效提高金的浸出率。含砷金精矿采用常规工艺处理后氰化时，金浸出率通常在50%～65%，某厂采用常规的一段焙烧工艺，处理含砷3.5%的金精矿，金的有效浸出率仅62%，采用两段焙烧后，金的浸出率为89.62%，效果明显。

（2）在黄金行业的应用　20世纪，西方国家就采用焙烧技术对含砷矿物进行处理，以提高金的回收率，但所用的技术较为落后。随着技术的发展，瑞典波立登公司首先将缺氧磁化焙烧工艺应用于含砷金精矿的工业化生产。

我国目前采用两段焙烧工艺进行生产的有山东东方股份有限公司、湖南中南冶炼有限责任公司、潼关中金冶炼有限责任公司等。山东东方股份有限公司采用的是瑞典波立登公司的缺氧磁化焙烧技术，目前生产基本正常，企业效益良好。

瑞典波立登公司隆斯卡尔冶炼厂脱砷焙烧系统采用干法进料，先用20t/h的电热回转式干燥机将精矿干燥至含水量小于6%。硫化态焙烧的炉床为4.25m×3.25m×9.1m，处理能力为40～50t/h。在650～700℃的条件下进行部分焙烧，焙烧烟气经过两级旋风收尘和气体调节器，温度骤降至120℃，然后用布袋收尘器收集三氧化二砷，除砷后的烟气送硫酸系统制酸。该系统处理的原料含砷量较低，在0.2%～2%之间，脱砷效果较好，焙砂含砷量较低，约0.05%。

山东牟平某公司在结合国内外先进技术的基础上，自主研发了两段焙烧生产工艺，其处理量为100t/d，总体效益良好。湖南某冶炼厂参照山东牟平和瑞典Outotec公司的两段焙烧技术进行建设，2009年投产。

潼关中金冶炼有限责任公司全套引进瑞典波立登公司的两段焙烧工艺，处理能力为200t/d，整个生产系统在进料方式、炉顶的矿浆喷淋、排料方式、冷却水的雾化、骤冷塔的保温以及焙烧系统的自动化控制方面都较为先进。公司原有的150t/d一段焙烧生产线，采用滚筒排料机加冷却水对物料进行冷却。在200t/d新项目中，二段炉采用埋刮板输送物料，出料温度在640℃，通过降低埋刮板的输送速度以及向埋刮板的设备外壳喷淋水对物料进行降温。由于焙砂温度相对较高，进入酸浸槽后，容易出现气化现象，而酸浸槽内的玻璃钢和环氧胶泥所能承受的温度不能超过150°，因此在槽体上增设了大型排风筒，并在顶部安装喷淋稀酸或萃余液喷淋装置，避免高温物料与酸性矿浆接触从喷淋筒喷出从而造成原料浪费。

（3）操作中注意的问题

① 由于原料来源复杂，成分各异，其中含有杂物，尤其是编织袋、砖块等，因此原料应先人工除杂再机械除杂，避免物料中的杂物造成生产停车。

② 由于原料产地广、成分复杂，因此应对物料的砷、硫、金、锌、碳含量以及物料的粒度等充分了解，按照要求合理配矿。

③ 开车前，详细检查整体工艺设备、电器、仪表、自控等设施，进行整体工艺设备的冷试车，无问题后再投料开车。

④ 新建的焙烧炉炉顶的处理以及炉子的烘炉应高度重视，避免烘炉过程中出现炉壁裂

纹、炉顶塌陷等事故。试生产前，采用焙烧渣对溢流螺旋和埋刮板进行填料密封，避免充填不满而造成漏风。

⑤ 严格按照顺序有序开车，在炉子的自动化控制方面，配备高素质的技术人员，在工艺技术工程师指导下进行开车。

四、高炉瓦斯泥火法回收技术

高炉瓦斯泥作为钢铁企业产生的主要固体废物之一，其产生过程是比较复杂的，它是在高炉冶炼的过程伴随着高炉煤气中所携带的原料粉尘和经高温区激烈反应而得到微粒，后经湿式出尘便得到高炉瓦斯泥。其粒度细微，含水量大，有较高含量的铁、锌、碳等，主要存在形式有赤铁矿、磁铁矿、焦炭、氧化锌以及二氧化硅等。2010 年全国钢铁年产量超过 6 亿吨，而高炉瓦斯泥的产量约为粗钢产量的 1%～3%，显而易见其总量是相当大的。

1. 高炉瓦斯泥火法回收工艺原理

高炉瓦斯泥含有一定量的锌、铅、铋等重金属，随炉料和矿石不同而有所差异，我国某钢铁企业炉瓦斯泥中全铁含量 36%左右，锌含量 5%左右，碳含量 8%左右。将其进行填埋或者简单地倾倒于野外，不仅重金属会污染环境，而且大量的有价金属被浪费了。瓦斯泥中主要有价元素成分光谱和化学分析结果见表 3-22。

表 3-22　瓦斯泥中主要有价元素成分光谱和化学分析结果

元素	TFe	C	Pb	Bi	Ti	Cu	Zn	Mn
光谱分析/%	—	—	≥5000	≥3000	约 500	约 5	≥50000	约 500
化学分析/%	36.7	8.00	0.82	0.75	—	—	5.60	—

高炉瓦斯泥中富含炭粉，对瓦斯泥中可能存在的还原反应进行热力学分析，是火法富集的根本依据。

表 3-23　高炉瓦斯泥中氧化物还原温度及其焓值

反应方程式	开始还原温度/℃	$\Delta H_{298}^{\ominus}$/(kJ/mol)
$ZnO(s)+C(s)=\!=\!=Zn(g)+CO(g)$	952	237.57
$PbO(s)+C(s)=\!=\!=Pb(l)+CO(g)$	281.9	108.74
$MnO(s)+C(s)=\!=\!=Mn(s)+CO(g)$	1423.02	274.39
$3Fe_2O_3(s)+C(s)=\!=\!=2Fe_3O_4(s)+CO(g)$	324.55	129.2
$Fe_3O_4(s)+C(s)=\!=\!=3FeO(s)+CO(g)$	664.16	191.72
$FeO(s)+C(s)=\!=\!=Fe(s)+CO(g)$	705.5	161.5
$C(s)+CO_2(g)=\!=\!=2CO(g)$	704.24	172.43
$Fe_3O_4(s)+CO(g)=\!=\!=3FeO(s)+CO_2(g)$	530.62	19.29
$FeO(s)+CO(g)=\!=\!=Fe(s)+CO_2(g)$	639.88	161.5
$ZnO(s)+Fe=\!=\!=Zn(g)+FeO$	1138.64	76.07

从表 3-23 中可知：①焓值均为正值，说明高炉瓦斯泥中氧化物进行还原时是吸热反应，温度升高对还原有利；②还原反应开始的温度都还比较低，这在工艺上比较容易实现。

锌（Zn）为一种银白色金属，氧化锌（ZnO）是一种白色粉末。他们的熔点、沸点分别是：锌为 442.4℃和 906.5℃；ZnO 为 1975℃和 1800℃（升华）。为了尽量充分利用瓦斯泥中的碳，且在较低温度情况下将锌还原出来，在氮气氛围下利用碳粉做还原剂直接用火法处理高炉瓦斯泥中的锌，以锌单质的形式挥发出来，反应式见式(3-42)。还原后得到的锌单质，在空气中氧化，干燥得到火法富集产品粗品氧化锌，反应式见式(3-43)。

$$C(s)+ZnO(s)=\!=\!=Zn(g)+CO(s) \tag{3-42}$$

$$2Zn+O_2=\!=\!=2ZnO \tag{3-43}$$

由于我国钢铁企业产生的高炉瓦斯泥大部分属于低锌瓦斯泥，因此火法工艺对我国的高炉瓦斯泥更有现实意义。但是火法工艺存在投资较大、成本较高的特点。其工艺原理是在高温的还原条件下，锌的沸点较低，这样一来锌的氧化物很容易被还原，在高温下锌单质以锌蒸气的形式存在，会随着烟气一同排出，这样就达到了锌与固体分离的效果。随着锌蒸气与氧气的接触很快又被氧化，由于氧化锌的沸点较高，最终又变成氧化物颗粒，通过回收装置进行收集。目前较成熟的工艺有回转窑工艺、冷固结球团法、循环流化床及环形炉工艺等。

2. 高炉瓦斯泥火法回收技术

(1) 回转窑工艺　回转窑工艺分成两个过程：其一通过焦炉煤气和空气加热，将泥浆中的铅、锌等金属氧化物由无烟煤还原变成相应的金属，并通过窑温进行蒸发而分离，后经冷却收集；其二，还原后的铁产品被排入冷却器中，经过水的冷处理后，再通过筛子筛分，将粒度大于7mm的铁产品返回到高炉中去，剩余的统统送往烧结。它是回转窑工艺设备上处理泥浆状物质的新技术，其特点不需要造球，故工艺较简单，但是产品质量较差，生产效率不高并且成本高。

(2) 环形炉工艺　环形炉工艺先是将含铁尘泥、炭粉和黏结剂经过一定的配比制作成球团状，然后将球团干燥后装入环形炉加热。由于在高温的条件下，又具有还原剂炭粉，铅、锌等氧化物很容易被还原成相对应的金属蒸气，并随同烟气排出环形炉。离开环形炉后经过冷却处理，锌、铅被氧化成固体颗粒，由于重力作用而沉积在除尘器里面。

该方法也存在着不足，由于球团抗压强度普遍偏低，对原料要求较为苛刻，如锌含量较低和全铁含量较高的瓦斯泥就不适于该方法。

(3) 循环流化床工艺　循环流化床工艺，其原理是在锌还原挥发的同时，控制气氛和温度，能够抑制氧化铁的还原，从而降低处理过程的能耗，主要是利用了流化床良好的气体动力学条件。该法的特点：由于粉尘非常细小，锌灰纯度会被降低；操作状态不够稳定；较低的温度能够有利于炉料黏结，同时生产效率会相应的降低。

(4) 冷固结球团法　冷固结球团法，其原理是往高炉瓦斯泥中加入一定的还原剂和黏结剂，通过混合制成球团或者压成块状，不经任何处理后重新返回高炉中冶炼。该法适用于含锌量较低的高炉瓦斯泥，方法简单易行，成本比较低，同时可以回收高炉瓦斯泥中的铁元素。但是也存在不足，无法使用锌含量超标的瓦斯泥原料进行造球，效率低、能耗大并且原料成分的不稳定性会给整个工艺带来不确定性因素。

(5) 微波处理高炉瓦斯泥　美国的Martin、日本的Koki Nishioka等利用微波处理高炉瓦斯泥中的锌，在2.45GHz、1200～1220℃下脱锌效果较好。微波加热与传统加热方式相比，加热速度快、物料受热均匀，不存在所谓的温度梯度。同时高炉瓦斯泥含有微波敏感材料即四氧化三铁和三氧化二铁，使得其升温速率更快，并能及时补偿反应所消耗的热量，对加快反应速度有显著效果。微波处理高炉瓦斯泥具有很好的应用前景。高炉瓦斯泥采用微波加热还原在实验室范围内取得了较明显的效果，但工业上的应用还未见报道。

五、废弃电子线路板火法富集贵金属

我国电子产品的消费量空前增长，电子废弃物的产量飞速增加。而从资源回收角度看，电子垃圾的潜在价值很高。电子废弃物中含有约40%的金属、30%的塑料及30%的氧化物，其中还含有大量可供回收利用的贵稀金属，如金、银、钯、铟等。而电子线路板中贵稀金属含量更为可观。同时，电子废弃物含有大量有毒成分，如聚合溴化联苯（PBB)、聚合溴化联苯乙醚（PBDE）等，其毒性强烈，影响时间长，填埋或焚烧都将造成严重的二次污染。

目前研究较多的是湿法冶金工艺回收贵稀金属，化学试剂成本高，并需承担很高的污水处理成本，不适合大规模工业生产。同时，湿法处理前需热解，空气污染治理成本不小于火法工艺。直接湿法浸取，则产生大量含 PBB、PBDE 及重金属的废渣，只是回收了贵稀金属，没有达到污染治理的目的，反而增加了环境负担。而火法冶金具有二次污染少、工艺线路短、回收率高，且在火法过程中可实现贱金属的分类分离，有利于下一步贱金属的回收，适于大规模工业生产的特点，可以实现废弃物的最终处置，是比较理想的贵稀金属富集回收的方法。

1. 低锍氧化吹炼除铁

有色金属及贵金属冶炼中，铁的分离是一个非常重要的问题，在贵金属浮选精矿富集熔炼产出的低锍中含 Fe≈50%（是 Cu+Ni 的 1 倍），以 FeS 状态存在。

氧化吹炼是分离 FeS 的可靠又经济的方法。吹炼过程为将高压空气或富氧空气鼓入熔融锍中，使液态 FeS 氧化为 FeO，然后与加入的固态石英 SiO_2 化合为液态 $(FeO)_2SiO_2$ 炉渣：

$$FeS(l)+1.5O_2(g)=\!=\!=FeO(l)+SO_2\uparrow$$

$$2FeO(l)+SiO_2(g)=\!=\!=2FeO\cdot SiO_2(l)$$

在高温熔炼过程中，氧化反应强烈放热，热量除可自热维持吹炼过程需要的高温外还有过剩，因此氧化吹炼除铁是最经济的冶金过程。吹炼后贵稀金属仍主要富集在高锍中，但由于吹炼熔体的剧烈翻腾，且渣中含铁量高及产生部分高熔点的 Fe_3O_4，转炉渣熔点高，黏度大，与造锍熔炼渣相比，氧化吹炼渣中夹带的镍铜硫化物和贵稀金属多。因此，吹炼渣需返回熔炼炉回收贵稀金属。

2. 铜锍吹炼粗铜

铜镍锍氧化吹炼除铁造橄榄石渣时，锍中的贵金属以较高的回收率富集在铜镍高锍中，若吹炼时过吹产生部分金属相，则高锍中的贵金属又转入金属相。

铜锍吹炼为粗铜时，吹炼前期产生的少量炉底铜即可捕集铜锍中绝大部分贵金属，分离这少量富集了贵金属的炉底铜后，继续吹炼产生的粗铜基本上不含贵金属。根据这一现象，废渣用硫化铜熔炼，捕集了贵金属的铜锍加入部分金属铜或适当吹炼产生部分金属铜，当金属铜产率约等于 20%时，贵金属在金属铜中的回收率达：Au 99%、Pt 97%、Pd 95%、Ru 89%、Rh 99%、Lr 90%，而绝大部分 Ag、Se、Te 留在铜梳中。

3. 铜镍高锍分层熔炼

这是南非最早使用的方法，曾以其发明人的名字称为 Orford 法。该方法虽然作为铜镍冶炼技术已不再使用，但在各种共生元素的分离富集方面有其特殊性，对某些特殊成分的含铂族金属原料仍有一定的实用性。

铜镍高锍块与硫酸钠、焦炭一起加入鼓风炉熔炼，高温下，硫酸钠分解为硫化钠并与高锍中的硫化铜形成低密度的合金，而高锍中的硫化镍分离为高密度的独立相，熔体放出后两相密度及结晶结构相差很大而分为两层，冷却后剥离，底层硫化镍富集了铂族金属，顶层富集了银、硒、碲和微量的铂族金属。

底层对铂族金属的富集非常有效，分配系数很高，回收率高于 98%。如能在电路板处理过程中实现分层熔炼，不仅可分离贵稀金属，同时还可实现铜、镍的分离回收。

第六节　工业固体废物的浮选回收技术

浮选是利用矿物表面的物理化学性质差异选别矿物颗粒的过程，是应用最广泛的选矿方法。工业上常用浮选处理多金属共生矿物，如从铜、铅、锌等多金属矿矿石中可分离出铜、铅、锌和硫铁矿等多种精矿，且能得到很高的选别指标。

浮选按分选有价组分不同可分为正浮选与反浮选，将无用矿物（即脉石矿物）面在矿浆中作为尾矿排出的方法叫正浮选，反之叫反浮选。浮选中常用的浮选药剂有捕收剂、起泡剂、抑制剂、活化剂、pH 调整剂、分散剂、絮凝剂等。常见的浮选机有机械搅拌式、充气式、充气机械搅拌式等。

一、浮选工艺原理

浮选是利用矿物间表面润湿性差异进行浮游分离的分选方法。由于物料自身具有表面活性，或经药剂处理后获得疏水亲气（或亲油）特性，在相界面（水-气或水-油界面）聚集，或发生气泡吸附分离，达到物料的富集和纯化。目前矿物表面的润湿性或可浮性可采用人工添加浮选药剂来灵活调节，大大提高了分选效果。

浮选工艺是浮选生产的骨架，是决定浮选生产是否可行和指标高低的决定因素。我国针对各种矿石的特性，开发了许多浮选工艺（表 3-24）。

表 3-24 浮选工艺及应用

<table>
<tr><th rowspan="3">物料粒度特征</th><th colspan="3">工 艺 特 征</th></tr>
<tr><th colspan="2">泡沫浮选分离</th><th rowspan="2">无泡沫吸附分离</th></tr>
<tr><th>三相泡沫浮选</th><th>二相泡沫分离</th></tr>
<tr><td>颗粒物料（目见）</td><td>1. 泡沫浮选，主要用于矿物浮选（用常规药剂）
2. 絮凝浮选，包括选择性絮凝和剪切絮凝等，用于细粒处理（用絮凝剂）
3. 载体浮选，用于从细粒物料脱除杂质（用特殊调浆工艺）
4. 团絮浮选或乳化浮选，应用同 2 项（用烃油及乳化剂）</td><td></td><td>1. 表层浮选，早期回收疏水矿物（不用药）
2. 全油浮选，早期处理金银及有色金属硫化矿（用大量油类）
3. 台浮、脱除细粒硫化矿（用药量大，常用酸碱处理）
4. 球絮团分离（大量烃油）
5. 油壁膜黏附（用油膏）</td></tr>
<tr><td>微细料及胶体（镜见）</td><td>1. 超细浮选，包括上栏 2，3，4 项（用螯合捕收剂及絮凝剂）
2. 浮渣浮选，用于废水处理和金属离子回收（用沉淀剂及捕收剂）</td><td>1. 泡沫分离，用于纸浆蛋白质回收
2. 生物浮选，用于细菌分离等</td><td>1. 气泡分离，用于水净化（常不用药）
2. 电解浮选，回收微细粒
3. 二液浮选，回收锅石细泥（用萃取介质及捕收剂）
溶媒浮选或二液浮选，富集，分离水中成分</td></tr>
<tr><td>离子分子</td><td>1. 浸出-沉淀-浮选，用于处理有色金属氧化矿等（用溶剂及沉淀剂）
2. 交换树脂浮选，回收水中离子及油污（用交换树脂及聚合物）</td><td>1. 离子浮选，用于回收废水及海水中的金属离子（用长链电解质或非离子型表面活性剂）
2. 分子浮选，回收水中可溶性分子等
3. 泡沫分离，用于脂肪，表面活性剂净化回收（自身有活性）</td><td></td></tr>
</table>

注：气泡指单个或数个气泡聚集，泡沫指多个气泡聚集成泡沫层或流体。

二、浮选设备

浮选设备一般分为浮选机和浮选柱两大类。

1. 浮选机

（1）闪速浮选机　该机本身无传动装置，在高速、高压射流作用下，空气被卷吸到射流束的外层，喷射瞬间，由于矿浆压力的突降、体积的突扩，因而矿物、药剂和气泡三者间强烈地接触和碰撞，有用矿物黏附在微细气泡上，并经喉管垂直落入矿化反应管，在反应管内气泡急速上升而矿浆却强烈下压，造成矿浆与气泡上下交替接触而矿化，落入反冲假底后，经调速孔板向上喷射，矿化完全的气泡经悬浮层二次富集后上升至泡沫层，而尾矿自假底进入尾矿管。闪速浮选机与一般浮选机最大的不同在于槽内无搅拌，矿化在管内完成，槽内的矿浆基本上处于一种有序的流动状态，紊流度不大。大冶铁矿选厂采用 SL-SSF75-1 型闪速浮选机对硫精矿进行再选。工业试验表明，原浮选硫精矿含铜 0.713%，经闪速浮选机再选后，含铜降至 0.487%，铜的作业回收率 33.58%。

(2) KYF-50 充气机械搅拌式浮选机　该机主要的创新点在于其叶轮的定子结构及槽体形式，叶轮采用高比转数后倾叶片，槽体上部为八角形，底部为 U 形。作为一种超大型浮选设备，运转平稳，能耗省。在金川有色金属公司铜镍选矿厂的工业试验表明，两台 KYF-50 浮选机一段粗选作业选别指标与原流程 5 台 BS-K-16 浮选机及 1 台 $20m^3$ 搅拌槽相比，镍精矿品位提高 2.30%，铜提高 1.40%，氧化镁降低 4.10%；作业回收率镍提高 0.10%，铜提高 2.30%。

(3) 圆形离心浮选机　该机是由自吸式气泡发生器和圆柱-圆锥形分选槽体组成的浮选设备，利用矿浆加压、空气自吸式喷射旋流形成的离心力场强化了重力场中的气泡碰撞矿化和泡沫析出过程。工业试验结果表明，圆形离心浮选机对细煤泥浮选效果好。

(4) 浮选旋流器　该机实质上是一个带气泡发生器的旋流器，由气泡发生器和旋流器组成。矿浆通过气泡发生器给入旋流器，在旋流器内气泡与疏水矿粒作用，疏水矿粒由溢流管排出。目前，小处理量的浮选旋流器仅试验过煤的脱灰。

(5) 充填式浮选机　该机借鉴国外充填式浮选柱的概念，在普通浮选机内填充波纹板而成。波纹板形成的曲折交叉通道使矿粒与气泡接触的机会更多，而波纹板上的循环孔对夹杂脉石和连生体有“过筛”作用，这些是使充填式浮选机指标较优的原因。小型实验室充填式浮选机选别硫铁矿的试验结果表明，在同等试验条件下，充填式浮选机无论品位还是回收率都高于普通浮选机浮选指标。不足之处是不锈钢波纹板成本高，使用一定时间后易结垢需清洗。

2. 浮选柱

(1) 旋流-静态微泡浮选柱　该机包括柱浮选、旋流分离和管流矿化 3 部分。柱浮选位于柱体上部，用于预分选，并借助于其选择性得到高质量的精矿；旋流分离位于柱浮选下部，用于柱浮选的进一步分选，并通过高回收率得到合格尾矿；管流矿化是引入气体并形成微泡。对萤石矿石浮选实验室研究可获得 CaF_2 含量大于 98%的优质萤石矿粉，与常规浮选在基本相同的情况下进行对比，采用一次粗选、二次精选流程即可达到浮选目标，简化了流程。以细筛筛下的铁精矿为原料，使用旋流-静态微泡浮选柱阳离子反浮选工艺实验室研究制取高纯铁精矿，在原矿总 Fe 63.50%的情况下，获取了总 Fe 70.00%以上，回收率大于 80.00%的高纯铁精矿。

(2) 自吸式充气浮选柱　该机采用自吸式气泡发生器，当矿浆经过可以控制吸气量大小的气泡发生器后，迅速形成矿化泡沫而沿浮选柱上升。自吸式充气浮选柱从铅锌选矿厂铅锌浮选尾矿中回收闪锌矿的半工业试验，取得了锌精矿品位 9.00%～14.00%的指标。为了控制柱体内流体大扰动这种不利分选的流体流动状态，在柱体内每间隔 0.7m 添加一层开孔 $<12mm$的筛板，筛板开孔率为 60%，此举有效改善了分选环境，达到了既强化柱内三相体系之间的能量交换，又提高了浮选逆流碰撞与矿化效率的目的。浮选的泡沫层也有了支撑，气泡在升浮过程中不易兼并，分选过程更稳定。

3. 磁力浮选设备

对于磁性铁精矿的脱硅反浮选，泡沫产品中的铁主要损失于$-25\mu m$粒级中，磁场的应用可抑制细粒磁铁矿的浮选，提高浮选的选择性，可有效地控制铁的损失。在容积为$1.42m^3$的维姆科浮选机的泡沫堰下方安装磁格栅，可达到这一目的。此外，将磁系安装在浮选柱的上部形成磁浮力场分选装置，抑制反浮选时磁性矿物进入尾矿。磁浮选装置中的磁力场可有效地抑制磁性矿物进入尾矿，提高了铁精矿回收率；同时脉冲磁力场减少了磁团聚引起的非磁性夹杂，提高了铁精矿的质量。在一定的磁场条件和药剂制度下，从磁铁矿中反浮选脉石矿物，一次分选能够使磁铁矿品位从总 Fe 65.43%提高到总 Fe 69.00%以上，精矿回收率在95.00%以上，明显优于单一的浮选和常规磁选。

三、浮选药剂

下面只对指出了明确结构的新药剂进行总结。

1. 捕收剂

常用的含硫有机浮选剂有6类，分别是二硫代氨基甲酸盐类、次烷基二烷基二硫代氨基甲酸酯类、烷基异硫脲类、硫代次磷酸类、次甲基二乙基二硫代氨基甲酸酯和二烃基硫代磷酸铵。

以从尾矿中富集黄金为例，这6类浮选剂对尾矿中富集黄金的效果依次如下：次甲基二乙基二硫代氨基甲酸酯，它对浮选尾矿中金的提取率>90%。*N*-丙烯基-*O*-烷基-硫代氨基甲酸酯(ATC)(R—O—C(S)—NH—CH_2—CH ═CH_2，R 表示乙基、异丁基、己基）类捕收剂已在铜、锌硫化矿浮选中得到了应用，对斑岩型铜矿浮选的析因试验研究表明，链长和用量对泡沫特性、铜精矿品位和回收率 W 及粗粒的浮选有很重要的影响，长链（C6）ATC在浮选的初始阶段抑制泡沫，就链长和泡沫特性而言，中等长度的ATC(C4）是最佳的；与捕收剂 *O*-烷基-*N*-乙氧羟基硫代氨基甲酸酯(ECTC)[R—O—C(S)—NH—C(O)—O—C_2H_5，R 表示异丁基] 和 *N*-烷基-*N*-乙氧羟基硫脲(ECTU)[RNH—C(S)—NH—C(O)—O—C_2H_5，R 表示丁基] 的比较发现，ATC 的浮选性能与 ECTC 相当，而好于 ECTU。三硫代碳酸盐（TC）更比二硫代碳酸盐（即黄药，DTC）易于氧化成相应的二硫醇盐。

捕收剂常规吸附量分析结果表明，TC 捕收剂可有效地用于硫化矿混合浮选中。分批浮选试验研究证明，TC 捕收剂浮选硫化铜矿物和铂族金属硫化矿物很有效。所进行的分批小型试验和在南非 Anglogold 选矿厂所进行的工业试验中，评价了 TC 捕收剂浮选含金黄铁矿的效果，还在铂族金属矿石小型浮选试验中应用了 TC 捕收剂。在这些情况下 TC 捕收剂都获得了高效的分离效果。以松节油为起始原料合成萜烯二硫代羧酸乙酯和萜烯黄原酸乙酯的混合物，它比丁黄药对硫化铜的捕收能力更强。长烃链（到癸基）黄药对 Ni、Cu(Ⅱ)、Zn 和 Fe（Ⅲ）氧化物的可浮性与 pH 值有关，它遵循静电作用机理，氧化物的浮选回收率与它们的等电点有关。随着黄药烃链长度的增长，金属氧化物的回收率提高，浮选速率常数线性提高。

捕收剂1-羟基-2-萘甲羟肟酸是 H_2O_5 的同分异构体，用于浮选包钢选矿厂稀土浮选给矿［含稀土元素（REO）10.95%］的试验表明，1-羟基-2-萘甲羟肟酸能有效地捕收稀土矿物，粗选粗精矿品位为37.02% REO，稀土回收率为80.10%。1-羟基-2-萘甲羟肟酸是一种很有前途的稀土捕收剂。

以十二胺和丙烯腈加成反应，再用无水乙醇和金属钠还原，常压下实验室合成了阳离子

捕收剂 N-十二烷基-1,3-丙二胺（DN12）。对高岭石、叶蜡石、伊利石的浮选行为表明，DN12 的捕收性能优于十二胺；DN12 的浓度为 3×10^{-4}mol/L 时，对 3 种铝硅酸盐矿物的浮选回收率均超过 80%，对 3 种铝硅酸盐矿物的捕收能力顺序为高岭石＞叶蜡石＞伊利石；浮选 pH 值范围为 5～8。动电位和红外光谱说明，DN12 与铝硅酸盐类矿物形成了氢键并产生静电吸附，且作用较强。极性部分为氨基而在非极性烃链的不同位置嵌入酰胺基的一类捕收剂（结构通式约为 $RCONHR_1NR_2R_3$，R_1 表示 C_2、C_3；R_2 和 R_3 表示 C_1、C_2 或 H），如 N-(3-氨丙基)-月桂酰胺、N-(2-氨乙基)-月桂酰胺、N-[(3-二甲氨基)丙基]-脂肪酸酰胺、N-(3-二乙基氨丙基)-脂肪酸酰胺等，对一水硬铝石、高岭石、伊利石和叶蜡石等铝硅酸盐都有较好的捕收性能。在酸性介质中，这类捕收剂分子通过静电引力吸附在矿粒表面；碱性介质中，捕收剂分子通过氢键吸附在矿粒表面。与这类捕收剂相反，N-十二烷基-b-氨基丙酸胺[$CH_3(CH_2)_{11}NHCH_2CH_2C(OO)NH_2\cdot HCl$，DAPA] 以酰胺基位于分子端部为极性部分而在非极性烃链嵌入氨基，以试图弥补一般胺类捕收剂氨基强而选择性较差的缺点。浮选试验表明，在 pH＝6.5～8.5 的中性范围内，DAPA 用量为 12.5mg/L 的条件下，对石英的浮选回收率最大可达到 90%以上。与十二胺相比，DAPA 表现出较弱的对石英的捕收能力和较好的选择性（石英与赤铁矿、磁铁矿和镜铁矿之间）。在自然 pH 值条件下，能成功地分离石英与这 3 种铁矿物分别组成的人工混合矿。

用 SO_3 将氧化石蜡磺化，便可以在其 α 位引入磺酸根，得到磺化氧化石蜡，再用碱将其皂化，可得磺化氧化石蜡皂。磺化氧化石蜡皂捕收剂用于包钢选矿厂弱磁选铁精矿反浮选去除氧化矿杂质，与氧化石蜡皂相比，在 37～38℃时，选矿效率提高 2.97%，药剂用量降低 45%；在 22℃时，选矿效率提高 1.35%，药剂用量降低 54%。用各种不同结构的捕收剂对镜铁矿浮选发现，辛基二磷酸 [$R\text{-}C(OH)(PO_3H_2)_2$] 比苯甲基砷酸等捕收能力强，比 7～9羟肟酸选择性好（铌铁矿与白云石之间）。

2. 起泡剂

730 系列起泡剂是根据不同结构起泡剂组分组合使用产生协同作用研制的，主要组分有：a,a,4-三甲基-3-环己烯-1-甲醇，1,3,3-三甲基-庚-2-醇，樟脑，C_6～C_8 醇、醚和酮等。与松醇油相比，起泡能力强、起泡速度可调。

以泡尺寸大小和动态发泡指数（DFI）为指标，对一系列的聚氧丙烯烷基醚型 [结构式为 $CH_3(OC_3H_6)_nOH$，$n=1$～6.3，国外常用的起泡剂 DF-200、DF-250 和 DF-1012 的 n 分别为 3，4 和 6.3] 起泡剂的起泡性能进行了评价。结果发现，起泡剂分子中丙氧基（OC_3H_6）的个数与临界兼并浓度（CCC）和动态发泡指数（DFI）有稳定的关系，丙氧基（OC_3H_6）的个数越多，减小气泡尺寸的能力越强（CCC 越小），形成的小气泡因此越稳定（DFI 越大）。

3. 调整剂

用三丁基乙基硫酸乙酯铵作相转移催化剂，以苯二酚、一氯乙酸和氢氧化钠为原料，用三氯甲烷作溶剂，合成了 3 种不同结构的苯二氧基二乙酸 [$C_6H_4(OCH_2COOH)_2$]。分别以油酸钠、十二胺和丁黄药为浮选捕收剂，考察了苯二氧基二乙酸对方解石、一水硬铝石和黄铁矿的抑制性能。苯二氧基二乙酸的抑制能力较强，对 3 种矿物的抑制性能大小顺序为方解石＞一水硬铝石＞黄铁矿，可作为方解石等含钙、镁脉石矿物的有效抑制剂。氧肟酸淀粉和氧肟酸聚丙烯酰胺两种高分子药剂对铝土矿中一水硬铝石和高岭石的浮选表明：氧肟酸淀粉在酸性条件下对一水硬铝石有较强的抑制作用，而对高岭石有活化现象；氧肟酸聚丙烯酰胺在整个试验 pH 值范围内对两种矿物均有活化作用。两种大分子药剂属于阴离子型。动电位测定结果表明，它们在带负电的高岭石、一水硬铝石表面吸附，使其动电位负性增加，表明药剂与矿物存在氢键力或化学作用力。由于在一水硬铝石表面，氧肟酸淀粉可以罩盖十二胺捕收剂，增加矿物表面的亲水性，从而对其产生抑制作用。而线型氧肟酸聚丙烯酰胺在矿物表面上为卧式吸附，其分子链上的负电区能够增加阳离子的吸附，从而活化矿物的浮选。有低分子量的有机药剂（二甲基二硫代氨基甲酸钠，AMAK）存在时，磁黄铁矿对丁基黄药的吸附量大幅度降低，使其可浮性减弱。在这种情况下，60%～70%的仅能使矿物表面弱疏水化的AMAK吸附在磁黄铁矿表面上形成了较大的覆盖层，从而降低疏水性强的丁基黄药在矿物表面上的吸附量，降低磁黄铁矿的可浮性。

4. 生物浮选

生物浮选可定义为将微生物作为药剂，使矿物选择性分选的过程。微生物细胞表面或代谢产品中存在的非极性基团（链链）和极性基团（羰基、羟基、磷酸基团等）使得微生物培养液具有表面活性剂分子的类似特性。目前，没有发现针对生物浮选的特定工艺过程或设备，往往采用与常规浮选相同的方法，只是用微生物作为药剂来调节浮选性能。通常分为生物捕收剂和生物调整剂两大部分，生物絮凝剂也包括在生物调整剂部分。

（1）生物捕收剂　生物捕收剂要有一般捕收剂的结构特点，即极性基团和非极性基团，非极性基团要保证较高的疏水性。目前，相对于生物调整剂，生物捕收剂的报道少得多。

草分枝杆菌广泛存在于土壤和植物叶子中，无毒，具有较高的负电性和疏水性。它的细胞壁的组成和性质类似于常规赤铁矿捕收剂，可作为赤铁矿捕收剂使用。草分枝杆菌与常规赤铁矿捕收剂（石油磺酸钠和油酸钠）的对比试验表明，草分枝杆菌对微细粒赤铁矿的捕收能力明显比常规赤铁矿捕收剂强，在中性偏酸性环境中较好，它主要是通过“架桥”作用实现赤铁矿絮凝再浮选的。草分枝杆菌对煤的作用主要是絮凝疏水捕收作用，用草分枝杆菌浮选煤时，在最佳试验条件下，煤的全硫脱除率和灰分脱除率可分别达到70%和75%。非病源性疏水暗红球细菌（R. Opacus）是一种化能有机营养菌，具有高疏水性。作为赤铁矿-石英体系中的浮选捕收剂，虽然随着细菌用量的增加，这两种矿物回收率均增加，但对赤铁矿的回收率要大得多，在一定pH值范围，可选择性浮选赤铁矿颗粒。

（2）生物调整剂　氧化铁硫杆菌和氧化硫硫杆菌通常用于生物浸出，它们也可用于选择性浮选。3个菌种（氧化铁硫杆菌、氧化硫硫杆菌和球形红假单胞菌）对煤中黄铁矿表面润湿性的影响比较结果表明，在所选择的这3种细菌中，球形红假单胞菌具有良好抑制黄铁矿的作用。此外，生物抑制作用是一个复杂的动态过程，细菌抑制黄铁矿上浮的机理不仅与菌体吸附在黄铁矿表面有关，还可能与菌体及其解离物质参与改变反应体系的气液、液固自由能有关。在氧化铁硫杆菌和被黄铜矿驯服的异养型细菌P. 多黏芽孢杆菌细胞存在时，黄药浮选黄铁矿的反应被抑制，而黄铜矿的浮选却不受影响。对伊朗Sarcheshmeh铜矿用氧化铁硫杆菌可选择性抑制黄铁矿，可使黄铁矿回收率降低50%多，而对黄铜矿等其他硫化矿没什么影响。另一种常用生物浸出菌氧化硫硫杆菌（T. t. 菌）可选择性地吸附在方铅矿上。在方铅矿和闪锌矿表面上的吸附数量与pH值无关，但是，细菌细胞在方铅矿上的吸附量比在闪锌矿上的吸附量高1个数量级，T. t. 菌在方铅矿和闪锌矿上的吸附等温线表现为兰格缪尔特性。方铅矿和闪锌矿的等电点位于pH=2附近，T. t. 菌的等电点位于pH=3附近。与T. t. 菌作用后，矿物的等电点向高pH偏移，这表明细菌在矿物表面上特性吸附。闪锌矿与T. t. 菌作用后不影响浮选回收率；而方铅矿的浮选几乎完全被抑制。它们的人工混合样分离表明，T. t. 菌存在时，可以优先浮选闪锌矿。

多黏芽孢假单胞菌（PP菌，Paenibacilusp olymyxa）与铁矿石中的矿物石英和高岭石作用后使其具有更高的疏水性，而使其他矿物变得更亲水，可以浮选或选择性絮凝从铁矿石中分出二氧化硅和铝硅酸盐。PP 菌作用后的赤铁矿、刚玉和方解石表面上细菌多糖占主导地位，而在石英和高岭石表面上蛋白质占主导地位，因而使矿物表面性质发生不同变化。方铅矿和闪锌矿与多黏芽孢杆菌代谢物之间的相互作用研究表明，在 pH=6～7 范围内，代谢物的碳水化合物在闪锌矿上的吸附密度最大，而在方铅矿上的吸附密度随 pH 值升高而一直增大。相反地，细菌蛋白质在两种矿物上的吸附密度随 pH 值升高而连续降低。代谢物的两种组分对方铅矿的吸附亲和力比对闪锌矿要高。矿物经代谢物处理后，其电泳迁移率向负值小的方向变化，并且其值与作用时间长短有关。有趣的是，在生物处理后，闪锌矿等电点向 pH 值高的方向偏移，但是方铅矿的等电点不变化。方铅矿与闪锌矿人工混合物的生物浮选和絮凝表明，在适当条件下，代谢物使方铅矿选择性抑制和选择性絮凝。

四、浮选药剂的安全应用

被使用的各种浮选药剂在大多数情况下都不是生态安全的。在浮选过程中按每吨被处理矿石的消耗系数添加药剂，往往不能确保它们达到在矿浆中进行化学反应所必需的最佳浓度。

因为被处理矿石中的金属含量以及矿石中的围岩与具有不同吸收能力的金属矿物的数量比例都是连续波动的，所以浮选矿浆中药剂的剩余浓度也是变化的，因此就会周期性地出现药剂不足或药剂过剩的现象。这两种情况都会导致大幅度降低金属回收率。此外，没有发生反应的药剂也会进入到污水中，并因此恶化了矿山企业区域的生态环境。

应用浮选体系的一系列物理-化学参数（矿物的溶度积，氧化-还原电位和电化学电位值，氧、硫化物、硫氢根离子和元素硫的浓度，矿物表面的润湿接触角和 pH 值等），根据化学反应和药剂在矿物表面上的吸附过程来完全确定所使用药剂的条件，这都与工艺制度和药剂消耗系数有关。

只有在与药剂浓度有关的上述几个参数达到最佳值的条件下，它们才有可能得到有效的利用和获得很高的浮选技术经济指标。

空气泡与矿粒接触时其表面自由能的降低与矿物的晶格能有关。在矿浆准备阶段矿物上元素硫的形成导致在颗粒表面层形成新的晶格，从而使在浮选过程中晶格能提高或降低。

空气泡在矿粒上的黏附程度决定着它的浮选活性，可用使气泡从单位接触面积脱离所需的功（W）来度量：

$$W=\sigma(1-\cos\theta) \tag{3-44}$$

式中，σ 为液-气界面的表面张力；θ 为润湿接触角。

硫化矿物的溶解度 L_{MeS}、金属氢氧化物的溶解度 $L_{\text{Me(OH)}_m}$、与液相已达到平衡的气体混合物中的氧分压 P_{O_2}、由于硫化物中硫氧化而形成的含硫离子的浓度 C_s、体系自由能的减少值（ΔG）以及 pH 值之间的关系可由下式表示：

$$\Delta G=\Delta G^0-1.36\lg(L_{\text{MeS}}/L_{\text{Me(OH)}_m})-1.36\lg P_{\text{O}_2}^n+1.36n_1\lg C_\text{s}-1.36n_2\text{pH} \tag{3-45}$$

式中，n，n_1，n_2 为在硫离子氧化反应式中的化学计算系数；m 为金属的化合价；ΔG 为标准吉布斯自由能。

使颗粒从空气泡脱离所消耗的功 W 与矿粒氧化而引起的体系自由能的减少值 ΔG 成正比，这是因为在两种情况下，无论是 W 或者是 ΔG 都决定着矿物的浮选活性。

矿物表面上硫离子的稳定状态决定着它们的浮选活性，这也是硫化矿浮选理论的主要问题之一。

令式(3-44) 和式(3-45) 的右端相等，并考虑到润湿接触角的数值是硫化矿浮选活性的一个判据，我们就可获得一个对浮选来说很重要的方程式：

$$\cos\theta = [1.36\lg(L_{MeS}/L_{Me(OH)_m}) + 1.36\lg P^{n}_{O_2} - 1.36n_1\lg C_s + 1.36n_2 pH + \sigma - \Delta G^0]/\sigma \tag{3-46}$$

被使用的几种浮选药剂都会在不同程度上影响着方程式(3-46) 中的几个参数，而后者又直接调节着矿物表面的氧化还原状态。例如，溶解在水中的氧会按反应式(3-47) 与硫化矿表面发生反应，首先是形成元素硫：

$$MeS + 0.5O_2 + H_2O = Me(OH)_2 + S^0 \tag{3-47}$$

真实的反应是在一定的 pH 值范围内进行的，在该范围内金属氢氧化物是稳定的。考虑到硫的密度（$2g/cm^3$）和金属氢氧化物的密度［例如 $Fe(OH)_2$ 为 $3.4g/cm^3$］之间的差别，可以预计硫化矿表面会被金属氢氧化物与硫的混合薄膜所覆盖。

在氧的浓度提高及其与硫的接触时间增长时，硫就会进一步氧化成+6 价状态，并按由 pH 值所决定的速度从矿物表面脱离：

$$S + 1.5O_2 + H_2O = 2H^+ + SO_4^{2-} \tag{3-48}$$

在 pH 值降低时硫的氧化速度也应降低。为了提高硫化矿物浮选的稳定性，最希望的是降低元素硫在矿物表面上的氧化速度，因为矿物的浮选活性是由矿物表面的硫含量所决定的，而它又是时间和氧浓度的函数。

显然，W 和 G 的数值也应是这些数值的函数。

在达到一定的接触时间 τ 时，矿粒表面达到了最大的硫覆盖密度，此后它的数量将会由于氧化而减少，直至矿粒表面完全被亲水性的氢氧化铁所覆盖。对于每一种矿物来说都有着自己的 τ 数值，在这一数值下将会达到最大的硫覆盖。并且硫化矿表面氧化成元素硫的反应速率越快，τ 值就越小。

由此可见在开始浮选前加入药剂调整浮选矿浆的重要性。对于优先浮选来说，调浆时间应处于被分离矿物的 τ 值之间，并且最好接近被回收到泡沫产品中的那种矿物的 τ 值。硫化矿物的选择性氧化影响着它们分离到泡沫产品中的顺序和决定着选矿工艺的选择。

利用式(3-46) 可对在实际浮选条件下各种矿物的相对浮选活性进行理论计算，并可预测矿物表面的疏水作用程度。

五、浮选回收案例

1. 转炉和吹炼炉铜渣浮选回收

转炉和连续吹炼炉炉渣含铜量较高。转炉渣可送铜鼓风炉作返料回收铜，并提高透气性；连续吹炼炉渣也送铜鼓风炉处理。最后的弃渣只有铜水淬渣。不过，我国目前这样处理铜渣的企业并不多。我国最常用的处理铜渣的方法是浮选法。如我国贵溪冶炼厂的铜转炉渣，含 Cu 4.5%，SiO_2 21%，经浮选得出含 Cu 35%的铜精矿，供火法炼铜使用浮选后的尾矿则送水泥厂作原料。白银有色金属公司白银冶炼厂的炼铜炉渣的浮选，铜回收率达92%，浮选尾矿含 Cu 0.23%。此外，处理炼铜炉渣，还可使用还原贫化的方法，以降低铜渣的含铜量。

2. 从尾矿中回收氟碳铈矿和独居石的浮选

包头白云鄂博矿是以铁为主富含稀土、钍和铌元素的大型综合矿床。包钢选矿厂现有的选别流程以回收铁矿物为主，同时综合回收稀土矿物，其中铁的总回收率约 70%，稀土总回收率只有 7%左右，包钢选矿厂排出的尾矿中 REO 的含量高达 6%～9%。尾矿沟中部矿浆的稀土矿样含 REO 8.20%，氟碳铈矿与独居石的量比为 1.22。该尾矿含钙钡矿物高达

40.62%，矿砂粒度微细，97%的稀土元素分布在小于74μm的粒群中，76%的稀土元素分布在小于30μm的粒群中，加之尾矿沟的矿物表面受到不同程度的污染，增加了选矿难度。

如图3-49所示，在泡沫精选流程的工艺方案中，尾矿沟矿浆经浓密机浓缩脱泥后进行浮选，一次粗选获得粗精矿，粗精矿泡沫再精选一次得到稀土精矿和稀土中矿，平均结果为：给矿品位8.27%，粗选泡沫精矿品位含REO 55.29%，稀土回收率67.32%。粗精矿再精选一次，获得稀土品位为含REO 62.57%、回收率为56.04%的高品位稀土精矿和稀土品位为含REO 34.94%、回收率为11.28%的稀土中矿。

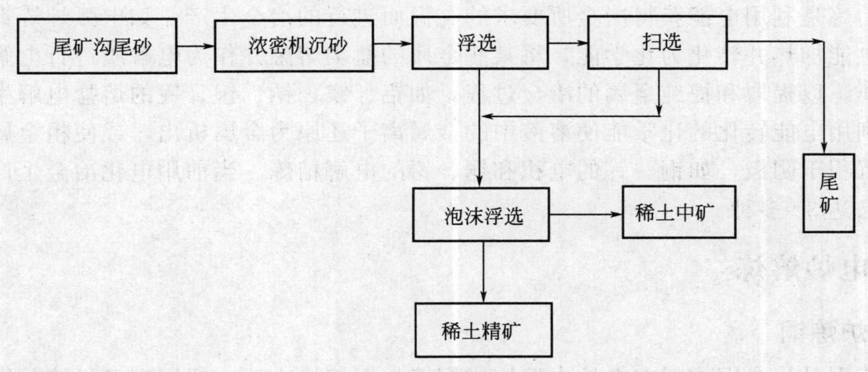

图3-49 泡沫精选流程

3. 锰矿浸渣中浮选回收钴

锰矿金属锰厂滤渣是在金属锰厂生产金属锰的过程中采用硫酸浸出碳酸锰后得到的副产物。滤渣的主要化学成分见表3-25，滤渣中除含有Ni、Co外，还有SiO_2、Mn、Ca、S等成分。

表3-25 滤渣的主要化学成分

成分	SiO_2	S	Mn	Fe_2O_3	CaO	MgO
含量/%	18	11	7.4	7.1	4.8	2.7
成分	Al_2O_3	Ni	Co	Ba	P	TiO_2
含量/%	2.2	0.5	0.29	0.2	0.1	0.1

浮选所采用的流程如图3-50所示。在粗选试验时分别进行了不同的捕收剂和抑制剂试验，以探讨不同的捕收剂和抑制剂对精矿中钴的回收率和品位的影响。在保证粗选时钴的回收率较高的条件下，进行一次精选试验，以探讨精选提高钴的品位的可能性。

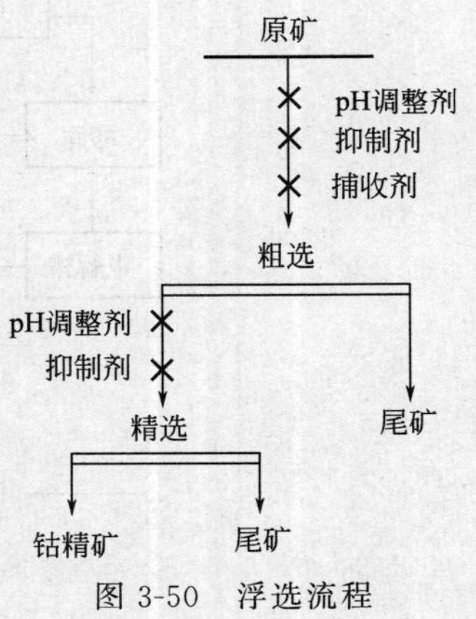

图3-50 浮选流程

金属锰厂的浸锰渣因产出过程中过量添加福美钠沉淀重金属离子，导致浸锰渣在浮选中具有很强的起泡能力和较好的可浮性，在不添加捕收剂直接浮选条件下，浸锰渣中钴的回收率达到94%以上，精矿品位达0.89%，富集比可达3.07。适量添加黄药和黑药类捕收剂，在回收率变化不大的情况下，都能适当提高精矿品位，其中，以黑药的效果最好。水玻璃、硫化钠、六偏磷酸钠、腐殖酸钠、淀粉、糊精和鞣酸对浸锰渣浮选有较强的抑制能力，都能适当提高精矿品位。

第七节　工业固体废物的电解处理技术

电冶金（electrometallurgy）是利用电能从矿石或其他原料中提取、回收和精炼金属的冶金过程。根据电能的转化形式不同分为电热冶金和电化冶金。因此，电冶金包括电炉冶炼、熔盐电解和水溶液电解等。

电炉冶炼是利用电能获得冶金所要求的高温而进行的冶金生产，如电弧炉炼钢。熔盐电解是利用电能加热并转化为化学能，将某些金属的盐类熔融并作为电解质进行电解，自熔盐中还原金属，以提取和提纯金属的冶金过程，如铝、镁、钠、钽、铌的熔盐电解生产。水溶液电解是利用电能转化的化学能使溶液中的金属离子还原为金属析出，或使粗金属阳极经由溶液精炼沉积于阴极，如铜、锌的电积和铜、铅的电解精炼。当前用电化冶金生产或精炼的有色金属已达 30 多种。

一、电炉熔炼

1. 电炉炼铜

电炉炼铜是将含铜炉料在电炉内熔炼成铜锍的铜熔炼方法。粗铜矿经过炼前准备，配入熔剂，加入矿热电炉中，在电热作用下熔化，在熔池内完成各种化学反应，生成铜锍和炉渣等产物。

（1）炼铜工艺流程　电炉炼铜的工艺流程如图 3-51 所示。

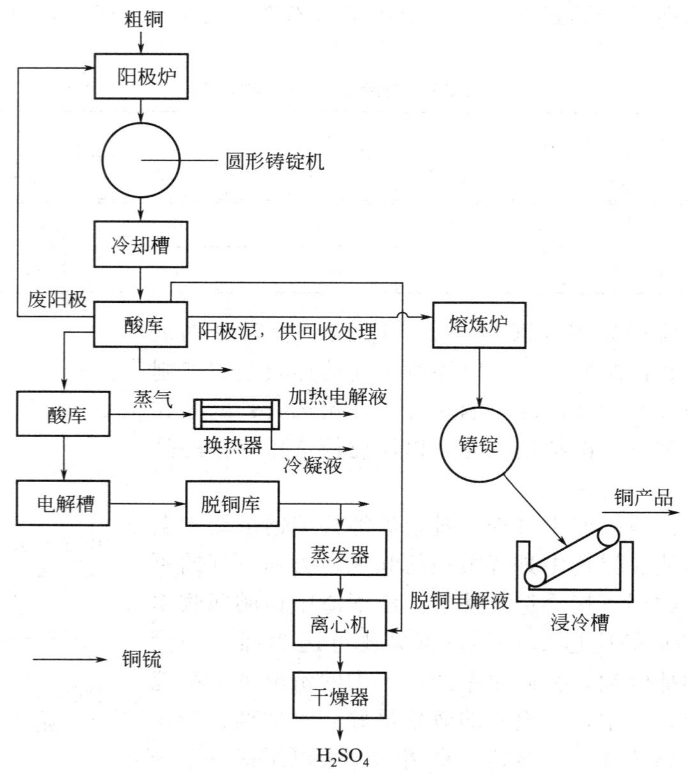

图 3-51　铜电解精炼流程示意图

（2）炼铜原理 往插入熔池渣层的电极通电后，一部分电能以微弧放电的形式转变为热能；另一部分靠炉渣本身的电阻作用也转变为热能。这些热能将电极周围的炉渣过热到较高温度，由于熔池内熔体温度不均而形成焙体的密度差，使炉渣产生对流运动。过热炉渣在运动中遇到浮于渣面的固体炉料后，使其熔化并发生一系列化学反应，生成钢锍、炉渣和烟气。生精矿电炉熔炼的主要反应如下。

$$CaCO_3 \longrightarrow CaO + CO_2$$

$$Fe_7S_8 \longrightarrow 7FeS + \frac{1}{2}S_2$$

$$2CuFeS_2 \longrightarrow Cu_2S + 2FeS + \frac{1}{2}S_2$$

$$x FeO + y CaO + z SiO_2 \longrightarrow x FeO \cdot y CaO \cdot z SiO_2$$

$$S_2 + 2O_2 \longrightarrow 2SO_2$$

$$2FeS + 3O_2 \longrightarrow 2FeO + 2SO_2$$

以粗铜矿为原料的电炉炼铜包括铜炉熔炼前准备和熔炼两个阶段。当湿精矿直接入电炉时，水分遇热急剧蒸发容易引起翻料而造成断电极等事故，因此入炉物料需经干燥。当熔炼含硫量高、含铜量低的精矿时，由于电炉内氧化气氛不强，脱硫率低，产出的铜锍品位也低，从而增加了铜锍吹炼的负荷，因此需经过半氧化焙烧，预先脱除一部分硫，以提高铜锍的品位。为了增加炉料的透气性，铜精矿可经制粒入炉。如中国云南冶炼厂将铜精矿和烟灰混合制粒，在隧道窑中干燥后加入电炉，强化了熔炼过程。

反应生成的 Cu_2S、FeS 组成铜锍，FeO 和脉石组分形成炉渣，SO_2、CO_2、N_2、H_2O 和漏入的空气混合成烟气。铜锍含铜 30%～50%，含铁 20%～40%，含硫 20%～25%，金、银等贵金属富集其中。炉渣含铜 0.3%～0.5%，含铁 25%～40%，含 SiO_2 30%～40%。

一种用电加热的长方形或圆形膛式炉如图 3-52 所示，三根或六根电极从炉顶插入熔池，最大的炼铜矿热电炉为 51000kV·A。世界主要电炉炼铜厂的电炉特性列于表 3-26。

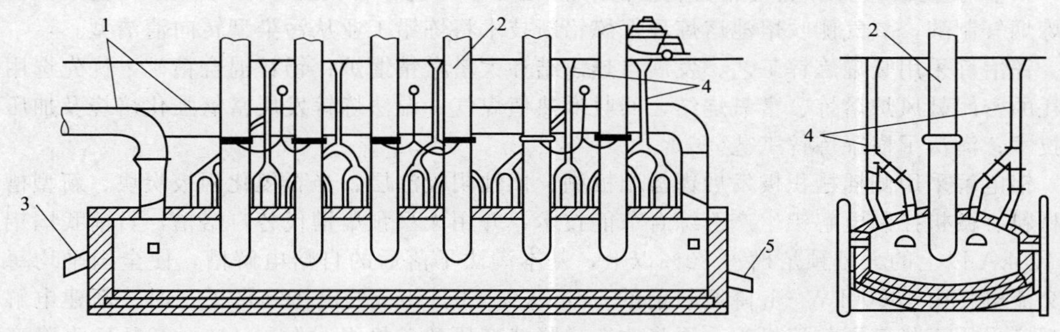

图 3-52 炼铜电炉示意图

1—排烟管；2—电极；3—放渣口；4—给料管；5—放铜口

表 3-26 世界主要炼铜厂的电炉特性

特性名称	云南冶炼厂（中国）	波立顿（Bolidens）铜公司（瑞典）	茵斯皮雷欣（Inspiration）（美国）
炉床面积 A/m^2	129.5	144	350
炉子额定功率 $P/kV \cdot A$	30000	12000	51000
电极根数/根	6	6	6
电极直径 d/m	1.2	1.2	1.8

续表

特性名称	云南冶炼厂（中国）	波立顿(Bolidens)铜公司(瑞典)	茵斯皮雷欣(Inspiration)(美国)
吨炉料电极糊单耗/kg	6	1.6	
铜锍含铜(质量分数 w)/%	35～45	36	40
炉渣含铜(质量分数 w)/%	0.3～0.4	0.35～0.4	
生产力/t/(m^2·d)	6	3.5	3.70

2. 其他金属的电炉熔炼

近几年来，国内有色金属工业正处在引进先进技术装备，加速淘汰落后生产工艺阶段。有色金属企业的多数技术改造和清洁生产项目主要以铜、铅、锌、铝重金属冶炼、自焙槽电解铝改造为主。中美电解铝氟化物排放对比见表 3-27。

表 3-27　中美电解铝氟化物排放对比

国家、地区		不同工艺 HF 排放系数/(kg/t Al)			
		上插自焙	侧插自焙	边部预焙	中间预焙
美国		6	3	1.6	1.7
中国	抚顺铝厂		16.87		
	山东铝厂		7.92		
	兰州铝厂		1.90		
	青铜峡	12.95			
	郑州铝厂			15.70	
	贵铝				1.52

铜冶炼采用先进的闪速熔炼、富氧熔池熔炼技术代替鼓风炉熔炼、反射炉熔炼，提高了熔炼强度。

铅冶炼采用 SKS 炉氧气底吹氧化-鼓风炉还原新工艺，替代烧结锅-鼓风炉工艺，实现铅冶炼烟气制酸，氧气侧吹熔池熔炼环保炼铅新技术将炼铅工业从污染型转向清洁型。

锌冶炼采用竖罐炼锌工艺，发展自热焦结和大塔盘精馏炉；铅锌混合精矿，优先选用低能耗的密闭鼓风炉熔炼、富氧烧结，回收低热值煤气；湿法炼锌发展富氧强化焙烧及加压酸浸技术；淘汰了横罐炼锌工艺。

铝电解采用侧插槽积极发展锂盐阳极糊、惰性阴极涂层、半石墨化阴极炭块、新型槽内衬材料、微机控制电解铝生产等综合节能技术，并用大型预焙槽代替自焙槽，目前我国铝电解 160kA 以上的大型预焙槽占 80%以上，基本淘汰了落后的自焙电解槽，使全国平均每吨铝交流电耗由 16600kW·h 降至目前的 14680kW·h，年节约电 120 亿千瓦时。新建电解铝厂都应采用直降变压整流机组，逐步改造递降式变压整流机组，发展 110～220kV 直降变压整流供电系统。

在氧化铝安全生产节能降耗项目的改造过程中，发展间接加热、强化熔出工艺，拜耳法发展管道熔出技术；烧结法熟料生成发展窑外烘干预热技术；脱硅发展间接加热连续脱硅技术；氢氧化铝焙烧发展流态化闪速焙烧和循环流化床焙烧技术；蒸发发展高效能的降膜蒸发、闪烁蒸发、多效蒸发等清洁工艺技术和设备，替代高物耗、高污染的压煮溶出、自然循环蒸发和回转焙烧等落后技术。

另外，锡冶炼过程中发展大型反射炉连续熔炼，有条件的采用电炉连续式熔炼。镁生产改造现有氯化生产工艺，发展大型无隔板镁电解槽，并向自动化发展。钛生产中的钛渣冶炼宜采用密闭电炉，连续加料；四氯化钛生产宜采用大型沸腾氯化炉；发展还原蒸馏联合法制取海绵钛新工艺。

二、熔盐电解

熔盐电解（molten salt electrolysis）是以熔融盐类为电解质进行金属提取或金属提纯的电化冶金方法，用作提取金属，称为熔盐电解提取，用作提纯金属，称为熔盐电解精炼。按所用电解质，又可分为氟化物熔盐电解、氯化物熔盐电解和氟氯化物熔盐电解。

1807 年戴维（H. Davy）在实验室中首先用熔盐电解的方法电解熔融 NaOH 和 KOH 制得了金属钠和钾。19 世纪 80 年代末，铝、镁熔盐电解生产实现工业化。随后，熔盐电解逐渐用于稀有金属生产。熔盐电解原则上能制取所有金属及某些非金属，特别适合于生产水溶液电解不能制取的金属。到 20 世纪 90 年代，已有 30 多种金属是用熔盐电解方法生产的，其中包括全部碱金属和铝，以及大部分镁。铝电解槽电流强度已从铝溶盐电解初期的 4～5kA 发展到 280kA，熔盐电解已成为一种重要的金属生产方法。

1. 电极过程

熔盐电解的阴极过程可以用下式表示：

$$Me^{n+} + ne \xlongequal{} Me$$

式中，Me^{n+} 可以是简单的金属离子，也可能是以配合状态存在的金属离子。由于电解温度一般高于金属的熔点，故阴极金属多以液体形态产出，或浮于电解质上部，或沉于电解质底部，都可以定期取出。一些熔点比较高的金属则以固态产出，如铍、钽等。熔盐电解除了能生产纯金属外，还可以生产液态合金。生产液态合金时，或以某种液体金属（如铝、镁）作为阴极，使另一种金属（如稀土金属）在阴极析出；或者同时电解两种金属的化合物，使两种金属同时在阴极析出形成合金。如电解 $LiF\text{-}YF_3\text{-}Al_2O_3\text{-}Y_2O_3$ 熔体系制取 Al-Y 合金和电解 $YCl_3\text{-}MgCl_2\text{-}KCl$ 熔体系制取 Mg-Y 合金便属于后者。

氧化物熔盐电解时，阳极过程析出的 O_2 与碳作用生成 CO_2，总反应式为：

$$2O^{2-}(\text{配合}) + C - 4e^- \xlongequal{} CO_2$$

由于 CO_2 与溶解在电解质中的金属作用，阳极气体中常含有不同量的 CO，阳极过程中 CO_2 的生成步骤较复杂。在诸多步骤中常有一两个步骤进行得较为缓慢，故产生较高的超电位。如冰晶石-氯化铝电解的阳极超电位为 0.4～0.6V。

氯化物熔盐电解时，阳板析出 Cl_2。析出的 Cl_2 或返回流程中重新使用，或直接作为商品出售。由于析出的氯需回收，故阳极室往往是密闭的。

氧化物熔盐电解时，阳极临界电流密度较低，阳极常发生一种特殊现象——阳极效应。

同水溶液电解一样，在熔盐电解中，金属在阴极析出或在阳极溶解的次序与金属的电位序有密切关系。由于熔盐电解没有共同的溶剂，因而没有通用的参比电极，也没有统一的电极电位序，对于不同熔体系的电极电位难以进行比较，目前只能在各熔体系内建立电位序。例如，在 723K 温度的 LiCl-KCl（共晶）电解质体系内测得一些金属的表观电位列举于表 3-28。

表 3-28　金属在 LiCl-KCl（共晶）电解质体系内的表观电位

电极	参比电极			电极	参比电极		
	Pt^{2+}/Pt	Ag^+/Ag	Cl^-/Cl_2		Pt^{2+}/Pt	Ag^+/Ag	Cl^-/Cl_2
Li^+/Li	−3.410	−2.733	−3.626	Al^{3+}/Al	−1.797	−1.160	−2.013
Mg^{2+}/Mg	−2.580	−1.943	−2.796	Zn^{2+}/Zn	−1.566	−0.929	−1.782

续表

电极	参比电极			电极	参比电极		
	Pt^{2+}/Pt	Ag^{+}/Ag	Cl^{-}/Cl_2		Pt^{2+}/Pt	Ag^{+}/Ag	Cl^{-}/Cl_2
V^{2+}/V	−1.533	−0.896	−1.749	V^{3+}/V	−0.854	−0.217	−1.070
Cr^{2-}/Cr	−1.425	−0.788	−1.641	Cu^{2+}/Cu	−0.851	−0.214	−1.067
Cd^{2+}/Cd	−1.306	−0.679	−1.532	In^{3+}/In	−0.835	−0.198	−1.051
Fe^{2+}/Fe	−1.171	−0.534	−1.387	Ni^{2+}/Ni	−0.995	−0.158	−1.011
Pb^{2+}/Pb	−1.101	−0.464	−1.317	Sb^{3+}/Sb	−0.670	−0.033	−0.886
Sn^{2+}/Sn	−1.082	−0.445	−1.298	Ag^{+}/Ag	−0.637	0	−0.853
Co^{2+}/Co	−0.991	−0.354	−1.207	Cr^{3+}/Cr	+0.311	+0.948	+0.095

2. 熔盐电解法炼镁

熔盐电解法炼镁成本低，原料来源广泛，是当今生产金属镁的主要方法，其生产的金属镁约占镁总产量的3/4。

自熔盐电解法炼镁工业化以来，镁电解生产技术有了很大发展，主要表现在改进电解槽结构、增大电流强度（由300A增大至10×10^4A以上，个别的如挪威则增至29万～30万安）、降低电耗（由35～40kW·h/kg降为12.8～16.5kW·h/kg）和利用多种资源制取氧化镁的工艺改进及开发应用新技术等方面。

熔盐电解法炼镁使用的原料为氯化镁，它是以海水、盐湖卤水、光卤石、菱镁矿和海水、白云石制取的氯化镁为原料，经脱水或氯化制得的。在工业生产中，根据不同原料和工艺制得的氯化镁类型，可将熔盐电解法炼镁分为海水炼镁、卤水炼镁、光卤石炼镁、菱镁矿炼镁、合成氧化镁炼镁和海绵钛副产氯化镁炼镁六种工艺类型。炼镁工艺特点见表3-29。

表3-29　熔盐电解法炼镁工艺特点

项目	方法						
	海水炼镁（Dow法）	卤水炼镁		光卤石炼镁	菱镁矿炼镁	合成氧化镁炼镁	海绵钛副产氯化镁炼镁
原料	海水，白云石（以前用贝壳）	提取KCl后的$MgCl_2$溶液	日晒浓缩的盐湖卤水	天然光卤石或$MgCl_2$溶液、废电解质和氯化钾	菱镁矿	海水、白云石	氯化镁熔体
制取氯化镁的方法	先制取$MgCl_2$溶液，再经一次脱水	经制粒，一次脱水，二次氯化氢气彻底脱水	一次喷雾脱水，二次熔融氯化脱水	制取人造或合成光卤石，一次脱水，二次熔融氯化脱水	菱镁矿加碳还原剂，经竖式炉通氯氯化	先制取合成氧化镁，加碳，卤水制团，烘干，竖式炉通氯氯化	在高温、真空条件下，用镁还原四氯化钛生成海绵钛时副产物氯化膜
氯化镁类型	含水氯化镁（$MgCl_2$ 72%～75%，H_2O 20%）	无水氯化镁颗粒（$MgCl_2$>94%）	无水氯化镁熔体（$MgCl_2$ 91.6%）	无水光卤石熔体（$MgCl_2$ 49%～51%）	无水氯化镁熔体（$MgCl_2$>96%）	无水氯化镁熔体（$MgCl_2$>95%）	无水氯化镁熔体（$MgCl_2$>97%）
电解槽型	道屋（Dow）型槽	挪威无隔板槽	有隔板槽	原苏式无隔板槽，有隔板槽	有隔板槽	有隔板槽	阿尔肯（Alcan）型电解槽，原苏式无隔板槽，有隔板槽及双极性电解槽

续表

项　目	方　法					
	海水炼镁（Dow 法）	卤水炼镁	光卤石炼镁	菱镁矿炼镁	合成氧化镁炼镁	海绵钛副产氯化镁炼镁
电解阳极产物及其利用	Cl_2＋HCl，制 $MgCl_2$ 溶液	Cl_2，制液氯	Cl_2，部分自用	Cl_2，制 $TiCl_4$	Cl_2，内部循环，并有液氯补充	Cl_2，内部循环，少量补充	Cl_2 制 $TiCl_4$
工艺特点	流程简单，综合利用好，含水料电解，虽然石墨阳极消耗高，直流电耗也较高，但脱水成本低，总体效益好	工艺先进，流程密闭，自动控制，氯化镁质量好，使用大型无隔板槽电耗低，对环境污染轻	综合利用盐湖资源，产品品种多，氯化镁质量较好，电流效率较高，但有隔板槽的直流电耗也较高	镁、钛联合生产；氯闭路使用，对环境污染较轻；无隔板槽直流电耗较低，有隔板槽直流电耗稍高；废电解质可做农肥	流程简单，物料流量小，氯化镁质量好，电流效率较高，有隔板槽直流电耗高，氯化炉生产能力小，对环境污染严重	合成氧化镁活性高，球团氯化生产能力大，对环境污染较轻，氯化镁质量好，电流效率较高，有隔板槽直流电耗高，无隔板槽直流电耗低	氯化镁纯度高、电流效率高、电耗低，特别是用于双极性电解槽，单台槽生产能力大，能耗更低

氯化镁熔盐电解是往盛有含 $MgCl_2$ 的熔盐电解质的电解槽中通以直流电，$MgCl_2$ 便发生分解，在阴极析出金属镁，在阳极析出氯气。含氯化镁的熔融电解质一般采用 $MgCl_2$-KCl-NaCl 三元系和 $MgCl_2$-NaCl-$CaCl_2$-KCl 四元系组分，在电解时产生电化学反应：

$$MgCl_2 = MgCl^+ + Cl^-$$

$$2MgCl_2 = MgCl^+ + MgCl_3^-$$

光卤石熔体电解时

$$KMgCl_3 = K^+ + MgCl_3^-$$

$$MgCl_3^- = Mg^{2+} + 3Cl^-$$

$$K_2MgCl_4 = 2K^+ + MgCl_4^{2-}$$

$$NaCl = Na^+ + Cl^-$$

$$KCaCl_3 = K^+ + CaCl_3^-$$

$$CaCl_2 = CaCl^+ + Cl^-$$

电解过程中传输电流的是 Na^+、K^+、Cl^-。电解质中 $MgCl_2$ 的分解电压最低（表 3-30），在电极上放电的为 Mg^{2+} 和 Cl^-，在阴极上析出镁、阳极上析出氯。在工业生产条件下，电解质中氧化镁的分解电压为 2.7～2.8V。电解质一般含 $MgCl_2$ 7%～15%，在此浓度范围内主要是 $MgCl_2$ 电解，含 $MgCl_2$ 小于 4%时会有碱金属电解析出。

表 3-30　电解质中各单一成分在 973K 下的分解电压

成　分	$BaCl_2$	KCl	$CaCl_2$	LiCl	NaCl	$MgCl_2$
分解电压 φ/V	3.62	3.53	3.38	3.41	3.39	2.61

目前工业上大多采用钠钙电解质、钠钾电解质和钾电解质，但为了增大电导率和降低电耗，也有用锂电解质的。如含 $MgCl_2$ 8%～20%、KCl 10%、LiCl 50%～70%的电解质，其熔点为 693～743K，973K 时的电导率为 0.042～0.053S/m，电解能耗低。

为提高电解质与镁和阳极间的表面张力，并溶解镁珠表层的氧化镁膜，促进镁的汇集和提离电流效率，需往电解质中加少量氟盐（CaF_2 或 NaF）。氟盐的加入量一般以电解质含 F0.2%～0.4%为好。几种用于镁电解的电解质组成和主要性质见表 3-31。

表 3-31　几种用于镁电解的电解质组成和主要性质

组成及性质		钾电解质 $MgCl_2$-KCl-NaCl	钠钾电解质 $MgCl_2$-NaCl-KCl	钠钙电解质 $MgCl_2$-NaCl-$CaCl_2$-KCl	钠钡电解质 $MgCl_2$-NaCl-$BaCl_2$-KCl	备　注
组成（质量分数）/%	$MgCl_2$	5～12	10～15	7～13	10～15	
	NaCl	10～20	45～50	45～55	18～55	
	KCl	65～85	30～45	4～8	10～20	
	$CaCl_2$	1～5	约 10	30～40		
	$BaCl_2$		约 5		15～30	
性质	初晶温度 T/K	903～923	898～923	848～898	948～973	
	密度ρ/(kg/m³)	1560(973K)	1630	1730	1850	973K 时镁的密度为 1534kg/m³
	电导率 γ/(S/m)	1.7×10^{-2}(973K)	2.2×10^{-2}(973K)	2.1×10^{-2}(973K)	2.3×10^{-2}(973K)	
	黏度 η/mPa·s	1.65(973K)	1.85(973K)	2.1(973K)	1.45(973K)	
	氧化镁氯化速度	8	4～6	1	1	取钠钙电解质为 1
	吹入空气电解质中生成 MgO	1	1.3～1.5	5	2.5～3	取钾电解质为 1
	表面张力 γ/(mN/m)	120(973K)	110(973K)	113(973K)	113(973K)	

镁电解阴极电流效率 η 通常以实际产出镁量同理论镁产量之比的百分数来表示：

$$\eta=\frac{实际镁产量}{0.454\times电流强度\times工作小时}\times100\%$$

式中，0.454 为镁的电化当量，g/(A·h)。

造成电流效率降低的原因主要是：镁的溶解损失，由于杂质等使阴极钝化导致镁珠细微，或电解质强烈循环、沸腾引起镁、氯二次反应的损失；由于氯化镁浓度低引起钠等析出造成的电流消耗；电解质与镁的润湿性变坏，镁熔体浮于电解质表面造成氧化损失；出镁、出渣时镁的机械损失。工业无水氯化镁电解的电流效率一般为 86%～90%，光卤石电解为 78%～80%。影响 $MgCl_2$ 熔盐电解电流效率的因素归纳起来主要有电解温度、电流密度、极间距、阳极高度、$MgCl_2$ 浓度、杂质、机械损失等，其中以电解温度、电流密度的影响最为重要。镁电解的典型电解槽主要技术指标列于表 3-32。

表 3-32　典型镁电解槽主要技术指标

指　标	道屋型槽	有隔板电解槽			无隔板电解槽			双极性镁电解槽
					阿尔肯式	前苏联式	挪威式	
电流 I/kA	90	105～110	62	45	80	100～150	300	100
电流效率 η/%	80	80～85	84～88	80～85	93.2	78～80	87～93 (85～87)	82
槽电压 V/V	6～6.5	6.4～6.8	6.2～6.4	6～6.5	5.7	4.5～5	5	
公斤粗镁直流电能耗 W/kW·h	16.5	17	16.5～17.5	17～17.7	13.9	13.5～14	12.8～13.5 (14～15)	9.5～10
吨粗镁回收的氯气量/t			2.65		2.9	2.75～2.8	>2.8	2.9
电解温度 T/K	973	1023	963～993	993～1003	933～943	943～963	993～1003	928～968
槽寿命/月	16	12～18	12～18		24～30	28	36～60	
石墨阳极寿命/月		10～18	10～18	>12		16	18～36	
吨粗镁石墨阳极消耗/kg	90～100		20～25			28～30	8	0.65
阳极氯气浓度(体积分数)/%			75～80	80～85	95	>80	95 (90～95)	>97

续表

指　标	道屋型槽	有隔板电解槽			无隔板电解槽			双极性镁电解槽
					阿尔肯式	前苏联式	挪威式	
电解使用原料	含水氯化镁	卤水脱水料，再熔融氯化制得的氯化镁熔体	菱镁矿氯化制取的氯化镁熔体	海水合成氯化镁氯化制取的氯化镁熔体	海绵钛生产中副产的氯化镁熔体	无水光卤石熔体	卤水氯化氢脱水制取的无水氯化镁颗粒料或海水合成氯化镁氯化制取的氯化镁熔体	海绵钛生产中副产的氯化镁熔体

三、水溶液电解

水溶液电解是以金属盐水溶液为电解质进行提取或处理金属的电化冶金方法，简称电解，是一种将电能转变成化学能的过程。

1. 水溶液电解原理

如图 3-53 所示，由 A 和 C 两电极浸入含有 Me^{+} 和 X^{-} 的溶液的电解池中，在两极的上端分别与直流电源的正、负两极接通时，直流电源便起着一个电子泵的作用，将电子压入 C，又从 A 将电子抽回电源。由于溶液中并不存在自由电子，因此当通过电流时，在电极-溶液界面上就会发生某种或某些组分的氧化还原，使得在 C 处消耗电子，而在 A 处放出电子，这个过程就是氧化-还原反应。电极 C 就是通常所说的阴极（和电源负极相接），在它附近的离子或分子由于接受电子而被还原；而在阳极 A 处（与电源正极相接），由于离子或分子产生电子而被氧化。总的电解池反应是两个电极半反应的总和。当电解进行时，离子不断向两极迁移，正离子（阳离子）向阴极迁移，负离子（阴离子）则向阳极迁移。

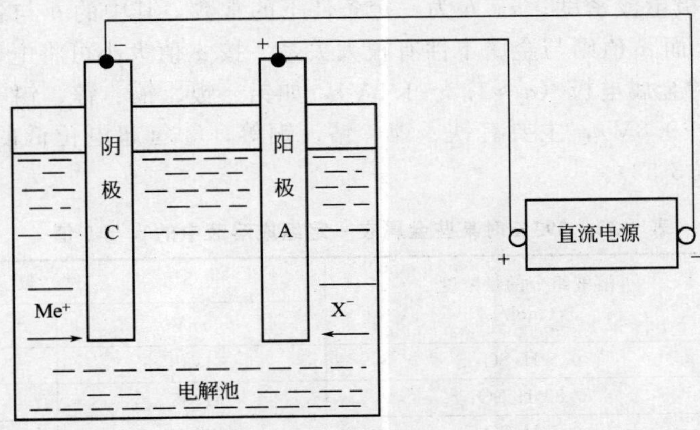

图 3-53　电解工作原理示意图

从原则上说，只要电极电位足够负，任何金属离子都有可能在电极上还原及沉积。但当水溶液中某一基本组分的还原电位比金属离子的还原电位更正时，实际上便不可能实现金属离子的还原过程。例如电解 NaCl 水溶液时，是水分子被还原而不是钠离子被还原。根据水溶液中简单金属离子的电极过程实验测定的金属还原电位的大小，大致可以元素周期表中铬分族为分界线来划分其还原的难易，即位于铬分族左方的金属元素具有更负的还原电位而不能在电极上还原；位于铬分族右方的各金属元素则具有较正的还原电位而较易被还原；铬分族各元素除铬外，钨、钼则具有较负的还原电位而极难被还原。因此，利用这种由金属和金属离子所组成金属电极体系的电解过程，可制取到多种重要的金属和化工产品。

(1) 阴极过程及氢的超电位　可溶阳极电解和不溶阳极电解的阴极过程都是基于相同规律。生产实践用的不溶阳极多为Pb-Ag、Pb-Sb合金，阴极为纯金属，如锌电解沉积用的阴极为铝，而铜电解沉积阴极为纯铜（始极片），电解液则为加有硫酸的硫酸盐水镕液。在不考虑电解液中有杂质存在的情况下，硫酸盐溶液的电解沉积体系可表示为：

$$\mathrm{Me}\ \ominus|\ \mathrm{MeSO_4, H_2SO_4, H_2O}\ |\oplus\ \mathrm{Pb}$$

用离子表示为：

$$\mathrm{Me}\ \ominus\left|\begin{matrix}\mathrm{Me^{2+}} \\ \mathrm{H^+}\end{matrix}\ \ \mathrm{H_2O}\ \ \begin{matrix}\mathrm{SO_4^{2-}} \\ \mathrm{OH^-}\end{matrix}\right|\oplus\ \mathrm{Pb}$$

从上列的电解沉积体系可知，在阴极上只可能发生两个过程：①金属离子在阴极上放电，伴随形成金属沉积物，即 $Me^{2+}+2e^- \longrightarrow Me$；②氢离子在阴极上放电，伴随形成氢气析出，即 $2H^+ + 2e^- \longrightarrow H_2$。反应①是希望发生的电解沉积反应，反应②是不希望发生的反应，因为它会使电流效率下降。因此，为了使阴极上只析出金属而不析出氢，就必须使氢的还原电位在电解沉积条件下，低于金属的还原电位。在控制电流密度在一定范围的情况下，还原电位较正的金属离子（如铜）的析出便不会有任何的困难。还原电位较负的金属离子（如锌）的沉积则只有当电解液中氢离子浓度很小或其还原电位很高时才能顺利进行。所以，在水溶液电解生产实践中，常用氢超电位高的金属作阴极材料，以降低氢的析出速度，从而提高电流效率。但在电解水的工业生产中，则采用氢超电位低的金属作阴极材料，以减少电能的消耗。氢离子还原超电位与许多因素有关，其中主要因素是阴极材料、电流密度、电解温度、溶液的pH值等。氢在大多数金属阴极材料上的超电位 η_{H_2} 从塔菲尔（Tafel）公式求出：

$$\eta_{H_2}=a+b\lg J_k$$

式中，J_k 是阴极电流密度；a、b 为一定条件下的常数，其中的 b 与各金属材料关系不大，b 值变化甚小，而 a 值则与金属本性有很大关系。按 a 值大小可将电极材料大致分为三类：①氢超电位高的金属电极（$a\approx1.2\sim1.5V$），如铅、银、镉、锌、锡等；②氢超电位中等的电极（$a\approx0.5\sim0.8V$），主要有铁、镍、钴、铜等；③氢超电位低的电极（$a\approx0.1\sim0.3V$），如铂等（表3-33）。

表3-33　293K时某些金属在一定组成溶液中的 a 与 b 值

金　属	溶液组分的量浓度 c/(mol/L)	常　数	
		a/V	b
铅	0.5 H_2SO_4	1.56	0.048
铊	0.85 H_2SO_4	1.55	0.061
汞	0.5 H_2SO_4	1.415	0.049
汞	1.0 HCl	1.406	0.050
汞	1.0 KOH	1.51	0.046
镉	0.65 H_2SO_4	1.40	0.052
锌	0.5 H_2SO_4	1.21	0.051
锡	1.0 HCl	1.24	0.050
铜	1.0 H_2SO_4	0.80	0.050
银	1.0 HCl	0.95	0.050

续表

金属	溶液组分的量浓度 $c/(mol/L)$	常数	
		a/V	b
银	2.5 H_2SO_4	0.95	0.056
铁	1.0 HCl	0.70	0.054
镍	0.11 NaOH	0.64	0.043
钴	1.0 HCl	0,62	0.043
铂（光滑）	1.0 HCl	0.10	0.056

（2）阳极过程及氧的超电位　湿法冶金的水溶液电解主要涉及两种类型的阳极，即可溶阳极和不溶阳极，前者主要发生金属离子反应，而后者则主要是溶液中阴离子的放电反应。其中的金属阳极溶解与钝化和不溶阳极上氧的析出，对生产实践具有重要意义。

可溶阳极的溶解反应为：

$$Me = Me^{2+} + 2e$$

在金属阳极的溶解过程中，当阳极极化不大时，金属能正常溶解，而且随极化电位的增加，溶解速度增大。但当阳极电位达到某一数值后，阳极极化继续增长，金属的溶解速度不但不加快反而突然减慢，这种由于阳极极化而引起的钝化现象，使得金属电极由能正常溶解活化态转变为不溶解的钝化态。阳极的钝化现象，在电解沉积过程中有利于延长阳极寿命，但在电解精炼过程中则必须采取措施，消除钝化，以保证阳极的正常溶解速度，使电解顺利进行。为此，在生产实践中常采用加入活性阴离子于溶液中或供给阳极反向脉冲电流等措施使阳极活化。

2. 水溶液电解的应用

在有色金属湿法冶金领域中，水溶液电解广泛应用于两个方面：①从粗金属、合金或其他中间物（如锍）中精炼和提取金属，即通常所称的电解精炼或可溶阳极电解；②从浸出净化液中提取金属，即通常所称的电解沉积（简称电积）或电解提取，也称不溶阳极电解。电解沉积可定义为采用不溶阳极，在直流电作用下使欲提取金属的离子被还原沉积在阴极上的过程。电解沉积在工业生产实践中得到广泛应用，如锌、铜、镍、钴等的水溶液电解沉积等。此法的优点是可不经粗金属冶炼的中间作业，直接在阴极析出纯金属；缺点是用不溶阳极电解，槽电压较高和阴极电流效率较低，电能消耗相对较大。

电解沉积生产流程，随各种矿物原料不同而异，其共同的目的则是使被提取金属的化合物有效地转入电解质。如锌的电解生产流程主要包括锌精矿焙烧-浸出-浸出液净化-电解等过程，以净化后的硫酸锌溶液为新液（电解液），用含银0.5%～1%的铅板为阳极，阴极为铝板，通直流电电解。阴极析出锌，阳极放出氧气。其电解的技术条件为：电流密度400～1000A/m²，电解液温度308～313K，槽电压3.2～3.6V，电流效率90%～94%，直流电耗3000～3300kW·h/t。通直流电电解沉积周期24～48h，通直流电电解沉积锌的品位99.94%～99.96%。

四、隔膜电解

隔膜电解是一种用可渗透的多孔隔膜将电解槽内的阴极和阳极分开的电化冶金方法。隔膜将电解槽分隔成阳极室和阴极室，阳极和阴极分别放置其中。两室的电解液可以一样，也可以不同，视具体电解要求而定，在后一情况下则有阳极（室）液和阴极（室）液之分。

1. 隔膜的特点

（1）隔膜功效　隔膜的功效有：使两极的气体电解产物分开而得以分别收集；提供使某

种离子不能到达相关电极上进行电化学反应所必需的条件，阻止杂质离子向阴极移动、富集；避免悬浮阳极泥微粒机械混入阴极沉积。应用隔膜电解使得革新某些有色金属提取冶金工艺和生产某些高纯有色金属成为可能。

（2）隔膜材料　迄今得到广泛应用的工业隔膜材料主要有棉或化纤织物、微孔塑料、石棉板、离子交换膜、素烧陶瓷等。对隔膜材料的基本要求是：具有适当孔隙和一定的孔隙率；对离子通过的选择性好；较低的电阻；良好的化学稳定性和较好的机械强度等。

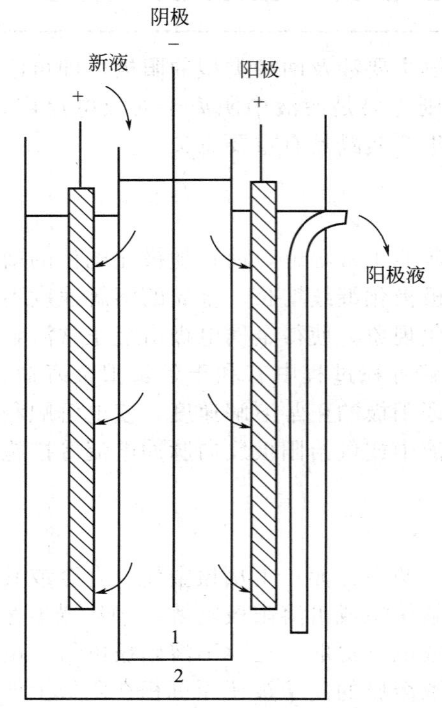

图 3-54　隔膜电解示意图
1—阴极室；2—阳极室

2. 隔膜电解的应用

隔膜电解可以用于金属的精炼和提取，也可以用来造液。隔膜电解按两室电解液组成量是否一样分为电解液成分一样的隔膜电解及阳极液和阴极液的隔膜电解两类。

电解液成分一样的隔膜电解是最简单的一种隔膜电解，旨在防止阳极泥落入阴极金属产品，一般应用帆布作为阳极袋（即隔膜）。银电解精炼是这类电解应用的典型例子。

阳极液和阴极液的隔膜电解是名副其实的隔膜电解，主要用于：可溶阳极隔膜电解；不溶阳极隔膜电解；隔膜电解造液。

（1）可溶阳极隔膜电解　和无隔膜可溶阳极电解相似，所不同者仅在于电解液的循环流通方式。阳极液由于所含杂质在阳极溶解而相对富集杂质，自电解槽（阳极室）排出后，经净化系统处理，成为纯净电解液即阴极液（又称新液）后，供进阴极室进行电解，然后透过隔膜进入阳极室而成为阳极液，如此完成一循环（图 3-54）。为推动阴极液透过隔膜向阳极室流动和遏阻杂质离子向阴极室渗透，一般需保持阴极室液面高于阳极室液面 50～100mm。

（2）不溶阳极隔膜电解　在湿法冶金流程中，原料经浸出处理获得的富液，直接或经净化后送进阴极室进行电解提取。在阴极上发生电还原析出金属的同时，在阳极室内的不溶阳极上进行阴离子 Cl^-、OH^- 等的氧化并生成中性分子 Cl_2、O_2 等析出。有关离子通过隔膜运动，使两室电解液内的物质和电量保持平衡。钴电解以及湿法冶金流程中锑和铋的电解提取，是这种隔膜电解应用的典型例子。

（3）隔膜电解造液　这是一种电化学造液法。以所需造液的金属为阳极，任意一种导体为阴极，置于由隔膜分开的浓度不同的同种酸液中。电解时，阳极金属发生电氧化溶解进入溶液，但溶入溶液中的金属离子不能通过隔膜进入阴极室，故在溶液（阳极液）中积累，浓度不断升高。在阴极室，阴极上放电析出的是氢。阴极液中原来与 H^+ 对应共存的酸根离子，通过隔膜进入阳极室，与阳极溶解下来的金属离子一起使电解质体系的物质和电量达到平衡。最后所得的阳极液就是含有所需金属离子浓度的溶液。隔膜电解造液在金电解精炼中获得应用。

3. $FeCl_3$-NaCl 隔膜电解

该法与 $FeCl_3$-NaCl 溶液浸出法不同，它利用 $FeCl_3$-NaCl 溶液进行固相转化，在较低的温度和较小的液固比下进行方铅矿的固相转化，而后利用浮选的方法分离杂质达到提高氯化铅含量的目的，而不是将 $PbCl_2$ 溶入溶液，然后冷却结晶，提纯氯化铅，此工艺的电极反应如下：

阴极反应：$Pb^{2+}+2e \longrightarrow Pb$

阳极反应：$Fe^{2+}-e \longrightarrow Fe^{3+}$

其技术关键是电极电位的控制以及离子膜电阻的控制。在阴极区，溶液中主要的阳离子是 Pb^{2+}、Fe^{2+} 和 H^+；在阳极区，溶液中主要的阳离子是 Pb^{2+}、Fe^{3+}、H^+。为使阳极区的三价铁不致在阴极放电而降低电流效率，采用适当的隔膜材料把阴极和阳极分开，如果离子膜电阻过高，会出现槽电压高和局部离子膜烧焦的现象，使实验无法进行，可以通过改变离子膜预处理的方法，使膜电阻显著降低。控制适当的电流密度，在阴离子膜使用一段时间后进行定期处理，控制槽电压在经济值内。

与三氯化铁食盐水浸出法相比较，可直接从矿石生产高质量金属铅而无需对溶液进行净化，但由于溶液中铁离子浓度高，电解过程中，三价铁不可避免地透过隔膜在阴极还原，因而电流效率较低，本工艺适合处理以铅为主的含硅量低的多金属硫化物硫金矿。

第八节　工业固体废物的浸出处理技术

浸出工艺，即通过溶剂选择性地溶解固体中某组分的工艺过程，达到有用组分与有害杂质或与脉石组分相分离的目的。浸出工艺属于湿法冶炼工艺的一部分，以湿法炼锌为例，通常由焙烧、浸出、净液和电积四个工序组成。浸出的矿物原料一般为难以用物理选矿法处理的低品位原矿、物理选矿的中矿、不合格精矿、冶金过程的中间产品、尾矿或其他矿渣等。

一、湿法炼锌过程中的浸出工艺

1. 常规浸出工艺炼锌

常规浸出法的整个浸出过程分为中性浸出、酸性浸出和 ZnO 粉浸出三个阶段。中性浸出只能将焙砂中的 ZnO 部分溶解。为了使铁和砷、锑等杂质进入浸出渣，浸出终点 pH 值控制在 5.0～5.2。此时浸出渣中有大量的锌焙砂存在，故中性浸出的浓缩底流还必须进行酸性浸出。经中性浸出和酸性浸出后，得到的固体浸出渣中 Zn 含量约为 20%，大部分以 $ZnO \cdot Fe_2O_3$ 形式存在。这种渣一般采用火法处理，使锌还原挥发，并经收尘以 ZnO 的形态回收。湿法炼锌常规浸出流程见图 3-55。

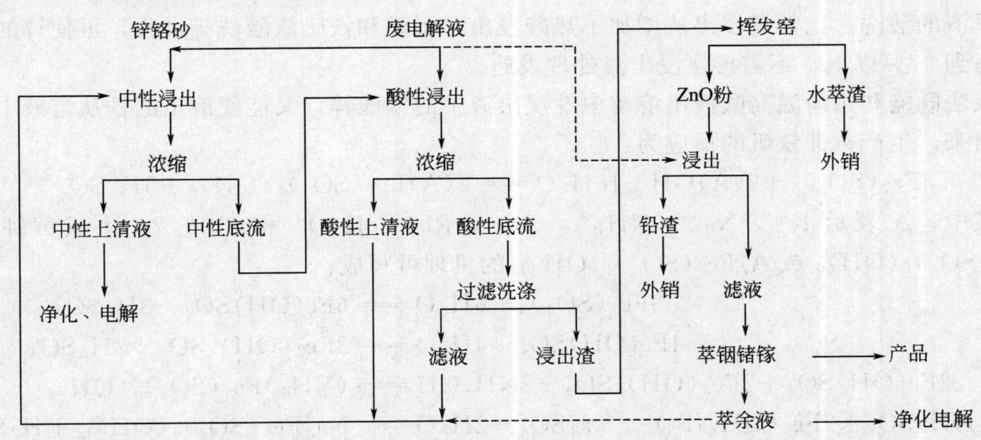

图 3-55　湿法炼锌常规浸出流程

常规浸出及预处理方法存在如下缺点：采用常规浸出流程，浸出渣含锌量高，一般达20%～22%，一部分锌损失在浸出渣中，锌的直接回收率只80%左右，需要进一步用回转窑挥发焙烧，回收残余的铅、锌等有价金属。另外，回转窑维修工作量大，耐火材料消耗高，作业环境差，贵金属难回收。

湿法炼锌能综合回收十多种有价元素，但弃渣的处置仍是个未解决的课题。我国株洲冶炼厂（简称株冶）和沈阳冶炼厂（简称沈冶）都采用回转窑法处理浸出渣，窑渣无毒，易于弃置，但此法窑寿命低，残留在窑渣中的贵金属等需另寻方法才能回收。另外，为避免硫酸市场对锌生产的制约，取消焙烧工序的锌精矿直接氧压浸出工艺已实现工业生产。

20世纪80年代以来，针对常规浸出工艺的弊端，提出了高温高酸浸出法，即将浸出过程的第二段改为热酸浸出。热酸浸出的温度为85～95℃，终酸为40～60g/L，热酸浸出终酸为120～125g/L。热酸浸出可明显提高锌、铅等有价金属浸出率，产出的锌渣只有烙烧矿的8%～12%，富集了铅及贵金属，有利于贵金属的回收。

由于精矿中含有FeS或ZnS，铁酸锌的生成是不可避免的。焙烧产物中$ZnO\cdot Fe_2O_3$的存在对湿法炼锌的影响较大。而浸出渣采用热酸浸出，可使$ZnO\cdot Fe_2O_3$浸出率达90%以上，但溶液中Fe的质量浓度也高达30g/L左右。我国锌冶炼厂已开展试验研究的新工艺有热酸浸出-黄钾铁矾法、针铁矿法、赤铁矿法、喷淋除铁法等，除赤铁矿法未应用外，其他几种方法均已应用于生产中。

高温高酸浸出法以及各种沉铁方法（黄钾铁矾法和针铁矿法等）陆续研制成功并投入工业生产，解决了湿法炼锌长期以来的关键问题，既强化了浸出过程，又简化了渣处理过程，使锌的回收率大幅度提高，整个流程锌的回收率最高可达98%，促进了湿法炼锌的高速发展。在焙烧、浸出和电积车间实现了设备的大型化、机械化和自动化，明显地减轻了劳动强度，提高了劳动生产率。

2. 热酸浸出-黄钾铁矾法

热酸浸出-黄钾铁矾法是用热浓硫酸浸出渣中的难溶锌，然后再以黄钾铁矾的形式从溶液中除去有害的铁，得到富含锌的浸出液。该法1968年开始应用于工业生产。目前国外已有20多家锌厂采用热酸浸出-黄铁矾法，我国于1985年首先在柳州市有色冶炼总厂应用于生产，20世纪90年代初建成投产的西北冶炼厂采用热酸浸出-黄钾铁矾法流程，是我国目前最大、最新采用热酸浸出-黄钾铁矾法的冶炼厂，其设计规模为年产电锌10万吨。

热酸浸出黄钾铁矾法的浸出流程包括5个过程，即中性浸出、热酸浸出、预中和、沉矾和铁矾渣的酸洗。比常规浸出法增加了热酸浸出、沉矾和铁矾渣酸洗等过程，可使锌的浸出率提高到97%以上，不需再建浸出渣处理设施。

该法既能利用高温高酸浸出溶解中性浸出渣中的铁酸锌，又能使溶出的铁从溶液中沉淀分离出来。生产黄钾铁矾的反应为：

$$3Fe_2(SO_4)_3+2(A)OH+10H_2O=2(A)Fe_3(SO_4)_2(OH)_6+5H_2SO_4$$

式中，A表示K^+，Na^+，NH_4^+，Ag^+，Rb^+，H_3O^+和$Pb^{2+}/2$。生成黄钾铁矾$AFe_3(SO_4)_2(OH)_6$或$A_2Fe_6(SO_4)_4(OH)_{12}$的机理可写成：

$$3Fe_2(SO_4)_3+6H_2O=6Fe(OH)SO_4+3H_2SO_4$$

$$4Fe(OH)SO_4+4H_2O=2Fe_2(OH)_4SO_4+2H_2SO_4$$

$$2Fe(OH)SO_4+2Fe_2(OH)_4SO_4+2NH_4OH=(NH_4)Fe_6(SO_4)_4(OH)_{12}$$

$$2Fe(OH)SO_4+2Fe_2(OH)_4SO_4+Na_2SO_4+2H_2O=Na_2Fe_6(SO_4)_4(OH)_{12}+H_2SO_4$$

$$2Fe(OH)SO_4+2Fe_2(OH)_4SO_4+4H_2O=(H_3O)_2Fe_6(SO_4)_4(OH)_{12}$$

在控制溶液 pH 值为 1.1～1.5，温度为 363～368K，有 A 存在的条件下，能迅速生成黄钾铁矾沉淀，残留在溶液中的铁质量浓度为 1～3g/L。

其优点为：黄钾铁矾沉淀为晶体，容易浓缩、澄清过滤分离，锌随渣损失少；除铁率可达 90%～95%，与生成 $Fe(OH)_3$ 或 Fe_2O_3 沉淀相比，生成的 H_2SO_4 少，消耗中和剂少；碱试剂耗量少，为铁量的 5%～8%；沉铁是在 pH＝1.5 的条件下进行，所需中和剂 ZnO 少；铁矾带走一定量的硫酸根，有利于工厂的酸平衡；流程简单、投资省、见效快，锌浸出率较常规法有明显提高，可达到 95%～97%。但是 Pb、Ag 及稀散金属进入矾渣中，不利于综合回收；渣量大，渣含铁仅 30%左右，难以利用；矾渣中含有少量 Cd、As、Cu 等，堆存时其中可溶重金属会污染环境。

图 3-56 为热酸浸出-黄钾铁矾法沉铁的浸出工艺流程图。

国内近年来建设的工厂，为了减少预中和时的焙砂用量，将中性浸出底流先用低酸浸出，再用低酸浸出上清液沉铁。图 3-57 为国内近年来采用的热酸浸出-黄钾铁矾法工艺流程图。

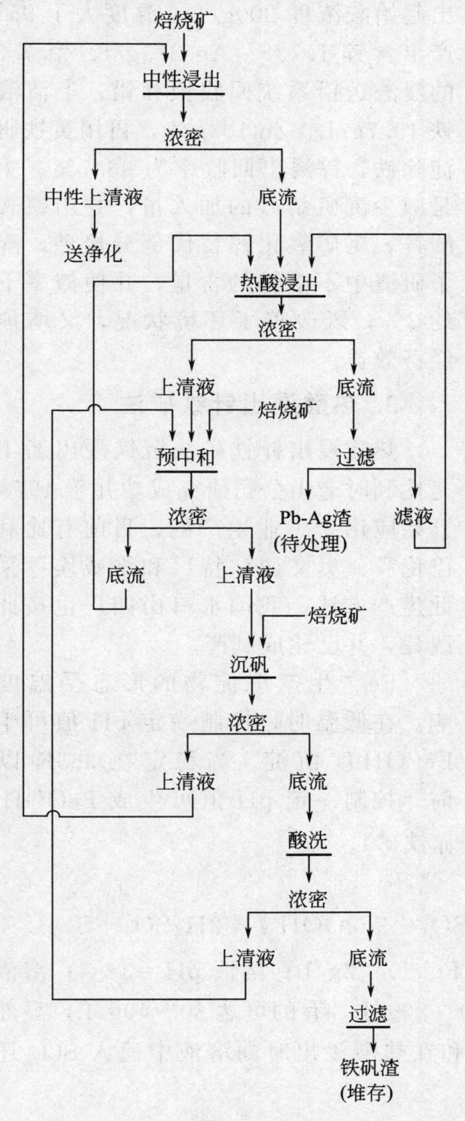

图 3-56　热酸浸出-黄钾铁矾法

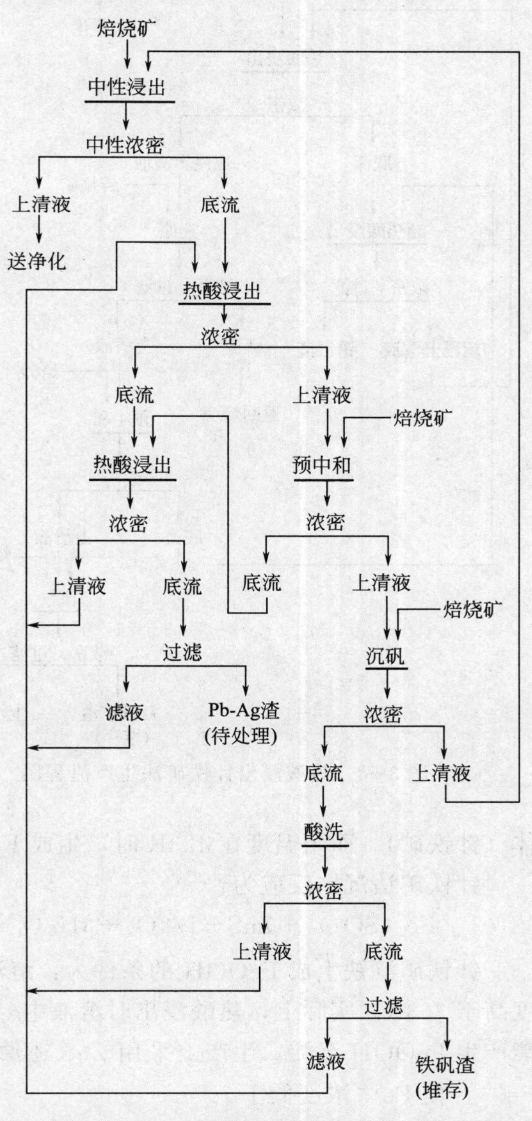

图 3-57　国内采用的热酸浸出-黄钾铁矾法

实践表明，在沉铁后，增加铁矾渣的酸洗工序，可减少铁矾渣中的锌含量，但仍不能解决矾渣中的 Pb、Ag 损失。基于上述原因，澳大利亚电锌公司研究成功了降低铁矾渣中有价金属含量的低污染黄钾铁矾法。该方法的核心是沉铁时不需向焙砂中加入中和剂，就能达到除铁的目的，沉淀出“纯”铁矾渣，以减少铁矾渣带走的不溶锌和其他有价金属。从而提高了锌、铅、银等有价金属的回收率，同时减少了对环境的污染，具有良好的经济效益和社会效益。我国长沙矿冶研究院 20 世纪 80 年代即开展了此项研究，并已在赤峰冶炼厂成功地用于工业生产。

我国西北铅锌冶炼厂 1996—1998 年通过技术改造和生产实践，基本上形成了一套适合本系统操作的“仿低污染”或“半低污染”的铁矾工艺。其过程是：中性浸出渣先进行一段热酸浸，液固分离所得渣再进行二段高温高酸浸出。浸出起始酸浓度 200g/L，温度大于 95℃，产出含锌 1.7%、Ag 213g/t、铅 7.5% 的浸渣送铅系统回收银和铅；上清液含铁 19.7g/L、Zn 103g/L，再用黄铁矾沉淀除铁，锌浸出回收率为 96.7%。主要是减少沉矾焙砂的加入量，并用碱式硫酸锌、尾矿氧化锌替代部分焙砂，降低了矾渣中不溶锌的含量，并使渣率下降约 2%，既改善了环境状况，又增加了经济效益。

3. 热酸浸出针铁矿法

热酸浸出针铁矿法沉铁浸出新工艺是比利时老山公司研究成功并于 1970 年开始应用于工业生产的，目前有比利时巴伦厂、奥文佩尔特厂和维威埃厂采用此生产方法。我国水口山四厂也按此法改建，并已建成试产。

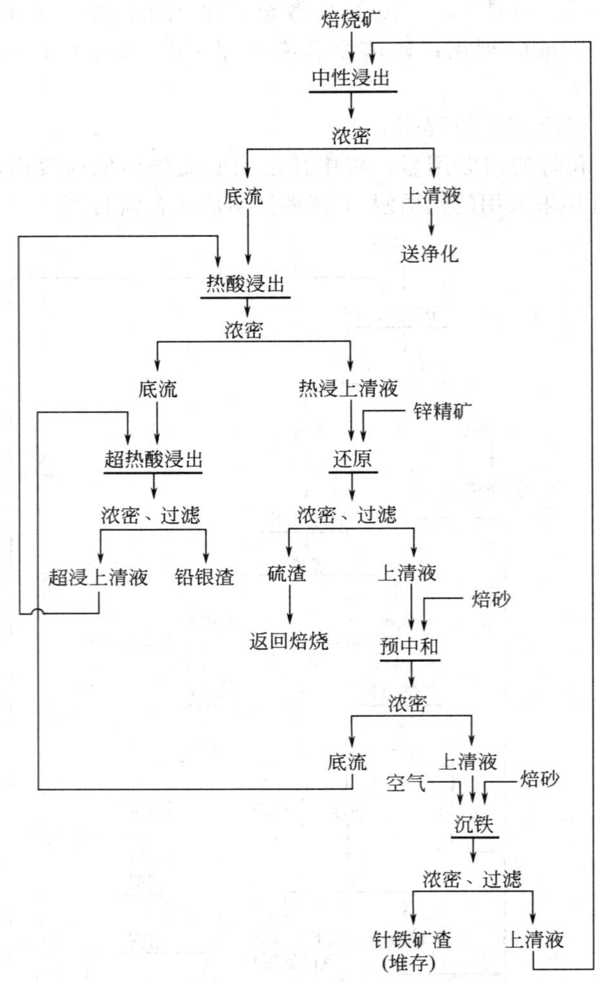

图 3-58　热酸浸出针铁矿法生产流程图

Fe^{3+} 生产沉淀物的形态受温度影响。在低温时，控制一定 pH 值可生成 $Fe(OH)_3$ 沉淀。当稳定在 363K 以上时，控制一定 pH 值可生成 FeOOH 晶体（针铁矿）。而当温度在 423K 时，生成 Fe_2O_3（赤铁矿）。

针铁矿法沉铁反应为：

$$Fe_2(SO_4)_3+ZnS+1/2O_2+3H_2O = ZnSO_4+2FeOOH\downarrow+2H_2SO_4+S^0$$

针铁矿沉铁生成 FeOOH 的条件为：溶液中$\rho(Fe^{3+})<2g/L$；溶液 pH＝3～4；溶液温度高于 363K。实际上，热酸浸出时溶液中$\rho(Fe^{3+})>20g/L$，有的可达 30～40g/L，显然不能产生 FeOOH 沉淀。生产上采用 ZnS 还原 Fe^{3+} 和在热酸浸出时向溶液中通入 SO_2 还原 Fe^{3+}，使 Fe^{3+} 浓度低于 2g/L。

图 3-58 为热酸浸出针铁矿法生产流程图。

从图 3-58 中可以看出，热酸浸出针铁矿法沉铁的浸出流程包括中性浸出、热酸浸出、超热酸浸出、还原、预中和、沉铁六个过程，可使锌的浸出率提高到 97%以上。

针铁矿法的沉铁过程采用空气或氧气作氧化剂，将二价铁离子逐步氧化为三价，然后以 FeOOH 形态沉淀下来。溶液中的砷、锑、氟可大量随铁渣沉淀的捕集作用而去除，因而中浸上清液的质量稳定良好。

该法优点为铁沉淀较完全，沉铁后溶液中$\rho(Fe^{3+})>1g/L$；FeOOH 是晶体，过滤性能好；沉铁过程中不需要加入溶剂，渣量较少，约为铁矾渣量的 60%，尤其对回收稀散金属有利，如 In 回收率可达 90%以上。缺点为需增加一道还原工序，工艺流程较复杂，并需用还原剂，蒸气消耗量较黄钾铁矾法高约 40%，因此该法的基建投资和经营费用较黄钾铁矾法要高，阻碍了该法的使用，至今只有四家在应用。

4. 直接加压浸出工艺

湿法冶炼并没有完全脱离火法，精矿还要焙烧，排出尾气制酸。脱硫过程，除 ISP 法固结烧结外，其余几乎全部为沸腾焙烧，然后制酸，部分排入大气，污染环境，且大量的硫酸不易贮藏。在高压下用流动硫酸介质分解铜锌混合矿的过程可极大地强化反应和传递，在相对较低的温度下获得较高的铜、锌浸出率。

1998 年，奥托昆普公司所扩建的芬兰科科拉锌厂采用了该公司自行开发的锌精矿直接浸出工艺，此法是利用工厂现有常规湿法工艺生产的副产品——酸性铁矾渣作浸出剂，在常压下直接浸出锌精矿，产出的浸出渣再用硫酸处理，浸出反应在立式反应塔中进行，铁最终形成铁矾沉淀，锌精矿中的硫被氧化成元素硫，然后从铁矾渣中分离，溶液返回中性浸出工序。湿法炼锌流程见图 3-59。

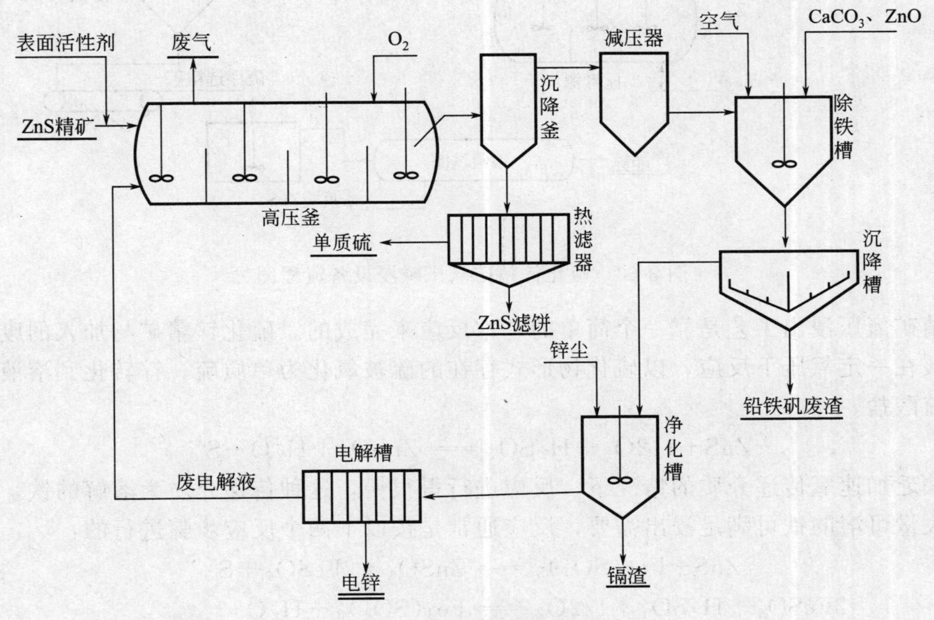

图 3-59　湿法炼锌流程图

原料中的主要成分为闪锌矿、黄铜矿、黄铁矿、方铅矿等，在加压浸出的过程中各成分发生的化学反应主要如下：

$$ZnS+H_2SO_4+1/2O_2 = ZnSO_4+H_2O+S^0$$

$$CuFeS_2+H_2SO_4+5/2O_2 = CuSO_4+FeSO_4+H_2O+S^0$$

由于在酸性介质中 S/S^{2-}（$-0.48V$）的标准电位比 Fe^{3+}/Fe^{2+}（$+0.771V$）低得多，所以从热力学观点看来，氧对 S^{2-} 的氧化能力要比二价铁的氧化能力强得多。正是这种强大的氧化作用使得溶液中的 S^{2-} 浓度降到很小的数值，即浸出后精矿中的硫以元素硫的形态进入渣相。

黄铁矿中的硫在强氧化条件下被氧化成硫酸：

$$2FeS_2+15/2O_2+H_2O = Fe_2(SO_4)_3+H_2SO_4$$

在酸性介质中，方铅矿较易浸出，生成硫和铅铁矾：

$$PbS+H_2SO_4+1/2O_2 = PbSO_4+H_2O+S^0$$

$$PbSO_4+3Fe_2(SO_4)_3+12H_2O = PbFe_6(SO_4)_4(OH)_{12}+6H_2SO_4$$

硫化锌精矿不再经氧化焙烧而直接进行浸出，可节省 25%的投资，并消除了二氧化硫对大气的污染。硫产品为单质硫，回收率为 96%。该工艺适于处理不宜焙烧的细粒精矿。

5. 氧压浸出工艺

氧压浸出工艺是往压煮器内通入氧气，并用稀硫酸使硫化锌精矿中的锌和硫分别转变成水溶性硫酸锌及元素硫的锌浸出方法。浸出工艺如图 3-60。

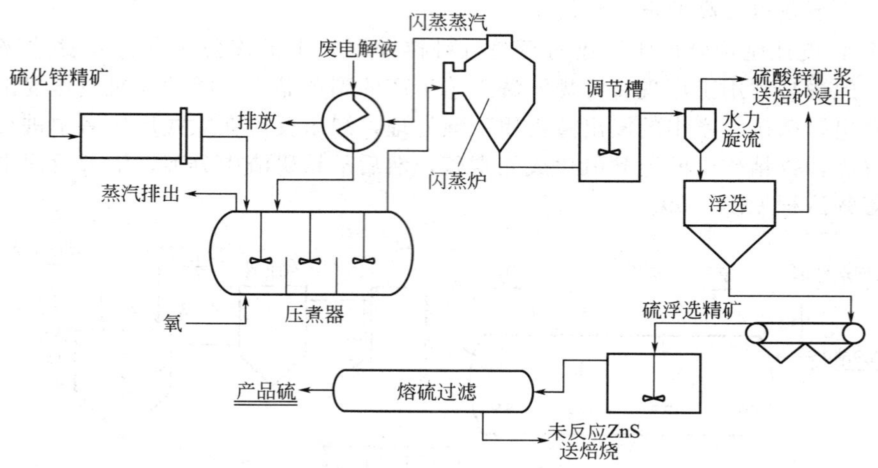

图 3-60 硫化锌精矿氧压碱浸设备流程图

锌精矿氧压浸出工艺是靠一个简单的基本反应来完成的。硫化锌精矿与加入的废电解液中的硫酸在一定氧压下反应，以硫化物形式存在的硫被氧化为单质硫，锌转化到溶液中成为可溶性硫酸盐。

$$ZnS+1/2O_2+H_2SO_4 = ZnSO_4+H_2O+S^0$$

在缺乏加速氧传递介质的情况下，反应进行得很慢，这种传递介质为溶解的铁，一般精矿含有大量可溶的铁可满足浸出需要，反应通常是按以下两个反应步骤进行的：

$$ZnS+Fe_2(SO_4)_3 = ZnSO_4+2FeSO_4+S^0$$

$$2FeSO_4+H_2SO_4+1/2O_2 = Fe_2(SO_4)_3+H_2O$$

当溶液中没有足够的游离酸保持铁的溶解时，在锌浸出过程中将发生水解反应，铁以水合氧化铁和黄钾铁矾的形式沉淀。

$$3Fe_2(SO_4)_3+6H_2O = 6Fe(OH)SO_4+3H_2SO_4$$

$$4Fe(OH)SO_4+4H_2O = 2Fe_2(OH)_4SO_4+2H_2SO_4$$

$$2Fe(OH)SO_4+2Fe_2(OH)_4SO_4+K_2SO_4+2H_2O = K_2Fe_6(SO_4)_4(OH)_{12}\downarrow+H_2SO_4$$

起初由于酸浓度限制铁的溶解度，因此终酸至少要控制在20%以上，才能提高锌浸出率。在焙砂-浸出混合工艺过程中，采用锌焙砂中和氧压浸出液中剩余的酸。

采用氧压浸出新技术，可直接从锌精矿中回收元素硫，便于贮存销售，可彻底解决因硫酸销售问题而影响锌冶炼正常生产的状况，该工艺锌浸出率97%～99.8%，硫转换为元素硫的转换率与精矿中黄铁矿的含量有关。黄铁矿含量低，有利于硫的转换和回收。加拿大特雷尔厂的硫转换率达到95%。

6. 碱浸出

碱浸出包括氢氧化钠和氨-碳铵等体系。主要处理低品位氧化锌矿，氧化锌矿难以浮选富集，氧化锌矿石的选别指标，锌精矿品位为36%～40%，回收率60%～70%，最高达78%；我国氧化锌矿的工艺指标为锌精矿品位为35%～38%，个别达40%，回收率平均为68%左右，最高达78%。我国在氧化锌的其他处理方法上取得了一些成绩。低品位的氧化锌多通过回转窑挥发焙烧，提高其品位。厂坝铅锌矿上部有5%～20%的氧化锌矿，金属储量达26万吨。目前在云南等地，由地方建了小厂。由于我国氧化锌有相当大的储量，在我国锌资源大量消耗的情况下，利用氧化锌矿生产锌是一条重要的开源节流的方法。

碱浸出基本原理如下。

（1）氢氧化钠浸出

$$2NaOH + ZnO \xlongequal{} Na_2ZnO_2 + H_2O$$

（2）氨-碳铵浸出

$$ZnO + (NH_4)_2CO_3 \xlongequal{} Zn(NH_3)_2CO_3 + H_2O$$

$$ZnSO_4 + (NH_4)_2CO_3 + H_2O \xlongequal{} ZnO(NH_4)_2CO_3 + H_2SO_4$$

二、湿法炼铅过程中的浸出工艺

1. 氯化铁食盐水浸出法

氯化铁作氧化浸出剂，NaCl饱和溶液作增溶络合剂，方铅矿PbS与$FeCl_3$发生如下反应：

$$PbS + 2FeCl_3 \longrightarrow 2FeCl_2 + PbCl_2 + S^0$$

从热力学上看，$PbCl_2$在氯化盐体系中的溶解度较小，但是由于$PbCl_2$能与Cl^-络合生成$PbCl_4^{2-}$，从而大大提高了$PbCl_2$在溶液中的浸出率。因此，通过加入氯化钠饱和溶液增加Cl^-的总浓度，有助于$FeCl_3$溶液浸出铅。得到的固体$PbCl_2$经过熔盐电解可得到金属铅，此工艺通过控制$FeCl_3$与NaCl的溶液浓度、温度以及方铅矿颗粒的大小来控制该反应的速度，同时必须考虑Fe^{3+}的循环利用。众所周知，Fe^{3+}的浓度越高，用量越大，反应达到平衡的时间就越短，但是过高的Fe^{3+}浓度会因黏度太大，过滤难以进行，文献表明，Fe^{3+} 150g/L、NaCl 200g/L的酸性饱和食盐水，在60min内可获得较高的浸出指标。其次，酸度是高铁饱和食盐水浸出过程中不可忽视的指标，必须维持不致使Fe^{3+}水解沉淀的pH值，一般来说，$pH<0.5$有较好的浸出效果。由于此反应会生成氯化铅膜及硫膜，温度过低时硫会黏附在硫化矿表面，形成牢固的阻挡层使反应速度明显降低，实验表明温度一般为90℃较好。

此工艺的优点：高铁饱和食盐水作浸出剂，不仅价廉易购，而且利用电解废气（氯气）将其再生并反复循环使用，大大降低了材料的成本；工艺流程简单，浸出反应速率快，金属的浸出率较高；此工艺适合范围较广，可用于处理低品位复杂难选的铜、铅、银、锌等混合硫化矿。

此工艺的不足：要通过电解 $PbCl_2$ 溶液的方法来得到纯度较高的金属铅，在技术上还存在一定的难度；$FeCl_3$ 再生所用氯气和氯化物水溶液都具有较高的腐蚀性，对设备具有较高的要求。

2. 氯气选择性浸出法

该湿法炼铅新工艺与三氯化铁浸出所不同的是氧化浸出剂的选择不同，此法选用氯气作为氧化浸出剂，将氯气通入到加水的硫化铅精矿，其反应如下：

$$PbS + Cl_2 \longrightarrow PbCl_2 + S$$

由于此反应属于气液相反应，要加快浸出速率，从动力学的角度看，必须消除它的内扩散和外扩散的干扰，如加强搅拌，减少矿石粒径，从而增加 Cl_2 与矿的接触；提高气流速度，以加快反应速率和扩散速率，从而提高转化率。此法可以选择性地浸出硫化铅，同时控制了杂质的浸出，消除大量铁离子在流程中的循环和三价铁离子的再生问题，但氯气污染以及腐蚀性问题比较严重，密闭以及设备的防腐性要求更高，与三氯化铁浸出法相比在经济上没有明显的优越性。

但采用 MnO_2 与 HCl 间接产生氯气法以及氯酸钾氧化法可以减少直接用氯气作氧化浸出剂的腐蚀性，其他的工艺与氯气法相同，此法的明显优越性在于：矿物中大多数含有 MnO_2 从而可以减少生产成本，而且流程短又简单，有利于小型工厂提铅的生产。

3. 硅氟酸介质中的氧化浸出

硅氟酸介质中的氧化浸出的工艺原理：PbS 与氧化剂在硅氟酸介质中转化成 $PbSiF_6$，净化后电解沉积得到金属铅，根据所用的氧化剂的不同可以分为氧浸出和 $Fe_2(SiFe_6)_3$ 浸出。氧浸出的化学反应如下：

$$2PbS + O_2 + 2H_2SiF_6 \longrightarrow 2PbSiF_6 + 2S^0 + 2H_2O$$

此反应常为氧的扩散控制，增加氧气的浓度及气流速度，有利于提高反应速率，所以一般采用加压氧浸出法。

硫化铅的 $Fe_2(SiFe_6)_3$ 浸出，其反应如下：

$$PbS + Fe_2(SiF_6)_3 \longrightarrow PbSiF_6 + S^0 + 2FeSiF_6$$

$PbSiF_6$ 在水中的溶解度比 $PbCl_2$ 要大得多，完全能满足电解沉积的要求，所以 $Fe_2(SiFe_6)_3$ 对方铅矿的酸性氧化浸出速率较快且反应温度较低，能够有效地实现铅的选择性浸出。

在沉积过程中，铅离子在阴极还原成铅，$FeSiF_6$ 在阳极上被氧化成 $Fe_2(SiFe_6)_3$，实现氧化剂的再生，其技术的关键是离子膜的选择和电解电位以及电流密度的控制，选择合适的隔膜材料，保证较高的阴极电流效率。该工艺比三氯化铁浸出更简单，更经济，而且适应范围较广，不仅适用于一般的硫化铅精矿，而且也适合处理含锌量较高的复杂铅精矿。

三、湿法炼铜过程中的浸出工艺

1. 氨浸法

由澳大利亚 CRA 集团首先用来处理炼锌鼓风炉粗铅精炼时产出的铜浮渣，此后日本八户冶炼厂也用此法处理所产的铜浮渣，也取得了较好的效果。

氨浸法处理铜浮渣包括浸出、萃取、反萃和制取阴极铜或硫酸钢结晶。

氨浸的主要反应发生在铜与加入的氢氧化铵和返回的氨基铜离子之间，用碳酸根离子浓度控制浸出液的 pH 值。

(1) 浸出　浸出是在钢浸出槽中进行的，浮渣中的铜与反萃液中的铜氨络离子及加入的氢氧化铵反应如下：

$$Cu + Cu(NH_3)_4^{2+} + 4NH_4OH \xlongequal{} 2Cu(NH_3)_4^{+} + 4H_2O$$

$$2Cu(NH_3)_4^{+} + 1/2O_2 + H_2O \longrightarrow 2Cu(NH_3)_4^{2+} + 2OH^-$$

实践证明，浸出过程中通入空气或氧气对浸出效果的影响不大，只是氧气的利用率高于空气，利用率分别为90%与70%。

为减少氨的蒸发，改善作业环境，浸出作业宜在较低的温度和较低的溶液浓度的条件下进行。图3-61为浸出条件与浸出率的典型关系图。

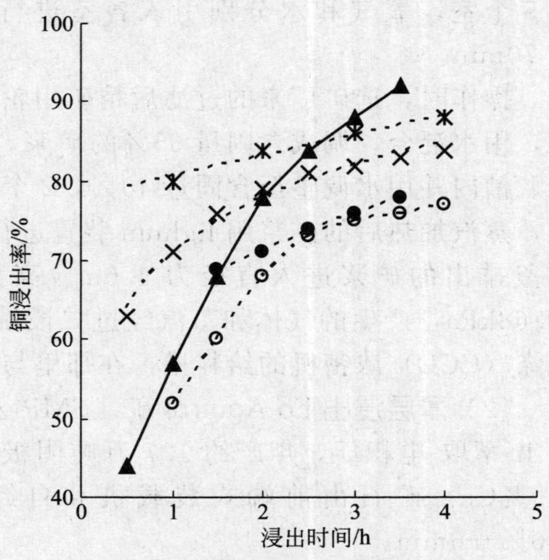

图3-61　铜浸出率与浸出率关系图

（2）萃取　萃取剂为Lix64，Lix64由Lix63与Lix65混合而成。钢在萃取剂中最大的负载为每1.0%浓度的有机相为0.3g/L，即对40%的有机相来说，含铜最多可达12g/L。

萃取后的有机相用煤油稀释降低其黏度，用硫酸进行反萃，硫酸浓度150～170g/L，反萃液含铜达到30～40g/L，送电积产出阴极铜。若生产硫酸铜结晶，可将反萃液进行浓缩至饱和含量，再冷却结晶，析出硫酸铜结晶。铜浮渣氨浸处理工艺流程见图3-62。

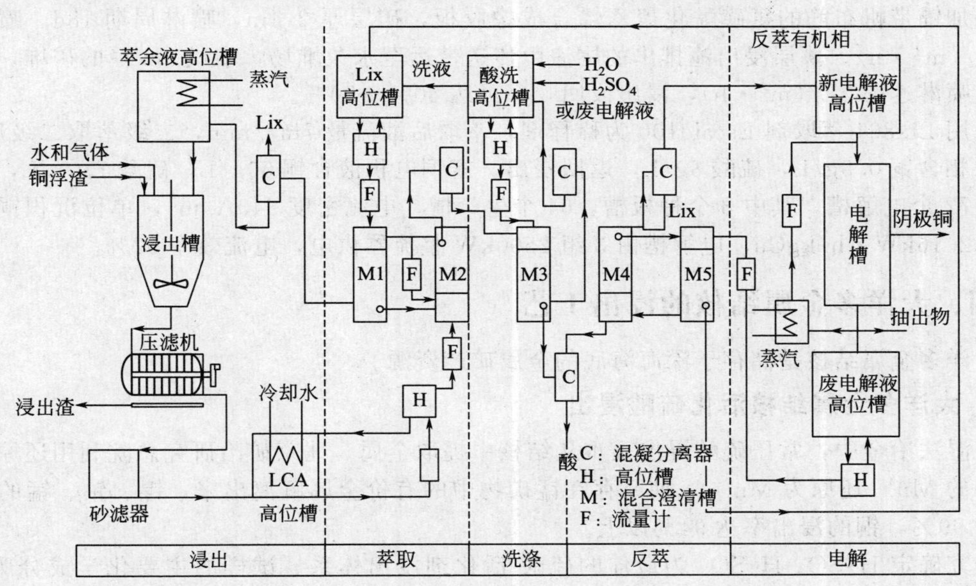

图3-62　铜浮渣氨浸处理工艺流程

氨浸法的优点在于可以得到两种产品——纯铜或硫酸铜结晶；生产过程在接近室温条件下进行，过程稳定而且效率较高；各种溶液可以返回，机械损失小。

2. 典型湿法炼铜工艺/厂

（1）菲尔普斯·道奇公司（PD）浸出技术　PD公司于2003年3月耗资4000万美元建设的高温加压浸出示范厂在处理原生硫化矿精矿中获得成功。示范厂年处理能力为57153t，年产铜为15876t，铜回收率为98%，硫酸日产量为157t。

巴格达德加压浸出示范厂工艺由精矿再浆化系统、加压浸出釜、闪蒸减压、气体洗涤、

4段逆流洗涤、固体浸出渣、4段中和系统以及1个含铜溶液贮存池组成。工厂的中心位置配置了1台长16m、直径为3.5m的加压浸出釜（PLV），釜的钢制内壁设有一层防化学腐蚀的衬里和三层耐酸砖进行保护。PLV设计的操作压力一般为3275kPa，温度为225℃。设有5个室，氧气和水分别引入各室进行氧化和矿浆冷却，矿浆在釜内的平均停留时间为70min。

操作时，选矿厂来的过滤后精矿用轮式装载机装入料仓内，然后输送到机械搅拌再浆化槽，用水混合，调成含固量65%的矿浆，送到间断式机械搅拌输送槽，从那里再送入另一个贮槽内并用水调整至含固量40%，2个Toyo泵将矿浆从贮槽输入高压釜内。在釜内各室中，蒸汽加热后的矿浆用lighnin装置进行搅拌，维持矿浆呈悬浮状态并使氧气分散，从高压釜排出的矿浆进入直径为4.6m、高为8.5m的单级闪蒸槽，在那里将矿浆压力减至20.68kPa，产生的气体和蒸汽经过二段洗涤后放空，闪蒸槽产生的热矿浆送往第一段逆流洗涤（CCD）浓密机的给料槽，在那里与第二段逆流洗涤浓密机的溢流混合。

（2）薄层浸出Lo Aguirre矿　SMP公司的Lo Aguirre矿是第一个采用薄层浸出技术的浸出-萃取-电积厂，年产约1.7万吨阴极铜，矿石为氧化铜和辉铜矿的混合矿，平均品位1.9%Cu。矿石由前端式装载机和自卸汽车将矿石送至颚式破碎机，由三级破碎至100%－6mm。

在ϕ2000mm×6000mm衬胶回转圆筒内，碎矿石与98%浓硫酸及水混合浸润造粒，料酸液固比0.11，转速5～6r/min，出矿由桥式启运机送至堆场。24个20m×40m堆场，混凝土底加铺带帆布筋的氯磺酰化聚乙烯合成橡胶板，矿层厚2.4m，喷淋周期18d。喷淋速率48L/(m^2·h)。薄层浸出池排出的尾渣由传送带运至永久堆场，堆成6m厚的矿堆，120d淋浸，喷淋速率3L/(m^2·h)，浸出段回收率可达80%～90%。

采用Lix864萃取剂Escaid100为稀释剂，萃取后液流量7m^3/min，二级萃取二级反萃，萃余水相含铜0.5g/L，硫酸8g/L，返回浸出。富铜电积液含铜50g/L，硫酸130g/L，送电沉积。72个电解槽，其中8个种板槽，64个生产槽，电流密度240A/m^2，单位沉积铜电耗2.11～2.16kW·h/kgCu，电解槽由3组2500kW整流器供电，电流效率92%。

四、大洋多金属结核的浸出工艺

大洋多金属结核是储存于深海海底的金属矿产资源。

1. 大洋多金属结核活化硫酸浸出

在湿法冶金中，常压硫酸浸出很难从结核中提取金属。北京矿冶研究总院利用还原剂将结核中的Mn^{4+}还原为Mn^{2+}，使赋存在锰矿物中的有价金属解离出来，镍、钴、锰的浸出率均达99%，铜的浸出率达94%以上。

研究确定H_2SO_4-H_2SO_3为最佳的硫酸-活化剂浸出体系。试样的主要化学成分为Mn 23.28%、Fe 11.49%、Ni 0.77%、Cu 0.44%、Co 0.30%。试验条件为：结核粒度－0.074mm占86.36%，浸出温度30℃，浸出时间10min，液固比为7mL/g，H_2SO_3用量系数1.21，酸系数0.417，搅拌速度650r/min。有价金属浸出率分别为Ni 99.52%、Co 99.59%、Cu 95.43%、Mn 99.65%。吨结核酸耗0.184t，消耗活化剂0.363t。

试验采用选择还原活化-氧化连续选择性浸出的流程结构，使大部分铁、铝、硅转变为不溶固体返回渣中。浸出分两个阶段：在自然温度和还原活化条件下快速溶解金属，在较高温度和氧化条件下除铁、铝、硅等杂质，铁由12.6g/L降至1.45g/L，铝由0.54g/L降至0.18g/L，浸出吨结核酸耗由0.184t降至0.137t。

大洋多金属结核活化硫酸浸出可综合提取镍、钴、铜、锰，金属回收率高，工艺简单，能耗低，酸耗低，活化剂组成单纯，有利于溶液后处理和浸出渣的综合利用。采用 H_2SO_4-H_2SO_3 活化浸出体系和还原活化-氧化阶段浸出方式进行浸出，可望发展成为大洋多金属结核处理的有效方法之一。

2. 亚铜离子氨浸工艺流程

北京矿冶研究总院另一个处理大洋多金属结核的研究工艺为以亚铜离子作催化剂，Co 作还原剂，在氨-碳酸铵溶液中常压直接浸出，无须对结核进行还原焙烧预处理。浸出选择性好，镍、钴、铜等有价金属以氨络合离子形态进入溶液，铁、锰、硅等留在浸出渣中。采用硫酸铵浸出渣中的锰，浸出液无须净化直接碳化沉锰得到纯度较高的碳酸锰，硫酸铵循环使用。蒸氨沉钴显著提高了钴的回收率且氨循环使用。经反萃的铜、镍溶液采用不溶阳极电积分别产出 1 号铜和 1 号镍。金属回收率高：Cu 92.09%、Ni 97.29%、Co 91.09%、Mn 92.86%。亚铜离子氨浸法是催化化学还原技术在冶金生产中的具体应用，是一种适合于大洋多金属结核自身特点的冶金工艺。可在常压下直接处理湿矿、能耗低，浸出选择性好、成本低、工艺简单，对环境不构成污染，三废易处理，是目前国际上现有工艺效益最好的方案之一。

3. 苯胺还原酸浸法

北京矿冶研究总院还开展了海洋多金属结核酸浸的苯胺还原新方法的研究。苯胺是多金属结核酸浸的高效有机还原剂。常温常压下，添加少量苯胺，仅浸出 10～20min，各有价金属即可得到很高的浸出率：锰、钴、镍大于 97%，铜达 91%以上。该方法浸出工艺条件简单，浸出矿浆易于液固分离，药剂耗量小；苯胺是一种有机化工基本原料，来源广泛。文献详细研究了苯胺（或苯酚）的还原机理。

4. 微波-热等离子体冶炼制取高冰镍

由于微波能具有选择性加热、升温迅速、热效率高的特点，并对吸波物质的化学反应有催化作用，已在制药、食品加工等领域获得了广泛应用。近十几年来，在矿石加工、冶金、环保部门，矿石破碎、磨矿前的预处理，金属氧化物还原，脱除烟气中的 SO_2 等方面，微波的应用研究发展迅速，取得了许多重要成果。自 20 世纪 20 年代以来，随着对等离子体技术的不断研究和开发，目前已在能源、材料、化工、冶金、军工、航天等领域有了广泛的应用和发展，形成了渗透于国民经济许多部门的等离子体技术。在冶金方面，世界上第一座年产 5 万吨生铁的热等离子炼铁厂 1982 年在瑞典建成投产，其等离子发生器功率为 6MW；随后又在年产 6 万～7 万吨生铁的 Hofors 厂取得成功，发生器功率达 15MW。1984 年 9 月，年处理能力为 7 万吨氧化锌烟尘的等离子冶金厂在瑞典的 Scan 烟尘公司建成投产。近年，热等离子体制备高级钛白粉、锑氧粉的方法已实现了工业化生产。

我国有色金属工业领域微波、热等离子体的应用研究始于 20 世纪 80 年代中期昆明理工大学冶金系的高温熔体实验室和 90 年代初的云南矿冶高科技研究开发中心，他们采用微波脱硫获焙砂和元素硫、等离子体熔炼焙砂制取高冰镍的工艺，对金川有色金属公司镍精矿、云南金平铜镍精矿、富宁镍矿的高品位富矿石开展了规模为每炉 5～6kg 焙砂的试验以及日处理 10t 左右的扩大试验。具有代表性的对金川镍精矿的试验结果如下。

精矿化学成分为 Ni 5.62%、Cu 2.85%、Co 0.15%、S 22.90%、Fe 32.88%、CaO 1.81%、MgO 10.04%、SiO_2 11.75%，其余为水分及其他。微波脱硫的技术指标为每处理 1t 镍精矿可获含硫 99.5%以上的元素硫 119kg，硫直收率 95%～98%，副产氢气 1.3kg，电耗 581.82kW·h。焙砂热等离子体炼制高冰镍的技术指标为高冰镍含 Ni 52.8%～58.25%、Cu 18.20%～23.73%、Co 0.98%～1.20%，渣含 Ni 0.05%～0.013%、Cu

0.11%～0.13%、Co 0.0098%～0.011%，按焙砂计的镍直收率达98%～99%、铜84.77%～96.51%、钴大于78%，熔炼1t焙砂的电耗为400kW·h左右。

由于微波-热等离子体冶金具有高效、低耗、节能和低污染的突出优点，一些专家认为该工艺有可能成为革除传统冶金方法的“21世纪新冶金技术”。

第九节　工业固体废物的电积处理技术

金属电沉积过程是通过电化学还原反应将金属离子从其化合物水溶液、非水溶液或熔盐中电化学沉积的过程，是金属电解冶炼、电解精炼、电镀、电铸过程的基础。这些过程在一定的电解质和操作条件下进行，金属电沉积的难易程度以及沉积物的形态与沉积金属的性质有关。整个电沉积过程通常由多步过程组成，包括传质过程、电荷传递过程、原子在阴极电极表面的吸附过程、吸附原子在表面的扩散过程以及晶体成核和生长过程。因而，金属电沉积过程是很复杂的过程。

在湿法冶金中，使用最多的电积工艺就是将萃取富集后的铜溶液电解沉积产出阴极铜。电解进液的铜浓度一般为45～50g/L，电解后液的铜浓度为30～35g/L，电解贫液返回到萃取作为反萃取剂使用，依据其中铁的累积情况，抽出少量贫液返回浸出，以维持铁的平衡。

一、电积铜的电极过程

1. 电解反应原理

通过萃取后，可以得到Cu^{2+}浓度为40～50g/L的溶液，可直接电沉积得到优级电解铜。电解沉积铜的工艺包括：①在$CuSO_4$-H_2SO_4-H_2O的电解液中浸入不锈钢阴极和导电的惰性阳极；②在两电极之间加一适当的电压；③将电解液中的Cu^{2+}电积到阴极上形成纯铜。电积铜的阴极反应与电解精炼相同，即：

$$Cu^{2+}+2e \longrightarrow Cu^0 \qquad E^{\ominus}=+0.34V$$

$$2H^{+}+2e \longrightarrow H_2 \qquad E^{\ominus}=0.0V$$

铜的氧化还原电位较氢的正，而且氢在铜上的析出超电势值很大，因此只有当阴极附近电解液中铜离子浓度极低，且电流密度过高，发生严重的浓差极化才可能析出氢气。但阳极反应是氧气在惰性电极上析出：

$$H_2O \longrightarrow \frac{1}{2}O_2+2H^{+}+2e \qquad E^{\ominus}=-1.23V$$

总的电解反应：

$$Cu^{2+}+H_2O \longrightarrow Cu^0+\frac{1}{2}O_2+2H^{+} \qquad E^{\ominus}=-0.89V$$

电解沉积铜需要约2V的电压，由以下几部分组成：反应的理论电压，约0.9V；氧气析出的过电压，约0.5V；铜沉积的过电压，约0.05V；克服阴极电流密度为300A/m^{2}时的电阻电压，约0.5V。电沉积铜的能耗约是2000kW·h/t。为了降低能耗，阳极可采用亚铁离子氧化为三价铁离子的替代反应，即：

$$Fe^{2+} \longrightarrow Fe^{3+}+e \qquad E^{\ominus}=0.5285V$$

但是铁在阴阳极之间发生氧化还原反应，使阴极电流效率下降。同时，阳极区加入Cu^{2+}可降低氧气析出的过电压，从而降低能耗。

传统电沉积铜在平板电极的电解槽中进行，电解液含Cu^{2+} 25～50g/L，硫酸50～180g/L，

Fe 5～10g/L，温度 50～60℃，阴极电流密度为 200～300A/m^2，电流效率 80%～95%，槽压约 2V，能耗为 1700～2700kW·h/t。

2. 电极

电解提取和精炼中使用的阴极有两种：一种是可反复使用的始极片，当金属在这种始极片上沉积到一定厚度（如 2～3mm）后，即将沉积层剥离，而始极片则再次使用。例如，电解提取锌时，使用纯铝作始极片，电解提取铬时，使用不锈钢作始极片，在规模较小的铜电解精炼中使用钛片作始极片。另一种阴极是一次性使用的种板，当金属在其上沉积到一定厚度后即取出熔炼。

为了防止电流分布不均匀产生的边缘效应，导致枝晶的生成，阴极的尺寸应当比阳极的尺寸略大，一般宽 90～100cm，长 95～100cm。

电解提取时使用的不溶性阳极则应根据电解液及电解条件选择，要求稳定、耐蚀，可长期使用，并对于阳极过程具有良好的电催化活性，以降低阳极反应的过电位和槽压。通常在硫酸盐介质中使用铅及其合金阳极，在碱性介质中可使用铁及其合金阳极，在氯化物介质中可使用石墨阳极及 DSA 电极。

电解精炼时采用粗金属铸成的可溶性阳极，宽 80～100cm，长 90～110cm。

（1）用于金属电积的活性铅电极　印度在电解槽中采用了一种较新的阳极材料，称做“活性铅电极”。这种新型的催化阳极避免了诸如能耗高以及普通铅阳极所引起的阳极腐蚀问题。这种阳极由铅基体和支撑在海绵钛颗粒上的电解催化剂二氧化铱组成。

（2）用于金属电积的铅银合金阳极的预处理　铅合金通常被用于金属（锌、铜、铬）的电积。阳极腐蚀是与铅阳极有关的问题之一。阳极腐蚀可以在阳极用于电解槽之前通过预处理来减少。预处理包括铅电极在氟化物溶液中的阳极处理。在这个过程中，在相对较短的时间里积聚了致密的二氧化铅黏附层。在预处理过程的不同条件下所形成的阳极薄膜的特点在于极化尺寸的大小，氟化铅钝化膜最先形成，然后是 PbO_2。在用于金属电解槽的过程中在 PbF_2 钝化膜上集结的氧化铅趋于黏结，有效地保护了下面的铅。

二、铜粉电沉积过程机理

1. 电化学原理

当电解质溶液中通入直流电后，产生正负离子的迁移，正离子移向阴极，负离子移向阳极，在阳极上发生氧化反应，在阴极上发生还原反应，从而在电极上析出氧化产物和还原产物。这两个过程是电解的基本过程。因此，电解是一种借电流作用而实现化学反应的过程，也是由电能变为化学能的过程。

电解铜粉时电解槽内的电化学体系为：

$$(-)Cu(粉)/CuSO_4, H_2SO_4, H_2O/Pb合金(+)$$

电解质在溶液中电离或部分电离成离子状态：

$$CuSO_4 = Cu^{2+} + SO_4^{2-}$$

$$H_2SO_4 = 2H^+ + SO_4^{2-}$$

$$H_2O = H^+ + OH^-$$

当施加外直流电压后，溶液中的离子担负起传导电流的作用，在电极上发生电化学反应，把电能转变为化学能。加入酸是为了降低溶液的电阻。

在阳极：主要发生的是析氧反应

$$2H_2O \longrightarrow 4H^+ + O_2 + 4e\uparrow \qquad E^{\ominus}_{H_2O/O_2} = 1.229V$$

在阴极：主要是Cu离子放电而析出金属

$$Cu^{2+}+2e \longrightarrow Cu \qquad E^{\ominus}_{Cu/Cu^{2+}}=0.337V$$

$$2H^{+}+2e \longrightarrow 2H \longrightarrow H_2\uparrow \qquad E^{\ominus}_{H^{+}/H_2}=0V$$

铜电化学沉积的阴极过程一般由以下几个单元步骤串联组成。

① 液相传质：溶液中的反应粒子，如金属水化离子向电极表面迁移，即Cu^{2+}从溶液内部向阴极界面迁移，到达阴极的双电层溶液一侧。

② 前置转化：迁移到电极表面的离子发生化学转化反应，如金属水化离子水化程度降低和重排，金属络离子配位数降低等。

③ 电化学步骤：反应粒子得电子还原为吸附态金属原子。

④ 新相生成步骤：新生的吸附态金属原子沿电极表面扩散到适当的位置（生长点）进入金属晶格生长，或与其他新生原子积聚而形成晶核并长大，从而形成晶体。

上述各单元步骤中反应阻力最大、速率最慢的步骤则成为电沉积过程的速率控制步骤。不同的工艺，因电沉积的条件不同，其速率控制步骤也不相同。

2. 金属铜粉的电极结晶过程

电沉积法制粉要求金属以粉末形态析出。电结晶过程是一个相当复杂的过程。在电沉积过程中包括金属离子的放电、新晶核的形成以及晶核的长大。能影响晶面和晶核生长的因素很多，如温度、电流密度、电极电位、电解液组成等。这些因素对电结晶过程的影响直接表现在所得铜粉的粒度及其分布、形貌、晶态等方面，还直接影响电解的电流效率。因此，研究电结晶过程有相当重要的实际意义。

从物理化学可知，自饱和溶液中生成新晶核的必要条件是体系中存在一定的过饱和度。同样，电结晶过程也只有出现一定数值的过电位后才能出现新的晶核。这是由于“伟相”（大的晶体）与“微相”（细小的晶体）有着不同的化学势，后者比前者有着更大的比表面积，因而每一摩尔物质有更大的表面能与总能量。由于这种能量差别，微小的晶体具有更大的比能量。

可以球形晶核（三维晶核）为例来分析新晶核的临界条件和晶核形成速度。

N个金属阳离子在阴极上放电，晶面上形成球形晶核时生成自由能的变化为：

$$\Delta G=\Delta G_{本体}+\Delta G_{表面}=-Nne_0\eta+4\pi r^2\sigma$$

式中，σ表示单位面积上自由能；r表示球形晶核半径；e_0表示单位电荷的法拉第常数，$96500/6.0221\times10^{23}$；$n$表示金属离子的价态；$N$表示放电金属阳离子数目；$\eta$表示过电位。

式中，前一项是考虑到在过电位$\eta=\varphi_e-\varphi$下，N个金属离子通过双电层在阴极上放电形成晶核所引起自由能的变化，而第二项为表面自由能的增加。

设原子体积为V_a，N个金属离子放电形成的球形晶核体积为：

$$NV_a=\frac{4}{3}\pi r^3$$

将$NV_a=\frac{4}{3}\pi r^3$代入上式，得：

$$\Delta G=-\frac{4\pi r^3}{3V_a}ne_0\eta+4\pi r^3\sigma$$

上式描绘了ΔG随r的变化。从式中可以看出，$r=r_{临界}$时ΔG有极值。当$r<r_{临界}$时，球晶继续长大伴随着自由能升高，因此小的球晶是不稳的；而当$r>r_{临界}$时，球晶生长变成了自由能降低的过程。

对上式微分可得

$$\frac{\mathrm{d}\Delta G}{\mathrm{d}r}=-\frac{4\pi r^3}{V_a}ne_0\eta+8\pi r\sigma$$

令$\frac{\mathrm{d}\Delta G}{\mathrm{d}r}=0$，可得：

$$r=r_{临界}=\frac{2\delta V_a}{ne_0\eta}$$

$$\Delta G_{临界}=\frac{16\pi\sigma^3V_a^2}{3n^2e_0^2\ \eta^2}=k_1\ \eta^{-2}$$

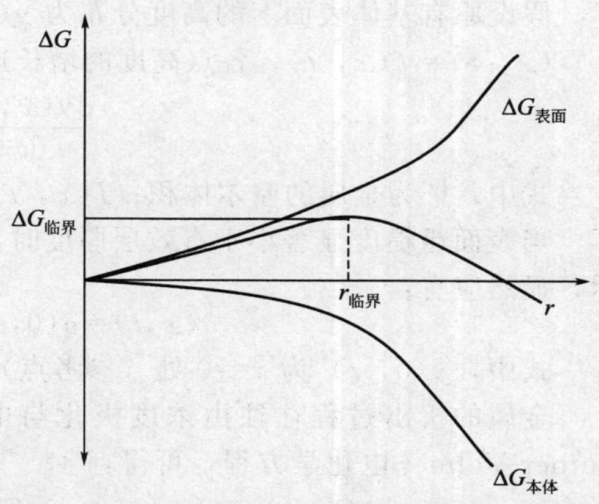

图 3-63　球形晶体自由能随半径的变化

对电结晶过程而言，具有临界尺寸的微晶相当于活化过渡态，而形成这种微晶所需要的能量就相当于形成新晶粒过程的活化能，形成这种临界尺寸的微晶速率就是形成新晶粒的速度。在较负的电极电势下，由于微晶粒的尺寸较小，它们的形成功也较小，因此新晶粒的形成速率就要大一些。球形晶体自由能随半径的变化见图 3-63。

从统计学得出，产生三维晶核的概率 ω 和形成功 ΔG 之间存在下列函数关系：

$$\omega=K'\exp\left(-\frac{\Delta G}{kT}\right)$$

式中，K'为比例常数；k 为波尔兹曼常数。

对电结晶过程而言，晶核生成的速率即电流密度 i 同样是 ω 的函数：

$$i=K_2\exp\left(-\frac{\Delta G}{RT}\right)$$

式中，K_2 为比例常数。

$$i=K_2\exp\left(-\frac{K_1\eta^{-2}}{RT}\right)$$

简化得 $\lg i=A-B\eta^{-2}$。

由此可见，随着 η 的增大，新晶核的形成速率将迅速增大。对某一特定体系而言，在极限电流密度下应具有最大的新晶核形成速率。

3. 铜枝晶化生长的理论推导

电化学法制备铜粉是在溶液中含铜反应离子处于极限扩散电流密度下进行的，枝晶化生长是铜粉的显著特征，沉积层剖面及扩散层的延伸如图 3-64 所示。

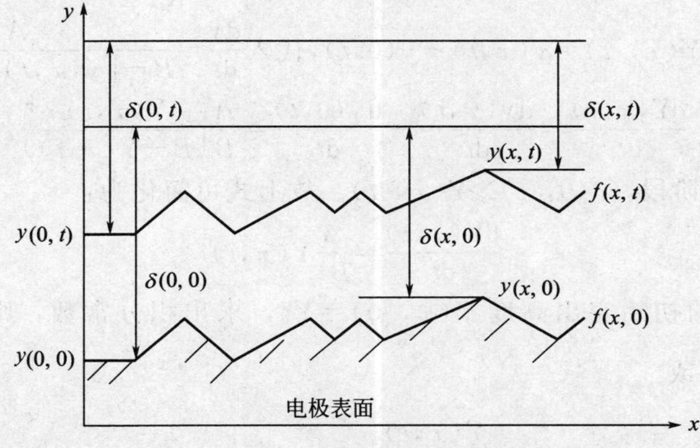

图 3-64　沉积层剖面及扩散层的延伸

假设原有基体表面上的高度分布为 $y(x,0)=f(x,0)$，而任一瞬间的剖面形状为 $(x,t)=f(x,t)$，各点高度的增长速度为：

$$\frac{dy(x,t)}{dt}=\frac{V}{zF}I(x,t)$$

式中，V 为金属的摩尔体积；$I(x,t)$ 为该处的电流密度。

当表面粗糙度显著小于有效层厚度时，可认为扩散层的外界为一平面，在图中用虚线表示，显然应有：

$$\delta(x,t)=\delta(0,t)-[y(x,t)-y(0,t)]$$

式中，$y(0,t)$ 为 $x=0$ 处（参考点）的高度。

金属的析出过程往往由浓度极化与电化学极化（包括极化超电势）联合控制，根据 Buther-Volmer 电化学方程，可得：

$$I=i^0\left[\frac{C^5}{C^0}\exp\left(\frac{\alpha zF}{RT}\right)-\exp\left(\frac{\beta zF}{RT}\eta\right)\right]=i^0\left[\frac{I_d-I}{I_a}\exp\left(\frac{\alpha zF}{RT}\right)-\exp\left(\frac{\beta zF}{RT}\eta\right)\right]$$

整理后可得：

$$I=\frac{I_d\left[\exp\left(\frac{\alpha zF}{RT}\eta\right)-\exp\left(\frac{\beta zF}{RT}\eta\right)\right]}{(I_d/i^0)+\exp\left(\frac{\alpha zF}{RT}\eta\right)}$$

又各点的极限电流密度可写成：

$$I_d=I_d^*/\delta(x,t)$$

式中的 $I_d^*=1$ 时的 I_d，其数值只取决于溶液中反应粒子的浓度及其扩散系数。

将上述得到的 δ、I、I_d 代入到 $\frac{dy(x,t)}{dt}=\frac{V}{zF}I(x,t)$，整理后得：

$$\frac{dy(x,t)}{dt}=\frac{V}{zF}\frac{I_d^*\left[1-\exp\left(-\frac{zF}{RT}\eta\right)\right]}{\frac{I_d^*}{i^0\exp\left(\frac{\alpha zF}{RT}\eta\right)}+\delta(0,t)-[y(x,t)-y(0,t)]}$$

$$=\frac{A}{B-[y(x,t)-y(0,t)]}$$

其中：

$$A=\frac{VI_d^*}{zF}\left[1-\exp\left(-\frac{zF}{RT}\eta\right)\right],\ B=\frac{I_d^*}{i^0\exp\left(\frac{\alpha zF}{RT}\eta\right)}+\delta(0,t)$$

令“突出高度”$Y(x,t)=y(x,t)-y(0,t)$，代入 $\frac{dy}{dt}=\frac{A}{B-[y(x,t)-y(0,t)]}$ 后得：

$$\frac{dY(x,t)}{dt}=\frac{dy(x,t)}{dt}-\frac{dy(0,t)}{dt}=\frac{A}{B}\left[\frac{Y(x,t)}{B-Y(x,t)}\right]$$

在电沉积的初始阶段，$\delta(0,t)\gg Y(x,t)$。故上式可简化为：

$$\frac{dY(x,t)}{dt}=\frac{A}{B^2}Y(x,t)$$

并利用 $t=0$ 时的初始突出高度 $Y(x,0)=Y^0$，求出积分常数，则整理后得到 $\ln[Y(x,t)/Y^0]=\frac{A}{B^2}t$ 或

$$\frac{Y(x,t)}{Y^0}=\exp(t/\tau)$$

其中：

$$\tau=\frac{B^2}{A}=\frac{zF}{V}\frac{\left[\dfrac{I_d^*}{i^0\exp\left(-\dfrac{\alpha zF}{RT}\eta\right)}+\delta(0,t)\right]^2}{I_d^*\left[1-\exp\left(-\dfrac{zF}{RT}\eta\right)\right]}$$

τ 称为生长过程的“诱导时间”。当 $t<\tau$ 时，$Y(x,t)\approx Y^0$，即突出高度变化不大。然而，当 $t>\tau$ 时，突出高度随时间而指数性地增大，很快形成显著的突出物。因此，可以根据上式来分析出现枝晶生长的难易。T 越小，出现枝晶生长的可能性越大。

首先，如果 $I_d^*\ll i^0\exp\left(\dfrac{\alpha zF}{RT}\eta\right)$，即电极过程主要是浓度极化控制时，则可在式中略去第一项。又因 $\exp\left(-\dfrac{\alpha zF}{RT}\eta\right)=\dfrac{C^s}{C^0}$，故代入上式，且 $I_d^*\infty C^0$，得到：

$$\tau=\frac{zF}{V}\frac{[\delta(0,t)]^2}{I_d^*}\cdot\frac{C^0}{C^0-C^s}\cdot\infty\frac{[\delta(0,t)]^2}{C^0-C^s}$$

铜粉电沉积过程，是在溶液中Cu离子的极限电流密度下进行，电极表面反应离子浓度 $C^s=0$，则上式简化为：

$$\tau=\frac{zF}{V}\frac{[\delta(0,t)]^2}{I_d^*}\infty\frac{[\delta(0,t)]^2}{C^0}$$

由上式可得，当金属析出过程主要受浓差极化控制时，T 具有较小的数值，式中分子较小，即容易出现枝晶生长。且若金属离子浓度越大，越接近完全浓差极化，则：T 越小而出现枝晶生长的可能性越大，减小扩散层厚度也有助于实现枝晶生长。增大电流密度能同时加强浓差极化和通过加强对流而减小扩散层厚度，是导致出现枝晶生长的重要因素。

如果 i^0 很小而 η 不大，以致式中分子括号内第一项占重要地位，则 T 显著增大表示电化学极化控制的金属析出过程不易出现枝晶生长。

4. 电极过程动力学

(1) 电极过程及反应速度　电化学反应是在两类导体界面上发生的有电子参加的氧化反应和还原反应。电极的作用表现在两个方面，电极本身既是传递电子的介质，又是电化学反应的反应地点。电极过程就是电流通过电极与溶液界面时所发生的一系列变化。电极过程包含一些单元步骤，主要为：

① 反应粒子由溶液内部向电极表面的传输，称为液相传质步骤。

② 反应粒子在电极溶液界面上得失电子，称为电子转移步骤。

③ 产物粒子由电极表面向溶液内部疏散的步骤，也属液相传质；或者反应生成气体、晶体，也叫新相生成步骤。

由于电极反应是在电极与溶液界面进行的，所以可用一般表示异向反应速度的方法来表示其速度，即用 v [mol/(s·m²)] 表示单位时间单位面积参加反应的物质数量，设电极反应为：

$$O+ne\rightleftharpoons R$$

式中，O 和 R 分别表示物质的氧化态和还原态。设正反应（阴极反应）的速率常数为 k_c，反应速率为 v_c，反应电流为 I_c；逆反应（阳极反应）的速率常数为 k_a，反应速率为 v_a，反应电流为 I_a。根据法拉第定律，正、逆反应的反应速率与反应电流之间可以表示为：

$$v_c=k_cC_O=\frac{I_c}{nFA}$$

$$v_a = k_a C_R = \frac{I_a}{nFA}$$

式中，C_O 和 C_R 分别为还原态物质和氧化态物质的浓度常数；A 为电极-溶液界面面积。

总反应的速率 v 为正、逆反应速率之差，故由上式得：

$$v = v_c - v_a = k_c C_O - k_a C_R = \frac{1}{nFA}(I_c - I_a)$$

总反应的电流 I 则为正、逆反应的电流之差，即

$$I = I_c - I_a = nFAv = nFA(k_c C_O - k_a C_R)$$

两边除以电极面积 A，则上式可以改写为

$$i = i_c - i_a = nF(k_c C_O - k_a C_R)$$

式中，i、i_c 和 i_a 分别表示总反应、阴极反应和阳极反应的电流密度。可见，电流密度就代表了电化学反应的速率。

过程受界面电化学反应控制时的速率方程：

$$i = i^0 \left\{ \exp\left[\frac{(1-\alpha)nF\eta}{RT}\right] - \exp\left(-\frac{\alpha nF\eta}{RT}\right) \right\}$$

(2) 电极的极化　处于热力学平衡状态的电极体系（可逆电极），由于氧化反应和还原反应速率相等，电荷交换和物质交换都处于动态平衡，因而净反应速率为零，电极上没有电流通过，是处于平衡状态下的一种电位。当有外电流通过电极时，就有净反应发生，电极原来的平衡状态被破坏，因为电极电位向着偏离平衡电位的方向变动，即发生了电极的极化。

阳极上发生极化时，阳极的电极电位总是变得比平衡电极电位还正，即电极电位向正的方向移动，叫做阳极极化；阴极上发生极化时，阴极的电极电位总是要变得比平衡电极电位更负些，即电极电位向负的方向移动，称为阴极极化。电极上通过的电流密度越大，电极电位偏离平衡电极电位的绝对值也越大。通常把某一电流密度下的电极电位 φ 与其平衡电极电位 φ_e 间的差值 $\Delta\varphi$ 称为过电位：

$$\Delta\varphi = \varphi - \varphi_e$$

过电位用来定量地描述电极极化的状况，过电位 $\Delta\varphi$ 的绝对值越大，电极极化的程度也越大。电化学反应进行时电极发生极化的原因主要有电化学极化和浓差极化，即由于电子转移迟缓引起的极化和由于传质迟缓引起的极化。

(3) 极化曲线　当电流通过电极时，电极电位会对平衡值发生偏离，产生极化作用。而随着电极上电流密度的增大，其电位值对平衡值的偏离也越大（既极化作用越大），这种变化关系可用曲线来表达。测定过电位或电极电位随电流密度变化的关系曲线，称为极化曲线，如图 3-65 所示，它能够完整而直观地表现出一个电极过程的极化性能。我们可以从极化曲线上求得任一电流密度下的过电位或极化值，而且可以了解整个极化过程中电极电位变化的趋势和比较不同电极过程的极化规律。

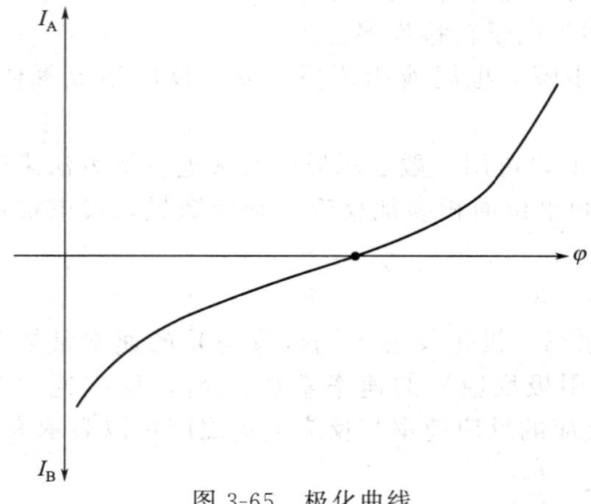

图 3-65　极化曲线

极化曲线上某一点的斜率称为该电流密度下的极化度，它表示了某一电流密度下电

极极化程度的变化趋势，因而反映了电极过程进行的难易程度：极化度越大，电极极化的倾向也越大，电极反应速度的微小变化就会引起电极电位的明显改变，电极电位显著变化时，反应速率却变化甚微，表明电极过程不容易进行，受到的阻力比较大。反之，极化度越小，则电极过程越容易进行。

三、难选氧化铜矿堆浸-萃取-电积提铜

永平铜矿是一个以铜、硫为主，伴生钨、金、银等多金属的大型露天矿山。矿区境界内难选氧化矿矿石有三种，即结合氧化铜、含铜黑土和老隆氧化矿。矿石平均铜品位分别达到0.85%、1.007%和1.354%。结合氧化铜结合率≥20%，含铜黑土和老隆氧化矿的氧化率≥30%。

截至2001年年底矿区境界内难选氧化矿的三种矿石储量为115.3万吨，其中，结合铜氧化矿43.6万吨，含铜黑土43.6万吨，老隆氧化矿28.1万吨。露采扩帮范围内可增加难选氧化矿矿石22.3万吨，其中结合铜氧化矿3.4万吨，老隆铜硫氧化矿4万吨和表外铜硫原生矿14.9万吨。

难选氧化铜矿堆浸-萃取-电积提铜工艺流程见图3-66。

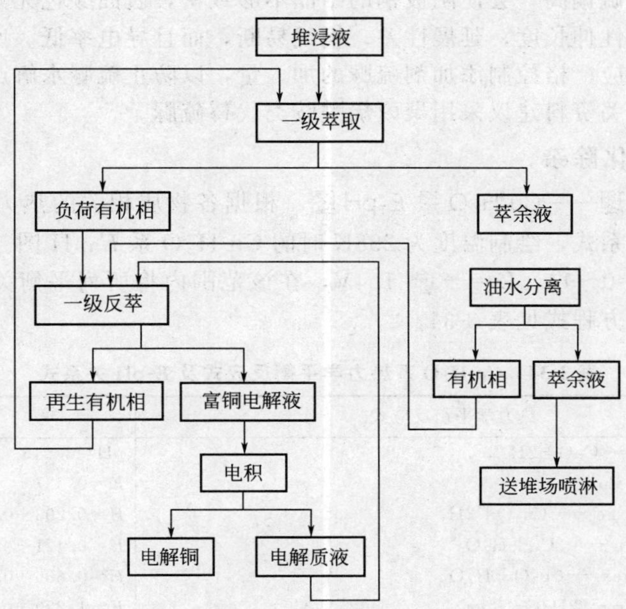

图3-66　难选氧化铜矿堆浸-萃取-电积提铜工艺流程

1. 电积过程的杂质控制

电解法析出电铜的反应方程式：

$$CuSO_4 + H_2O = Cu + 1/2O_2 + H_2SO_4$$

在本工艺环节中对电解过程影响最大的杂质元素是镍、铁、铅，还有有机物及硫。

(1) 镍的控制　镍在电解液中大量积累后，会降低 Cu^{2+} 的溶解度。如遇电解液温度稍有降低，硫酸铜就可能饱和结晶析出。同时还会增加溶液的黏度，使电解液电阻增加，从而降低电导率。另外，随着镍的富集，易在阳极上形成一层致密层，导致阳极钝化现象，使阳极的电位及槽电压都升高，电流效率降低。镍在溶液里含量偏高，还会导致阴极铜板酥脆。

因此本工艺采用的二次净化法可有效地排除富集的镍金属，保持溶液中镍含量在25g/L以下，以提高电流效率。

（2）铁的控制　电解液中的铁是以Fe^{2+}和Fe^{3+}形态共存，在电解液中有Fe^{2+}存在时，部分在阳极上氧化成Fe^{3+}，当Fe^{3+}移向阴极时，又被阴极还原为Fe^{2+}，从而使电流效率降低。工艺中，不仅采取了一次、二次净化来解决铁的富集（保持溶液中铁含量<5g/L），还通过在浸出过程中控制高温下，提高浸出终点含酸的办法（30～60g/L），实现铁的控制。

（3）铅的控制　电解过程中，随着生产的持续进行，由于含铅阳极极易在高温、高电流密度条件下被腐蚀溶解，铅以Pb^{2+}形态进入溶液，Pb^{2+}与酸作用形成难溶的白色$PbSO_4$粉末。这些粉末大部分沉入槽底，另一部分被氧化成棕色粉末，附在阴阳极表面，形成薄膜，因而增加电阻，使槽电压上升，还会在过氧状态下加速阳极钝化，并使阴极铜板面发黑。在工艺中以均匀的循环量进行循环，并在使用备用泵时从小到大增加到控制流量，维持电解液55～60℃的温度，定期抽取电解槽底部的沉积物等，均可有效地控制铅的富集。

（4）有机物的控制　有机物进入电积体系会增加电阻，另外有机物的浸染也会造成铜板夹层。有机物的主要来源是设备漏油，为控制油污，加强设备跑、冒、滴、漏的治理，在浸出过程中加入适量的颗粒活性炭吸附后，再通过板框滤出体系。

（5）硫的控制　硫偏高，会使阴极铜的结晶不够致密，表面颜色无光泽，这样在加工线锭时会影响线锭的弹性伸长度，延展性差，铜线易断，而且导电率低。所以不仅要控制浸出物料中的含硫量，还应严格控制添加剂硫脲的加入量，以防止硫脲水解产生硫化氢而影响阴极铜的质量。根据有关资料建议采用聚丙烯酰胺类代替硫脲。

2. 粗硫酸铜净化除杂

（1）净化除杂机理——$Cu\text{-}H_2O$系E-pH图　根据各物质相关的热力学数据和热力学平衡反应式及E-pH关系式，绘制温度为298K时的$Cu\text{-}H_2O$系E-pH图。假设溶液中各离子的活度为1，取pH=0～14，$E=-1\sim1.4V$，在该范围内将所列平衡关系绘制成图。图上各线的反应式与平衡方程式见表3-34。

表3-34　$Cu\text{-}H_2O$系热力学平衡反应式及E-pH关系式

编号	热力学平衡反应式	E/V
①	$Cu^{2+}+H_2O = CuO+2H^+$	pH=3.945
②	$Cu^{2+}+2e = Cu$	$E=0.337$
③	$2Cu^{2+}+H_2O+2e = Cu_2O+2H^+$	$E=0.203+0.0591pH$
④	$Cu_2O+2H^++e = 2Cu+H_2O$	$E=0.471-0.0591pH$
⑤	$2CuO+2H^++e = Cu_2O+H_2O$	$E=0.669-0.0591pH$
ⓐ	$O_2+4H^++4e = 2H_2O$	$E=1.229-0.0591pH$
ⓑ	$2H^++2e = H_2$	$E=0-0.0591pH$

根据$Cu\text{-}H_2O$系的E-pH图可以看出，在酸性介质（pH<4.0）中，溶液中氧化电位$E>0.4V$时，Cu以Cu^{2+}形式进入溶液。当$E<0.4V$时，铜主要以单质Cu形式存在。当pH=4.0左右时，Cu^{2+}以CuO形式沉淀；当$0.4V<E<0.5V$，2.2<pH<4.0时，Cu^{2+}转化为Cu_2O形式。因此，粗硫酸铜中As、Sb、Bi的脱除过程中，在pH=3.8以及高的氧化还原电位（$E>0.4V$）条件下，Cu以Cu^{2+}形式稳定存在于溶液中。

（2）$Fe\text{-}As\text{-}H_2O$系E-pH图　根据各物质相关的热力学数据和热力学平衡反应式及E-pH关系式，绘制了温度为298K时的$Fe\text{-}As\text{-}H_2O$系E-pH图（图3-67）。假设溶液中各离子的活度为1，取pH=-2～10，$E=-0.8\sim1.4V$，将所列平衡关系绘制成图3-68。图上各线的反应式与平衡方程式见表3-35。

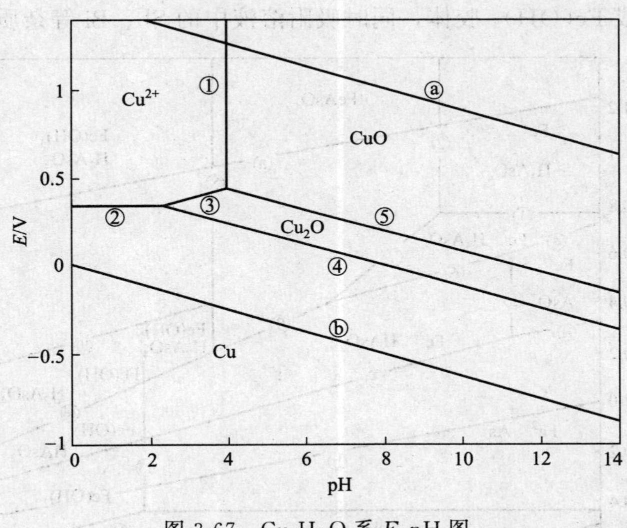

图 3-67 Cu-H_2O 系 E-pH 图

表 3-35 Fe-As-H_2O 系热力学平衡反应式及 E-pH 关系式

编号	热力学平衡反应式	E/V
①	$Fe^{3+}+e = Fe^{2+}$	E=0.7706
②	$FeAsO_4+3H^+ = Fe^{3+}+H_3AsO_4$	pH=1.026
③	$FeAsO_4+3H^++e = Fe^{2+}+H_3AsO_4$	E=0.953−0.1773pH
④	$H_3AsO_4+3H^++2e = AsO^++3H_2O$	E=0.55−0.0887pH
⑤	$H_3AsO_4+2H^++2e = HAsO_2+H_2O$	E=0.584−0.0591pH
⑥	$HAsO_2+H^+ = AsO^++H_2O$	pH=−0.3372
⑦	$FeAsO_4+H_2O+2H^++2e = Fe(OH)_3+HAsO_2$	E=0.5082−0.0591pH
⑧	$Fe(OH)_3+3H^++e = Fe^{2+}+3H_2O$	E=1.057−0.1773pH
⑨	$FeAsO_4+5H^++3e = HAsO_2+2H_2O+Fe^{2+}$	E=0.691−0.0985pH
⑩	$Fe(OH)_3+H_2AsO_4^-+H^+ = FeAsO_4+3H_2O$	pH=5.35
⑪	$AsO^++2H^++3e = As+H_2O$	E=0.254−0.0394pH
⑫	$HAsO_2+3H^++3e = As+H_2O$	E=0.2477−0.0591pH
⑬	$Fe(OH)_2+2H^+ = Fe^{2+}+2H_2O$	pH=6.64
⑭	$Fe^{2+}+2e = Fe$	E=−0.44
⑮	$Fe(OH)_3+H^++e = Fe(OH)_2+H_2O$	E=0.71−0.0591pH
⑯	$Fe(OH)_2+2H^++2e = Fe+2H_2O$	E=−0.017−0.0591pH
⑰	$H_2AsO_4^-+3H^++2e = HAsO_2+2H_2O$	E=0.6663−0.00887pH
⑱	$As+3H^++3e = AsH_3$	E=−0.61−0.0591pH
ⓐ	$O_2+4H^++4e = 2H_2O$	E=1.229−0.0591pH
ⓑ	$2H^++2e = H_2$	E=0−0.0591pH

由图 3-68 可看出，在酸性介质（pH<6.5）中，Fe 以 Fe^{3+} 或 Fe^{2+} 形式进入溶液，粗硫酸铜中的 As 以 $HAsO_2$ 或 AsO^+ 形式进入溶液。当 −0.3<pH<6.5 时，砷主要以 $HAsO_2$ 形式溶解。当氧化电位 E>0.4V 时，$HAsO_2$ 氧化为 H_3AsO_4。当 −0.4V<E<0.8V 时，铁主要以 Fe^{2+} 形式溶解。当氧化电位 E>0.8V 时，Fe^{2+} 氧化为 Fe^{3+}。当 1.0<pH<5.2 时，Fe^{3+} 以 $FeAsO_4$ 形式沉淀；当 pH=5.2 时，$Fe(OH)_3$ 与 $FeAsO_4$ 之间相互转化；当 −0.4V<E<0.1V，pH=6.5 时，Fe^{2+} 转化为 $Fe(OH)_2$ 形式，As 转化为 $HAsO_2$ 形式溶解。

因此，粗硫酸铜中 As、Sb、Bi 的脱除过程中，在 pH=3.8 以及高的氧化还原电位（E>0.4V）条件下，Fe 和 As 形成 $FeAsO_4$ 沉淀被除去。同时可通过调节 pH 值来去除过

量的 Fe^{3+}，使之生成 $Fe(OH)_3$ 胶体，同时吸附溶液中的 Sb、Bi 等杂质。

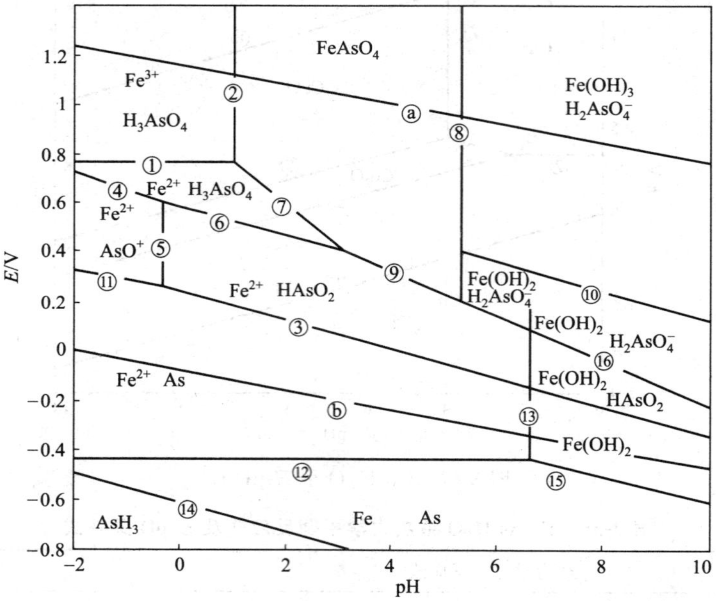

图 3-68 Fe-As-H_2O 系 E-pH 图

四、电积提锌新技术

1. 硫酸锌溶液的电积原理

锌的电解沉积是将净化后的硫酸锌溶液送入电解槽内，用 Ag(0.5%～1.0%)-Pb 或 Pb-Ag-Ca 合金板作阳极，压延纯铝板作阴极，并联悬挂在电解槽内，通以直流电，在阴极上析出金属锌：

$$Zn^{2+} + 2e = Zn$$

在阳极上则有氧气生成，同时产生以 MnO_2 为主要成分的阳极泥：

$$H_2O - 2e = 2H^+ + 0.5O_2$$

锌电积的总反应则为：

$$ZnSO_4 + H_2O = Zn + H_2SO_4 + 0.5O_2$$

电积一段时间后，将阴极从电解槽中提出并将电锌剥下，阴极铝板经研磨后重新装槽循环使用，阴极锌经熔铸即得锌锭产品。

依据电流密度和电积液酸度的不同，锌电积过程一般分为低酸低电流密度法、中酸中电流密度法和高酸高电流密度法。采用低酸低电流密度工艺，电积周期长，电耗少，但生产能力较小，基建投资大。增加电流密度，投资省，可提高电积槽的锌产量，但对电积液纯度要求较高，电耗大，且必须采取冷却措施维持电积液的热平衡。现有电锌厂普遍采用中酸中电流密度法，在良好操作条件下，电流效率一般高于 90%。

2. 电积提锌工艺及设备

经过净化后的硫酸锌溶液加入添加剂，通过高位槽连续送入电解槽，槽中布以不溶性铅钙合金阳极和铝阴极。在两极上施以直流电压时，电解液中的锌离子便不断在铅阴极上析出。按采用的技术条件不同从硫酸锌溶液中电解沉积锌一般可分为三种方法，即低酸低电流密度法、中酸中电流密度法和高酸高电流密度法。三种方法比较见表 3-36。

表 3-36　电解沉积锌方法比较

方　法	电解废液含硫酸/(g/L)	阴极电流密度/(A/m²)	优　缺　点
低酸低电流密度法	100～120	300～400	电积周期长，电耗少，生产能力较小，基建投资大
中酸中电流密度法	130～200	400～600	其优缺点均居低酸低电流法与高酸高电流法之中
高酸高电流密度法	220～300	600～1000	电解槽生产能力大，投资省，耗电多，要强化电解液的循环

我国湿法炼锌厂采用的电流密度多为 450～520A/m²，废电解液含硫酸 130～280g/L。电解最后产生的废电解液，部分送去作焙砂浸出剂，部分配成电解液返回。析出的锌铝阴极，每隔一定时间（24～48h）取出，清洗后剥离锌片，然后熔化铸成锌锭，阴极经清洗加工后返回使用。

锌电解沉积的基本反应是：

在阴极上：$Zn^{2+} + SO_4^{2-} + 2e = Zn + SO_4^{2-}$

在阳极上：$2OH^- - 2e = 1/2O_2 + H_2O$

总反应式：$ZnSO_4 + H_2O = Zn + H_2SO_4 + 1/2O_2$

锌电积的主要技术经济指标为：电解温度 40℃，同极中心距 60mm，电流密度 450A/m²，槽电压 3.2～3.4V，电流效率 89%，直流耗电 3100kW·h/t Zn，电解回收率 99.3%。

锌电积的主要设备是电解槽，多为钢筋混凝土制成的内衬聚氯乙烯或玻璃钢防腐材料槽。锌电解沉积的原料为经净化除去各种有害杂质的硫酸锌水溶液（新液）。要求溶液清亮，无悬浮物和黄药泡沫。锌电积的槽电压由硫酸锌分解电压、电解液电压降、极板及其接触电压降和阳极泥电压降等组成。硫酸锌分解电压与电解液温度以及锌、酸含量有关，一般约为 2.5V。电解液电压降与电流密度、电解液含锌量和阴阳极间的表面距离成正比，与电解液温度、含酸量成反比，一般约为 0.5V，其他各部分电压降之和约等于 0.3V，一般工厂槽电压为 3.2～3.4V。一般电流效率为 86%～91%。

3. 硫酸锌溶液的净化

为满足锌电积的要求并保证整个锌系统的连续循环运行，硫酸锌浸出液必须脱除的杂质包括以下三类：一是 Fe、As、Sb、Ge、Al、Si；二是 Cu、Cd、Ni、Co；三是 F、Cl、Ca、Mg。对于第一类杂质，控制好中性浸出的终点 pH 值即可通过 $Fe(OH)_3$ 吸附共沉淀将其脱除至极限含量以下。

电积液中的氟、氯主要是在处理氧化锌烟尘、镀锌渣、铸型渣以及其他升华物烟灰时带入系统。电积液中氟含量超标将导致剥锌困难，而氯含量过高则会腐蚀铅阳极和工艺设备。为此，在处理含氟、氯较高的氧化锌烟尘时，一般采用多膛炉焙烧预先脱除氟、氯。采用石灰乳或硅胶也可从溶液中经济有效地脱除氟离子，脱氯工艺则包括 AgCl 沉淀法、Cu_2Cl_2 沉淀法、离子交换法和碱洗脱氯法。电积液中的钙、镁主要由锌精矿和软锰矿等原辅材料带入系统并逐步循环累积。溶液中钙、镁含量过高，将降低锌电积的电流效率，并因 $CaSO_4$、$MgSO_4$ 冷却结晶析出而堵塞管道和滤布。当硫化锌精矿镁含量＞0.6%时，国外有些湿法炼锌厂采用稀硫酸洗涤预脱镁，但运行成本较高，且有价金属损失大。因此，国内外普遍采用溶液集中开路冷却的方法脱除钙、镁。

从热力学上说，Cu^{2+}、Cd^{2+} 较易被锌粉置换除去，但析出的海绵镉又可通过“化学溶解”和“电化学溶解”机制返溶。温度越高、净化和过滤时间越长，镉的返溶量就越多。为此，在生产实践中，锌粉置换去除铜锡工序的温度一般控制在 50～60℃之间，且净化后液应及时压滤。另一方面，为了强化锌粉对 Cd^{2+} 的置换作用，国内外许多工厂都向净化液中添加一定量的硫酸铜作为活化剂。总体说来，加入铜盐的作用有三：一是 Cu-Zn 微电池的“内电解”作用；二是置换析出的 Cu、Cd 形成金属间化合物 Cd_2Cu，后者的电位比金属镉的电位更高，由此加大锌粉置换过程的热力学推动力；三是基于形态相似性，镉在铜表面生成的沉积物比较致密，与基底结合牢固，不易脱落，由此减少镉的“化学溶解”和“电化学溶解”损失。

Ni^{2+} 和 Co^{2+} 是硫酸锌浸出液中最难置换去除的杂质，即使加入几百倍理论量的锌粉也难以将其深度脱除。这主要是由于 Ni^{2+}、CO^{2+} 从溶液中析出的超电压较大，且随着净化程度的加深，溶液中 Ni^{2+}、Co^{2+} 浓度不断降低，置换反应的热力学推动力愈来愈小；另一方面，由于 H^+ 在镍、钴表面析出的超电位很小，只要钴在锌粉表面沉积，接着便有可能发生 H^+ 放电析出。为使溶液中 Ni^{2+}、Co^{2+} 能被置换析出，必须保证 Ni^{2+}、CO^{2+} 的析出电位较 H^+ 的析出电位更正。

为此，在生产实践中一般采用以下措施。

① 溶液中加入各种正电性金属盐，如砷盐、锑盐和铜盐等。

② 采用 Zn-Sb、Zn-Pb、Zn-Pb-Sb 合金锌粉作为置换剂。

③ 升温以降低 Co^{2+}、Ni^{2+} 析出的超电压。

另外，国内外学者还先后提出了有机试剂沉淀法脱除镍、钴工艺，具体包括黄药除钴法和 B-苯酚除钴法。

4. 氨法炼锌

除硫化锌精矿外，氧化锌矿、EAF 烟灰、废锌锰碱性电池、挥发窑烟尘等也是锌提取冶金的重要原料，但氧化锌矿分选工艺复杂，选别指标低，药剂耗量大，成本高，大大限制了氧化锌矿的开发和利用。采用高温还原挥发工艺虽可实现锌与 Fe、Si、Ca、Mg 等脉石成分的有效分离，得到含锌品位较高的氧化锌烟尘，但在能源价格飞涨和环保要求日益严格的背景下，该工艺经济适用性差。

我国氧化锌矿资源十分丰富，但普遍存在矿石易碎、含泥多、组成复杂的共性，选矿所得氧化锌精矿品位仅为 27%～38%，Si、Ca、Mg、Fe 等杂质含量较高，如采用直接酸浸工艺，将面临酸耗大、液固分离困难、净化除杂负担重、浸出液 Zn^{2+} 含量低等诸多难题。由此，氨法炼锌工艺日益受到广泛关注和深入研究。

氨法炼锌工艺的实质在于利用目标金属与氨生成稳定的配合离子进入溶液，从而与难溶性脉石以及不与氨发生配合反应的杂质金属分离。较之于酸法工艺，其最大的优点是浸出选择性好，氧化锌矿中大量存在的碱性脉石、碳酸盐、SiO_2 和氧化铁等杂质都不参与浸出反应，试剂消耗少，浸出液净化负担小，工艺流程大为简化，生产成本也随之大幅降低。氨法炼锌工艺所用浸出剂主要有氨水和铵盐［NH_4Cl、$(NH_4)_2CO_3$ 及 $(NH_4)_2SO_4$］。浸出过程中，原料中的 Cu、Cd、Ni、Co 等杂质金属也进入溶液。不同于硫酸体系存在的置换除杂困难，氨性体系中一次性添加适量锌粉即可将这些杂质净化至电积工序所要求的临界值以下。在氨水和碳铵浸出体系中，为从净化后液中回收锌并再生氨，一般采用蒸馏脱氨工艺生产碱式碳酸锌，此工艺蒸馏塔结疤严重，蒸氨能耗大。在此背景下，$Zn(NH_3)_n^{2+}$ 浸出液直接电积工艺广受青睐。由于氧化锌矿品位低，浸出液中锌含量达不到电积工序要求，必须采用浸出液循环或溶剂萃取等措施以提高溶液中的锌离子浓度。

氨性体系适用的锌萃取剂种类不多，仅有 D2EHPA、P507、N510、Lix54、Cyanex923 及 Cyanex272 几种。D2EHPA 萃取锌的主要问题是萃取过程中氨大量进入负载有机相，导致锌萃取率下降，反萃工序酸耗加大，反萃液中铵离子也对锌电积产生负面效应。Lix54、Cyanex923 及 Cyanex272 这三类萃取剂则可避免上述弊端，具有选择性好、锌饱和容量大、萃取速率快等优点，工业化应用前景较为明朗。

为处理钢厂 EAF 烟尘，意大利 Engitec Impianti SPa 公司提出 EZINEX 工艺并实现工业化应用，每年处理 EAF 烟尘 10kt，产出电锌 2kt。该工艺以弱酸性 NH_4Cl 与碱金属氯化物组成的混合溶液为浸出剂，在 70～80℃温度下浸出 EAF 烟尘 1h 后，浸出渣含 Zn8%～12%、Fe_2O_3 50%～60%，将其与碳粉还原剂和轧屑混合后返回电弧炉；浸出液采用锌粉置换除杂，置换渣含 Pb70%，可返回铅精炼厂以回收铅和其他金属；净化液分别以钛板和石墨为阴、阳极进行电积，电流密度为 200A/m²，所产电锌含 Zn99.0%～99.5%。电积过程中，氨在阳极氧化放出氮气，需向电积液及时补氨以提高能效，电积废液则返回浸出工序回用。1988 年，西班牙国家冶金技术研究中心（CENIM）和葡萄牙国家工程技术研究院（LNETI）共同开发成功 CENIM-LNETI 工艺，该工艺也是采用 NH_4Cl-MeCln 体系，但须通入 O_2 作为氧化剂，主要处理含 Cu、Pb、Zn、Ag 的多金属复杂硫化矿。

1999 年杨声海等提出 MACA 体系处理氧化锌矿或含锌烟尘产出电锌工艺，该工艺采用 2～2.5mol/L $NH_3 \cdot H_2O$+5mol/L NH_4Cl 混合溶液作为浸出剂，浸出液经氧化中和絮凝沉淀脱除 Fe^{3+}、As^{3+}、Sb^{3+} 和锌粉置换去除 Cu^{2+}、Cd^{2+} 后，所得净化液分别以钛板和涂钌钛网为阴、阳极，在异极距 3cm、电流密度 400A/m²、温度 40℃、电解液含 Zn^{2+}＞15g/L 的条件下直接电积得到高纯电锌。

电锌中杂质含量分别为 Cu、As、Sb、Fe 均为 0.0001%，Co0.0002%，Ni0.0002%，Cd0.0005%，Pb＜0.0010%，达到 sogem 牌 004/68 型无汞无铅合金锌粉用高纯锌要求。整个流程锌直收率约为 87%，主要原材料消耗为：添加剂 T-C0.0375（t/t 锌）、焙砂 1.134（t/t 锌）、液氨 0.53（t/t 锌）、锌粉 0.060（t/t 锌），电积工序电能消耗＜3000kW·h/t 锌。

5. 电积提锌的节能措施

影响电流效率的因素很多，如电解液中锌、酸和杂质的含量，电解液温度，电流密度，析出周期和添加剂使用情况，极板表面情况，导电状况和是否漏电等。

表 3-37 为工厂通常采取的电积节能措施，表 3-38 为日本安中锌冶炼厂锌电积节能措施及其效果。

表 3-37　锌电积节能措施

节能措施	作用
提高电解液温度至 40～50℃ 提高废电解液酸度至 160～200g/L 降低电解液中的 K^+、Na^+、Mg^{2+} 含量	降低电解液电阻
提高新液纯度，如使含钴量降至 0.02mg/L	减少阴极锌的复溶
减少阴极电流密度，如增加极片，提高液面高度	降低槽电压
缩短阴极的清扫周期，如减至 20d	降低阳极和阳极泥电阻
加强电解槽管理，防止短路	避免无用功
缩短电积周期	降低阴极电阻

表 3-38　日本安中锌冶炼厂锌电积节能措施及其效果

节能措施	减少的电耗/(kW·h/t 阴极锌)
电解液酸锌含量：Zn55～60g/L，H_2SO_4 170～180g/L	20
电解液中 Na^+、K^+ 降至 3.0～3.5g/L	94
减小电流密度，D_K=400～500A/m²	60

续表

节能措施	减少的电耗/(kW·h/t阴极锌)
加强阳极管理	35
防止短路	25
防止黏结	20
合计	254

通常锌电积直流电单位消耗为2950～3200kW·h/t阴极锌。阴、阳极的消耗取决于其制造质量、电解液成分和电解操作条件，通常阴极单耗为0.3～0.35片/t阴极锌，阳极单耗为0.15～0.25片/t阴极锌。

析出的阴极锌熔化通常采用低频感应电炉或反射炉。由于低频感应电炉具有一系列优点，在国内外工厂广泛采用，反射炉只在一些小厂里使用。表3-39为阴极锌熔化低频感应电炉与反射炉的技术经济指标比较。

表3-39　阴极锌熔化低频感应电炉与反射炉的技术经济指标比较

名称	低频感应电炉	反射炉
1t锌锭的能耗	电110～120kW·h	煤气200～300m^3，或重油30～50kg，或块煤5%～9%
氯化铵单耗/(kg/t锌锭)	0.85～1.0	1.0～1.5
锌直接回收率/%	97.5～98	95.5～96.5
进入浮渣中的锌/%	2～2.5	3～4
烟气带走锌占原料之比/%	0.2～0.3	0.5

反射炉按使用的燃料种类不同，又分为烧煤气、烧重油和烧煤（优质块煤）反射炉三种。在当地煤气、重油供应困难的小锌厂，才使用烧煤反射炉。

阴极锌片在熔锌炉内熔化过程中，有部分锌氧化形成浮渣。为了减少浮渣量和便于浮渣与锌液分离，熔锌时须加入固体氯化铵作澄清剂和覆盖剂。为了回收热浮渣中夹带的锌液，热浮渣常用带有“铁梳子”的捣渣机搅渣，挤搅出的锌液回炉处理，而浮渣则送往下工序处理。

熔锌炉在操作过程中产生含氧化锌尘的烟气，为了防止粉尘危害，该烟气需要收尘处理才能排放。

为了节省能耗，许多工厂除生产锌锭外，还搞产品延伸，开拓新产品，如锌板、锌饼、锌坯型材；热镀锌合金；铸造锌合金和其他锌基合金等。

第十节　工业固体废物的离子交换处理技术

一、离子交换工艺

早在19世纪初，人们就观察到土壤能吸附某些物质的现象，到19世纪中叶离子交换的事实为人们所确认。20世纪初期，离子交换已用于工业水的软化。自20世纪50年代以来，随着稳定性好、交换量大的磺酸型阳离子交换树脂、聚胺型阴离子交换树脂、苯乙烯和丙烯酸衍生物合成树脂的问世，离子交换技术在金属的提取与分离、水处理、化学分析、化合物提纯、环境保护和医药等方面获得了广泛的应用。

1. 离子交换树脂

离子交换树脂是一种带有功能基的网状结构的高聚物电解质，在结构上包括三个部分：一个不规则的大分子（具有三维空间网状结构的碳氢链，不溶于水）的骨架；连接在骨架上的功能基；与功能基所带电荷相反的可交换离子，即为反离子。

从树脂的结构来分析，主要有以下的特点。

① 具有亲水性和弹韧性。在结构中引入离子团。

② 具有适当的交联度。交联度是衡量离子交换树脂的重要指标之一。交联度过高，结构过分紧密的树脂离子难以渗透进去，同时渗透的速率也比较小，而交联度低的树脂吸水量大，膨胀也大。

③ 具有一定的稳定性。离子交换树脂对化学、热和机械的稳定性也与结构有关。通常，紧密的结构有利于抵抗机械的磨损。显然离子交换树脂能在大多数的溶剂中保持稳定，但是在某些氧化剂和还原剂存在下会发生降解或使官能能基损失，一般阴离子交换剂的使用温度不宜超过100℃，而强阴离子交换树脂的使用最高温度不超过600℃。

④ 具有较高的交换容量。离子交换树脂的交换容量是离子交换能力的一个最重要的指标，是设计离子交换过程和装置时所必需的数据，说明树脂的交换能力通常按每克干树脂所能交换的离子毫克当量数来表示。树脂交换容量的表示方法有总交换容量和工作交换容量。总交换容量是指树脂内可进行离子交换的全部基团数量，总交换容量对一定的树脂是一个常数，只取决于树脂的内部组成，与外界的溶液条件无关。树脂的实际交换容量即湿树脂在每次交换循环中可被交换离子的总量，也称为工作交换容量。工作交换容量不是一个固定的指标，即使使用同种树脂，不同装置的交换容量也不同。各类离子交换树脂的交换容量利用率因树脂性能不同、再生度不同以及交换的残余容量不同而有差异，见表3-40。

表3-40　各类离子交换树脂交换容量利用率的比较

树脂类别	交换容量	可利用率	再生度	失效度	残留容量	实际利用率
强酸树脂	1	1	约0.65	约0.85	约0.15	约0.50
弱酸树脂	1	1	约0.95	约0.60	约0.40	约0.55
强碱树脂	1	约0.93	约0.40	约0.85	约0.15	约0.25
弱碱树脂	1	约0.82	约0.80	约0.95	约0.05	约0.75

2. 离子交换工艺

离子交换反应是一种可逆反应，典型的反应为：

$$A^+ + BReS^- \rightleftharpoons B^+ + AReS^-$$

式中，$BReS^-$为离子交换树脂的功能基，ReS^-为固定在离子交换树脂或其他类型离子交换柱上的离子，B^+为可交换的一价阳离子，A^+为料液中的一价阳离子。

料液中的A^+取代B^+而为离子交换树脂所捕获的过程称为交换或吸附。在交换过程中当B^+几乎全部被A^+所取代后，即使再通入含A^+的料液，A^+也会原封不动流出来，此时，便认为离子交换处于平衡状态。

当往被A^+所交换的离子交换树脂中通入某种含B^+而B^+又能取代离子交换树脂中A^+的溶液时，反应便向交换的逆方向进行。即流出含A^+的溶液，$BReS^-$功能基因而再生。称这一操作为淋洗、再生或解吸。称所用的这种溶液为淋洗液或再生剂。这样，特定离子通过交换为离子交换树脂所捕获，然后经过淋洗又可以回收。但离子为离子交换树脂所捕获的程度，或从所捕获的离子交换树脂上淋洗下来的程度，则因不同离子而异。因此，通过交换和淋洗操作，即可实现离子的选择性分离。通常用离子选择系数K_d来评价离子的分离程度。

当 $K_d \approx 1$ 时，表明离子交换树脂对离子没有选择性，离子得不到分离：而当 $K_d \neq 1$ 时，则表明离子交换树脂对离子有选择性，而在 $K_d > 1$ 或 $K_d < 1$ 时，离子分离得越彻底。离子交换之所以能使离子分离，是基于各种离子的选择系数不同及离子和离子交换树脂的结合力不一样。当混合离子溶液流过充填着离子交换树脂的交换柱时，各离子按其选择系数分别形成各自的吸附带而被捕集；在淋洗阶段，利用同样的原理扩大其选择性。由此可知，比较难以吸附而容易淋洗的离子便在初期阶段流出的淋洗液中出现并富集；与此相反，容易吸附而难以淋洗的离子则在后阶段的淋洗液中富集，从而得到分离。

离子交换的工艺过程一般由交换、反洗、淋洗（再生）、正洗四部分组成，原则流程见图 3-69。反洗的目的是在淋洗之前洗去离子交换树脂中的杂质和松动离子交换树脂层，正洗是在淋洗之后洗去离子交换树脂颗粒之间及表面上的再生剂。

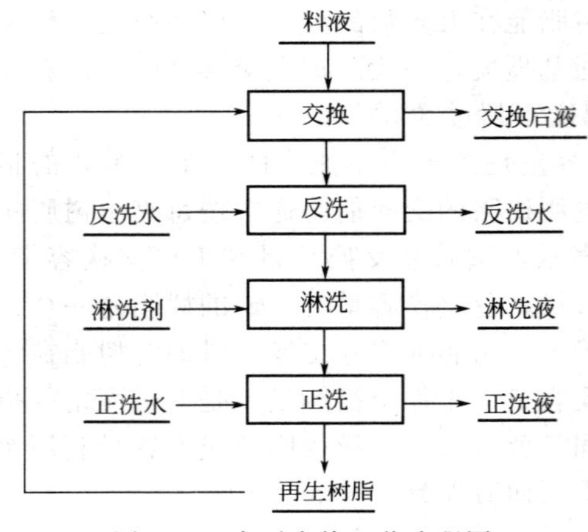

图 3-69　离子交换工艺流程图

离子交换反应动力学速度不像溶液中的离子互换反应速度那样快。因为离子交换树脂与溶液接触进行的离子交换反应，不仅发生在离子交换树脂颗粒表面，更主要的是在离子交换树脂颗粒内部进行。

当溶液中的交换离子扩散到离子交换树脂表面后，还需经过五个步骤，才能完成一个交换过程：①溶液中的交换离子达到离子交换树脂和溶液形成的表面膜后，在向这层膜内进行扩散，称为膜扩散；②交换离子到达离子交换树脂相后，继续在离子交换树脂颗粒内部进行扩散，称为粒扩散；③发生交换反应；④交换下来的离子在离子交换树脂内扩散，扩散到离子交换树脂颗粒表面；⑤交换下来的离子继续扩散穿过离子交换树脂颗粒。离子交换纤维的主要用途见图 3-70。

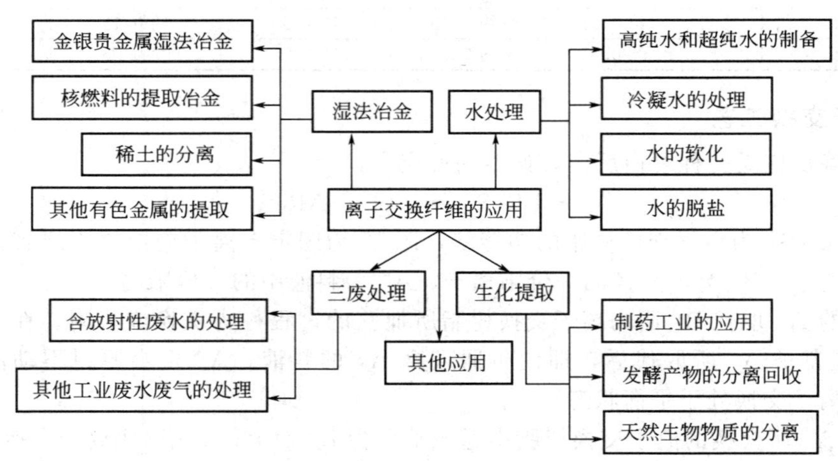

图 3-70　离子交换纤维的主要用途

离子交换过程是离子交换剂功能基中的阳离子或阴离子与溶液中同性离子进行可逆交换的过程。在湿法冶金中常用于从水溶液中提取有价金属或作为溶液净化的一种手段。用于湿法冶金的离子交换剂主要是离子交换树脂。具有固定阴离子的离子交换树脂，它交换的离子带正电荷，其交换过程称为阳离子交换；而具有固定阳离子的离子交换树脂，所交换的离子带负电荷，其交换过程称为阴离子交换。离子交换是在离子交换设备中进行的，通过离子交换剂的吸附和解吸作用进行物质的分离或富集以及离子交换树脂再生。涉及离子交换的主要参数有离子交换树脂分配系数、交换率。

二、矿浆吸附

在离子交换工艺过程中，按处理的料液是否含有悬浮固体，分为矿浆吸附法和清液吸附法。顾名思义，矿浆吸附法是用离子交换树脂直接在矿浆中进行吸附作业，使用离子交换剂或其他活性物质通过离子交换反应或物理吸附，直接从矿浆中提取有价金属的过程。吸附剂为液体离子交换剂时，即为矿浆萃取；吸附剂为活性炭时，称为炭浆法；吸附剂为离子交换树脂时，称为树脂矿浆吸附法。

树脂矿浆吸附法是20世纪70年代初发展起来的一种新的离子交换方法，该法可省去矿浆澄清、过滤、洗涤等液固分离的一些操作步骤，从而简化了工艺流程，降低了投资和操作成本。该法已用于从酸性铀矿浸出矿浆中直接提取铀和从含金溶液中提取金。

1. 树脂矿浆法提金

树脂矿浆法提金由于具有吸附容量大、淋洗和再生的能耗较低等优点而获得了工业应用。前苏联的一个工艺实例如图3-71所示。矿粒度磨细成0.4mm，磨好的矿浆除去木屑后送去氰化；矿浆浓度约40%，氰化后送去吸附。吸附作业产生饱和金的负载离子交换树脂和尾矿矿浆两个半成品。负载离子交换树脂和矿浆分离后总淋洗提金，再生后重复使用；矿浆要进行控制筛分再回收一部分离子交换树脂后便进行尾弃。当进料矿浆含Au元素2.7×10^{-6}时，负载离子交换树脂上的金可达到615×10^{-5}，吸附率在99%以上，淋洗率也可达到99%。树脂矿浆法提金的工艺实例见图3-71。

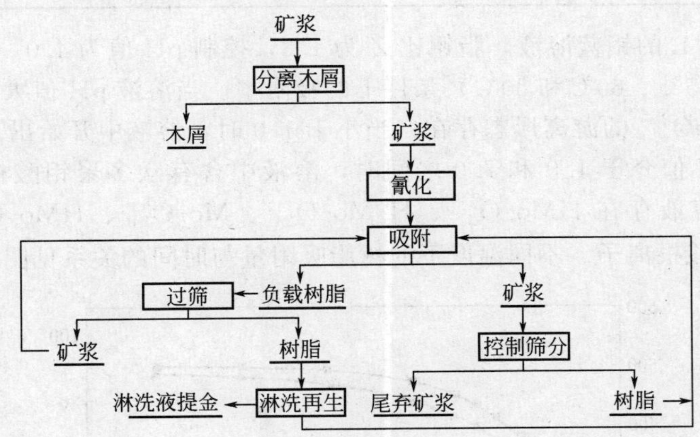

图3-71　树脂矿浆法提金的工艺实例

矿浆吸附的工业实践证明，除了有省去液固分离的优点外，还有如下优点：金属残留量低，回收率高；处理时间短；能保证连续批量生产；劳动强度和劳动量小；可保证产品质量；环境污染少。

2. 树脂矿浆法提钼

镍钼矿中钼的赋存状态比较特殊，含钼矿物是以有机碳、泥土质以及胶态硫化钼（MoS_x）组成的一种胶状混合体。胶态硫化钼在矿石中形态各种各样，有的呈粒状分布，有的呈网状分布，有的呈结核状分布，有的呈脉状分布，有的沿着黄铁矿结核的周围分布，有的呈条带状分布。由于镍钼矿中含有大量的石墨，虽然镍、钼以硫化物的形式存在，但它们以超细粒度与黄铁矿共生，采用传统的物理选矿技术很难将镍和钼分离富集，严重影响现有的镍冶金工艺。

由于镍钼矿本身组成非常复杂，单独采用选矿工艺无法实现镍与铝的富集，一般采取对浸出液调酸，在酸性条件下用离子交换进行富集。在酸化过程中，钼酸根会发生聚合或与杂质阴离子反应（如 AsO_4^{2-}、PO_4^{3-}、SiO_4^{2-} 等）形成同多酸或杂多酸（如 $Mo_7O_{24}^{6-}$ 和 $AsMo_{12}O_{40}^{3-}$），在有还原剂（如 SO_3^{2-}、H_2S 等）存在的条件下，同多酸和杂多酸容易被还原成具有与原来相似结构的钼蓝。

而对于钼蓝的吸附，钼蓝与树脂的亲和力比 SO_4^{2-}、Cl^-、NO_3^- 等要大得多，但扩散与吸附却很慢。因而不必再拘泥于柱式吸附，可以采用大孔阴离子交换树脂进行静态吸附，一方面树脂处于强烈对流搅拌环境；另一方面全部树脂同时投入工作，同时完成吸附，无需互相等待，可以弥补吸附速度慢的不足。而且在这种条件下，共存阴离子 SO_4^{2-}、Cl^-、NO_3^- 等也不至于产生明显的竞争吸附作用，树脂仍可以在含有大量其他阴离子的情况下将钼蓝优先吸附。选用树脂的性能见表 3-41。

表 3-41　选用的树脂的理化性能指标对照表

指标名称		D301	D363	D201
含水量/%		48～58	65～75	50～60
湿视密度/(g/mL)		0.65～0.72	0.65～0.80	0.65～0.73
湿真密度/(g/mL)		1.14～1.20	1.10～1.15	1.06～1.10
pH 范围		1～9	1～9	1～14
全交换容量/(mmol/g)	≥	4.8	9.0	4.0
最高使用温度/℃(Cl 型)		100	100	80
转型膨胀率(OH-Cl)/%	≤	28	25	20

钼浓度为 3.7g/L 的钼蓝溶液，脂钼比 Z 为 1.8，控制 pH 值为 4.0，搅拌吸附 10h，分别测定不同温度（25℃、60℃和 80℃）条件下的吸附率。当溶液 pH 值大于 7.0 时，溶液中的钼几乎全部以 MoO_4^{2-} 的游离形态存在；当小于 1.0 时，溶液中开始出现阳离子形态的游离钼；而当溶液 pH 值介于 1.0 和 7.0 之间时，溶液中含有众多聚钼酸根离子。如当溶液 pH 值为 4.0 时，溶液存在 $HMo_7O_{24}^{5-}$、$H_2Mo_7O_{24}^{4-}$、$Mo_7O_{24}^{6-}$、$HMo_8O_{28}^{7-}$、$H_3Mo_8O_{28}^{5-}$ 和 $Mo_8O_{26}^{5-}$ 等聚钼酸根离子。不同温度下的树脂吸附量与时间的关系见图 3-72。

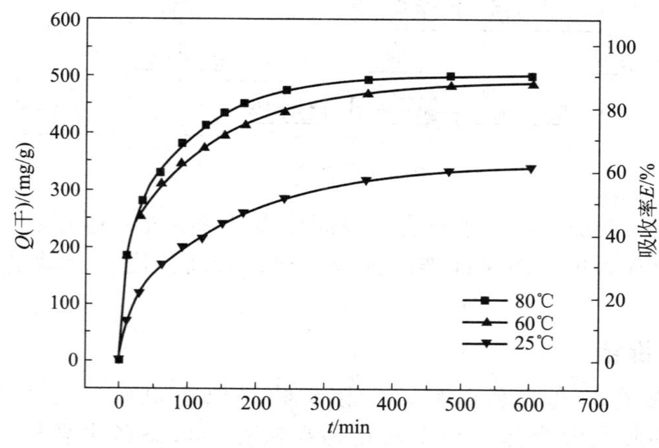

图 3-72　不同温度下的树脂吸附量与时间的关系

3. 离子交换动力学模型

离子交换动力学是通过研究离子交换作用的速率、影响因素和控制方法来揭示离子交换作用的机理。它包括宏观动力学和微观动力学。宏观动力学涉及一系列复杂的流体力学工程行为，而微观动力学则涉及固体交换剂与溶液接触时所伴随的扩散、传递、交换及平衡等过程而发生的一系列化学变化、物理化学变化和电化学变化。

（1）层进反应机理模型　很多学者在研究中发现，树脂的反应层与未反应核之间存在着一个清晰分明的移动边界层，为方便推导，做了如下假设：该过程处于准稳态，反应面的移动速率小于离子通过产物层的扩散速率，且该反应为不可逆反应。经过一系列推导，最后得到以下方程：

$$t=\frac{aRQ}{C_0}\left[\frac{1}{3}\left(\frac{1}{k_m}-\frac{R}{D}\right)\left(1-\frac{r^3}{R^3}\right)+\frac{1}{ak_sQ}\left(1-\frac{r}{R}\right)+\frac{R}{2D}\left(1-\frac{r^2}{R^2}\right)\right]$$

式中，t 为反应面从R 到r 所需的时间；α 为化学计量系数；Q 为树脂容量；C_0 为溶液初始浓度；D 为通过产物层的有效扩散系数；k_m，k_s 分别为离子通过膜的传质系数和化学反应速率常数。由物理几何关系吸附率 $\eta=1-\left(\frac{r}{R}\right)^3$，可得到如下简化方程。

当 k_s、$D \gg k_m$ 时，即为膜扩散控制，方程变为：

$$\eta=\frac{3C_0k_m}{aRQ}t$$

当 k_s、$k_m \gg D$ 时，即为颗粒扩散控制，方程变为：

$$1-3(1-\eta)^{\frac{2}{3}}+2(1-\eta)=\frac{6DC}{aR^2Q}t$$

当 k_m、$D \gg k_s$ 时，为化学反应控制，方程变为：

$$1-3(1-\eta)^{\frac{1}{3}}=\frac{C_0k_s}{R}t$$

（2）线性驱动力模型　该模型为液膜扩散控制的经验模型。在无限值条件下，进行如下假设：液膜上的相互扩散为拟稳态；液膜厚度比颗粒半径小得多，可将其看作是一层平面，推导出线性驱动力模型方程：

$$-\ln(1-\eta)=\frac{3DC}{R\delta Q}t$$

式中，η 为吸附率，由 Q_t/Q_e 计算得到；D 为通过产物层的有效扩散系数；δ 为液膜厚度；R 为树脂颗粒半径；t 为扩散时间。

前面介绍的两个模型中，均表示液膜扩散控制模型，但由于推导条件不一样，结果导致一个为线性模型，一个却是对数模型。

（3）双驱动模型　该模型为经验颗粒扩散控制模型。该模型假设离子交换过程为拟均相过程，经推导得如下方程：

$$-\ln(1-\eta^2)=\frac{\overline{D}\pi^2}{R^2}t$$

式中，η 为吸附率，由 Q_t/Q_e 计算得到；$\overline{D}$ 为平均颗粒有效扩散系数；R 为树脂颗粒半径；π 为圆周率；t 为扩散时间。

4. 矿浆吸附设备

进行矿浆吸附的工业设备有四种主要类型：悬浮（流态化）层矿浆吸附设备，有搅拌的矿浆吸附设备，脉冲或跳汰层矿浆吸附设备和连续逆流矿浆吸附设备。

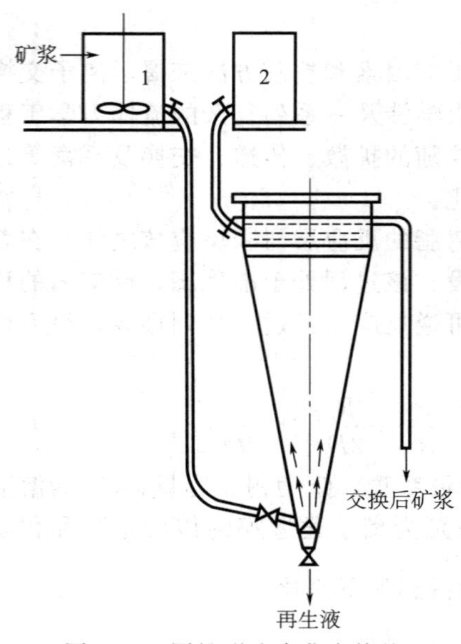

图 3-73 圆锥形流态化交换柱
1—矿浆压力罐；2—再生液压力罐

悬浮（流态化）层矿浆吸附设备可以是柱形，也可以是锥形，可用耐酸水泥、玻璃钢、塑料或衬胶的钢板制成。带有压力矿浆输入管的圆锥形交换柱如图 3-73所示。当矿浆及离子交换树脂从下部向上送入时，在柱内的离子交换树脂与矿浆成为悬浮（流态化）状态。一般是当矿浆液流速度为 6～8m/s 时，床层可达到稳定的流态化态。矿浆的输送可自流，也可用泵输送。

当处理低浓度矿浆时，在圆锥形交换柱（图 3-73）内的离子交换树脂可以达到均匀分布。当处理浓矿浆时，把圆锥形交换柱改成圆柱形交换柱，离子交换树脂也会形成较好的悬浮状态。在工业条件下，离子交换树脂会被矿浆流带出来，因此，在矿浆出口处要设有筛网，这种筛网可由钛、不锈钢、聚丙烯、卡布隆等制成，其作用是防止离子交换树脂被带出柱外。

在流态化层矿浆吸附设备吸附金属时，需要将几个交换柱串联起来，才能定时地提取金属。几个吸附柱可以间断地重复进行吸附、解吸和离子交换树脂再生作业。这类设备的缺点是不太适合处理高浓度的矿浆，一次装入的离子交换树脂量较多，离子交换树脂的周转使用效率较低。

有搅拌的矿浆吸附设备可用机械搅拌或空气搅拌，在湿法冶金中较多使用空气搅拌。用得最多的是帕丘卡型的树脂矿浆吸附设备（图 3-74）。设备的外壳由钢制成，内衬耐酸砖。所有内部零件（如进排液管、空气搅拌装置或机械搅拌装置等）都由钛制作。

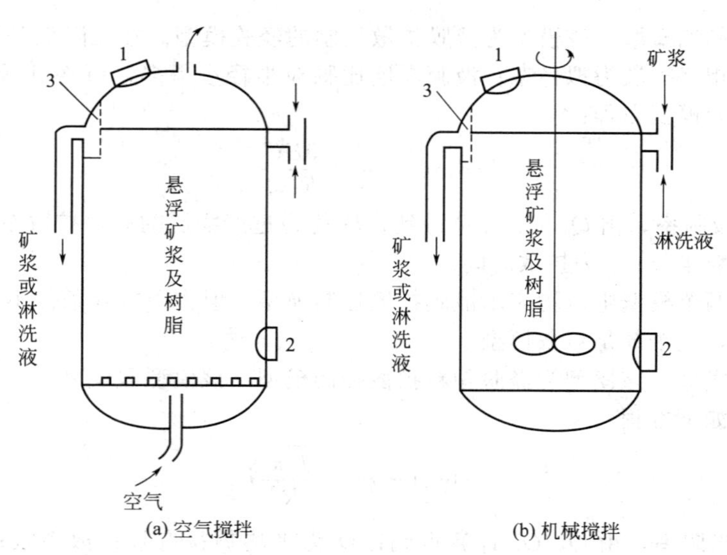

图 3-74 带有搅拌的矿浆吸附装置
1—观察孔；2—卸料或维修孔；3—网状排液器

这类设备设有上部网状排液器，其筛孔大小要能使离子交换树脂留在体内，而矿浆可以通过筛孔排出。上部网状排液器有淹没式和旁设式两种类型，有时还装有中间空气升液器。

中间空气升液器起缩短设备高度和增大直径的作用，而作输送用的空气升液器要和所采用的排液器结构适应，以便从设备内导出矿浆。这种设备虽是间断作业，但矿浆经多段吸附之后，具有较高的金属提取率，而且可以处理高密度矿浆。

在生产规模不大，特别是在吸附分离物理和化学性质相近的金属时，可以采用脉冲或跳汰床矿浆吸附设备。其原理是使矿浆以脉动流动代替连续流动通过离子交换树脂层，并形成流态化（悬浮）床。也可使矿浆自下而上流过离子交换树脂床，设备顶部装有一定孔度的筛网，吸附后的离子交换树脂和矿浆分离后，经洗涤，再通过跳汰作用，使已饱和吸附了金属的离子交换树脂进入淋洗设备中再生。另一种类型的设备是采用离子交换树脂筐装置，把离子交换树脂装在由串级不锈钢网格制作的筐内，浸出的矿浆穿过筐中的离子交换树脂层，而装有离子交换树脂的筐体可在矿浆中做往复运动，吸附饱和的离子交换树脂再在筐内进行洗涤和淋洗，吸附、洗涤、淋洗不断交替间歇进行，从而完成矿浆树脂吸附作业。

三、离子交换在工业水处理中的应用

离子交换树脂的用途十分广泛，如工业领域中的分离、纯化、回收、催化，化学分析中的纯化、富集等都可用离子交换树脂。目前利用离子交换树脂对工业废水中阴、阳离子的选择性交换作用来处理废水的方法，用于含铬、含镍、含锌、含铜、含锌、含氰废水的治理，还可以使部分水循环利用。离子交换树脂处理贵金属废水的经济效益最为显著，用于处理含银或含金电镀漂洗水时，金或银可被完全回收。

1. 含铬废水

废水中的六价铬以铬酸根形式存在，化学法处理含铬废水，基本上都是先将六价铬还原为三价铬，然后加入药剂使废水中的三价铬和其他金属阳离子一起沉淀为氢氧化物，或者再进一步转化为铁氧体，即以阴离子形式存在的六价铬和以阳离子形式存在的金属杂质一起进行处理。利用阴离子交换树脂对阴离子的交换吸附特性，将 CrO_4^{2-}、$Cr_2O_7^{2-}$ 交换吸附在阴离子交换树脂上加以去除，从而使废水得到净化。采用离子交换法不能在一个交换柱中同时去除众多的离子，通常要让废水先经过阳离子交换柱去除金属阳离子，再经过阴离子交换柱去除阴离子。

(1) 对阴柱进水 pH 值的要求　六价铬阴离子在酸性条件下，主要以 $Cr_2O_7^{2-}$ 形式存在，而在接近中性条件下，则主要以 CrO_4^{2-} 形式存在。用离子交换法去除六价铬离子，必须选用阴离子交换树脂，交换反应为：

$$2ROH+CrO_4^{2-} \Longrightarrow R_2CrO_4+2OH^-$$

$$2ROH+Cr_2O_7^{2-} \Longrightarrow R_2Cr_2O_7+2OH^-$$

由上面的反应可知，用相同量的树脂处理六价铬时，吸附 $Cr_2O_7^{2-}$ 的交换容量为吸附 CrO_4^{2-} 交换容量的二倍，这是因为树脂吸附 1mol $Cr_2O_7^{2-}$ 相当于吸附了 2mol 的 Cr^{6+}，而吸附 1mol CrO_4^{2-} 只相当于吸附了 1mol 的 Cr^{6+}。

另一方面，采用苯乙烯型阴树脂对 $Cr_2O_7^{2-}$ 的交换亲和力要远远大于对 CrO_4^{2-} 的交换亲和力。据实验研究证明，苯乙烯强碱季铵型阴树脂对含铬废水中的主要阴离子的交换选择性为：

$$Cr_2O_7^{2-}>SO_4^{2-}>NO_3^->CrO_4^{2-}>Cl^->OH^-$$

大孔弱碱阴树脂的交换选择性为：

$$OH^->Cr_2O_7^{2-}>SO_4^{2-}>NO_3^->CrO_4^{2-}>Cl^-$$

要保证进入阴柱的废水中的六价铬基本上都是以 $Cr_2O_7^{2-}$ 形式存在，就要求进入阴柱的废水呈酸性，实际使用中，对强碱性阴树脂，进水 pH 值控制在 2～3.5 之间，对弱碱性阴树脂，pH 值控制在 2～4 之间。

树脂饱和失效后，可用一定浓度的 NaOH（或其他再生剂）再生，恢复交换能力：

$$R_2CrO_4 + 2NaOH \longrightarrow 2ROH + Na_2CrO_4$$

$$R_2Cr_2O_7 + 2NaOH \longrightarrow R_2CrO_4 + Na_2CrO_4 + H_2O$$

$$R_2CrO_4 + 2NaOH \longrightarrow 2ROH + Na_2CrO_4$$

据此，利用阴离子交换柱即可净化含六价铬废水。

(2) 处理工艺对比　化学还原法主要应用于含铬废水的处理，一般情况下先用还原剂把毒性很大的六价铬还原成毒性较低的三价铬（pH＝2.5～3.0），然后利用中和沉淀法去除水中的三价铬离子（pH＝8，不能大于 9）。某电镀厂采用的废水处理工艺为车间排放废水首先流入调节池，加硫酸调节 pH 值，然后由水泵输送到六价铬还原池，加入 $Na_2S_2O_5$ 使六价铬还原成三价铬，再流入中间调节池，后由水泵输送至沉淀池，加石灰使三价铬阳离子及其他重金属阳离子沉淀，沉淀物排入污泥浓缩池，上层清水排放。工艺流程见图 3-75。

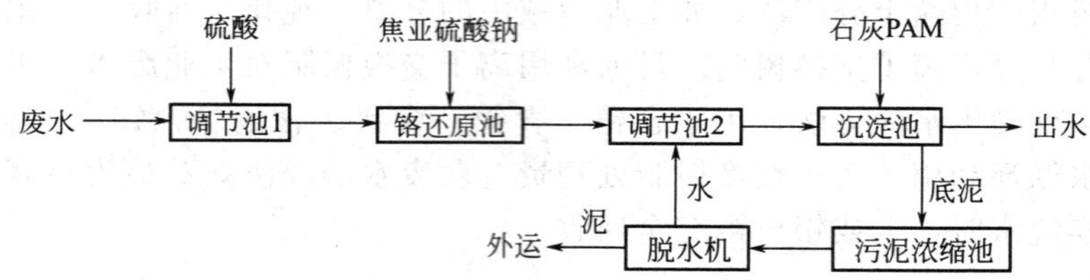

图 3-75　某电镀厂废水处理工艺

离子交换法主要是利用离子交换树脂中的交换基团同电镀废水中的某些离子进行交换而将其除去，使得废水得到净化的方法。离子交换法在电镀废水治理领域应用比较广泛。离子交换法处理电镀废水，出水水质好，可回收有用物质。其缺点是树脂易被污染，需要很好的预处理。1974 年，我国研制出大孔苯乙烯叔胺型弱碱性阴离子交换树脂，在当时被认为是电镀含铬废水处理技术的一大突破。到 1980 年左右，仅仅沈阳市就有 100 多家电镀厂采用了离子交换法处理含铬废水。上海市造船厂等采用强酸型阳离子交换树脂处理镀铬液就有 20 多年历史。离子交换含铬废水处理工艺见图 3-76。

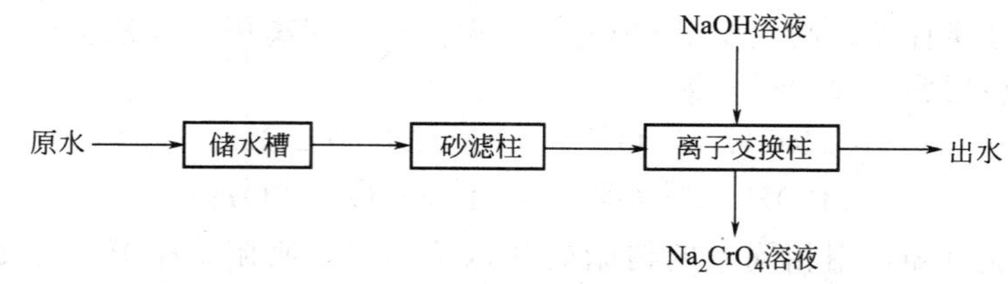

图 3-76　离子交换含铬废水处理工艺

工艺采用双阴柱全饱和流程（图 3-77）。由于只处理和回收六价铬，所以未设置阳柱，只采用三根除铬阴柱，三根阴柱两两串联工作，既能保证第一级交换柱吸附六价铬饱和，又能连续处理废水。

2. 氰化废水

氰化法提金就是把细磨后的含金矿石浸泡在含氰化物的碱性溶液中，搅拌的同时向溶液充入空气以提供金氧化所需的氧，反应时间一般为 24～28h，在金的溶解过程中，金矿石中其他伴生矿也会或多或少地溶入氰化浸出液中，并与氰化物发生反应，加之从溶液（浸出液

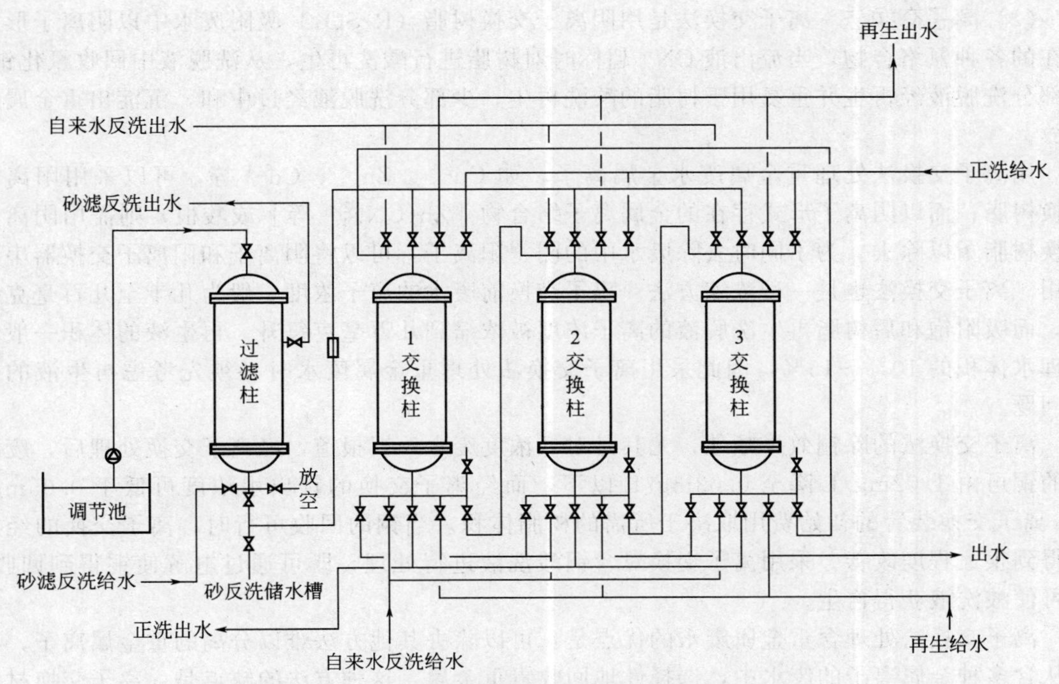

图 3-77　双阴柱全饱和流程离子交换处理设备

或洗涤液）中回收金过程中可能带入的组分，最终将使含氰废水的组成变得较为复杂。据不完全统计，国内外处理含氰废水的方法有二十几种，从环境要求出发，对含氰废水必须实行严格处理，而从资源的充分利用角度，又需考虑回收利用废水中的氰化物，因为氰化钠是十分贵重的化工原料。

随着现代有机合成工业技术的迅速发展，研究制成了许多种性能优良的功能性高分子材料（离子交换树脂、离子交换纤维、中空纤维等），并开发了许多种新的废水处理方法。离子交换与吸附分离技术由于分离效果好、设备和操作简单、树脂和纤维吸附剂可再生和反复使用，环境污染少，是一种“绿色提取”技术，因而得到国内外黄金界的关注。

（1）氯氧化法　利用氯氧化氰化物，使其分解成低毒物或无毒物的方法叫氯氧化法。常见的含氯药剂有氯气、液氯、漂白粉、次氯酸钙、次氯酸钠和二氧化氯等。实际上它们在溶液中都生成 HClO，然后进行氧化作用。一般氯氧化法在碱性条件下进行，故又称碱性氯化法。碱性氯化法的原理是在碱性介质中，首先用含氯药剂使废水中的氰化物氧化为氰酸盐，再进一步氧化为二氧化碳和氮。

碱性氯化法于 1942 年开始应用于工业生产，因此该方法工艺比较成熟，应用也最普遍。碱性氯化法适用于水量和浓度均可变的含氰废水处理。该方法处理含氰废水效果好、设备简单、便于管理、生产过程中易实现自动化，是工艺比较成熟和普遍采用的方法之一。其缺点是处理后有余 Cl_2，产生的氯化氰气体毒性很大，不安全，而且不能去除铁氰络合物，难以准确加药，设备腐蚀严重，运行费用高。进入 20 世纪 90 年代以来，该方法逐渐被其他更有效的方法所替代。

采用酸性氯化法，氧化能力强，除氰速率快，能连续生产，一次合格排放，大大缩短了处理时间，增加了处理量，生产过程稳定，操作简单，降低了劳动强度，便于管理，可避免跑氯气和氯化氰的现象，防止了车间空气污染，处理后废水中余氯低，同时解决了废液二次污染问题。

（2）离子交换法　离子交换法是用阴离子交换树脂（R_2SO_4）吸附废水中以阴离子形式存在的各种氰络合物，当流出液 CN^- 超标时对树脂进行酸洗再生，从洗脱液中回收氰化钠。大部分洗脱液经再生并重复用于树脂的酸洗再生，少部分洗脱液经过中和，沉淀出重金属后排放。

用离子交换法处理重金属废水金属离子，如 Cu^{2+}、Zn^{2+}、Cd^{2+} 等，可以采用阳离子交换树脂；而以阴离子形式存在的金属离子络合物［$Zn(CN)_4^{2-}$ 等］或酸根，则需用阴离子交换树脂予以除去。为了同时去除废水中的阴、阳离子，可以将阴离子和阳离子交换器串联使用。离子交换法也是一种浓缩方法。离子交换前废水的离子浓度一般为几十至几百毫克每升，而吸附饱和后树脂再生洗脱液的离子浓度被浓缩到几万毫克每升。再生液的体积一般占处理水体积的10％～15％，因此采用离子交换法处理重金属废水时必须先考虑再生液的处理问题。

离子交换法的除铜效果颇佳，尤其是对低浓度废水，据报道，经离子交换处理后，废水中的铜可由1.02mg/L降至0.03mg/L以下，而经离子交换的锌出水浓度可低于0.05mg/L。离子交换装置的初始费用取决于所需的树脂体积。当铜的回收可行时，离子交换的经济性得到很大程度改善。采用离子交换对含铜酸洗液进行处理，既可通过电解使铜得到回收，又可使酸洗液获得再生。

离子交换法处理含重金属废水的优点是：可以除去其他方法难以分离的重金属离子，可以从含多种金属离子的废水中，选择性地回收贵重金属。这种方法的缺点是：离子交换材料的价格较高，树脂再生时需用酸、碱或食盐，运行费用较高，再生液需要进一步处理。因此，离子交换法在较大规模的废水处理工程中较少采用，一般用于处理电镀废水、人造纤维含锌废水、水量小且毒性大的废水，或含较高回收价值的金、银、铂等的废水。

离子交换为化学吸附，吸附力较强，因此解吸困难，解吸成本较高。目前离子交换法处理氰化尾液的主要问题在于：弱碱性树脂处理贫液时要求pH值低于8，这需要在贫液中加入一定量的酸去调节溶液pH值。强碱性树脂比较适合于贫液中贱金属氰络离子的回收，但解吸和再生处理比较复杂。

当废水中的 CN^- 低于酸化回收法的经济效益下限时，采用离子交换法由于氰化物和贵金属具有较好的经济效益，其处理效果优于酸化法，当废水组成简单时可排放，与酸化回收法相比，该法药耗、电耗小，金回收率高，投资小于酸化回收法。

但当废水中 SCN^- 含量高时，洗脱困难，树脂容易受到影响，处理效果变差，离子交换法的应用范围受 SCN^- 影响很大；在洗脱氰化物过程中，很难洗脱铜，故需专门的洗脱方法和步骤，使工艺复杂化；并且在酸洗过程中，$F(CN)_6^{4-}$ 会在树脂颗粒内形成重金属沉淀而使树脂中毒，对操作者的技术要求高。

第十一节　工业固体废物的湿法冶金技术

目前，全世界年消耗锌近百万吨，在这些所消耗的锌中，80％～90％来自一次资源（即锌矿资源）。金属锌已经成为工业和农业重要的原材料。在这些一次资源中，又以含锌30％以上的闪锌矿（即硫化锌矿）为主。就我国来讲，这种高品位的闪锌矿储量已经越来越少，属于匮乏矿产。

传统的金属锌冶炼包括闪锌矿焙烧-酸浸-除杂-酸电解，这个工艺存在许多问题。首先是焙烧过程中产生大量二氧化硫，即使采用制酸法部分回收二氧化硫，在焙烧过程中造成的环境污染也是相当严重的。第二是酸浸液除杂。焙烧矿用浓硫酸浸取后，矿里的杂质，包括铅、铜、铁、钙等基本上与锌一起进入溶液中，从浸取液中分离这些杂质，流程极其复杂，过程难以控制，同时需要消耗大量的锌粉和其他化合物。在中和除铁时，由于氢氧化铁的夹带，锌的损失也相当大。第三是电解。在此阶段，必须严格控制电流密度，绝对不允许断电，否则，已经电解出来的金属锌又会溶解到电解液中。另外，电解液不能含氯离子，否则极板易被烧板，使之报废。

除了闪锌矿外，另一个锌矿资源是氧化锌矿或氧化锌泥（尘、渣）。据初步调查，在云南，氧化锌矿储存量至少以百万吨金属锌计，开发应用氧化锌矿（特别是贫杂矿）的冶炼方法，是今后我国锌冶炼工业的重要任务。然而，无论是国内还是国外，氧化锌矿（包括红锌矿、菱锌矿、硅锌矿、酸法电解锌铸锭过程中产生的含氯氧化锌浮渣）、含锌污泥/尘/渣等的利用却长期未能实施。主要原因是酸法很难应用于这些锌资源的冶炼。自然界中较纯的高品位氧化锌矿（ZnO）比较少，一般含硅较高，酸溶解时产生胶体硅酸，使浸取液与浸取渣无法有效分离；另外，氧化锌矿的主要矿种是菱锌矿，这种矿一遇到酸，立即产生大量的二氧化碳气体，使浸取无法进行下去。同时，氧化锌矿含锌量较低，杂质含量偏高，一般在20%以下，绝大部分在4%～10%之间，采用酸法浸取，耗酸量太大，杂质净化困难，生产成本极高。可以认为，酸法不宜应用于贫杂氧化锌矿的冶炼。

对于氧化锌泥（尘）来讲，与上述氧化锌矿一样，采用传统的酸法冶炼是困难的，成本偏高，流程十分复杂，过程极难控制。目前，国内外尚无直接利用氧化锌矿或氧化锌泥（尘）作为原料生产金属锌的厂家出现。

酸洗液、电镀废液等含锌废液的处理方法是加入石灰等把锌沉淀出来。然而形成的锌渣长期废弃或堆放，不仅对环境造成污染，同时也是对资源的极大浪费。

锌粉尘是转炉和电炉炼钢过程中所产生的含锌、铁、铅和碳的有毒固体废物，锌的含量一般为5%～20%。生产1t钢会产生20～40kg的锌粉尘。目前，对钢铁厂锌粉尘的处理方法主要有湿法、火法和安全填埋。湿法处理锌粉尘主要是硫化焙烧、氯化焙烧和酸浸取工艺。焙烧方法比酸浸有更大的选择性，锌、铅去除比较彻底，但硫化焙烧对原料要求较苛刻（不含大量碳），硫污染严重，烧渣硫含量过高，不宜作为钢铁厂原料。氯化焙烧对设备的腐蚀过于严重，有些厂已因此而倒闭。酸浸法工艺虽较成熟，但在常温常压下锌、铅浸出率较低，且单元操作过多，浸出剂消耗较多，成本较高。火法工艺按锌含量可分高、中、低三类，分别有等离子法、Inred、WalaKiln、烟化工艺等。火法工艺具有生产效率较高、单元操作较少等优点，但其设备投资大，能耗高。由于锌粉尘属于危险固体废物，在填埋前需要进行固化或稳定化处理，处理成本高，且填埋法没有对锌粉尘中的有用成分进行回收利用，是一种资源的浪费。目前还没有一种比较合适的方法来处理钢铁行业的锌粉尘，致使很多钢厂的锌粉尘堆积如山，既造成了严重的环境污染，也使占地和二次资源浪费问题日益严重。因此，有效地处理和利用锌粉尘是钢铁行业清洁生产和可持续发展必须要解决的难题。

锌浮渣是湿法炼锌工厂中阴极锌片熔铸的主要副产物，其中的锌主要以氯化物、氯氧化物、氧化物和金属等状态构成。每生产电锌1万吨，大约产出锌浮渣450t。由于锌浮渣中含有0.5%～2%的氯，若直接回炼锌主流程，杂质氯将腐蚀阳极板，使阳极寿命缩短和析出的锌质量降低，而且由于脱氯困难，使得锌浮渣一直未能得到很好的处理，造成了资源浪费。目前对锌浮渣的处理有以下几种方式：①大多数企业将锌浮渣作为副产品低价出售；②一些企业用盐酸处理锌浮渣，生产氯化锌出售；③火法处理锌浮渣，但由于富集的氯气对设备的腐蚀而未得到推广；④不少学者进行了锌浮渣脱氯、锌浮渣制备氧化锌等的研究，但都只是实验室规模，未应用于生产实际。

金属锌粉是一种重要的工业原料，主要用于冶金、化工、制药、电池等行业，其中用量最大的是涂料行业。在冷镀锌行业，富锌涂料中的含锌量为该涂料总重量的40%～70%，广泛应用于海水、淡水以及大气介质中的金属材料的表面防腐，如船舶、集装箱、化工、水利工程中的金属构件、汽车、摩托车、自行车、石油管道、露天钢结构件塔架、桥梁钢结构及高速公路护栏等金属表面均用富锌涂料做防腐处理。在金属冶炼行业中，锌粉可用于脱除原料中所含的重金属杂质，其中以锌冶炼为主。在湿法炼锌过程中，用锌粉置换锌溶液中所含的铜、钴、镍、镉等杂质，每吨电锌需用20～40kg锌粉。锌粉一直供不应求，仅全球涂料行业对锌粉的年需求量就超过16万吨，2005年至今锌粉的价格一直在攀升。由于数十年来世界炼锌能力的快速提升，造成锌原料消耗巨大，锌金属行业面临无矿可采与原料供应短缺的危机。尤其是我国，作为世界第二大产锌国，近几年来，每年都要进口一部分原料来满足国内需求，且进口量呈逐年增长之势。因此，对含锌废料的回收利用和资源化开始备受关注。

当前，国内有许多锌冶炼厂采用工艺十分落后、国家明令禁止的竖罐炼锌法冶炼氧化锌矿。即使这样，所采用的氧化锌矿的含锌量至少在30%以上，否则生产成本太高。竖罐炼锌的原理是把氧化锌矿与焦炭一起混合，在高温下使锌化合物还原成金属锌，锌就以沸点较低的金属锌形式蒸发出来。金属锌在冷却、收集过程中，又被氧化为氧化锌烟尘。与金属锌一起蒸发出来的还有铁等。因此，在收集到的氧化锌烟尘中，含锌60%～80%。然后，这种烟尘作为酸法炼锌的原料生产金属锌。在这个生产过程中，锌的总回收率低于70%，资源浪费、环境污染相当严重。而后产生的回转窑加工次氧化锌工艺，由于煤炭的涨价和锌价的大幅度降低，目前维持生产的已经非常少，此工艺在环保方面也满足不了国家要求。

显然，寻找氧化锌矿的简易、高效、低成本、无污染的冶炼方法是十分必要的。本项目根据锌在强碱溶液中具有很高的溶解度这一现象，提出采用在碱溶液中浸取-除杂-电解法从氧化锌矿（泥、尘、渣）中提取金属锌的新工艺。各种氧化锌矿、废弃物（包括红锌矿、菱锌矿、硅锌矿、酸法电解锌铸锭过程中产生的含氯氧化锌浮渣、炼钢厂烟尘、锌渣）均可定量地溶解于碱溶液中（但矿中的闪锌矿无法溶解），碱溶液中的锌也极易通过电解而提取出来，电解液循环使用。碱溶液中电解金属锌的耗电量比酸法低20%，总生产成本低30%，生产流程远比酸法简单，而且可以使用酸法根本无法应用的贫杂氧化锌矿、渣、泥、烟尘作为原料。因此，本工艺在技术、经济上均有重大突破，以全新的工艺生产金属锌，是锌生产的一场革命，有十分广阔的应用前景和极其明显的经济效益。2002年在云南临沧成功地采用含锌10%的废矿为原料建设了中试生产线。通过该厂的生产建设，完全确定了本技术的可行性，积累了一些十分重要的工艺参数；2003年8月，作为示范工程，在云南采用本技术中的碱浸取-分离剂除杂工艺建设从贫杂氧化锌矿（含锌8%～10%的废矿）中年产2500t锌规模的高品位锌原料富集厂；2005年9月，在昆明建设年产2000t金属锌粉的含氯氧化锌浮渣、锌灰（含锌20%～60%）冶炼厂；2005年10月在江西南昌建设年产1000t金属锌粉的以锌灰渣（含锌20%～45%）为原料的冶炼厂；2006年8月在新疆喀什建设年产5000t金属锌粉的以贫杂氧化锌矿（含锌4%～7%）为原料的冶炼厂，新疆维吾尔自治区政府认为到目前为止是比较适合南疆贫杂氧化锌矿的冶炼技术，得到了政府的大力支持；2006年10月在浙江杭州建设年产1000t金属锌粉的以锌灰渣（含锌40%～55%）为原料的冶炼厂；2007年3月在云南曲靖年产1500t（一期）金属锌粉的以锌灰（含锌30%～55%）为原料的冶炼厂；2007年12月在福建三明建设年产3000t金属锌粉的以锌灰渣（含锌20%～55%）为原料的冶炼厂。

在国外，20世纪80年代，法国和比利时曾采用碱溶液浸取-除杂-电解法从炼钢厂烟尘中提取金属锌。该工艺采用金属锌粉去除杂质，除杂效果非常差。该工艺在实验室研究、工厂中试后，完全显示出了碱法炼锌工艺的优越性。但由于未能解决除杂问题，使金属产品质量无法达到有关标准。

技术的突破和创新在于：①完全解决了强碱介质中锌与铅、铜、铁、镉、氯、氟、砷和其他杂质的定量分离，所发明的分离剂配方成本低，分离出的铅纯度高，可以出售，其收益超过分离剂的成本；②完全解决了矿物预处理、浸取、二次浸取、浓密、锌液的净化、过滤、电解、金属锌粉洗涤、真空干燥、电解贫液苛化再生与循环使用等一系列关键技术，优化了工艺参数，最大限度地降低了生产成本。

一、锌粉冶炼厂生产流程及设备

以年产金属锌粉 2000t 为设计规模，原料为贫杂氧化锌矿和含锌废料，锌品位在 15%～25%。

锌粉冶炼厂生产的流程为：锌原料在料场简单破碎后，用履带送入球磨机，同时在球磨机内通入废电解液、洗渣水等，进行湿磨，磨到达到粒径要求后，将矿浆用矿浆泵送入浸取釜。根据浸取技术条件加 NaOH、废电解液及洗渣水进行浸取。浸取釜用蒸汽加热，加热

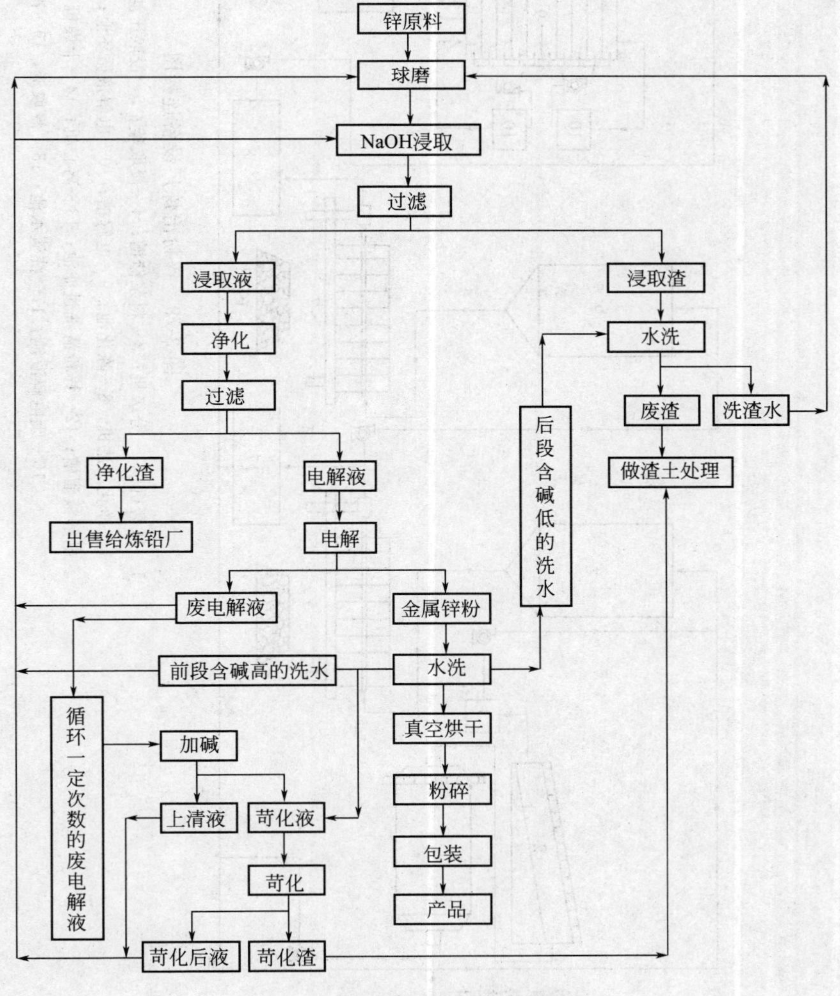

图 3-78　锌粉冶炼厂生产流程图

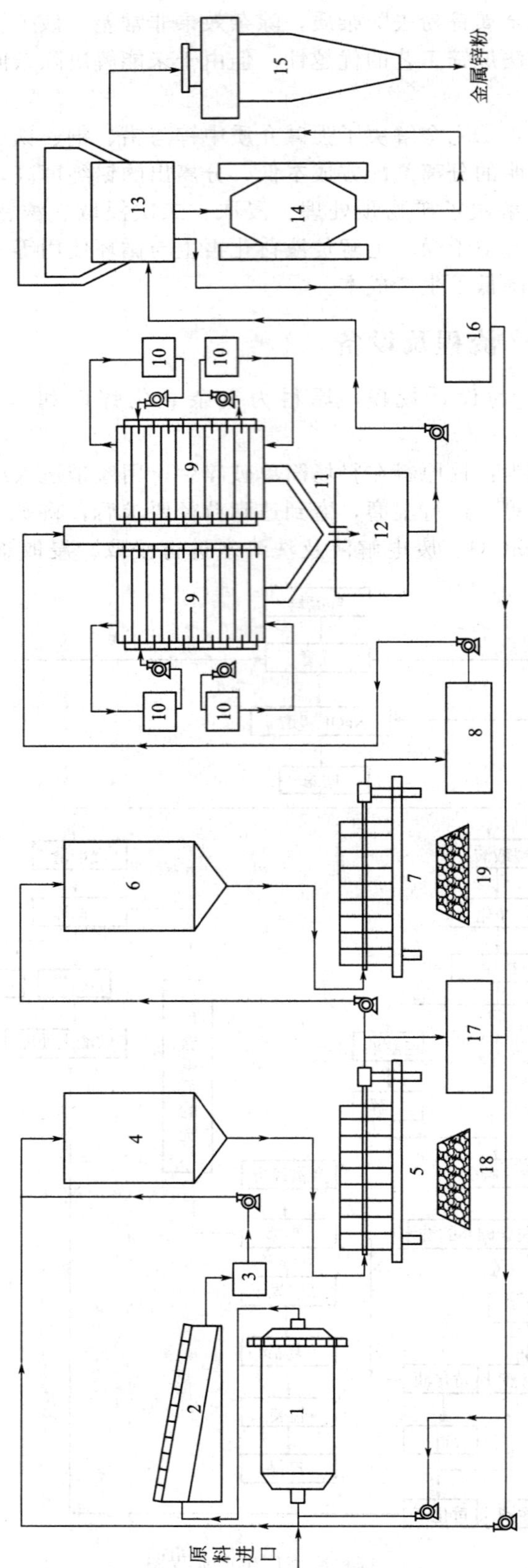

图 3-79 锌粉冶炼厂设备连接图

1—球磨机；2—分级机；3—料浆储槽；4—浸取釜；5—浸取压滤机；6—净化釜；7—净化压滤机；8—陈化池；9—电解槽；10—电解液循环池；11—锌粉及废电解液溜槽；12—锌粉清洗过滤池；13—离心机；14—干燥机；15—气磨机；16—废电解液池；17—洗渣水池；18—浸取渣；19—净化渣

到 90℃，恒温搅拌浸取 2h，停止加热，浸取液用泵输入压滤机固液分离。压滤后得到的浸取渣用锌粉洗水按比例清洗。压滤后的浸取液进入净化釜，分别加入 1 号、2 号、3 号、4 号分离剂进行净化。净化后的溶液经压滤机压滤后，送入陈化池陈化 48h。净化渣直接出售给铅冶炼厂。陈化后的净化液送入电解槽进行电解。电解结束后，锌粉和废电解液由泵送入离心机进行固液分离。离心后的废电解液进入废电解液池，以备下次浸取用。而湿锌粉送入干燥器中真空烘干，再经过粉碎分级，按不同粒径大小包装，得到最终的金属锌粉产品。废电解液循环一定次数后进行苛化处理。整个流程见图 3-78。图 3-79 为设备连接图。

二、锌粉冶炼厂回收锌粉工艺设计

(1) 冶金计算方法　年产 2000t 的锌粉冶炼厂，按 330 个工作日计算，则日生产金属锌粉量为：

$$日生产金属锌粉量=\frac{2000t}{330d}=6.06t/d \quad (3\text{-}49)$$

锌粉清洗、烘干和磨粉段，锌的损失按 2% 计算，则电解生产的锌粉量为 6.2t/d。电解液中锌含量为 35g/L，电解到 8g/L，则 1L 电解液能产出 27g 锌粉。电解锌损失按 1.5% 计算：

$$日需制备电解液量=\frac{6.2t/d}{27g/L}\div(1-1.5\%)=233m^3/d \quad (3\text{-}50)$$

净化和浸取锌损失按 1% 计算，则日需制备净化液为 235.4m^3/d，日需浸取液为 238m^3/d。按锌原料锌品位 20%，锌浸取率 85%，总回收率 90% 计算，日需要原料为：

$$日需要原料=\frac{(35-8)g/L\times0.238\times10^6 L/d}{20\%\times85\%\times90\%}=42t/d \quad (3\text{-}51)$$

根据上述的冶金计算进行主要设备的计算和选型。

(2) 磨矿工艺段设计　球磨机分为干式球磨机和湿式球磨机，湿式球磨是将物料掺入溶液进行湿磨，而干式球磨则不加水进行干磨。本设计方案选择了湿式球磨机与螺旋分级机配套使用的方式进行磨矿。锌原料混合废电解液球磨相当于进行了一次浸取，而且边球磨边浸取具有机械活化的效果，能有效提高锌浸取率。不仅如此，与干式球磨相比，湿法球磨没有粉尘，生产环境较好。

磨矿段的操作工艺流程为：锌原料在料场经过简单破碎后（大的石块用颚式破碎机或人工敲碎）用车运到地秤，称重计量，再用皮带输送机送至球磨机进口，同时向球磨机加入废电解液或其他工段的含碱含锌溶液（如洗渣水、锌粉洗水等），锌原料经湿磨后进入螺旋分级机，达到要求粒度的矿浆从分级机前面出来，不合格的矿浆由上部返回球磨机继续球磨，分级机前面出来的矿浆进入料浆储槽，再用矿浆输送泵送至浸取釜浸取。制浆时控制矿浆液固比 (2.5～3.5)∶1，要求磨矿后矿浆粒度大于 0.15mm 者不超过 5%。

选用 GZM1228 型号的节能球磨机，节能球磨机机体、底架一体化，安装时可一次并放在基础平面上，主轴承采用双列调心磙子轴承，可降低能耗 30%，提高细粒粒度，处理能量增加 15%～20%。其基本性能见表 3-42。

表 3-42　GZM1228 型节能球磨机性能

型号	规格	筒体转速 /(r/min)	装球量 /t	进料粒度 /mm	产量 /(t/h)	配套电机		质量/t
						型号	功率/kW	
GZM1228	ϕ1200mm×2800mm	34.8	4.8	0～20	1.5～3.7	YR280S-8	37	8.35

球磨机台数按下式计算：

$$N=\frac{m}{a} \tag{3-52}$$

式中，N 为球磨机台数；m 为日处理锌原料量，t/d，$m=41.6$t/d；a 为球磨机生产能力，t/(h·台)，按平均生产能力 2.6t/h，每天生产 20h 计算。

所需球磨机台数 N 为：

$$N=\frac{m}{a}=\frac{41.6}{2.6\times 20}=0.8(\text{台}) \tag{3-53}$$

选用 1 台 GZM1228 型号的节能球磨机，并与之配套 1 台 FG12 高堰式螺旋分级机，其基本性能见表 3-43。

表 3-43　FG12 型螺旋分级机

型号	螺旋直径/mm	水槽长度/mm	螺旋转速/(r/min)	生产能力/(t/d)		电机功率/kW		外形尺寸/mm×mm×mm	质量kg
				返砂	溢流	传动电机	手提电机		
FG12	750	6500	5～8	1170～1870	155	5.5	1.5	9600×1572×3300	8700

(3) 浸取工艺段设计　浸取工艺可分为间歇浸取和连续浸取。连续浸取是将浸出剂、水和矿浆（精矿）连续加入反应器中，并连续卸料。间歇浸取是将浸出剂、水、矿浆加入带搅拌装置的反应器中，在特定温度和浸出剂浓度下接触一定时间，然后物料从反应器中卸出，再重新加料，重复上述操作。

本浸取工艺选择间断浸取工艺，浸取工艺操作流程为：用矿浆泵将球磨好的矿浆从矿浆储槽输入到浸取釜。根据浸取要求的初始碱浓度、浸出液锌浓度、废电解液等加入溶液的锌浓度和碱浓度计算废电解液及其他工段含碱含锌溶液的加入体积和工业碱的加入量。利用蒸气加热，使浸取釜温度达到 80℃以上，恒温搅拌浸取 2h。浸取后将浸取液送入压滤机中过滤。过滤后的溶液送入净化釜净化。浸取技术操作条件见表 3-44。

表 3-44　浸取技术操作条件

项目	技术条件	项目	技术条件
初始碱浓度	220～250g/L	浸出时间	2h
浸出液锌浓度	30～40g/L	操作周期	8h(加料 1h,加温 4h,浸取 2h,出料 1h)
温度	80～90℃		

浸出釜数量按下式计算：

$$N=\frac{Qt}{24V_0\eta} \tag{3-54}$$

式中，N 为浸出槽数，个；Q 为日浸出矿浆量，m^3，Q 按 $240m^3$ 计算；t 为作业周期时间，h，$t=8$h；V_0 为浸出槽体积，m^3，$V_0=40m^3$；η 为槽体容积利用系数，取 0.85。

所需浸取釜数：

$$N=\frac{Qt}{24V_0\eta}=\frac{240\times 8}{24\times 50\times 0.85}=1.88\ (\text{个}) \tag{3-55}$$

构建 ϕ4000mm×4000mm、容积 $50m^3$ 的机械搅拌釜 4 个，2 台工作，2 台协作使用。浸取釜体用钢筋混凝土结构，锥形底，内衬碳钢防腐，配置碳钢螺旋蒸汽加热管。设液面观测孔、长温度计、温度计套管及液位刻度线。采用推进式搅拌器，配以防腐搅拌机和电动机、减速机带动搅拌。底流从浸出釜底部导出，进入浸取压滤机过滤。浸取釜上部设矿浆进料管、废电解液进料管、洗水进料管及碱进料口，顶部加可移动盖。

过滤机台数按下式计算：

$$N=\frac{Q}{Aq} \tag{3-56}$$

式中，N 为过滤机台数，台；Q 为需处理的干渣量，kg/d，$Q=42\times10^3\times(1-20\%\times85\%)\approx35\times10^3$ kg/d；A 为每台过滤机的过滤面积，m^2，$A=100m^2$；q 为过滤机单位面积过滤的干渣量，kg/(m^2·d)，q 取 300kg/(m^2·d)。

所需浸取压滤机台数：

$$N=\frac{Q}{Aq}=\frac{35\times10^3}{100\times300}=1.2\ (台) \tag{3-57}$$

选用 X_M^A100-1000U_K^B 型厢式压滤机 3 台，2 台工作，1 台备用。压滤机增强聚丙烯板采用专利技术模压而成，强度高，重量轻，耐腐蚀，耐酸碱；用电气系统控制自动拉板，实现推拉滤板的动作，拉板机构为下置式，占用空间少，结构合理；机架全部采用高强度的钢焊合件，用以支承滤板重量及压滤引起的强大压力；采用液压装置作为压紧、松开滤板的动力机构，最大压紧压力为 25MPa，并用电接点压力表来实现自动保压功能；采用最大压力为 1.2MPa 的过滤压力，确保形成滤饼的最佳条件，进行加压过滤；操作简单、安全、省力，通过控制板上的按钮，实现所需的动作，其中配有多种安全装置，确保操作人员安全。浸取液在浸取完后不降温即进入压滤机，对压滤机耐热要求较高，在购买设备时需要跟厂家特别提出。压滤机基本性能见表 3-45。

表 3-45　X100-1000 型厢式压滤机

型号	过滤面积/m^2	滤板数/块	滤室容积/m^3	滤饼厚度/mm	地基尺寸/mm	整机长度/mm	整机质量/kg
X_M^A100-1000U_K^B	100	61	1.507	30	5195	7275	7350

（4）净化工艺段　净化工艺段的操作流程为：压滤后的浸取液用泵送入净化釜，测定浸取液的杂质含量，加热搅拌到 70℃以上（如刚浸取完则不需要加热），加入 1 号分离剂，恒温搅拌 1h，再依次加入 2 号、3 号和 4 号分离剂。然后静置 4h，净化液经压滤机过滤后送入陈化池，陈化 48h 后电解。净化渣包装后出售给铅冶炼厂。净化技术操作条件见表 3-46。

表 3-46　净化技术操作条件

项　目	技术条件	项　目	技术条件
净化温度	70～90℃	4 号分离剂加入量	1 号分离剂加入量的 0.8 倍
1 号分离剂加入量	浸取液中铅含量的 0.8 倍(质量比)	操作周期	1 号分离剂净化 1.5h,2 号分离剂净化 1h,3 号分离剂净化 1h,4 号分离剂净化 1h,静置 4h
2 号分离剂加入量	1.5g/L		
3 号分离剂加入量	1g/L		

净化工段的净化釜与浸取釜配套，为 ϕ4000mm×4000mm、容积 50m^3 的机械搅拌釜 3 个，2 台工作，1 台备用。净化釜体同样用钢筋混凝土结构，锥形底，内衬碳钢防腐，配置碳钢螺旋蒸汽加热管。设液面观测孔、长温度计、温度计套管及液位刻度线。采用推进式搅拌器，配以防腐搅拌机和电动机、减速机带动搅拌。净化釜上部设浸取液进料管和进料口，顶部加可移动盖，底流从净化釜底部导出，进入净化压滤机过滤。

净化过程主要是除去浸取液中的铅，因此净化渣量远小于浸取渣量。按锌原料中铅含量 5%计算，则日需要处理的净化渣量为：

$$Q=41.6\times10^3\times5\%=2.1\times10^3\ (kg/d) \tag{3-58}$$

所需净化压滤机台数：

$$N=\frac{Q}{Aq}=\frac{2.1\times10^3}{50\times150}=0.28\ (台) \tag{3-59}$$

选用 $X_M^A50\text{-}800U_K^B$ 型厢式压滤机 1 台，压滤机耐腐蚀、耐酸碱，采用液压装置作为压紧、松开滤板的动力机构，最大压紧压力为 27MPa，并用电接点压力表自动保压；采用最大过滤压力为 1.2MPa，确保形成滤饼的最佳条件，进行加压过滤；操作简单，维修方便，并配有多种安全装置，确保操作人员安全。

(5) 电解工艺段设计　电解工艺流程为：电解液由陈化池分批进入电解槽，电解槽分电解系列自循环。单组电解完成可独立断电，依次放槽，电解锌粉及废电解液由溜槽进入锌粉清洗工段。电解工艺段技术条件见表 3-47。

表 3-47　锌电解技术操作条件

项目	技术条件	项目	技术条件
电解液锌浓度	35～40g/L	电解析出时间	6h
电解液碱含量	180～210g/L	电流密度	1000A/m²
废电解液锌浓度	8～10g/L	槽电压	2.7～3.2V
废电解液碱含量	240～260g/L	电流效率	85%～90%
电解温度	控制在 50℃以下	直流电耗	2700～3200kW·h
同极中心距	70mm		

电解槽的设计按下列计算程序进行：

① 每班需产出锌粉量

$$Q_1=\frac{Q}{a}=\frac{6.2}{2}=3.1\ (\text{t}) \tag{3-60}$$

式中，Q_1 为每班需产出锌粉数量，t；Q 为每天需产出锌粉数量，t，$Q=6.2$t；a 为每天电解次数，$a=2$。

② 阴极有效总面积及片数。阴极有效总面积按下式计算：

$$F=\frac{Q_1\times10^6}{D_i\,\eta_i\times1.2195\times t} \tag{3-61}$$

式中，F 为阴极有效总面积，m²；1.2195 为锌的电化当量，g/(A·h)；D_i 为阴极电流密度，A/m²，$D_i=1000\text{A/m}^2$；η_i 为电流效率，%，$\eta_i=90\%$；t 为电解析出时间，h，$t=6$h。

阴极总片数按下式计算：

$$n_{总}=\frac{F}{f_{阴}} \tag{3-62}$$

式中，$n_{总}$ 为阴极总片数，片；$f_{阴}$ 为每片阴极有效面积，m²。

阴极有效总面积为：

$$F=\frac{Q_1\times10^6}{D_i\,\eta_i\times1.2195\times t}=\frac{3.1\times10^6}{1000\times90\%\times1.2195\times6}=471\ (\text{m}^2) \tag{3-63}$$

设计阴极板为 800mm×500mm，浸没于电解液的深度为 650mm，则每片阴极的有效面积（按两面计）为 $f_{阴}=0.65\times0.5\times2=0.65$ (m²)。阳极板为不锈钢板，阴极板为钛合金板。阴极板上部分别镶 840mm、1000mm 长、40mm 宽、12mm 厚的导电铜排。

阴极总片数为：

$$n_{总}=\frac{F}{f_{阴}}=\frac{471}{0.65}=724.6（片）\approx 725（片） \tag{3-64}$$

③ 每槽阴极有效面积及片数。每槽阴极有效面积计算公式：

$$f=\frac{I}{D_i} \tag{3-65}$$

式中，f 为每槽阴极板有效面积，m^2；I 为电流强度，A，根据所选整流器规格 $I=12000A$。

每槽阴极片数计算公式：

$$n_{阴}=\frac{f}{f_{阴}}+0.5 \tag{3-66}$$

每槽阴极有效面积：

$$f=\frac{I}{D_i}=\frac{12000}{1000}=12（m^2） \tag{3-67}$$

每槽阴极板片数：

$$n_{阴}=\frac{f}{f_{阴}}+0.5=\frac{12}{0.65}+0.5=18.96\approx 19（片） \tag{3-68}$$

④ 电解槽数量计算

$$N=\frac{n_{总}}{n_{阴}}=\frac{725}{19}=38.2（个） \tag{3-69}$$

电解车间设置 4 组电解系列，每组电解槽数设为 10 个，总设计电解槽数为 40 个。整个电解车间的电流强度为 12000A，总电压为 3×10×4＝120（V）。锌电解电流密度大，而槽电压小，导致电解时电流强度很高，而电压很低，两者比例差别很大。虽然整流器经过调试也能保证这样的电流电压调整，但在电解过程中需要 1～2h 才能达到生产电流强度，影响了锌粉质量，对整流器本身设备也有一定影响。在电解车间设计时要尽可能地增加总电压，减少总电流强度。本设计选用 ZHS12000A/(100～200）V 的整流器，整流器的电流强度和电压要求需要与生产厂家具体协商，特别定做。

⑤ 电解槽内部尺寸及容积计算。电解槽长度按下式计算：

$$L=(n_{阴}-1)d+l_1+l_2 \tag{3-70}$$

式中，L 为电解槽长度，mm；d 为同极中心距，mm；l_1 为进液端极板至槽端壁距离，mm；l_2 为出液端极板至槽端壁距离，mm。

电解槽宽度计算公式：

$$B=b_{阴}+2b_1 \tag{3-71}$$

式中，B 为电解槽宽度，mm；$b_{阴}$ 为阴极的宽度，mm；b_1 为阴极边缘至槽侧壁的距离，mm。

电解槽的深度计算公式：

$$H=h+h_1+h_2 \tag{3-72}$$

式中，H 为电解槽的深度，mm；h 为槽内液面至槽面的距离，mm；h_1 为阴极板浸入电解液的深度，mm；h_2 为阴极板下端至槽底距离，mm。

电解槽容积计算公式：

$$V_{槽}=LBH \tag{3-73}$$

式中，$V_{槽}$ 为电解槽容积，m^3。

分别取 l_1、l_2 为 300mm，b_1 为 100mm，h_2 为 500mm，则电解槽的设计如下：

$$L=(n_{阴}-1)d+l_1+l_2=(19-1)\times70+300+300=1860\ (\mathrm{mm}) \tag{3-74}$$

$$B=b_{阴}+2b_1=500+2\times100=700\ (\mathrm{mm}) \tag{3-75}$$

$$H=h+h_1+h_2=110+650+500=1260\ (\mathrm{mm}) \tag{3-76}$$

$$V_{槽}=LBH=1860\mathrm{mm}\times700\mathrm{mm}\times1260\mathrm{mm}=1.64\ (\mathrm{m^3}) \tag{3-77}$$

$$V_{槽有效容积}=LBH=1860\mathrm{mm}\times700\mathrm{mm}\times1150\mathrm{mm}=1.50\ (\mathrm{m^3}) \tag{3-78}$$

电解槽底部为锥形体，并设锌粉出料口。电解槽槽体用钢筋混凝土制作，内衬 10mm 的硬质 PVC 板材。电解槽内衬的选择经过几个冶炼厂生产实践最终确定为采用 PVC 板材。前期的电解槽内衬采用的是抗碱环氧树脂，但生产一段时间，树脂有部分脱落，落入电解槽，随锌粉进入锌粉洗涤过程，影响了锌粉的质量。而 PVC 板材化学性能稳定，耐腐蚀性强，硬度大，强度高，防紫外线（耐老化），耐火阻燃（具有自熄性），绝缘性能可靠，表面光洁，平整，不吸水，不变形，易于加工。电解槽车间的电解槽和铜排上都铺设 PVC 板，杜绝了电解内衬进入电解液的现象。

每组电解系列设 4 个电解液循环池，并分别配置循环泵。电解槽的总有效容积为 $V_{总}=4\times10\times1.50=60.0\ (\mathrm{m^3})$，每次电解的电解液总量为 $\frac{233}{2}=116.5\ (\mathrm{m^3})$，则 4 个电解液循环池的容积 $V_{循环槽}$ 设计为：

$$V_{循环槽}=\frac{116.5-60.0}{4\times0.85}=16.62\ (\mathrm{m^3}) \tag{3-79}$$

电解液循环池的尺寸设计为 4000mm×2000mm×2200mm。

在电解生产过程中，特别需要控制电解时的温度，温度升高，析出的锌粉与电解液中的碱反应，又反溶回去，严重影响了电解效率。为达到降温的效果，电解车间要求通风效果好，电解液循环槽与电解槽底部要空出一定的空间，需要时还要配上冷却塔。

(6) 锌粉清洗-烘干-粉碎工艺段设计　电解出来的金属锌粉活性好，非常容易被氧化，锌粉清洗不干净，则能跟残留的碱反应生成氢气，发生自燃现象，而如果烘干阶段密封效果不好、真空度不能保证的话，金属锌会氧化，严重降低锌粉品质。要保证电解出的金属锌不在清洗和烘干过程中氧化，一方面要选择适合本工艺的设备，再者减少锌粉清洗和烘干这两段的时间间隔，减少锌粉裸露在空气中的时间也很重要。

① 锌粉清洗设备的选择及设计。开始金属锌粉洗涤设备选用的是板框压滤机，先将电解液和锌粉的混合液通入压滤机，金属锌粉以滤饼的形式压缩在压滤机里，废电解液则进入废电解液池。然后将锌粉洗水直接通入压滤机进行清洗，直到洗水呈中性，再将锌粉放入烘干器中烘干。压滤机清洗锌粉的缺点是：压滤机两头的锌粉和压在滤饼中间的锌粉清洗不干净，而且耗水量大。

后来选用了 SD 型三足式吊袋卸料离心机，这种离心机是用电动机带动转鼓高速旋转，电解液和锌粉混合液由进料管引入均匀分布到转鼓壁。在离心力作用下，废电解液穿过滤布和转鼓壁滤孔排出转鼓，经排液管排出机外，锌粉截留在转鼓内，停机后启开机盖，松开拦液板锁紧块，将拦液板连同装有锌粉的滤袋一并吊往卸料处，使滤袋底端落下张开，锌粉自动排出。用离心机洗锌粉用水量减少，但却出现一个严重的问题，因为这种型号的离心机底座轻，在离心的过程中，很容易因为进料的不均匀而振动剧烈，带来了不安全因素。

总结前两种设备的不足，本设计中采用了 XR1200-N 型上悬式人工卸料离心机。XR 系列离心机是一种上悬式人工卸料、间歇操作的离心机，可以实现中速进料、高速分离，具有结构简单、运转平稳、操作简便、劳动强度较低、产量大、能耗低等特点。

离心机用电机驱动转鼓旋转，在进料转速状态，电解液和锌粉的混合液由进料管引入转鼓，进料达到预定容积后停止进料，升至高速分离，在离心力作用下，废电解液物穿过滤网和转鼓壁滤孔排出转鼓，经排液管排入废电解液池，锌粉截留在转鼓内。再通入锌粉洗水，边离心边冲洗，直至洗水到中性。清洗结束后，停机抖动滤袋，使锌粉松散后，沿转鼓下锥面排出转鼓，从机壳底部排出。机壳底部正下方设置干燥机，锌粉直接掉入干燥机，这样减少了锌粉裸露的时间，能够快速进行锌粉的烘干，有效地减少了锌粉的氧化。

电解一次将生产出 3.1t 金属锌粉，每组电解系列生产 775kg 锌粉，选用 XR1200-N 型上悬式人工卸料离心机 4 台，其每次离心装料限度在 400kg，每台离心机离心一组电解系列的锌粉。表 3-48 为 XR1200-N 型上悬式人工卸料离心机的基本性能。

表 3-48　XR1200-N 型上悬式人工卸料离心机

型号	转鼓					电机功率/kW	外形尺寸/mm×mm×mm	质量/kg
	直径/mm	高度/mm	最高转速/(r/min)	最大分离因素	装料限度/kg			
XR1200-N	1200	1055	970	644	450	22	2210×1600×3414	4146

② 锌粉烘干设备的选择及设计。锌粉在清洗后，需要在真空中烘干。锌粉烘干设备最开始选用的是大型真空干燥箱。锌粉清洗后，装入瓷盘放入真空干燥箱。真空干燥箱的缺点在于锌粉在烘干时不能翻动，受热不均匀，下层的锌粉难以烘干，导致烘干时间较长，锌粉烘干跟不上锌粉清洗的速度，使后续锌粉无法及时烘干。

现确定选用 SZG 双锥回转真空干燥机。双锥回转真空干燥机是集混合-干燥于一体的新型干燥机。将冷凝器、真空泵与干燥机配套，组成真空干燥装置，内部结构简单，清扫容易，物料能够全部排出，操作简便，能降低劳动强度，改善工作环境。同时因容器本身回转时物料亦转动，器壁上不积料，故传热系数较高，干燥速率大，不仅节约能源，而且物料干燥均匀充分，质量好。

SZG 双锥回转真空干燥机为双锥形的回转罐体，罐内在真空状态下，向夹套内通入蒸汽或热水进行加热，热量通过罐体内壁与湿锌粉接触。湿锌粉吸热后蒸发的水汽，通过真空泵经真空排气管被抽走。由于罐体内处于真空状态，且罐体的回转使锌粉不断地上下、内外翻动，加快了物料的干燥速度，提高了干燥效率，达到了均匀干燥的目的。

根据锌粉产量，选择了 SZG-1000 型双锥回转真空干燥机 4 台。双锥回转真空干燥机安装于上悬式人工卸料离心机的出料口正下方，并设锌粉垂直滑道，使清洗好的锌粉直接进入干燥机。表 3-49 为 SZG-1000 型双锥回转真空干燥机的基本性能。

表 3-49　SZG-1000 型双锥回转真空干燥机

型号	罐内容积/L	装料容积/L	质量/kg	回转高度/mm	电机功率/kW	外形尺寸/mm×mm
SZG-1000	1000	≤500	2800	2800	3	2860×1300
型号	罐内设计压力/MPa	夹套设计压力/MPa	真空泵型号、功率		工作温度	
SZG-1000	0.1～0.15	≤0.09	SK-2.7B,4kW		罐内≤85℃,夹套≤140℃	

③ 锌粉粉碎设备设计。锌粉粉碎机的选择对锌粉质量有很重要的影响。采用一般的粉碎机，锌粉在粉碎过程中被氧化，金属锌含量降低，有时甚至能降低一个百分点，这意味着电解出来达到一级标准的金属锌粉在粉碎后品质降到了二级标准，可见粉碎设备对保证锌粉质量的重要性。

根据锌粉的这一特点，自行设计了一套锌粉粉碎装置，由喂料机、粉碎装置、电机、风机、减压仓、储料室及收尘器组成。粉碎装置的外部设机壳，主轴位于粉碎装置的轴心线上，在轮盘上有同倾度的刀具，二组以上轮盘间隔固定在主轴上，在轮盘之间有回旋板轮，进料叶轮位于粉碎装置的进料口处，排料叶轮位于粉碎装置的出料口，机壳与轮盘间有1～15cm的间隙，喂料机与粉碎装置的进料口连接，风机与粉碎装置的出料口连接，风机的出风口经管道连接到减压仓，减压仓有上排风口和下出料口，下出料口与储料室连接，上排风口与收尘器连接，电机与粉碎装置的主轴连接。

锌粉粉碎机的工作过程为：锌粉经粗细判断选用合适的进料速度、数量由可调试喂料器进行加料，锌粉进入壳腔内，在进料叶轮的风引下物料进入湍旋气流，在湍旋气流的作用下物料相互间和与轮盘上的刀具之间都会进行无规则的剪切，粉碎完成后，在变频引风机的抽引下，物料经减压仓到储料室，超细部分则进入布袋收尘器。

（7）废电解液苛化处理工艺段设计　废电解液在循环10～20次需要进行一次苛化处理，进行回碱和强化净化。废电解液苛化处理工艺的流程为：用泵将废电解液打入备用的浸取釜或净化釜，测定废电解液的碱浓度，然后按量加入碱，搅拌至碱溶解，静置到溶液分层。再从釜底抽出下层的絮状物到另一个备用的釜，然后从洗水池中抽洗水加入釜体，得到苛化液。加热搅拌，升温到70℃，加入石灰苛化，反应半小时后，压滤过滤，苛化渣排放到渣堆场，苛化后液回到废电解池准备后续浸取。废电解液苛化处理工艺段的技术操作条件见表3-50。

表3-50　废电解液后处理工艺段技术操作条件

项　目	技术条件	项　目	技术条件
加碱需要达到的碱浓度	350g/L	温度	70～90℃
苛化时碳酸钠浓度	40g/L以上	石灰加入量	理论石灰加入量的1.5～1.8倍
苛化时碱浓度	80～100g/L	反应时间	30min

废电解液后处理工艺段需要的釜体及压滤机可与浸取及净化段的设备共用。废电解液后处理工艺是10～15天才处理一次，且处理周期短，浸取和净化段工艺有备用的3个釜体，可不再另外配备设备。

（8）液体槽、泵和管道的设计

① 液体槽的设计。除了上述工艺所需要的设备外，还需要构建中间液体槽。液体槽用钢筋混凝土构筑，内衬抗碱环氧树脂。液体槽构筑的地平线位置（高位或低位）要视厂区地势及连接设备情况而定，尽可能利用地势高差减少泵动力。表3-51为整个冶金厂需要构筑的液体槽类型、数量及体积。

表3-51　中间液体槽构筑情况

名称	放置液体	体积	连接的设备	备注
矿浆池	矿浆	50m^3	分级机到浸取釜	
陈化池	电解液	540m^3	净化压滤机到电解槽	成12个独立槽，每槽45m^3。每个浸取净化工段制备的电解液放置2个槽，一天6个槽，放置48h。电解时抽取另外已陈化好的6个槽的电解液电解
锌粉清洗池	锌粉和废电解液混合液	100m^3	电解槽到离心机	
废电解液池	废电解液	130m^3	离心机到球磨机或浸取釜	
洗渣水池	浸取渣洗水	80m^3	压滤机到球磨机或浸取釜	
锌粉洗水池	锌粉洗水	40m^3	离心机到球磨机或浸取釜	分2个独立槽，1个放置前段锌粉洗水，另一个放置后段洗水
清水储备池	清水			整个厂区用水储备

② 泵和管道的设计。整个工艺流程的设备间靠泵和管道连接，泵和管道的设计需要根据厂房、设备及输送的溶液性质进行合理选择。整个工艺流程中的溶液都是强碱性溶液，因此泵的选择除考虑扬程、流量、进口直径等基本参数外，还特别需要考虑其耐碱腐蚀及耐磨性能，而管道则主要是要求耐腐蚀。

输送泵主要选用了 UHB-ZK 系列耐腐耐磨泵，泵的型号则要根据扬程、输送介质及连接管直径等参数具体配置。UHB-ZK 系列耐腐耐磨泵属单级单吸悬臂式离心泵，过流部件采用钢衬超高分子量聚乙烯（UHMWPE)。聚乙烯最突出的优点是在所有的塑料中它具有优异的耐磨性、耐冲击性（尤其是耐低温冲击)、抗蠕变性（耐环境应力开裂）和极好的耐腐蚀性。该类型的泵简单可靠，维修方便，通用性强，适合输送含固体物料的腐蚀性清液或料浆。

泵密封主要由副叶轮（或副叶片）与停车密封（橡胶油封）组成。工作时由于副叶轮（或副叶片）旋转产生的离心力使密封腔处于负压状态，从而阻止液体向外泄漏，此时，停车密封不起作用，橡胶油封的唇口因负压而松开，与轴套产生一定间隙，减小其之间的磨损，延长了使用寿命。停机时，由于副叶轮（或副叶片）停止旋转，密封腔由负压转为正压，停车密封开始工作，橡胶油封的唇口在压力作用下紧紧包住轴套，从而达到密封目的。该密封的油封采用氟橡胶制成。

UHB-ZK 系列耐腐耐磨泵的主要技术参数为：使用温度－20～80℃、进口直径 32～350mm、流量 5～2600m^3/h，扬程 80m 以内。

管道选用聚丙烯内衬复合管道（PP 管)。PP 管适用于使用压力 1MPa 以内、100℃以内的各类腐蚀性、磨蚀性介质。管道的配置和安装要做到管道安全可靠，操作方便，易于维修，力求节约原材料，并且尽可能地布置整齐、美观，以创造良好的工作环境；管道的配置和安装要根据具体生产的特点、设备配置、建筑物与构筑物等情况进行综合考虑。为便于安装、检修、操作和管理，工厂的管道一般采用架空明设。在无人行走的墙边、墙角，可沿地面或楼板面铺设；管道敷设应尽量做到成列、平行、走直线、少拐弯、少交叉、力求整齐。加热浸取釜和净化釜的蒸汽管道要保持一定坡度以排出冷凝水，蒸汽管道上的减压阀前要设排水管及疏水装置，减压阀前后还要装压力表，以观察压力大小。

三、锌粉冶炼厂的生产流程

（1）生产控制流程　按照 NaOH 浸取-净化-电解-清洗烘干的工艺流程来安排锌粉冶炼厂的生产，整个冶炼厂的生产控制流程见图 3-80。

（2）企业组织结构及人员配置

① 企业组织结构。根据锌粉冶炼厂的生产工艺、生产规模等情况，采用直线式组织。直接式组织结构是从最高级层到最低级层按纵向垂直责权系统建立的一种组织形式，各级层领导人对所属单位的一切问题负责。这种组织形式，其优点是结构简单、责权分明、指挥统一，工作效率高；其缺点是无专业管理分工，各级领导者必须具备各种管理业务知识和技能，亲身处理各种业务。它适用于规模较小、产品单一、工艺过程简单、管理变量少和没有必要按职能实行专业化管理的企业。锌粉冶炼厂的具体组织形式见图 3-81。

② 人员配置。根据上述的企业组织结构及各工段的劳动量，进行各部门人员的配置。生产的服务部门，如财务科、后勤科、销售科及技术科的部分人员按白班制，生产部门，如技术科中的化验室、生产科的电工班、磨矿车间、浸取车间、净化车间、电解车间和锌粉清洗、烘干粉碎车间人员需要按 24h 3 班制上班。锌粉冶炼厂的各部门人员配备见表 3-52。

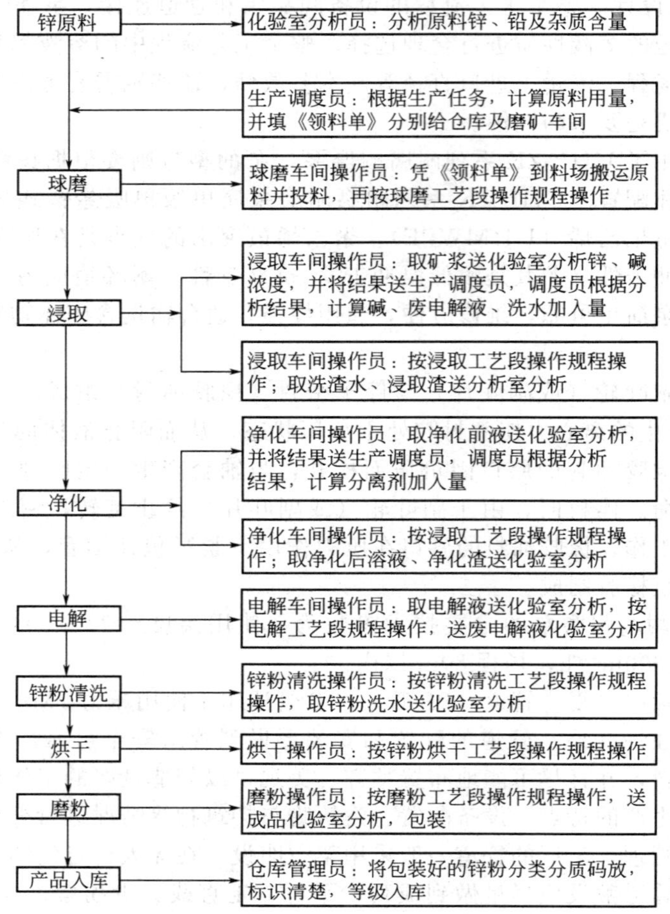

图 3-80　锌粉冶炼厂生产控制流程

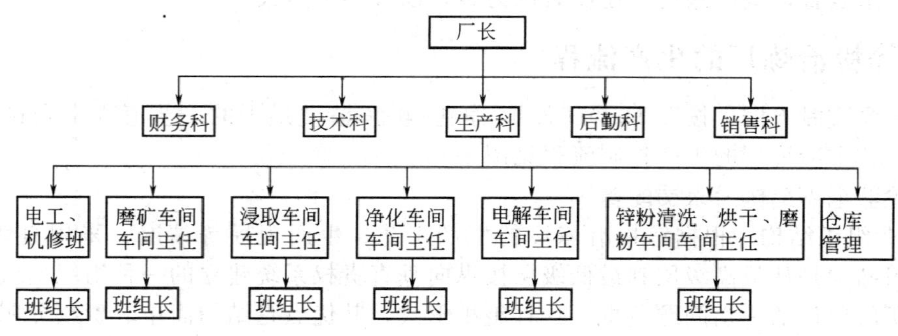

图 3-81　锌粉冶炼厂的组织形式

表 3-52　锌粉冶炼厂各部门人员配备

部门	人数/人	备　注
厂部	2	
财务科	3	出纳、会计等
后勤科	1	
销售科	4	

续表

<table>
<tr><th colspan="2">部门</th><th>人数/人</th><th>备　注</th></tr>
<tr><td rowspan="2">技术科</td><td>科长及技术人员</td><td>2</td><td></td></tr>
<tr><td>化验室分析人员</td><td>9</td><td>分3班，每班3人，每班需要选定1人为班组长</td></tr>
<tr><td rowspan="3">生产科</td><td>科长</td><td>1</td><td></td></tr>
<tr><td>生产调度人员</td><td>3</td><td>分3班，每班1人</td></tr>
<tr><td>生产数据统计人员</td><td>1</td><td></td></tr>
<tr><td colspan="2">磨矿车间</td><td>15</td><td>球磨机和分级机</td></tr>
<tr><td colspan="2">浸取车间</td><td>12</td><td>浸取釜和浸取压滤机、浸取渣清洗、废电解液后处理</td></tr>
<tr><td colspan="2">净化车间</td><td>6</td><td>净化釜和净化压滤机</td></tr>
<tr><td colspan="2">电解车间</td><td>10</td><td>电解槽、整流器</td></tr>
<tr><td colspan="2">锌粉清洗、烘干、磨粉车间</td><td>15</td><td>离心机、干燥机、气磨机及锌粉包装</td></tr>
<tr><td colspan="2">电工、机修班</td><td>6</td><td>设置主管班长1人</td></tr>
<tr><td colspan="2">总计</td><td>90</td><td></td></tr>
</table>

(3) 生产质量控制　锌粉冶炼厂生产质量的控制对保证产品质量有着至关重要的作用。冶炼厂日常生产中的质量控制主要依靠化验室的分析检测完成。化验室需要对生产流程进行跟踪分析以确定下一步工序投加的物料，同时还需要对锌粉产品进行抽样调查，保证产品质量。表3-53为化验室生产过程需要分析的项目及取样点。表3-54为实验室样品分析方法。

表3-53　碱法炼锌分析物料及取样点

<table>
<tr><th colspan="2">需分析的物料</th><th>分析项目</th><th>取样点</th></tr>
<tr><td colspan="2">入库原料</td><td>Zn、Pb、As含量</td><td>跟车取样</td></tr>
<tr><td>球磨</td><td>矿浆</td><td>Zn、NaOH浓度</td><td>料浆储槽</td></tr>
<tr><td rowspan="4">浸取</td><td>浸取液</td><td>Zn、NaOH、Na_2CO_3 浓度</td><td>浸取釜</td></tr>
<tr><td>浸取后液</td><td>Zn、Pb、NaOH、Na_2CO_3 浓度</td><td>浸取压滤机出液口</td></tr>
<tr><td>浸取渣</td><td>Zn、Pb含量</td><td>浸取压滤机出料口</td></tr>
<tr><td>洗渣水</td><td>Zn、Na_2CO_3浓度</td><td>洗渣水池</td></tr>
<tr><td rowspan="3">净化</td><td>净化前液</td><td>NaOH、Na_2CO_3、Zn、Pb、As、Al浓度</td><td>净化釜</td></tr>
<tr><td>净化渣</td><td>Zn、Pb、S、水分</td><td>净化压滤机出料口</td></tr>
<tr><td>净化后液</td><td>NaOH、Na_2CO_3、Zn、Pb、As、Al浓度</td><td>净化压滤机出液口</td></tr>
<tr><td rowspan="2">电解</td><td>电解前液</td><td>NaOH、Na_2CO_3、Zn</td><td>电解槽</td></tr>
<tr><td>电解中控</td><td>Zn</td><td>电解槽</td></tr>
<tr><td rowspan="2">清洗</td><td>电解废液</td><td>NaOH、Na_2CO_3、Zn</td><td>电解废液槽</td></tr>
<tr><td>锌粉洗水</td><td>NaOH、Na_2CO_3、Zn</td><td>洗水池</td></tr>
<tr><td>磨粉</td><td>锌粉</td><td>全锌、金属锌</td><td>气磨机出料口</td></tr>
</table>

表 3-54 样品分析方法

样品	分析项目	分析方法
浸取渣、原料、净化渣	Zn	沉淀分离 EDTA 滴定法测定矿石中的锌量
	Pb	EDTA 容量法测定矿石中的铅量
	As	砷钼蓝光度法
	水分	105℃烘干法
矿浆、浸取液、净化液、电解液、洗渣水、电解废液	Zn、Na_2CO_3	EDTA 络合滴定与酸碱滴定联合测定含锌碱性
	NaOH	溶液中的游离碱、锌和碳酸钠
	Pb	EDTA 滴定法测铅量
	As	砷钼蓝光度法
	Al	EDTA 滴定法测定三氧化二铝
	S	燃烧中和滴定法测硫
锌粉	全锌	Na_2EDTA 滴定法测定全锌量
	金属锌	高锰酸钾滴定测金属锌

实验室如果配备原子吸收光谱则可以检测净化液、电解液中的 Fe、Cu、Cr、Cd 等金属离子含量。

四、锌粉冶炼厂的运行效果

某烧碱法生产锌粉冶炼厂采用的原料为炼铜锌粉尘，锌、铅、铁、氯的含量分别为 59.47%、12.4%、0.56%和 8.8%。表 3-55 为该厂运行情况。表 3-56 为 7 月生产的产品质量。由表 3-55 和表 3-56 可见，该厂原料的浸取率很高，达到 92%以上；生产的金属锌粉全锌含量在 98%以上，金属锌含量在 94%以上，达到了锌粉的国家二级标准，生产运营状况良好。

表 3-55 烧碱法生产锌粉冶炼厂运行效果

序号	溶液	体积/m^3	NaOH /(g/L)	Na_2CO_3 /(g/L)	Zn /(g/L)	Pb /(g/L)	浸取率 /%	全锌 /%	金属锌 /%
1	浸取液	29	187.9	0.05	38.28	4.05	99.5		
	净化液	28	189.9	0.64	35.33				
	电解液	36	173.03	4.88	31			99.3	97.26
2	浸取液	32	192.6	3.3	33.84	5.7	92.3		
	净化液	32	192.8	5.86	31.33				
	电解液	36	195.5	8.43	30.9			98.98	95.9
3	浸取液	32	180.3	1.64	37.2	10.94	99.37		
	净化液	32	185	8.29	32.5				
	电解液	36	168.3	4.55	31.73			99	95
4	浸取液	30	187.9	0.05	37.9	4.7	94.64		
	净化液	29	192.6	1.45	33.4				
	电解液	32	183	2.13	35			98.7	94.45

表 3-56　烧碱法生产锌粉冶炼厂金属锌粉质量

生产批次	全锌/%	金属锌/%	质量/kg	生产批次	全锌/%	金属锌/%	质量/kg
1	99.4	95.71	193	7	99.73	96.29	120
	99.71	93.66	193.8		99.73	97.12	157
2	99.48	95.09	350	8	99.63	97.85	380
3	98.93	89.22	289		99.78	95.43	330
	99.85	94.02	401	9	99.55	95.66	458
4	98.92	89.43	332.6		99.66	96.09	396.5
	98.11	86.23	394	10	99.92	94.16	385
5	98.58	91.43	381.8		99.85	96.89	230
	99.71	97.36	216	11	99.73	94.68	440
6	97.82	89.03	450		99.98	97.87	105

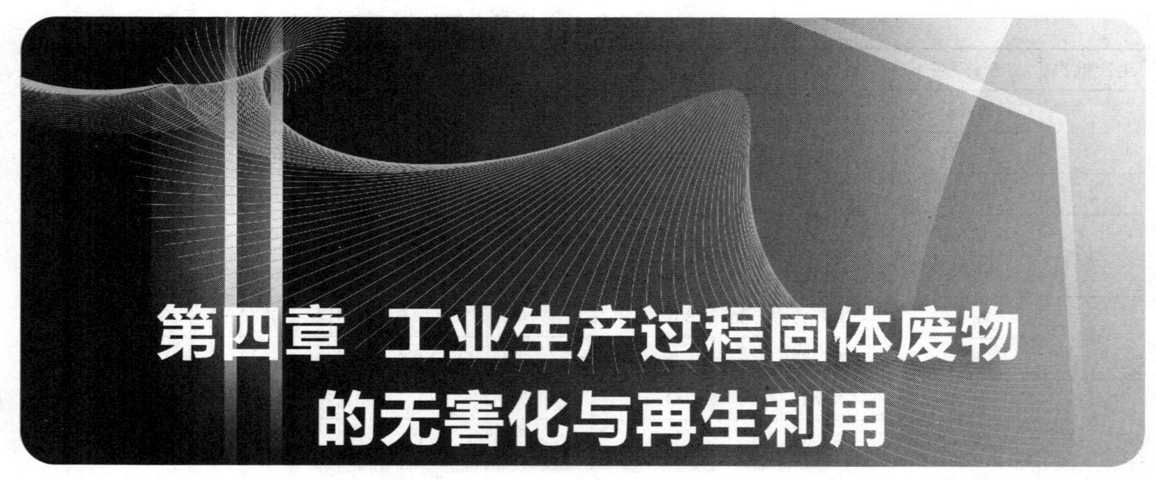

第四章 工业生产过程固体废物的无害化与再生利用

第一节 粉煤灰的再生利用技术

粉煤灰是煤粉经高温燃烧后形成的一种似火山灰质混合材料，它是燃煤发电厂排出的固体废物，主要由飞灰和底灰组成。据统计，1996 年全国的粉煤灰年产量达 1.2 亿吨，2000 年的排放量达 1.53 亿吨，目前我国年排放量约为 1.6 亿吨，综合利用率为 40%左右。

根据我国火电厂不同灰渣的运行模式，粉煤灰又可分为如下两种不同类型。

① 除尘捕集下来的锅炉烟道气中的飞灰，与锅炉炉底排放的炉渣混合，经冲灰水、灰浆泵输送到荒芜偏远农村的沉灰池，灰水经自然沉降分离后，进一步在大气中自然脱水成“晾干灰”，这一类粉煤灰称为原状粉煤灰，在电力系统中人们称其为灰场灰。

② 以静电除尘捕集下来的锅炉烟气中的飞灰，无论粒度还是活性，均属优质的火山灰质材料，不能再与锅炉炉底渣混排，而是单独排放，这一类称为电除尘灰。

粉煤灰的收集包括烟气除尘和底灰除渣两个系统，排放方式分为干法和湿法。目前我国大多数电厂采用湿法排放，湿法排放是通过管道和灰浆泵，利用高压水力把粉煤灰输送到贮灰场或填埋场或江、河、湖、海，湿排又分为灰渣分排和混排，干排是将收集到的飞灰直接输入灰仓。

一、粉煤灰的化学成分和矿物组成

1. 粉煤灰的化学成分

粉煤灰的化学成分与煤的矿物成分、煤粉细度和燃烧方式有关，我国粉煤灰和主要成分为：SiO_2(40%～60%)，Al_2O_3(17%～35%)，Fe_2O_3(2%～15%)，CaO(1%～10%)，另外，还含有少量 K、P、S、Mg 等的化合物和 As、Cu、Zn 等微量元素。不同国家粉煤灰因为其燃煤来源不同又各有特点，表 4-1 列出了我国和美国粉煤灰组成情况。

粉煤灰的化学成分是评价粉煤灰质量优劣的重要技术参数，也是决定粉煤灰综合利用的主要依据。根据粉煤灰中 CaO 含量的高低，可以分为高钙灰和低钙灰。CaO 含量在 20%以上的粉煤灰叫高钙灰，低于 20%的叫低钙灰，高钙灰质量优于低钙灰。粉煤灰的烧失量可以反映锅炉燃烧状况，烧失量越高，粉煤灰质量越差。

表 4-1　粉煤灰化学成分的变化范围及典型粉煤灰的化学成分　　单位：%

化学成分	我国低碳粉煤灰化学成分的一般变化范围	美国低碳粉煤灰化学成分的一般变化范围	典型粉煤灰化学成分	
			低钙粉煤灰(F级灰)	高钙粉煤灰(C级灰)
SiO_2	40～60	10～70	54.9	39.9
Al_2O_3	17～35	8～38	25.8	16.7
Fe_2O_3	2～15	2～50	6.9	5.8
CaO	1～10	0.5～30	8.7	24.3
MgO	0.5～2	0.3～8	1.8	4.6
Na_2O+K_2O	0.5～4	0.1～3	0.6	3.3
SO_3	0.1～2	0.4～16	0.6	1.3
烧失量	1～26	0.3～30	—	—

2. 粉煤灰的矿物组成

粉煤灰的矿物组成可以分为无定形相和结晶相两大类。结晶相主要有石英、莫来石、磁铁矿、云母、长石。无定形相主要是玻璃相及少量无定形碳。玻璃相主要包括光滑的球形玻璃体粒子、形状不规则且孔隙较少的小颗粒、疏松多孔且形状不规则的玻璃球等；未燃尽的无定形碳多呈疏松多孔形式。

二、粉煤灰的物理化学特性

粉煤灰的活性是指粉煤灰在和石灰-水混合后所显示的凝结硬化性能，具有化学活性的粉煤灰，其化学成分以 SiO_2 和 Al_2O_3 为主（75%～85%），矿物组成以玻璃体为主，本身并无水硬性，在潮湿的条件下才能发挥出来。

粉煤灰的外观类似水泥，呈多孔蜂窝组织；其颜色多变，含碳量越高，颜色越深，粒度越粗，质量越差。粉煤灰粒径范围为 0.5～300μm，比表面积较大，一般在 250～500cm^2/g 之间，因此具有较高的吸附性。由于煤种、燃烧方式、锅炉构造和收集方式不同，粉煤灰的粒径、比表面积和化学成分也随之改变。粉煤灰的这些特性决定了它在许多领域得到了广泛的应用。

三、粉煤灰的综合利用

1. 在建材制品方面的应用

利用粉煤灰做建材制品是我国利用粉煤灰的主要途径之一，用灰量约占粉煤灰利用总量的 35%，包括配制粉煤灰砖、粉煤灰水泥、粉煤灰砌块和粉煤灰陶粒等。

粉煤灰的火山灰活性是评价其作为建材产品的主要指标。火山灰活性是指火山灰、凝灰岩、浮石、硅藻土等天然火山灰类物质所具有的这样一些特性：①其成分以 SiO_2 和 Al_2O_3 为主（75%～85%），且含有相当多的玻璃体或其他无定形物质；②其本身无水硬性；③在潮湿环境下，能与 $Ca(HO)_2$ 等发生反应，生成一系列水化产物——凝胶；④上述水化产物不论在空气中还是在水中都能硬化产生明显的强度。粉煤灰属于人工火山灰类物质，具有上述性质。

（1）利用粉煤灰制砖技术

① 蒸压粉煤灰砖。我国砖瓦企业在 20 世纪 60 年代就开始研制生产蒸压粉煤灰砖，70 年代颁布了产品质量标准，20 世纪 80 年代末，武汉市硅酸盐制品总厂引进德国 600t 液压压

砖机，对生产工艺进行了改造，提高了生产技术，生产出了较高质量的蒸压粉煤灰砖。

高强蒸压粉煤灰砖制品，是利用粉煤灰为主要原料，通过高强蒸压工艺制成的新型环保建筑材料。2003 年，我国第一条高强蒸压粉煤灰制品生产线在河南平顶山市建成投产，这条生产线可年产 9 万立方米的高强度蒸压粉煤灰建筑制品，折标准砖 6000 万块。2003 年，年产 1 亿块粉煤灰砖生产线在山东建成，产品蒸养采用国内最先进的蒸养窑技术。生产的粉煤灰蒸养标准转，各项质量指标均已达到或超过国家标准。

② 免烧粉煤灰砖。免烧粉煤灰砖是指自然养护、免蒸免烧的砖，是在 1990 年后国家提出墙材革新，限制黏土生产和节土、节能的形势下发展起来的。它以粉煤灰或各种煤渣为主要原料，添加适量水泥、石膏和一些黏结剂，经搅拌压制成形，自然养护而成，产品尚无国家或行业标准。据不完全统计，全国有免烧粉煤灰砖企业几千家，年生产免烧砖 6 亿～8 亿块，年用灰量 150 万吨。

免烧砖和蒸压粉煤灰砖除存在相同的质量问题外，耐久性和抗老化性能较差，所以只是用于农村建设和一般低层工程。

③ 粉煤灰内燃烧结普通砖。通常把掺灰量在 50％以下的粉煤灰烧结砖称为内燃烧结普通砖。为节土、节能、利废，国家制定优惠政策，调动广大砖瓦企业的积极性，在发现利用粉煤灰生产蒸压砖产品质量存在问题、总结经验的基础上，生产粉煤灰内燃烧结普通砖。现在全国 10 万个砖瓦企业中，8 万个生产内燃砖，掺粉煤灰和各种废渣在 30％以上的企业有 7000 多家，年产废渣砖 1300 亿块，年利用粉煤灰和各种废渣 11300 万吨。

④ 高掺量粉煤灰烧结普通砖。高掺量粉煤灰烧结普通砖是指掺灰量在 50％以上的烧结普通砖，产品按《烧结普通砖》（GB 5101—2003）标准执行。粉煤灰是无塑性原料，掺灰量要根据黏土的塑性指数确定，粉煤灰的掺量随黏土塑性指数的提高而增多。1999 年，辽宁抚顺市广厦新型建材公司进行技术改造，建设了年产 5000 万块高掺量粉煤灰烧结普通砖生产线，掺灰量 70％，黏土（塑性指数大于 17）30％，混合料塑性指数为 8～10，产品的各项技术指标超过了 GB 5101 的规定要求。2002 年，河北衡水市国新建材有限公司生产出了高掺量粉煤灰烧结普通砖，产品的各项技术指标达到了国家产品质量标准的要求。由于掺灰量大，粉煤灰烧结普通砖单位体积质量降低，绝热性能达到或超过了黏土烧结多空砖，成为即承重又有较好绝热性能的墙体材料。

⑤ 高掺量粉煤灰多孔砖（空心砖）。高掺量粉煤灰多孔砖是指掺灰量大于 50％的烧结多孔砖。影响高掺量粉煤灰多孔砖质量的主要因素包括：粉煤灰的特性、生产工艺、设备和生产技术等，其中以粉煤灰的影响为主。

由于粉煤灰原料的物理化学特性，生产这种砖的难度是很大的。又由于这种砖吃灰量大，有利于节土、节能和环保，所以受到人们的重视。我国从事砖瓦行业的科研部门进行了大量的研究工作，取得了很大的进步。但是在没有对高掺量粉煤灰多孔砖进行工业性试验，没有对生产工艺、技术、装备和产品质量进行检验鉴定的情况下，近几年来电力、冶金、石化和建材等部门先后投资几十亿元建设改造了上百条高掺量粉煤灰多孔砖生产线，形成了年产 50 亿块左右的生产能力，年用粉煤灰 500 万～600 万吨。据调研，高掺量粉煤灰多孔砖的外观和内在质量问题较多，普遍不符合产品质量要求。考虑到掺灰量大于 50％以后，产品质量难以过关，建议今后建设高掺量粉煤灰多孔砖生产线时要慎重，以免造成重大经济损失。

（2）粉煤灰水泥　粉煤灰与其他火山灰质材料一样，可以与水泥熟料一起混磨，成为硅酸盐水泥的掺和料，许多国家如法国、印度、日本等都有规范，正式把粉煤灰掺在水泥熟料中，成为一种水泥品种，这就是粉煤灰水泥，又叫做粉煤灰硅酸盐水泥。

我国从20世纪50年代起，对粉煤灰掺于水泥中作过研究，颁布了规范《通用硅酸盐水泥》(GB 175—2007)，将粉煤灰硅酸盐水泥列为硅酸盐水泥的一个品种，按照规范，粉煤灰水泥与其他几种水泥的成分比较见表4-2。

表4-2 六种水泥的成分比较

水泥种类	粒化高炉矿渣/%	火山灰质混合材料/%	粉煤灰/%	石灰石/%
硅酸盐水泥	≤5	—	—	≤5
普通硅酸盐水泥	>5且≤20			—
矿渣硅酸盐水泥	>20且≤70		—	—
火山灰质硅酸盐水泥	—	>20且≤40	—	—
粉煤灰硅酸盐水泥	—	—	>20且≤40	—
复合硅酸盐水泥	>20且≤50			

粉煤灰水泥可以将粉煤灰与熟料及石膏一起混磨而成，也可以采用将熟料和石膏一起磨，而粉煤灰则与其分开磨，然后再进行混合的分磨工艺。混磨的优点是生产线简单，投资少，但是由于熟料与粉煤灰的易磨性不一样，因此技术上不太容易保证其质量，而且经济上也不合理。所以最好是将熟料与石膏预磨，再在第二个磨中与粉煤灰混磨，以克服易磨性有差别的缺陷。

水泥生产对粉煤灰质量是有一定要求的，粉煤灰的粒度是影响粉煤灰质量的主要指标，粉煤灰越细，水化反应的界面增加，就越容易发挥它的活性；较高的烧成温度下形成的粉煤灰的活性也比烧成温度低或烧成温度过高的粉煤灰活性强。水泥质量等级划分标准见表4-3。

表4-3 水泥质量等级划分

项目		优等品	一等品	合格品
水泥标号		≥425	425	符合通用水泥技术要求
三天抗压强度上限/MPa	普通硅酸盐水泥	30	—	
	矿渣水泥 火山灰水泥 粉煤灰水泥 复合水泥	26		
均匀性变异试验系数/%	≤	3.5	4.0	
凝结时间/h	初凝 ≤	3.5	4.5	
	终凝 ≤	6.5	10.5	

粉煤灰的烧失量是另一个影响粉煤灰质量的重要指标，烧失量过大说明燃烧不够充分，未燃尽的煤较多，这对于粉煤灰的质量是有害的；含碳量大的粉煤灰作为混合材料如加入水泥中往往增加需水量，影响水泥强度及水泥制品的耐久性。作为水泥活性混合材料使用的粉煤灰质量必须符合GB/T 1596—2005规定的标准。该标准与GB/T 1596—1991相比，主要变化为：增加了定义和术语；增加了分类；增加了C类粉煤灰及相应的技术要求；增加了放射性技术要求；增加了碱含量技术要求；增加了粉煤灰均匀性要求；增加了附录A含水量试验方法；将Ⅱ级粉煤灰的细度指标由原来的45μm方孔筛筛余不大于20%改为不大于25%；取消水泥活性混合材料用粉煤灰的等级划分；水泥活性混合材料用粉煤灰的烧失量改为不大于8.0%；水泥活性混合材料用粉煤灰的三氧化硫由不大于3.0%改为不大于3.5%；用活性指数代替抗压强度比，并规定活性指数不小于70%；强度检验方法采用《水泥胶砂

强度检验方法（ISO 法）》（GB/T 17671—1999）；需水量比试验所用标准砂采用符合 GB/T 17671—1999 规定的 0.5～1.0mm 的中级砂，流动度由 125～135mm 改为 130～140mm；另外还规范了检验规则、标志和包装等内容。

粉煤灰水泥的性能直接影响其质量，粉煤灰水泥的标准稠度需水量有赖于粉煤灰这一部分的蓄水量，但与磨细工艺也有关。水泥的初、终凝时间与粉煤灰的含量有关，如果水泥中含粉煤灰达到 15%，则初凝时间要推迟 1h，终凝时间要推迟 1.5h；如果达到 30%，则初凝时间要推迟 3h，终凝时间要推迟 3.5h，而且初、终凝所用时间也要增加 0.5～1h。粉煤灰水泥的早期强度低于普通硅酸盐水泥，但后期强度则往往高于普通硅酸盐水泥，其规律有赖于粉煤灰的掺量，见表 4-4。粉煤灰可以吸收水泥熟料水化时的游离氧化钙，这对于改善一些工艺较差的小厂的水泥安全性是有好处的。

表 4-4　粉煤灰硅酸盐水泥与普通硅酸盐水泥抗压强度比较

水泥种类	抗压强度/(MPa/cm^2)					
	3 天	7 天	28 天	3 个月	6 个月	1 年
普通硅酸盐水泥	30	40	47	54	58	56
粉煤灰硅酸盐水泥	16	24	38	57	67	67

（3）粉煤灰砌块　由于粉煤灰的火山灰效应在常温下发生缓慢，国际上过去一般采用高压蒸汽养护即所谓的蒸压养护，因为养护这种制品需要大量由钢板制成的高压釜，限于 20 世纪 50～60 年代的国情，我国在 50 年代末探索了一种适合国情的所谓蒸养石灰-粉煤灰砌块的方法，即采用常压蒸气养护的工艺路线来生产这一类墙体材料。

① 粉煤灰砌块主要是以粉煤灰为原料，掺入少量石灰、石膏，采用普通燃煤锅炉的煤渣作骨料制成的砌块，主要产品尺寸为 880mm×380mm×240mm。其原材料的要求如下：

a. 粉煤灰要求 45μm 筛的筛余量小于 55%，含水量大于 65%。

b. 石灰要求有效氧化钙不小于 50%，消化温度不小于 50℃，消化时间为 30min，80mm 筛的筛余量小于 20%。

c. 一般天然石膏或工业废料如磷石膏要均匀，若是后者，要求 P_2O_5 的含量应小于 3%，80mm 筛的筛余量小于 20%。

d. 骨料（煤渣）要求烧失量小于 20%，SO_3 小于 4%，粒径小于 1.2mm 的颗粒应小于 25%。

原材料的配比是：粉煤灰的用量为 30%～35%，石灰在砌块中必须满足 15%～25%有效氧化钙含量的要求，石膏应是胶凝物质量的 2%～5%，合理的骨料用量为胶结剂：骨料=(1：1)～(1：1.5)。

粉煤灰砌块是一种新型墙体材料，具有质轻、强度高、隔热保温性能好、空心大块等优点。此外，粉煤灰还可以用来制作混凝土小型空心砌块和发泡混凝土砌块。

② 粉煤灰混凝土小型空心砌块是指以粉煤灰、水泥等各种轻重集料及水为主要组分拌和制成的小型空心砌块，其中粉煤灰用量不应低于原材料质量的 20%，水泥用量不应低于原材料质量的 10%，这在建材行业标准 JG 862—2000 中已予以明确。通常它的主要规格是 390mm×190mm×190mm，孔洞率为 35%～45%和 25%～35%。上海已有用湿排粉煤灰（含炉渣底）80%以上，由水泥黏结剂、激发剂组成混凝土配方，年生产能力达 $15\times10^4m^3$。

粉煤灰混凝土小型空心砌块使用原材料质量要求，基本上与粉煤灰混凝土相同，粉煤灰采用Ⅲ级灰，宜采用干灰，如要采用等外灰，必须进行充分的实验研究，而且应有保证粉煤灰质量的稳定措施。

③ 发泡混凝土砌块是用粉煤灰、超细矿粉、水泥、外加剂、发泡剂等材料，配制生产出具有轻质和隔热、隔声等优良性能及符合节能技术要求的新型墙体混凝土砌块。该产品还具有生产过程不排放废水和烟尘、噪声小、无异味、不破坏耕地的特点，与传统的高压蒸养加气混凝土砖、陶泥混凝土砖、黏土实心混凝土砖等墙体材料相比，在性能和价格上有突出的优势，且可以实现高层建筑轻质墙体现场泵送浇筑。

(4) 粉煤灰陶粒　粉煤灰陶粒，就是用粉煤灰作主要原料，加上一定量的黏结剂如黏土、页岩，经过混合、成球和烧结而成的球状或块状物，其直径与混凝土中的石子相仿，可以用它代替石子作为混凝土中的轻骨料。

粉煤灰陶粒与石子相比，不仅质轻，而且表面还有细孔，也就是它具有低堆积密度、高强度、低导热性和高耐火性等优点，一般在高层建筑和大跨度桥梁中应用，在国外也用于花卉的无土栽培以代替黏土。

2. 粉煤灰用于土建原材料

此项用灰量占利用总量的10%，主要技术有：粉煤灰用于大体积混凝土、泵送混凝土、高低标号混凝土，粉煤灰用于灌浆材料等。

(1) 粉煤灰混凝土　粉煤灰混凝土是以硅酸盐水泥为胶结料，砂、石等为骨料，并以粉煤灰代替部分水泥，加水搅拌而成。新中国成立以来，我国曾在刘家峡等大型水利大坝工程中采用粉煤灰混凝土；三峡工程综合考虑了混凝土的设计标号、耐久性、用水量、温度控制以及浇筑强度等具体情况，在常态混凝土、碾压混凝土以及抗冲磨混凝土中都掺入了Ⅰ级粉煤灰。到2002年，已使用粉煤灰121.2万吨。实践证明，粉煤灰能有效改善混凝土的性质，如减少混凝土的水化热，提高强度，减少混凝土的干缩，降低混凝土的绝热温升，改善胶凝材料和集料的界面结构，提高界面胶凝材料的密实度和胶凝材料对集料的握裹力等。

(2) 粉煤灰加气混凝土　粉煤灰加气混凝土是粉煤灰作为硅质材料与水泥-石灰和少量石膏，以微量铝粉为加气剂，使其发泡成孔而成的一种轻质墙体材料。它的工艺主要是经过磨细、成浆、配制、浇灌、发气、切割和蒸压养护而成。其优点是大幅度减轻墙体重量，从而使基础荷载见效很大，而且保温性能也相应提高，对节能有很大好处，特别是在我国北方地区好处更大。

粉煤灰加气混凝土可分为结构用和保温用两种，目前主要是兼做结构承重和保温用的所谓结构用加气混凝土，其表观密度为400～800kg/m^3，它等于普通混凝土表观密度的$\frac{1}{6}$～$\frac{1}{3}$和砖墙表观密度的$\frac{1}{4}$～$\frac{1}{2}$。

(3) 粉煤灰高性能混凝土　高性能混凝土（HPC）是一种耐久性优异的混凝土，其主要技术措施是采用双掺或三掺技术，即既要掺入粉煤灰等矿物料，也要加入外加剂，使粉煤灰的活性效应、形态效应和微集料效应得到充分发挥，降低水灰比，减少水泥石中的毛细管孔隙和混凝土中骨料与水泥石之间的界面缝隙，改善混凝土的微观结构，提高混凝土的抗渗性和耐久性，从而提高混凝土力学性能，达到高性能混凝土的技术特点要求。

粉煤灰高性能混凝土具有变形小、密实度大、后期强度高、抗渗性能好、耐久性强等特点，能适应现代结构工程向大跨、重载、高耸方向发展和承受恶劣环境条件的需要。粉煤灰高性能混凝土在硬化过程中体积稳定、水化热低、温升小，冷却时温度收缩小，干燥收缩小，所以硬化后不易产生宏观及微观裂缝，抗渗性能优良，其抗渗系数比普通混凝土高数倍甚至几十倍。

粉煤灰高性能混凝土可以替代普通混凝土应用于公路隧道二次衬砌中，每立方混凝土可以少用100kg水泥，节约了大量自然资源，也减少了粉煤灰对环境的污染。

总之，粉煤灰含有大量光滑致密的球状玻璃微珠，具有滚轴作用；在水泥浆水化和硬化过程中具有减水增浆-调凝-密实等作用；在混凝土中掺入粉煤灰可减少水泥用量，降低水化热，有利于制作大体积混凝土、抗渗混凝土、泵送混凝土等。粉煤灰高性能混凝土后期强度高，可节约水泥，降低工程成本，保护自然环境。

3. 用于道路工程

粉煤灰用于道路工程是推广粉煤灰综合利用的有效方法之一，这部分用灰量占利用总量的20%左右，主要技术有：粉煤灰、石灰石、砂稳定路面基层，粉煤灰沥青混凝土，粉煤灰用于护坡、护堤工程等。

我国在公路尤其是高速公路上对粉煤灰的应用，一般采用纯粉煤灰和粉煤灰、黏土、石灰掺和作公路路基材料两种施工方法。目前，公路纯粉煤灰施工应用还不很多，施工技术资料也不很完善。湖北襄荆高速公路就采用了纯粉煤灰路堤施工。

影响粉煤灰在公路中应用的因素。

(1) 粉煤灰的物理性质

① 密度。一般来说，密度越大，对拌和料和易性及混合料强度越有利。

② 细度。粉煤灰的颗粒越细，比表面积就越大，活性就越强，反应就越快，可提高混合料强度，但较高的吸水率和较强的保水性给施工带来一定的难度。

③ 烧失量。烧失量过大，说明粉煤灰含碳量大。粉煤灰含碳量上限通常限定在7%～10%以内，超出其限量，会增大需水量，减慢反应速度，有抑制粉煤灰活性的副作用，降低拌和料和易性和妨碍结构强度形成。

(2) 粉煤灰的化学性质

① 自硬性。某些含有足量游离石灰的粉煤灰，在有水条件下，无须与石灰混合而自行硬化。因而如果粉煤灰浸泡在大量水里，游离石灰就有可能溶解于水中并从粉煤灰中析出，减少游离石灰含量，使粉煤灰质量变差。由此可见，堆放粉煤灰的含水量不宜超过35%，以保证粉煤灰良好的活性结构和路用品质。

② 缓凝性。粉煤灰类混合料早期强度普遍偏低，而在复杂的物化反应过程中，施工环境和条件不同结构强度也存在差异。当高温并保持一定湿度时，强度增长加快；反之，则明显减缓。在负温时，强度完全停止增长。这是因为高温能促使反应加速，湿度为反应提供必要的结晶水。

③ 火山灰性。粉煤灰之所以能成为优良的路用材料，很大程度上依赖于SiO_2、Al_2O_3和Fe_2O_3含量多少。

4. 粉煤灰在农业上的应用

粉煤灰具有质轻、疏松多孔的物理特性，还含有磷、钾、镁、硼、钼、锰、钙、铁、硅等植物所需的元素，因而广泛应用于农业生产。该部分用灰量占利用总量的15%左右，主要技术有改良土壤、制作磁化肥、微生物复合肥、农药等。

(1) 作土壤改良剂　粉煤灰具有良好的物理化学特性能，广泛用于改善重黏土、生土、酸性土、盐碱土，弥补其酸、瘦、板、黏的缺陷。粉煤灰掺入土壤中后，容重降低，孔隙度增加，透水与增气性得到明显改善，酸性得到中和，团粒结构得到改善，并具有抑盐压碱作用，从而有利于微生物的生长繁殖，加速有机质的分解，提高土壤有效养分的含量和保温保水性能，增强了作物的抗旱抗病能力。

(2) 直接作农业肥料　粉煤灰含有大量可溶性硅、钙、镁、磷等农作物必需的营养元素。当其含有大量可溶性硅时，可做硅肥或硅钙肥；当含有较高的可溶性钙、镁时，可作改良土壤的钙镁肥；当含有一定磷时，可用于制造各种复合肥。

粉煤灰中含有大量 SiO_2 和 CaO，形成了具有可溶性的硅酸钙，经干化后球磨，便可制成水稻生长必需的硅钙肥，当粉煤灰含 P_2O_5 达到 4%时，可直接磨细，制成钙镁磷肥；若含磷量较低，也可适当添加磷矿石、煤粉、添加剂 $Mg(OH)_2$、助熔剂等，经焙烧、研磨，制成钙镁磷肥。

武昌电厂已采用这一技术，石家庄电厂、马头电厂也开展了类似的技术攻关。其配比为磷矿石 20%～45%、粉煤灰 20%～40%、助熔剂和添加剂 35%～45%，经焙烧、磨细制成磷肥。这种磷肥适应于酸性土壤，对油菜、大豆、食用菌有明显的增产效果，使小麦、黄瓜、水稻、棉花及西红柿等增产 20%～30%，且能早熟 5～15d。用粉煤灰添加适量的石灰石、钾长石、煤粉，经焙烧、研磨可制成硅钙钾复合肥。日本等一些国家利用粉煤灰加碳酸钾、补助剂 $Mg(OH)_2$、煤粉，经焙烧研制成了硅钾肥。此外，由于粉煤灰含有大量的 SiO_2 和 CaO 及少量 P_2O_5、Fe、Mo、Zn、B、S 等有用组分，还可被视为复合微量元素肥料。

(3) 磁化粉煤灰肥料　粉煤灰含有一定量的 Fe_2O_3，磁化粉煤灰就是利用电磁场处理含 Fe_2O_3 近 10%的粉煤灰，以获得剩余磁性。磁化粉煤灰施入土壤中后，能增加土壤磁性，促进土壤的团聚体形成，改善土壤结构和孔隙，提高土壤的通气、通水和保水能力，疏松土壤，提高土壤的易耕性；粉煤灰磁化的转化，可以促进土壤氧化还原反应，从而有利于有机组分的矿质化，提高营养元素的有效含量；磁化后的粉煤灰还在很大范围内影响植物生长，弱磁性能使根系固定，促进细胞分裂，定向磁场利于种子快速发芽、刺激酶的作用，促进植物生长。经湖南、湖北、山东、浙江等地的对比试验，在黏质土壤、水稻土上施用 2000～3000Gs 磁场处理的粉煤灰 2～7.5t/ha，水稻、小麦、大豆、蔬菜等可增产 7%～25%，新开垦的红壤可增产 50%至数倍。磁性粉煤灰对酸性、黏性、瘦土、板结的土壤效果较好，一般能增产 15%左右，其中油菜好于小麦。

(4) 作农药和农药载体　粉煤灰中含有 Fe、Mo、Zn、B、Mg 等微量元素，它们可以参与植物的生物化学过程和酶的作用，影响植物代谢作用和蛋白质、糖类、淀粉的合成。土壤中掺入粉煤灰可以促进作物生长，增强作物的抗病、抗虫能力，起到施加农药的效果。铁是形成叶绿素的主要催化剂，果树缺铁会出现黄叶病。施用粉煤灰后，可增加土壤 2%的铁，促进植物对土壤中铁的吸收。水稻缺少硅、硫等会出现稻瘟病，施用粉煤灰后，能有效防止其发生；粉煤灰中含有 B，能防止蚕豆、油菜“花而不实”；粉煤灰中含有大量的 Mg，利于烟草的光合作用和烤烟成色；小麦缺 Mo 会发生麦锈病，施用粉煤灰后能有效防止麦锈病。

另外，粉煤灰具有与陶土相似的性质，但其与陶土相比具有密度低、流动性好、不结块、不吸潮、多微孔、高表面积和高吸附性能的特点，能均匀地吸附、贮存和分布农药，使药效稳定，因而常被用作农药填料和农药载体。

(5) 作为回填材料　回填用灰量占利用总量的 15%左右，主要技术有：粉煤灰综合回填，矿井回填，小坝和码头等的回填。煤矿区因采煤塌陷，形成洼地，利用坑口粉煤灰对煤矿区的煤坑、洼地、塌陷区进行回填，既降低了塌陷程度，吃掉了大量灰渣，还可复垦造田，减少农户的搬迁，改善矿区生态。此外，利用粉煤灰回填矿井，不仅可大量节约水泥，减轻地下荷载，而且可以防火堵火。许厂煤矿、黑龙江鹤岗富力煤矿对此都有应用，取得了良好的效果。

5. 提取矿物和生产高附加值新材料

近几年来，我国在粉煤灰资源回收利用方面取得了一定进展。这部分用灰量约占利用总量的5%，主要技术有：从粉煤灰中提取金属、冶炼三元合金等；作为塑料、橡胶等的填充料，做高强质轻的耐火材料，做保温材料和涂料等。

(1) 回收粉煤灰中的金属和合金　从节省开矿费用、保存矿物资源、防治污染、保护环境的目的出发，世界各国都很重视粉煤灰金属矿物资源利用技术研究。目前较常用的方法有电磁选、水浮选和化学选矿等。

① 铁化合物的回收。粉煤灰中的铁可以用磁选法回收。辽宁电厂磁选车间，应用磁场强度1000Oe左右的磁选机，从含铁量5%的粉煤灰中分选得到含铁50%以上的铁精矿，铁的回收率大于40%。但从粉煤灰中回收铁存在着一定的弊端，这主要是因为我国的铁矿品位较低所致。1977年，青岛、济宁和烟台等地的电厂开展过这项工作，并做了比较，当粉煤灰含铁量大于10%时，磁选铁精粉的经济价值和社会价值优于开矿，后来由于国家大量进口澳大利亚的高品位铁矿石，很便宜，而我国电厂选出的粉煤灰中的富铁微珠品位低，又是粉状，成本高，导致铁的回收工作停滞。

② 微量元素的回收。粉煤灰中含有大量稀有金属和变价元素，如钼、镓、锗、钛、锌等。美国、日本、加拿大等国进行了大量的开发，我国也做了大量的工作。

粉煤灰中的硼可以用稀硫酸提取，最终溶液的pH值在7.0，硼的溶出率为72%左右。浸出的硼液通过螯合树脂富集，可得到纯硼产品。

将粉煤灰压成片状，并在一定的温度和气氛下加热分离锗和镓，其中镓的回收率在80%左右。粉煤灰中的锗可用稀硫酸浸出、过滤，滤液中加锌置换，料液经过滤回收锌粒后，滤液蒸发、粉碎、煅烧、过筛、加盐酸蒸馏，然后经水解、过滤，得到二氧化锗，最后用氢气置换，即得到金属锗。

③ 粉煤灰硅铝铁合金。在高温下用碳将粉煤灰中的SiO_2、Al_2O_3、Fe_2O_3等氧化物中的氧脱去，并除去杂质，制成硅、铝、铁三元合金或硅、铝、铁、钡四元合金，可作为热法炼镁的还原剂和炼钢的脱氧剂，且成本低、市场大，可显著提高金属镁的纯度和钢的质量。

(2) 作为塑料、橡胶的填充料　塑料制品中一般都要加入一些无机或有机的填充剂，他们能够改善制品的成形加工性能，提高塑料制品的某些质量指标，降低制品成本。在国外，20世纪70年代开始从粉煤灰中提取空心微球作为塑料制品的填充剂，并在多种材料中得到成功的应用；70年代末，美国科研人员开始成功地用磨细的或分选的粉煤灰作为聚丙烯塑料的填充料，并取得良好效果；80年代开始，我国科研人员研究用粉煤灰填充聚氯乙烯塑料制品，也取得成功。从普通粉煤灰中分选出高品质的超细粉煤灰，利用它作为聚乙烯塑料的填充料，生产出用粉煤灰填充合格的聚乙烯落水管。这样一方面可以开拓粉煤灰综合利用的途径，另一方面也可以大大降低生产聚乙烯管的成本。

(3) 分选高附加值的建材产品

① 微晶玻璃及复合微晶玻璃板材。微晶玻璃是近年国际上发展起来的一种新型建筑装饰材料，它是通过原料调配，熔化水淬，装模，烧结、晶化、流平，研磨、抛光、切边等一系列步骤加工而成的，具有抗磨损、耐腐蚀、耐风化、不吸水、无放射性污染等特点，同时色调均匀，色差小，光泽柔和晶莹，表面致密无瑕，其机械性能指标、化学稳定性、耐久性和清洁维护方面均比天然石材优越，被广泛应用于星级宾馆、商务中心、金融大厦和展览馆等建筑物内外墙、地面及廊柱等高档装修饰面。

复合微晶玻璃板是刚刚面世的一种高技术陶瓷制品，它是将特定的玻璃料（微晶玻璃）在特制的陶瓷板坯表面，通过高温晶化处理，在板坯表面形成一定厚度的微晶玻璃面层，再经研磨抛光切割处理，使陶瓷砖表面达到零吸水、高光泽度、耐酸碱侵蚀和高强度的理化性能。复合微晶玻璃板同时拥有石材、玻璃、陶瓷的特性，具有装饰效果好、施工要求简单、价格便宜等优点。

② 沉珠、微珠、漂珠等。沉珠可用于塑料、橡胶工业，能起到耐磨、质轻、消声、隔热、耐腐、阻燃、防潮的作用。漂珠可用于生产耐热涂料，应用于涡轮、喷气机喷管内壁或导弹发射架，也可用于高温管外包管材等。微珠可用于制造消声器材，可用于生产外墙玻璃，挡光，也可用于制作坦克刹车片、卫星发射架表面涂料。四川宜宾已经建成了一家年产5000t 的空心微珠厂。

③ 南京已开发出粉煤灰纤维棉多功能 FA 板，这种板材用粉煤灰粒状棉为原料，经高温高压成型，结构致密，抗弯强度、抗压强度超过一般中密度板，具有防火、防水、绝缘、吸声、保温等多项功能，可以替代木材做办公家具、普通家具、室内装潢板等，也可用于汽车、火车、轮船的内部装饰。

6. 应用于环境保护领域

粉煤灰因其特殊的物理化学性能而被广泛地应用于环保产业。一方面用作开发环保材料，如利用粉煤灰制造人造沸石和分子筛，利用粉煤灰制造混凝剂，利用粉煤灰制造吸附材料等；另一方面用于污水处理，包括城市污水处理和工业废水处理两方面。

(1) 粉煤灰用于环保材料开发　粉煤灰中含 Al_2O_3 一般在 12%～36%，主要以富铝水玻璃体形式存在。利用粉煤灰做原材料制备各种混凝剂、絮凝剂等水处理材料，关键是如何实现从粉煤灰中获取 Al_2O_3。

① 粉煤灰无机絮凝剂

a. 直接溶酸法混凝剂。将电厂产生的粉煤灰在 800℃下灼烧 1～1.5h 后筛去大于 75 目 (0.175mm) 的筛分，与硫酸在 100℃下反应 4h，然后于 100℃下烘干，便可制得混凝剂。应用该混凝剂可处理造纸废水，处理效果与硫酸铝相当。

在 90℃下采用碱溶、酸浸工艺对粉煤灰进行改性处理，制得的混凝剂用于造纸废水处理，其脱色率和 COD 去除率均高于聚铝混凝剂和三氯化铁。

b. 加助溶剂溶酸法混凝剂。利用氯化钠作助溶剂打开 Si-Al 键，利用盐酸废液与粉煤灰和硫铁矿烧渣在 100℃的温度下反应 2～3h，使有效金属离子 Al^{3+} 和 Fe^{3+} 的浸出率之和达到 0.4mol/L。利用合成的絮凝剂对造纸废水进行处理，COD 的去除率高达 90%以上，色度去除率也达到 90%，处理效果与聚铝相当，并且合成的絮凝剂具有沉淀速度快、污泥体积小等优点。

从粉煤灰中获取 Al_2O_3 还有酸溶-微波热解法等。采用酸溶-微波热解法，从粉煤灰中制取聚合氯化铝，选用 KF 溶出 Al_2O_3，并直接选用了微波能量作为热解源，简化了工艺流程。

c. 粉煤灰无机混凝剂。在鼓风炉铁泥中加入粉煤灰和助溶剂 Hs，在 90℃下用稀硫酸搅拌浸取 2.5h 后，制得物理吸附和化学絮凝为一体的混凝剂。这种混凝剂和聚合硫酸铝 (PSA) 配合用于废水处理，与传统混凝剂相比，COD 和色度去除率均提高约 30%，并且具有沉淀速度快、污泥体积小、处理费用低等特点。

② 粉煤灰无机高分子絮凝剂

a. 粉煤灰制备聚合氯化铝。无机高分子絮凝剂是一类新型的水处理剂，日本、美国、西欧等国家和地区都有相当规模的生产和应用，聚合氯化铝是无机高分子絮凝剂的代表。采用 NH_4F 酸溶法，使 F^- 与硅铝玻璃体中的硅反应生成氟硅化物，使玻璃体破坏，把 Al_2O_3 从粉煤灰中溶出，然后进一步在碱性条件下生成 PAC。利用其对生活污水进行处理，COD

去除率可达94%，除浊效果优于工业聚合氯化铝。

b. 粉煤灰制备复合无机高分子混凝剂。

(a) 聚氯硫酸铝铁复合混凝剂。将粉煤灰过筛、酸浸，在搅拌回流下加热到一定温度，反应一定时间，冷却、抽滤，得到主要含Al^{3+}和Fe^{3+}的溶液，将该溶液在60～70℃的温度下用一定比例的$Al(OH)_3$溶胶中和pH值，并保温6h左右，在保温后期加入一定量的SO_4^{2-}继续保温2h，这样就得到了聚氯硫酸铝铁（PAFCS）。聚氯硫酸铝铁是铝铁的复合产物，是一类新型的复合絮凝剂，兼有铝盐类絮凝剂和铁盐类絮凝剂的特点，具有优良的净水性能和广泛的应用范围，混凝效果优于传统的聚合氯化铝混凝剂。

(b) 聚铁铝硅絮凝剂。粉煤灰中含铁量较低，因此可以在粉煤灰中加入硫铁矿渣，解决粉煤灰无机高分子絮凝剂含铁量不足的问题，并采用无助溶剂新工艺制备聚铁铝硅盐（PAFCSi）。用强碱溶解细灰以打开Si—Al键，首先将硅溶出，残渣的矿物结构发生变化，粉煤灰颗粒内部硅氧四面体出现空白，再用强酸浸取，Al_2O_3即被部分溶出。强碱浸出的硅酸钠在酸性条件下聚合，可得聚硅酸；酸浸取粉煤灰残渣和硫铁矿所得的Al^{3+}和Fe^{3+}的混合液用一定浓度的NaOH聚合可得聚合铁铝，聚硅酸和聚合铁铝在特定的条件下按一定比例共聚即得聚铁铝硅絮凝剂。用该絮凝剂处理纸箱厂废水和生活污水COD去除率分别达到80%和84%，优于聚铁（PFC）和聚铝（PAC）混凝剂。

(c) 聚硅酸铝混凝剂。将粉煤灰在500～800℃下焙烧2h，然后用浓度为20%～25%的盐酸在60～80℃下搅拌浸取2h，固液比为1∶5，铝的浸出率达90%。将酸浸后的滤渣与NaOH按比例送入高压釜中反应，当釜内压力为0.45MPa，温度为160℃，反应时间为2～3h时，硅溶出率为92%。将上述反应生成的硅酸钠溶液用酸调pH值为3.5，然后稀释至浓度4%，在室温下静置2～4h，进行聚合反应。反应完毕，调节pH=2。将上述滤液加入到聚硅酸中，调节硅酸铝量的比例为（1∶1)～(5∶1）之间，充分搅拌，再静置熟化2h，即得到聚硅酸铝混凝剂。用其处理炼钢厂洗涤废水和印染废水，COD去除率达到80%以上，处理效果明显优于$AlCl_3$。

然而，粉煤灰中含Al_2O_3一般仅为12%～36%，而且主要存于莫来石等矿物中。即使从粉煤灰中把Al_2O_3全部提取出来，仍会产生70%以上的二次废渣，且从莫来石等矿物中获取Al_2O_3要消耗大量能量。我国铝土资源丰富，品位较高。从粉煤灰中获取Al_2O_3产生的经济效益根本无法与从铝土矿中提取Al_2O_3相竞争。所以，尽管粉煤灰提取氧化铝及制成聚合铝的技术成果不少，但占领市场的份额微乎其微，有的还只是停留在实验室阶段或中试阶段。

③ 利用粉煤灰制造人工沸石和分子筛。粉煤灰和碳酸钠助剂以1∶2的比例在800℃的条件下焙烧2h，可碱熔融分解制备合成沸石，粉煤灰中的大部分硅、铝有效成分能够溶出为合成4A沸石的原料。利用粉煤灰生产工艺技术与常规生产工艺相比，生产每吨分子筛可节约0.72t $Al(OH)_3$、1.8t水玻璃、0.8t烧碱，且生产工艺中省去了稀释、沉降、浓缩、过滤等流程，产品品质达到甚至优于化工合成的分子筛。

(2) 粉煤灰用于污水处理

① 在城市污水处理中的应用。我国粉煤灰应用于城市污水处理较早，如粉煤灰用于哈尔滨市马家沟河城市污水处理就比较早。该工艺主要是利用了粉煤灰的吸附作用和细微颗粒在污水中良好的分散性，粉煤灰的这些功能增加了絮凝颗粒的数量浓度，提高了碰撞速率。其弊端是采用粉煤灰工艺会额外增加出泥量，其出路是将泥渣用于制砖。

② 粉煤灰在工业废水处理中的应用。

a. 处理含氟废水。有报道认为，氟离子在粉煤灰表面形成了氢键吸附和取代吸附，粉煤灰除氟率可达90%以上，除氟后饱和灰可烧制砖块，对环境无二次污染；但也有报道证明，粉煤灰中吸附氟的溶出是肯定的，因此，粉煤灰吸氟后的二次污染不容忽视。

b. 处理含铬废水。粉煤灰中含有沸石、莫来石、碳粒、硅胶等，具有无机离子交换特性和吸附脱色作用。国内的研究表明，粉煤灰中的无定形玻璃对 Cr^{3+} 起作用，对 Cr^{6+} 不起作用或吸附作用很小；粉煤灰中未燃尽的无定形碳制成的活性炭对含 Cr^{6+} 的废水有较好的处理效果。国外研究粉煤灰对重金属废水的处理，不主张对粉煤灰先进行再加工，如浮选粉煤灰中的活性炭，或者对粉煤灰进行活化处理等。这是因为粉煤灰是大宗工业废渣，如对粉煤灰先进行再加工然后用于废水处理，势必增加了废水处理成本，必然限制粉煤灰在废水处理中的广泛应用。

c. 处理含磷废水。污水中的无机正磷酸盐会使藻类过度繁殖、水体富营养化；污水中的有机磷将在磷酸酶的作用下转化为无机态的正磷酸盐，从而加速水体富营养化的进程。所以，污水除磷就是清除水体中的磷和磷酸酶。

粉煤灰除磷是利用了粉煤灰的吸附作用，研究表明，粉煤灰吸附水中磷时受pH值的影响较大，中性条件下，磷的去除率最高。生活污水的pH值一般为7～7.9，其中磷的来源主要是洗涤剂。所以，可以不用对生活污水进行pH值调节，直接利用粉煤灰进行脱磷处理。

另外，利用粉煤灰法去除污水中的磷酸酶受温度影响，去除率随温度的增加而增大，常温下粉煤灰对磷酸酶亦有较高的去除率，以化学吸附为主，物理吸附为辅。

d. 处理含酚废水。利用粉煤灰，加入少量的硫酸烧渣和适量的氯化钠，在加热条件下用稀硫酸搅拌浸取2.5h后，便可制得集物理吸附和化学吸附为一体的混凝剂，将这种混凝剂与无机高分子PSA絮凝剂配合用于焦化厂含酚废水的处理，酚的去除率可达92%以上，同时还有去除SS、COD、色度等的效果。

另外，对粉煤灰进行一系列加热活化、干法酸化、干法碱化、沸石化处理及成型处理的活化处理，并将粉煤灰做成球粒，用此固体颗粒作为脱色剂处理含酚废水。结果表明，活化灰比原灰的比表面积大，脱色能力强；干法酸化的灰以及沸石化的灰成型后，对含酚废水的脱色效果良好，且球性粒料强度大，灰水分离容易，易实现工业化。

e. 处理造纸废水。在造纸生产中，排放的废水量大，废水中COD主要是可溶性纤维素及纤维，废水经过滤后，滤液中COD含量极高，废水处理成本高。

一般来说，在酸性条件下，粉煤灰中的 Al_2O_3 和 Fe_2O_3 离解成为无机混凝剂，与污水混合时，铝离子和铁离子可将污水中的悬浮粒子絮凝、团聚而共同沉降下来，完成污染物、悬浮物与水的分离。由于粉煤灰的活性和比表面积较大，所以具有吸附污水中悬浮物、脱色、吸附并降低污水中的耗氧物质的作用。因此，可将一部分造纸废水泵去作为冲灰用水，同时利用粉煤灰的特性去除废水中的污染物，达到以污治污的目的。

可是，也有人发现，粉煤灰经酸洗后，其吸附量大大降低，酸洗加灼烧处理后的粉煤灰几乎完全失去吸附功能。所以可直接利用粉煤灰代替絮凝剂对造纸废水进行处理，处理水的透光性可达到与用聚合铝、聚合铁处理同样的效果，且粉煤灰处理过的水无色无臭。

用粉煤灰处理造纸废水，有成本低、效果不差的优点，但存在一个问题，就是会增加污泥量。用碱式氯化铝和粉煤灰以1：2.5（质量）的比例进行混合，可制得新型混凝剂。将该混凝剂和造纸废水直接充分混合，经絮凝、沉淀、过滤后，处理水可直接排放，使用该混凝剂可大大加快沉淀速度，污泥体积减小20%～50%，污泥密实，脱水性好。

f. 处理印染废水。印染废水色度深、COD高、中间体多、含盐量高、毒性大，对环境的污染严重。利用改进的铁屑内电解法，即在铁屑中加入粉煤灰，利用铁屑和粉煤灰组成腐蚀电池，处理印染废水的效果较好。其反应机理主要是基于铁屑和粉煤灰的电化学作用，酸性条件下 Fe^{2+} 的还原作用，粉煤灰的高吸附性能，活性态氢的还原作用和铁离子的混凝作用。反应 pH 值和反应停留时间是影响反应效果的两个主要因素。反应 pH 值为 4、反应时间为 30min 时，色度去除率达 95%，COD 可降至 400mg/L 以下。该法具有高效、设备简单、操作管理简单、占地少、投资费用低等优点，是一种良好的高色度印染废水的预处理方法。

g. 处理含油废水。粉煤灰具有较大的比表面积，具有很强的物理化学催化剂吸附性能，当废水与粉煤灰共混或相遇时，废水中的污染物质 COD、油类等会因为氧化分解、吸附而与灰渣一起共沉得以去除，从而使废水得到净化。采用粉煤灰、炉渣处理含油废水，技术简单可靠，经济实惠，处理后排放水的各项水质指标均达到或低于国家排放标准，解决了含油废水排放中 COD 超标这一环保难题，达到了以废治废的目的，具有明显的经济效益、社会效益和良好的应用前景。

总之，粉煤灰具有一定的吸附能力，而且其粒径细微，在污水中有良好的分散性，增加了絮凝颗粒的数量浓度，可提高碰撞速率。因此，粉煤灰在污水的混凝处理中可以较好地发挥作用，另外，在对某些工业废水的处理中，因存在协同作用，可使处理效果比较满意。同时，粉煤灰用于污水处理时，会产生数倍的污泥增量，无毒污泥可以制砖，是一个很好的出路；有毒污泥不能制砖，必须引起足够的重视。

第二节　铬渣的无害化处理

一、铬渣的来源及生产过程

1. 铬渣的来源

铬在化学元素周期表中位于第ⅥB 族，有 6 个价电子可以参加成键，最高氧化态为正六价，并具有多种氧化态的特征。单质铬是银白色的金属，性质比较活跃，因其表面易生成氧化物保护膜，常温甚至受热时仍可保护内层金属不被氧化，故广泛用于保护及装饰性铬膜。铬主要用于金属加工、电镀等行业。大量的铬用于制造合金材料，含铬 12%左右的钢称不锈钢，由于它在高温时也能保证足够的强度及耐氧化能力，在低温时又有较强的韧性，故在机械制造工业中用途十分广泛。

铬的化合物中最常见的是正三价和正六价氧化态的化合物。在自然界中主要形成铬铁矿，大多以三价铬存在，其组成为 $FeO\text{-}CrO_3$。Cr_2O_3 微溶于水，呈两性。两性的三价铬在碱性条件下，可以被 O_2 或 Na_2O_2 等氧化剂氧化，生成六价的铬酸盐，即通常说的铬盐。铬盐是铬酸钠（Na_2CrO_4）、重铬酸钠（$Na_2Cr_2O_7$）、铬酸酐（CrO_3）、重铬酸钾（$K_2Cr_2O_7$）、铬绿（Cr_2O_3）、铬黄等系列铬化工制品的统称。铬盐和金属铬是发展国民经济不可或缺的重要物资，广泛应用于化工、冶金、轻工、电子、机械及军工等诸多重要工业部门，主要用于电镀、鞣革、印染、颜料、催化剂、化学试剂及金属缓蚀等方面。据有关部门统计，铬盐与我国 10%品种商品的生产有关。铬渣，即铬浸出渣，是冶金与化工行业在生产金属铬、红矾钠（重铬酸钠）等铬盐过程中排出的固体废物，其外观有黄绿、黑绿、赭绿等颜色，大多呈粉末状，并有结块。

中国铬盐工业中，随所用原料、工艺和配方的不同，每生产 1t 红矾钠将排出 1.7～3.2t 铬渣，每生产 1t 金属铬将排出 7t 铬渣，全国每年要排出 10 万余吨铬渣。我国铬盐生产经历了近50年的曲折发展历程，自1958年以来，我国有70余家企业投入铬盐生产，其中已有40多家生产企业由于国民经济发展和市场调节、环境保护或经济效益等因素的影响而停产或转产。据不完全统计，生产和停产企业合计产渣量约630万吨，已利用渣量约270万吨，解毒堆存12万吨，去向待查31万吨，目前仍堆存铬渣量约320万吨。

2. 铬渣的产生过程

铬渣的产生过程，实际上就是铬盐的生产过程。我国铬盐主要有4类生产工艺，即铬铁矿焙烧工艺、重铬酸钠中和与酸化工艺、铬酸酐生产工艺、碱式硫酸铬生产工艺。国内的中和与酸化工艺普遍采用了硫酸氢钠沉淀法，用含铬硫酸氢钠溶液中和-预酸化铬酸钠碱性液，将游离碱中和，同时部分铬酸钠被转化成重铬酸钠，碱性液中的铝酸钠和硫酸氢钠中的三价铬形成氢氧化物沉淀，连同其他杂质被除去；由于氢氧化铝及氢氧化铬易生成絮状物，带损率较高，近年来已改进为磷酸沉淀法，用磷酸使铝和三价铬形成致密的碱式磷酸盐沉淀，可降低带损率，且滤渣有可能被综合利用。对于铬酸酐生产工艺，国内普遍采用重铬酸钠-硫酸熔融法。碱式硫酸铬生产工艺近年来已由蔗糖还原-滚筒干燥法改进为二氧化硫塔式还原-喷雾干燥法，该法不消耗硫酸，还原完全，适于连续化大型生产，离心喷雾干燥产品为多孔微球，水溶性良好，质量明显优于滚筒干燥的片状产品。下面以铬铁矿焙烧工艺生产红矾钠过程中产生的工业废渣为例，来说明铬渣的详细产生过程及铬渣的主要成分等特性。

(1) 红矾钠（$Na_2Cr_2O_7$）生产工艺介绍　我国生产红矾钠（$Na_2Cr_2O_7$）的主要原料为铬铁矿（$FeO\cdot Cr_2O_3$），生产方法采用纯碱焙烧硫酸法，其原理为铬铁矿与纯碱混合煅烧，使铬铁矿中的Cr^{3+}被空气中的氧气氧化成Cr^{6+}，经煅烧而成的熟料，在浸出器中通过多级逆流浸出铬酸钠（Na_2CrO_4）溶液，再加入硫酸，使铬酸钠转化为重铬酸钠，其反应方程式如下：

$$4FeO\cdot Cr_2O_3+8Na_2CO_3+7O_2 \xlongequal{} 8Na_2CrO_4+2Fe_2O_3+8CO_2$$

$$2Na_2CrO_4+H_2SO_4 \xlongequal{} Na_2Cr_2O_7+Na_2SO_4+H_2O$$

图4-1为我国采用的纯碱焙烧硫酸法生产红矾钠的工艺流程图，首先铬铁矿、白云石、石灰石经人工破碎至粒径小于150mm后，由颚式破碎机破碎，雷蒙机研磨至细度为200目。经分离器将物料分离至螺旋输料器，连续分别输送至铬铁矿、白云石、石灰石大贮料仓备用。铬矿渣由油泵直接明火加热，顺流干燥，引风机除尘、洗涤后，提升至残渣仓贮存备用。各料仓的铬铁矿、白云石、石灰石、铬矿渣经计量槽计量后，吸入混料器，纯碱也计量混入。混合好的物料，其均匀度要求达到95%，经气固分离进入真空料仓，以1500kg/h的喂料速度下料至焙烧转炉主体内，蒸气雾化燃烧。烧成的熟料经冷却送入浸取槽，浸出液打入黄水贮槽，加入硫酸调整为pH值7.0～7.2的中性液后压入压滤机分离氢氧化铝。中性液经中性蒸发器蒸发至一定浓度，再次加入浓硫酸，将酸化液抽滤分离芒硝，重复抽滤一次，在酸性蒸发器中蒸发至一定浓度，然后压入沉淀槽，澄清4～6h，重复沉淀一次，将清液吸入结晶机，冷却结晶，待温度降到45℃以下时进入离心机固液分离，成品包装，母液打入酸性蒸发器。

(2) 各原料配比

① 铬铁矿与纯碱的配比。铬铁矿与纯碱是生产红矾钠（重铬酸钠）的基本原料，根据以下化学反应方程式：

$$4FeO\cdot Cr_2O_3+8Na_2CO_3+7O_2 \xlongequal{} 8Na_2CrO_4+2Fe_2O_3+8CO_2$$

可以知道1mol Cr_2O_3需要与2mol碳酸钠化合生成铬酸钠，所以通过计算可得理论上所需碱用量（用m表示质量）：$m(Na_2CO_3)=1.395m(Cr_2O_3)$，为了计算方便取

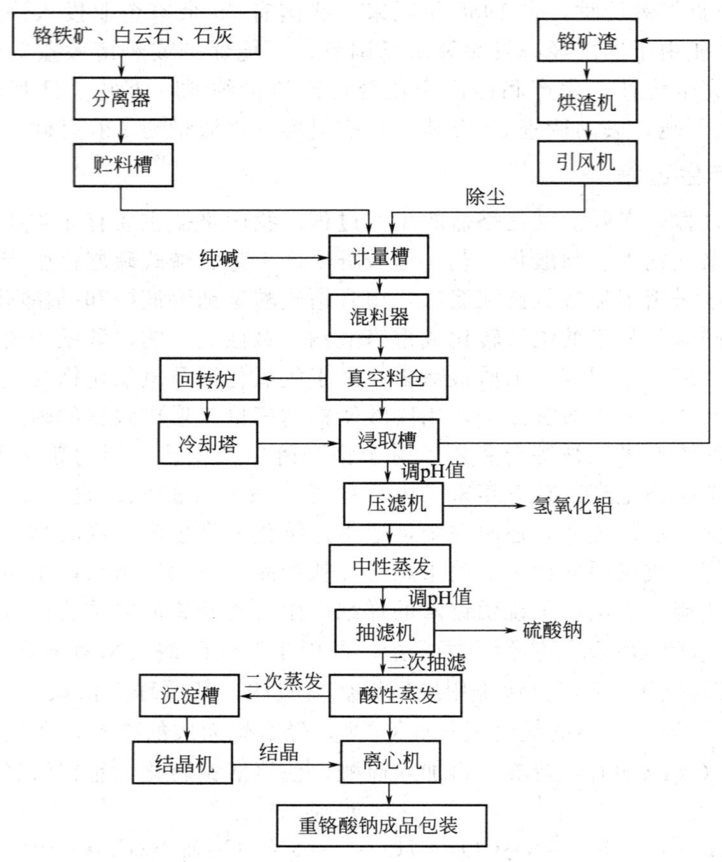

图 4-1 纯碱焙烧硫酸法生产红矾钠的工艺流程

$m(Na_2CO_3)=1.4m(Cr_2O_3)$。但在实际操作中，纯碱采用理论量是不恰当的，因为纯碱的利用率不会高于铬铁矿中 Cr^{3+} 的利用率，Cr^{3+} 的最高氧化率为 90%～95%，一般取其氧化率为 92%，因此 $m(Na_2CO_3)=1.4m(Cr_2O_3)\times 92\%=1.29m(Cr_2O_3)$。

② 炉料填充剂的作用与配比。铬铁矿氧化煅烧的物料组分与气相中的氧构成了多相体系，这种体系的反应速度取决于相界面的大小。由于炉料煅烧过程中，碳酸钠熔融液的产生使铬铁矿的微小颗粒被润湿，表面积增大，并且气相组分也开始通过液膜扩散，加速氧化过程的进行。而液相大量存在时，炉料发生烧结，并粘在炉壁上，妨碍炉料的正常运动，矿粒黏结成大块，使氧化反应速度减慢，铬酸钠的生成率降低。为了防止反应物料烧结，就必须往炉料中添加细粉状的物质如 CaO、MgO、$CaCO_3$、$MgCO_3$ 等作为填充剂，生产中多采用石灰石和白云石作为炉料填充剂。

石灰石的主要成分 $CaCO_3$ 在 800～1100℃发生热分解，生成 CaO 和 CO_2。白云石的主要成分为 $MgCa(CO_3)_2$，在 650～750℃时，碳酸镁发生热分解，在 800～1100℃时，碳酸钙发生热分解。鉴于对石灰石和白云石的物理、化学性质的分析以及在炉料煅烧过程中所起的作用，配制炉料所需的氧化钙量采用经过修正的前苏联计算公式：

$$m(CaO)=1.88[SiO_2]+0.91[Al_2O_3]+0.82[Fe_2O_3]+0.27[Cr_2O_3]$$

其中，$[SiO_2]$、$[Al_2O_3]$、$[Fe_2O_3]$、$[Cr_2O_3]$ 分别为铬铁矿中这些氧化物的质量分数。

而氧化镁的加入量宜控制在以下范围：

$$m(MgO):m(Cr_2O_3)=(2\sim5):1 \text{ 或者 } m(MgO):m(CaO)=1:1$$

(3) 各种原料的化学组分及其加入量　以青岛红星化工厂的红矾钠生产工艺为例，原料的平均化学组分如下。

铬铁矿：$Cr_2O_3=38.39\%$；$SiO_2=11.59\%$；$Al_2O_3=8.04\%$；$Fe_2O_3=16.38\%$；$MgO=22.43\%$。

白云石：$MgCO_3=40.67\%$；$CaCO_3=51.09\%$；$SiO_2=2.2\%$。

石灰石：$CaCO_3=93.32\%$；$SiO_2=1.57\%$。

纯碱：$Na_2CO_3=99.00\%$。

铬矿渣：$Cr_2O_3=6.00\%$；$SiO_2=10.77\%$；$Al_2O_3=7.66\%$；$Fe_2O_3=9.11\%$；$MgO=27.24\%$。

以100kg铬铁矿作为计算基准，焙烧转炉中 Cr_2O_3 的转化率按80%计算，运用上面给出的公式，则各原料的加入量分别为铬铁矿（$FeO\cdot Cr_2O_3$）100kg、白云石［$MgCa(CO_3)_2$］100kg、铬矿渣100kg、纯碱（Na_2CO_3）58kg、石灰石（$CaCO_3$）46kg。

③ 焙烧过程中炉料各组分的相互作用和浸出过程中炉料焙烧所涉及的化学反应有：

$$2Na_2CO_3+Cr_2O_3+1.5O_2 = 2Na_2CrO_4+2CO_2$$

$$2Na_2CO_3+FeO\cdot Cr_2O_3+1.75O_2 = 2Na_2CrO_4+0.5Fe_2O_3+2CO_2$$

$$2Na_2CO_3+MgO\cdot Cr_2O_3+1.5O_2 = 2Na_2CrO_4+MgO+2CO_2$$

同时，在较低温度下也有生成 $MgCrO_4$ 的反应：

$$MgO\cdot Cr_2O_3+MgO+1.5O_2 = 2MgCrO_4$$

$$Na_2CrO_4+MgO+CO_2 = Na_2CO_3+MgCrO_4$$

$MgCrO_4$ 在550～600℃时发生分解生成 $MgO\cdot Cr_2O_3$。

$$Na_2CO_3+Fe_2O_3 = Na_2O\cdot Fe_2O_3+CO_2;$$

$$Na_2CO_3+Al_2O_3 = 2NaAlO_2+CO_2$$

$$CaCO_3 = CaO+CO_2$$

$$2CaO+Cr_2O_3+1.5O_2 = 2CaCrO_4$$

$$2CaO+FeO\cdot Cr_2O_3+1.75O_2 = 2CaCrO_4+0.5Fe_2O_3$$

$$2CaO+MgO\cdot Cr_2O_3+2O_2 = 2CaCrO_4+MgO_2$$

$$CaO+SiO_2 = \beta\text{-}2CaO\cdot SiO_2$$

此外，Na_2CO_3 与 SiO_2 焙烧生成四种硅酸盐 $2Na_2O\cdot SiO_2$、$3Na_2O\cdot 2SiO_2$、$Na_2O\cdot SiO_2$ 和 $Na_2O\cdot 2SiO_2$；CaO 与 SiO_2 生成三种化合物 $CaO\cdot SiO_2$、$2CaO\cdot SiO_2$ 和 $3CaO\cdot SiO_2$；CaO 与 Al_2O_3 生成五种化合物 $CaO\cdot 6Al_2O_3$、$3CaO\cdot 5Al_2O_3$、$CaO\cdot Al_2O_3$、$5CaO\cdot 3Al_2O_3$ 和 $3CaO\cdot Al_2O_3$，CaO 与 Fe_2O_3 生成三种化合物 $2CaO\cdot Fe_2O_3$、$CaO\cdot Fe_2O_3$ 和 $CaO\cdot 2Fe_2O_3$。

浸出过程中涉及的化学反应有：

$$3CaO\cdot SiO_2+nH_2O = 3Ca(OH)_2+SiO_2\cdot(n-3)H_2O$$

$$3CaO\cdot SiO_2+(2n-1)H_2O = Ca(OH)_2+2CaO\cdot SiO_2\cdot(n-1)H_2O$$

$$4CaO\cdot Al_2O_3\cdot Fe_2O_3+7H_2O = 3CaO\cdot Al_2O_3\cdot 6H_2O+CaO\cdot Fe_2O_3\cdot H_2O$$

$$3CaO\cdot Al_2O_3\cdot 3CaSO_4+12H_2O = 3Ca(OH)_2+3(CaSO_4\cdot 2H_2O)+2Al(OH)_3$$

$$CaCrO_4+2NaOH = Ca(OH)_2+Na_2CrO_4$$

$$CaCrO_4+Na_2CO_3 = CaCO_3+Na_2CrO_4$$

经过浸取工序排出的固体废物即为铬渣，因此，铬渣中不可避免地含有四水铬酸钠、铬酸钙、铬铝酸钙和碱式铬酸铁等含铬矿物以及水镁石、石膏、方解石、水铝石、石英等，部分 Cr(Ⅵ) 还可能被包藏在铁铝酸钙、β-硅酸二钙固熔体中。

3. 铬渣的化学成分

我国铬盐生产多采用纯碱焙烧硫酸法，并添加石灰石、白云石等炉料填充剂，因此铬渣因含有大量的钙镁化合物而呈碱性，其组成随原料产地和生产配方不同而有所改变，国内铬渣的物相组成见表 4-5。

表 4-5 国内铬渣的主要物相组成

物相名称	物相分子式	相对含量/%	物相名称	物相分子式	相对含量/%
四水铬酸钠	$Na_2CrO_4 \cdot 4H_2O$	2～3	铬酸钙	$CaCrO_4$	≤1
铬铝酸钙	$3CaO \cdot Al_2O_3 \cdot CaCrO_4 \cdot 12H_2O$	1～3	铬铁矿	$(Mg \cdot Fe) \cdot Cr_2O_4$	中
碱式铬酸铁	$Fe(OH) \cdot CrO_4$	≤1	α-水合氧化铝	$\alpha\text{-}Al_2O_3 \cdot H_2O$	少
硅酸二钙	$\beta\text{-}2CaO \cdot SiO_2$	≤25	硅酸铁	$FeSiO_3$	中
铁铝酸钙	$4CaO \cdot Al_2O_3 \cdot Fe_2O_3$	≤25	水合氯酸钙	$3CaO \cdot Al_2O_3 \cdot 6H_2O$	少
方镁石	MgO	≤20	硅酸铬	Cr_2SiO_2	可能存在
α-亚铬酸钙	$\alpha\text{-}CaCr_2O_4$	5～10	氧化铬	Cr_2O_3	可能存在
碳酸钙	$CaCO_3$	≤3			

表 4-6 是我国不同地区铬渣的化学组成，其中总铬含量为 2%～9%之间，平均值为 3.15%～5.66%，Cr^{6+} 含量为 1.72%～6.69%，平均值为 3.15%～5.66%（均以 Cr_2O_3 计）。利用 X 射线相分析及化学相分析测定，铬渣中有六种组分含有 Cr^{6+}，分别为四水铬酸钠、铬酸钙、铬铝酸钙、碱式铬酸铁、硅酸钙-铬酸钙固溶体、铁铝酸钙-铬酸钙固溶体。利用化学物相分析（选择性溶解法）测得它们的相对含量及水溶性见表 4-7。其中四水铬酸钠及游离铬酸钙为水溶相（共占 64%），易被地表水、雨水溶解，是铬渣近期污染的由来；其余四种组分虽难溶于水（即它们所含的 Cr^{6+} 不易被转化成为水溶性的 Cr^{6+}），但长期露天堆存过程中，空气中的 CO_2 和水能使它们水化，造成铬渣对环境的中、长期污染。铬渣中的其他化学成分主要有 CaO、MgO、SiO_2、Al_2O_3、Fe_2O 等，其中 CaO 和 MgO 的含量通常都大于 50%。

表 4-6 我国不同地区铬渣的化学组成 单位：%

产地	总铬	Cr_2O_3	CaO	MgO	Al_2O_3	SiO_2	Fe_2O_3	Na_2O	K_2O
青岛红星化工	2～7	3.37	33.39	20.95	7.92	11.43	10.35	1.48	0.08
济南裕兴化工	3.93	1.80	34.22	14.65	10.41	6.52	12.07		
黄石无机盐厂	6.89	3.52	27.46	23.36	10.07	7.52	7.33		
杭州红星化工	3.85	3.57	22.96	19.68	3.51	13.1	7.89		
濮阳熔盐厂	3.42	3.42	23.98	18.7	7.57	12.18	15.17		
南京铁合金厂	3.02	3.02	28.44	28.44	5.12	11.35	6.79		
沈阳新城化工	3.79	3.5	26～28	28～30	6～8	8～10	10		
湖南铁合金厂	3～5	3～5	26～30	28～32	5～9	5～11			
包头钢铁设计	2.23～8.14	2～7	23～30	24～30	3.7～8	6～10	8～10	1.13～3.18	0.05～0.21
天津同生化工	7.06	3.37	33.01	27.02	5.81	11.1	9.98		
重庆东升化工		3.50	35.80	20.00	10.80	10.30	9.40	2.94	0.34
	3.23～8.14	1.72～3.14	29～36	20～33	5～8	8～11	7～11		
	3～7	2～4							
	6.69	6.69	29～33	19～27	5～6	9～11	8～11		
	3.65	3.68	32.84	25.25	2.95	18.32	11.18	2.65	0.12
			23.86	19.34	3.76	6.52	12.07		
剑南化工厂	3.41～5.73	3～5	31～35	20～33	7.9	6.8	10～13		
		3.12	38.39	13.56	10.99	7.05	18.58		
范围	2～8.2	1.7～7	22.9～38.4	13.5～32	2.9～10.8	5～18.3	6.7～18.6	1.1～3.2	0.05～0.34

表 4-7 铬渣中六价铬的主要存在形式及相对含量

物相	Cr^{6+}占干铬渣质量分数(以 Cr_2O_3计)/%	Cr^{6+}的相对含量/%	水溶性
四水铬酸钠	1.11	41	易溶
铬酸钙	0.63	23	稍溶
铬铝酸钙 碱式铬酸铁 化学吸附的六价铬	0.34	13	微溶
硅酸钙-铬酸钙固溶体	0.48	18	难溶
铁铝酸钙-铬酸钙固溶体	0.13	5	难溶
合计	2.69	100	

二、铬渣解毒技术和资源化利用概况

铬渣是有浸出毒性的固体废物，是联合国环境规划署《控制危险废物越境转移及其处置巴塞尔公约》列出的“应加控制的废物类别”中 45 类的 Y21 组别。国外对铬渣的治理原则总的趋向是将六价铬解毒处理后堆存或填埋。

日本电工公司德岛化工厂年生产重铬酸钠 30kt 用于亚硫酸钠的造纸废液作还原剂，在回转窑中对铬渣进行还原焙烧。铬渣与造纸废液的比例为（5∶1）～（20∶1），在 600℃温度下使六价铬转为三价铬，而后再堆存或填埋。日本化学公司德山化工厂产重铬酸钠 36kt/a，将铬渣与一定比例的黏土混合，制成建筑骨料。美国巴尔的摩铬盐厂的铬渣量为 2～2.5t/t（重铬酸钠），排铬渣量为 350t/d，基本上是解毒之后用以填海。此外，国外还有采取制陶瓷、做玻璃着色剂以及与水泥一起固化等方法处理铬渣。

我国根据 1998 年 1 月 4 日国家环境保护局、国家经济贸易委员会、对外贸易经济合作部和公安部联合颁布和实施的《国家危险废物名录》，铬渣列在编号 HW21 中。我国对铬浸出渣的治理自 20 世纪 60 年代就已开始，1976 年原化工部组织专家，先后就铬渣制砖、生产钙镁磷肥、干法还原解毒、湿法还原解毒、还原铬渣制彩色水泥、做玻璃着色剂、利用铬渣制矿渣棉制品及铸石制品等方法进行了试验研究，取得了不同程度的进展。“八五”期间，在国家环保局主持下，进行了含铬废渣资源化技术示范研究，主要内容为含铬废渣制作自熔性烧结矿及冶炼含铬生铁的示范技术研究，含铬废渣烧制炻质铺路砖示范技术研究，铬渣溶解排毒综合回收治理技术研究及旋风炉焚烧处理铬渣技术等。近年来，铬渣解毒与资源化利用的研究工作非常活跃。最近，经试验提出利用铬渣烧制彩釉玻化砖的生产技术与工艺，为铬渣的治理和资源化又创出一条新的途径。

1. 铬渣的解毒技术

铬渣的解毒技术又称为无害化处理技术，常包括湿法还原法和干法还原法。湿法还原法是用硫化钠、硫酸亚铁等类还原物质，将铬渣中的六价铬还原成三价铬；干法还原是将铬渣与煤粉等按一定的比例混合，于高温下焙烧，在还原状态下，铬渣中六价铬被还原成三价铬。

（1）碱性还原法　碱性还原法有硫化物还原、硫黄还原和有机磷废液还原等。

① 硫化物还原。在碱性铬渣中加入硫化物、硫氢化物（如硫化钠、硫化钾、硫氢化钠、硫氰化钾等）将六价铬离子还原成三价铬离子。硫化钠湿法解毒是一种有代表性的方法，其反应方程式是：

$$8Na_2CrO_4+6Na_2S+23H_2O \longrightarrow 8Cr(OH)_3+3Na_2S_2O_3+22NaOH$$

此法工艺过程是将铬渣磨碎成 0.147mm，加入硫化物水溶液，并将其加热至 100℃。

在此条件下，六价铬离子基本还原成三价铬离子状态。为了防止硫化物过量产生二次污染，在反应过程中需要加入适量硫酸亚铁，使过量的硫化物生成稳定的铁硫化物。

② 硫黄还原。将含水10%左右的铬渣，粗碎至0.833～0.542mm，加入0.8%～1.2%的硫黄粉，使之均匀混合，混合物连续加入外热式回转窑中，窑温300℃，在不接触空气条件下，六价铬酸盐与硫黄反应，被还原成三价铬，副反应产生一些二氧化硫（SO_2）、硫代硫酸盐和少量硫化氢（H_2S）。

(2) 固化/稳定化

① 铬渣中加入硫酸亚铁、氧化钡等，再加入相当数量的水泥作为胶结料，然后加水混合、搅拌、成型、静置，制成的水泥固化物可用于填海造地或垫道。

② 石灰砂浆固化法。该法是将铬渣解毒处理后，粉碎、细磨，部分代替石灰膏用于石灰砂浆的配制。也可在适量掺加水泥的情况下完全代替石灰膏配制成水泥石灰砂浆。石灰砂浆凝结硬化后，铬化合物被固结和封存在硬化块内。

③ 蒸养砖固化法。该方法是以铬渣、硅锰水淬渣、石灰、石膏和还原剂BaS等为原料，经配料、破碎、加水消解、成型、蒸汽养护后，即得蒸养砖产品。

此外，为了防止铬渣流失和铬污染扩大，可采取渣堆地面防渗并加盖防水的堆贮方法。这种方法对暂时控制铬污染有一定效果，但必须经常维护，做到上盖不漏雨水，底部不渗，渗滤液不外溢，这样才能保证防止铬污染的效果。

2. 铬渣的资源化利用

(1) 用以制作玻璃着色剂　用铬渣代替铬铁矿作为绿色玻璃的着色剂，在高温熔融状态下铬渣中的六价铬离子与玻璃原料中的SiO_2作用，转化为三价铬离子而分散在玻璃体中，达到解毒和消除污染的目的，同时铬渣中的MgO、CaO等组分可代替玻璃配料中的白云石和石灰石原料，大大降低了玻璃制品生产的原材料消耗和生产成本。目前，国内每年有4万余吨铬渣用作玻璃着色剂，占铬盐行业年排渣量的40%左右。铬渣作玻璃着色剂生产工艺流程如图4-2所示。用铲车将铬渣运至料仓，经槽式给料机送至颚式破碎机，粗碎至40mm以下，然后用皮带输送机送至磁选机除铁后，送至转筒烘干机烘干。热源由燃煤式燃烧室提供，热烟气经烘干机与铬渣顺流接触，最后经旋风除尘器及水浴除尘，由引风机将尾气排入大气。烘干后的铬渣用密闭斗式提升机送到密闭料仓内，用电磁振动给料机定量送入磁选机器，进一步除铁，再将物料送入悬辊式磨粉机粉碎至40目以上。铬渣粉由密闭管道送到包装工序，包装后作为玻璃着色剂出售。悬辊式磨粉机装有旋风分离器和脉冲收尘器，收集的粉尘返回密闭料仓。

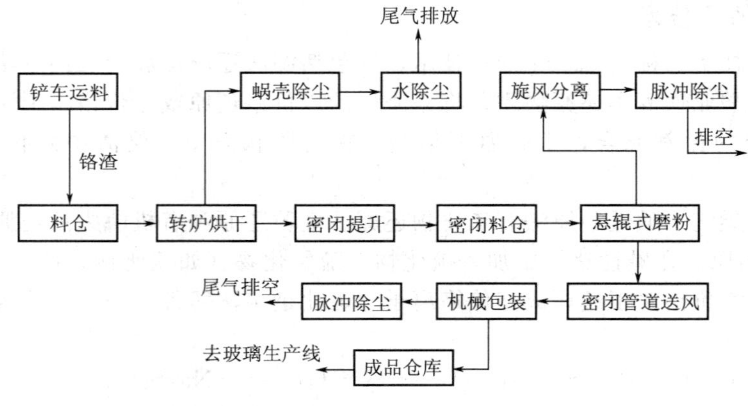

图4-2　铬渣作玻璃着色剂生产工艺流程

铬渣作玻璃着色剂生产工艺控制条件为粒度大于 40 目，筛余 5%；烘干烟气温度高于 400℃，烘于铬渣出料温度低于 80℃，铬渣含水量小于 5%。

(2) 铬渣干法解毒　将铬渣与无烟煤按适当比例混合，在 800～900℃温度下进行焙烧，使六价铬还原成三价铬。铬渣干法解毒工艺流程如图 4-3 所示。铬渣与煤炭按一定比例混合后提升到混合贮仓，借螺旋输送器送入回转窑内，在一定温度下进行焙烧还原，使六价铬还原成不易被水溶出的三价铬而达到解毒目的。解毒后的高温铬渣放入水淬池淬冷。在淬冷水中，加入适量硫酸亚铁及硫酸，提高还原反应深度。铬渣干法解毒的工艺控制条件为铬渣粒度小于 40mm，煤粉通过 6 网目筛；铬渣与煤炭配比为 100：(10～13)；炉头温度 980～1050℃，炉尾温度为 120～140℃，出料温度 880～950℃；窑气中 CO 的含量为 0.5%～1.0%以上，氧含量 0.6%～1.0%以下；物料窑内停留时间 25～30min；投料量 625～750kg/h。

(3) 作炼铁原料　用铬渣代替白云石、石灰石作炼铁过程中的助熔剂，在高炉冶炼过程中，铬渣中的六价铬可完全还原，脱除率达 97%以上，同时使用铬渣炼铁，还原后的金属铬进入生铁中，使铁的含铬量增加，机械性能、硬度、耐磨性、耐腐蚀性能提高。济南裕兴化工总厂、长清磷肥厂与冶金部钢铁研究总院合作，采用铬渣及硫铁矿烧渣生产出了高、中、低碱度的烧结矿。通过高炉高温还原冶炼两渣烧结矿，进一步消除六价铬，回收金属铬和铁，制成合格的含铬生铁。铬硫两渣炼铁工艺流程如图 4-4 所示。铬硫两渣炼铁工艺控制条件为焦渣比 3.08～3.86；风量 63～85m^3/min；炉渣温度为 1340～1450℃；烧结矿 Cr^{6+} 脱除率为 97.46%。

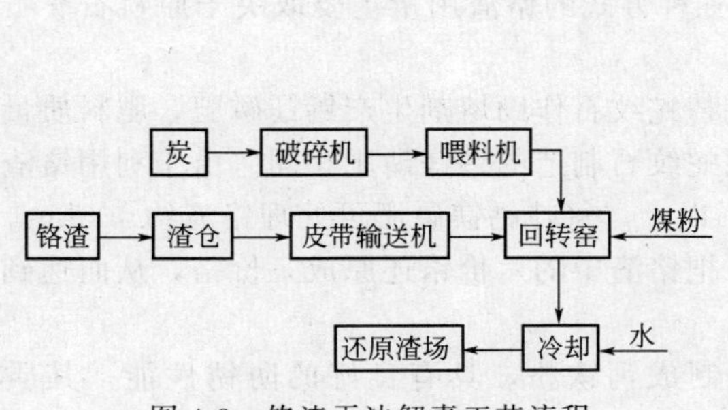

图 4-3　铬渣干法解毒工艺流程

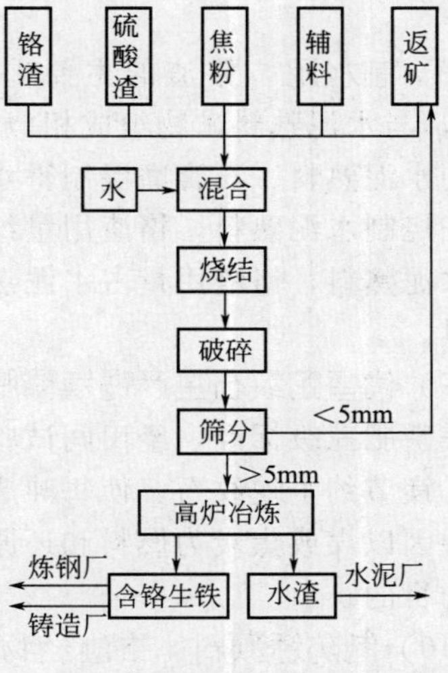

图 4-4　铬硫两渣炼铁工艺流程

(4) 制铸石　将 30%铬渣、25%硅砂、45%烟道灰和 3%～5%轧钢铁皮混合粉碎，于 1450～1550℃的平炉中熔融，在 1300℃下浇铸成型，结晶、退火后经自然降温即为成品。此法解毒效果好，但投资较高，占地面积大，铬渣用量小，铸石销路不广，应用范围受限制。

(5) 生产铬渣棉　用铬渣制成铬渣棉，其质量性能与矿渣棉基本相同，并可以消除六价铬的污染。生产铬渣棉的配比为 8 份铬渣、1 份铜冶炼渣、1 份硅砂和适量黄土。另外，用 50%铬渣、15%石英、5%黏土、40%焦宝石，成型后烘干，在 1000～1200℃温度下烧成，可制得铬渣陶瓷装饰板。

(6) 铬硫两渣高炉炼铁技术　国内很多单位用铬渣代替白云石、石灰石作为生铁冶炼过程的添加剂，进行工业化试验。铬渣中 Ca、MgO 的含量与炼铁使用的白云石、石灰石相近，可以替代；在高炉冶炼过程中，铬渣中的六价铬可完全还原，脱除率达 97%以上；同时使用铬渣炼铁，还原后的金属铬进入生铁中，使铁中铬含量增加，使铁的力学性能、硬度、耐磨性、耐腐蚀性能提高。每炼 1t 生铁耗用 600kg 铬渣，用铬渣做冶金工业的添加剂是比较理想的铬渣综合利用途径。

采用铬硫两渣能够生产出高、中、低碱度的烧结矿，质量基本合格；回收金属铬和铁，制成合格的含铬生铁。铬硫两渣炼铁的最大特点是能够消耗处理大量的废渣，每炼 1t 含铬生铁可以彻底处理铬渣 3.55t，硫酸烧渣 2t，铬铁回收率 80%～90%，铬铁含铬 10%～12%，每吨生铁售价在 1000 元以上。

(7) 制砖　将铬渣同黏土、煤混合烧制红砖或青砖技术简单、投资及生产费用低、用渣量大。研究表明，由于原料中大量黏土在高温下呈酸性，加之砖坯中的煤及其气化后一氧化碳的作用，有利于六价铬分解为三价铬，使成品砖所含 Cr^{6+} 明显下降，特别是制青砖的饮窑工序会形成一氧化碳，不仅将红褐色氧化铁还原为青灰色的四氧化三铁，而且进一步将残余六价铬解毒，效果更好；铬渣掺量较少时，对成品砖的抗压、抗折强度无明显影响。如广州铬盐厂以铬渣 40%（粉碎至 100 目）、黏土 60%制成的青砖，经化验分析，三价铬为 0.5%～3%，砖的抗压强度在 140kg/cm^3 以上，抗折强度在 60kg/cm^3 以上。若将铬渣与陶瓷原料制得的基料按比例充分混合，喷入雾化水，混匀，造粒，用压机成型，干燥后素烧，然后上釉再干燥，最后入窑将烧制得彩釉玻化砖。此种砖外形美观，装饰方法多，市场销路好；而且由于采用干料混磨法，使得粒径均匀，反应完全，玻化量大，解毒效果好，无二次污染。

(8) 制水泥　铬渣的主要矿物组成为硅酸二钙、铁铝酸钙和方镁石（三者总含量达 70%），与水泥熟料矿物组成相似。铬渣用于水泥有三种方式：①铬渣干法解毒后作为混合材，同水泥熟料、石膏磨混制得水泥，铬渣用量约为成品水泥的 10%；②铬渣作为水泥原料之一烧制水泥熟料，铬渣用量约占水泥熟料的 5%～10%；③铬渣代替氟化钙作为矿化剂烧制水泥熟料，铬渣用量占水泥熟料的 2%。三种方式的铬渣用量主要取决于原料石灰石的含镁量。

(9) 代替蛇纹石生产钙镁磷肥　用铬渣代替蛇纹石作助熔剂生产钙镁磷肥，肥料质量符合钙镁磷肥三级标准，经田间试验，肥效与用蛇纹石制造的钙镁磷肥相同。由于利用铬渣中的钙、镁节约了蛇纹石，使每吨成本降低 10%以上，每吨钙镁磷肥可处理铬渣约 400kg。在生产中因以煤或焦炭为燃料和还原剂，所以可把铬渣中的六价铬还原成三价铬，从而达到无害化的目的。

(10) 制防锈颜料　铬渣经物理方法加工制成钙铁粉，具有良好的防锈性能，其质量稳定，已应用于酚醛、醇醛和环氧等防锈涂料的防锈颜料，该产品经口急性试验系无毒产品，该技术已在两家企业生产。工艺要点是采用适当措施加速颗粒沉降速度，缩短生产周期，注意选用防潮性能良好的包装材料。该法铬渣用量大，每生产 1t 钙铁粉可消耗铬渣1.2～1.3t。

第三节　碱渣的综合利用

目前全国氨碱、纯碱每年排放废液约 $3\times10^7 m^3$，废渣 60 万～100 万吨。中国碱渣综合利用技术的研究早在 20 世纪 50 年代就开始了，主要在碱渣制造建筑材料及碱渣制水泥等方面。在氨碱场废渣的利用方面，前苏联、日本、德国、波兰等国都进行过较多的实验研究工作，并已有实验性工厂投产。碱渣的综合利用途径主要是碱渣制水泥、建筑胶凝材料、钙镁肥、填衬材料和燃煤脱硫剂等。总之，中国氯碱工业由于工厂规模小而且布局分散，废物量大，污染物浓度高，加上治理技术上不完善，设备不能满足生产，因此氯碱固体废物处理尚需努力探索。

一、碱渣的来源、组成和性质

氨碱法是主要的制碱法，它以食盐、石灰石为原料，借助氨的媒介作用，经过石灰石煅烧、盐水精制、吸氨、碳化、碳酸氢钠过滤、煅烧、母液蒸氨等过程制得纯碱。

氨碱法生产中蒸馏废液产生于母液蒸氨过程，一、二次盐泥产生于盐水精制过程。一般生产一吨纯碱要产生 9～11m^3 废液，其中固体废渣（碱渣）为 300～350kg。废液废渣在沉淀池和坝内储存，经过长时间的沉淀后，上清液被排走，剩下的则为白色碱渣，又称作白泥。白泥是以钙盐为主要成分的废渣，主要有碳酸钙、氯化钙、硫酸钙和氧化钙等，表 4-8 为青岛碱厂白泥的主要成分。

表 4-8　白泥的主要成分

成分	碳酸钙	氯化钙	氯化钠	硫酸钙	氧化钙
含量/%	40～60	10～14	3～8	2～5	6～10
成分	氧化镁	三氧化铁	氯离子	酸不溶物	二氧化硅
含量/%	0.95～2.38	1.08	8～13	6～10	4.14

白泥的性质和特点包括以下几个方面。

(1) 粒度小，保水性好　白泥的粒级分配见表 4-9。

表 4-9　白泥的粒级分配

粒径/μm	<3	3～5	5～10	10～15	15～20
含量/%	3.7	10.6	45.7	12.4	27.6

从表 4-9 可以看出，白泥中粒子的粒径是很小的，在分散系中，分散粒子的大小直接影响分散系的性质，白泥中粒径小于 10μm 的占一半以上，自然沉降 1m 需要 100 多个小时，其沉降性能很差，过滤脱水困难，保水性、可塑性与易和性很好。经过扫描电镜分析结果表明，碱渣中具有极发达的空隙体系，包括粒间空隙、集合体空隙、聚集体间空隙，从而造成碱渣空隙大、含水量高的特性。除自由水外，碱渣中水分和固体粒子的结合状态可分为五种情况。

① 间隙水：被固体粒子包围起来的水分，可通过沉降等方法排除。

② 毛细管结合水：在固体粒子和固体粒子相接的地方存在。

③ 内部保留水：在固体粒子内部存在，和粒子的结合力强。

④ 表面附着水：存在于固体粒子的表面层，结合力较强。

⑤ 间隙剩余水：排除间隙水后仍然附着在粒子上的水分，结合力很强。

间隙水可以用沉降挤压的方法排除，其他水分不易用机械方法脱掉，而且水分和固体粒子的结合力均和固体粒子本身的吸附能力有关，也即碱渣不易干涸是与其保水性强有很大关系的。

(2) 粒子表面带负电荷　据胶体化学理论，粒子粒度越小，其表面越易荷电，通过电泳试验测得废液中粒子带负电荷。由于同种电荷相斥，所以白泥悬浮液中的固相能够稳定地存在，难以凝聚。

(3) 氯化物含量高　碱渣中约含氯化钙10%～14%，氯化钠3%～8%，由于易溶于水，同时氯化钙占易溶盐的92%以上，吸水性强，易潮解，具有腐蚀性，严重阻碍碱渣的广泛应用，尤其是在建材方面，另外在碱渣的加工过程中氯离子也会造成对设备的腐蚀。因此氯化物含量高是碱渣综合利用的最大障碍。

现代纯碱生产的主要方法是氨碱法，以食盐、石灰石和氨为原料，盐水经吸氨、碳酸化得碳酸氢钠和氯化氨母液，经过滤、洗涤、煅烧得产品纯碱。母液与石灰乳混合，蒸馏回收的氨以及煅烧碳酸氢钠时产生的CO_2循环利用。纯碱废渣主要来自蒸氨过程中排出的废渣，通常每生产1t纯碱要排出9～11t废液，其中含固体废物200～300kg。氨碱废液、废渣产生量及蒸馏废液的化学组成见表4-10和表4-11。

表4-10　氨碱废液、废渣产生量及性质

产生量/(m^3/t)	固体物/%		pH值	密度/(kg/m^3)	排出温度/℃
	总溶解物	悬浮物量			
9～11	15～22	0.8～1.2	11～15	1140	100

表4-11　蒸馏废液的化学组成

组成	含量/(kg/m^3)	组成	含量/(kg/m^3)
$CaCl_2$	95～115	$CaSO_4$	3～5
NaCl	50～51	SiO_2	1～5
$CaCO_3$	6～15	$Fe_2O_3+Al_2O_3$	1～3
CaO	2～5	NH_3	0.006～0.03
$Mg(OH)_2$	3～10	总固体物	3%～5%(体积)

目前，我国氨碱、纯碱每年排放废液约$3\times10^7m^3$，废渣为60万～100万吨，其中含汞盐泥的利用率仅为10%。我国六大碱厂均位于沿海地区，氨碱废液废渣主要靠筑坝堆存、废清液排海的办法处理。氨碱废液经沉淀后清液含有大量氯化钙和氯化钠，清液排入海中，会与海水混合产生次级沉淀，使海水浑浊，危及海洋生物的生存。许多国家对此极为关注，进行了较多的实验研究，并已有实验性工厂投产。碱渣的综合利用途径主要是制水泥、建筑胶凝材料、钙镁肥、填衬材料和燃煤脱硫剂等。

二、碱渣的危害

目前，中国六大碱厂均地处沿海，氨碱废液废渣主要是靠筑坝堆存、废清液排海的办法处理。大连化学工业公司碱厂采用筑坝拦渣，由于渣场已堆满，造成大量废液超标溢流、废渣沉积堵塞航道的严重后果，已投资3500万元建设的“棉花岛渣场”可以使用31年。青岛碱场废渣废液一直未经处理，明沟排入胶州湾，形成一片“白海”，污染滩涂，目前采取“围坝拦渣、清液排海、干法转运”排放方案，投资3100万元，渣场面积$57hm^2$。天津碱场一直利用盐滩空地堆存处理废液废渣，经自然沉降后清液流入渤海，经年积渣如山，形成两座“白灰埝”，占地$350hm^2$，随时有塌方危险。氨碱废液经沉淀后清液含有大量氯化钙和氯化钠，清液排入海中，会与海水混合产生次级沉淀，使海水浑浊，危及海洋生物的生存。

三、碱渣的处理利用

1. 制水泥

氨碱废渣制水泥的工艺流程如图 4-5 所示。碱渣制水泥的工艺控制指标为生料中碱渣占 40%～60%，碱渣和石灰石占 66%～93%；料浆的细度为过 4900 孔/cm^2 筛筛余小于 10%，水分小于 70%；熟料密度为 $1400kg/m^3$。

碱渣水泥生产过程中能消耗处理大量的氨碱废渣，是解决废渣排放的有效途径之一，每吨水泥可消耗湿基碱渣 2t 左右，折合干渣 0.7t 以上。同时可减少渣场堆存占地，碱渣制水泥具有显著的环境效益和社会效益。

碱渣制水泥最突出的问题是碱渣中氯化物含量高，因此碱渣制水泥过程中必须高温脱氯(氯化物高温分解)。在煅烧过程中，只要按规定控制温度就可以保证熟料中氯含量小于 0.5%，水泥各项指标合格，质量可达 $425^{\#}$ 以上。

(1) 工艺流程　氨碱废渣制水泥技术工艺流程如图 4-5 所示。原料碱渣、石灰石、硅质材料与铁质材料按一定比例混合制成浆，经机械脱水得生料浆，此生料浆经计量喂入回转水泥窑煅烧成熟料。水泥熟料经冷却、破碎后加入石膏及混合料，经水泥磨床磨到一定粒度后包装成水泥成品。

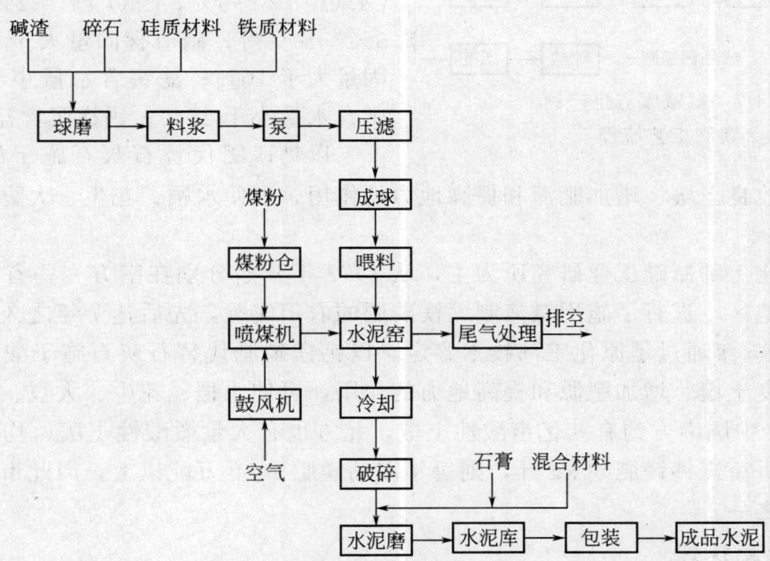

图 4-5　氨碱废渣制水泥技术工艺流程

(2) 处理效果　碱渣水泥生产过程能消耗处理大量氨碱废渣，这是解决氨碱废渣排放的有效途径之一，每吨水泥可消耗湿基碱渣 2t 左右，折合干渣 0.7t 以上。与此同时，可以减少渣场堆存占地，碱渣制水泥具有显著的社会效益与环境效益。

2. 制建筑胶凝材料

碱渣制建筑胶凝材料的生产工艺流程如图 4-6 所示。首先将煤灰、石灰石、煤矸石等辅料按比例混合烘干、粉磨后再与碱渣进行混合磨细，经制机制成段，送煅烧窑烧成水泥熟料，再经复配、球磨而成碱渣建筑胶凝材料。

碱渣建筑胶凝材料工艺控制指标为生料中氯离子占 2%～8%，酸碱比为 1.6～2.0，CaO 含量 30%～40%，SiO_2 含量 8%～12%，Al_2O_3 含量 4%～8%，Fe_2O_3 含量 2%～

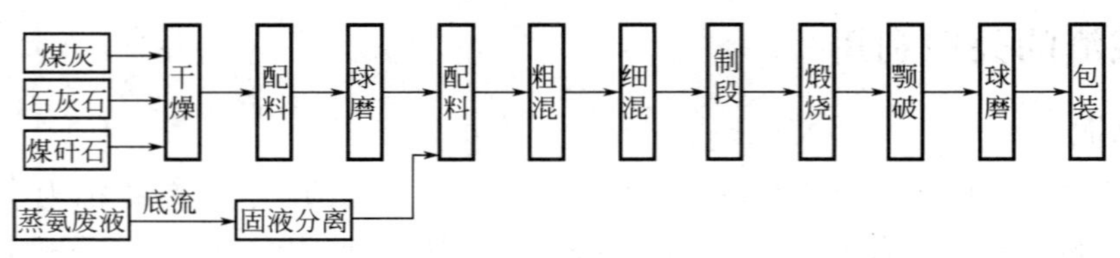

图 4-6　碱渣制建筑胶凝材料的生产工艺流程

4%，碱渣含水量（50±1)%，熟料产品中含 Cl^- 小于 1.6%，煅烧温度为（1000±100)℃。

碱渣胶凝材料每吨中试成本约 74.5 元，具有超过一般水泥指标的优良性能，早凝、快硬、高强，可以用于制作新型建材，特别是制作质轻、保暖、高强度和价格适中的加气砌块制品，也可以作胶黏剂用于各种高档装修工程，如黏结大理石、马赛克、地板砖等，具有施工方便、固化快和黏着力大的特点。

3. 制钙镁肥

氨碱废渣生产钙镁肥工艺流程如图 4-7 所示。

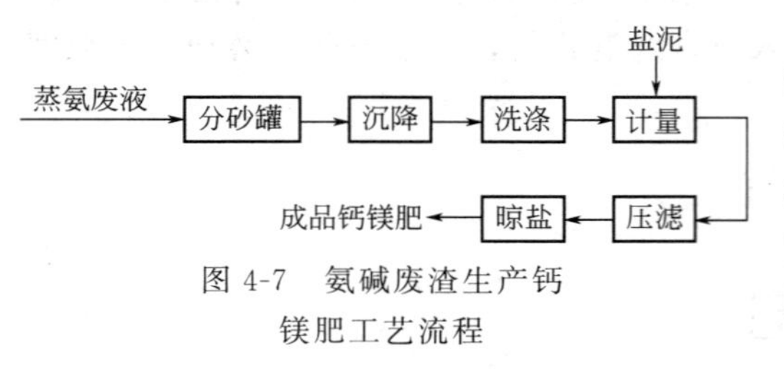

图 4-7　氨碱废渣生产钙镁肥工艺流程

碱渣制钙镁肥的工艺控制条件为原料废渣含 $CaCl_2$ 85%～95%，$CaCO_3$ 8%～15%，$CaSO_4$ 3%～5%，CaO 1%～2%，$Mg(OH)_2$ 3%～10%等；碱渣含固量大于 12%，盐泥含固量大于 10%；滤饼含水量小于 50%；钙镁肥含水量小于 25%；钙镁肥含盐量小于 7%。

以钙镁肥代替石灰石施于酸性或微酸性土壤，可起到改良土壤、增加肥源和提高地力的作用，可使水稻、花生、大豆、玉米等作物增产 8%～20%。

中国以原化工部制碱工业研究所为主，从 1977 年开始分别在南方一些省市及大连市和青岛市的一些地区，进行了施用碱渣制钙镁磷肥的农田实验，先后达 7 年之久，取得了显著效果，并于 1985 年通过了原化工部技术鉴定。以钙镁磷肥代替石灰石施于酸性或微酸性土壤，可起到改良土壤、增加肥源和提高地力的作用，可使水稻、花生、大豆、玉米等作物增产 8%～20%。中国南方约有 8 亿亩酸性土壤，北方也有大量微酸性土壤，均适宜施用钙镁肥，若按每年每亩需钙镁肥 50kg 计，则每年需钙镁肥 4000 万吨以上，因此市场广阔。是碱渣的有效出路之一。

4. 制防水隔热粉

碱渣防水隔热粉原料配比为碱渣：石灰：硬脂酸＝100：1：10，或碱渣：石灰：石蜡为 100：1：12，生产工艺过程是物料经混合、搅拌、干燥（水分小于 2%）即为成品。经 50cm 水静压测试，30d 不透水。

5. 制砖

碱渣制砖吃渣量大，青岛碱厂用碱渣、粉煤灰、石灰碎石为基础原料试制了白泥烧结砖、普通实心蒸汽养护砖、白泥碳化砖、氯氧镁水泥砖。其中碳化砖是以氨碱蒸馏废液、生石灰、石灰石、炉渣为原料，经加工成型，当含水量降至 4%时，用窑气碳酸化而成的通用建筑材料。其特点是就地取材、工艺过程简单、设备不复杂，其成品的抗压抗折强度高于普通红砖，但单重稍大。因为使用的辅料包括 CO_2 都是制碱的“下脚料”或排放的气体，产品成本为 0.123 元/块砖，成本略高于普通红砖。但是白泥烧结砖的稳定性不好，质量达不到标准；普通实心蒸汽养护砖的强度合格，耐冻指标不合格，氯氧镁水泥砖盐屏蔽效果不达标，耐冻试验不过关。在总结经验的基础上，青岛碱厂试图去掉碱渣中的盐分，制造价值较高的新兴墙体材料、空心砖等，但因投资大、耗能或占地面积大、市场前途不明等实际原因，实现工业化的道路还有困难。

6. 用于工程土

碱渣经煅烧后系憎水硬性石灰，这种石灰具有加固土的作用。这种工程土可用于工业与民用建筑地基或道路路基，也可作为低洼地的填垫材料。天津碱厂与天津大学岩土工程研究所合作，通过对碱渣的物化性能进行研究，结果表明碱渣无毒性，经碳酸化并预压加固处理后的碱渣承载力≥15t/m^2，可以作为工程土用于堆场及工业民用建筑地基。天津碱厂地产开发有限公司经过数年的努力，开发了多项碱渣制工程土技术，申请了10余项专利。利用氨碱厂生产中排放的废渣（碱渣、粉煤灰），添加其他配料（如黄沙、水泥、矿渣等），采用一定的工艺路线，通过专利设备生产建筑用工程土。同时，天津碱厂与天津建筑科技设计研究院研究利用废渣制工程土，其方法采取双层地基，碱渣做基层，其他材料做面层。如6.7hm^2、深15m的填方工程，按近几年价格计算，可节约开支近80万元，并减少了毁田取土。

7. 碳化氧化法处理炼油碱渣

炼油厂碱渣是在柴油和汽油等通过氢氧化钠溶液碱洗精制时产生的，目前采用二氧化碳法处理碱渣，可以回收碱渣中的有机相——粗酚，尾气处理回收硫黄，质量能满足市场要求，以及回收碱液回用，苛化渣外运填埋，但是处理后的碱液和苛化渣的恶臭气味仍然是一个环保难题。碳化氧化法处理炼油厂碱渣是在利用碳化法将炼油厂碱渣分离成有机相和无机相的基础上，利用氧化法去除无机相中产生恶臭的物质（主要为残余硫化氢和硫醇等），再将主要含碳酸钠的无机相，用石灰苛化回收烧碱用于油品精制；苛化渣生产轻质碳酸钙，用在涂料、橡胶、塑料和建材等方面作填料。本工艺不但完全消除了炼油厂碱渣的环境污染，实现了资源的循环利用，又能提高经济效益。

(1) 碳化氧化法处理碱渣原理　炼油厂碱渣中主要含有NaOH、Na_2CO_3、Na_2S、亚硫酸钠和酚钠盐等，外观为黑色，有恶臭味。根据碱渣的产生机理，利用碳酸酸性比酚和氢硫酸酸性强的特点，在一定的条件下，通入二氧化碳与碱渣中的碱、硫化钠和酚盐等反应，分离出有机相——粗酚和无机相——碳酸氢钠和碳酸钠的溶液。碳化时尾气用A.D.A.法处理，以3%～5%碳酸钠溶液作吸收液，二磺酸钠和偏钒酸钠作催化剂，硫化氢被吸收并被氧化为单体硫而加以回收。无机相中加入0.8%（质量比）的氧化剂，经氧化除味和苛化回收烧碱回用；苛化渣通过消化增白和清洗稳定后，用专用砂磨机进行定向研磨解絮规整处理生产轻质碳酸钙；氧化剂及氧化反应产物均不会引入新的杂质和影响烧碱质量。主要化学反应如下：

$$2\,C_6H_5(CH_2)_nCOONa + CO_2 + H_2O \longrightarrow Na_2CO_3 + 2\,C_6H_5{-}(CH_2)_nCOOH$$

$$Na_2S + 2CO_2 + 2H_2O \longrightarrow 2NaHCO_3 + H_2S\uparrow$$

$$2NaOH + CO_2 \longrightarrow Na_2CO_3 + H_2O$$

$$2\,C_6H_5{-}ONa + CO_2 + H_2O \longrightarrow 2\,C_6H_5{-}OH + Na_2CO_3$$

$$H_2S + Na_2CO_3 \longrightarrow NaHS + NaHCO_3$$

$$2NaHS + 4NaVO_3 + H_2O \longrightarrow Na_2V_4O_9 + 4NaOH + 2S\downarrow$$

$$2H_2S + SO_2 \longrightarrow 3S + 2H_2O$$

$$Na_2CO_3 + Ca(OH)_2 \longrightarrow 2NaOH + CaCO_3\downarrow$$

循环利用炼油厂碱渣工艺流程简图如图4-8。

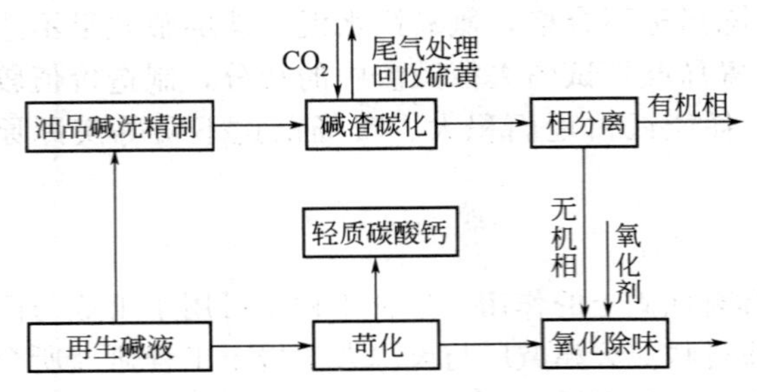

图 4-8 循环利用炼油厂碱渣工艺流程简图

二氧化碳气体经压缩机增压后送入碳化塔，尾气采用 A. D. A. 法处理后回收硫黄出售；碳化的同时加入分离助剂，在设定温度下间歇反应，待碱渣碳化度达到指标后，在分离器内进行相分离；上部的有机相送入粗酚罐，下部的无机相进行氧化除味；苛化过滤后，得到浓度 10%～12% 的烧碱，回收烧碱返回油品精制工序；苛化渣转入轻质碳酸钙生产线，制成轻质碳酸钙产品出售，形成资源的循环利用。

(2) 试验结果

① 碳化度。碳化度是表达碳化反应深度的参数，要求碳化度>80%，碳化度计算公式为：碳化度=$[(Na_2CO_3/53)/(Na_2CO_3/53+NaOH/40)]\times100\%$

② 回收碱液的质量。回收碱液无色无臭味，其质量检测报告见表 4-12。

表 4-12 生碱液质量检测报告

检测项目	NaOH/%	NaCl/%	Fe_2O_3/%
汽油碱渣回收碱液	11.6	0.012	0.0014
煤油碱渣回收碱液	11.9	0.015	0.0009
柴油碱渣回收碱液	11.3	0.018	0.0007

回收碱液苛化率均大于 80%，回收碱液经油品精制生产验证，证明回收碱液质量合格，可以替代部分新鲜碱液使用。

③ 轻质碳酸钙产品质量。轻质碳酸钙产品质量见表 4-13。

表 4-13 轻质碳酸钙产品质量

检测项目	白度	细度	干基含量	沉积体积	吸油值
轻质碳酸钙	>90%	500	>97%	≥3.1mL/g	<75g/100g

生产的轻质碳酸钙完全符合橡胶、塑料、涂料和建材等填料级轻质碳酸钙的要求，经在涂料上应用证明，回收苛化渣生产的轻质碳酸钙完全可以替代涂料行业目前所外购的商品轻质碳酸钙。

④ 回收硫黄的质量 见表 4-14。

表 4-14 回收硫黄的质量

检测项目	硫含量	灰分	有机物	水分
硫黄产品	≥88%	0.03%	0.03%	<0.21%

碳化氧化法循环利用炼油厂碱渣工艺是可行的，而且使资源得到充分的循环利用。经碳化氧化法处理后，回收的粗酚、硫黄、碱液和轻质碳酸钙产品符合相关质量标准，实现了渣的零污染排放，经济效益、环境效益和社会效益显著。

8. 白泥、城市生活垃圾混合处理及填埋造地

青岛碱厂研究表明，白泥、城市生活垃圾混合处理后的甲烷产生量比纯垃圾减少 61.58%～98.35%，有机物、重金属、细菌得到减少，降低了污染程度。合并处理两种废

物，不需要复杂的技术和增加设备。无论是混合填埋还是分层（一层垃圾一层白泥）填埋方式，用一般垃圾卫生填埋的扒、铲、压实等机械设备完全可以胜任施工。填埋后的土地可以种植农作物、牧草，也可作为承建五层楼房的建筑用地。这一混合处置方法在技术上是完全可行的，是综合治理环境污染的一条新途径。

9. 碱渣制取砂浆改良剂

将适量碱渣掺入砌筑砂浆中作为改良剂，能够完全代替砂浆中的石灰膏材料，同时，掺入改良剂的砂浆还具有和易性好、早强、抗冻等优点，是一种一剂多用的复合材料。此技术工艺简单，不需洗涤、沉降、浓缩、压滤、烘干、粉碎等复杂工艺，其生产成本很低，且产品性能优良，可代替并优于石灰膏。此外，将适量碱渣掺入抹面砂浆中，不仅能够完全代替石灰膏，而且其砂浆的稠度、分层度、抗压强度、收缩性、黏结强度、耐久性能、抗冻性能、返霜、环境影响、导热保温性、吸湿性能、与涂料的相容性等指标皆满足抹面砂浆的性能要求。

10. 碱渣填海造地

日本的氨碱厂都建在海边，陆地又较缺，此法符合日本国情，以旭硝子北九州工厂做得最好。其方法是：将蒸馏塔排出的悬浮液先行澄清，清液的一部分用于氯化钙生产，其他部分与 HCl 中和后排海，澄清桶的底流通入 CO_2 降低 pH 值，然后稠厚装船。船的容积为 300m^3，是专用运渣船。废渣运至距厂 10km 外的指定地点用专用工具卸船，固体渣沉积于预先筑好的坝内，清液经检测后溢流排海，沉渣在规划范围内不断形成陆地。由于给市区内增加了城市用地，所以很受欢迎。

我国碱渣造地也进行了多年，天津碱厂和大连碱厂都曾用碱渣造地。青岛碱厂自纯碱生产开工以来，陆续排放碱渣和煤渣、碎石子到厂西侧海滩上，现已形成了几十万平方米人造地，并在该人造地上建起了厂房。研究表明，碱渣相当于我国云贵红黏土，属中等压缩性土，利用碱渣进行填海造地是可行的。这种地基对于一般中小型工程建设可以直接作为基础持力层使用，就目前所使用的这种简单的造地方法，可以使地基容许承载力达到最小为 50kPa；其中，以碱渣粉煤灰筑造的地基最好，其容许承载力可达到 210～240kPa，作为建造七层民用楼房地基使用是可以满足的，当建筑物对沉降量的要求十分严格时，纯碱渣地基的一个主要优点是填料是均质的，建筑物基础不易产生不均匀沉降。

11. 碱渣脱硫剂

目前我国的电厂锅炉和普通工业锅炉均以燃煤为主，其中的硫分燃烧形成 SO_2 排入大气中，影响大气环境，在一些地区甚至形成酸雨，危害植物生长和人民健康。现在国内外的脱硫方法大多是以湿法为主，脱硫剂采用石灰、氢氧化钙等，投资和运行费用都比较高，工厂的积极性不大。因此，开发一种较为廉价的脱硫剂非常必要，潍坊纯碱厂根据分析碱渣的成分，认为经过处理用于脱硫是可行的。利用碱渣制取的脱硫剂在美国阿兰科环境技术公司的荷电式干法脱硫装置上代替氢氧化钙做脱硫试验取得成功。

随后利用碱渣制取的脱硫剂送德州热电厂试用，结果在煤的含硫量高达 3.3%的情况下，脱硫率达到 53%，如果再加适量的添加剂，脱硫率有望达到 70%～80%，可替代氢氧化钙作为脱硫剂，效果甚至会更好，脱硫运行费用和成本则大大降低。目前，每吨氢氧化钙的费用在 350～400 元，利用碱渣制取的脱硫剂成本在 190 元左右，最主要的是为碱渣找到了一条经济有效的利用途径。随着国家对大气环境质量要求的提高和对排放进行收取排污费的实施，工厂对烟道气脱硫的积极性会逐渐提高，对脱硫剂的需求会越来越多。根据碱渣的实际情况，要解决碱渣问题必须同时满足两个条件：一是能大量使用碱渣；二是能变废为宝，有合理产出。

因此，碱渣最有可能的综合利用途径如下：

① 碱渣造地。用碱渣造地必须改变过去填海造地的盲目性，而应配合城市规划，为城市建设服务，同时将土地出让所得的部分资金用于碱渣处理。

② 用碱渣制建筑胶凝材料。由于该种胶凝材料具有快凝早强的特点，可广泛用于各种素混凝土和素混凝土制品中，且碱渣用量大，值得投入人力物力进一步研究。

③ 碱渣制砂浆改良剂技术具有很好的推广应用价值和经济效益、社会效益。

第四节 磷石膏的处理与回收利用

一、磷石膏的来源以及对环境的影响

磷石膏是由磷矿石与硫酸反应生产磷酸、磷肥时排放出的固体废物，每生产 1t 磷酸约产生 4.5～5t 磷石膏。磷石膏分二水石膏（$CaSO_4 \cdot 2H_2O$）、半水石膏（$CaSO_4 \cdot 1/2H_2O$）和硬石膏（$CaSO_4$），以二水石膏居多。磷石膏除主成分硫酸钙外还含少量磷酸、硅、镁、铁、铝、有机杂质等，见表 4-15。

表 4-15 主要磷石膏中杂质含量（质量分数） 单位：%

杂质名称	二水石膏	半水石膏	半水-二水石膏
	含 72%磷酸钙	含 73%～75%磷酸钙	含 72%磷酸钙
P_2O_5(总计)	0.8～1.0	0.8～1.2	0.41
可溶性	0.2～0.3	0.2～0.4	0.16
共结晶态	0.4～0.5	0.5～0.6	—
未反应	0.2～0.4	0.1～0.2	—
F(总计)	0.7～0.9	0.8～1.0	0.56
水溶性 F	0.1～0.2	0.1～0.2	—
SiO_2	2.0～3.0	1.0～1.5	3.57
Al_2O_3	0.3～0.35	0.1～0.15	0.04
Fe_2O_3	0.1～0.15	0.05～0.1	0.01
K_2O	—	—	0.16
Na_2O	0.25～0.3	0.3～0.4	0.3
MgO	—	—	0.01
有机物	0.1～0.2	0.05～0.1	—

目前，世界湿法磷酸年总产量约 2.6 亿吨（以 P_2O_5 计），副产磷石膏约 1.5 亿吨，利用率仅 4.3%～4.6%。中国到 2015 年磷肥（P_2O_5）需求量达 1.3 亿吨，磷石膏年排放量会超过 2000 万吨，而目前利用率仅为 2%～3%。堆放磷石膏不仅占用了大量土地，而且造成环境污染，因此有必要寻求磷石膏的合理利用途径，以实现磷肥工业的可持续发展和磷石膏的高度利用。

1. 磷石膏废渣的来源

磷石膏是磷肥工业重要的固体废物之一，它主要是在磷铵等高浓度磷肥的基础原料——磷酸生产过程中产生的。我国发展大型磷酸装置，磷石膏的综合利用必须引起高度重视。

湿法磷酸生产是用硫酸分解磷矿粉，生成溶液磷酸和硫酸钙结晶。硫酸钙是石膏的主要成分，因此，硫酸钙俗称石膏。湿法磷酸生产所产生的石膏因为含有磷，故称为磷石膏。

各矿脉的磷矿石组成千差万别，所以每生产 1t 磷酸所产生的磷石膏数量也不相同，在 4.5～5.5t 范围内。按湿法磷酸年产量 3000kt 计，设磷石膏含水 2%，则磷石膏每年实物排出量将达 16800～20000kt。

湿法磷酸生产，由于反应条件（主要是温度和硫酸浓度）不同，硫酸钙可以有不同的水合物，反应方程式为：

$$Ca_5F(PO_4)_3+5H_2SO_4+5nH_2O=5CaSO_4\cdot nH_2O+3H_3PO_4+HF$$

硫酸钙有 3 种不同的水合结晶型态，即二水硫酸钙（$CaSO_4\cdot 2H_2O$）、半水硫酸钙（$CaSO_4\cdot 1/2H_2O$）、硫酸钙（$CaSO_4$）。根据我国磷矿资源情况，国内大多采用二水物法生产湿法磷酸。本节论述的磷石膏均指二水硫酸钙。

2. 磷石膏对环境的影响

磷矿石成分复杂，除供制磷酸用的氟磷灰石外，还伴生其他杂质。所以，磷石膏的化学成分除 $CaSO_4\cdot 2H_2O$ 外，也含有其他多种杂质。同时，在磷酸生产过程中，溶液中的 HPO_4^{2-} 取代石膏晶格中的部分 SO_4^{2-}。

磷石膏中的杂质可分为以下两大类。

① 不溶杂质：如石英，未分解的磷灰石，不溶的 P_2O_5，共晶 P_2O_5 氟化物及氟、铝、镁的磷酸盐和硫酸盐。

② 可溶性杂质：如可溶性 P_2O_5，溶解度较低的氟化物和硫酸盐。

此外，磷矿石中还含有砷、铜、锌、铁、锰、铅、镉、汞及放射性元素。这些杂质的种类与含量因产矿地不同而异。在湿法磷酸生产中，它们不同程度地进入磷石膏中。国产磷矿石放射性元素含量甚微。

磷矿石中值得注意的有害杂质是氟，一般含量为 1%～3%。磷石膏中氟化物的含量还取决于磷和工艺水中活性二氧化硅的含量。当钠含量高时，大多数氟化物则以 Na_2SiF_6 的形式进入到滤饼磷石膏中，其含量最高达 1.5%～1.8%（以 F 计）。此外，氟还以 CaF_2、Na_2SiF_6、$CaSO_4$、$AlSiF_7\cdot xH_2O$（x 约为 10）的型态进入磷石膏中。磷石膏滤饼中还夹带少量的游离磷酸（也含有氟）、P_2O_5、磷酸盐以及其他杂质。

美国佛罗里达州 Bartow 磷矿冷却池的磷石膏沥滤液的化学特性见表 4-16。

表 4-16 磷石膏沥滤液的化学特性

项目	单位	实测值	文献值	项目	单位	实测值	文献值
pH 值	mg/L	1.75	1.0～1.8	钙	mg/L	1200	350～1200
氟化物	mg/L	8300	3000～10000	镁	mg/L	—	240
磷酸盐	mg/L	5373	6000～12000	铝	mg/L	115	100～500
氯化物	mg/L	—	200	铁	mg/L	130	20～300
硫酸盐	mg/L	6250	2000～4000	锰	mg/L	—	8
钠	mg/L	1800	1600				

由表 4-16 可见，石膏沥滤液中对环境有害的主要成分是氟化物，其次是磷酸盐（可溶

性 P_2O_5）。

二、磷石膏的综合利用

1. 磷肥工业废渣的治理与综合利用

磷肥是农业生产中重要的化学肥料。20 世纪 80 年代末期我国大力发展高浓度复合肥料，重点是磷铵与重铵。到 20 世纪末，我国湿法磷酸的总生产能力已达到 3000～3500kt/a（以 P_2O_5 计）。

磷肥工业废渣主要来自磷酸生产中产生的磷石膏，普钙生产过程中产生的酸性硅胶，钙镁磷肥生产过程中产生的炉渣和泥磷。这些固体废物不仅占用大量的土地，还造成土壤、水体的污染，所以应当加以综合治理，一方面可以回收其中有价值的物质，变废为宝；另一方面还可以节约土地资源，保护环境。

2. 作水泥缓凝剂

水泥生产中一般采用天然石膏作缓凝剂。由于磷石膏中含有 P_2O_5、有机杂质等，不能直接代替天然石膏，一般需经预处理才能用作水泥缓凝剂。日本的水泥缓凝剂有 75%来源于磷石膏，要求可溶性 P_2O_5 质量分数＜0.03%，可溶性氟质量分数＜0.05%。与使用天然石膏比较，掺用磷石膏时水泥强度可提高 10%，综合成本降低 10%～20%。用磷石膏代替天然石膏作为调凝剂掺入，还可促进水泥的凝结，提高水泥的早期强度和后期强度。在水泥生产过程中磷石膏掺入质量分数仅为 3%～5%，制成的水泥产品性能可满足环保要求。

3. 作石膏建材

用磷石膏生产建筑石膏是目前磷石膏应用中较为成熟的方法。将磷石膏净化处理，除去其中的磷酸盐、氟化物、有机物和可溶性盐，使其符合建筑材料的要求。净化后的磷石膏经干燥、煅烧脱去游离水和结晶水，再经陈化即可制成半水石膏（即建筑石膏）。以它为原料可生产纤维石膏板、纸面石膏板、石膏砌块或空心条板、粉刷石膏等，其中以纸面石膏板的市场需求最大。鉴于中国已在 160 个大中城市禁止使用黏土砖，不少企业已开始考虑用磷石膏生产环保型墙体材料。例如，铜陵化工集团 1995 年与澳大利亚博罗公司合资建设了中国首套 40 万吨/年精制磷石膏装置，净化后的磷石膏供给博罗公司上海纸面石膏板厂生产粉刷石膏和纸面石膏板。另外，中国学者也在尝试以磷石膏为原料生产加压磷石膏板、砌块、砖等，取得了不少前期研究成果。

磷石膏用于生产石膏胶凝材料主要有 a 型和 b 型半水石膏，二者都是二水石膏在一定的条件下脱去 1.5 个结晶水而形成的。由磷石膏制取半水石膏的工艺流程大体上分为两类：一类是利用高压釜法将二水石膏转换成 a 型半水石膏，即磷石膏废渣-浮选除杂-水热转化-真空固液分离-成型。如德国的居利尼公司（Gebr，Giulini），将二水石膏水洗后再用高温高压蒸汽处理，将其转化成 a 型半水石膏。英国 ICI 公司则先加水将磷石膏制成料浆，洗涤后送入高压釜中转化。南京化学工业公司磷肥厂与上海建筑科学研究所合作制取的 a 型半水石膏，其抗拉强度达 40MPa。南京大厂镇建材厂利用南京化学工业公司磷肥厂的副产物磷石膏生产 Ot 型半水石膏，产品质量超过二级建筑石膏标准。另一类是利用烘烤法使二水石膏脱水成 G 型半水石膏，即磷石膏废渣-浮选除杂-固液分离-干燥-煅烧-粉磨-成品。法国罗纳-普朗克（Rhone-Poulenc）公司将磷石膏初洗，过滤除杂，再加入石灰中和或浮选除杂，于沸腾炉或煅烧窑内煅烧生产 p 型半水石膏。p 路线存在电耗大、粉尘/废气较多、产品含杂较多等缺点，故国内外多用 a 型半水石膏流程。发展中国家石膏胶凝材料占水泥产量的 6%～26%，而目前中国石膏胶凝材料占三大胶凝材料的比重仅为 0.14%，因此，利用磷石膏开发石膏胶凝材料发展潜力极大。

4. 制硫酸联产水泥

磷石膏可作为硫资源用于制硫酸并联产水泥，缺乏硫资源的国家和地区对此技术尤其重视。改性后的磷石膏经烘干脱水成为无水或半水石膏，与焦炭、黏土等混合、粉磨后加入回转窑焙烧，生成水泥熟料，再与石膏、高炉矿渣等混合制成水泥。含 SO_2 体积分数为8%～9%的窑炉气经净化、干燥后，在钒催化剂催化氧化下制得 SO_2，再用质量分数98%的浓硫酸二次吸收 SO_3 制得 H_2SO_4，德国的科斯菲克（Cosvic）公司、奥地利的林兹化学公司和南非的法拉博瓦公司均采用此法生产。中国在20世纪80～90年代开发了磷石膏制硫酸联产水泥技术，目前已有7套联产装置，其中山东鲁北化工集团的水泥装置规模最大，产能为磷铵30万吨/年、硫酸40万吨/年和水泥60万吨/年。该技术的不足之处是投资较大，使其推广应用受限。

5. 作土壤改良剂

磷石膏呈酸性，pH值为1～4.5，可作盐碱土的改良剂。前苏联将磷石膏用于改造盐碱地，获得了增产维持8～10年的效果。磷石膏中的硫是速效的，对缺硫土壤有明显的作用。磷石膏中的钙离子可置换土壤中的钠离子，生成的硫酸钠随灌溉水排走，从而降低了土壤的碱度，改善了土壤的渗透性。

多年来，国内一大批农科院所不断进行磷石膏改良土壤的试验研究。从江苏盐城市的试验结果可以看出，用磷石膏改良土壤取得了肥田增产的明显效果。二水石膏和尿素在高湿度下混合，再经加热干燥，可制得吸湿性小而肥效比尿素还高的尿素石膏 $[CaSO_4 \cdot 4CO(NH_2)]_2$。

6. 制硫酸铵

利用磷石膏制备硫酸铵工艺流程见图4-9。

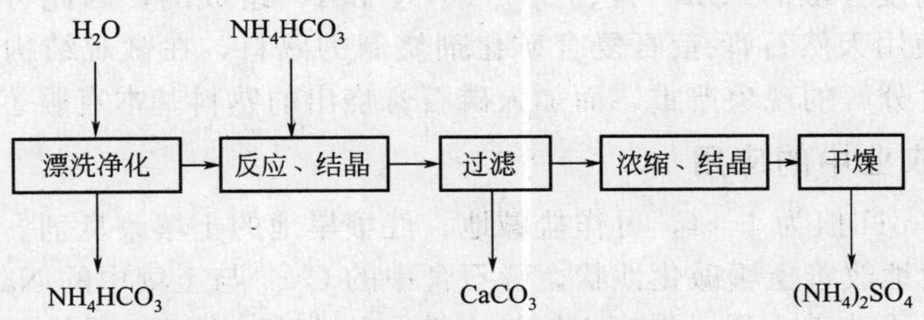

图4-9　磷石膏制备硫酸铵工艺流程

该工艺操作简单，母液中加入氯化钾可制氮磷钾复合肥料。英国、奥地利、日本和印度均有成功应用的案例。不足之处是硫酸铵中的氮含量低，其单位养分的费用高于尿素和硝酸铵。

7. 詹氏新工艺

詹氏新工艺是美国人詹姆斯发明的一种处理由烟道气脱硫或其他来源产生的含硫物质的方法。该方法用转窑还原石膏制硫化钙，用硫化氢浸取硫化钙可得20%硫氢化钙浓溶液，再将此浓溶液碳化得到硫化氢和碳酸钙，最后常规回收硫。这项新工艺目前正在我国巨化集团试用，试验结果令人满意，但由于缺乏中试资金，因而其经济可行性有待证明。若投资1.2亿万元，可将鲁北集团1万吨/年磷石膏处理装置的处理能力扩大到10万吨/年。詹氏不仅提出向中方提供优越的转让条件，而且还提供生产各种规格（包括纳米级）碳酸钙的技术。目前，该新工艺在我国实现产业化迫切要解决的问题是资金来源与中美双方的知识产权保护。

8. 制硫酸钾

用磷石膏生产无氯钾肥——硫酸钾的方法分为一步法和两步法。日本的木浦善德、英国诺丁汉大学化工系、印度 CSFC 研究中心以及中国的杨斌、陈宏刚等对一步法做了大量工作。一步法是以氨为催化剂，用磷石膏与氯化钾反应制得硫酸钾和氯化钙。该法工艺简单，流程短，所用设备简单，且氯化钾转化率可达到 94%以上，但副产氯化钙难以处理，要求氨水质量分数大于 35%，且在加压或低温条件下操作，工业放大有一定困难。

两步法生产硫酸钾的基本原理是磷石膏与碳酸氢铵反应生成硫酸铵和碳酸钙：

$$CaSO_4 \cdot 2H_2O + 2NH_4HCO_3 = CaCO_3 + (NH_4)_2SO_4 + CO_2 + 3H_2O$$

再将分离出碳酸钙后的硫酸铵母液与氯化钾进行复分解反应：

$$(NH_4)_2SO_4 + 2KCl = K_2SO_4 + 2NH_4Cl$$

具体工艺过程：磷石膏先经漂洗去除部分杂质，使 $CaSO_4 \cdot 2H_2O$ 的质量分数从 87%左右提高至 92%～94%。在低温条件下将磷石膏与碳酸氢铵混合，生成硫酸铵、碳酸钙并排出 CO_2。低温条件下氨挥发较少，CO_2 气体较纯，可用于制造液体 CO_2。反应后的料浆分离碳酸钙后，得到硫酸铵溶液，再与氯化钾反应生成硫酸钾和氯化铵，经分离、洗涤、干燥得硫酸钾产品；滤液经蒸发、分离副产氯化铵。采用此法时，磷石膏利用率达 65%～70%，产品可作为优质硫酸钾肥料使用。副产品氯化铵、碳酸钙也可做肥料和水泥原料。两步法的特点是主要原料（碳酸氢铵）价廉易得，且无需加压或冷冻，条件温和，投资少，产值高，无环境污染。

9. 作水泥矿化剂

在锻烧硅酸盐水泥时加入石膏（以 SO_3 计 1%～2%）和 CaF_2（0.8%～1.6%）复合矿化剂可以节省能耗，提高产品产量和质量。少量磷酸盐对水泥熟料烧成起着强烈的矿化作用。而磷石膏是由高度分散的二水石膏、少量 P_2O_5 和 F^- 组成的，因此可认为它是一种天然的复合矿化剂。使用天然石膏-萤石复合矿化剂烧制的熟料，在微观结构上的最大缺陷是 C_3S 受液相熔蚀产生分解的现象严重，而加入磷石膏烧出的熟料基本克服了这一缺点。

10. 磷石膏在农业中的应用

磷石膏呈酸性，pH 值为 1～4，可作盐碱地、红壤旱地的土壤改良剂。直接施用能降低土壤的 pH 值，有效地改善土壤碱化性状，磷石膏中的 Ca^{2+} 与土壤中的 Na^+ 离子交换可以使钠黏土变成钙黏土而改善土质，提高土壤渗水性，防止表皮结壳，有利于植物生长。施用磷石膏还能有效地改善土壤的通透性和结构性，增加土壤总孔隙度和非毛管孔隙度，提高土壤结构系数。研究表明，磷石膏能有效地降低土壤的 pH 值和碱化度，使 Cl^-、Na^+ 等土壤有害离子明显减少，随着磷石膏用量的增加土壤中有机质、N、P 含量也增加。陈闽子等将一定量的磷石膏、粉煤灰和其他物质配料加入搅拌机中，混合搅拌均匀后，得到含量丰富的（$SiO_2 \geqslant 40\%$，$CaO \geqslant 10\%～20\%$，$SO_3 \geqslant 20\%$）硅、钙、硫中微量肥料。

第五节　电石渣的综合利用技术

一、概述

电石渣是用电石（CaC_2）制取乙炔时产生的废渣。电石渣的成分和性质与消石灰相似，$Ca(OH)_2$ 含量通常达 60%～80%（干基）。我国多采用湿法工艺制取乙炔，故电石渣的含水率很高，需经沉淀浓缩才能利用。电石渣颜色发青，有气味，不宜直接用于民用建筑。

$$CaC_2(\text{电石})+2H_2O \longrightarrow C_2H_2(\text{乙炔气})+Ca(OH)_2(\text{电石渣})$$

每吨电石水解后约产生 1.15t 电石渣。电石渣的堆放不仅占用大量的土地，而且因电石渣易于流失扩散，污染堆放场地附近的水资源、碱化土地；长时间堆放还可能因风干起灰，污染周边环境。电石渣属难以处置的工业废弃物之一。

20 世纪 70 年代，我国就开始将电石渣用作水泥熟料生产的原料之一。当时，电石渣配料主要采用湿法回转窑工艺生产水泥熟料，后来电石渣配料又发展了立窑、半湿法料饼入窑、立波尔窑、五级旋风预热器窑等多种工艺生产水泥熟料，但这些生产工艺的技术经济指标相对落后，而且不符合国家的相关产业政策，不适宜广泛推广。

电石渣的主要成分为氢氧化钙及少量的无机和有机杂质（如氧化镁、氧化铁、二氧化硅、硫化物、磷化物等），表 4-17 为某电石渣样品所测主要组分含量。电石渣因含微量的碳和硫、磷杂质而呈灰白色，有微臭味。

表 4-17　电石渣主要元素构成

项　目	质量分数/%	项　目	质量分数/%
CaO	69.5	Cl	0.04
Fe	0.1	S	0.06
P	0.002	含水率	30.3

电石渣颗粒非常细微，具有较强的保水性，即使是长期堆放的陈渣，其含水量也高达 40%以上。电石渣呈强碱性，溶液 pH 值为 12 左右，因而常给环境造成严重污染。由于数量大、运输成本高，且会造成二次污染，很多厂家对其往往消极地堆放，占用土地，污染环境。

通过广大水泥科技工作者的不懈努力，电石渣替代石灰石生产水泥熟料的技术、装备水平在不断提高，不仅已经实现电石渣配料、“湿磨干烧”新型干法水泥熟料的生产和“干磨干烧”新型干法水泥熟料的生产，填补了国内外空白，而且已经达到生料中电石渣掺量（干基）≥64%（电石渣替代石灰石量达 80%以上），熟料 28 天抗压强度≥60MPa，熟料烧成热耗≤760×4.18kJ/kg，能源消耗明显降低，经济效益、社会效益和环境效益得到充分体现，具有重要的示范意义。

二、电石渣的回用技术

电石渣的回收利用途径较多：一是代替石灰石作水泥原料；二是代替石灰硅酸盐砌块、蒸养粉煤灰砖、炉渣砖、灰沙砖的钙质原料，但长期使用这些原料的企业很少；三是代替石灰配制石灰砂浆，但由于有气味，在民用建筑中很少使用；四是代替石灰用于铺路，但受运输半径的限制，应用并不广泛。总之，电石渣产生量不大，只有少数地区在建材工业中小批量回收利用。

1. 电石渣生产水泥

电石渣的主要成分是氢氧化钙，可以代替石灰石作为生产水泥的原料，这是我国对其进行综合利用的主要途径。由于电石渣的含水率较高，配料前要进行两次脱水。一次脱水在浓缩池内进行，使含水率降到 60%左右；二次脱水在熟料库内完成，在熟料库停留 24h 以上，可使含水率降到 50%～55%，再进行配料。

电石渣较石灰石中的 SiO_2 含量低，在生产中用河沙进行校正。水泥生料的配比为电石

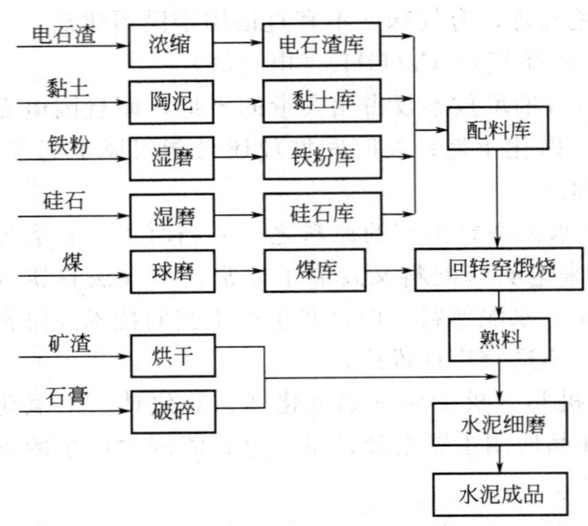

图 4-10 某电石渣制水泥工艺流程

渣：黏土：河沙：铁粉＝80：10：7：3。

电石渣用泥浆泵送至水泥厂后先筛去杂质，然后送至浓缩池浓缩至含水60%左右。浓缩后的电石渣送至3个底面直径6m、高13m的储库。电石渣在储库内沉降24h左右后，含水率降至55%左右。黏土、河沙和铁粉在储库内分别制成浆状。电石渣浆、黏土浆、河沙浆和铁粉浆分别从库底按一定比例放入生料库，并用压缩空气搅拌均匀；含水55%～58%的生料泥浆用泵送回转窑的勺式喂料机。生料在窑内经干燥、预热、分解、放热反应和冷却烧成熟料；经破碎的熟料、煤矸石混合材料和石膏分别按81%～87%、10%～15%、3%～4%的比例喂入水泥磨中进行粉磨，粉磨后经筛选、包装然后入库，即成为水泥原料。

图4-10为以电石渣为原料，采用湿法工艺生产普通硅酸盐水泥的工艺流程。该厂年利用电石渣6×10^4t左右，产品达优质水泥标准。

2. 电石渣生产氯酸钾

在化工生产中，可以利用电石渣代替石灰参与有关的反应过程，如皂化、中和等生产过程。天津某化工厂利用电石渣代替石灰生产氯酸钾取得了较好的环境效益和经济效益。反应过程分为两步：首先是电石渣中的氢氧化钙与氯气反应，生成氯酸钙；而后，氯酸钙与氯化钾发生复分解反应，生成氯酸钾，工艺流程见图4-11。

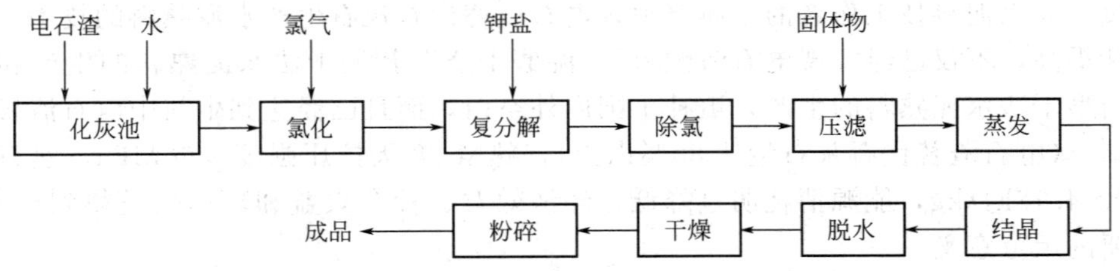

图 4-11 电石渣生产氯酸钾工艺流程

3. 工业废弃电石渣浆液生产高纯度石膏

(1) 技术背景 目前，电石厂废弃的电石渣浆液能够回收利用的途径很多，但是由于电石渣浆液及脱硫后产物中的杂质繁多，利用常规方法进行分离提纯进而生产纯度较高的石膏几乎不可能，所以人们一直在寻求一种好的技术方案来解决这个问题。

本技术提供一种利用工业废弃电石渣浆液生产高纯度石膏的方法。

(2) 操作步骤 具体操作包括原料预处理过程、烟气脱硫过程、旋流优选过程、脱水过程。在原料预处理过程中，选取固形物含量为15%～18%的电石渣浆液，利用常规方法将固形物的含量浓缩至20%～30%，同时使其中的$Ca(OH)_2$浓度为80%～85%；在烟气脱硫过程中，选取固形物含量为20%～30%的脱硫后含硫浆液，利用常规方法使其中的$CaSO_4$浓度为90%～96%；在旋流优选过程中，利用旋流分离器，将相对密度为2～2.9、粒度为30～104μm固形物从含硫浆液中分离出来；然后利用常规方法使分离出的固形物脱水，即为成品。

(3) 特性 本技术利用石膏的物理特性，巧妙地解决了电石渣浆液及脱硫后的产物中杂质繁多，无法利用常规方法进行分离提纯进而生产纯度较高的石膏的问题，将电石渣浆液的回收利用和烟气脱硫统一于石膏的生产过程中，实现了生产工艺的创新。利用本技术所述方法生产的石膏纯度可达90%以上，既达到废物回收、物尽其用的目的，又提高了产品质量。

4. 电石渣制水泥在2500t/d熟料新型干法生产线上的应用

电石渣100%替代石灰石制水泥新型干法生产线项目，解决了电石渣污染环境的问题，实现了资源综合利用和节能减排。经过中国建筑材料联合会专家组的评议，被确定为国家循环经济支撑技术，即循环经济的示范生产线。

该工程充分利用化工行业排出的废渣——电石渣、粉煤灰、硫酸渣等工业废渣，结合当地燃料情况，采用电石渣、页岩、硫酸渣三组分配料，以低挥发分煤作为燃料烧成熟料。建设规模为日产2500t熟料，电石渣100%替代石灰石生产新型干法水泥熟料。生产线采用了电石渣预烘干装备、烘干与粉磨能力相匹配的立式磨、适合于电石渣生料的窑尾预分解系统等“干磨干烧”新型干法工艺的最新技术和装备；对于各车间使用的系统风机、有节能潜力的设备采用先进的变频节能技术；在分解炉上设置脱氮装置；窑尾废气采用袋式收尘器。这些先进的技术和装备，确保该项目资源综合利用、节能减排效果达到国际先进水平，对我国水泥行业发展循环经济、实现节能减排产生了积极的推动作用。

厂区设在化工区内，地势较平坦，采用平坡场地设计，土石方量较少。场地东西长约600m，南北宽约300m，结合场地地质、地形、风向、消防、环保、内外运输等因素，确定中心线为东西走向，主生产区由北向南再向东呈“L”字形布置，很好地顺应场地地势的要求，工艺流程顺畅，物料输送距离短，降低了物料输送电耗。

5. 电石渣制备的瓷光壁内墙涂料

(1) 原材料与配方见表4-18。

表4-18 原料配方表

原材料	配方/%	原材料	配方/%
成膜基料	5.0～10.0	增稠剂	0.2～1.0
成膜助剂	1.0～4.0	水	余量
润湿分散剂	0.2～0.5		

(2) 制造方法 按配方称取物料，在电动搅拌机中，加入经过处理的电石渣制取的瓷光壁涂料的底料及成膜基料、填料、成膜助剂、润湿分散剂、消泡剂、增稠剂、防霉杀菌剂等，在一定温度下，充分搅拌均匀，再经研磨过滤，便可装桶包装。

(3) 性能 瓷光壁涂料的性能指标见表4-19。

表4-19 瓷光壁涂料的性能指标

检测项目	标准	检测结果	检测项目	标准	检测结果
容器中的状态	无结块，均匀	无结块，均匀	耐洗刷性	300次通过，刮涂无困难	1000次通过，刮涂无困难
涂膜外观	涂膜外观正常	涂膜外观正常			
耐碱性	24h无异常	48h无异常	黏性强度/MPa	≥0.50	1.7

(4) 应用与效果评价

① 电石渣的主要成分是氢氧化钙，80%左右的颗粒在10～50μm之间，一般呈稀糊状，带有刺激性气味，其溶液的pH值一般都很高，污染环境，形成对地下水的潜在影响，迫切

需要寻找一种治理电石渣的新办法，既保护环境，又化废为宝。

② 电石渣经过一系列的处理后，可以用作生产新型内墙涂料“瓷光壁”和建筑室内用腻子的原料，从而为电石渣的处理及资源化开辟了一条新路，既处理了电石渣，又变废为宝。

③ 利用电石渣生产的瓷光壁涂料，涂层坚实致密，细腻平滑；无毒、无气味；有较好的粘接力，不会剥落；耐水性好；涂料悬浮性好，储存稳定。

④ 利用电石渣生产瓷光壁涂料，生产工艺简单，便于实现工业化，生产成本低，效益明显。

⑤ 该技术是一种创新，符合国家可持续发展和环境治理及废弃物综合利用的方针和政策，具有很好的推广应用价值。

6. 利用工业废弃电石渣生产氯化钙

(1) 技术背景　在生产聚氯乙烯或其他需用乙炔的工厂中会产生一种工业废弃物——电石渣，长期以来，该废弃物未得到充分的利用和治理，一般采用堆埋的方法进行处理，既造成环境污染又浪费资源。

本技术提供一种以乙炔生产过程中产生的工业废弃物电石渣为原料，通过与盐酸反应得到氯化钙产品，减少电石渣废弃物的产生，进而减少对环境的污染，提高资源利用率的生产氯化钙的方法。

(2) 配方　本技术所选用的电石渣为生产 PVC 或其他需用乙炔气的工厂中产生的废弃物，其氢氧化钙含量为 60%～99%，含水量为 1%～40%。

(3) 操作步骤　在反应釜中加入浓度为 20%～40%的工业盐酸后，加入电石渣进行反应，反应温度控制在 40～95℃，当 pH 值为 5～8 时反应到达终点，反应完成后对产物进过滤，滤液加入活性炭脱色，加入氯化钡去除硫酸根离子后过滤，将滤液浓缩、结晶、干燥得到氯化钙。加入的工业盐酸和电石渣质量比为 1∶(1～1.1)，其中盐酸以纯盐酸计，电石渣以除水后的干基氢氧化钙计。

【实例 1】 在 1000mL 的烧杯中，加入 500mL 浓度为 31%的工业盐酸，开启搅拌，缓慢加入电石渣 310g (此电石渣含水为 35%，干基氢氧化钙含量为 90%)，控制反应温度为 60℃，检测反应液的 pH 值为 7.0 后过滤，滤液加入 1g 活性炭，0.6g 氯化钡，经搅拌反应 1h 后过滤，滤液经浓缩得到 304g 二水氯化钙产品。经检测其含氯化钙 74%，其余指标符合行业标准。

【实例 2】 按上述条件反应得到去除硫酸根离子的滤液后，经浓缩至氯化钙浓度达 68%后，放至 300℃烘箱中脱水烘干 2h，得到 230g 无水氯化钙。经检测其氯化钙含量为 98%，其余指标符合行业优级品标准。

(4) 特性　本技术通过将含有氢氧化钙的电石渣与盐酸进行反应得到氯化钙，使使用乙炔的工厂中产生的工业废弃物电石渣得到充分利用，减少了因堆埋电石渣带来的环境污染，充分利用了资源。

7. 电石渣在电厂烟气脱硫工艺中的应用

国内外电厂脱硫的成熟技术很多，但对国内电厂而言，都存在着投资大、运行成本高等问题。因此需要有一种能适合企业自身特点、投资最省、运行成本低而脱硫效率相对较高的脱硫技术为企业解决难题。实践证明，改用电石渣作脱硫剂，对有稳定的电石渣来源的电厂是非常适合的烟气脱硫途径，同时也是资源性环保的成功尝试。

电石渣脱硫具有良好的前景。山东恒通化工集团研制与开发了高效的电石废渣脱硫工艺。在设计一套配套的CFB锅炉脱硫系统的工艺的同时，对该锅炉进行炉内加电石渣的脱硫工业试验，得出达到最佳脱硫率时所需的Ca/S为2.1，脱硫效率为74%以及对锅炉效率的影响。在对实验结果进行分析的基础上，提出燃用高硫煤的CFB锅炉炉内脱硫适用的Ca/S，用于指导锅炉的运行。

该项技术是在沸腾式流化床锅炉基础上发展而来的。两者最大的区别是用倾斜的隔墙将流化床层分隔成主燃烧室和热回收室，而只在热回收室内设置传热管。流化介质采用硅砂，在主燃烧室内，形成循环流（A），而在主燃烧室与热回收室之间形成循环流（B），此外，还有从预除尘器返回未燃尽烟灰的再循环流（C）。故此种流化床锅炉是由三个循环流组成的复合循环流化床锅炉。

(1) 第一循环流（A）将主燃烧室中的风室分割成三部分。向中心部供入较少的风，形成弱流床。其结果，在主燃烧室的中央部位成为缓慢下降的流动床，流化介质从两端被激烈吹起，在中央部沉降，同时上升成循环平流。如果将固体废弃物放置于中央流上部，就会被下降流吞入，在主燃烧室内充分扩散混合，能在足够的停留时间内燃烧。所以难以燃烧的煤矸石等也能充分燃烧，因而，它可以适应的范围很广。

(2) 第二循环流（B）为在主燃烧室的两端被激烈吹起的流化砂，在倾斜的隔墙上，一部分朝热回收室方向反旋，热回收室通过由下方吹入的循环空气也形成了流化床。其结果是流化砂从主燃烧室流向热回收室，在从热回收室下部流向主燃烧室循环。因为在热回收室内设置传热管，所以靠此循环流可以回收主室的热能。也就是说：通过调节热回收量，就可以控制流化床温度，而且只要改变循环流化床空气量，就可以调节热回收量。所以热负荷控制非常简便。

(3) 第三循环流（C）将未燃尽的烟灰，通过旋风除尘器收集后，利用螺旋排灰机返回主燃烧室。这对提高燃烧率、降低NO及提高脱硫率是非常有效的。

燃烧过程中的脱硫技术，就是在流化床燃烧时加入天燃石灰石或其他种类的脱硫剂——高活性脱硫剂，使炉内产生的SO_2气体与固硫剂反应形成相对稳定的固态物质随炉渣排出。

8. 利用电石渣治理大气及废水污染

(1) 治理大气污染　以电石渣为脱硫剂，含氧化铁废渣为催化剂，按一定量均匀混入燃煤中，可将煤燃烧时产生的二氧化硫以硫酸盐的形式固定在煤渣中，脱硫效率在70%左右，从而减少了二氧化硫对大气的污染。脱硫机理为：

$$Ca(OH)_2 \longrightarrow CaO + H_2O$$

$$CaO + SO_2 \longrightarrow CaSO_3$$

$$SO_2 + 1/2O_2 \longrightarrow SO_3$$

$$CaSO_3 + 1/2O_2 \longrightarrow CaSO_4$$

新型的“钙-钙双碱法”脱硫工艺则采用控制pH值及电石渣水的流量，利用氢氧化钙、亚硫酸钙、亚硫酸氢钙之间的相互转化，解决了电石渣浆水脱硫过程中的结垢堵塞问题，从而将电石渣运用于烟气的湿法脱硫。

(2) 治理废水污染　电石渣可作为中和剂处理酸性废水，也可作为沉淀剂或混凝剂处理某些废水。如湿法选煤所产生的工业废水（煤泥水），该废水呈弱碱性，为胶体分散体系，带有较强负电荷的胶粒使悬浮颗粒难以自然沉降，加入电石渣后，煤泥水悬浮颗粒即可迅速沉降，取得了较好的处理效果。

9. 利用电石渣生产化工产品

(1) 生产电石　李振香等提出将电石渣制成石灰作为生产电石的原料。将干电石渣送入造粒机，制成 ϕ5～20mm 的圆球颗粒，再滚入干燥炉预热、烘干，然后进入回转炉煅烧，电石渣脱水后分解成生石灰。该法得到的石灰因含硫、磷等杂质较多，掺进的回收石灰只能占电石生产原料的20%左右，过多则会影响电石的质量。

(2) 生产环氧丙烷　氯醇法生产环氧丙烷过程中，丙烯、氯气、水在一定温度和压力下反应生成氯丙醇，然后以熟石灰为皂化剂，与氯丙醇反应后精馏制得环氧丙烷。目前国内熟石灰中氢氧化钙的平均含量约为65%，而电石干渣中氢氧化钙的含量高达90%，因此以电石渣替代熟石灰作为皂化剂可取得较好的效果，并且未反应的固体杂质比用熟石灰要少得多。目前已有厂家采用该法生产环氧丙烷，生产数据表明，产品质量稳定，符合标准，产品成本下降约130元/t。

(3) 生产漂白液、漂粉精　利用电石渣溶液与氯气反应可生产出合格的漂白液。其中的有害杂质 CN^-、S^{2-} 都可被转化而除去，产品质量可靠。除杂反应如下：

$$2CN^- + 5ClO^- \longrightarrow CO_2 + N_2 + 5Cl^- + CO_3^{2-}$$

$$Ca^{2+} + CO_3^{2-} \longrightarrow CaCO_3$$

$$4ClO^- + Ca^{2+} + S^{2-} + 2Ca(OH)_2 \longrightarrow CaSO_4 + 2CaCl_2 + 2H_2O$$

袁竞成等利用电石渣作为生产漂粉精的原料。经过预处理除杂的电石渣与氢氧化钠按一定的比例配成水溶液，在一定温度下通入氯气，脱水干燥后制得漂粉精。

(4) 生产碳酸钙　李厚鹏等提出利用电石渣生产微细轻质碳酸钙。电石渣经沉降除渣增浓，再进行多级旋液分离，将砂子及大量微细炭末除去，分离后浆料在40～50℃的温度下通入二氧化碳气体进行碳化，碳化后浆液经脱水干燥得到微细碳酸钙产品。吴绮文等提出利用电石渣制备纳米碳酸钙。采用水洗及粗筛的方式将电石渣初步净化，浆液烘干后在一定温度下煅烧。再用80℃的热水进行消化，配制成4%～10%的氢氧化钙溶液，通入体积分数为25%的二氧化碳气体并搅拌，在25℃的温度下碳化反应，得到平均粒径为35nm的碳酸钙。

第六节　废催化剂的再生与回用

全世界每年约排放80万吨废催化剂，我国每年石油和化工催化剂的更换量超过10万吨，其中化肥行业所更换的催化剂就接近3万吨。废催化剂的回收利用已成为科研、生产和环保部门的重点工作，不少单位已经开发了催化剂回收利用的方法和途径，并有很多成果已经转化成为生产力，在工业上的实施以获得较好的经济效益、社会效益和环保效益。

一、废催化剂的常规回收方法及机理

各类废催化剂的常规回收方法一般可分为四种，即干法、湿法、干湿结合法和不分离法。

1. 干法

一般利用加热炉将废催化剂与还原剂及助熔剂一起加热熔融，使金属组分经还原熔融成金属或合金状回收，以作为合金或合金钢原料；而载体则与助熔剂形成炉渣排去。回收某些稀贵金属含量较少的废催化剂时，往往加进一些铁之类的贱金属作为捕集剂共同进行熔炼。由于废催化剂所含金属组分和数量不一样，故其熔融的温度也不一样。催化剂的更换是有一定期限的，每次更换下的废催化剂数量有限，因此将废催化剂作为部分矿源夹杂在矿石之中熔炼也是常事。在熔融、熔炼过程中，废催化剂往往会释放出 SO_2 等气体，则可用石灰水

加以吸附回收。但干法能耗较高。氧化焙烧法、升华法和氯化挥发法也包括在干法之中。由于此法不用水，一般谓之干法，如 Co-Mo/Al_2O_3、Ni-Mo/Al_2O_3、Cu-Ni、Ni-Cr 等系催化剂均可采用此法回收。

2. 湿法

用酸或碱或其他溶剂溶解废催化剂的主要组分，滤液除杂纯化后，经分离可得到难溶于水的盐类硫化物或金属的氢氧化物，干燥后按需要再进一步加工成最终产品。有些产品可以作为催化剂原料再次利用。用湿法处理废催化剂，其载体往往以不溶残渣形式存在，如无适当方法处理，这些大量固体废弃物会造成二次污染；若载体随金属一起溶解，金属和载体分离会产生大量废液；若金属组分存在于残渣中，则也可用干法还原残渣。电解法亦包括在湿法之中。贵金属催化剂、加氢脱硫催化剂、铜系及镍系等废催化剂一般都采用湿法回收。但湿法回收会产生一些废液易造成二次污染。将废催化剂的主要组分溶解后，采用阴阳离子交换树脂吸附法，或采用萃取和反萃取的方法将浸液中不同组分分离、提纯出来是近几年湿法回收的研究重点。

3. 干湿结合法

含两种以上组分的废催化剂很少单独采用干法或湿法进行回收，多数采用干湿结合法才能达到目的。此法广泛地用于回收物的精制过程。如铂-铼废重整催化剂回收时浸去铼后的含铂残渣需经干法煅烧后再次浸渍才将铂浸出。

4. 不分离法

此法不将废催化剂活性组分与载体分离，或不将其两种以上的活性组分分离处理，而是直接利用废催化剂进行回收处理的一种方法。由于此法不分离活性组分及载体，故能耗小，成本低、废弃物排放少，不易造成二次污染，是废催化剂回收利用中经常采用的一种方法。例如，在回收铁铬中温变换催化剂时，往往不将浸液中的铁铬组分各自分离开来，直接用其回收重制新催化剂。再如回收生产 DMT（苯二甲酸二甲酯）和 TA（对苯二甲酸）用的钴锰废催化剂时，往往不将钴、锰分离开来，调整其钴、锰配比（按工艺要求）后直接返回系统中重新启用。

废催化剂的回收利用针对性极强。因此，针对某种废催化剂，具体究竟应采用哪一种方法进行回收，尚需根据此种催化剂的组成、含量及载体种类等加以选择，根据企业拥有的设备和能力及回收物的价值、性能、收率、最终回收费用等加以比较而决定。

5. 废催化剂回收机理

废催化剂回收过程中，尤其是采用湿法回收其中的有用组分，主要涉及废催化剂固体中金属和载体组分的溶解与从溶液中分离出这些组分两大过程。

(1) 组分的溶解

① 溶解的机理。废催化剂固体组分的溶解是在固-液系统中进行的，这是一个典型的多相反应过程。平均溶解速率可用下式表示

$$v=(C_2-C_1)/(t_2-t_1)$$

式中，C_1 为在时间 t_1 时被溶组分的浓度；C_2 为在时间 t_2 时被溶组分的浓度。

瞬时速率为 $v=dc/dt$。按溶解进行的速率，溶解过程可分为以下三种。

a. 恒速溶解。此类溶解其实只有理论意义。

b. 减速溶解。这是最常见的一类溶解。溶解减速的原因是由于溶剂浓度降低，溶解的固体表面积减小，在其表面生成保护膜所致。废催化剂固体组分的溶解多属于此类型。

c. 增速溶解。例如，在氧存在时，铜片在稀硫酸中的溶解反应就属此种类型，此过程多为自催化过程，但在废催化剂溶解过程中自催化作用不大。

影响溶解速率的主要因素除了溶剂的浓度和溶解的时间外，还与溶解时的温度等有关。溶解反应速率和温度的关系可由阿仑尼乌斯方程来表达：

$$K=A\exp[-E/(RT)]$$

式中，K 为反应速率常数；A 为常数；E 为活化能。

从上述方程可知溶解速率和温度的关系与活化能的大小是密切相关的。为了加速溶解速率，可以提高温度，但温度的升高往往要受到水沸点的限制。在加压溶解过程中，溶解的温度可以升到250～300℃或更高。

多相反应的特点是反应发生在两相界面上。因此废催化剂固体组分在溶剂中的溶解是与其表面的几何形状、表面积的大小、表面形态等有关系的。研究表明金属晶格的缺陷对其溶解是有利的。因此在进行废催化剂回收前，通过焙烧使其中的金属晶粒长大、变形，使其上吸附的水分、气体、有机物等挥发掉以改变其表面的形态有利于溶解时溶剂在其表面的吸附以及通过固体表面空位向固体体内进行渗透。通常废催化剂固体内存在的一些杂质对其中有用组分的溶解也是有利的。

溶解进行时，如若相界面表面积越大，固液接触就越好。因此在废催化剂溶解前，若对固体颗粒进行磨碎的话，既可以增大溶解反应时接触的界面面积，又可以增加金属晶格的缺陷，从而可大大提高溶解的速率。

在大多数情况下，相界面的溶解是不均匀的。通常在溶解动力学计算时常将废催化剂表面以球形来计算。溶解速度与球面的关系可用下式来表示：

$$v=\frac{\mathrm{d}m}{\mathrm{d}t}KFC$$

式中，m 为时间 t 时固体的质量；F 为固体的表面积；C 为溶剂的浓度；K 为速度常数，负号表示质量在减小。

当废催化剂在溶剂中溶解时，固-液体系发生相互作用。固体组分的溶解过程主要由以下几个步骤所组成：a. 溶剂离子向废催化剂固体表面扩散；b. 溶剂离子在界面上的吸附；c. 被吸附溶剂和废催化剂固体中被溶组分的相互反应；d. 反应产物解吸到扩散层内；e. 反应产物在溶液中扩散。

为了控制好溶解过程，了解固体的溶解类型是必要的。固体溶解的过程一般可分为以下三种类型。当固体表面的化学反应速率大大超过扩散速率时，溶解过程为扩散控制过程，此时活化能数值较低。当固体表面的化学反应速率大大低于扩散速率，属于化学反应控制步骤时，此时活化能数值较高。

当固体表面的化学速率与扩散速率相等时，其溶解过程为混合控制过程。

在扩散控制的溶解过程中，温度对溶解速率的影响较小。但在此种情况下，为了减少溶解产物扩散层的厚度，需要提高搅拌的速度，在此过程中，溶解速率是搅拌速度的函数。扩散层厚度 δ 随着搅拌速度的提高而减小。搅拌速度对铜、锌溶解的影响见图 4-12。

而在化学反应控制的溶解过程中溶解速率与搅拌速度无关。但是，应当指出的是扩散型溶解的速率不会随着搅拌速度的增大而无限增大，因为搅拌达到一定速度以后，就开始有副效应（生成气泡等），使溶解速率稳定下来。

溶剂浓度对固体溶解速率影响较大，随着浓度的变化，活化能值也改变。锌在不同浓度盐酸中溶解时的活化能变化见表 4-20。

表 4-20 清楚地表明，溶剂浓度影响溶解动态。当盐酸浓度较低时，溶解过程为扩散控

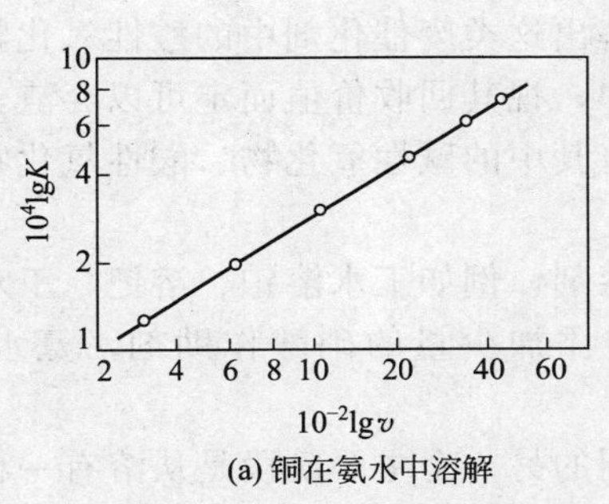

(a) 铜在氨水中溶解

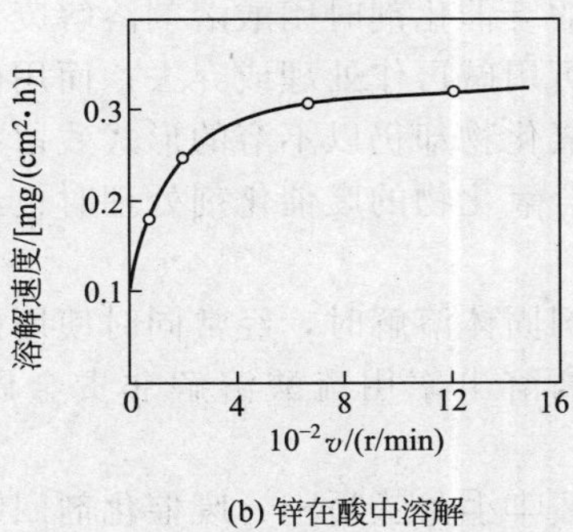

(b) 锌在酸中溶解

图 4-12　搅拌速度 v 对铜在氨水中溶解和锌在酸中溶解的影响

制过程，其溶解速率取决于搅拌速度。当盐酸浓度较高时，其扩散速率增大到超过反应速率时，溶解过程就为化学反应控制过程了。此时控制溶解过程的速率，并不需要改变搅拌速度，只需要改变溶液的温度就可达到加速溶解的目的。

表 4-20　锌在不同浓度盐酸中溶解时的活化能变化

HCl 浓度/(mol/L)	0.05	0.1	0.5	1.0
活化能/(kJ/mol)	5.0	20.5	107.4	119.1

固液比也是影响溶解过程的重要因素之一。液相数量增大一般都对溶解过程的动力有利，因为溶剂的体积越小，反应组分（溶剂）的浓度下降得越快，溶解速度也下降得越快。当溶液体积大时，溶剂浓度的下降可以忽略不计。但溶剂体积不可能大量增加，因为这样就增加了溶解、沉淀和过滤设备的数量，同时也增加了建筑面积、排水量等。在每一种情况下，都应经实验确定最佳固液比。在实践中，固液比通常为（1∶1）～（1∶4），有时到 1∶10。

② 溶剂的选择。废催化剂溶解时常用溶剂及性质见表 4-21。

表 4-21　废催化剂溶解时常用溶剂及性质

溶剂类型	常用溶剂及性质	溶剂类型	常用溶剂及性质
气体	氯气	碱类	纯碱、烧碱、氨水、硫化钠、氰化钠等
水	水	盐类	硫代硫酸钠、氯化铁、氯化钠、次氯酸钠、硫酸铁等
酸类	硫酸、盐酸、硝酸、亚硫酸、氢氟酸、王水等		

溶剂选择的原则是热力学上可行，反应速度快、经济合理，来源容易，易于回收，对设备腐蚀性小，对欲溶解组分的选择性好，主要应根据被溶物的物理特性和化学特性而定。

一般来说碱性溶剂比酸性溶剂的反应能力弱，但其选择性比酸性的高，浸出率不如酸浸时高。

氯气浸出主要用于含贵金属的废催化剂原料。由于氯气的电位高于除金以外的贵金属，并且氯在水溶液中会水解生成盐酸和次氯酸，盐酸可以使已氯化的贵金属呈氯络酸状态溶解；而次氯酸的电极电位比氯更高，能使所有的贵金属氧化。

对于氧化物催化剂来说，使用过后废弃的催化剂中除了含有一些简单氧化物外，还含有复杂氧化物、硫化物等，并大多含有两种以上的氧化物。其中有些氧化物是酸性的，如 Cr_2O_3 等，有些是碱性的，如 CaO、FeO、MnO 等，还有一些是两性的，如 Al_2O_3。

在用溶剂溶解废催化剂时，如若含有变价金属可视具体情况或采用氧化剂，或采用还原剂使其变成易溶的价态再进行处理。硫化物可通过氧化后再处理。

废催化剂固体可单独用一种溶剂处理，也可采用多种溶剂联合加以处理。例如，处理含复杂氧化物的废催化剂时用酸溶剂溶解废催化剂固体中的碱性氧化物而留下不被作用的酸性氧化物，它可用碱再作处理或弃去；而用碱溶解出这类废催化剂中的酸性氧化物后，在该条件下的碱性氧化物却仍以不溶的形式残留在渣中，视其回收价值而定可以弃渣，或用酸再作处理。含复合氧化物的废催化剂处理时也经常将其中的碱性氧化物、酸性氧化物作全都溶出处理。

废催化剂固体溶解时，经常同时使用两种溶剂，例如王水溶铂、溶钯，王水就是混酸溶剂。为了提高溶出率用硫酸溶解非贵金属时常添加少量的硝酸作助剂，氨水也常和铵盐联用。

(2) 溶液中组分的析出　废催化剂回收利用的另一个主要阶段是从溶有一种或多种金属的溶液中将它们析出来，常用处理方法有结晶、金属沉淀、离子沉淀、离子交换、溶剂萃取等。

① 结晶。从溶液中结晶是回收其中有用金属组分的一种简单而历史悠久的方法。可利用不同组分溶解度的差别通过结晶的先后而从同一种溶液中分离出两种金属组分。分离化学性质近似的金属化合物可通过反复结晶达到目的。

② 金属置换沉淀。用一种金属将溶液中的另一种金属沉淀出来的过程叫金属置换沉淀。从热力学上讲，任何金属均可被更负电性的金属从溶液中置换出来：

$$\mathrm{Me}_1^{n+}+\mathrm{Me}_2 \longrightarrow \mathrm{Me}_1+\mathrm{Me}_2^{n+}$$

置换反应可视作原电池作用：

阳极部分的金属失去电子溶入溶液，而阴极部分的金属离子得到电子从溶液中析出，反应为：

阳极反应：$\mathrm{Me}_2-n\mathrm{e} \longrightarrow \mathrm{Me}_2^{n+}$

阴极反应：$\mathrm{Me}_1^{n+}+n\mathrm{e} \longrightarrow \mathrm{Me}_1$

在有过量的置换金属存在时上述反应将进行到两种金属的电化学可逆电位相等为止。溶液中电极电位的平衡值可按下式计算：

$$\varphi_{平}=\varphi_0+\frac{RT}{ZF}\ln\frac{a_{\mathrm{Me}_1^{n+}}}{a_{\mathrm{Me}_2^{n+}}}$$

式中，$a_{\mathrm{Me}_1^{n+}}$ 为氧化状态离子的活度，mol/L；$a_{\mathrm{Me}_2^{n+}}$ 为还原状态离子的活度，mol/L。

表 4-22 为某些金属在酸性水溶液中的标准电极电位值。其中氢离子的放电假定为零，正电位较小的金属可析出正电位较大的金属。

表 4-22　某些金属在酸性水溶液中的标准电极电位值

电极	电压/V	电极	电压/V
Mn/Mn^{2+}	−1.100	Sb/Sb^{3+}	+0.10
Zn/Zn^{2+}	−0.762	Bi/Bi^{3+}	+0.226
Fe/Fe^{2+}	−0.441	As/As^{3+}	+0.300
Cd/Cd^{2+}	−0.401	Cu/Cu^{2+}	+0.344
Co/Co^{2+}	−0.29	Ag/Ag^{+}	+0.768
Ni/Ni^{2+}	−0.231	Au/Au^{+}	+1.36
Sn/Sn^{2+}	−0.136	O_2/OH^{+}	+1.23
Pb/Pb^{2+}	−0.122	Cl/Cl^{-}	+1.359
$H_2/2H^{+}$	0.0		

从表 4-22 可以知道氧的标准电极电位为 1.23V，氧可将许多金属氧化成离子。因此氧在金属置换时，会消耗金属置换剂。所以在金属置换体系中，在加入金属置换剂之前，必须用真空除气法将溶液中所溶解的氧排除干净。

从图 4-13 的电位-pH 值图来看，若以氢线（图中斜线）为标准，金属可分为三种类型。

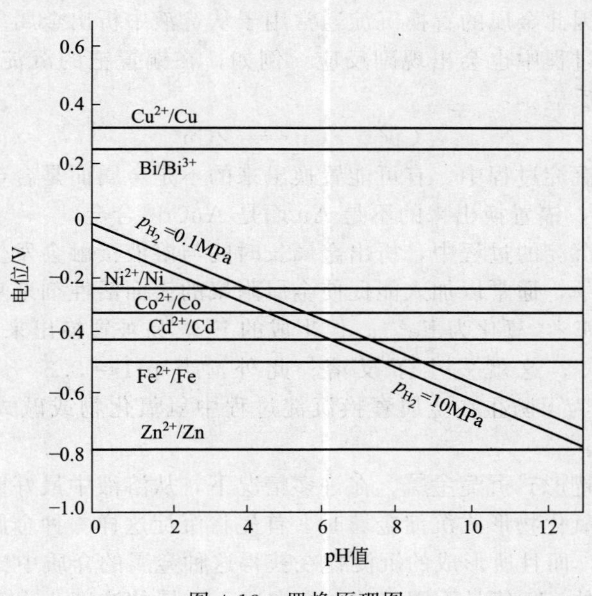

图 4-13　置换原理图

第一类：正电性金属。在任何 pH 值下，$\varphi_{Me^{n+}/Me}$ 总是大于 $\varphi_{H^+/\frac{1}{2}H_2}$，$Me^{n+}$ 还原时不会有氢气析出，如 Cu、Ag、Bi、Sb 等。

第二类：与氢线相交的金属，如 Ni、Co、Cd、Fe 等。此类金属的置换条件与 pH 值有关。如 pH 值小于与氢线的交点，置换时氢气会优先析出。

第三类：负电性大的金属，在任何 pH 值下 $\varphi_{H^+/\frac{1}{2}H_2} > \varphi_{Me^{n+}/Me}$，发生置换反应时总是氢气优先析出，此类金属有 Zn、Sn、Mn、Cr 等，这类金属不宜采用金属置换法析出。

金属置换剂既要根据其在电位序中的位置来选择，也要考虑其经济价值，此外还要特别注意工艺过程的特点，以不会污染溶液的置换剂为好。金属置换剂可以是普通金属的生产废料粉末，采用合金是不理想的。金属置换剂表面的状态对置换的影响较大，如金属置换剂表面覆盖有氧化膜，则在某些情况下会减慢置换过程的进行。

金属置换沉淀速度快时，沉积出的金属粒子极细，通常形成黏附膜。这时金属离子必需扩散穿过此膜才能达到金属表面，因此此时的沉淀过程就变成受扩散控制，提高温度就促使反应速度加快。从表 4-23 可知在 25～45℃温度范围内，铜置换钯的活化能为 40J/mol，此时是典型的化学控制过程，沉淀速度与搅拌无关。但当温度在 65℃时，活化能达 8.4J/mol，此时为典型的扩散控制过程，沉淀置换速度很大程度上取决于搅拌速度。

表 4-23　温度对置换沉淀 Pd^{2+} +Cu 的影响

温度/℃	搅拌速度/(r/min)	速率常数/$\times 10^3$	活化能/(kJ/mol)
25	500	3.5	9.5
	1000	3.5	
	1250	3.4	
45	900	10.4	9.5
	1000	10.3	
	1250	10.1	
65	500	11.5	2.0
	750	14.3	
	1000	18.0	

置换过程中，原始溶液中金属的浓度越高，金属置换剂渣的孔隙度就越小，溶液向置换剂的扩散也就越难，因此金属的置换沉淀通常用于从贫液中析出金属。

在金属置换沉淀过程中也会出现副反应。例如，在铜置钯的沉淀反应中，Cu^{2+} 会与溶液中的铜发生下列副反应：

$$Cu^{2+}+Cu = 2Cu^{+}$$

此外在金属置换沉淀过程中，有可能置换出来的不是金属而是合金。例如若将镉金属加入到 $AuCl_3$ 溶液中去，镉置换出来的不是 Au 而是 $AuCd_3$ 合金。

在采用金属置换沉淀的过程中，析出金属长时间与溶液接触会发生反溶现象，这是此方法难以解决的问题之一，通常以加入能促使金属附聚的表面活性剂来克服之。例如，用铁置换铜时发生氧化反应 Fe^{2+} 氧化为 Fe^{3+}，但生成的 Fe^{3+} 易被置换出来的铜所还原：$2Fe^{3+}+Cu = Cu^{2+}+2Fe^{2+}$，这就发生了反溶。此外，当 pH＝3.5～4 时，溶液还会出现 $Fe(OH)_3$的沉淀物。为了防止在金属置换沉淀过程中氢氧化物或碱式盐的析出，溶液中需含有一定量的游离酸。

(3) 以难溶化合物形式沉淀金属　在许多情况下，从溶液中最好以难溶化合物形式析出金属。从溶液中以氢氧化物形式沉淀金属时，首先将沉淀这样一种金属的氢氧化物，这种金属水解的 pH 值较低，而且所形成的沉淀物在获得这种金属的介质中比较稳定。

同一种金属水解的 pH 值是不固定的，它取决于金属的浓度，水解的 pH 值随着金属浓度（活度）的降低而升高。表 4-24 列出了生成氢氧化物的 pH 值、溶度积 K_p、溶解度以及吉布斯能自由 G 的变化。

表 4-24　生成氢氧化物的平衡 pH 值及其有关的数值

水解反应	$\Delta G^{\ominus}_{水解}$/(kJ/mol)	K_p	溶解度/(mol/L)	pH 值
$Sn^{4+}+4H_2O = Sn(OH)_4+4H^+$	−319.4	1.0×10^{-56}	2.1×10^{-12}	0.1
$Co^{3+}+3H_2O = Co(OH)_3+3H^+$	−232.0	3.1×10^{-41}	5.7×10^{-11}	1.0
$Sn^{2+}+2H_2O = Sn(OH)_2+2H^+$	−144.3	5.0×10^{-26}	2.3×10^{-9}	1.4
$Fe^{3+}+3H_2O = Fe(OH)_3+3H^+$	−213.2	4.0×10^{-38}	2.0×10^{-10}	1.6
$Cu^{2+}+2H_2O = Cu(OH)_2+2H^+$	−109.7	5.6×10^{-20}	2.4×10^{-7}	4.5
$Zn^{2+}+2H_2O = Zn(OH)_2+2H^+$	−93.2	4.5×10^{-17}	2.2×10^{-6}	5.9
$Co^{2+}+2H_2O = Co(OH)_2+2H^+$	−87.5	2.0×10^{-16}	3.6×10^{-6}	6.4
$Fe^{2+}+2H_2O = Fe(OH)_2+2H^+$	−84.3	1.6×10^{-15}	0.7×10^{-5}	6.7
$Cd^{2+}+2H_2O = Cd(OH)_2+2H^+$	−79.5	1.2×10^{-14}	1.2×10^{-5}	7.0
$Ni^{2+}+2H_2O = Ni(OH)_2+2H^+$	−79.0	1.0×10^{-15}	1.4×10^{-5}	7.1

实践表明，纯的金属氢氧化物仅能从稀溶液或离子活度小的溶液中沉淀出。

从金属浓度偏高的溶液中通常沉淀出碱式盐或复盐。通常，生成碱式盐的平衡 pH 值比生成纯氢氧化物略低（若干金属碱式盐测定 pH 值见表 4-25）。

表 4-25　25℃若干金属碱式盐沉淀的 pH 值

碱式盐的分子式	沉淀 pH 值	碱式盐的分子式	沉淀 pH 值
$5Fe(SO_4)_3\cdot5Fe(OH)_3$	<0	$ZnCl_2\cdot2Zn(OH)_2$	5.1
$5Fe_2(SO_4)_3\cdot Fe(OH)_3$	<0	$3NiSO_4\cdot4Ni(OH)_2$	5.2
$CuSO_4\cdot2Cu(OH)_2$	3.1	$FeSO_4\cdot2Fe(OH)_2$	5.3
$2CdSO_4\cdot Cd(OH)_2$	3.9	$CdSO_4\cdot2Cd(OH)_2$	5.8
$ZnSO_4\cdot Zn(OH)_2$	3.8		

在一定的 pH 值条件下从溶液中沉淀出金属氢氧化物的关键是金属的浓度，甚至在最严格遵守所有沉淀参数的情况下，也会发生其他金属以氢氧化物和复盐形式的共沉淀，这是由

于在氢氧化物和复盐表面吸附上了金属离子的缘故。

有些共沉淀是合乎希望的。例如，在把铁清除出锌溶液时，砷和锑也会与铁一起共沉而被清除出去，常将沉淀后的共沉淀渣进行再浆化洗涤。

也可从溶液中析出难溶的硫化物沉淀物来达到分离的目的，常用的沉淀剂有硫化氢、硫化钠及硫化铵。对沉淀过程产生重大影响的是沉淀金属离子的活度、溶液的 pH 值、温度、压力及其他因素。难溶硫化物的溶度积见表 4-26。

表 4-26　难溶硫化物的溶度积（18～25℃）

硫化物	K_{sp}	pK_{sp}	硫化物	K_{sp}	pK_{sp}
Ag_2S	2×10^{-49}	48.7	MnS(无定形)	2×10^{-10}	9.7
BiS_3	1×10^{-97}	97.0	MnS(晶型)	2×10^{-13}	12.7
CdS	7.1×10^{-28}	27.15	α-NiS	3×10^{-19}	18.5
α-cos	4×10^{-21}	20.4	β-NiS	1×10^{-24}	24.0
β-cos	2×10^{-25}	24.7	γ-NiS	2×10^{-26}	25.7
Cu_2S	2×10^{-48}	47.7	PbS	8×10^{-28}	27.1
CuS	6×10^{-36}	35.2	Sb_2S_3	2×10^{-33}	92.8
FeS	6×10^{-18}	17.2	SnS	1×10^{-25}	25.0
Hg_2S	1×10^{-47}	47.0	SnS_2	2×10^{-27}	26.7
HgS(红)	4×10^{-53}	52.4	ZnS	1.2×10^{-23}	22.92
HgS(黑)	2×10^{-52}	51.7			

（4）离子交换　离子交换对于处理金属离子浓度为 10×10^{-6} 或更低的极稀溶液特别有效，但对于金属离子浓度大于 1%的溶液通常价值不大。所以，离子交换适用于从贫液中回收和浓缩有价金属。例如，可将含铜万分之一的溶液浓缩到 5‰和从混合溶液中分离提纯金属。

离子交换操作包括以下两个步骤。

① 吸附（负载）。将待分离的混合溶液以一定的流速通过吸附柱，使混合金属离子吸附在吸附柱中。当吸附柱被溶液中的金属离子所饱和时，流出溶液中的金属离子与进入吸附柱溶液中的离子浓度基本不变，此时应停止供液，转入解吸阶段。

② 解吸（淋洗）。使一种淋洗剂溶液通过负载柱，使吸附其上的金属离子洗脱下来。在淋洗的过程中负载柱得到再生，而淋洗出来的溶液则可以提取金属。任一金属离子被树脂吸附的程度可以分配系数 D 表示：

$$D=\frac{\text{金属离子在树脂相的浓度}}{\text{金属离子在水相中的浓度}}$$

D 值愈大，树脂对该金属离子的亲和力愈大。

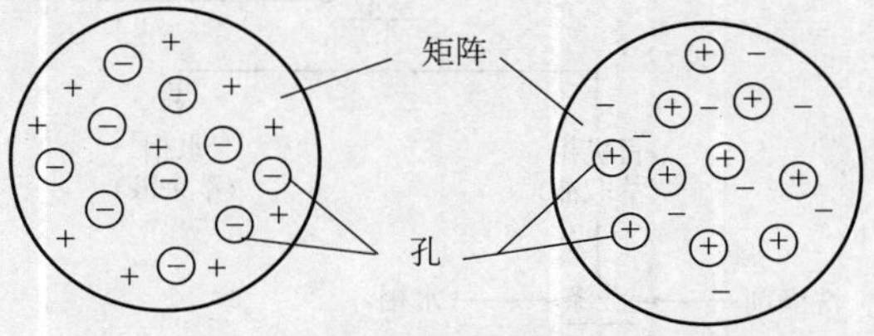

图 4-14　离子交换的海绵模型

离子交换树脂宜为直径为 0.5～2.0mm 的球状颗粒（图 4-14）。其中，阴离子交换剂负离子可被其他负离子交换；阳离子交换剂正离子可被其他正离子交换。

离子交换剂是带正或负电荷的格构或矩阵，它被反号电荷离子即所谓平衡离子所补偿。平衡离子在格构内自由移动并可被其他同号离子所取代，而固定离子是不活动的，当矩阵带着正离子时，由于平衡离子可与阴离子交换，它便是阴离子交换剂。同理，阳离子交换剂的平衡离子可与阳离子交换，交换反应可表示为：

阴离子交换：　$R^+X^- + A^- \longrightarrow R^+A^- + X^-$

阳离子交换：　$R^-Y^+ + B^+ \longrightarrow R^-B^+ + Y^+$

离子交换工艺操作示意图见图 4-15。

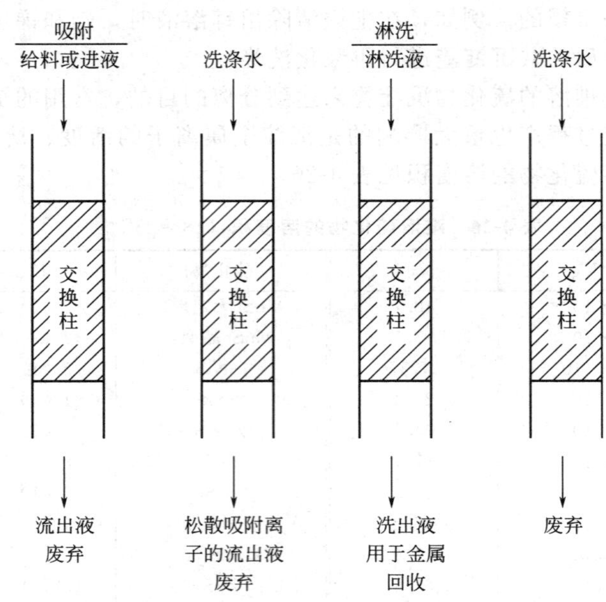

图 4-15　离子交换操作顺序

离子交换剂有天然的和人工合成之分。有无机离子交换剂和有机离子交换剂两大类。废催化剂回收中常用的是人工合成的离子交换树脂，这类树脂是一种含有可交换活性基团的高分子化合物，一般由高分子部分、交联部分和官能团三部分组成。

溶液的流速、树脂的颗粒大小和交换柱 R 等决定了柱式操作的效率，通常采用直径 2.14m、高 3.65m 的交换柱。树脂颗粒必须均一，这样可以避免产生沟流。交换柱上端需留出一定空间以允许树脂在交换过程中膨胀。

(5) 溶剂萃取　萃取是利用有机溶剂从不相混溶的液相中把某种物质提取出来的一种方法，其实质是物质在水相和有机相中溶解分配的过程。

溶剂萃取是净化、分离溶液中有价成分的有效方法，该法平衡速度快、选择性强、分离和富集效果好，产品纯度高、处理容量大，试剂消耗少，能连续操作。

溶剂萃取法提取或分离金属，通常分萃取、洗涤、反萃取三个主要阶段。基本工艺流程如图 4-16 所示。

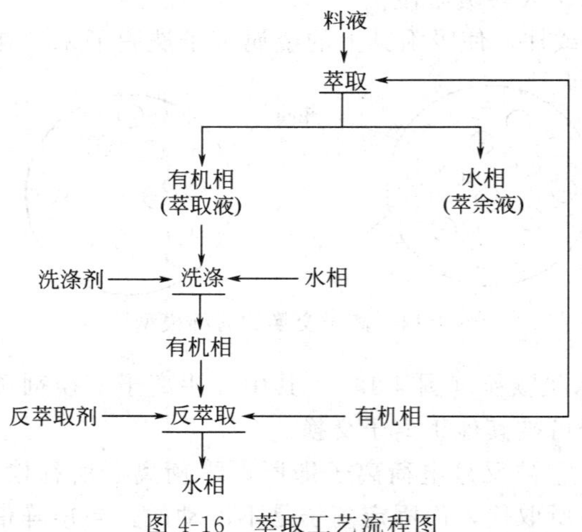

图 4-16　萃取工艺流程图

① 萃取。将含有被萃物的水溶液与有机相接触，使萃取剂与被萃物作用，生成萃合物进入有机相。一般将萃取分层后的有机相称为萃取液；而将萃取分层后的水相叫萃余液。

② 洗涤。用空白水相与萃取液充分接触，使进入有机相的杂质回到水相。这种只洗去萃取液中的杂质又不使萃取物分离出来的空白水相称为洗涤液。

③ 反萃取。用适当的水溶液与经过洗涤后的萃取液充分接触，使被萃取物重新自有机

相转入水相的过程叫反萃取。所用的水溶液叫反萃剂。萃取体系常用下式表示：被萃物（起始浓度）/水相组成/有机相组成（萃合物分子式）。

例如，钽、铌萃取体系可表示为：Ta^{5+}、Nb^{5+}(100g/L)/4mol H_2SO_4、8mol MHF/80% TBP-煤油 [$H_2Ta(Nb)F_7 \cdot 3TBP$]。表示被萃物是 Ta^{5+}、Nb^{5+}，其起始浓度为 100g/L；水相组成为 4mol H_2SO_4 加 8mol HF；有机相的组成是 80%TBP 作萃取剂，20%煤油作稀释剂。萃合物的分子式是：$H_2Ta(Nb)F_7 \cdot 3TBP$。

在萃取体系中金属离子从水相转移到有机相的程度是以分配比 D 来衡量的，其定义式：

$$D=\frac{\text{金属离子在有机相的浓度}}{\text{金属离子在水相中的浓度}}$$

平衡时 D 值愈大则金属离子的可萃性愈好。

萃取效率的定义式是：

$$E=\frac{\text{溶质 Me 在有机相中的总量}}{\text{溶质 Me 在两相中的总量}}\times 100\%$$

萃取比 D' 又称萃取系数，是表示有机相中被萃物的量与平衡水相中被萃物的量之比值。

$$D'=D\,\frac{V_{\text{有}}}{V_{\text{水}}}$$

萃取剂的选择原则：有选择性、萃取容量高，易于反萃，油溶性大，水溶性小，易于与水分离；黏度小，气味小，化学性能稳定，不易水解，耐酸、耐碱，有一定的热稳定性；不易挥发。萃取剂分为酸性萃取剂、中性萃取剂、碱性萃取剂和螯合萃取剂四大类。

稀释剂是一种惰性有机溶剂，一般不参与萃取反应。它能溶解萃取剂，其作用是改变有机萃取剂的浓度，调节萃取能力，改善萃取剂的性能，降低有机相的黏度，提高萃合物在有机相中的溶解度等。工业上常用的稀释剂有煤油、苯、甲苯、二乙苯、四氯化碳、氯仿等，因为煤油价格低，且对各种萃取剂有较大的溶解能力，故应用最广。

在萃取体系中，分配比、萃取效率是重要参数，主要的影响因素是溶液的 pH 值、阳离子或阴离子浓度、萃取剂的浓度、稀释剂的性能等。萃取的形式根据液体的流动方式有错流萃取、逆流萃取、复合萃取三种，见图 4-17。

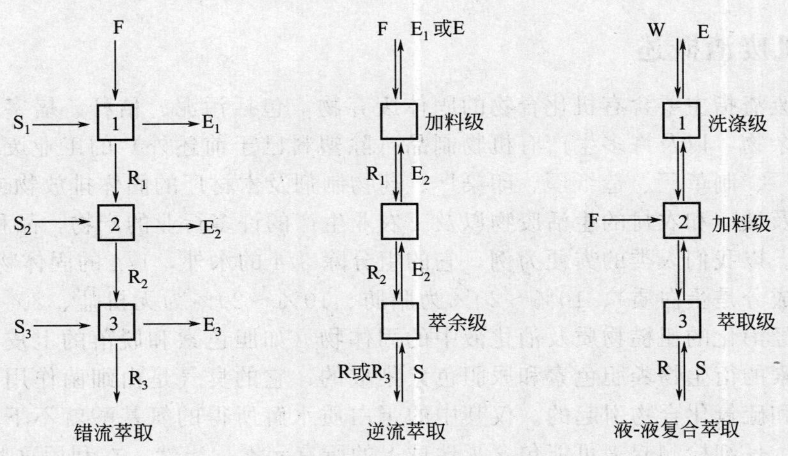

图 4-17　萃取方法

错流萃取是使从一个萃取剂流出的萃残液 R 在下一级中与新鲜的补充溶剂 S 接触的级

联或级的组合。

逆流萃取是一种使萃取溶剂从远离加料端处加入，并使两相逆流通过各级的萃取方法。

复合萃取是一种几乎可以把一种溶质与另一种溶质完全分离的复杂的液-液萃取方法。

二、含贵金属废催化剂的回收利用

贵金属由于具有特殊的原子结构，在催化反应中具有优良的活性、特殊的选择性和其他各种催化功能，因而被称为催化之王或工业维生素。贵金属包括金、银、铂、铑、钯、锇、铱、钌八种金属。除金很少用作催化剂外，其他几种均较广泛地用作催化剂。贵金属催化剂可广泛地用于石油炼制及加工行业、化工行业、环保业、药业等领域的加氢、脱氢、重整、氧化、脱臭、裂解、歧化、异构化、羰基化、甲醛化、脱氨基等反应及汽车排气的净化。

贵金属催化剂因其稀少故价格昂贵，一般使用后均进行回收，影响回收经济效益的主要因素是提高回收率的问题。贵金属废催化剂回收技术的难点是提高低晶位贵金属的回收利用技术水平。

【实例 3】 含银废催化剂的回收利用。

银作催化剂的场合不多，主要用于乙烯氧化制环氧乙烷、甲醇氧化制甲醛及生产乙二醇。

乙烯氧化制环氧乙烷用的银催化剂，往往用氧化铝或富铝红柱石为载体，载银量为12%～15%。全世界每年约需 1150t，价值 463 万美元。甲醇氧化制甲醛，除了使用 $Fe_2O_3 \cdot MnO_3$ 或 Cr_2O_3促进的 $Fe_2O_3 \cdot MnO_3$ 催化剂外，主要使用银催化剂，国内采用的浮石银催化剂，其载银量在 37%～54%不等，还有使用 Ag-分子筛催化剂、电解银催化剂、银网催化剂等。据美国斯坦福研究所估计全世界每年为制甲醛约消耗 979t 银催化剂，价值 314.2 美元。将过滤后的氯化钠溶液加到含硝酸银的滤液中去，反应后静置以析出白色氯化银沉淀物。24h 后虹吸除去上层清液，用事先已用盐酸除去铁锈的铁块置换出银。

第七节　有机废渣的无害化处理技术

一、有机废渣概述

所谓有机废渣指主要含有机化合物的固体废弃物，包括污泥、秸秆、屠宰场的下脚料、水产品加工剩余物，以及许多生产有机物制品（除塑料已于前述外）的工业废渣，如糖厂、啤酒厂、食品厂、制革厂、造纸厂、印染厂、药物制剂及木材厂的固体排放物或废液中的沉积物，它们涉及城市和农村的生活废物以及工农业生产的许多行业的产物，品种极多，化学成分十分复杂。以我们人类的粪便为例，它的组分除 3/4 的水外，1/4 的固体物中 30%是死细菌（其主要成分是蛋白质）、10%～20%为脂肪、10%～20%为无机盐、2%～3%为蛋白质、30%为未经消化的粗糙物质及消化液中的固体物（如胆色素和脱落的上皮细胞）；它的棕黄色是胆红素的衍生物粪胆色素和尿胆色素染成的；它的臭气是由细菌作用产物如吲哚、粪臭素、硫醇和硫氢化合物引起的。仅其中的蛋白质水解所得的氨基酸就不下 20 种，至于其中的无机盐，仔细检测起来可能包含了地球上的所有元素。当然，在利用这些废渣时没有必要去深入弄清每种成分，但随着对它们利用层次的提高，加工精度的改善，更有用的成分将会被开发。例如，在未来的大规模星际载人航行中，对人体排泄物的利用，要求全面分析其成分则必然是一个有重要意义的课题。

就污泥而言，是遍布城市和农村、家庭和社会的一种泥状废物。例如，城市居民家最难处理的麻烦事之一就是下水管道阻塞，会造成污水外溢，冬天冰冻路滑，夏天则臭气熏天，污染环境。下水道为什么会阻塞呢？主要是在生活污水和工业废水中，许多腐烂的有机物黏附在管壁上，沉积在拐弯处，日久形成梗阻，这个问题曾长期困扰城市环境和市政建设部门。20 世纪 80 年代中期日本通产省工业技术院公害资源研究所的研究人员对污泥进行了深入研究。他们发现，尽管不同地方的污泥特点各异，但都含有约 75%的水分；脱水后的干泥含 84%的有机物，有丰富的氮、磷、钾及微量元素等作物养分，所以污泥实际上是一种成分复杂的有机废渣。在世界各国如德国、加拿大、美国、日本深入研究污泥利用的同时，我国学者已用污泥混合基质栽培作物，并开发了低温热化学转化污泥制油技术，在 450℃下保持半小时即可得到近 30%的油和 60%的炭。这样，本来令人讨厌的污泥，经适当加工可制成优质肥料返田，也可用以炼油，这是多么宝贵的原料。

此外，农村的一大产物是秸秆，包括高粱、玉米、稻、麦等都在生产大量籽实的同时，产出了多好几倍的茎叶，即秸秆，估计我国的秸秆总量不下 6 亿吨。还有各种蔬菜、瓜、果的藤、枝、秧、根，以及伐木场剩下的树枝、木屑、树皮等，都是重要的有机废料。它们含有大量的纤维素、木质素以及氮、磷、钾等植物成长过程中积累起来的营养素。据估计每吨秸秆中所含的氮达 5 千克，如果能把它们都返田，仅氮肥一项就相当于全国化肥厂 25%的产量。而过去都把它们烧了，虽然也取得了一些热能，解决了部分地区的燃料问题，但就综合利用而言，损失是巨大的。秸秆是重要的造纸原料，也是一种粗饲料。用合适的菌种使秸秆发酵，可得到新的精饲料，能大幅度提高牲畜产肉率。经发酵处理的各种果蔬的藤蔓是优质的农家肥，它们没有化肥使土壤板结和引起污染的缺点，还可显著改良土质。

为了有效地利用森林开发的废弃物，人们想了不少办法。除废木料外，树皮也引起了科学家的注意。已经发现各种树皮常常渗出一些液汁，当树皮被砍伤后，这些液汁流出起了保护作用；林间的某些香气，也多是树皮散发出来的。这说明树皮的成分很复杂，因而有很大的利用潜力。首先在日本科学界中萌发了利用树皮作黏结剂的想法，他们把树皮晒干、粉碎成细粒，试着用各种溶剂将其溶解，都没有成功。最后用酚处理，搅拌成粥样，加入少量催化剂并于 160～180℃加热后，终于得到一种有强黏性的黑色稠液体。采用这种黏合剂制作的胶合板进行试验，当把两块粘在一起的木块分离时，有时木块本身已破损，而黏合部分却安然无恙。

把当柴火烧都令人嫌厌的树皮制成许多行业都急需的强力胶黏剂，的确是一个了不起的成就。但如果以为科学家们就此停步，那就错了。1991 年 11 月出版的《科学与生活》（俄文）杂志上报道了俄罗斯远东地区的一些建筑工业专家经过多年研究，用木材加工中的废料，不使用任何黏合剂，就可生产出优质的板材。办法是把木屑、树皮等废木料粉碎成细粒，放在一台可以加热又可产生高压的设备中，先加 25～55MPa 的压力，压成木料毡；然后加热到 170～180℃，并进一步压制。经过这样的处理，得到的木板非常结实，可作嵌入或家具及地板用材。为什么会这样呢？因为在这些废料的基本组织即细胞中，都含有一种木质胶，是一种极好的黏结剂，通常它们封闭在细胞壁内，只有借助高压和高温挤出，才能发挥黏结作用。

二、有机废渣的利用

1. 食品工业有机废渣

食品工业是有机废渣大户。食品是人类生存的基本要素，食品供应将决定地球的人口承载能力。食品工业无论在经济价值方面还是在绝对产量方面都在增长，由于世界人口的日益增多，这种趋势无疑会继续下去。在欧洲，1991 年，食品行业（包括饮料和烟草）是当时的欧洲共同体最大的制造行业，按就业计是第二大行业，这种模式与大多数发展中国家相似。目前还有两个大趋势值得特别注意：第一，几乎所有食品的供应系统都显示日益紧张的迹象，如农田和草原的不合理利用导致近 10 年来人均谷物产量降低 12%，人均肉产量也出现负增长，世界渔获量正在下降；第二，城市化加剧，50 年前，像法国这样的国家，农村人口占总人口的 50%以上，但现在已经降到只占 5%，而这也是很多经济正在迅速发展的国家的共同趋势。这些变化对食品工业提出了新的要求，由于方便、快餐食品业的发展，有机废渣越来越多，食品工业终于成了废渣大户，因而对其废渣的利用就成了突出的问题，受到行政和科研、生产部门的重视。

另一个重要因素是收入。工业化国家的经验是，一旦跨越了某平均收入阈限，加工和包装的食品消费量就会迅速上升。消费者已日益排斥低档原料型食品，而惠顾那些精加工的健康食品，从而增加了加工过程中有机物含量高的废液、污泥及麸皮、米糠、下脚料等废渣。

还有，食品加工业与很多别的工业行业相比比较分散。例如，1988 年在 12 个成员国的欧洲共同体中 92%的食品加工企业雇员不到 20 名；雇员超过 99 名的已算是大型企业了，为数只占 1.6%。许多发展中国家的情况也如此。由于废渣集中的场地要求更为严格（应远离工厂以防气味及细菌污染）、废水中有机物浓度及半固体废物的量随原料和加工程度的不同差异大、污泥不能长期堆放（易于酵解发臭）等，提高了处理的难度。肉是我们最重要的蛋白质来源，屠宰场的废渣处理是食品工业废物利用的重要内容。无论屠宰的是哪类牲畜（家禽、猪或牛），在活畜的接收和储运区，主要废弃物是粪便。要改变用流水冲洗卡车的旧习惯，宜有效地发展干铲固体粪便，并将其储存作成厩肥，以避免雨水溶解和流渗四溢。牲畜放血是消除污染、正确利用血料的重要环节。由操作工清理出的血液经过煮熟、脱水得到血粉，其主要成分是蛋白质，并含有多种微量元素如铁、铜等，可以加到饲料中。供人类食用的血制品，收集时要特别讲究，可用套管针（一种直接从喉窝部血管放血的工具）或特殊的钢储槽来收集血液，以免倒下的牲口的呕吐物弄脏血样，同时要防止放置时间过长血液变质，而且血液要经过特殊处理，避免凝固（将血浆和血块离心分离或加入抗凝血剂保存）。脱毛这一工段也有废物利用的巨大潜力，通常用机械剪脱的禽羽兽鬃都是良好的氨基酸原料，已知用猪鬃可以制出 18 种氨基酸。其操作较简单，将鬃毛洗净用稀碱溶液脱脂后，再用盐酸在适当温度下水解即得。

鱼及其他水产品的重要性不言而喻，特别是海洋渔业给人类提供种类繁多的海鲜产品，如鲜冻底层鱼类的鱼片和扇贝、冷冻和咸干鲱鱼、熟虾、罐头产品如鲐鱼、龙虾和螃蟹，还有各种干咸鱼以及作为加工副产品的鱼粉和鱼油。淡水鱼类的加工品种亦极丰富，著名的河豚、大马哈鱼等地方特产不可胜计。但是鱼加工作业中有 30%～80%的原材料变成废物，由于这些废物中含有不少有机胺，即使不存在空气和微生物活动也会产生难闻的腥味；鱼的脂肪和油多是不饱和烃，它们在空气中迅速自动氧化，产生恶臭；堆积的鱼废物造成了严重的环境污染，尤其在娱乐性的海滩地区。然而鱼废物中的蛋白质、骨质磷酸盐和脂类含量很高；贝类废物主要由壳多糖、钙和磷的化合物组成；各类海鲜废物含有高水平的生物营养成分，如多达 14%的 N、7%的 P 和 15%的 Ca。这样，鱼加工废物的回收和利用实在极为重要。

过去 30 年中，将鱼废物制成鱼粉是简便易行和用得最多的办法，它消除了海洋倾废和填埋有关的问题，但运费、货运和贮存期间的血水流失、干燥期间的恶臭及压榨液的问题也不容忽视。由于制作鱼粉不够盈利，加拿大环境科研所和高等学校推出两种环境良性和经济可行的工艺，即青饲料制作工艺和鱼堆肥工艺，可广泛用于动物喂养和土壤调节，因而有引人瞩目的市场，能显著盈利。鱼青饲料制作是20世纪90年代提出的新工艺，即加酸保存鱼废物，因为降低pH值能阻止造成鱼腐败的微生物繁殖，又不妨碍天然存在的蛋白质水解酶使废物液化。富含油的粗青贮饲料可用于生产宠物食品和养鱼饵料；低油青饲料可用于喂猪及其他动物，能使其迅速增重。制堆肥的基本方法是将鱼废物研磨，并在受控曝气下使之与富含碳水化合物的材料如海草或秸秆等混合，在发酵期间，好氧细菌使有机物消解，稳定阶段给出一种无味的、不会滋生杂草的、能长期存放的产品。用鱼废物作为堆肥能迅速改良退化的农业土壤，是理想的土壤调节剂，是化肥以及农家肥的优异代用品。

2. 产业有机废渣制备有机肥料

所谓产业有机废渣是指肉食品加工厂、畜产品处理场等排出的活性污泥等含有大量有机质成分的废渣。这种废渣水分含量一般75％～90％，不能直接进行发酵处理，往往是作为废料而被抛弃。虽然也有采用添加水分调整材料——硅藻土、珍珠岩等无机粉粒体来降低其水分含量并形成发酵原料混合物，经过发酵来制造发酵生成物的方法，但是制得的发酵生成物肥料成分含量低，不能作为有机肥料，只能作为土壤改良剂使用。

另一方面，菜籽油粕、蓖麻籽油粕等植物油粕，肥料成分含量高，作为肥料应用已久，但是单独施用（不经发酵）会阻碍种子发芽，将其发酵处理又存在成本高等问题，致使不能广泛应用。

与以往不同，以产业有机废渣为基本原料，以植物油粕为水分调整材料，先配制成含水率55％～65％适合于好气性发酵的发酵原料混合物，再经好气性发酵而制得社会效益好并可广泛应用的有机肥料。特点如下：

① 可以有效利用产业有机废渣，保护环境，化害为利，社会效益好。

② 将植物油粕用作水分调整材料，既利用了植物油粕水分含量低、肥料成分高的优点，经过发酵又消除了直接施用植物油粕阻碍种子发芽的缺点，取长补短，使植物油粕得以利用。

③ 原料易得，应用广泛，肥效好。

本品可用作基肥、追肥，供各种农作物施用。

（1）原材料

① 产业有机废渣的基本原料为肉食品加工厂、水产品加工厂、畜禽产品处理场等排出的活性污泥等含有大量有机质成分的废渣，水分含量一般为75％～90％。生产厂为畜禽类屠宰场、加工厂、水产品加工厂等。

② 油粕又称油饼、饼肥，是油料经压榨出油脂后的残渣，含有蛋白质、碳水化合物、粗纤维和少量油脂，主要用作饲料和肥料。根据使用的油料不同有豆油粕、花生油粕、蓖麻籽油粕、菜籽油粕等多种。肥料成分含量高，水分含量一般为6％～14％，可用作产业有机废渣的水分调整材料，并有提高肥料成分含量的作用。在有机肥料中可以使用各种油粕，并且使用其一种或两种以上的混合物均可。表4-27的配制例中使用的是菜籽油粕。生产厂为各地植物油榨油厂。

③ 发酵促进剂、含有酵母菌体的黄白色软固体或粉体，例如常用的酵母、发酵粉等均属发酵促进剂。化学成分主要是水、蛋白质、糖原和灰分，并含有少量维生素B_1、B_2和烟酸等。将适当种类的酵母菌培养于适当的培养液中，通入空气，可使酵母菌迅速大量繁殖。酵母菌广泛存在于自然界中，用途极广，在生物学、医学、农业、工业方面都有重要作用。在有机肥料制造中主要用来发酵。使用菌种不限，只要是好气性酵母菌均可。不添加酵母菌种自行发酵也可，可将发酵后的肥料留作菌种供日后使用。

④ 自来水。

(2) 配制方法

① 配方。配方列于表 4-27。

表 4-27　用产业有机废渣制备有机肥料的配方

原材料		配方量/kg	备注
名称	规格		
产业有机废渣	含水率 79.0%	400	
菜籽油粕	含水率 7.1%	110	
发酵促进剂	自来水	适量	不添加也可，但须延长发酵时间
水		适量	

② 操作

a. 菜籽油粕如系饼状品，须先行破碎后再进行粉碎；如系渣状可直接使用，也可粉碎后使用。

b. 按配方量将产业有机废渣同菜籽油粕粉碎物（或渣状油粕）混合，调整水分，使之成为含水率 63.5%的混合物，备用。

c. 将发酵促进剂撕碎或粉碎后，加少量水浸泡溶解，得发酵促进剂水溶液，备用。

d. 将发酵促进剂水溶液添加于产业有机废渣同菜籽油粕的混合物中，搅拌、混合，准备发酵。

e. 将以上搅拌、混合好的物料充填于带搅拌和发热保温装置的发酵罐内，加热 50～60℃，保温，每隔 6min 缓慢搅拌 6min，同时利用吹风机强制送风。在此条件下发酵 52h，得成品有机肥料 232kg。得到的有机肥料含水率为 20%，肥料含氮（N）、磷（P_2O_5）、钾（K_2O）各为 7.56%、2.82%、1.15%。

③ 操作注意事项

a. 产业有机废渣与油粕混合物的含水率根据好气性发酵的最宜条件最好控制在 55%～65%范围内。

b. 发酵温度。根据发酵最宜条件，发酵罐内温度必须控制在 50～65℃范围内。

c. 产业有机废渣和油粕的配比虽因产业有机废渣的含水率大小而有所不同，但以干品质量计，一般以 1∶（1～1.5）为宜。

d. 发酵装置以使用带搅拌并带加热装置的发酵罐、槽为好。

e. 发酵促进剂添加量无严格要求，可以根据具体条件具体掌握。

(3) 施用方法和效果

① 施用方法。上述有机肥料可以作为基肥、追肥，采取撒施、条施、穴施等各种方法，施用于各种农作物。

② 施用效果。现以种植油菜为例，将上述有机肥料与施用农家有机肥料、菜籽油粕和无机肥料的施用效果进行对比试验。试验共分为四个区，每区施用上述四种肥料之中的一种，在四种肥料的肥料总成分相等条件下，于 8 月 29 日至 10 月 4 日进行了种植油菜的对比试验。试验结果列于表 4-28。

表 4-28 所列数据表明，施用由产业废渣同菜籽油粕经发酵制得的有机肥料，与施用农家有机肥料、菜籽油粕、无机肥料相比，肥效好，油菜收获量提高显著，提高幅度达 57.8%～338.1%；同时还完全消除了单独施用油粕（不经发酵）阻碍种子发芽的缺点；此

外，上述肥料基本原料使用的是产业有机废渣，还有废料利用、保护环境的良好社会效益。所以，上述有机肥料是施用效果和社会效益良好的有机肥料。

表 4-28 施用本肥料种植油菜的对比试验结果

区别 No.	施肥种类	播种数量/粒	发芽棵数/粒	收获棵数/棵	收获量/g	平均收获量/(g/棵)
1	本有机肥料	108	108	108	951.6	7.93
2	农家有机肥料	108	108	108	609.6	5.03
3	菜籽油粕	108	60	60	217.2	1.81
4	无机肥料	108	108	96	255.6	2.13

注：施用无机肥料的试验区 4，收获棵树中有 4 棵折损，未计。

3. 工业有机废渣液酵化气化法

工业生产中往往采用含有机质的物料作为原料或辅助物料。因此，在城镇污水中都含有一定量的有机物质，有的工业污水和废渣液中还含有较多的有机质。例如，食品厂、酿酒厂、酱油厂以及某些化工厂排出的污水和废液中就含有较多的有机酸、醉、醛、酮、蛋白质和其他碳氢化合物。这些污水和废渣液易发酵，是很好的酵化气化原料，酵化气化后，不仅生成廉价优质的富甲烷气，而且还能消除或减轻其对环境的污染。

城镇的污水量很大，例如天津市一个人口为 108 万的区域，旱季时每天的污水量仍达到 16 万立方米。其中，工业污水占 2/3，生活污水占 1/3。由于工业上用水处理的物料千差万别，所以城镇污水的构成和物化性质复杂。这些污水中虽然含有可供酵化气化的有机物质，但还往往含有一些重金属和砷、铬、汞、氰化物等阻碍酵化的杂质，需要适当处理。

城镇污水中，可以被微生物分解的有机物有三类：碳水化合物、蛋白质和脂肪。但是，废水中的这三类有机物质，有 20%～40%是微生物所难以分解的。

城镇污水中的有机物浓度一般为 200mg/L，浓缩后的污水污泥中的浓度则增加到 40000mg/L。大体上污水中的污泥体积是污水体积的 1/200。

嫌气甲烷菌酵化气化是目前处理城市污水，充分利用其中有机物质的能量的最好方法，当然，此种方法也不是完美无缺的。例如，受常温常压酵化气化本身机理的限制，有一部分中间过渡的有机物质并不能被利用，并且还残存少量细胞原生质。另外，对氧的化合物、挥发酸、溶解盐和金属阳离子等允许含量要求极严，稍有过量就会明显地抑制甲烷菌的生长繁殖和甲烷菌对有机物质的分解作用。又如，甲烷菌对 pH 值和其他环境条件变化也很敏感，而城镇污水在这方面的变化比农业废弃物酵化气化时的情况复杂得多。所以，城镇污水除了集中的酵化气化外，还应进行个别工业集中点的有机质废渣液的酵化气化。城镇污水污泥酵化气化时的温度一般为 30～35℃，pH 值控制在 6.7～7.4，每公斤有机物料（固态）产气 0.38～0.51m^3，生成气中的甲烷含量为 65%～69%、二氧化碳 31%～35%，硫化氢含量仅为痕迹。

城镇污水污泥的数量集中，酵化气化设备容积大，机械化程度要求高，其中包括设置搅拌机构。另外，还应根据需要设置加热设施，以保持酵化气化反应温度的稳定。

容积为 1350m^3 的单级酵化气化池工艺流程如图 4-18 所示。新鲜污水污泥用污水泵压送入池的底部，并利用其压力搅动池中的污泥，使各部位的污泥均匀分布，温度也趋于均匀，以利均衡地进行酵化气化。为保持反应温度为 32～35℃，用自产富甲烷气作为燃料供锅炉生产水蒸气，水蒸气直接喷入池内加温污水污泥，每天每立方米池容约可生成富甲烷气 0.649m^3。1 个月左右可以将池内的污水污泥全部酵化气化，如果反应温度升高到 40～50℃，则可缩短一半时间。

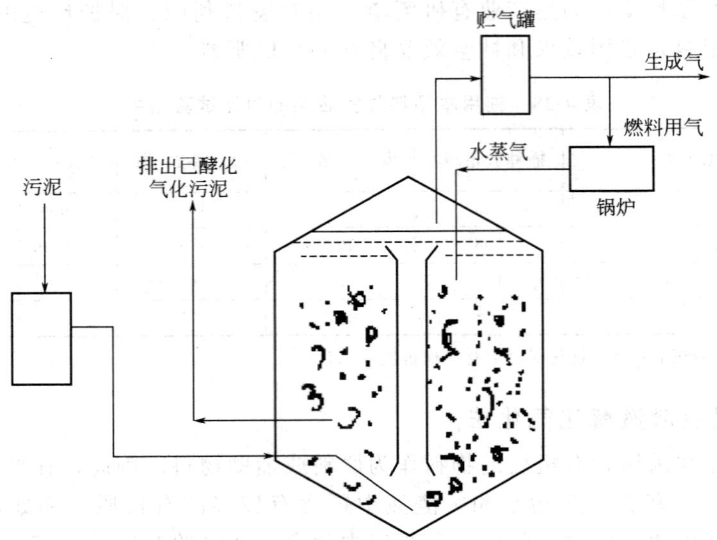

图 4-18　单级酵化气化池工艺流程

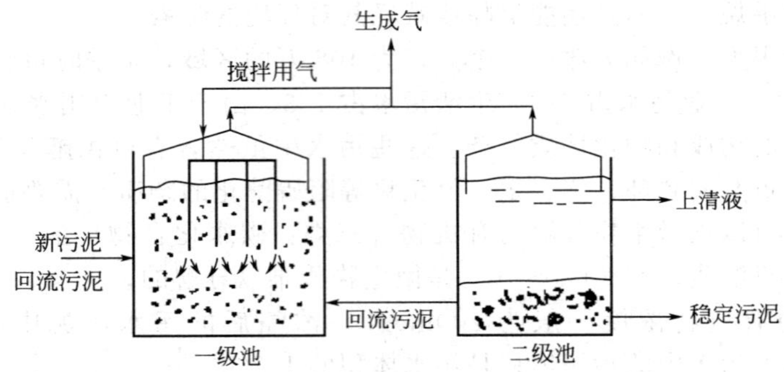

图 4-19　两级酵化气化池工艺流程

两级酵化气化池工艺流程如图 4-19 所示。设有一级池和二级池，新鲜污水污泥送入一级池，酵化气化生成的富甲烷气有一部分通过泵加压后返回送入池内，对其中的污水污泥进行气体搅拌。送入二级池的污泥来自一级池，在二级池中的污泥不进行搅拌，而是借助已酵

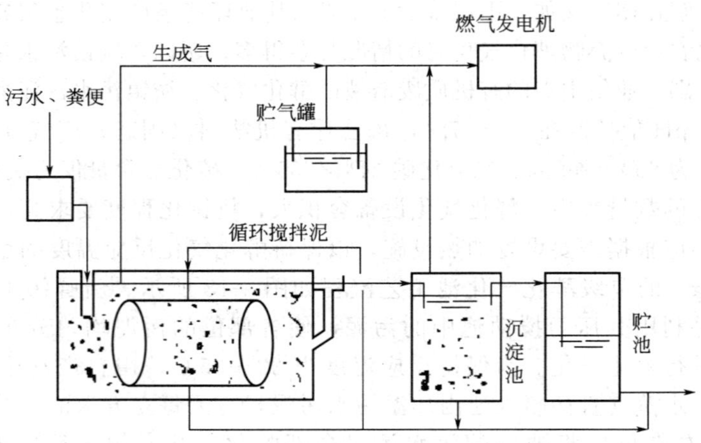

图 4-20　两级酵化气化池燃气发电工艺流程

化污泥的自然沉降排出约 1/2，其余的污泥则返回一级池，以增加其中的污泥细菌浓度，也为了稳定一级池中的污泥量。二级池也生成富甲烷气，但量较少。

佛山军桥沼气电站采用的是两级酵化气化池，其工艺流程如图 4-20 所示。池容为 $1316m^3$，酵化气化反应温度为 30℃，每立方米池容可日产富甲烷气 $0.555m^3$。作为完整的污水污泥的酵化气化过程，生成甲烷气后的废水（上清液）应进一步处理。

第八节　冶炼过程中有价金属的综合回收技术

一、有价金属的概述

在提炼金属的原料中，除主金属外，还有具有回收价值的其他金属。在有色重金属的冶炼原料中，这些有价金属多为贵金属和稀散金属，常从冶炼主金属过程中产出的渣和烟尘中回收。一般说来，某一种金属是否有回收价值，取决于该金属的使用价值、回收需要的费用及其商品价格，例如，铅锌矿中的锗在半导体工业未兴起以前，回收的价值并不大，而 20 世纪 50 年代后却成了很有回收价值的金属。有的重金属矿物中主金属含量较低，不一定具有开采价值，但其他有价金属较多时，综合考虑，则可能有开采价值。有时，根据某种具体社会情况（如战争等），而对某种金属有特殊需求时，即使经济上暂时不太合理，也可能要进行回收。总之，“有价”的概念不是一成不变的。

二、有价金属综合回收技术

有色冶金废渣中有价金属回收主要采用选冶、湿法冶炼和火法冶炼这三种技术。

1. 选冶技术

选冶技术主要用于有色金属尾矿中有价金属、非金属的回收利用。尾矿中有色金属与金银品位普遍较低甚至很低，工业产品以粗精矿为主，回收率不高，经济效益不显著，矿山企业的积极性不高。因此，应该针对尾矿的表面物理化学性质，采用适合尾矿再选的新型选矿流程或新型药剂直接选出最终合格精矿，使尾矿再选产生显著的经济效益，使尾矿中伴存的有色金属和金银的综合回收工作步入良性循环发展。

吉林镍业公司选矿厂浮选尾矿含镍 0.3%～0.5%，通过采用北京矿冶研究总院研制的尾矿再选型螺旋溜槽——BL1500 螺旋溜槽，有效地从浮选尾矿中回收镍金属。该厂采用了 16 台 BL1500-B 型螺旋溜槽，通过增加一段重选工艺，对原直接用泵送往尾矿坝的浮选尾矿进行再选。设备配置成一次粗选（14 台）、一次精选（2 台），选别效果明显，可提高选矿厂总回收率 1.3%～3.2%，效益显著。

湿法炼锌浸出渣中含有大量的镓、锗，具有极高的综合回收价值。利用镓、锗所具有的亲铁特性，中南大学开发了浸锌渣还原分选富集镓、锗的新工艺。该工艺通过强化浸锌渣的还原过程，使镓、锗定向富集于金属铁中（金属铁是镓、锗的主要载体矿物相），进而采用磁选的方法从焙烧渣中分离富集镓、锗。研究表明，在温度为 1100℃、恒温还原时间为 150min 的条件下处理含 Ga 527g/t、Ge 305g/t 的湿法炼锌浸出渣，可得到镓品位为 2164g/t、回收率为 92.40%，锗品位为 1600g/t、回收率为 99.03%的铁粉。

湘西金矿从老尾矿和低度钨加工尾矿中回收金，老尾矿计有 35.27 万吨，含金4.18g/t，堆存达 30～40 年，采用浮选＋尾矿氰化选冶联合流程，金回收率为 74%。低度钨加工尾矿经浓缩脱液，一粗一扫一精、中矿顺序进行半工业性试验，给矿含金 6.12g/t，精矿含金量

93.12g/t，金回收率79.24%。

铜绿山铜矿选矿采用浮选-弱磁选-强磁选工艺流程，生产出的尾矿中含铜0.8%、金0.83g/t、银6g/t、铁22%，经再选回收获得含铜15.4%、金18.5g/t、银109g/t的铜精矿和含铁55.24%的铁精矿，铜、金、银、铁的回收率分别为70.56%、79.33%、69.34%、56.68%。按日处理900t尾矿，年生产300d计算，每年综合回收铜1435.75t、金171.26kg、银1055.92kg、铁33757t。

赣州有色金属冶炼厂采用浮-重-磁联合流程，对其尾矿库中堆存的钨精选尾矿进行铜、银、钨和锡矿物综合回收研究。尾矿中含Cu 2.02%、Ag 0.025%和WO_3 5.47%，小型试验、工业试验及工业生产的分选指标均较好：铜精矿含Cu 13.41%，Ag 0.1479%，铜和银的回收率分别为83.88%和58.23%；钨细泥精矿含WO_3 23.64%，回收率为41.16%。选厂在1994—1996年的两年时间内共回收铜金属5612t、钨金属4716t和银292kg，创直接经济效益52196万元。

甘肃省天水金矿金精矿氰化尾渣中含铅5.96%、铜1.93%、金2.00g/t、银100.90g/t，采用先铅后铜的优选浮选工艺综合回收尾渣中的铅、铜、金和银，铅、铜、金和银的回收率分别为77.59%、71.04%、31.25%和81.04%，铅精矿含铅42.15%，铜精矿含铜17.82%。

2002年湖南株洲冶炼厂根据本厂湿法炼锌挥发窑窑渣的物料特点，自主开发了一整套完善的破碎-球磨-磁选-重选法新工艺进行窑渣资源化综合循环利用，将窑渣（含Ga 527g/t、Ge 305g/t）分离成铁粉、焦粉和渣三部分，铁粉中含Ga 2164g/t、Ge 1600g/t，Ga和Ge的回收率分别为92.40%和99.03%。该破碎-球磨-磁选-重选法新工艺具有工艺简单、投资少、技术成熟、安全可靠等优点，自2003年3月投产以来至2006年7月，已创造直接经济效益10531万元，间接经济效益近2亿元。

2009年以来，湖南水口山有色公司通过磁选处理回收下属企业柏坊铜矿炼铜转炉渣中的Fe、Cu、Ag等金属，创收50余万元；同时，用水煤渣替代粉煤进行烧结，不仅每年可减少煤耗2400t，而且其中的Ag、Au等贵重金属得到回收，年增效160万元以上。

邱廷省等针对某有色企业铜冶炼废渣的特点，进行了中矿再磨再选、载体浮选、磁场强化浮选等工艺方案对渣中铜、金和银等有价金属的回收试验研究，结果表明，在磁场条件下采用高效铜组合捕收剂（丁黄药+Z-200）和组合抑制剂（石灰+Na_2S）及合理的工艺流程能获得含铜16%以上的铜精矿，伴生Au品位4.86g/t，伴生Ag品位261g/t，Cu、Au和Ag的回收率分别为63.5%、28.2%和73.3%。

2. 湿法冶金技术

湿法冶金在金属提取中具有日益重要的地位。湿法冶金过程有较强的选择性，即在水溶液中控制适当条件使不同元素能有效地进行选择性分离，对物料中有价成分的分离、提取和综合回收利用率相对较高，可以有效地使原料中的有价元素和脉石分离，对解决当前越来越迫切的低品位尾矿和冶金废渣处理问题有较大的优势，同时湿法冶金工艺劳动条件好、无高温及粉尘危害，一般有毒气体排放较少，能达到清洁生产的要求。因此，复杂的冶金废渣和尾矿的开发利用更多地依赖湿法冶金新技术的开发。

在铅锌精矿烧结焙烧时，精矿中铅、镉、铊、汞及其化合物易于挥发，富集在烟尘中，汞则绝大部分进入烟气中。这样的烧结烟尘年产约17000t，主要组成为：Pb 50%～60%、Zn 1.5%、Cd 5.0%～6.0%、Ti 0.12%～0.15%、Hg 0.1%～0.2%、Au 0.9g/t和Ag 300g/t。由于此类烟尘是在氧化性气氛下挥发，镉和铊的可溶率较高，从含镉烟尘中单独提取镉、铊可直接采用湿法流程处理，主要步骤是：酸性浸去—净化—锌粉两次置换—海绵镉、含铊海绵镉—氧化—水浸、净化、置换—海绵铊—压团熔铸—金属铊，海绵镉送精馏提纯产出精镉。

对于Ni、Cu、Co等含量较高的镍渣，其有价金属的提取方法是先酸浸，一次提取镍渣中的Ni、Cu、Co等，再结晶脱水，通过加入碳酸钠实现铜、镍和钴的分离，再分别加入硫酸，除杂过滤之后，结晶脱水，最终得到成品硫酸镍、硫酸铜和硫酸钴，整个工艺流程较简单，所用设备较少。

粗铜冶炼厂电收尘烟灰是经重力除尘后，再通过电收尘而获得的产物，一般含铜低于2.5%，含锌超过10%，此外还含有铅、砷等挥发性杂质成分。这些烟灰按原设计经过配料、混捏、返回炼铜炉熔炼，不仅不经济还给炼铜带来危害。现用湿法回收烟灰中的有价金属，在低投资下获得明显的经济和环境效益。具体的流程为：水浸取Pb和Bi等不溶物进入沉淀，得到铅渣，而Zn、Cu、Cd等元素进入溶液，通过锌粉除铜，净化除铁、砷，置换除镉，最后浓缩结晶得到硫酸锌产品。

江西贵溪冶炼厂每年产出转炉渣约8.9万吨，采用浮选工艺回收铜，同时富集渣中的金和银；采用选择性碱浸-酸中和-电积法从铜冶炼中和渣中提炼精碲，在浸出阶段抑制铅的溶出，通过净化除砷、硅和其他重金属，在浸出工序选择性溶浸碲，浸出率达96%～97%，铅、硅、砷很少溶出，大部分抑制在浸出渣中，全流程碲的直收率为80%。

中南大学对全湿法处理银锌渣回收有价金属的工艺进行了研究。采用$NaClO_3$-NaCl-HCl体系浸出铋等贱金属，研究结果表明：当浸出温度为70～80℃，液固比为8～10，$NaClO_3$质量为10～15g，NaCl质量为60g，浓盐酸体积为80～120mL，浸出时间为4～5h时，铋浸出率可达99%；浸铋液用废铁皮置换可得铋含量达86%的粗海绵铋，将浸铋液水解可得纯度为99%的氯氧铋；浸铋后，余渣中银含量达到70%，金含量达到1%，金和银高度富集于浸渣中。

秦红彬等运用湿化学法对栾川冶炼钼过程中产生尾矿中的有价金属元素进行回收利用，实现了铁、钙、镁的提取和分离。通过改变试验条件对目标元素进行提取分离，获得的关键工艺参数为：钼尾矿与浓度为20%的盐酸溶液固液比为1∶6，在95℃水溶液中酸浸6h。采用该法获得的铁、钙、镁的提取率分别达到86.15%、83.29%和80.24%，其中铁、钙、镁产品的纯度分别为98.27%、97.97%和83.07%。通过提取钼尾矿中含量较高的铁、钙、镁，可以实现主元素钼以及含量较少的铜、钨等金属元素的富集，为后续的提取节约除杂成本。

西北铅锌冶炼厂锌系统采用湿法冶炼工艺从二段净化渣产生的渣中回收钴和其他有价金属，钴渣采用稀硫酸选择浸出，从浸出液中分别回收钴、镉、镍、锌，从浸出渣中回收铜、铅，铜、铅、钴、镉和锌的总收率分别达到100%、100%、90.33%、96.80%和95.51%。

3. 火法冶金技术

火法冶金因为其污染环境、耗能大而逐渐面临淘汰，目前多用火法冶炼技术与湿法技术相结合回收冶金废渣中的有价金属。

株洲硬质合金厂主要生产硬质合金、钨、钼、钽、铌及其加工产品。该厂钨冶炼系统采用碱压煮工艺生产仲钨酸铵及蓝钨时产出钨渣，钨渣用火法-湿法联合流程处理，即钨渣还原熔炼得到含铁、锰、钨、铌、钽等元素的多元铁合金（简称钨铁合金）和含铀、钍、钪等元素的熔炼渣。钨铁合金用于铸铁件，熔炼渣采用湿法处理，分别回收氧化钪、重铀酸和硝酸钍等产品。该厂在钨湿法冶炼工艺中，采用镁盐法除去钨酸钠溶液中的磷、砷等杂质时会产出磷砷渣，将此渣经过酸溶、萃取、反萃、沉砷等综合利用工艺，可回收钨的氧化物及硫酸镁。最后产出的砷铁渣约为原磷砷渣的10%，且其渣型稳定，不溶于强碱、弱酸，容易处理。

赣州冶炼厂从含钪炉渣中提取氧化钪。此厂以生产钨、钴系列产品为主，并生产工业氧化钪。在生产钨系列产品工艺中将黑钨精矿球磨、碱煮、压滤后会产出含铁、锰、钪的碱煮渣，此渣经反射炉焙烧，再经电炉还原熔炼后，得到钨铁锰合金和含钪炉渣。含钪炉渣经硫酸浸出，浸出渣作水泥原料，浸出液经萃取、反萃取、酸溶解、沉淀等一系列工艺后，可得到工业级氧化钪，再经一系列精炼后可得高纯氧化钪。

云南锡业公司二冶厂将一冶厂在锡冶炼过程中产出的有毒砷锑铝锡渣，经焙烧、水浸、熔炼、中频坩埚炉熔铸等工艺处理后得到锡铅焊料、锡锑铜轴承合金，砷渣用作生产白砷原料。该厂1989年处理砷锑铝锡渣658.5t，产出巴氏轴承合金403t，锡铅焊料17t。三冶厂锡铅阳极泥采用联合流程处理，产出的硝酸渣金银含量低，根据物料特性，先经氧化焙烧，焙砂再经硫酸化焙烧、浸出，从浸出液中提取银。浸出渣在硫酸与盐酸组成的低酸度混酸溶液中，加入氯化钠，使金优先浸出，得到的金粉、银粉纯度都能达到99.99%，金的回收率达98%以上，银的回收率超过95%。

李仕庆等研究采用火法-湿法联合工艺处理铅铋银硫化矿，综合回收有价金属。铅铋银硫化矿采用直接碱法熔炼，分别处理产出的铅铋合金、浮渣和冰铜，回收铅、铋、银、铜、钼、锌等。“火法-湿法联合流程”适宜于铅、铋、贵金属及稀散金属的混合硫化矿，有价金属的综合回收效果良好。该方法对环境无污染，能耗和原材料消耗少，金属综合回收率高，是清洁的生产工艺。

三、铜的综合回收技术

1. 铜烟尘的处理现状

铜烟尘处理由于受原料成分、工艺方法、工艺条件的影响，其物相成分波动较大，很难有统一的处理流程，对于铜烟尘的处理，早期以火法处理为主，如前苏联和日本的一些企业采用回转窑处理，使锌优先分离出来。也有用反射炉和电弧炉处理的。国内铜厂则直接返回熔炼处理，这样不仅减少了熔炼系统处理精矿的能力，影响粗铜质量，而且杂质的恶性循环还影响生产操作，烟气含砷量过高时，常影响制酸系统的正常运转使钒催化剂中毒，缩短使用寿命，降低SO_2转化率。采用火法处理铜烟尘普遍存在着综合回收水平低、劳动条件差及污染问题。因此国内外冶金工作者纷纷研究新的处理方法，使得湿法处理铜烟尘工艺得以发展，如水浸法、酸浸法、氯盐浸出法、碱浸法等，但以水浸和稀硫酸浸出应用较多，大多数流程采用水或稀硫酸浸出铜烟尘中的铜和锌，再利用不同方法分别处理浸出液和浸出渣。

2. 铜烟尘回收技术

(1) 浸出-鼓风炉熔炼法　铜陵有色金属研究院对铜转炉烟尘进行了大量的研究工作，目前已经建立了一套完整的工业生产体系，采用烟灰浸出-浸出渣鼓风炉熔炼-铅秘合金电解-废铁置换生产海绵铜-阳极泥低温熔炼粗锡工艺，综合回收其中的铜、铅、铋、铟。

铜烟灰中的主金属铜、锌、铅、铋主要以硫酸盐形式存在，其中铜、锌的硫酸盐易溶于水，而铅、铋的硫酸盐在水和稀酸中的溶度积较小，利用这一特性，可将铅、铋与锌、铜分离开来，浸出液经过净化生产$ZnSO_4 \cdot 7H_2O$和海绵铜、海绵锌等。铅渣经过制团、自然干燥后，由斗式提升机加入炉内，并加入适量萤石、铁屑、$CaCO_3$造渣。

经鼓风炉熔炼后，铜、铅由放铅口放出，在沉铅锅冷却分层，上部为冰铜，下部为粗铅，渣经渣口水淬，得水淬渣。

(2) 浸出-萃取法 采用 P_2O_4 萃取剂将铅、铋萃取出来，然后逐级反萃回铅、铋，从萃余液中回收铜、镉、锌。浸出渣采用盐酸浸出，使铅、铋分离，溶液中的铋经废铁置换得到海绵铋，再经熔炼、电解便可获得精铋，含铅浸出渣可作为炼铅原料，进行鼓风炉熔炼可以生产粗铅或电铅。该方法环保，综合回收水平高，可回收 8 种元素，产出 9 种产品，回收率较高，但其流程长，辅助材料消耗多，产成品少（只有精铋和 $Zn_2SO_4 \cdot 7H_2O$，其余为半成品），这势必造成产值低、成本高，该方法主要适合含铅、铋较高的铜烟尘。目前国内的铜陵有色金属集团公司采用该流程处理铜烟尘，在不断改进的过程中取得了很大的经济和社会效益。

(3) 浸出-碳酸铵转化法 铜烟灰经硫酸浸出后，浸出渣中除硫酸铅外，还存在其他杂质，须经提纯后方可生产三盐基硫酸铅，该工艺利用碳酸铵转化、硝酸或硅氟酸溶解、硫酸沉铅三个工序达到该目的，可产出一级三盐级硫酸铅。用此工艺处理铜烟尘冗长一些，但烟尘中的主要元素均可以回收。如烟尘经第一次酸浸，可将铜回收呈海绵铜或硫酸铜出售；铅、铊萃取、反萃后，置换成海绵铅或经电解成高纯铅出售；锌、镉也都可以回收。其浸出渣经富集，一般含铅高达 35%～50%，是生产三盐基硫酸铅或电铅的好原料，除铅后，所得铋渣中的锡、金、银含量均得到富集。此铋渣经盐酸浸出，置换得海绵铋，可熔炼成金属铋出售。从浸铋后的金银渣中可提取贵金属。以上工艺过程经生产实践证明，技术可靠，经济合理，而且能耗低，环境污染易于解决。砷在工艺过程中大部分可转化成砷酸钠产品出售。

(4) 高砷烟尘处理 云南铜业股份有限公司采用艾萨炉熔炼，其熔炼工艺脱杂能力非常强，随铜精矿带入流程的各种杂质元素在熔炼过程中绝大部分进入烟尘或渣相。艾萨熔炼过程中所产出的烟尘主要以元素铅、砷、铋、镉为主，且铜含量非常低，为 2%～4%，而且烟尘率非常低，仅为 1.0%～1.3%，这为艾萨炉烟尘的直接开路处理，减少有害元素在流程中的循环和积累创造了有利的条件。该工艺的优点有：有价金属被有效回收，铜、铅、铋、锌的综合回收率分别达到 75%、85%、85%、70%；彻底解决了烟尘中有害元素 As、Cd 污染环境的问题，且烟尘中 60%～70%的 As、Cd 最终以产品的形式被开路，As、Cd 也被有效地回收；采用铜电积方式还可避免铁屑置换铜过程中产生 AsH_3 有毒气体，以保证员工健康安全，并减少对环境的污染。

四、锌冶炼过程中有价金属的回收

1. 湿法炼锌过程

① 经过热酸浸出黄钾铁矾法（或针铁矿法）之后，铜、镉、铅的富集回收率可达 85%～90%，铟、镓、铊、锗的富集回收率也大幅度提高。

② 在流态化焙烧过程中，90%以上的汞进入烟气，冷凝后进入酸泥，可从酸泥中回收金属汞，其余有价金属几乎都留在焙砂中。

③ 在焙砂中性或酸性浸出过程中，99%的镉与钴、80%～85%的锌、50%的铜以及一部分稀散金属进入溶液，其余则留在渣中。

④ 在浸出液净化过程中，铜、镉富集于锌粉置换所得的铜镉渣中，铜镉渣是提镉的主要原料，在提镉过程中可同时综合回收铜、铊和锌。浸出液净化过程使用黄药除钴时，钴和剩余的铜、镉富集于黄酸钴渣中，其可以作为提取钴的原料，在钴渣提钴过程中，可综合回收铜、镉、锌。

⑤ 在浸出渣回转窑烟化处理过程中，铅、镉、铟、锗、镓、铊和锌挥发进入氧化锌烟

尘，有价金属的挥发率为锌85%、铅95%、铟72%、锗31%、镓14%、铊87%、镉91%，从收集的氧化锌烟尘中可以回收相关金属，窑渣则可以回收铜、银、金。

⑥ 回转窑氧化锌在多膛炉内焙烧脱氟、氯时，铊富集于烟尘中，收集到的烟尘可作为提取铊的原料。焙烧后的氧化锌经两次浸出，铟、锗、镓等富集于酸性浸出液中，以锌粉置换，得到的置换渣是回收铟、锗、镓的原料，从氧化锌浸出渣中可回收铅。

M. Kul 和 Y. Topkaya 研究了从 Cinkur 锌厂冶炼产生的铜饼中回收锗。来自 Cinkur 锌厂的铜饼的物理学、化学和矿物学等特点表明，0.07%的锗包含在占84%的粒径小于147μm 的颗粒中。铜饼中也含有15.33%Cu、15.63%Zn、1.66%Cd、1.33%Ni、0.63%Co、0.35%Fe、2.62%Pb、12.6%As、0.18%Sb 和3.42%SiO_2。矿物学分析结果表明，铜饼基质中主要含金属态和氧化态的铜、砷、锌、镉等。在实验室进行了硫酸浸出实验，在60～85℃，硫酸浓度150g/L，液固体积质量比为8∶1条件下浸出1h，锗回收率可达92.7%，其他有价金属几乎完全浸出。确定的锗最佳浸出条件为：浸出时间0.5h，液固体积质量比为8∶1，硫酸浓度100g/L，温度40～60℃。在此条件下锗的浸出回收率为78%，而其他金属如钴、铁、铜、镉和砷溶解很少。通过单宁酸沉淀，锗能够与其他金属完全分离。

2. 火法炼锌过程

(1) 竖罐炼锌　在流态化焙烧过程，90%以上的镉、30%的铅、20%的铊、10%的铟、5%的银进入烟尘，约95%的汞、5%的镉和铅进入烟气，其余有价金属留在焙砂中。在团矿焦结过程中，50%以上的铟、10%～15%的镉、5%的铅进入焦结烟尘，其余有价金属留在焦结矿中。在锌蒸馏过程中，90%以上的金、银，80%～90%的铜、锗、镓，60%～70%的铊，10%的铟、铅留在残渣中；15%～20%的铅，5%～10%的镉、铟进入粗锌。在锌精馏过程，粗锌中的铅、铟进入粗铅，镉进入高镉锌。

① 流态化焙烧烟气含有汞，经冷凝形成汞炱，用蒸馏法精馏后，再经麂皮过滤得到金属汞。

② 镉尘提镉时，可综合回收铟、铊、硫酸锌和铅泥，并可从铅泥中回收铅、银、铋。

③ 焦结炉烟尘的主要成分是含铟氧化锌，在提铟过程中，可综合回收镉、铅和硫酸锌。

④ 蒸馏残渣可用选矿、旋涡炉熔炼等方法处理。旋涡炉熔炼时，97%的铅、90%的锌、82%的锗挥发富集于烟尘；70%以上的铜和钴富集于冰铜。残渣所含固定碳可在旋涡炉熔炼过程中用作燃料和还原剂。旋涡炉熔炼过程中有价金属的回收率为：银93%、锌91%、铜75%、铅98%、锗88%。

⑤ 含铟粗铅熔化后鼓风氧化时，铟进入浮渣。浮渣经酸浸、置换、熔炼、电解得金属铟。酸浸渣可回收铅。

⑥ 高镉锌可返回蒸馏炉富集，然后在镉精馏塔中直接提取精镉。在竖罐炼锌过程中，锌精矿中95%以上的汞经过高温焙烧后进入烟气，1.6%～2.0%的汞存在焙砂与烟尘中，9.1%～11.8%的汞进入烟气净化废水，9.8%～14.1%的汞进入电除雾湿尘中，22.3%～32.2%的汞在制酸环节被硫酸所吸收，44.2%～52.9%的汞排放到大气中。竖罐炼锌过程向大气中排放的汞量为34g/t。

(2) 密闭鼓风炉炼锌

① 烧结机的烟尘、冷凝器的浮渣、洗涤器收集的蓝粉（也称返粉），一般都返回配料工序，使一部分镉、锑、砷等金属在熔炼过程中循环。

② 铅锌混合精矿烧结时，原料中大部分镉、铊和小部分铅挥发进入烟尘。当烟尘中的镉、铊富集至一定量时，可集中回收。原料含汞量较高时，可从烧结机烟气中回收。

③ 熔炼时，烧结矿中的金、银、铜、铋、锑等金属大部分富集于粗铅，在粗铅精炼时分别回收；熔炼过程中产出砷冰铜（黄渣）或冰铜时，铜和小部分金、银进入其中，可在处理时回收。

④ 烧结矿中的镉有50%进入粗锌，粗锌中还含有少量铅，均可在精馏过程中回收。

⑤ 铅锌鼓风炉渣含锌6%～8%，含铅0.8%～1.5%，并含有少量镉、锑、锡等金属，用烟化炉处理炉渣，使这些金属进入烟尘，再从其中回收。

⑥ 铟主要富集于粗铅和粗锌，部分锗也进入粗锌，可在粗铅精炼和粗锌精馏过程中回收。镓和部分锗进入炉渣，可从炉渣烟化的烟尘中回收。

五、其他有价金属回收技术

1. 钨渣的回收技术

采用火法-湿法联合处理钨渣的工艺为：先将钨渣还原熔炼得到含有Fe、Mn、Nb、W、Ta等的钨铁合金和含有U、Th、Sc等的熔炼渣。钨铁合金应用广泛，可用于提高铸铁件机械性能；熔炼渣则需要采用湿法进行处理，分别回收氧化钪、重铀酸铵和硝酸钍等产品。而且由于经高温固化，渣中的放射性不会被弱酸和天然水浸出，熔炼渣的体积仅为钨渣的13%左右，便于安全存放。

工艺过程中应注意以下条件的控制：焦粉用量为钨渣的13%～15%，而钨渣含水量不大于10%，两者混合时间为0.5h，熔炼温度为1500～1600℃，工作电压为75～115V。

2. 银铋渣的回收技术

银铋渣是铋精炼过程中加锌除银所得的一种副产品，其中含有Au、Ag、Bi、Zn、Cu等多种有价金属，具有很高的经济价值。目前处理此类物料的方法多为传统的火法，将银铋渣熔融后吹炼得到金银合金，铋在烟尘中以氧化铋的形式回收；也有用氯化法（氯气氯化法、氯酸钠氯化法）浸出分离贱金属，再从渣中回收金银的工艺。火法存在金属直收率低、污染严重的问题。叶志中研究了硫酸浸锌-硝酸浸其他金属的全湿法新工艺，不仅能对Au、Ag、Bi、Zn、Pb、Cu等进行有效分离，且回收率高，生产成本低。该工艺简单实用，易于进行工业化生产，特别适合于处理富含Au、Ag的物料。

3. 锡锑渣的回收技术

河北科技大学材料学院的研究表明，橄榄石与鳞石英的最低共熔点温度为1178℃，比正常熟料的最低共熔点1338℃要低150℃以上，所以引进锡锑渣能使熟料最低共融温度下降，促使液相提前生成；锡锑渣能降低水泥熟料烧成时液相出现的温度，降低液相的黏度，从而使C_2S的形成温度降低了120～180℃，促进了C_2S的形成；锡锑渣中铁（Fe_2O_3＋FeO）的含量较高，Fe_2O_3、FeO的存在具有一定的活性，能降低$CaCO_3$的分解温度，促进$CaCO_3$的分解；锑锡渣中橄榄石属斜方晶系，无解理面、磁铁矿属等轴晶系，这与硅酸盐水泥熟料矿物组成非常相似，在熔融状态下起到诱导结晶的晶核作用，改善生料的易烧性。

廖翠香等尝试用广东顺德市锡锑冶炼总厂的锡锑渣替代萤石作矿化剂，在卓峰水泥公司二厂3.0m×10m的机立窑生产线上煅烧水泥熟料并获得成功，取得了良好的经济效益和社会效益。其主要工艺措施如下。

① 强化磨前细碎工艺，严格控制入磨物料粒径（直径20mm筛）筛余≤15%，合格率≥95.0%，控制入磨物料成分：石灰石≤1.0%，黏土1.5%～4.0%，铁砂3.5%，煤3.0%～5.0%，锡锑（或萤石）≤2.0%，合格率≥90.0%。

② 采用微机控制系统，提高配料计量的准确性，确保出磨生料细度、SiO_2、CaO、Fe_2O_3 及含煤量的合格率≥80.0%。

③ 强化窑前均化工艺，出磨生料定时轮换入库，出库时多库搭配，采用空气搅拌库均化，确保入窑生料 SiO_2、CaO、Fe_2O_3 的合格率≥90.0%。

④ 用锡锑渣作矿化剂煅烧熟料后，上火速度加快，根据这个特点，把湿料层的厚度由原来的500mm改为600～700mm，并要求使用“压边部、勤松边、提中火、保窑心”的V形窑面煅烧操作方法，统一采用小料球暗火连续煅烧操作技术，坚持加料、用风、上火速度、卸料“四平衡”，以稳定底火为中心，提高窑工的责任心，及时处理偏火、吡火、粘边等异常窑况，尽量提高入窑风量，确保中部通风良好，抓好相关工序的协调配合，尽力做到“个人努力保工序，工序创优保系统，三班协作保一窑，全员合力保煅烧”，使立窑煅烧逐步实现大风、大料和快烧。

⑤ 锑锡渣的掺入使生料球的质量下降，给煅烧增添了一定的难度。为此在成球工艺上，调整成球角度和边沿高度，适当延长成球时间，缩小料球粒径，使直径5～8mm的料球占85%以上，并将成球水分由12.5%～13.5%提高到13.0%～14.0%，有效改善生料的成球质量。

⑥ 由于锡锑渣熔点低，煅烧时液相出现温度降低，造成易结深边，底火变软，不利于煅烧控制，为此本厂将熟料的配热量由4100kJ/kg降至3930kJ/kg左右。同时，稳定煤的发热量，控制煤的挥发分、全硫量，为立窑煅烧硬底火的形成和良性循环创造客观优势。

第九节 有色金属的再生利用技术

一、概述

按照我国的产业分类，通常将铁、锰、铬及其合金称为黑色金属，除此以外的其他金属均列为有色金属。在一些发达国家，有色金属生产原料主要依赖于再生资源，再生有色金属工业已成为一个独立的产业。2000年全世界生产再生铝及合金816万吨，占原生铝产量的33%；其中，美国93%，法国59%，德国89%，日本的再生铝产量是原生铝的186倍。世界再生铅占据“半壁江山”，1999年世界精铅总产量为621.8万吨，其中再生铅产量为327.3万吨，占精铅总产量的52.63%；美国是世界上最大的再生铅生产国，再生铅在精铅产量中的份额从1990年的66.8%上升到1999年的75.8%，德国、法国、意大利、日本、英国再生铅产量比例均超过50%。法国每年铜产量原料的80%来自废铜再生。与此比较，我国的有色金属再生利用产业在许多品种上还存在较大差异。

同时，回收废有色金属也是节约能源、减少环境污染的有效手段。以铝为例，与以矿石为起点相比，生产1t原铝需耗能 21310.8×10^4kJ，而生产1t再生铝合金能耗仅为 548.8×10^4kJ，只有原生铝的2.6%，并节省10.5t水，少用固体材料11t，比用水电生产电解铝时少排放 CO_2 91%，比用煤电时减少的 CO_2 排放量则更多；另外，少排放硫氧化物（SO_x）0.06t，少处理废液、废渣1.9t。同样，铜、铅、锌再生金属的节能率分别达到82%、72%和63%，金、银、铂等贵金属和镍、铬、钛、铌、钴等稀有金属的再生金属的节能率约为60%～90%。

积极学习发达国家的先进经验，探讨适合我国国情的废有色金属回收与利用技术，对于支持和促进我国的可持续发展将具有十分重要的现实意义与战略意义。

二、有色金属的分类

再生有色金属产业是我国有色金属工业的重要组成部分，是有色金属基础原材料的重要补充，对我国经济建设、国防建设和社会发展发挥着重要作用，已发展成为国民经济的战略性新兴产业。充分利用废旧有色金属是有色金属工业节能减排的重要结构性措施。

按照金属的性质、分布、价格、用途等综合因素，我国常将有色金属做如下分类。

轻有色金属材料指密度小于4.5g/cm^3 的有色金属材料，包括铝、镁、钠、钾、钙、锶、钡等纯金属及其合金。这类金属的共同特点是：密度小（0.53～4.5g/cm^3），化学活性大，与氧、硫、碳和卤素的化合物都相当稳定。其中在工业上应用最为广泛的铝及铝合金，目前它的产量已超过有色金属材料总产量的1/3。

1. 重有色金属材料

指密度大于4.5g/cm^3 的有色金属材料，包括铜、镍、铅、锌、锡、锑、钴、汞、镉、铋等纯金属及其合金。其中，最常用的是铜及其合金，它包括纯铜（紫铜）、铜锌合金（黄铜）、铜锡合金（锡青铜）、无锡青铜（如铝青铜、锰青铜、铅青铜等）、铜镍合金（白铜）等产品，是机械制造和电气设备的基本材料；其他如铅、锡、镍、锌、钴等及其合金，在工业上也是用量较大的有色金属材料。

2. 贵有色金属材料

这类金属材料包括金银和铂族元素（铂、铱、钯、钌、铑、锇）及其合金，由于它们对氧和其他试剂的稳定性，而且在地壳中含量少，开采与提取比较困难，较一般金属贵，因而得名。它们的特点是：密度大（10.4～22.45g/cm^3），熔点高（916～3000℃），化学性质稳定，能抵抗酸碱，难以腐蚀（除银和钯外）。贵金属在工业上广泛应用于电气、电子工业、宇宙航空以及高温仪表和接触剂等。

3. 稀有金属材料

稀有金属通常是指那些在自然界中含量很少，分布稀散或难以从原料中提取的金属。根据其密度及地质结合状况，又可做如下详细划分。

(1) 稀有轻金属材料　稀有轻金属一般包括钛、铍、锂、铷、铯5种金属及其合金，他们的共同特点是密度小、化学活性强。这类金属的氧化物和氯化物都具有很高的化学稳定性，很难还原。

(2) 稀有高熔点金属材料　又称稀有难熔金属材料，它包括钨、钼、钽、铌、钒、锆、铪、铼8种金属及其合金，其共同特点是熔点高（均在1700℃以上，最高的为钨达3500℃）、硬度大、抗腐蚀性强，可与一些非金属生成非常硬和非常难熔的稳定化合物，如碳化物、氮化物、硅化物和硼化物。这些化合物是生产硬质合金的重要材料。

(3) 稀有分散金属材料　也叫稀散金属材料，它包括镓、铟、铊、锗4种金属，其特点是在地壳中很分散，没有单独的开采价值。

(4) 稀有金属材料　稀有金属包括镧系元素以及镧系元素性质很相近的钪、钇，共17种元素。这类金属的原子结构相同，理化性质相似，在矿石中总是伴在一起。其特点是：化学性质活泼，与氧、硫、氢、氮等有强烈的亲和力，在冶炼中有脱硫、脱氧作用，能纯净金属且能减少或消除钢的枝晶结构，细化晶粒，并能使铸铁中的石墨球化，故在冶金工业和球磨铸铁生产中获得广泛的应用。

按照生产及应用方式，有色金属可以做如下分类。

(1) 有色冶炼产品　指以冶炼方法得到的各种纯有色金属或合金产品。

(2) 有色加工产品　(或称变形合金) 指以机械加工方法生产出来的各种管、棒、线、型、板、箔、条、带等有色半成品材料。

(3) 铸造有色合金　指以铸造方法，用有色金属材料直接浇铸形成的各种形状的机械零件。

(4) 轴承合金　专指制作滑动轴承轴瓦的有色金属材料。

(5) 硬质合金　指以难熔硬质金属化合物 (如碳化钨、碳化钛) 作基体，以钴、铁或镍作黏结剂，采用粉末冶金法 (也有铸造的) 制作而成的一种硬质工具材料。其特点是具有比高速工具钢更好的红硬性和耐磨性，如钨钴合金、钨钴钛合金和通用硬质合金等。

(6) 焊料　焊料是指焊接金属制件时所用的有色合金。

(7) 金属粉末　指粉状的有色金属材料，如镁粉、铝粉、铜粉等。

另外，废有色金属还可作如下分类：①纯有色金属；②有色金属合金；③附着有色金属；④有色金属化合物；⑤混杂有色金属；⑥嵌入和包覆有色金属等。

虽然废有色金属种类繁多，但各自都有一些明显的特性与用途，因此，在回收利用时，常借此加以辨识与分选。

三、有色金属废渣的危害

1. 占用土地，损伤地表植被

随着有色金属工业的发展，有色冶炼废渣产生量日益增加，由于治理效率低，大部分废渣不得不堆存起来，占用大量的土地，侵占大量农业耕地，破坏地表植被和环境，直接影响了农业生产。废渣侵占耕地，对我国的情况来说危害特别严重。据统计，1952 年人均可耕地面积为 2.8 亩，到 1981 年，由于堆积废渣等各种原因，人均耕地面积下降为 1.49 亩。堆积的废渣不仅侵占土地，还破坏了地球表面的绿化植被。废渣堆积后，因化学变化不断地放出不利于植物生长的有毒植物，故使绿色植物无法再生。大批绿化植物被埋，不仅破坏了自然环境，更重要的是杀伤了氧的制造者。

2. 污染土壤，危害生物

冶炼废渣多是露天堆放，其中有害物质通过各种途径进入地层，造成大面积的土壤污染，特别是废渣中的重金属污染土壤导致严重的后果。各种金属具有不同的特性，造成的污染危害也不相同。

植物对各种重金属的需要情况有很大的差别。有些重金属是植物生长发育中并不需要的元素，且对人体健康的危害比较明显，如铝、汞、铅等。有些是植物正常生长发育所必需的元素，具有一定的生理功能，如铜、锌等。在土壤中铜、锌不能缺少，只是含量过高时，会产生污染危害。而植物所不需要的重金属在植物体内的浓度，明显受到土壤中这些元素含量高低的影响。如果土壤中这些元素过多，就会使它们在植物体内的含量较快地达到污染的程度。因此，汞、铝、铅在土壤中过多，往往比铜、锌等微量元素过多的污染更严重。

不同类型的重金属污染土壤后对作物产生的危害也不同。如铜、锌主要是妨碍植物的正常发育，而汞、镉等一般在作物生长发育尚未受到障碍时，在植物体内的积累量就可能显著增加，甚至达到有害程度。在一般情况下，土壤中汞、镉累积而危害作物生长的现象较少，而它们在土壤和作物中残留的问题比较突出。

不仅不同种类的重金属各有不同的污染危害，而且同种金属，由于它们在土壤中的形态不同，其迁移转化特点和污染性质也不同。在土壤中的某一种金属，若成不溶态的、弱代换剂可以换的或强代换剂提取的状态时，均可能为植物所吸收。若此几种形态的重金属含量愈高，则越容易造成污染危害。在研究土壤中重金属的危害时，不单要注意其含量，而且要重视各种形态的含量。

3. 淤塞河床，污染水质

将废渣倒入海洋或其他水体，会直接破坏地面水或地下水源，使水质遭到破坏，同时使河床淤塞影响船舶航行。冶炼中产生的有色金属通过下述途径进入水体形成污染：①废物随天然降水径流流入江、河、湖、海污染地表水；②废物中的有害成分随渗滤水深入土壤，迁移至地下水，使地下水污染；③较小的颗粒随风扬散，落入地表水，使其污染；④工业固体废物直接倒入江、河、湖、海使之造成更大的污染。由于不易征得堆渣场地，我国有不少厂矿把工业废渣直接倾倒入水体。灰渣在河道中大量淤积，不仅妨碍航运，而且将对大型水利工程造成潜在的危害。

此外，冶金废渣长期堆积，其内部将起化学反应，产生大量有害气体，污染大气。废渣中的灰尘扬起，也是空气的污染源。含有放射性物质的废渣，常为人工辐射源之一。

四、有色金属再生技术

由于有色金属的品种多，产品多样，性质各异，生产原理和工艺也具有多样性。一般来说，冶金过程包括选矿、熔炼和精炼三个循序渐进的作业过程。在现代冶金中，由于矿石（或精矿）性质和组分、能源、环境保护以及技术条件等情况的不同，冶金作业的工艺和流程是多种多样的，根据各种方法的特点，大体上可将其归纳为三类：火法冶金、湿法冶金和电冶金。

1. 火法冶金

火法冶金（pyrometallurgy）是利用高温（700K 以上）从矿石提取金属或其化合物的冶金过程。此过程没有水溶液参加，所以又称为干法冶金。利用火法从矿石提取金属的流程一般分为三个步骤：矿石准备-熔炼-精炼。火法冶金是提取冶金的主要方法之一，现在几乎全部的铅、锡、锑、钛、85%的铜、20%的锌、大部分的镍是采用火法冶金生产的，有些用湿法冶金生产的有色金属，如锌、镍、钴、钨、钼等，其中也包括有某些火法冶金过程，如火法炼锌中硫化锌精矿的焙烧（图 4-21），钴硫精矿硫酸化焙烧。另外，熔盐电解提取铝、镁，还原蒸馏提取锌、镁，镁热还原氯化物提取钛、锆、铪，以及利用化学迁移反应进行气相沉积以制取纯金属等均属于火法冶金的范畴。

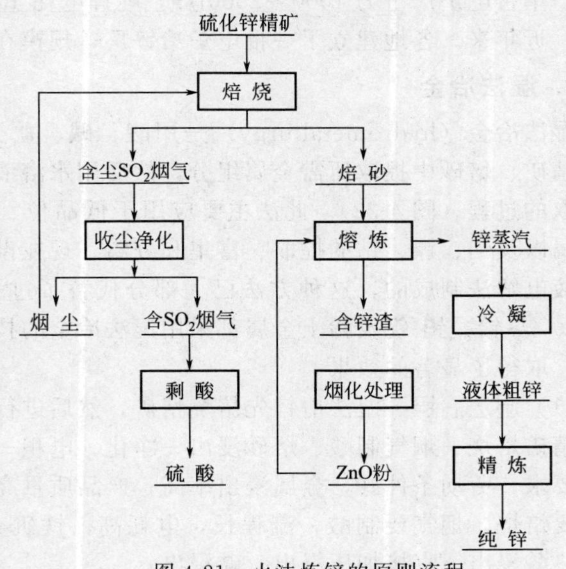

图 4-21　火法炼锌的原则流程

例如，火法冶锌是基于铅锌的沸点不同使其还原后分离的方法，其工序为精矿焙烧，烧结矿、熔剂、焦炭在密闭鼓风炉中还原焙烧成金属。火法冶锌又可分为竖罐炉法、鼓风炉法、电炉法及其他土法冶锌。

(1) 竖罐炉法 国外最后一条生产线已于1980年关闭。我国的葫芦岛冶炼厂开发了高温沸腾法、自热集结法、大型蒸馏法等新技术，竖罐炉法生产能力已超过20.3万吨（另加常规浸出冶锌11万吨）。竖罐炉法对原料的适应能力强，主要为硫化锌矿，还可处理含氟、铅和锑较高的原料和二次物料，产品灵活性大，锌质量可达99.99%，还可以直接生产氧化锌和锌粉，总回收率大于95%，投资低于湿法，而且目前我国的煤炭丰富，人工成本较低，所以有竞争力。竖罐炉法冶锌，单台设备的最大生产能力仅21～22t/d，生产能力低，焙烧烟尘要处理，还要进一步脱铅、镉、硫，能耗高，需要特殊的耐火材料，从环保、能耗、劳动生产率等因素考虑，从可持续发展战略看，该技术是落后的。不可能建新厂，只是老厂的维持、改造。

(2) 鼓风炉法 鼓风炉法又叫帝国冶炼法或SIP法。1999年产锌18万吨，约占锌总产量的10%。鼓风炉冶锌的实质是将铅锌硫化精矿或铅锌氧化矿进行烧结，烧结块和焦炭在密闭鼓风炉中还原冶炼。炉上部产锌蒸气经铅雨冷凝得粗锌，下部产粗铅，然后再经精炼得金属。韶关冶炼厂有2台110m^{2}大型烧结机，2台18.4m^{3}鼓风炉，1999年产铅锌21.3万吨，锌回收率为93.5%，硫利用率为90.5%，制酸尾气用氨吸收，排放的SO_2的浓度＜270mg/m^3，低于国标。鼓风炉法适合处理铅锌混合精矿，各种含铅锌的二次物料，对于难处理的铅锌矿，具有较高的总回收率。此法缺点是返粉制备复杂（返粉率高达80%），鼓风炉操作严格，冷凝器要定期清理，作业环境差，烧结过程的SO_2和粉尘使低空造成污染，不利于环境保护，只在发展中国家有一定的竞争力。

(3) 电炉法 电炉法是利用电能直接在电炉内加热炉料，经还原熔炼连续蒸发出锌蒸气，然后冷凝得粗锌，再精炼得精制锌，或将锌蒸气骤冷得超细锌粉。该法可以处理焙砂、氧化矿、锻烧的菱锌矿，也可以在炉料中配入适量锌浮渣。电炉法产锌约占总产量的3%。该方法工序简单，投资省，建设周期短，热利用率高，环保条件也还可以。但该方法生产规模小，单台电炉产量为1000～2500t/a，吨锌电耗4000～5000kW·h，只在电源丰富的地方采用，近年来，各地建立了一批电炉冶锌厂，规模在年产2000t以下。

2. 湿法冶金

湿法冶金（hydrometallurgy）是用酸、碱、盐类的水溶液做浸出液，以化学方法从矿石、精矿、焙砂中提取所需金属组分，然后用水溶液电解等各种方法进行金属的分离、富集和提取的过程（图4-22）。此法主要应用于低品位、难熔化或微粉状的矿石，如稀有金属、贵金属以及铝、镍、钴的提取、富集和分离。现在世界上有75%的锌和镉是采用焙烧-浸取-水溶液电解法制成的，这种方法已大部分代替了过去的火法炼锌。其他难以分离的金属如镍-钴、锆-铪、钽-铌及稀土金属都采用湿法冶金的技术如溶剂萃取或离子交换等新方法进行分离，取得了显著的效果。

(1) 湿法冶锌 湿法冶锌先焙烧精矿，然后进行浸出，使锌金属转移到溶液中，其工序为：精矿焙烧—烟气制酸—焙砂浸出—净化—电积—熔铸等。湿法冶金较好地满足了环境保护的要求，劳动条件好，金属浸出率高，产品质量高，易于实现大型化、自动化；其缺点是精矿要焙烧，烟气要制酸，流程长，电耗高，铁矾弃渣难以利用。湿法冶锌可分为常规浸出、热酸浸出、直接加压浸出、碱浸出。

① 常规浸出。株洲冶炼厂老系统采用常规两段浸出，于20世纪50年代投产，现以扩大到26×10^{4}t/a。精矿经沸腾炉焙烧，热焙砂直接用含酸浸出液冲洗矿、混合，以矿浆形式进入浸出槽内，称为湿法上矿，完全利用焙砂的物理热，节省能源，同时省去冷却设备，上矿后，矿浆经浆化槽—泵—分级机通过管道后，焙砂和溶液充分接触，提高了浸出率，上矿

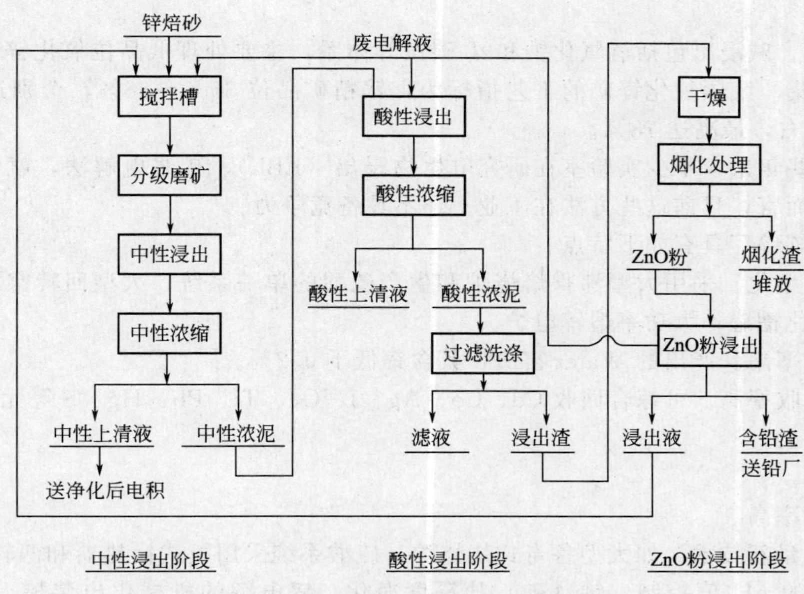

图 4-22 锌焙砂浸出的一般工艺流程

时浸出率就已达 30%，使一次中性浸出率达 60%，然后再进行第二段浸出，二段浸出为酸性浸出或中性浸出，酸性浸出终点 pH 值为 3～3.5，中性浸出终点 pH 值为 5.2～5.4。采用威尔兹法回收浸出渣中的铅锌。老系统采用锌粉流态化连续净化除铜、镉和黄药间断除钴，两段净液工艺，新系统采用白锑盐三段深度净液工艺，两者均满足 $0^{\#}$ 锌标准。此外，新系统中，焙砂冷却后，设中间矿仓，采用干式上料，可以解决焙烧、浸出之间相互制约的问题，提高开工率。

② 热酸浸出。常规浸出及预处理方法存在如下缺点：锌、镉等有价金属浸出率低，挥发窑维修工作量大，耐火材料消耗高，作业环境差，贵金属难以回收。为此，20 世纪 80 年代后，第二段改为热酸浸出。热酸浸出的温度为 85～95℃，终酸为 40～60℃，热酸浸出终酸为 120～125g/L。热酸浸出可明显提高锌、镉等有价金属的浸出率，产出的锌渣只有焙烧矿的 8%～12%，富集了铅及贵金属，有利于贵金属的回收。

我国锌冶炼厂较早开展了热酸浸出-黄钾铁矾法、针铁矿法、赤铁矿法、喷淋除铁法等工艺的试验研究工作，除赤铁矿法未应用外，其他几种方法均已应用于生产中。白银西北冶炼厂是我国最大、最新采用热酸浸出-黄钾铁矾法的冶炼厂。赤峰冶炼厂采用碳酸氢铵浸出铁，生成 $NH_4Fe_3 \cdot (SO_4)_2(OH)_6$ 氨矾铁渣，由于其含锌量低，称为低污染黄钾铁矾渣。温州冶炼厂、池州冶炼厂采用喷淋除铁法，生成 FeO(OH) 沉淀物，称为仲针铁矿法。热酸浸出工艺的浸出率高，可获得含锌较低的铁渣和铅银相对高的铅银渣。铁矾渣含有少量的锌、铅、镉、砷、铜等可溶离子，易造成环境污染，要在防腐、防渗透的渣场堆放。

③ 直接加压浸出。由上可见，湿法冶炼并没有完全脱离火法，精矿还要焙烧，排出的尾气制酸。脱硫过程中，除 ISP 法固结烧结外，其余几乎全部为沸腾焙烧，然后制酸，部分排入大气，污染环境，且大量的硫酸不易贮藏。在直接加压浸出工艺中，硫化锌或铅锌混合精矿直接加压氧化成硫酸锌溶液，它的净化和金属锌的电解沉积通过传统工艺来完成。锌精矿氧压浸出工艺是靠一个简单的基本反应来完成的。硫化锌精矿与加入的废电解液中的硫酸在一定的氧压下反应，以硫化物形式存在的硫被氧化为单质硫，锌转化到溶液中成为可溶性

硫酸盐。

④ 碱浸出。碱浸出包括氢氧化钠和氨-碳铵等体系，主要处理低品位氧化锌矿，氧化锌矿难以浮选富集。我国氧化锌矿的工艺指标为：锌精矿品位35%～38%，个别达40%，回收率均68%左右，最高达78%。

此外，近些年来，不少实验室在研究电生物浸出（EBL）、矿浆电解法，就锌的价格和技术发展水平而言，目前这些方法在工业上还不具备竞争力。

现代湿法炼锌厂具有如下特点。

① 设备大型化。采用大型沸腾焙烧炉和生产硫酸的单一系统；大型回转窑和大型搅拌机的浸出、净化槽罐；大功率熔锌电炉。

② 锌回收率高。产出的Walez窑渣，其含锌低于0.2%。

③ 综合回收率高。可综合回收Cd、Co、Ag、I、Ge、Ti、Pb、Hg、S等元素，综合回收率在72%以上。

④ 能耗低。

⑤ 劳动效率高。

⑥ 采用大量新技术。如大型鲁奇式焙烧炉，硫酸系统采用板式换热器和两转两吸工艺，连续浸出过程的pH值控制，锑（砷）盐深度净化，锌电解的机械化出装槽，低银阳极，ZnO沸腾浸出，Tn、Ge回收的萃取系统，新型浓缩过滤系统等。

（2）铜铅锌多金属共生矿湿法冶金

① 碱性浸出。有报道显示，乌拉尔国立技术大学采用-碱性浸出流程处理混合硫化物精矿，在液固比为8的情况下，加入一定量氢氧化钠，在97℃反应，分离了溶液中的砷、碲。国内孙家寿等采用硫化精矿氨浸工艺：在NH_4^+浓度为300g/L、氧化剂SN22浓度为60kg/t、催化剂AN31用量为0.12kg/t、液固比为5的条件下，常温搅拌4h，铜的浸出率可达80.25%。采用碱性浸出工艺具有浸出过程选择性强的特点。但对于现行的工艺而言，有效解决后续工艺的衔接存在一定问题，而且氨气的存在对工作环境和自然环境也提出了较高的要求。

② 氯化浸出。曾青云等研究了用三氯化铁直接浸出赣南荡坪铜铅锌复合硫化矿，在温度105℃、液固比为4、Fe^{3+}浓度为192g/L的条件下浸出3h，铜、铅、锌浸出率分别为99.5%、98.6%和99.6%，96%的硫呈元素硫或黄铁矿形态富集于渣中。重庆钢铁研究所采用$NaClO_3$作添加剂，在硫酸介质中浸出硫化铜矿，使铜的浸出率达到90%以上。钟晨研究了低品位硫化铅锌的氯气浸出，在矿物粒度<0.076mm占93%左右、氯化浸出温度80～90℃、氯/矿=(0.65～0.7)：1、NaCl浓度300g/L、浸出时间2h的条件下，锌、铅浸出率可分别达到96.4%和99.3%。粗$PbCl_2$碳化、煅烧后制备红丹，$ZnCl_2$溶液经除铁、碳化、焙烧后制备ZnO。张元福等针对贵州一种铜、铅、锌伴生金、银的多金属硫化矿资源分散和难选的特点，采用铜盐浸出脱金和硫、浸渣水氯化法提金、浸液置换法提铜和银的工艺，以$CuCl_2$作浸出剂，在固液比为5、HCl浓度为10～15g/L、$[Cu^{2+}]$=60～80g/L、$[Cl^-]$=300～320g/L、温度100～110℃、浸出时间4～5h的条件下，铜、银浸出率分别为98.70%和87.50%；铜渣中金和银浸出率均大于95%；主金属铜、金、银的回收率分别为92.35%、92.18%、89.66%。但由于氯化浸出多金属矿时，存在以$ZnCl_2$溶液制取电锌较困难、以$PbCl_2$为原料制取金属铅工艺流程较长、在浸出和后续电积工艺衔接上较困难、氯离子的存在对环境和设备要求较高等问题，因此，该方法的工业实施较为困难。

③ 硫酸化焙烧选择性浸出。郑若锋等对铜锌多金属硫化矿进行硫酸化焙烧浸出试验，

试验结果表明：以质量分数为2%的Na_2SO_4作添加剂，在550℃焙烧1h，然后对焙砂以质量分数为9.5%的H_2SO_4作浸出剂，在液固比为2.5的条件下浸出30min，铜、锌浸出率分别为95%和90%。浸出液用锌屑置换出海绵铜，再用漂白粉氧化除铁，浓缩、冷析制取七水硫酸锌。应必廉等研究了添加硫酸钠硫酸化焙烧浸出银、铜、铅多金属硫化精矿，以质量分数为10%的Na_2SO_4作添加剂，在670℃焙烧多金属硫化精矿3h，然后以1mol/L的硫酸，在液固比为3、浸出温度为80℃的条件下浸出焙砂2h，铜、银的浸出率分别可以达到95.31%和99.22%。但由于焙烧酸浸工艺采用先焙烧后浸出的工序，使得整体工艺流程冗长、设备运行维修成本提高，而且焙烧工序产出的低浓度SO_2气体存在较难回收、污染大的缺点，不利于当前冶金企业进行绿色生产的需要。

④ 直接加压酸性浸出。李小康等研究了铜锌混合矿加压酸浸，在氧分压为0.4MPa、酸度为240g/L、温度为140℃、浸出时间为150min、脱硫剂用量0.10%～0.22%的条件下，铜、锌的浸出率均在90%以上，60%的硫以单质硫形式进入渣相，渣中有价金属含量较低，可直接堆放；王吉坤等研究了复杂难选低品位硫化铅锌矿选-冶联合分离工艺，对混合硫化铅锌精矿进行细磨，在磨矿粒度43μm为100%、初始硫酸浓度为110g/L、温度为160℃、压力为1.4MPa的条件下，进行通氧加压酸浸，Zn浸出率>97%。酸浸后经过沉淀或过滤分离出浸出液和浸出渣，浸出液采用常规湿法炼锌工艺除铁、溶液净化、电积、熔铸工序，产出金属锌，浸出渣采用常规火法炼铅工艺进行回收铅。昆明理工大学谢克强等研究了铜、铅、锌、银多金属硫化精矿的加压酸浸工艺，在温度145～150℃、精矿粒度<50μm、初始酸浓度H_2SO_4 150g/L、总压力1.5MPa（氧分压1.1MPa）、浸出时间2h、控制液固比8∶1、搅拌速度800r/min下，Zn浸出率>99%、Cu浸出率>91%、Cd浸出率>99%、Fe浸出率95%以上，98%以上的Pb、Ag进入浸出渣。后续处理采用锌焙砂（或ZnO烟尘）中和浸出液，以进一步提高溶液Zn含量，降低其H_2SO_4含量。

3. 电冶金

电冶金（electrometallurgy）是利用电能从矿石或其他原料中提取、回收和精炼金属的冶金过程。根据电能的转化形式不同分为电热冶金和电化冶金。因此，电冶金包括电炉冶炼、熔盐电解和水溶液电解等。

电炉冶炼是利用电能获得冶金所要求的高温而进行的冶金生产，如电弧炉炼钢。熔盐电解是利用电能加热并转化为化学能，将某些金属的盐类熔融并作为电解质进行电解，自熔盐中还原金属，以提取和提纯金属的冶金过程，如铝、镁、钠、钽、铌的熔盐电解生产。水溶液电解是利用电能转化的化学能使溶液中的金属离子还原为金属析出，或使粗金属阳极经由溶液精炼沉积于阴极，如铜、锌的电积和铜、铅的电解精炼。当前用电化冶金生产或精炼的有色金属已达30多种。铜的电解精炼流程如图4-23所示。

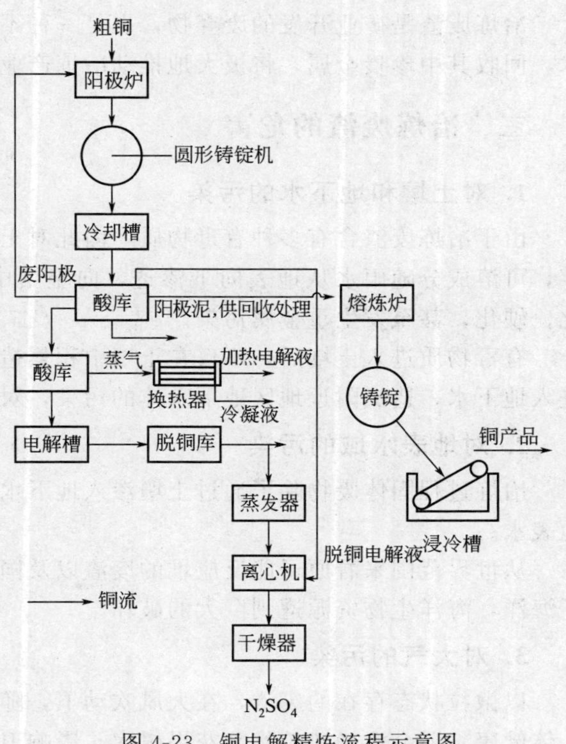

图4-23　铜电解精炼流程示意图

锆及锆基合金具有小的中子吸收截面以及优良的抗腐蚀性能，是核燃料元件包套和其他结构件的最佳材料。从 Kroll 海绵锆开始一直到锆成品，锆构件生产的每道加工工序都需要严格的质量控制，所以成品率在25%～40%范围内。随着锆应用的扩大，锆残料必然也会增多，在这些大量的残料中，由于有污染环境的物质存在，而且锆屑有自燃的特性，从而引起了储存和处理的问题。锆的生产成本高，在残料中铪含量又比较低，根据这些特点，将残料回收使它变成所要求的锆金属是有一定的经济价值的。

在加工的过程中，锆与氧、碳、氮等元素形成稳定的结合，从而直接回收残料是不可能的，需用化学的方法。研究了 $NaCl-K_2ZrF_6$ 和 $NaCl-NaF-ZrCl_4$ 电解液中用熔盐电解提纯的方法回收污染的锆残料的工艺过程。将清洗干燥后的锆合金残料放在镍坩埚和镍隔板之间的一个环形空间里，然后在坩埚中注入按质量比混合的无水氯化钠和电解液。坩埚放入电解槽中与带有滑动阀装置的槽栓接在一起。整个系统测试达到完全真空状态后，在反应器内充入纯氩气。最好是在实际电解前，对电解液进行预电解，用一个石墨电极在 1.8～2.0V 条件下进行 12h 的预电解后，石墨电极同铝阴极重新放好进行实际运转。额定电解阶段完成后，携带沉积物的阴极被退回到阴极接收器中，在氩气保护下进行冷却。冷却后的物质取下来放在稀盐酸中去掉留下的电解液，然后将金属上的氯化物洗净，丙酮漂洗，真空烘干，计算电流的效率和生产率，最后测定金属的纯度、硬度和颗粒尺寸。

第十节　冶炼废渣的无害化处理技术

一、冶炼废渣的概述

冶炼废渣是矿业开发的废弃物，也是一种不可再生的宝贵资源，利用各种先进的回收技术，回收其中珍贵金属，将极大地推动冶炼产业循环经济的发展。

二、冶炼废渣的危害

1. 对土壤和地下水的污染

由于冶炼废渣含有多种有毒物质，因此对土壤的危害也是严重的。这些有毒废渣长期堆存，可溶成分随雨水从地表向下渗透，向土壤中转移并富集，导致渣堆附近土质酸化、碱化、硬化，甚至发生重金属污染。

有毒物质进入土壤后，不仅在土壤中积累造成土壤的污染，还可以通过雨水等渗流作用进入地下水，造成附近地区地下水体的污染，对人类健康造成潜在威胁。

2. 对地表水域的污染

冶炼过程固体废物除了通过土壤渗入地下水以外，还可通过风吹、雨淋或人为因素进入地表水。

从世界范围来看原子能反应堆的废渣以及国家向深海投弃的放射性性废物，已严重污染了海洋，海洋生物资源遭到巨大的破坏。

3. 对大气的污染

以微粒状态存在的废渣，在大风吹动下，随风飘扬，扩散至远处，不但污染环境，影响人体健康，还会污染建筑物和花果树木，影响卫生。

三、冶炼废渣处理方法

1. 挥发法

挥发法是根据废渣中某些金属在高温、一定气氛下易于挥发的特点而采用的一种处理方法。如锌渣加入回转窑或烟化炉中，在高温还原气氛下，废渣中的氧化锌被还原成金属或低价氧化物而挥发出去，经收尘系统以烟尘形式回收氧化锌。

在回转窑中进行挥发的叫“威尔兹”法，在烟化炉中进行的叫“烟化”法。根据挥发时所控制的气氛又可分为还原挥发、氯化挥发、硫化挥发、氧化挥发等。

挥发法具有流程简单、综合回收较好、经济效益较高的特点。我国锌渣采用烟化处理，烟化挥发后弃渣含 Sn 0.07%，达到世界先进水平。国内几个锡厂的锡渣烟化挥发指标见表 4-29。

表 4-29 国内几个锡厂的锡渣烟化挥发指标 单位：%

工厂名称	锡渣含锡	烟花挥发方式	弃渣含锡	锡挥发率	
				实际	理论
云锡公司一冶	8～10	还原挥发	0.07	75～86	99.3
鸡街冶炼厂	4.7	硫化挥发	0.106	—	97.7
广州冶炼厂	6.48	硫化挥发	0.416	91	93.5
柳州冶炼厂	8～10	硫化挥发	0.09～0.12	—	92.8
国外文托厂	10.5	还原挥发	0.2	—	99

某厂锌浸出渣用还原挥发法处理，原渣含锌 19%～20%、铅 3%～4.6%，挥发温度 1200℃，焦比 45%～50%，从挥发烟尘中回收氧化锌，锌挥发率达 96%，铅挥发率达 80%，取得了较好的效果。用烟化法处理铅、锌密闭鼓风炉渣是我国的首创，但要控制渣含锌在 4%以下，含锌量高时经济上不合算。此外我国还用挥发法处理铅渣、汞渣。挥发法属耗能高的方法，使用氯化挥发时还存在二次行染及设备腐蚀等问题。

2. 浮选法

浮选法处理冶炼废渣的过程是先将待处理渣破碎、磨细后制成浆，在浮选槽中进行浮选。浮选时要进行机械搅拌，通入空气，加入各种浮选药利，使金属随气泡上浮，浮选产出精矿后剩下尾矿。铜转炉渣和闪速炉渣用此法处理。

用浮选法处理废渣具有流程短、处理成本低、精矿产品可返回生产系统等特点，用于处理含重金属的废渣，金、银回收的效果好。某厂锌浸出渣采用浮选回收银，原渣含铅 12.36%，银回收率 95.6%，铅回收率 91.24%。某厂钢渣采用浮选-电解流程，产品为铜粉，铜回收率 90%，取得了良好的经济效益。日本闪速炉渣全部用浮选法回收铜。浮选法也是国外普遍使用的处理废渣的方法。

3. 熔炼法

该法是先将废渣加入熔炼炉内熔化，再加入还原剂、贫化剂，在高温下熔炼，使渣中金属还原、硫化生成硫化金属后加以回收，一般称之为“还原贫化”法。常用的贫化剂有黄铁矿、硫化钠、各种硫化精矿等。

熔炼法工艺过程简单，可利用冶炼厂的现有设备和废渣中残存的热量，熔炼处理后生成的冰铜可直接返回生产过程。它适宜处理含贵金属的铅浮渣，使贵金属富集于铅中加以回收，也能处理铜渣、钴渣、铅渣、镍渣及锑渣。如某厂用苏打-铅精矿熔炼法处理铅浮渣比用老的苏打-硫精砂熔炼法取得更为明显的经济效益，每年从渣中多回收 Au 65kg、Ag 104kg，增产粗铅 748t。

4. 湿法冶炼处理法

湿法冶炼处理废渣，按所用溶剂的不同分为酸浸法、碱浸法及各种盐溶液浸出法。湿法处理废渣在浸出前一般都要经过焙烧或磨矿等预处理过程，然后进行浸出。根据浸出液的性质选择某种工艺，如置换、沉淀、离子交换、萃取、热分解、电化学、电解等方法，从逐出液中分离金属或金属化合物、络合物，回收的产品依所使用的工艺不同也不一样，有金属粉、纯金属和各种金属化合物或合金。

湿法可处理各种冶炼废渣，具有适应性强、所用溶剂易于解决、综合回收好等优点。湿法处理基本上不排出废气，但排出废水需要处理。用湿法处理含稀贵金属的废渣时，在回收重金属的同时还可回收稀贵金属，所以被越来越多的厂家采用，得到迅速的发展。国内某厂用湿法处理废电池和镀锌渣，其处理流程为硫酸浸出—净化—锌和锰同时电解。此法把湿法炼锌和电解二氧化锰结合在一起，锌回收率为 95.74%，锰回收率为 93.4%。此法在技术上可行，在经济上也有很好的效益。湿法冶炼处理废渣有时流程长，中间渣需进一步处理，从而增加了处理成本。

5. 填埋法

填埋法是把废弃物埋入地下的方法，是处置一般固体废弃物常用的适宜方法。填埋法首先要选择合适的填埋场，填埋场可以利用废矿坑、海湾、山谷、凹地等，先把固体废弃物充填进去后上面盖上一定厚度的土层。填埋不但可以处理废弃物，还可以恢复地貌，进行复田充分利用土地，维护生态平衡，在填埋时要防止废物中有毒金属的溶出液、滤液流出对周围环境的污染。对于有毒废弃物的，需要预先对填埋场地采取严格的防渗措施，进行渗滤液处理，还要对废弃物进行固化等处理后才能进行填埋。

国外使用安全卫生填埋法、滤沥循环填地、压缩和破碎垃圾填地等技术已很普遍。如美国有万余个填埋场，成为危险废物的主要处置方法。该法要求严格选址、铺设防渗垫衬，并设置浸出液收集和处理系统，防止因毒物浸出污染地下水。个别国家如荷兰因地下水位高，填埋处置被禁止使用。我国冶炼废渣填埋处置还没有大规模使用。

6. 固化法

固化法是将废弃物与固化剂或黏结剂，在常温或加温的条件下，经混合后发生化学反应而形成坚硬的固状物，使有害物质固定在固状物内或用物理的方法将有害物密封包装起来，而后进行堆存或填埋等处置，以达到消除或减轻污染的目的。固化方式随着固化废物的形状不同而不同，粉状废物可混合后固结，块状、粒状可在外部进行包裹固结。常用的固化剂有石灰（石灰石）、水泥、沥青、塑料、玻璃、离子交换树脂等。

此法是处置有毒废物较为有效的处理（或预处理）方法，特别是当一些废物不宜进行焚烧、填埋、化学处置时往往采用固化法处置。固化法能大幅度减少废物中金属离子的溶出数量，消除或减轻污染。辽宁省冶金研究所和葫芦岛锌厂对砷铁渣进行固化研究。当砷铁渣含 As 3%～8%，Fe 25%～28%、Zn 15%～25%，Cd 2%～5%，在浸出锌、镉后用常温固化法，使固化后的溶出液含 As 0.17mg/L，低于国家标准。上海冶炼厂砷固化采用喷射混合氧化法，生成针铁矿沉淀物，除砷率达 99%以上，针铁矿固化砷的溶出液含 As＜0.5mg/L。

在选择冶金废渣处理技术时除要根据废渣的成分、性质以及企业的现在设备、附属条件等外，同时要考虑基建投资、投资利率、回收金属的价值、能耗、环保、成本、经济效益等综合因素。对于有些固体废物的处理，即使经济上不合算的也要进行适当处置，以免危害环境。

四、铜渣的无害化处理技术

1. 铜渣中有价金属的回收

铜渣中铜的回收常用浮选的方法，铜渣经浮选可得到品位为35%以上的铜精矿，供火法炼钢，铜回收率达90%以上。浮选尾矿用做水泥原料。如图4-24所示为贵溪冶炼厂从转炉铜渣中回收铜的工艺流程。

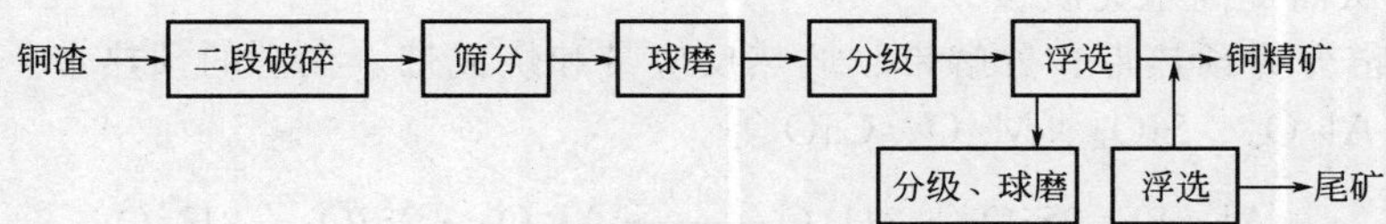

图4-24　从转炉铜渣中回收铜的工艺流程

转炉例渣含Cu 4.5%、S 1.2%、Fe 49.9%、SiO_2 21.0%。铜主要以金属铜和Cu_2S两种形式存在，分别占17.17%和82.82%。转炉渣经露天贮矿场进入受料斗，用板式给料机把受料斗排出的炉渣送到颚式破碎机进行一次开路破碎，破碎到粒度小于90mm，再送到圆锥破碎机进行二次闭路破碎，破碎到粒度小于30mm。筛分分级，使大于15mm的筛上粗粒返回圆锥破碎机，小于15mm的筛下细粒送到粉矿仓贮存。

粉矿仓排出物料用给料设备送到1号球磨机进行湿磨，并与分级机形成闭路。分级机溢流送到一段浮选机，选出一段铜精矿。一段浮选机的沉砂再经两次分级、两次球磨、浮选，得到部分精矿后，排出尾矿。得到的铜精矿品位为31.6%～34.3%，尾矿含铜0.34%～0.37%，铜回收率为93.55%～95.46%。浮选过程所用捕收剂为乙基酸硫氨酯，所用气泡剂为松油。

江西某冶炼厂每年产出转炉渣约8.9万吨，采用浮选工艺回收铜，同时富集渣中的金和银；采用选择性碱浸-酸中和-电积法从铜冶炼中和渣中提炼精碲，在浸出阶段抑制铅的溶出，通过净化除砷、硅和其他重金属，在浸出工序选择性溶浸碲，浸出率达96%～97%，铅、硅、砷很少溶出，大部分抑制在浸出渣中，全流程碲的回收率达80%。

2. 铜渣制建材

(1) 做路基　鼓风炉渣是由1050～1100℃经高压水骤冷形成的釉黑色、粒径为0～4mm的颗粒，液态密度为3～3.5t/m³，堆积密度为1.6～2.3t/m³。采用铜渣作公路基层材料必须掺配一定量的石灰、石灰渣或电石渣等胶结材料，不能单独使用。我国江苏武进公路段曾采用铜渣：石灰：土＝10：75：15，试验效果较好。铜渣基层具有较高的强度，有较好的水稳定性。由于铜渣颗粒均匀，质地坚硬，表面粗糙多棱角，不易吸水，施工方便，不受雨天和工序间隔的影响，一经压实即可开放交通，不会发生弹簧翻浆的现象。

(2) 铜渣生产粒铁　将铜渣和铁精矿等量，配入焦粉或无烟煤做还原剂，并加入适量熔剂。炉料经过良好的混合，然后装入回转窑，用重油或粉煤加热，使炉料缓慢地经过窑的预热带、还原带和粒铁带。还原带必须维持在600～1100℃，使铁的氧化物能够还原成海绵铁，并使海绵铁在粒铁带形成粒铁。这样，海绵铁能与半熔融状态的炉渣分离，然后从窑内排出。熔融体首先经过快速冷却，随后再粉碎和磁选分离，得到粒铁。最终炉渣、原料中的锌等在窑内挥发，并在沉降室和布袋收尘器中回收。粒铁用于炼钢，炉渣可制水泥。

（3）用铜水淬渣作普通硅酸盐水泥的矿化剂　铜精矿经密闭鼓风炉熔炼后所产生的废渣即铜水淬渣，是对1050～1250℃高温的熔渣经冲水骤冷形成的釉黑色小颗粒，液态密度为4.0～4.5t/m^3，水淬渣堆密度为1.6～2.0t/m^3。水淬渣的物质组成主要是铁的氧化物及脉石等形成的硅酸盐与氧化物。

生产水泥的工艺流程为：将石灰石、黏土、矿渣按比例配料，然后投入球磨机磨粉，磨好的生料加入回转窑，经反应生成水泥熟料。此熟料再配入一定量的石膏和铁矿渣，再次进入球磨机磨制，产出质量合格的水泥。

可用铜水淬渣代替铁粉做水泥的矿化剂，其理论根据是：加入铁粉是为了降低水泥窑烧成温度，使液相提前出现，降低液相黏度；使石灰石与黏土彻底反应，减少水泥料中游离CaO的含量，从而提高水泥质量。

水泥熟料窑分为预热带、分解带、放热反应带和烧成带。在窑的预热带、分解带炉料大部分已分解为Al_2O_3、SiO_2、MgO、CaO等。

$$Al_2O_3 \cdot 2SiO_2 \cdot 2H_2O \xrightarrow{500℃} Al_2O_3 \cdot 2SiO_2 + 2H_2O$$

$$CaCO_3 \longrightarrow CaO + CO_2 \uparrow$$

$$MgCO_3 \longrightarrow MgO + CO_2$$

在放热反应带（1000～3000℃）进行下列反应：

$$CaO + 2Al_2O_3 \longrightarrow CaO \cdot 2Al_2O_3$$

$$2CaO + Fe_2O_3 \longrightarrow 2CaO \cdot Fe_2O_3$$

$$3[CaO \cdot Al_2O_3] + 2CaO \longrightarrow 5CaO \cdot 3Al_2O_3$$

$$5CaO \cdot 3Al_2O_3 + 4CaO \longrightarrow 3[CaO \cdot Al_2O_3]$$

烧成带在1300℃高温下首先是铁铝酸四钙、铝酸三钙及碱质氧化烧成液相，当温度达到1450℃时发生如下反应：

$$2CaO \cdot SiO_2 + CaO \longrightarrow 3CaO \cdot SiO_2$$

即硅酸二钙加氧化钙生成硅酸三钙。为了加快这一反应的进行，必须有液相提前生成。提前生成液相有两种方法：一是提高烧成带温度；二是加入铁粉做矿化剂，使物料生成最低共熔物，大大降低熔点。铜渣中的铁不仅完全起到矿化剂的作用，降低熔点近100℃，而且无偿提供SiO_2，这是水泥熟料中不可缺少的组分，另外铜矿渣中的CaO等也是水泥熟料中有用的成分。在铜炉渣掺入量为1%～2%时，烧成液能耗降低11.40%～25.00%，而熟料中的游离钙由于液相提前而减少了18.4%～43.5%，熟料强度也显著提高。钢炉渣中的铁主要以FeO的形态存在，FeO在物料中生成的最低共熔物比Fe_2O_3生成的要低，完全可以代替铁粉做矿化剂，其流程见图4-25。该工艺经济合理，技术可行，不仅解决了铜水淬渣堆存占地及所带来的危害，还降低了水泥生产成本。铜水淬渣的渗入量应根据理论及实际情况进行配料计算，一般为3%～7%。铜水淬渣为玻璃体，含水量少，冬季不结冻，克服了用铁粉配料冬季结冻的困难，为冬季生产创造了良好条件。用铜水淬渣代替铁粉作矿化剂，生产的水泥质量合格，完全符合《矿渣硅酸盐水泥、火山灰质硅酸盐水泥及煤灰硅酸盐水泥》（GB 1344）的规定。

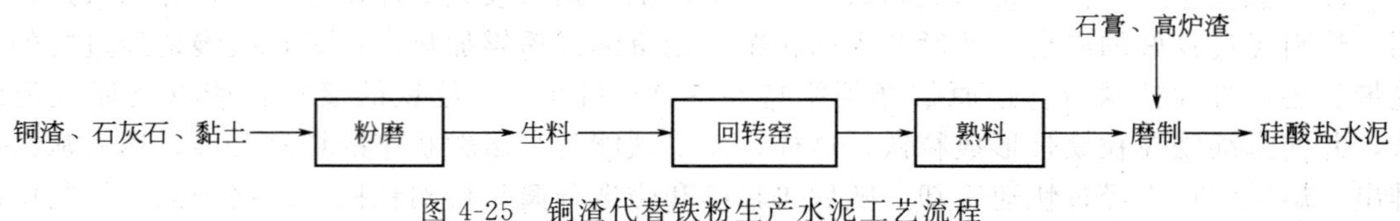

图4-25　铜渣代替铁粉生产水泥工艺流程

(4) 钢渣代替黄砂用做除锈磨料　水淬铜渣主要有铁的氧化物及脉石等形成的硅酸盐与氧化物。因其莫氏硬度为5.4～5.46，密度为4.498t/m^3，是生产磨料的理想原料，在国外已广泛用在船舶制造工业的喷砂除锈工艺中。如图4-26所示为铜渣磨料的制备工艺流程。

铜鼓风炉水淬渣，经内热式回转窑直热干燥至含水小于0.5%，筛分成两级，粗粒经过对辊机破碎后返回筛分，细料丢弃，两筛之间的颗粒再用成品筛分成0.5～1.6mm、1.0～2.7mm两个粒级。实践证明，铜水淬渣是一种优良的钢铁表面除锈磨料，其除锈率为30～40m^2/h，耗砂量为30kg/m^2。

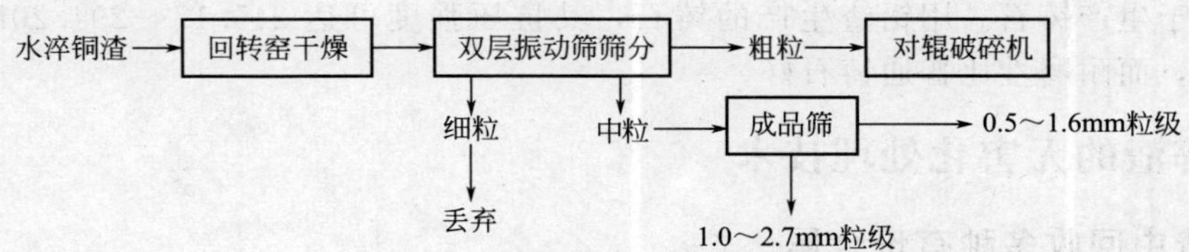

图4-26　铜渣磨料的制备工艺流程

五、铅锌渣的无害化处理技术

1. 铅渣的无害化处理技术

(1) 铅渣中铅的回收　顾立民等采用传统的烧结焙烧-鼓风炉熔炼的方法处理传统火法炼铅工艺中产生的含铅烟灰，该烟灰含铅量为40%～45%，含硫量为8%～10%，具有粒度小、亲水性差、不易湿润等特点，由于与铅精矿相比，其含铅、含硫品位低，呈粉尘状，无法采用火法工艺单独处理。针对铅烟灰呈粉尘状不易吸水的特点，先对含铅烟灰单独加水湿润并使之焖透，其水分控制在8%～10%，然后再配入少量铅精矿进行堆式配料并反复捣混均匀，在混合后的铅物料中配入返粉、熔剂、水淬渣和焦粉，再进行烧结熔烧。该研究给出的这种处理含铅烟灰的方法，具有工艺简便、可操作性强、处理成本低的特点，尤其是可充分利用国内炼铅厂家现有工艺设备处理因非正常原因积压的铅烟灰，同时以廉价的含铅烟灰或其他类似低品位含铅合硫物料，取代部分或大部分铅精矿来生产的方式，为厂家提供了经验。

(2) 含砷铅铋渣综合回收铅铋的研究　铅铋渣指铜冶炼厂炼铜转炉静电收尘经稀硫酸浸出提取锌、镉、铜等有价金属之后的浸出渣。铅铋渣一般含铅30%～40%、砷4%～5%、铋5%～7%。铅铋渣中的铅主要呈$PbSO_4$形态。$PbSO_4$是一种难溶于酸的化合物，因此必须把$PbSO_4$转化为一种易溶于酸的化合物，而碳酸铅是溶于酸的化合物，它与硝酸反应生成溶解度很大的$Pb(NO_3)_2$。$PbSO_4$ ($K_{sp}=7.4\times10^{-8}$) 可完全转化为$PbCO_3$ ($K_{sp}=1.6\times10^{-16}$)，整个工艺闭路循环，无废水、废气产生，不仅回收了有价金属铅，而且治理了砷对环境的污染。试验表明，铅、铋的回收率均大于90%，砷90%以上富集于钙砷渣中，铅制成黄丹或红丹，铋可制成海绵铋、硝酸铋、碱式碳酸铋等化工产品。

(3) 铅渣生产建筑材料　熔融的鼓风炉渣，回收铅、锌后的水淬渣，可作为生产建筑材料的原料使用。

① 代替骨料生产灰冶瓦。铅水淬渣的物理力学性能接近甚至优于河沙，可代替河沙作为骨料使用。铅水淬渣非晶体结构，具有一定的活性，在石灰、石膏、水泥熟料等激发剂的激发下，可表现出相当程度的水硬性胶凝性能。在同样条件下，铅渣作为骨料的水淬瓦（掺量30%）的抗折强度比河沙作为骨料的水泥瓦高15%左右。

② 作为制水泥的辅助原料。按石灰：铅水淬渣：黏土：萤石：白煤＝1000：4：10：

0.4∶14 的配比可生产出合格的水泥。首先将配料在温度 300℃下干燥，再球磨至粒度 120 目左右，制成 5～20mm 的球粒，并在温度 1200～1300℃燃烧，冷却后掺入燃烧量 15%～30%的钢渣和 4%的生石膏，研磨成细粉即可获得水泥成品。通过加入铅水淬渣，可调整硅酸盐制品的某些化学成分，特别是 Fe_2O_3，可起助熔作用，降低燃烧温度。同时，铅水淬渣粒度较细，有利于物料的均匀化。

③ 制备铸石。铅渣磁选分离出其中的磁性铁后，剩余渣可用来生产铸石。磁选后的铅渣，除 MgO、SiO_2 含量较低外，其余成分与铸石相近，加入 15%左右的石英砂作为附加剂，就可用于生产铸石。用铅渣生产的铸石，其抗压强度可达 245.17～294.20MPa，与普通铸石相近，而耐磨性比普通铸石好。

六、锌渣的无害化处理技术

1. 锌渣中回收多种有价金属

锌浸出渣干燥后，在温度 1000℃以上，锌、铟、锗等有价金属气化物被 CO 还原为金属挥发物并进入烟气中，在烟气中锌又被氧化成氧化锌，被收尘器收集，铜、金、银富集在窑渣中。窑渣冷却后用双层筛筛分成三级，粒度大于 12mm、含碳小于 5%的粗粒送铜炼回收 Cu、Au、Ag，粒度 4～12mm、含碳小于 10%的中粒送铅冶炼回收 Pb、Au、Ag，粒度≤4mm 的细粒返回挥发窑。

2. 锌渣制备 $ZnSO_4 \cdot 7H_2O$

硫酸锌是一种重要的工业原料，广泛用于农业、化工、电镀、水处理等行业，农业上用做微量元素化肥、饲料添加剂，医学上用做收敛剂等，如图 4-27 所示为锌渣生产 $ZnSO_4 \cdot 7H_2O$ 的工艺流程。

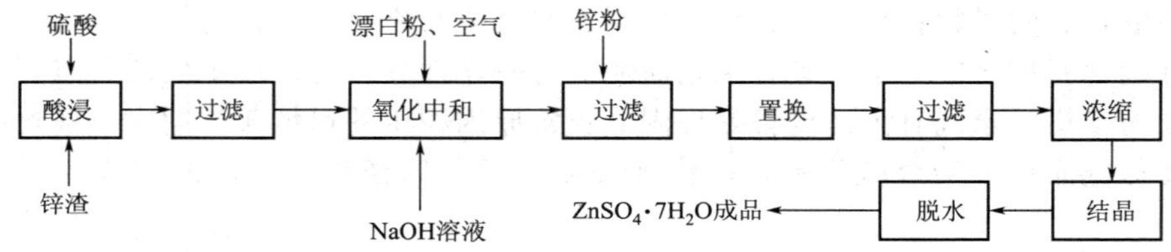

图 4-27 锌渣生产 $ZnSO_4 \cdot 7H_2O$ 工艺流程

锌渣含 ZnO 55%～60%、FeO 2.8%～3.5%、CuO 0.22%～0.26%、铅镉微量。将锌渣加入 20%～25%的硫酸溶液中（固液比 1∶3.5），升温至 80～90℃搅拌反应 2h，过滤，滤液氧化除铁，选用漂白粉和空气作为氧化剂。先将漂白粉调成糊状，边搅拌边加入滤液中，加热到 85～90℃，用 NaOH 调节溶液的 pH 值至 5.0，通入空气并强力搅拌 0.5h，经一定反应除铁、锰得到的合格滤液，投入按理论计算量 1.2 倍的锌粉进行置换反应。锌粉在加入前应除去表面的氧化膜，加热至 85～90℃强力搅拌，反应 2～3h 后，静置过滤。将滤液加热蒸发，使其达到饱和浓度。然后用自来水冷却至常温，使硫酸锌从溶液中结晶析出，脱水后干燥。控制温度为 70℃，即得 $ZnSO_4 \cdot 7H_2O$。

七、钢渣的无害化处理技术

1. 从钢渣中回收有用成分

在炼钢过程中当炉温过高时，要及时投入降温剂，常用的有废钢及矿石、铁砂、烧结矿等降温剂，特别是废钢的加入起着冷却剂和氧化剂的作用。

根据对钢渣组成的鉴定，钢渣中有大块跑钢、跌落废钢、钢珠铁粒和未能及时参加反应的细粒磁铁矿粉等有用成分。一般情况下，从渣中回收的废钢、钢珠铁粒、磁铁矿物等有用成分占钢渣总产率的10%以上。这样，不但产生了可观的经济效益，而且提供了就业机会，更重要的是使最终钢渣排出量大大降低，减轻了钢渣对环境的污染。

2. 研制水泥

钢渣的化学成分、矿物组成与水泥熟料有相似之处，可用钢渣生产水泥。马鞍山钢铁公司早在1973年建成了我国第一座钢渣水泥厂，其产品是我国研究成功的一个水泥新品种。据不完全统计，全国已先后建立了50多座钢渣水泥厂。为使该钢渣能适应生产水泥，须采取以下措施：对所有的材料质量进行严格控制，保证各材料符合质量要求；保证适时用钢渣生产水泥的原、辅材料配比准确；控制钢渣水淬粒度，提高磨机产量，降低生产成本。

3. 钢渣在工程上的应用

在国外钢渣主要用于筑路，我国在这方面进展不大，其主要原因是钢渣中的游离氧化钙(f-CaO)遇水生成氢氧化钙［$Ca(OH)_2$］，产生体积膨胀使路基开裂，对工程造成破坏。近年来，许多钢铁公司和科研单位结合炼钢工艺特点，尤其针对钢渣特性，采用水汽处理钢渣，消解钢渣中的f-CaO。根据钢渣中的f-CaO随着湿水程度、时间、温度和钢渣的粒度而变化，甚至可使钢渣中的f-CaO含量趋近于零，这样，钢渣在筑路、基础加固，墙体材料等方面的应用将有很大的市场。

此外，钢渣中含有植物需要的P、Fe、Mn等常量元素和一些微量元素，可用于改良土壤和生产化肥。

八、其他废渣的无害化处理技术

云南某锡业公司二冶厂将一冶厂在锡冶炼过程中产出的有毒砷锑铝锡渣，经焙烧、水浸、熔炼、中频坩埚炉熔铸等工艺处理后得到锡铅焊料、锡锑铜轴承合金，砷渣用作生产白砷原料。该厂1989年处理砷锑铝锡渣658.5t，产出巴氏轴承合金403t，锡铅焊料17t。三冶厂锡铅阳极泥采用联合流程处理，产出的硝酸渣金银含量低，根据物料特性，先经氧化焙烧，焙砂再经硫酸化焙烧、浸出，从浸出液中提取银。浸出渣在硫酸及盐酸组成的低酸度混酸溶液中，加入氯化钠，使金优先浸出，得到的金粉、银粉纯度都能达到99.99%。金的回收率达98%以上，银的回收率超过95%。

株洲某硬质合金厂主要生产硬质合金、钨、钼、钽、铌及其加工产品。该厂钨冶炼系统采用碱压煮工艺生产仲钨酸铵及蓝钨时产出钨渣，钨渣用火法-湿法联合流程处理，即钨渣还原熔炼得到含铁、锰、钨、铌、钽等元素的多元铁合金（简称钨铁合金）和含铀、钍、钪等元素的熔炼渣。钨铁合金用于铸铁件；熔炼渣采用湿法处理，分别回收氧化钪、重铀酸和硝酸钍等产品。该厂在钨湿法冶炼工艺中，采用镁盐法除去钨酸钠溶液中的磷、砷等杂质时会产出磷砷渣，将此渣经过酸溶、萃取、反萃、沉砷等综合利用工艺，可回收钨的氧化物及硫酸镁。最后产出的砷铁渣约为原料砷渣的10%，且其渣型稳定，不溶于强碱、弱酸，容易处理。

赣州某冶炼厂从含钪炉渣中提取氧化钪。此厂以生产钨、钴系列产品为主，并生产工业氧化钪。在生产钨系列产品工艺中将黑钨精矿球磨、碱煮、压滤后会产出含铁、锰、钪的碱煮渣，此渣经反射炉焙烧，再经电炉还原熔炼后，得到钨铁锰合金和含钪炉渣。含钪炉渣经硫酸浸出，浸出渣作水泥原料，浸出液经萃取、反萃取、酸溶解、沉淀等一系列工艺后，可得到工业级氧化钪，再经一系列精炼后可得高纯氧化钪。

德国对锡渣和锌渣作为混合原料组分，用于生产硅酸盐水泥熟料进行了试验，两种渣在混合原料中的平均含量分别为3.25%和3.8%。试验表明，用含两类废渣的熟料生产水泥，对水泥的抗压、体积守恒、凝固和吃水等方面的质量指标没有影响。

铅渣可代替铁粒作烧水泥的原料，能降低熟料的熔融温度，使熟料易烧、煤耗降低、强度提高等，铅渣用量占配料的5%左右。

镍渣可用于铸石、碎石、制砖、制水泥混合原料等建筑材料。国外研究用磨细镍渣与水玻璃混合，制造高强度、防水、抗硫酸盐的胶凝材料，既可在常温下硬化，也可以在压蒸下硬化，还可以用来配制耐火混凝土等。

在国内，北京矿冶总院与新疆某锂盐厂合作试验研究用生产碳酸锂时产出的锂渣生产硅酸盐水泥，小型试验和工业试验都获得成功，已正式投入生产。用强度47MPa的熟料掺入40%的锂盐渣生产的525锂渣硅酸盐水泥，各项技术指标均达到或超过《通用硅酸盐水泥》(GB 175—2007）中矿渣硅酸盐水泥标准。

锡矿山锑冶炼鼓风炉渣也用于生产水泥，炼锑反应炉渣还可用于生产蒸汽养护砖。沈阳某冶炼厂将砷钙渣经处理后用于玻璃工业，代替白砒作为澄清脱色剂，生产出质量合格的玻璃。在美国和加拿大，部分露天金矿除产金之外，已转而生产建筑用砂、玻璃砂和其他建材，还利用金矿的浮选尾矿生产硅酸盐砖、铺设路基等。

第十一节　煤矸石与尾矿的回收利用技术

我国矿山固体废物排放量大，目前，全国工业固体废物综合利用率平均达43%，其中煤矸石的利用率为38.0%，尾矿利用率为8%。因此，如何治理和综合利用煤矸石与尾矿正越来越受到人们的重视。

煤矸石是夹在煤层中的岩石，是采煤和选煤过程中排出的固体废物，是一种在成煤过程中与煤层伴生的含碳量较低、比煤坚硬的黑灰色岩石。随着煤炭生产不断发展，煤矸石的产量与日俱增，若煤矸石产生量按煤产量的15%计，历年积存的煤矸石已超过30多亿吨，占地3333.3hm^2（5万亩）以上，已有1500多座大型煤矸石山，而且逐年继续增加，每年新增煤矸石1.3亿～1.5亿吨，新占地1.5万亩。这样大量的煤矸石已严重污染了环境，并侵占了大量的土地和农田。

尾矿是采矿企业在一定技术经济条件下排出的“废弃物”，但同时又是潜在的二次资源，当技术、经济条件允许时，可再次进行有效开发。据统计，2000年以前，我国矿山产出的尾矿总量为50.26亿吨，其中，铁矿尾矿量为26.14亿吨，主要有色金属的尾矿量为21.09亿吨，黄金尾矿量为2.72亿吨，其他0.31亿吨。2000年我国矿山年排放尾矿达到6亿吨，按此推算，现有尾矿总量80亿吨左右。显然，尾矿只是放错了地方的资源。据中国矿业联合会尾矿综合治理办公室估计，我国尾矿潜在价值约1300亿元，其开发利用将带来巨大的经济效益，具有极大的诱惑力。

一、煤矸石的化学成分与矿物组成

煤矸石主要由高岭土、石英、蒙脱石、长石、伊利石、石灰石、硫化铁、氧化铝和少量稀有金属的氧化物所组成。

煤矸石的岩石种类和矿物组成直接影响其化学成分，煤矸石的化学成分复杂，所含元素可多达数十种，氧化硅和氧化铝是主要成分，如砂岩矸石SiO_2含量最高可达70%，铝质岩

矸石 Al_2O_3 含量大于 40%，钙质岩矸石 CaO 含量大于 30%。还有氧化铁（Fe_2O_3）、氧化钙（CaO）、氧化镁（MgO）、氧化钠（Na_2O）、氧化钾（K_2O）、磷、硫的氧化物（P_2O_5、SO_3）和微量的稀有金属元素，如钛、钒、钴、镓等的氧化物，煤矸石的化学成分见表 4-30。

表 4-30　煤矸石的化学成分

成分	LOI	SiO_2	Al_2O_3	Fe_2O_3	CaO	MgO	TiO_2	P_2O_3	K_2O+Na_2O	V_2O_5
质量分数/%	13～33	40～65	16～36	2.3～14.6	0.4～7	0.4～2.4	0.9～4	0.08～0.2	1～3.9	0.008～0.01

二、煤矸石的危害与利用现状

1. 煤矸石的危害

目前，我国煤矸石年排放量超过 400 万吨的有内蒙古、山东、河北、陕西、山西、安徽、河南、新疆等。另外，四川和其他省、自治区也排出大量的煤矸石，占用大量的土地和农田，严重污染环境，它是我国排放量最大的工业废渣。

我国煤炭系统多年来积存下来的废弃煤矸石堆积如山，现在每年排放出 1 亿多吨，其中洗矸约 1500 多万吨。煤矸石的堆积不但占用大量土地，而且煤矸石中所合的硫化物散发后会污染大气和水源，造成严重的后果。煤矸石中所含的黄铁矿（FeS_2）易被空气氧化，放出的热量可以促使煤矸石中所含的煤炭风化以致自燃。煤矸石燃烧，散发出难闻的气味和有害的烟雾，使附近居民慢性气管炎和哮喘病患者增多，周围树木落叶，庄稼减产。煤矸石山受雨水冲刷，常使附近河流的河床淤积，河水受到污染。

为了防止煤矸石山自燃，我国煤炭科研部门进行过大量试验研究，试验证明：采用石灰水浇注治理矸石山自燃，从理论和实践方面都是可行的。一方面，石灰乳中和了自燃过程中产生的 SO_2 和 CO_2 气体，生成硫酸钙和碳酸钙等，使矸石表面形成硬膜，减少了矸石的氧化活性表面，因而阻止已燃矸石的氧化作用，同时也防止了尚未自燃的矸石的氧化；另一方面，石灰水中和酸性气体使矸石山处于碱性介质控制下，从而破坏了微生物存在的条件，破坏了微生物对黄铁矿氧化的催化加速作用，因而达到防止自燃和灭火的目的。尽管如此，煤矸石堆积场自燃现象时有发生，河床淤积，河水污染已造成严重危害。因此，如何治理和综合利用及其资源化，越来越引起人们的重视。

2. 煤矸石的资源化与利用现状

煤矸石虽然对环境造成危害，但是，如果加以适当的处理和利用，仍是一种有用的资源。露天开采剥离及采煤巷道掘进排出的白矸，由于其含碳量比较低，属沉积岩类，泥岩占绝大部分，是目前最具有开发前景的煤矸石，进行伴生资源开发，可回收高岭土单矿，生产陶瓷，回收硫化铁；也可以对伴生铝矾土进行开发，生产硫酸铝和耐火材料，生产出轻质耐火砖、微珠保温砖、异型保温砖等系列产品；从采煤过程选出的普矸和选煤厂产生的选矸，含碳量较高的煤矸石，可直接供沸腾锅炉或其他工业用炉作为燃料，含碳量较低的煤矸石，可用作生产砖瓦、水泥、轻骨料、砌块、矿渣棉和工程塑料等建筑材料。含碳量极少的煤矸石，可用来填坑造地、露天矿回填和用作路基材料。自燃后的煤矸石经过破碎筛分后，可以配制胶凝材料。一些煤矸石粉还用来改良土壤，用作肥料和农药的载体。氧化铝含量高的煤矸石，可提取聚合铝、氯化铝和硫酸铝等化工产品。

我国煤矸石的发热量多在 6300kJ/kg 以下，其中 3300～6300kJ/kg、1300～3300kJ/kg 和低于 1300kJ/kg 的各占 30%，高于 6300kJ/kg 的仅占 10%，各地煤矸石的热值差别很大。

其合理利用途径与其热值高低有关，见表4-31。

表 4-31 煤矸石依热值不同的合理利用途径

热值/(kJ/kg)	合理利用途径	说明
<2095	回填、筑路、造地、制骨料	制骨料以砂岩类未燃煤矸石为宜
2095～4190	烧内燃砖	CaO含量小于5%
4190～6285	烧石灰	渣可作骨料和水泥混合材
6285～8380	烧混合材、制骨料、代煤、节煤烧水泥	用小型沸腾炉供热产汽
8380～10475	烧锅炉、烧混合材、制骨料、代煤、烧水泥、化铁	用大型沸腾炉供发电

近几年来国内结合重点煤矿和煤系矿产资源做了一些工作，从分层煤矸石中回收高岭土和硫化铁；开采铝矾土，并进行深加工，开发了以铝土矿为原料的一系列产品；建成精制硫酸铝化工厂，并研制成功了硫酸铝钢带结晶新工艺，为提高硫酸铝产品的附加值，以硫酸铝为原料生产了用作添加剂的铵明矾；利用铝土资源，先后开发了多种轻质材料产品生产出轻质高铝泡沫砖、轻质砖、微珠保温砖、异形保温砖、异形特种耐火砖等系列产品。山东省淄博矿务局利用地处陶瓷产地的优势，开发建成了一座高铝耐火材料厂，生产高档窑具和不定形高铝耐火材料两种产品，可代替进口高档瓷器窑具。山东省新汶矿务局对15层煤夹矸（高岭岩）的开发发现大量优质高岭岩，经陶瓷厂使用，其纯度和白度均属较高品位，已成为陶瓷厂不可代替的原料之一。目前该矿正在开发扩大高岭岩综合利用生产规模，提高产品档次，并准备开发双90超细粉单晶相精砂、特种陶瓷粉料、4A分子筛、聚合铝、白炭黑、水玻璃等产品。

有些地方以煤矸石为原料，开发“田力宝”生物肥料，利用煤矸石中含有大量腐殖酸的页岩成分，利用生物工程技术研制成功长效复合微生物菌肥，此肥可用于旱地、水田的粮食作物和经济作物，对盐碱地、酸性土壤有改良作用。利用煤矸石中的高岭土资源生产铝盐化工原料，所获产品的净化效果是 $AlCl_3$ 的4倍，具有溶解性能好、水不溶物低、有害成分少、聚合点高的特点。

三、尾矿的回收利用技术

1. 煤矸石在建筑工程中的应用

煤矸石和黏土的化学成分相近并能释放一定的热量，可用其代替黏土和部分燃料生产普通水泥、制砖或掺入水泥中作活性混合材以及做筑路回填材料等。

（1）煤矸石在水泥工业中的应用

① 煤矸石生产普通硅酸盐水泥

a. 配料要求。水泥熟料是由石灰质原料、黏土质原料按一定配比磨制成质量合格的生料，经过煅烧得到以硅酸盐为主要成分的人工矿物。鉴于煤矸石成分和黏土成分相似，煤矸石可以作为生产水泥的原料。利用煤矸石配料时，主要应根据煤矸石三氧化二铝（Al_2O_3）含量的高低以及石灰质等原料的质量品位选择合理的配料方案，以便于使用，一般将煤矸石按照对配料影响较大的三氧化二铝（Al_2O_3）含量的多少大致分为低铝（约20%）、中铝（约30%）、高铝（约40%）三类。

低铝煤矸石可以代替黏土生产普通水泥，在配料上和黏土配料几乎相同，生产上除了煤矸石需要破碎和预均化外，并无其他要求。用煤矸石代替黏土物料易烧性好，化学反应完全，烧成温度低，可取得增产、节煤、质量好的技术经济效果。

用中铝和高铝煤矸石生产普通水泥时，由于熟料中三氧化二铝含量高，形成的铝酸三钙（C_3A）矿物就多，因而会导致水泥快速凝结和质量下降，这可通过提高水泥熟料中硅酸三钙（C_3S）矿物含量的方法加以解决。有的研究者认为，这是由于硅酸三钙（C_3S）水解很快，它在水化时形成高浓度的氢氧化钙 $Ca(OH)_2$，在高浓度的氢氧化钙存在的条件下，水泥水化时生成的铝酸四钙（C_4A）水化物就会在铝酸三钙（C_3A）颗粒上沉积成一层薄膜，从而可使铝酸三钙（C_3A）引起快凝的水化作用减慢。此外，为了改善水泥生料的烧结性能，往往还加入一定量的铁粉和矿化剂。几种煤矸石水泥配料及熟料化学成分见表 4-32。

表 4-32　几种煤矸石水泥配料及熟料化学成分（质量分数）　　单位：%

生料配合比					熟料化学成分					
石灰石	煤矸石	铁粉	煤	萤石	SiO_2	Al_2O_3	Fe_2O_3	CaO	MgO	f-CaO
71.2	17.0	4.8	6	1.0	20.83	7.15	4.67	63.68	1.96	0.82
85.58	15.48	1.94			21.05	6.67	4.75	61.17	3.65	0.92
80.0	20.0				18.20	10.11	5.31	63.22	0.96	0.92
72.5	12.2	3.1	12.2		17.48	6.76	7.02	65.6	3.39	6.59

利用煤矸石代替黏土生产普通水泥能提高熟料质量，这是因为煤矸石配料比黏土配料配入的生料活化能降低了许多，其少量的煤可以增加生料的预烧温度。另外，煤矸石中的可燃物有利于硅酸盐等矿物的受热溶解和形成，因为煤矸石配的生料表面能高，硅、铝等酸性氧化物易于吸收氧化钙，可加速硅酸钙等矿物的形成。

以水城水泥厂利用老鹰山洗煤厂煤矸石生产普通硅酸盐水泥和矿渣硅酸盐水泥为例，老鹰山洗煤厂煤矸石含热量平均为 10500J/kg，其化学成分见表 4-33，含铝高，含钙低，其化学成分与黏土相近。

表 4-33　煤矸石的化学成分

成分	SiO_2	Al_2O_3	Fe_2O_3	CaO	MgO	TiO_2	SO_3
质量分数/%	41.86	27.36	19.21	1.82	1.22	3.30	1.03

注：产地为老鹰山洗煤厂。

b. 生产工艺的特点

(a) 回转窑的热工状态发生变化，由窑尾带入的热量为 1885kJ/kg（熟料），相当于一般湿法回转窑熟料耗的 30%。与黏土配生料相比，烟气温度上升 30～40℃，达 170℃；入链气流温度上升 100℃，达 760℃；窑中喂料前后取样孔温度上升不超过 100℃；离垂挂链区热端 7m 处物料温度上升了 200～300℃，达 420℃；窑中部物料温度上升了 250℃，达 640℃；距窑口 51.5m 物料温度达到 790℃，相当于原距窑口 26.1m 的温度。因物料预热好，液相出现早，窑皮一直延伸到距窑口 30.5m 处，窑皮长 17m，比黏土配料延长了 1 倍。熟料颗粒表面粗糙，密度下降，熟料结粒正常。煤矸石带入窑的热量在 1260～2100kJ/kg（熟料）范围内，热利用率比较高，加强预烧效果比较好。

(b) 煤矸石燃烧部位。煤矸石差热分析的第一个放热峰是 328℃，第二个放热峰顶比较平缓，中点是 485℃，这两个峰分别对应煤矸石的挥发物和固定碳的燃烧温度。煤矸石的燃烧部位、燃烧状态和传热方式，决定了煤矸石热的利用率是比较高的。煤矸石从窑尾带入的热量得到了充分利用，窑头用煤相应减少。

(c) 窑的运转及熟料强度。煤矸石配料大幅度加强了物料预烧，稳定了窑的运转，同时还提高了熟料的强度。

(d) 窑灰。煤矸石配料带来了窑灰大量增加的问题，一是由于链物料成球率低，扬尘大；二是因为链带塑性区短，捕尘作用下降，煤矸石料浆塑性差是最主要的原因。在配料中适当保留少量黏土是改善料浆塑性的最简易的方法。扩大窑体冷却端直径，降低断面气流速度也是减少窑灰的一个有效的办法。

② 煤矸石生产特种水泥。利用煤矸石含三氧化二铝高的特点，应用中、高铝煤矸石代替黏土和部分矾土，可以为水泥熟料提供足够的三氧化二铝，制造出具有不同凝结时间、快硬、早强的特种水泥以及普通水泥的早强掺合料和膨胀剂。其成分特点可分为含有硫铝酸钙、氟铝酸钙或者两者兼有，以及含有较多铝酸盐矿物（C_3A、$C_{12}A_7$）的硅酸盐水泥熟料。我国某厂生产的煤矸石速凝早强水泥原料配比见表 4-34。

表 4-34　煤矸石速凝早强水泥原料配比　　单位：%

原料	石灰石	煤矸石	褐煤	白煤	萤石	石膏
配比	67	16.7	5.4	5.4	2.0	3.5

其熟料化学成分控制范围见表 4-35。

表 4-35　煤矸石速凝早强水泥熟料化学成分

成分	CaO	SiO_2	Al_2O_3	Fe_2O_3	SO_3	CaF_2	MgO
质量分数/%	62～64	18～21	6.5～8	1.5～2.5	2～4	1.5～2.5	<4.5

这种速凝早强水泥 28d 抗压强度可达 49～69MPa，并具有微膨胀特性和良好的抗渗性能，在土建工程上应用能够缩短施工周期，提高水泥制品生产效率，尤其可以有效地用于地下铁道、隧道、井下工程，作为墙面喷覆材料及抢修工程等。

③ 煤矸石作水泥混合材。由于煤矸石经自燃或经 800℃温度左右人工煅烧后有一定的活性，属于火山灰质的活性材料，可以与硅酸盐水泥熟料和石膏混合磨细制成火山灰硅酸盐水泥。用煤矸石作水泥混合材时，应控制烧失量≤5%，SO_3≤3%，火山灰试验必须合格。

煤矸石中黏土矿物在加热分解后，形成无定形的三氧化二铝（Al_2O_3）、二氧化硅（SiO_2），具有潜在的活性，能够与水泥、石灰等水化析出的氢氧化钙［$Ca(OH)_2$］在常温下起化学反应，生成稳定的、不溶于水的水化铝酸钙、水化硅酸钙等，这些化合物能在空气中和水中继续硬化，从而产生强度。因而矸石渣是一种较好的水硬性材料。

用矸石渣作为水泥混合材，具有改善水泥物理性能、降低成本和增加产量等优点。一般小水泥厂立窑煅烧熟料，游离氧化钙往往偏高，水泥安定性较差，抗拉强度偏低，掺入具有活性的煤矸石作混合材，对消除游离氧化钙的影响、改善水泥安定性、提高抗拉强度尤为显著。

a. 物料配比。煤矸石的掺入量，取决于煤矸石的活性和熟料的质量。煤矸石掺入量在 15%以内称普通硅酸盐水泥，大于 15%时，称为火山灰硅酸盐水泥。一般如熟料 28d 应变抗压强度稳定在 44MPa 左右时，煤矸石的掺入量一般控制在 25%～35%，如熟料质量比较高，煤矸石的掺入量就可以进一步提高，自燃煤矸石掺入量超过 40%时，水泥强度有下降的趋势。

b. 煤矸石作水泥混合材的生产流程。利用煤矸石作混合材生产水泥，在水泥厂内不需增加设施，完全是利用原有的工艺设备进行的。在开采装运煤矸石时，应选用自燃程度较好、干燥、表面光亮、用硬物碰击声音较脆的煤矸石。入磨使用的煤矸石水分控制在 6%左右，入磨粒度小于 20mm。其生产工艺流程如图 4-28 所示。

c. 煤矸石作混合材生产水泥的物理性能。利用煤矸石作混合材生产的火山灰硅酸盐水泥，早期强度高，后期强度上升快，水化热低，抗酸抗腐蚀性能好，可使用于水利工程、民用建筑、道路、桥梁、水坝的浇灌工程中。

④ 煤矸石生产无熟料水泥。以煤矸石为主，加入适量的石灰、石膏或少量硅酸盐水泥

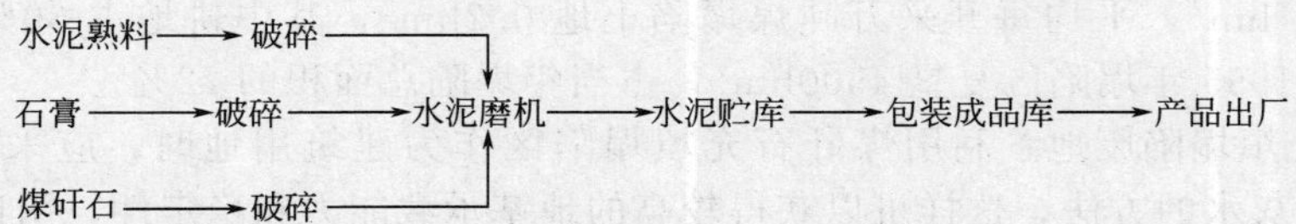

图 4-28　煤矸石作混合材生产普通硅酸盐水泥（或火山灰硅酸盐水泥）工艺流程

熟料，磨制无熟料水泥。煅烧煤矸石无熟料水泥的强度高低，取决于煤矸石的活性、粉磨细度、石灰或水泥熟料的质量和各种原料的配合比。例如，以煅烧煤矸石：石灰：石膏为70：25：5 的配比制成的无熟料水泥，经蒸养后，强度为 39MPa，自然养护可达 20～29MPa。由于煤矸石的活性有限，生产的无熟料水泥最适合作为水泥制品的胶凝材料。

(2) 煤矸石制空心砖　煤矸石制空心砖是以煤矸石胶结料和煤矸石粗细骨料制成的。煤矸石胶结料是以人工煅烧或自燃的煤矸石为骨料，加入少量石灰、石膏配成。采用这种胶结料，并选用生矸石作粗细骨料，可以生产煤矸石空心砖，或经振动成形、蒸汽养护而制成墙体材料。其生产工艺比较简单，技术较成熟，产品性能稳定，使用效果较好。

用煤矸石生产微孔吸声砖，其工艺流程如图 4-29 所示。

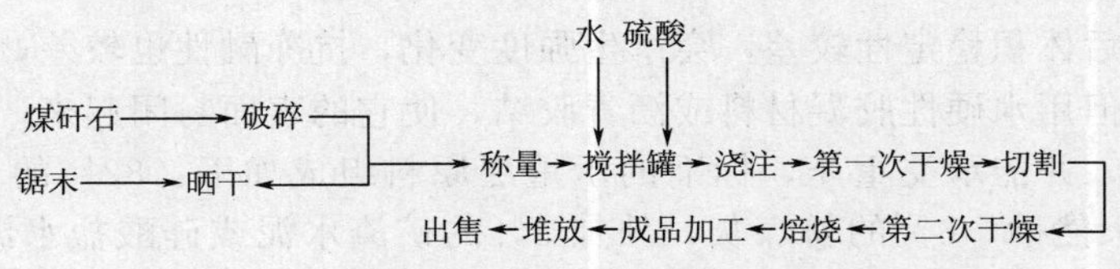

图 4-29　煤矸石微孔吸声砖生产工艺流程

首先将粉碎的各种干料同白云石、半水石膏混合，然后将混合物料与硫酸溶液混合。约 15s 后，将配制好的泥浆注入模中。在泥浆中由于白云石与硫酸发生化学反应而产生气泡，使泥浆膨胀并充满磨具。最后，将浇注料干燥、焙烧而制成成品。这种微孔吸声砖具有隔热、保温、防潮、防火、防冻及耐化学腐蚀等特点，其吸声系数及其他性能均达到吸声材料的要求，但具有生产简易、施工方便、价格便宜、功能性全等特点。

(3) 煤矸石用作充填材料

① 煤矸石用作护巷充填材料。煤矸石用作护巷充填材料是以矸石粉为骨料，水泥为胶结料，外加添加剂配制成混合型填充材料。为了提高充填材料的强度，减少水泥用量，要求煤矸石中含煤量尽量少。原料配合比见表 4-36。

表 4-36　煤矸石用作护巷充填材料的配合比

序号	配合比	水灰比		抗压强度/MPa			
		质量比	体积比	1d	3d	7d	28d
1	矸石粉：水泥＝5：1	0.20	0.40	0.80		3.16	9.9
2	矸石粉：水泥＝4：1	0.20	0.40	1.40		5.56	15.64
3	矸石粉：水泥＝3：1	0.24	0.48	2.30	6.11	9.06	22.4

注：配合比（质量比）采用 425 号普通硅酸盐水泥，矸石粉最大粒度小于 15mm，含煤量低 15%。

对护巷充填材料来说，表中 3 号配比可满足要求，且后期强度大大超过了要求，此外，表中 2 号配比护巷充填材料 7d 以后的强度也能满足要求，只是早期强度偏低，如果能采用一些添加剂或改用早强水泥使其早期强度提高也能达到要求。

② 煤矸石用于地表塌陷的充填材料与复垦

a. 井下采煤塌陷土地。中国煤炭生产约有 94% 为井下开采，由此引起地表塌陷每年达

(1.5～2.0)×10^4 hm^2，平均每开采万吨煤塌陷土地 0.2hm^2，其中耕地占 30%，在矿区生态恢复工作中，1995 年塌陷区复垦 4500hm^2，占当年塌陷总面积的 22%。

b. 煤矸石充填塌陷废地。利用煤矸石充填塌陷区作为建筑用地时，应采用分层充填、分层碾压喷洒石灰水的方法，这样可以获得较高的地基承载能力和稳定性，用这种技术，将充填塌陷区矸石地基强夯后，可建 2 层住宅。

c. 充填矸石地的生物复垦和微生物复垦技术。生物复垦是利用生物措施，恢复土壤肥力与生物生产能力的活动，主要内容为土壤改良和植被品种筛选。

微生物复垦是利用微生物活化药剂或微生物与有机物的混合剂对复垦后的贫瘠土地进行熟化和改良，恢复土壤的活力。采用微生物复垦是在矸石垫层上不覆盖生长土，仅加适量微生物活化剂，在短期（6 个月）内就可建立起稳固的植物覆盖层，使所造地恢复种植能力，第 2 年可种植农作物，三五年后能完全达到高产农田的肥力，且对种植品种没有限制，这种技术具有费用低、效率高、效益好等优点。

③ 煤矸石作筑路材料。煤矸石用于筑路，可作为公路的基层、底基层、铁路路基等材料，法国用煤矸石筑路占其煤矸石总量的 80%，德国将破碎矸石用水泥或沥青胶结后作为道路的承重层材料。

煤矸石在吸水后体积稳定性较差，会产生强度变化，抗冻融性也较差，所以不宜直接用于道路的承重层。但用水硬性胶凝材料或沥青胶结，使它的表面封闭起来，那么在浸水或受冻后也能保持稳定，并能承受重压，标准的承重层原料组成如下：82%的 0～45mm 矸石，12%的 0～12mm 天然砂，6%的粉煤灰，外加 5%的矿渣水泥或硅酸盐水泥，5%的水，此承重层的抗压强度为 6～8MPa。沥青胶结承重层材料的组成如下：96.3%的 0～45mm 矸石，3%的粉煤灰，外加 2.4%的沥青。

另外，可用矸石混凝土制作高速公路的隔音墙。

2. 煤矸石在建材工业中的应用

(1) 煤矸石生产装饰制品

① 煤矸石釉面砖。江西新华煤矿陶瓷厂研制的煤矸石釉面砖性能为：白度 81.9%，吸水率 14.2%，热稳定性 200℃，热交换 3 次不裂，抗弯强度 18.5MPa。其生产工艺特点为：煤矸石通过锤式破碎机破碎后，与珍珠岩、本地白泥配料，配比为煤矸石 60%，珍珠岩 20%，本地白泥 20%。配合料入磨，磨制的粉料细度为 180 目筛余 1%左右，采用二次喷釉，用多孔窑烧，温度为 1050℃±10℃，周期 14～16h。

② 煤矸石红地砖。利用煤矸石为主要原料生产煤矸石红地砖，其中加入一定量的铁矿石以促进变色，当 Fe_2O_3 含量大于 7%时，制品颜色变为红色，可以不上釉，因而使砖坯强度增大。该砖原料配比为：煤矸石 80%，本地红土 10%，铁矿石 10%。产品性能为抗压强度 57.3MPa，抗折强度 22.1MPa，耐磨度 0.113g/cm^2，吸水率 9.4%。

③ 煤矸石彩釉马赛克。煤矸石彩釉马赛克，原料全部采用嘉陵煤矿的煤矸石，也可加入 4%～8%的废匣钵，磨制 10～15h，经榨泥、轮碾陈化后成型为 43mm×43mm×5.5mm 的坯块，再经 1150℃烧成，保温 1h，烧成周期为 12～14h，上釉后在 1080～1120℃下烧，保温 1h 即成，其产品性能为：吸水率较其他马赛克高，但比釉面砖吸水率小，因而粘贴牢固，且强度较好，热稳定性、抗冲击性、耐酸耐碱性均合格。

(2) 煤矸石制保温材料

① 煤矸石生产煤矸石棉。煤矸石棉是利用煤矸石和石灰为原料，经高温融化、喷吹而成的一种建筑材料。其原料配比为：煤矸石 60%、石灰石 40%，或煤矸石 60%、石灰石 30%、萤石 6%～10%。煤矸石的熔化设备可采用以焦炭为燃料的冲天炉，焦炭与原料的配

比为1∶（2.3～5）。其生产具体工艺过程为：先将炉底部的流出口关好，用焦炭末和锯末屑的混合物锤紧，直到喷嘴的高度为止，然后在上面铺一层木柴作引火燃料，最后铺一层焦炭、一层煤矸石和石灰石的混合料，每次装料150kg左右。料装好后，引火燃烧，炉内温度可达1200～1400℃，煤矸石全部熔融后，熔融状态的液体从喷口流出，用风机将熔浆吹入密封室中，即为煤矸石棉。

② 煤矸石生产轻骨料。适宜烧制轻骨料的煤矸石主要是碳质页岩和选矿厂排出的洗矸，煤矸石的含碳量不要过大，以低于13%为宜。用煤矸石生产轻骨料的工艺可以分为两类：一类是用烧结机生产烧结型的煤矸石多孔烧结料；另一类是用回转窑（成球法）生产膨胀型的煤矸石。

a. 烧结机法。国外大多采用烧结机法生产煤矸石轻骨料。对于使用烧结机的工艺来说，含碳量在10%左右，可以生产合格的轻骨料，并能降低燃料和生产成本。使用烧结机法是把煤矸石粉碎到5～10mm的粒级，铺在烧结机炉排上，当煤矸石点燃后，料层中部温度可达1200℃，底层温度小于350℃。未然的煤矸石经筛分分离再返回重新烧结，烧结好的轻骨料经喷水冷却、破碎、筛分出厂。

b. 回转窑法。使用回转窑的工艺，对煤矸石含碳量要求较严格，含碳量过高，使陶粒的膨胀不易控制。目前，国内生产煤矸石轻骨料多采用回转窑法。

3. 煤矸石在化学工业中的应用

（1）生产硅酸钠　制备硫酸铝过程中所排出的废渣正是生产硅酸钠的好原料，废渣的利用可以降低成本，增加产品品种，提高经济效益。

① 生产原理。该生产工艺是将纯碱和硅石（SiO_2）送入反射炉中焙烧，在1100～1350℃的反应条件下生成的。其反应方程式是：

$$Na_2CO_3 + SiO_2 \longrightarrow Na_2SiO_3 + CO_2\uparrow$$

② 流程说明及工艺操作

a. 残渣预处理。利用自然煤矸石或沸腾炉渣生产硫酸铝后所得残渣，其中含有大量SiO_2，同时还含有其他一些杂质，如硫酸钙、硫酸镁等。因而直接用残渣生产硅酸钠是不行的，这就需要对残渣原料进行预处理，清除杂质，得到纯质二氧化硅，以满足生产要求。

首先将残渣放入大瓷缸中或耐酸池中，用稀盐酸浸洗，在不断搅拌的情况下，浸洗一段时间，然后将洗液排放干净。

经计量取20%～30%的盐酸，并将其加热到100℃左右，然后再将热盐酸注入存放残渣的大瓷缸中（或耐酸池中），在不断搅拌的情况下继续反应一段时间，带反应将终结后，将液体排出。

将酸洗过的SiO_2残渣用清水冲洗1～2次，则所得产品SiO_2的纯度就相当高了，完全可以满足本生产工艺要求。将纯质SiO_2摊开晾晒，或者置入烘干室进行烘干，待水分降低到工艺要求后即可使用。

b. 配料与煅烧。所使用的纯碱或纯质SiO_2还需经粉碎机粉碎，使它们细度达到30～50目，称量后将二者充分混合，送入加料室，经螺旋输送机、贮料罐、加料斗，再经螺旋输送机将混合料送入反射炉中加热反应，加料室与贮料罐起到了混合与贮存作用，这样可以使物料混合均匀，并使原料的贮存量满足反射炉连续反应的要求，防止停工待料。

纯碱与硅石反应生成硅酸钠的反应系吸热反应，所以还需外加燃料，以提供热量，一般所用燃料为白煤或焦炭，在与反应物送入反射炉，所用白煤或焦炭也要进行粉碎。

反射炉呈长方形，顶部为拱顶结构，炉前有进料门，尾部下端有出料口，炉后上方有烟气出口，反射炉壁两侧留有若干操作孔（也为观察孔），以便随时观察炉内反应情况，及时处理问题，使其正常反应。

同其他窑炉相同，在反应室内，反应物在刚进入反应室后要经预热、反应、冷却阶段。在温度60℃左右时碳酸钠开始分解和焦炭开始燃烧，致使反应物温度升高，并向前移动。当进入反应阶段，其温度达到1100～1350℃，反应物在炉内进行反应生成硅酸钠，并放出CO_2，CO_2经烟道口进入烟囱排空（或者利用）。

反应完成后，生成物向前移动，并逐渐降低温度，在1h左右即可从尾部下端出料口将生成的硅酸钠放出。

反射炉是本生产工艺的关键设备，对反射炉内反应物的工艺控制和管理是决定产品质量和成本的重要因素，因此应精心操作，严格工艺控制，以保证炉内正常反应。

c. 浸溶。由反射炉尾部放出的生成物，很快会由熔融状态变为固体物，当生成物装满粗碱车后，即可转入浸溶槽内进行浸溶。浸溶槽内的温度为100℃以上，热源可用蒸气或炉灶供给，边浸溶边浓缩，待到溶液浓度为22波美度时，便可将生成物放入沉降槽，在沉降槽内自然沉降，杂质便积于槽底并及时排除。

d. 浓缩。除杂质后的溶液送入浓缩槽内，加热浓缩，待浓缩到相对密度为1.40或1.60时，浓缩结束，并将其装入贮桶，以待包装运出。

硅酸钠广泛应用于胶合、肥皂填充、造纸、漂染、涂料、洗衣粉生产等方面。

(2) 生产白炭黑　利用自燃煤矸石生产白炭黑，为综合利用煤矸石开拓了新的途径，生产白炭黑的原料是硅酸钠（Na_2SiO_3）（硅酸钠的生产方法已于前述），下面介绍使用沉淀法生产白炭黑的工艺。

① 反应原理

$$Na_2SiO_3 + 2HCl \longrightarrow H_2SiO_3 + 2NaCl$$

$$H_2SiO_3 \longrightarrow SiO_2 + H_2O$$

② 生产操作。在溶胶制备缸中，先放入密度为1.07～1.09g/cm^{3}的稀盐酸，在搅拌的情况下加入二氧化硅含量在6.5%～8.5%之间的硅酸钠溶液，制得溶胶。

在另一反应器中，加入硅酸钠溶液，在搅拌的情况下加入上述制备的溶胶，该两次加入的硅酸钠，应该是经计算所加入的量，同时加入经计量过的氯化钠调节液，控制反应液的pH值在8～10之间，维持反应温度在75℃左右，再加盐酸进行酸化，此时便有白炭黑沉淀析出。

将反应液及沉淀物一同通过石棉滤布（或其他耐酸滤布）滤入缸中，滤液回收，返回溶胶制备缸或反应器中再利用。将过滤所得的白炭黑沉淀物用清水洗涤，直到测得氯化钠含量小于1.5%为止，静置排除多余水分。

通过以上工序，白炭黑的纯度比较高，但是含水分仍较多，故应将其转入转筒干燥器进行干燥，控制干燥温度为150℃左右，干燥时间为6～8h，当白炭黑含水量小于8%时，即可从干燥器中取出。从转筒干燥器中取出的白炭黑往往块度较大，故还需要粉碎和筛分，其粉碎设备可采用锤式粉碎机，筛分和粉碎用该粉碎机可以一次完成。将粉碎后的白炭黑装入袋中，即可出售或贮存。

根据以上生产工艺每生产1t白炭黑所需原料：硅酸钠4t；盐酸（31%）1.5t；食盐（工业级）0.2t；煤0.23t。

白炭黑又名轻质二氧化硅（SiO_2），为白色无定形粉状物质，质轻，熔点为1300℃。它在空气中吸收水分后，即成为聚集的细粒子。

白炭黑具有较大的比表面积，有较高的机械强度和伸缩率，一般情况下它的性质比较稳定，也不是危险品，但为了保证其纯洁性，仍要将其妥善包装，以防污染，适宜用于涂料和油漆工业。

四、尾矿的概述

尾矿是选矿中分选作业的产品之一，在此作业的产品中，其有用成分的含量最低。在当前的技术经济条件下，不宜再进一步分选。

统计数据显示，我国矿山企业每年产生的尾矿约有 26.5 亿吨，但综合回收利用量仅为 1.8 亿吨，综合回收利用率仅为 6.95%。尾矿库占地面积累计已达 37282hm^2，不仅占用了大量耕地，而且尾矿库所产生的沙尘对矿山周边地区的生态环境和水资源造成了污染。

五、尾矿的危害与利用现状

1. 尾矿的危害

(1) 堆存的危害　尾矿的堆存不仅占用了大量的耕地，还容易造成矿区环境污染、水土流失、破坏等。在金矿的选冶工艺中，必定有少量氰化物残存在尾矿中。

(2) 对自然生态环境的危害　尾矿成分及残留选矿药剂对生态环境的破坏严重，尤其是含重金属的尾矿，其中的硫化物产生酸性水，进一步淋浸重金属，其流失将对整个生态环境造成危害，残留于尾矿中的氯化物、氰化物、硫化物、松油、絮凝剂、表面活性剂等有毒有害药剂，在尾矿长期堆存时会受空气、水分、阳光作用和自身相互作用，产生有害气体或酸性水，加剧尾矿中重金属的流失，流入耕地后破坏农作物生长或使农作物受污染；流入水系则又会使地面水体和地下水源受到污染，毒害水生生物；尾矿流入或排入溪河湖泊，不仅毒害水生生物，而且会造成其他灾害，有时甚至涉及相当长的河流沿线。1964 年英国威尔士北部的巴尔克铅锌矿尾矿池被洪水冲刷，尾矿流失后毁坏了大片肥沃的草原，其覆荒层厚达 0.5m。在一般土壤中，铅锌含量超过 500mg/L，就会严重毒害植物和牲畜，而覆盖的尾矿层中，有的铅锌含量高达 $(6\sim8)\times10^{-9}$，对土壤污染的严重性可想而知。

2. 尾矿的利用现状

国外主要利用尾矿制作建筑材料，如蒸压硅酸盐制品，加气混凝土、砖瓦、陶瓷、陶粒、铸石、玻璃、泡沫塑料和水泥等品种，还有用尾矿生产冶金助熔剂、化工产品和肥料等。

美国在加利福尼亚研究利用加利福尼亚州堆存的金矿尾矿生产钙质加气砖，其价格只有普通黏土砖的 1/3～1/2。前苏联黑色冶金矿山将 20%的尾矿用于铺路，7%用于制造硅酸盐墙板。前苏联已建立了从矿物原料、选矿、化学和非金属工艺实验室至实验厂这样的联合体，专门研究处理矿物废料问题，其矿物原料综合利用率也从 20 世纪 60 年代的 30%～50%提高到现在的 50%～70%。前苏联将尾矿用作建筑材料的约占 60%，现已能用铁矿尾矿制造微晶玻璃、耐化学腐蚀玻璃制品和化工管道等；保加利亚把从尾矿中回收的石英用作水泥惰性混合料和炼铜熔剂；原捷克的一些矿山将浮选尾矿的砂浆、磨细的石灰和重晶石加入颜料压制成彩色灰砂砖。

我国的尾矿综合利用研究起步较晚，近几年发展迅速，一方面和国家重视有关；另一方面和我国的资源特点及利用状况有关。我国的金属矿产资源贫矿多、伴生组分多、中小型矿床多，目前不少矿山进入中晚期开采，资源紧张加上开采成本越来越高，形势已逼迫一些矿山不得不走多种矿物产品共同开发和综合利用的路子。

安庆铜矿充分利用闲置设备，并投资 42 万元建起了尾矿综合回收选铜厂和选铁厂，从含铜 0.119%、含铁 11%的尾矿中综合回收铜、铁资源，采用浮选法获得含铜 16.94%的铜精矿，回收率为84.43%，采用磁选法获得含铁63%的铁精矿，回收率为48.71%，年创产值491.95万元，估算的年利税则高达421.45万元。

新疆钢铁公司选烧厂尾矿库中的尾矿平均含铁25%和硫9%，其中主要金属矿物为黄铁矿和磁铁矿，其次为褐铁矿。为综合回收尾矿中的铁和硫，新疆钢铁公司投资180万元建立了尾矿再选厂，再选的主体工艺为浮选-磁选，得到了含铁67%的铁精矿和含硫48%的硫精矿，年新创产值459万元。

六、尾矿的回收利用技术

1. 回收有价金属

我国共生、伴生矿产多，矿物嵌布粒度细，以采矿回收率计，铁矿、有色金属矿、非金属矿分别为60%～67%、30%～40%、25%～40%，尾矿中往往含有铜、铅、锌、铁、硫、钨、锡等，以及稀有元素和贵金属。尽管这些金属的含量甚微、提取难度大、成本高，但是由于废物产量大，从总体上看这些有价金属的数量相当可观。

（1）铁矿尾矿　铁矿选矿主要采用高梯度磁选机，从弱磁选、重选和浮选尾矿中回收细粒赤铁矿。如瑞典斯特拉萨铁矿石选厂采用大型的Sala480型转盘式磁选机处理弱磁选和螺旋选矿机的尾矿，从含铁11.15%的尾矿中可得到含铁42.61%的精矿，铁回收率44.1%。我国大孤山选矿厂尾矿经圆盘式磁选机粗选，粗精矿再磨后经脱水槽、磁选机、细筛再选，每年可回收60%左右的铁精矿8万吨。

（2）有色金属矿山尾矿　美国犹他州阿尔丘尔和马格纳铜选厂处理堆积的尾矿，日处理矿量10.8万吨，可得到含铜20%及含少量钼的精矿。澳大利亚北部罗肯希尔公司从堆存60多年的老尾矿中回收锌，可得品位为44.7%的锌精矿，回收率达87.7%。我国丰山铜矿对其尾矿经重选-浮选-磁选-重现联合工艺试验，可获得含铜20.5%的铜精矿、含硫43.61%的硫精矿、含铁55.61%的铁精矿、含钨82.7%的钨粗精矿。铁山垅钨矿对部分硫化矿尾矿进行浮选回收银试验，可获得含银808g/t的含铋银精矿，采用三氯化铁盐酸溶液浸出，最终获得海绵铋和富银渣。

（3）金矿尾矿　黄金价值高，但在地壳中含量很低，所以从金矿尾矿中回收金就显得更为重要。澳大利亚新庆金矿选厂从1990年起建立尾矿处理厂，对尾矿首先经脱泥旋流器回收含金硫化矿粗颗粒，然后用圆锥选矿机和螺旋选矿机分选，所得精矿磨碎后再浸出，大大提高了金的总回收率。我国湘西某金矿对老尾矿采用浮选-尾矿氰化选冶联合流程，金总回收率达到74%。黑龙江某金矿采用浮选法从氰化尾矿中回收铜，回收率达89.01%，我国南方某金矿采用浮选-尾矿氰化-浸渣浮选的工艺，从老尾矿中回收金、锑、钨，回收率分别达到81.18%、20.17%、61.00%。

2. 生产建材

（1）尾矿制砖　尾矿砖种类多，废物消耗大，既可生产免烧砖、墙体砌块、蒸养砖等建筑用砖，也可生产铺路砖、涂化饰面砖等。某金矿于1996年投资2000万元引进国家“双免”砖生技术，建成了4条生产线，每年消耗尾矿6万吨。同济大学与某铁矿合作，研制出装饰面砖，更适合做外墙贴面砖，还可调入不同颜色的颜料做成彩色光滑的面砖，代替普通瓷砖、人造大理石等供室内装饰用。

（2）生产水泥和混凝土　矿业废物不仅可以代替部分水泥原料，而且起到矿化作用，从而可有效提高熟料产量、质量并降低煤耗。如某铜尾矿含$SiO_2$36.52%、$CaO_2$5.62%、$Al_2O_3$4.8%、T-Fe16.27%，可以全部取代铁粉，部分代替黏土和石灰石原料，从而大大节约了铁粉、黏土、石灰石以及燃煤费用，全年累计可节约资金上百万元。

(3) 生产玻璃 利用尾矿砂生产玻璃的研究应用主要有以下两种。

① 利用高钙镁型铁尾矿生产饰面玻璃。由于这种尾矿 CaO、MgO、FeO 含量较高，玻化时容易铸石化，适当添加砂岩等辅助原料和采用合适的熔制工艺，可使之玻化成为高级饰面玻璃，铁尾矿用量可达 70%～80%，生产出的玻璃理化性能好，其主要性能优于天然大理石。

② 作为生产微晶玻璃的材料。微晶玻璃也是一种高级装饰材料，其制作成本较高，实验表明，在微晶玻璃的配方中引入尾矿可大大改善产品的性能。

3. 用作农肥

有些尾矿因其成分适宜，可用作土壤改良剂或微量元素肥料，以有效改善土壤的团粒结构，提高土壤的孔隙、透气性、透水性，促进作物增产。如铁尾矿含有少量的磁铁矿，经磁化后，再掺加适量的 N、P、K 等，即得磁化复合肥；镁尾矿中因含有 CaO、MgO 和 SiO_2，可用作土壤改良剂对酸性土壤进行中和作用；钼尾矿施于缺钼的土壤，既有利于农业增产，又可降低食道癌的发病率。

4. 采空区回填、覆土造田

用来源广泛的尾砂、废石、尾矿代替砂石进行地下采空区回填，耗资少，操作简单，可防止地面沉降塌陷与开裂，减少地质灾害的发生。如铜陵某铜矿利用全水速凝胶结充填工艺进行回填，充填成本可减少 13%左右；某金矿分矿采用高水胶结尾砂充填采矿法，比原来的水泥河沙胶结充填工艺优势明显，提高了生产能力，节省了费用。

第十二节 硫铁矿渣的无害化处理技术

一、硫铁矿渣概述

硫铁矿渣是一种非常有价值的二次资源。国外对硫铁矿渣的利用非常重视，在综合利用方面取得了很好的成果。日本硫铁矿渣的利用率为 70%～80%，美国为 80%～85%，德国和西班牙几乎为 100%。我国硫铁矿渣的利用率较低，还不到50%，造成这一现象的一个重要原因是硫铁矿渣的质量不高，比如铁品位低，硫和二氧化硅的含量高等，而烧渣质量不高是由于焙烧原料硫铁矿质量不高造成的。产品质量标准反映了国家的生产现状和生产水平。我国将硫铁矿的标矿含硫量定为含硫 35%，烧渣的铁品位在 45%左右。而国外对硫铁矿的要求为含硫量 45%以上，如前苏联将硫铁矿的标矿含硫量定为 48%，日本为 49%～50%，美国为 52%，西班牙要求 48%以上，砷、氟含量一般均不大于 0.05%。表 4-37 出各国硫铁矿的精矿品位。由此看到，针对我国硫铁矿渣的具体特点，充分利用硫铁矿渣，开发二次资源，意义十分明显。

二、硫铁矿渣的来源、组成、分类及排放量

硫铁矿渣是硫铁矿在沸腾炉中经高温焙烧产生的废物。硫铁矿渣的排放量与所用的硫铁矿品位有关。我国大型的硫酸厂，一般每生产 1t 硫酸排放 0.7～0.8t 烧渣。中小型硫酸厂排渣的比例要高一些，每 1t 硫酸约排放烧渣 0.8～1.0t。我国的硫铁矿渣利用率不高，大量烧渣堆于渣场或排放于江河湖泊中，烧渣中的 S、Pb、As、Cu 等元素危害环境。

表 4-37　各国硫铁矿精矿品位比较　　单位：%

国名	地点	类型	S	国名	地点	类型	S
德国	Keggen	浮选矿	43～48	中国	向山	浮选矿	32.41
赛浦路斯	Kasavs-nos	浮选矿	45～48		龙游	浮选矿	37.07
	Limin	浮选矿	44～46		雁门	浮选矿	37.66
芬兰	Outakumpu	浮选矿	43～48		七宝山	浮选矿	33.68
希腊	Kassandra	浮选矿	47～49		云浮	浮选矿	38～40
意大利	Maremma	浮选矿	48～50		松滋	浮选矿	36.20
南斯拉夫	BOR	浮选矿	44～49		大田	浮选矿	32.65
挪威	OtrLa	粉矿	41～46		潭山	浮选矿	31.62
	Folldae	浮选矿	48～50		炭窑门	浮选矿	40.2(中试结果)
葡萄牙	Aljualre	粉矿	45～47		阳春	浮选矿	46(指示指标)
瑞典	Bolrden	浮选矿	49～50	罗马尼亚	Bulasprue	粉矿	44～45
西班牙	Tharsis	浮选矿	46～48	日本	棚原	粉矿	49.6～49.7
	Riatinto	浮选矿	46～48	前苏联		浮选矿	46～48

硫铁矿烧渣化学成分主要是 Fe_2O_3 和 SiO_2，还有 S、Mn、Cu、Ca、Al、Pb 等元素。不同产地，烧渣成分不尽相同，如表 4-38 所示。

表 4-38　硫铁矿渣的化学成分　　单位：%

产地	Fe_2O_3	FeO	CaO	MgO	SiO_2	Al_2O_3	S	P	As	Cu	Pb	Zn
云南磷肥厂	38.36	12.43	1.76	0.28	35.88	3.85	1.83	0.02	0.003	0.008	0.069	0.05
郴州化工厂	57.10	3.87	0.45	0.21	13.89	1.64	0.80	0.03	0.003	0.023	0.013	0.05
苏州硫酸厂	53.0	6.69	0.60	0.59	5.63	1.42	0.77			0.46	0.076	0.20
武汉硫酸厂	46.49	10.12	0.36	0.19	24.98	17.06	0.35		0.046	0.002		
泸州磷肥厂	54.26	4.55	3.35	1.54	16.27	2.79	1.07	0.06	0.21	0.39		0.17
诸暨化工厂	56.87	6.51	3.48	0.80	5.75	1.31	1.06	0.09	0.96		0.15	0.4

同是烧渣，其炉灰和炉渣的成分也有区别，如表 4-39 所示。

表 4-39　炉灰与炉渣化学成分的区别　　单位：%

成分	全铁	Ca	Al	Mg	Mn	Cu	Pb	Zn	Si	Co	S
炉灰	58.38	3.0	1.0	0.5	0.5	0.32	0.026	1.46	0.30	0.01	1.48
炉渣	58.03	10.0	1.0	0.5	0.5	0.33	0.028	1.04	0.30	0.01	1.66

根据不同的角度，可以将硫铁矿渣进行不同的分类。

① 根据产出地不同，分为尘和渣。每生产 1t 硫酸约排放 0.5t 酸渣，从炉气净化收集粉尘 0.3～0.4t，大部分酸厂已将尘和渣混在一起。

② 按颜色分为红渣、棕渣、黑渣。当渣中以 Fe_2O_3（即赤铁矿）为主时为红渣，以 Fe_3O_4（即磁铁矿）为主时为黑渣；棕渣介于红渣和黑渣之间。

③ 渣的颜色变化，反映了磁铁矿的含量，可以按磁性率（TFe/FeO）对渣进行分类。磁性率越高，说明浇渣的氧化程度越高，磁铁矿含量就越少。

④ 按有用组分含量，可分为贫渣、铁渣、有色-铁渣。贫渣铁品位较低，无综合利用价

值；铁渣中铁含量较高，有色金属及其他有价金属含量低；有色-铁渣中综合回收的成分较多，如铁、铜、金、银、钴等均有回收价值。

三、硫铁矿渣的危害

我国是硫酸生产大国，自然硫和其他形态硫储量不多，硫酸生产原料以硫为主，以硫铁矿为原料的生产方式占75%，但这种方式在世界上只占21%。我国多数大中型硫酸厂使用含硫30%～35%的硫精矿。我国硫酸生产行业每年约产生7×10^6t硫铁矿渣，占整个化工废渣的1/3。目前大都采用堆填处理，不仅大量占用土地，减少了耕地，同时工厂还得支付土地征用费、运费、填埋费等，增加了硫酸的生产成本。而且由于风化雨淋，烧渣中有害成分进入大气、土壤、水体，严重污染了环境，对环境造成了很大的污染。其危害的主要表现如下。

① 烧渣的堆存占用了大量耕地。由于硫铁矿渣颗粒细，松散，堆放占地面积大。据查一个年产酸3万吨以上的硫酸厂，需要堆渣场20～30亩。

② 烧渣的堆存造成了资源的浪费。烧渣中含有多种有用元素，是一种宝贵的二次资源，由于资金技术的限制，烧渣中有用组分没有得到回收利用，相当于将资源白白浪费。

③ 污染土壤。烧渣长期露天堆放，致使其中的有害成分经风化、雨淋、地表径流的腐蚀后极容易渗入土壤，经过长期过量积累，不仅会杀死土壤中的微生物，而且会使土壤盐碱化、中毒，危害农作物的生长。

④ 污染水体。烧渣经细菌作用氧化成为水溶性硫酸盐而污染水体，使水质酸化、富营养化，影响水系的生态平衡。

⑤ 污染大气。由于烧渣中废物本身的蒸发、升华及发生化学变化而释放有害气体，以及废物中细粒、粉末随风扬散，导致大气污染。

四、硫铁矿渣的无害化处理技术

目前，除少量硫铁矿渣被用作水泥助溶剂外，绝大部分被露天堆放，占用大量土地，污染土壤、大气和水源。硫铁矿渣中含有大量铁及少量铝、铜等金属，有的还含有金、银、铂等贵金属，用硫铁矿渣可制取铁精矿、铁粉、海绵铁等，还可回收其他金属；对于含铁较低或含铁较高的硫铁矿渣难以直接用来炼铁，可用于生产化工产品，如作净水剂、颜料、磁性铁的原料。因此，无论从治理环境还是从缓解铁资源贫乏来看，硫铁矿渣的综合利用的研究在我国具有重要的意义。

1. 炼铁及回收有色金属

(1) 直接用于炼铁　矿渣在炼铁厂烧结机中掺烧后炼铁，要求含铁量大于48%，含硫量小于1%，而且只掺铁矿石的10%左右，且硫、磷和二氧化硅含量越低越好。这时掺入量对烧结块的质量和产量都没有不利影响，反而能降低烧结成本，过多掺入会降低产品强度和成品率。此法对含铁量较高的矿渣是一种有效处理方法，但处理矿渣量有限。

(2) 经选矿后炼铁　较早的方法是采用沸腾炉进行还原焙烧成磁性渣（Fe_3O_4），然后经过磁选除去脉石获得高品位的铁精矿，其中含铁量大于或等于58.5%，其他有害元素均符合高炉冶炼要求，此法简便而有效，但设备投资较大，能耗较高。近年来，通过控制硫铁矿中铁含量大于或等于35%，粒度小于3～5mm，以及控制炉子排气口SO_2的浓度为13.3%～13.5%，使炉子排出的矿渣以磁性铁为主，渣色为棕黑色，这样得到的渣不经还原焙烧就可以进行磁选，产出的尾砂可作为水泥厂的原料，此法用于含铁量偏低（小于40%）或含硫量偏高（大于1%）的矿渣，可在磁选前于球磨机矿石入口掺入一定量低品位的自然矿（含铁23%左右）混合磁选，可以提高铁精矿的品位和降低含硫量。成品铁精矿可进一步加工成氧化球团矿后出售，利润更大，深受钢铁厂的欢迎。目前国内许多厂家多采用此法处理硫铁矿渣，是一种较好的处理方法。

（3）氯化法生产炼铁球团及回收有色金属　氯化焙烧着重回收有色金属，分中温、高温两种。高温氯化焙烧是将含有色金属的矿渣与氯化剂（氯化钙）等均匀混合，造球、干燥并在回转窑或立窑内经1150℃焙烧，使有色金属以氯化物挥发后经过分离处理回收，同时获得优质球团供高炉炼铁。中温氯化法是将硫铁矿渣、硫铁矿与食盐混合，使混合料含硫6%～7%，食盐4%左右，然后投入沸腾炉内在600～650℃温度下进行氯化、硫酸化焙烧，使矿渣中的有色金属由不溶物转为可溶的氯化物或硫酸盐，浸出物可回收有色金属和芒硝。此法对硫铁矿钴的回收率较高，可专门处理钴硫精矿经焙烧硫后产出的硫铁矿渣，且工艺简单，燃料消耗低，无需特殊设备。缺点是工艺流程长，设备庞大，对于粉状的浸出渣还需要烧结后才能入高炉炼铁。

对于有色金属含量较高的黄铁矿生产硫酸后的废渣，一般首先进行硫酸盐-氯化焙烧，有色金属生成相应的硫酸盐、氯化物，然后用酸浸出，过滤，滤液用铁或铜置换分离出金、银、铜，再真空结晶使硫酸钠析出，溶液用石灰乳沉淀得氢氧化锌，煅烧可得氧化锌。

金银在氧存在的氰化溶液中与氰化物反应生成金氰络离子进入溶液用锌置换，再经冶炼得到成品金银。

贵州省冶金设计研究院对开阳磷矿烧渣进行单一重选试验，结果得到品位56.08%、产率17.33%、回收率为36.42%的铁精矿。赣州有色冶金研究所用磨矿-弱磁-中磁工艺流程和脉动高梯度磁选机，有效地回收某黄铁矿烧渣中的铁，获得铁精矿，其产率为63.39%。

下面重点介绍一下金的提取技术。

① 混汞法。混汞法是一种古老的提金方法，已有两千多年的历史。它基于矿浆中的单体金粒表面和其他矿粒表面被汞润湿性的差异，金粒表面亲汞疏水，其他矿粒表面疏汞亲水，金粒表面被汞润湿后，汞继续向金粒内部扩散生成金汞合金，汞能捕捉金粒，使金粒与其他矿物及脉石分离。它的特点是设备、操作都比较简单，成本较低，但是随着环境保护要求的日益严格，混汞法受到限制，大部分矿山的混汞作业已为重选、浮选和氰化工艺所取代。

② 重选法。重选是根据矿物的颗粒密度差，在流体介质（如水）中进行矿物分选的选矿方法，又称重力选矿。在重力场或离心力场中，密度大的矿粒有较大的沉降速度，在运动中趋向于进入粒群的底层或外层，密度小的矿粒则转至上层或内层，分别排出后得到重产品（精矿）和轻产品（尾矿）。重选法工艺简单、成本低廉，对粗粒金有效，现在仍是化学提金工艺过程中重要的辅助方法。

③ 浮选法。浮选法是浮游选矿的简称，是根据矿物颗粒表面物理化学性质的差异而进行矿物分选的选矿方法。浮选时，将粒度和浓度合适的矿浆经各种浮选药剂作用后，在浮选机中进行搅拌和充气，在矿浆中产生大量的弥散气泡，悬浮状态的矿粒与气泡碰撞，可浮性好的矿粒附着在气泡上并随气泡浮至液面形成矿化泡沫层，刮出泡沫产品（常为精矿）。可浮性差的矿粒不附着在气泡上而留在浮选槽内，排出槽外则为尾矿，从而达到矿物分离和富集的目的。

④ 氰化法。氰化法在18世纪末开始应用于提金工业，是一种可从矿石、尾矿和烧渣等含金料中提取黄金的最经济而又简便的方法，它同时具有工艺成熟、成本低廉、回收率高、对矿石类型适宜性广等优点。氰化法提金是目前国内外处理含金矿物原料的常用方法，世界黄

金产量的 90%是在氰化法出现后生产的。金在含氧的氰化溶液中溶解，其化学反应为：

$$4Au+8CN^{-}+2H_2O+O_2 = 4Au(CN)_2^{-}+4OH^{-}$$

氰化法的不足之处在于：浸出速度慢，浸出过程中容易受铜、砷、硫、铁、锌等元素的干扰，环保费用大。

2. 生产净水剂

对于硫铁矿渣的综合回收，目前研究比较多的是利用其中含量较高的铁生产无机铁系凝聚剂（净水剂）。我国目前水处理凝聚剂年需求量约 130 万吨，常用的无机铁系凝聚剂有三氯化铁、硫酸亚铁、聚合硫酸铁等。由于硫铁矿渣的粒度在 0.04～0.15mm 之间，不需磨矿处理就可直接用作生产铁系凝聚剂的原料，因此使用简单、方便，可节约大量的金属铁。

硫铁矿碴可分别用盐酸法和硫酸法生产铁铝净水剂和聚合羟基硫酸铁净水剂。

盐酸法是采用 15%的盐酸在 60～70℃浸取矿渣，其中 Fe_2O_3 和 Al_2O_3 与盐酸作用生成 $AlCl_3$ 和 $FeCl_3$，经过滤即制得 $FeCl_3$、$AlCl_3$ 混合净水剂液，也可蒸发、干燥制得棕黄色树脂状氧化铝铁。酸浸后滤渣配入一定量的原料煤、烧碱在高温炉中（1500℃左右）焙烧 2h，将焙烧产物趁热加水浸取，经过滤制得水玻璃，将制得的水玻璃老化结晶，过滤水洗、干燥即得白炭黑。此法生产出的净水剂净水力强，白炭黑各项物性指标与直接由水玻璃生产的白炭黑相近。此法特别适合含铝较高、含铁较低的矿渣的利用。

硫酸法是把一定量的矿渣、20%左右的钛白废硫酸、93%的硫酸（使溶液中的硫酸浓度达到 20%）加到反应锅中，再加入少量 MnO_2，用压缩空气搅拌，维持锅内物料温度在 (90±5)℃，反应 25min 后，趁热抽滤。往滤液中加入絮凝剂，6～8h 后浓缩到波美度为 43～45°Bé，即得到外观为浅棕黄色液体的成品聚合羟基硫酸铁。使用此法，矿渣中铁的浸出率可达 80%，且工艺简单、操作方便，既处理了废渣，又处理了废酸，其产品是目前使用较好的净水剂，是一种处理硫铁矿渣的有效途径。

3. 制铁系产品

用硫铁矿渣可生产出用途广泛、质地优良的铁系产品。主要途径有：高温还原制取金属化团块（即海绵铁）；选矿方法制取铁精矿；生产硫酸亚铁或聚合硫酸铁，干法、湿法生产铁红、铁黄、铁黑、硫酸亚铁等产品。目前国内主要是用硫铁矿渣制铁红颜料。其制法首先是制得硫酸亚铁溶液，再与合适浓度的碱性沉淀剂（纯碱或碳铵）溶液在常温下反应制取蓝色沉淀 $FeCO_3$，通入压缩空气沉淀氧化，得到赭红色的胶状沉淀物，然后沉降、压滤、洗涤，并于适宜温度下干燥焙烧，即得氧化铁红。

我国利用硫铁矿渣制备铁系颜料成功的例子是淄博钴厂（其前身是淄博颜料厂）。1968 年该厂研制成功用硫铁矿渣制造氧化铁红的生产工艺，并获得专利。该工艺为：用硫铁矿制取硫酸，硫酸再与烧渣反应生成硫酸铁盐，硫酸铁盐经过高温锻烧分解生成 Fe_2O_3，同时放出 SO_2 和 SO_3。锻烧后的 Fe_2O_3 半成品经过水浸泡除去水溶性杂质，再经烘干、粉碎、研磨即可制得氧化铁红颜料。北京天安门和故宫红墙一直用该颜料粉刷，并出口创汇。

从沸腾炉中出来的矿渣在空气中冷却后呈暗红色，矿渣中的铁以 Fe_2O_3 形式存在，难溶于硫酸。直接用硫酸浸取渣，铁的浸出率较低。有两种方法可提高铁的浸出率：一种方法是把废铁渣进行还原处理，使三价铁全部转化为二价铁，而后用硫酸浸取，浸出液经过滤制得硫酸亚铁溶液；另一种方法是在硫铁矿渣从沸腾焙烧炉排出后，立即用储罐装好，隔绝空气进行冷却。此种烧渣具有磁性，含有某些硫化物，易被硫酸浸取。如渣中 FeS 含量较低，可加入少量硫化铁或铁屑提高浸出率，此法的浸出液也为硫酸亚铁溶液。两种方法所得的溶渣密度大大降低，可用于建材业。

研究人员利用硫铁矿烧渣制备出高纯氧化铁，方法如下：将酸-渣反应生成物用水浸取而制得含有 $Fe_2(SO_4)_3$ 和 $FeSO_4$ 及少量 $MgSO_4$ 等杂质的混合溶液，并加入适量的硫酸以防止高价铁盐过早发生水解反应，过滤去除不溶物及杂质残渣，即可制得较纯净的酸解液，之后用碱性液调节溶液的 pH 值，在合适温度下用空气均匀鼓泡氧化，并经过除杂处理得到高纯氧化铁。试验工艺流程如图 4-30 所示。

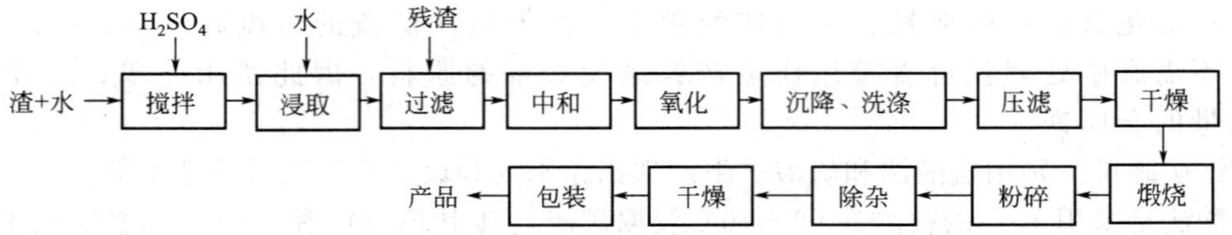

图 4-30　硫铁矿烧渣制备出高纯氧化铁的试验工艺流程

也有研究人员以硫铁矿渣为原料，应用反浮选和选择性浸出原理去除有害杂质，加入硫酸制取硫酸铁和硫酸亚铁，再经氧化、水解、聚合、获得聚合硫酸铁（工艺流程见图 4-31）。烧渣中铁的回收率为 70%，聚合硫酸铁产品质量达到 HG 2153—91 一级品标准。

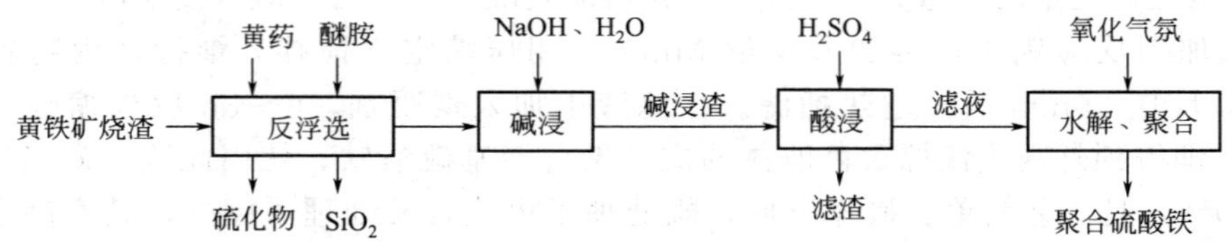

图 4-31　硫铁矿烧渣制备聚合硫酸铁

4. 活性炭制硫剂

硫铁矿渣中，氧化铁的主相是 α-Fe_2O_3，次相为 γ-Fe_2O_3 及 FeOOH。γ-Fe_2O_3 的晶格常数（$a=b=c=8.4$ 埃）比 α-Fe_2O_3 的（$a=b=c=5.42$ 埃）要大，故结构疏松，结晶内能保留一定水分，有较高的脱硫活性，FeOOH 也具有较高的脱硫活性。为了改善 α-Fe_2O_3 的脱硫活性，可通过化学或物理方法进行活化处理。化学处理是使用不同的活化剂将 α-Fe_2O_3 的结晶破坏，再转变为水合的氧化铁结晶（FeOOH 或 γ-$Fe_2O_3 \cdot H_2O$），物理处理则相反，不改变 α-Fe_2O_3 的晶形，只是增加表面能，使其与硫化氢的反应能力增强，可通过机械活化和冷淬活化实现。

太原工业大学煤化研究所以硫铁矿渣为主要原料研制的 ST801 脱硫剂，可广泛用于化肥、轻工、军工、冶金、城市煤气的脱硫工艺。该脱硫剂具有价廉易得、活性好、强度大、阻力小、硫容高、适用范围广等优点。

有文献报道以硫酸烧渣为主要原料制备 SW 型脱硫剂，并对其脱硫性能进行了研究。对半水煤气厂、葡萄酒厂污水处理产生的沼气和焦炉煤气、水煤气中的 H_2S 进行了工业脱硫试验。经半年以上运行证明，可使其 H_2S 含量从 3000～5000mg/m^3 降为 20mg/m^3 以下（符合国家标准），当脱硫剂工作硫容达 30%时可返回硫酸生产中，再生周期一般为 3 个月，其主要性能达到国内外同类产品的水平。

5. 建材方面的应用

(1) 用于制砖　由于硫铁矿渣中二氧化硅、氧化铝等活性物含量较低，须加入少量煤渣、煤灰，并以石灰作胶凝材料。故在制砖时以硫铁矿渣为主，粗细硫铁矿渣适当搭配，再加入煤渣、煤灰，经配料混合、轮碾、加压成型、蒸气养护等工序制得成品砖。

上海硫酸厂参照灰砂砖（JC 153—74）标准和煤渣砖（沪 QIFQ-004—79）标准，测定了硫铁矿渣砖的性能。与灰砂砖、煤渣砖进行比较，结果表明，除容重偏大外，硫铁矿渣砖的性能超过煤渣砖，与黏土砖相近，并且硫铁矿渣砖的性能良好，可在实地建筑中应用。用硫铁矿渣制砖可大大减少因制砖造成的农田毁坏，又可减少硫铁矿渣的堆放场所，改善对环境的污染。

(2) 用作水泥助熔剂　烧渣可代替铁矿粉用作水泥助熔剂，其中铁含量只要大于30%即可使用，而且对其中的有害杂质含量无特殊要求。硫铁矿渣的掺加，不但可以校正波特兰水泥原料混合物的成分，增加其氧化铁的含量，减少铝氧土的模数值，还可以增加水泥的强度，增强矿物耐水浸蚀性，降低其热析现象。此外，还可以降低焙烧温度，因而对降低热消耗，延长焙烧炉耐火砖的使用寿命有好处。存在的问题是：①烧渣用量有限；②烧渣中的贵金属及有色金属没有回收利用；③只有邻近有水泥厂时烧渣才有销路。

(3) 用作水泥配料　水泥生产中，在生料中掺加硫铁矿烧渣可以调整水泥成分，提高水泥强度。此外由于它可以降低烧成温度，因而可减少燃料消耗、延长炉衬寿命。用作水泥配料的烧渣，含铁量大于40%即可，对其他杂质含量要求不高，大部分硫酸厂的烧渣可满足其要求，应用较为普遍。

德国、意大利、丹麦、西班牙的一些公司曾用硫铁矿渣、燃料煤粉、无烟煤粉、石灰石、石灰混合加入球磨机，经细磨后，进行造球，干燥后送入回转窑（温度 1600℃），在窑内铁矿物经还原、渗碳、熔化成铁水，定期放出在炉前铸铁；在窑内烧制成部分略软黏的水泥熟料，排出后再经磁选，分离出约 10%的粒铁，其余经球磨后即制成水泥。

(4) 代替黄砂作建筑用砂浆　硫铁矿渣中常含一定量的硫酸钙，在砂浆中与铝、氢氧化钙、水逐渐发生水化作用，反应式为

$$3Ca(OH)_2+Al_2O_3+3CaSO_4+(28\sim30)H_2O \longrightarrow 3CaO\cdot Al_2O_3\cdot 3CaSO_4\cdot(31\sim33)H_2O$$

由于反应产物为钙矾石（三硫型水化硫铝酸钙），会引起巨大的膨胀应力，因此，一般只适合内粉刷砂浆。

6. 其他方面的应用

硫铁矿渣经加工磨细和磁选富集的磁性精矿粉可用作选煤加重剂；硫铁矿渣在还原气氛中于 700℃温度下磁化焙烧，经盐酸溶解、过滤、浓缩、结晶、干燥、压块、氢还原制得的还原铁粉可用作电焊条或粉末冶金的原料；硫铁矿渣内含有色金属，可作为综合微量元素肥料，其效果与硫酸铜相同。由烧酒制得的绿矾，再通过联合工艺可用绿矾和氯化钾为原料生产硫酸钾、氧化铁及氯化铵等产品。此外，据报道，硫铁矿渣在环保方面已有应用，可处理含硫废水、有机废水并回收含油产物。

硫铁矿渣综合利用方法很多，在考虑其综合利用时，应根据硫铁矿渣各种金属含量高低的不同、市场的需求、产品经济效益以及处理所需投资等因素综合考虑，选择其中一种或几种方法进行处理，并且尽可能回收其中各种有价金属，使其得到合理利用，从而产生良好的环境效益和经济效益。

第十三节　废酸碱液的无害化处理技术

一、废酸液无害化处理技术

（强）酸作为清洗剂、腐蚀剂或催化剂在冶金、机械、化工等行业得到了广泛的应用，在这些行业的生产过程中，每年要排放大量的废酸液，如金属（包括黑色金属和有色金属）制品加工业，需要用大量的酸进行清洗或腐蚀处理，当酸液中的金属离子达到一定浓度后，其清洗、腐蚀效果显著下降而成为废酸；另外，在硫酸法生产钛白粉的过程中，每生产1t钛白粉要排放8～10t废酸，如不对其进行妥善的综合处理，不仅会造成严重的环境污染，而且还会造成资源的极大浪费。因此，开展废酸液资源化处理技术的研究对缓解当前日益突出的环境问题和资源短缺矛盾具有十分重要的现实意义。

① 直接焙烧法。直接焙烧法是利用焙烧炉的高温燃烧，将废酸液中的酸变成气态，并使亚铁盐在高温下氧化水解，转化为氧化铁和酸的一种最彻底的废酸液处理方法。该法主要用于易挥发性酸如盐酸、硝酸废液的处理。

直接焙烧法的主体设备由焙烧炉、旋风除尘器、预浓缩器和吸收塔等组成。在处理过程中，废酸液的蒸发、游离酸的脱水、亚铁离子的氧化和水解、氧化铁和酸的收集和吸收被有机地结合在一个系统内一并完成，因此，直接焙烧法具有处理设备紧凑、处理能力大的优点，而且该法酸的再生回收率高，被回收的酸可直接返回使用，而回收的氧化铁既可作高品位的冶炼原料，亦可作磁性材料或颜料的生产原料，具有显著的经济效益和环境效益。宝钢集团宁波宝新不锈钢有限公司引进奥地利ANDRITZ/RUTHNER公司设计制造的焙烧法废酸再生装置的运行结果表明：HF的回收率为97%～99%，HNO_3为70%～80%，金属盐为90%，无二次污染，并且获得了良好的经济效益，按处理废酸$2m^3/h$计，年收入1200万元。然而，直接焙烧法在国内并未得到推广，尤其是对中小企业而言制约更大，主要是因为直接焙烧法自动化程度高，在生产运行过程中不仅要求酸洗工序与“再生”工序密切配合，也要求有较高的生产调度和行政管理水平；另外，设备的耐蚀性要求高，备件和原材料消耗高，维修工作量大，运行费用高。

② 蒸发法

a. 蒸发冷冻结晶法。蒸发冷冻结晶法是应用于处理硫酸酸洗废液的成熟工艺。根据硫酸亚铁在酸洗液中溶解度的变化规律，当温度一定时，硫酸亚铁的溶解度随酸浓度的增加而降低；当酸度一定时，硫酸亚铁的溶解度随温度降低而迅速下降。因此，通过加热蒸发水分以提高废酸液的酸度和强制给冷以降低废酸液温度（降至−5℃左右）的技术手段，可降低硫酸亚铁在废酸液中的溶解度，使过饱和的硫酸亚铁以七水硫酸亚铁形式结晶析出，再经离心分离，可分别得到硫酸和七水硫酸亚铁，前者可返回酸洗车间得以回用，后者可作为化工产品出售，从而实现了酸洗废液的回收利用。在实际工程应用中，常采用负压蒸发以避免由于高温蒸发而带来的腐蚀加剧问题，同时也可改善操作环境。例如，江西洪都钢厂采用真空度0.08～0.088MPa的负压蒸发，冷冻结晶温度为−7～−5℃的工艺条件，处理该厂的酸洗废液，每立方米废酸液回收再生酸625kg，七水硫酸亚铁90kg，获得了很好的经济效益和环境效益。

蒸发冷冻结晶法处理硫酸酸洗废液技术可靠、适应性强、操作环境好，尤其适合于有余热可利用的企业。叶树滋利用钛白粉生产过程中的偏钛酸煅烧窑尾气的热量作为废酸浓缩的总热源，用蒸发冷冻结晶技术对钛白粉生产过程中产生的废酸液进行了处理，结果表明：通过热交换器的合理设计，可将废酸中的 H_2SO_4 质量分数由约 20%浓缩至 65%，回收率达92%以上，并可同时回收硫酸亚铁，具有良好的经济效益和环境效益。

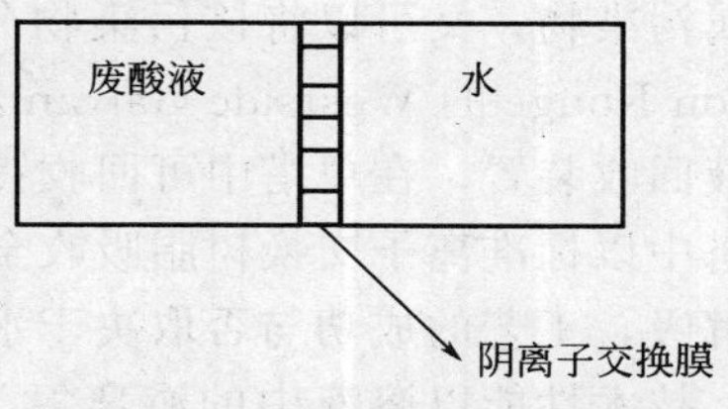

图 4-32 扩散渗析法工作原理

蒸发冷冻结晶法的不足是设备多、能耗高、操作较复杂。

b. 蒸发冷凝法。蒸发冷凝法主要用于盐酸、氢氟酸、硝酸废液的回收处理，盐酸常用于钢材、铝箔的清洗、腐蚀，硝酸-氢氟酸混合液用于不锈钢的清洗。蒸发冷凝法的工作原理是根据盐酸、氢氟酸、硝酸易于挥发的特性，通过加热使其蒸发产生酸性气体，并冷凝回收酸，蒸馏残液则根据不同的废酸液进行不同的处理，对于盐酸废液，可得副产品氯化铁或氯化铝，对于硝酸-氢氟酸废液，为了更好地去除废酸液中的镍、铬等重金属，处理过程中于蒸发前加入浓硫酸以产生硫酸盐，蒸馏残液析出的含重金属硫酸盐泥经脱水后外运处置。该工艺技术的主要问题是设备的腐蚀和废酸液浓缩到一定程度后的结晶堵塞。工程应用中常采用负压蒸发浓缩工艺技术以降低物料沸点和减少酸性气体外泄，从而延长设备使用寿命并改善操作环境。欧阳红英应用负压蒸发技术处理盐酸酸洗废液的结果表明：该工艺设备数量少、投资低、能耗少且操作简易，具有良好的经济效益和环境效益，特别适合于采用盐酸酸洗的中小钢铁企业应用。付伟等应用减压蒸发冷凝工艺对多家不锈钢企业的硝酸-氢氟酸酸洗废液进行处理，其主要处理工艺参数为蒸汽压力 0.1～0.15MPa、真空度 88～91kPa、蒸发温度 50～65℃，运行结果表明，硝酸-氢氟酸的回收率达到 93%～96%，回收酸全部回用于酸洗工段，以年回收 10510t 酸液计，年回收效益达 160 万元左右，环境效益和经济效益显著。

③ 膜分离法。膜分离法有多种形式，应用于废酸液处理的膜分离法主要是扩散渗析法(图 4-32)。扩散渗析法是利用阴离子交换膜的选择透过作用实现对废酸液的酸盐分离。

含有金属离子、氢离子和酸根离子的废酸液和自来水分别在扩散渗析器的左右两室逆向流动，在浓度差的推动下，左室废酸中的酸根离子穿过阴离子交换膜进入右室，为维持溶液的电中性，酸根离子迁移的同时也携带等摩尔的阳离子一起进入自来水中，由于氢离子半径比金属离子半径小，其迁移速度远比金属离子大，结果，绝大部分盐保留在左室，酸迁入右室，从而达到酸与盐分离的目的。

扩散渗析法的投入仅为焙烧法的 1/5 左右，且由于渗析过程不耗电，运行费用低，与蒸馏法相比，扩散渗析法还可获得杂质含量更低的再生酸。石剑波认为，只要酸液中的金属离子与酸根离子不形成带负电荷的络合物，就可应用扩散渗析法进行回收处理，否则，产生的阴离子络合物将与酸根一起渗析到水室，并且在水室酸浓度较小的情况下解络，造成回收酸中存在大量的金属离子，达不到酸盐分离而回收酸的目的。洛阳有色金属加工设计院、南京钟表材料厂和上海有机研究所与矽钢片厂的生产试验结果表明：扩散渗析法处理酸洗废液效果良好，酸回收率达到 80%以上。但是，扩散渗析法目前并未得到广泛的工程应用，主要原因为：其处理量不大，导致扩散渗析法设备庞大；回收酸的浓度受平衡浓度的限制，即回收酸的浓度不能高于原料废酸的浓度；回收酸后的残液仍不能直接排放。

美国亚利桑那州 Tucson 公司开发的金属酸液回收系统（MARS）新技术，使金属污染溶液的提纯和废弃化学品的回收成为可能。该公司的系统既可以从废弃的酸液中去除溶解的金属污染物，又可以将该污染物分离成纯产品继而进行销售。该工艺已用于路易斯安那州 Baton Rouge 的 Westside Galvanizing 装置上，在该公司正运行着一套能力为 140t/a 的酸洗溶液回收装置，在单塔中可回收锌和少量三氯化铁。三氯化铁直接流过，再经浓缩后销售。在塔中以标准离子交换树脂吸收金属氯化物，然后有选择性地将其进行解吸。使用普通水进行解吸，工艺的成功与否取决于水流速的控制。氯化合物及其相对稳定性取决于水的化学性质，技术性能以溶液中的游离氯为基础。应用 MARS 技术也进行了回收锡、铅、铜、铁、锑、镍和铬的试验。

④ 萃取法。萃取是基于溶质在两种互不混溶的溶剂（通常其一为水）中具有不同的溶解度来实现物质的提纯分离。根据这一原理，选用一种与水不相溶，而对废酸液中的酸溶解度大的有机溶剂，使其与废酸液充分混合接触，从而使酸从水相转移到有机溶剂相，由此可见，选用合适的有机溶剂（萃取剂）是萃取法实现从废酸液中回收酸的关键。

李潜等以 40%三异辛胺、25%辛醇和 35%航空煤油为萃取相，考察了萃取剂浓度、相调节剂浓度、相比及温度等因素对萃取和反萃取的影响，并对某厂钛白水解废酸液进行了模拟试验，结果表明：在萃取相比为 2，以水为反萃剂，反萃取相比为 1.5 的条件下，硫酸质量浓度为 146.02g/L 的废酸液经 8 级萃取和 6 级反萃取，硫酸回收率达到 91.8%，产品酸质量浓度达 119.73g/L。胡熙恩用质量分数为 75%的磷酸三丁酯-煤油溶液组成的萃取剂萃取回收冷轧钢板盐酸酸洗废液，获得了 90%的盐酸回收率。

研究表明，萃取法处理废酸液具有酸回收率高、产品酸浓度高、质量好、投资及运行成本低等优点，但是萃取法处理废酸液的工程实例很少，这也许与萃取操作较复杂，加之冶金行业对化工工艺不熟悉有关，另外，萃余液还需做进一步处理。

⑤ 化学转化法

a. 制备氧化铁。用酸洗废液生产氧化铁系颜料的技术已经比较成熟，并在世界范围内得到广泛应用。以硫酸酸洗废液为例制备氧化铁的工艺流程为：废酸液调整→晶种制备→晶体长大→分离→产品（氧化铁和铵盐）。

废酸液调整是通过加入适量废铁与游离酸反应，生成更多的亚铁盐。晶种制备即制备氧化铁晶胚，需通入氨和氧，并控制 pH 值和反应温度，使二价铁氧化为三价铁，制取晶种。

晶体长大过程需按比例投入废酸和氨水，并通入氧气，使亚铁不断被氧化成 Fe_2O_3，并沉积在晶种上，最后获得氧化铁和硫酸铵。

最后，通过过滤可实现氧化铁和铵盐的分离，氧化铁再经水洗、烘干即得成品，滤液经浓缩结晶可得固体颗粒状铵盐。

在该工艺操作过程中，pH 值、亚铁盐溶液纯度、反应温度、搅拌速度、氧化时间等条件的控制非常重要，直接影响到氧化铁产品的质量，这正是该工艺的不足，即操作要求高，工艺条件不易控制。

为了提高 Fe_2O_3 的纯度，以制取高档次的永磁铁氧体，近年来，研究人员对传统工艺进行了改进探讨，并取得了良好的进展。揭超等通过投加絮凝剂净化工艺，去除了废酸液中的有害杂质 SiO_2，同时，开发了一种铁盐沉降再氧化包膜而形成的结晶化晶种，成功地利用武钢公司的酸洗废液制备出软磁用高纯度氧化铁。何明兴等利用攀枝花钢铁集团的酸洗废液，通过严格的除杂质工艺，制备了高纯度的 Fe_2O_3，并用其制取永磁铁氧体。

b. 制取聚铁类水处理药剂。以废酸液为原料制取聚铁的生产方法可分两大类：(a) 直接氧化法。采用强氧化剂（如 H_2O_2、NaClO 和 MnO_2 等）直接将亚铁离子氧化为铁离子，再经水解和聚合而得聚铁。(b) 催化氧化法。在催化剂（$NaNO_3$、HNO_3 等）的作用下，利用空气或氧气将亚铁离子氧化为铁离子，再经水解和聚合而得到聚铁。在合成过程中，温度、压力、pH值、氧化剂用量、反应时间等工艺参数直接影响到产品的质量。江西新余钢铁有限责任公司等单位的生产实践表明，利用废酸液生产聚铁是治理中小型钢厂废酸液的一种有效途径，其生产工艺简单、设备投资小。该项技术的主要问题是反应时间长，产品的存放性较差。

c. 制备氯化铁。谢巧玲等研究了从镀管厂废酸液中制取氯化铁的方法。首先将酸洗废液经过预处理，方法是将聚丙烯酰胺溶于50～60℃的水中制成溶液，向废液中以其与废液质量体积比为4～5mg/L的比例加入，搅拌后，静置12h以上，然后再进行过滤即可。废液中的二价铁含量可用重铬酸钾滴定，从而可以确定反应所需氯酸钠的量。于一定量废酸液中按比例加入氯酸钠，由于反应过程中放出大量的热，所以要不停搅拌以防止水解，同时加入浓盐酸使溶液的pH值为1～2。用亚铁氰化钾法不断检测二价铁的浓度变化，用EDTA滴定三价铁，直至溶液中的二价铁全部转化为三价铁，加热，浓缩，测定溶液的波美度，当波美度达到58时，将母液在27.4℃以下放置48h，滤出第一批结晶，继续浓缩母液，使其波美度为58度，进行第二次结晶，滤出晶体，将两次的产品合在一起，检测六水合氯化铁晶体的质量，将剩余的母液（约含氯化钠30%）浓缩除盐，除盐后的母液可循环使用。

二、废碱液无害化处理技术

1. 废碱液的来源及组成

根据废碱液的组成成分不同，将其分为化工废碱液和炼油废碱液。

化工废碱液主要来自乙烯装置。在用鲁姆斯法或长尾曹达法碱洗裂解气，脱除裂解气中的酸性气体 H_2S 和 CO_2 过程中排放废碱液。该废碱液中含有12%左右的 Na_2CO_3 或NaHS、5%左右的 Na_2CO_3、2%左右的NaOH及少量 Na_2SO_3 和 $Na_2S_2O_3$。此外，在碱洗过程中，由于裂解气的冷凝、溶解和乳化，有少量的烯、烷、芳烃混入废碱液中形成黄色油状物，称其为黄油。

炼油废碱液主要来自常减压蒸馏装置、催化裂化装置。常减压蒸馏装置和催化裂化装置在对原料及产品进行碱洗精制过程中排放废碱液。炼油废碱液中含有NaOH、Na_2CO_3、酚钠盐、环烷酸钠盐及各种有机和无机的硫化物。

2. 废碱液处理方法

废碱液的处理方法很多，效果不一，基本上分为两大类：一类是综合利用处理工艺；另一类是达标处理工艺。综合利用处理工艺包括酸化法、电解法、化学沉淀法等；达标处理工艺包括焚烧法、生物处理法、湿式空气氧化法等处理工艺，以上废碱液处理工艺的特点及优缺点的对比情况见表4-40。

3. 湿式氧化法处理废碱液

湿式氧化法（WAO）是在高温、高压操作条件下，在液相中，用氧气或者空气作为氧化剂，氧化水中呈溶解态或悬浮态的有机物或还原态无机物的一种处理方法，最终产物是二氧化碳和水，处理系统无 NO_x、SO_2、HCl、呋喃（C_4H_4O）、飘尘等废气排放。自1958年Zimmerman首次采用湿式氧化法处理造纸黑液以来，该法颇受环境界的重视。国外WAO技术已应用于石化废碱液的处理，较为常见的是采用低温低压湿式氧化装置处理乙烯工业废碱液中的硫化物，炼油废碱液的处理与乙烯废碱液类似，但精炼过程中产生的甲酚和环烷酸类化合物在低温下难以氧化，故工业运行需较高的温度。国内对WAO技术的研究相对较晚，但发展较快。自20世纪90年代以来，WAO法用于处理炼油和乙烯碱渣，促进了湿式氧化法处理炼油碱渣废水的工业应用。但该法存在一定的局限性，对高浓度碱渣废水处理效率和效果不是很理想，因而限制了其在实际中的广泛应用。为加快反应速率和效果，催化湿式氧化法（CWAO）及催化剂的研制越来越受到研究者的关注。

表 4-40 废碱液处理工艺优缺点对比

分类	工艺名称	工艺特点	优点	缺点
综合利用处理工艺	酸化法(包括酸化沉降法和酸化萃取法)	酸化沉降法通过投加硫酸使废碱液中硫化钠、硫酚、环烷酸钠与其反应,产物沉降分离可回收副产物 酸化萃取法利用萃取剂经硫酸酸化后将废酸液中游离的硫萃取出来,然后加热再生萃取剂	可回收酚、环烷酸或硫酸钠等副产物	药剂成本高、设备腐蚀严重、处理程度不够彻底
	电解法	在通电流的条件下,废酸液中产生大量的羟基自由基,将有机污染物降解为 CO_2、H_2O 及简单的有机物	工艺简单,可回收硫酸	能耗高、水量大(电解前需大量水稀释)、处理时间长
	化学沉淀法	利用 CuO、ZnO 等多种金属氧化物沉淀剂将废酸液中的硫元素分离除去,同时滤渣灼烧后可将氧化物再生	脱硫效果好、处理后的废液(NaOH 浓度可达到 112.5g/L)可回用	药剂投加量大、需建反应池和高温灼烧炉
达标处理方法	焚烧法	在高温条件下焚烧,将废酸液中的硫化物氧化生成硫酸盐,有机物生成 CO_2 和 H_2O,NaOH 转化成 Na_2CO_3	工艺简单、处理彻底	能耗大、成本高、产生二次污染
	生物处理法	利用微生物的新陈代谢作用,将硫化物和酚类等污染物转化为无害物质的过程	操作简单、常温常压,投资少,成本低	微生物驯化周期长、选育困难,对水质匹配性要求较高,且盐度过高对微生物有影响
	湿式空气氧化法	在一定的温度和压力下,以空气中的氧气为氧化剂,在液相中将硫化物和有机物氧化为硫酸盐、CO_2、H_2O 或小分子有机物的化学过程	处理效果高,无二次污染问题	反应器需防腐,对杂环类污染物降解率不高,投资较大

湿式氧化反应发生在液相中，其过程比较复杂，一般认为有两个主要步骤：①空气中的氧从气相向液相的传质过程；②溶解氧与水中污染物质的化学反应过程。

目前，国外湿式氧化废碱液处理工艺发展较为成熟，对污染物的去除效果较好，但工艺运行需较高的温度。美国 Zimpro 公司在过去的 10 年里，装备了 20 多座湿式氧化废碱液处理装置，其规模为 0.8～18.5m^3/h，旨在完全氧化分解污染物质或者将其部分氧化为低分子化合物，然后经过传统的生化过程进一步处理。巴西某精炼厂成功地将 WAO 工艺应用于炼油废碱液的处理（RPDM 工艺），在反应温度 260℃、氧压 9MPa、反应 1h 后 COD 去除率高达 79.2%，酚类、硫化物和硫醇均得到了较好的去除效果。

国内在此方面也进展较快，对废碱液中硫化物的去除收到了很好的效果。邵李华等用湿式氧化工艺处理含 S^{2-} 浓度较高的乙烯废碱液，在反应温度为 190℃、压力 2.8MPa 的条件下，S^{2-} 的去除率基本保持在 99.5%以上，出水 S^{2-} 小于 2mg/L；项美丽在研究湿式氧化处理炼化废碱液的研究中指出，S^{2-} 的平均去除率为 99.7%。然而，我国在应用 WAO 技术处理废碱液时，其 COD 去除率普遍不高。季良考察了用 WAO 处理炼油厂碱渣废水，COD 的去除率仅为 43.8%；何志祥等在 WAO 处理炼油碱渣废水的研究中得到反应温度为 150～180℃下 COD 的去除率均不超过 50%。作者认为，COD 去除率不高的原因与国内 WAO 处理装置工艺运行的温度有关（大多在200℃以下）。郭宏山在湿式氧化工艺处理废碱液的研究中指出，反应温度在150℃以下时，温度对COD的去除基本无影响，废碱液中有机物只发生向醇、醛等小分子有机物的转化，表现出COD去除率较低；温度大于150℃后，COD去除率随温度的升高显著增大，特别是在180℃以上，有机物氧化反应速度加快，COD去除率明显增加；只有当温度大于230℃时才能达到较高的去除率。然而温度越高，反应在液相中进行所需压力越高，进水和进气的动力消耗越大，由此对反应器的耐压耐温性能要求越高；同时，温度过高还会导致氧化液中的水大量蒸发，COD过于浓缩甚至发生结焦，使氧化反应不能继续进行。

为缓解WAO用于废碱液的处理运行过程中存在的上述问题，催化湿式氧化法（CWAO）处理废碱液越来越受关注。开发高效、稳定的催化剂是CWAO技术的关键，非均相催化剂，特别是将活性组分固定在载体上直接制成的氧化物或复合氧化物成为研究的热点。杨民等采用固定床鼓泡式反应器对某石化公司的碱渣废水进行研究，采用自制的抗盐耐硫合金催化剂，在230℃、6.6MPa反应4h后，COD_{Cr}去除率为78%，硫去除率达到99%；陈华等在CWAO的研究中选择了Cu、Mn、Cu-Mn-Ce、Cu-Mn、Mn-Ce、Cu-Zn和Cu-Mn-Co七种活性组分及组合负载于γ-Al_2O_3处理石化碱渣废水，结果表明，以Mn作为活性组分的单组分多相催化剂和复合组分多相催化剂，COD去除率均在85%以上。然而，目前国内外对CWAO技术处理废碱液大多处于实验室研究阶段，且在CWAO高效催化剂的研究中，多采用模拟废水或是较低浓度的单一有机物废水（如酚类、硫化物、羧酸类等），对COD值高达几万到几十万废碱液的工业化应用面临的实际问题较多，存在催化剂易于中毒、失活、流失等问题，尚无满足要求的工业化处理装置。

4. 实例说明

20世纪80年代初，燕化公司化工一厂本着因地制宜、以废制废的原则，利用该厂乙二醇车间排出的二氧化碳废气处理乙烯废碱液，流程见图4-33。在隔油罐静置除去黄油后的废碱液，经换热器加热升温至60℃左右后，进入脱硫反应塔，在脱硫反应塔内废碱液与经压缩的二氧化碳废气逆流接触反应，使有害的含硫废碱液转化为含有Na_2CO_3和$NaHCO_3$浓度达20%左右的碱液。处理后的废碱液中总硫化物含量不大于20mg/L，硫化物的去除率达99%以上；油含量由300mg/L以上降至1mg/L以下，油的去除率达99.9%；pH值由14降至6～9。

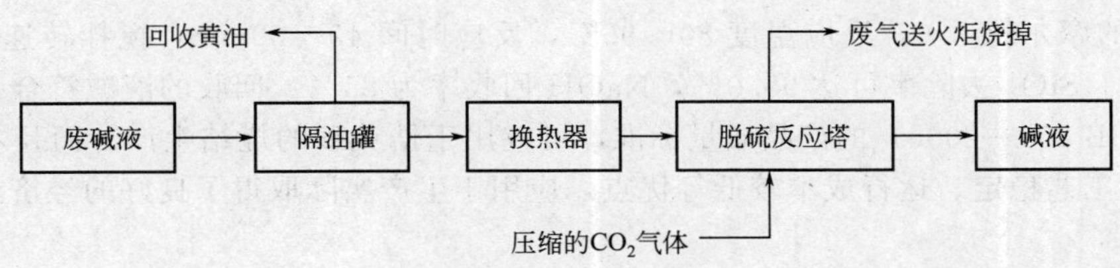

图4-33　燕化化工一厂流程示意图

燕化公司化工一厂的这套二氧化碳法处理化工废碱液装置，工艺流程短，设备少，能耗及生产费用低，操作简便，运行稳定，技术可靠，该装置投产后取得了良好的环境效益和社会效益。1995年扬子石化公司将该技术引进，用来处理烯烃厂乙烯装置排放的废碱液。在此基础上，扬子石化公司在回收废碱液的综合利用上做了大量工作。该公司现有一套TA氧化残渣回收钴、锰的装置，需消耗一定量的纯碱（Na_2CO_3），现准备利用二氧化碳法处理后回收的废碱液代替处理TA氧化残渣所需的部分纯碱，为乙烯碱渣的综合利用做一个有益的尝试。

广州石化总厂炼油厂，采用二氧化碳法处理炼油废减液，回收了环烷酸、粗酚及碳酸钠。但由于该装置干燥尾气粉尘流失量大，并且尾气中夹带有恶臭物质，严重污染了厂区及周围的大气环境。为提高废碱液回收装置干燥尾气的除尘效率，消除尾气的恶臭味，改善环境，该厂与广东工学院合作，将高压静电除尘技术引入废碱液回收装置，自 1993 年 7 月起，对废碱液回收装置干燥尾气进行高压静电除尘脱臭处理。除尘效率由原来的 66.38%提高到 98%，尾气中的硫化氢、酚类和有机硫化物等有害物质的脱除率在 90%以上，取得了显著的环境效益和较好的经济效益。

浙江省巨化股份有限公司合成氨厂的废碱液成分比较复杂，不仅含有氨，还含有甲醇、铜等杂质，污水处理厂不能对它进行彻底处理。同时，由于废碱液中的少量铜离子对污水处理厂的菌类培养造成不少麻烦，甚至造成菌类死亡，影响污水处理厂对其他污水的处理能力。经过不断摸索研究将精炼废碱液加至脱硫液中基本不会对生产工序造成不良的影响。从 2002 年 10 月分析数据知溶液中的硫平均为 0.106mg/L，比加前略低。精炼废碱液的回收没有对栲胶溶液的成分和活性造成不良的影响。脱硫溶液中加精炼废碱液后脱硫效率与加前基本一样，而加组分量有所减少，起到了变废为宝的作用。据统计，因碱耗下降和节约环保费用全年共计 134 万元。改造后，实现了精炼废碱液零排放，彻底解决了合成氨厂一个污染点，完成了多年未完成的环保治理项目，为股份公司一体化认证扫掉了一个环保障碍，节省了高达 120 万元的污水处理费用。同时，把精炼废碱液作为一种资源用于脱硫，降低了碱耗，降低了生产成本，变废为宝，实现了综合利用。

山东科技大学应淄博一乡镇企业要求，共同开发利用当地富产两废物——铝矾土提取硫酸铝后废渣和氧氯化锆副产废稀碱液为原料，采用自动化程度高、较先进的一次造粒新工艺（即利用废碱液和浓碱配制一定浓度的碱液去浸提废渣中的 SiO_2，制备一定模数的泡花碱，后经过滤、碱调模数至 $m=1$，再蒸发、浓缩、结晶造粒）生产洗涤助剂三聚磷酸钠的替代品五水偏硅酸钠，其设计能力为 3000t/a，通过小试表明，该工艺生产出产品符合 HG/T 2568—94 标准要求，该工艺与传统以泡花碱为原料工艺相比，生产成本低，减少了废渣占用耕地和废碱液对环境的污染，具有较好的社会效益和经济效益。

北京有色金属研究总院张建东等对氢氧化锆生产中产生的废碱液进行了回收研究，建立了以 CaO 为沉淀剂去除废碱液中 SiO_2 回收 NaOH 的工艺，研究了各工艺因素对 SiO_2 去除效果的影响，实验结果表明，CaO 沉淀除去废碱液中 SiO_2 的最佳工艺条件为：CaO 与废碱液中 SiO_2 的摩尔比 3.0，反应温度 80～95℃，反应时间 40～60min，搅拌转速 200r/min。在此条件下，SiO_2 去除率可达 95.0%，NaOH 回收率为 85%。回收的液碱符合《工业用氢氧化钠》（GB 209—2006）的产品质量标准，可应用于锆英砂的烧结生产。而且本工艺具有设备简单、工艺稳定、运行成本较低等优点，应用于生产实际取得了良好的经济效益和环境效益。

从化工废液中回收废碱液中的有用组分有如下方法。

① 结晶法提取乙烯废碱液中的 Na_2S。不同的温度下 Na_2S、Na_2CO_3、NaOH 在水中的溶解度不同，利用这个原理可采用结晶法提取废碱液中的大部分 Na_2S，并对结晶和母液分别加以利用。在真空度 0.079～0.080MPa、温度 65～70℃、水蒸发量 30%、冷却结晶温度 15℃、蒸发时间 30min 的条件下，对组成为 NaOH 8.59%、Na_2CO_3 2.62%和 Na_2S 5.93%的废碱液采用结晶法处理，一次结晶可得 Na_2S 含量＞22%的粗产品，二次结晶可得到 Na_2S 含量 28%～31%的工业品，Na_2S 的总收率约 90%。

② 酸化-萃取法综合利用高含有机硫废碱液。采用 98%硫酸对高含有机硫废碱液进行酸

化，可使 H_2S、RSH 等以游离态形式存在于酸化废碱液中，选用一种高沸点萃取剂萃取 H_2S、RSH 即得到含硫萃取剂和由硫酸钠、硫酸组成的酸化废水。加热含硫萃取剂，蒸出 H_2S、RSH，萃取剂即得到再生；灼烧 H_2S 和 RSH，含 SO_2 尾气用 45%碳酸钠溶液吸收，即生成焦亚硫酸钠副产品，酸化废水加碱中和制备硫酸钠副产品。

三、综合利用废酸碱液无害化处理技术

我国工业生产中每年产生废液数百万吨，主要是废酸液、废碱液。由于这些废酸液和废碱液没有专门的处理方法，只有少量以回收、再利用等形式进行了部分处理，大量废液则直接排入水体，对环境造成了严重的污染。如果采用合理可行的办法将废酸液与废碱液综合处理，达到“以废治废”的目的，将具有良好的经济效益和环境效益。

某专利将废酸液、废碱液经过合理的预处理后，单独喷入水泥窑内高温销毁。同时与废矿物油、废乳化油、废清洗剂、废有机溶剂等混配后，使其具有一定的热值，在水泥窑中进行焚烧销毁。其焚烧的工艺过程如下。

① 常压下，在预处理中心将带搅拌机的废酸液、废碱液在中和罐中进行中和反应，中和反应温度控制在 20～95℃。

② 进行中和时，根据不同的酸碱度，通过酸、碱添加装置加入氢氧化钙溶液或废酸，使处理后的工业废液具有弱碱性，pH 值控制在 8～10。

③ 将中和反应后的废液送入板框压滤器，在工作压力为 10～14MPa 条件下进行压滤，压滤后的液体进入液态废弃物储存池，固体转送到固态废弃物预处理中心。

④ 将中和反应后的废液在确保没有不良反应及危险物产生的情况下与废矿物油、废乳化油、废清洗剂、废有机溶剂等进行混配，调整废液的热值，使最终调配处理后的工业废液具有的热值为 2400～20000kJ/kg。

⑤ 将调配热值后的液态废弃物通过泵力输送至炉尾塔架顶部的高位储存罐，通过窑头燃烧器的喷枪射入水泥回转窑内进行焚烧，生产水泥时，窑头气体温度稳定在 1750℃。

经过处理的废液特点是：利用回转窑焚烧处置工业废液，采用泵力输送，经多通道燃烧器直接喷入新型回转式焚烧炉内，能实现彻底的焚烧处理；过程连续自动、安全可靠，没有二次污染。废液中的有机物在高温下被彻底焚毁，废液中含有的少量无机物作为水泥生产的原料，最终进入水泥制品。

烟台大学化学生物理工学院与国家制革技术研究推广中心合作采用以废治废、相互治理的方法研究了利用钛白粉废酸液处理制革灰碱废液，可以达到很好的处理效果。研究采用不同比例的钛白粉废酸液处理制革灰碱液，通过分析检测不同比例的两种废水液相互处理的效果，并确定利用钛白废酸液处理制革灰碱液的最佳比例为 1：40（体积比）。采用这种方法，可以实现消除硫化物、pH 值降到 6、去除灰碱液 79%的 COD_{Cr}、总悬浮固体（SS）为 95.30mg/L，极大地降低了废水二级处理的难度。以钛白粉废酸液处理制革灰碱废液，不需增加设备，不需另加试剂，对于相距不太远的企业（100km 以内）具有明显的经济效益。利用两种废液“以废治废”，不论从企业还是从资源角度讲都具有一定的意义。

第十四节　工业污泥的无害化处理技术（油泥、盐泥）

工业污泥是指工业废水经处理后沉淀分离出的污浊物质。不同行业产生不同的工业污泥。工业污泥中一般都含有有毒有害物质，如果不经处理，随处堆放或直接填埋，会对地下

水、生态环境等造成二次污染，如果开展综合利用，则是宝贵的二次资源。随着全世界工业生产的发展，人们和社会对生态环境保护意识的增强，环境法规中污水排放标准的迅速改进，工厂普遍设置符合标准的废水处理设施，各种工业污泥的产量日益增加。因此，妥善、科学地处理工业污泥已引起人们的极大关注，将其无害化和资源化处理必将成为国内外科技研究的重点。

一、工业污泥处理与利用概况

工业污泥的处理与处置的目的主要有以下 4 个方面。

① 减量化。减少污泥最终处置前的体积，以降低污泥处理及最终处置的费用。

② 稳定化。通过处理使污泥稳定化，最终处置后不再产生污泥的进一步降解，从而避免产生二次污染。

③ 无害化。达到污泥的无害化与卫生化，如除去重金属或固化等。

④ 资源化。在处理污泥的同时达到变害为利、综合利用、保护环境的目的，如回收重金属等。

工业污泥原先的处理方式为填海与堆放。填海实际上就是选择距离和深度适宜的处置场所，把电镀污泥等工业废弃物直接倒入海洋。如美国在 1899—1965 年就曾把包括电镀污泥在内的多种废物进行填海处理。为了加强对固体废物填海处理的管理，美国于 1972 年通过了《海洋保护研究和保护区法》。同时国际社会也达成了“伦敦协议”和“奥斯陆协议”，明确规定了某些物质排放标准。由于电镀污泥等工业污泥本身所具有的明显毒性，已被禁止大量填海。英国、爱尔兰、日本等国家曾较多采用污泥投海处理，但随着全球一体化概念的加强，此项措施已遭强烈反对，欧共体规定污泥投海的最后期限是 1998 年。工业污泥的堆放处置对场地的建造技术要求比较高。由于选场不当或建造标准不高，使很多堆放场出现了渗漏现象，严重污染了周围地区的环境，而且堆放需要占用大量的土地。因此，国内外需要对有毒有害工业污泥进行固化/稳定化处理，开展综合利用，从而达到无害化、资源化的目的。

二、工业污泥的无害化处理

目前，国内外对有毒有害工业污泥的无害化处理方法，主要是进行固化/稳定化处理，然后再考虑综合利用。所谓固化/稳定化处理是利用物理化学方法将有害废物掺和并包容在密实的惰性基材中，使其稳定化的一种过程。固化/稳定化过程有的是将有害废物通过化学转变或引入某种稳定的晶格中的过程，有的是将有害废物用惰性材料加以包容的过程。

固化技术最早是用来处理放射性污泥和蒸发浓缩液的，最近 10 年来此技术得到迅速发展，欧洲、日本已应用多年，近年来美国也很重视此技术。今天，固化技术已应用于处理电镀污泥、砷渣、汞渣、镉渣等。日本法规规定应用固化技术处理的危险废物包括含 Hg、Cd、Cr、As、PCBs 的污泥。美国环境保护局（EPA）规定固化技术适用于处理的危险废物种类有炼油厂污泥及副油渣，电炉炼钢产生的灰渣及污泥，铅基引爆剂生产产生的水处理污泥，电镀污泥，金属表面处理产生的重金属污泥等。我国已将此技术应用于处理电镀污泥等方面。如万辉对电镀污泥水泥固化技术和工艺进行探讨，固化后的固化体作为路基使用或安全填埋，并对固化体的浸出毒性作了评价。

三、含油污泥的无害化处理

含油污泥是一种富含矿物质油的固体废物，主要来自石油勘探开发和石油化工生产过程中产生的油泥、油砂，具有产量大、含油量高、重质油组分高、综合利用方式少、处理难度大等特点，对周围的环境质量产生着不良影响。

以石油勘探开发为例，其产生量为原油产量的0.5%～1%，特别是我国许多大型油田已进入开发后期，含油污泥和油砂的产生量还要大于这个数据。按照我国目前原油产量估算（1.6×10^8t/a），每年将有近百万吨的油泥、油砂产生，若加上石油化工厂产生的“三泥”，总量还要大得多。因此，对含油污泥中的油资源进行回收利用，同时将含油污泥进行无害化处理已是一个迫在眉睫的问题。

目前，国内已积极进行油泥、油砂的治理和综合利用工作，但收效不大。国内外已经用于生产和研究处理含油污泥的方法一般有热洗涤法、溶剂萃取法、固液分离法、化学破乳法等，但这些方法由于投资、处理效果及操作成本等原因，一直未在国内得以应用普及，使我国现在的油泥处理问题一直难以得到有效解决。

1. 含油污泥的危害

油田含油污泥的组成成分其复杂，是一种极其稳定的悬浮乳状液体系，含有大量老化原油、蜡质、沥青质、胶体、固体悬浮物、细菌、盐类、酸性气体、腐蚀产物等，还包括生产过程中投加的大量凝聚剂、缓蚀剂、阻垢剂、杀菌剂等水处理剂。并因其体积庞大，排放后不但占用大量耕地，而且对周围土壤、水体、空气都将造成污染。据有关部门统计，仅大庆、胜利、辽河三大油田每年产出的含油污泥就达$200\times10^4m^3$以上。由于环保部门禁止外排，严重影响了油田生产的正常运行。我国现已对含油污泥的排放加强了重视，目前明确规定，肆意排放未经处理的含油污泥将处以1000元/($m^3\cdot d$)的罚款，这样虽然限制了部分污染物的排放，但仍然不能从根本上解决问题，所以含油污泥的处理是油田需要解决的首要问题。另外，污泥中含有大量的病原菌、寄生虫（卵）、重金属、放射性核素等难降解的有毒有害物质，这对人类的身体健康也是一个极大的危害，是导致很多致命疾病的罪魁祸首，可以说是一个隐形杀手，故油田含油污泥已被列为危险固体废弃物。

2. 含油污泥的来源

(1) 原油开采产生含油污泥　原油开采过程中产生的含油污泥主要来源于地面处理系统，采油污水处理过程中产生的含油污泥，再加上污水净化处理中投加的净水剂形成的絮体，设备及管道腐蚀产物和垢物、细菌（尸体）等组成了含油污泥。目前，油田开发大部分是采用早期注水的方法保持地层压力。随着油田的深度开采，采出油中含水率越来越高。在进行原油脱水过程中，脱水罐、储油罐、污油罐等底部存在大量的含油污泥，这些含油污泥的特点是分布范围广、产出量大以及多伴有其他难以处理的杂质等。污泥成分复杂，属于多相体系，一般由水包油（O/W）、油包水（W/O）以及悬浮固体组成，且乳化充分，勃度较大，固相难以彻底沉降，给污泥处理带来很大的难度。

(2) 油田集输过程产生含油污泥　油田集输是将分散的油井产物分别测得各单井的原油、天然气和采出水的产量值后，汇集处理成出矿原油、天然气等，经储存、计量后输送给用户的油田生产过程。油田集输是一个连续的、系统的生产过程，在这个过程中，含油污泥主要来源于接转站、联合站的油罐、沉降罐、污水罐、隔油池底泥，炼油厂含油水处理设施、轻烃加工厂、天然气净化装置清除出来的油沙、油泥，钻井、作业、管线穿孔而产生的落地原油及含油污泥。油品储罐在储存油品时，油品中的少量机械杂质、沙粒、泥土、重金属盐类以及石蜡和沥青质等重油性组分沉积在油罐底部，形成罐底油泥。此外一次沉降罐、二次沉降罐、洗井水回收罐的排污也可产生含油污泥。

(3) 炼油厂污水处理场产生的含油污泥　炼油厂污水处理场的含油污泥主要来源于隔油池底泥、原油罐底泥、浮选池浮渣及剩余活性污泥，俗称“三泥”。污水刚入污水场时，由油粒、泥砂和其他杂质所组成，密度为1.03～1.1g/cm^3，沉在池底，称为池底泥；污油罐在加温脱水时，产生的油、水、泥等混合物，称为罐底泥。浮选除油中加入絮凝剂来加快油水分离，分离出的浮渣由油粒、氢氧化铝等悬浮杂质组成，密度为0.97～0.99g/cm^3，二级处理中曝气池的活性污泥由细菌、微生物等组成，它以污水中的有机物为食物源而生长繁殖，当污泥浓度超过3%，污泥沉降比超过30%时，称为剩余活性污泥。这些含油污泥组成各异，通常含油率在10%～50%之间，含水率在40%～90%之间，同时伴有一定量的固体。

近年来，随着进厂原油的劣质化，三泥积累越来越多，每年由于油水乳化严重，污泥在碱坑内沉降分出的难挥发油层覆盖在大量的水层表面，使水分难以蒸发，因此含油污泥越积越多，碱渣的坝已有下雨被冲垮的危险，且渣坑两边的山体已被浸透，造成严重的环境污染。因而，解决“三泥”的后续加工问题，已经迫在眉睫。

3. 含油污泥的无害化处理技术

国内外处理含油污泥的方法一般有焚烧法、生物处理法、热洗涤法、溶剂萃取法、化学破乳法、固液分离法、焦化法、含油污泥调剖、含油污泥综合利用等。

（1）热解吸技术　热解吸是一种改型的污泥高温处理方法，是目前被国外广泛应用的一种无害化污泥处理工艺之一。含油污泥在绝氧条件下加热到水沸点以上、烃类物质裂解温度以下的温度区间，然后进入分离塔进行闪蒸。在闪蒸塔里轻质烃和水通过蒸发冷凝的方式回收；重质烃和无机物以泥浆的形式从分离塔里取出，进行固液分离后将重质烃回收。由于含油污泥首先被加热到足够高的温度，因此，具备了从含油污泥中分离和回收烃类的条件。在高温下，由于烃类物质的勃度降低，可提高烃类物质从固体无机物中的脱除率。对富含矿物油的含油污泥，可以利用重质矿物油焦化反应的特点，在高温条件下使油泥中的矿物质得到深度的裂解，最终生成化学性质稳定的石油焦和多馏分的轻质油，然后对轻质油进行回收利用。高温处理与通常的带压过滤、离心作用和细菌处理等工艺相比具有以下特点：一是由于高温处理设备与其他工艺的生产设备类似，可利用现有的部分生产设备，经过改造就可以满足要求；二是通常的工艺过程，易挥发有机组分会溢出到大气中，而高温处理工艺可通过冷凝对烃蒸气加以回收；三是高温处理工艺的整个过程在一个密闭的环境下进行，减少了外围设施受污染的机会，而且占地面积相对较少。

（2）调质-机械分离处理技术　调质-机械分离处理技术在国外已经相当成熟，并且在污泥化学调质方面，发展了一系列新型高效溶剂萃取处理技术的高分子絮凝剂。选用絮凝剂处理含油污泥，可以改变含油污泥颗粒的结构，破坏胶体的稳定性，提高污泥的脱水性能，然后进行机械脱水。机械脱水设备主要有真空过滤脱水机、板框式压滤脱水机、带式压滤脱水机和卧式螺旋卸料离心机。污泥除油工艺是加入破乳剂进行搅拌反应，然后进入三相离心机分离出油、水、泥三相，其中破乳剂的选择、泥水比、搅拌强度、反应温度和时间是影响除油率的重要因素。水溶液可再添加药剂循环使用，不会产生新的污染，多次操作后泥土可达到环保要求直接排放。采用化学破乳加机械三相离心分离技术处理的含油污泥的原油回收率可以达90%以上，分离后的油回收利用；分离出的水回用于含油污泥处理，可降低破乳剂的用量，达到重复利用、减少排污量又降低处理成本的目的。

（3）生物法处理含油污泥技术　生物处理也是目前比较有效的一种含油污泥处理技术，是今后发展的方向之一。生物处理的主要原理是微生物利用石油烃类作为碳源进行同化降解，使其最终完全矿化，转变为无害的无机物质（CO_2和H_2O）的过程。污油微生物降解可以按过程机理分为两个方向：一是向油污染点添加具有高效油污降解能力、自然形成并经选择性分离出的细菌、化肥和一些生物吸附剂；二是曝气，向油污染点投加含氮磷的化肥，刺激污染点微生物群的活性。采用生物法处理的优点：一是对环境影响小，生物处理是自然过程的强化，其最终产物是二氧化碳、水和脂肪酸等，不会形成二次污染或导致污染物转移；二是费用低，其费用约为焚烧处理费用的1/4～1/3；三是处理效果好，经过生化处理，污染物残留量可以大幅度降低。其缺点：一是生物法在筛选石油降解菌和菌种培养上存在很大的困难；二是对含油率较高的污泥处理效果不是很好。

中石油天然气公司环境检测总站在实验室对生物法处理含油污泥进行了研究。结果表明：油浓度越大，处理后油去除率越小，但去除速率越大，说明油浓度高，微生物接触油分子的概率大。但这个趋势没有一直延续下去，当油浓度太大时，由于土壤的疏水性增强，透气性降低，微生物活性降低，油的去除即受抑制。因此，油浓度太低，油去除率虽大，但处理一定量废渣所需土地面积太大，在费用上不合适；油浓度太高，油去除率太低，处理效果较差；只有油浓度在15%～20%范围，去除率和去除速率均比较理想。

研究表明：采用地耕地法处理含油废渣，能够明显地消除油污染。当添加废渣使土壤中油浓度为15～20g/kg时，处理7周，可去除20%以上的油，去除速率在0.1g/(kg·d)以上，具有一定的应用价值。

(4) 焦化法处理含油污泥　油泥的组成主要有烷烃、环烷烃、芳香烃、烯烃、胶质及沥青质等，油泥中矿物油重质组分沉积居多。焦化法处理含油污泥就是利用重质矿物油焦化反应的特点，使油泥中的矿物油得到深度的裂解，最终生成化学性质稳定的石油焦和多馏分的轻质油，实现资源回收和保护环境的最终目的。

石油大学环保所在大量试验的基础上，基于焦化反应机理，提出如下工艺及基本反应条件：原料（油泥、油砂）经过预处理（脱水）后除去较大机械杂质，利用传输设备与一次性催化剂掺合后送入已经预热（合理的进料温度有利于缩短反应时间，提高液收率，同时便于操作）的焦化反应釜（180℃），闭釜后加热进行催化焦化反应，反应温度控制在490℃，反应时间为60min；焦化反应气通过伴热管线（避免重组分在管中凝固，伴热温度>350℃）进入三相分离器；三相分离器由循环水控制降温（<100℃），分离器上部分气相组分送入燃烧系统回收利用；底部含油污水排入污水处理系统，回收油送入贮罐贮存。

反应结束后，开釜除焦，生成的焦炭中石油类的含量可降至0.3‰～0.9‰，低于国家《农用污泥中污染物控制标准》（GB 4284—84）中矿物油最高允许量（3g/kg干污泥，即3‰）。一次性催化剂除提供反应速度外，在生成的焦炭中还可起到分散作用，便于除焦操作的进行。除去的泥量中含有一定量的泥砂，可以燃烧或以建筑材料的方式进行综合利用，也可以直接排入外环境。该流程与目前其他含油污泥处理方法相比，具有操作设备简单、含有污泥处理彻底、矿物油回收率高等优点，有利于推广应用。可以看出，液相产品中490℃的汽/柴油的馏分含量较高，液相产品质量较好，可作为进一步的加工原料。

(5) 溶剂萃取　萃取法是利用“相似相溶”原理，选择合适的有机溶剂作萃取剂，有机废物从污泥中被溶剂抽提出来后，通过蒸馏把溶剂从混合物中分离出来循环使用，回收的原油则用于回炼。

美国专利提出了一种溶剂萃取氧化处理含油污泥工艺，在污泥中加入一种轻质烃作萃取剂，经过萃取后，油和大部分有机物被去除，但仍含有一些聚合芳香烃物质，残留的污泥还需氧化处理，用 HNO_3 在200～375℃及101.325kPa条件下氧化处理，最终残渣可满足堆埋处理要求。

超临界流体萃取技术是一种新兴的含油污泥萃取技术，它将常温、常压下为气态的物质经过加压达到液态，并作为萃取剂。常用的超临界流体萃取剂有甲烷、乙烯、乙烷、丙烷、二氧化碳等，这些物质的临界温度高、临界压力低，而且原料相对价廉易得，是良好的超临界萃取剂，且密度小、易于分离。Avila-Chávez M. A. 等利用一种特制的超临界流体萃取装置，采用超临界乙烷萃取剂从原油罐底泥中提取烃。结果表明，最大的萃取率对应于最高溶剂密度的压力和温度，萃取的烃组分明显增浓。

溶剂萃取法的优点是处理含油污泥较彻底，能够将大部分石油类物质提取回收。但是由于萃取剂价格昂贵，而且在处理过程中有一定的损失，所以萃取法成本高，在我国还没有实际应用于炼厂含油污泥处理。此项技术发展的关键是要开发出性价比高的萃取剂。

(6) 其他技术　有学者研究利用石油污泥制备环境可接受的砖，探讨了油泥对砖混合料塑性的影响，泥的加入降低了过程对水和燃料的需求，制备的砖均能达到相关标准要求。对砖进行毒性和浸溶试验，大多数有毒金属被固定，其玻璃化过程沥出值能满足环境保护局对危险废物再循环的要求。另有研究将原油污染泥砂热处理后，有机组分下降到15%～20%，再将沥青、混凝土、油泥固体残渣和矿石料混合用于路基材料。

四、盐泥无害化处理技术

1. 盐泥概述

盐泥是氯碱行业生产过程中产生的废弃物，其主要成分为 $Mg(OH)_2$、$CaCO_3$、$BaSO_4$。和泥砂。各氯碱厂选用的原盐不同，所产生的盐泥成分也有所不同。国外的氯碱企业多选用优质盐或洗涤盐为原料，产生的盐泥较少，一般用于钙塑材料的添加剂，也有用于水泥、钙镁肥料的生产等。国内的氯碱企业所用的原盐质量较差，产生的盐泥量要大得多，以年产 10 万吨烧碱计，排放盐泥达 7000 多吨。据调查，全国大多数氯碱企业的盐泥均为弃置堆放，不仅造成环境的污染，资源的浪费，还占用大量场地，直接威胁人们的健康。一般每生产 1t 氢氧化钠，可排出 0.13～0.19m^3 的盐泥，其中含有碳酸钙、氢氧化镁、氯化钠以及铁、钡盐等，由于产出量大、成分复杂，直接排放带来环境污染，如何综合利用这一固废物质是困扰行业的一个难题。

目前已有报道的利用方法主要有三类，即盐泥井下回注、制建筑用材（如制砖、水泥、石膏、涂料和无机纤维板等）和有用成分的分离提取（如碳酸钙、氢氧化镁、氧化镁、七水硫酸镁、硫酸钡和氯化钙等）。这些方法都存在一些问题，井下回注做法消极，特别是没有废井时，回注往往给后续开采带来潜在危害；用作建筑材料时，其中的氯化钠往往引起开裂等问题，直接影响材料性能，如果分离氯化钠后再使用，成本又太高，得不偿失；分离提取有用成分时，工艺复杂，成本高，产品价格低廉，且盐泥总量减少有限，并不能从根本上解决固废问题。目前只有少数厂家对盐泥进行了治理，未经处理的盐泥有的在厂内外堆存，有的排入附近的江、河、湖、海，造成了严重的环境污染。

2. 盐泥脱水处理

一般从盐水精制过程排出的盐泥含水 90%以上，为了便于后续加工处理或运输需要，应对盐泥进行脱水处理。目前比较成熟的盐泥脱水技术是采用板框压滤机法和叶片过滤机法。板框压滤机法设备选择容易，操作简单，投资省，手动或半自动板框压滤机劳动强度大，操作环境差。叶片过滤机可实现连续密闭操作，操作环境良好，用于水银法盐泥的脱水处理，可避免二次污染，保护工人身体免受汞的危害。

3. 盐泥的无害化处理技术

(1) 废盐泥做脱硫剂技术　近日，国内最大规模使用纯碱生产的废盐泥做脱硫剂，进行锅炉烟气脱硫治理装置投入正式运行。作为山东海化集团有限公司 130t/h 锅炉烟气脱硫工程，由山东山大能源环境有限公司负责全面设计、施工、调试的 EPC 总承包工程，现已完成2#脱硫系统168试运行等工作，并且通过了潍坊市环境监测中心站检测验收，达到了环保要求。经过半年试运行，运行状况良好，达到设计要求，每年减少对大气排放二氧化硫约17687.0t。根据循环经济理念，采用纯碱生产的废盐泥做脱硫剂，可大幅度减少脱硫装置运行成本，保证脱硫装置常年稳定运行，山东海化集团有限公司循环经济体系建设走在了全国的前列，为我国的其他氨碱企业提供了宝贵经验。

(2) 吸附剂 有研究采用重庆天原化工总厂的盐泥为原料将氯碱厂废弃盐泥与丙烯酸等共聚，过硫酸钾作引发剂，制得了吸附率86%～89%的F^-吸附剂，用于处理超标含氟污水；同时将氯碱厂废弃盐泥与丙烯酸、钛酸四正丁酯等共聚，过硫酸钾作引发剂，制得了NO_3^-吸附剂，同时还得到了有利用价值的二氧化硅和碳酸钙。

(3) 盐泥应用于盐水钻井液技术 盐水钻井液一般由水、膨润土、盐、加重剂和其他化学处理剂按一定的配方均质组成。一般所使用的加重剂为铁矿粉、重晶石和超细碳酸钙。常用的化学处理剂有碳酸钠、氢氧化钠和有机高分子聚合物（如聚丙烯酸盐类）等。而盐泥的主要化学成分氯化钠、碳酸钙、硫酸钡、碳酸钠、氢氧化钠、聚丙烯酸盐类及α2纤维素等都是盐水钻井液的重要组成成分。从一定意义上说，盐泥是钻井液的半成品，因此，将盐泥应用于钻井具有很大的前景。

(4) 盐泥作为燃煤添加剂 盐泥是工业生产中的废弃物，其中含有碱金属和碱土金属，有研究表明，利用哈尔滨华尔公司氯碱车间产生的废盐泥，主要含有钠离子、镁离子和钙离子，在其中再添加一些其他金属离子后，可作为燃煤添加剂。通过催化、活化、促进氧化及离子交换，能有效地降低煤的燃点，提高煤的燃烧效率，控制CO的生成。

(5) 盐泥制水泥和砖 盐泥中的氧化镁是水泥的限制物质，盐泥中的氧化镁含量高达10%以上，若直接用其制水泥会使水泥安定性达不到要求。经碳化提取镁后的泥渣，氧化镁含量已明显下降，其组成接近天然石灰石。

以盐泥为原料制成10cm×10cm×1cm的地面砖，其养护条件十分简单，即常温，湿度70%左右，不需烧，脱模也容易，选择合适的添加剂，可以改善易返潮、泛白、耐水性差的缺点，制成美观、轻质的地面砖。

(6) 制备生态水泥 冀东化工有限公司利用盐泥生产生态水泥，其生产过程大体与普通水泥的生产相同。将含10%盐泥的各种原料充分混合后进行研磨，加入适量氯化钙补充氯组分含量的不足，然后进行造粒，在1300℃的炉窑中进行焙烧，即得水泥熟料，进一步研磨至布莱恩比表面积为5000cm²/g，加入适量添加剂，制得生态水泥。

(7) 做涂料 用含水约80%的“钙镁泥”、钛白粉、立德粉等作填料，可以制备各种涂料，其性能基本上都能达到标准，白度可以和其他白色涂料媲美。加入不同的颜料，就可以制成色彩鲜艳的各种不同的彩色涂料。通过试验，“钙镁泥”中氯化钠的质量分数控制在3%以内，不仅对涂料的性能没影响，而且对“钙镁泥”的回收利用提供了方便。“钙镁泥”作建筑涂料：一是“钙镁泥”可以不干燥；二是“钙镁泥”中氯化钠的质量分数控制在3%以内，很容易达到。所以说作建筑涂料是“钙镁泥”较理想的出路。

(8) 盐泥制氧化镁 由于氯碱盐泥与氨碱盐泥组成相似，因此可以采用与氨碱盐泥生产轻质碳酸镁相同的工艺技术方案，用氯碱盐泥生产轻质碳酸镁。盐泥从化盐工段打入储罐，经自然沉降，弃去上层清液，浓缩后的盐泥打入泥浆槽，分批投入洗涤槽，经洗涤，进行配料，控制一定浓度，打入碳化塔。石灰窑气经洗涤除去杂质，净化后的空气通入碳化塔塔底进行碳化，使氢氧化镁变成可溶性碳酸镁，碳化液用板框压滤机过滤。过滤液用蒸汽加热，水解析出白色结晶物，离心分离得碱式碳酸镁，在加热炉中煅烧得轻质氧化镁。图4-34所示为氯化盐泥生产氧化镁的工艺流程。

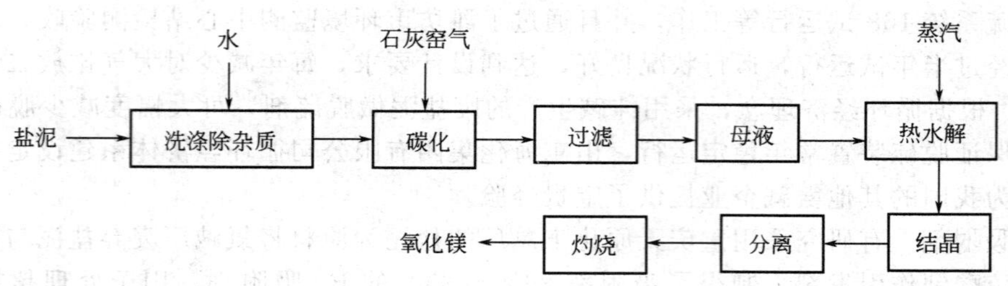

图 4-34 氯化盐泥生产氧化镁工艺流程

(9) 制取七水硫酸镁 盐泥中含有多种化学成分，如碳酸钙、氢氧化镁、氯化钠等，其中 $Mg(OH)_2$ 的质量分数为20%左右（干基计），从盐泥中制取七水硫酸镁通过如下化学反应方程式完成。

$$Mg(OH)_2 + H_2SO_4 + 5H_2O \longequal MgSO_4 \cdot 7H_2O$$

$$CaCO_3 + H_2SO_4 = CaSO_4 + CO_2 + H_2O$$

配泥浓度对产品的产量、质量均有影响，若浓度太低不仅产量少，而且设备利用率低，因此配泥时需注意控制合适的盐泥与硫酸的质量比。制取的七水硫酸镁得率 70%，产品经测定含 Mg 9.20%，含 $MgSO_4$ 46.05%，$w(Cl^-) \leqslant 0.29\%$，符合农业肥料国家标准。

(10) 回收硫酸钡 硫酸钡既不溶于水，又不溶于酸，利用此性质可在盐泥中加入盐酸，使碳酸钙、氢氧化镁变成可溶于水的氯化物。其反应方程式如下：

$$CaCO_3 + 2HCl = CaCl_2 + CO_2 + H_2O$$

$$Mg(OH)_2 + 2HCl = MgCl_2 + 2H_2O$$

过滤，即得硫酸钡。滤液中的氯化物加入烧碱和纯碱进行处理。

$$CaCl_2 + Na_2CO_3 = CaCO_3 \downarrow + 2NaCl$$

$$MgCl_2 + 2NaOH = Mg(OH)_2 \downarrow + 2NaCl$$

该方法操作简单，有较好的经济效益和社会效益，所得产品硫酸钡含量可达 98%，达《工业沉淀硫酸钡》(GB/T 2899—2008) 合格标准。

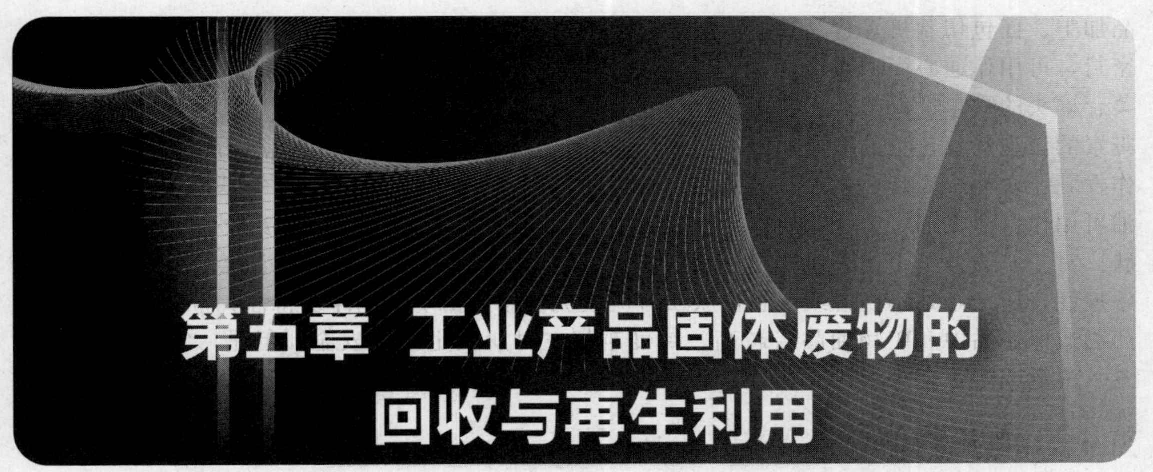

第五章 工业产品固体废物的回收与再生利用

第一节 废矿物油回收与利用

矿物油（mineral oil）指通过物理蒸馏方法从石油中提炼出的基础油。

矿物油是目前人类应用最为广泛的化石能源，主要是含碳原子数比较少的烃类物质，多数是不饱和烃。矿物油是取原油中250～400℃的轻质润滑油馏分，经酸碱精制、水洗、干燥、白土吸附、加抗氧剂等工序制得。其主要成分是链长不等的碳氢化合物，性能稳定。使用过程中由于被外来杂质污染、吸水、热分解、氧化或被燃料油稀释而成为废矿物油。外来杂质污染是指矿物油在使用过程中由于系统和机器外壳封闭不严，灰尘、砂砾浸入油中；也容易被各种机械杂质弄脏，如金属屑末、灰尘、砂砾、纤维物质等。矿物油吸水过程是由于机械设备的润滑系统、液压传动系统或水冷却装置不够严密，使水流入油中。空气中的水分也能被油吸收，其吸水性随油温升高而增加。当油和机械设备在高温下接触时，油会发生热解，产生胶质和焦炭，导致油失去使用价值。矿物油在使用过程中发生化学变化的主要原因是空气的氧化作用，氧化会生成一些有害物质，如酸类、胶质、沥青等，使油颜色变暗，黏度增加，酸性增强，进一步会出现沉淀状的污泥。被燃料油稀释是指内燃机润滑油由于部分燃料油没有完全燃烧而渗入到润滑油中，使润滑油失去原有的润滑特性。

矿物油加工流程是指在原油提炼过程中，在分馏出有用的轻物质后，残留的塔底油再经提炼（溶剂精制、酮苯脱蜡、白土补充精制）。其主要的两个步骤是溶剂精制去除芳烃等非理想组分和溶剂脱蜡以保证基础油的低温流动性。生产过程基本以物理过程为主，不改变烃类结构，生产的基础油取决于原料中理想组分的含量与性质；矿物油在提炼过程中因无法将所含的杂质清除干净，因此流动点较高，不适合寒带作业使用。矿物油以远古动物残骸为载体，吸取了天地之精华后，又奉献给大自然的一种可供人类使用的物质。

矿物油在有些领域叫白矿油或白油，常用的有工业级白油、化妆品级白油、医用级白油、食品级白油等。不同类别的白油在用途上也有所不同。工业级白油，是由加氢裂化生产的基础油为原料，经深度脱蜡、化学精制等工艺处理后得到，可用于化学、纺织、化纤、石油化工、电力、农业等，可用于PE、PS、PU等生产。食品级白油，是以矿物油为基础油，经深度化学精制、食用酒精抽提等工艺处理后得到，适用于粮油加工、水果蔬菜加工、乳制品加工、面包切制机等食品工业的加工设备的润滑，应用于食品上光、防粘、消泡、刨光、密封，可用作通心面、面包、饼干、巧克力等食品的脱模剂，能够延长酒、醋、水果、蔬菜、罐头的贮存、保鲜期。医用级白油适用于制药工业，可作生产轻泻用的内服剂及生产青霉素的消泡剂。化妆品级白油是采用加氢原料经过深度精制后得到的，适用于化妆工业，可作发乳、发油、唇膏、面油、护肤油、防晒油、雪花膏等软膏和软化剂的基础油。化妆级白油可用作抗静电剂、柔润剂、溶媒、溶剂，可增加湿润感，但无法直接改善干燥受损的肌肤。对于矿物油是否伤害肌肤众说纷纭，但可以确定的是，不纯的矿物油会引起过敏及具有致痘性，而已经处于伤害或敏感性肤质者应避免使用。由于其色泽及特性，常用于白色膏状药物或保养品中。矿物油品级越高，纯度越好，对肌肤也就更安全。但是，它没办法用嗅觉、视觉或触觉来分辨，要经过专业检测。

一、废矿物油

废矿物油是指机动车、工具、机械设备维修保养以及工矿企业等在生产经营中产生的各种废机油、废柴油、废齿轮油、废液压油等。根据国家危险废物名录的规定，废矿物油是指废机油、废润滑油、废柴油、废汽油、废原油、废真空泵油、废液压油、废热处理油、废樟脑油等各类已不适合原来用途而报废的油类，属于毒性物质。其内含的硫化物、石油类物质等，具有易燃、毒性等特性，对人体健康的危害和土壤、水环境污染非常严重，是公认的致癌和致突变化合物。

由于废矿物油受杂质污染、氧化和热的作用，改变了原有的理化性能而不能继续使用。

废矿物油的管理和处置已经引起了国家的重视。2005 年 4 月 1 日，国家颁布实施了新的《中华人民共和国固体废物污染环境防治法》。办法中明确规定，禁止将废矿物油提供或者委托给无经营许可证的单位或个人从事收集、贮存、利用、处置的经营活动，将其提供或者委托给无经营许可证的单位从事经营活动的，处 2 万元以上 20 万元以下罚款。然而，由于个别汽修厂、工厂等环保意识淡薄，为“卖两个钱”或为“省事”，随意将废矿物油流入无证商贩手中。

1. 废矿物油的产生

废矿物油主要来自于石油开采和炼制产生的油泥和油脚；矿物油类仓储过程中产生的沉淀物；机械、动力、运输等设备的更换油及再生过程中的油渣及过滤介质等。

废矿物油主要来源于以下五个行业：①天然原油和天然气开采行业；②船舶及浮动装置制造行业；③涂料、油墨、颜料及相关产品制造行业；④专用化学产品制造行业；⑤精炼石油产品制造行业。

据报道，正常情况下汽车里程数每 5000km 左右就需要进行保养更换机油，私家车一年至少更换 2 次，而出租车则差不多每个月要更换一次，每次更换下来的废机油至少 2L。以西安市为例，西安市机动车一年产废机油多达 5000t，西安市机动车保有量已经超过了 116 万辆，在日常保养中，会产生大量的废机油。作为废矿物油的一种，这些废机油对土壤、水环境的影响都非常大。但截至 2010 年，经陕西省环保厅核发具有回收资质的废矿物油收运单位仅有五家，而这五家单位年收集不足 2 万吨。

2. 废矿物油的污染

废矿物油除了失去原来优良的工作性能外，通常长期处于高温环境，或受杂质催化氧化作用，废矿物油中的 PAH 等多环芳烃会产生许多对人体有严重危害作用的物质，它们具有强烈的致癌作用；含氯的多环芳烃如多氯联苯（PCB），对人体肝功能等有强烈的毒害作用。

废矿物油中还含有为改善油料性能而添加的许多重金属添加剂及含氯、硫、磷的有机物，这些都是对生态环境及生命体具有严重毒害性的物质。为此国家环保总局在1998年1月4日颁布的《国家危险废物名录》将废矿物油列入危险废物的第八类（共47大类），可见废矿物油危害的严重性。

科学实验表明，如果废矿物油内的有毒物质通过人体和动物的表皮渗透到血液中，并在体内积累，会导致各种细胞丧失正常功能，是公认的致癌和致突变化合物。

废矿物油会破坏生物的正常生活环境，具有造成生物机能障碍的物理作用。例如废矿物油污染土壤后由于其黏稠性较大，除了堵塞土壤孔隙及破坏土质外，还能粘在植物根部形成一层黏膜，妨碍根部对水分和营养物质的吸收，造成植物根部腐烂、缺乏营养而大面积死亡。当土壤孔隙较大时，石油废水还可以渗透到土壤深层，甚至污染浅层地下水。

除了对环境的影响外，不法商贩将汽车修理厂或者4S店回收的机油经过沉淀、过滤、热沸腾等手段多次提炼，再通过废品收购站收购用过的旧机油桶进行灌装以次充好，这种假冒润滑油会对机动车发动机等造成严重损害。废矿物油随意倾倒和非法转移、倒卖废油，影响人体健康不说，对水体和土壤造成严重污染，危害动植物生长和人类生存的环境。如果把废矿物油倒入土壤，可导致植物死亡，被污染土壤内微生物灭绝。

可见，如不正当处理废矿物油将会带来多大的危害！因此，安全、规范管理废矿物油是不容忽视的一大环保问题，保护环境是我们每个公民应尽的义务。

3. 废矿物油的处理、处置方式

国外所采用的废矿物油处置方式主要有丢弃、焚烧和再生利用。对于少量的废油，人们往往把它倒入下水道、野外空地、河流、垃圾箱中。倒入水中的废油最终会污染江河，除了废油中的有害物质对生态的负面影响外，污染油覆盖水面阻止水中溶解氧与大气的交换，影响鱼类、贝类及水生植物的正常生活。废矿物油的焚烧一般是直接将其用作燃料，该处理方法燃烧尾气中含有大量重金属氧化物及燃烧不完全而生成的多环芳烃氧化物，会对空气产生严重的污染。其中有些重金属氧化物以超微粒子存在，典型的如氧化铅，半衰期长达半年之久。燃烧对于机油类废油不是适当的处理方法。

废矿物油的再生利用与废矿物油的组成有密切关系。从矿物油的组成看，变质油和杂质在废油中只占少部分，大约为1%～25%，其余75%～99%都是有用成分。因此，废矿物油只要经过一定的处理，就可以再生成为可用油。国家环保局发布了《危险废物污染防治技术政策》，其中明确指出，禁止将废矿物油任意抛洒、掩埋或倒入下水道及用作建筑脱模油，鼓励采用新技术对废油进行回收利用。

二、废油再生技术

国内过去将这方面的技术简单地分为再生及简易再生两类。再生工艺包括硫酸-白土工艺、蒸馏-白土工艺、蒸馏-硫酸-白土工艺；简易再生工艺包括脱水杂（沉降、沉降-离心、沉降-过滤、离心、过滤、闪蒸-过滤等）、脱水、水洗、絮凝、吸附精制等。前者适合专业厂，后者则主要是使用单位自行再生。

近年来，国际上将废油再生工艺分为以下三类。

第一类叫再净化（reclamation），相当于简单再生工艺，包括沉降、离心、过滤、絮凝这些处理步骤，可一个或几个步骤联用，主要除去废油中的水、一般悬浊杂质和以胶态稳定分散的机械杂质。

第二类叫再精制（reprocessing），是在前一步的基础上再进行化学精制和吸附精制，可以再生得到金属加工液、非苛刻条件下使用的润滑油、脱模油、清洁燃料、清洁道路等。

第三类叫再炼制（refining），是包括蒸馏在内的再生过程，如蒸馏-加氢，可以生产符合天然油基本质量要求的再生基础油，调制各种低、中、高档油品，质量与从天然油中生产的油品相似。

1. 废油的再净化工艺

废矿物油再加工一般分为三个阶段：再净化、再精制、再炼制。目前的再利用单位，无论是合法持证企业，还是周边非法的小作坊式企业，其处理方式都主要以再净化为主，相当于简单再生，主要除去废矿物油中的水、一般悬浊杂质和以胶态稳定分散的机械杂质，处置对象绝大多数为汽修企业及机械加工企业产生的废机油、废润滑油等。然后，再将净化后的产品作为加工油类产品的原辅料，如燃料油、润滑脂等。

(1) 沉降　是利用水、金属杂质等与油的密度差别进行分离的方法。废矿物油的沉降过程属重力沉降，密度差别越大，沉降就越容易，油的黏度、密度越大，沉降就越困难。因此对重质油应适当加热，降低其黏度和密度从而有利于沉降。但加热温度不宜太高，若超过100℃，不仅油易氧化，颜色加深，质量变差，而且水会沸腾，不利于沉降，所以一般以80～90℃为宜。废矿物油经过加热溶解一段时间后，再加入适当的化学药剂，充分搅拌，待与药剂充分混合后，停止搅拌，开始闷罐，给予充分的反应、沉降时间后，分离出的油由上部收集，下部的水、废渣等杂质经底口排至罐外。对于直径大、高度低的扁圆形罐子，为加速极细小的铁微粒的沉降，可以在罐底加装永久磁铁和电磁铁。

在沉降时，冷却到30～40℃后，由沉降罐的锥形底将水分和杂质放出，并取油样于玻璃片上，在光线下观察，如果仍发现浑浊或其他机械杂质，必须重新加热，继续沉降。

(2) 离心分离　也是利用体系中组分密度的差别进行分离的方法。区别在于沉降靠的是重力作用，而离心分离利用的是高速旋转时产生的离心力作用。在一个半径为0.09m、转速为4000r/min的离心机中，水杂与油的分离速度是自由沉降速度的400倍。对于常用的离心机，可以根据实际需要灵活选用。在润滑油处理方面，用离心分离机进行连续精制应用极广。

为了降低油的黏度，使油的流动性较好，并促使油水分离，提高分离效果，在使用离心机之前，应对污油适当加热，一般加热至50～60℃，也有到70～80℃的。

(3) 过滤　过滤是借助粒状材料或多孔介质截除液体中悬浮固体，使固液分离的方法。过滤材料有金属丝网、编织物、毛毡、厚纸板、滤纸等，可根据需要脱除的组分和阻力大小进行选择。

一般来说，滤纸、纸板、紧密织物等过滤孔道小于被滤出的颗粒的平均直径；毛毡、石棉纤维等的过滤孔道则大于被滤出颗粒的平均直径。有的杂质是不能被滤出的，如油开关中的废油含有许多胶粒大小的炭物质，几乎能穿透所有过滤层。

为了改善过滤速度，通常有两种办法：①加热（降低油料黏度，增加流动性）；②加入助滤剂（一般是白土）（吸附细小杂质，减少对过滤孔道的堵塞）。对于废变压器油过滤温度为40～70℃；车用机油宜在90～100℃过滤，最高不要超过130℃，以免油的过度氧化及过滤介质的老化。

(4) 絮凝　废油中以胶态分散的固体颗粒，简单地以沉降、离心、过滤手段是无法分离的，这时可以加入絮凝剂使细小的胶体颗粒凝聚成大的颗粒，通过沉降或离心达到分离的目的。若油的变质程度不深，使用条件又不太严格，可以简单地采用絮凝的再生方法。

常用的絮凝剂有磷酸三钠、碳酸钠、硫酸、水玻璃、氯化锌、氯化铝等。其中，硫酸是最有效的絮凝剂，但不能使用于含水量大于1%的废油；磷酸三钠和碳酸钠适合于变质和污染程度不高的油，如果含水量大于5%，就需要适当加量。

对于酸性絮凝剂，分离除污后，必须用白土处理，或者用碱性絮凝剂再处理一次；对于碳酸钠和水玻璃这样的碱性絮凝剂，使用之后必须水洗，以去除残留的少量游离碱。另外也有使用有机絮凝剂的，如PAM、烃基季铵盐等，不过成本较高，使用相对较少。

2. 废油的再精制工艺

再精制是废油不脱水杂或脱水杂后进行化学处理或物理化学处理，除去溶解在废油中的氧化产物或外来污染的工艺。

(1) 硫酸-白土工艺　在再精制工艺中，最具有代表性的是硫酸-白土工艺。由于其副产大量酸渣，污染环境，国家环保总局已明文下令禁止使用此工艺。目前许多方法实际上只是在该法基础上的改良，比如使酸渣进行循环使用，改进硫酸的加料次数等。硫酸可以去除废油中的氧化物、酸性物质，以及使用过程中产生的沥青质、焦质等。作为极有效的脱硫剂，质量分数大于93%的硫酸能把废油中的硫醇、噻吩、环状硫等较彻底地除去；硫酸还有利于絮凝过程。根据油品的不同和质量的差异，处理时选择不同的硫酸用量，一般选用浓度为92%～98%的硫酸。硫酸浓度低，难以与废油中的硫化物和芳烃反应；浓度高于98%，冬季时凝固点太高，不方便使用。酸用量一般为4%～12%，可以分1～2次加入（对于水含量较高的体系）。

此种精制方法在精制过程中会产生大量的酸渣。油越黏，残留的酸渣越多，并且还有较高的残留酸度，因而往往需要加入白土进行助凝和吸附，必要的时候，需要碱洗，有时需要用空气吹脱油中残留的二氧化硫，然后再用白土或碱处理。分出的酸渣及白土必须进行合适的处理，它不仅释放出具有强烈刺激性的二氧化硫气体，其中还有许多可溶性物质会严重污染环境。

(2) 有机溶剂工艺　在再精制工艺中，还可利用有机溶剂代替硫酸处理废油，这样可以减少对环境的污染，是目前采用的无污染精制工艺的重要手段。使用比较多的如用丙烷等小分子烃沉淀出废润滑油中高相对分子质量的杂质分子（丙烷不能溶解相对分子质量高的物质，而能溶解相对分子质量在润滑油范围内的烃及更小的分子烃）；使用糠醛等极性溶剂溶解抽提出芳烃和极性物质（相似相溶），以及使用小分子醇酮等极性溶剂，使灰分生成物及添加剂被絮凝除去等。

(3) 静电净油法　该法为20世纪70年代发展起来的较理想的净油技术。高压静电过滤的先进之处在于静电沉降对油产生了两个方面的作用：一是对油质中的杂质产生絮凝作用；二是在油水乳化的情况下进行破乳。并且纳垢容量大，处理杂质范围宽，不仅能吸附微粒污染物，滤除小至0.01μm的颗粒杂质和微量水分及微小气泡，同时对油中的添加剂无不良影响，还可以去除堵塞滤油器的油泥之类的物质。与空气静电除尘的区别在于不会击穿油的安全电场，即不会使油离子化而改变其分子结构。这种设备处理量不大，主要适合于一般厂家对专用设备的高级油品进行批量处理。

3. 废油的再炼制工艺

再炼制工艺是包括蒸馏在内的工艺，能脱除废油中的全部添加剂及变质产物和外来杂质，得到与天然基础油相近的再生基础油。

(1) 蒸馏-加氢工艺（KTI 工艺）　现在世界上最大的现代化废油再炼制装置都是采用蒸馏-加氢工艺，如美国 Safety-Kleen Corp. 新建的再生厂，德国哈勃兰特公司的再生厂，加拿大 Mohawk Lubricants Ltd. 的再生厂等。其工艺特点是首先通过预蒸馏常压闪蒸脱水，再经过低真空度的薄膜蒸馏脱柴油，然后进入第三段高真空薄膜蒸馏，并加氢补充精制。

加氢补充精制也是精炼的一个重要手段。通过在200～300℃、20多个大气压下催化氢化，可以把油中剩下的硫、氧、氮杂质转变为烃类和易于脱除的水、氨、硫化氢。既降低了油品的酸度，也改善了油品的安定性和颜色。该法只适合于规模经济，他们的日处理量一般都在数百吨。

(2) 蒸馏-白土工艺　蒸馏-白土工艺也是在大型废油再生厂中应用较多的工艺，在规模较小的厂也有应用。废白土的环境问题比酸渣要轻微得多，是环境比较容易接受的工艺。其工艺特点是废油先沉降脱水杂，再经过常压闪蒸装置脱水脱轻油，然后进入薄膜蒸发器加压闪蒸。蒸出的油分用白土处理，油与白土的混合物升温至200℃，再过滤分离。

香港Dunwell公司采用该工艺，其基本流程为：先离心沉降脱去重金属、多氯联苯、大部分水和大固体颗粒，再蒸馏脱水（100℃左右），再升温到160℃蒸出轻质粗柴油作为工厂锅炉燃料。转壁薄膜蒸发器（WFE）是精炼工艺的核心，夹在WFE反应器壁之间的高温热油升温至330～350℃，一个带有石墨刮刀的旋转装置紧贴着有废油的热圆筒内壁转动，再加上真空，就可以得到很纯的油。底部沥青送到储罐作沥青填充剂销售。馏出油则继续进行高温汽提、白土脱色脱臭处理。

(3) 其他再炼制工艺　其他再炼制工艺基本上是以蒸馏为基本手段，再分别结合硫酸精制、盐类精制、白土/白灰吸附精制、水蒸气抽提、溶剂抽提、加氢精制而发展起来的。

美国犹他州的Interline公司研制出用溶剂抽提和蒸馏法处理废油，不需使用薄膜蒸发器和昂贵的加氢精制工艺，但处理量较小（日处理量约为152m^3/d比较经济）。Uniqur公司研发的Ohsol工艺特点是在压力下热闪蒸，可解决油料的破乳问题，且使回收油纯净，利于再加工，其主要处理炼油厂废料，如杂油、脱盐装置的沉渣、原油储罐的油泥、废润滑油等。德国德诺尔公司发展了二氧化硅陶瓷催化板，在250～400℃通过两级裂解制备柴油。

三、废矿物油的管理

1. 法律法规

国内绝大多数城市目前缺乏健全的废矿物油管理体系，这导致多数城市废矿物油流入黑市。实际上，对“废机油”回收和利用，并不缺少法律以及法则。然而，由于缺乏有效监管及利益驱使，导致废矿物油的收集、处理等缺乏管理。1999年6月22日，国务院根据《中华人民共和国固体废物污染环境防治法》有关规定，制定了《危险废物转移联单管理办法》，明确规定了危险废物产生单位在每次转移时，必须向环境保护行政主管部门申报危险废物的种类、产生量、流向、贮存、处置等有关情况，违反本规定将会受到相应处罚。2001年12月28日，为贯彻《中华人民共和国固体废物污染环境防治法》，国家环境保护局发布了《危险废物贮存污染控制标准》(GB 18597—2001)，规定了对危险废物贮存的一般要求，以及对危险废物包装、贮存设施的选址、设计、运行、安全防护、监测和关闭等要求。2004年5月19日，为了加强对危险废物收集、贮存和处置经营活动的监督管理，防治危险废物污染环境，根据《中华人民共和国固体废物污染环境防治法》，国务院发布了《危险废物经营许可证管理办法》，明确规定从事危险废物收集、贮存、处置经营活动的单位，必须领取危险废物经营许可证。任何未取得经营许可证从事危险废物的经营活动均属于违法行为，将会受到处罚及承担相应法律责任。

可见，国家相继出台的一系列政策规范性文件，对废矿物油市场的规范起到了一定的作用，但就全国各城市废矿物油收集市场总体而言，仍旧不太乐观，市场上非法售收的行为比比皆是，最终原因归结为供应商受利益驱使和环保法律意识淡薄。

2. 管理体系的建立、健全

目前国内关于废矿物油收集和处理处置的法律、法规、实施细则还有待进一步健全、完善。

废矿物油管理体系的建立、健全关键在于对废矿物油收集、运输、处理等企业的管理和疏导。作为对公共环境有主要危害的废弃物，政府应制订细则批准鼓励具有运作资质的正规厂家进行对口收集、运输和管理，对于无牌照私自收运、加工或贩卖废矿物油及回收产品的厂家进行严厉惩罚和制止。由具有资质正规厂家回收利用的矿物油成品，应规定其可回用范围，明确其去向，防止处理厂家为谋取利益，以次充好，损害消费者的权益。

对于废矿物油的产生单位，也应制订相应的法规条例，约束其向非法商家处理、销售所产生废矿物油。对于违反规定的，给予相应处罚。如西安市 2010 年起要求废矿物油产生企业必须将其交给有收集或处置资格的单位，否则将处以 2 万元以上 10 万元以下罚款。

整个废矿物油的产生、收运、处理和后续产品销售都有法可依、依法运作，按照市场机制操作是废矿物油管理体系发展的必然途径。由于我国目前尚处于发展转型阶段，多方面涉及环境资源的法律法规还不健全，各个领域更是缺乏相应的管理、管制细则，政府有责任尽快制订健全的法律法规及实施细则，利用市场机制和利益调配杠杆，引导好企业、事业单位乃至个人共同建设规范化、科学化和环境友好型废矿物油收集管理体系。

当然，除了运用法律手段，通过宣传提高民众和各产废单位的环保意识，充分认识到废矿物油不规范处理带来的社会危害是必要的辅助手段。只有各产废单位自觉寻求有资质的正规单位合作，才能最终有效控制废矿物油的安全处理，营造安全的废矿物油市场环境。

第二节　包装废弃物回收与利用

环境保护和资源合理利用是一项紧迫而又艰巨的任务。节约型社会建设与循环经济可以为社会节约巨大的经济成本，为整个社会资源、经济、环境等多方面带来利益。包装废弃物是一种污染源，但同时也是一种可利用的资源。随着中国包装工业的迅猛发展，包装废弃物造成的环境污染问题日益严重。据统计数据显示，包装所带来的环境污染仅次于水质污染、海洋湖泊污染和空气污染，已处于第四位。中国每年生产的包装制品有 70%在使用后被丢弃。为解决资源与环境问题，世界上很多发达国家都把废弃物资源化作为国家经济建设的重点，掀起了世界性“资源化革命”的浪潮。包装的创新也从“绿色革命”转向包装资源化的“二次革命”，使包装废弃物从焚烧、填埋等单一的行业性处理转向了资源化再利用。

包装废弃物已逐渐被回收，通过分拣、加工、分解，重新进入生产和消费领域，但其实施的现状却并不容乐观，其中很多环节存在的问题制约了整个行业的发展，物流过程是实现其资源化的重要环节。包装废弃物逆向物流是指将经济活动中失去原有使用价值的包装物品，根据实际需要进行收集、分类、加工、包装、搬运、储存等，并分送到专门场所时所形成的物品实体流动。包装废弃物的逆向物流正是垃圾循环再利用这条产业链中承上启下的一个重要环节。

据估计，全世界每年产生的垃圾中，大约有 1/3 属于包装废弃物。国内的包装总消耗量的绝对数量相当大，在城市生活垃圾中，包装废弃物约占 10%，2008 年大约为 3000 多万吨，而抛弃的包装物还在以每年 160 多万吨的速度在增长。有关数据显示，国内包装业现有 2.5 万多家企业，年产值从 1980 年的 72 亿元增加到 2004 年的 3000 多亿元，在包装业发展的同时也消耗了大量资源。据统计，目前全球来自包装的废弃物为 2000 多亿吨，国内为 1600 万吨左右，且排放量以每年 12%的速度递增。据初步估计，每年固体废弃物所造成的经济损失及可利用而未利用的废弃资源价值达 300 亿元。

包装废弃物虽然种类繁多，但按包装制品的材质可分为纸类、塑料、金属、玻璃、陶瓷、木材及复合材料等。为防止产品损坏，不少产品的包装中还有大量的缓冲材料和填充料，如发泡塑料、海绵、碎纸等。按包装品的形态包装废弃物则可分为袋、盒、瓶、灌、桶、箱等。

一、包装废弃物回收的必要性

目前，包装废弃物的逆向物流引起了世界各国的重视。在国内，由于包装工业的快速发展，包装废弃物的问题日益突出。但我国尚未建立科学完整的包装废弃物逆向物流体系，包装废弃物回收处理的法规也有待完善，因此有必要关注和研究包装废弃物回收的逆向物流体系的建立与运转问题。包装废弃物的回收再造可以带来不可估量的生态、经济和社会效益。

1. 生态效益

包装工业在生产中和使用后排出的包装废弃物已严重污染生态环境，尤其是不可降解塑料造成的“白色污染”更成为环境的一大公害。美国《包装》杂质进行的一次民意测验表明，公众认为包装废弃物污染是仅次于水源污染、海洋、湖泊污染和空气污染之后的第四大污染，成为公众直接感受到的需要加大治理的重要污染源之一。因此，包装废弃物的逆向物流具有十分重要的生态效益。

目前，国际上提出的绿色包装发展方向为“3R”和“1D”原则。即：

减量化包装（Reduce)。在保障包装功能的前提下，尽可能减少包装材料的使用量，从而减少包装废弃物产生量。

可复用包装（Reuse)。包装容器应尽可能地提高其可重复利用次数，以较大限度地减少废弃物产生量。

可回收再生包装（Recycle)。包装废弃物所选用原材料应尽可能采用可转化或可再生的原材料。

可降解包装（Degradable)。包装废弃物应选用在较短时间内可生物降解的原材料。

绿色包装是无公害包装，指无污染、可回收利用或再用的包装材料或制品，意味着包装产品从材料的选择、使用、回收等整个过程都应符合绿色物流的要求，满足生态环境的要求。从环保角度讲，绿色包装主要通过绿色包装设计、绿色包装材料技术、绿色包装工艺三个方面实现。

绿色包装设计通过虚拟制造技术在虚拟制造环境中生成软产品原型，其代替传统的硬产品进行包装性能的预测和评价，缩短产品的设计与制造周期。绿色包装材料不仅仅包括容易降解的纸质材料，还应包括可降解的塑料、铝包装。纸材料可回收，但污染严重，并且再生纸会降低纸的质量等级。塑料有着广泛的前景，只要攻克降解的技术难关，必将成为重要的绿色材料。

2. 经济效益

包装废弃物回收后循环利用具有巨大的经济效益。按目前的回收水平计算：我国一年回收纸箱 14 万吨，可节约生产同量纸的煤 8 万吨、电 4900 万度、木浆和稻草 23.8 万吨、烧碱 1.1 万吨；一年回收玻璃瓶 10 亿只，可节约生产同量玻璃瓶所需的煤 4.9 万吨、电 3850 万度、石英石 4.9 万吨、纯碱 1.57 万吨；回收各种铁桶 4000 万只，可节约钢材 4.8 万吨。以上几项总价值就达数亿元。从全国包装工业总产量的统计看，目前纸包装制品约为 835 万吨，塑料包装制品约为 244 万吨，玻璃包装制品约为 444 万吨，金属包装制品约为 161 万吨。同时这些制品还在以每年 12.5%～30%不等的速度增长。由此可见，回收再生的“原料”问题根本不用担心。目前，已有一些发达国家对包装废弃物进行了比较成功的回收利用，创造了可观的经济效益。如芬兰有一半的垃圾实现了再利用，2001年废纸回收利用率达到70%；日本从废品中回收的铜占全国铜需求量的80%，废弃包装物的回收利用率为78%，造纸原料50%以上来自回收市场；法国的废弃包装物回收利用率为57%，90%的瓦楞纸是用回收的废纸生产的；美国铝罐回收率为95%。美国有三家垃圾处理公司包揽了全国15%以上的垃圾处理量，年创效益20亿美元以上。这些都说明发达国家在产品包装废弃物的回收利用上取得了相当不错的效果。

3. 社会效益

能源问题现已成为世界各国社会和经济发展的瓶颈，人们对能源的关注已转向极具发展前景的可再生能源。包装废弃物就是可再生能源的原料。包装废弃物的逆向物流能产生巨大的社会效益。一方面，对企业来说，发展逆向物流能够反映社会发展进程中绿色环保的呼声，有助于其树立良好的公众形象，产生较好的社会效益；另一方面包装废弃物逆向物流体系的建立，能够提供更多的就业机会。

二、塑料包装废弃物的回收处理

包装废弃物中塑料材料占首位。塑料包装废弃物已占到废弃塑料的85%以上。目前，全球每年的塑料产量超过1亿吨，包装塑料占整个市场的30%以上，只有将这些塑料包装的废弃物回收处理或再生利用，才能解决这些废弃物给周围环境带来的污染问题。据介绍，中国废塑料的回收利用率只有20%左右，其余80%填埋焚烧。发达国家中，德国和日本的废塑料回收利用率达到了70%。

塑料包装废弃物回收处理或再生利用是解决这些废弃物对环境污染的可行途径。塑料的可回收利用率很高，再生塑料比再生纸的能耗要低30%。即使塑料使用到不能再生了，也可以无害化处理。这一技术在国外已经使用得很普遍。

塑料包装废弃物的处理方法基本上可分为填埋、焚烧及回收再生利用。填埋是把垃圾作为废物处理，对垃圾资源的利用率低，不符合国家可持续发展战略。焚烧法可将不能再次利用的混杂塑料在焚烧炉中焚化，由其产生的大量热量可再次充分利用，但焚烧的过程会产生大量的有害气体，对环境及人体造成危害。回收再生利用包括机械再生利用和化学再生利用。机械再生利用包括直接再生利用及改性再生利用；化学再生利用主要有热分解和化学分解两类。塑料再生利用是国家解决资源短缺的一个重大战略问题，我国废塑料回收利用前景看好。

1. 填埋

废塑料由于具有大分子结构，废弃后长期不易分解腐烂，人们对其进行填埋处理。填埋法简单，深埋后也不会对地表产生污染或危害地表植被。但废塑料在垃圾填埋处理中不但不能被资源化利用，而且实践证明还将带来许多负面的潜在危害。由于废塑料中塑料包装物居多，它们密度小、体积大，不易分解，很快填满场地，降低填埋场地处理垃圾的能力。日本国内每年废塑料的废弃量在1000万吨左右，其中约300万吨被填埋处理，因此，最终会找不到填埋场所。塑料具有耐酸、耐碱，耐气候老化、耐腐蚀、不易分解等特性，决定了它的最终处置不宜填埋。垃圾填埋对资源的利用率低，不符合国家可持续发展战略，并不是垃圾处理的理想方法。

2. 焚烧

焚烧法可将不能再利用的混杂塑料在焚烧炉中焚化，产生的大量热量可再次充分利用。

塑料的能量值最高，日本及欧洲一些国家主要通过焚烧来发电，比利时等国家则通过焚烧提供工业用蒸汽，他们认为焚烧回收热能是塑料废弃物再资源化的一个重要途径，也是治理塑料废弃物最现实的手段。包装废弃物焚烧转变为热能对于劳动力昂贵的发达国家，是经济上可取的方式；但焚烧炉投资较大，适合于垃圾中塑料比例较大的大中型城市。塑料焚烧后可减少90%的体积和80%的质量，热值一般为83kJ/kg，接近燃烧油，剩下的10%～20%易于分解。

垃圾发电的方法是将垃圾收集后添加一定的辅助燃料焚烧，然后通过一系列设备将热能转化为电能。垃圾通过焚烧得到了减量化处理，垃圾的体积变小了；燃烧后可以发电，创造了价值。废塑料在垃圾焚烧发电中起到了决定性的作用。在所有垃圾组分中，废塑料的热值最大，干基高位发热量为32570kJ/kg。虽然废塑料只占垃圾总量的15%左右，但热值却占到整个垃圾热值的40%以上。而我国垃圾低位热值在4500kJ/kg，根据联合国环境组织（UNEP）的规定，当垃圾的低位发热量为3350～7100kJ/kg时，适合焚烧处理；水分在40%～50%，经短时间搁置脱水可以直接入炉焚烧。针对我国垃圾热值低、水分高的特点，可以说垃圾中废塑料的含量直接决定了垃圾焚烧发电量。废塑料作燃料提供热能发电，在垃圾焚烧中实现了资源化利用，获得了经济效益。

目前，在日本有焚烧炉近2000座，利用焚烧废塑料回收热能约占塑料回收总量的38%。德国有废塑料焚烧厂40多家，它们将回收的热能用于火力发电，发电量占火力发电总量的6%左右。但应注意的是，焚烧过程中会产生大量的有害气体，对环境及人体造成危害。废塑料焚烧的主要产物是二氧化碳和水，但随着塑料品种、焚烧条件的变化，也会产生多环芳香烃化合物、一氧化碳等有害物质，例如：焚烧PVC会产生HCl，焚烧聚丙烯腈会产生HCN，焚烧聚氨酯会产生氰化物等。另外，在废塑料中还含有镉、铅等重金属化合物，在焚烧过程中，这些重金属化合物会随烟尘、焚烧残渣一起排放，污染环境。因此，必须安装废气的处理设施以防止污染，否则，这些物质直接进入大气，其结果是破坏臭氧层，形成温室效应、酸雨，危及人体健康。

3. 回收再生利用

回收再生利用主要包括废塑料的再生、热处理油化、加工衍生燃料（RDF）焚烧能源化利用以及其他化学处理，如制涂料、黏合剂、轻质建材等。塑料再生利用是国家解决财源短缺的一个重大战略课题。我国石油资源消费缺口很大，塑料原料大量依赖进口的状况没有根本性改变，再生塑料便成为解决原料紧缺的快捷方式，而且来源丰富、成本低廉。

（1）机械再生利用　机械再生利用包括直接再生利用及改性再生利用。

① 直接再生利用。废旧塑料的直接利用系指不需进行各类改性，将废旧塑料经过清洗、破碎、塑化，直接加工成型，或其他物质经简单加工制成有用制品。国内外均对该技术进行了大量研究，且制品已广泛应用于农业、渔业、建筑业、工业和日用品等领域。废旧塑料直接再生利用的主要优点是工艺简单、成本低廉，其缺点是再生料制品力学性能下降较大，不宜制作高档次的制品。

a. 再生利用方式一。所谓“闭合”（如HDPE牛奶瓶回收后经加工重新制成牛奶瓶），即在再生加工时加入大量新鲜的同类树脂（约90%），通过这种方法生产的产品，在用途和机械运行特征上与新鲜树脂制品没有明显的区别，再生性能优良。

泡沫塑料质轻、体积大，运输成本太高，应就地先消泡后再运输，将所收集的聚苯乙烯泡沫塑料的体积减少到原来的1/30，密度恢复到0.9g/cm^{3}以上。使用这种消泡技术回收的聚苯乙烯泡沫塑料可再重新加工成可发性聚苯乙烯，并用于生产泡沫塑料板材，这种板材用于冷库或大型厂房房顶、管道保温等绝热、隔热材料，较之使用全新的可发性聚苯乙烯

(EPS) 粒料，可大大节约原材料成本。

b. 再生利用方式二。将废塑料直接加工清洗，不用或少用新鲜树脂，在混合的过程中，加入一些配合剂，以调节树脂的物理化学性能。如将 HDPE 牛奶瓶回收后制成洗衣店用的 HDPE 洗涤剂瓶，然后再次回收后又制成塑料箱。

由于材料在使用过程中老化以及在加工过程中老化，故再生塑料制品的力学性能相比使用新鲜树脂的较低。

② 改性再生利用。改性再生利用的目的是为了提高再生料的基本力学性能，以满足再生专用制品质量的需要。改性再生主要分为物理改性和化学改性。

a. 物理改性。在塑料废弃物活化后加入一定量的无机填料，同时还应配以较好的表面活性剂，以增加填料与再生塑料材料之间的亲和性。废旧塑料再生后存在一大问题，即力学性能较差，在加工的同时可对再生材料进行增韧改性，加入弹性体或共混热塑弹性体，如将聚合物与橡胶、热塑性塑料、热固性树脂等进行共混或共聚。近年又出现了采用刚性粒子增韧改性，主要包括刚性有机粒子和刚性无机粒子，常用的刚性有机粒子有聚甲基丙烯酸甲酯(PMMA)、聚苯乙烯 (PS) 等。

使用纤维进行增强改性是高分子复合材料领域中的开发热点。它可将通用型树脂改性成工程塑料和结构塑料。回收的热塑性塑料（如 PP、PVC、PE 等）用纤维增强改性后，其各方面的性能将大大提高，强度、模量均会超过原废旧塑料，其耐热性、抗蠕变性、抗疲劳性均有提高，但制品脆性会有所增大，即其拉断力增大，而断裂伸长率会大大减小。纤维增强改性具有较大发展前景，拓宽了再生利用废旧塑料的途径。

“合金化”是改善聚合物性能的重要途径。将未经分类的废塑料拆解后磨碎，加入增强剂、增容剂与添加剂混炼合金化，再挤出成型，可制成具有某种特性的聚合物合金，如各种“塑料木材”产品，耐潮、耐腐蚀。

b. 化学改性。化学改性就是通过化学反应对材料进行改性，即通过接枝、共聚等方法在分子链中引入了其他链接和功能基团；或通过交联剂等进行交联；或通过成核剂、发泡剂等进行改性，使废旧塑料被赋予较高的抗冲击性能、优良的耐热性、抗老化性等，以便进行再生利用。

目前国内在这方面已开展了较多的研究工作，用化学改性的方法把废旧塑料转化成为高附加值的其他有用的材料，已成为当前废旧塑料回收技术研究的热点，并取得了越来越多的成果。

再生产应用中可以将物理、化学改性同时运用于同一材料上，在特定的螺杆挤出机中，使多种材料一边进行物理改性，一边进行化学改性，然后将两者共混。这种技术既可以缩短生产周期，生产连续化，也能取得较好的改性效果。

(2) 化学再生利用　化学再生直接将包装废弃塑料经过热解或化学试剂的作用进行分解，其产物为单体、不同聚体的小分子、化合物、燃料等化工产品。这种回收处理的方式可以使自然资源的使用形成一个“封闭”的循环。化学处理再生有着显著的优点：分解生成的化工原料在质量上与新的原料不相上下，可以与新材料等同使用。

化学再生利用主要有热分解和化学分解。

① 热分解。热分解技术的基本原理是将废旧塑料制品中的树脂高聚物进行较彻底的大分子链分解，使其回到低摩尔质量状态，从而获得使用价值高的产品。废塑料热分解使用的反应器有塔式、炉式、槽式、管式炉、流化床和挤出机等。该技术是对废旧塑料较彻底的回收利用技术。热分解根据所得的产物及工艺可分为油化工艺、气化工艺及炭化工艺等。

② 油化。热分解油化工艺的特点是分解产物主要是油类物质，另外还有一些可利用的

气体和残渣。该工艺可处理多种塑料废弃物，如 PE、PS、PMMA、PVC 等。由于高温裂解回收原料油需要在高温下进行反应，设备较大，回收成本高，并且在反应过程中有结焦现象，因此，限制了它的应用。

日本富士循环公司将废旧塑料转化为汽油、煤油和柴油，采用 ZSM-5 催化剂，通过两台反应器进行转化反应，将塑料裂解为燃料。1kg 塑料可生成 0.5L 汽油、0.5L 煤油和柴油。我国科研人员研究开发了废塑料催化裂解一次转化成汽油、柴油的中试装置，可日产汽油、柴油 2t，能够实现汽油、柴油分离和排渣的连续化操作。裂解反应器具有传热效果好、生产能力大等特点。催化剂加入量 1%～3%，反应温度 350～380℃，汽油和柴油的总收率可达到 70%。由废聚乙烯、聚丙烯和聚苯乙烯制的汽油的辛烷值分别为 72、77 和 86，柴油的凝固点分别为 3℃、－11℃、－22℃。该工艺操作安全，无三废排放。2009 年 3 月有关媒体报导，印度的贝纳勒斯印度大学研究人员发现：在进行热处理后，塑料袋的聚乙烯成分能将铺路的石子包裹住，从而与煤焦油有效地黏合在一起，这样铺出的路浸水后不易出现裂缝。

2008 年油价高涨，以石油为原料的商品的价格自然水涨船高。许多垃圾处理公司都将塑料垃圾填埋场视为一个蕴藏着宝贵资源的矿场。当时欧美和亚洲各地已开始进行试点项目，将回收塑料及其他以石油为原料的废弃物转换成液体燃料。

③ 气化。热分解气化工艺主要是用于处理城市内混有塑料包装废弃物的垃圾及多种混杂的废旧塑料垃圾。废塑料气化装置的设计需着重考虑两个方面：一是使废塑料充分气化；二是尽可能少产生有害物质。现有的废塑料气化装置主要有流化床和固定床，原料流程以二段流程为主。

国内有关机构开发出一种利用废塑料生产汽油、煤油、柴油的工艺，将废弃聚烯烃塑料熔化气化的装置，由熔化器及气化炉两部分组成。熔化器的热源部分来自气化炉炉管，部分采用电加热器。气化炉采用自动控制温度的喷燃油的燃烧器加热。废塑料在熔化器内受热熔化成液态，经有计量泵的出口进入气化炉的布料板，受热气化成聚烯烃气体。中国科学院山西煤炭化学研究所发明的气化炉亦属两段流程：废塑料从气化炉下部加入，在 720～850℃时热解气化，生成含有焦油的空气煤气；该煤气经过气化炉上部 850～920℃的高温区，焦油裂解，即成为不含焦油的煤气。该气体不含高分子烃类物质，水洗后可直接燃烧使用。

目前，德国、美国、日本等发达国家均已开始废塑料气化工艺的研究，并在加压鲁奇炉、高温温克勒和德士古等气化炉中进行了混合废塑料气化中试规模的实验。

④ 炭化。废旧塑料进行热分解时会产生炭化物质，多数情况下是油化工艺或气化工艺中所产生的副产物。当炭化物质排出系统外用作固体燃料时，需要采用高效率并且无污染的燃烧方法。废旧塑料在一定热分解条件下炭化，并经相应处理即可制得活性炭或离子交换树脂等吸附剂。将 PVC 先进行热分解使其炭化，并采取适当措施使炭化物形成具有牢固键能的立体结构，即得到高性能活性炭。在所采取的措施中，要注意调节升温速率、引入交联结构和使用添加剂等。其具体过程是，将 PVC 在 350℃脱氯化氢后的生成物，以10～30℃/min的速率升温，加热到 600～700℃获得炭化物；然后在转炉中用水蒸气于 900℃下活化，即得到比表面积为 $400m^2/g$、亚甲基蓝脱色能力为 120mL/g 的活性炭。

日本最近开发以废塑料中所含的碳元素作为电炉用的含碳材料的技术。采用该技术后，每年能将 200 万吨废塑料进行有效地循环再利用。开发的废塑料循环再利用的工艺流程是，把作为原料的废塑料与铁粉混合后，装入回转窑进行加热，获得废塑料和铁粉混合的颗粒体；将所得的颗粒体采用固化挤压机挤压致密后就成为了可投入电炉用的体积压缩固化的废塑料。体积压缩后的废塑料作为电炉的发热源，与焦炭和无烟煤等含碳材料的效果基本相同。

⑤ 化学分解。化学分解是将废弃塑料通过水解或醇解（乙醇解、甲醇解及乙二醇解等）等分解反应，使塑料变成其单体或低相对分子质量的物质，重新成为高分子合成的原料。化学分解产物均匀，易控制，不需进行分离和纯化，设备投资少。但由于化学分解技术对废旧塑料预处理的清洁度、品种均匀性和分解时所用试剂有较高要求，因而不适合处理混杂型废旧塑料。目前化学分解主要用于聚氨酯、热塑性聚酯、聚酰胺等极性类废旧塑料。

化学分解主要有催化剂分解法和试剂分解法。

a. 催化剂分解法。催化剂分解法是在复合催化剂的作用下，在常温常压下进行分解反应。分解产物为废旧聚合物的原单体。该分解方法工艺简单，但对于催化剂的选用、装载比较精细。美国 Amoco 公司开发了一种新工艺，可将废旧塑料在炼油厂中转变为基本化学品。经预处理的废旧塑料溶解于热的精炼油中，在高温催化裂解催化剂的作用下分解为轻产品。由 PE 回收得到 LPG、脂肪族燃料；由 PP 回收得到脂肪族燃料；由 PS 回收可得到芳香族燃料。

b. 试剂分解法。试剂分解法中的醇解应用最为广泛。将废旧塑料进行清洁干燥等预处理，破碎后送入反应器中，分解后可获得多元醇类产品。水解反应也是一种较为方便的回收手段，系缩合反应的逆反应，所以水解的对象也多为缩聚物。由于这些分子中具有羟基形成的众多氢键，分子间作用力强，故可作为塑料材料；但也由于它的基团具有亲水性或易水解性，其最终产物为葡萄糖。

日本崇城大学采用微波进行废塑料的化学分解研究，最近开发出一种高速化学分解工艺。选择在塑料中含有极高反应活性的酯键的聚酯系塑料，主要是以废 PET 瓶作为原料进行化学分解研究。由于 PET 瓶在废塑料中回收量高，以往进行过很多次化学分解的研究。以往的 PET 分解法是采用长时间加热或在高压下分解的方法，能耗大。新方法最初试验是在通常的碱性催化反应（H_2O-NaOH-PET）的条件下，用微波照射 7min 后，PET 瓶碎片就完全分解。它与一般的加热环流条件相比，分解速率提高 30 倍。

三、纸类包装废弃物

纸类包装物约占包装材料总量的 40%～50%。纸类包装物具有质轻、成本低、加工性能好、便于加工、卫生、无毒、无污染、废弃后易降解，并具有一定的挺度和良好的力学性能等优点，然而环境对纸和纸板强度有很大影响，尤其是湿度。当环境湿度增大时，纸的抗拉强度和抗撕裂强度都会下降。

纸类包装物主要包括纸箱、纸盒、纸袋、纸质容器，以及其他材料复合纸、纸板等。按密度，可将包装用纸分为轻包装纸、重包装纸和其他包装纸。按厚度，又可将包装用纸分为纸和纸板。凡在 $225g/m^2$ 以下或厚度小于 0.1mm 的称为包装用纸，凡在 $225g/m^2$ 以上或厚度大于 0.1mm 的称为纸板。常见包装用纸有牛皮纸、羊皮纸、鸡皮纸、防潮玻璃纸、糖果包装纸、茶叶袋滤纸、防潮纸、纸袋纸、复合纸等。包装用纸板有白纸板、牛皮箱纸板、箱纸板、瓦楞纸板、黄纸板、茶纸板、复合纸板等。

1. 牛皮包装纸

牛皮纸被应用于化工、机械等各行业，特别广泛应用于食品包装行业。食品的包装要遵循方便、便携的原则，牛皮纸的抗拉伸优势使它非常适合包装的需求。为了防止消费者提外带食品时袋子被拉断，包装材料要求有良好的抗拉强度。饮料包装要求制作材料有一定的抗湿不变形能力，防止吸水变形破损。对于冰冻食品的包装，使用高强度的材料包装也是考虑的关键，这种材料必须能承受得住低温冰冻和高温融化时的热胀冷缩，防止出现变形、扭曲、打皱以及

图 5-1　牛皮包装纸

吸湿过度不能装食物的情况。从这些方面看，原色牛皮纸甚至比 SBS 纸更适用。

牛皮包装纸（图 5-1）是用硫酸盐木浆抄制的高级包装纸，具有高施胶度、坚韧结实似牛皮等特点。牛皮纸主要用于包装纸、信封、纸袋等和印刷机滚筒包衬等。牛皮纸通常为黄褐色，半漂或全漂的牛皮纸浆呈淡褐色、奶油色或白色，定量范围为 80～120g/m^2。裂断长一般在 6000m 以上。抗撕裂强度和动态强度很高。多为卷筒纸，也有平板纸。

2. 羊皮纸

羊皮纸又称植物羊皮纸或硫酸纸，是用未施胶的高质量化学浆纸，在 15～17℃浸入 72%的硫酸中处理，待表面纤维胶化，即羊皮化后，经洗涤并用 0.1%～0.4%的碳酸钠碱液中和残酸，再用甘油浸渍塑化，形成质地紧密坚韧的半透明乳白色双面平滑纸张。

羊皮纸又称工业羊皮纸，是一种半透明的包装纸，它主要供包装机器零件、仪表、化工药品等。

羊皮纸具有良好的防潮性、气密性、耐油性和机械性能，可满足油性食品、冷冻食品、防氧化食品的防护要求。可以用于乳制品、油脂、鱼肉、糖果、点心、茶叶等食品的包装。

3. 玻璃纸

玻璃纸是一种是以棉浆、木浆等天然纤维为原料，用胶黏法制成的薄膜，它透明、无毒无味。其分子链存在着一种奇妙的微透气性，可以让商品像鸡蛋透过蛋皮上的微孔一样进行呼吸，这对商品的保鲜和保存活性十分有利；对油性、碱性和有机溶剂有强劲的阻力；不产生静电，不自吸灰尘；因用天然纤维制成，在垃圾中能吸水而被分解，不至于造成环境污染。

玻璃纸又称赛璐玢（cellophane）。透明度高（可见光透过率达 100%），有平板纸和卷筒纸。定量 30～60g/m^2。无色，也可染成各种颜色。纸质柔软、透明光滑，无孔眼，不透油，不透水。有适度的挺度，具有较好的拉伸强度、光泽性和印刷适性。生产方法与造纸不同，与人造丝工艺相近。采用 α-纤维素含量高的精制化学木浆或棉短绒溶解浆为原料，经碱化（18%氢氧化钠）、压榨、粉碎等过程制得碱纤维素，再经老化后加入二硫化碳使之磺化成纤维素黄原酸酯，用氢氧化钠溶液溶解即制成橘黄色的纤维素黏胶。该黏胶在 20～30℃温度下进行熟成处理，并经过滤除去杂质和脱除气泡，然后在拉膜机中由一个狭长的缝隙中挤出，流入硫酸和硫酸钠混合液的凝固浴槽中，形成薄膜（再生纤维素薄膜），再经水洗、脱硫、漂白、脱盐和塑化（甘油和乙二醇等）等处理，最后经干燥制成，用于药品、食品、香烟、纺织品、化妆品、精密仪器等商品的包装。

4. 其他包装纸

其他包装纸还有鸡皮包装纸、食品包装纸、复合纸等。

鸡皮包装纸是一种单面光包装纸，纸质坚韧，有较高的耐折度、耐破度和耐水度来保证包装商品的质量。单面有良好的光泽，供工业品、食品等包装用。一般全部用未漂亚硫酸盐木浆为原料，经长纤维游离状打浆，不经漂白，采用扬克式单缸纸机或长网纸机抄成。

食品包装纸指各类用于人们日常生活食用品的包装纸，如糖果、点心、饼干等。国家食品包装纸标准（QB 1014—91）将包装纸分为三类：Ⅰ型为糖果包装纸；Ⅱ型为冰棍包装原纸；Ⅲ型为普通食品包装纸。

复合纸是用黏合剂将纸、纸板与其他塑料、铝箔、布等层合起来而制成的一种高性能包装纸。常用的复合材料有塑料薄膜（如 PP、PE、PVDC 等)、金属箔（如铝箔）等。复合加工纸不仅能改善纸和纸板的外观性能和强度，主要的是提高防水、防潮、耐油、气密保香等性能，同时还会获得热封性、阻旋光性、耐热性等。生产复合纸的方法有湿法、干法、热融和挤出复合等工艺方法。

5. 包装用纸板

(1) 白纸板　一般白纸板是具有 2～3 层结构的白色挂面纸板，其结构由面层、芯层、底层组成。白纸板面层由漂白化学木浆制成，生产白纸板时面层和底层使用漂白浆，芯层用机械浆、二次纤维纸浆或其他的一些未漂和半漂纸浆。白纸板表面平整、洁白、光亮，是一种比较高级的包装用纸板，主要用于销售包装，经彩色印刷后制成各种纸盒、箱，起着保护商品、装潢美化商品的促销作用，也可以用于制作吊牌、衬板和吸塑包装的底板。白纸板定量为 200～400g/m^3，薄厚一致，不起毛、不掉粉、有韧性、折叠时不易断裂。

不同等级的白纸板在颜色、光泽度、抗张强度、耐破度等内在质量上都有所不同。

白纸板作为包装纸具有以下优点：

① 具有较高的加工成型性和力学性能。

② 良好的挺度和耐折性、抗变形及机械适应性。

③ 具有优良的印刷性能。

④ 具有较好的缓冲性能。

⑤ 可回收性好，废旧纸板可再生利用。

⑥ 复合性好，白纸板作为基材可与其他材料复合。

白纸板主要用于销售包装，具备良好的印刷性能、加工性能和包装性能，可制成各类纸盒、纸箱等。

(2) 黄纸板　黄纸板俗名“马粪纸”，是一种呈粪黄色、用途广泛的纸板，主要由半化学浆和高得率化学浆在圆网纸机上抄造。通常使用稻麦草以烧碱或石灰法制浆，轻度打浆。根据厚度不同，可以使用具有 2～4 个或更多的圆网笼的造纸机抄造。生产工艺简单，成本和产品质量要求不高。生产黄纸板的原料是 100% 的本色石灰法稻草浆或麦草浆以及废纸。

(3) 箱纸板　箱纸板又名麻纸板，是一种专供制作外包装纸箱用的比较坚固的纸板。有一般的和高级的两种。表面平滑，色泽淡黄至浅褐，有较高的机械强度、耐折性和耐破性，印刷性能好。水分应适当控制（通常不超过 14%），以避免商品受潮变质或纸板起拱分层等现象。一般的用化学未漂草浆为原料，高级的则掺用褐色磨木浆、硫酸盐木浆、棉浆或麻浆等。纸浆经妥善蒸煮，使质地柔软，并经充分洗涤和适当打浆，然后在多网板机上抄成，经过机械压光，也有的在其表面涂布聚乙烯薄膜，以提高其防潮性能。

箱纸板广泛用于包装书籍、百货用品、收音机、电视机、机器零件及食品等，定量为 $200g/m^2$、$310g/m^2$、$420g/m^2$ 和 $530g/m^2$，表面平整，机械强度好。

箱纸板按质量分为以下 5 个等级。

① A 级适宜制造精细、贵重和冷藏包装用的出口瓦楞纸箱。

② B 级适宜制造出口物品包装用的瓦楞纸箱。

③ C 级适宜制造较大型物品包装用的瓦楞纸箱。

④ D 级适宜制造一般包装用的瓦楞纸箱。

⑤ E 级适宜制造轻载瓦楞纸箱。

(4) 包装纸箱　包装纸箱是由纸板加工定型后用于包装物品的矩形容器。一般包装纸箱为长方形，主要有瓦楞纸箱和硬板纸箱两类。

瓦楞纸箱由瓦楞纸板制作而成，是使用最为广泛的纸质包装容器。纸板结构 60%～70%的体积中空，具有良好的缓冲减震性能。与相同定量的层合纸板相比，瓦楞纸板厚度大 2 倍，大大增强了纸板的横向抗压强度，大量应用于运输包装。

与传统运输包装相比，瓦楞纸箱有如下主要特点：

① 轻便牢固、缓冲性能好。

② 原料充足，成本低，加工方便。

③ 贮藏运输方便。

④ 使用范围广。

⑤ 易于印刷装潢。

按照国际纸箱箱型标准，基本箱型一般用 4 位数字表示，前两位表示箱型种类，后两位表示同一箱型种类不同的纸箱式样。瓦楞纸箱基本结构类型有 02 类摇篮纸箱，03 类套合型纸箱，04 类折叠型纸箱，05 类滑盖型纸箱，06 类固定型纸箱，07 类自动型纸箱，09 类内衬件（包括隔垫、隔框、衬垫、隔板、垫板等）。

四、其他包装废弃物

钢制和金属包装废弃物回收利用时间较长，很多垃圾厂都装上了电磁吸出装置，用磁性吸收法回收钢和金属，其用途就更加广泛了。如铝可以制成再生原料颗粒，制作自行车轮缘、铝盘包装等；马口铁可制成自动化工业用钢、罐头、盒等。据物质部门统计，近 40 年来，我国共回收利用废钢铁 3 亿多吨，废钢材 300 多万吨，其回收利用价值可想而知；废玻璃经处理后可制成玻璃、在建筑或预制构件中使用的绝热材料等；废复合材料经回收处理亦可用作纸碎片、抗撕裂纸、波纹纸板、芯板、纺织用的薄纸、纸背包等；木质包装废弃物可以通过机械或化学处理方法制造人造板、木屑板、木质隔声砖、地板等产品。

五、包装废弃物的管理

居民住宅、小区、公共场所都有分类垃圾箱，居民自觉按要求投放，很少有随地乱扔废物的现象。废纸、废塑料等包装废物送往工厂再生利用，厨房、庭院垃圾用于堆肥，不能再生利用的垃圾在对环境不造成污染的前提下填埋或焚烧，生活垃圾无害化处置率很高，各环节流失到环境中的垃圾极少。

1. 包装废物管理

20 世纪 80 年代中期以前，发达国家对大多数塑料垃圾采用填埋或焚烧。90 年代初，随着包装废弃物数量的不断增加、新填埋场数量不断减少以及废弃物处理的费用不断上升，许多国家根据环境要求实施了控制包装的行动计划。同时，各国对包装废弃物的管理也采用不同的方法，如欧洲国家采用“废弃物管理层次”原则，即按照如下次序进行包装废弃物的管理（图 5-2）。

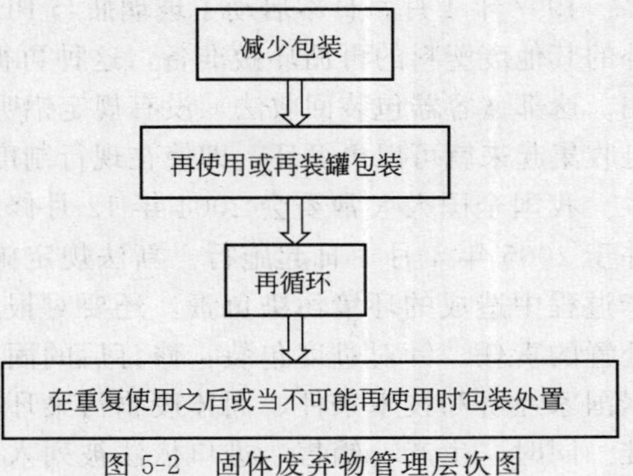

图 5-2　固体废弃物管理层次图

为了鼓励合乎环境标准的包装，各国采用了两类政策手段：一类是严格规定性的，如禁令和强制式的包装回收；另一类是运用经济压力式的，如税收和押金。具体的政策手段有：禁令和限制；强制式回收或再循环；押金退款制度；产品收费/征税；原始材料税；废物处置费；销售许可证；再循环信贷。

各国相继立法，对包装的再使用、再循环和处置制定了强制性综合方案。如德国的《避免包装废弃物法令》；法国 1992 年 4 月的《法令 92-377》；荷兰 1991 年 6 月的《包装契约》；比利时 1991 年 3 月的《自愿协定》等。特别是 1991 年德国的《避免包装废弃物法令》，该法令规定了包装废弃物生产商和销售商应尽的义务，即包装的生产者和销售者必须对他们引入流通领域的废旧包装承担回收和再生利用的任务。包装法让他们进行选择：或者各企业单独承担自己引入的包装物的回收利用责任，或者建立一个覆盖面广泛的私营系统，由这个系统承担所有的回收任务。企业选择了后者，于 1990 年 9 月 28 日在科隆创立了德国回收系统有限公司（简称 DSD 公司），负责废塑料和各种包装容器的单独收集，并由 360 个分选点将废塑料分为聚苯乙烯泡沫塑料、瓶子、杯子、薄膜和混合废塑料 5 大类，回收的总量 1998 年达 60 万吨，前四类占 38%，供作原料使用，混合废塑料供化工再生利用。这是一个非营利性的股份公司，它向它的各个股东企业颁发“绿点”商标许可证，从而收取费用来支付回收再生费用。所有包装上印有“绿点”商标的，都由 DSD 公司负责回收利用。不同种类的包装，“绿点”商标的价格也不同，对于塑料包装，每公斤收 2.95 马克。

日本 1996 年颁布了《容器包装回收法》，这部法律的设计宗旨是要减少在最终处置场填埋的一般废物量（因为填埋场空间日益减少）和使废物再循环，目的在于创造一种能应付未来资源耗损的社会体系。这部法律的重点是容器和包装。一切种类的一般废物中，容器和包装（包括食品、饮料及其他日用必需品的袋子和包装纸）占 25%（质量）和约 60%（体积）。该法律规定，容器的制造商，或销售带容器和包装的产品的工商企业，应当负责按照其制作或使用的体积再循环一定数量的容器和包装中所用材料，如果他们无法达标，则他们有责任为此缴纳费用，这种费用以更高零售价的形式转嫁给消费者。

以下是这个设想的背景。容器和包装再循环的最大障碍在于在很多情况下它没有付费。一种特定物品再循环的费用通常高于再循环物品的销售价格，任何一家工商企业都不敢从事这样一种不盈利的再循环。这就是为什么其中每一个方面都负担一部分再循环成本的体系是至关重要的。近年来，数目日益增多的城市对居民收取一部分根据其所抛弃废物数量计算的费用。过去，各城市都利用纳税人的钱来支付一般废物的处置费用。

然而，对工商企业来说，让它们自己承担再循环的责任是困难的，这样的工商企业要向日本容器和包装再循环协会缴纳委托费，该协会类似于德国回收系统有限公司（DSD）和法国的“生态包装”，这个协会代表各工商企业收取再循环费。它与 DSD 的不同之处在于，日本城市系由法律赋予利用各自的预算来收集废物的责任。

1997年4月，日本启动了玻璃瓶与PET瓶的分别收集与再循环。目前正在为除PET瓶以外的其他废塑料的再循环做准备，这种再循环将始于2000年4月，各工商企业要承担部分费用。这部《容器包装回收法》没有规定铝听、钢听和纸板（箱）等再循环的责任，这些物品一旦收集起来就可以再循环，即使在现行制度下也无需来自工商企业的额外财政贡献。

我国全国人大常委会2004年12月修订了《中华人民共和国固体废物污染环境防治法》，并于2005年4月1日起施行。新法规定施行生产者责任延伸制度，不仅要求生产者要对生产过程中造成的环境污染负责，还要对报废后的产品或者使用过的包装物承担回收利用或者处置的责任。针对过度包装，修订后的固废防治法规定，国务院标准化行政主管部门应当根据国家经济和技术条件、固体废物污染环境防治状况以及产品的技术要求，组织制定有关标准。同时，生产、销售、进口依法被列入强制回收目录的产品和包装物的企业，必须按照国家有关规定对该产品和包装物进行回收。

2. 包装废弃物逆向物流理念

美国物流管理协会所采用的逆向物流定义是："为了资源回收或处理废弃物，在有效及适当成本下，对原料、在制品、成品和相关信息，从消费点到原始产出点的流动和储存进行规划、执行与管制的过程，从而达到回收价值和适当处置的目的"。逆向物流活动具体包括：各种原因的商业退货、对包装材料和可重复使用的运输包装的回收利用、对产品的再造或翻新、对废弃设备设施的处置、对危险品的处置和资产价值再生。

逆向物流是产品从最终消费到另一点的过程，这一过程是为了充分利用产品的价值或合理地废弃。它包括：处理因损坏、季节性等原因退货的机制；回收包装材料和容器；修理、再制造和再利用产品；多余设备的废弃；有害物资的处理；资产的恢复等。

专家指出，随着经济的迅速发展，包装废弃物的数量惊人地增长。在这种情况下，如果能够大规模地建立资源回收系统，必将减少原材料的浪费，减少包装废弃物的排放量、运输量和处理量，这样既可以保护环境，也能产生显著的经济效益和社会效益。

世界各国的包装废弃物资源化实践表明，包装废弃物资源化潜力巨大。要进行包装废弃物的综合利用，首先要建立资源化系统。资源化系统是指原材料经加工制成的产品，经人们的消费后成为废弃物，再引入新的生产消费循环系统，就整个社会而言，就是"生产—消费—废弃物—再生产"这样一个不断循环的生态系统。多年来废旧物质回收业为我国经济的发展做出了许多贡献，现在我国的再生产业已经从无到有，从小到大，形成了回收加工和生产经营体系。包装废弃物是保护环境最急需治理的废弃物，也是固体废弃物中最具回收价值的资源。回收复用是包装废弃物资源化利用的首选途径，如果彻底实施可起到浪费少、花费少的效果。一些木制品、纸质制品、钢材制品、金属制品和塑料包装制品等都是可以直接回收复用的。直接复用一般是将这些废弃物返回生产厂家通过简单处理再用于产品的包装使用。

废弃的木包装可以通过机械或化学处理方法制造人造板、木屑板、木质隔声砖、地板等产品；纸和纸板纤维不可能无限次数地回收，为了保持强度，总需要加入一些新纤维。瓦楞纸箱对新纤维的要求较低，废纸含量可达96%。塑料包装废弃物主要分为两大类——塑料瓶和塑料薄膜。世界各国都将塑料回收利用作为当今世界塑料废弃物处理的主要发展方向，塑料包装废弃物回收利用比例美国2002年达到42.5%左右。日本包装废弃物的回收利用情况颇有借鉴价值。德国2001年包装废弃物的回收利用比例就高达70%。现在为了便于回收利用，许多塑料生产厂家都使用塑料工业制订的编码系统，在瓶底标上符号，用过的塑料瓶在其他工业中的回收利用正在不断发展。将回收的PET加工成制造纺织品用的聚酯需求量很高。回收PVC的用途包括制造工业捆绑带、高度耐磨的墙面涂料、制造排水管、电线的导线管、电器配件和鞋垫等，废的聚丙烯和高密度聚乙烯用于制造户外和街道用的长凳、座椅、野餐桌、周转箱、标牌、支撑架等。回收的 HDPE 瓶可以加工成一种回收料，用在由不透明的 HDPE 树脂构成的内层和外层之间，共挤吹塑成盛装油、洗涤剂等产品的塑料瓶。塑料薄膜一般较塑料瓶难回收和难以再生利用，但可以把它们焚烧作为能源加以利用。废塑料油化技术采用高性能的催化剂，将高密度聚乙烯或聚丙烯塑料“降聚”，能生产出符合国家标准的柴油和汽油，产油率达到 75%以上。

除了大力发展绿色包装，推动物流包装标准化是另一减少包装废弃物的有效途径。

物流标准化是指在运输、配送、包装、流通加工、资源回收及信息加工处理过程中通过制定、发布、实施各类物流标准，达到协调统一，获得最佳的物流秩序和经济效益。包装标准化是以物流包装为对象，对包装类型、规格、容量、使用材料、包装容器的结构类型、印刷标志、产品的仓储、缓冲措施、封装方法、名词术语、检验要求等给予统一的标准和技术措施，在整个物流系统中实现包装合理化及现代化。加入 WTO 后，包装标准化可减少与其他国家的国际物流争端，提高物流效率，减少物流费用，在很大程度上提高产品在国际市场上的竞争力。

目前国内的物流包装 CAD 多是进行缓冲设计与校核，对纸箱、盒形等进行初步设计，很少涉及运输方案的选择、物流包装的信息查询，缺少统一的技术方法和评价体系。因此，亟须在绿色物流体系下开发现代物流包装 CAD 系统，对产品的运输包装从包装结构、包装材料、包装方法上进行单独设计和校核，并通过对托盘的选择和对运输线路、运输工具的选择进行综合评定，进行物流包装的查询，完成运输包装的优化设计。物流包装 CAD 系统能说明企业提高产品运输的可靠性、安全性，降低物流成本。

第三节　电子废弃物回收与利用

电子废弃物俗称电子垃圾，是指被废弃不再使用的电气或电子设备，如电冰箱、空调、电脑、洗衣机、电视机等家用电器和计算机等通信电子产品等的淘汰品。电子垃圾需要谨慎处理，在一些发展中国家，电子垃圾造成的环境污染威胁着当地居民的身体健康。

一、电子废弃物的种类、来源及危害

电子垃圾的种类繁多，大致可分为两类：一类是所含材料比较简单，对环境危害较轻的废旧电子产品，如电冰箱、洗衣机、空调等家用电器以及医疗、科研电器等，这类产品的拆解和处理相对比较简单；另一类是所含材料比较复杂，对环境危害比较大的废旧电子产品，如电脑、电视机显像管内的铅，电脑元件中含有的砷、汞和其他有害物质，手机的原材料中的砷、镉、铅以及其他多种持久性和生物累积性的有毒物质等。

废弃物按照可回收物品的价值大致可分为三类。第一类是计算机、冰箱、电视机等有相当高价值的废物。就目前的技术而言，对其处理和利用是有利可图的。第二类是小型电器如无线电通信设备、电话机、燃烧灶、脱排油烟机等价值稍低的废物。第三类其他价值很低的废物。电子废弃物在很大程度上有别于一般城市生活垃圾。前者在干燥的环境中不会像后者那样发生腐烂，产生渗滤水和气体。电子废弃物也有别于量大面广、价值低的工业有害有毒固体废物。因此，在考虑电子废弃物的技术与管理时，应该针对电子废弃物的这种特点制定切实可行的措施。

电子产品的回收和处理已经成为困扰环境工作者的一个重要问题。目前最紧迫的任务是

对报废家电、废弃计算机以及通信设备的处理。中国是家用电器的生产和消费大国。家用电器自20世纪80年代初进入家庭，至今很大一部分已进入报废期。据有关部门1999年调查结果显示，中国电冰箱的社会保有量约1亿台，而电视机和洗衣机的数量均已超过1亿台。如仅以年报废量1%计算，每年废弃量已达到300万～400万台。而计算机方面问题也很大，尽管计算机在中国的普及率远不如家电，但计算机是一种生命周期极短的机电产品，自1946年第一台计算机问世到现在短短的50多年时间里，发达国家已有1.25亿台旧计算机废弃不用，预计到2013年，全世界将有5亿台旧计算机等待处理，而手机等通信设备的问题也十分突出。综上可知，电子废弃物的处理已成为亟须解决的课题。

不加适当处理的电子废弃物也会对环境造成严重污染。当这些废弃物任意丢弃在野外时，由于风吹雨淋，电子废弃物中的有毒有害物质如重金属就会被淋溶出来，随地表水流入地下水或侵入土壤，使地下水和土壤受到一定污染。总的来讲，电子废弃物的污染控制是比较容易的。

电子废弃物涵盖了生活各个领域损坏或者被淘汰的坏旧电子电气设备，同时也包括工业制造领域产生的电子电气废品或者报废品，其按回收材料的类别可以分为电路板、金属部件、塑料、玻璃等几大类，具体见表5-1。

表5-1 电子废弃物的分类

分类方法	类属	主要贡献因子	备注
按产生领域	家庭	电视机、洗衣机、冰箱、空调、有线电视设备、家用音频视频设备、电话、微波炉等	前三种的普及程度最高，所占比例相应也高
	办公室	电脑、打印机、传真机、复印机、电话等	废弃电脑所占比例最高
	工业制造	集成电路生产过程中的废品、报废的电子仪表等自动控制设备、废弃电缆等	相当部分不直接进入城市生活垃圾(MSW)处理系统
	其他	手机、网络硬件、笔记本电脑、汽车音响、电子玩具等	废弃手机数量增长最快
按回收物质	电路板	电子设备中的集成电路板	主要是电视机和电脑硬件电路板
	金属部件	金属壳座、紧固件、支架等	以Fe类为主
	塑料	显示器壳座、音响设备外壳等	包括小型塑料部件(如按钮等)
	玻璃	CRT管、荧光屏、荧光灯管	含有Pb、Hg等严格控制的有毒有害物质
	其他	冰箱中的制冷剂、液晶显示器中的有机物	需要进行特殊处理

电子废弃物组成十分复杂。如各种印刷电路板（PCB），由于单体的解离粒度小，不容易实现分离。非金属成分主要为含特殊添加剂的热固性塑料，处置相当困难。表5-2和表5-3为个人电脑使用的印刷电路板典型组成及PCB和电子元件的组成。可以看出，这些电子废弃物含有数量较大的贵金属，很有回收利用价值。

表5-2 PC中PCB的组成元素分析

成　分	Ag	Al	Al	As	Au	S	Ba	Be	
含　量	3300g/t	4.7%	1.9%	<0.01%	80g/t	0.10%	200g/t	1.1g/t	
成　分	Hi	Br	C	Cd	Cl	Cr	Cu	F	
含　量	0.17%	0.54%	9.6%	0.015%	1.74%	0.05%	26.8%	0.094%	
成　分	Fe	Ga	Mn	Mo	Ni	Zn	Sb	Se	
含　量	5.3%	35g/t	0.47%	0.003%	0.47%	1.3%	0.06%	41g/t	
成　分	Sr	Sn	Te	Ti	Sc	I	Hg	Zr	SiO_2
含　量	10g/t	1.0%	1g/t	3.4%	55g/t	200g/t	1g/t	30g/t	15%

表 5-3　PC 中的 PCB 及其电子元件

生产型号	生产时间	PCB数量	PCB中的电子元件数量/块								
			变压器	电池	LED	电位计	集成电路	二极管	电容器	电阻器	晶体管
1	1988 年	7	2	1	3	7	78	52	184	138	15
2	1985 年	14	2	—	9	15	209	33	297	344	41
3	1980 年	3	2	—	—	2	81	248	114	86	18

针对电子废弃物处理与利用方面的研究最初主要是分析电子废弃物对环境的影响因子，以及综合处理处置的有效途径、各种处置方法带来的环境影响等，资源化回收利用方面的研究很少。电子废弃物对环境的影响因子因设备种类的不同、环境控制指标的变化而有一定的差异，譬如在家用电器中壳座一般占设备总重量较大的比例，分拆开来主要是大件的废金属和废塑料；个人电脑主机中则是电路板上各种物质的污染占主要地位；电视机和电脑的阴极射线管（CRT）因为含有铅，属于严格控制的危险废弃物范畴，影响因子以铅为主。表 5-4 列出了一台个人电脑中所用的主要材料以及现在的回收处理率，像其他设备的电路板、壳座，CRT 的环境影响因子可与此类似分析。

表 5-4　一台桌面电脑所使用的材料、其回收处理效率及对环境的影响①

物质名称	质量分数/%	质量/kg	回收率	主要的应用部件	废弃后的环境影响控制类别
硅石	24.88	6.80	0	屏幕、CRT 和电路板(PWB)	一般废弃物
塑料	22.99	6.26	20%	外壳、底座、按钮、线缆皮	含阻燃剂，燃烧会产生有毒物质(如二噁英)
铁	20.47	5.58	80%	结构、支架、磁体、CRT 和 PWB	一般金属
铝	14.17	3.86	80%	结构、导线和支架部件，连接器、PWB	
铜	6.93	1.91	90%	导线、连接器、CRT 和 PWB	一般重金属
铅	6.30	1.72	5%	金属焊缝、防辐射屏、CRT 和 PWB	可能污染地下水，是严格控制的污染物
锌	2.20	0.60	60%	电池、荧光粉	一般重金属
锡	1.01	0.27	70%	金属焊点	
镍	0.85	0.23	80%	结构、支架、磁体、CRT 和 PWB	
钡	0.03	0.05	0	CRT 中的真空管	
锰	0.03	0.05	0	结构、支架、磁体、CRT 和 PWB	
银	0.02	0.05	98%	PWB 上的导体、连接器	

① 以 27.22kg（折合 60 磅）的电脑为参考，塑料中包含的环氧丙烷阻燃剂以及其他几百种添加剂和稳定剂不一一列出。

从表 5-2～表 5-4 中可以看出现在对废弃电脑的回收主要集中在金属（尤其是贵金属）上，回收效率一般都在 70%以上；对塑料的回收率还停留在一个很低的水平，但塑料所占的重量比例位居前列。

综合考虑，电子废弃物对环境的影响因子主要是铅、汞等重金属（CRT 中的铅属优先污染控制物）、塑料（填埋很难降解，焚烧则因为 PVC、阻燃剂等的存在易生成二噁英、呋喃等有毒有害物质）、一般金属、特殊污染物（如旧冰箱中的氟利昂，笔记本电脑中的液晶）等几类，要解决电子废弃所造成的环境问题，就必须根据其对环境的影响特点提出具体的解决方案。电子废弃物的组成及对环境的影响因子分析是提高处理与利用技术和管理水平的基础。

下面就电子废弃物中几种典型的影响因子进行详细讨论。

(1) 铅　电子废弃物中含铅的主要是CRT中的铅条玻璃，另外电路板的焊接也用到含铅材料。通过填埋或者焚烧处置，铅可以迁移到环境中来，1986年美国填埋场中的Pb有24%是由电子废弃物贡献的。

(2) 镉　在电子废弃物当中，镉存在于诸如芯片电阻、红外线探测器等部件当中。老式的CRT中也含有镉，而如今镉又被用在塑料稳定剂当中。

(3) 汞　据统计，每年全世界汞的消耗有22%是用于电子工业，被广泛用于制造温度计、水银开关、灯管和电池等。

(4) 塑料　电子废弃物中的塑料回收率低，大量塑料丢弃处置。但塑料中的PVC焚烧过程中容易产生对环境造成严重危害的二噁英和呋喃，这是目前二噁英和呋喃的主要来源。另外塑料中还含有多氯联苯（PCBs）和成分复杂的溴化阻燃剂、添加剂，大多数属于致癌物质。虽然现在电子产品的设计中已经逐渐停止了PVC的使用，但累积下来的电子废弃物中还存在有相当大数量需要妥善处理。

(5) 氟利昂　氟利昂已经在全球范围内停止使用，但在废旧冰箱和制冷机中还大量存在，氟利昂能够挥发到大气中破坏臭氧层，因此必须严格控制其排放。这种物质在电子废弃物的处理与利用中需要特殊考虑。

另外还有六价铬等重金属物质在电子设备本身或者生产过程中也大量使用，其危害及对环境影响可以参考相关化学资料。

二、电子废弃物回收与利用现状

目前，国内电子废弃物的运行主渠道基本上是旧货回收—低层次用户使用—拆解零件(或改换用途)—遗弃的运行模式，即由信托典当行业或小商贩回收废旧电视机、洗衣机、电冰箱等物品，送至小城镇及农村，以低价售给低收入用户以使用其残余价值。当无法继续使用时，或由维修部拆解零件用于维修，或由用户改为他用（例如将废旧电冰箱、洗衣机改为容器等），部分则遗弃于垃圾中，带来环境危害。例如，电冰箱的制冷剂CFC-12和发泡剂CFC-11会破坏臭氧层，电视机的显像管属于具有爆炸性的废物，荧光屏为含汞的废物，废线路板会对水质和土壤造成严重危害。

电子废弃物处理与利用的研究起步较晚，以往人们往往只关注电子技术革命所带来的巨大成就，却忽视了由此造成的环境问题的严重性，直到20世纪90年代初微电子技术进入一个飞速发展的新时代，电子产品的更新换代速度大大加快，才使这一问题突现出来并引起了研究人员的注意。但相对电子业界的技术发展水平，对电子废弃物处理与利用的管理和技术水平已经严重滞后。

以个人电脑为例，个人电脑在美国的家庭普及率已经达到50%以上，成为人们日常工作生活中不可缺少的部分，而且每18～24个月就更新一代（Mole'sLaw），如此发展速度带来的负面影响就是每年数以千万的电脑走到它们“生命的尽头”（end-of-life，EOL）。

和铝罐、报纸等一些十分方便再生的物质相比，电子废弃物的资源化回收利用是一个十分复杂的系统工程。下面是个人电脑典型的回收利用途径。

(1) 电路板　大多数电路板和一些硬件设备能重新回到市场上进行买卖，不能转手的电路板一般被磨成粉末状，然后可以通过一种叫做Fire Assay的工艺分离出玻璃纤维、普通金属和贵金属。

(2) 壳座上的塑料　外壳、底座、外罩等部件上的塑料从废弃的电子设备上分离开来后，像标签和泡沫绝缘体一类的物质首先通过空气平板分离器去除，最后剩下不容易被鉴别和分离的混合树脂。以前设计还没有引入环保的理念，废弃电脑和显示器壳座上的塑料不能用来制造新的设备，因此它们很难再流入原料供应市场。而且像阻燃剂一类的物质回收太复杂，没有明显的经济价值。这些塑料近期主要用来做路基的填料，但期望寻求更有价值的利用途径（如用于制造地板、计算机和自动化设备等的其他塑料部件）的研究还在进行中。

(3) 小型塑料元件　在电脑设备里小型塑料元件主要是由颜色均匀的高密度聚乙烯制成。如果磨碎过程中塑料树脂已经出现混合污染的迹象，回收商则需要根据它们密度的不同来进行水力分离。

(4) 紧固件和小的金属元件　紧固件主要指螺钉、夹子和弹簧等。这类元件通过简单分选（如磁选）分成铁和非铁两类。

(5) 显示器　显示器构造比较复杂，必须被送到专门的分拆流水线，在流水作业线上，工人分别拆分塑料壳座、金属支架和电路板、CRT。CRT是漏斗状的，里面的铅条玻璃管嵌有一个金属框架。工人们将射线管从前端的玻璃屏上分离开来后轧碎，铅条玻璃和金属就可以被分离开来。金属同样被卖给废品回收商，铅条玻璃妥善处理（如送至铅的冶炼厂）。

欧美已经有不少专门从事电子废弃物回收的公司，如美国Monmouth Wire & Computer Recycling公司已经开发出来高效的分拆和分选技术，能够从废电脑中回收大多数物质，并且还开发了处理可能会污染地下水的有毒残渣（如铅）的技术。另外还有一些提供回收管理服务的公司也在发挥着重要作用，如Electronic Recycling公司在欧洲提供全套的废弃电脑、通信设备和其他电子设备的处置管理服务，该回收程序完全依照《欧洲电子电气废弃物管理法令（草案）》，拆卸所得配件，如果可以正常工作，就卖给电子设备市场，如果不能被重新使用，则被分选、粉碎并打包再送到专业回收的地方处理回收有用的原料。

电子废弃物的危害已经是无可争议的事实，但电子废弃物处理与利用发展过程中却碰到了许多问题。首先是管理水平跟不上，电子废弃物的处理与利用是一个涉及人的观念、经济成本、后勤体系等多方面的系统工程，从消费者的电子电气设备废弃，到它完全被处理利用，这中间需要完备的后勤系统，而且对回收商的考核、回收成本的社会化、人们观念的教育等方面都需要相关的法律法规、政府计划或民间组织的活动来刺激与推动。回收利用的技术层面不是制约电子废弃物处理与利用的关键所在，管理效率低、刺激机制和社会责任不明确才是需要优先解决的问题。其次是技术研究停留在某个环节，没有突破性进展。出于经济利益的考虑，目前回收利用大多集中在回收金属上，技术研究也以此为目的，对回收流程的各个环节进行改进，如改进粉碎装置、改进分选装置等，没有系统化的研究，而且技术上也没有太大突破。

电子废弃物处理与利用过程中的管理手段包括运用法律和经济两大杠杆、政府计划、民间组织活动推动等措施，而且各个方面都是不可缺少的，必须综合考虑联成一个有机整体，才能达到优化社会成本的效果。各项管理手段包括的内容及特点见表5-5。

1. 法律杠杆

意识到电子废弃物的危害之后，发达国家都相继立法对电子废弃物的处置提出了严格的要求。最初的立法主要是限制处理处置，而对资源化回收利用没有有效的刺激作用。比如因为Pb的原因，电视机和电脑的CRT被归类为危险固体废弃物，按危险固体废弃物的处理法规则不能对它们进行有效的回收利用。

欧盟委员会于1998年完成了《关于废旧电子产品回收法（草案）》的起草，它涵盖了绝大多数的电子产品，要求到2000年电子产品的回收与再利用率达到90%，开始逐渐停止使用铬、铅、水银和卤化阻燃剂等材料。到2004年，所有新电子产品使用的塑料中，至少含有5%的再生塑料。为了更好地推动电子废弃物的回收利用并减少电子废弃物的产生，欧盟委员会还于2000年7月对现行的环保法提出了两项优先调整的修正草案：一则是关于废弃电子电气设备（WEEE）的；另一则是关于限制危险物质的使用来推动物质回收和降低对环境的影响的。该法令将适用于所有在欧洲从事商务活动的电子电器产品生产商——当然美国制造商也包括在内，因此这将是一项全球生效的新标准。尽管有来自美国商务代表的压力，但新的修正草案仍然出台。

表5-5　电子废弃物处理与利用的管理手段

管理手段	包含主要内容	特　点
法律杠杆	各个国家现行的相关法律法规、标准、行政条例等	具有强制性
经济杠杆	专门的环保税、回收利用补贴、特殊的折旧审计制度等	将社会成本内部化，依靠市场规律作用，政府适当调控
其他措施	捐赠转移	如果受赠者为官方认可的非营利机构，捐赠者可以用设备抵税
	维修升级	通过维修升级延长电子产品的使用寿命
	二手市场交易	公司通过二手市场将淘汰的电子设备卖给职员或者是其他机构
	租赁	为厂商提供租赁选择，将淘汰设备租给别的公司或机构
	评估服务	为企业提供对剩余电子设备的收集、组件回收翻新等全方位的评估服务，有针对性地提出最优解决方案
	材料交换	主要针对生产过程中的剩余材料直接交换使用
	专业回收	通过政府进行可靠性确认建立起的专业回收体系
	活动计划刺激	通过非强制性的活动刺激推动

按照污染者负担原则（PPP），第一项修正草案要求5年之内生产厂商承担自己生产的电子电气产品的“收回（take-back）”责任，也就是说电子电气产品生产商首先面临的是按法律规定承担他们生产的产品废弃后的回收或再生费用。修正后的WEEE法令还规定了各项电子设备的具体回收利用率：大件家电设备（如冰箱、洗衣机）75%，电脑设备65%，音频和视频设备50%，电视机和电脑显示器中的CRT70%，而且焚烧已经被明确排除在回收技术之外。

第二项修正草案通过逐步停止使用有毒化学物质和减少电子垃圾的产生量对保护大西洋两岸的环境健康安全起到积极的作用。但要推行“延伸的生产者责任”（EPR，Extended Producer Responsibility）还有很多工作要做。这项法令的实施将是改进如今现状的重要一步。EPR原则要求生产商对其产品在整个生命周期中负责，承担产品EOL带来的全部社会成本，以此来刺激生产商减少有毒物质的使用并改进他们产品的易回收性，因为生产出具有低危险性而又方便低成本回收产品的公司的竞争力将增强。该调整法令规定到2008年要停止使用或者替代各种当时存在于产品中的重金属（包括铅、汞、镉、六价铬）和溴化的阻燃剂。

根据欧洲委员会的观念，新的法令还在减少环境和资源影响的基础上增加了就业机会。这项法令已经提交给欧洲议会最终表决。由于电子废弃物的逐年增加，欧盟还计划提高回收再生标准。除此以外，欧洲各个国家还有自己的关于电子废弃物处理与利用的法律。1998年，德国、荷兰通过了《关于防止电子产品废物产生和再利用法（草案）》。德国规定，电子产品应使用对环境友善和可再生的材料；应设计容易维修、拆卸的产品；应建立回收系统，寻找再利用的途径；不能再生的元件应使用适当的废物处理设施。此外还规定，电子产品生产者和分销商有回收废旧电子产品和再利用的义务。荷兰规定，要通过减少材料的使用，延长产品使用周期，预防废旧产品产生，到 2000 年电冰箱、洗衣机、热水器、洗碗机等的再利用率达到 90%，电视机、录像机、吸尘器、咖啡壶等的再利用率达到 70%，高档电器的金属材料再利用率达到 95%，聚合物材料达到 30%，无法再生的废弃物处理方法优先考虑能回收能源的焚烧法。截至 2001 年 2 月，欧盟已经有六个成员国（意大利、瑞典、丹麦、挪威、荷兰和瑞士）通过了电子废弃物的“收回”法案。

此外，欧盟在废手机的处理与利用方面立法也走在最前面。欧盟新制定的电器电子废弃物再生法规在 2004 年起生效后，废手机将有望获得重生。未来，手机厂商也许会为其产品创造一种全新的再生模式。NOKIA 就曾表示希望能开发出一种零组件可在几年内生物分解的手机。

美国反对将 EPR 强加在生产商身上，认为那样不符合“社会成本最优”的经济学原则，因此美国的法律里没有强调 EPR 原则，而希望从电子废弃物处理与利用的整个流程宏观考虑，研究出各自责任明确的管理机制。因为 CRT 显示器中所含的过多的铅和其他有毒物质会对填埋场造成严重问题，而氟利昂是破坏大气臭氧层的主要污染因子，美国有禁止废电器中的 CRT 进入填埋场的规定及其他对废电器处理的限制。2000 年 4 月，马萨诸塞州最早通过了全面禁止废弃电脑显示器和电视机进入填埋场或者焚烧炉处理的法令。EPA 制定了要求对含制冷剂的电器在被处理或再生前进行氟利昂回收的详细条目，其中包括：对所有在 1993 年 11 月 15 日以后出售的电子设备必须在制冷系统上安装处理装置；任何维修或者处理小电器的人员必须回收 80%～90% 的制冷剂，同时必须保存废旧电器中正确去除制冷剂的记录证明；制冷剂回收设备必须通过被认可的检测部门批准；从事小电器维修和回收制冷剂的人员必须在环保局备案等。

除了 EPA 的相关法令外，各个州政府具体的法令法规不尽相同。到 1996 年 8 月，美国共有 18 个州禁止填埋白色家电，如阿肯色州、加利福尼亚州、佛罗里达州；此外，如亚利桑那州、科罗拉多州等都规定了白色家电必须拆分再生后才能进行最终的填埋处理。阿肯色州 2001 年出台的“电脑和电子固体废弃物管理法案”中规定：解决电子废弃物的方案是部件回收、二次使用、捐赠转移和专业拆解处理等；2005 年 1 月 1 日起全面禁止电脑和电子设备进入州立填埋场。

日本的《关于废弃物处理及清扫法》（“废扫法”）规定废弃家电属于一般废弃物，其处理责任归于自治团体。根据 1991 公布的《关于促进再生资源利用法》，电视机、电冰箱、洗衣机、房间空调器为“第一种指定产品”，应促使其减轻重量、再资源化、便于处理。但是由于该法是以产品制造为中心的法律，因此废家电的再利用还是必须在“废扫法”的框架中实施。1998 年日本还公布了《与特定家用电器有关的收集和再商品化法》，也规定家电产品制造商对于上述四种废家电有再利用的义务。该法于 2001 年 4 月实施，法案的要点是：销售商或地方自治体负责产品回收，制造商负责再利用，再利用费用原则上由消费者废弃时承担。在推进产品的绿色设计理念方面，日本制定了《与家电产品有关的产品评价手册》，以新设计、制造的家电产品为对象，提供考虑环境因素的产品设计方针。

在运用法律杠杆方面，可以看出发达国家从可持续发展战略的角度，对电子废弃物的处理与利用都有细致而又明确的法律规定，而且共同都强调资源化回收利用这一从根本上解决环境问题的途径。欧盟与美国、日本原则上都同意 EPR 这一提法，但在谁具体承担这一责任所带来的经济成本上还有较大分歧。但由于经济贸易的全球化，环境领域的法律法规又采取地域使用原则，发达国家之间的法律会相互影响、相互制约。

2. 经济杠杆

发达国家现行的电子废弃物处理与利用体系很多内容是与经济相关的，比如对电子废弃物的收集运输实行津贴，对电子废弃物回收利用采用特殊的财务审计制度等。

德国规定消费者在购买冰箱时，必须支付污染费，政府有义务免费为公众建立电子废弃物收集物流系统，消费者利用这个系统将废电子产品送到零售店，零售商再将其转送到市政收集中心，同时可获得 5 美元津贴。荷兰电器工业界主张在消费者购买新的电子产品时征收 65 美元的额外费用，用于 EOL 阶段的回收利用。

美国电子废弃物收集运输由市政府专门的垃圾收集服务中心和专门的承运人员收集，但要求每件电子废弃物给承运人员支付 15～20 美元的费用；旧电子设备的二手交易市场由政府建立，各个州对市场定价做出具体的规定，要既保证电子废弃物产生量的减少，又保证不对新的电子产品市场产生影响。如阿肯色州规定出售旧的电子设备时定价不能够低于州财政部确定的折旧价值的 10%以上（如果是卖给州内的学校则为 5%），出售剩余电子设备的收益 15%上交州财政部下属的二手市场分管部门，25%作为电脑和电子产品回收利用基金。

日本电子废弃物在“废扫法”的框架中实施，处理费用征收、跨境转移、再生材料与原材料差价规定等方面的经济措施还在进一步的研究中。

随着科技的进步，在电器中使用的贵重金属会越来越少，电子电气设备总成本将逐渐下降，并且总成本受非金属部分原料价格的影响程度将逐渐增加，因此再生材料的价格对原材料价格以及电子产品生产总成本的影响都将变大。另外消费者的环保意识增强，导致不具有环保设计概念的产品竞争力下降，这些技术和观念冲击带来的市场变化，也是经济杠杆上平衡的砝码。

3. 其他措施

推动电子废弃物的处理和回收利用，取得最优的社会效益，除了运用法律和经济手段之外，还需要有非强制性措施来推动，比如教育宣传、政府和民间的活动。

首先是要加强对公众的教育，使公众了解如下系列问题：为什么要进行电子废弃物回收？现在有什么相关的措施？现行的法律法规如何？公众怎样参与到政府和企业的回收计划当中去？公众环保意识的加强是所有环保计划顺利实施的关键，并且这样可以节约整个社会的管理成本。美国联邦政府有一个专门的“K12 计划”，针对不同阶段的在校学生进行环保宣传，让公民从小就树立起环保意识。而对于电子废弃物的利用与回收，有许多专业的网站对此进行宣传，为公众提供参与回收计划的必要信息，比如离家最近的电子废弃物收集中心的地点和联系方式，向可接受捐赠的学校及非营利机构转赠旧的电子设备的方法，专业回收公司的名录等。这些信息一方面为公众提供了便利，另一方面也是在宣传和推进回收利用工作。

其次，政府可以采取一些有针对性的专门计划，捐赠还可以继续使用的旧电子产品就是其中之一。捐赠者和受赠者之间需要通过有效的信息渠道联系起来，而相关政府部门具有不可推卸的义务。美国 EPA 以及各州的环保部门已经建立起这样的数据库，利用网络为捐赠提供快捷的反应通道。1994 年 1 月，EPA 发起了旨在帮助企业找到切实可行的减少 MSW 排放措施的 WasteWi＄e 计划。这个计划规定加入的会员要尽量采用污染少的生产流程，节约原料，收集可供循环使用的材料等，它具有很好的操作弹性，允许公司决定加入计划的操作流程，而不需要整个公司都加入。为了更好地宣传推广这样一个计划，EPA 实行了认证制度，对通过认证的企业颁发相应的证书，而 EPA 同时也向市场宣传要购买和出售可以回收的产品。WasteWi＄e 计划发起第一年就有 370 家公司加入了这一计划，当年通过污染预防活动节约了 24 万吨原材料，并收集了接近 1 百万吨的可供再生使用的原料，成效显著。此外政府可以采取的措施还有：规范二手市场、资助科研机构研究新的技术和管理机制、实行电子产品绿色标志认证等。这些基础设施包括：本地的试验基地、市政收集点、电视维修商店、电脑维修商店、电子废弃物分拆点、电脑出租中介处、转赠物品的慈善机构、私人评估服务。

民间环保组织的活跃往往是政府计划的有益补充。Silicon Valley Toxics Coalition (SVTC) 发起的 Clean Computer 运动、美国民间发起的"Electronics Take it Bake!"论坛等都是影响十分深远的活动。这些活动主要是向公众宣传电子废弃物的回收利用意识，在业界推行绿色革命。因为在电子设备设计时引入产品生命周期对环境的影响的分析，采用减少有毒成分、易回收利用的原料，注重容易翻新和回收的设计理念。美国电子工业联合会(EIA) 的环保问题小组已经发表了与其成员相关的改善措施，包括采用既降低成本又尽可能减少类别的原材料使用标准，采用可以回收利用的原料，使用可以重新构造的元件，标记产品总使用的原料类别使其方便回收等，现在 EIA 的会员如 Hewlett Packard、Xerox、Motorola 等都已经将产品生命周期对环境影响的理念引入到产品设计当中。

三、机械处理技术

1. 机械处理工艺

机械处理方法是根据材料物理性质的不同进行分选的手段，主要利用拆卸、破碎、分选等方法。但处理后的物质必须经过冶炼、填埋或焚烧等后续处理。

机械处理方法最早始于 20 世纪 70 年代末美国矿产局采用物理方法处理军用电子废弃物的尝试，采用了锤磨机、磁选、气流分选、电分选和涡电流分选等冶金和矿物加工技术，可能由于费用较高，没有获得进一步的商业发展。同一时期开始，西欧一些国家也开始研究电子废弃物的机械处理。20 世纪 90 年代后，机械处理方法不仅在西欧和美国得以实施，在日本、中国台湾和新加坡都已经开始研究并进行了工业规模的回收利用。

(1) 拆卸　目前，拆卸一般由手工完成，但随着废电路板数量的日益增多，必须考虑拆卸的效率问题，因此采用自动拆卸的方法更符合机械化发展的需要。

日本 NEC 公司开发了一套自动拆卸废电路板中电子元器件的装置，这种装置，主要利用红外加热和两级去除的方式（分别利用垂直和水平方向的冲击力作用）使穿孔元件和表面元件脱落，不会造成任何损伤，然后再结合加热、冲击力和表面剥蚀技术，使电路板上 96%的焊料脱焊，用作精炼铅和锡的原料。德国的 FAPS 一直在研究废电路板的自动拆卸方法，采用与电路板自动装配方式相反的原则进行拆卸，先将废电路板放入加热的液体中融化焊料，再用一种 SCARA 机械装置根据构件形状分拣出可用的构件。

现在，自动拆卸技术处与可行性研究阶段，其发展受技术和经济两方面因素的制约。一项拆卸方法是否适用，还要综合考虑拆卸、测试、回收、销售等费用问题。

(2) 破碎及筛分　对于机械分离技术而言，能充分地解离单体是高效率分选的前提。破碎程度的选择不仅影响到破碎设备的能源消耗，还将影响到后续的分选效率，所以说破碎是关键的一步。常用的破碎设备主要有锤碎机、锤磨机、切碎机和旋转破碎机等。由于拆除元器件后的废电路板主要由强化树脂板和附着其上的铜线等金属组成，硬度较高、韧性较强，采用具有剪、切作用的破碎设备可以达到比较好的解离效果，如旋转式破碎机和切碎机。瑞典的 Scandinavian RecyclingAB (SR) 开发了一种旋转式破碎机，在中间转筒周围安装着一套能够自由旋转的压碎环，依靠压碎环与设备内壁之间的剪切作用破碎物料。使用这种破碎机可以减小解离后金属的缠绕作用。而锤磨机破碎的缺点之一是解离的金属容易缠绕成球状。使用切碎机也可以获得好的解离效果，主要依靠旋转切刀和固定切刀之间的剪切力破碎物料，解离的金属也不易缠绕。

日本 NEC 公司的回收工艺采用两级破碎，分别使用剪切破碎机和特制的具有剪断和冲击作用磨碎机，将废板粉碎成 0.1～0.3mm 的碎块。特制的磨碎机中使用复合研磨转子，并选用特种陶瓷作为研磨材料。瑞士 Result 技术公司开发了一种在超声速下将涂层线路板等多层复合制件破碎的破碎机，它利用各种层压材料的冲击和离心特性不同，将多层复合材料彼此分开。不同材料的变形情况不同，脆性材料碎成粉末，金属则形成多层球状物。现在废电路板的破碎也开始使用低温破碎技术。德国 Daimler-Benz Ulm Research Centre 在破碎阶段用旋转切刀将废板切成 2cm×2cm 的碎块，磁选后再用液氮冷却，然后送入锤磨机碾压成细小颗粒，从而达到好的解离效果。研究发现，一般破碎到 0.6nm 或 80 目以上的金属基本上可以达到 100%的解离，但破碎方式和级数的选择还要视后续工艺而定。不同的分选方法对进料有不同的要求，破碎后颗粒的形状和大小会影响分选的效率和效果。另外，废电路板的破碎过程中会产生大量含玻纤和树脂的粉尘，阻燃剂中含有的溴主要集中在 0.6nm 以下的颗粒中，而且连续破碎时还会发热，散发有毒气体。因此，破碎时必须注意除尘和排风。

Jakob 等提出预先机械粉碎后再经液氮低温脆化，然后再研磨得到小的颗粒的专利技术。该技术通过一个简单的过程回收到高纯度的金属，而且残留物中金属含量尽可能低，低温脆化的颗粒被选择性地分批在研磨室中磨碎，研磨过的物质通过研磨腔底部的一个隔筛分出细颗粒部分，粗的金属颗粒部分被分批排出研磨腔，出料处铁被磁选去除。细颗粒再被分成许多窄范围的尺寸级别，分级标准按颗粒粒径与粒径范围之比为 1∶1.16 划分。每个粒径范围内的颗粒单独通过电晕滚筒分离器分成金属颗粒和残余物颗粒，最后归类为不同的金属。预处理的步骤是：拆分电路板上含有污染物的组件（如电池、水银开关以及含有多氯联苯的电容器等）；机械预处理粉碎获得粒径窄（30mm 以下）的颗粒；然后用液化气（如液氮）低温脆化处理，得到低温脆化颗粒；最后在研磨室中磨碎低温脆化颗粒得到碎片。采用这样的预处理流程后，回收的金属纯度得到了提高，但液氮冷却操作费用过高，其经济性取决于回收效率的高低，而且 0.1mm 以下粒径的颗粒需要通过静电沉积器分离。

（3）分选　分选阶段主要利用废电路板中材料的磁性、电性和密度的差异进行分选。

① 电选和磁选。废电路板破碎后，可以用传统的磁选机将铁磁性物质分离出来。

涡流分选机是利用涡电流力分离金属和非金属的方法，现在已被广泛地应用于从电子废弃物中回收非铁金属。它特别适用于轻金属材料与密度相近的塑料材料（如铝和塑料）之间的分离，但要求进料颗粒的形状规则、平整，而且粒度不能太小。静电分选机也是常用的分离非铁金属和塑料的方法，进料颗粒均匀时分选效果较好。德国 Daimler-Benz Ulm Research Centre 研制了一种分离金属和塑料的电分选机，在控制的条件下可以分离尺寸小于 0.1nm 的颗粒，甚至能够从粉尘中回收贵重金属，而这些粉尘在其他工艺中仅仅被当作危险废弃物。

② 密度分离技术。风力分选机和旋风分离器可以分选塑料和金属。风选机还可以分选铜和铝，但设备性能不太稳定，受进料影响较大。风力摇床技术主要用于选种和选矿行业，也称重力分选机，现在也已经成功地用于电子废弃物的商业化回收。颗粒在气流作用下分层，下面的重颗粒受板的摩擦和振动作用向上移动，轻颗粒则由于板的倾斜度而向下漂移，从而将金属和塑料分离。风力摇床要求进料的尺寸和形状不能相差太大，否则不能进行有效分层。因此破碎后必须仔细分级，采用窄级别物料分别进行重选。具体采用哪种设备更适用、更经济，要根据采用的回收工艺、设备的最佳操作条件和分选要达到的纯度和回收率来确定。

机械粉碎后颗粒形状对各种分离技术的影响见表 5-6。

表 5-6 机械粉碎后颗粒形状对各种分离技术的影响

分离工艺	颗粒形状影响
按颗粒尺寸的分离方法	碟形颗粒和缠绕的电线容易堵塞筛孔
密度分离法	影响终端沉降速度、成层效果和分离效率
磁力分离法	影响受力和去磁效果
静电分离法	影响加载在颗粒上的静电力和充电效果
涡流分离法	影响作用在颗粒上的洛伦兹力效果

对于如电路板这样的塑料和金属混合的电子废弃物，回收利用技术中关键的一步就是研究如何将金属和塑料分离。在金属和塑料的分选技术方面，Zhang 等研究了通过涡流分离（Eddy Current Separation，ECS）技术从电子废弃物中回收铝和非铁金属（铁可以通过磁选）。研究表明改进的 High-Force 涡流分离器（图 5-3）对粉碎过的个人电脑和电路板可以实现分离目的，从个人电脑废弃物中浓缩铝可以获得纯度为 85%的铝，而回收率可以超过 90%，进料速率大约为 0.3kg/min。传统用于生活垃圾处理的涡流分离器由于只能处理粒径约 50mm 的颗粒，而电子废弃物粉碎后含铝的颗粒相对较小，需要对涡流分离器加以改进。他们改进了 High-Force 公司提供的 HFECS，EC 61-20 D 型。HFECS 独一无二的磁力辊系统设计能够有效提高作用在小颗粒上的偏转力。作用在粒径大约为 10mm 的颗粒上的偏转力仍然很弱，因此这些颗粒能够随着外壳旋转而不是飞出壳外。HFECS 很好地利用了两个同时作用反向旋转的磁力辊。通过调整磁力辊的位置，第二个磁力辊能够提供放射状的外向作用力，和由第一个磁力辊产生的偏转力共同作用，提高了小颗粒的偏转分离效果。如果要固定最大化回收某种金属，需要对该金属的偏转效果进行相应的调整。分离的效果与颗粒的粒径、颗粒的形状、物质的导电性、进料速率、分裂器位置有关，具体可参见参考资料。

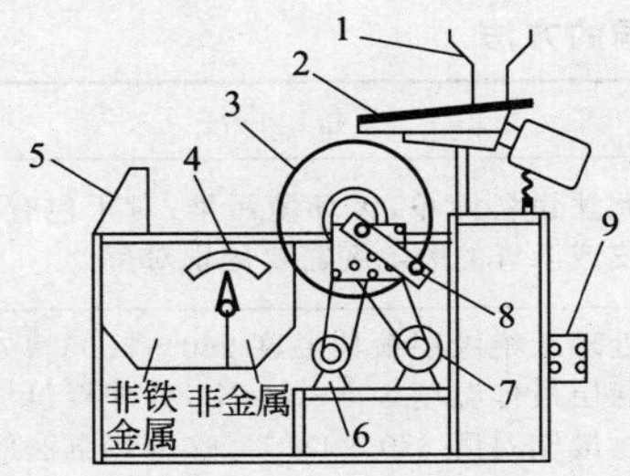

图 5-3 High-Force 涡流分离器示意图

1—进料斗；2—振动进料器；3—外壳；4—分裂器刀口；5—收集斗；6—外壳驱动马达；7—转子驱动马达；8—轭杆调节器；9—控制面板

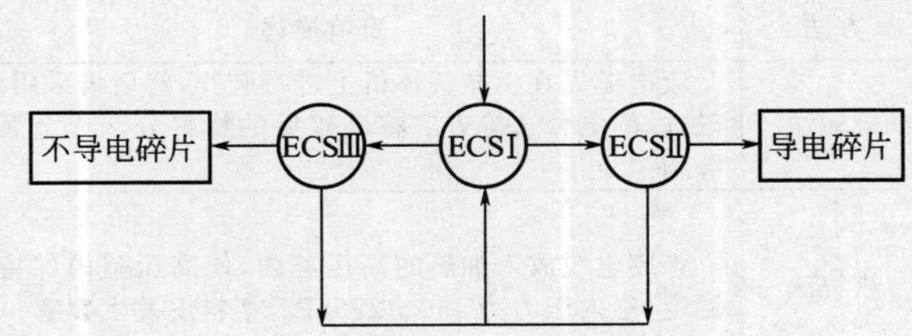

图 5-4 ECS 分离一般流程示意图

为了提高分离的效果，一般采用两级 ECS 分离，一道粗分，一道细分，如图 5-4 所示。另外还有报道 Celi 发明了带特殊涡杆的涡旋圆柱体主体的涡流分离装置，可以有效地改进涡流分离效果。

此外，有人还对电力分离器（EDS）进行优化，从电子废弃物中回收金属收到了较好的效果。传统的空气平板分离器可以用于从电子废弃物中回收金属，但是它最大的缺陷是要求进料颗粒大小接近。优化条件下的单独分离铜，EDS 能够获得纯度级别在 93%～99%之间的产品，并且回收效率在 95%～99%之间。他们在研究使用的是 Carpco 实验室的高压分离器（图 5-5），这个设备的典型特征是电晕电极，或者叫做电极柱，由一个大口径的电极和一根前置的细导线组成，以此产生电晕，电极柱能够转向不同的方位以便能够用作离子化电极或者静电极。材料越细，回收效率越高，当电压高于 25kV 时，绝缘体的阻塞效果加强，回收效果提高，但击穿电压不能高过 38kV。粉碎后进料预热程度和湿度对金属回收没有影响，但对于绝缘体回收却有很大影响，为了便于快速选择性分离，需要对进料进行预热，并尽量降低相对湿度。其他因素（如电压、温度、湿度、颗粒尺寸、转子速度和高压电感等）的影响以及转子设计的优化，可以参看参考资料。

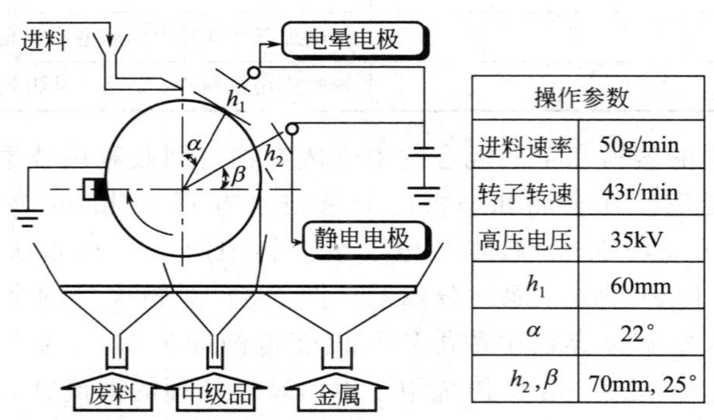

操作参数	
进料速率	50g/min
转子转速	43r/min
高压电压	35kV
h_1	60mm
α	22°
h_2,β	70mm, 25°

图 5-5　EDS 装置示意图及优化的操作参数

用 EDS 从电子废弃物中回收金属，最突出的问题是大的绝缘颗粒的阻塞作用影响。要提高阻塞作用，可以通过高压或者电极系统提高“象力”，或者通过降低转子速度减小离力，或者两者并用实现。

在具体回收具体某一种类的金属方面，最成熟的是废电缆里铜的回收技术。废铜料在重新熔铸之前都要进行预处理。一般包括分选、切割、打包、压块、破碎、磨粉、磁选、干燥、除油等。其中最复杂的工序就是将铜芯解体出来，回收的方法见表 5-7。

表 5-7　常见的回收废电缆中的铜的方法

方法	简单描述	备　注
机械法	废电缆先在机械解体机上进行破碎，然后再采用重选、磁选、静电分选等方法将破碎后的物料分选成金属和绝缘物	此法设备简单，无环境污染；对于包有铅皮、橡胶皮或沥青的废电缆需要区别对待
热解法	将废电缆放入加热的高压釜内，使高压釜内保持一定温度，釜内压力为 140～280kPa，塑料皮发生裂解	处理纸绝缘层最佳温度 260～300℃，处理沥青绝缘层最佳温度 300～450℃，处理聚氯乙烯等聚合物最佳温度 370～480℃，这种热解法的副产品是油、焦油、氯化氢
化学方法	将废电缆放进钢筒，加入碱金属的氢氧化物，熔融(300℃)，待绝缘物溶解后，在钢筒内剩下的就是钢金属，其回收率达 100%	在处理聚氯乙烯绝缘物层的废电缆时，可用环甲酮等溶解，但化学溶剂多数有腐蚀性或有毒，另外污水处理麻烦，影响大量使用
静电分选	将废电缆切碎为直径 0.4mm 以下。碎粒放在圆筒形静电分选机上，利用电晕场作用原理，使金属颗粒与绝缘物颗粒分开	金属颗粒在静电场中能获得电荷，但是在带电颗粒与分选机接筒（接地导体）接触时，由于总电阻较低，所以最易迅速释放电荷。绝缘物保持自身电荷的时间长，被留在分选机上
冷冻处理法	用冷冻剂处理废电缆，经冷冻后，一般绝缘物、铁、锌等在低温时变得很脆，易于破碎；铜、铝在低温时仍具有较好的塑性	冷冻剂一般采用液氮、固体干冰与某些液体的混合物

对大约占电子废弃物总量 30% 的塑料，一般采用处置的方法。在欧洲，德国每年大约有 127000t 由电子废弃物产生的塑料，法国 98000t/a，英国 93000t/a，瑞典 13000t/a，但是由于工艺限制，再生后的塑料不能重新当作原料使用，而且这些塑料含有的卤化物阻燃剂等

能够形成有毒物质。如今这些塑料的处理大约有三种方法：回收、燃烧（冶金过程中的可燃物质）、填埋。目前大约只有25％的塑料能够被回收利用，当前最好的解决方法是将它们用作熔化电子电器废弃物来回收铜或者其他贵金属的燃料。

燃烧虽然是目前看来比较经济的解决方法之一，但燃烧同时也带来了一些新的环境问题，如二噁英的排放等。因此，燃烧过程中阻燃剂产生的这些物质必须严格控制，还有一些电子废弃物中含有一定量的有机物（如LCD中就有大量不明物质），燃烧过程中也会产生新的不明的污染。而且随着技术的发展，可再生塑料在电子产品中所占的比重将逐渐增加，重金属等使用量将减少，导致塑料在产品成本中的比例上升，回收塑料技术将会受到推动而有较快的发展。

2. 计算机元器件的再利用与回收

旧计算机虽然在技术上已经过时，但其中一些电子元件可以回收利用，不能再使用的元器件则进行材料回收。

（1）主要部件回收　全世界计算机显示器年产量1998年为600万台，至2000年全世界的废旧日显示器每年达3000万套。就计算机来说，回收系统应为闭环系统，使得最初在显示器的生产中使用的材料又回到新显示器的生产。对含铅元件来说，它应该直接送至回收与再制造厂商，避免直接处置。对多溴化合物来说，应该重复使用，或者利用不产生有毒物质的焚烧形式来消除。阴极射线管的荧光涂层含有重金属和其他毒素，而玻璃中加有铅和钡，所开发的回收工艺是在闭环系统中，采用植物纤维和微生物过滤，来澄清洗刷荧光涂层所用的溶剂。与显示器有关的塑料、金属和印刷电路板通过不同的工艺进行回收。将玻璃清洗、分类，送至玻璃制造厂，以便为新阴极射线管玻璃制造提供原料。不能鉴别的玻璃用于矿山填充材料、砂纸或火柴擦纸。阴极射线管玻璃中含有的铅可以利用pH值高达9的试剂例如碳酸盐/重碳酸盐缓冲剂进行化学提取，可利用喷砂除去铅涂层，并使铅涂层解毒。电路板通过处理回收贵重金属和有色金属。铜从绝缘导线中回收。塑料被分类，进入用来与原塑料交联的再研磨料，以制作新产品。聚苯乙烯（泡沫塑料）回收成为新产品的填料。波纹箱送到诸如绝缘品和箱子这类产品的制造商。钣金件和其他黑色金属送至炼钢厂熔化、再生利用。

（2）计算机再制造技术　旧计算机的剩余价值只能通过再制造来开发利用。计算机拥有者处理他们的计算机，常常并不是因为机器损坏或太旧，而是更新换代。大多数计算机到达它们第一次运行寿命末端，可能是由于病毒感染、电源故障和显示器退化等原因，大多数问题随着故障模块的更换能够得到解决。计算机的主流市场对2～3年前开发的产品已不感兴趣，因此，计算机再制造商必须为产品选择市场。再制造的计算机的使用寿命比新计算机产出使用后第一次更换的使用时间长许多年。将其与汽车进行比较，新汽车通常在首次更换前，用户保有2～5年。目前在汽车工业中技术变化的影响相当低。一辆旧汽车在首次拥有者决定更换后，仍可安全而经济地运行很多年，这就导致了二手车市场的存在。计算机却不会发生同样的情况。计算机工业中的技术更新换代对市场具有显著的影响。影响最大的是用户在开放环境中，受到兼容性限制。为了能在网络中运行，用户必须跟踪所属区域采用的软件升级。软件升级要求硬件更新，消耗了更多的计算机资源。然而，在封闭环境中工作的用户可以不必考虑频繁的软件升级而可以更长时间地使用他们的机器。许多人对再制造的计算机延长的寿命进行利用。再制造的计算机在那些不能提供或不需要在最新技术中投资的行业有大量需求，这些用户包括学校和小型工商企业。

与其他耐用商品的回收相比，再制造的个人计算机工艺不太复杂。第一级的拆解完全由原设计确定，如果采用了面向装配的设计，通常计算机就易于拆解。再制造工艺相当简单，它包括拆解、清洗、电子模块的检查，最后进行病毒清除和软件安装。在某些场合，可以采用较大的硬盘驱动器，增加内存，最后，基于更高级的配置，更换输入输出设备。这种类型的再制造是以机器的同一性为特征的，除了升级和由于故障进行的更换以外，它的全部零件都曾是同一设备的零件，故有人称之为翻新机。这种类型的再制造计算机的优点之一是用户可以购买与已安装至网络中机型相类似的计算机，从而可简化维护程序，减少与已安装的机器之间的差异。

通过梯级利用后，对那些没有再利用价值的废物，应该进行类似废线路板处理的方法处理。

四、电子废弃物处理经济分析

我国已经加入了 WTO，在全球采购、全球生产、全球销售的大市场环境下，将有更多的中国家电企业进入国际市场，参与国际竞争。中国家电业必须有效防范家电产品进出口中的“非贸易壁垒”——比如“绿色壁垒”。由于发达国家立法支持废家电资源回收，因此，中国出口的家电会受到进口国法律的约束，如果我们不对产品的再商品化率进行相应规定，很有可能造成出口产品受阻，带来巨大的经济损失。

目前国内也已经出现专业的回收公司，如广东清远市进田公司在当地环保部门的支持下，经过认真调研并引进成套设备和技术，建立了从电子垃圾中提取贵重金属的生产线。但电子废弃物的专业回收尚未形成产业，政策支持的力度还不够。当前首要的任务是通过国家立法来有效推进废旧家电的回收与再利用，实现保护环境，建立资源循环型、可持续发展社会；其次，要积极探索创新出符合我国国情的管理体制，只有建立起一套高效率的管理机制，才能应对目前严峻的形势；最后是在试点经验总结的基础上，宣传推广电子废弃物的回收利用工作，使电子产业进入良性发展轨道。

1. 电子废弃物处理与利用的经济分析

电视机和电脑显示器大约占消费者电子废弃物总质量的55%～60%，并且比例还有继续增加的趋势，荷兰专门针对电视机回收进行了试点。试点结果表明每回收一台电视机大约需要10～15美元（0.35USD/kg），后勤保障成本可以看作常数。当“成功条件”得到满足时电视机的EOL处理成本可以大大降低，如图5-6所示，到2010年，回收电视机的成本将降低到填埋或者焚烧的水平。从20世纪90年代后期发起的生态设计活动生产出来的产品寿命按15年计，大约在2003年进入EOL处理，因此图5-6显示，2003的回收成本明显改善。

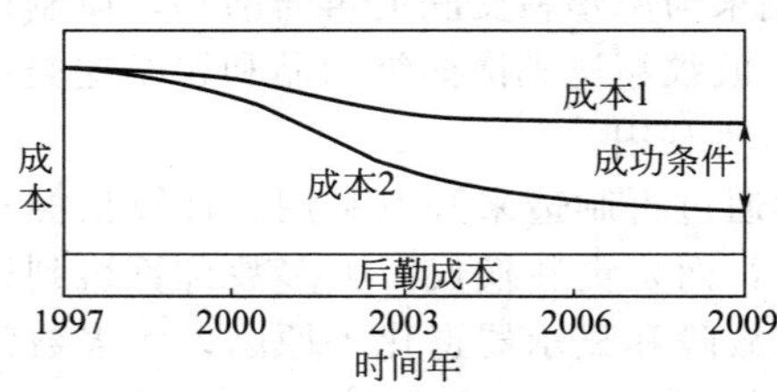

图 5-6　EOL 成本预测分析

其他电子废弃物中的有用残留物回收的成本还不是很清楚，Apparetour 认为目前大约是0.75～1USD/kg。要在整个社会成本尽可能低的前提下回收利用电子废弃物，只有当EOL阶段（后勤、拆卸、机械处理、回用做二次原料）的责任被划归到在整个生命周期链中影响成本的参与者身上才可能真正实现。也就是说回收系统的总体社会成本只有基于共有责任才能取得理想的成本效率。欧盟的EPS原则在某种程度上将大多数责任推到产品生产商甚至是销售商身上，但实际回收系统的后勤保障责任应该和当地主管部门联系起来，因为它们已经为其他废弃物的收集建立起了基础设施。

Stevels 等对要达到最佳的社会成本需要的“成功条件”做了细致的研究，最佳的社会成本很大程度上与对整个电子废弃物处理与回收利用过程的责任划分相关，那么谁承担过程的成本就决定了回收的效率。他们提出的建议性的责任划分见表5-8。

表 5-8　"成功条件"的责任划分

设计方面	责任内容	责任承担者
生态设计	产品总量的减少(至少 10%)	生产商
	电子产品的微型化	生产商
	阻燃剂的淘汰	生产商
	玻璃成分的标准化	生产商
	影响环境的相关物质使用的减少	生产商
	便于回收和拆分的设计	生产商
	回收材料的使用	生产商
	塑料回收技术的发展	生产商、回收商
	分选技术的提高	回收商、研究人员
	显像管玻璃回收技术发展	回收商
	拆分的优化	回收商、研究人员
规模经济发展	回收商的认证	生产商
	跨越国界的手段(如采纳巴塞尔公约)	管理部门
	对生产商的环保认证	管理部门
政策支持	操作预先生态设计的方法	管理部门
	区别对待的收费系统	管理部门
	法律法规的支持	管理部门
	监督和控制	管理部门

要达到社会成本最优的"成功条件"，显然还有很多工作要做，其中包括：技术性计划；EOL 产业适当的组织和认证；立法和支持措施，包括由主管部门持续地干涉这一问题；当地主管部门需要支持在这一领域的研究和发展活动来克服当前实践和未来需要达到的程度之间的鸿沟；回收商应该根据回收绩效鉴定批准，以便形成经济的规模；当地主管部门必须在消费者电子产品回收中充当好自己在不同规模经济水平之间的角色等。

另外，从经济性考虑，电子废弃物中的材料拆卸再生使用的重要标准是：

① 能够改善回收产出的单一物质部件，如 ABS。

② 含有可能造成更多浪费的"罚款成分"的部分，如 Pb、Zn 等。

③ 能够在材料回用中创造一定效益的部分。

其他家用电子设备（如录像机、视听设备和汽车音响等）现在一般不进行回收，首先是因为它们的总量和尺寸不符合从人力成本平衡角度考虑的拆卸标准（表 5-9）。回收成本过高的话，则不具有经济效益。

表 5-9　处理过程中和劳力成本平衡的每分钟应当回收到的材料量

回收材料类型		和劳力成本平衡的每分钟回收量/g	回收材料类型		和劳力成本平衡的每分钟回收量/g
贵金属	金	0.05	塑料	PPE	250
	银	5.0		PC、POM	350
	钯	0.14		ABS	800
普通金属	铜	300		PS	1000
	铝	700		PVC	4000
	铁	50000	玻璃		6000

2. 案例简介

在家电回收方面，美国Matsushita电子有限公司和美国塑料委员会（American Plastics Council）、Sony公司、美国废弃物管理-回收评估小组（WM-ARG）一起资助在明尼苏达州进行了一项试验。这项小规模的试验对比了不同收集技术的成本，并对其对整个回收利用体系的影响进行了评估，65个试验回收中心覆盖了明尼苏达州约1/3的居民。意识到单一的收集策略（例如街道旁边的回收点、制定丢弃点和零售店式的收集中心）不能够解决问题，收集方案测试了几个不同的策略来确定哪个是在获得原料和降低成本方面最成功的。经过3个月的试验，回收中心共收集了约700t用过的电子产品。WM-ARG接下来花了3个月的时间处理收集到的材料。将这些电子废物大致分为5大类（电视机、显示器、个人电脑元件、消费电子产品、混合电子产品）后，WM-ARG鉴别出8种废弃材料能从产品中提取。

方案的参与者接着对玻璃和塑料这两种在电子废弃物中最有价值的材料进行了二手市场前景的选择性评估。评估结果说明以下几点：①回收技术需要改进；②用于制造新产品的二手原材料的采购需要增加；③对电子废弃物回收商的限制法规需要调整。

在公司负责回收方面，日本富士施乐公司已经形成了资源循环利用的完整的生产体系。该公司在全国设立了五十个废弃物复印机回收点，将旧复印机分解后，按质量情况将零部件实行数据化管理。他们不仅把回收复印机的零部件拆卸下来，进行加工处理后再次利用，而且还开发出了预测废弃复印机的回收数量、管理零部件质量的计算机软件，做到即使使用旧部件，也丝毫不影响复印机的质量。富士施乐公司某工厂建起一套资源循环利用生产体系后，一年回收的旧复印机达3万台，每台旧复印机中的零件有40%得到再次利用。

从以上两个例子可以看出，全球范围内正在积极探索解决电子废弃物资源化回收利用的有效途径，这一领域正在积极健康地发展。我国应该从相关地案例中汲取经验，摸索出适合国情的电子废弃物资源化回收利用的思路。

第四节　废旧机电产品回收与利用

20世纪全球经济高速发展，大量机电产品极大地丰富了人们的物质文化生活，与此同时，废旧机电产品的数量也以惊人的速度增长，由此造成的生态破坏、环境污染、资源浪费等问题日益突出。据统计，造成全球环境污染的70%以上的排放物来自制造业，每年约产生55亿吨无害废物和7亿吨有害废物。而废旧机电产品在制造业中占相当大的比重。机电产品是指使用机械、电器、电子设备所生产的各类农具机械、生产设备和生活用机具，如机床、电动机、电机、汽柴油机、清洗设备、过滤设备、干燥设备、化工机械、农业机械、塑料机械、变频器、调速器等。

一、我国废旧机电产品回收利用现状

废旧机电产品资源化是以废旧机电产品为对象，通过现代技术与工艺加工，在规范的市场运作下，最大限度地开发利用其中蕴含的材料、能源及经济附加值等财富，使其成为有较高品位、可以使用的资源，以达到节能节材、保护环境等目的。废旧机电产品资源化的基本途径包括减量化（Reduce）、再利用（Reuse）、再制造（Remanufacture）、再循环（Recycle），简称“4R”。减量化主要是指在满足社会需求的情况下尽量少地消耗资源和尽量少地减少环境污染；再利用主要是指对经检测合格的废旧产品零部件的直接使用；再制造是以产品全寿命周期理论为指导，以优质、高效、节能、节材、环保为准则，以先进技术和产

业为手段，用以修复、改造废旧产品的一系列技术措施或工程活动的总称。简言之，再制造是高科技维修的产业化；再循环主要是实现材料的回收利用。再利用和再制造是废旧机电产品资源化的最佳形式和首选途径，再循环是在当前技术水平达不到或经济不合算条件下的不得已举措。废旧机电产品资源化的目标是通过采用先进技术和严格管理，使再利用、再制造的部分最大化，使再循环的部分最小化，使需要安全处理的部分趋零化，使环境污染最低化，最大限度地提取废旧机电产品中所蕴含的财富。

我国废电机、废电线电缆、废五金电器报废高峰已经来临，每年约淘汰1500万件家电。由于消费品大量普及，产品寿命周期缩短，废弃产品数量也在急剧上升。2008年上半年我国机电产品出口3887.8亿美元，增长25.4%，占同期出口总值的58.3%，比2007年同期提高了1.6个百分点。其中，电器及电子产品出口1607亿美元，增长24.8%；机械及设备出口1280.6亿美元，增长22.6%；高新技术产品出口1961.7亿美元，增长21.8%。进口机电产品2653.8亿美元，增长18.9%。企业平均在手订单有所增长，但对未来出口增长预期也不乐观。调查问卷中反映，约27%的企业表示在手订单同比下降，26%的企业订单持平，47%的企业订单增长，且21%的企业订单增长在20%以上。然而，企业更为担心的是对今后原材料价格上涨、人民币升值的趋势很难判断，对外贸发展的条件和环境甚为担忧。企业产品结构调整从被动向主动转移，由于形势的变化，不确定因素加大，企业承受力和应变能力不断增强，企业的发展由盲目扩张型向理性自控型转移。贸易摩擦风险增大，对美、欧贸易不容乐观，挑战大于机遇。

由于对废旧机电产品的处理处置缺少有效途径，当前多是混同于一般生活垃圾填埋或直接暴露于环境中风吹日晒，进而造成空气、土壤和水质的严重污染，构成了对生态环境的负面影响。废旧机电产品的随意堆置，不但破坏了环境的美观，还侵占了大量土地。

二、废旧机电产品回收利用价值

废旧机电产品与普通固体废弃物不同，其中含有大量对人体有害的环境不友好型化学物质，如果处置不当，有害物质可能通过呼吸、食物链甚至皮肤等进入人体，严重威胁人类身体健康。

在全面建设小康社会的进程中，资源的短缺和能源的不足，已成为中国社会发展的重要制约因素，是急需解决的问题。图5-7是2000年对全球重要金属矿可开采年限（储产比）的分析，可见矿产资源已经非常紧缺。随着生活水平的不断提高和技术的飞速发展，机电产品更新换代速度也在加快。如图5-8所示，2003年中国年报废汽车达200余万辆，报废彩电、冰箱、空调等家用电器1500万台，报废电脑500万台。

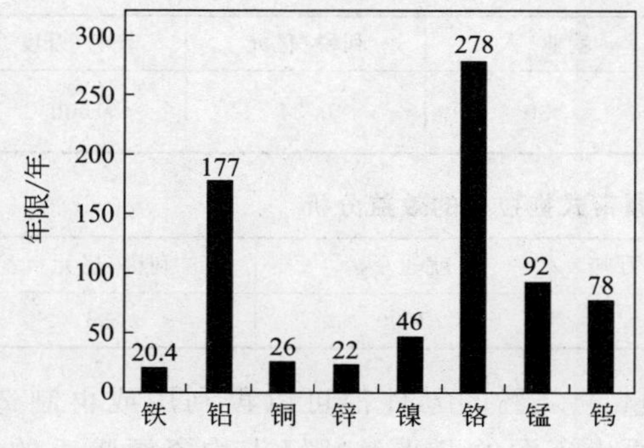

图5-7　全球主要金属矿可开采年限（2000年）

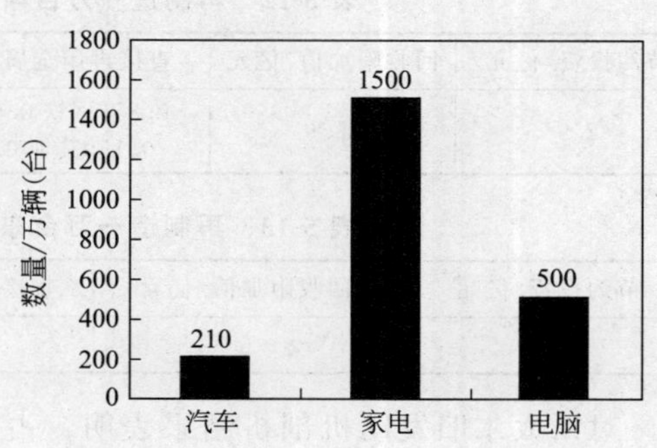

图5-8　三类产品报废量（2003年）

废旧机电产品具有蕴藏资源丰富和环境污染严重的双重特征，用之为宝，弃之为害。面对我国资源匮乏、环境恶化的严峻现实，废旧机电的资源化利用是实现变废为宝、发展循环经济、缓解资源匮乏的重要途径之一。目前我国废旧机电处理处置技术落后，管理制度还比较薄弱，因此选择适合中国国情的废旧机电资源化利用的技术政策与发展战略对于促进产业持续健康发展是一个值得关注的问题。中国废旧机电收集和资源化循环利用是在原废品回收的基础之上逐渐发展起来的，经历了由从电子废弃物中拆解铜、铁等金属，将废塑料等物质作为原料售往企业，逐步扩展到从电子废弃物（如线路板）中回收和提取贵重金属，和对整机或元器件进行再利用等发展阶段。目前，根据国外废弃物资源化研究情况和废旧机电产品本身的特征，将我国废旧机电产品的资源化途径分为再利用、再制造、再循环三种类型。依据该分类方法，目前我国废旧机电资源化利用层次正向再利用、再制造和再循环阶段发展。

解决经济发展与资源短缺、环境污染这一矛盾的一个重要途径就是积极实施再制造工程，大力发展再制造产业，把废旧机电产品作为相对于自然资源的第二资源，实施废旧机电产品资源化，从废旧机电产品中挖掘原材料和能源。表 5-10 和表 5-11 列出了废旧汽车发动机、废旧履带拖拉机的三种资源化途径（再利用、再制造和再循环）对零部件的构成比例。

表 5-10　发动机三种资源化形式所占比例（一）①　　单位：%

项　目	再利用	再制造	再循环
零件价值	12.3	77.8	9.9
零件重量	14.4	80.1	5.5
零件数量	23.7	62.0	14.3

① 统计基数为 3000 台斯太尔 WD615 型发动机。

表 5-11　发动机三种资源化形式所占比例（二）①　　单位：%

项　目	再利用	再制造	再循环
零件价值	37.3	34.0	28.7
零件重量	48.6	23.0	28.4
零件数量	40.3	20.5	39.2

① 统计基数为 128 台东方红-75 履带式拖拉机。

通过上述比较，可以看出，对废旧发动机和拖拉机进行再利用和再循环所产生的价值远低于再制造所创造的价值。如果采用单一的再循环方式回收材料，将会造成严重的浪费和损失。而再制造一万台斯太尔 WD615 型发动机和东方红-75 履带式拖拉机可以产生的经济效益、环境效益和社会效益见表 5-12 和表 5-13。

表 5-12　再制造一万台斯太尔 WD615 型发动机的效益分析

节约投资/亿元	回收附加值/亿元	直接再用金属/万吨	就业/人	利税/亿元	节电/万度
2.9	3.59	0.85(钢铁 0.66,铝 0.15,其他 0.04)	330	0.34	1600

表 5-13　再制造一万台东方红-75 履带式拖拉机的效益分析

节约投资/亿元	回收附加值/亿元	直接再用金属/万吨	就业/人	利税/亿元
4	6	4.4	2000	0.36

对斯太尔旧发动机剖析结果表明，占总机重量 94.5%的零件都可以再利用或再制造，这充分说明了对废旧机电产品进行资源化可减少原生资源的开采，减轻人均资源匮乏的压力，满足经济可持续发展的需要。据报道，每年全世界仅再制造业节省的材料就达到 1400

万吨，节省的能量相当于 8 个中等规模核电厂的年发电量。

1996 年美国再制造涉及的 8 个工业领域中，专业化再制造公司超过 73000 个，生产 46 种主要再制造产品，年销售额超过 530 亿美元（接近 1996 年美国钢铁产业的年销售额 560 亿美元），其中汽车再制造是最大的再制造领域，公司总数为 50538 个，年销售总额为 365 亿美元，占 68%。资料表明，美国 2002 年资源化产业的年产值为 GDP 的 1.6%。中国 2020 年 GDP 预计达到 4 万亿美元，如果以美国 2002 年资源化的水平作为中国 2020 年目标，则资源化产业年产值将达到 640 亿美元。

废旧机电产品资源化可以减少原始矿藏开采提炼以及新产品制造过程中造成的环境污染，能够极大地节约能源，减少温室气体排放。美国环境保护局估计，如果美国汽车回收业的成果能被充分利用，对大气污染水平将比目前降低 85%，水污染处理量将比目前减少 76%。

实施废旧机电产品资源化，将可兴起一批新兴产业，解决大量就业问题。美国的再制造业 2005 年安排就业 100 万人，对应的资源化产业安排就业 214 万人；中国 2020 年如达到美国 2005 年水平，将创造 200 多万个就业机会。美国的研究表明，再制造、再循环产业每产生 100 个就业机会，采矿业和固体废弃物安全处理业将失去 13 个就业机会。两者相比，可以看出再制造、再循环产业创造的就业机会远大于其减少的就业机会。

通过开展以再制造为主的资源化，可以提供物美价廉的产品，提高人们的物质生活水平。再制造生产过程不同于传统的产品大修，它是以废旧产品为对象，采用专业化、大批量的流水线生产方式，通过对产品的全面拆解、鉴定，按新产品的标准恢复零部件的性能，使再制造产品的质量能够等同甚至高于新品。再制造充分提取了蕴含在产品中的附加值，在产品销售时具有明显的价格优势。如再制造发动机，其质量、使用寿命完全与新机相同，并有完善的售后服务，价格仅为新机的 55%，可供不同收入阶层选用。

三、废旧机电产品管理

近些年来，由废旧机电产品引起的环境问题越来越严重，国家也因此重视对废弃机电产品回收和处理等各环节的法律和法规的制订。2004 年国家发改委《废旧家电及电子产品回收处理管理条例》（征求意见稿）出台，该条例的出台在政府机构、生产商以及消费者之间就责任承担问题达成一致。2005 年信息产业部制订《电子信息产品污染防治管理办法》，规定自 2006 年 7 月 1 日起，列入电子信息产品污染重点防治目录的电子信息产品中不得含有铅、汞、镉、六价铬、聚合溴化联苯（PBB）、聚合溴化联苯乙醚（PBDE）及其他有害物质。信息产业部会同国家发展改革委等六部委于 2006 年 3 月正式出台了《电子信息产品污染控制管理办法》，并于 2007 年 3 月 1 日开始实施。2006 年 3 月，商务部通过了《旧货品质鉴定通则》和《旧货品质鉴定旧家用电器》，要求所有二手旧家电销售前必须在明显部位粘贴统一的“旧货”标签并标注使用年限，对已过使用年限的实行强制报废。

四、我国废旧机电回收存在的问题

我国废旧机电回收利用部门的主要功能仅停留在将废家电收集、修理后重新投放市场。

对废家电拆解后主要利用其中的金属、橡胶部分，废旧机电资源化利用主要针对某些零部件，尚没有形成成套的处理、利用技术，缺乏促进产品生产绿色设计和处置企业技术进步的核心技术。同时，小手工拆解者各取所需，各厂商取下自己需要的部分，其余均当作垃圾焚烧或填埋处理，其中许多可以资源化利用的材料，由于缺乏技术和认识而未能被综合利用。这种利用方式造成大量有毒有害物质渗入土地，进入水体和空气，已形成明显的新型污染物来源，一些地方废旧机电产品资源化利用对人体生命健康造成直接的损害。

由于物流网络滞后，企业规模较小，国内废旧机电拆解、回收量仅占报废总量的56%，有近40%的报废品经过乡镇企业、个体户拼装，重新流入社会。一些本应报废的机电产品大量从经济发达地区流向不发达地区继续使用，不但造成了能源过度浪费、噪声干扰、环境污染等，而且很容易引发直接危及人身安全的漏电、火灾、车祸等事故。

废旧机电产品的分类回收还处在随机和无序状态，行业组织化程度低，抵御市场风险的能力有限。废旧机电产品资源化利用企业规模小且分散，集中度低，多数废旧机电资源化利用企业未能与上游生产企业形成资源综合利用链，未能形成规模效益；目前也没有形成具有竞争力的龙头企业，高新技术产业规模小，比重低，缺乏对经济增长的整体带动作用，远远不能满足企业利用资源综合利用技术提高经济效益、扩大企业规模的需求。

五、废旧机电回收政策及思路

技术进步始终是机电产品回收再制造业发展的强大推动力，但不能忽视技术也是一把双刃剑，可能导致二次污染和生态风险。因此，针对我国废旧机电资源化利用的技术问题，在制订技术政策过程中，应注意以废旧机电资源化利用过程环境绩效的科学评估为基础和依据，开展关键技术攻关和技术集成，制订技术标准与规范，促进资源高效利用，控制二次污染，实现从“评估到调控”、“从产品到产业”、“从过程到结果”的产业技术体系整体升级。

1. 合理评估环境绩效，鼓励绿色技术研发

废旧机电产品资源化利用的重要目标之一是通过资源循环利用降低资源消耗与环境排放，但资源化利用过程也会导致资源消耗与二次污染，因此迫切需要构建科学的评估方法和评估体系，对现有资源化利用技术进行评估，为废旧机电资源化利用技术研发、示范与管理提供评判标准与决策依据。

在进行技术评估时，应综合考虑废旧机电产业生态系统中污染物在不同生产环节或地区之间的转移，从生命周期角度切入研究废旧机电资源化工业园区生命周期资源消耗与污染排放清单，对各种环境影响因子进行特征化，研究适宜的当量转化系数，确定相应的环境负荷评价指标和赋值方法，进行全面的环境影响评价，从而识别改善废旧机电资源化工业园区环境绩效的环节和途径。

同时，为实现把环境评价的结果纳入决策过程，应进行环境损益研究，研究各种环境影响类型对人类健康和社会经济发展的剂量-响应关系，建立适宜的货币化评估框架、方法、基准与模型进行环境损益评估，实现从常规的技术经济分析到环境经济分析的转型。生命周期评价与环境损益评估的有机结合可为废旧机电资源化利用技术的环境绩效评估提供技术基础，为产业技术政策提供科学依据。

2. 加强关键技术攻关，开展技术集成示范

我国废旧机电资源化利用的关键技术自主研发比例低，缺乏可以形成大规模产业的成熟核心技术。应重点研制快速拆卸工具及专用拆卸设备，开发适合我国国情的废旧机电产品拆解、清理、检测、分类、回收、再加工、再循环等一体化成套技术装备，开发废旧机电产品拆解生产线、旧总成及零部件翻新重用生产线和废金属、废油液、废塑料、废橡胶回收生产线，开发废旧机电拆解、回收、再利用、再循环中的二次污染控制技术装备，以便在此基础上形成管理规范的废旧机电产品资源化利用技术体系。

对于废旧机电产品资源化利用的不同生产工艺流程，应根据生命周期评价分析和环境经济损益分析的结果，获取主要的技术经济参数，识别废旧机电资源化技术环境影响的关键环节，提出备选替代技术体系。针对典型废旧机电资源化利用的产业链条配置、资源化利用工

艺等特点，分析单项技术之间在用地规模、处理效率、经济成本效益、运行管理、资源利用等方面的匹配性，比较各候选方案的工艺处理效果、整体经济效益和社会发展影响，最终形成可同时实现环境、经济效益的最佳技术模式并进行集成示范。

3. 发展产业链技术，推进循环经济发展

生态工业园区形式有利于区内资源的梯级利用，上下游产业可以通过链接技术形成产业链，从而提高资源利用效率，具有更好的经济效益和环境效益。显然，建立具有高效资源共生网络的废旧机电产品再行利用生态工业园区发展循环经济是必然选择，为此必须加快发展不同生态环节间的链接技术，为生态工业园区和循环经济的良性运行奠定技术基础。

废旧机电资源化利用生态工业园区应从“设计-运行-控制”三个层面进行产业链接技术研发与示范，整合园区物质流、能量流、价值流的系统设计与信息集成，促进园区生产-环保一体化管理，推进生态园区和循环经济的有序发展。设计层面研究副产品综合利用、能源梯级利用和废物循环利用的科学技术；运行层面研究包括分类回收网络、工艺流程再造的优化运营技术；控制层面包括环境监控、事故预报、故障检测、应急处理的快速反应技术。

4. 制订技术标准规范，健全技术管理制度

废旧机电资源化产业的健康发展除需要各种新技术支持外，也迫切需要各种技术规范和标准，保障资源综合利用的高效和资源安全。欧盟、美国、日本及我国台湾地区都已制定相关政策和法律加强对废旧机电产品的再使用和回收再利用，减少废旧机电产品处置和处理过程中的环境影响和风险。我国应通过实证研究现有的技术处理过程及新材料在产品中使用的生命周期环境影响和环境损益评估，制订技术分类目录，筛选和推广适合我国国情的、具有应用前景和具有较好的环境、经济效益的废旧机电产品回收利用技术，淘汰落后的、污染严重的技术。

六、废旧机电资源化利用产业发展战略

1. 培育大型龙头企业

积极引进和培育关联性大、带动性强的大企业、大集团，发挥其辐射、示范、信息扩散和销售网络的产业龙头作用。发展集群内的专业化分工体系，加强信息沟通，降低合作风险，提高分工水平。鼓励龙头企业逐步将发展重点集中于技术研发、市场拓展和品牌运作，通过各种合作方式，不断将一些配套的特定生产工艺分离出来，形成一批专业化配套企业，以核心竞争优势整合中小企业的生产加工能力，柔性化对待日益复杂的市场需求，带动产业集群在规模和技术两个层面不断发展。发挥龙头企业的集聚带动效应，逐步衍生或吸引更多相关企业集聚，降低集聚企业的综合成本，增强竞争优势。

2. 建设群落式企业群

将具有相同类型或具有上下游性质的企业相对集中起来，降低分工协作成本，塑造产业集群的经济效益。按照经济技术要求和产业关联情况，引入群落式企业园区模式。以主导产业中的龙头企业为主，引入具有稳定合作关系的配套企业，合作企业之间形成高度紧凑乃至融合的空间分布格局。积极引导个体企业在改扩建时，通过土地置换等办法，逐步向示范园区集中。在绩效考核、税收返还等方面制订专门政策，保护搬迁企业所在乡镇原有的财税利益关系不受影响。

3. 促进配套产业发展

根据产业发展方向，促进中小企业调整生产结构，引导增量投资进入重点产业的关联配

套领域，扩展、完善加工链。对向关联产业中“瓶颈”和空白领域（如二次污染控制领域）的投资，要积极加以引导，并给予政策扶持。支持中小企业进入龙头企业的供应网络，帮助协作配套企业做好与龙头企业相衔接的质量、标准、管理等工作，逐步形成龙头企业主导、大中小企业协调发展的配套生产体系。

4. 建立逆向后勤体系

逆向后勤体系是废旧机电产品资源化的基本环节，是将废旧机电产品由消费者向处理商循环的物流体系，它直接为资源化处理商提供加工原料。该体系主要包括：废旧机电产品的回收、初步分类、储存、包装、运输。我国尚未建立完善的废品回收资源化逆向后勤体系，导致废品流向无序及废品回收数量和品质不稳定。应充分利用现有的物资回收体系和机电产品的销售及售后服务网络，加强信息技术的应用，建立专门的回收中心。

5. 健全环境监管制度

我国由于缺乏对二手设备、产品的质量检验和有效的管理控制措施，使一些本应报废的废旧机电产品从经济发达地区进入欠发达地区继续使用，不但造成了能源过度浪费、噪声污染、环境恶化，还容易引发如车祸、触电、火灾等危及人身财产安全的各种事故，迫切需要从区域环境保护功能区划与环境保护目标出发，确定环境绩效准入门槛，测算节能减排潜力，构建环境准入指标，实施环境准入制度，促进行业污染物总量控制，提高行业环境监管水平。

七、工程师在废旧产品资源化中的责任

工程师是资源的直接利用者和操作者，在废旧产品资源化的过程中，承担着以下重要的责任。

① 在产品设计过程中应考虑末端的资源化方式，增加回用的比率，延长产品的寿命，实现资源的最佳利用。

产品末端的回收性的2/3是由产品设计阶段所决定的，工程师应该在产品设计阶段就考虑产品的资源化利用率，实现从源头控制污染，达到末端回收的最大化。例如工程师在产品设计中应该考虑产品的可再制造性，使得产品能够被多次利用，实现产品本身的可持续使用。产品的可再制造性主要表现在产品的模块化设计、技术增长的可预测设计、易于拆卸性、材料寿命长久原则等。模块化是对产品的结构进行模块化划分，使得模块成为产品的构成单元，简化产品结构，有利于产品的更新换代和资源化利用。技术增长的可预测设计主要针对当前产品由于性能过时淘汰增多，而对产品的技术增长趋势进行预测；预测产品的性能增长接口，使之能够不断地兼容新技术，实现产品本身的性能增长；同时还要考虑产品本身在使用过程中的污染、腐蚀、磨损等造成的产品性能劣化，实现其本身资源的最长效利用。

② 在产品制造和使用中应采用先进技术，实现资源的最大节约。

在产品制造中，要不断地采用新技术、新工艺来提高资源的利用效率，例如在产品制造过程中采用先进的表面技术，在结构件表面可以增加新的表层，满足产品对结构件本身的性能要求，从而避免结构件本身采用同表面一样的材料，节约大量的资源。在产品维护中也要采用新技术新工艺，高质量地延长产品服役寿命，减少报废量，增加资源的利用效率。例如机床导轨的磨损与划伤是机床最常见的损伤，通过采用表面电刷镀技术，经过严格的工艺，选用快速镍或镍-钨50可以强化工作层，提高表面性能，延长导轨的使用寿命，增加资源的利用效率。

③ 在废旧产品的资源回收中应采用先进的理念，最大量地回收其中蕴含的有形和无形资源。

资源化技术是实现资源化的保证，工程师应掌握现有的资源化技术，并应用到资源化工程中，以实现废旧产品的最大化资源利用。同时还要在废旧产品回收中采用先进的作业方式，最大限度地提取废旧机电产品中所蕴含的财富。再制造是资源化的最佳形式，具有更加显著的效益，它能够回收在产品制造阶段添加到产品中的附加值，包括加工、能源、技术及劳动力等，可以最大化地利用废旧机电产品资源。如通过对发动机的再制造，可以使原值85%的附加值得以保持。美国已将再制造作为产品最佳的资源化形式。

第五节　废旧轮胎回收与利用

一、概述

随着社会经济的迅速发展和人民生活的不断提高，汽车作为重要的陆路交通工具，在社会生活中扮演着越来越重要的角色。在我国，汽车已作为生活消费品进入家庭，在未来几年，汽车的社会拥有量将会有大幅度的提高。

据世界环境卫生组织统计，世界废旧轮胎积存量已达30亿条，并以每年约10亿条令人惊诧的数字增长。废旧轮胎作为可资源化的高分子材料的循环再生利用，已引起世界各国的关注。很多发达国家以废旧轮胎无偿利用，减免税赋，政府补贴，并以扩大资源利用量的立法方式予以支持。近两年来，我国成为世界最大的橡胶消费国和橡胶进口国，年产废旧轮胎达1亿条之多，然而废旧轮胎循环利用率仅有10%左右，远低于发达国家。废旧轮胎的处理一般是以预防为主，然后是收集，其后依次是翻新、利用和掩埋等。表5-14列出了部分国家对报废轮胎所采取的处理方法。

表5-14　世界一些国家和地区的废旧轮胎数量及处理方法

年份	国家和地区	当年轮胎报废量/万吨	处理方法所占比例/%						
			热利用	胶粉	再生胶	翻修	出口	掩埋	其他
1990年	欧盟	197.5	30	0	0	20	0	50	0
1992年	美国	280	23	6	4	0	3	63	1
1992年	日本	84	43	0	12	9	25	8	3
1992年	英国	45	9	6	0	18	0	67	0
1993年	德国	55	38	14	1	18	18	2	9

二、废旧轮胎回收再利用现状

国内对报废轮胎的处理主要是制成再生胶，辅以翻修使用。翻胎是旧轮胎循环利用的主要方式，其优点是充分利用旧轮胎胎体的剩余功能，合理利用资源。据资料介绍，一条载重轮胎的翻新费用仅为同规格新胎体制造成本的1/3，而其行驶里程却大大超过新胎的1/2。从20世纪70年代起，国外翻胎业均呈下降趋势。原因之一是翻胎业面临激烈的竞争以及新胎价格不断下降，其次，人们对轮胎产品的要求日趋严格。目前，国外翻新轮胎品种集中于载重轮胎、工程机械轮胎和航空轮胎。而国内目前翻胎工厂遍布各地，规模大都属中小型，年翻新能力不过400万～500万条，占新胎年产量的3%左右。长期以来，由于超载严重，目前国内轮胎的平均翻新率仅为20%，翻新次数也偏低，今后应努力提高翻修率和翻新次数。

废料减量化可以节省原材料使用量，同时降低废轮胎产生量。通过减少废料的方法可使废旧轮胎产生量减小到最低程度。如日本在轮胎生产过程中返工废胶指标规定小于1%，为此轮胎生产废品率大大降低。另外，通过改进配方和结构设计延长轮胎使用寿命，也可减少轮胎报废的数量。欧盟提出，轮胎使用寿命延长5%，即可使新胎需求量减少5%。此外，提高驾驶员的轮胎使用与维护水平，改进测定轮胎气压的器材和数据及改善路面减轻轮胎磨耗等，均可在一定程度上减小轮胎的报废数量。

轮胎翻新被公认是最有效、最直接而且经济的方法，世界各国都存在需求此类产品的稳定市场。在德国，轿车和载重车的翻新轮胎所占比例分别为12%和48%，翻新轮胎年总产量为1万吨。尽管轮胎翻新延长了使用寿命，在一定程度上减少了轮胎的报废数量，但最终这些轮胎还是要报废的。此外，轮胎翻新对旧轮胎有很大的选择性，一般来说可供翻新的占旧轮胎总量的70%左右，所以要想彻底解决"黑色污染"，实现循环经济运作模式，应将以下回收利用方式作为主要手段。

废轮胎的处理方法大致可分为如下三大类。

1. 整体再用

废轮胎可直接用于码头作为船舶的缓冲器，用于构筑人工礁或防波堤，或用作公路的防护栏或水土保护栏，用于建筑消声隔板等。在美国，每年有300万～500万条废旧轮胎重复使用，如美国Dnrable栅网公司每年处理废旧轮胎25万条，主要用于建筑工地阻挡飞石落物及船务防撞挡壁，并用切除的废胎圈改制排污管道。废轮胎在用污水和油泥堆肥过程中当作桶装容器，经分解剪切后可制成地板席、鞋底、垫圈等，还可以被切削制成填充地面的底层或表层的物料。美国俄亥俄州的大陆场地系统有限公司将废轮胎研磨压制成像铅笔橡皮擦大小的小块后出售，商品名为轮胎地板块，主要用于运动场、跑马场或其他设施的石子或木头条的替代品。日本的一所学校将废轮胎有序堆积后作为运动场的看台，是很有创意的利用方式。但这些利用方式所能处理的废轮胎的量很少。

2. 制造再生胶

再生胶是指废旧橡胶经过粉碎、加热、机械处理等物理化学过程，使其弹性状态变成具有塑性和黏性的、能够再硫化的橡胶。目前国内再生胶年产量为120万吨，居世界第一位，而发达国家考虑到能耗、污染等因素，再生胶生产持续萎缩，如美国2000年再生胶产量不足5万吨，仅占当年废橡胶总量的2%～3%。再生胶组分中除含有橡胶烃外，还含有像炭黑、软化剂和无机填料之类的配合剂，它的特点是具有高度分散和相互掺混性。再生胶有很多优点：①有良好的塑性，易与生胶和配合剂混合，节省工时，降低动力消耗；②收缩性小，能使制品有平滑的表面和准确的尺寸；③流动性好，易于制作模型制品；④耐老化性好，能改善橡胶制品的耐自然老化性能；⑤具有良好的耐热、耐油和耐酸碱性；⑥硫化速度快，耐焦烧性好。再生胶从问世以来，很长时间都是以与橡胶掺用，作为橡胶的代用品来应用的，代用历史一直持续到20世纪60年代。由于再生胶的优点很多，所以一直以来，生产再生胶是利用废旧橡胶的主要方向。

(1) 发展重点　中国作为再生胶生产和使用大国，今后在再生胶发展上宜把重点放在以下几方面。

积极采用新的脱硫技术，寻找不污染环境，不释放有毒、有害物的以光、电磁波和超声波等为能源的物理再生方法。目前，废旧橡胶经脱硫生产再生胶的工艺方法主要有化学和物理方法两大类，国内目前生产再生胶的方法主要以化学法中的高温高压动态脱硫为主，该法能耗仍较大、时间长、生产效率低，污染较重，而物理脱硫和生物脱硫由于其对环境污染小、可持续性较高而具有很好的应用前景。主要的物理脱硫方法有以下几种。

① 微波脱硫。微波脱硫是一种非化学、非机械的一步再生法，它是利用微波能量切断硫-硫键和硫-碳键，而不切断碳-碳键，因而达到再生的目的。该方法中，废橡胶被置于微波场内使其在微波作用下产生分子热运动，产生巨大的能量，使硫化胶中的硫桥偶极化，最终导致橡胶分子链断裂。微波脱硫要求废橡胶必须具有极性，以使微波产生脱硫所需之能量。微波脱硫的突出优点是节能、高效，每脱硫 1kg 废橡胶仅耗电 0.17～0.22kW·h。

② 超声波脱硫。超声波脱硫是利用超声波的声学特性引发硫键断裂。由于超生能的强度介于硫交联键和橡胶分子链上的碳-碳键的键能之间，因此对胶料的力学性能损害较小。此外，超声波脱硫无需使用溶剂和软化剂，装置以专用挤出机为主，废橡胶借助挤出螺杆的旋转不断被输送到“能量转换器”接受超声波的作用，实现操作联动化和连续化。

③ 远红外脱硫。该法利用远红外线强大的穿透力直接加热，使内外层同时升温，故不存在温差和热滞后。国内已有厂家采用红外线脱硫罐生产再生胶，即借助于远红外线使废橡胶氧化断裂，再通过炼胶机混炼均匀。脱硫后再生胶的性能保持率较高，可达 50%左右。

④ 电子束脱硫。利用电子束的辐射使废橡胶降解，降解程度取决于辐射剂量。优点是无需加热，不产生“三废”，特别适宜于 SBR 的再生。

生物脱硫一般采用生物再生技术。生物再生是由矿质化学营养细菌悬浮于水中的培养液来降解废橡胶的表面层，然后再向纵深延伸，使硫与橡胶分离。早在 1974 年，美国费尔斯通公司就利用酵母使橡胶产生代谢，从而把橡胶再生扩展到生物领域。1998 年瑞典发现废橡胶在生物处理过程中其多硫键和碳-硫键均遭破坏，橡胶表面发软，出现轻度解聚。硫化胶经生物脱硫后结合硫被释放为游离硫。

新型再生活化剂脱硫，具有代表性的是 RRM（Renewable Resource Material）再生剂脱硫。RRM 是一种植物产品，主要成分为 DADS（Diallyl Disulfide 的简称，即二烯丙基二硫化物）以及多种含硫化合物（如环状一硫化物、多硫化物等）。RRM 再生剂的优点是脱硫无需高温、高压，对环境无污染，脱硫在较低温度（40～60℃）下进行，从而使再生胶生产绿色化。同时 RRM 作为一种天然植物再生剂，具备了可持续发展的条件。

(2) 再生机理　生产再生胶的关键步骤为硫化胶的再生。硫化胶的再生习惯上称为“脱硫”，是一个与硫化相反的过程。硫化胶再生机理的实质为：硫化胶在热、氧、机械力和化学再生剂的综合作用下发生降解反应，破坏硫化胶的立体网状结构，从而使废旧橡胶的可塑性有一定的恢复，达到再生目的。再生过程中硫化胶结构的变化为交联键（S—S、S—C—S）和分子键（C—C）都部分断裂，再生胶处在生胶和硫化胶之间的结构状态。其结构的变化可用以下假定反应式说明：

$$(C_5H_8)_6S(C_5H_8)_6 \longrightarrow (C_5H_8)_3S(C_5H_8)_3 + (C_5H_8)_3 + (C_5H_8)_3$$
$$\longrightarrow (C_5H_8)_3S(C_5H_8)_3 + (C_5H_8)_6$$

这说明硫化胶经过再生，分解为含有硫黄的橡胶部分和不含硫黄的橡胶分子部分。其中前者 $(C_5H_8)_3S(C_5H_8)_3$ 占 51.65%，后者 $(C_5H_8)_6$ 占 48.35%，这一组成已被实验证明。

在生产新轮胎时，可投入少量的再生胶作为原料。最近有研究报告指出，将废轮胎碎屑经过一个四步的脱硫过程使其脱硫，然后将其重新硫化，可得到具有适当物理性质的材料，再与天然橡胶或其他橡胶掺混调和后，可以制成具有良好物理性质的低价橡胶制品。

(3) 生产工艺　再生胶的生产工艺主要有油法（直接蒸汽静态法）、水油法（蒸煮法）、高温动态脱硫法、压出法、化学处理法、微波法等，但应用的原理基本上是水油法和油法。国内现在主要应用的再生胶的制造方法有油法、水油法和高温动态脱硫法，主要流程、方法特点如下。

① 油法流程。废胶—切胶—洗胶—粗碎—细碎—筛选—纤维分离—拌油—脱硫—捏炼—滤胶—精炼出片—成品。该法的特点是工艺简单，厂房无特殊要求，建厂投资低，生产成本少，无污水污染。但再生效果差，再生胶性能偏低，对胶粉粒度要求小（28～30目），适用于胶鞋和杂胶品种及小规模生产。

② 水油法流程。废胶—切胶—洗涤—粗碎—细碎—筛选—纤维分离—称量配合—脱硫—捏炼—滤胶—精炼出片—成品。该法的特点是工艺复杂，厂房有特殊要求，生产设备多，建厂投资大，胶粉粒度要求较小，生产成本较高，有污水排放，应有污水处理设施。但再生效果好，再生胶质量高且稳定，特别对含天然橡胶成分多的废胶能生产出优质再生胶。适用于轮胎类、胶鞋类、杂胶类等废胶品种和中大规模生产。

③ 高温动态脱硫法。废胶不需粉碎得太细，一般20目左右即可。使用胶种广，天然橡胶、合成橡胶均可脱硫，且脱硫时间短，生产效益好。纤维含量可达10%，高温时可全部炭化。没有污水排放，对环境污染小，再生胶质量好，生产工艺较简单等。但设备投资较油法大，脱硫工艺条件要求严格，适合于各种废胶品种和中大规模生产。

为了提高再生胶质量，降低能耗，提高经济效益和社会效益，再生胶生产的新工艺不断出现。如美国发表了微波脱硫法专利和低温相位移脱硫法专利，瑞士发表了常温塑化专利等。国内出现了综合利用废橡胶生产亚生橡胶的新工艺，这种工艺最主要的特点就是不需要用油，对环境的污染小，工人劳动环境好。该工艺生产的产品亚生橡胶为高弹体物料，它不发生“可逆反应”，亚生橡胶中没有大分子链段，比新原料的生橡胶要低一等，有较强的后愈性。世界上很多国家最近对废旧合成橡胶的再生利用都十分重视，特别是对昂贵的硅、氟橡胶以及用量极大的顺丁橡胶的再生利用更为重视。美国对硅橡胶进行蒸汽粉碎法处理，可得到再生硅橡胶，作为填料减少硅橡胶配方的成本，得到的胶料有优秀的抗老化性能，并能保持硅橡胶的原有的杰出电性能，硅橡胶的价格昂贵，而再生硅橡胶的价格较低，能够推广使用。

3. 生产胶粉

除了上述经过简单加工后的利用之外，目前研究较多的是用废旧轮胎生产胶粉。进入21世纪，胶粉工业从传统的“废物利用、修旧利废”中提升为新兴的环保产业，胶粉生产被视为技术含量高、市场潜力大、具有广阔前景的新兴产业。目前全世界胶粉产量已达100万吨，年创造价值在5亿美元左右。胶粉是将废胎整体粉碎后得到的粒度极小的橡胶粉粒。粒径小于60目的可称为精细胶粉，精细胶粉与普通胶粉相比，颗粒细小，同样重量的胶粉，精细胶粉因其直径小，比表面积比普通胶粉大很多倍。在显微镜下观察，普通胶粉表面呈立方体的颗粒状态，而精细胶粉表面呈不规则毛刺状，表面布满微观裂纹，这种表面性质使精细胶粉具有三个主要性质：能悬浮于较高浓度的浆状液体中；能够较快速地溶入加热的沥青中；受热后易脱硫。橡胶粗粉料制造工艺相对简单，回用价值不大，而粒度小、比表面积非常大的精细粉料则可以满足制造高质量产品的严格要求，市场需求量大，应用前景看好。

目前废橡胶的利用率很低，据有关部门统计，不超过50%，而再生胶的生产占95%，活化胶粉和精细胶粉的生产只占5%，世界上很多国家和地区废轮胎几乎100%用于生产胶粉，美国59%用于生产胶粉。在废橡胶的利用方面中国比发达国家要滞后20年。在“八五”计划期间已把活化胶粉列为国家重点科技攻关项目，但当时引进的技术不适合国内企业应用，因而产量和质量都达不到要求。目前国内应用的空气涡轮膨胀制冷粉碎胶粉技术上很成功，因其产品价格偏高，国内市场很难接受。总的来看胶粉有着巨大的市场前景，但目前国内在技术和政策扶持方面还有很多工作要做。

依据所用的废旧橡胶原材料来源不同，可将胶粉分为轮胎胶粉、胶鞋胶粉、制品胶粉等。依据胶粉的活化处理可分为普通胶粉和活化胶粉（改性胶粉），活化胶粉是为了提高胶粉配合物的性能而对其表面进行化学处理的胶粉。粒径较大的胶粉经改性后，可取得和精细胶粉相似的性质。依据胶粉的工业化制造方法可分为冷冻粉碎法和常温粉碎法。低温冷冻粉碎法的基本原理为：橡胶等高分子材料处在玻璃化温度以下时，它本身脆化，此时受机械作用很容易被粉碎成粉末状物质。常温粉碎法主要考虑的是胶粉可取得较好的表面性质以及可降低冷源的消耗。

废旧轮胎在常温时为韧性材料，粉碎功耗大，难以达到40目以下的粉粒，常规粉碎时大量生热使胶粉老化变形，品质变差。为解决此问题，利用橡胶等高分子材料处在玻璃化温度以下时，本身脆化，此时受机械作用很容易被粉碎成粉末状物质的性质，可采用低温粉碎的方式。经过大量的科学研究和试验工作，目前应用已较成熟的工业化的胶粉生产方法有冷冻粉碎工艺和常温粉碎法。冷冻粉碎工艺包括低温冷冻粉碎工艺、低温和常温并用粉碎工艺。

① 预加工。由于废橡胶的种类繁多，并且含有很多杂质，因此在废橡胶粉碎之前都要预先进行加工处理，预加工工序包括分拣、切割、清洗等。

② 初步粉碎。预加工后的废橡胶再经初步粉碎，其工艺过程为将割去侧面的钢丝圈后的废旧轮胎投入开放式的破胶机破碎成胶粒后，用电磁铁将钢丝分离出来，剩下的钢丝圈投入破胶机碾压，将胶块与钢丝分离，接下来用振动筛分离出所需粒径的胶粉。剩余粉料经旋风分离器除去帘子线。上述工艺过程耗能少，效率高。可分别回收钢丝、帘子线和粗粉料，可彻底消除二次污染，但产生的粉料粒径粗，附加值小。

初步粉碎的新工艺有以下几种。

a. 臭氧粉碎。即将废轮胎整体置于一密封装置内，通过超高浓度的臭氧（O_3），浓度为空气中臭氧浓度的一万倍，60min后，启动密封装置内配置的10kW动力机械，使轮胎骨架材料与硫化橡胶分离，并进行橡胶粉碎，可得到粒径分布较宽的粉末橡胶，该装置每吨耗电仅为60kW·h，较之滚筒法粉碎节能约85%。本法已在中型胶粉生产厂中应用。

b. 高压爆破粉碎。将轮胎整体叠放于高压容器中，容器内压力为500个大气压，在此条件下使橡胶和骨架材料分离后分别回收利用，该法单位能耗为每吨胶粉60～70kW·h。所得胶粉主要部分的粒度为10～16目，最细粒径为0.4mm，本法适合大型胶粉生产厂使用。

c. 精细粉碎。将初步粉碎工段制造的胶粒送至细胶粉粉碎机内进行连续粉碎操作，至今橡胶细粉料只能用冷磨工艺制得，即用液氮将粒料冷却至－150℃使其变脆，此时粒料可被研磨成很小的粒径。这种超低温粉碎的优点为：最适用于常温下不易破碎的物质；产品不会受到氧化与热作用而变质；可得到比常温粉碎粒度分布更窄、流动性更佳的微粒；可避免粉尘爆炸、臭氧污染与高强噪声；可提高粉碎机的产量，破碎所需动力低，可降低粉碎能耗。

同时这种超低温粉碎也有很大的缺点：产品胶粒的能量没有充分回收，造成很大浪费；低温细碎设备——低温碾碎机的运转轴功变为热量被物料吸收，造成冷量损失；使用大量冷氮为冷源，制取每吨胶粉要消耗0.8～1.2t液氮（单价为3000元/t），经济上难以承受；而且所得的粒料的比表面积较小。

目前这种以液氮为冷冻介质的工艺流程有两种：一种为废轮胎的超低温粉碎流程；另一种为废轮胎的常温粉碎与超低温粉碎流程。相比较而言，第一种流程粗碎生热影响较大，因此粗碎后必须再用液氮冷冻，而第二种流程比第一种可节省液氮的用量，但有多次粗碎与磁选分离，设备投资增大。大比表面积的粉料需用“热（室温）磨”工艺制得，因为室温和非冷冻条件下研磨时，高的机械应力会导致很不光滑的表面，但产生的小粒径粉料的比例较小。因此精细胶粉的制造需要将两种方式结合起来，德国的 Messer 公司将冷冻和研磨工艺分开，取得了很好的效果。该工艺为先在螺旋冷冻装置中将橡胶颗粒脆化得到很高产率的细粉料，再将此产物通过一个经特殊改造过的 Jackering-Ultra-Rotor Ⅵ型磨机，此磨机出料温度为 15℃，细粉占很大的比例，而且具有很大的比表面积。该工艺可调节冷冻和研磨的工艺参数来改善粉料的表面性质。该工艺消耗液氮量为 0.75t 液氮/t 物料。

国内目前有报道的胶粉生产的新工艺有：常温法工业化生产精细橡胶粉的技术，该技术以物理手段为主，辅之以化学手段，在常温条件下，以简化的工艺流程生产万吨规模的60～120 目精细橡胶粉。大连理工大学研制发明的涡旋式气流粉碎机，采用低温辊压-锤式破碎机粉碎轮胎，气波制冷机提供冷源，气流机粉碎胶粒，从而从废胎中获得 20～80 目的精细胶粉。

③ 分级处理。将精细粉碎产生的不同粒径分布的混合物料进行分级处理，提取符合规定粒径的物料，将这些物料经分离装置除去纤维杂质装袋即为成品。

④ 胶粉的改性。表面改性主要是利用化学、物理等方法将胶粉表面改性，改性后的胶粉能与生胶或其他高分子材料等很好地混合，复合材料的性能与纯物质近似，但可大大降低制品的成本，同时可回收资源，解决污染问题。胶粉的使用价值与其粒径及比表面积大小有关，为满足要能与生胶混合得很好，而粒径和比表面积又不能有很大改变的情况下，表面改性就非常重要了。

目前世界上处理胶粉的技术有：在胶粉粒子表面吸附配合剂与生胶交联；在胶粉表面吸附特定的有机单体和引发剂后，在氮气中加热反应，形成互穿聚合物网络与生胶配合；胶粉表面进行化学处理后付出官能团与生胶结合；在粗胶粉表面喷淋聚合物单体后经机械粉碎，产生自由基与单体接枝反应。例如饱和硫化促进剂处理法，这种方法用 2～3 份硫化促进剂对 40 目胶粉进行机械处理制得，通过处理的胶粉表面均匀地附着一层硫化促进剂，从而使胶粉与基质胶料界面处的交联键增加，使整个胶料配合物硫化后成为一个均匀的交联物，这种胶粉应用于轮胎，虽然其静态性能略有下降，但其动态性能有所提高。

目前已成功应用的产品有荷兰开发的由硫黄促进剂与橡胶共溶的改性胶粉 Surcrum，经试验可在轮胎配方中大比例地掺加，而对强度影响不大。美国复合粒料（CP）公司出品的 Vistemer 改性硫化胶粉，极易与聚氨酯胶料相容，而二者混合生产的复合材料性能与纯聚氨酯接近。德国 Klaus M 用反式聚辛烷橡胶（TOR）对轮胎胶粉进行改性，改性后胶粉可达到不改性 200 目胶粉的物理性质。目前，改性胶粉的一个重要应用是与沥青混合铺设路面，改性胶粉易与热沥青拌和均匀，不易发生离析沉淀，有利于管道输送、泵送的要求。

另外，除了上述三种常见的回收利用方法，焚烧转能、热解回收和掩埋储能目前在国外也开展了部分研究。如化学裂解回收炭黑和燃料油，作为燃料提供能源。近几年来，多个国家的科学家对此都有专题研究报道，但迄今为止，尚未见到大规模工业化的生产装置。与大多数的煤比较，轮胎具有更高的热值（29～37MJ/kg），因而废轮胎被认为是一种有吸引力的潜在燃料。例如，废轮胎可用作水泥窑的燃料，其中的钢丝帘线或钢圈可以替代制造水泥所需的铁矿石成分，从而降低原料的成本。

第六节　废旧塑料再生与利用

塑料一般指以天然或合成的高分子化合物为基本成分，可在一定条件下塑化成型，而产品最终形状能保持不变的固体材料。在塑料的生产、消费途径（单体聚合成树脂，再加工成为制品，然后进入流通和消费诸环节）的每个环节中，都会产生废料和废旧制品。其中与人们的日常生活密切相关的有大量的废旧包装用塑料膜、塑料袋和一次性塑料餐具（统称塑料包装物）以及使用后的地膜，这些废弃塑料被称为“白色污染”。同时，塑料还是一种石油化工产品，全球每年约有4%的石油用于生产塑料。与其他应用材料相比，塑料具有质量轻、强度高、电（热）传导性低、化学稳定性强、抗腐蚀性强、降解性低、价格低廉、能注塑成任意形状等特点，这使得塑料在全世界的应用范围非常广泛，而且呈逐年增长的趋势。据统计，1996年西欧塑料制品在不同行业的应用比例如下：包装业42%、建筑业19%、汽车业7%、农业2%、其他行业30%。

据有关材料介绍，全世界塑料产量1998年已达1.5亿吨，比1990年增长51%。1992年国内的塑料消耗量为570万吨，1995年和1996年则分别增长到1119万吨和1185万吨，1998年塑料原料产量约676万吨，进口量800多万吨，塑料制品产量近1600万吨，比1990年产量增长3倍多，成为世界上塑料制品生产第二大国。随着国民经济的持续增长与人民生活水平的提高，国内塑料制品消耗量的年平均增长率约为7.8%，比美国和欧盟等发达国家的增长率高了近一倍。

1998年国内包装塑料近400万吨（包括自我配套用的在内），其中难以回收利用的一次性包装材料以30%计，则每年产生的塑料包装废弃物约120万吨，塑料地膜产量40多万吨，一次性塑料日用杂品及医疗卫生用品40多万吨，综合上述各项，塑料垃圾年产量达200多万吨。由于塑料制品的使用寿命短（比如包装业和农业用塑料制品使用寿命一般小于1年），塑料消耗量的增加导致废塑料产生量也急剧增加。目前，在北京、上海和深圳等经济发达城市，城市生活垃圾中废塑料含量已经超过生活垃圾总量的10%，这一统计数字还没有包括直接由废品回收人员回收的塑料。

如此大量的废旧塑料的出现应引起人们的高度重视，目前城市生活垃圾的处理方式主要有填埋、焚烧、堆肥三种方式，而适于废旧塑料的处理方式只有焚烧和填埋。一般的废旧塑料不易分解，如果填埋处理，填埋后的废旧塑料将长期不能降解，占用大量土地资源，而且影响土壤的通透性和渗水性，因而破坏土质，严重危害植物的生长，降低土地的使用价值，带来长期的深层次的环境问题。焚烧处理废旧塑料，如果处理不妥，会释放出多种有害的化学物质，如二噁英、多环芳烃等有毒气体，对大气造成二次污染。回收利用废旧塑料具有非常重要的经济和社会意义：①解决环境污染问题，保护地球；②充分利用自然资源。回收利用废旧塑料，是资源的再利用，具有广阔的开发利用前景。

一、塑料的生产、消费和使用

塑料的种类不同，其制品的性能和成型工艺也就不同，而不同的性能会直接影响塑料的回收利用方法、工艺和价值。常见塑料按分类方法不同可包括热塑性塑料、热固性塑料及通用塑料、工程塑料、功能塑料。

热塑性和热固性塑料是按照塑料受热所呈现的形态分类的。热塑性塑料是指在特定温度范围内能反复加热软化和冷却硬化的塑料。日常生活中常见的此类塑料有聚乙烯（Polyethylene，PE）、聚丙烯（Polypropylene，PP）、聚苯丙烯（Polystyrene，PS）、聚氯乙烯（Polyvinyl Chloride，PVC）、聚对苯二甲酸乙二醇酯（PET）等。热固性塑料是指受热后能成为不溶性物质的塑料。受热时发生化学变化使线性分子结构的树脂转变成三维网状的高分子化合物，再次受热时就不再具有可塑性，不能通过热塑而再生利用，如酚醛树脂、环氧树脂、氨基树脂等。这些塑料的废料一般通过粉碎、研磨为细粉，再以15%～30%的比例掺加到新树脂中，所得到的制品其物化性能无明显变化。

按物理力学性能和使用特性塑料可分为通用塑料、工程塑料和功能塑料。通用塑料的产量大，价格低，性能一般，是目前塑料垃圾的主要组成部分。它主要有聚乙烯(Polyethylene，PE)、聚丙烯（Polypropylene，PP)、聚苯丙烯（Polystyrene，PS)、聚氯乙烯（Polyvinyl Chloride，PVC)、酚醛树脂（Phenol Formaldehyde，PF）和氨基树脂等。工程塑料一般是指可以作为结构材料，能在较广的温度范围内承受机械应力和在较为苛刻的化学物理环境中使用的材料，如聚酰胺（Polyamide，PA)、聚甲醛（Polyoxymethylene，POM)、聚碳酸酯（Polycarbonate，PC)、聚砜（Polysulfone，PSF）等。功能塑料是指人们用于特种环境的具有特种功能的塑料，如医用塑料、光敏塑料等。

1. 通用热塑性树脂的基本构成和生产

(1) 聚乙烯（PE） 聚乙烯（Polyethylene，PE）是由乙烯单体聚合而成，结构式为 $(CH_2—CH_2)_n$。聚乙烯具有优良的电绝缘性能、耐化学腐蚀性能、耐低温性能和良好的加工流动性。过去按生产压力的高低将聚乙烯分为高压、中压、低压聚乙烯，但目前利用低压法也可以生产出与高压聚乙烯相类似的线形低密度聚乙烯。目前，按密度的不同分类，即分为高密度、低密度、线型低密度和超低密度聚乙烯等类别。

低密度聚乙烯（LDPE）通常用高压法（147.17～196.2MPa）生产。由于用高压法生产的聚乙烯分子链中含有较多的长短支链，所以结晶度较低（45%～65%)，相对密度较小(0.910～0.925)，质轻，柔性、耐寒性、耐冲击性较好。LDPE 广泛应用于生产薄膜、管材、电绝缘层和护套。

高密度聚乙烯（HDPE）主要是采用低压法生产的。HDPE 分子中支链少，结晶度高(85%～95%)，相对密度高（0.941～0.965)，具有较高的使用温度、硬度、机械强度和耐化学药品的性能。适宜用中空吹塑、注塑和挤出法制成各种制品。例如各种瓶、罐、盆、桶等容器及渔网、捆扎带，并可用作电线电缆覆盖层、管材、板材和异型材料等。

线型低密度聚乙烯（LLDPE）是近年来新开发的新型聚乙烯。它是乙烯与 α-烯烃的共聚物。与 HDPE 一样，其分子结构呈直链状，但分子结构链上存在许多短小而规整的支链。它的密度和结晶度介于 HDPE 和 LDPE 之间，而更接近 LDPE。熔体黏度比 LDPE 大，加工性能较差。

1984 年美国联合碳化物公司用崭新的低压聚合工艺，由乙烯和极性单体，如乙酸乙烯酯、丙烯酯或丙烯酸甲酯共聚制成了一种新型的线型结构树脂——超低密度聚乙烯(VLDPE)。该共聚物的密度很低，故具有其他类型 PE 所不能比拟的柔软度、柔顺度。VLPDE 可用于制造软管、瓶、大桶、箱及纸箱内衬、帽盖、收缩及拉伸包装膜、共挤出膜、电线及电缆料、玩具等。可用一般 PE 的挤出、注塑及吹塑设备加工成型。

超高分子量聚乙烯（UHMWPE）指相对分子质量大于 70 万的高密度聚乙烯，其相对密度介于 0.936～0.964 之间，它的机械强度远远高于 LDPE，并具有优异的抗环境应力开裂性和抗高温蠕变性，还有极佳的消声、高耐磨等特性，可以广泛应用于工程机械及零部件的制造。超高分子量聚乙烯的熔体黏度特高，只能用制胚后烧结的方法制造成型。

(2) 聚丙烯（PP） 聚丙烯（Polypropylene，PP）的均聚物是由丙烯单体经定向聚合而成，制备方法有浆液聚合、液体聚合和气相本体聚合三种。PP 属于线型的高结晶性聚合物，熔点为 165℃。PP 是最轻的聚合物，其相对密度仅 0.89～0.91。它具有优良的力学性能，比聚乙烯坚韧、耐磨、耐热，并有卓越的介电性能和化学惰性。聚丙烯树脂的最大缺点是耐老化性能比聚乙烯差，所以聚丙烯塑料常需添加抗氧剂和紫外线吸收剂。此外，PP 的成型收缩率大，耐低温、冲击性差，通常通过复合及共混改性的方法加以改善。聚丙烯可用挤出、注塑、吹塑、模压、真空成型等方法加工，其中以注塑法为主。

(3) 聚苯乙烯（PS）　聚苯乙烯是由苯乙烯的单体聚合而成的，其分子式为 $C_{24}H_{38}O_4$。合成方法有本体聚合、溶液聚合、悬浮聚合和乳液聚合。各种聚合方法制成的聚苯乙烯，其性能略有不同。例如，以透明度而言，本体聚合的最好，悬浮聚合的次之，乳液聚合而成的不透明，呈乳白色。

PS是典型的非晶态线型高分子化合物，具有较大的刚性，最大的缺点是质脆。PS的熔点较低（约90℃），且具有较宽的熔融温度范围，其熔体充模流动性好，加工成型性好。国内聚苯乙烯主要采用悬浮聚合和本体聚合，注塑法制造成型，产品具有高透明度，大多作透明日用器皿、电气仪表零件、文教用品、工艺美术品，高抗冲击聚苯乙烯是用于冰箱内衬里的理想材料。发泡成型生产的发泡聚苯乙烯（EPS），广泛用作包装材料、保温及装潢制品。ABS树脂是PS系列的共聚物，为丙烯腈、丁二烯、苯乙烯的共聚物，表现出三种单体均聚物的协同性能。丙烯腈使聚合物耐油、耐热、耐化学腐蚀；丁二烯使聚合物具有卓越的柔性、韧性；苯乙烯赋予聚合物良好的刚性和加工熔融流动性。ABS树脂兼有高的坚韧性、刚性和化学稳定性。改变三种单体的比例和相互的组合方式，以及采用不同的聚合方法和工艺，可以在宽阔的范围内使产品性能产生极大的变化。ABS树脂凭借突出的力学性能和良好的综合性能成为一类极其重要的工程塑料，主要用于制造汽车零件、电器外壳、电话机、旅行箱、安全帽等。

(4) 聚氯乙烯（PVC）　PVC由聚乙烯单体聚合而成。PVC的生产以悬浮聚合法为主，呈粉状，主要用挤塑、注塑、压延、层压等加工成型工艺。用乳液法生产的树脂可制出0.2～5μm的PVC微粒，因而适于制造PVC糊、人造革、喷涂乳胶、搪瓷制品等。缺点是树脂杂质较多，电性能较差。本体法制造的PVC纯度高、热稳定性好、透明性及电性能优良，但合成工艺较难掌握，主要用于电气绝缘材料和透明制品。

PVC树脂的主要特点是耐腐蚀、自熄阻燃、强度较高。其主要缺点是加工性、热稳定性、耐冲击性差。通常在PVC中加入各种助剂，例如添加增塑剂可以降低PVC的熔融温度和熔体黏度，并可通过改变增塑剂的添加比例来获得不同软、硬程度的PVC产物。加入稳定剂可使PVC在成型加工过程及使用过程中不易老化。润滑剂则在加工过程中起润滑、减少摩擦热及使制品表面光滑的作用。

PVC塑料根据软、硬程度的不同，可以进行压延、模压、挤出、注塑、吹塑等成型加工。聚氯乙烯薄膜通常是用吹塑、压延法制得；板材、管材、线材等以挤出法生产为主；大型板材、层合材料采用模压法成型；工业零件多用注塑法。硬PVC塑料的主要缺点是加工性、热稳定性和耐冲击力差。软PVC塑料的主要缺点是在使用过程中存在增塑剂挥发、迁移、抽出等现象。

(5) 聚对苯二甲酸酯类树脂　聚对苯二甲酸酯类树脂包括聚对苯二甲酸乙二（醇）酯（PET）和聚对苯二甲酸丁二（醇）酯（PBT），它们都是饱和聚酯型热塑性工程塑料。对苯二甲酸乙二（醇）酯（PET）由对苯二甲酸或对苯二甲酸二甲酯与乙二醇在催化剂存在下，通过直接酯化法或酯交换法制成对苯二甲酸双羟乙酯（BHET），然后再与BHET进一步缩聚反应成PET。PET以前多作为纤维使用（即涤纶纤维），后又用于生产薄膜，近年来广泛用于生产中空容器，被人们称为“聚酯瓶”。PET薄膜是热塑性树脂薄膜中韧性最大的，在较宽的温度范围内能保持其优良的物理机械性能，长期使用温度可达120℃，能在150℃短期使用，在－120℃的液氯中仍是软的，其薄膜的拉伸强度与铝膜相当，为PE膜的9倍，为聚碳酸酯（PC）和尼龙膜的3倍。此外，还具有优良的透光性、耐化学性和电性能。其主要缺点是加工性能差，这是由于结晶速度太小的缘故。

PBT的制法与PET基本相同，只是把乙二醇改为1,4-丁二醇。PBT的特点是热变形温度高，在150℃空气中可长期使用。吸湿性低，在苛刻环境条件下尺寸稳定性仍佳。静态、动态摩擦系数低，可以大大减少对金属和其他零件的磨耗，耐化学腐蚀性也优良，主要用于机械零件。PBT的加工性能优于PET，目前主要是采用注射成型法制造机械零件、办公用设备等工程制品。

2. 产业系统的废塑料

在塑料制品的生产和加工中不可避免会出现废品、边角料、实验料等。如注塑成型时产生的飞边、流道和浇口；热压成型和压延成型产生的切边料；中空制品成型的飞边；机械加工成型时的切屑等。这些废料由于品种单一，品质均匀，较少被污染，便于回收利用。一般分门别类破碎，然后按适当比例（依据对制品性能的影响情况决定掺用配比）加到同品种的新料中再加工成型。

3. 使用和消费系统中的废塑料

在使用、消费和流通过程中产生的废塑料是废旧塑料的主要来源，也是研究回收利用方法的基本点。从国内目前回收利用这类废塑料的情况看，与其说再利用困难，不如说回收的工作更难。

从国内塑料制品的消费领域来看，以农膜为主体的农用塑料、包装用塑料、日用品三大领域是废塑料的主要来源途径。以全国塑料制品总产量为基数，20世纪90年代初各大类塑料制品所占的比例约为：包装用塑料制品占27%，塑料日用品占25%，农用塑料约占20%，此3类塑料制品合计占72%。仅农用薄膜与棚膜专项制品就占塑料制品总量的11%左右。在包装材料中四大热塑性塑料制品所占比例分别为PE65%、PS10%、PP9%、PVC6%，其他10%。按制品形状或用途划分，包装材料中的塑料袋、膜类约占36%，瓶类占25%，杯、桶、盒等容器、器皿约占22%，其他占17%。

相对而言，回收废旧塑料制品有两大难点：一是农用薄膜的回收。它用量大、分布广、回收难，残留在土壤中的塑料薄膜对农田危害严重；二是日用杂品或家庭消费塑料制品的回收，这些制品的塑料品种多，且废旧塑料品与其他生活垃圾混杂为城市垃圾，其分离及回收工作难度大。应当立足于实施家庭废旧塑料专用分类垃圾袋并与经济效益挂钩，实施从立法到奖励相结合的措施。另外，塑料和塑料制品生产厂家应该在产品上依照世界通用标记标明塑料的种类，以方便对废塑料的回收利用。

4. 农业领域中的废塑料制品

国内农用塑料占塑料制品的比重较大，现阶段每年的塑料制品中仅农用薄膜就占15%左右，这个应用比例还在逐年上升。在农业领域中塑料制品的应用主要在四个方面：①农用地膜和棚膜；②编织袋，如化肥、种子、粮食的包装编织袋等；③农用水利管件，包括硬质和软质排水、输水管道；④塑料绳索和网具。上述塑料制品的树脂品种多为聚乙烯树脂（如地膜和水管、绳索与网具），其次为聚丙烯树脂（如编织袋），还有聚氯乙烯树脂（如排水软管、棚膜）。在诸多农业用塑料制品中，回收难度较大的是农用地膜：一是农膜质量差、超薄膜用后难回收；二是回收农膜的收购价格过低。回收废旧农用塑料的一个行之有效的措施可能为“经济杠杆作用”，即调高废旧农用塑料的收购价，如果重量相同，农用膜废旧品价应高于其他废旧塑料制品的收购价，借以鼓励农民积极回收废农膜。

5. 商业部门的废塑料制品

商业部门的塑料制品的废弃物至少表现在两大方面。一个是经销部门，这类部门可回收的塑料制品大都为一次性包装材料，如包装袋、打捆绳、防振泡沫塑料、包装箱、隔层板等。此类塑料制品种类较多，但基本无污染，回收后通过分类即可再生处理；另一个部门是消费中废弃的塑料制品，如旅店、旅游区、饭店、咖啡厅、舞厅、火车、汽车、飞机、轮船等客运中出现的食品盒、饮料瓶、包装袋、盘、碟、容器等塑料杂品。这类制品一般均使用过，有污染物。它们除分类回收外，还需进行清洗等处理。这类商业销售部门和经销部门的废弃塑料制品回收工作，主要应放在强化管理、制定强制性措施上，把回收废弃物与防治环境污染等同看待。同时要采取积极措施，如统一使用收集废弃物的垃圾袋，制定、组织一系列回收、运送、处理、再生的系统。将商业部门的塑料废弃物在作为城市垃圾之前分拣出来，不仅能减轻处理城市垃圾的费用和负担，同时也为有效地处理废塑料提供了良好的条件。

6. 家庭日用中的废塑料制品

日常生活中所用塑料制品占整个塑料制品的比重较大，而且比例越来越大。通常，这些日用品可分为 3 种：①包装材料，如包装袋、包装盒、家用电器的 PS 泡沫塑料减振材料、包装绳等；②一次性塑料制品，如饮料瓶、牛奶袋、罐、盆等；③非一次性用品，如各类器皿、塑料鞋、灯具、文具、炊具、化妆用具等。日常塑料制品所用树脂品种多，除四大通用树脂外，还有聚酯（PET）、ABS、尼龙等，回收的难度更大，可以采用的措施有：①做好宣传教育，利用广播、电视、报刊、广告等宣传媒体，讲清回收废旧塑料的社会效益和经济效益，讲明废塑料对环境的污染和危害作用，使回收日用废旧塑料成为全民的自觉行动；②宣传教育可使强制性的法规成为有觉悟人的自觉行为规范，对于那些不自觉的人又可迫使其成为守法的公民；③充分利用市场经济规律，适当提高废塑料的收购价格，使公民能得到一定的经济效益，提高回收的积极性。

二、回收处理废塑料的迫切性和意义

长期以来，由于人们环境意识淡薄，随手乱扔使用过的塑料制品，造成了对环境危害极大的“白色污染”。废塑料对环境造成了三方面的不利影响。

① 因废塑料不易生物降解，塑料散落在各处，严重影响城市市容和景观环境。

② 因废塑料质量轻、体积大且不易生物降解，垃圾填埋时占用了较多的空间，而且容易引起填埋场火灾。

③ 由于塑料中含有较多添加剂，如填充剂、稳定剂、塑化剂、增强剂、染色剂等，其中一些塑料中含有重金属，易造成污染。根据美国环保局资料，城市生活垃圾中 28%的钙和 2%的铅来自于塑料。

解决废塑料对环境的污染问题，目前主要从两个不同的方面着手：一方面是对废塑料进行后处置，主要方法包括填埋和资源化再生（包括焚烧回收热能和物质再生）；另一方面是从源头做起，通过减量和重复使用减少废塑料的产生量，以及采用可降解塑料生产不易回收再利用的短期和一次性使用的塑料制品，使其在完成使用功能后，在环境中自行分解。

废塑料的资源化再生发展得较为缓慢，废塑料主要以填埋处置为主，除少量塑料与其他垃圾混合焚烧外，只有一些小型乡镇或民营企业进行废塑料简单熔融再生、炼油、生产化工原料和制作混塑板材。实际上，即使在西欧发达国家，1996 年进行再生处理的废塑料也仅占 27.1%，约有 72.9%的废塑料直接填埋。

由于塑料填埋的诸多弊端，废塑料的资源化再生是治理“白色污染”的主要发展方向。主要是以下三点原因限制了塑料再生产业的发展：①塑料种类较多、性质不同、成分各异，很难采用单一模式进行集中处理；②由于塑料多存在于垃圾中，杂质较多，塑料分离步骤比较复杂，分离成本较高；③塑料质量轻、体积大，收运成本较高。

（1）垃圾源头管理　从家庭开始分类，居民住宅、社区、公共场所都有分类垃圾箱。居民自觉按要求投放，很少有随地乱扔废物的现象，密闭的专用车上门收集垃圾。废纸、废塑料等包装废物送往工厂再生利用，厨房、庭院垃圾用于堆肥，不能再生利用的垃圾在对环境不造成污染的前提下填埋或焚烧，生活垃圾无害化处置率很高，各环节流失到环境中的垃圾极少。

（2）包装废物管理　20世纪80年代中期以前，发达国家对大多数塑料垃圾采用填埋或焚烧。90年代初，随着包装废弃物数量的不断增加，新填埋场数量不断减少以及废弃物处理的费用不断上升，许多国家根据环境要求实施了控制包装的行动计划。同时，各国对包装废弃物的管理也采用不同的方法。如欧洲国家采用“废弃物管理层次”原则，即按照如下次序进行包装废弃物的管理（图5-9）。

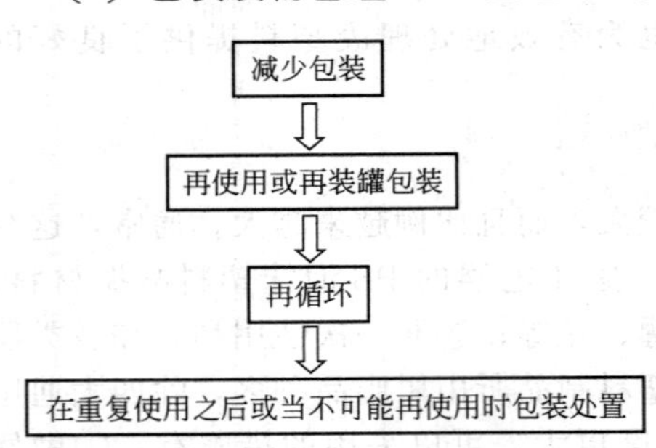

图5-9　固体废弃物管理层次

为了鼓励合乎环境标准的包装，各国采用了两类政策手段：一类是严格规定性的，如禁令和强制式的包装回收；另一类是运用经济压力式的，如税收和押金。具体的政策手段有：禁令和限制；强制式回收或再循环；押金退款制度；产品收费/征税；原始材料税；废物处置费；销售许可证；再循环信贷。

各国相继立法，对包装的再使用、再循环和处置制定了强制性综合方案。如德国的《避免包装废弃物法令》；法国1992年4月的《法令92—377》；荷兰1991年6月的《包装契约》；比利时1991年3月的《自愿协定》等。特别是1991年德国的《避免包装废弃物法令》，该法令规定了包装废弃物生产商和销售商的应尽义务，即包装的生产者和销售者必须对他们引入流通领域的废旧包装承担回收和再生利用的任务。

三、废塑料回收、利用及处理技术

随着人们对环境保护和资源再生问题的日益关注，废塑料的资源化技术不断发展。目前废塑料的资源化应用主要包括物质再生和能量再生两大类，各类方法详见图5-10。物质再生包括物理再生和化学再生。物理再生不改变塑料的组分，主要通过熔融和挤压注塑生成塑料再生制品，但再生产品的质量往往低于原有产品；化学再生则是在热、化学药剂和催化剂的作用下分解生成化学原料或燃料，或通过溶解、改性等方法分别生成再生粒子和化工原料。

废塑料回收利用的关键就是对其回收并再生，主要是熔融再生。熔融再生技术分为简单再生和复合再生处理。简单再生针对塑料生产过程中的边角碎料而言。这些废塑料品种单一，较少被污染，一般经简单处理可直接加工成粒料或片料。复合再生针对从流通、消费领域回收的废塑料，经过分选、预处理、熔炼、造粒（有的不经过造粒，直接成型）、成型等工序再生。

1. 预处理

预处理包括分选、破碎、清洗和干燥。再生所用的废料主要来源于使用和流通后从不同途径收集到的塑料废弃物，它们在造粒前必须经过清洗、破碎和干燥等预处理工序。具体因不同情况而异。

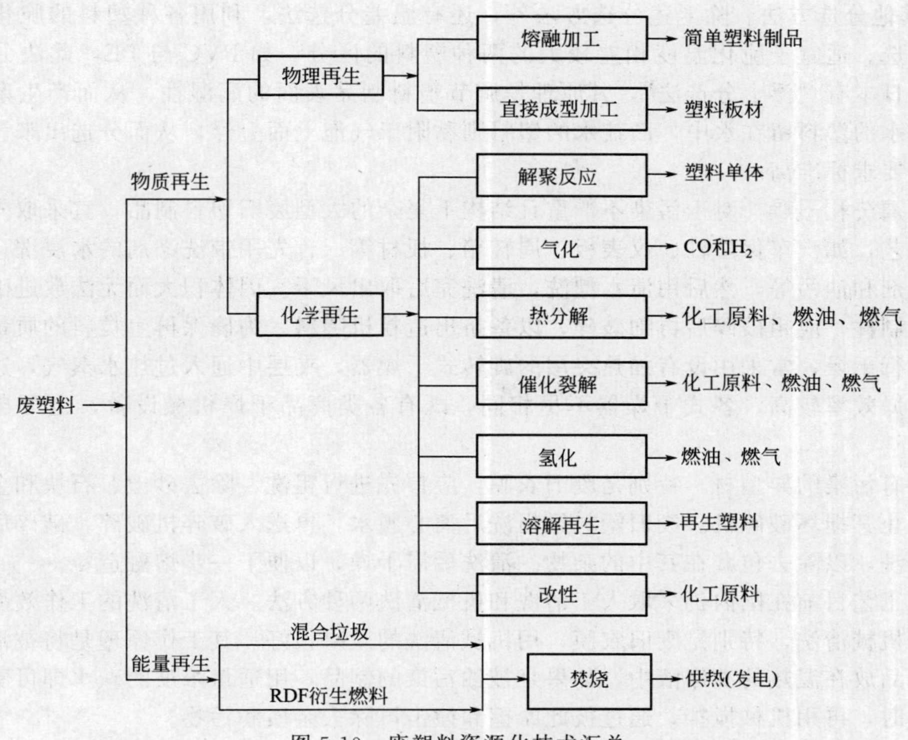

图 5-10 废塑料资源化技术汇总

(1) 废塑料的分选 分选的目的是清除废塑料中金属、沙石、织物等杂物，并把混杂在一起的不同品种的塑料制品分开、归类。

① 手工分选。手工分选的效率比机械分选的低，但分选效果是机械分选难以代替的。尤其在中国这样具有较廉价的劳动力的国家，手工分选还是很重要的一种分选方法。手工分选的步骤如下。

a. 先将非塑料制品杂物除去，然后将油污制品及变黑、烧焦等变质的制品挑拣出去。

b. 按塑料品种进行分类（如分拣出 PVC 制品、PP 制品、PE 制品、PS 制品），然后将同种制品再按软制品、硬制品分类，以便进一步清洗、破碎。如遇到难分辨的制品可以上述鉴别方法区分。

② 磁选分类。手工分选清除细碎的金属杂物（主要是钢铁碎屑）是困难的，使用磁铁清除要有效一些。为了确保清除金属杂物的彻底性，除在破碎前用磁铁检查废旧制品外，破碎后仍需用磁铁复检一遍，以便把包藏在内部的金属碎屑拣出来。

③ 风力分选。该分选方法依据的是塑料的相对密度不同，所以随风漂移的距离也就不同。此法不仅能分开相对密度差异较大的塑料，而且也可将相对密度较大的碎石块、土沙块分离出去。操作步骤是，首先将废塑料制品破碎，然后将破碎的塑料送进分选装置的料斗中，开动风机，使碎片喷散出去，由落下的距离不同而实现分离。此法的不足是，由于制品的规格不同，粉碎后的碎块体积或粒度粗细不同，或因塑料制品中填料含量不同而引起碎块的密度改变等因素，可能产生较大误差。此法用于分离石块、沙砾效果良好。

④ 静电分选。静电分选法的基本原理是利用静电引力之差来进行分选。此法可将 PVC 从金属、PE、PS、纸和橡胶中分选出来，得到单一化的 PVC 回收物。因为湿度、被分离物的重量对分离效率有影响，所以，被分离物应该干燥，且破碎成小块（直径<1cm），然后通过高压电极分选。

⑤ 其他分选方法。除上述分选方法外，还有温差分选法，利用各种塑料的脆化温度不同进行分选。适宜于脆化温度相差较大的两种塑料的区分，如 PVC 与 PE，此法分离成本高。近年日本有“浮上分选法”，其原理是调节塑料制品表面的润湿性，从而产生亲水或疏水性，亲水的塑料留在水中，而疏水的塑料则黏附于气泡上而上浮，从而分选出来。该法对润湿剂的要求标准高。

(2) 清洗和干燥　对于污染不严重且结构不复杂的大型废旧塑料制品，宜采取先清洗后破碎的工艺，如汽车保险杠、仪表板、周转箱、板材等。首先用带洗涤剂的水浸洗，以去除一些胶黏剂和油污等，然后用清水漂洗，清洗完后取出风干。因体积大而无法放进破碎机料斗的较大制件，应粗破碎后再细破碎，以备挤出造粒机喂料。为确保再生粒料的质量，细破碎后应进行干燥，常采用设有加热夹层的旋转式干燥器，夹层中通入过热水蒸气，边受热边旋转，干燥效率较高。各式干燥器不尽相同，既有各类商品干燥机械设备，也可自行设计制造。

对于有污染的异型材，特别是废旧农膜，应首先进行粗洗，除去砂土、石块和金属等异物，以防止其损坏破碎机。废旧塑料经粗洗后离心脱水，再送入破碎机破碎。破碎后再进一步进行精洗，以除去包藏在其中的杂物。清洗后需干燥，以便下一步熔融造粒。

清洗工艺目前在国内仍采取人工清洗和机械清洗两种方法。人工清洗的工作效率低，应大力发展机械清洗，特别是废旧农膜，用机械清洗的效果很好。其工作原理是将被清洗的废旧塑料制品放在温热的洗涤液中，如果是被油污染的制品，用适量浓度的碱水即可奏效。先浸泡数小时，再用机械搅拌，通过彼此摩擦和撞击可除去杂质和污物。

(3) 破碎　塑料机械破碎设备可根据对破碎物的作用基本分为三大类（表 5-15）。

表 5-15　几种破碎机械概况

名称	型号	厂家	功能
塑料薄膜破碎造粒机组	SMPZ-200	衡阳塑料机械厂	废旧塑料薄膜的破碎、清洗、造粒
塑料破碎机	SCP-160	上海第一塑料机械厂 永春轻工机械厂 南通如皋塑料机械厂	硬、脆性塑料制品的破碎
塑料破碎机	SCP-160 SCP-280	武汉长虹模具厂 常州二轻机械厂	软质塑料、泡沫塑料制品的破碎
塑料破碎机	SCP-180	广东澄海农机厂	片、条、块状各类塑料破碎成粒状
塑料破碎机	SCP-220	上海第一塑料机械厂 石家庄二轻机械厂	除薄膜外的各类软、硬塑料制品的破碎
塑料破碎机	SCP-400	昆明重型机械厂	软、硬、薄膜各类塑料制品的破碎
塑料破碎机	SCP-500 SCP-640A	石家庄二轻机械厂 南通如皋塑料机械厂	除薄膜外的各类软、硬塑料制品的破碎

① 压缩型粉碎机

a. 双辊式粉碎机。这是最简单的一种。它既是粉碎机，也可作为炼塑机使用，炼塑时应能使辊筒温度达到塑料的塑化温度以上，一机多用是它的最大优点。另外粉碎的程度也可用辊距来调节。该机用于中等硬度的脆性废塑料的粉碎。不足之处是易使碎块压成扁块，使产生的碎块大小不够均匀，手工操作的生产能力也较低。

b. 圆锥式破碎机。该机破碎的作用原理是通过锥形轧体在固定的锥形壳体内转动，从而产生连续不断的挤压力使料块破碎。此设备适用于较坚硬的脆性塑料的中等粉碎。它的最大优点是机械化程度高，生产效率高。不足之处是构造比较复杂，大件废制品需粗压碎，方能进入料斗进行破碎。

c. 颚式破碎机。该机的优点是构造牢固，管理简单，更换零件容易，料块体积较大时不需粗破碎可直接进行破碎；缺点是碎块不均一，且进行细粉碎较困难，不适于韧性塑料制品。

② 冲击式破碎机

a. 锤式破碎机。锤碎机适于破碎大型的废物，不适于软或韧性塑料制品。优点是碎块均匀，可获得粒度较小的物料。

b. 叶轮式破碎机。与锤式破碎机的主要差别在于“击锤”变成了“击刀”或“击轮”，击刀固定在可高速旋转的滚筒上，使高速运转的打击刀不断冲击被粉碎的物料。此外，在刀的前端与固定在壳体上的冲击板间留有间隙，在高速旋转的打击刀运动的作用下，间隙也产生剪切作用，以改善粉碎效果。

③ 剪切式破碎机

a. 旋转式剪切破碎机。该机由固定刃和旋转刃及投入装置等构成，废物在固定刃和旋转刃之间被剪断。

b. 往复式剪切破碎机。该类破碎机适于破碎废塑料。塑料薄膜破碎造粒机可对废塑料薄膜进行破碎、清洗、造粒，该类破碎机能破碎的废塑料范围很广。

对于常温破碎困难的废塑料制品，可采用低温冷冻破碎技术。废塑料在低温下易脆化，从而使破碎变得容易。并且各种塑料的脆化温度不同，可以利用这点调整冷冻温度，实现选择性分选。

冷冻破碎需制冷剂，一般采用液态氮，每吨废塑料大约需要 300kg 液氮，可见费用很高。据日本实验确定，低温冷冻破碎所需的动力为常温破碎的 1/4 以下，噪声比常温破碎低约 7dB，振动减少 1/5～1/4。

有关塑料低温破碎取得的经验如下：PVC 的脆化点为－20～－5℃，PE 为－135～－95℃，PP 为－20～0℃。

采用拉伸、曲折、压缩等简单力的破碎机时，低温破碎所需动力比常温时要大；采用冲击式破碎机时，则低温破碎动力比常温时要小得多。故选择破碎机时应选择以冲击力为主的。

膜状塑料难于低温破碎。

冷冻装置：冷冻槽绝热壁厚 300mm，从顶部喷射液氮，塑料置于槽内运输皮带上向前移动 4m，从喷雾开始后 4min 槽内温度可达－75℃；62min 后可达－167℃，温度分布大体上均匀。

2. 物理再生

(1) 再生料的预处理

① 配料。回收的废塑料经一系列的预处理得到干燥的粉料后，或直接塑化成型，或经造粒后再成型。在此之前，往往需要进行配料，加入各类配合剂，如稳定剂、着色剂、润滑剂、增塑剂、填充剂和各类改性剂等。废旧塑料制品一般都有不同程度的老化，为了保证再生塑料制品的稳定性能，应当加入稳定剂，如热氧稳定剂、防紫外线稳定剂等。在使用稳定剂时，应注意其毒性和污染性，如再生 PVC 料中盐基性铅类有一定毒性，不宜作与食品接触的塑料制品；弹性体的稳定剂中 4010 颜色深，不宜用作浅色制品。再生 PVC 料可选取配合盐基性铅类、脂肪皂类、复合稳定剂，PE、PP 再生料可用 1010 稳定剂。

废旧塑料常有一定程度的污染，故常选用深色的着色剂，如炭黑、铁红、塑料棕等。润滑剂也是回收料中必不可少的助剂。再生 PVC 料中加入极性润滑剂比非极性润滑剂效果好，如用氯化石蜡比用普通石蜡好，而对于 PP、PS、PE 再生料用普通石蜡即可。由于原塑料制品中的小分子增塑剂易在制品中发生迁移现象，所以再生的 PVC 制品中需要补充一些增塑剂，用量视制品要求的硬度而定。另外，若将适量软 PVC 回收品与硬 PVC 回收品掺用，可减少或不用增塑剂。

填充料有碳酸钙、陶土、滑石粉、硫酸钡、赤泥、木粉等。加入填充料时需注意三个问题：一是要注意回收料中钙塑回收品的比率，如地板砖中已经含有大量填充剂，不宜再加入相应的填充剂；二是在不影响加工流动性并保证其基本力学性能指标的前提下，可适当增加填充量；三是填充剂应经偶联剂（如钛酸酯偶联剂）活化。针对不同种类的填充剂，选择适宜型号的钛酸酯。

② 捏合。再生回收料与各类添加剂的捏合是十分必要的，不需要配合的各组分在塑化混融前达到宏观上的均匀分散而成为一个均态多组分的混合物。在选定捏合设备与配合组分后，捏合的效果主要取决于捏合工艺（如温度、时间、加料顺序、搅拌速度等）的控制。回收塑料的捏合一般在混合造粒之前，如果再生料粉碎后不需造粒而直接加工成型，那么捏合应在成型之前进行。捏合的温度、时间、搅拌速度、加料顺序等操作及调控可参照新生塑料捏合工艺。

③ 造粒。不论何种废塑料制品，在制备回收废塑料的再生粒料前，首先应进行预处理——鉴别、分选、清洗、粉碎（硬制品）或切碎（软制品），然后经过两段热风干燥，使水分含量不超过 5%。这样处理过后的粉料经与其他组分的配合与捏合后即可造粒。

有的回收料（如回收 PVC 软制品）也可不经切碎而直接用开炼机塑化、放片、切粒。

各类品级的回收料的造粒工艺如下：

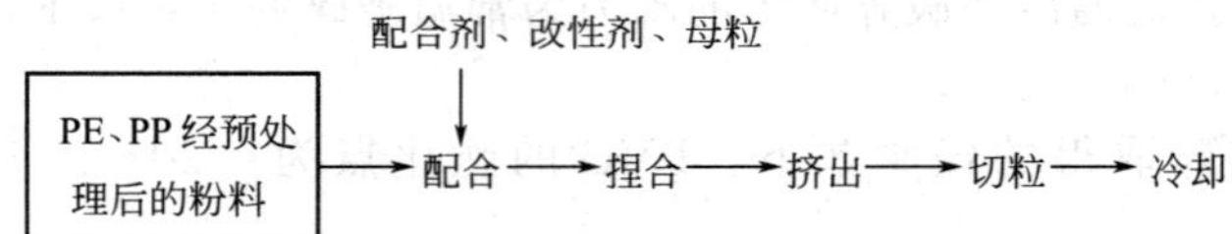

制备 PE、PP 的再生钙塑料粒可采用开炼或密炼工艺，其工艺流程基本相同，只是捏合后可经开炼机塑化、混炼、放片后切粒，也可由密炼机塑化、混炼，接开炼机放片后切粒。回收 PVC 料因其熔体黏度高，宜在开炼机上人工控制，不论是否是钙塑再生料，皆可采用如下开炼工艺。

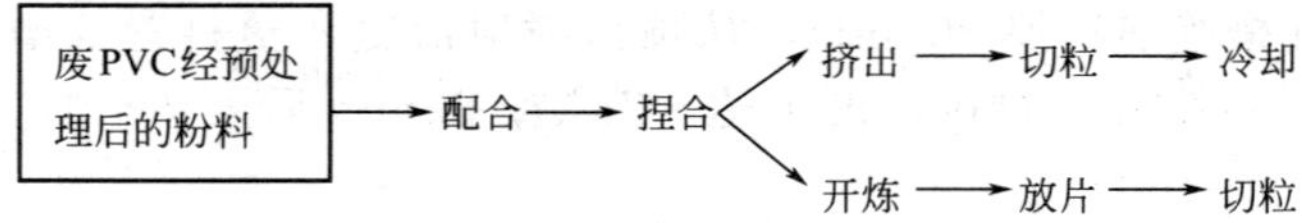

对回收料造粒需注意以下的事项。

a. 强喂料。为防止轻质薄膜类回收料在喂料时产生“架桥”，可在挤出机上通过喂料螺杆预压缩，使物料压实，喂料螺杆的速度应与挤出造粒速度相匹配。

b. 采用排气式挤出机。无论使用单螺杆挤出机还是双螺杆挤出机都应是排气式的，尤其是在回收料中含有一定量的水分、易分解和易挥发成分时，其水分和挥发分得以及时由螺杆挤出机排出。

c. 熔体过滤。获得高质量的再生粒料需进行熔体过滤，以清除其中的杂质。熔体的过滤装置可采用间歇或连续过滤网设备。间歇式因更换网时需中断熔体流动，对热切粒有不利影响。

若采用双螺杆挤出机，以螺杆反向旋转式塑炼为好。双螺杆挤出机比单螺杆挤出机能耗少、效率高。反向式双螺杆挤出机可采用多处进料口，这对于进行原位反应挤出或动态硫化工艺都是适合的。

(2) 再生成型

① 模压成型。模压成型也称作压制成型或压缩模塑成型。废塑料的模压成型工艺是生产再生热塑性塑料制品的基本手段，它具有以下优点。

a. 可灵活地生产多样再生塑料食品。可生产片材、板材、微孔泡沫塑料、盆等制品，更换模具可以随时生产对应的制品。

b. 适合于高填充钙塑再生制品和纤维增强制品。钙塑再生品的无机填料量大，钙塑品或纤维增强品的熔体黏度大、加工流动性欠佳，采用模压工艺可以得到外观漂亮的制品。

c. 设备投资少。模压成型属劳动密集型产业，适合中国国情，尤其适宜于乡镇企业。

d. 可模压较大平面的制品和利用多槽模进行大量生产。

该工艺的缺点是生产周期长，产品生产效率较低；不能压制形状复杂和尺寸较为精确的制件；需先制取胚料。

② 挤塑成型。挤塑成型也称挤出成型。通常使用螺杆挤出机完成塑化和挤出，即利用加热和螺杆剪切作用使塑料变成熔体，然后在压力作用下通过塑模而直接制备连续的型材(如管、棒、丝、板、片及异型材等)。除此之外，采用挤出设备还可以进行电缆的涂覆、微发泡制品的制备、塑料的共混、造粒、原位反应型挤出等。

挤塑成型工艺有以下优点：

a. 应用广泛，产品花样多。挤塑法几乎能加工所有热塑性塑料，通过不同形式的口模可以变换产品品种。

b. 生产效率高，连续喂料、连续挤出生产。

c. 投资少，收效快、操作简便。

③ 注塑成型。注塑成型工艺是热塑性树脂和再生塑料重要的成型工艺。注塑成型有注入熔体和模塑冷却两个主要环节。它的基本过程是：将粉状或粒状塑料从注射机的料斗送入，经料筒加料并熔化呈流动状态，由螺杆或柱塞推动由喷嘴射入闭合塑模中，然后经保压冷却得到制品。

注塑成型工艺的主要优点如下。

a. 成型周期短，可实现完全自动化生产。

b. 能一次性成型得到制品尺寸较精确、外形复杂的各类产品。

c. 生产效率高，对各种塑料的加工适应性强。

与模压、挤塑工艺相比，注塑成型操作较复杂，有温控、自控、液压、电控等系统。注塑设备的一次性投资颇大，对物料的熔体流动性有较高的要求。

④ 压延成型。压延成型是热塑性塑料加工的主要工艺之一。对于生产回收热塑性塑料片材来说，是较佳的生产工艺。压延成型是将已熔融的塑料通过相向旋转的数个辊筒组（至少由两个辊筒组成）中的辊筒间隙，通过压延作用而生产连续片材的成型方法。压延成型工艺适于软制品，也适于硬制品。它主要用于制造 PVC 膜，软、硬片材，也可以制备 PE 和 PP 的钙塑片材，橡胶防水卷材，纤维增强或复合的片材、板材，热塑性弹性体材质的片材等。

压延工艺的优点是：

a. 加工能力大，生产效率高。

b. 既可生产膜、片等产品，也可以生产供层压或冲压用的硬质片型料胚。

c. 与轧花辊或印刷机械配套，可生产带图案的片材和人造革等。

此工艺的不足之处是设备庞大，一次性投资高；必须配以开炼、密炼、挤出等塑化设备；产品种类仅限于膜和片材，而且不适于生产较厚的片材。

⑤ 吹塑成型。吹塑成型是指将熔融状态的塑料型胚或管膜，通过压缩空气直接或间接地吹胀成型，冷却后得到相应制品的一种热塑性树脂的成型加工工艺。对回收塑料的再生制品而言，已经商品化的大宗吹塑制品有PE类再生膜、中空制品、PVC再生膜等。

吹塑成型有直接吹塑和间接吹塑之分。直接吹塑可用于制备膜管，即将环形缝隙的机头安装在挤出机的端部，当塑化后的熔融体在机头出口处成圆筒状型胚时，直接鼓入一定量的压缩空气，使之横向吹胀，经冷却后的膜管由导向牵引辊叠成双折薄膜制品。间接吹塑可用以制得中空制品，用作包装容器。无论是吹膜还是吹塑中空制品，均以挤塑吹塑应用最广，尤其回收塑料，更适于用挤塑吹塑法制备中空或再生膜制品。

3. 化学再生

废塑料的化学再生主要分为七类：解聚、气化、热解、催化裂解、氢化法、溶解再生和改性法。化学再生可行性较高，经济效益较好，是废塑料资源化处理的主要发展方向。能量再生是在物质再生不可行时，将塑料直接用做燃料或制作成RDF衍生燃料在工业锅炉、水泥炉窑或焚烧炉中燃烧，但是，由于含氯塑料不完全燃烧可能生成二噁英，造成大气污染。这类方法一般较少提倡使用。

（1）熔融加工技术　熔融加工技术是指单一品种塑料经分选、清洗、破碎等预处理工序后，再经过熔融过滤、造粒，并最终成型的过程。熔融加工流程见图5-11。熔融过滤可根据物料情况，选择不同的回收体系和过滤网尺寸分离杂质。对于含粗杂质的物料，可使用连续熔融过滤器，再通过可以更换过滤网的普通过滤器熔融过滤；对于含有印刷油墨的物料，需选用孔径足够细的过滤网以保证尽量去除油墨，这样可以防止熔融加工过程中产生气泡。

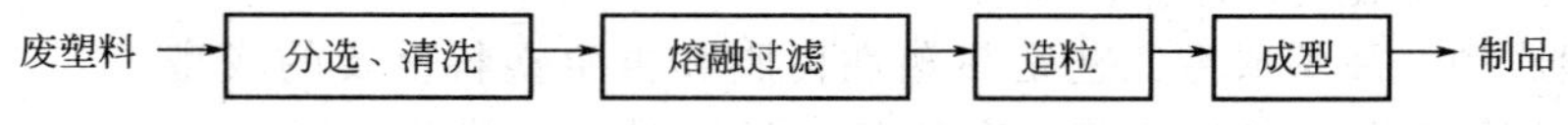

图5-11　熔融加工工艺流程

造粒是熔融物料经过专门的机头，被刀具切为规定尺寸的颗粒，以满足成型不同制品的需要。成型是指再生废塑料颗粒，通过按需要选用的不同塑料成型设备加工成为所需的不同再生塑料制品。国内有不少利用废塑料生产简单塑料制品的厂家，主要分布在江苏省苏州、太仓地区以及浙江省余姚、慈溪等地，但这些企业往往规模小、二次污染严重、产品附加值较低。

（2）直接成型加工技术　直接成型加工技术是指含杂质的混杂废塑料不经清洗分选，可直接在成型设备之中与按需要添加的填充料制成所需特性的混合料。填充料可以是玻璃、纤维等增强型添加剂，也可以是高聚物。脏的混杂塑料直接注射制品、模塑制品和挤出板材的技术已经开发出来，多数是制造壁厚超过2.5mm的大型制品。对于这种直接使用混合材料的要求是：至少要有50%以上同一种塑料，其湿含量不能大于27%。利用此项技术可以制作电缆沟盖、电缆管道、污水槽、货架、马路檐板、包装箱板等，可以取代使用木材、混凝土、石棉、水泥等材料制作的相应制品。

海南省已有年处理1万吨混塑板材生产厂家。该厂以废塑料、塑料垃圾和非塑料纤维垃圾为原料，利用特有的工艺流程和技术进行综合处理，形成“泥石流效应”，经初级混炼、混熔造粒、混合配方、混熔挤出、压延、冷却可加工成厚度3～15mm、宽1.2m、长2.4m的混塑板材。

（3）解聚技术　化学解聚技术是指废塑料加入化学药剂后，塑料反应形成单体的技术。该技术只能用于缩聚型塑料，如聚酯PET、聚氨酯PU和聚酰胺PA解聚技术已经得到规模化应用，但这些塑料占废塑料总量不到15%。解聚反应根据使用的化学试剂不同可分为醇解、醇解、水解和氨解。

PET 可与乙二醇反应酵解生成 BHET 单体，也可与甲醇反应醇解生成 DMT，还可与水或水蒸气反应水解产生对苯二甲酸。水解反应可在酸、中、碱性环境进行，但在中性条件下进行效果最好，可避免盐类的产生。氨解反应在 PET 解聚反应中并不常用。目前几种解聚反应相结合的组合型解聚技术已经得到了较快的发展。

PU 的解聚主要是进行酵解和氨解反应，当利用超临界氨进行氨解反应时，可极大地提高反应速率。组合型解聚技术目前也有应用。PA 解聚主要是进行水解反应。此外，尼龙-6，6 的氨解也有成功的报道。

(4) 气化技术　废塑料的气化反应实际上是一种部分氧化反应。当废塑料与氧气、空气、蒸汽或上述气体的混合物反应时，可生成一氧化碳和氢气的混合气体。气化技术最大的特点是对塑料的纯度要求低，含有杂质的混杂塑料也可以气化处理，但混合气体的后续净化工艺较为复杂。

从经济角度讲，如果只是把混合气体产物作为燃料显然是不经济的，只有当废塑料处理厂附近有合成甲烷、氨气、烃类或醋酸等物质的化工厂存在时，把混合气体作为反应原料才能产生较好的经济效益。

(5) 溶解再生技术　该技术用于废聚苯乙烯 PS 的回收。将 PS 溶解于柠檬烯溶剂中，静置并将沉淀的杂质去除后把溶液送入蒸发器，挥发的溶剂经过冷凝器冷凝回收后可循环利用，留下的 PS 物料经基础造粒而得到回收。

(6) 改性技术　该类技术主要用于废聚苯乙烯 PS 泡沫塑料。通过该类技术，PS 能生成多种化工原料，如阻燃剂、防水涂料、防腐涂料、建筑密封剂、指甲油涂饰剂、各种黏胶剂、铁板涂料、模型成型剂。

生产阻燃剂：将回收的废聚苯乙烯 PS 经清洗、干燥后溶于有机溶剂，用液溴与其进行反应而制得溴化聚苯乙烯。与其他有机阻燃剂相比，溴化聚苯乙烯在燃烧过程中不会释放出二噁英等致癌物质，是一种性能良好的阻燃剂。

生产防水涂料：将混合有机溶剂倒入反应锅中，在搅拌下加入松香改性树脂，将清洗晾干后的废 PS 破碎成小块放入反应锅中直至完全溶解。再加入增黏剂和分散乳化剂在 30～65℃条件下搅拌 1～2.5h，再加增塑剂继续反应 0.5～1h，最后停止加热和搅拌，取出冷却到室温，便得到防水涂料。

生产防腐涂料：聚苯乙烯分子中具有饱和 C—C 键惰性结构，并带有苯基，因而对许多化学物质有良好的耐腐蚀性，但脆性大，附着力和加工性差。因此，改性是十分重要的。实验表明，加入邻苯二甲酸二丁酯（DOP）作改性剂制得防腐涂料有较好的物理机械性能、耐腐蚀性、光泽度，比如，在 55～60℃条件下，将聚苯乙烯溶于乙酸乙酯和汽油的混合溶剂中，再加入 DOP 改性剂，继续搅拌至溶液清澈透明，冷却至室温，出料，与适量颜料混合，研磨至细度小于 50μm，即得到成品。

生产胶黏剂：一般制备胶黏剂的过程如图 5-12 所示。

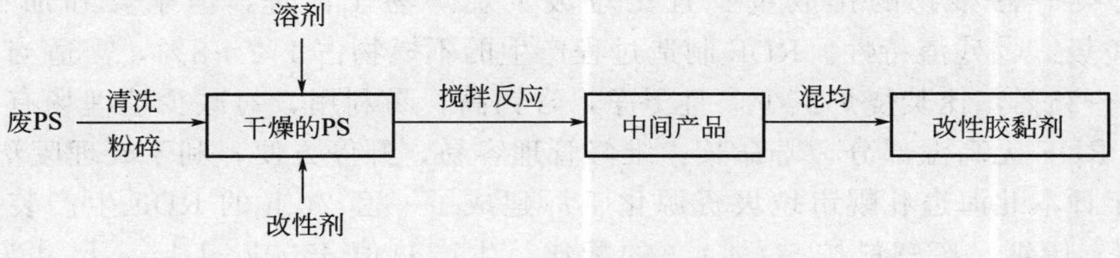

图 5-12　废 PS 制备胶黏剂工艺流程

将净化处理的废 PS 粉碎，加入一定量的混合溶剂，搅拌溶解后，在一定温度下，边搅拌边加入适量改性剂，待充分反应 1～3h，再加入增塑剂，继续搅拌 2～3min，沉淀数小时后即可出料。

生产指甲油涂饰剂：以无毒带有芳香气味的酯类做溶剂，以废 PS 为主要成分，生产出色泽鲜艳、光亮性好的指甲油涂饰剂。

生产铁板涂料：以二甲苯为溶剂，PS 为溶质，以氯丁橡胶作为改性剂通过共混改性而成。该产品比一般油漆硬度高，涂铁板不易曝皮，生产成本低，工艺简单。

生产模型成型剂：将废 PS 和溶剂配成 10%左右的溶液，然后将填料加入搅匀即可配制成模型成型剂。生产模型时，选用非极性材料作为模具和脱模剂，将成型剂加入后加温固化，蒸出的溶剂可回收利用，待固化完全后，即可脱模。

(7) 直接焚烧技术　焚烧技术是将塑料与混合垃圾一起作为燃料，替代煤燃烧供热的技术。该方法可有效地克服填埋占用大量土地的缺点（可减容约 90%），受到一些发达国家（如日本）的重视。废塑料的热值与燃油相当，是垃圾焚烧炉的重要热能来源。焚烧炉形式和工艺详见本书第七章。值得注意的是，由于焚烧含氯塑料可能会产生二噁英等有毒有害物质，因此焚烧设备的设计与焚烧过程的控制是该方法的关键。近年来，国内在经济发达城市建立了不少生活垃圾焚烧炉，可回收热能发电。

近几年，日本和德国开发了高炉喷吹废塑料技术，废塑料在钢铁厂的高炉中的热利用率高达 80%，而在焚烧炉中作为供热或发电时的利用率仅为 30%～40%，其处理费用只有一般焚烧处理的 60%，为再生利用费用的 25%左右。因此该方法为用废塑料回收热能提供了一条新的途径。在国内，这方面的技术开发尚未引起重视。

(8) 制作垃圾固形燃料 RDF 焚烧技术　RDF 是以废塑料为主，配合其他可燃垃圾制成的燃料，可用于水泥回转窑和锅炉。RDF 中应去除垃圾中的金属、玻璃和陶瓷不燃物和一切危险品。RDF 最早发源于美国，美国材料检查协会将 RDF 分为七类，其中的 RDF-5 在世界上应用较为广泛。其基本制作工艺有两类：RMJ 方式——将可燃垃圾（含废塑料、废纸、木屑、果壳和下水污泥等）破碎、混合、干燥后，加入 1%的消石灰固化成型为燃料；丁-卡托莱尔方式——将可燃垃圾破碎并加入 5%的石灰使之吸水发生化学反应，加压成型，经干燥为燃料。

RDF 固形燃料具有以下特性：①防腐性。RDF 水分含量 10%，且加入部分消石灰，因此具有较好的防腐性。②运营性。一般按 500kg 装袋，卡车运输即可，管理较方便，适于小城市分散制造后集中于一定规模的发电站使用。③燃烧性。热值在 4000～6000kcal/kg 之间，且形状一致而均匀，有利于稳定燃烧和提高效率。④烟气净化措施。由于含氯塑料比例较小，加上石灰的脱氯作用，HCl 产生量很小，相对容易治理。⑤利用性。作为燃料使用虽然不如油、气方便，但用作水泥回转窑燃料时，较多灰分也变成有用原料。

RDF 化技术与焚烧技术相比，有以下四个优点。①能源利用特性。热值较高，形状均匀，燃烧效率明显高于垃圾发电站。②环保特性。RDF 经干燥、脱臭处理和加入石灰后，烟气和二噁英等污染物的排放量少且比垃圾焚烧炉易于治理，但干燥和加工需耗热能 708kcal/t 垃圾。③残渣特性。RDF 制造过程产生的不燃物占 1%～8%，需适当处理，燃后残渣占 8%～25%，比焚烧炉灰少，且干净，含钙高，易利用，对减少填埋场有利。④维修管理特性。RDF 无高温部分，寿命长，维修管理容易，开停方便，利于处理废塑料。

1990 年日本北海道札幌市垃圾资源化工厂建成了一套 2t/h 的 RDF 生产装置，以垃圾中的废布屑、废纸、废塑料按 5：4：1 的配比，生产热值 4500kcal/kg，尺寸为 ϕ40mm×100mm 的柱形，取得了较好的效果。

日本南砺资源再生中心 RDF 装置规模为 28t/7h，附有不燃垃圾破碎、分选资源化设施(8t/5h)，具体生产流程如下。

前处理工序——由垃圾受料仓、脱臭装置、破袋分选机、磁选机、一次破碎机和碎料漏斗所组成，将选出金属的垃圾破碎为易干燥的碎粒。

干燥工序——由干燥机、热风炉、脱臭炉、换热器和旋风除尘器等组成。干燥机利用热风将水分降到 10%以下，并具有防废塑料熔融和着火的功能。干燥后的 180℃排烟经除尘器后经换热器预热到 450℃，并经脱臭炉用后排出。

分选工序——由风选机、二次粉碎机、加石灰和定量加料机组成。干燥后的垃圾送入风选机，将不燃物（灰土、碎玻璃、金属屑等）除去后送入二次破碎机，将垃圾破碎至小于 2cm 的易成型的小粒。然后加入 1%消石灰（可抑制 HCl 发生）后送入成型机。

成型工序——由成型机、冷却机、振动筛和称量运输机组成。成型机含备用共 5 台，经常开 3～4 台，由定量机供料，经石臼式高密度成型机连续制成棒状 RDF，当温度小于 80℃时，经冷却机冷至室温的同时硬度增高。然后通过振动筛筛分后入成品漏斗，并经自动称重机装入 500kg 麻袋运成品库，筛下物则返回重新成型。

RDF 的尺寸为 ϕ1.5cm×(3～5)cm，热值约 4500kcal/kg。

(9) 氢化技术　　氢化反应是在氢气环境中进行的高压热解反应。一般情况下，反应有溶剂存在，并使用催化剂，所用催化剂与催化裂解反应类似，但加入金属、金属氧化物或金属硫化物后能加速氢化反应。氢化反应能阻止还原反应的进行，防止产物的进一步分解，使液态产品比例增高，产生高饱和度的产品（比如烷烃和芳香族烃类），产品可不经深度处理直接使用，而且氢气可以 HCl、NH_3 和 H_2S 形式去除 Cl、N 和 S。其主要缺点是氢气的价格较贵，而且反应需要很高的压力。日本一公司在温度 500℃、压力 400bar 下的氢化反应，可得到 65%油类产品、17%燃气和 18%的残渣。

(10) 热分解技术

① 废塑料的热解特性分析。热分解根据所用的设备及工艺条件不同，有以液态油为主的油化工艺，以气体为主的气化工艺，以固体炭为主的炭化工艺，一般情况下是油、气、固兼而有之。其中热解油化是在高加热速率、中温和较短停留时间的条件下，通过热化学的方法，将原料直接裂解为粗油。由于分子结构差别很大，因而不同塑料以及轮胎的热分解特性(如热解产物的组成和收率）也不同。聚苯乙烯（PS）、聚乙烯（PE）、聚丙烯（PP）、无规聚丙烯（APP）、聚丁烯（PB）、丁苯橡胶（SBR）等，在 400～500℃时很容易热分解，产生轻质油，特别是 PS、PE、PP 和 APP，热分解性能很好，油产率可达 80%～90%，而且生成油的质量也很高。PS 的生成油中，含有 60%以上的单体（大致组成为：甲苯 7%，乙苯 16%，苯乙烯 43%，甲基苯乙烯 13%，未知物 21%）。由于这些聚合物在原料单一时热解工艺简单，并且有较高的油产率，因此建议：若条件允许，尽可能将不同材质的塑料单独回收，以降低投资费用和运行成本，提高经济效益。几种典型塑料的热分解回收率（%）和热分解产物的组成及含量分别见表 5-16～表 5-18。

表 5-16　几种典型塑料的热分解回收率　　单位：%

原料	油回收率	气体回收率	HCl 回收率	有效回收率
PE	93.2	6.3	—	99.5
PP	83.4	14.6	—	98.0
PS	91.9	6.1	—	98.0
混合	90.0	6.0	10.0	96.0

注：1. 装置为日本三菱重工的热解炉。

2. 混合：PE 51.5%，PP 30.0%，PS 18.5%。

表 5-17 热分解产物的组成及含量 单位：%

产物	组成	含量	产物	组成	含量
气体	甲烷	0.7	液体	甲苯	4.5
	乙烷	1.2		乙苯	9.5
	乙烯	0.8		二甲苯	7.4
	丙烷	0.3		苯乙烯	13.3
	丙烯	0.7		A	8
	丁烷	1.4		B	7.1
	丁烯	0.9		C	3.1
液体	异戊烷	0.6		D	5.3
	正戊烷	3.6		E	2.9
	己烷	5.0		F	3.1
	苯	1.1		G	1.5
	庚烷	3.2		H	9.0
	甲基环己烷	1.5	残渣		4.0

注：试验样品由表 5-16 所列塑料混合而成。

表 5-18 热分解和催化分解产物比较

产物	热分解	催化分解
烷烃	C_1、C_2 气体较多	C_3、C_4 气体较多
芳烃	较少	较多
烯烃	乙烯多、二烯烃较多	很少
炭与焦油	炭与焦油多	炭析出少、石蜡多

由表 5-18 可见，混合试样热分解的产物中，气体为 6%，液体约为 90%，残渣为 4%。在液体中，占总量约 40%的产物为不知名的物质（A、B、C、D、E、F、G、H）。残渣主要是增塑剂、颜料等填充物和硬固性树脂的炭化产物。

② 一般工艺流程。目前，废旧塑料的油化工艺有槽式、管式炉、流化床和催化法 4 种。从化学原理看，油化工艺可分为热裂解和催化裂解。前者一般要在 600～900℃的高温下进行，后者是在 300～450℃的较低温度下进行。

废塑料、废轮胎热解油化的工艺流程如图 5-13 所示。

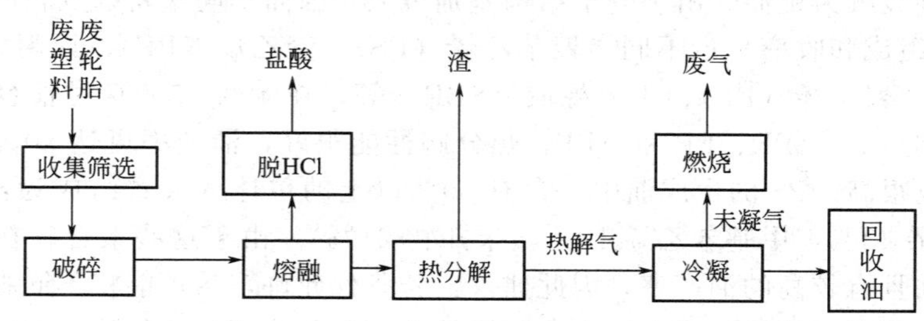

图 5-13 废塑料和废轮胎热解油化的一般工艺流程

对于废塑料、废轮胎的热解油化回收工艺，以日本三菱公司的流程最有代表性，并且已经有成套设备投入生产使用（图 5-14）。

上述工艺流程中各过程的操作条件如下。

a. 破碎：将塑料和废轮胎破碎成颗粒或碎片，直径为 10mm 左右。

b. 熔融：物料经料斗送入螺旋挤出机，在此加热成熔融状态。控制温度为 230～250℃。

c. 热分解：熔融的废塑料在分解炉内隔绝空气，热解气化，温度保持在 400～450℃。炉顶设有回流冷凝器，分解气通过时，高沸点物质被冷凝，返回下部继续进行热分解；未冷

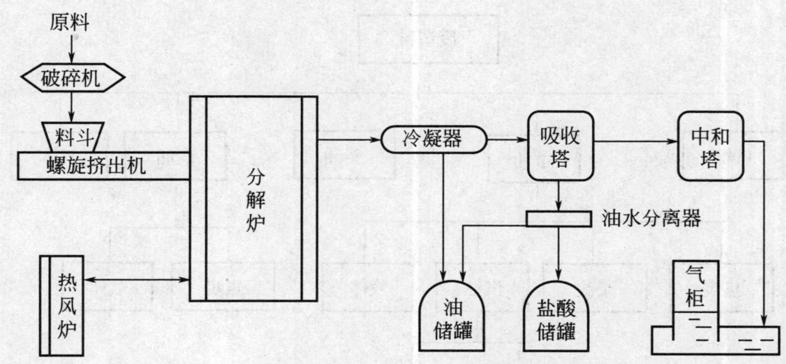

图 5-14　日本三菱公司废塑料、废轮胎热解油化工艺流程

凝的分解气进入冷却器。

d. 冷却：未凝分解气在冷凝器中冷却至常温，冷凝下来的液体进入储油罐。

e. 脱酸：废塑料中 PVC 热分解产生的 HCl 和其他未凝气，用水吸收后生成盐酸，通过油水分离器，与油分离后进入盐酸储罐。

f. 中和：未被吸收的气体进入中和塔，用碱洗去微量盐酸，净化后的气体进入气柜。

对于几种典型的热分解工艺，其工艺流程及产物见表 5-19。

表 5-19　几种典型热分解工艺的流程和产物

反应器	原料	粉碎	筛选	溶解	加料方式	分解炉	回收	气体处理	脱臭	焚烧	生成物	评价
槽型聚合浴法（川崎重工）	包括 PVC 的城市混合塑料	◇			螺旋加料器	热风旋管	气液分离	氢氧化钠洗除 HCl		热风炉	轻质油、残渣、废气、废水	槽式、管式反应器是外部加热，加热面上部分塑料产生炭化现象，使传热性能大大降低，影响热分解进程，降低了油回收率
管式炉法（日挥）	PS、PMMA（工业类）	◇		◇	泵	管式炉	单体与重液分离			补燃器	油、废气	
流体床（日挥）	PS、APP（APP 有时溶解）				螺旋加料器	流化床（砂载热体）	急冷塔分离罐		脱臭焚烧炉	预热喷嘴	油、废气	流化床反应器有优良的传热性能，对于处理某些原料（如 PS、APP、PB 等）工艺简单，并且有较高的油回收率。但防止管线结焦等问题有待解决
流化床（日挥、瑞翁）	废轮胎	◇	磁选		螺旋加料器	流化床（碳化物载热体）	微粉分离冷凝器、蒸馏塔	脱硫塔		焚烧炉	油、碳化物、废气	

注：◇表示进行该项工序。

③ 热分解。废塑料的热分解技术是在惰性环境中进行高温分解反应。该技术主要应用于聚合型塑料，一般来说，热分解反应能生成四类反应产物：烃类气体（碳分子数为 C_1～C_5）、油品（汽油碳分子数为 C_5～C_{11}，柴油碳分子数为 C_{12}～C_{20}，重油碳分子数大于 C_{20}）、石蜡和焦炭。不同反应产物的产量主要取决于塑料种类、反应条件、反应器类型和操作方法等。聚苯乙烯 PS 和聚甲基丙烯酸甲酯 PMMA 主要生成相应的单体物质，而其他种类塑料的反应产物比较分散。反应温度是影响反应的最关键因素。反应温度升高时，气体和焦炭产量增加，而油品产量却减少。

热分解反应主要是自由基反应，塑料聚合物分子链的断裂分为末端断裂和随机断裂两种。其中 PS 和 PMMA 主要通过末端断裂反应产生相应的单体，其他种类塑料则主要由随机反应生成混合产物。塑料热分解反应的机理模式见图 5-15。

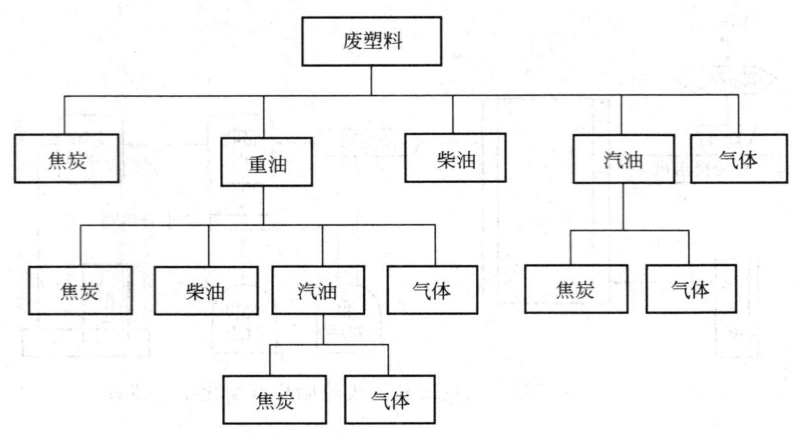

图 5-15 塑料热分解反应的机理模式

聚烯烃类塑料的热分解速度与支、侧链取代基有关。热分解速度的排序是 HDPE＜LDPE＜PP＜PS。HDPE 的热解温度为 447℃，LDPE 的热解温度为 417℃，PP 的热解温度为 407℃，PS 为 376℃，PVC 塑料热分解时先在较低温度（200～360℃）释放出 HCl 产生多烃，然后再在较高温度（＜500℃）下进一步分解。

混杂塑料与纯净的单一塑料相比，由于不同成分的相互作用，产物比例有所变化。比如 PVC 塑料释放出的 HCl 可与其他分解产物作用生成含氯有机物，也可能在其他聚合物分解的初期起到催化的作用。

目前，已经应用的废塑料热分解反应温度往往高于 600℃，主要产生烯烃以及少量芳香族烃类。当升温速度较快或停留时间较短时，可大量生成乙烯和丙烯。在水蒸气存在的条件下，烯烃产量也可大幅提高。近来也有少量在 500℃进行热分解反应的实例，反应产物包括直链烷烃、烯烃和少量芳香族烃类，而当反应产物中 Cl 的含量小于 10×10^{-6}时，可以通过氢化反应进一步提纯产物。

日本三菱重工公司发展了比较成熟的两段熔融式热分解技术。该工艺分五步进行。第一步是破碎预处理，将废塑料破碎至小于 200mm 的碎片。第二步是脱氯处理，破碎物进入回转窑进行第一段热分解，利用热砂对 PVC 等在 200～300℃下进行脱氯处理，所产生的 HCl 经分离后以水或碱液吸收而回收。第三步是热分解反应，脱氯后的废塑料从回转窑出来后进入热分解槽，热源采用热容量和传热面积大的热砂，使高温砂和废塑料直接混合以均匀加热，反应温度为 420～460℃。第四步是回收轻质油。通过回流塔有选择地回收轻质油，在热分解槽的上部设回流塔，采取了将蜡状重油回流至热分解槽进行再轻质化的内部回流热分解方式。这样可从塔顶有选择地回收不含重油的轻质油，并在无催化剂时达到较高的回收率。第五步是热分解残渣的燃烧与热源利用。以炭素为主的残渣附在砂子表面，随砂子送到流化床炉燃烧后，热砂作为热源再返回回转窑和热分解槽循环使用。

④ 催化裂解技术。废塑料的催化裂解是在催化剂存在下进行的热分解反应。催化裂解反应的产物是汽油、柴油、燃气和焦炭。其应用范围主要是聚烯烃类塑料。由于废塑料中可能存在 Cl 和 N 的毒化，以及无机填充剂和杂质的毒化作用，需要先进行预处理。催化剂是反应的关键，常用催化剂包括 ZMS-5 沸石催化剂、H-Y 沸石催化剂、REY 沸石催化剂 Ni-REY 催化剂等，催化剂的活性点强度和浓度、比表面积、平均孔径、孔径的尺寸分布等都能影响反应速度和对产物的选择性。

催化裂解与化学解聚相比，催化剂不直接参与反应，且生成的产物也不一定是单体。催化裂解与热分解相比具有较多优点：①较低温度下废塑料即可分解。比如，聚烯烃塑料在催化剂存在下，200℃可明显分解，而它们的热分解在400℃才开始，典型的热分解反应在500～800℃，而催化裂解一般在300～400℃进行。②催化裂解反应所需活化能低，相同温度下，催化裂解反应速度比热分解反应速度快。③产物质量高。因为催化裂解反应可生成支链、环化和芳化结构的烃类产物，增加油品标号，而且通过催化剂的选择和改性，可以控制不同产物的生成量。催化裂解的缺点是：催化剂容易因积炭和中毒（由Cl和N造成）而失活，无机物可能遗留于其表面，阻碍其再生，一般在催化反应前需要预处理。

热分解与催化裂解相结合的二步法热解工艺应用较多。热分解可降低塑料黏度，分离杂质，然后再对热解气体进行催化裂解与重整，提高产品质量。图5-16是上海市环境工程设计科学研究院开发的二步法热解工艺。

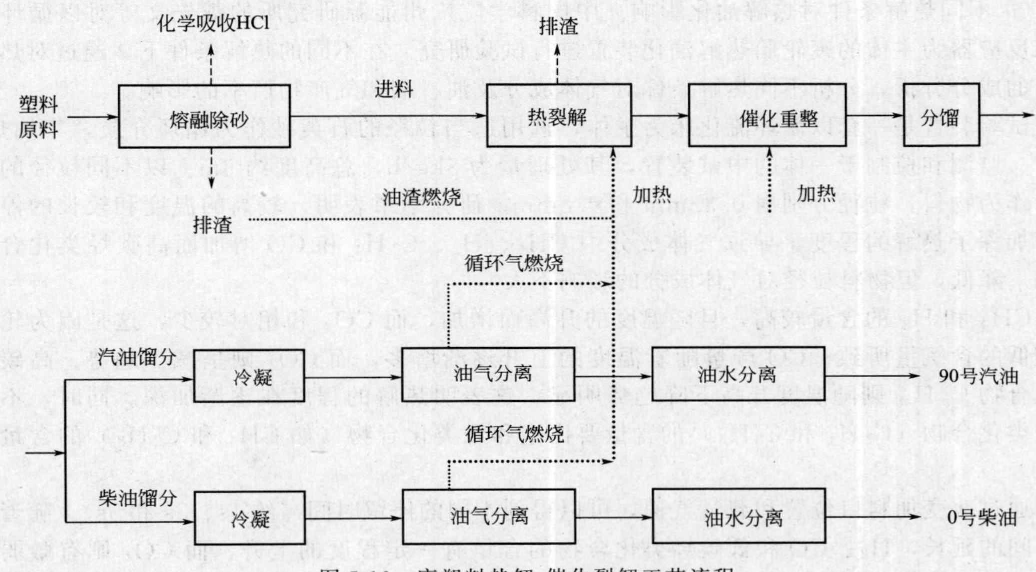

图5-16 废塑料热解-催化裂解工艺流程

废塑料收集后，不需清洗，简单去除砂石、金属等大块杂质后，由进料口倒入熔融釜，在常压及220～250℃的温度下熔融。在熔融釜内周期性地搅拌和静置塑料熔融液。静置时由釜底螺旋输出机排出底层杂质，以保证后续设备正常运行，带有熔融物的杂质加入加热炉中作为助燃料烧掉。关闭熔融釜加料口，开启电动球阀和螺旋进料机，熔融釜中的塑料熔融物自流进入裂解反应釜。裂解反应釜温度控制在400℃以上，在搅拌状态下进行塑料的热裂解反应，搅拌速度50～500r/min。裂解油气的出口处设有滤清筒拦截沸点较低的杂质。热解反应一个生产周期后，停止进料，开启釜侧壁刮渣器，利用釜体下部的螺旋输出机排渣，这样可有效防止反应釜结焦板结。热裂解产生的油气进入固定床催化塔二次催化裂解，催化裂解温度在300℃以上，设置两个催化塔一用一备，轮流再生，交替使用。催化重整后的油气进入分馏塔，在分馏塔顶收集沸点较低的汽油馏分，在塔的中下部回收沸点较高的柴油馏分。反应一定时间后，分馏塔底部会积存少量重油，开启底阀，将重油泵入裂解反应釜重新分解。柴油和汽油经过管壳式冷凝器冷凝、油气分离器和油水分离器分离后，得到纯净的90号汽油和0号柴油。分离出的气体进入加热炉作为燃料使用。利用液封保证整套系统的常压、还原环境。系统的加热可采用煤、煤气、油或电等方式。

美国早在20世纪70年代初期，对于废塑料和轮胎的热分解回收技术进行了大量研究，并在实际生产领域大力推广使用。在1978年后转向研究生物质的热分解气化或油化工艺。

德国和日本在这一领域的研究也比较多，日本开发的油化法可分为槽式、管式、流化床和催化法四种，居于世界领先水平。其中油回收率槽式法为57%～78%，管式法为51%～66%。由日本住友重机和日本瑞翁等公司开发的流化床反应器已进入实际运行，油回收率可达76%，工艺也比较简单。德国在氢化热裂解方面技术相当成熟，废弃物回收再生组织DSD在亚洲拥有两项专利。伯特若普（Bottrop）公司的煤-油设备可利用废旧塑料生产出合成原油（Syncrude）和合成气产品。巴斯夫公司（BASF）的热解设备无需添加氢即可从旧塑料中获得新的石油化工原料。

在废塑料和轮胎的回收技术方面，国内做的科研也比较多。北京、山西、陕西、河北、山东、湖北、江西等省市也相继建立了一些生产装置，主要以催化法为主。催化热裂解的油产率最高可达76%，但存在热分解时间长、催化剂的使用寿命和活性较低等问题。

⑤ 不同热解条件对热解油化影响。中国科学院广州能源研究所的戴先文等对以循环流化床反应器为主体的废轮胎热解油化装置进行试验研究。在不同的热解条件下，通过对热解油品的成分分析，分析不同热解条件对气体成分及油、碳和气产物产率的影响。

试验装置是一套以循环流化床为主体，选用适当粒径的石英砂作为循环介质，集加热、反应、监测和控制于一体的中试装置，其处理量为5kg/h，总高度约3m。以不同粒径的轮胎粉作为物料，粒径分别为0.32mm和0.8mm。研究结果表明，较高的温度和较长的停留时间加深了热解的程度，导致气体成分中CH_4、H_2、C_2H_4和CO增加而高碳烃类化合物C_nH_m降低，但物料粒径对气体成分的影响不大。

CH_4和H_2的含量较高，且随温度的升高而增加，而CO_2和相对较少，这是因为轮胎中较低的含氧量所致。CO产量随着温度的上升逐渐增多，而CO_2则呈减少趋势，高碳烃类化合物C_nH_m则随温度升高下降趋势明显，这表明热解的程度在逐渐加深。同时，不饱和烃类化合物（C_2H_4和C_3H_6）的含量要比饱和烃类化合物（如CH_4和C_2H_8）的含量高得多。

通过改变加料口位置和载气气速，可以得到不同的停留时间（约1s、3s和5s）。随着停留时间的延长，H_2、CO和低碳烃类化合物的含量有一定程度的上升，而CO_2则有微弱的下降，原因是较长的停留时间有利于二次反应的发生，包括热解油的进一步裂解、热解碳的还原和其他一些转化反应。值得注意的是，温度越高，停留时间对热解气组分的影响就越大。

热解温度、加热速率和气体停留时间对油、气和碳产率都有重要的影响，较高的温度和较长的停留时间会降低油产率，生成过多的不凝气；较低的温度和加热速率会导致严重的碳化，同样降低油产率。因此在塑料和橡胶的热解过程中，应保证中温、高加热速率和较短停留时间的操作条件。

当热解温度从300℃上升到810℃，气体的产率由10%上升到40%，而碳的产率则降低到27%，然后保持基本稳定。热解油在450℃时达到最大产率约50%，随后随温度的升高而逐渐下降。油产物的下降变化趋势，主要是因为在温度较低时，热解中存在一定比例物料的炭化，降低了热解油的产率；而在较高的温度下，热解程度加深，生成了更多的气体，同样又影响了油产率。因而实际的工程应用中严格控制的中温是塑料和橡胶热解油化的必要条件。

轮胎热解油成分很复杂，有上百种之多，其中苎烯、庚二烯、萘、芴、菲和某些酸的比例相对较大。轮胎热解油中芳烃占了很大比例，其次是烷烃和非烃，沥青质的含量较少。沥青质主要是大分子的物质，其含量受热解条件的影响较大，热解越完全则沥青质的含量越少。

热解油的成分分析方法：热解油样首先由三氯甲烷溶解，然后将其蒸干恒重。加入石油醚，不溶解的部分为沥青质，可溶部分由烷烃、芳烃和非烃组成。含以上三组分的石油醚溶液过 SiO_2/Al_2O_3 色层柱，透过的组分为烷烃，芳烃和非烃可分别用苯和甲醇冲洗下来。烷烃、芳烃和非烃通过 HP5972-Ⅱ型色质联检分析仪进行成分分析，沥青质则由 PE1725X 型新一代傅里叶变换红外光谱仪检测。

⑥ 废塑料和废轮胎热解油化中的几个问题。废塑料回收过程中由于分选不彻底，不可避免要混入一定数量的 PVC 塑料。PVC 在热解过程中会放出氯化氢气体，对热解设备的腐蚀相当严重。因此，热解的设计温度应保证控制在 300℃以下，热解塔尾气入碱性吸收塔回收盐酸，以避免对后续设备的腐蚀。废塑料、废轮胎热解油的质量随原料的种类和采用的热解技术不同而差异很大，特别是对于混合原料，生成的油是蜡状或润滑脂状的高黏度物质，直接影响塑料热解油的回收率。因此我们要研究相应的分子筛催化和重整技术措施，提高生成油的轻质组分，在质量和价格优势上参与油料市场的竞争，对推广热解油化工艺具有重要的意义。

⑦ 废塑料回收利用的其他技术。除了上述三种主要的废塑料回收利用技术外，废塑料还可有其他的利用方式，如可利用废聚苯乙烯泡沫塑料（EPS）制备乳液涂料（表 5-20）。利用丙烯酸酯和活性单体 *N*-烷基丙烯酰胺对聚苯乙烯进行接枝改性，赋予涂膜良好的柔韧性和附着力，而且活性单体在成膜过程中的交联反应赋予涂膜良好的机械性能和耐候性，适合作为建筑外墙涂料。

表 5-20 涂料配方

原料名称	用量/%	原料名称	用量/%
PS	10～15	轻质碳酸钙	10～15
丙烯酸丁酯	2～5	钛白粉	10～15
N-烷基丙烯酰胺	1～3	滑石粉	5～15
丙烯酸	1～3	CMC	0.5～1
二甲苯	10～20	丙二醇	1～2
苯	10～20(回收)	六偏磷酸钠	0.1～0.5
OP-10	1.2	氨水(25%)	适量
十二烷基苯磺酸钠	1.2	水	20～40

注：PS 的溶剂为苯与二甲苯的混合溶液。

选用烷基磺酸苯酯为聚苯乙烯的增塑剂，以粗苯与酒精的混合液为聚苯乙烯的溶剂，以十二烷苯磺酸钠为基础的阴离子表面活性剂配以适当的非离子表面活性剂为乳化液，可生产瓦楞纸的防潮剂。防潮剂的质量配比是：聚苯乙烯：溶剂：增塑剂：乳化剂：水＝(30～40)：(15～20)：(6～8)：(1.5～2.0)：(30～40)。制得的防潮剂涂于瓦楞纸上，稍干纸板就可叠放，叠后的纸板在 40～50℃、0.5kg/m^2 的压力下久置不黏结，在 10℃下久放不吸潮，纸板表面光泽无损，防潮剂的应用不受气候的影响，涂刷后的纸板表面光泽，字迹图案清晰，耐候性好。利用废塑料制屋面防水涂料时，基料为煤焦油，改性剂为废塑料，溶剂是重芳烃和二甲苯，增塑剂为邻苯二甲酸丁二酯（DOP)，稳定剂为聚乙烯蜡。

以上所述的各种废塑料回收方法不能处理大量的回收废塑料，但其优点在于利用废塑料可较大地降低产品的成本，同时获得相近的产品质量。

⑧ 废塑料加工利用设备

a. 成型加工设备。成型加工设备包括四类设备：一是前处理设备，包括清洗、干燥、破碎、混合、造粒设备；二是塑化与熔混设备，包括开炼机、密炼机、挤出机；三是成型加工设备，包括压力成型机、挤出机、注射机、延压机、吹塑机组；四是后处理设备，包括牵引机、压光和压花设备、热处理和冷却设备、切割设备、卷取设备等。

b. 最终处理与利用设备

(a) 热解设备。目前国内外裂解反应器种类较多，其中槽式（聚合浴、分散槽）、管式（管式蒸馏、螺旋式）和流化床式反应器研究应用较多。

槽式反应器的特点是在槽内分解过程中进行混合搅拌，物料处于充分混合状态，采取外部加热靠温度控制生成油的性状。槽式反应器可用高温化学反应釜替代。该法物料的停留时间长，加热管表面有炭析出会造成传热不良，应定期清理排出。

管式反应器也是采取外加热的形式。管式蒸馏是首先用重油溶解或分解废塑料，然后再进入分解炉。管式反应器比槽式反应器易于实现连续生产，且物料停留时间短，生产效率高。该法主要用于原料均匀、容易制成液态单体的PS和PMMA。

螺旋反应器采取螺旋搅拌、受热均匀、分解速度快，但对分解速度较慢的聚合物不能完全实现轻质化。在PS裂解回收单体时使用电炉丝外部加热且内有螺旋输送器的管式反应器，可提高生产效率和回收率。

流化床反应器一般是通过螺旋加料器定量加入废塑料，使之与固体小颗粒载体（如砂子）和下部进入的流化气体（如空气）三者一起处于流化状态，分解成分与上升气体一起导出反应器，冷却精制成优质油。流化床反应器处理在400～500℃容易热分解的PS、PMMA等单一原料时工艺较简单，油的回收率高，如PS可达到78%。此类反应器具有原料不需熔融、热效率高、分解速度快、控温容易、对固体的输送容易等优点。

(b) 焚烧设备。主要包括生活垃圾焚烧炉（详见第七章）、水泥回转炉窑以及其他工业锅炉等。

(c) 溶解及改性设备。通常为常压化工反应容器。

四、可降解塑料

1. 定义

降解塑料至今世界上也还没有统一的国际标准化定义，但美国材料试验协会（ASTM）通过的有关塑料术语的标准ASTM D883—92对降解塑料所下的定义是：在特定环境条件下，其化学结构发生明显变化，并用标准的测试方法能测定其物质性能变化的塑料。这个定义基本上和国际标准ISO472（塑料术语及定义）对降解和劣化所下的定义相一致。

根据多次国际会议研讨资料，关于降解塑料定义的制定有以下几种方法。

① 化学上（分子水平）的定义：其废弃物的化学结构发生显著变化，最终完全降解成二氧化碳和水。

② 物性上（材料水平）的定义：其废弃物在较短时间内，力学性能下降，应用功能大部分或完全丧失。

③ 形态上的定义：其废弃物在较短时间内破裂、崩碎、粉化成为对环境无害或易被环境消纳的物质。

2. 分类

降解塑料的分类见表5-21。

(1) 光降解塑料　光降解塑料一般是指在太阳光的照射下，引起光化学反应而使大分子链断裂和分解的塑料。纯聚烯烃塑料对紫外光是稳定的，但加入某些光敏性化合物后，可以产生敏化聚烯烃的光降解作用。某些过渡金属化合物（如硬脂酸铁、乙酰基丙酮铁等有机铁化合物、二茂铁衍生物和铁的烷基化合物、重金属有机盐等）是常用的光敏剂，此外还有光促进剂，可有效地促进光降解。

表 5-21 降解塑料的分类

<table>
<tr><td rowspan="10">降解塑料</td><td rowspan="2">光降解塑料</td><td>合成型</td></tr>
<tr><td>添加型</td></tr>
<tr><td rowspan="2">生物降解塑料</td><td>完全生物降解塑料</td></tr>
<tr><td>崩坏性生物降解塑料</td></tr>
<tr><td rowspan="2">化学降解塑料</td><td>氧化降解塑料</td></tr>
<tr><td>水解降解塑料</td></tr>
<tr><td rowspan="4">上述三类组合的降解塑料</td><td>光/生物降解塑料</td></tr>
<tr><td>光/氧化降解塑料</td></tr>
<tr><td>生物/氧化降解塑料</td></tr>
<tr><td>光/氧/生物降解塑料(环境降解塑料)</td></tr>
</table>

如果通过共聚改性法在塑料基体中引入光敏性基团，则可制得光降解效果更好的光降解性塑料（如引入光活性基上接枝共聚物、乙烯酮-乙烯共聚物、乙烯-CO 共聚物等）。

用聚乙烯作为基料生产光降解薄膜的方法有直接法和母料法。母料法是将含有光敏剂的浓缩母料或高浓度光敏性树脂母料按比例加入普通聚乙烯再吹膜。为了提高实效性和针对性，应根据不同地区和不同季节进行配方调整。

(2) 生物降解塑料 天然高分子型的生物降解塑料利用纤维素、淀粉、木质素、甲壳质等多糖类天然高分子或将其与合成高分子接枝而制得。共混型的生物降解塑料是将淀粉和降解添加剂加入聚酯等通用塑料制成。淀粉与 LDPE 共混物已经实用化，其淀粉含量可高于50%。淀粉与乙烯/丙烯酸共聚物采用干混或溶液混合法，可制得机械性能较好的生物降解塑料。合成高分子型的生物降解塑料是利用化学方法合成与天然高分子结构相似的生物降解塑料，将某些菌种引入共混，可为微生物降解。

(3) 光/生物双解塑料 它的特点是先使聚烯烃地膜发生光降解，大分子链迅速断裂，分子量迅速降低，然后发生生物降解。实验表明，当聚乙烯残体的平均相对分子质量在 10^4 以上时，土壤中的微生物对其作用很小，甚至不起作用。可见，可控光降解程度是影响微生物降解的关键。

3. 用途

降解塑料是塑料家族中带降解功能的一类新材料，它在用前或使用过程中，与同类普通塑料具有相当或相近的应用性能和卫生性能，而在完成其使用功能后，能在自然环境条件下较快地降解成为易于被环境消纳的碎片或碎末，并随时间的推移进一步降解成为 CO_2 和水，最终回归自然。其用途包括以下几个领域：

(1) 在自然环境中应用难以回收利用的领域

a. 农业用资材：地膜、育苗钵、农药和肥料缓释材料、渔网具等。

b. 土木建筑材料：山间、海中土木工程修理用型材，隔水片材，植生网等。

c. 运输用的缓冲包装材料：发泡制品、片材、板材、网、绳等。

d. 野外文体用品：高尔夫球座、钓钩、海上运动和登山等一次性用品。

(2) 有利于堆肥化的领域

a. 食品包装材料：食品和饮料包装薄膜（袋)、容器、生鲜食品用托盘、一次性快餐餐饮具等。

b. 卫生用品：纸尿布、生理卫生用品等。

c. 日用杂品：轻型购物袋、包装膜、收缩膜、磁卡、垃圾袋、化妆品容器等。

(3) 医用材料

a. 一次性医疗用具。

b. 医用材料：手术缝线、药品缓释胶囊、骨折夹板、绷带等。

4. 国内外降解塑料发展现状及问题

降解塑料的研究开发始于20世纪70年代，国内外在经历了80年代末、90年代初的较大起伏、急躁发展并具有一定浮夸的商业行为宣传后，目前对降解塑料的发展已比较理智，正面对现实，从资源、技术、环保、经济、市场等多方位综合考虑，研制新技术、开发新产品、开拓新市场。但从总体水平而言，当前降解塑料技术仍有待进一步深化研究，工艺有待进一步完善，并致力于提高性能、降低成本、扩宽用途和逐步推向市场化进程。

目前国外主要生产降解塑料的国家有美国、日本、德国、意大利、加拿大、以色列等，生产的品种有光降解、光/生物降解、崩坏性生物降解及完全生物降解塑料等。近年来国外各类降解塑料有了不同程度的进展，光降解技术较为成熟，而生物降解塑料的研究开发最为活跃，具有代表性的并已工业化生产的生物降解塑料见表5-22。据最近ECN报导，当前全世界完全生物降解塑料年产量约3万吨，到2001年美国、西欧、日本的生物降解塑料产量将由1996年的1.4万吨增加到7万吨，1996—2001年年均增长率35%。其中美国的产量和消费量占50%以上，西欧占1/3。美国1997年有6家公司进入生物降解塑料市场——BASF、Biol、Dow、Dupont、Monsanto和Easlman公司等。

表5-22中所述的生物降解塑料在一定的环境条件下可在较短时间内降解成二氧化碳和水，但价格高昂，为普通塑料的6～10倍，从而其用途受到很大制约。目前除医用及高附加值包装材料外，对环境影响较大的一次性包装膜（袋）、垃圾袋、餐饮具及地膜等大宗产品市场难以涉足。为了克服价昂问题，同时为了促进其产品早日进入市场，近年来美、日等国一方面在原有工艺上挖潜、提高原料合成纯度和产品正品率，同时积极开拓新用途，如土木用隔水片材、水产养殖网具、工业和生活用磁卡以及与纸制品涂覆层合等，并致力于加速实用化进程；另一方面加大力度开发天然材料与生物降解塑料、普通塑料填充、共混新产品，如德国BASF公司开发的共聚聚酯与淀粉共混材料；Biotic公司开发的淀粉/PCL共混的降解薄膜、餐具及普通塑料与天然材料填充、共混的崩坏性降解塑料；日本JSP公司开发的PCL/聚烯烃共混薄膜“バォホミロン”；美国Novon International公司的淀粉填充型聚乙烯“Ecostar”等。这些降解塑料其应用性能或降解性能虽然受到一定程度影响，但其性能价格比比较适宜，易于推向市场，也有利于减轻环境污染。

据不完全统计，国内已建成双螺杆降解塑料母料（专用料）生产线上百条，能力约10万吨，已有部分企业正式投产或批量生产，年产量约几千吨，制品产量2万～3万吨。国内几家主要生产降解塑料的公司概况见表5-23，目前开拓的应用领域主要有农用、包装和日用一次性消费品，开发的产品有地膜、育苗钵、肥料袋、堆肥袋、水果网套、包装膜、食品袋、购物袋、杂品袋、垃圾袋、快餐餐具、饮料杯、台布、手套、高尔夫球座等。目前降解地膜处于示范应用阶段，一次性包装材料和日用杂品正在有序地推向市场。国家环保局中国环境标志认证委员会修订颁布了“可降解塑料包装制品技术要求”HJBZ 012—2000，2009年底国家发布了《一次性可降解餐饮具通用技术条件》(GB/T 18006.1—2009)、《一次性可降解餐饮具降解性能试验方法》(GB/T 18006.2—99) 和《包装用降解聚乙烯薄膜》行业标准（QB/T 2461—99）。

表 5-22 国外已工业化生产的生物降解塑料概况

国家	公司	主要成分	商品名称	生产能力/(t/年)	价格/(美元/kg)
美国	Novon International	淀粉	Novon	45000	2～4
美国	UCC	聚己内酯(PCL)	Tone	5000	4～8
美国	Air Products & Chemicals	聚乙烯醇(PVA)	Vinex	84000	2～4
英国	Zeneca	聚 20-羟基丁酸/戊酸酯共聚物(PHBV)	Biopol	3000	8
意大利	Novomont	聚乙烯醇/淀粉合金	MetarBi	22700	2～3
日本	昭和高分子	二羧酸二元醇	Bionolle	3000	
日本	三井东亚化学	聚乳酸(PLA)	Lacel	500	4～6
德国	Biotec	淀粉	Biopur		

表 5-23 国内几家主要生产降解塑料的公司概况

公司名称	降解类别	母料生产能力/(t/年)	主要产品	备注
天津丹海股份有限公司	淀粉填充型生物降解塑料 光/生物降解塑料 完全生物降解塑料	10000	母料、包装膜(袋)、垃圾袋、台布、餐具、地膜、育苗钵	已获国家环保标志
吉林金鹰实业有限公司	光降解塑料 光/生物降解塑料 光/钙降解塑料 淀粉填充型生物降解塑料	10000	母料、包装膜(袋)、餐具、发泡网、垃圾袋、地膜	已获国家环保标志
南京苏石降解树脂有限公司	淀粉填充型生物降解塑料 光/生物降解塑料 完全生物降解塑料	7000	母料、包装膜(袋)、垃圾袋、地膜、高尔夫球座	产品主要出口
深圳德实利集团(中国)有限公司	光降解塑料 光/生物降解塑料	1000	母料、包装膜、垃圾袋	已获国家环保标志
深圳绿维塑胶有限公司	淀粉填充型生物降解塑料 光/生物降解塑料 完全生物降解塑料	1000	母料、包装膜(袋)、垃圾袋、餐盒、地膜	部分产品出口
惠州环美降解树脂制品有限公司	淀粉填充型生物降解塑料 光/生物降解塑料	1000	母料、包装膜(袋)、发泡网、垃圾袋、餐具	已获国家环保标志
海南天人降解树脂有限公司	光/生物降解塑料 淀粉填充型降解塑料	1000	母料、包装膜(袋)、垃圾袋	已获国家环保标志

5. 降解塑料试验评价方法的进展

目前世界各国均投入较大的人力、物力、财力致力于降解塑料的定义、试验评价方法和标准的研究制定，并向标准化迈进。

美国材料试验学会（ASTM）率先进行降塑料标准化的制订研究工作，1989 年在该学会 D20 塑料委员会内设立了研究制定环境降解塑料材料标准的环境降解塑料分委会，开始研究制定在各种环境条件下塑料降解性的试验评价方法，并于 1989—1996 年先后制定并发布了 20 多项相关标准（表 5-24）。

日本 1989 年成立了生物降解塑料研究会，通产省把“生物降解塑料试验评价方法”列入了国家中长期研究计划。降解塑料研究会从 1991 年起对 6 种生物降解塑料选择了 22 个点分别进行土埋和淡水浸渍试验，1994 年组织制订了生物降解塑料测试方法标准 JISK6950，

1994—1995 年该研究会又受日本通产省委托，对采用降解塑料袋装生活垃圾进行堆肥化及生产的堆肥进行农用实际试验，据（财）日本肥料检定协会成分分析效果良好，有害成分也在限量以下。此外研究会还参与了生物降解塑料国际标准 ISO 的研制任务。

表 5-24 美国 ASTM 塑料降解性实验评价方法

ASTM G22—87	测试合成高分子材料抵抗细菌的标准操作法
ASTM G21—90	测试合成高分子材料抵抗真菌的标准方法
ASTM D3826—91	采用拉伸试验测定可降解聚乙烯及聚丙烯降解终点的标准规则
ASTM D5071—91	可光降解塑料曝晒用水氙灯弧型曝晒仪标准操作规则
ASTM D5152—91	降解塑料残余固体物水萃出物的毒性试验标准
ASTM D5208—91	可光降解塑料曝晒用(荧光)紫外线及冷凝仪标准操作规则
ASTM D5209—91	城市污水淤泥中,测定可降解塑料需氧生物降解性的标准试验方法
ASTM D5210—91	城市污水淤泥中,测定可降解塑料厌氧生物降解性的标准试验方法
ASTM D5247—92	采用特定微生物测定可降解塑料需氧生物降解性的标准试验方法
ASTM D5272—92	光降解塑料户外暴露试验标准规则
ASTM D5338—92	受控堆肥化条件下测定可降解塑料需氧生物降解的试验方法
ASTM D5437—93	塑料在海洋漂浮暴露状态下耐候试验标准规则
ASTM D5509—96	塑料暴露于模拟堆肥环境中的标准规则
ASTM D5512—96	塑料暴露于采用外加热器的模拟堆肥环境中的标准规则
ASTM D5951—96	固体废弃物中的塑料可生物降解性试验方法
ASTM D6002—96	环境降解塑料堆肥性评价的标准准则
ASTM D6003—96	固体废弃物中的塑料经可生物降解试验方法进行毒性和堆肥质量试验后配制的剩余固体物的标准规则

欧洲标准化委员会 CEN 自 20 世纪 90 年代中期起也积极参与降解塑料标准制订研究工作，据 K'98 国际展览会资料报导，德国已制定通过堆肥实验检测生物降解塑料生物降解性的标准 DIN V54900，并参与了 ISO 标准的研制。

ISO 降解塑料的标准化工作主要在塑料技术委员会 TC61 和环境管理技术委员会 TC207 中进行。ISO/TC61 的下属 SCS 物理化学性质组中设立了生物降解塑料试验方法工作小组 WG22，主要任务是负责塑料术语、通用方法、热塑性塑料产品、热固性塑料产品、塑料制品、泡沫塑料、增强塑料纤维产品的国际标准化工作，现已制定塑料国际标准 625 项，如 ISO DIS 14851（水系培养液中需氧条件下生物降解率试验方法，以氧气消耗量评价）；ISO DIS 14852（水系培养液中需氧条件下生物降解率试验方法，以二氧化碳发生量评价）；ISO CD 14855（堆肥条件下的需氧生物降解试验方法，以二氧化碳发生量评价）；ISO CD 14853（水系培养液中厌氧条件下生物降解率试验方法）等国际标准草案。上述 4 个 ISO 生物降解试验方法，包括需氧和厌氧两种条件，需氧法又分测定氧气消费量和二氧化碳发生量两类，营养源有活性污泥、土壤悬浮液、堆肥悬浮液等。厌氧法主要测定二氧化碳发生量和甲烷发生量，营养源为城市废水污泥。ISO/TC207 是进行环境管理领域的国际标准化工作委员会，其下属 SC3 分委会负责环境标志及包括生物降解塑料和堆肥化标准的制定工作。另外，国际标准《塑料在真菌和细菌作用下的行为测定——用直观检验法或用测量质量或物性变化的评价方法》（ISO 846—1996）也常用于定性判定可降解塑料的生物降解能力。

五、废塑料回收利用技术应用分析

废塑料回收利用技术的应用主要受技术和经济两方面的制约。直接影响因素包括原料来源、对塑料原料的纯度要求、再生产品的价格、投资及运行成本、可行性、最小规模、选址等。

几种资源化技术对塑料原料纯度要求的排序为：简单焚烧<制作RDF焚烧≈气化<热分解≈氢化<催化裂解<成型加工<熔融加工<化学解聚<溶解再生≈改性。纯度要求高的技术需要对塑料进行严格的预处理（比如分离、清洗和干燥等），这将增加投资及运行成本。而对再生产品价格的排序为：热能<简单塑料再生制品<混塑板材<热油≈混合气<氢化油≈裂解油<单体≈化工原料。由此可见，对原料纯度要求低、不需复杂预处理的产品价格往往也较低。表5-25中列举了常用废塑料回收利用技术的一些评判指标。

表5-25　常用废旧塑料回收利用技术经济指标比较

各类技术 \ 比较项目	塑料原料适用种类	技术复杂性	二次污染	投资费用	运行成本	市场销售	利润率	应用情况
熔融加工	各类单一品种塑料	较简单	废水	很低	较低	一般	较低	较多
成型加工	混合塑料(其中单一品种塑料占50%以上)	较高	基本没有	较低	较高	一般	一般	较少
解聚	PET、PU、PA	一般	废气	一般	较高	一般	一般	较少
气化	混合塑料	一般	废气	一般	较低	较差	较低	较少
热分解	以PP、PE、PS、PVC为主的混合塑料	一般	废气	一般	一般	一般	较高	一般
催化裂解	以PP、PE、PS、PVC为主的混合塑料	较高	废气	一般	一般	较好	较高	一般
氢化	以PP、PE、PS、PVC为主的混合塑料	较高	废气	较高	很高	较好	较好	较少
溶解再生	PS	一般	基本没有	一般	很高	较好	较好	较少
改性	PS	较高	废水	较高	较高	一般	较高	较少
简单焚烧	所有品种混合塑料	简单	废气	较低	低		很低	较少
制RDF燃料焚烧	所有塑料(需添加废纸和废木材)	一般	废气	一般	一般		很低	国内无

综上所述，废塑料催化裂解和成型加工的资源化技术最具经济性。

此外，还需解决以下几个技术难点，进一步完善资源化技术，使其更具经济效益：开发废塑料的自动分拣分离技术，提高分拣效率；开发高效裂解反应器，解决塑料热传导性差、反应器内部温度不均、反应器壁易结焦等问题；开发耐高温、不结焦材料，用作裂解反应器内衬材料；研制成本较低、易于再生的复配催化剂，以提高裂解产率和目的产物的选择性；对废塑料的中温熔融造粒和再生技术进行公关，解决多种不同材质的废塑料相互混合时相溶性差的问题。

废塑料的资源化再生利用替代填埋的处理方式是废塑料处置发展的必然趋势。然而，要实现废塑料再生利用的大规模产业化，就必须在完善回收利用技术的基础上制定塑料的再循环政策，并在经济上对废塑料再生利用予以扶持。

国外发达国家对废塑料的回收利用制定了如下的优惠政策：

① 制定标准，规定一定的塑料制品至少含有多少比例的再生塑料。

② 塑料制品单位材料的最小再循环率。

③ 作出义务购买含再生材料物品的规定。

④ 对没有使用足够再生材料的商品收取费用或加税，对再循环企业减免税或提供经济补助。

⑤ 塑料制品的制造商必须承担处理的责任。

此外，一些发达国家还规定生产塑料制品的公司必须在不同材质的塑料制品上标明相应的阿拉伯数字，以降低废塑料分选成本。比如：PET-1，HDPE-2，PVC-3，LDPE-4，PP-5，PS-6，其他塑料-7。

目前，国内还没有针对塑料再生循环的法律，相信随着经济的发展和人们对环境的日益重视，在不远的将来，应该在扬弃国外相关政策的基础上，根据国内的实际情况，制定出自己的法律、法规和政策。

第七节　废旧汽车回收与利用

随着社会经济的迅速发展和人民生活的不断提高，汽车作为重要的陆路交通工具，在社会生活中扮演越来越重要的角色。目前汽车的社会拥有量正在大幅度地提高。

汽车在带给我们方便的同时，也给我们带来了不少问题。汽车运行时对外排放的尾气，已经成为现代城市的最大污染源之一。旧汽车对环境的污染更为严重，据测定，在汽车尾气排放中，80%来自旧汽车。近几年备受人们关注的北京市大气污染问题，原因之一就是大量汽车的运行。

废旧汽车超期服役使用危害更大，不仅涉及环境污染，而且会引发交通安全事故，造成一系列社会问题。报废汽车的露天丢弃堆放，也是一个既浪费材料又影响环境和占用土地的社会难题，在发达国家已经成为社会公害。因此，废旧汽车的回收、利用和处置，已经在发达国家引起高度重视，并已取得一定的成效。

汽车工业是国民经济的支柱产业之一，它的可持续发展是实现整个国民经济持续、快速、健康发展的重要因素之一。作为汽车产业中的静脉工业，汽车回收日益受到更多的关注。汽车的主要材料是钢铁、有色金属、塑料、橡胶、玻璃以及油漆等其他材料，其中钢铁和有色金属约占80%。废旧汽车的回收再生利用，首先要将其“肢解”，其中塑料、橡胶和玻璃分别由有关行业回收再生。金属材料再生利用的渠道是：回收—分解—机械处理—冶炼。在本章中，主要讨论的是开展回收工作的意义和废汽车金属材料的回收处理。

推行汽车回收工程，发展循环经济，不仅可以促进汽车回收行业的发展，更是解决废旧汽车引发的社会公害问题的重要途径。因此，从可持续发展的观念出发，依托科技手段进行废旧汽车的有效回收、再生利用和妥善处置，对节约资源和保护环境，推动社会、经济、环境的协调发展具有十分重要、长远的现实意义。

一、国内外现状

在发达国家，汽车已达到普及程度，并且，汽车的回收与处置也形成了一定的规模经济。德国政府对于废弃车辆有自己的一套程序。目前德国每年约有250万辆报废车，每年报废车200万吨，占德国家庭垃圾总量的10%。德国政府于1998年开始实施废汽车回收处理法。该法规定，汽车的最终持有人，必须将废车交给合格的汽车回收业者。对于回收业者申请经营许可及回收处理场址、设备、回收档案、专业人员资格等都有严格规定。在日本，每年废弃车辆达到507万台，目前实际回收（按质量计算）达到75%，有25%不能回收，同时每年还有近5%～7%的废车被人为抛弃，无人回收解体。每台废车解体后，除了有用材料、金属、塑料等回收再利用外，剩下的物质每年达到80万吨，进行填埋处理的费用每吨高达25000～30000日元，因此非常有必要统一整个市场，消除违法隐患。据预测，日本的废车回收率到2015年将达到95%。

1. 德国的汽车再生利用遥遥领先

德国在发展经济的同时十分注重环境保护，早在1986年就颁布有关垃圾减量法规和相关管理规定，要求通过减少垃圾及扩大其再生利用和焚烧利用以减少最终填埋量。然而，由于当时石油价格疲软导致再生利用的效果不好。回收行业为降低成本，对废汽车采取先拆去发动机和车轮后作整体压碎或切碎处理，然后磁选出大部分钢铁后，其余均作为粉屑填埋处理，这约占车重的25.3%，明显浪费很大。

针对上述情况，德国在1991年修订“垃圾减量法”时，颁布了“有关包装容器废物减量”的政策，要求包装容器的制造业和流通业对产品用完的废品有回收和再生的义务，并由上述业者合资成立废物回收公司（DSD公司）统一负责处理，同时下达了再生利用指标。关于废汽车的处理亦按上述原则处理。采取上述政令后，废汽车的再生利用发生了根本性的变化，取得了长足的进步。既明确了不再向车主收处理费，彻底解决了路置废车的现象，又增强了汽车制造厂对汽车再生利用的积极性，并促使汽车厂从设计阶段就能考虑多使用能回收再生材料，促进汽车的良性循环。

德国政府在总结上述经验的基础上，1995年开始起草“循环经济法”，并于1996年公布。该法的基本思想是：社会生产的原材料应在生产和消费过程中循环使用，以尽量减少废物的产生。规定每个生产行业有义务回收自己的产品，并进行分解利用。德国汽车制造行业协会已于1996年2月率先表明无偿回收使用期12年的废旧汽车自行再生，从而使德国的废汽车再生利用再上一个新台阶。“循环经济法”使汽车生产和再生利用向一体化发展，使汽车制造厂普遍加强了与再生事业的联系，并且用生命周期评价法（LCA）指导新车的开发。

在德国，对旧车回收业，政府采取不干预政策，认为回收业也是一门重要的产业，由经济和市场来调节。在德国，公民环保和资源意识较强，对用再生材料制造的产品认同购买，因此，厂家十分乐意地表明自己的汽车有多少是用回收材料制造的，以此作为一个重要的促销手段，回收工作的很大一部分也是围绕此展开的。拆车厂在收到旧车拆卸之后，把可回收利用的零件编成手册，由用户选购。对拆车厂的环保也有明确要求，报废车上的废油液不得随意排放，以免污染土壤和地下水源。在德国，目前75%的废汽车上的材料是可回收的，与日本、美国等差不多，其余25%为不可回收材料，需作堆放和填埋处理。德国政府计划在2015年使不可回收物下降到5%。

德国奔驰汽车公司已使金属回收率达到95%，而他们规定的新目标是：汽车塑料部件和其他材料，包括各种废油液，其回收率也要达到95%以上。奔驰公司认为回收的思想应体现在汽车的整个生命周期（包括设计、制造、使用、维修、报废）。奔驰汽车的可回收性已被作为主要目标列入开发计划，其重要性仅次于经济和技术，其设计的S级汽车就是典型体现，该汽车行驶完最后一站进入拆卸车间时，将发动机、电缆线、催化转换器、电池、维修箱和塑料拆卸之后，剩余的车身和其他无害材料按压成一定尺寸的大块，然后送进专门的冶炼炉还原成原材料。

2. 日本的废汽车再生利用概况

日本的废汽车再生利用基本上学习了德国的经验。20世纪80年代日本的废汽车有3

种：用户直接送解体企业；废汽车企业送解体企业；汽车店转往解体企业。然而由于回收废车对用户无报酬，且手续繁琐，导致用户将废车扔在道路边形成路置废车。对此，在政府的支持下，由日本汽车销售协会、全国轻型汽车协会和日本旧汽车销售协会等有关单位组成路置汽车协会，对其进行处理。从1991年7月开始大幅简化手续，即用户向购买店办理废车手续后，由该店委托解体企业进行处理，从而杜绝了路置废车现象。为了支持路置汽车协会及地方政府的工作，从1991年7月起规定上述费用由汽车制造厂承担，亦促进了汽车制造厂对再生事业的关心和支持。

1995年日本学习德国经验，颁布了“有关包装容器的再生法”，规定制造厂对废品回收负有义务。汽车制造厂把设计易分解、少污染的汽车作为努力方向。1996年日本政府结合CO_2减排，要求各企业编制的以节能降耗利再生为中心的2010年企业自主行动计划中，列入易再生利用汽车的开发。

由于日本汽车（主要指轿车）更新换代快，使用期较短，因此，发动机旧件基本上可重用，机身及其他尚可用作备件的零部件可在日本国内流通，也可出口。不可用的零部件由专人将铁与铝等有色金属分解，铝是少数可重复利用且利用率较高的材料之一。

车身一般只作为材料回收，车身骨架经冲压之后，利用磁选将铁和其他有色金属材料分离，然后，再将有色金属材料和非金属材料（树脂、纤维、木材、玻璃等）分开。

汽车蓄电池的使用。1992年日本铅的需求量达53.1万吨，其中54.8%（约29万吨）用于铅蓄电池，汽车铅蓄电池的平均质量为11kg，其中铅含量为6.2kg，能够回收及再生利用的铅约54.8%被用于再生产铅蓄电池。

废轮胎的再生利用。据1992年统计，日本废轮胎的总数为9200万条，总质量为86.2万吨，废旧轮胎的80%是维修、保养时拆换下的，20%是从报废汽车上拆卸下的。据日本汽车轮胎协会的要求，半旧轮胎的循环使用主要分为“加工利用”和“热利用”两种，其中前者占34.6万吨，后者占45万吨，其余6.4万吨无法统计。在加工利用中，利用翻新技术翻新，然后出口。在日本，为适应大型载货车和客车用轮胎的超载，所生产的轮胎都有很高的强度，有些废弃轮胎在正常载荷下再使用是完全可以的，因此把这种轮胎翻新之后向其他地区出口。因为日本轿车新品轮胎的价格便宜，所以轿车轮胎很少重用。

废催化剂的再生利用。1992年的数据表明，日本用白金做的催化剂使用量每年约为9922kg，能够回收的只有992kg。

废油的重复使用。日本废油的总产量为13.7亿吨，100家再生业者每年回收9.1亿升，其中用作重油再生的约为6.2亿升，润滑油0.2亿升，占总回收量的70%，剩余2.7亿升不易再生，当作废油烧掉。

3. 国内的废汽车再生利用概况

国内报废汽车的管理工作由全国老旧汽车更新领导小组负责，国家经贸委牵头，十几个部委参加。该小组于1983年成立，下设办公室，小组的任务是：研究和制定汽车更新、报废的方针、政策和方法，编制规划，制定措施等。

1994年汽车保有量为920万辆，其中已达报废标准的为210万辆，由于各种原因，这210万辆汽车不可能同时做报废处理，在九五期间，本来计划更新180万辆，但结果不理想，1995年的计划是报废25万辆，结果物资部门只回收了10万辆左右。报废汽车没能按时报废，已引发了一系列严重的问题。

目前旧车回收的单位按照业务类型分，主要有三类：拆车厂、旧车交易市场、拆旧市场（包括拆车和旧车交易）。拆车厂大部分为小企业，规模很小。旧车交易市场一般管理较严格，拆旧市场一般多在县乡或农村，管理存在很多问题，且有很多地方与国家政策不相符合，不少地方还存在地方保护主义。

国内旧车的回收技术还很落后，这与如下几个因素有关：①国内每年报废旧车数量较少，每个拆车厂的业务量较少，没有必要去购买先进的技术和设备；②国内拆车厂对回收旧车技术普遍不重视，拆车厂普遍关心的是拆车本身能够带来的经济效益，因为企业首先是以赢利为目的的经济组织，他们总是选择经济上合算的手段，先进的技术和设备不一定是最经济的；③由于国内东西部经济发展不平衡，旧车回收存在明显的地域经济差异。东部报废的旧车相对于西部的来说，质量上要好一些。

可见，由于当前国内报废汽车数量相对较少，从事废旧汽车回收的企业分散，加之体制分割，现有企业活力不足，产业远没有成熟，市场的不成熟伴随着一系列不和谐的现象，报废汽车拆解市场一片混乱。不仅存在废旧车“报而不废”的情况，而且形成了具有规模效应的“汽车非法拼装市场”，像在 2001 年 3 月才彻底查封的位于陕西泾阳、山原县交界的曾被戏称为“三汽”的汽车非法拼装市场。

针对目前回收渠道不规范、回收技术落后的情况，要促进国内废旧汽车的有效回收和利用、实现汽车产业的良性循环和汽车与人类社会、自然环境的和谐发展，需要各方面的共同努力。其关键是完善法规和为汽车有效回收提供技术支持。

为此，中国成立了专门的报废汽车回收研究中心，研究在中国目前条件下汽车的拆卸和再循环利用技术，以降低拆卸成本，提高旧车回收利用率，减轻对环境的污染。另外，可以考虑在汽车回收方面形成产业化，引进国外先进技术和管理，进行合资。目前，Ford 公司在中国福建就建立了一家合资工厂专门从事汽车旧发电机和启动电机的回收业务。国内宜昌机床集团公司较早从事金属回收机械的研究，曾经为第二汽车制造厂设计过回收驾驶室的设备，目前生产各种金属回收机械设备，正积极争取与国外的合资和合作研究。

国家在加强管理的同时，也加强了法规建设，陆续出台了一系列法规：国务院颁布了《报废汽车回收管理办法》、国内贸易部和国家经贸委下发了《报废汽车回收（拆解）企业资格认证实施管理暂行办法》、国家经贸委等八部委联合发布了《关于加快发展环保产业的意见》、国家经贸委组织制定了《全国环保产业“十五”发展规划》。《全国环保产业“十五”发展规划》明确提到了今后发展的重点之一是：5000 辆/年以上规模废汽车综合加工处理成套设备。

《报废汽车回收（拆解）企业资格认证实施管理暂行办法》对报废汽车的回收、拆解企业等作出了详尽规定，法规规定：企业必须是具备纳税人资格的独立法人企业，注册资本金在 50 万元以上，具有必要的拆解设备和消防设施，年回收拆解能力要达到 500 辆以上，正式职工不得少于 10 人，其中专业技术人员不得少于 3 人。该规定还要求现有回收厂按照标准进行严格认证，并将结果上报全国汽车更新领导小组办公室和内贸部再生资源管理办公室，由这两个单位核发资格认证书，企业再凭资格认证书到省级公安机关办理登记手续，然后到工商部门重新办理注册登记。目前，在国内从事汽车回收的单位主要有以下几类：

① 国内贸易部系统所属的全国各地物资（金属）回收部门，如位于上海的中国物资再生利用华东公司华东拆旧中心。

② 中华供销合作总社系统所属的各物资回收部门，如上海物利拆旧站。以上两个部门是报废汽车回收的主要部门。

③ 各级地方部门和不同行业内的拆车企业，如上海冶金系统内有冶金拆车厂，公交系统内有公交拆车厂等。

④ 农村乡镇企业、个体和私人小企业。这些单位已成为目前国内从事旧车拆卸和回收的主要力量之一。

⑤ 各大汽车公司自己回收。这方面的工作暂时还没有大规模开展，但是，这是国外报废汽车回收的一种重要渠道。

最近，国家发展计划委员会、科学技术部联合发布的《当前国家优先发展的高技术产业化重点领域指南（目录）》中，把工业固体废弃物资源综合利用已列入当前国家优先发展的高技术产业重点领域，这里面就涉及了废汽车材料的回收与再生。这充分说明，物资再生利用工作是国民经济可持续发展的重要保障，它不仅能节约矿源、节约能源、使资源永续，还能减少环境污染，保持生态平衡，提高社会经济效益。

二、汽车生命周期与循环经济

中国汽车产业相比世界发达国家，还存在一定的差距。但随着加入 WTO，汽车行业将面临严峻的挑战。因此，针对国内在汽车回收方面相对比较落后的现状，我们应该学习发达国家，如德国的经验，积极推行汽车生命周期和循环经济理论，在汽车整个生命周期内控制其对环境的影响，从可持续发展的角度，认真对待废汽车的回收和再利用问题。下面就让我们来看看这个理论。

汽车生命周期一般要经历生产、使用、维修和报废等几个步骤。若把汽车的“制造—销售—使用—维修”称为汽车产业中的动脉工业，则汽车的“报废—拆解回收—废物利用—废弃处置”则可被称为是汽车产业中的静脉工业，在汽车产业的发展史上，人们对汽车的动脉工业倾注了充足的热情，对其静脉工业却曾一度置之不理，由此而引发的资源二次浪费和环境污染问题向世人敲响了警钟。对静脉血液任其流失，而对动脉工业却一再从外部再输血的这种产业结构显然是不合理的。如何对废旧汽车零部件和材料进行有效回收利用，保护环境，形成整个汽车产业的循环经济已成为世界汽车工业的重大课题之一。

循环经济是指投入最小化（即在经济活动中新投入的不可再生资源和能源最小化）、排出最小化（实行资源循环，产品在使用以后，有的可以修复再使用，有的零件可以再使用，有的材料加工后可以再使用，因此凡符合这些条件都要回收利用）、资源能源的使用效率最大化、环境的改变尽可能小，有些方面可以恢复。针对以上标准可看出，发展废旧汽车的循环经济，是一个比较复杂的“系统工程”。它必须以社会大系统为环境，对汽车整个生命周期中存在的问题进行系统研究，寻求解决问题的方案，谋求汽车生产和运行与人类社会和自然环境的和谐发展。

1. 汽车的生命周期

汽车从“生”到“死”，整个生命周期主要有设计、制造、新车销售、运行、维护保养、旧车交易、零配件供应、报废回收旧车拆解等环节。这些环节并非是一个“线性链”，而是组成由多重回路复合的半开放系统。为便于研究和分析，将汽车生命周期中各个环节之间的关系表示如下。

整个社会汽车经济体系中，存在一个大循环和两个小循环。

大循环是指：原材料—汽车及零配件制造—新车销售—运行—旧车报废—回收—拆解—原材料的循环回路。

一个小循环是：制造厂商—新车销售—运行—旧车报废—回收—拆解—再生和梯级利用—制造厂商。

另一个小循环是：零配件供应—保养维护—汽车运行—旧车报废—拆解再生和梯级利用—零配件供应。

从图 5-17 中可看出，汽车循环经济研究的重要问题就是降低汽车生命周期的社会成本，加强上述循环体系的建设和完善，并提高各个循环材料占总材料消耗的比重，从而提高资源

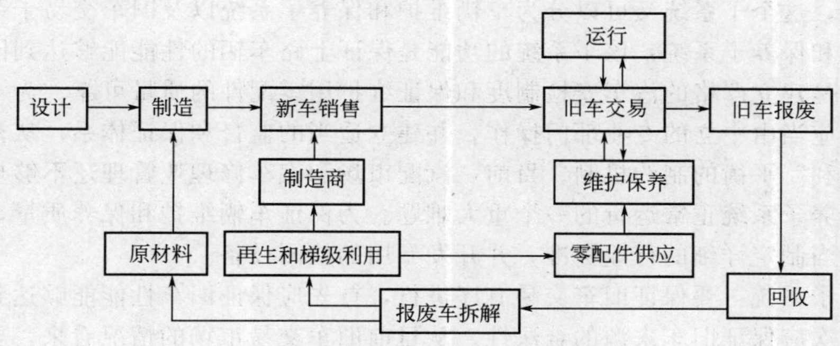

图 5-17　汽车的生命周期

再生利用率。

2. 汽车循环经济系统的组成

汽车工业是附加值极高的综合性工业。据国外测算，汽车工业波及 34 个行业，波及效果为 3～5 倍。汽车生命周期中各个环节都是相对独立而又彼此相连的子系统，构成一个有机的整体。

当前，由于国内报废汽车数量相对较少，从事废旧汽车回收的企业分散，加之体制分割，现有企业活力不足，产业远没有成熟。但是随着汽车生产量和社会保有量的激增，该产业必然会得到迅速发展。由于废旧汽车回收工程和有用资源的循环利用涉及整个汽车工业的可持续发展，因此，必须对整个汽车行业及其相关领域进行系统研究。

从系统的观点分析，汽车循环经济系统可以分为以下五个子系统。即：新车设计、制造和销售子系统；旧车维护与交易子系统；报废车回收和拆解子系统；回收配件的再生和梯级利用子系统；车用材料的回收利用和处置子系统。

(1) 新车设计、制造和销售子系统　从可持续发展和环境保护的角度出发，为了能够今后有效地回收利用和处理报废汽车，根据回收利用和处理的要求，在汽车设计之初，考虑汽车产品的整个生命周期，追求资源能源的使用效率最大化，往往能取得事半功倍的效果。大多数研究人员认为，产品早期设计决定了 70%～80%的产品全周期费用。因此，在新车设计和制造时，在选择车用材料、新车结构和制造工艺时，就必须考虑回收利用和环境保护等问题，也就是所谓的“绿色设计”、“绿色制造”乃至“绿色产品”的概念，是该子系统今后发展的主攻方向。

汽车的绿色设计可以包括三个层次的内容：一是开发绿色汽车（产品），即无污染或少污染的新型汽车，如太阳能汽车、电动汽车或以液化石油气等低污染燃料为能源的汽车等；二是可拆卸设计等技术使汽车更便于回收和再生利用；三是采用绿色材料，即对环境无害化材料，使汽车报废后便于处理。

绿色制造模式与以往传统的制造模式有很大的区别：传统的制造模式是一个由原料—工业生产—产品使用—报废—弃入环境的开环系统；而绿色制造模式是一个由原料—工业生产—产品使用—报废—回收作为二次资源的闭环系统。绿色制造模式要求在保证产品功能、质量和成本的前提下，特别强调在从设计、制造、使用一直到报废回收的整个生命周期内综合考虑产品的环境属性，如可拆解性、可回收性、可维护性、可再生性以及对人身的健康安全性等，保证对环境影响最小和资源利用效率最高。

(2) 旧车维护与交易子系统　为延长使用时间、保证行车安全和减少对环境的污染，车辆在运行中的维护和保养是必不可少的。为适应不同消费层次的需要，旧车的交易也是客观存在的。因此，这个子系统又可以分为车辆维护和保养子系统以及旧车交易子系统。

车辆维护和保养子系统：该子系统的功能是保证上路车辆的性能能够达到国家标准和环保要求。关键是建立严格的汽车安检制度和保证维护用零配件的质量可靠。为了保证检测的公证、准确，应当由中立的专业部门操作，并建立适当的监督和保证体系，从社会的角度建立“责、权、利”平衡的制约机制。目前，汽配市场和汽车修理业管理还不够规范，是保证车辆维护和保养子系统正常运行的一个重大难题。为保证车辆维护和保养质量，建立良好的市场规范，应当制定详细的行业标准，并开发专用的检测设备。

旧车交易子系统：要保证旧车交易有序进行，首先应保证旧车性能能够达到国家标准和环保要求；其次应保证旧车来源的合法性。从目前旧车交易市场的情况看来，要在达到上述要求的前提下，使旧车交易既能杜绝销赃，又能方便、快捷地进行交易，尽快建立旧车维修和旧车交易一体化的行业体制十分必要，如能由车辆制造企业牵头，实现以旧换新、旧车维修和旧车交易三位一体的体制更好。

汽车消费同国民生产总值变化高度相关，其相关系数为0.99。各地经济发展不平衡，东、中、西部三类地区存在着明显不同的消费需求。发展旧车交易，可以满足不同层次消费者的需求，进而有效地促进汽车市场的开发，推动汽车工业的发展，同时也能有效抑制拼装车市场。因此，旧车交易系统的发展已经引起社会的广泛关注。为使旧车交易市场健康地发展，一方面应建立旧车交易计算机网络信息系统，保证交易信息的畅通；另一方面应建立一个社会评估体系，公平确定旧车的成色和价格，以维护消费者和经营者的合法利益。

(3) 报废车回收和拆解子系统　为保证交通安全和满足环境保护的要求，当汽车运行一定时间或里程后，已无法达到国家标准和环保要求时，就应当报废退出运行。

报废车回收和拆解子系统的任务是，能够方便、快捷和低成本地报废、回收和拆解报废汽车。国外由于汽车保有量巨大，目前急需解决的问题是报废汽车的露天堆放问题。而国内由于汽车工业发展水平的制约，加之地区间经济发展水平不平衡，对拼装车和低价零配件有一定的市场需求，目前要解决的是报而不废的问题。在利益的驱动下，报废车和汽车拆解业成了某些利益集团和个体经营者关注的热点，这非常不利于建立和发展与现代汽车工业发展相适应的汽车回收和拆解行业。

建立与现代大规模汽车生产相适应的汽车回收和拆解体系，应当从便于管理和便于高效处理的角度出发，运用市场的手段和法律的手段相结合解决汽车回收和拆解行业存在的问题。

当前应解决两个问题：建立可回收零配件的处理、销售体系，拓展正规的拆车企业利润空间。在此基础上，适当提高报废汽车的收购价，让利于报废车主，遏制非法拆车业。在抓行业规范化经营的同时，利用国内当前报废汽车数量不大，拆解、回收行业手工作业较多，初投资较小的特点，运用税收和政策等手段，有计划地扶持一批骨干企业，建立与可持续发展相适应的汽车回收处理体系。

随着汽车保有量的快速增长，报废汽车的数量必然会急剧增加，旧车拆解业可以成为一个新的经济增长点，但目前的混乱局面必须有所改变，否则，如果任其加剧，对交通安全和环境保护都不利。同时，为使车辆回收和拆解专业化，建议国内汽车制造企业学习国外汽车制造商的经验，把自己生产的汽车的回收和拆解纳入企业集团的发展规划之中。建议国家今后在引进车型时，也应进行统筹规划，适当限制车型数量。

(4) 回收配件的再生和梯级利用子系统　在报废汽车中，有不少零配件是可以再生利用的。这些零配件的再生和梯级利用，既可以减少再加工的社会成本（如金属零件的再冶炼、再加工），又可以节省资源消耗，同时也可降低维修、制造的成本。因此，建立和完善该子系统，其社会效益和经济效益十分显著。

配件的再生和梯级利用，是拆车业的重要利润来源。梯级利用有两层意思：一是从等级高的车种流向等级较低的车种；二是从消费层次高的用户或地区流向消费层次较低的用户或地区。为对后者负责起见，保证再生利用的零配件质量，建立相应的质量保证体系十分重要。

当前，这些零配件主要流向维修点和经济落后地区，由于检测手段落后，一般仅由使用者通过零件的使用环境和外观状况来判定其好坏。如果说在当前报废车数量较少的情况下，将报废汽车停放由用户自己拆卸所需零配件的做法是可行的话，但随着报废汽车数量的增加，势必会增加企业的场地费用。更主要的是，由于零配件经销渠道发育不完善，也无法处理大量的零配件，势必影响企业的经济效益。同时，对零配件的质量也无法做到心中有数。

从零配件性能和功能的角度出发，建立相应的检验标准，是建立有效的零配件再生利用体系的基础。可以考虑按下列情况对再生零配件进行分类处理：

① 不可再生零件（报废处置）。

② 直接再生零件（可在原车种使用）。

③ 有条件再生零件（某些车种可用，翻新加工后可用等档次）。

如果按上述办法进行分类处理，就必须解决由于检测设备、技术等为企业带来的成本压力。由于制造厂商具有设备、技术等的优势，在不增加许多成本的条件下，就可以开展工作。国外由制造厂原厂回收的方法可以借鉴。从这个角度讲，“新车、旧车、维修、报废”四位一体化经营有其独特的优势。

零配件的梯级利用，其实质也是零件再生利用。当零配件不能在原车上使用时，在要求较低的车辆上使用或转为它用，发挥其使用价值。为解决这个问题，必须在汽车设计阶段，对不同车型的零件选用进行统筹考虑。由于汽车是一个复杂的综合技术产品，零件的梯级利用往往难以马上见效，因此，零配件梯级利用问题是中、远期应当考虑的重要问题。但是，从现在开始，在新车设计时，研究、考虑零件的梯级利用应当引起汽车厂商的关注。

(5) 车用材料的回收利用处置子系统　对报废汽车中无法直接、方便利用的材料，包括钢铁、有色金属、玻璃、轮胎等橡胶制品和塑料、海绵等有机材料，也必须考虑专门的回收利用问题，建立车用材料回收利用子系统。下面两节将着重对汽车中的黑色金属与有色金属的回收做一介绍。

三、黑色金属的回收

金属材料可分为黑色金属材料和有色金属材料（在下一节论述）两大类。汽车的整体组成中，黑色金属占了很大的比重，大概能占整个车重的80%（按质量计），所以黑色金属的回收是汽车回收技术的好坏的一个重要标志。黑色金属材料包括钢和铸铁。按是否含有合金元素来分，钢可分为碳素钢和合金钢两类，碳素钢按冶炼质量又分为普通碳素钢和优质碳素钢。合金钢有合金结构钢和特殊钢之分。根据钢材在汽车中的应用部位和加工成型方法，可把汽车用钢分为特殊钢和钢板两大类。特殊钢是指具有特殊用途的钢，汽车发动机和传动系统的许多零件均使用特殊钢制造，如弹簧钢、齿轮钢、调质钢、非调质钢、不锈钢、易切削钢、渗碳钢、氮化钢等。钢板在汽车制造中占有很重要的地位，载重汽车钢板用量占其钢材消耗量的50%左右，轿车则占70%左右。按加工工艺分，钢板可分为热轧钢板、冷冲压钢板、涂镀层钢板、复合减振钢板等。在讨论金属材料的回收之前，我们先看看汽车以及金属材料在汽车中的使用。

1. 汽车的类型及其材料构成

汽车通常由发动机、底盘、车身、电气设备四部分组成。

发动机的作用是使供入其中的燃料燃烧而发出动力。大多数汽车都采用往复活塞式内燃机，它一般是由机体、曲柄连杆机构、配气机构、供给系、冷却系、润滑系、点火系（汽油发动机采用）、起动系等部分组成。

底盘接受发动机动力，使汽车产生运动，并保证汽车按照驾驶员的操纵正常行驶。底盘由下列部分组成：传动系——将发动机的动力传给驱动车轮，传动系包括离合器、变速器、传动器、驱动桥等部件。行驶系——将汽车各总成及部件连成一个整体并对全车起支撑作用，以保证汽车正常行驶。行驶系包括车架、前轴、驱动桥的壳体、车轮（转向车轮和驱动车轮）、悬梁（前悬梁和后悬梁）等部件。转向系——保证汽车能按照驾驶员选择的方向行驶，由带转向盘的转向器和转向传动装置组成。制动设备——使汽车减速或停车，并保证驾驶员离去后汽车能可靠地停驻。每辆汽车的制动设备都包括若干个相互独立的制动系统，每个制动系统都由供能装置、控制装置、传动装置和制动器组成。

车身是驾驶员工作的场所，也是装载乘客和货物的场所。典型的货车车身包括车身前板制件、驾驶室、车厢等部件。

电气设备由电源组、发动机启动系和点火系、汽车照明和信号装置等组成。此外，在现代汽车上越来越多地装用各种电子设备——微处理机，中央计算机系统及各种人工智能装置等。

汽车有三大类型：客车、货车和轿车。汽车的主要材料有金属材料、塑料、橡胶、玻璃、涂料等。废汽车的金属材料组成见表 5-26。

表 5-26 废汽车的金属材料组成

项目	轿车		货车		客车	
	kg/台	%	kg/台	%	kg/台	%
生铁	35.7	3.2	50.8	3.3	191.1	3.9
钢材	871.2	77.7	1176.7	76.1	3791.1	76.6
有色金属	52.4	4.7	72.3	4.7	146.7	3.0
其他	161.8	14.4	246.1	15.9	817.8	16.5
合计	1121.1	100	1545.9	100	4946.7	100

由表 5-26 可见，钢铁材料占废汽车总重量的 80%左右，有色金属占 3.0%～4.7%。虽然，为使汽车轻量化，塑料和铝的用量将有逐年提高的趋势，但相对有色金属和塑料而言，由于钢具有成本低、加工难度较小、强度高、生产工艺较成熟、炼钢能耗低、容易回收再利用、利于环境保护等优点，所以它是组成汽车的最重要的材料。

旧汽车的回收利用主要是针对其中的金属材料，其回收利用率的高低将直接影响到一辆汽车回收价值的大小。

2. 金属材料在汽车中的应用

(1) 特殊钢的应用

① 弹簧钢：汽车上某些零件如钢板弹簧、发动机气阀弹簧、悬挂弹簧、离合器膜片弹簧和波形片弹簧等，要求具有高和稳定的弹性极限；高的强度和疲劳极限，并能承受较大的冲击载荷；足够的塑性和韧性。为了保证上述零件在高载荷下能正常工作，必须采用弹簧钢制造。

② 齿轮钢：汽车中的变速箱齿轮、差速齿轮、后桥齿轮等，在工作时承受交变弯曲力的作用，换挡时又承受冲击，轮齿的表面在带有滑动的滚动摩擦中受到接触压力和摩擦力的作用。总之，齿轮在使用过程中由于受力情况较为繁重，所用材料必须具有高的疲劳极限，合适的心部强度和韧性，轮齿的表面要耐磨等。为了满足这些要求，汽车齿轮一般须进行表面渗碳、碳氮共渗或高频表面淬火等热处理。

③ 调质钢：曲轴是发动机中最主要的零件之一，它承受发动机周期性变化着的气体压力，活塞连杆组的往复惯性力、回转惯性力和曲柄间的扭转力等作用，在高速的发动机中，还有扭转振动的影响，因此制造曲轴的材料要求具有高的强度和适当的冲击韧性。凸轮轴经常承受滚轮、推杆、摇杆、挺杆、气阀弹簧等零件传来的惯性力，气阀的推力及由凸轮传来的扭力等的复杂作用，所以要求材料具有高的硬度、强度和适当的韧性。连杆连接活塞和曲轴，把汽缸内的气体爆发力传递给曲轴，驱使曲轴回转，它承受往复惯性力和旋转惯性力，所以连杆在工作中处于一种很复杂的应力状态。连杆螺栓是发动机中承受载荷较大的零件之一，它承受着很大的具有冲击性的迅速变化着的拉力。上述曲轴、凸轮轴、连杆、连杆螺栓，还有缸盖螺栓、后半轴、转向节等零件所用钢材，一般均为调质钢，即中碳结构钢或中碳低合金结构钢采用调质处理以获得所需要的性能。

④ 非调质钢：非调质钢是在碳素结构钢中加入微量钒、钛、铌，通过轧制和锻造直接冷却，微合金元素的碳化物或碳氮化物弥散析出，起到析出强化和细化晶粒作用，钢在锻轧状态就可以直接加工成制品，无需经过调质处理就能达到良好的综合力学性能。由于非调质钢的显著经济效益，得到各国生产和使用部门的高度重视，世界上几乎所有的主要产钢厂都在研制和推广应用这类钢种。非调质钢在工业上的应用范围正在不断扩大，已成功地用来制造汽车中的曲轴、连杆、半轴、齿轮轴和轴类等零件。

⑤ 渗碳钢：用于制造表面要求具有高的强度、硬度、耐磨性和疲劳极限，而心部仍保持足够的塑性和韧性的零件，如齿轮、活塞销、凸轮轴、气阀挺杆、拉杆、球头销、球碗、前桥半轴、万向节十字轴等。

⑥ 不锈钢：汽车发动机排气阀常见的故障是头部阀面被烧坏、腐蚀、部分过热或熔化、挠曲变形、头部疲劳碎裂及阀杆断裂等。因此在设计配气机构时，不仅要有合理的结构与工艺，并且在选材上应有严格的要求。气阀钢应具有较高的室温和高温强度、持久强度、硬度和耐磨性；具有良好的抗燃气腐蚀和抗氧化性；在工作期间保持尺寸稳定和不变形；具有高的导热系数，而线膨胀系数应与导管材料的大致相近；具有冷热变形和切削加工性能及焊接性能。为达到上述性能要求，汽车排气阀及排气系统中的排气歧管、溢流管、催化转化器、消声器和尾管等应采用耐热不锈钢制造。

⑦ 易切削钢：在机械制造工业中，切削加工是一种主要工艺，随着机械工业和近代技术的发展，切削加工正走向精密化、高速化和自动化大量生产。为此，对钢材的切削加工性能的要求也越来越高，这就促使了易切削钢的出现。在汽车生产中，需要大量的各种品种规格的易切结构钢，以便在不增加设备和人员的条件下提高需要切削加工的机器零件，如各种标准件、齿轮、转向齿条、阀簧座、连杆、曲轴等的切削速度。

(2) 钢板的应用

① 热轧钢板：主要用于车架等承受应力较大的零件，如汽车的纵梁和横梁等，它是采用双相钢通过控制轧制而成。

② 冷冲压钢板：厚度小于等于 4mm 的薄钢板，一般用来制造驾驶室、发动机罩、翼子板、车厢、散热管护罩等不受载荷的各种覆盖零件；厚度大于 4mm 的厚钢板用来制造承受一定载荷的零件，如大梁、横梁、车架、保险杠等。

③ 涂镀层钢板：涂镀层钢板有镀锌板和镀铝板，镀锌板冲压性能、焊接性能都较好，可用作驾驶室底板、车身覆盖件和油箱等汽车的零件；镀铝板耐腐蚀性能和镀层耐热性好，主要用在消声器、排气管等零件上。

④ 复合减振钢板：复合减振钢板由低成本的钢板和低质量树脂结合而成，其特点是减轻汽车质量，降低车内噪声。它主要用作挡泥板、隔板、底板和顶板、油漆壳、隔声板等。

(3) 铸铁的应用　除了变速箱、发动机缸体采用铸铁制造外，近来，由于铸造和热处理技术的进步，汽车中许多重要零件也采用铸铁制造，既可显著地降低制造成本，又不降低使用效果。如发动机上采用稀土镁球墨铸铁曲轴日益增多，近年来，合金铸铁和球墨铸铁的凸轮轴也有了一定的发展，经过适当热处理的铸铁凸轮轴在耐磨性方面并不亚于钢制的凸轮轴，甚至在某些场合优于钢制的凸轮轴。

3. 有色金属材料的应用

汽车中使用的有色金属主要是铝、铜、镁合金和少量的锌、铅及轴承合金。铝的含量最多，主要以铝合金的形式应用，一般用在发动机、热交换路、转向路、车身、传动器、车轮等零部件上。从铝合金零件看，以铸件为主（约占70%），以变形加工件为辅（约占30%）。目前，镁合金零件主要用于小汽车与赛车。国外用镁合金制造的零件有离合器盒、变速箱、制动器盒、踏板架、仪表板、轮毂等。国内上海大众汽车公司生产的桑塔纳轿车的手动变速箱壳体也是用镁合金压铸的。汽车上广泛使用的镁合金是AZ91D，另外还有AM50、AM60、AZ81等。汽车上使用的铜主要是纯铜、黄铜和青铜。纯铜用来制造制动管、散热管、油管和电器接头。铜合金则广泛应用于其他零部件上。

4. 报废汽车中金属材料的回收

废旧汽车总重量的80%左右是金属材料，旧汽车的回收利用主要是针对其中的金属材料的，其回收利用率的高低直接影响到一辆汽车回收价值的大小。

(1) 国外报废汽车中金属材料的回收　国外旧车回收的一个重要渠道是各大汽车公司回收自己的旧车，对于回收后可重用的零部件直接用到现在使用的车上，不可重用的零部件可以材料形式回收，发动机上有很多零部件可直接重用到新车上，而性能不会有任何影响，如发动机支架、空调压缩机支架、机油标尺、离合器压盘等，这样旧车可最大限度地回收利用。

(2) 废旧汽车中金属材料的回收现状　国内旧车的报废与回收从形式上分为两种：官方回收和民间回收。官方回收按照国家规定，车辆六大件——发动机、变速箱、前桥、后桥、方向机、车架必须严格按照材料形式回收，不准再出售利用。其他的金属材料零部件如钢板弹簧等可利用的均可进入旧车交易市场或旧车零部件市场出售，或者以材料形式回收。民间回收实际上包括了旧车报废及其零部件的交易两个方面。回收单位并不是严格意义上的企业，而是一些个体私人作坊，报废及回收的手续很大程度上与国家的有关政策不相符合。

上海市目前共有华东拆旧中心等十三家拆车厂，以上海华东拆旧中心为例，该厂按照国家规定，对任何一辆车拆解以后，其中六大部件不准出售，必须彻底拆掉，根据金属种类分类，然后砸碎，作为材料回收，送钢厂回炉。其他零部件可由拆车厂自行处理，对可利用的旧零部件尽力拆卸完整，不要损坏，以便回收利用，有些零部件还要精拆。对车辆零部件依新旧程度卖给用户，一般为个体户、市郊农民、本地或中西部汽车修理厂等。零部件中的有色金属和黑色金属一样都回收，像铜、铝等金属，拆下收集，统一送有关公司回炉，炼成新的铜材、铝材出售。

5. 报废汽车金属材料回收流程

从废旧汽车中回收金属材料的莱茵哈特法工艺流程（美国专利 4014681 号）见图 5-18，国内汽车回收的典型流程见图 5-19。

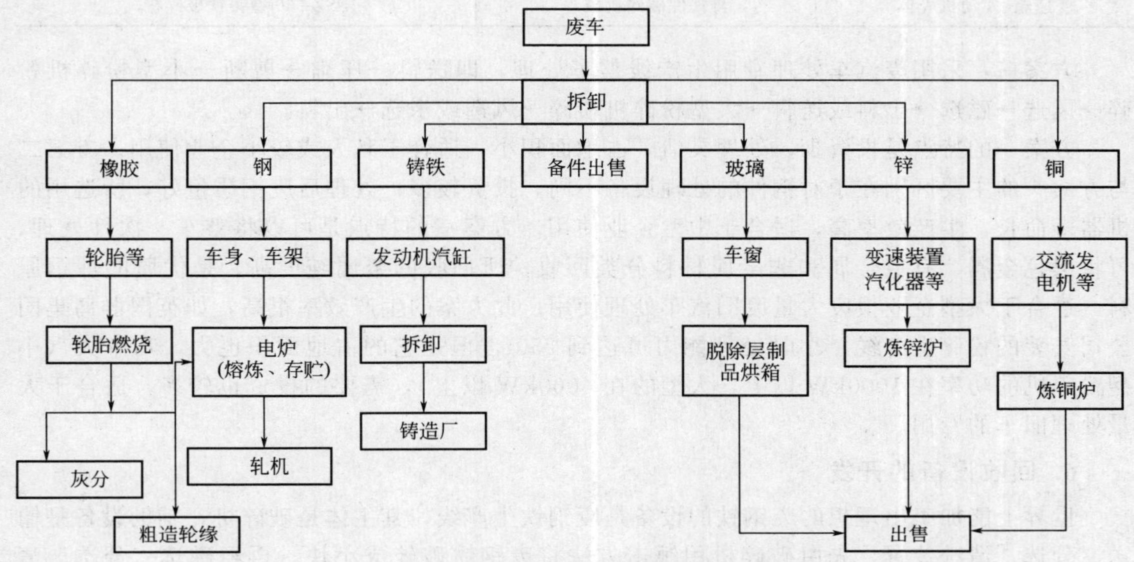

图 5-18　莱茵哈特法工艺流程

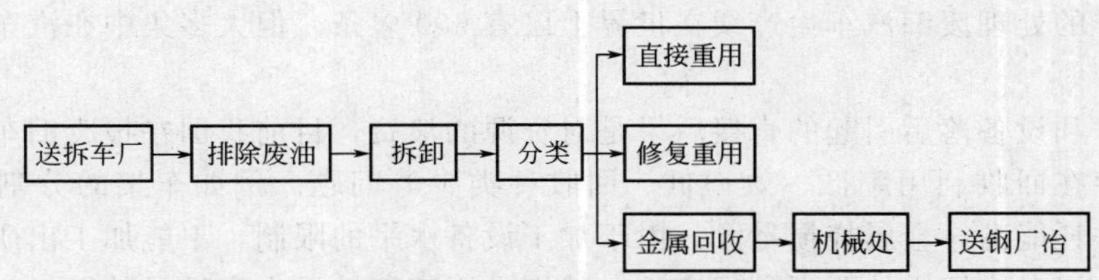

图 5-19　国内汽车回收的典型流程

从国外和国内的回收流程明显可以看出，国外对汽车的回收做得比我们细，他们的废汽车中材料的回收率比我们高，因此我们还有很长的路要走。

废旧汽车经拆卸、分类后作为材料回收的必须经机械处理，然后将钢材送钢厂冶炼，铸铁送铸造厂，有色金属送相应的冶炼炉。当前机械处理的方法有剪切、打包、压扁和粉碎等。

① 剪切：用废钢剪断机将废钢剪断，以便运输和冶炼。

② 打包：用金属打包机将驾驶室在常温下挤压成长方形包块。

③ 压扁：用压扁机将废旧汽车压扁，使之便于运输剪切或粉碎。

④ 粉碎：用粉碎机将被挤压在一起的汽车残骸用锤击方式撕成适合冶炼厂冶炼的小块。

对于金属材料的机械处理有三种可供选择的方案（表 5-27 和表 5-28）。

表 5-27　方案一

名称	处理方法	推荐设备
汽车壳体	采用金属打包机打包	Y81-250B，Y81-315，Y81-400
汽车大梁	采用废钢剪断机剪断	Q43-63B 型鳄鱼式废钢剪断机
变速箱、发动机缸体	铸铁破碎机破碎	PSZ-160 型铸铁破碎机

表 5-28　方案二

名称	处理方法	推荐设备
汽车壳体和大梁	门式废钢剪断机预压剪断	Q91Y-630,Q91Y-800,Q91Y-1000,Q91Y-1200
变速箱、发动机壳体等	铸铁件破碎机破碎	PSZ-160 型铸铁破碎机

方案三：采用废汽车处理专用生产线整车处理，即送料→压扁→剪断→小型粉碎机粉碎→风选→磁选→出料或送料→大型粉碎机粉碎→风选或水选→出料。

方案一的特点是投资少，处理灵活，占地面积小，适合于私人或较小企业使用。方案二与方案一的主要区别在于对钢件的处理设备不同，投资较多，处理后废钢质量好，所选用的机器寿命长，生产效率高，适合于中型企业使用。方案三的特点是可以将整车一次性处理，可将黑色金属、有色金属和非金属材料分类回收，所回收的金属纯度高，是优质的炼钢原料，适合于大型企业报废大量废旧汽车处理使用。此方案的生产效率很高，如英国群鸟集团公司安装的粉碎生产线，小时处理能力可达到 250t，但是它的占地面积也大，功率大（小型粉碎机的功率在 1000kW 以上，大型的在 4000kW 以上），需要的投资也较多，适合于大量处理旧车的专用厂。

6. 回收设备的开发

世界上能加工出理想的废钢铁的设备是废钢铁生产线，其主体是破碎机，辅助设备是输送、分选、清洗装置。先由破碎机用锤击方法将废钢铁破碎成小块，再经磁选、分选、清洗，把有色金属和非金属、塑料、油漆等杂物分离出去，得到的洁净废钢铁是优质炼钢原料。目前这样的处理废旧汽车生产线在世界上已有 600 多条，但大多集中在汽车工业发达的国家。

拆车技术和设备落后引起的直接后果是对资源的浪费，目前我国在报废旧车上以材料回收的零部件存在回收利用率低、效率低、回收种类少等问题。例如车架的分割采用氧气切割，这种方法耗能高，金属烧损量大。由于加工设备水平的限制，不能加工出质量很高的废钢，而钢铁公司对废钢铁的要求是很高的，特别是用废钢铁再生高质量的钢材时。因此，开发适用的报废汽车回收设备及废钢铁生产线势在必行。

打包液压机和剪切设备在我国相对来说，起步较早些，有数家生产这些设备的企业，其中处于主导地位的是宜昌机床股份有限公司，该公司从 20 世纪 70 年代初开始金属回收机械的研究，拥有全国唯一的金属回收机械研究所，主要产品有 4 个系列 50 多个规格型号。1982 年后，该公司又成功开发了可将整个汽车驾驶室一次压成合格炉料的 Y81-250 金属打包液压机和可将半个解放、东风等车型的驾驶室压成包块的 Y81-160 型金属打包液压机。以后，这两种机器经不断改进，其性能已达到国际先进水平，且用户也遍及全国、东欧及东南亚地区。目前该公司正在研制开发废钢铁生产线中的主体设备破碎机，已经做了收集国内外资料、社会市场调研等工作，为开发汽车粉碎机做了可行性研究，并与法国 TEAM 公司签订了废钢铁生产技术合作协议。

在废钢破碎领域，湖北宜昌力帝机床股份有限公司走在前列，2001 年 7 月，国产首台 PSX-6080 型废钢破碎分选输送生产线得到验收，其废钢铁原料通过鳞板输送机运至进料斜面，进料斜面上装有可转动的一高一低两个碾压滚筒将其压扁并送入破碎机内。破碎机内有十个固定在主轴上的圆盘和十个安装在圆盘之间可以自由摆动的锤头，通过高速转动产生的动能，对废钢铁进行砸、撕、破碎处理，使废钢铁处理成块状或团状，穿过下部或顶部的格栅，落入振动输送机上。然后进行磁力分选，并配合人工挑选，提高回收效益。

7. 废旧总成及零件的翻新重用

汽车报废并不意味着其中的所有总成和零部件都得报废，其实有部分总成和零部件完全可以经翻新后重用，因此，汽车报废后，对可用总成及零部件应尽量避免以材料形式回收。在国外，如美国为节约能源最大限度地降低材料消耗，对汽车上的一些旧的总成进行翻新，翻新后的发动机、变速箱、制动电机、启动电机等部件直接进入本国配件市场，供汽车维修使用并出口，有的还实行以旧换新（即翻新后的总成）制度以促进旧总成的回收。日本轿车报废后，发动机旧件基本上可重用，机身及其他尚可用作备件的各零部件可在日本国内流通，也可出口。

为防止一些人利用报废旧车拼装新车出售，明文规定：车辆六大总成——发动机、变速箱、前桥、后桥、方向机、车架必须粉碎，按材料形式回收，不准翻新重用。其他可用零部件可经翻新重用，可以进入旧车交易市场或旧车零部件市场出售。特别在进口汽车的配件供给不畅的情况下，条件修复、翻新重用具有举足轻重的作用。

其实国家对六大总成的规定有不尽合理之处，只考虑到交通安全这一方面，而没有考虑到资源浪费的另一方面。如在变速箱、发动机中，有许多零件其材质很好，生产附加值均很高，如果将它们压碎作材料回收处理，非常可惜。应该有两全之策，至少可以将部分总成中的零部件进行精拆，经质量检测合格的重用。

四、有色金属中铝的回收

汽车中的有色金属主要是铝、铜、镁合金和少量的锌、铅及轴承合金。自 20 世纪 70 年代世界“能源”危机的发生以来，汽车轻量化运动得到了极大的发展，铝、镁合金的用量不断加大。尽管铝只占一辆轿车总质量的 5%～10%，但它却相当于 35%～50%回收材料的价值。随着铝材料在轿车和轻型车上使用量的增加，铝的回收技术的研究就越发显得重要。1997 年美国铝联合会与克莱斯勒、福特、通用组成的汽车回收利用公司签署了一项协议，旨在改善轿车及其零部件的易拆性、可回收性和再利用性，公司还监督一个指导委员会和工作组，专门从事易拆回收零部件、拆卸工艺和废料自动处理设备的设计工作。国际上，汽车回收已经取得一些成果，85%～90%的铝可以回收利用，节省资源，减少排放，使浪费减至最低并为现代汽车带来经济效益。本田公司已经开发出一种新工艺将铝质压铸件回收制成模压品等级的产品，这为铝材料的回收应用开辟了一个广阔的空间。

可见，目前在汽车中铝的含量比较大，采用量与日俱增，因此，本节主要对铝及其合金在汽车中的应用情况及其回收工艺作一介绍。

1. 铝在汽车上的应用

实验证明，汽车重量对燃料用量起着决定性的作用，车重每降低 100kg，每 100km 油耗可减少 0.7L。因此，为了减少能源的消耗，汽车重量将逐渐变轻。而铝合金比其他金属密度小，所以成为最佳的汽车轻量化用材，因此单车用铝量在逐年增加。表 5-29 为德国、日本两国车用铝量及铝使用率，表 5-30 所列是日本每辆轿车用铝量。发达国家小汽车所用的铝材，20 世纪 80 年代每辆汽车平均为 55kg，90 年代中期为每辆 130kg，2000 年大约每辆车达到 270kg，中型车及大型车用铝量更多，交通运输业用铝为铝产量的 26%。而在国内，铝材在汽车上的应用还较少，铝化率较低，1995 年不超过 7%，目前生产的轿车最高用铝量约为 55kg/辆，平均在 48kg 左右，交通运输业用铝量仅为铝产量的 5.7%。因此，加快汽车铝化的步伐，特别是小轿车的用铝量将可能会超过 20%。据预测，汽车零部件的极限铝化率可达到 50%左右。

表 5-29　德国与日本的车用铝情况

国家	1977 年		1980 年		1983 年		1986 年		1989 年	
	用铝量/(kg/辆)	使用率/%	用铝量/(kg/辆)	使用率/%	用铝量/(kg/辆)	使用率/%	用铝量/(kg/辆)	使用率/%	用铝量/(kg/辆)	使用率/%
德国	35	3.00	39	3.50	43	4.00	46	4.50	50	5.00
日本	29	2.60	36	3.30	37	3.50	43	3.90	58	4.90

表 5-30　日本车中用铝情况　　单位：kg/辆

发动机排量	发动机	热交换器	转向器	车身	传动系	车轮	其他
1000	10～20	3～5	0.5～1	—	—	8～16	1.5～2
1000～1800	12～38	3～10	1～2	4～5	8～12	1～16	2～3
>1800	20～41	2～13	2～3	12～30	7～26	29～40	3～5

汽车用铝主要是通过铝合金的形式，一些车上采用了少量的铝基复合材料。表 5-31 所列是车用典型铝合金材料的性能及其应用领域。从铝合金零件看，以铸件为主（约占 70%），以变形加工件为辅（约占 30%）。

表 5-31　车用典型铝合金材料的性能及其应用领域

材　料		高硅铝合金	铝镁系合金		铝铜镁系合金		铝镁硅系合金	
		Al-120	5052	5183	2036	2008	6009	6013
性能	密度	2.7	2.7	2.7	2.7	2.7	2.7	2.7
	抗拉强度/MPa	3.5	1.9	2.9	3.4	2.5	2.6	3.2
	屈服强度/MPa	1.4	0.8	1.4	2.0	1.3	1.4	1.7
	延伸率/%	30	25	28	24	28	27	26～30
	硬度/HB	106	95	87	88	91	102	103
	比强度	9.1	9.0	9.1	9.0	9.0	9.1	9.1
用途		气缸体、曲轴箱、油泵壳	曲轴箱、气缸体、车轮、覆盖件		覆盖件、车轮、结构件		保险杠、结构件	

2. 废汽车中铝回收的必要性

由于铝在汽车中的用量越来越多，因此对于铝的再生非常有必要，下面就这问题做一简要概述。

报废汽车上的有些铝制零件，比如发电机的外壳，经清理翻新后可以直接再用，但多数只可能按材料形式回收。据美国铝业协会统计，目前全世界铝的回收率约 85%，有 90% 的汽车用铝来自回收的旧废料。生产 1t 新的铝锭要消耗能量 5090kcal（即 1.7 万度电），而再生铝锭每吨耗能 131 万千卡，只有新铝的 2.6%。同时回收再生铝锭生产时产生的 CO_2 量比生产新铝时小得多，所以从发展汽车的循环经济来看，铝的回收再生是符合要求的。随着汽车轻量化的发展可预见，轻合金的再生技术将成为 21 世纪世界性课题。

铝再生行业目前以日本、美国最为发达，1995 年日本生产二次铝锭 92 万吨，美国次之。日本国家标准 JIS（H119）根据铝合金废料的合金种类、新旧程度、形状、来源等将其分成 28 种，对二次合金的制造工艺和质量评定均有规定的要求。相比之下，国内金属再生行业还比较落后，近年来随着汽车铝合金铸造的发展以及市场竞争的加剧，已相继建立起现代化的二次铝锭的生产基地，引进了一批先进的设备。废旧铝料再生利用以及再生铝锭料的重要性将逐渐为人们所认识。

3. 报废汽车中铝的再生工艺

汽车上的废旧铝料经过拆卸之后，收集起来的铝料中常常带有其他有色金属、钢铁件以及其他非金属夹杂物，为满足废旧铝料便于入炉熔炼及保证再生合金化学成分符合技术要求，提高金属回收率，必须先对废旧铝料进行预处理。

(1) 废旧铝料的预处理 废旧铝料应分类分级堆放，以便为后续工作提供方便，如纯铝、变形铝合金、铸造铝合金、混合料等。

废件拆解：去除与铝料连接的钢铁件及其他有色金属件，经清洗、破碎、磁选、烘干等制成废铝备料。

废铝件压打成包：对于轻薄松散的片状废旧铝件如锁紧管、速度齿轮轴套以及铝屑等，用金屑打包液压机打压成包。钢芯铝绞线分离钢芯，铝线绕成卷。

(2) 废旧铝料的再生与利用

① 配料。根据废铝料的制备及质量状况，按照再生产品的技术要求，选用搭配并计算出各类料的用量，配料应考虑金属的氧化烧损程度。废铝料的物理规格及表面洁净度直接影响到再生成品质量及金属实收率，熔点较高及易氧化烧损的金属最好配制成中间合金加入。

② 再生成变形铝合金。变形铝合金经压力加工成形材，用废旧铝合金可生产的变形铝合金有 3003、3105、3004、3005、5050 等，其中主要是生产 3105 合金，另外也可生产 6063 合金等，选用一级或二级废旧铝料中的金屑铝或变形铝合金废料，为保证合金材料的化学成分符合技术要求及压力加工的顺利进行，最好配加部分铝锭。

③ 再生铸造铝合金。废旧铝料只有一小部分再生成变形铝合金，约 1/4 再生成炼钢用的脱氧剂，而大部分则生成铸造用的铝合金，主要是压铸用的铝合金。美国、日本等国家广泛应用的压铸铝合金 A380、ADC10 等，基本上是用废旧铝料再生的。目前国内广泛应用的压铸铝合金 Y112，依据原机械工业部压铸铝合金标准，可利用废旧铝再生。事实上已有一部分铸造铝合金是采用废旧铝料再生而制成。

a. 熔炼设备。熔炼废旧铝料设备多为火焰反射炉，一般为室状（卧室），分一室或二室，容量一般为 2～10t，也有更大的，还有共式火焰炉。燃料用烟煤、柴油、燃气或天然气。另外也可采用工频感应电炉，电力充足的地方最好用电炉。

b. 中间合金的配制。在铝合金中，一般为多元合金，常含有硅、铜、锰，有的含钛、铬、稀土等。一般将熔点较高或易氧化烧损的金属配制成熔点较低的中间金属使用，可使金属成分比较均匀，避免熔体过热而增加烧损及吸气量。配制的中间合金为 Al-10%Mn、Al-10%Mg、Al-10%Cu、Al-5%Ti、Al-5%Cr、Al-10%Re。紫铜薄料可直接入炉，电解铜块最好与其他金属配制成 1∶1 的中间合金。

c. 铸造铝合金的熔炼。由于汽车对压铸铝合金需求量的不断增加，采用废旧铝料再生成压铸铝合金 Y112、Y108 等是完全可行的。对含铁、锌、铅等杂质过高的废铝料，只能再生成铝锭作炼钢脱氧用。

d. 经计算配备的炉料过秤，分批加入充分预热的炉内。一般是先加铸锭或厚实的大块料，使之形成一定量的熔体，此时加热温度不能过高，待熔体中的铁件被捞出后，加热升温；再加薄片零碎料及车屑，入炉方法是将其压入熔体，以减少氧化烧损。熔体表面若有一定量的熔渣，需加熔剂精炼以去气、除渣。熔体加热到 800～850℃加硅加铜，硅块也应浸没于熔体中。最后加入铝锰中间合金及铝镁中间合金，一方面可减少氧化烧损，另一方面可降低熔体温度。熔体经充分搅拌后取样进行炉前分析，化学成分符合要求后浇注成锭，熔体的浇注温度控制在 750℃左右，在浇注过程中，炉体应加搅拌，以使成分比较均匀，模温为

150℃。再生铸造铝合金的工艺流程见图5-20。

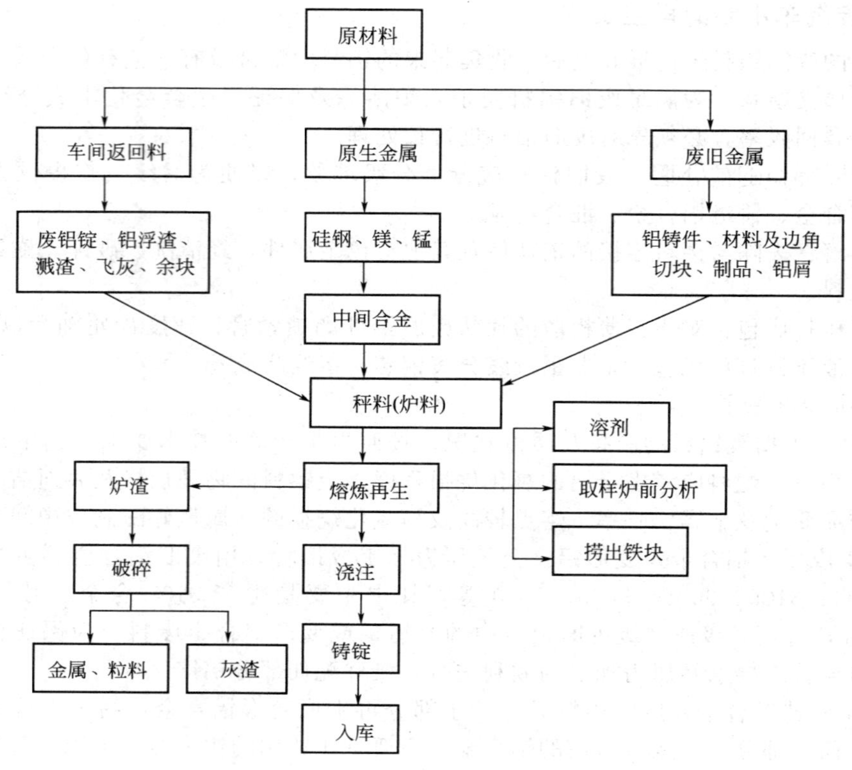

图5-20　再生铸造铝合金的工艺流程

精炼熔剂的加入量视炉渣量而定，形成的炉渣以粉状为佳，湿度应该合适。熔剂成分一般为50%Na_3AlF_6+25%KCl+25%NaCl，也可用氯化锌。

④ 炼钢脱氧用的杂铝锭的再生。从混合炉渣中回收出来的铝料含铁硅较高，有的废旧铝料的铁含量超过1%，锌超过2%，有的被氧化锈蚀严重，将这些料用来熔化成炼钢脱氧用杂铝锭。

⑤ 炉渣灰再生成硫酸铝或碱式氯化铝。炉渣灰中还含有一定量的金屑铝及三氧化二铝，经湿法浸出、过滤、浓缩、蒸发后再生成化工产品，可用于浑水澄清、配制灭火药剂、造纸工业工胶剂及印染工业的媒染剂等。

4. 先进的报废汽车上有色金属的回收方法

一般认为，最理想的有色金属回收方法是原零件的重新使用，这是一种以人工为主的回收方法，即人工分解汽车，然后将各种材料和零部件分类放置。这样，铝等合金零部件可按变形或铸造合金，或者按不同合金系进行回收再生。但是，目前工业发达国家用人工拆卸旧车已不再是唯一的方法，并且在逐年减少。原因有三：一是人工拆卸的费用高；二是拆卸下来的零部件直接利用性不大，特别是轿车更新换代很快，拆卸下的互换性不大；三是市场上对零部件的需求量很小。这样，经人工拆卸下的汽车零部件还需重熔回收，而拆卸费加重熔回收费促使总费用很高。

目前回收旧车上的材料，已从回收零部件的旧模式转向回收原材料的新模式，即从人工拆卸零部件转向机械化、半自动化回收原材料。现在已较多采用切碎机切碎旧车主体后再分别回收不同的原材料，方法如下。

① 将旧车内所有液态物质排放后用水冲洗干净。

② 先局部地将易拆卸下来的大件（车身板、车轮、底盘等）拆卸下来。

③ 将旧车拆卸下的大件和未拆卸的旧车剩余体，分别进入切碎机系统流水线，先压扁，然后在多刃旋转切碎装置上切成碎块。

④ 流水线对碎块进一步处理，其顺序是：全部碎块通过空气吸道，利用空气吸力吸走轻质塑料碎片；通过磁选机，吸走钢、铁碎块；通过悬浮装置，利用不同浓度的浮选介质分别选走密度不同的镁合金和铝合金；由于铅、锌和铜密度大，浮选方法不太适用，利用熔点不同分别熔化分离出铅和锌，最终余下来的是高熔点铜。

这种回收方法流程合理，成本相对来说不是很高，但对回收铝合金来说也并非完美无缺，最大的缺点是轿车上用的铝、镁合金居于不同的合金系，既有变形合金又有铸造合金，经破碎和浮选后，不能再进一步分离，成为不同合金的混合物，这就给随后重熔再生合金的化学成分和杂质元素控制带来相当大的困难，大多数情况下仅能作为重熔铸造合金使用，降低了使用价值和广泛性。

为了解决铝合金重熔回收后成分混杂、使用价值低的问题，汽车设计师和材料工作者分别在车上主要部件设计以及材料选用上进行了努力。另外，新的分离方法也在不断开发出来，如铝废料激光分离法、液化分离法等。下面是铝合金液化分离法的简要介绍。

5. 未来铝合金回收工艺与装置——铝合金液化分离装置

铝合金材料含量很高的汽车会大量使用铝板类材料，主要是为了减轻重量，铝质车身表面会有大量的油漆、涂料和黏结剂。当报废车被拆解之后，车身被粉碎以分离铝和其他材料，当废旧油漆车身被重镕时，车身上的油漆和黏结剂经高温热解可保证彻底分开，将去除油漆和涂料的废车身及铝制零件再分成不同种类的铝合金，有利于提高废旧铝料的回收价值。废旧铝料经机械切割、磁选再经液化分离装置，分离掉涂料和黏结剂中的大部分成分和大部分涂料和残渣，这时的废旧铝料用激光光学探测谱进行分类。

液化分离装置具有很高的热分解效率，高温去除附着在铝制车身上的有机涂料，温度必须在450℃以上，这种情况下得到的产品是气体、焦油类和炭类成分。气体蒸发后剩下的焦炭和焦油层通过分离器内部的氧化装置去除。

液化装置有一个可允许气体微粒通过的过滤装置，使用时，在液化层的铝沉积到底部，而其中的有机成分分解。选择合适的温度可保证有机材料的彻底分解而不熔化任何气体成分，传输过来的热量用于废旧铝料的分解之后，通过燃烧有机材料而散发出去，达到平衡。这种装置比现有的对流式热传输装置效率高5～10倍。

在液化分离装置中，废料通过旋转鼓搅拌，液化仓中残渣停留时间为2～15min，在液化仓内部，废料与仓中的溶解液混合，沙石等杂质被分离到砂石分离区，被废料带出的溶解液通过溶解液回收螺旋桨送回液化仓。氧化区与排气导管相连接，氧化那些游离的碳氧化物并防止液化仓底部物质损失。

使用该装置对涂料板材样品进行试验，条件550℃，时间10min，结果令人满意，净金属回收率达到98%以上。

五、汽车回收行业的环保问题

1. 汽车回收行业的污染及其危害

废旧汽车回收利用的宗旨之一是解决汽车发展带来的环境问题，但是汽车回收利用行业本身也有环境污染和潜在的危险因素。主要是在废旧汽车拆解过程中和拆解后的处理环节会产生各种污染物，如果污染物超浓度排放，不仅作业区的工人受到危害，而且会影响周围环境。

汽车回收行业产生的污染物主要分为以下三类。

① 固体废弃物，主要是对无法回收的塑料零部件，它如同包装行业产生的不能降解的塑料包装物一样，被称之为“白色污染”。掩埋法仍是汽车塑料零部件的主要处置方法，它不仅占用土地，而且使土壤质量下降，危害很大。

② 如果采用不当的焚烧处理，还会产生大量的有毒气体，造成严重的大气污染。

③ 造成水污染。包括由于润滑油、剩余燃料油、乳化油以及清洗零部件的除漆剂和清洗剂等造成的含油废水；蓄电池的废电解液造成的铅污染（含铅废水）和酸污染（含酸废水）等。

如果不加任何预防措施，上述气体的、液态的污染物经常滞留在工作环境中，有可能通过人的呼吸道、皮肤乃至消化道进入体内，对人体的健康造成危害。在通常情况下，这类危害往往是慢性的、远期的，具有致癌作用和引起遗传物质的致突变作用。

2. 汽车回收行业污染物的防治

对汽车回收过程中的固体废弃物的处置应该尽量少采取掩埋的方法，而尽可能地依靠科技方法加以回收。目前，最大的问题是车用塑料分类与回收。据估计，汽车用塑料重量已经占到汽车车重的11%～13%，而且车用塑料的种类又十分繁多。因此，最好的措施是在汽车设计、制造中减少车用塑料的品种，并优先选用容易回收的塑料材料，或选用与主体聚合物相容的聚合物材料，这些都是今后汽车“绿色设计”和“绿色制造”应该考虑的课题。

对于报废汽车上拆解下来的、实在无法回收的塑料零部件，用焚烧回收其能量当然是一个比较理想的办法，但对于如PVC之类焚烧后可能造成二次污染的塑料应严格控制在汽车上使用。因此，当务之急的课题是研制能在汽车上使用的、可生物降解的塑料新品种，从根本上解决汽车塑料废弃物所产生的“白色污染”问题。

与汽车回收行业有关的气体污染物都是由于车用塑料废弃物焚烧时产生的，如二氧化碳、一氧化碳、氰化物、二氧化硫、卤化氢等。对于这些有害、有毒气体的防治，应在焚烧炉及其系统设计时采取净化措施，主要方法如下。

① 冷凝法：依靠低温将空气中的有毒气体凝结成液体后从废空气中分离出来。

② 吸收法：用溶液或溶剂吸收焚烧炉所产生的有毒气体，使之与空气分离而被除去。

③ 吸附法：用多孔性的固体吸附剂（如活性炭）吸附有毒气体而使空气净化。

汽车回收行业的水污染类似于一般机械行业的情况，都是在作业过程中产生的。因此，可采取与机械行业类似的防治措施。

3. 废旧汽车中废渣的处理

对汽车回收过程中固体废弃物的处置应该尽量少采取掩埋的方法，而尽可能地依靠科技方法加以回收。目前世界上发达国家废旧车75%的材料基本上再生利用，而25%成为废渣而埋入土中。这些废渣的具体组成见表5-32。从表中可以看出在汽车废渣中树脂按体积和按质量分别占53%和27%，因此树脂的处理和再生应用成为重要的课题。下面介绍两个典型汽车零件材料回收利用的例子。

(1) 汽车保险杠的回收利用　目前轿车保险杠绝大部分为弹性体改性PP材料。外国1991年就开始研究开发汽车保险杠回收利用工作，回收利用方法目前已基本上定型并得到社会认可。废旧保险杠材料再生利用的关键是表面涂装物的除去技术。如不除掉涂装物，涂装微粒会对保险杠回收料的物理力学性能造成严重影响。如保险杠新材料的伸长率为

400%，但回收的材料由于涂料微粒的隔离作用，其伸长率只能达到84%。

表 5-32 汽车废渣主要成分

项目	树脂	橡胶	纤维	玻璃	其他
按质量/%	27	7	17	19	30
按体积/%	53	4	30	6	7

德国ISL公司和Umsicht研究所发明了废旧保险杠涂装物去除法并建立了一个试验性工厂，处理能力为2000t/a，去除涂装物的基本原理是用以碱性水溶液为基础的溶剂把保险杠表面的涂膜变软，然后在水中进行激烈搅拌来除掉漆膜。日本丰田汽车公司发明的保险杠去除涂膜的方法是在168℃、48MPa条件下水解90min之后，再在178℃、68MPa条件下水解45min，把漆膜物分子链降解，从而去掉涂膜。富士重工和三菱石化联合开发的方法是用不等速旋转机去除99%的涂膜。美国塑料工程学会于1999年授予ACI公司和Viston公司环保创新大奖，以表彰保险杠涂膜去除技术的发明。回收的聚烯烃弹性体和新料以20：100的比例混合之后再用于生产汽车保险杠，剥离下来的涂料可用作水泥窑的燃料。Viston公司1998年回收了450万个废旧保险杠，节约25万美元。

(2) 充分利用废渣　丰田汽车公司从1996年开始把占汽车废渣30%体积的纤维和聚氨酯发泡材料分离出来，然后加入适量的热塑性树脂来制造汽车地毯的衬里并用于新车上。三菱公司1997年开发出每小时处理700kg废渣能力的装置。首先把粉碎好的废渣加热到300～500℃，把PVC中的氯元素去掉之后加热到500～530℃，分离出气体、油质物和固体物。前两者用于燃料，固体物中有色金属分离后，余下的埋掉。

4. 废汽车的热解或焚烧处理

采用人工拆卸方法处理废汽车，虽然简单，但劳动强度很大，成本也不低。另外，废汽车中所含的油漆、塑料、橡胶等制品含有重金属和有毒有害有机物，这些废物大部分与金属制品黏附在一起，很难分离。因此，瑞士、日本等国家已经建造具有一定规模的废汽车焚烧厂。

废汽车经冲压后送入焚烧炉或热解炉内，控制适当温度和空气量，使废汽车中的有机物能够充分焚烧或热解而离开金属表面，同时也要保证金属尽可能不被氧化。如果是采用焚烧，则尾气必须得到有效处理，如果采用热解，其产生的燃气应该加以利用或处理。废汽车的焚烧和热解技术涉及大量专利，文献报道较少。

六、废旧汽车回收及处理的目标和展望

1. 汽车回收工程（产业）的发展战略目标

推行和发展汽车回收工程（产业）的战略目标是，使汽车工业的发展、汽车的运行以及回收利用等产业和环节的发展与社会可持续发展战略相适应，并逐步达到汽车、人类社会与自然和谐共处的理想境界。

为了达到上述目标，必须应用系统工程的思想和方法，研究汽车的设计、制造、运行使用和回收处理等各个环节的联系，研究各个环节与社会大环境之间的相互作用和联系，发展汽车循环经济，促进汽车产业的可持续发展。

2. 发展汽车回收工程与循环经济的基本原则

发展汽车回收工程与循环经济应遵循以下基本原则。

(1) 可持续发展原则　保证汽车产业的可持续发展应做到两点：一是保证整个产业的规

模与效益，没有一定的规模和适度的利润空间，就无法保证汽车回收与循环经济的正常运作；二是保证产业结构与企业机制具有相当的活力。

(2) 螺旋形推进原则　汽车回收工程和循环经济是一项复杂的系统工程。它的实施涉及社会、经济、技术等各个方面，不可能同时解决所有问题，必须统一规划，分步实施，主动推进，以点带面，螺旋形前进。简而言之，在每个阶段应抓住一点，积极突破，带动全局发展。

(3) 市场调节原则　所谓市场调节原则包括两层意思：一是在产业结构的确立和企业的配置上，应当依靠市场机制发挥市场调节的作用；二是整个产业的生存和发展，应当重视市场规律，不应当使整个产业成为社会的负担。

(4) 政府调控原则　从当前国内汽车回收与利用产业的发展现状和实情看来，政府在产业结构调整、企业配置和引导行业发展等方面，具有难以替代的作用。特别是在行业发展的初期，政府可以通过特许经营、示范工程、税收优惠等政策施加影响，保证行业的顺利发展。

3. 废旧汽车回收产业的企业体系

改革开放以来，由于沿海地区开放政策的倾斜，中国经济已形成梯级发展的格局，东、中、西部经济存在一定的落差。这种经济需求和消费的地域差异，形成了汽车消费明显的梯度。因此，旧车交易和以旧换新的汽车置换市场具有一定的生命力。新车在东部地区导入，最终在西部地区结束使用寿命，进入报废程序。废旧汽车回收产业体系的布局必须考虑这一社会现实，同时也应该考虑中央关于加强西部开发决策的因素。

目前，国内废旧汽车回收产业体系的企业主要由两个板块组成：一是原计划体制下形成的物资回收板块；二是改革条件下，由市场需求导向的自发形成的旧车交易、拆解企业板块。它们都有其存在、发展的合理性。但是，这种产业体系的结构，尚需国家产业政策和相关法规的指导，并迫切需要加强科学技术含量来提高产业素质和企业的生命力。今后可以在基层、中层和上层三个企业层面上对产业布局和企业经营活动进行引导。

(1) 基层企业　基层企业主要经营报废汽车的回收和拆解业务。基层企业分布应适应国内地域辽阔的特点，可根据市场需求设立并经营。基层的汽车拆解企业主要是依法进行汽车拆解和材料回收。

(2) 中层企业　这类企业主要从事汽车六大总成的再解体、翻修零配件以及一些材料的集中回收利用。他们应有较强的技术力量和一定的经营规模，以满足规模经济的需要。

(3) 上层企业　这类企业可以利用零配件生产厂和汽车制造厂的技术、设备，结合梯级利用，充分利用回收材料，降低新车生产成本。因此，这类企业应该是汽车生产企业集团的组成部分。

在上述三个层次的企业中，企业的配置和发展应当由市场来决定。如中层企业可在发展较快的基层企业中形成，也可以独立配置，这完全应由市场因素决定；上层企业的配置也应视汽车生产企业自身发展的程度决定。政府的职能是，在产业发育过程中，适时推出和执行积极的干预政策；维护竞争，反对非市场因素的垄断；对企业升级提供信息、技术和开发等方面的支持与协助。

4. 推行汽车回收工程和循环经济的战略步骤

汽车回收工程和循环经济的发展战略可按以下三个步骤进行。

(1) 近期战略任务　近期的战略任务是，进行法规、标准、市场、人才和产业结构等方面的探索和准备。主要包括：解决废旧汽车的报废问题，通过实施报废标准、相关法规和价格政策等手段规范市场行为；重点解决如轮胎等能形成规模量的消耗材料的回收利用问题；在政府的扶持下，进行产业体系探索，进行示范工程建设，积累运行经验；广泛开展相关标准的研究和制定工作，包括经营、评估人才等行业从业人员的培训等。

（2）中期战略任务　中期阶段的主要目标是，基本建立产业的企业体系结构，实施行业标准，以及确立政府调控机制。主要任务包括：建立以市场机制为主导的企业体系结构与灵活的企业机制；制订相关行业标准和建立实施与监督企业经营的机制；在行业标准的基础上，建立以法规、税收等为主要手段的行业管理体制，引导行业发展；对绿色设计、绿色制造及零配件的梯级利用等重大课题进行研究与发展（R&D）工作。

（3）远期战略任务　远期的战略任务是，实施绿色设计和零配件梯级利用，建立完善适应社会的汽车循环经济体系。主要包括：绿色设计与绿色制造的逐步实现；建立和完善零配件的梯级利用体系，推行梯级利用，在社会大系统的循环经济中，全面提高车用材料的综合回收利用率；促使废旧汽车回收业成为能够独立发展的成熟产业。

第八节　废电池回收与利用

一、概述

据统计 2010 年中国各类化学电池生产量达到 350 亿只，占世界电池总产量的 67.5%。由于电池内含有大量有害成分，如重金属、废酸、废碱等，当其未经妥善处置而进入环境后，会对环境及人体健康造成严重威胁。重金属是环境中持久性最强的物质，而且它们还能够与有机物发生反应而生成毒性更强的金属有机化合物，如金属有机甲基汞等。像上海这样一个 1400 万人口的城市年消耗各类电池约 1 亿多只，大部分排入垃圾中，填埋在城市周围的填埋场中，溶有重金属的渗滤液渗入地下或溢出，会污染土壤和水体，带来长久性的危害。同时，废电池作为资源存在的一种形式，其中仍含有大量的可再生资源，电池生产过程中消耗大量的锌、锰、铅、镉等金属，如果加以回收利用，在保护环境的同时又可以节省大量的宝贵资源。

如表 5-33、表 5-34 所示，国内蓄电池总产量约 14229×10^4kW·h，产值为 420 亿元左右，约占电池总产值的 35%。从中可以看出，废电池中仍含有大量的可再生物质，耗铅量达到 282 万吨/年，如果能够加以合理利用，将具有巨大的经济和社会效益。而另一方面，对废电池进行综合利用处理，可以解决其对环境的危害问题，具有良好的环境效益。因此，我国应该在大力推广环保电池生产的同时，提倡废电池分类收集，并且进行环境无害化的废电池综合利用技术。

表 5-33　中国蓄电池历年耗铅量

年份/年	2006	2007	2008	2009	2010	2011
电池产量/$\times10^4$kV·A	8500	8882	9077	12000	14000	14229
耗铅量/$\times10^4$t	188.89	197.38	202	235	280	282

表 5-34　中国年产生废锌锰干电池中金属物质的质量

名称	锰粉	锌皮	铜帽	铁皮	汞
质量/t	10200	38200	600	29600	2.48

电池的种类繁多，主要有锌-二氧化锰酸性电池、锌-二氧化锰碱性电池、镍镉充电电池、铅酸蓄电池、锂电池、氧化汞电池、氧化银电池、锌-空气纽扣电池等。

二、电池的种类与特性

每种电池都有许多不同的型号，其组成成分也有很大的不同。

1. 锌-二氧化锰酸性电池

这种电池一般被称为酸性电池。以固体锌筒作为阳极，二氧化锰作为阴极，电解液为氯化铵或氯化锌的水溶液，因此它是酸性的。其中各种元素的含量因生产厂家不同及电池种类不同而有很大区别。表 5-35 列出了酸性电池中各种元素的含量范围。

2. 锌-二氧化锰碱性电池

锌-二氧化锰碱性电池以粉末锌为阳极，二氧化锰为阴极，它的电解液是氢氧化钾，所以被称为碱性电池。表 5-36 列出了碱性电池中各种元素的含量范围。从表中可以看出酸性、碱性电池中含有汞、砷、铬、铅等有害元素。酸性、碱性电池造价低廉、工艺简单、使用方便，这是其他种类电池无法比拟的，在可预见的将来，仍然会是电池工业的支柱产品。汞作为锌负极的缓蚀剂，一直是酸性、碱性电池生产的主要添加剂。如果长期不能回收集中处理，任其乱扔乱丢，以每年几十亿只的数量年年积累下去，势必在全国各地造成一个个较大的汞污染源，对环境和社会带来的危害是可想而知的。近年来无汞锌粉已得到应用，因此使碱性电池变成一种绿色电池，同时，世界各国也关注碱性电池的可充性，美国一家公司已推出可充式碱性电池，正逐步实现产业化。目前国内也逐步对各类型电池中的汞含量范围作出规定，推广无汞电池的生产，努力从源头上对于电池的环境污染加以控制。但是中国拥有数目庞大的老式电池的生产厂家，短时间内很难完全做到无汞化，所以必须开展电池的分类收集及再生利用工作，以解决其环境污染问题。

表 5-35　锌锰酸性电池中元素的含量

元素	含量/(mg/kg)	元素	含量/(mg/kg)
As	3 ～ 236	Mn	120000 ～ 414000
Cr	69 ～ 677	Hg	3 ～ 4790
Cu	5 ～ 4539	Ni	13 ～ 595
In	3 ～ 101	Cl	9900 ～ 130000
Fe	34 ～ 307000	Sn	26 ～ 665
Pb	14 ～ 802	Zn	18000 ～ 387000

表 5-36　锌锰碱性电池中元素的含量

元素	含量/(mg/kg)	元素	含量/(mg/kg)
As	2 ～ 239	Mn	28800 ～ 460000
Cr	25 ～ 1335	Hg	118 ～ 8201
Cu	5 ～ 6739	Ni	13 ～ 4323
In	9 ～ 100	K	25600 ～ 56700
Fe	50 ～ 327300	Sn	26 ～ 665
Pb	16 ～ 58	Zn	18000 ～ 387000

3. 铅酸蓄电池

铅酸蓄电池以金属铅为阳极，氧化铅为阴极，以硫酸作为电解液，可以重复充电使用，主要用于汽车、铁路、军工等领域。随着国内汽车工业的发展，对蓄电池的需求将越来越大。由于铅酸蓄电池体积大，回收价值高，因此对其的回收在国内开展较早，目前可达

90%以上。但是在废铅酸蓄电池的回收冶炼过程中，采用反射炉冶炼铅，回收率一般为80%左右，同时整个回收工作处于一种无序状态，占主体的是个体专业户，他们将废蓄电池集中，解体后将酸液直接倒掉，然后将铅卖给再生铅厂/蓄电池厂，或者直接进行土炉冶炼，不但造成了金属铅的浪费，而且对环境造成了极大的危害。

4. 镍镉电池

镍镉电池的阳极为海绵状金属镉，阴极为氧化镍，电解液为 KOH 或 NaOH 的水溶液，其中阳极物质一般要加入一些活性物质，阳极和阴极物质分别填充在冲孔镀镍钢带上。镍镉电池的最大特点是可以充电，能够重复使用多次。表 5-37 为镍镉电池中各种元素的含量范围。

表 5-37 镍镉电池中的元素含量

元素	含量/(mg/kg)	元素	含量/(mg/kg)
Ni	116000～556000	K	13684～34824
Cd	11000～173147	pH 值	12.9～13.5

镉及其化合物均为有毒物质，对人体的心、肝、肾等器官的功能具有显著的危害，因此包括我国在内的许多国家在有关废水的排放标准中，对 Cd^{2+} 的排放浓度制定了严格的标准。虽然近几年镍氢电池、锂电池生产比重逐步增加，但是镍镉电池在我国的消耗量仍在增加。所以，在各类废电池的回收处理中，对镍镉电池的存在必须加以重视。

5. 氧化银电池

氧化银电池一般为纽扣电池，用于手表、计算器等便携式电器。这种电池由氧化银粉末作为阴极，含有饱和锌酸盐的氢氧化钠或氢氧化钾水溶液作为电解液，与汞混合的粉末状锌作为阳极，有时还在阴极加入二氧化锰。阳极中包括锌汞齐和溶解在电解液中的凝胶剂。锌汞齐中锌粉末的含量为 2%～15%。电池的壳一般由分层的铜、锡、不锈钢、镀镍钢或镍组成。表 5-38 给出了氧化银电池中的元素含量。

表 5-38 氧化银电池中的元素含量

元素	含量/(mg/kg)	元素	含量/(mg/kg)
Ag	37590～353600	Na	294～2250
Cu	40720～47110	K	19270～99350
Mn	13830～226000	Hg	629～20800
Ni	186～30460	pH 值	10.7～13.3

6. 锌-空气纽扣电池

锌-空气纽扣电池直接利用空气中的氧气产生电能。空气中的氧气通过扩散进入电池，然后用其作为阴极的反应物。阳极由疏松的锌粉末与电解液（有时需加胶结剂）混合而成。电解液是约 30%的氢氧化钾溶液。表 5-39 是锌-空气纽扣电池中各种元素的含量范围。

表 5-39 锌-空气纽扣电池中的元素含量

元素	含量/(mg/kg)	元素	含量/(mg/kg)
Zn	189200～825000	Mn	127～5634
Ni	47300～53670	Na	48～165
K	13980～37000	Hg	8225～42600

7. 氧化汞电池

氧化汞电池以锌粉或锌箔同5%～15%的汞混合作为阳极，氧化汞与石墨作为阴极，电解液是氢氧化钾或氢氧化钠溶液。有些品种用镉代替锌作为阳极用于一些特定的用途，如天然气和油井的数据记录，发动机和其他热源的遥测，报警系统。表 5-40 是氧化汞电池中各类元素的含量范围。

8. 镍氢电池

金属氢化物镍蓄电池（MH-Ni）与镍镉电池（Cd-Ni）有相似的结构和相同的工作电压（1.2V），但是由于采用稀土合金或钛镍合金等贮氢材料作为阳极活性物质，取代了致癌物质镉，不仅使这种电池成为一种绿色环保电池，而且使电池的比能量提高了近 40%，达到 60～80W·h/kg 和 210～240W·h/L。MH-Ni 电池 1988 年进入实用阶段，1990 年在日本即投入了大规模的生产，到 1999 年其产量达到 4 亿只。随着移动通信、笔记本电脑飞速发展，对高性能、无污染、小型化电池的需求越来越旺盛，MH-Ni 电池产业在发达国家发展迅猛，其逐步替代 Cd-Ni 电池是必然的趋势。目前 MH-Ni 电池性能不仅在普通功率方面优势明显，而且在高功率方面的优势也逐步显露，由于其在电动工具、电动汽车和军事方面良好的使用前景，各国对此技术的发展极为重视。首先是美国一家公司发展出容量为 2.2～2.4A·h 的 SC 型电池，进入电动工具市场，逐步取代 Cd-Ni 电池（SC 型 Cd-Ni 电池容量仅为 2.0A·h 以下）。同时日本一家公司开发出 6.5A·h 的高功率 MH-Ni 电池及电池组（388V）已用于丰田公司的实用型混合动力汽车。

表 5-40　氧化汞电池中的元素含量

元素	含量/(mg/kg)	元素	含量/(mg/kg)
Zn	8140～141000	Cd	1.4～30
Na	154～2020	K	11960～50350
Hg	229300～908000	pH 值	10.7～13.3

相对于发达国家，我国的 MH-Ni 电池产业是较为落后的，电池的技术水平和档次都相当低，其核心原料大都依靠进口。国内应该制定法规逐步减少有害电池的生产，大力发展 MH-Ni 电池工业。

9. 锂电池

锂电池是目前较新的一种电池，可以分为锂离子蓄电池和聚合物锂蓄电池两类。锂离子蓄电池由可使锂离子嵌入及脱嵌的碳阳极、可逆嵌锂的金属氧化物阴极（$LiCoO_2$、$LiNiO_2$ 或 $LiMnO_4$）和有机电解质构成，其工作电压为 3.6V，因此 1 个锂离子电池相当于 3 个 Cd-Ni 电池或 MH-Ni 电池。这种电池的比能量可以超过 100W·h/kg 和 280W·h/L，大大超过了 MH-Ni 电池的比能量。

聚合物锂蓄电池（也称为塑料锂蓄电池）是以金属锂为阳极，导电聚合物为电解质的新型电池，其比能量达到 170W·h/kg 和 350W·h/L。

1990 年日本 Sony 公司向世界发布了一条消息：一种工作电压高（3.6V）、比能量高（80～100W·h/kg）、循环寿命长（1000 次）、自放电率低（12%/月）、无记忆效应和无污染的新型锂离子蓄电池研制成功。这条消息在当时确实使国际电池界感到震惊。由于世界各国对军事电源及电子信息电源小型化的要求非常迫切，立即在世界范围内掀起了继 MH-Ni 电池之后的锂离子蓄电池研究和产业化热潮。1996 年日本锂电池的产量达到 1.2 亿只，销售额分别超过 Cd-Ni 电池和 MH-Ni 电池。锂离子蓄电池的主要应用市场是移动电话、笔记本电脑及摄影器材，在我国有极大的市场前景。

综上所述，不同种类的废电池其组成及含量差别很大，因此各类废电池对环境的危害程度也不同，应通过以下两种途径对废电池的危害加以控制。首先从源头减少污染的产生，大力推行无害化电池的研制与生产，如无汞碱性电池、MH-Ni 电池、锂电池；根据谁污染谁负责的原则，对有害电池收取污染治理费，从而逐步减少有害电池的生产。另一方面，加强废电池综合利用技术的研究，推行垃圾分类收集，尽早建立废电池综合回收公司。

10. 废电池危害

电池中含有的汞、镍、铅等重金属，若不经妥善处理，将造成持久的环境污染，如图 5-21 所示。垃圾采用填埋处理，电池中的重金属可能随渗滤液一起溶出，构成对地下水、土壤等的潜在污染；垃圾采用焚烧处理，则形成汞蒸气，同时可能催化二噁英、氯化氢等有害气体的生成，造成对大气的污染；堆肥处理时，可能导致堆肥产品中的重金属含量超标。

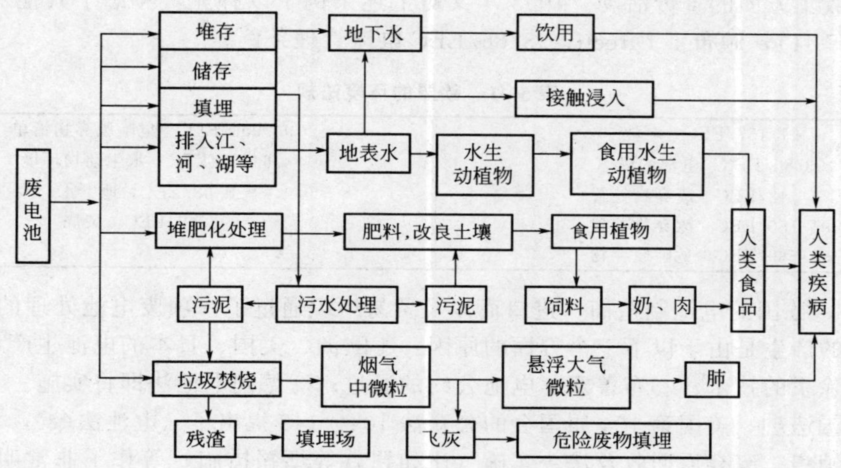

图 5-21　废电池中化学物质对环境和人体健康危害途径

重金属以单质或化合物形态进入人体，会对人体的某部分组织上的酶产生影响，改变酶的催化活性，从而产生病变或功能失调；或者直接作用于某器官，如使器官局部被腐蚀或肿胀等；而且，好多重金属致癌的危险性很大。不同的重金属有其不同的作用方式和毒性。

三、废电池的管理

1. 国内外有关的废电池管理法规

欧洲、美国等发达国家和地区从 20 世纪 80 年代初开始废电池处理方面的技术研究，80 年代中期，美国、欧洲和日本等国家和地区的电池生产商决定减少碱性锌锰电池中汞的含量，同时在布鲁塞尔达成电池条例。巴塞尔公约中也在关于危险废物的控制中对废电池进行了规定。

我国对废电池重视得较迟，因此在法规方面还没有对废电池管理进行明确的立法规定。1995 年的《中华人民共和国固体废物环境污染防治法》并没有把废电池列入危险废弃物的名单中，直到 1998 年，国家环保总局等部委才把废电池列入《国家危险废物名录》。1997 年 12 月 31 日，我国有关部委联合发布了《关于限制电池产品汞含量的规定》。

在国外法规中，美国和欧盟的法规最齐全，对电池生产、标签、流通以及处理作了详细的规定。

(1) 欧盟法规 1991 年欧盟实施了 Directive 91/157 电池管理条例《欧盟有关含有有毒物质的电池和蓄电池条例》，提出了对电池的环保要求，并对电池的标志、收集/处理、回收/再利用和信息进行了规定。规定中要求：减少电池中重金属的量、鼓励无毒或低毒电池的生产、鼓励对环境无害和安全的电池系统的研究，除扣式电池外，碱性锌锰电池的汞含量必须小于总质量的 0.025%；对除碱性锌锰电池外，每节电泡中的汞量超过 25mg、金属镉的浓度超过 0.025%（质量分数）的、铅浓度超过 0.4%（质量分数）的，碱锰电池类中汞浓度超过 0.025%的（质量分数）进行标记，标记中注名分类收集、回收、重金属的浓度；成员国必须采取措施，对废电池进行选择性收集，并要对有标记的电池单独处理，成员国有义务建立一个有效的、选择性强的回收系统，采用一种强制性的抵押金计划将会有助于该回收系统的实现；鼓励有关回收流程方面的研究；成员国必须采取措施，加大对消费者有关废电池危害和收集方面的宣传活动。1993 年又对上述条例予以补充，考虑了其他一些欧盟法规（详见表 5-41），颁布了 Directive93/86/EEC 电池管理条例。

表 5-41 欧盟的环境法规

91/157/EEC 电池	94/904/EEC 危险废弃物清单
93/86/EEC 电池的标志	76/464/EEC 水生动物环境
75/442/EEC 废弃物处置	80/68/EEC 地下水
91/156/EEC 废弃物处置	89/369/EEC 焚烧
91/689/EEC 危险废弃物	

1988 年，德国的电池制造商、进口商以及贸易组织通过了一项废电池处理的自律协议。该自律协议的产生是由于以下三个方面的原因：①欧洲、美国、日本的电池生产者正逐步研究电池中消除汞的技术；②布鲁塞尔电池公约的通过；③德国电池法即将实施。

(2) 美国法规 美国第 104 届国会的公众法 104—142 提出了《电池法令》，对电池的生产、标志、销售、废弃后回收及法令实施（比如罚款等惩罚措施）等作了非常明确的规定。该法规主要针对含汞电池和充电电池及法规规定的电池，具体内容包括对信息分布、执行、信息收集和获取、标志、装备以及限制销售电池类型等多方面的规定要求。另外，美国的各州又制定了各自的法规来进一步管理电池，如表 5-42 所列是缅因州对铅酸电池的规定。

表 5-42 缅因州对铅酸电池的规定

处置：
禁止会使废电池中的组分进入环境，或排放入大气，或排入水体的填埋、焚烧、堆积或随便倾倒废电池等方式
铅酸电池的零售商：
交换回收的铅酸电池的数量应至少与卖出的新电池数相等
如果在买铅酸电池时没有用旧电池交换，应对每个新电池收取 10 美元的押金
在电池上要有回收再生字样和一些注意事项
铅酸电池的批发商：
批发商在批发时，其交换得到的废电池数目应不少于批发出去的电池数
从零售商回收点处回收废铅酸电池时，允许批发商有一定的期限（不超过 90 天）
检查和执行：
环保部门应当制作、印发通知，还要强制执行对铅酸电池方面的规定，并检查所管理的地方、建筑和企业生产基地
违规者：
违规者将触犯民事法条例

注：摘自美国缅因州的 Maine Law。

从上述表中可以看出，欧洲和美国对废电池的管理非常重视，他们的法规相当完善，特别是美国。这些国家和地区对含汞电池和镉镍电池的要求很高，有些国家已限制生产含汞电池。比如日本，一次电池生产已完全实现了无汞化，也就是说一次电池对环保的影响已降至很小。

（3）国内管理法规　1997 年 12 月 31 日，国家环保总局等九部委联合发布了《关于限制电池产品汞含量的规定》，对含汞电池的进口、生产进行了一些限制。规定自 2001 年 1 月 1 日起，禁止在国内生产各类汞含量大于电池重量 0.025％的电池；从 2001 年 1 月 1 日起，凡进入国内市场销售的国内、外电池产品（含与用电器具配套的电池），在单体电池上均需标注汞含量（例如：用“低汞”或“无汞”说明），未标注汞含量的电池不准进入市场销售；自 2002 年 1 月 1 日起，禁止在国内市场经销汞含量大于电池重量 0.025％的电池。自 2005 年 1 月 1 日起，禁止在国内生产汞含量大于电池重量 0.0001％的碱性锰电池；自 2006 年 1 月 1 日起禁止销售该种电池。

2. 废电池的管理状况

（1）国内管理状况　废电池的管理要求电池在废弃后能得到无害化处置，减少对环境的污染。从一个产品的生命周期来说，对电池的管理应是对其在生产、流通、消费和被废弃后各个阶段的全程管理。欧盟、美国和日本很早就注意到废电池的问题，因此在废电池的管理方面做得较好，他们通过法规立法、民间组织宣传以及生产销售部门等多方面的合作，有效地对废电池进行了回收。

然而，由于起步较晚以及在技术上、经济上和管理上等多方面的原因，目前废电池管理存在不少问题。

缺乏具体的管理法规及实施细则，基本上是无法可依。没有强有力的法律法规作为保障，对废电池就无法进行长期有效的管理。1995 年我国颁布的《中华人民共和国固体废物污染环境防治法》提出了对固体废物，特别是危险废物进行减量化、资源化、无害化的防治原则和对这些废物的产生、排放、收集、运输、处理和处置进行全过程管理的原则。对于电池的生产者、进口商、废电池的产生者、运输者、收集者、综合利用者等都尚无明确、具体的要求。因而也就谈不上对废电池的有效管理。

管理体系不健全。没有一个完善的收集体系。国内大部分地区对于废电池的收集工作基本上是空白，少数的几个大城市如北京、上海等也存在回收点设置的数量不够和没有充分利用分销商来进行回收的问题。同时，到目前为止，没有建立一个专门的机构对废电池进行管理，而这将有可能导致整个废电池回收体系运作的混乱，也就无法对废电池进行全过程管理。

目前，已存在的一些废电池回收点都是企业或个人自发组织的，没有形成一条专业的回收、处理、利用、服务系统。据报道，1997 年 11 月起，北京市相继出现了许多废旧电池回收网点，并建立“有用垃圾回收中心”，上门服务，回收废旧电池。许多机关、企事业单位、社会团体、中小学生及居民也纷纷行动起来，参与废旧电池回收活动。但是，与上述情况不相适应的是，对废旧电池的处理、利用却很不够，目前存在的几个废电池处理公司却因为废电池的供应量不足而大伤脑筋。一些从事无汞干电池回收利用的厂家因原料不足、缺少扶植而难以为继。以北京为例，从 1998 年 5 月到 1999 年 5 月，共收回废旧干电池 14t，与全市同期消耗 3000t 相比，微乎其微。同样，上海市目前废旧干电池的回收率也还不到生产总量的 1/10。低回收率直接限制了处理规模的扩大和处理技术的提高，进而严重阻碍了废旧干电池回收利用的产业化进程。

运输、储存管理体系不完善。由于废电池属于危险固体废物，它的收集、运输和储存不善，将会出现对容器的腐蚀甚至发生爆炸的危险，因而在这个环节上存在较大的环境风险，需要建立相应的运输联单管理制度及储存管理制度，由专门的部门或运输公司对废电池的运输、储存做系统的运作、管理和监测，从而对安全性进行保障。

再生利用及环境无害化处理、处置管理体系不健全。目前对于废电池的处理很粗糙，许多工厂对废电池的处理只限于简单地剥去表层的锌壳，剩下的大部分含有毒金属的物质则因处理相对困难而无法进行，这样不仅会造成严重的资源浪费，还可能造成虽然实施了管理，但不能解决潜在环境污染问题，同时增大了环境污染风险，导致了严重的二次污染。对这一环节的管理亟待改进与加强，否则，其他各个环节的努力都将会白白浪费。

缺乏合理的管理运行机制。电池管理法规要发挥其应有的作用，就需要有政策、法规实施部门、监管部门之间的相互协调与合作，同时应具备有必要的管理设施和高素质的管理人员。而目前，废电池管理运行机制还未正式组建并运转起来。

缺乏先进的废电池再生利用、处理和处置技术也是目前遇到的问题之一。这是国内各大城市和世界其他国家所遇到的废电池处理的普遍问题，而这个问题在一定程度上制约着回收体系及其他各个环节的发展。没有成熟的技术，使得废电池的处理、处置无法带来预期的经济效益和环境效益，或者使得废电池处理的投资成本和运行成本太高，都将会使对废电池的管理失去作用。

公众缺乏对废电池管理有关知识的正确了解。人们对废电池产生许多不正确的认识，导致了不正确的行为。例如，没有认识到废电池的危害，对此置若罔闻，或者认为废电池与普通生活垃圾应同等对待，而将废电池随意丢弃；认为所有废电池都是危险品，都需作为危险品处理；认为所有废电池回收利用都将取得很大的经济效益，从而导致盲目建造一些回收利用处理设施，造成二次污染等。由此可见，促进公众对废电池管理及可能造成的环境危害的正确了解，激发公众参与废电池的回收管理，是实现废电池有效管理的必要环节。

（2）国外的管理模式　日本、德国、加拿大等国通过法律、法规的规定，积极开展废电池的回收工作。并且还有民间组织参与，配合废电池的回收。日本以限定电池生产厂家的回收率来达到回收的目的。日本电池协会提供的资料显示，目前日本国内 84％的电池都被回收（按销售重量比），回收的方式是在 2 万多家商店内派发回收纸盒、回收袋，并相应有抽奖旅游。

20 世纪 80 年代，日本政府采取了电池逐步脱汞的方针（见表 5-43，电池中的汞含量逐年下降），但由于当时铁、锌、锰价格疲软，导致回收成本过高，再生企业不积极，从而回收率前期停留在 10％的低水平。1993 年通过贯彻可持续发展方针，再生企业根据电池脱汞的实际情况，对再生技术作了一些改进，回收率提高到了 20％左右。

表 5-43　日本干电池流通量（亿只）和含汞量（t）的逐年变化

项目	1986 年		1987 年		1988 年		1989 年		1991 年	
	A	B	A	B	A	B	A	B	A	B
合计	18.84	44.0	20.40	44.0	21.28	36.0	20.76	34.0	21.90	27.0
汞含量	0.13	19.8	0.12	19.3	0.11	17.3	0.11	15.3	0.11	15.2

注：摘自《日本再生处理概要》，A 为干电池流通量，B 为含汞量。

另外，日本废电池回收宣传工作的做得非常好。在街上，不时可看到商店门口电池回收的广告牌。

在美国，对于铅酸电池，在购买时是要用就电池来换的，不然要交押金，在购买者送回废电池后，才拿回押金。对于随便抛弃铅酸废电池的要罚款，若屡犯或不服罚款的要对其进行民事起诉，还在全国范围建立了废电池回收再生组织——RBRC（Rechargeable Battery Recycling Corporation）。RBRC 建于 1994 年，是一个非盈利性的大众服务组织，主要回收利用充电电池，比如照明灯具电池、手机电池、手提电脑电池和可携式摄像机电池等。并教育指导充电电池生产者、销售者和使用者有关电池法规和如何回收利用等，对规定的电池要求贴标志，以便回收和利用，并推出了统一的标志。

德国在商店中设置电池回收箱，人们在购买新电池的同时将废电池投入回收箱；并且很早就实施了“循环经济法”，实行资源回收再生利用。德国目前对电池实施“从摇篮到坟墓”全过程管理模式，已做到废电池全部收集、分类处理和处置。德国政府在立法中明确规定：对于毒性大的铅酸蓄电池、含汞电池、锡镍电池必须回收再利用；对于所有的废电池必须优先考虑再生利用，对于不可再生利用的电池要根据废物管理法进行妥善处置；在电池的生产方面，要进一步降低电池的重金属含量，尤其要降低碱锰电池的汞含量，积极开发对环境危害小的新产品。

加拿大则是以旧换新，必须交回废电池，才可以购买到新电池。

据悉，联合国环境署正在全世界推广“生活周期经济”的新概念。它是将一个商品“从摇篮到坟墓”分为多个阶段，即原料获得、制造工艺、运输、销售、使用、维修、回收利用、最后处置等，在每个阶段，都必须加强环境管理。生产厂家和消费者都应对自己的行为负责，生产厂家在制订生产计划、开发新产品和回收废弃产品时必须考虑环境保护的要求，消费者在购买、使用和丢弃商品时也不能对环境造成危害，用这个概念来指导废电池的管理是非常合适的。

3. 管理组织形式及措施

(1) 管理原则　“三化原则”：即指对废电池的污染防治，也应采用减量化、资源化、无害化的指导思想和基本战略。

全过程管理原则：即指对废电池的产生、收集、运输、利用、储存、处理和处置的全部过程的各个环节，都实行控制管理和开展污染防治。

生产者义务原则：废电池环境管理与其他废物管理的不同之处在于生产部门有义务参与废电池的收集、环境无害化管理。

重点管理原则：由于废电池对于环境的影响因电池种类不同而差别很大，对其应依据分类进行有区别的管理。

集中处理、处置原则：即指分区域在全国建立几个集中的、较大规模的、技术先进的处理、处置场所，集中处理、处置，避免小规模、分散处置可能造成的不良后果。

(2) 管理组织形式

① 强制管理体系。在国家强制性管理体系中，废电池回收利用主要涉及国家、生产商、销售商、使用者和处置者几个环节。

国家是该项活动的主导者和实施者。它的职责是：制定与管理有关的强制性法规，包括直接管制、技术要求、环境标准等方面的政策；为废电池的回收提供所需的运行设施，包括收集、运输、处理设施和信息网络设施等；制定回收利用、技术改革的目标。

生产商和销售商是管理体系中的被动执行者。它们的义务是根据国家所制定的生产标准生产符合规定的电池，义务回收废电池，对使用者进行回收废电池的宣传教育，并为废电池的处理付费。此外，在采用抵押金制度销售电池的国家，销售商有义务执行该制度。

使用者是废电池的直接产生者，他们最大的义务是把使用后的废电池送回回收点。

处置者是回收利用最关键的一个环节。废电池是否能得到合适的处理、最大化的再利用都取决于此。因此，处置者的义务就是严格执行国家的相关规定，并对处置的产品负责。

② 国家指导性管理体系。在国家指导性管理体系，通常除了强制性管理体系中所提到的一些环节外，还存在一个比较特殊且关键的环节，即民间回收组织。

国家在该管理体系中，仅仅是该活动的倡导者。它也制定相关的规定，规定回收的目标计划，但与强制性管理体系的最大区别是这些规定都是指导性的，不带有强制性。此外，为了使废电池的回收利用较好地实行，国家还制定了一些鼓励性的引导措施。

生产商、销售商、使用者和处置者的职责与强制性管理体系中的大致相同。因为在指导性管理体系中，国家仅仅是该活动的倡导者，因此真正的实施者往往是由生产商、销售商自愿参加组成的民间组织。这些民间组织负责废电池回收活动中收集、运输、贮存、处置的几乎所有主要部分。在经济上代表组织成员的利益，在活动中还及时向政府部门汇报实施情况。

（3）管理措施　在一定管理原则基础上，针对废电池管理中存在的主要问题，相应管理措施如下：从电池生产者入手，开展废电池管理工作。电池生产者、使用者也是废电池的制造者，对于废电池的处理、处置负有重要责任。电池的生产者首先应对于含有危险废物的电池进行标识，推荐采用日本的颜色标识法，此种方法较为直观。同时还应不断改进产品，减少电池中重金属等有害成分的含量。另外，根据“污染者付费原则”，电池生产者和使用者应支付部分废电池的收集、运输、储存、处理、处置费用。

设立专门的管理机构进行专门管理，根据国内废电池的产生、管理现状以及废电池的发展趋势，并结合日本、欧美的做法，制定合理的符合实际情况的管理办法及具体的、可操作的管理实施细则。

建立完善废电池管理体系，包括废电池从产生到最终处置的各个环节，力求使管理全面、有效。

① 废电池的源头管理。废电池的管理应推行全生命周期管理原则。首先从生产源头控制。实施源头控制，从电池设计着手，延长电池使用寿命，不使用或少使用有毒重金属。欧美国家在这方面的做法很值得我们借鉴，这些国家对于电池生产商在生产过程中所排放出的物质如汞、镉的浓度等有着严格的环境标准进行限制，同时，对于生产的电池产品中所含的各类有毒重金属的含量也有严格的标准限制，超过标准的将禁止其产品的生产。1991 年欧盟在协调成员国有关电池的回收和处理的会议上指出，自 1991 年 1 月 1 日起，禁止汞含量超过 0.025％（质量分数）的柱形碱性电池生产，其他汞、镉、铅含量超过该标准的柱形电池和扣式电池必须标明回收标志。

其次，对废电池实施源头控制，尽快建立健全系统的废电池自愿及强制回收体系。自愿回收体系的建立，可以采用设立公共收集设施的办法，通过抵押金等手段来保证回收工作的顺利进行；建立强制回收体系，可以采用通过立法要求生产者、销售者收集其产品废弃物，另外，可以通过立法限制某些类别废电池的回收，如铅酸蓄电池，因危险废物名录中已明确指出是危险废物，所以对于随意丢弃废铅蓄电池的行为应给予一定的惩罚。

再次，从电池的发展上进行控制，鼓励企业和科研机构研制无毒或低毒“绿色电池”，并对“绿色电池”加以推广利用，从而使电池生产达到减量化和无害化。废电池的管理，对后续工作，具有重要意义。

② 废电池的收集管理。在收集这个环节上，一方面，通过政府颁布相应的电池法规，要求消费者将使用完的干电池、纽扣电池等各种类型的电池送交商店或废品回收站回收，商店和回收商必须在显眼处设立废电池回收箱，无条件地接受消费者送来的废电池，或者采用美国的那种制度，要求购买者必须要用旧电池换买新电池，否则要收押金，并对零售商和批发商的回收职责进行法律规定。另一方面，可采用奖励以旧换新的电池购买方式，激励使用者参与到废电池回收活动中来，对以旧换新的电池购买者给予一定价格上的优惠。废电池由市政部门、环保部门或有关公司定期派人收集，运送到废电池处理厂进行回收处理。

③ 废电池的运输、储存管理。在收运这个环节上，出于安全方面的考虑（因为废电池

在运输、储存过程，可能会因储装容器受废电池泄露液腐蚀造成泄露或爆炸等事故，从而造成环境污染），一般由专门的运输公司来负责废电池的运输。以日本为例，环保部委托Nittsu运输公司来负责运输，整个运输过程采用联单制度。由市政部将收集的废电池打包，然后与联单一起送到Nittsu公司在全日本范围内设置的回收处，通过船舶或卡车，Nittsu将废电池送至处理工厂。每份联单由六联组成，即A、B、C、D、E和F联。通过联单制度，废电池处理技术研究中心就能对废电池运输中的各个环节加以控制。

④ 废电池的资源化及环境无害化处置管理。对于大量废电池的处置措施，目前仍无具体法规规定及统一的认识，但从环境保护的角度来看，对废电池应采取分类有区别处理、处置的方式。其中的含汞、含铜、含铅废电池是应该加以重点回收的电池类别，以上种类的电池应受到生产与使用的控制，并进行再生利用或环境无害化处置。

除了上述需立即进行回收的电池以外，在日常使用中，大量的碱锰干电池、镍氢电池和锂离子电池等，原则上在没有统一回收体系条件下，是可以随生活垃圾而按普通废物加以处置的。如果建立了统一的回收体系，对于再生技术尚不完善或耗能、耗资较大的，建议采用集中危险废物填埋处理的办法，但最佳办法仍是采用合理技术进行再生利用。

在最终处理这个环节上，为了避免废电池处理带来二次污染，对废电池处理厂的空气质量要求和排放物浓度标准应作严格的限制，要求对于在规定内的物质浓度进行连续监测分析。

⑤ 财政经营管理。财政经营管理在废电池的回收处理系统中是非常重要的环节。废电池的收集、预处理、运输和终处理都是需要资金的。如果资金全由废电池处理厂商负担，肯定是要破产的。因此，合理地分配资金负担，也是废电池回收再利用系统的一个重要部分。鉴于谁污染谁治理的原则，生产者和消费者都要承担一定的资金负担份额。生产商应至少承担废电池预处理（收集后进行容器包装以及防泄露、防渗透保护）的费用，最终处理费用、收集费用和运输费用主要由回收处理公司承担，其中部分可由购买者承担。如果还有政府参与，可由政府负责运输费。

(4) 建立健全废电池环境无害化管理运行机制　应逐步建立起相应于管理体系各环节的管理法规执行及监管体系，以实现有效管理，保证有法可依，使废电池的管理处于有序的状态。

(5) 开发环境无害化处理、处置技术　废电池收集以后的出路在于环境无害化的处理、处置。而技术的先进程度直接影响着整个废电池管理工作的最终效果，因此，开发先进的废电池处理、处置技术极其重要。

四、废电池的综合利用技术

由于电池的种类繁多，因此对它们的处理方法有很大的差别，普遍采用的有单类别废电池的综合处理技术及混合废电池综合处理技术两大类。

对于单类别的废电池综合处理技术因电池种类不同而大不相同。

1. 废旧干电池的综合处理技术

废旧干电池的回收利用主要是要解决两个问题，首先是金属汞和其他有用物质的回收，其次是废气、废液、废渣的处理。目前，废旧干电池的回收利用技术主要有湿法和火法两种冶金处理方法。

(1) 湿法冶金过程　废干电池的湿法冶金回收过程中基于锌、二氧化锰等可溶于酸的原理，使锌-锰干电池中的锌、二氧化锰与酸作用生成可溶性盐而进入溶液，溶液经过净化后电解生产金属锌和电解二氧化锰，或生产化工产品（如立德粉、氧化锌等）、化肥等。所用方法有焙烧-浸出法和直接浸出法。

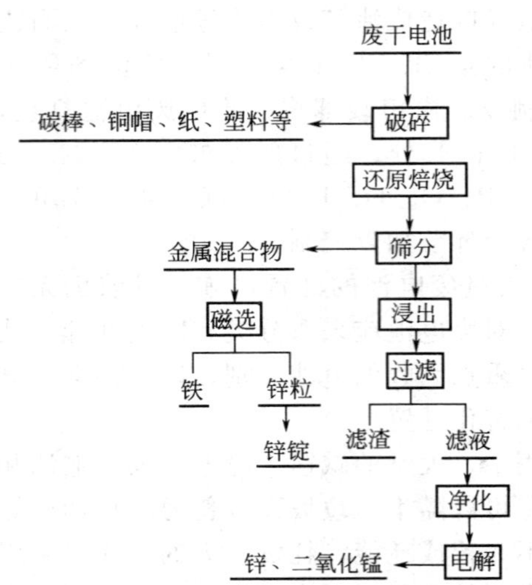

图 5-22　废干电池的还原焙烧-浸出法工艺流程

① 焙烧-浸出法。焙烧-浸出法是将废旧干电池机械切割，分选出炭棒、铜帽、塑料，并使电池内部的粉料和锌筒充分暴露（这是由于汞金属主要存在于浆糊纸与锌筒上，充分暴露有利于汞蒸气的蒸发）。然后在600℃的温度条件下，在真空焙烧炉中焙烧6～10h，使金属汞、NH_4Cl等挥发为气相，通过冷凝设备加以回收，尾气必须经过严格处理，使汞含量减至最低；焙烧产物经过粉磨后加以磁选、筛分可以得到铁皮和纯度较高的锌粒，筛出物用酸浸出（电池中的高价氧化锰在焙烧过程中被还原成低价氧化锰，易溶于酸），然后从浸出液中通过电解回收金属锌和二氧化锰。该法的原则流程图如图5-22所示。

日本富士电机工业公司将废干电池经过破碎去除金属壳和锌筒，在400～1000℃的炉内通入空气煅烧3～20h，燃烧可燃物（纸、碳棒、石墨、炭黑、塑料、浆糊等），煅烧后的产品经过粉磨后加以磁选，选出含铁75%的产品供给用户，余料用10～20mm的筛机筛选，得到纯度93%的锌粒。剩下的粉末中含32.6%Mn、28.1%Zn和Fe、Cu、Ni、Cd等杂质，将此粉末用20%的盐酸溶解，然后用氨水调pH=5，除铁、沉淀、过滤，澄清液用28%的氨水调到pH=9，并添加130g/L及粒度为4～10μm的二氧化锰在24h内混合，按照$MnCl_2+MnO_2+2H_2O \longrightarrow Mn_2O_3+H_2O+2HCl$的反应式沉淀锰，干燥后沉淀物含62%Mn、1.7%Zn以及Fe、Ni、Cu、Cd（微量）。沉淀后的溶液含Zn43.1g/L、NH_4^+ 92.5g/L、Cl^- 134g/L。

大内弘道将废电池焙烧除汞后的残渣（含锌30%～60%、锰23%～30%）在pH=1时用硫酸浸出其中的锌和锰，然后用NaHS中和，使95.4%的Zn以ZnS的形态进入沉淀，极少量的锰与锌共同沉淀，此沉淀用作冶金原料。

1984年由野村兴产公司伊藤木加矿业所在北海道开发成功含汞废物再生利用成套实验装置，并于1985年建成6000t/a再生装置。其工艺流程为：将干电池在回转炉中加热至600～800℃，使汞气化后送入冷凝器中冷凝为粉状，回收后经过蒸馏成为纯度为99.9%的汞成品。对回转炉出渣中含有的锌、锰、钾、铁等金属，先经过磁选机将锌、钾与铁、锰分离后分别作次要原料使用，此后还发表了以回收锌和二氧化锰为主的“焙烧-浸出-净化-锌、二氧化锰电解”的专利。

② 直接浸出法。直接浸出法是将废干电池破碎、筛分、洗涤后，直接用酸浸出干电池中的锌、锰等金属物质，经过过滤、滤液净化后，从中提取金属或生产化工产品。

湿法工艺种类较多，不同的工艺流程其产品也不同。图5-23～图5-25为制备立德粉、微肥以及锌和电解二氧化锰的工艺流程。

1991年，北京冶炼厂采用选矿处理锌锰干电池回收金属锌、铜、铁、二氧化锰和氯化铵，锌回收率达81.3%，铜回收率达85.5%，该工艺还成功地解决了氯化铵对设备的腐蚀问题，设备能够长期运转。

德国马格德堡的“湿处理”装置，用硫酸溶解除铅酸蓄电池以外的各类电池，然后用离子交换树脂从溶液中提取各种金属，能够提取出电池中95%的金属物质。

总体来讲湿法冶金流程过长，废气、废液、废渣难以处理，而且近年来逐步实现电池无

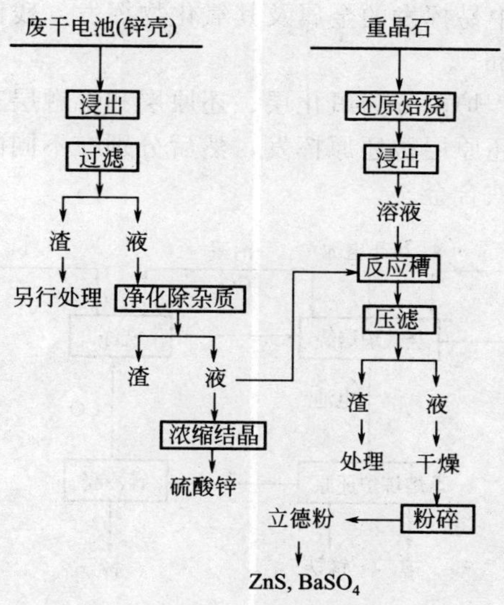

图 5-23　废干电池制备立德粉工艺流程

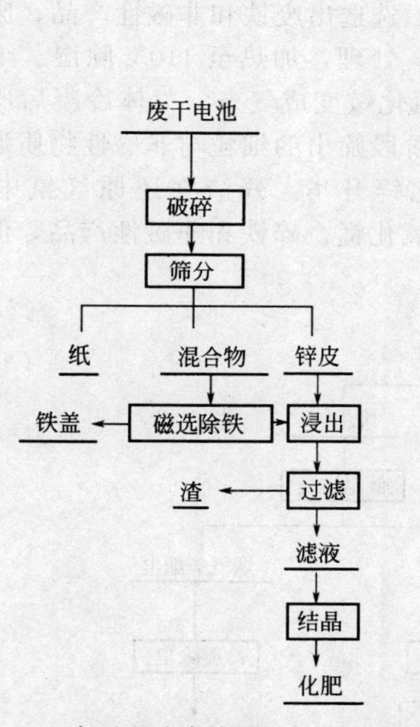

图 5-24　废干电池直接浸出法工艺流程

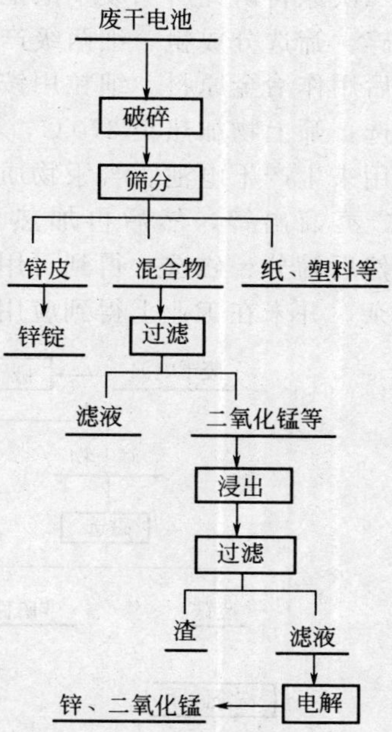

废干电池
破碎
筛分
锌皮
混合物
纸、塑料等
锌锭
过滤
滤液
二氧化锰等
浸出
过滤
渣
滤液
电解
锌、二氧化锰

图 5-25　废干电池制备锌、二氧化锰工艺流程

汞化，加上铁、锌、锰价格疲软，致使回收成本过高，所以湿法冶金回收废干电池逐步被减少使用。

(2) 火法冶金过程　火法冶金处理废干电池是在高温下使废干电池中的金属及其化合物氧化、还原、分解、挥发及冷凝的过程。火法又分为传统的常压冶金法和真空冶金法两类。常压冶金法所有作业均在大气中进行，而真空法则是在密闭的负压环境下进行。大多数专家认为火法是处理废干电池的最佳方法，对汞的处理回收最有效。

① 常压冶金法。目前，处理废干电池的传统的常压冶金法，其方法有二：一是在较低的温度下加热废干电池，先使汞挥发，然后在较高的温度下回收锌和其他重金属；二是将废

干电池在高温下焙烧，使其中易挥发的金属及其氧化物挥发，残留物作为冶金中间产物或另行处理。其原则流程见图 5-26。

用竖炉处理废干电池时，炉内分为氧化层、还原层和熔融层三部分，用焦炭加热。汞在氧化层被挥发，锌在高温的还原层被还原挥发，然后分别在不同的冷凝装置内回收，大部分的铁、锰在熔融层还原成锰铁合金。

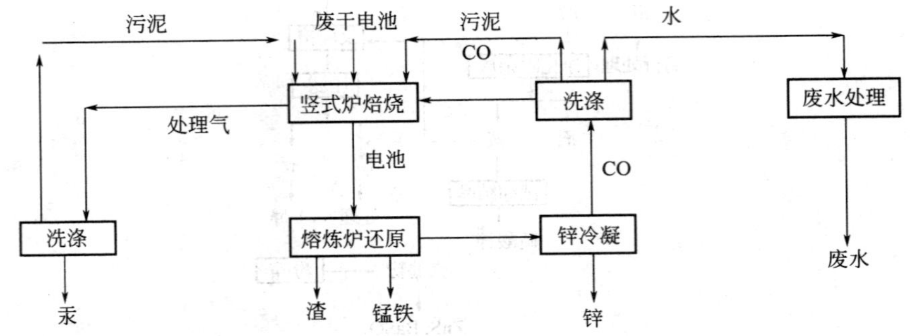

图 5-26 处理废干电池的常压冶金法的原则流程

日本二次原料研究所从废干电池中回收锌、铁、汞、二氧化锰等有价成分的工艺是：电池经过破碎、筛选分成粗、细两级产品后，粗粒进行磁选选出废铁和非磁性产品，废铁经过水洗除汞后用作冶金原料。细粒用铵盐、盐酸和 $CaCl_2$ 处理，加热至 110℃除湿。干燥后的物料再筛选，筛上物加热至 370℃，使汞、氯化汞、氯化铵变成气态，气体冷凝后所得产品可以重新用来生产干电池。含汞物质馏出后，将第一阶段筛出的细粒与非磁性物质混合，加热至 450℃蒸馏出锌，然后再加热至 800℃，使氯化锌升华。残渣在还原气氛中加热到 1000℃，然后筛分、磁选，得到可用于熔炼锰、铁的氧化锰、碎铁和非磁性产品，但是该工艺非常复杂，并未在工业上得到应用（图 5-27）。

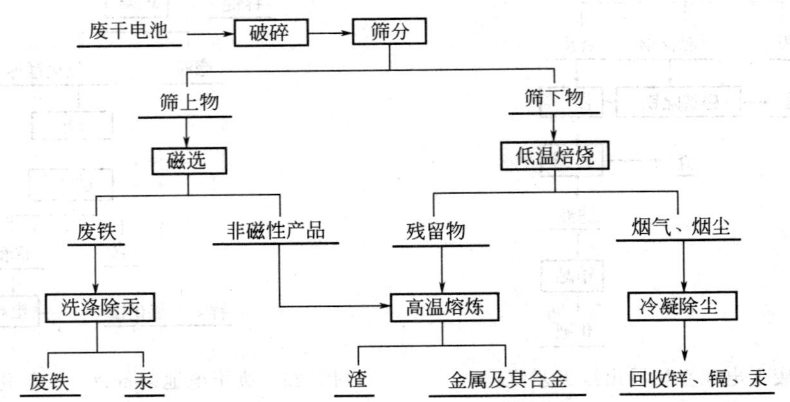

图 5-27 干电池处理工艺流程

日本 TDK 公司和野村兴产公司对废干电池再生工艺作了大胆改革，即不再回收单项金属而改为整体回收后作磁性材料。由于彩色电视机和变压器等使用的铁淦氧原料和干电池的主要成分很接近，故采取将废电池粉碎后，经过高温加热以去除杂质，并将金属元素氧化后即成为制造铁淦氧的原料。由于简化了分离工序致使回收成本大为降低，从而远低于铁淦氧原料的价格，大幅度提高了干电池再生利用的效益。

瑞士 Wimmis 废电池处理厂处理废干电池，产品为锰铁、锌、汞。首先进行有机物焙烧，分解温度为 300～700℃，然后在熔炼炉中 1500℃条件下进行金属氧化物的还原，其中

Fe、Mn 等金属熔化，Zn 等蒸馏分离出来，Zn 蒸气挥发进入冷凝器，得以冷凝、分离。

② 真空冶金法。由于处理废干电池常压冶金法的所有作业均在大气中进行，空气参与了作业，与湿法冶金方法同样有流程长、污染重、能源和原材料的消耗及生产成本高等缺点。因此，人们又研究出了真空法。真空法是基于组成废旧干电池的各组分在同一温度下具有不同的蒸气压，在真空中通过蒸发与冷凝，使其分别在不同的温度下相互分离，从而实现综合回收利用。蒸发时，蒸气压高的组分进入蒸气，蒸气压低的组分则留在残液或残渣内，冷凝时，蒸气在温度较低处凝结为液体或固体。

德国阿尔特公司将分拣出镍镉蓄电池后的废电池在真空中加热，其中的汞迅速蒸发并将其回收，然后将剩余原料磨碎，用磁体提取金属铁，再从余下的粉末中提取锌和锰。此法的加工成本低于掩埋废电池的费用。

三井茂夫等将使用过的废旧干电池在压强为 200mmHg 的真空中和约 300℃ 的温度下加热 2h，汞挥发进入烟气，烟气经冷凝回收汞和除尘，残留物含汞为原含量的 1/5000～1/2000，从而消除了汞对环境的危害。

虽然目前尚缺乏真空法处理废旧干电池的经济指标，但从粗锌精炼过程中的能耗（/吨精 Zn）[火法 $(6\sim10)\times10^6$kJ；电解法 3000～3500kW·h，即 $(10.8\sim12.6)\times10^6$kJ；真空法不大于 1000kW·h，即 3.6×10^6kJ] 可以间接看出，真空法的能耗必定低于其他方法，因此其成本也必然低。而且真空法的流程短，对环境的污染小，各有用成分的综合利用率高，具有较大的优越性，值得广泛推广。

2. 废旧镍镉电池的综合处理技术

概括镍镉电池的回收利用技术，可以分为湿法和火法两大类。表 5-44 和表 5-45 列出了关于火法、湿法回收的典型工艺。

表 5-44 镍镉电池综合处理技术的火法回收工艺

研究者	回收工艺	备注
H. Gunjishima 等	加热到 500℃，氢氧化物分解，有机物挥发，再加热到 900℃，非氧化气氛回收镉	日本专利 No. 04128324，1992 年 4 月 28 日
J. Sun 等	高温高压下煤还原，然后蒸馏回收镉	中国专利 No. 1063314，1992 年 8 月 5 日
Y. Sakata 等	由小型镍镉电池蒸馏回收镉	日本专利 No. 04371534，1992 年 12 月 24 日
H. Gunjishima 等	加热到 500℃，去掉有机相，再加热到 900℃，蒸馏回收镉	日本专利 No. 05247553，1993 年 9 月 2 日
H. Morrow	加热到 400℃去掉有机相，再加热到 900℃在还原性气氛下蒸馏回收镉，镍铁合金送到冶炼厂冶炼成不锈钢	瑞典 SaftNife 应用，Cd 的纯度可达 99.5%
J. David	加热到 400℃去掉有机相，再加热到 900℃在还原性气氛下蒸馏回收镉，镍铁合金送到冶炼厂冶炼成不锈钢	法国 SNAM 和 SAVAM 所用工艺
Sakata 等	加热到 900℃以上，蒸馏回收镉，剩余物质与铁水反应生成合金	
R. J. Delisle 等	加热到 1000℃回收镉，残余物质中的镍按常规方法处理	欧洲专利 No. 608098，1994 年 7 月 27 日

由表 5-44 可知，对于火法回收，基本上是利用了金属镉易挥发的性质。从各工艺温度条件可知，火法回收镉的温度范围为 900～1000℃。具体到镍的火法回收，有的不作处理，简单的方式是让其熔入铁水，否则要采用较高温度的电炉冶炼，但是火法回收的产品是 Fe-Ni 合金，没有实现镍的分离回收。由于电池中的镉、镍多以氢氧化物状态存在，加热时变成氧化物，故采取火法回收时，要加入炭粉作为还原剂。

从表 5-45 可以看出，对于湿法工艺的浸出阶段，大多数采取硫酸浸出，少数采取氨水浸出，而在实验条件下也有采用有机溶剂选择浸出的，采用氨水浸出，铁不参加反应，浸出剂易于回收，可以循环利用，无二次污染，硫酸虽然成本低，但是大量的铁参加反应，浸出剂消耗量大，其较难回收，二次污染严重。具体到 Ni^{2+}、Cd^{2+} 的分离，有电解沉积、沉淀析出、萃取以及置换等几种方式。

① 电解沉积，又叫电化学沉积。电化学沉积实验表明：Cd^{2+} 很容易电沉积，而此时 Ni^{2+}、H^+ 则未发生变化。但是随着 Cd^{2+} 浓度的降低，H_2 的生成是影响镉沉积效率的主要因素。因此电沉积方法的主要缺点是电解电流密度低，且需严格控制，当 Cd^{2+} 浓度低时，H_2 会大量生成，显然很难把 Cd^{2+} 浓度净化到很低水平，必须与其他方法配合使用，才能保证 Cd^{2+} 较完全地沉积。此外电解时电耗较高。

② 沉淀析出。关于镉的沉淀析出的方式有 $CdCO_3$、$Cd(OH)_2$、CdS 等。采用 $Cd(OH)_2$ 析出镉的前提是 Cd^{2+} 与 Ni^{2+} 分离，否则 $Ni(OH)_2$ 也随之析出。加碳酸盐析出 $CdCO_3$，证明为一种较好的 Cd^{2+}、Ni^{2+} 分离方式，该方法可以直接从含 Cd^{2+}、Ni^{2+} 的溶液中沉淀出 Cd^{2+}，而 Ni^{2+} 却不发生反应。然而，用 NH_4HCO_3 沉淀出 $CdCO_3$ 时，必须考虑溶液的 pH 值，即用硫酸浸出时 pH 值较低，一般为 1～2，而用 NH_4HCO_3 沉淀析出时，要将其 pH 值调整至 7 左右，目前一般采用稀释的方法，但此方法一来使溶液中 Ni^{2+}、Cd^{2+} 的浓度降低，二来使浸出液的体积成倍增长，这样浸出液也存在着环境污染的问题，即二次污染严重。另外，可将 H_2S 气体通入含 Ni^{2+}、Cd^{2+} 的溶液中，H_2S 与 Cd^{2+} 发生反应生成 CdS 沉淀析出，而 H_2S 与 Ni^{2+} 不发生反应，该方法的主要缺点是 H_2S 气体有毒。另外，Ni^{2+} 是否可生成 NiS 还需进一步加以分析验证。

表 5-45 镍镉电池综合处理技术的湿法回收工艺

研究者	回收工艺	备注
D. A. Wilson B. J. Wiegand	洗掉 KOH 电解液→加热到 500℃,1h,镉盐、镍盐分解,镉氧化成 CdO→加入 NH_4NO_3 浸出 Cd(Ni,Fe 不反应)→通入 CO_2,生成 $CdCO_3$ 沉淀→加热到 40～60℃,pH=4.5,抽真空→加 HNO_3 中和去碱,浸出剂循环使用	只有 94%Cd 浸出,Fe、Ni 未分离,加热设备投资大
H. Hamanasta 等	在加热条件下,硫酸浸出 Ni、Cd、Fe,pH=4.5～5,→加 NH_4HCO_3 沉淀出 $CdCO_3$→加 Na_2CO_3、NaOH 沉淀出 $Ni(OH)_2$	Ni、Cd 分离的好办法,但要保证 NH_4HCO_3 的质量
H. Reinhardt 等	滤除 KOH 电解液→用 $NH_4HCO_3+NH_3\cdot H_2O$ 浸出 Cd^{2+}、Ni^{2+}、Co^{2+}→空气氧化 Co^{2+} 为 Co^{3+}→加络合剂 Li_x64N 萃取 Ni→驱走 NH_3,$Cd(OH)_2$ 沉淀析出→加热到 100℃,1h,$Cd(OH)_3$ 沉淀析出	可回收 95%以上的 Ni,99%以上的 Cd,但络合剂成本高,连续处理设备投资大
T. Furuse	粉碎→筛分→H_2SO_4 浸出→电解沉积镉→加水稀释,用空气或氧化剂氧化,石灰中和使 pH=7→滤除铁→加 $CaCO_4$,冷却至室温,$NiSO_4$ 生成	镉纯度可达 99.75%,但电解电流密度不易控制,能耗高
L. Kanfmann 等	H_2SO_4 浸出 Ni、Cd 等→加入 40～100g/L NaCl→pH=2.5～4.5,温度 25～30℃,加铝粉置换 Cd→pH=2.1～2.4,温度为 55～60℃,加 NaCl120g/L,加铝置换 Ni	回收产品纯度低
N. E Barring	镍镉电池废料→60℃,pH=1.8,硫酸浸出→稀释,调整 pH 值,电解沉积 Cd→60℃,除铁→加 Na_2S,生成 CdS 沉淀→进一步回收镍	曾工业化应用

续表

研究者	回收工艺	备注
Dobos Gabor 等	HCl 浸出，然后分两步萃取回收	匈牙利专利
Pentek 等	H_2SO_4 浸出→加锌置换镉→加 NH_4HCO_3 析出 $ZnCO_3$、$Fe(OH)_3$ 等	纯度低
J. Agh 等	用有机物分两步选择浸出 Ni、Cd，最后分别得到氢氧化物	Hung 专利 No. 57837
X. Yu 等	煅烧得 CdO、NiO，然后选择浸出，分别得氢氧化物	中国专利 No. 1053092
X. Guo 等	H_2SO_4 浸出→电解沉积 Cd	中南工业大学
J. VanErkel 等	酸浸出→过滤→萃取 Cd→电解沉积 Cd→$Ni(OH)_2$ 析出	美国专利 No. 5407463
Alavi，Salami	压碎→磁选→磁性物质为铁镍混合物→其余物质溶于稀酸→选择性萃取	美国专利 No. 5377920
Xianghua. Kong	氨水浸出→驱氨，过滤后煅烧处理→然后二次氨浸→过滤分离，固体物质为氧化镍→液体驱氨后得氢氧化镉	回收产品纯度较高

③ 萃取。许多萃取剂可以在一定条件下用于萃取分离 Ni^{2+}、Cd^{2+}，已经在实验室中成功地用于 Ni^{2+}、Cd^{2+} 的分离，但此方法因成本高而无法实现工业化应用。

④ 置换。该方法主要根据金属元素化学活泼性的大小，利用活泼性大的物质置换活泼性小的物质。其缺点是置换所得物质的纯度较小。

日本关西催化剂化学公司处理镍镉电池的工艺流程为：①剥离电池表面被覆层；②在900～1200℃下进行氧化焙烧，使之分离为镍烧渣和氧化镉浓缩液；③镍烧渣作为钢铁冶炼原料使用；④氧化镉浓缩液经过浸出净化制成各种镉盐或金属外销。

另外日本再生中心用 650～1200℃间歇真空加热，使镉蒸发而和镍分离。

荷兰研究院（Dutch Research Institute，TNO）进行过镍镉废电池湿法冶金回收处理的深入研究，并于 1990 年进行了这一工艺的中试研究，图 5-28 为这一工艺的流程图。首先对废镍镉电池进行破碎和筛分，筛分物分为粗颗粒和细颗粒。粗颗粒主要为铁外壳以及塑料和纸。通过磁分离将粗颗粒分为铁和非铁两组分，然后分别用 6mol/L 的盐酸在 30～60℃温度下清洗，去除黏附的镉。清洗过的铁碎片可以直接出售给钢铁厂生产铁镍合金，而非铁碎片由于含有镉而需要作为危险废物进行处置。细颗粒则用粗颗粒的清洗液浸滤，约有 97% 的细颗粒和 99.5% 的镉被溶解在浸滤溶液中。过滤浸滤液，滤出主要为铁和镍的残渣。残渣约占废电池的 1%，作为危险废物进行处置。过滤后的浸滤液用溶剂萃取出所含的镉，含镉的萃取液用稀 HCl 再萃取，产生氯化镉溶液。将溶液的 pH 值调到 4，然后通过沉淀、过滤去除其中所含的铁，最终通过电解的方法回收镉，可以得到纯度为 99.8% 的金属镉。提取镉的浸滤液含有大量的铁和镍，铁可以通过氧化沉淀去除，然后用电解方法从浸出液中回收高纯度的镍。

美国 INMETCO 公司在 1260℃温度下用旋转炉处理各种已经破碎的镍镉电池，然后用水喷淋所收集的气体。水中的残渣除了含有大量的镉之外，还含有铅和锌，被送到镉的精炼工厂进一步提高纯度。炉中的铁镍残渣被送入埋弧电炉熔化以制取铁镍合金，这一产品可以卖给不锈钢工厂，而副产品无毒残渣可作为建筑用骨料出售。

法国 SNAM 公司 SAVAM 工厂进行镍镉电池处理。拆解工序主要是为工业镍镉蓄电池所设。工业镍镉蓄电池进入工厂后，首选拆掉其塑料外壳，倾倒出电解液并进行处理，以去

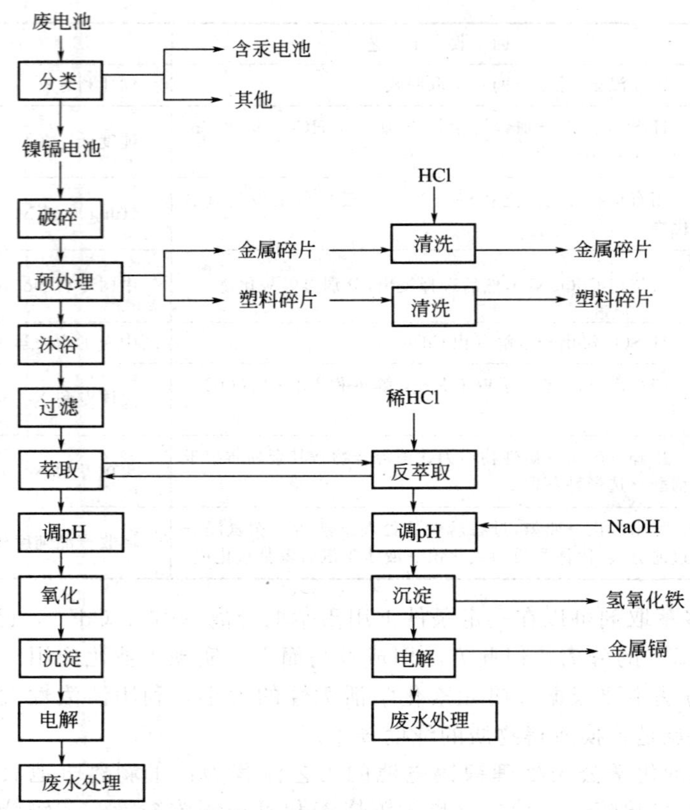

图 5-28　TNO 废镍镉电池处理流程

除其中所含的镉，然后再出售给电池制造商，接下来将电池中的镉阳极板和镍阴极板分离开来。这样材料与普通民用镍镉电池一起被分选成三类：含镉的废物，含镍但不含镉的废物和既不含镉也不含镍的废物。含镉的废物进入热解炉以去除有机物，剩下的金属废物进入蒸馏器。加热后的镉蒸气立即在蒸馏器中被冷却，以镉矿渣的形式回收镉。可以通过铸造的工艺提纯镉，经过提纯回收的镉纯度可达到 99.95%。剩下的铁镍废渣同含镍废料一起熔融，炼制铁镍合金，出售给不锈钢制造商。

瑞典 SAB NIFE 公司镍镉电池的回收工艺流程同 SAVAM 工厂的流程基本类似，工业镍镉电池被拆解、清洗、分类；民用密封镍镉电池则首先进行热解以去除有机物。然后将工业镍镉电池中的镉阳极板、民用密封镍镉电池的热解残渣同焦炭一起送入 900℃ 的电炉中，在这一温度下镉被蒸馏成气体，然后在喷淋水浴中形成小镉球。镉球纯度很高，可以直接出售。热解产生的废气经过焚烧和水洗排放，据介绍，SAB NIFE 具有每年回收 200t 镉的生产能力（约处理 1400t 镍镉电池），废气中镉的排放量低于每年 5kg，废水经处理后排放的镉总量低于每年 1kg。

3. 混合电池的综合处理技术

对于混合型废电池目前采用的主要技术为模块化处理方式。即首先对于所有电池进行破碎、筛分等预处理，然后全部电池按类别分选。国外对于混合废电池的处理技术不尽相同，混合电池的处理也采用火法或湿法、火法混合处理的方法。

废电池中的五种主要金属具有明显不同的沸点（表 5-46），因此，可以通过将废电池准确地加热到一定的温度，使所需分离的金属蒸发气化，然后再收集气体冷却。沸点高的金属通过较高的温度在熔融状态下回收。

表 5-46　回收金属的熔点和沸点　　　　单位：℃

金属	熔点	沸点	金属	熔点	沸点
汞	−38	357	镍	1453	2732
镉	321	765	铁	1535	2750
锌	420	907			

镉和汞沸点比较低，镉的沸点为765℃，而汞仅为357℃，因此均可通过火法冶金技术分离回收。通常先通过火法分离回收汞，然后通过湿法冶金回收余下的金属混合物。其中铁和镍一般作为铁镍合金回收。

瑞士 Recytec 公司利用火法和湿法结合的方法，处理不分拣的混合废电池，并分别回收其中的各种重金属，图 5-29 为处理流程图。首先，将混合废电池在600～650℃的负压条件下进行热处理。热处理产生的废气经过冷凝将其中的大部分组分转化成冷凝液。冷凝液经过离心分离分为三部分，即含有氯化铵的水，液态有机废物和废油以及汞和镉。废水用铝粉进行置换沉淀去除其中含有的微量汞后，通过蒸发进行回收。从冷凝装置出来的废气通过水洗后进行二次燃烧以去除其中的有机成分，然后通过活性炭吸附，最后排入大气。洗涤废水同样进行置换沉淀去除所含微量汞后排放。

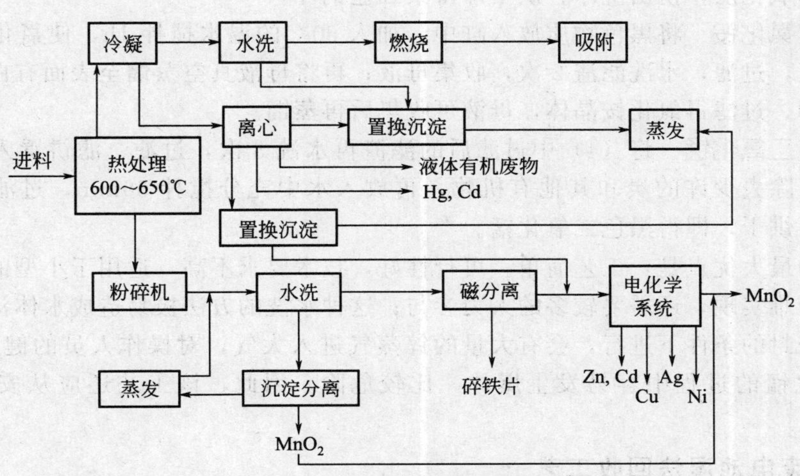

图 5-29　Recytec 废电池处理流程图

热处理剩下的固体物质首先要经过破碎，然后在室温至50℃的温度下水洗，这使得氧化锰在水中形成悬浮物，同时溶解锂盐、钠盐和钾盐。清洗水经过沉淀去除氧化锰（其中含有微量的锌、石墨和铁），然后经过蒸发、部分回收碱金属盐。废水进入其他过程处理，剩余固体通过磁选回收铁。最终的剩余固体进入被称为“Recytec™电化学系统和溶液”（Recytec™ Electrochemical Systems and Solutions）的工艺系统中。这些固体是混合废电池的富含金属部分，主要有锌、铜、镉、镍以及银等金属，还有微量的铁。在这一系统中，利用氟硼酸进行电解沉积，不同的金属用不同的电解沉积方法回收，每种方法都有它自己的运行参数。酸在整个系统中循环使用，沉渣用电化学处理以去除其中的氧化锰。

据介绍，整个过程没有二次废物产生，水和酸闭路循环，废电池组分的95%被回收，但是回收费用较高。澳大利亚 Voest-Alpine 工程公司处理混合废电池，混合废电池主要包括纽扣电池和柱形电池（碱性和非碱性电池、锌碳电池等）。首先进行分选，将废电池分为纽扣电池和柱形电池。纽扣电池进入650℃高温处理，汞被蒸发、冷凝并回收。剩余的残渣被溶解于硝酸，而其中不锈钢壳不溶解，可使其分离，然后加入盐酸沉淀出氯化银。氯化银用金属锌还原成金属银。过程中产生的废水用固定电解床去除所有的微量汞，然后中和排放。柱形电池首先被粉碎、筛分；通过磁选分离筛上物中的含铁碎片，剩下的是塑料和纸片；筛下物中主要含氧化锰、锌粉和炭，通过热处理去除其中的汞和锌。热处理残渣通过淋溶除去钠和钾，剩下的产物可用于生产电磁氧化物。所产生的废水同处理纽扣电池产生的废水合并处理。

4. 机械剥离

（1）分类　将回收的废旧电池砸烂，剥出锌壳和电池底铁，取出铜帽和石墨棒，余下的黑色物是作为电池芯的二氧化锰和氯化铵的混合物，将上述物质分别集中收集后，再分别对它们进行加工处理，即可得到一些有用物质。其石墨棒仅经水洗、烘干处理就可再作电极使用。

（2）制锌粒　将剥出的锌壳用热水洗净后，放入铸铁锅中，在上面盖一层石棉布，加热至熔化并保温静置2h，除去上层的浮渣，倒出冷却（可重复上述操作进一步除渣），以滴状慢慢倒在铁板上，待凝固后即得锌粒。

（3）回收铜片　将铜帽展平用热水洗净后，再加入一定量10%的硫酸煮沸30min，以除去其表面的氧化层，捞出洗净、烘干即得紫红色铜片。

（4）回收氯化铵　将黑色物质放入缸中，加入60℃的温水搅拌1h，使氯化铵全部溶解在水中，静置，过滤，水洗滤渣2次，收集母液；再将母液真空蒸馏至表面有白色晶体膜出现为止，冷却、过滤得氯化铵晶体，母液可收集后再蒸馏。

（5）回收二氧化锰　将（4）中过滤后的滤渣再水洗3次，过滤、滤饼置入锅中蒸干炒至无火星，以除去少许的炭和其他有机物，再放入水中充分搅拌30min，过滤，将滤饼于100～110℃下烘干，即得黑色二氧化锰。

该工艺的最大优点是：工艺简单，可行性好，技术要求不高，适用于小型的处理。缺点是：机械化较难实现，还需要较多的人力参与；这种水洗的方法极易造成水体污染；由于制锌粒不是在密封的条件下进行，会有大量的锌蒸气进入大气，对操作人员的健康造成影响；在制取二氧化锰的过程中容易发生爆炸，比较危险。因此，该工艺还应从安全方面加以改进。

5. 镉镍废电池湿法回收工艺

在对废电池中镍和镉的浸出热力学、动力学及浸出液中镉的回收进行研究的基础上，提出了选择性浸出镉的工艺，使镉和镍浸出时就实现分离。并在实验研究基础上，提出了一条如图5-30所示的处理工艺。在该工艺中，废电池脱壳后不经粉碎而直接水洗、焙烧和浸出的处理方法与传统的处理方法有较大的差异，但能大大降低极板不锈钢带中的铁在浸出时的溶解程度，使镉选择性浸出液中的铁离子浓度很低，易于除去。而在镉选择性浸出后，通过粗滤将钢带和泡沫镍与镍、钴渣分离开，从而避免了铁进入镍、钴浸出液中。因此回收镍、钴之前就不必再进行净化除铁操作，简化了工艺。

回收镍和钴的方法可以有多种。镍和钴可以不经分离，直接生产用于电池正极材料的含钴 $Ni(OH)_2$；或将浸出液浓缩结晶，制成含钴硫酸镍；也可以电解浸出液，以镍钴合金的形式回收镍和钴。如果需要单独的镍和钴的产品，可以用萃取剂P507萃取分离镍和钴，得到 $CoSO_4$ 和 $NiSO_4$ 溶液，然后可按需要生产各种镍和钴的产品。

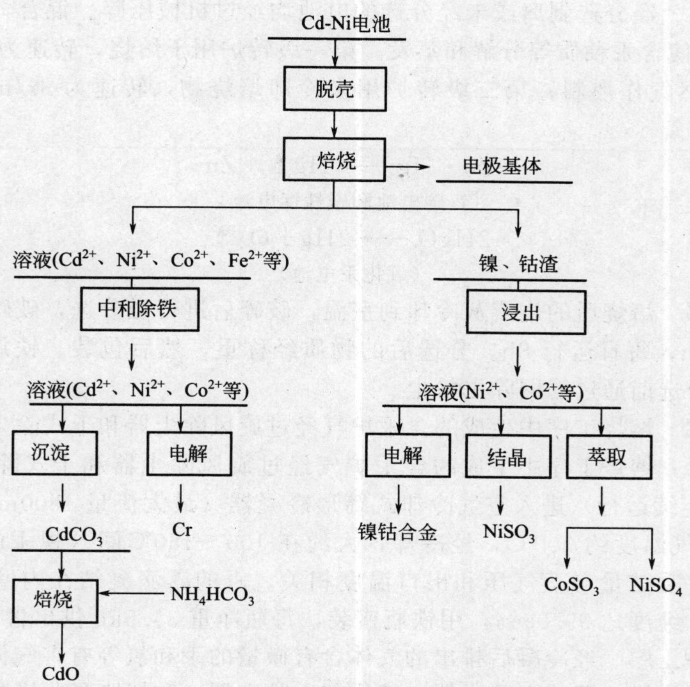

图 5-30　镉镍废电池湿法回收工艺流程

6. 日本含汞废物回收实验工厂工艺

日本国的清洁日本中心（CJC）于 1985 年在北海道常吕郡建成了一个从废电池中回收汞、锌、铁等金属的实验工厂，处理量为 20t/d 或 6000t/a，工艺流程如图 5-31 所示。

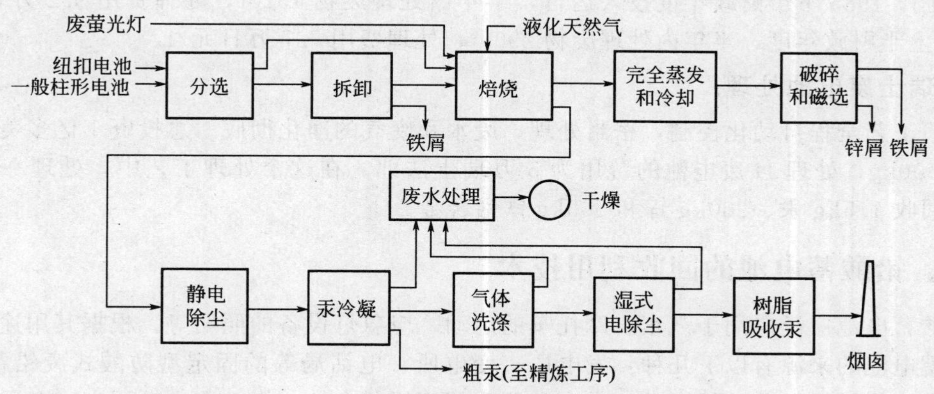

图 5-31　日本第一家含汞废物回收实验工厂工艺流程

(1) 分选工序　振动式电磁分选机（3.5t/h）根据不同形状、大小将废电池分为 5 种：R20、R14、R6 柱形电池，纽扣电池和方形电池，其中 R20 柱形电池将根据不同重量进一步分为锌碳电池和碱性锰电池。重量分选机共两路，每格分选能力为 160 只/min。这一工序中还要除去电池以外的杂物，在一定程度上尚需人工拣选。

(2) 剥离工序　分选出的有铁壳的 R20 型电池在这一工序中被装有液压夹钳的剥壳机剥开，该机能沿电池纵向一次剥离 10 只电池的铁壳，每小时剥离 3600 只。铁壳作为铁屑回收，回收率达 98%。

(3) 焙烧工序　经分选剥离或未经分选的电池均经过机械压碎、混合，然后进入焙烧炉加热到700℃左右使含汞釉质等分解和蒸发。第一级转炉用于熔烧，转速为1.5r/min，容量20t/d，用液化天然气作燃料；第二级转炉用来冷却焙烧物，转速为3r/min，容量20t/d。炉内反应式如下：

$$Zn \cdot Hg \longrightarrow Hg\uparrow + Zn$$

（锌碳电池和碱性锰电池）

$$2HgO \longrightarrow 2Hg + O_2\uparrow$$

（氧化汞电池）

(4) 磁选工序　焙烧后的烧成灰冷却到室温，破碎后进行磁分选，破碎机和磁选机的工作能力均为2.7t/h，每日运行8h。分选后的物质经称重，然后包装。铁屑回收率达94%，其余为锌屑。磁分选前通过滤网除去粉尘。

(5) 冷凝工序　熔烧工序中生成的含汞炉气经过旋风除尘器和干式除尘器。

(6) 冷凝工序　熔烧工序中生成的含汞炉气经过旋风除尘器和干式除尘器（最大流量1800m³/h，24h连续运行）进入空气冷却式蹄形冷凝器（最大流量1800m³/h，24h连续运行）。熔烧炉出口气温度约300℃，经冷却，大约在100～150℃间（视汞的蒸气浓度而变）汞蒸气开始凝结。凝结量与蒸气压和出口温度相关。汞的露滴凝结在内壁上，定时用水冲脱。粗汞经精炼，纯度达99.99%，用铁瓶盛装，每瓶净重34.5kg供出售。

(7) 气体处理工序　经冷凝后排出的气体含有微量的汞和氯等有害气体。在气体处理工序中，通过气体洗涤塔、湿式电除尘器（特雷尔电除雾器）和树脂吸收塔将这些有害气体去除和中和。这些装置24h连续运行，最大流量1890m³/h。

(8) 废水处理工序　冷凝过程和气体处理过程的废水在废水处理装置中加入汞稳定剂进行搅动并调整pH值，然后过滤。过滤水在干燥器内蒸发，余渣送回熔烧炉。废水处理后重复循环使用，废水处理能力2m³/d。

该工厂1985下半财政年度投入运行，半年内处理废物1520t，处理费用9.2万日元/t，到1987上半财政年度，半年内处理废物2909t，处理费用7.7万日元/t。

7. 瑞士废电池处理厂

该厂工艺全程自动化控制，密封处理，废水和废气的净化彻底。总投资1亿多美元，每天处理500kg，处理1t废电池的费用为5万瑞士法郎。在这个处理工艺中，处理一吨废电池，可回收1.5kg汞、200kg锌和500kg铁锰合金。

五、铅酸蓄电池的回收利用技术

铅酸蓄电池广泛应用于汽车、摩托车的启动，应急灯设备的照明等。根据其用途可以确定废铅蓄电池的来源有以下几种：发电厂、变电所、电话局等的固定型防酸式废铅蓄电池；各种汽车、拖拉机、柴油机启动、点火和照明用废铅蓄电池；由叉车、矿用车、起重车等作为备用电源用的废铅蓄电池；铁路客车上作为动力牵引及照明电源用废铅蓄电池；内燃机车的启动和照明、摩托车启动和照明、点火及一些其他用途的废铅蓄电池。其中用于电站、发电厂等的铅蓄电池废品分布相对集中，因此收集容易；铁路客车、内燃机车、矿车用铅蓄电池废品也相对容易集中；而普通汽车、拖拉机、柴油机以及照明用铅蓄电池废品相对分散。以上各种铅蓄电池中，数量最大的为汽车用铅蓄电池。我国的铅蓄电池年产量近3000万千瓦时。普遍应用的汽车用铅蓄电池的寿命为1～2年。按全国废铅酸蓄电池的年产生量2500万只左右计，其中废铅量大约为30万吨，其组成见表5-47。

铅酸蓄电池的回收利用主要以废铅的再生利用为主，还包括废酸以及塑料壳体的利用。

由于铅酸蓄电池体积大，易回收，目前，国内废铅酸蓄电池的金属回收率达到80%～85%，远高于其他种类的废电池。

表 5-47　汽车用废蓄电池与牵引用废蓄电池组分对比

可回收材料	质量/kg		可回收材料	质量/kg	
	汽车用	牵引用		汽车用	牵引用
铅	8.4	262.7	铁		58.4
塑料	1.1	35.4	铜		1.7
电解液	3.8	83.5	总质量	13.3	441.7

1. 废铅蓄电池的组成

构成铅蓄电池的主要部件是正负极板、电解液、隔板和电池槽，此外还有一些零件如端子、连接条和排气栓等。废铅蓄电池的组成成分见表5-48和表5-49。从废铅蓄电池的组成可以看出，其中含有大量的金属铅、锑等。铅的存在形态主要有溶解态、金属态、氧化态，可以通过冶炼过程将其提取再生利用。

表 5-48　废铅蓄电池铅膏的成分　　单位：%

成分	$Pb_{总}$	Pb	S	$PbSO_4$	PbO	Sb	FeO	CaO
含量	72	5	5	42.1	38	2.2	0.75	0.88

表 5-49　电解液中的金属成分

金属	铅粒	溶解铅	砷	锑	锌	锡	钙	铁
浓度/(mg/L)	60～240	1～6	1～6	20～175	1～13.5	1～6	5～20	20～150

2. 废铅蓄电池的资源化管理状况

铅酸蓄电池与其他小型电池不同，具有体积大、易收集、资源化价值高、再生利用处理技术较为成熟等特点。世界发达国家都十分重视含铅废料的回收，再生铅产量已超过原生铅的产量。据统计，1996年世界再生铅产量为262.2万吨，占精炼铅产量的48%，1998年世界再生铅产量为294.6万吨，占精炼铅产量的59.8%。再生铅工业主要分布在北美洲、欧洲和亚洲，尤其是美国、英国、法国、德国、日本、加拿大、意大利、西班牙等国。美国1996年再生铅产量占总铅产量的74.5%，德国、法国、瑞典、意大利等国家一直保持在95%以上。

3. 收集流通方式

在西方国家及地区，废蓄电池有三个主要收集途径：一是蓄电池制造商负责通过其零售网络组织收集；二是废料商（主要为汽车拆解厂）从各种可能的途径收集废蓄电池，再卖给再生铅厂；三是通过建立的废铅蓄电池回收公司收购再交给定点的再生铅厂。以美国为例，美国的流通模式有两种。第一种是以旧换新，当顾客去蓄电池专营店里买新电池时，须无偿交旧电池。蓄电池厂在给零售商配送新电池时，同时收回旧电池，送去再生铅厂。蓄电池厂付加工费给再生铅厂，再生铅厂不买旧电池，也不出售铅产品，形成一种闭路循环链。第二种是再生铅厂通过废料商（主要为汽车拆解厂）从市场上买旧蓄电池。废料商的废电池来自于报废车解体厂等途径，属开放式回收链。实践证明，只要有合适的法律法规保证，这几种回收模式同样有效，在一些发达国家已取得了令人满意的效果。

目前国内从事再生铅废料收集的部门有：供销系统的物资回收公司、物资系统的物资再生利用公司、再生铅生产厂家、蓄电池行业、大量的集体、个体废旧收购者。其中主体是个体户，他们不仅零星收集废铅蓄电池，还会从有关回收单位收购，然后经解体或不解体卖给再生铅厂或蓄电池厂。

4. 运输方式

废铅蓄电池属于危险废物，各国对其管理都进行了法律约束，发达国家一般实行转移联单制度。运输由专门的许可运输单位实施，我国目前也在某些试点城市逐步实施转移联单管理。各国为促进废铅蓄电池的再生利用采取了一系列的管理政策及手段。

规定特殊标志：欧盟关于铅酸蓄电池的 91/157/EEC 导则中，规定含铅超过 0.4%的蓄电池必须标有国际通用环形回收标志，并单独收集。

环保标准日益严格：以美国为例，再生铅厂从 20 世纪 60 年代的 60 家减少到现在的 4 家，最主要的原因是排放“三废”的控制标准日益严格，许多厂家都因为铅尘、二氧化硫、水污染严重，职工劳保措施不能达到标准要求，政府征收高额超标费用而倒闭。

征收环保税：瑞典、意大利政府对于所有蓄电池销售征收环保税以补贴再生铅回收过程中不赚钱的环节，并教育公众废铅酸蓄电池必须回收，使废铅酸蓄电池的收集率一直保持在 100%左右。

抵押金制：欧共体 91/157/EEC 导则和德国的法规中均规定消费者有义务把废铅酸蓄电池交给零售商和公共收集站，实行买新电池先付押金，废铅酸蓄电池换取新电池时退回押金，否则扣掉押金的办法管理。

以旧换新：美国再生铅收集的主要方式，是由销售蓄电池的营业部在销售新蓄电池时收购废铅酸蓄电池并将其提供给再生铅生产厂。若政府部门发现有随意抛弃和处理废铅酸蓄电池的现象，则处以 200 美元罚金，还要将附近土壤取样化验，直至土壤被净化。

5. 废铅酸蓄电池的回收利用技术

铅酸电池的回收利用主要以废铅再生利用为主，还包括对于废酸以及塑料壳体的利用。在发达国家，废铅酸蓄电池预处理技术主要采用机械破碎分选，并进行脱硫等预处理，其具有代表性的有两种，即意大利 Engitec 公司开发的 CX 破碎分选系统和美国 M. A 公司开发的 M. A 破碎分选系统。主要采用回转短窑冶炼，也有采用鼓风炉、回转短窑联合冶炼流程。其中短窑因密闭性好，热利用率高而在国外先进工艺中普遍采用。脱硫技术主要采用 Na_2CO_3、NH_4HCO_3、NaOH 脱硫，效果均好。

发达国家再生铅企业最低规模都在 2 万吨/年以上（日本），西欧、美国多数国家的再生铅企业生产规模都在 10 万吨/年以上。企业的规模扩大，有利于进行规范的管理，同时，一定程度上保证了其处理技术的先进程度。

在发展中国家，大部分只是进行手工解体、去壳倒酸等简单的预处理分解，一般采用小型反射炉及土炉较多。铅酸电池的回收利用主要以废铅的再生利用为主，好的铅合金板栅经清洗后可直接回用，可供蓄电池的维修使用。其余的板栅主要由再生铅处理厂对其进行处理利用。再生铅业主要采用火法和湿法及固相电解三种处理技术。

(1) 火法冶金工艺　火法冶金工艺又分为无预处理混炼、无预处理单独冶炼和预处理单独冶炼三种工艺。

无预处理混炼就是将废铅蓄电池经去壳倒酸等简单处理后，进行火法混合冶炼，得到铅锑合金。该工艺金属回收率平均为 85%～90%，废酸、塑料及锑等元素未合理利用，污染严重。无预处理单独冶炼就是废蓄电池经破碎分选后分出金属部分和铅膏部分，二者分别进行火法冶炼，得到铅锑合金和精铅，该工艺回收率平均水平为 90%～95%，污染控制较第一类工艺有较大改善。

经过预处理单独冶炼工艺就是废蓄电池经破碎分选后分出金属部分和铅膏部分，铅膏部分脱硫转化，然后二者再分别进行火法冶炼，得到铅锑合金和软铅，该工艺金属回收率平均为95%以上，如德国的布劳巴赫厂其回收率可达98.5%。火法处理又可以采取不同的熔炼设备，其中普通反射炉、水套炉、鼓风炉和冲天炉等熔炼的技术落后，金属回收率低，能耗高，污染严重。国内有大量采用此工艺的处理厂生产规模小而分散，污染严重。

我国在“八五”期间，曾对无污染再生铅技术进行科技攻关，掌握了先进的再生铅生产技术，并建成了三个无污染再生铅示范厂。这些先进的再生铅示范厂采用M.A破碎分选技术，但在脱硫方案及脱硫剂选择、短窑冶炼技术条件、燃烧技术、加料系统等方面做了较大修改，使之更加适合我国国情。经过改进的新工艺投产后环境监测部门对废气、废水、噪声和固体废物进行了全面监测，各项监测结果均达到了国家标准；其各种技术指标经工业实践证明，均达到国外先进水平：金属回收率达到98%；破碎分选各组分互含率为0.5%，意大利CX破碎分选系统的互含率为0.8%；采用碳酸氢铵脱硫，成本较Na_2CO_3及NaOH低，脱硫后物料含S<0.5%，国外先进水平为0.8%；能耗为300kg标煤/吨铅，与国外先进水平相同；渣含铅<0.3%，国外先进水平约为2.5%。

(2) 固相电解还原工艺　固相电解还原是一种新型炼铅工艺方法，采用此方法金属铅的回收率比传统炉火熔炼法高出10%左右，生产规模可视回收量多少决定，可大可小，因此便于推广，对于供电资源丰富的地区，就更容易推广。该工艺机理是把各种铅的化合物放置在阴极上进行电解，正离子型铅离子得到电子被还原成金属铅。其设备采用立式电极电解装置，工艺流程为：废铅污泥→固相电解→熔化铸锭→金属铅。每生产一吨铅耗电约700kW·h，回收率可达95%以上，回收铅的纯度可达99.95%，产品成本大大低于直接利用矿石冶炼铅的成本。

(3) 湿法冶炼工艺　采用湿法冶炼工艺，可使用铅泥、铅尘等生产含铅化工产品，如三碱式硫酸铅、二碱式亚硫酸铅、红丹、黄丹和硬脂酸铅等，可在化工和加工行业得到应用，其工艺简单，容易操作，没有环境污染，可以取得较好的经济效益。工艺流程为：铅泥→转化→溶解沉淀→化学合成→含铅产品。据介绍该工艺的回收率在95%以上，其废水经处理后含铅小于0.001mg/L，符合排放标准。全湿法处理，产品可以是精铅、铅锑合金、铅化合物等，该类工艺处于半工业化试验或研究阶段，无工业生产报道，从研究情况看，该工艺回收率高，完全消除了火法造成的污染，综合利用水平高。

6. 废酸的集中处理

废酸经集中处理可用作多种用途，具有回收工艺简单、用途广泛等特点。其主要用途有：回收的废酸经提纯、浓度调整等处理，可以作为生产蓄电池的原料；废酸经蒸馏以提高浓度，可用于铁丝厂作除锈用；供纺织厂中和含碱污水使用；利用废酸生产硫酸铜等化工产品等。

7. 塑料壳体的回用

铅酸蓄电池多采用聚烯烃塑料制作隔板和壳体，属热塑性塑料，可以重复使用。完整的壳体经清洗后可继续回用；损坏的壳体清洗后，经破碎后可重新加工成壳体，或加工成别的制品。

8. 废铅蓄电池的资源化实例

意大利的Ginatta回收厂的生产能力为4.5t/年，工艺中对于工业废铅酸电池进行处理，处理能力为1.175kg/h，生产工艺流程如图5-32所示。处理工艺分为四个部分。第一部分

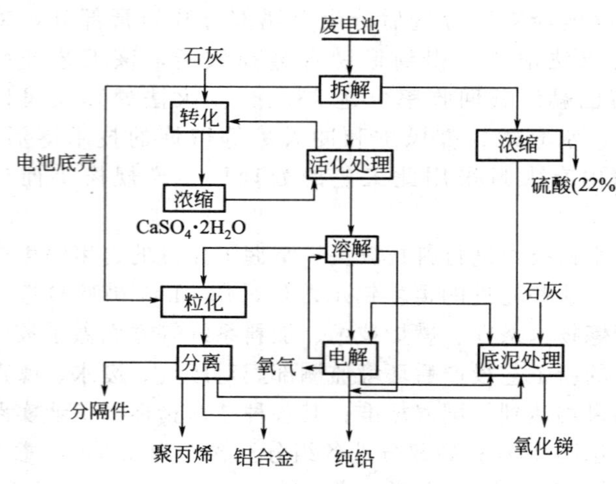

图 5-32 Ginatta 回收厂废电池处理工艺流程

中，对废电池进行拆解，电池底壳同主体部分分离。第二阶段中对电池主体进行活化，硫酸铅转化为氧化铅和金属铅。第三阶段，电池溶解，转化生成纯铅，最后，利用电解池将电解液转化复原。

回收利用工艺过程的底泥处理工序中，硫酸铅转化为碳酸铅。转化结束后，底泥通过酸性电解液从电解池中浸出，电解液中含铅离子和底泥中的锑得到富集。在底泥富集过程中，氧化铅和金属铅发生作用。

国内外废铅蓄电池的处理厂很多，国内的大小废铅蓄电池的处理厂大约有300家，采用的多为火法处理工艺，技术较为落后。应鼓励推广先进的无污染处理技术。

第九节 废旧纸张再生与利用

随着社会文化的进步，纸张的利用量越来越大，废旧纸张的回收和利用成为一个重要的环境问题，森林、水等资源已显示出危机。因此，全世界众多的国家都大力发展废纸回收，以节约资源，保护环境。

改革开放以来，随着中小型造纸厂的大量上马，我国造纸工业近年来发展迅猛，2010年产量为 4950 万吨，消费量为 5439 万吨，均居世界第二，然而，人们日常生活及办公过程中对于废旧纸张的回收利用却不够重视，废纸回收率仅为 30%。一些废弃书籍、报纸和用过的纸盒被随意扔掉；在学校或单位里，大家将用过的作业纸或无保存价值的文件清扫出门，即使是积攒下来当作废品出售，也大多是多种纸张混杂在一起交给废品收购者，走在街道上，被揉成团或撕得不成形的多种废纸也经常四处可见。而发达国家的废纸回收率多在60%以上，日本废旧纸张回收率更是达到 85%以上。2003 年瑞士总共消费了 161 万吨纸张和纸板，其中，113 万吨得到了回收，回收率达到 69.9%。

一、废旧纸张回收存在的问题

我国废旧纸张回收主要存在三方面问题。

第一，回收途径单一，废纸得不到充分再生回用。目前城市居民卖给小贩们的主要是成形的纸板、纸箱以及积攒下来的旧书报杂志，小贩们再将它们运往废品收购站。在北京，每天都有上百吨的纸垃圾被运往河北省保定、秦皇岛等地，作为外省市乡镇中小造纸企业的原料。导致这一现象的原因，是为数不多的造纸厂考虑到经济利益等原因，已不生产低档油毡纸等，所以大量不宜制造优质纸张的废纸流入外省市。这些不同类型的废纸流出市区后，在外地一些中小社办企业的非专业处理下降档，所以，利用率仍不高。

第二，废旧纸张回收途径不畅。有资料记载，北京市仅西城区由于近年新建小区等原因，回收废纸网点就由原来的 50 余个减少到不足 30 个。住在高层楼房里的多数人们随着快节奏的生活很少有专门的时间整理废纸，再加上小区不准小贩们进来收购，而回收网点又少且难找到，使废纸回收率大大降低。所以又有相当一部分废纸被当作普通生活垃圾，和菜叶、碴土等一齐被填埋，无法得到再利用。

第三，回收价目混乱，市场运作不规范。废纸不同于废玻璃或废金属，相比而言它薄而轻，形状不固定。而目前废纸回收却是以重量为单位。举个例子说，七个易拉罐和 1kg 废书报纸同样能卖 7 角钱，通常七个易拉罐一个星期便能凑齐，而 1kg 废书报纸则要攒上一两个月时间，这显然不能调动市民回收废纸的积极性。因此，从价目上来看，废纸的回收仍存在不合理之处。

在瑞士，村镇的分类回收只面向居民和小企业，占消费量的一半。村镇回收的废纸中约 90%是印刷品，10%为纸和纸板包装。而来自服务业和工业的废纸则通过其他渠道送到回收公司。从 2000 年开始，意大利不再成为纸张进口国，反而成为纸张输出国之一，甚至还远销到亚洲国家。

二、废旧纸张再生处理技术概述

由于纸张再生与利用技术已经相当成熟。废纸的来源和品种非常复杂，导致收集到的废纸质量日益低下。表 5-50 列出了废纸中可能含有的废杂质。

表 5-50　废纸中各种杂质及其特征

废杂质类别		主要特征			
		形状	熔点/℃	厚度	相对密度
一、金属	订书钉	C		长:3～15mm	>7
	铁类物	P-G		7～15μm	7～8
	铝(复合铝)	F-G-P			2.7
二、矿物类	沙、砾			直径： 砾>400μm 沙>200μm 细沙>200μm	2.5
	玻璃、颜料	G-P			
三、木	碎片	P		可变	一般<1
四、重质合成聚合物	乙烯基树脂(PVC 等)				
	聚酰胺树脂(尼龙等)	P-F	$t_R=90$		1.38
	聚苯乙烯(非泡沫)	F	$t_F=160$	50～100μm	1.13
	橡胶	P	$t_R=80$		1.05
五、热熔聚合物	沥青	P-G	$t_R=85$ $t_F=160$		一般>1
	石蜡、蜡	G-P	$t_R=60\sim110$		0.9～0.98
六、轻质合成聚合物	多层涂布袋	F	$t_F=110$	20～200μm 10～20μm	0.92
	聚丙烯	G-P	$t_R=130$	15～30μm	0.90
	泡沫聚苯乙烯	G	$t_R=80$		0.1

注：1. P—碎片，G—颗粒状，F—膜状，C—圆柱状，t_R—软化点（℃），t_F—熔点（℃）。
2. 本表未包括胶黏物和其他热溶物。

废纸中杂质对生产造成的影响见表 5-51，其中胶黏物是废纸处理过程中最复杂、最困难的问题。

表 5-51　废物、杂质对生产造成的影响

废物、杂质类别	对生产造成的影响
矿物质:沙、玻璃、颜料等	磨损、磨蚀
木材:碎片	断头和对纸洁净度产生影响
除胶黏物外的合成聚合物	弄脏干燥部,影响清洁
胶黏物	弄脏网、毛毯、干燥部,降低纸机的运转性能,造成纸机纸页断头、压光机断头
沥青(来自 OCC)	纸上产生黑点
热熔性蜡、石蜡、聚合物、热熔物	纸上产生透明点,降低纸张物理强度,弄脏毛毯

近年来，为了去除废纸中的各种废、杂质，不论是废纸的制浆，还是筛选、除渣、浮选、洗涤、分散与搓揉、漂白等工艺都得到了不断的改善和创新。

回收废纸的方法可分为两种：机械处理法和化学处理法。机械处理法不用化学药品，废纸经破碎制浆后，通过除渣器除去杂物，用水量很少，水污染较轻，但由于没有脱墨，只能用来制造低档纸或纸板。化学法主要用于废纸脱墨，原料常用新闻纸、印刷和书写纸等。废纸脱墨就是除去印刷油墨和其他填料、涂料、化学药品以及细小纤维，得到造纸浆料的过程。从废纸中去除油墨粒子的方法有两种：一种是通过水力碎浆机将油墨分散为微粒，并使油墨粒子小于 15μm，然后通过二段或三段洗涤，将油墨粒子洗掉，这种方法称为洗涤法；另一种方法是通过水力碎浆机碎浆后，加入脱墨剂，使油墨凝聚成大于 15μm 的粒子，然后通过浮选，使油墨粒子从废纸浆中分离出来，这便是浮选脱墨法。

由于废纸质量和数量的演变，废纸脱墨技术也经历了几个发展阶段，以日本为例，早期或准确地说，20 世纪 70 年代以前，日本对废纸的利用采用“直接利用系统”，对废纸很少脱墨和漂白，因为当时的废纸质量很高。但由于废纸用量越来越大，质量呈下降趋势，直接利用法显然不适应发展需求。在 70 年代初期，世界发生了能源危机，日本开发出碱性浸渍技术（alkaline soaking technology）。长期的实践证实：在碱性条件下纤维发生润胀，油墨容易脱落。为了降低能耗，日本纸厂安装了高浓贮存槽延长浸渍时间，后来又增加了筛选净化装置以及漂白工序。虽然碱性浸渍改进了油墨的脱除，但仍存在一些问题。进入 80 年代，日本发展了高浓疏解和浮选脱墨技术，从而开创了高质量脱墨技术。高浓改进了纤维疏解及调色油墨的脱落，但仍有少量油墨黏附在纤维上。浮选改进了纸浆白度，降低了尘埃度，有些纸厂采用两段筛选，即粗选和精选。然而静电照相印刷术和新的激光印刷术的出现使处理办公废纸非常困难。此外，压敏性标签的大量使用也使胶黏物质的处理成为新的问题。为此，80 年代初，日本一家公司开发出高密度糅合系统（highdensity kneading system）以处理激光/静电照相印刷的增色油墨问题，同时还开发出一种高效浮选槽，商标名为 Hi-Flo。为了试验，该公司建立了一座日处理 25t 废纸的中间试验工厂，高密度糅合机可将增色油墨从纤维上剥离下来并将其打碎，然后通过浮选和洗涤将其除去。新型高效浮选槽效率高，所以脱墨彻底。展望未来，废纸脱墨技术变得日益复杂，其中最难处理的废纸将是办公废纸。

与化学制浆相比，废纸脱墨的用水量和污染物排放量都小得多。为了防治污染，通常将脱墨车间与抄纸车间联合，利用纸机白水，作为水力碎浆机和高浓洗浆机的用水，相应地减少清水用量。但有时要得到高质量的浆，不得不增大清水的比例，因此不同脱墨车间的用水量也不尽相同，常规生产 1t 再生纸需要 1.2～1.25t 的废纸，每吨脱墨浆的用水在 100～200t 之间。扣除重复利用的白水，每吨脱墨浆所使用的清水量以日本最少，约 20t；欧洲其次，为 20～30t；美国、加拿大最多，为 30～50t。我国绝大部分废纸脱墨车间未使用白水回收等厂内处理措施，排水量都在100～200t水/t浆之间。

根据国外资料，废纸脱墨浆的排污负荷见表5-52。

表5-52 废纸脱墨浆的排污负荷

原料	制浆方法	排污系数范围K(少浆)		典型排污系数K(少浆)	
		COD	BOD	COD	BOD
MOW	脱墨	2.4～23.3	0.8～6.9	3.2～6.8	0.97～1.9
ONP	脱墨	1.3～22.9	0.46～5.9	1.5～3.6	0.55～1.4
MOW	非脱墨	1.41～17.8	0.36～5.0	1.9～3.5	0.6～1.1
ONP	非脱墨	0.97～36.7	0.12～12	1.1～3.8	0.16～1.1
OCC	非脱墨	0.88～13.5	0.23～4.9	0.96～1.4	0.26～0.57

注：排污系数为单位产品制浆废液在碱回收或综合利用后，再经废水处理后排放到处部环境接受水体的污染物数量。

国家环保总局新颁布的《造纸工业水污染物排放标准》(GB 3544—2008) 对新建企业水污染物排放做了严格的规定，具体情况见表5-53。

表5-53 新建企业水污染物排放限值

企业生产类型		制浆企业	制浆和造纸联合生产企业	造纸企业	污染物排放监控位置
排放限制	pH值	6～9	6～9	6～9	企业废水总排放口
	色度(稀释倍数)	50	50	50	企业废水总排放口
	悬浮物/(mg/L)	50	30	30	企业废水总排放口
	五日生化需氧量/(mg/L)	20	20	20	企业废水总排放口
	化学需氧量/(mg/L)	100	90	80	企业废水总排放口
	氨氮/(mg/L)	12	8	8	企业废水总排放口
	总氮/(mg/L)	15	12	12	企业废水总排放口
	总磷/(mg/L)	0.8	0.8	0.8	企业废水总排放口
	可吸附有机卤素/(mg/L)	12	12	12	车间或生产设施废水排放口
单位产品基准排水量/(吨/吨位)		30	30	30	排水量计量位置与污染物排放监控位置一致

由于废纸的品种、来源不同，所产生的废渣和废水的成分有很大的区别。废纸脱墨废水中主要的污染物分为三部分：印刷油墨、颜料；造纸填料、涂料，如树脂、高分子助留剂、轻质碳酸钙；细小纤维。其中细小纤维等是构成悬浮固体（SS）的主要来源，占有机污染物的60%～70%，因此需要进行厂外处理。通常脱墨废水不存在毒性问题，但会有重金属，由于油墨制造商更多地采用有机颜料，重金属的浓度会越来越低。

废纸回用中的固体废料产生在制浆、除渣、筛选等过程中，并随着流程的延伸由大变小。碎浆后去除废杂物装置排出的可能有木头、瓶子、石头、铁块、其他金属物、铁丝、塑料块等，而在除渣和筛选过程产生的则是较小的塑料碎片、订书钉、橡胶带、胶、乳胶等，并带有少量纤维。脱墨工艺产生的污泥量也很大，污泥数量主要视所用的原料品种而变化。

三、废纸再生处理工序与设备

废纸的再生技术包括拆开废纸纤维的解离工序和除去废纸中油墨及其他异物的工序，具体可分为制浆、筛选、除渣、洗涤和浓缩、分散和搓揉、浮选、漂白、脱墨等，其中各段工序又涉及不同的专用设备。

1. 解离设备（纤维分离设备）

解离设备有碎浆机和蒸馏锅。废纸给入碎浆机，在水的旋转和高速旋转叶片的剪切作用下被碎成纸浆状态，然后通过旋转叶片底部的空隙流到下一道工序，纸浆中的丝状异物不能通过空隙而与纸浆分离。

水力碎浆机根据需要可分为间歇式碎浆和连续式碎浆两种。

间歇式碎浆机大多用于废纸的疏解，特别适用于废纸脱墨、旧箱纸板、旧双挂面牛皮卡的疏解。间歇式碎浆要求纤维100%疏解并给予了加入化学品或加热的充裕时间，加料时应控制料重和加入水量以保证所要求的疏解浓度，直至充分混合，疏解完毕，化学反应完成后一次性放料。这种碎浆机直径0.6～6.7m，最大的一次可装料14.5t。

连续式碎浆机大部分用于产量高的工厂，它不要求纤维的完全疏解，纤维疏解至一定程度即通过转子下的孔板（孔板伸出转子翼片之外）被抽出作进一步的处理。转子叶片的设计保证了孔板不会堵塞，扁平向下的叶片强化浆流从孔板通过，而有后缘的叶片则将任何残留于底板孔内未疏解的纸浆或污染物从孔内脱出。

大型碎浆机通常都带有除杂绞索装置，整包废纸原料投入碎浆机后，在碎浆机的定刀、飞刀和水力的作用下，废纸被粉碎成粗浆，粗浆从碎浆机的筛孔中被抽走，而打包铁丝、塑料片等杂质则被裹缠在绞索上，绞索缓慢地向上抽拉，然后在碎浆机桶外切断，这时有大量的塑料片被带出分离。在处理脏的废纸原料中的条状杂质、铁丝、塑料布、破布和绳子等杂质时，水力碎浆机的绞索装置已被证明是有效的。在碎浆时，应尽可能不打碎覆膜塑料片，最好能把它从纤维上完整地剥离下来。

连续式碎浆机配套有自动绞绳装置、废物井和去除轻、重杂质的抓斗，抓斗既可抓起沉于废物井底的重杂质，也可除去浮在废物井面的轻杂质。

2. 筛选

筛选是为了将大于纤维的杂质除去，是二次纤维生产过程的重要步骤。其主要目的在于：①合格浆料中要尽量降低干扰物质的含量，如黏胶物质、尘埃颗粒以及纤维束等；②废料中的干扰物质含量要尽量提高而纤维量要降低到最低限度。

任何一种筛都应当具备以下功能。

① 有一个开孔或开缝的筛板，在通过纤维的同时限制杂质的通过。

② 由于纤维在脱水时会在筛板开口处形成纤维网，因此需要定期地回洗以除去纤维网。回洗的力量必须大于通过筛板开口的压降才能奏效，而压降是驱动纤维和水通过筛板开口的动力。

③ 必须有良浆和粗渣的分流通道，浆流和粗渣流可以是连续的或间断的，有压力的或无压力的，视筛的具体设计而定。

当今在制浆造纸生产线包括废纸处理流程中使用的筛绝大部分为压力筛。压力筛的筛选区主要由一圆筒形筛鼓和转子组成，当转子回转时，转子上的旋翼在靠近筛板面处产生水力脉冲，脉冲产生的回流可达每秒50次以防止纤维或污染物堵塞筛板开口。在两次脉冲之间，来自输浆泵的压力使水和可用纤维（即良浆）通过筛板的开口来完成筛选的过程。

筛选过程通过粗选后还要进行精选。粗选采用圆孔形筛选设备，筛孔直径一般为1.2～1.6mm，以筛除扁平状颗粒和叶片状颗粒。粗筛工序一般包括高频跳筛、鼓筛、高浓除渣器、纤维离解机、分离离解机等，通过这些设备可把粗浆中的粗杂质清除。大量的塑料片、塑料粒子在此工序中被清除。纸厂可以根据需要选择几种设备加以合理组合。精选则采用条缝形筛选设备，条纹宽度为0.1～0.25mm，以筛除三维立体小颗粒。精选中有分离部件

（即筛槽）和喂料及清除用部件（即转子）。精筛工序可通过逆向除渣器、压力筛、中浓除渣器、低浓除渣器等设备来完成。在这工段中可进一步除去细小杂质，特别是密度较小的塑料粒子等，轻杂质在这里被大量清除。

杂质经过每次筛选而更加集中，同时还要避免纤维物质的损失，最终产品纸张或纸板的质量取决于所采取的筛选系统的效率。根据机械设计标准和水利标准而制造的每一种筛选机，都被用作一个密闭装置，并可由附加的两个最主要元件即筛框和转子来调节其最佳筛选效果。筛浆机内部工作元件和运转参数之间的关系，在很大程度上决定着安装目的的完成程度。这样就有必要采用缝隙最细的筛框并配以能平稳运转的筛面外形轮廓。转子的作用是供浆和清洁筛框。柔软的和弹塑性的干扰物质在改变运转方式时，不可能通过或堵塞筛缝。

对净化器还应特别注意的是，要除去小的和特别重的颗粒。分散得好的胶黏物和污染物，只有用净化器才能除去。另外，净化器的几何形状不影响离心力和流向。它还应特别耐磨损。

3. 除渣

除渣器发明于 1891 年，1906 年首次用于造纸厂，1950 年以后得到广泛应用。当今的除渣器似乎和过去的没有多大区别，实际上在流程设计、结构、材料等方面已有了许多新的改进，各种轻、重杂质能去得更干净，去除的杂质直径更小、密度与水更接近，粗渣排放率更低。

除渣器一般可分为正向除渣器（forward cleaner）、逆向除渣器（reverse cleaner）和通流式除渣器（through-flow cleaner）。逆向除渣器能有效地除去热熔性杂质、蜡、黏状物、泡沫聚苯乙烯和其他轻杂质。

一个除渣系统需要配置的段数视其生产量、所要求的制浆清洁程度以及允许的纤维流失大小而定。通常采用四段至五段。第一段应考虑到最大生产能力的需要，进浆浓度在不影响净化效率的前提下尽可能提高，以减少除渣器个数和投资、动耗费用。其后的每一段进浆浓度均应比上一段为低（低 0.02%～0.05%），其原因在于：①浓度的降低增加了每段的净化效率；②每经过一段，粗渣浓度和游离度均有增加，从而易于将粗渣口堵塞，并增加排渣量。降低进浆浓度可减轻这些问题的影响。

4. 洗涤和浓缩

洗涤是为了去除灰分、细小纤维以及小的油墨颗粒。在薄页纸系统中去除灰分是很重要的。在高级薄页纸脱墨系统中灰分含量的最终目标是低于 2%，但大多数的灰分含量为 4%～7%。高速带式洗浆机是常规洗涤技术的很好范例，它们是以在相对低的定量上获得良好洗涤效果的简易技术为基础的。该系统的缺点是单位宽度的洗浆能力较低，这是由于其洗涤/脱水是单面的。如今已开发出基于双面洗涤的洗涤新技术——Gap 洗浆机。当独立的湍流发生技术与双面脱水/洗涤结合起来时，对于很高的定量（$>200mg/m^2$）也能得到良好的洗涤效果。这种洗涤技术还可对脱水和细小纤维的去除进行调节。

洗涤设备根据其洗浆浓缩范围大致分为三类：①低浓洗浆机，出浆浓度最高至 8%，诸如斜筛、圆网浓缩机等；②中浓洗浆机，出浆浓度 8%～15%，诸如斜螺旋浓缩机、真空过滤机等；③高浓洗浆机，出浆浓度超过 15%，诸如螺旋挤浆机、双网洗浆机等。

洗涤系统通常采用逆流洗涤。来自气浮澄清器的补充水通常只加在最后一段洗涤前供稀释纸浆用，二段洗涤出来的过滤水送碎浆机，一段洗涤出来的过滤水含油墨等杂质最多，可直接送澄清器进行处理。

5. 分散与搓揉

分散与搓揉指的是在废纸处理过程中用机械方法使油墨和废纸分离或分离后将油墨和其

他杂质进一步碎解成肉眼看不见的大小，并使其均匀地分布于废纸浆中从而改善纸成品外观质量的一道工序。当今废纸处理工厂大多安装有这种分散机和搓揉机。

分散系统有冷分散系统和热分散系统两种。前者在日本的几家制造薄纸的工厂中应用，当今世界其他处理厂绝大部分采用的是热分散系统。热分散技术已经在纤维回收系统中应用了30多年，20世纪70年代末期以来，由于废纸消耗量、回收量以及废纸中杂质量的提高，人们需要设法改进以回收纤维为原料纸机的运转性能，所以高浓热分散技术有了显著的突破，并成为现代化废纸回收系统中的一个“标准”单元。

对于书写印刷纸，热分散的目的主要在于：①将污染物从纤维或纤维束上剥离，以便在后段工序中除去。②调整污染物的尺寸大小或形状以提高下游工序效率。对浮选而言，污染物的最佳粒径一般为10～100μm；对于洗涤，杂质粒径越小越易于去除。③调整污染的尺寸大小或形状以减少对工艺过程或最终产品的有害影响。例如，当油墨粒径小于可视极限（40μm）时仅影响纸外观质量中的白度。同样，当黏性物质被分解成足够小的颗粒时，其在纸机网部、毛毯和烘缸上的沉积趋势就会降低。④必要时，还可以改善浆料的强度性能。⑤利用高温以减少系统中微生物的影响。

热分散机是处理热熔物的关键设备。经过前几道筛选和净化的浆料还存在分散的小部分杂质，特别是黏附在纤维上的黏状物、微小油墨点是造成纸面“油斑”的祸根。热分散机通常由破碎螺旋、上升螺旋、加热螺旋、卸料螺旋和送料螺旋组成，最后再经分散机进行分散。经分散后，原先黏附在纤维上的黏状物、油墨粒子都被分离，并被均匀分散成肉眼不易看见的微粒，这些微粒在纸机上将不会再以“油斑”出现。

正确掌握热分散机的工艺条件是获得良好浆料质量的关键。首先要保证进入破碎螺旋的进浆浓度，进浆浓度一般应达到30%，过低的进浆浓度将减少纤维间的摩擦效果，导致分散不完全。从中间浆仓泵送来的浆浓一般在3.5%～4.0%，使用双网压榨机可以使浆浓提高到30%。双网压榨机具有较大的脱水区域，脱水性能良好，同时对浆料的滤水度、浓度和上浆的变化均能适应，短纤维流失较少，能耗较低，是一种经济的浆料浓缩脱水设备。分散温度必须达到90℃，温度也是影响分散效果的主要因素。浆料通过量和分散比能之间有一个合理的范围。分散比能过低，会造成不良的分散效果。浆料通过量偏低，又会造成浆料炭化，这些都是需要在操作时引起重视的。另外，浆料前几道筛选、净化工序处理好坏也直接影响热分散机的工作。浆料如果筛选净化不好，会直接影响热分散机的寿命，加快设备的磨损，这也是应充分重视的。

分散系统通常设置在整个废纸处理流程的末端，即除渣、筛选、浮选脱墨之后，以把住废纸浆进入造纸车间抄纸前的质量关（除去肉眼可见的杂质）。废纸处理过程中的除渣器、筛、浮选槽、洗浆机等是不可能百分之百地将废纸浆中的杂质全部除去的，总会有10%～20%的残留油墨和污杂质（相当于3%～5%的白度）会通过脱墨系统，一个良好的分散系统可消除残留总脏点量的90%以上。

盘磨已证明是最适宜用来对废纸进行分散处理的装备，因为易于控制，并已在广泛应用中证明对废纸中各种类型的污染物质均有效。单盘磨已成为废纸分散处理的首选，因为单盘磨坚固耐用，易于维修，并可进行遥控。当废纸浆通过磨盘时，磨盘上的齿条、交织的磨齿和封闭圈在纤维与磨盘之间和纤维与纤维之间产生了高剪切力，这些剪切力将纤维表面附着的杂质剥离并将它们磨碎，同时强力的扰动促使这些细小杂质均匀地分布到废纸浆中。混合区中停留时间长短和作用的强度决定了分散作用效率的高低，比较好的单盘磨可以调节以适应各种杂质的需要。

搓揉机有单轴和双轴两种。在搓揉机中，主要靠高浓度（30%～40%）纤维间产生的高摩擦力和因摩擦而产生的温度（44～47℃）使油墨和污染物从纤维上脱落，搓揉结果是较少油墨的残留和较高的白度。

6. 漂白

经去除轻重杂质，通过浮选、洗涤等工序去除油墨后的废纸纸浆，色泽一般会发黄和发暗。废纸纸浆的漂白比其他纸浆的漂白更为复杂，这主要是由于引起废纸纸浆颜色的原因比较复杂。除纸浆中残留木素在使用过程中结构变化引起的颜色变化外，还可能存在由于某种特定需要加入染料等添加物而生成的颜色。因此，为了生产出质量合格的再生纸，必须进行漂白。

废纸在漂白之前，必须考虑如下三个主要前提条件以确定所选用的工艺流程和工艺条件：①采用的是什么废纸原料；②废纸用来生产什么品种的纸张；③环境保护的要求。

就传统的漂白而言，主要分为氧化漂白和还原漂白。一般来说，氧化型漂白剂主要是氧化降解并脱除浆料中的残留木素而提高白度，还具有一定的脱色功能。所用漂剂主要是次氯酸盐、二氧化氯、过氧化氢、臭氧等。还原型漂白剂主要用于脱色，即通过减少纤维本身的发色基团而提高白度，另一作用是能有效脱去染料的颜色并提高白度。主要的还原型漂剂包括连二亚硫酸钠、二氧化硫脲（FAS）、亚硫酸钠等。现在普遍采用的漂白方法有氧气漂白、臭氧漂白、过氧化氢漂白和高温过氧化氢漂白等氧化型漂白法。

7. 脱墨

脱墨方法有水洗和浮选两种，脱墨用药品在两种工艺中又有所区别。水洗用主要药剂是碱（NaOH、Na_2CO_3）和清洗剂，再添加适量的漂白剂、分散剂和其他药剂。浮选时的pH值为8～9，纸浆浓度为1%。解离时可用碱调节pH值，以达到最适宜的条件。捕收剂一般为脂肪酸，常用的为油酸，有时也用硬脂酸、煤油等廉价的捕收剂。

第十节 医疗废物的无害化处理

医疗废物是一种特殊的污染物，虽然与各种固体废弃物相比，其总量不大，但由于这类垃圾是有害病菌、病毒的传播源头之一，也是产生各种传染病及病虫害的污染源之一，世界各国越来越高度重视医疗废物的管理与处理。自20世纪50年代起，医疗废物管理及其处置技术已引起世界各国政府和国际组织的广泛关注。美国环境保护局1978年4月26日起草的文件认为：如果污物是从医院产科（包括病房）、急诊部、外科（包括病房）、太平间、传染病科、病理科、隔离病房、实验室、特护区、儿科部门来的，被认为是具有传染性的，除非是已经过高压灭菌。1989年制定的《控制危险废物越境转移及其处置的巴塞尔公约》中，将“从医院、医疗中心和诊所的医疗服务中产生的临床废物”列为“应加控制的废物类别”中Y1组，其危险特性等级为6.2级，属传染性物质。1998年我国国家环保局与公安部、外经贸部联合颁布的《国家危险废物名录》中规定，与医疗废物有关的HW01（医院临床废物）、HW03（废药物、药品）和HW16（感光材料废物）均属于危险废物。

医疗废物主要来自于病人的生活废弃物，医疗诊断、治疗过程中产生的各类固体废物，它含有大量的病原微生物、寄生虫，还含有其他的有害物质。国内医疗机构大多集中在市中心区域，如对医疗废物，特别是医院临床废物不加以严格处理与管理，则在包装、贮存和处理过程中可能发生传染性物质、有害化学物质的流散，直接危害居民健康和安全。

国外对医疗垃圾的问题非常重视，1995～2001年期间欧盟投资了五千万欧元用于医疗垃圾处理的研究。目前发达国家均采用高温焚烧方法对医疗废物进行集中处置，对于焚烧后的底灰和尾气必须达到无菌、无毒才能够排放，并对从事医疗废物集中焚烧处理的单位实施许可证制度管理。

我国法律、法规对医疗废物的管理和处理也有所规定，但还很不完善。

一、医疗废物的定义、种类及发生量

1. 医疗废物的定义

国务院发布的《医疗废物管理条例》规定，医疗废物，是指医疗卫生机构在医疗、预防、保健以及其他相关活动中产生的具有直接或者间接感染性、毒性以及其他危害性的废物。

《医疗废弃物焚烧设备技术要求》(GB 19218—2003) 中，医疗废弃物是指“城市、乡镇中各类医院、卫生防疫、病员修养、医学研究及生物制品等单位产生的废弃物”。具体指医疗机构、预防保健机构、医学科研机构、医学教育机构等卫生机构在医疗、预防、保健、检验、采供血、生物制品生产、科研活动中产生对环境和人体造成危害的废弃物。它包括《国家危险废物名录》所列的 HW01 医院临床废物，如手术、包扎残余物；生物培养、动物试验残余物；化验检查残余物；传染性废物；废水处理污泥等；HW03 废药物、药品，如积压或报废的药品（物）；HW16 感光材料废物，如医疗院所的 X 光和 CT 检查中产生的废显（定）影液及胶片。可见，前者比后者涵盖的范围大。

2. 医疗废物的性质

医疗废物是具有传染性的危险废物，其传染性根据废物的产生源不同而不同，因此，很难将此类废物所传播致病菌的种类与强度做定量描述。根据卫生部疾病控制司发布的《1995年中国疾病监测年报》中“全国疾病监测系统甲乙、丙类法定报告传染病估计发病率（1/10万）”数据，累积估计发病率占总发病率 97%以上者包括：甲乙类为痢疾、肝炎、淋病、伤寒、出血热、麻疹等；丙类为感染性腹泻、腮腺炎、肺结核、流感、急性结膜炎等。以此作为依据，可认为医疗废物主要携带的传染病菌种类是引发上述传染性疾病的微生物种类，具有传染期长、传播面广、危害性大等特点。

3. 医疗废物的分类

医疗废物不同于医院废物。医院大部分废物（80%～85%）是没有危害的普通废物，是一般性固体废物，如锅炉房的煤灰煤渣、清扫院落的渣土、建筑拆建废料等；普通生活垃圾、厨房食堂的废弃物、剩饭剩菜、果皮果核、废纸废塑料等；医药包装材料等；枯草落叶、干枝朽木等。这类垃圾不属于医疗废物，不需要特别处理，一般应及时清运或委托处理。但是，一旦这些没有危害性的垃圾同其他具有危害性的或传染性的污物混合在一起，其混合垃圾就要如有害的传染性垃圾一样对待，需要特别的搬运和处置。因此对垃圾污物进行分类是对垃圾污物进行有效处理的前提。

不同国家对医院废物垃圾有各自的分类方法。世界卫生组织西太平洋地区环境健康中心将医院废物分为 5 种类型：传染性废物、锐器、药理性和化学性废物、其他有害物质和普通废物。新加坡将医院废物分为传染性、病理性、一般临床废物、污染锐器、细胞毒性、放射性、药理性、化学性、普通废物 9 种类型。

一般所指的医疗废物不包括放射性废物（在放射治疗诊断中使用过的容器、器皿、针管，沾染放射性物质的纱布、药棉等，应单独收集、清洗或贮存）。按照来源和特性，医疗废物通常还可分为下列 6 类。

Ⅰ类：一次性医疗用品。包括注射器、输液器、扩阴器、各种导管、药杯、尿杯、换药器具等。

Ⅱ类：传染性废物。指带有传染性及潜在传染性的废物（不包括锐器），主要包括以下几项。

① 来自传染病区的污物：医疗废物及患者的活检物质、粪、尿、血、剩余饭菜、果皮等生活垃圾。

② 与血和伤口接触的各种污染手套、手术巾、床垫、衣服、棉球、棉签、纱布、石膏、绷带等，以及用以清洁身体的洗涤废液等。

③ 病理性废物：包括手术切除物、肢体、胎盘、胚胎、死婴、实验动物尸体组织等。

④ 实验室产生的废物，包括病理性的、血液的、微生物的、组织的废物等，如血、尿、粪、痰、培养基等，太平间的废物以及其他废物。

Ⅲ类：锐器。主要是指用过废弃的或一次性的注射器、针头、玻璃、解剖锯片、手术刀及其他可引起切伤或刺伤的锐利器械。

Ⅳ类：药物废物。包括过期的药品、疫苗、血清、从病房退回的药物和淘汰的药物等。

Ⅴ类：细胞毒废物。包括过期的细胞毒药物以及被细胞毒药物污染的拭子、管子、手巾、锐器等相关物质。细胞毒药物最常用于治疗癌症病人的肿瘤或放射治疗，在其他病房的应用也有增加趋势。细胞毒药物大多为静脉注射或输液给药，有些为口服片、胶囊、混悬液。细胞毒进入人体的途径有：吸入，处理不当可形成气溶胶或灰尘污染；通过消化道，摄入；接触皮肤，除局部反应外，有些还可能被吸收，不易洗掉。

Ⅵ类：废显（定）影液及胶片。包括废显影液、定影液、正负胶片、相纸、感光原料及药品。

4. 医疗废物产生量

一般情况下，国内外对医疗废物产生量进行经验估算，大中城市医院的医疗废物的产生量一般是按住院部产生量和门诊产生量之和计算，住院部为0.5～1.0kg/(床·d)，门诊部为20～30人次产生1kg。一般医院每张病床每日污水产量0.25～1t左右。

据美国文献报道，每年医疗废物产生量达200万吨，约占固体废物总量的1%。

据不完全调查，上海市各级各类医院拥有各类病床6.83万张（其中市区为5.87万张，郊县为0.96万张）。按病床使用率为83.93%计，全市每天产生医疗废物为29～58t，其中市区为24.6～49.2t，郊县为4.4～8.8t。全年按360天计算，医疗废物年产生量为10440～20880t，其中市区约占85%。

深圳市现有医疗机构452家，其中镇级以上医院97家，诊所324家，其他保健机构31家。97家镇级以上医疗单位的床位总数约12000张，医疗废物产生量为2800～5000t/年，门诊量为2000万人次左右，所产生的医疗废物最低估算为1000t。因此，深圳市目前所产生医疗废物一年最低为3800t。

据1998年北京市106家医院废物申报登记结果统计，医疗废物的产生量为7.503t/d，全年共产生2738.60t。

据1999年重庆市医院危险废物调查，全年产生量为0.28万吨。

二、医疗废物的收集与处理

医疗废物的产生单位主要为医院、诊所等，这些单位由卫生局管理；医疗废弃物的收集、存放、处理由环境卫生管理部门负责监督，无害化处理检测由环境卫生管理部门授权的机构负责，医疗废物的焚烧设施和大气污染由环境保护部门负责监督。这说明，按现有的医疗垃圾管理制度，必须由多家单位分工合作，密切配合，才可能做好医疗废物的管理和最终处置工作。

1. 医疗废物收集、运输

在医疗废物的收集、辨别、净化、贮存和运输方面，美国、法国、加拿大等各国都推荐将废物按有传染性的解剖废物（人体、动物）和非解剖废物、无传染性的其他废物进行分类，分别用有颜色标志的防漏塑料袋包装，选择坚硬容器来盛放和运输这些塑料袋，这样可使医疗废物危害公众的潜在可能性降至最小。美国的医学废物通常冷藏在冷库中，而其他种类的废物通常储藏在室内或室外的容器中。日本将医疗废物按其传染性和可燃性分为四类：可燃性传染性废物、非可燃性传染性废物、可燃性非传染性废物、非可燃性非传染性废物，用各种颜色的塑料袋封装。

根据我国医院污物垃圾处理的现状和有关医院垃圾污物处理的实践，对医院垃圾应严格将各种医疗废物、放射性废物和普通垃圾分开收集、回收利用有价值的物质，做到减量化和无害化。

（1）医疗废物的包装和标识应由产生者负责　医疗单位对医疗废物要实行专人管理，袋装收集，封闭容器存放，定期消毒。医疗废物要与普通废物分开，并按类收集。消毒处理后包装在牢固防渗、防潮并具有足够抗拉强度的密封容器中。另外，必须将尖锐物品及带有液体残渣的玻璃器皿等包装在耐戳磨的容器中，必须把废流体包装在坚固密闭的容器中，以防止容器被锋利的东西刺破和液体渗漏。

医疗废物在发生场所就进行很好的分类收集是减少污染危害和有效进行下一步处理的重要环节之一。收集废物所使用的容器主要是塑料袋、锐器容器和废物箱等。

① 塑料袋。塑料袋是常用的污物垃圾收集容器。废物塑料袋的选择可根据污物量的多少和污物的性质确定。最大的废物袋可为 $0.1m^3$ 或 $0.075m^3$，小塑料袋可用在废物较少的场所。低密度塑料厚度应大于 $55\mu m$，高密度塑料可为 $25\mu m$。塑料袋放在相应的污物桶内。塑料袋应有清晰的颜色标志和注明用途，如黄色（表示要焚烧）、传染性废物、只能焚烧等，标志如“生物危险品”标志等。如果废物要运送到院外处理时，要有医院标志。

需高压灭菌（或其他消毒处理）的废物袋应采用适应的材料制造，并作颜色标记，也可加有标志以显示是否经过所规定的处理程序（如高压消毒指示带），袋子上应有清晰的文字标志，如“需消毒废物”或“生物危害标志”。高压灭菌后，废物袋应放入另一种颜色标志的袋子或容器中，以便下一步处置。

② 锐器容器。锐器不应与其他废物混放，用后应稳妥安全地置入锐物容器中，锐物容器应有大小不同的型号。如采用纸盒，应避免被浸湿，或衬以不透水材料（如塑料）等，容器规格有 2.5L、6L、12L、20L 等。大的放在锐器废物较多的地方（如手术室、注射室）。锐器容器进口处要便于投入锐器。与针头相连接的注射器可能会一起丢弃，所以容器应可一起处理针头和注射器。

锐物容器应具有如下特点：防漏防刺，质地坚固耐用；便于运输，不易倒出或泄漏；有手柄，手柄不能影响使用；有进物孔缝，进物容易，且不会外移；有盖；在装入 3/4 容量处应有“注意，请勿超过此线”的水平标示；当采用焚烧处理时应可焚化；标以适当的颜色；用文字清晰标明专用，如“只能用于锐物”；清晰地标以国际标志符号，如“生物危险品”。

③ 废物箱。高危区的医院废物建议使用双层废物袋，如传染病或隔离区、产房的胎盘、手术室的人体组织等废物。可以用密封与处理的废物桶（如聚乙烯或聚丙烯塑料桶，容量 30～60L），装满之后立即封闭，此法特别适用于手术室、产房、急诊室与 ICU。

存放医疗废物的容器上应标有“医疗废物”字样，严禁闲杂人员接触，防止各类动物接触，严禁将医疗废物混入居民生活垃圾、建筑垃圾等其他废物中，医院垃圾的收集也应由专业人员操作，实现垃圾收集的容器化、封闭化、运输机械化。每个未处理的医疗废物包装容器都必须贴上或印上防水标签，标签上注明“医疗废物”字样或者可能用的生物危害识别标志，也可采用红色塑料袋包装表示，在包装容器上应注明医疗废物产生者和清运者的名字。

（2）废物运输 医疗垃圾要由有执照的单位运输到指定地点进行处理。医疗垃圾的收集改造需进行小试，以便确定更经济有效的收集方式和器具，需采取相应的防护措施和装备以减少清运工与垃圾的直接接触，从而减少疾病传播的可能性。

医疗废物需在防渗漏、全封闭、无挤压、安全卫生的条件下清运，使用专门用于收集医疗废物的车辆，要求保养良好。为了抑制在运输过程中细菌的生长，可考虑使用带有冷藏箱的车辆。

2. 医疗废物处理

医疗废物属于传染性废物，其中的污染物质是附着其上的病原微生物，因此杀灭病原微生物并防止其与人群的接触就是医疗废物污染控制的主要目的。医疗废物处理的目的是使排出的垃圾废物稳定化（有机垃圾无机化）、安全化（有毒有害物质分解去除，细菌病毒杀灭消毒）和减量化。

传染性废物处理方法主要有：物理消毒法、化学消毒法和焚烧处理法、填埋等。经过消毒灭菌或焚烧处理后的废物已经消除了传染性，即可作为一般的生活垃圾处理，液体的感染性废物经消毒灭菌后可排入医院的下水道。

（1）灭菌消毒

① 高压蒸汽灭菌法。此方法适用于受污染的敷料、工作服、培养基、注射器等，蒸汽在高压下具有温度高、穿透力强的优点，在 130kPa、121℃维持 20min 能杀灭一切微生物，是一种简便、可靠、经济、快速的灭菌方法。其原理是在压力下蒸汽穿透到物体内部，将微生物的蛋白质凝固变性而杀灭。

压力蒸汽灭菌器的形式有立式压力蒸汽灭菌器和卧式压力灭菌器等。大部分医疗单位使用的是卧式压力灭菌器，这种灭菌器的容积比较大，有单门式的和双门式的，前者污染物进锅和灭菌后的物品取出经同一道门；后者的污染物是从后门放入，灭菌后的物品从前门取出，可防止交叉污染。

② 微波消毒。微波是一种高频电磁波，消毒时使用的频率通常为 915MHz 和 2450MHz。物体在微波作用下吸收其能量产生电磁共振效应并可加剧分子运动，微波能迅速转化为热能，使物体升温，微波加热可以穿透物体，使其内部和外部同时均匀升温，因此比一般加热方法节省能耗，速度快，效率高。微波杀菌的原理一是热效应，一是综合效应。含水量高的物品最容易吸收微波，温升快，消毒效果好。丁兰英等报道用微波照射不同物品上污染的蜡状芽孢、杆菌芽孢，获得较好消毒效果。其微波频率分别为 915MHz 和 2450MHz，输出功率为 3kW。消毒结果见表 5-54。

表 5-54 微波消毒灭菌试验结果

物品	照射频率/MHz	输出功率/kW	灭菌时间/min
敷料包	2450	3.0	3
手术器械包	2450	3.0	5
手术巾包	2450	3.0	20
毛毯	2450	3.0	6
搪瓷碗	915	10.0	3
琼脂培养基	2450	2.6	7
试管与吸管	2450	2.6	15
污染器皿	915	10.0	3

③ 化学消毒法。化学消毒是对受传染病患者污染的物品最常使用的消毒方法。常使用的消毒剂有含氯消毒剂、洗涤消毒剂、甲醛和环氧乙烷等消毒剂。

(2) 焚烧　医疗垃圾大多带有传染性，采用焚烧的方法处理医疗垃圾，是最彻底和比较简便的方法。因此，焚烧是医疗废物处理最常用的方式，它具有减容减量、杀菌灭菌、稳定等多项功能。在世界各国，普遍采用焚烧作为医疗废物的处理方式。据报道，美国在1996年大约有3700只医院焚烧炉在运行。在我国，卫生、环保主管部门也提倡采用焚烧处理医疗废物。

过去，我国没有专用的医疗垃圾焚烧炉，医疗垃圾处理处置十分困难。垃圾投入公共垃圾箱内或设简易焚烧炉焚烧，造成疾病传播流行、大气污染。从20世纪80年代起，逐步采用通过专家鉴定的焚烧炉进行焚烧处理，实践证明，行之有效。

我国目前生产的医用垃圾焚烧炉，就其炉型看，有再燃式、转动料盘式、热解逆燃式等。焚烧采用的助燃剂多为轻柴油或煤油、煤气或天然气，以煤为助燃剂的焚烧炉数量很少。

总的来看，我国医疗废物焚烧炉的研制、设计和应用，由于起步晚，使用期短，尚需进一步加强研究，改进设计，提高焚烧炉质量和增加系列产品的力度，提高焚烧炉的高科技含量，才能满足医疗垃圾焚烧处理的需求。

① 目前焚烧处理存在的环境污染问题。目前医院大多采用自用的小型间歇式固定床焚烧炉，而且由于各种原因不配置烟气净化装置。医院临床废物在焚烧过程中产生的尾气中将会含有烟尘、酸性气体、重金属物质和有毒有机物等。烟尘主要是燃烧不完全或不燃物质造成的颗粒物质，这些颗粒物质主要是来自废物中的无机物质、有机物挥发或氧化形成的金属氧化物和金属盐、附着在无机颗粒上的未燃尽有机物等。酸性气体主要包括氯化氢、二氧化硫、氮氧化物等，其中未经处理的烟气中氯化氢浓度可以高达数百甚至数千毫克每升，污染环境并腐蚀设备。医院临床废物中的PVC塑料等是废气中HCl的主要来源，而烟气中的二氧化硫和氮氧化物浓度则较低。烟气中的重金属主要来自废弃的手术刀、锡箔纸、塑料等，在焚烧过程中，金属或形成蒸气（如汞、镉）或形成金属氧化物，附着在隔离物质上，使得重金属“浓缩”。根据研究，焚烧温度高，这种“吸附浓缩”作用将减少，因为颗粒物质活性增加，而有毒微量有机物质来自焚烧的不完全或在烟气中的再合成。

间歇式焚烧炉在启动和熄火时将会发生不完全燃烧，以至炉内氧量降低，产生燃烧不完全的气态碳氢化合物。这些物质与废物中的氯元素结合，就有可能产生二噁英等有毒物质。

② 焚烧系统设计要点。医疗废物焚烧炉有别于一般的城市垃圾焚烧炉。由于医疗废物的特殊性，医疗废物焚烧也有其特殊性。根据《危险废物焚烧污染控制标准》，医院临床废物焚烧炉炉温要求达到850℃以上，烟气停留时间1s以上。在这一技术要求下，病原微生物可以完全被杀灭，同时达到最大的减容率。因此只要焚烧设施及操作达到国家标准，医院临床废物的无害化应该没有问题。

标准的医疗废物焚烧处理工艺流程见图5-33。

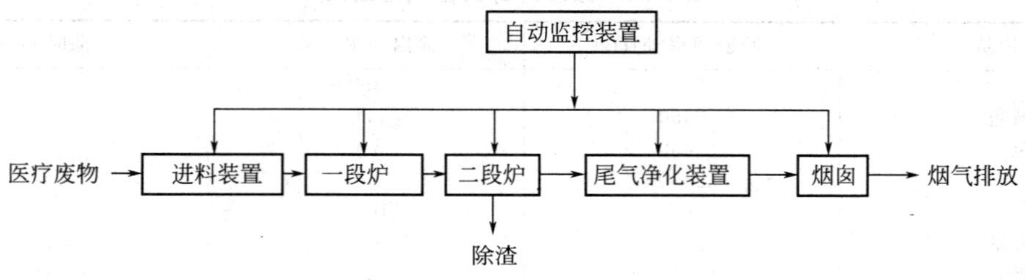

图5-33　标准的医疗废物焚烧处理工艺流程

具体设计要点如下：

a. 焚烧炉应具备连续焚烧能力和配备自动进料装置、自动监控装置、自动除渣装置和尾气净化装置，以确保焚烧炉密闭、无泄漏。

b. 燃烧形式为二次燃烧。焚烧炉型可为普通二段式、流化床式或回转窑式。第一燃烧室燃烧氧化的烟气进入第二燃烧室，第二燃烧室设置一个喷燃口，用辅助燃料把炉气再加热氧化并补充一部分空气，起到净化烟气、消除臭气的作用。在第二燃烧室必须使气体保持一定的停留时间和较低的速度，气流速度一般小于 3m/s，分解恶臭所需温度和停留时间见表 5-55。

表 5-55　恶臭分解条件

分解温度/℃	停留时间/s	分解率/%
540～650	0.3～0.5	50～90
580～700	0.3～0.5	90～99
650～820	0.3～0.5	>90

c. 炉温必须足够高，主炉膛炉温在工作期间不得低于 850℃，第二炉膛温度不得低于 1000℃，使有害气体能得到分解。烟气从最后的燃烧器到换热器间的停留时间应大于等于 2s，排气中氧气含量应大于等于 6%（体积分数，标准状况）。

d. 设备的燃烧效率应大于等于 99.9%，焚毁去除率大于等于 99.99%。

e. 排放尾气中颗粒物、酸性气体、重金属、有机物以及二噁英和呋喃类物质含量应达到国家《危险废物焚烧污染控制标准》的要求。

f. 焚烧残渣的热灼减率应小于等于 5%。

g. 应有完善的炉渣和烟道灰（及除尘器灰）的收集、处置方案。

h. 需配套烟气热能回收装置，热回收效率高于 70%。

i. 焚烧设施的水耗指标和工作噪声应符合国家现行规定。

j. 焚烧炉烟囱高度应高于当地地平线 20m 以上。

k. 炉外温度应小于 40℃。

l. 排放的废水、设备噪声应符合环境规定，不产生二次污染。

m. 煤耗低，单位焚烧室面积处理能力大。

特别值得一提的是，对于处理厂，必须考虑医院垃圾焚烧后所产生的底灰和飞灰的处理问题。据美国 1998 年文献报道，医院垃圾焚烧后产生的飞灰由于氯化物、硫化物及碱性高，而 Si、Al 和 Fe 的含量低，不能用于水泥的原料。为了减少重金属渗漏及安全卫生填埋，建议对飞灰进行固化处理。

③ 焚烧炉种类。根据焚烧炉的功能、结构和使用条件可将焚烧炉分为不同的类型。

按垃圾进料燃烧的连续性可分为连续性焚烧炉和间歇式焚烧炉。连续性焚烧炉可以连续进料和燃烧，效率比较高，适用于处理较大量的垃圾，便于机械化操作；间歇式焚烧炉是一批一批的分批焚烧，间歇操作，适用于处理较小量的垃圾。

按照炉体的结构形式有单室焚烧炉、双室焚烧炉、回转焚烧炉、多段焚烧炉和沸腾式流化床焚烧炉等。

根据使用的助燃剂种类不同，有以煤为助燃剂的燃煤焚烧炉，以液体燃料为助燃剂的燃油焚烧炉，以气体燃料如城市煤气或天然气为助燃剂的燃气焚烧炉。

另外还有一种利用热解原理设计的垃圾焚烧炉，叫作热解式焚烧炉。此种焚烧炉与直燃式焚烧炉的不同点是使垃圾在高温下热解，垃圾在空气不足的情况下燃烧或热解产生的气体含有较多的碳氢化合物，这些烟气可以在第二燃烧室中很容易地烧掉。热解焚烧炉因为在系统末端烧掉的是气体而不是固体，所以烟气中尘的含量比直燃式系统低得多，从而简化了排烟处理工艺。

④ 医疗废物焚烧环境卫生要求。医疗废物焚烧环境卫生要求的各项标准值见表 5-56～表 5-59。

表 5-56　医疗垃圾焚烧烟尘排放标准

区域类别	适用地区	容许烟尘浓度/(mg/m^3)		容许林格曼黑度/级
		现有	新扩建	
1	风景名胜区、自然保护区和其他特殊保护区	200	—	—
2	规划居民区	300	—	—
3	工业区、郊区及县城	300	200	—
4	其他非城镇地区	600	400	2

表 5-57　医疗垃圾焚烧烟气中有害物质最高允许排放量

有害物质名称	最高允许排放量/(kg/h)		有害物质名称	最高允许排放量/(kg/h)	
	现有	新扩建、改建		现有	新扩建、改建
二氧化硫	15.0	11.0	一氧化碳	150.0	120.0
氮氧化物	8.0	6.0	氯化氢	0.5	0.4

表 5-58　医疗垃圾焚烧场区大气中有害物质最高允许浓度

有害物质名称	最高允许浓度/(mg/m^3)		有害物质名称	最高允许浓度/(mg/m^3)	
	任何一次	日平均		任何一次	日平均
总悬浮颗粒物	1.50	0.50	一氧化碳	20.0	6.0
二氧化硫	0.70	0.25	氯化氢	0.05	0.015
氮氧化物	0.30	0.15			

注：1. “日平均”为任何一日的平均浓度不许超过的限值。
2. “任何一次”为任何一次采样测定不许超过的浓度限值。

表 5-59　医疗垃圾焚烧残渣排放标准

项目	标准值	项目	标准值
pH 值	6.5～9.0	大肠菌值	阴性
w(酚)/(mg/kg)	0.002	致病菌	阴性
w(汞)/(mg/kg)	0.001	乙肝表抗	阴性
	细菌总数	阴性	

(3) 填埋　卫生填埋是废物的最终处置方式。但是，对于医疗废物来说，直接采用填埋方式有许多困难。由于医疗废物的特性，一般不容许将其混入生活垃圾进行填埋。我国的《生活垃圾填埋污染控制标准》明确禁止传染性废物进入生活垃圾填埋场。实际上，医疗废物进入生活垃圾填埋场将会成为一个潜在的疾病传染源。1983 年贵阳市垃圾填埋场附近砂石场和猪鬃场流行痢疾，经检验是由于填埋场渗滤液进入地下水所致，垃圾如何被痢疾细菌感染就很难说清了。而将医疗废物混入综合性危险废物安全填埋场也是不行的。由于危险废物安全填埋场一般是对无机废物进行最终安全处置，有机废物不能进入，而医疗废物中含有各种各样的成分，其中包括大量易腐性的废物，在进入填埋场后将会产生生物和化学反应，使得填埋场的稳定受到威胁，因此我国即将颁布的《危险废物安全填埋场污染控制标准》中

也明确规定禁止医疗废物进入危险废物安全填埋场。医疗废物专用填埋场，如采用石灰隔离或其他灭菌方式将医疗废物掩埋，因为病原体没有或难以杀灭，容易污染地下水；而且医疗废物量较少，如果采用严格的安全填埋措施将大大提高处置费用。

（4）金属制品的处理 金属制品等必须高温消毒后就地熔融，不能外运处理。

（5）各种临床废物处理技术的比较 临床废物是医疗废物的主要组成部分，也是医疗废物控制和管理的重点，表5-60对国际上通行的多种临床废物的处理技术进行了比较。可以看出，结合一定的消毒灭菌措施，采用焚烧处理是我国目前较为可靠、可行的医疗废物处理方法，可有效地防止交叉感染和二次污染。焚烧炉需要配备先进的烟气净化装置，采用适宜的炉型，这只有实行区域性医疗废物集中处置才有可能做到，这也是国际上通用的医疗废物处理方式。

表5-60 医院临床废物常用处理技术的比较

处理技术	医疗废物	容积缩小率/%	设备操作费用（美元/lb废物·h）	投资费用/$\times10^3$美元
蒸汽高压消毒	无毒性废物灭菌	0	0.05～0.07	100
压实高压消毒	无毒性废物灭菌	60～80	0.03～0.10	100
机械-化学消毒法	所有废物	60～90	0.06	350
微波法（带粉碎机）	无毒性废物灭菌	60～90	0.07～0.10	500
焚烧法	所有废物	90～95	0.07～0.5	1000

注：1lb＝0.45359237kg。

（6）临床废物集中与分散处理处置的分析比较 虽然医疗垃圾就地焚化是最安全的处理方法，其优点是不仅可以彻底杀灭所有微生物，而且使大部分有机物焚化燃烧，转变成无机灰分，焚烧后固体废物体积可减少85%～90%，从而大大减少运输和最终处置费用，也消除了运输过程中可能造成的污染。但就地焚烧的主要问题是设备费用较高，还存在空气污染问题，设备使用率不高等。表5-61对临床废物的集中处理和分散处理进行了简单的分析比较，表明集中化有利于减少污染和控制风险，同时也可大幅度地降低产生单位的经济负担。因此，医疗废物的处理处置应逐步向集中化、专业化过渡。

表5-61 临床废物集中处理和分散处理的综合分析

项目	分散处理（现状）	集中处理（预期）
焚烧设备	小型医用焚烧炉	大型专用危险废物焚烧炉
焚烧温度	800℃	1100℃
停留时间	（无数据）	大于2s
焚毁率	（无数据）	大于99.99%
尾气净化	无设施	二级净化（含碱喷淋）
二噁英控制	无	急冷装置和管理措施
环境污染	污染总量大	污染总量小
工程投资	小	大
单位运行成本	高	低
操作人员	缺乏专业知识，无培训	具有专门资质，经常培训
运输风险	无	有
贮存风险	缺乏管理，风险大	严格管理，风险小
安全性	较不安全，但事故影响范围小	较安全，但事故影响范围大
环境管理	不便于管理	可实施各项管理制度，对集中处理可实施严格的管理

总之，医院垃圾处理涉及许多问题，国内还有大量工作要做，包括：①对各地医院垃圾的数量、组成、处理方式、去处等的调查；②医院垃圾焚烧后底灰和飞灰的数量、组成和处理方法，特别是重金属的固化与分离；③垃圾焚烧过程参数控制，主要集中在医院垃圾预处理技术和焚烧温度；④垃圾焚烧热能的合理利用途径，特别是垃圾组成—预处理—焚烧方式—二次污染控制（炉内和炉外）—热能利用方式的一体化技术选择；⑤金属制品的处理，特别是熔融设备选型、温度等。

(7) 国外医疗废物常用处理方式　世界上许多国家已经对医疗废物处理做出了明确规定，并开发了相应的处理处置设备。如美国、德国推出一种医疗废物处理专用车，它是为适应医疗废物发生源分散、每个发生源产生医疗废物量不多这一特点而设置的，该处理车行驶到各个医院所在地后，将医疗废物装入车上的箱体内，经高温、高压消毒灭菌后粉碎、挤压成颗粒状，作普通燃料用。

法国要求医疗废物必须由专业的医疗废物焚烧处理站处理，规定所有的医院产生的垃圾，即使是办公室垃圾也不得混入生活垃圾，按照 3.5kg/(床・d) 的产生量由专业医疗废物焚烧处理站进行集中处理，并根据床位收费。

针对发展中国家，世界银行、世界卫生组织和联合国环境规划署联合编写和出版了一套有害废物安全处置指南（世界银行第 93 号技术报告）。该书介绍了加拿大安大略省环保局的有关标准及医院有关保健措施，提出了焚烧病理废物的焚烧炉设计和运转标准：该焚烧炉是一个可控制空气、无炉箅型双室热破坏装置；应设置一个二次燃烧室，它在最大燃烧速率时停留时间至少为 1s，停留时间应在 1000℃时计算；二次燃烧室设计应使热解温度达到 1100℃。主燃烧室热释放不应超过 222615kcal/(m^3・h)；炉床负荷一般不超过 73.3kg/(m^2・h)，炉床设计应预防燃烧室流体溢漏或流体进入初级风口，应使空气沿废物床体均匀分配；焚烧操作是分批式进料，配置液压操作进料装置。

根据法规日本将医疗废物按其传染性和可燃性分为四类，规定的处理方式见表 5-62。

表 5-62　日本医疗废弃物处理方式

分类	标志	包装	存放	处理方式
可燃废弃物(非传染性)	有害物危险标志	塑料容器	堆放	医院内处理残渣→填埋
可燃废弃物(传染性)	有害物危险标志,橙黄色标志	红色专用垃圾袋	专门保管场所	消毒灭菌→医院内处理→残渣填埋
不可燃废弃物(非传染性)	—	塑料容器	堆放	医院内处理→残渣填埋
不可燃废弃物(传染性)	有害物危险标志,橙黄色标志	红色专用垃圾袋或专用收集袋	专门保管场所	消毒灭菌→医院内处理→残渣填埋

医院内部的灭菌处理按厚生省的规定可采用以下方式：焚烧、熔融、高压蒸汽灭菌或干热灭菌、药剂加热消毒及其他法规规定的方法。医院通常采用焚烧方式处理医疗废物，也有部分地方自治机构建设集中化的处理设施，将该区域内的医疗废物收集后统一处理。医疗废物焚烧炉灰必须在指定的安定型填埋场处置。

国外随着对医疗废物焚烧炉尾气和底灰的排放标准越来越严格，人们开始探索费用节省的新处理技术，以替代焚烧处理技术。

据报道，日本中部电力公司开发的“医疗废弃物处理装置”，可以通过高温燃烧抑制二噁英等有害物质的产生。这套装置由热分解室、气燃室和等离子体熔融炉等构成，处理程序是水蒸气通过 400～450℃的热分解室使医疗废弃物在无氧状态下进行热分解；其间产生的氯化氢在经过氢氧化镁时被吸附；气体再经1000℃的高温燃烧，通过脱氯剂放到大气中，将二噁英等有毒物质的发生量控制在低水平；在热分解中残留下来的固体由等离子体熔融，成为无害的金属块。但由于对焚烧后产物的要求高，国外处理设备的成本高，如果上海引进国外设备来处理所有医院垃圾，其投资就达5000多万元人民币，是一笔不小的开支。

3. 国内医疗废物处置及其存在的问题

(1) 医疗废物的综合利用情况　医疗废物主要有一次性医疗用品，包括注射器、输液器、扩阴器、各种导管、药杯、尿杯、换药器具等和废显（定）影液。

一次性医疗用品（主要是塑料用品、橡胶用品及检查器），经人工分拣、粉碎机粉碎后，用次氯酸钠浸泡消毒，消毒处理后的塑料废碎料或橡胶废碎料作为工业原料提供给企业生产塑胶鞋底等。消毒废水和沉淀污泥定期清运，送到周围农田填埋或作为农田肥料。这种方式实际处理量远远小于每日一次性医疗废物产生量，且当消毒处理的废物量较大时，一些医用塑料导管的内部难以得到消毒溶剂的有效浸泡，而无法达到国家《医院消毒卫生标准》(GB 15982—1995)。关于一次性用品是否可以回收利用现在国内也存在着争论，按照国际临床废物处置的惯例，一次性医疗用品应该彻底销毁，是不能够回收利用的。

各家医院产生的废显影（定）液中含有少量的银，同时还存在大量的有毒有害物质，一些回收单位收集、运输、贮存和再生废物行为不规范甚至无证经营等造成严重的二次污染隐患。如由金属冶炼厂定点回收的废显影（定）液，对其有毒有害物质如有机物等的处理效果较差；许多医院将显影（定）液卖给个体户，他们只在显影（定）液中加入一些化学药品，置换出其中的银后就将剩余的液体倾倒，严重污染环境。因此，医院废物在收集、运输和贮存环节中存在着致病菌传播的二次污染隐患。

(2) 废水污泥　医院废水一般均为二级处理，经生化曝气后再加次氯酸钠溶液消毒后，排入市政管网。沉淀的污泥由环卫局或其他单位数月后清运一次。

(3) 不经严格处理，混入生活垃圾填埋处理　各医疗机构对其产生的医疗废物基本上是自行分散处置。许多传染性医疗废物仅简易消毒后或根本不经任何消毒便随生活垃圾排放。在处理城市生活垃圾过程中，手工作业多，机械设备简陋，卫生防护差，环卫职工在工作中与垃圾直接接触的机会频繁。生活垃圾中混有带致病菌的医疗废物，无疑对环卫职工身体健康构成很大威胁，对周围居民也有很大威胁。又因国内大多生活垃圾填埋场简陋，无衬层结构，生活垃圾中混入医疗废物，对地下水、地表水也可能造成污染。

而将医疗废物混入综合性危险废物安全填埋场也是不行的。由于危险废物安全填埋场一般是对无机废物进行最终安全处置，有机废物不能进入。而医疗废物中含有各种各样的成分，其中包括大量易腐性废物，在进入填埋场后将会发生生物和化学反应，使得填埋场的稳定受到威胁。

(4) 小型医用焚烧炉处理　国内许多医院自备小型焚烧炉。上海市二级以上医院均自备小型焚烧炉，约120余台，深圳有26家医院备有焚烧炉，焚烧可燃的医疗废物。但实际上焚烧炉使用率低，正常运行的极少，大多数处于停顿与半停顿状况，这与处理量少，一般几天使用一次，致使焚烧炉使用效率较低、运行费用高、经济上不合算有很大的关系。由调查数据估算，废物处理的运行费用为9.5～12.5元/kg，若再加上土地费、设备折旧费和工人工资，处理费用会更高。

各医院现有焚烧设施及操作均不符合《危险废物焚烧污染控制标准》(GWKB 2—1999)。目前都采用间歇式固定床焚烧炉，不配置烟气净化装置；一些医院没有固定的医院危险废物焚烧处理工，操作工均未经严格的上岗前培训，操作极不规范，经常因燃烧不正常而产生黑烟与恶臭，不利于二噁英污染的控制。国内多数医院焚烧炉设在人口稠密的生活区，烟囱高度与周围居民楼高度相比偏低，导致废气排放对周围空气质量有较大影响。

(5) 由持危险废物焚烧经营许可证的焚烧厂焚烧处置 由于绝大多数现有的持证焚烧炉尚不具备处置医疗废物的能力，通过该种途径处置医疗废物尚处于试点和摸索阶段，有时也是管理中无奈的选择。如最近上海某区中心医院发生焚烧医疗废物的投诉事件，拟由该区一个持焚烧许可证的工厂暂时代为处置。

(6) 缺乏外部监督机制 涉及医疗废物管理的部门有卫生、环卫、环保三家，但到目前为止，还没有明确的分工界限，这非常不利于对医疗废物的管理，容易出现扯皮和漏洞。就系统内部管理而言，不可否认，卫生管理部门对医疗废物管理做了大量工作。但是由于工作侧重点、各种医院的隶属关系以及在医疗废物的处理处置和环境污染控制方面缺乏必要的技术和管理办法，不可能对医疗废物管得很具体。《国家危险废物名录》颁布后，环保部门才涉及医疗废物的环境管理，还未形成一个可以操作的规范性文件或管理制度，其对医疗废物的监管尚处于探索阶段。

目前，还没有一部医疗废物管理的法规明确医疗废物的法定意义。不少医疗部门为了缩小焚烧炉的建设规模，减少运转维护费用，或贪图方便或为小团体谋取微利，在处理医疗废物过程中往往出现一些不该出现的现象。如将病人诊治过程中产生的废弃物当作普通生活垃圾，进入城市生活垃圾系统；个体商贩收购一次性医疗器械进行简单消毒后再以低价出售给私人诊所，甚至出售作为儿童玩具；一次性医疗器械不经消毒或简单消毒后破碎回收塑料、玻璃、金属，从而造成潜在的感染机会。

规模较小的医疗单位无力独立建设和运行焚烧设施。这类医疗单位经济实力单薄，占地面积有限，单独建设焚烧设施既无必要，也不现实，他们产生的医疗废物，附近有焚烧炉的医院又不愿意代为处置，其出路往往是与生活垃圾一起由环卫收运。

由于医疗机构集中在市中心区域，如对医疗废物特别是医院临床废物不加以严格管理，则在其包装、贮存和处理过程中可能发生传染性物质、有害化学物质的流散，直接危害居民健康和安全。

总之，医疗废物的分散处理造成监督困难。

三、医疗废物的管理

1. 国外对医疗废物的立法管理简况

发达国家医疗废物的收集、运输、焚烧及焚烧残渣的填埋均采用许可证管理，由持许可证的合同商专门负责实施。医疗废物管理框图见图 5-34。

医疗废物 → 专用标准容器收集 → 专用运输车运输 → 指定焚烧场焚烧 → 焚烧残渣填埋

图 5-34 医疗废物管理框图

(1) 英国 英国作为欧盟成员国之一，所有的立法都必须遵守欧盟的法律和法规，而且该法规一经通过，欧盟的其他成员国也必须自动遵守该法令，并在指定的期限内将该法规列入本国的法规之中。

英国对废物治理的立法主要遵循可持续发展、污染者付费、污染预防三个基本原则，依靠和运用法律手段特别是采用环境标准管理代替了以前通过不断修改法律来适应环境问题的做法，并且形成了一套法规体系，促进了废物的减量化。针对医疗废物的有毒有害性经常被人们忽视而酿成污染事故，对环境和人类身心健康构成直接危害，英国环境保护部制定了产废者责任制。根据这项制度，所有产废单位均应对其所产废物承担法律责任，确保所产废物得到妥善处置。贯彻此项制度的根本途径是制定全面废物管理规划，有关部门总结认为医疗废物管理规划应包括废物的产生、包封、贮存、运输、处置几方面。针对以上要点，环境管理部门还拟定了相应的应急程序，以便让参与废物管理的人员都能正确处理各种废物泄漏事故。英国的医疗废物管理经验表明，健全的管理法规体系、货单管理制度、许可证制度是废物管理系统的三大支柱，英国的医疗废物也是采取货单管理方式对医疗废物实施从产生到最终处置各个环节全面跟踪。2000 年 3 月，在广泛征集对战略草案意见建议的基础上，正式颁布了《英格兰和威尔士废弃物管理战略 2000》，作为未来十五年废弃物管理战略规划，其指导思想非常强调可持续的废弃物管理：即有效利用资源，减少废弃物排放量，以一种有利于经济、社会和环境可持续发展的方式对其进行处理。

如果要建立一个新的医疗废物焚烧设施，申请者必须同时获得四个独立的许可证及一个可选择的许可证，它们是规划许可证、环境许可证、废物管理许可证、废物运输许可证以及焚烧放射性废物的许可证（这个许可证是可选择的）。

① 规划许可证（所需的材料包括：工厂的类型和规模；废物排放的数量及对接纳环境的影响；一份可能的健康影响的风险评价；建筑物的外观和颜色；工厂使用的运输类型和所具备的运输能力；工厂对当地的社会经济影响；工厂建设和运输期间的噪声等级及对周围的水体影响；一份多种方案的选址评估）。

② 环境许可证。

③ 废物管理许可证（所需的材料包括："废物管理企业培训和咨询部"颁发的能力证明；申请者和有关人员未犯过特定环境违法行为的证明；相当数量的财务资料和支付事故补救的费用保证；详细描述拟订的操作管理步骤的工作计划）。

④ 废物运输许可证。

(2) 美国　在美国，传染性废物和医疗废物的管理依据是法规、准则和标准。美国的生物医学垃圾明确由环保局统一管理，运输处理由具有执照的公司按合同进行，而不是由联邦政府或州政府及下属单位管理，但由于制定了一套严格的行之有效的法律、法规、制度，从医学垃圾的产生、运输到最终处置都有一套严密的制度保证，使其管理及处置上不易出现疏漏之处。

传染性废物和医疗废物的法规是由不同层次的政府制订的，由于管辖权的不同，不同的州与州甚至县与县之间所制订的法规之间的差异是很大的。例如，医疗废物的焚烧控制标准主要由地方当局根据其当地的环境容量自行决定，因此各污染物的控制指标略有不同。

为了规范传染性废物的处置，美国国会通过了两项法律并授权给美国环境保护署。它们分别是 1976 年通过的《资源保护和回收法》(RCRA)、1988 年通过的《医疗废物跟踪法》(MWTA)。

根据 RCRA 的规定，环保署对传染性废物的管理和处置与对危险废物的要求相同。根据这一原则，环保署于 1982 年颁布了传染性废物管理指导手册。

针对大西洋海岸和大湖沿岸的传染性废物污染情况，国会于 1988 年通过了 MWTA。根据该法律，环保署于 1989 年 3 月颁布了医疗废物跟踪规定。医疗废物跟踪规定适用于特定种类的被管制医疗废物，包括废物包装要求以及废物产生至处置的全过程跟踪。

美国联邦政府对医疗废物的规定覆盖传染性废物、危险化学废物、放射性废物和含有多种危险品的废物。危险废物的处置由环保署根据 RCRA 的规定，严格执行从"摇篮到坟墓"的管理，整个过程涉及储存、运输、处理和处置各个环节。

① 联邦政府颁布的其他相关法规。职业安全和安全管理署制订了保护接受废物管理的

从业人员健康和安全的标准和规定。

② 州法律。绝大多数州都有法律涉及传染性废物的处置，通常明文禁止填埋未经处理的传染性废物和明确规定了必须采用的处理、处置技术，还有些规定涉及储存条件和废物的运输。有些州还有传染性废物跟踪规定。

③ 地方规定。地方规定通常表明哪些类型的废物不得在当地填埋场填埋或不得在当地的焚烧炉进行焚烧。

④ 标准。在美国，有两个组织及其所制订的标准是与传染和医疗废物相关的，它们是卫生组织认可的联合委员会与美国材料测试协会。

⑤ 准则。1986 年，环保署颁布了《美国环境保护署传染性废物管理指南》。该指南包括环保署对传染性废物的定义和分类以及搬运、包装、贮存、移动、处理和处置不同类型传染性废物的推荐方法。

根据美国 EPA1997 年标准，美国国内正在使用的大约 2400 台医疗废物焚烧炉到 2003 年都必须改造，相当一部分应淘汰。估计 90%的医院选择一揽子的合同方式（废物外包处置）解决，10%的医院选择改进他们的焚烧炉或替代技术。

(3) 日本　1989 年 11 月，日本厚生省颁布了《医疗废弃物处理指南》，同时要求各医疗机构根据该指南调整体制。1991 年 10 月国会通过的《有关废弃物的处理及清扫的法律》的修正案，规定了医疗废弃物处理收费的负担原则。经过近十年的努力，目前日本各医院都基本完善了医疗废物的处理系统。

2. 国内医疗废物管理现状

我国对医疗废物管理目前主要涉及 3 个行政主管部门，即卫生部门（行政机关改革后为卫生部门和药监部门）、环保部门和环卫部门。医疗垃圾的产生单位主要为医院、诊所等，这些单位由卫生局管理；医疗废物的收集、存放、处理由环境卫生管理部门负责监督，无害化处理检测由环境卫生管理部门授权的机构负责，医疗废弃物的焚烧设施和大气污染由环境保护部门负责监督。

卫生部曾经颁布《关于建立健全医院感染管理组织的暂行办法》、《关于加强一次性使用输液器、一次性使用无菌注射器临床使用管理的通知》；1989 年卫生部颁发的《医院分级管理评审标准》中，医疗废物处理也是评审标准之一；1990 年卫生部下达的《医院感染管理规范（试行）》中明确要求“二级以上医院必须设置焚烧炉，由专人负责，并有相应的管理制度”，“各种废弃的标本、锐利器具、感染性敷料及手术切除的组织器官等，尚未采取有效回收处理措施的一次性医疗器具，必须焚烧”，“焚烧炉排放的烟尘应符合国家环境保护部门的有关标准”。根据卫生部的这些规定，上海二级医院以及部分三级医院都陆续配置了各种焚烧炉，约 120 余台。1999 年建设部颁布了《医疗废弃物焚烧设备技术要求》。

1996 年全国人大常委会通过了《中华人民共和国固体废物污染环境防治法》，其中规定了禁止危险废物同生活垃圾混在一起进行填埋处置。根据这一法律，2000 年颁布的《危险废物焚烧污染控制标准》中，明确规定了医院废物的焚烧炉控制指标。在《“十五”全国危险废物集中处置场规划》中明确指出：“医疗废物不适于其他处理处置方式，必须采用焚烧方式。医疗废物禁止再生和重新利用”。

1995 年上海市人民政府颁布了《上海市危险废物污染防治办法》。之后，市环保局先后颁发了《上海市危险废物经营许可证管理办法》和《上海市危险废物转移联单管理办法》，对本市范围内的危险废物加强统一管理和控制。

(1) 国内医疗废物管理现状　我国不少省市借鉴国外经验，对医疗废物实行集中处理或加强管理力度。

河北省石家庄市在1993年起就开始搞医疗废物集中处理，是我国最早实行医疗废物集中处理的城市，该市爱委会、环保局、卫生局、环卫局、物价局联合发布了《石家庄市医疗废弃物处置管理办法》，规定了市区、郊区医疗废物做到存放密闭化、收集容器化、运输密封化、焚烧无害化。现该市焚烧站已与120家医院签订了“医疗废物清运、焚烧合同书”，对医疗废物焚烧处理实行有偿服务，无害化处理。

合肥市卫生局1993年下达通知，对医院环境卫生方面的考核内容及评分标准作了一部分修改，要求各医疗单位必须有敷料、组织碎块等污物的收集、焚烧制度，并有完善的焚烧设备，建议添置稍大一点的油电焚化炉，从而确保焚化效果。院区内的垃圾应有清理制度，垃圾箱按创建要求建成密闭式。

天津市颁布的《天津市环境卫生管理制度》中规定，医疗单位的垃圾要及时消毒，进行焚烧处理，严禁倒入公共垃圾箱、站或任意处置。

1998年沈阳市要求全市各医疗单位将医疗废物统一交由集中焚烧处理站进行集中焚烧处置，并组建了专门的医疗废物收运处理站，制定了统一的收费标准。

1996年广东省在省政府的大力扶持下，实行政府、排污单位和排污个人各出一点资金，即“三个一点”的筹资形式，建立一座广东医疗污物处理站，可年处理3万张病床的污物。1998年广州市政府以会议纪要的形式，要求各级医院、医疗单位集中处理医疗废物，并制定了相应的收费服务、市场化运作和环保监督的管理模式。同年广州市卫生局和环保局联合发出《关于我市医疗垃圾集中处置的通知》，要求将集中处置的范围扩大到区属医院、卫生院、门诊部、诊所。现该市的医疗废物处理收费采取根据医院床位数收费的方法。

北京市的部分地区从1998年开始也就医疗废物的集中处理处置进行了试点，由朝阳区一专业化的医疗废物焚烧处置站收集处置该市东部城区的医疗废物，该试点工作由管理部门和企业共同发起，医院自愿加入，收费按废物质量计，每千克3元人民币。

我国台湾地区也在1998年起要求各个医院将感染性医疗废物一律进行焚烧处理，禁止高温灭菌后同生活垃圾一同处理，要求已经建成的医疗废物焚烧炉对外开放，接受外界委托处理。同时规划在北、中、南三区建设三座医疗废物焚烧炉，供该地区医疗单位集中处理医疗废物。

(2) 医疗废物管理与区域化集中处置存在的问题　国内部分省市对医疗废物实行区域化集中处理作了大量探索工作，取得了许多宝贵经验，但在实际运作过程中，也存在着以下三个方面问题，尚需进一步研究完善。

① 医疗废物收费标准问题。目前，国内部分已实施医疗废物集中处理或委托处理的省市对医疗废物处理费有两类收费标准：一类是按医疗床位数收费；另一类是按医疗废物的产生量，按重量计算收费。如按床位收费，就发生各医院纷纷将原本交环卫部门清运的生活垃圾、办公室普通垃圾也一并拉到医疗废物焚烧处理站处理，一下子超出处理站的处理负荷，使焚烧设备超负荷运转，运行成本超出处理费用，而且设备得不到适当的维修和保养，最终导致焚烧炉提前损坏，使医疗废物处理站难以维持正常的运行。如按重量收费，就出现与上述相反的现象，收不到或收不足医疗废物，也使焚烧处理站难以生存。

② 拖欠处理费问题。按规定医疗废物焚烧处理站是独立法人，对医疗废物实行有偿服务，但有部分医院拖欠处理费达一年以上。

③ 包装容器和运输设备问题。普遍存在医疗废物收集袋过薄易破，造成污物渗漏，包装容器的使用还需统一规范；运输设备也需配备专业化设备，防止废物及渗滤液泄漏、废物腐败发臭和疾病传染。

总之，国内医院垃圾处理问题还完全处于起步阶段，处理技术未成熟，管理制度还在制定之中。目前许多国外公司也在注视着我国医院垃圾处理的发展动向，随时准备打入中国市场。上海市环保局正在与卫生局一起拟定医院垃圾处理办法，并在积极促使医院垃圾处理厂的建立。根据医院垃圾收费初步方案，一张病床每天收 5 元垃圾处理费，全市 3.6 万张病床，1 年 7000 万元。上海市医院垃圾总量大约为 2 万吨，日产 55t。医院垃圾中，金属制品经消毒熔融后可出售给炼钢厂炼钢。预计医院垃圾处理成本为收费的 50%，利润很大。

四、医疗废物的处置管理模式构想

1. 处置管理

医疗废物单独焚烧将大大增加焚烧设备的投入，所需污染控制设备费用很高，也可能污染市区大气。因此，集中焚烧应是优先选择的方法。对于符合有关规定的医疗垃圾，都应进行集中焚烧处理。集中焚烧不仅可以节省建设投资，而且可以规模营运，有利于资源综合利用。因此，医疗单位和有关管理部门必须考虑建立集中或区域性的医疗垃圾焚烧厂。无论从技术上，还是从经济、管理上看，医疗废物集中焚烧处理是可行的。但医疗废物焚烧厂给所在地区所带来的环境问题和医疗垃圾在运输过程中的有关问题，需要进行深入的研究。

集中处理焚烧厂应备以下要求：

① 应有完善的焚烧处理的运行配置系统，包括分析测试、中心控制、事故预防等，以确保焚烧设施安全、稳定运行。

② 建立风险管理体系，如事故预防系统、紧急事故或突发性事故的应急处理系统、预警系统等。

③ 工人应做好健康检查，入焚烧室前穿好工作服、戴好工作帽、防护眼镜、口罩。严格履行安全操作规程，比如密闭运输、机械进料、定时观察炉温、及时观察垃圾灰化是否完全；室内定期通风；对垃圾密闭车、贮料仓定期采取消毒杀蝇灭蛆等措施。

焚化站的管理措施如下。

① 建立焚烧台账：记录每日运行的医疗废物的来源、种类和产量；对焚烧过程中的炉温要记录清楚，记录每日产生的焚烧残渣量及填埋处理情况。

② 焚烧垃圾要日产日清：夏季每日要消毒杀蝇灭蛆并要做好每次用药及消杀效果记录；做好监测记录，包括垃圾本底采样记录、残渣分析记录、大气污染监测记录。

2. 制定专门的医疗废物管理制度

其中包括收集、运输、焚烧操作规程，环境监测技术规范，评价效果标准等，建立分类、包装、标识和跟踪（使用货单制度）制度及有关表格，并对医疗废物的最终处置做出规定。

(1) 实行许可证制度　医疗废物的危险特性决定了并非任何单位个人都能从事医疗废物的收集、贮存、处理、处置等经营活动。从事医疗废物的收集、贮存、处理、处置活动，必须既具备达到一定要求的设备、设施，又要有相应的专业技术能力等条件，否则，就有可能在经营过程中污染环境。

任何从事医疗废物处理的单位都必须向环境主管部门提出申请并提供有关设施、技术和条件的详细说明，以及人员结构、管理措施等情况，对符合条件者发给许可证。

(2) 运输货单制度　如果医疗废物进行集中处理，运输医疗垃圾实行运输货单制度，由废物产生者、运输者、接收者在货单上签字并各保留 1 份，以保证运输过程中不出现问题。货单内容包括产生者、运输者、接收者的名称、地址、废物种类、数量、运输方式等。

需建立的标准和措施还有：医疗废物的分类及最小量化；医疗废物的分离和处理程序；操作者培训和认可；焚烧炉烟囱排放和灰分定期监测；烟囱排放标准；合适的灰分处理方法；发生意外事故时所采取的应急措施和防范措施等。

3. 培训与宣传

对处理医疗废物的人员进行技术培训，加强对医疗废物工作者的环境意识教育。医疗垃圾的运输和无害化处理中，关系到广大人民的生产、生活和身体健康，有关工作人员应按照“统一收集、密闭运输、集中焚烧、达到无害化”标准工作。需提高有关医疗废物产生者如医务工作者、病人等的环境意识，做好社会宣传工作，并号召市民把家庭医疗保健用的医疗垃圾送到指定的收集地点。

4. 建立风险管理体系

对项目和医疗垃圾进行风险评价，合格者才可上马或正常运行。同时要建立一些安全保障设施、预防系统、应急系统等，以应对一些突发事情的发生。

5. 推出配套的环保产品

在推广管理经验的同时，也要推出有特色的与之配套的环保产品，如专用的医疗垃圾焚烧炉、专用的包装产品（软包装和硬壳包装）等，使之成为环保产业特色的一部分。

6. 应建立全国性或区域性医疗废物处置系统

由相应的卫生局、环卫局和环保局根据有关法规协调分工，各司其职，同时各产生单位根据有关法规承担相应责任。它既是一个社会系统和技术系统相结合的统一体，又是一个在国家法律控制和指导下的工程与管理结合的系统。

第十一节 建筑垃圾的资源化利用技术

建筑垃圾大多为固体废弃物，一般是在建设过程中或旧建筑物维修、拆除过程中产生的。不同结构类型的建筑所产生的垃圾各种成分含量有所不同，但其基本组成是一致的，主要由土、渣土、散落的砂浆和混凝土、剔凿产生的砖石和混凝土碎块、打桩截下的钢筋混凝土桩头、金属、竹木材、装饰装修产生的废料、各种包装材料和其他废弃物等组成。

一、建筑垃圾的产量及危害

目前，国内建筑垃圾的数量已占到城市垃圾总量的 30%～40%。据有关资料介绍，经过对砖混结构、全现浇结构和框架结构等建筑的施工材料损耗的粗略统计，在每万平方米建筑的施工过程中，仅建筑废渣就会产生 500～600t，而每拆除 1 万平方米的旧建筑，则会产生 7000～13000t 的建筑垃圾。同样以此标准推算，到 2020 年，还将新增建筑面积约 300 亿平方米，新产生的建筑垃圾将是一个令人震撼的数字。

近十几年来，随着国内城市现代化改造和农村城市化进程的加快，建筑垃圾产生量也迅猛增加。据粗略估算，城市的开发建设每年至少要拆除 $(3000\sim4000)\times10^4\,m^2$ 旧建筑，产生数亿吨建筑垃圾。不仅老建筑、道路和桥梁的拆迁改造产生建筑垃圾，在房屋新建过程中，其地下基坑支护及建筑桩基工程同样也会产生许多废弃混凝土和渣土等建筑垃圾，施工过程中所产生的建筑废渣有 4000 多万吨。

城市建设所产生的建筑垃圾一般没有经过任何处理，就被施工单位运往郊外或乡村露天堆放、填埋。耗用大量的征用土地费、垃圾清运费等建设经费，同时，清运和堆放过程中的遗撒和粉尘、灰砂飞扬等问题又造成了严重的环境污染。

中国垃圾处理起步较晚，垃圾无害化处理能力较低，曾出现垃圾包围城市的严重局面。近年来，中国环境卫生行业有了较大的发展，使城镇垃圾处理水平提高，垃圾包围城市的现象有所缓解。但还有一些问题存在，垃圾处理的投入与垃圾处理的需求相比仍明显不足，垃圾处理的水平还很低，城市生活垃圾处理还处于由粗放到处理的发展阶段，主要表现为垃圾堆放和垃圾处理场的二次污染相当普遍。

随着城市建设进程的加快，建筑垃圾不断增加，建筑垃圾的危害也越来越明显，已经到了必须彻底治理的时候。

① 建筑垃圾的堆放和填埋长期占用大量宝贵的土地。据一位业内人士介绍，每 100 万立方米建筑垃圾，以平均填埋 5m 深计算，即需占用 20 万平方米（300 亩）土地，逐年累计数量巨大，以致近年在大城市近郊已难觅可供填埋的土地。并且，堆放场地还需要留有一定的面积用作道路、缓冲区（以堆放分拣的其他垃圾）等。

② 建筑垃圾的堆放和填埋耗用大量的土地征用费、垃圾清运费等建设经费。建筑垃圾在城市郊区堆放和填埋占用大量的土地，需要缴纳大量的土地征用费；况且向城市郊区运送，又消耗大量的人工费和机械费等建设经费，造成巨大的经济浪费。

③ 建筑垃圾在清运和堆放过程中的遗撒和灰尘飞扬等问题，又造成了严重的环境污染；即使不占用农田，将河塘、洼地、山谷填埋，也会对环境造成严重破坏。

④ 建筑垃圾长期在雨水的冲刷中，将大量的有害化学物质带入地下水和土壤中，其结果不但危害耕地的良好土质，而且将进入人类生存用水的循环之中，造成无法想象的严重后果。

整体来看，城市建筑垃圾的处理呈现以下几个问题：

① 建筑垃圾分类收集的程度不高，目前只能是绝大部分进行混合收集。

② 建筑垃圾回收利用率低。

③ 建筑垃圾处理及资源化利用技术水平落后，城市建筑垃圾处理多采用直接填埋的处理方式，既占用土地又污染环境。

④ 城市建筑垃圾处理投资少，政策法规措施还不健全，建设工作者的环保意识不强。

当前，在如火如荼的新城市建设中，城中村改造、拆临拆违、旧城改造等工程实施步伐不断加快，城市变得越来越美的同时，建筑垃圾产生量却在与日俱增，成为环境保护的又一大难点。建筑垃圾犹如城市建设的伴生“疮”，既侵占土地，还对周边环境产生严重影响，甚至带来围城之患，若不及时有效治理，必将后患无穷。城市建筑垃圾治理有望破局，但任重道远。城市建设速度加快，垃圾数量不断猛增。长期以来，巨量的建筑垃圾，在给市民的生活带来影响的同时，也给城市环境埋下了更多的污染隐患。据了解，近年来，因缺乏统一完善的建筑垃圾管理办法和规范的处置场所，城市大量建筑垃圾多采取扔弃、填埋等简单方式处理，侵占土地、随意丢弃填埋、看得到的粉尘，乃至下雨天从垃圾堆流出的污水，只是建筑垃圾造成严重环境污染影响的冰山一角。据了解，由于建筑垃圾中的建筑用胶、涂料、油漆等属于难以降解的高分子聚合物材料，并含有有害的重金属元素，它们被埋到地下，会污染地下水，直接危害到周边居民的生活。

众所周知，随着科技的不断发展，建筑垃圾早已被看成是放错了地方的资源。回收利用步履蹒跚而解决问题又迫在眉睫的中国，建筑垃圾的归途到底在哪里？据了解，废弃物资源化国家工程研究中心在对城市城中村改造所产生的建筑垃圾的问题进行深入调查后认为，近 5 年来各大城市建筑垃圾的产生呈现出数量巨大、产生周期集中等新特点，目前建筑垃圾主要还是采取以回填、填埋和露天堆放为主的方式，急需寻找新的处理渠道，以科学、经济、有效的方式进行建筑垃圾资源化处理。

目前建筑垃圾的主要处理方法是将其填埋地下。其危害在于：①占用大量土地。仅以北京为例，据相关资料显示，奥运工程建设前对原有建筑的拆除以及新工地的建设，每年都要设置二三十个建筑垃圾消纳场，造成不小的土地压力。②造成严重的环境污染。建筑垃圾中的建筑用胶、涂料、油漆不仅是难以生物降解的高分子聚合物材料，还含有有害的重金属元素，这些废弃物被埋在地下，会造成地下水的污染，直接危害到周边居民的生活。③破坏土壤结构，造成地表沉降。现今的填埋方法是垃圾填埋 8m 后加埋 2m 土层，但土层之上基本难以重长植被，而填埋区域的地表则会产生沉降和下陷，要经过相当长的时间才能达到稳定状态。

二、建筑垃圾的管理

建筑垃圾中的许多废弃物经过分拣、剔除或粉碎后，大多可作为再生资源重新利用，综合利用建筑垃圾是节约资源、保护生态的有效途径。在这方面，日本、美国和德国等发达国家进行得比较早，给我们提供了许多先进的经验和处理方法。

1. 国外建筑垃圾的管理经验

日本由于国土面积小，资源相对匮乏，因此，将建筑垃圾视为“建筑副产品”，十分重视将其作为可再生资源而重新开发利用。日本政府 1977 年制定了《再生骨料和再生混凝土使用规范》，并相继在各地建立了以处理混凝土废弃物为主的再生加工厂，生产再生水泥和再生骨料，生产规模最大的可加工生产 100t/h。1991 年日本政府又制定了《资源重新利用促进法》，规定建筑施工过程中产生的渣土、混凝土块、沥青混凝土块、木材、金属等建筑垃圾，必须送往“再资源化设施”进行处理。日本对于建筑垃圾的主导方针是：①尽可能不从施工现场排出建筑垃圾；②建筑垃圾要尽可能地重新利用；③对于重新利用有困难的则应适当予以处理。东京都在 1988 年对于建筑垃圾的重新利用率就已达到了 56%。

美国政府制定的《超级基金法》规定：“任何生产有工业废弃物的企业，必须自行妥善处理，不得擅自随意倾卸”，从而在源头上限制了建筑垃圾的产生量，促使各企业自觉地寻求建筑垃圾资源化利用的途径。美国住宅营造商协会推广的一种“资源保护屋”，其墙壁是用回收的轮胎和铝合金废料建成的，屋架所用的大部分钢料是从建筑工地上回收来的，所用的板材用锯末和碎木料加上 20% 的聚乙烯制成，屋面的主要原料是旧的报纸和纸板箱。这种住宅不仅积极利用了废弃的金属、木料和纸板，而且比较好地解决了住房紧张和环境保护之间的矛盾。

法国的 CSTB 公司是欧洲首屈一指的“废物与建筑业”集团，专门统筹在欧洲的“废物与建筑业”业务。在荷兰，建筑业每年产生的废物大约是 14×10^6 t，大多是拆毁和改造旧建筑物的产物（石块、金属、塑料和木材）。目前已有 70% 的建筑垃圾可以被再循环利用，但是荷兰政府希望把这个数字增加到 90%。荷兰建筑废物循环再利用的重要副产物是筛砂，产量大约 1×10^6 t/a。砂很容易被污染，其再利用是有限制的。为此，荷兰采用了砂再循环网络，由拣分公司负责有效筛砂：依照它的污染水平分类，储存干净的砂，清理被污染的砂。

德国将建筑垃圾分成土地开挖、碎旧建筑材料、道路开挖和建筑施工工地垃圾四类，对其进行分类处理。1997—2005 年各类建筑垃圾的再利用情况见表 5-63（德国联邦环境基金会总部的建筑就是利用了旧混凝土集料）。如德国西门子公司开发的干馏燃烧垃圾处理工艺，可使垃圾中的各种可再生材料十分干净地分离出来，再回收利用，对于处理过程中产生的燃气则用于发电，每吨垃圾经干馏燃烧处理后仅剩下 2～3kg 的有害重金属物质，有效地解决了垃圾占用大片耕地的问题。这些国家其实是施行“建筑垃圾源头削减策略”，即在建筑垃圾形成之前，就通过科学管理和有效的控制措施将其减量化；对于产生的建筑垃圾则采用科学手段，使其具有再生资源的功能。

表 5-63 德国 1997—2005 年各类建筑垃圾的再生利用率 单位：%

垃圾类别	年份				
	1997 年	1999 年	2001 年	2003 年	2005 年
碎旧建筑材料	25	37	55	70	75
建筑工地垃圾	10	12	30	45	60
道路开挖垃圾	70	75	88	90	95

总之，国外建筑垃圾回收利用管理较先进的国家都施行“建筑垃圾源头削减策略”，即在建筑垃圾形成之前，就通过科学管理和有效控制措施将其减量化。对于产生的建筑垃圾则采用科学手段使其具有再生资源的功能。

2. 建筑垃圾管理

(1) 建筑垃圾回收利用及其管理　长期以来，国内建筑业都是采用传统方式施工，原料消耗量大，加上管理的落后，从而产生大量的建筑垃圾。虽然已开始新型建材的开发与利用，但数量和规模还很有限。在利用工业废料取代黏土原料生产墙体材料方面取得了显著成就，但对建筑垃圾的利用还刚刚起步，还没有一套适合我国国情的建筑垃圾资源化方法。

1990 年 7 月，上海市第二建筑工程公司在市中心的“华亭”和“霍兰”两项工程的 7 幢高层建筑施工过程中，将结构施工阶段产生的建筑垃圾，经分拣、剔除并将有用的垃圾碎块粉碎后，与标准砂按 1∶1 的比例拌和作为细骨料，用于抹灰砂浆和砌筑砂浆。共计回收利用建筑垃圾 480t，节约砂子材料费 1.44 万元和垃圾清运费 3360 元，扣除粉碎设备等购置费，净收益 1.24 余万元。

1992 年 6 月，北京城建集团一公司先后在 9 万平方米不同结构类型的多层和高层建筑的施工过程中，回收利用各种建筑垃圾 840t，用于砌筑砂浆、内墙和顶棚抹灰、细石混凝土垫层，使用面积约 3 万平方米，节约资金约 4.5 余万元。

全国人大于 1995 年 11 月通过了《城市固体垃圾处理法》，要求产生垃圾的部门必须交纳垃圾处理费，但这种收费办法并不能从根本上消灭和堵住产生大量建筑垃圾的源头及出口，建筑企业交了垃圾处理费，照样在城市周边的土地上四处倾倒，占用耕地和污染环境的问题没有得到有效解决。在上海、武汉、石家庄等一些城市，投资几百万甚至几千万引进外国设备兴建了大型建筑垃圾集中处理厂，由于建筑垃圾价值低、运途远、运费高，且在建筑垃圾清运过程中遗撒和扬尘会严重影响环境，加之处理过程费用高，占用场地大，效益不理想，投资回收慢，经济上不划算，致使这种贪大求洋的建筑垃圾处理办法在市场上反映平平，未能根治建筑垃圾。

2002 年，南京都市废弃物综合利用开发公司与河海大学、南京市废弃物管理处合作，开始进行废弃混凝土开发利用试验研究。该项目还被列为《南京市 2004 年科技发展指导性计划》；道路工程试验经过了南京市相关部门的检测和验收，各项指标均符合国家标准及规范的要求。据技术人员介绍，他们首先把运来的废弃混凝土进行破碎，然后将不同粒级的混凝土块按比例混配，再加上石灰、粉煤灰和特种添加剂，生成“二灰结石”，用这种材料作为道路“基层”，完全可以满足道路承载能力的需求。

近几年，河北工专新兴科技服务总公司开发成功一种“用建筑垃圾夯扩超短异形桩施工技术”，在综合利用建筑垃圾方面有了突破性进展。该项技术采用旧房改造、拆迁过程中产生的碎砖瓦、废钢渣及碎石等建筑垃圾为填料，经重锤夯扩形成扩大头的钢筋混凝土短桩，并采用了配套的减隔振技术，具有扩大桩端面积和挤密地基的作用。单桩竖向承载力设计值可达500～700kN。经测算，该项技术较其他常用技术可节约基础投资25%左右。

2004年，吉林省制定了加强道路扬尘污染控制管理的有关规定。要求凡在城市规划区内从事道路运输粉煤灰、渣土、砂石、煤炭、垃圾等易产生粉尘物质的单位和个人，必须采取措施，防止发生遗撒和泄漏。凡未安装密闭式运输装置运送易扬尘物质的车辆，禁止在省内城市道路上行驶。县以上城建部门要加强运送易扬尘物质车辆的管理，建立运送易扬尘物质车辆登记制度。加强对城市规划区内各类施工工地和拆迁工地的管理，禁止高空抛撒建筑垃圾。严禁雇用无密闭式装置车辆运送易扬尘物质。各级城建、环保、公安交通、城管监察、市容环卫等部门对道路扬尘污染控制工作进行监督检查，对违反规定的，要严肃处理。

建设部《城市建筑垃圾管理规定》2005年6月1日起施行，要求任何单位和个人不得随意倾倒、抛撒或者堆放建筑垃圾。居民应当将装饰装修房屋过程中产生的建筑垃圾与生活垃圾分别收集并堆放到指定地点，建筑垃圾中转站的设置应当方便居民。还对不按规定处置建筑垃圾的单位和个人给予重罚，以此来加强城市建筑垃圾管理，保障城市市容和环境卫生。

(2) 建筑垃圾回收管理中的问题　目前建筑垃圾处理中仍然存在很多问题，主要是：①建筑垃圾分类收集的水平较低。绝大部分依然是混合收集，增大了垃圾资源化、无害化处理的难度。②建筑垃圾回收利用率低。目前主要依赖于人工分拣，由于劳动强度大，工作条件差，工人待遇低，专业分拣的人员又很少，所以大多数可以回收的资源白白浪费了。③建筑垃圾处理工艺技术水平落后。建筑垃圾的处理缺乏新技术、新工艺开发能力，设备陈旧落后，垃圾处理多采用简单填埋和焚烧，既污染环境又危害人们健康。④建筑垃圾处理相关法规不健全。

国内城市对建筑垃圾的处理需要注意以下几个重要问题。

① 高度重视，切实加强组织领导。建筑垃圾的处理和回收利用是一个系统工程，涉及社会的各个层面，该如何处理就需要有组织进行协调解决，各建筑施工有关单位要站在讲政治、讲大局、讲稳定的高度，进一步统一思想，提高认识，分工负责，齐抓共管；要建立健全渣土设置与管理专项方案，对工地内建筑渣土的产生、防尘措施、处置等实行统一领导，统一管理。

② 提高建筑垃圾的技术处理水平。城市建筑垃圾一般采用直接填埋的处理方式，缺乏对建筑垃圾的有效技术处理。尤其是对建筑垃圾做混凝土骨料必需的破碎、筛分分级、清洗堆存技术国内企业还少有研究。城市相关部门应尽快帮助协调并依靠企业技术研发解决在建设垃圾处理等方面存在的技术问题。

③ 降低建筑垃圾对环境的污染。建筑垃圾处理技术及回收利用率较低，建筑垃圾大部分被运往垃圾填埋场堆放或填埋，不但占用了大量宝贵的耕地，而且对土壤、水源、植被等自然环境造成了相当大的危害。同时，在运输过程中给城市环境造成了严重污染，严重影响了城市环境和城市形象。所以对于那些分拣出来不能利用的垃圾要合理处置，把对环境的污染降到最低。

④ 政府要为建筑垃圾处理提供资金保障。建筑垃圾废料不是商品，本身是没有价值的，只有经过加工处理再利用后才会产生新的价值。在建筑垃圾的回收处理利用过程中，常常使处理单位无利润可图，缺少了积极性，直接影响利用工作的进行，因此必须由政府通过某种

渠道在利用过程中给予经济补助。

⑤ 建立健全合理的政策法规。近些年来，对建筑垃圾回收再利用的重要性虽已有清醒认识，但还没有引起足够的重视。国家还没有建立完善的相关法律法规，对违反规定的处罚条例，禁止填埋可利用的建筑垃圾及规定建筑垃圾必须进行分类收集和存放的条款还不完善。所以，应出台相关政策法规，实行有效的奖惩制度。

三、建筑垃圾处理再利用的方式

随着城市化进程的不断加快，城市中建筑垃圾的产生和排出数量也在快速增长。人们在享受城市文明同时，也在遭受城市垃圾所带来的烦恼，其中建筑垃圾就占有相当大的比例，占垃圾总量的30%～40%，因此如何处理和利用越来越多的建筑垃圾，已经成为各级政府部门和建筑垃圾处理单位所面临的一个重要课题。

建筑垃圾处理再利用的方式主要有：①利用废弃建筑混凝土和废弃砖石生产粗细骨料，可用于生产相应强度等级的混凝土、砂浆或制备诸如砌块、墙板、地砖等建材制品。粗细骨料添加固化类材料后，也可用于公路路面基层。②利用废砖瓦生产骨料，可用于生产再生砖、砌块、墙板、地砖等建材制品。③渣土可用于筑路施工、桩基填料、地基基础等。④对于废弃木材类建筑垃圾，尚未明显破坏的木材可以直接再用于重建建筑，破损严重的木质构件可作为木质再生板材或造纸的原材料等。⑤废弃路面沥青混合料可按适当比例直接用于再生沥青混凝土。⑥废弃道路混凝土可加工成再生骨料用于配制再生混凝土。⑦废钢材、废钢筋及其他废金属材料可直接再利用或回炉加工。⑧废玻璃、废塑料、废陶瓷等建筑垃圾视情况区别利用。

目前的建筑垃圾再生利用已经有了一定的技术基础，无论是实验室的研究还是市场应用都有了一定成果。由于建筑垃圾堆放比较集中，场地比较有限，而且交通不是很方便，建议选用建筑垃圾破碎机，用该设备对各种大型大块物料进行多级破碎。设备占地面积小，可节省大量的基建及迁址费用；能够对物料进行现场破碎而不必将物料运离现场再破碎，从而大量降低了物料的运输费用。建筑垃圾破碎机还可以根据实际现场设计改型。

建筑垃圾回收处理技术最早是在德国起步的，进入中国比较晚，但是有关建筑垃圾处理的技术其实早在设备成型之前就已经逐步在完善中了，所以从技术上来看，国内设备并不逊于国外产品。在建筑垃圾处理这一领域，建筑垃圾处理设备破碎站是一种专业针对建筑垃圾进行回收处理破碎的新颖的破碎筛分设备，它整合了振动筛，给料机，皮带输送机，一级、二级、三级破碎机而成。该产品的研制完全站在用户的角度上，为客户解决了大型设备高昂的运输和安装成本，大大缩短了破碎工期。其中该产品的一体化机组设备安装形式，消除了分体组件繁杂的场地基础设施安装作业，降低了物料、工时消耗。机组合理紧凑的空间布局，提高了场地驻扎的灵活性。同时也降低了运输费用，提高了设备的机动性、灵活性，大大提高了室外作业的适应性。从技术上来看，国产建筑垃圾处理设备的性能毫不逊色于国外技术，而且结合中国市场需求，国内厂家价格实惠、售后服务完善快捷，特别适合国内客户选用。

四、建筑垃圾循环模式的建立

(1) 采取建筑周期全过程的管理模式，改变传统的建筑原料-建筑物-建筑垃圾的线性模式，形成建筑原料-建筑物-建筑垃圾-再生原料的循环模式

在建筑过程中让原材料最大限度地得到合理、高效、持久地利用，并将其对自然环境的影响降低到尽可能小的程度，从而形成高利用、低排放的新型建筑模式，在保护环境的同时

也取得了巨大的经济效益。首先，从源头上加以控制，大力开发和推广节能降耗的建筑新技术和新工艺，从而减少建筑垃圾的产生。在建筑物的设计过程中，采用尽量少产生建筑垃圾的结构设计，使用环保型建筑材料，使建筑物将来进行维修和改造时建筑垃圾产生量少，考虑建筑物在将来拆除时的再生问题。其次，在建筑过程中坚决杜绝偷工减料、以次充好、随意改变设计方案等降低工程质量的现象发生，保证建筑的质量和耐久性，减少不必要的维修、加固甚至重建工作。注意废料的直接再利用，制定相关的建筑垃圾产出标准作为法律依据，使政府可以对建筑垃圾的产生量予以控制。再次，运出场外的建筑垃圾，对其进行分拣、集中，将其中可作为原材料再生利用的成分进行回收再利用。

(2) 加强建筑垃圾循环利用的立法工作　在建筑垃圾的循环利用方面，政府有关部门应制订完善的相关法律法规，禁止填埋可利用的建筑垃圾，规定对建筑垃圾必须进行分类收集和存放；以经济杠杆调节建筑垃圾的处置行为；以政策引导市政道路采用再生材料等。凡利用垃圾生产出的材料和产品，在税收政策上给予优惠。应在全国建筑施工企业中，对每万平方米建筑在施工过程中产生的建筑垃圾进行一次大范围的定量定性综合调查统计，依此制定相应的建筑垃圾允许产生和排放数量标准，并将其作为衡量建筑施工企业管理水平和技术水平高低的一个重要考核指标，这样才能真正引起人们对于建筑垃圾进行综合利用的足够重视，建筑垃圾大量产生的源头才有可能得到有效的控制。

(3) 开展建筑垃圾循环利用的科研工作　① 国家和建筑施工企业应投入资金，立项开展建筑垃圾综合利用的深入研究与开发。

② 建筑垃圾减量化的综合措施。减少建筑垃圾，首先要优化建筑设计，保证建筑物的质量和耐久性，同时加强建筑施工的组织和管理工作。

③ 回填材料的研究。研究回填材料的组成、结构与性能以及回填材料对周围环境的影响。

④ 采用循环再生骨料开发绿色建材。经过一般破碎的砖头和混凝土骨料可以用在道路工程垫层和面层、素混凝土垫层、混凝土砌块砖、铺道砖、花格砖等建材制品方面；废混凝土通过破碎、筛分，可以代替天然砂石用在钢筋混凝土结构工程中。上述技术应该专门立项加以研究。

(4) 加强建筑垃圾资源化的宣传教育工作　广泛宣传建筑垃圾是一种可利用的资源，提高建筑工人的环保意识，并把建筑垃圾综合利用的最新技术和工艺方法介绍给相关单位和人员。

第六章 工业固废处理及资源化新工艺设备

第一节 工业固体废物收运设备介绍

根据国民经济行业分类，包括第一产业、第二产业及第三产业，共计 99 个行业。根据 1995 年申报统计数据，这 99 个行业都产生固体废物（或危险废物），固体废物具有分散性、难以收集的特点。工业固体废物的产生源是企业，因此废物具有明显的归属性，不像城市生活垃圾具有无主性；工业固体废物的组分复杂，有毒有害物质含量大；工业固体废物的处理处置技术的要求也比较高，以上特点决定了对工业固体废物的收集与城市生活废物明显不同。

一、工业固体废物的运输方式

工业固体废物的收集、运输有车辆运输、铁路运输、管道运输和船舶运输等方式。工业固体废物的收集、运输机械应与废物的性质、状态、排放单位、处理设施等的规模和结构相适应。另外，一些危险废物具有易燃性、反应性、毒性、感染性和腐蚀性等，可能会给人类的健康和生活环境带来较大的危害。

1. 车辆运送方式

车辆具有上门收集、运送的便利性，也有应付状况变化的灵活性，还有初期投资和运营成本低、容易调配工作人员等特点，同时机械的种类也很多。因此，车辆与船舶、铁路结合的方式可组成更适合于实际情况的收集、运送系统。车辆运送方式在工业固体废物（不论一般废物还是危险废物）的收集、运送中，都是用得最多的方式。

按装车形式可分为前装式、侧装式、后装式、顶装式、集装箱直接上车等形式。为了清运狭小里弄小巷内的垃圾，还有数量较多的人力手推车、人力三轮车和小型机动车作为清运工具。带有液压系统的车辆可把松散的废物由容重 $35kg/m^3$ 压实到 $200\sim240kg/m^3$，常见的装载量为 $12m^3$ 和 $15m^3$。

（1）简易自卸式收集车　简易自卸式收集车是国内最常用的收集车，一般是在货车底盘上加装液压倾卸机构或垃圾车改装而成。常见的有两种形式：一是罩盖式自卸式收集车，为了防止运输途中垃圾飞散，在原敞口的货车上加装防水帆布盖或框架式玻璃钢罩盖，后者可通过液压装置在装入垃圾之前启动罩盖，要求密封程度较高；二是密封式自卸车，即车厢为不带盖的整体容器，顶部开着数个垃圾投入口。简易自卸式垃圾车一般配以叉车或铲车，便于在车厢上方机械装车，适宜于固定容器法收集作业。

(2) 活动斗式收集车　活动斗式收集车的车厢作为活动敞开式贮存容器，平时放置在垃圾收集点。因车厢贴地且容量较大，适宜贮存装载大件垃圾，也称为多功能车，用于拖曳容器收集法作业。

(3) 侧装式密封收集车　侧装式密封收集车内侧装有液压驱动提升装置，提升配套圆形垃圾桶，可以将地面上的垃圾桶提升至车厢顶部，由倒入口倾倒垃圾，然后将空桶复位至地面。倒入口有顶盖，随桶倾倒动作而启闭。国外这种车的机械化程度较高，改进形式有很多，一个垃圾桶的卸料周期不超过 10s，工作效率较高。另外提升架悬臂长，旋转角度大，可以在相当大的作业区内抓取垃圾桶，故车辆不必对准垃圾桶停放。

(4) 后装式压缩收集车　后装式压缩收集车在车厢后部开设投入口，装配有压缩推板装置。通常投入口高度较低，能适应中老年人和小孩倒垃圾，同时由于有压缩推板装置，适于体积大、密度小的垃圾收集。这种车与手推车收集垃圾相比，功效提高 6 倍以上，大大减轻了环卫工人的劳动强度，缩短了工作时间，另外还减少了二次污染。后装式压缩收集车外形如图 6-1 所示。

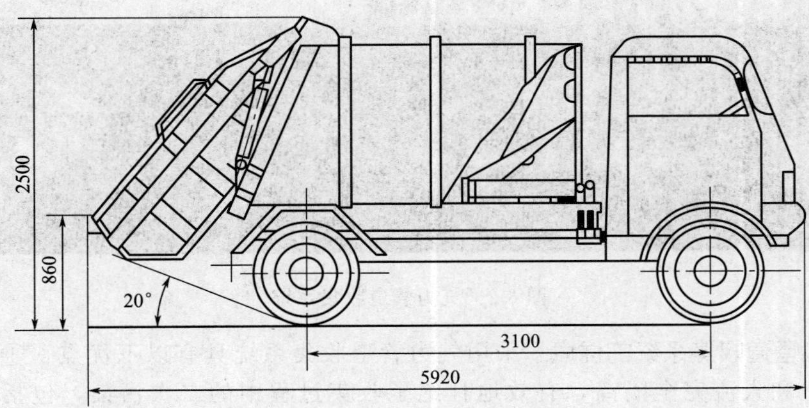

图 6-1　后装式压缩收集车外形

2. 船舶运送方式

船舶运送能把大量固体废物长距离运送，在两个地点的运送中，与其他运输方式相比成本较低，并极少受到陆地交通影响，一般采取集装箱运输方式。对临海沿江的企业运输到临海沿江处理处置设施，可以说是最合适的一种方式。例如，日本鉴于其地理特点，已利用船舶运送作为一般工业固体废物的长距离大量运送方式，但和车辆运送相比较，其总量还是较少。水运垃圾转动站一般需要设在河流或者运河边，垃圾收集车可将垃圾直接卸入停靠在码头的驳船里。在运输过程中特别要防止由于废物泄漏对河流的污染，为了保证盛装医疗废物的周转箱（桶）在发生意外落水事故后不致沉入水底，周转箱（桶）的载荷应小于 $1\times10^3 kg/m^3$。

3. 铁路运送方式

近年来，在发达国家，以大城市圈为中心的运送长距离化，车辆运送成本过高和运送效率下降成为令人关注的问题。因为铁路运送方式具有如下优势，其运送量在逐步增加：①适合于长距离大量运送，运送距离约为 400km 以上时比车辆运送经济；②因受道路交通的影响少，故易把握运送日程；③铁路运输比较安全，沿途发生交通事故的可能性比较小，事故风险少，适于危险废物的搬运；④与车辆合用使运货上门式的搬运变为可能；⑤铁路运输基本上以集装箱为主，且委托人不需要具备车辆和铁路集装箱等设施，包装要求低；⑥不需要调配司机。

4. 管道运输方式

管道运输方式是近年来发展起来的运输方式，在一些发达国家一部分实现了实用化。它是一种以气体或液体为载体，通过封闭管道输送垃圾的运输方式。虽然它的发展仅有几十年的历史，但由于它具有效率高、占地少、无污染、安全可靠和可以合理配置的优点，目前在垃圾运输过程中得到了广泛的应用，其发展前景很大。空气输送分为真空管道气压容器运输和压送运输方式；水力输送分为水力管道输送和水力容器式管道运输。气力管道收集系统如图 6-2 所示。

图 6-2　气力管道收集系统

（1）气力管道收集系统的优点　采用气力管道收集系统具有以下优点：①固体废物流密封、隐蔽，和人流完全隔离，有效地杜绝了收集过程中的二次污染，包括恶臭、噪声和视觉污染等；②显著降低了垃圾收集劳动强度，提高了收集效率，优化了工人劳动环境；③取消车辆等传统废物收集工具，基本避免了废物运输车辆穿行于居住区，减轻了交通压力和环境污染；④废物收集、压缩可以全天候自动运行，废物成分不受雨季影响，有利于填埋场、焚烧厂的稳定运行；⑤可利用一套公共管道收集系统分别自动收集可回收和不可回收垃圾。

（2）气力管道收集系统的缺点　采用气力管道收集系统具有以下缺点：①一次性投资大；②对系统的维护和管理要求较高。

（3）气力管道输送设计关键参数　管道中废物与空气的输送比，即流过管道截面的物料与空气的流量比。它表示要输送的废物量与所需空气量之间的数量关系。输送比越大，对输送能力是有利的，但输送比过大，在同样的气流速度下可能产生堵塞，且要求输送压力增高，有可能超过抽风机的吸气压力，因此，输送比受废物的物理性质和输送条件等因素的控制。输送比的大小决定了气力输送的形式，当输送比大于 20：1 时，为密相输送，小于20：1则为稀相输送。根据国外的相关资料，经验得出废物与空气的最佳输送比为 10：1。

根据废物量和输送比可以算出输送管道中的气流速度，它是选择风机的关键参数。类比国内外经验数据，对于住宅区一般取每户日平均废物量为 3kg；非住宅建筑区则一般取每 $1000m^2$ 建筑面积平均废物量为 28kg，根据服务户数和面积确定每日废物量，从而算出气流速度。输送管道中气流速度的大小决定了管道中的运动流型，气流速度必须大于废物的悬浮速度很多，才能保证废物不致停滞在管底而产生堵塞；但输送速度过高会加剧管件的磨损，增大动力消耗。

(4) 气力管道收集废物系统的技术困难

① 输送管道的管径。在传统的气力输送系统中，管径一般在 200mm 以内，输送物料的平均直径一般在 50mm 以内，而有些固体废物的平均直径可以达到 500mm。在 500mm 管径的管道中利用负压吸送物料，动力系统如何保证是一大技术难题。

② 弯管磨损。在管道弯曲部分，废物将和管道外侧壁发生碰撞并减速，在一般情况下，管道曲率越大，碰撞越激烈，减速也越大，因此在弯管处会对管壁造成严重磨损，长期磨损一段时间后会引发管道漏气。

③ 管道的堵塞。主要有两种情况容易引起管道堵塞：a. 在弯管处，废物与管壁碰撞减速，容易引起废物聚集，造成堵塞；b. 由于人为的因素，将一些非生活废物投入废物管道，使得输送管道内混合物的密度增大，超出真空管道的输送能力，利用气力无法收集而造成堵塞。

④ 输送距离。传统气力输送的距离一般为几百米，为提高真空管道废物输送系统的收集效率和建设成本，从国外的经验得出，真空管道输送废物的最长距离可达 2km，如此长的输送距离将给整个系统的正常运行带来困难。

二、工业固体废物的收集、运输机械

工业固体废物的收集和运输要做到以下两个方面：①选择适合废物的性质、状况及排放单位处理、处置状况的机械设备，符合有关的法律法规所规定的收集运输标准（运输车以及运输容器不能产生废物飞溅、溢出及异味泄漏）；②要充分做好机械的维修护理，保证机械性能良好；要注意保持清洁，将对周围环境的不良影响降至最低。

工业固体废物是从各行各业产生的，性质、状态多种多样。比如污泥就有建筑污泥、食品厂污泥（有机污泥）、加油站排出的油泥等多种，它们的收集、运输、处理和处置也各不相同，应该根据具体情况选择收集、运输机械设备。选择确定机械设备的时候，要考虑其安全性、清洁性、效率和经济性。一般根据工业固体废物的外观性状和物理化学性质，将其分为液体、污泥、粉粒状和固体（残渣）等几类，见表 6-1。

表 6-1 工业固体废物的性质与车辆搭配

形态	种类	具体实例	
液体	吸引车	真空清洁车	—
		污泥吸引车	
		强力吸引车	
	油罐汽车	重力方式	—
		真空方式	
		液体泵方式	
污泥	吸引车	污泥吸引车	—
		强力吸引车	
	自卸车	水密自动卸货车	

续表

形态	种类	具体实例	
粉粒状	吸引车	吸引方式	强力吸引车
	散装车	排出方式	螺旋式
			空气式

三、危险废物的收集、运输

在日常生活中，包括工、农、商业部门乃至家庭生活，都会产生危险废物，这类废物具有易燃性、腐蚀性、反应性和毒性以及感染性等危险特性中的两种或多种，而这些属性都会对人类健康或环境产生危害。所以，在这类废物的收集、贮存与运输过程中必须采取与一般废物不同的特殊管理。

1. 危险废物的盛装容器

危险废物的产生部门、单位或个人，都必须备有安全存放这种废物的容器，一旦这种废物产生出来，迅速将其妥善地放进该容器内，并加以妥善保管，直至运出产生地做进一步的处理处置。

盛装危险废物的容器可以是钢圆筒、钢管或塑料制品，见图 6-3。

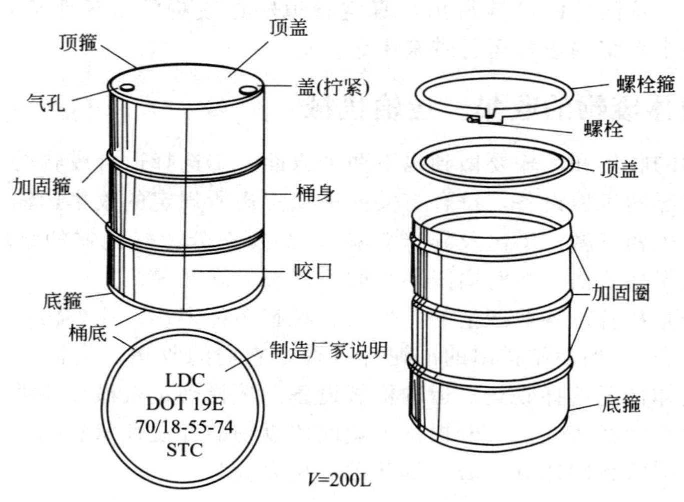

图 6-3 危险废物的盛装容器

所有盛装废物待运走的容器或贮存罐，都应清楚地标明盛装物品的类别与危害说明，以及数量和装进日期。危险废物的包装应足够安全，并经过周密检查，严防在装载、搬移或运输途中出现渗漏、溢出、抛洒或挥发等情况，否则将引发所在地区严重的环境事故。

根据危险废物的性质和形态，可采用不同大小和不同材质的容器进行包装，以下为可供选择的包装装置和适宜于盛装的废物种类：①$V=200$L 带塞钢圆桶或钢圆罐，可供盛装废油和废溶剂；②$V=200$L 带卡箍盖钢圆桶，可供盛装固态或半固态有机废物；③$V=30$L、45L 或 200L 塑料桶或聚乙烯罐，可供盛装无机盐废液；④$V=200$L 带卡箍盖钢圆桶或塑料桶，可供散装的固态或半固态危险废物装入；⑤贮罐，其外形与尺寸大小可根据需要设计加工，要求坚固结实，便于检查渗漏或溢出等事故发生，该装置适宜于贮存可通过管线、皮带等输送方式进入或输出的散装、液态危险废物。

2. 危险废物的收集

放置在场内的桶或袋装危险废物可直接运往场外的收集中心或回收站，也可以通过专用运输车按规定路线运往指定的地点贮存或处理处置。

典型的收集站由砌筑的防火墙及铺设有混凝土地面的若干库房构筑物组成，贮存废物的仓库应保证空气流通，以防具有毒性和爆炸性的气体集聚产生危险。收进的废物应该按其类型、数量和特性等不同分别妥善存放。

危险废物的收集与转运方案如图 6-4 所示。

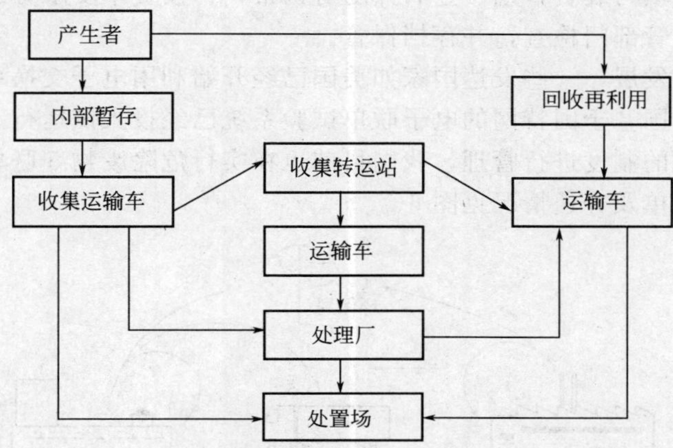

图 6-4　危险废物的收集与转运方案

3. 危险废物的装配

(1) 危险废物装配原则

① 废物的性质。根据废物的性质，相互容易发生化学反应的严禁配装。对有些废物相互接触虽然能发生反应但反应不剧烈，可以采取隔离配装。

② 废物的包装条件。废物包装可以起到隔离保护作用，对有些性质虽然较活泼但包装较好的，可以考虑隔离配装。

③ 铁路运输的条件。经铁路运输的废物受振动、摩擦、冲撞、外界温度以及多次装卸作业的影响，随时可能发生包装破损、废物洒漏等情况，这些条件与生产贮存单位的废物保管有所不同，因此编制配装表时其要求应严格一些。

④ 考虑运输为生产服务，还要从方便托运人和收货人的观点出发，尽可能提供便利条件。

(2) 危险货物配装要求　根据上述原则编制的危险废物配装表，将危险废物相互之间能否装在同一车内概括为三种情况：①不能配装指两种货物不能装于同一车内运送；②隔离配装指两种货物可以装于同一车内运送，但至少应隔离 2m 以上；③可以配装指两种货物可以装于同一车内进行运送。

4. 危险废物的运输

一般情况下采用公路运输作为危险废物的主要运输方式，因而载重汽车的装卸作业仍是造成废物污染环境的主要环节。在公路运输危险废物的系统中，必须按照下列要求进行操作：

① 危险废物的运输必须经过主管单位检查，并持有运输管理部门签发的许可证，负责运输的司机应该通过专门的培训，持有证明文件。

② 承载危险废物的车辆必须有明显的标志或适当的危险符号，以引起注意。

③ 载有危险废物的车辆在公路上行驶时需持有运输许可证，其上应注明废物来源、性质和运往地点。此外，必要时有专人负责押运工作。

④ 组织危险废物运输的单位，事先应该做出周密的运输计划和安排行驶路线，其中包括废物泄漏情况下的紧急补救措施。

为了保证危险废物运输的安全，一般必须采用转移联单制度，首先由废物产生者填写记录废物的产生地、类型、数量、性质等情况的运货清单并经主管部门批准；然后交由废物运输承担者负责清点并填写装货日期、签名并随身携带；再按货单要求分送有关处所，最后将剩余登记单交给原主管部门检查，并存档保管。

随着信息网络的发展，一些发达国家如美国已经开始利用电子交换系统和因特网进行电子化的联单管理，美国基于因特网的电子联单试验系统已经投入试运行。澳大利亚环保署对危险废物采用了上述的制度进行管理，我国目前也在实行危险废物 5 联单制度。

危险废物运输清单及分送情况见图 6-5。

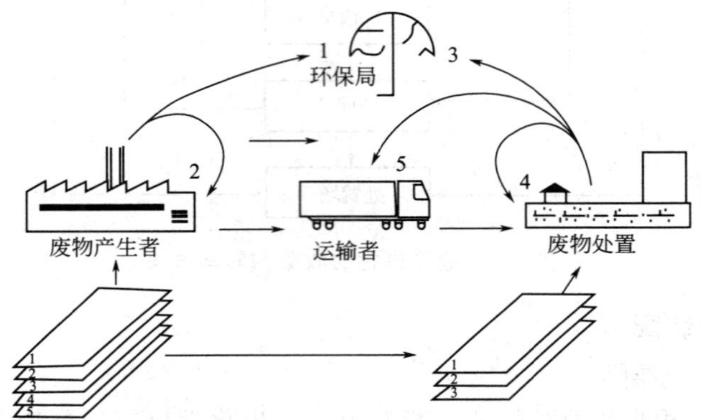

图 6-5 危险废物运输清单及分送情况

第二节 工业固体废物贮存系统的应用

工业固体废物贮存是指以综合利用或处置为目的，将固体废物暂时贮存或堆存在专设的贮存设施或集中堆存场所内。专设的固体废物贮存场所或贮存设施必须有防扩散、防流失、防渗漏、防止污染大气和水体的措施。

一、工业固体废物的常用贮存方法

对于一般工业固体废物，大多数工矿企业采用露天堆存法、筑坝堆存法和压缩干贮法等方法。

1. 露天堆存法

露天堆存是最简单和应用广泛的中间处理方法，对于数量大、可堆置成形的废石和废渣，都可以采用露天堆存法。但这种方法只能处理不溶性或低溶性，而且浸出液无毒、不腐败变质、不扬尘、不危及周围环境和地下水环境的块状和粗颗粒状废物。

2. 筑坝堆存法

通常用于堆存湿法排放的尾砂粉、砂和数量巨大的粉煤灰。近年来发展了多级坝堆存技术，该堆存技术是利用土石材料堆筑一定高度的母坝，随即贮存尾矿粉、砂、粉煤灰等废物，当库容即将满时，再在母坝体上堆筑子坝。

3. 压缩干贮法

以粉煤灰的贮存为例，由于筑坝堆存法堆存粉煤灰存在着占地多、征地困难、水力输灰能耗多、水资源浪费大且湿排灰用途有限等问题，近年来，不少发达国家改用压缩干贮法，该法在我国北京高井电厂已试用成功。压缩干贮法系将电除尘器收集的干粉煤灰用适量水拌和，其湿度以手捏成团且不黏手为度，然后分层铺洒在贮灰场上，用推土机压缩成板状。

二、一般工业固体废物的贮存

一般工业固体废物指未被列入《国家危险废物名录》或者根据国家规定的 GB 5085 鉴别标准和 GB 5086 及 GB/T 15555 鉴别方法判定不具有危险特性的工业固体废物。一般工业固体废物分为第Ⅰ类一般工业固体废物和第Ⅱ类一般工业固体废物。按照 GB 5086 规定方法进行浸出试验而获得的浸出液中，任何一种污染物的浓度均未超过 GB 8978 最高允许排放浓度，且 pH 值在 6～9 范围之内的一般工业固体废物为第Ⅰ类一般工业固体废物。按照 GB 5086 规定方法进行浸出试验而获得的浸出液中，有一种或一种以上的污染物浓度超过 GB 8978 最高允放排放浓度，或者是 pH 值在 6～9 范围之外的一般工业固体废物为第Ⅱ类一般工业固体废物。

1. 场地选择

一般工业固体废物贮存场地应选在工业区和居民集中区主导风向下风侧，场界距居民集中区 500m 以外。应选在满足承载力要求的地基上，以避免地基下沉的影响，特别是不均匀或局部下沉的影响。应避开断层、断层破碎带、溶洞区以及天然滑坡或泥石流影响区。禁止选在江河、湖泊、水库最高水位线以下的滩地和洪泛区以及自然保护区、风景名胜区和其他需要特别保护的区域。对于Ⅰ类场应优先选用废弃的采矿坑、塌陷区。对于Ⅱ类场应避开地下水主要补给区和饮用水源含水层。应选在防渗性能好的地基上。天然基础层地表距地下水位的距离不得小于 1.5m。

2. 贮存、处置场设计的环境保护要求

贮存、处置场的建设类型，必须与将要堆放的一般工业固体废物的类别相一致。贮存、处置场应采取防止粉尘污染的措施。为防止雨水径流进入贮存、处置场内，避免渗滤液量增加和滑坡，贮存、处置场周边应设置导流渠和渗滤液集排水设施。为防止一般工业固体废物和渗滤液的流失，应构筑堤、坝、挡土墙等设施。为保障设施、设备正常运营，必要时应采取措施防止地基下沉，尤其是防止不均匀或局部下沉。含硫量大于 1.5％的煤矸石，必须采取措施防止自燃。贮存、处置场应设置环境保护图形标志。

对于Ⅱ类场，当天然基础层的渗透系数大于 1.0×10^{-7}cm/s 时，应采用天然或人工材料构筑防渗层，防渗层的厚度应相当于渗透系数 1.0×10^{-7}cm/s 和厚度 1.5m 的黏土层的防渗性能。必要时应设计渗滤液处理设施，对渗滤液进行处理。为监控渗滤液对地下水的污染，贮存、处置场周边至少应设置三口地下水质监控井。一口沿地下水流向设在贮存、处置场上游，作为对照井；第二口沿地下水流向设在贮存、处置场下游，作为污染监视监测井；第三口设在最可能出现扩散影响的贮存、处置场周边，作为污染扩散监测井。当地质和水文地质资料表明含水层埋藏较深，经论证认定地下水不会被污染时，可以不设置地下水质监控井。

3. 关闭与封场的环境保护要求

当贮存、处置场服务期满或因故不再承担新的贮存、处置任务时，应分别予以关闭或封场。关闭或封场前，必须编制关闭或封场计划，报请所在地县级以上环境保护行政主管部门核准，并采取污染防止措施。关闭或封场时，表面坡度一般不超过33%。标高每升高3～5m需建造一个台阶，台阶应有不小于1m的宽度、2%～3%的坡度和能经受暴雨冲刷的强度。关闭或封场后，仍需继续维护管理，直到稳定为止，以防止覆土层下沉、开裂，致使渗滤液量增加，防止一般工业固体废物堆体失稳而造成滑坡等事故。关闭或封场后，应设置标志物，注明关闭或封场时间以及使用该土地时应注意的事项。

对于Ⅰ类场为利于恢复植被，关闭时表面一般应覆一层天然土壤，其厚度视固体废物的颗粒度大小和拟种植物种类确定。

对于Ⅱ类场为防止固体废物直接暴露和雨水渗入堆体内，封场时表面应覆土两层：第一层为阻隔层，覆20～45cm厚的黏土并压实，防止雨水渗入固体废物堆体内；第二层为覆盖层，覆天然土壤，以利植物生长，其厚度视栽种植物种类而定。封场后，渗滤液及其处理后的排放水的监测系统应继续维持正常运转，直至水质稳定为止。地下水监测系统应继续维持正常运转。

三、危险废物的贮存

1. 危险废物贮存现状

危险废物贮存指危险废物再利用或无害化处理和最终处置前的存放行为。贮存通常是以综合利用或处置为目的的暂时性贮存或堆放，并有一定的措施防止雨雪。贮存危险废物的主要行业是化工和金属制品业。目前我国对于固体废物的贮存方式主要有两种：一种是对于贮存量较大的危险废物一般都有专门的贮存设施或场所，这些设施的投资大小不一，有的采取了一定的防治污染措施，如采取砌墙、筑坝、水封等措施以防扬尘、防渗、防雨等，也有直接利用厂区内空地进行露天堆放；另一种是对贮存量较小的危险废物多数是以桶装、池封或袋装的形式贮存于库房或厂区内。

2. 危险废物贮存的基本要求

危险废物贮存应满足以下几方面基本要求。

① 危险废物产生者和经营者应建造专用的危险废物贮存设施，也可利用原有构筑物改建成危险废物贮存设施。

② 在常温常压下不水解、不挥发的固体危险废物可在贮存设施内分别堆放。

③ 在常温常压下易燃、易爆及排出有毒气体的危险废物必须进行预处理，使之稳定后贮存，否则，按易燃易爆危险废物贮存。

④ 遇火、遇热、遇潮能引起燃烧、爆炸或发生化学反应、产生有毒气体的危险废物不得在露天或在潮湿、积水的建筑物中贮存。

⑤ 受日光照射能发生化学反应引起燃烧、爆炸、分解、化合或能产生有毒气体的危险废物应贮存在一级建筑物中，其包装应采取避光措施。

⑥ 爆炸物品不准和其他类物品同贮，必须单独隔离限量贮存，仓库不准建在城镇。

⑦ 压缩气体和液化气体必须与爆炸物品、氧化剂、易燃物品、自燃物品、腐蚀性物品隔离贮存。易燃气体不得与助燃气体、剧毒气体同贮；氧气不得与油脂混合贮存，盛装液化气体的容器属压力容器的，必须有压力表、安全阀、紧急切断装置，并定期检查，不得超装。

⑧ 易燃液体、遇湿易燃物品、易燃固体不得与氧化剂混合贮存，具有还原性的氧化剂应单独存放。

⑨ 有毒危险废物应贮存在阴凉、通风、干燥的场所，不要露天存放，不要接近酸类物质。

⑩ 腐蚀性物品，包装必须严密，不允许泄漏，严禁与液化气体和其他物品共存。

⑪ 装载液体、半固体危险废物的容器内须留足够空间，容器顶部与液体表面之间保留100mm以上的空间。

⑫ 医院产生的临床废物必须当日消毒，消毒后装入容器。常温下贮存期不得超过1d，于5℃以下冷藏的不得超过7d。

⑬ 盛装危险废物的容器上必须粘贴相应的危险废物标志。

⑭ 危险废物贮存设施在施工前应做环境影响评价。

对于危险废物的贮存设施，其选址与设计、运行管理、安全防护、环境监测及应急措施以及关闭等须遵循《危险废物贮存污染控制标准》的规定。具体为以下几个方面：①贮存废物的库房室内应保证空气流通，或装气体导排口及气体净化装置；②贮存易燃易爆性危险废物的场所应配备消防设施，贮存剧毒性危险废物的场所必须有专人24h看管，应建有堵截泄漏的裙脚，地面与裙脚要用坚固防渗的材料建造；③应有距离设施、报警装置和防风、防晒、防雨设施；④基础防渗层为勃土层的，其厚度应在1m以上，渗透系数应小于1.0×10^{-7}cm/s；基础防渗也可用厚度在2mm以上的高密度聚乙烯（HDPE）或其他人工防渗材料组成；⑤用于存放液体、半固态危险废物的地方，还须有耐腐蚀的硬化地面，地面无裂缝；必须有泄漏液体的检漏后收集装置；不相容的危险废物堆放区必须有隔离间隔断；衬层上需建有渗滤液收集清除系统、径流疏导系统、雨水收集池。贮存设施如图6-6所示。

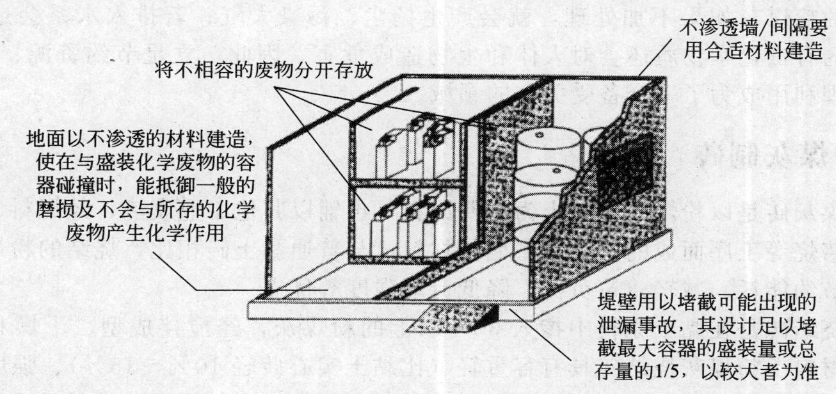

图6-6　危险废物贮存场所示意图

3. 危险废物贮存方式

对于已产生的危险废物，若暂时不能回收利用或进行处理处置的，其产生单位必须建设专门的危险废物贮存设施进行贮存，并设立危险废物标志，或委托具有专门危险废物贮存设施的单位进行贮存，贮存期不得超过规定年限1年。贮存危险废物的单位需拥有相应的许可证。禁止将危险废物以任何形式转移给无许可证的单位，或转移到非危险废物贮存设施中，危险废物贮存设施应有相应的配套设施并按有关规定进行管理。需根据废物的形状、物性、相容性及热值将其进行分类贮存，要避免将无法相容或混合后会产生化学反应的废物贮存于同一贮罐或贮槽，或同时进行处理。

液态废物可依据下列分类贮存，不同来源的流体相混合时，应考虑其相容性。

① 低分子量的碳氢化合物及非水溶剂：挥发性的有机化合物、稀释油漆的溶剂、苯及苯的衍生物，如甲苯、二甲苯等。

② 中、高分子量碳氢化合物：蒸馏残渣、润滑油、机油、绝缘油等较难挥发但是可燃的油类，它们的水分含量低于10%。

③ 水分含量低的水溶性有机废物：脂肪酸工业的废物、水溶性油脂。

④ 废溶剂：煤油、油墨、有机涂料等。

⑤ 有机废水类、泥浆及低热值液体：油漆工厂废水、涂料洗涤水、油漆污泥及含有聚合物的废水。

⑥ 废水处理厂、沉淀槽表面的刮渣。

⑦ 液态过滤设备的残渣。

第三节　一般工业固体废物处理新工艺及设备

对于一般工业固体废物的主要处理方法是综合利用。在这方面，我国已研究出了一条符合我国国情的技术路线，即以大宗利用为主，兼顾多功能、高效能的利用，在取得环境效益和社会效益的同时，尽可能收到良好的经济效益。多年来，大力研究和开发了工业废渣耗用量大的水泥、墙体材料、筑路、填方等方面的技术。化工、石化等行业还在固体废物回收利用方面开发了无废、低废的清洁工艺技术。

粉煤灰是燃煤电厂排出的固体废物，粉煤灰是我国当前排量较大的工业废渣之一，现阶段我国年排渣量已达3000万吨，随着电力工业的发展，燃煤电厂的粉煤灰排放量还将逐年增加。大量的粉煤灰如果不加处理，就会产生扬尘，污染大气；若排入水系会造成河流淤塞，而其中的有毒化学物质还会对人体和生物造成危害。因此，立足节约资源、减少污染，粉煤灰的处理利用成为了一个备受关注的领域。

一、粉煤灰制砖

烧结粉煤灰砖是以粉煤灰和黏土为主要原料，再辅以其他工业废渣，经配料、混合、成型、干燥及焙烧等工序而成的一种新型墙体材料。与普通黏土砖相比，烧结的粉煤灰砖具有保护环境、节约能耗、减轻建筑负荷、降低劳动强度等优点。

粉煤灰烧结砖是在黏土原料中掺入30%以上的粉煤灰，经搅拌成型、干燥和焙烧而成的承重砌体材料。粉煤灰烧结砖具有容重轻（比黏土实心砖轻10%～15%）、强度和耐久性与黏土实心砖基本相同的优点。粉煤灰烧结砖适用于一般工业与民用建筑的承重及非承重墙体。粉煤灰烧结砖应符合《烧结普通砖》(GB 5101—2003）标准的要求。建筑设计与施工按《砌体结构设计规范》(GB 50003—2011)、《砖石工程施工及验收规范》(GB 50203—2011）执行。粉煤灰烧结砖的主要性能见表6-2。

表6-2　粉煤灰烧结砖的主要性能

项　目	单　位	指　标
外形尺寸	mm×mm×mm	240×115×53
容重	kg/m^3	1500
抗压强度	MPa	≥10.0
抗折荷重	kN	≥2.7
热导率	W/(m·K)	0.58
吸水率	%	<23

1. 粉煤灰双免砖

粉煤灰双免砖生产工艺是将湿粉煤灰、普通水泥和瓜子石按质量比配料，经配料仓分别送入轮碾机，经过一定时间碾压后（根据粉煤灰品位不同，决定碾压时间），加入一定数量的激发材料等，适量加水，使物料含水率达25%，然后，经过传送带送至料斗，开动制砖机（成型速度每8～12s成型8块），制出的粉煤灰砖以手推车运至堆场，一般可以码垛五层左右，刚成型的砖既应避免雨淋，又应防止水分过快蒸发，可以用草帘盖之。

2. 蒸压砖

蒸压砖是以电厂排出的粉煤灰和河砂或生石灰为主要原料，也可掺入适量的石膏，并加入一定的骨料，经原料加工、搅拌、消化、轮碾压制成型、高压蒸汽养护后制成。

3. 粉煤灰高压高强免烧砖

玻璃体是粉煤灰的活性成分，含量为49%～82%。大锅炉排放的粉煤灰玻璃体的含量较高，小锅炉排放的粉煤灰玻璃体的含量低。粉煤灰能同生石灰及石膏等在一定条件下生成水化硅酸盐和水化铝酸盐等，使砖坯获得强度。细的粉煤灰表面积大，产生的可溶性SiO_2、Al_2O_3多，相应生成的水化物就多，这有利于提高砖坯强度。制砖用的粉煤灰细度一般控制在4900孔筛筛余量小于20%。粉煤灰含碳量要求烧失量≤15%，不含杂质，SO_2不大于3%，如碳留在砖中，会影响砖的强度和耐久性。在电厂煤磨机正常运行条件下，粉煤灰含碳量不会超过控制值。生石灰的主要化学成分是CaO，含量不小于60%；其次是MgO，含量不大于5%。应选用活性氧化钙含量高、消解速度快、氧化镁含量低的生石灰，可利用化工、冶金等企业的下脚料，如钢厂的碎石灰、化工厂的电石渣等。

用于制砖的石膏有天然二水石膏、半水石膏和工业废渣石膏。利用半水石膏制砖比二水石膏好，混合料的塑性好，初期强度高，砖强度也高。粉煤灰制砖中，掺石膏的作用是提高砖的强度。当粉煤灰中Al_2O_3的含量为34.6%时，加5%的石膏，砖的抗压强度比不掺石膏的增加2%～3%；粉煤灰中Al_2O_3的含量为25.6%时，加3%的石膏，可使砖的抗压强度增加1.0～1.5倍。石灰中加入石膏后，能降低石灰的消解温度和延长消化时间，限制石灰消化时体积的膨胀。混合料中，石灰用量越大，这种影响越显著。

粗、细集料是高压高强免烧砖的基本组成部分，配料质量比20%～30%。集料在免烧砖中起着骨架作用，不仅对强度起着重要作用，同时也有效地减少了制品的收缩裂缝。生产粉煤灰高压高强免烧砖用水的技术要求与普通水泥混凝土用水相同。水的主要作用是提供水化产物形成时所需要的化学结合水、生石灰的消化用水以及满足成型时的和易性及成品养护用水。

粉煤灰高压高强免烧砖是以粉煤灰、石灰、石膏、水泥和集料为主要原料，通过搅拌、陈化、混碾、压制成型、成品养护工艺制成，性能与蒸压灰砂砖基本相当，工艺亦基本相同，自然养护或低压养护，无需烧结。集料的种类及掺量直接影响制品的强度及收缩值。集料掺量增加，混合物料的流动性能增加，适应性好，可以提高成型压力，减少物料的分层。集料由20%提高到30%，可显著改善成型工艺特征，增加水化产物间的相互结合，提高强度，控制收缩。

加入的水量要保证原材料在搅拌、混碾、成型时和易性良好以及水化产物的需要。水分过多，限制了成型压力，出现泌水现象，并易于形成夹层，砖坯层裂；过少会产生砖坯过厚和早期强度低。砖的成型水分应控制在12%～18%。

按配合比进行配料，目的是通过生产工艺过程使各原料相互作用，生成一定的水化产物和结构，使高压高强粉煤灰免烧砖达到所要求的强度及其他性能。配料要计量准确，而且要根据原材料产量的波动变化及时调整，搅拌就是要使各种原材料混合均匀。混碾对混合料起到压实、均化和增塑的作用，可提高砖坯的极限成型压力，同时混碾又使粉煤灰在碱性介质中的活性得以激发，这种共同作用的结果，更加改善和提高了粉煤灰免烧砖的质量。

原料为粉煤灰、石粉（或炉渣、冶炼渣、煤矸石、尾矿、河沙、风化石等原料中的任意一种或两种以上均可），黏结剂由水泥、白灰、石膏组成。原料经过电子自动计量配料机，它将原料-粉煤灰按50%～70%的配比掺入，根据配比不同，可调节配料量的大小。同时，石粉（或砂子等其他工业废渣）作为集料以20%～30%的配比加入，以增强砖的强度。白灰和石膏是改善粉煤灰性能和物理化学作用的主要原料，按一定配比经过电子自动计量配料机送到生产线上，是激发并决定砖坯成型好坏的主要黏结材料，同时提高了产品前期强度。

水泥是提高制砖后期强度的主要原料，按一定配比经过电子自动计量配料机送到生产线上，它关系到成本高低与砖的强度高低，根据不同标号砖的要求，可随时调整掺入量的比例。数种原料经过皮带输送机送入第一道处理工序搅拌，每次搅拌量0.4～0.5m^3，搅拌时间为2min左右，几种原料得到充分搅拌后，经输送机送至第二道处理工序混碾；原料在混碾机内，由滚轮、搅拌刀使原料得到充分的碾压、混合、均化达到一定的可塑性，可增加砖坯的早期强度，有利于搬运，堆放过程中避免损坏砖坯。每次混碾量0.4～0.5m^3，混碾周期3～4min，混碾好的熟料放入储料机内，由皮带输送机连续送至分配机内，再次进行搅拌，并经过可调节的料门送至料仓内。根据压出砖的强度调整下料深度来适应不同原料的生产需要，以满足出坯的强度要求。

把配制好的原料通过送料车送到模箱，再通过电动机传动拨料轴刀叶把原料均匀强制地送入模孔内，随着主机横梁上下往复运动，进入模孔的原料经过预压、冲孔、高压成型，同时把顶出来的压制好的砖坯推上平带输送机，以便拣砖，完成压砖动作。压好砖坯，拣到推坯平车上，送到堆放区，一般可码放10层以上，场地要求平整。码垛要整齐，码放好的砖坯严禁太阳曝晒，数小时后（可视气温高低）进行洒水养护，3～5h养护1次，砖坯养护期间，尤其是初期不可脱水，养护7～10d以后自然养护，并按标号等级和生产日期堆存到规定期限之后方可出厂。

烘干可以使砖坯中的自由水逐渐脱去，坯体颗粒彼此紧缩靠拢，这样可消除或减少水分急剧蒸发引起的热膨胀破坏作用。与此同时，随着温度的升高，有利于生成提高砖坯强度的水化硫铝酸盐类早强产物。在保证砖坯不致遭蒸汽破坏的前提下，升温时间应尽量缩短，只要连续均匀地向养护室内送入蒸气1.0～1.5h即可。恒温是坯体发生水化和水热合成而使强度增长的主要阶段。随着恒温时间的延长，水化产物越来越多，强度的增长也越来越快。但当恒温达到一定时间后，强度增长缓慢下来。不同原料配比，不同生产工艺，所生产出来的砖坯都有一个与其相对应的最佳恒温时间。在90～100℃下，恒温时间春、秋季为8h，夏季为7h，冬季10h。在控制降温速度时，每30min的降温不宜超过10℃，养护室内外的温度差不大于30℃，成品砖方可出室。注意不要随意打开养护室的门，采取快速降温，将导致砖体表里之间产生温差应力，使表面受拉，易形成微裂纹。

粉煤灰高压高强免烧砖生产线由原料供给、原料处理、压制成型、成品养护堆放四道工序组成。该条生产线原料以粉煤灰、石粉（或炉渣、冶炼渣、煤矸石、页岩、炉渣等原料中的任意一种或两种以上均可）为集料，黏结剂为水泥、白灰、石膏，各种物料按一定比例计量配料，经加水搅拌、混合料混碾、压制成型、成品养护等工艺制成。

4. 非烧结砖

非烧结砖的强度不是通过烧结而得，主要是利用硅质原料与钙质原料，在水热环境中反应生成具有胶凝能力和强度的硅酸盐而使砖具有强度和耐久性。在原料中总有一部分原料是胶凝材料，另外部分作为填料和少量的其他掺合料（如着色剂等）。生产非烧结砖的主要胶凝材料是水泥、石灰和石膏，填料可以是黏土、砂子、粉煤灰、炉渣、尾矿渣等。

在非烧结砖中，灰砂砖的产量最多，现在每年全世界产量已超过350亿块，品种分为空心砖、实心砖、本色砖和彩色砖等。现在灰砂砖生产所用原料已不局限于石灰、砂子和黏土，用各种工业废渣和尾矿代替砂子做填料在一些地区很普遍，这些工业废渣包括粉煤灰、炉渣、电石泥、煤矸石等。在降低生产成本方面，发展空心灰砂砖也是一个手段。

将粉煤灰、黏土等按所需比例配料，在砂浆搅拌机内干混3min，加9%（质量分数）的水，湿混6min后，填入制模具中并以19.6MPa加压成型。

5. 空心砖

粉煤灰空心砖主要有下面几种工艺。

（1）用加气混凝土生产空心砖的方法国内分为两种，其中一种为有水泥加气砖，配料有水泥、粉煤灰（主要是发电厂排出的废料）、河沙及助剂、发泡剂等，在混合、打浆升温后，进行浇筑、发气、保温、蒸汽养护，发气持续时间约0.5h，发气剂电石复合组分必须以微粒状分散在水溶液中，养护时间5～10h，产品强度高。

物料配比为粉煤灰：生石灰：石膏：发气剂：添加剂＝75：25：4：0.008：0.008。配制过程如下：①先将粉煤灰溶于水中，然后加入石膏、外加剂、石灰进行充分搅拌4～5min；②将加气剂计量后加入灰浆中，搅拌约30s，开始注入模中发气，温度保持30～40℃，约30min后，发气完毕，料浆变稠，体积膨胀，基本形状完成；③将模放入养护室用45～50℃蒸汽养护，即完成生产过程。

非铝加气剂用于加气混凝土。其中两种或两种以上物质的复配有较好的效果。用电石作为主剂，配以少量助剂作为电石憎水膜，基本能满足要求。操作如下：首先把半干性油（豆油等）加热到220℃左右，再加入助剂。经约30min的保温，把0.5～10mm的粒状电石加入，维持温度在220～250℃。将包裹了涂层的电石冷却、摊开、研磨，便得到发气性能与铝粉接近的电石发气剂。用电石价廉、易得，综合成本为铝粉加气剂的1/3，可使生产成本显著下降。

（2）以粉煤灰、石粉、钙渣灰和水泥为基本组分，以醇胺/硝酸钠为化学添加剂，各基本组分的质量分数分别为：粉煤灰44.6%，石粉35.7%，钙渣灰13.4%，水2.7%。化学添加剂的加入量为：醇胺1.8%，亚硝酸钠1.8%。

首先将两种主要成分粉煤灰和石粉分别用机动筛筛选，要求达到无土、无杂质，颗粒小于1mm，将醇胺加水稀释，然后将筛选后的粉煤灰、石粉、稀释后的醇胺和钙渣灰以及水泥一起加入强制搅拌机加水搅拌后，将物料通过输送带输送到压砖机压制成型，出机后码垛，再洒水养护，干燥后即为成品砖。

（3）配比为砂：粉煤灰：石灰＝(0.35～0.5)：(1.2～1.5)：0.25，最佳配比为砂：粉煤灰：石灰＝0.4：1.4：0.25。采用的生产工艺与目前生产普通黏土砖的工艺完全相同，首先要把砂与一定比例的粉煤灰和石灰拌和，放置几个小时待其硝化后经压制成型，再在高温高压饱和蒸汽养护（蒸压）下即可成为成品。本法既可利废，又能节约黏土，整个建筑物的自重也可减少，梁柱也相应轻巧，基础造价也可相应减少。本轻质砖的密重和强度可随意调整，可作承重墙砖，又可作间墙砖，合理地发挥了材料的作用。对粉煤灰砖的弱点，从改善制品工艺性能入手，可以充分利用工业废渣，降低制品容重，提高制品强度，研制新型粉煤灰混凝土空心砖。选用粉煤灰与破碎钢渣，加入碱性激发剂，采用轮碾活化，适当提高成型压力和养护压力，降低成型水分，改善制品内部结构与相组成，可以生产出强度达20MPa以上的密实硅酸盐制品。为降低容重，选择圆锥形三排孔，选用合宜的空心砖成型砖机，生产新型粉煤灰混凝空心砖。全粉煤灰烧结砖，利用少量钠基膨润土和添加剂掺入粉煤灰中，不但可以成功地解决粉煤灰松散捏不成砖的难题，而且不需烧柴、烧煤、烧炭，通过自身燃烧完成全部烧结过程。

（4）粉煤灰颗粒微细，可分为粗、中、细三类，粉煤灰经孔径筛筛分的筛余量分别为：粗灰30%左右，中灰20%～25%，细灰10%～15%。颗粒越细越利于掺加，必须按工序逐项把住工艺技术关。生产空心砖是将原料投入真空挤泥机挤出成型，经过干燥、焙烧而成。成型过程由机器完成，企业应视生产规模选购适用的机械设备。一般都需购置相应型号的供土机、双轴搅拌机、双级真空挤泥机、真空泵、切坯机、粉煤灰给料机、推土机、铲运机、洒水机、鼓风机、钢筛等配套机械设备。各种机械设备须由专业技术人员安装、调试、操作，经试产合格后方可投入批量生产。原料加工处理是成型优质粉煤灰空心砖的重要环节，必须把好以下两关：①给水搅拌。淤泥经人工补给水后，需用推土机反复推动搅拌。在推动搅拌时，对翻过来的原料进行边补给水边搅拌，直至水分均匀、稠度适中为止。②清除杂质。推土机将原料推到供土机入料口后，须用锄头均匀地进行人工给料，边给料边清除原料中的石块、砖砣、柴草等杂物。运输带须勤清洗，确保原料水分均匀和运量均匀。掉落的原料应及时清扫、除杂、回拢，保持生产现场整洁卫生。原料中的粉煤灰掺量按淤泥的质量进行掺配，掺配比为实心砖30%～35%，红平瓦20%～25%，空砖40%～45%，最高不超过50%，掺配比的多少视粉煤灰热量高低和颗粒大小而定。

淤泥粉煤灰空心砖内燃焙烧具有诸多优点：①可充分利用粉煤灰可燃性工业废料，既节能降耗，又减少环境污染。②可加快轮窑焙烧速度，加速轮窑周转，提高成品产量和质量。③缩短坯体干燥周期，减轻成品砖容重。④减少热导和热损失，提高隔热保温能力，减轻烧火工的劳动强度和煤灰污染。⑤节省煤炭，降低成本，提高效益。⑥减少煤灰渣出窑量，改善出窑作业条件。淤泥粉煤灰空心砖内燃焙烧工艺须把好以下技术关，才能真正发挥其优势。

淤泥面层与底层的熟化程度和水分含量存在差异，要使其适应空心砖成型、干燥、焙烧工艺的技术要求，必须进行人工和机械加工处理，改善其技术性能。

混合料中应选择已脱水的微细粉煤灰，运至原料场贮存备用。

粉煤灰须经脱水、筛分，使其达到以下技术指标。

① 粉煤灰颗粒粒径以不超过0.3mm为宜，粒径过大，既不易充分燃烧，也不利于砖坯成型，且成型坯体表面粗糙，易缺棱掉角。如果粉煤灰中含有石灰石、硫铁矿等有害杂质，则粒径应再小些。

② 粉煤灰含水率一般为10%为宜。

粉煤灰是塑化剂，湖泊（河道）淤泥的可塑性高，粉煤灰的掺配量为：粗灰30%～35%，中灰35%～40%，细灰45%～50%。确定粉煤灰掺配比的方法一般采用试掺法，通过不断调整确定最佳掺配比。试掺法应灵活使用，避免掺入量引起坯体发热过高造成过火。

粉煤灰掺配法通常有手工掺配法、机械掺配法、恒量机械掺配法，可视厂情任选一种，目前已普遍采用机械掺配法。挤压成型是空心砖生产工艺的关键环节，决定砖坯成型质量的高低，在操作工艺上必须环环扣紧，从严把关。

混合料的均匀湿化与搅拌对空心砖坯体的外观和内在质量有很大影响。因此，原料搅拌加工须把好三关：①输入原料不能超量，超量会加大搅拌机的负荷，影响正常运转而导致原料搅拌不均匀。②搅刀应定期检查、焊补、更换，保持完整、锋利、交错均匀、运转正常。③搅拌机应时常保持干净，及时清除泥箱内的剩料和搅刀上的泥土，以确保原料搅拌均匀。

挤压成型决定砖坯质量，工艺上必须首先把住砖机头技术关。空心砖机头由泥缸、螺旋轴、模具、芯架等部件组成，各部件运转的技术状况，决定砖坯的质量、产量、效益。要使机具达到良好技术标准：①制作、安装、调试须精心操作，机口不宜过长，过长会因阻力增加而影响走泥速度；也不宜过短，过短会因坯条通过横担后不能紧密结合而断裂。②芯架、芯杆、芯头等精密部件应计算准确，精心制作，正确安装，确保尺寸公差、配合公差、位置公差等技术指标达到设计标准。③真空挤泥机应勤观察、清查、保养，机体内不能剩存原料。④机头模具须经常检查、测验，定期维护、修理、更换，确保正常运转。

真空泵的功能是产生气压，排出淤泥中的空气，以增强砖坯强度。如果真空泵气压不够，淤泥中的空气排不净，就会影响砖坯成型质量和成品强度。在生产中须勤观察真空压力表，如发现气压不足，应停机调整、维修，以确保气压充足。

切坯台的功能是给砖坯定规格、质量。工艺上应做到：①钢丝须安装均匀、齐整。②及时抹刷废油，保持滚筒滑动灵活。③及时调整、更换钢丝，以确保切坯均匀、合格。④清理泥条尾坯、落坯并及时回拢。⑤切坯台发生偏差时，应立即停机修正。

砖坯体干燥的原理是在热源和干燥介质的作用下自体内排出水分，分人工干燥法和自然干燥法，目前多用自然干燥法辅以人工干燥法。空心砖坯干燥工艺除按实心砖坯干燥方法操作外，还须把住三关：①坯场晾坯埂应高度平整，砖坯须码放端正，以免在干燥过程中变形或断裂。②空心砖坯不宜过高码放。一般码 6～8 层，最高不超过 10 层，如果再高，会压坏底层砖坯。③空心砖坯有孔洞，坯体面积较大，干燥蒸发面积增加，而且粉煤灰在砖坯体内起骨料作用，干燥速度加快。干燥过程中会因坯体表面水分蒸发快、内部水分蒸发慢而引起坯体表面开裂，因此，必须加强空心砖坯场管理，以减少或避免干燥过程中的质量缺陷损失。

码窑形式与密度直接影响焙烧速度和热能的利用，粉煤灰空心砖坯码窑应力求最佳形式和密度，为焙烧打下良好基础。空心砖坯体积大，易码平稳，不需像实心砖那样码斜坯，可少码或不码横带，以利于气流畅通，加快焙烧速度。码窑密度可稍大于黏土空心砖坯码窑密度，视气候、季节和粉煤灰掺量而定。

轮窑焙烧决定成品质量，必须从严把关。淤泥粉煤灰空心砖坯焙烧与黏土空心砖坯基本相同，所不同的是粉煤灰发热在坯体内产生内燃，加快了焙烧速度。因而轮窑焙烧可用煤矸石、锯木屑、谷壳、秕谷、甘蔗渣、芦苇渣等可燃性废料作燃料。淤泥粉煤灰空心砖坯轮窑焙烧与成品出窑作业，按黏土空心砖坯焙烧工艺和成品出窑方法进行操作。

以粉煤灰为主要原料，水泥为胶凝材料，配以外加剂，经发泡剂发泡而成的新型墙体材料，具有重量轻、热导率小、抗冻性高以及粉煤灰掺量大、成型方便、工艺简单等特点，作为绿色材料，可取代黏土砖，广泛用于建筑业。

6. 粉煤灰制砖产业化案例

(1) 蒸压粉煤灰砖是当前墙体改革的一个主要部分，是国家大力推广生产使用的一种节能新型环保墙体材料，属微孔结构，具有重量轻、保温隔热性能好的优点，是优良的墙体填充材料。太钢粉煤灰综合利用公司拥有 10 多年粉煤灰砖研究和生产历史，是国内最早开发粉煤灰墙体砖的企业之一，拥有成熟的粉煤灰制砖技术。2006 年以来，太钢先后建成了生产 30 万立方米蒸压加气混凝土砌块及 2 亿块蒸压粉煤灰生产线。其中，2 亿块蒸压粉煤灰生产线是目前国内乃至国际最先进的制砖生产线，引进了德国拉科斯公司的设备，采用机器人自动码坯技术，可生产高度 200mm 以下的各种多孔砖、实心砖。

目前太钢拥有两条粉煤灰砖生产线，粉煤灰综合利用率达到 70%以上，年利用粉煤灰等废弃物 52 万吨左右；新项目上马后，粉煤灰利用率将达到 100%。世博会山西馆的外墙就是用 4 个品种、3076 块粉煤灰砖砌成的，据测算，这种砖比传统建筑材料节能 65%，是中国正大力推广生产使用的一种新型节能环保墙体材料。

(2) 包头东方希望新型环保建材公司是 2009 年成立的新公司，主要对东方希望包头稀土铝业公司产生的废弃物粉煤灰进行二次处理，生产的粉煤灰砖再用于东方希望集团在包头投资的项目建设中。该项目总投资 1.2 亿元，最终设计 10 条生产线，实现年产粉煤灰标砖 6 亿块，此项目使希望铝业自备电厂 70%的粉煤灰得到综合利用。

东方希望包头铝电一体化项目落户包头稀土高新区之后，围绕其上下游产业链需求，形成了以铝电为源头，电-铝深加工、电-粉煤灰（脱硫石膏)-建材制品等循环产业链条，生产出铝锭、铝箔、铝板带、蒸汽、赖氨酸、粉煤灰砖等产品，呈现出多元化格局。其中铝液直接深加工为铝箔、铝板带，消除了铸造和二次重熔工序，从根本上降低了能源消耗和环境污染。

(3) 淮南是华东地区的火电基地，现有洛河电厂、田家庵电厂、平圩电厂、田集电厂、凤台电厂 5 大发电厂，总装机容量已逾 840 万千瓦，每年产生粉煤灰 500 万吨左右。平圩电厂是产生粉煤灰的大户，也是科学利用粉煤灰的大户。2009 年，该电厂全年粉煤灰综合利用达到 101.3 万吨，京沪高铁、京福高铁、淮蚌高速、三峡工程、杭州湾跨海大桥、临淮关水力枢纽工程等数十个重大工程都使用过平圩公司的粉煤灰及其制品。2009 年，淮南市生产粉煤灰砖 10.31 亿块，消化粉煤灰 200 多万吨。华电青岛发电有限公司对粉煤灰综合利用，年产粉煤灰砖 3000 万块，近几年逐渐开始规模化生产。2010 年前 9 个月该公司合计利用干灰、湿灰和炉渣 66.5 万吨，利用率达到 98%，实现产值 2542 万元。据介绍，为了“消化”掉粉煤灰，华电青岛发电有限公司投资 3400 万元引进了专门的处理系统，将粉煤灰燃烧后的烟尘利用电除尘过滤送到“灰库”进行分选，形成了年产 30 万吨干灰的生产规模，目前粉煤灰已出口至韩国。同时他们投资 5000 万元组建了华电新型建材公司，安装投产了 20 万立方米加气混凝土砌块及粉煤灰承重砖生产线，目前该公司已实现粉煤灰的“零排放”。

二、粉煤灰制陶粒

陶粒是一种人造轻质粗集料，外壳表面粗糙而坚硬，内部多孔，一般由页岩、黏土岩等经粉碎、筛分、在高温下烧结而成，主要用于配制轻集料混凝土、轻质砂浆，也可做耐酸、耐热混凝土集料。轻质性是陶粒许多优良性能中最重要的一点，也是它能够取代重质砂石的主要原因。黏土陶粒近年来由于受到土地资源的限制，在某些地区已被禁止生产和使用。粉煤灰陶粒的吃灰量高于粉煤灰烧结砖。粉煤灰陶粒主要用于配制轻集料混凝土（亦称粉煤灰陶粒混凝土)，其特点是质量轻、强度高、热导率低、耐火度高，化学稳定性好，耐久性和保温隔热性能好，在不少桥梁工程和多层、高层建筑中粉煤灰陶粒混凝土得到了应用。

1. 粉煤灰陶粒的特点

粉煤灰陶粒之所以在全世界得到快速发展，是因为它具有其他材料所不具备的许多优异性能。

① 密度小、质量轻。粉煤灰陶粒自身的堆积密度小于 $1100kg/m^3$，一般为 $300\sim900kg/m^3$。以粉煤灰陶粒为骨料制作的混凝土密度为 $1100\sim1800kg/m^3$，相应的混凝土抗压强度为 30.5～40.0MPa。陶粒的最大特点是外表坚硬，而内部有许许多多的微孔，这些微孔赋予陶粒质轻的特性。200 号粉煤灰陶粒混凝土的密度为 $1600kg/m^3$ 左右，而相同标号的普通混凝土的密度却高达 $2600kg/m^3$，二者相差 $1000kg/m^3$。

② 保温、隔热。粉煤灰陶粒由于内部多孔，故具有良好的保温隔热性，用它配制的混凝土热导率一般为 0.3～0.8W/(m・K)，比普通混凝土低 1～2 倍。

③ 耐火性好。陶粒具有优异的耐火性，普通粉煤灰陶粒混凝土或粉煤灰陶粒砌块集保温、抗震、抗冻、耐火等性能于一体，特别是耐火性是普通混凝土的 4 倍多。对相同的耐火

周期，陶粒混凝土的板材厚度比普通混凝土薄20%。此外，粉煤灰陶粒还可以配制耐火度1200℃以下的耐火混凝土。在650℃的高温下，陶粒混凝土能维持常温下强度的85%，而普通混凝土只能维持常温下强度的35%～75%。

④ 抗震性能好。陶粒混凝土由于质量轻，弹性模量低，抗变形性能好，故具有较好的抗震性能。

⑤ 吸水率低，抗冻性能和耐久性能好。陶粒混凝土耐酸、碱腐蚀和抗冻性能优于普通混凝土。250号粉煤灰陶粒混凝土15次冻融循环的强度损失不大于2%。

2. 对粉煤灰原料的基本要求

烧制陶粒用粉煤灰的化学成分应符合要求，否则，必须通过外掺剂来调整其化学组分。大量的试验研究证明，生产陶粒的原料中，其含碳量或有机质含量过多或过少，均不能制成性能良好的或符合标准要求的陶粒。当采用粉煤灰为主要原料生产陶粒时，在一般情况下，其碳素或有机质含量均过高，因此，在工艺上必须进行适当的脱碳处理。生产粉煤灰陶粒对粉煤灰的技术要求如下。

① 细度：4900孔/m^2 筛余量小于40%。若遇粗灰需与细灰掺合使用。

② 残余含炭量：含炭量高可以减少固体燃料的掺入量，因而能节约燃料，但含炭量过高，即使不掺加固体燃料，仍然超过配合比要求，焙烧时会产生过烧。因而粉煤灰含炭量一般不宜高于10%，并希望含炭量稳定。

③ 粉煤灰不应混有有害杂质，如块状煤渣、杂草等。

④ 高温性能：高温变形温度应为1200～1300℃，软化温度为1500℃左右。

⑤ 化学成分：一般不受严格限制。但三氧化二铁（Fe_2O_3）含量不宜大于10%，并希望含有较多的氧化钠（Na_2O）、氧化钾（K_2O）和较少的三氧化硫（SO_3），这是因为三氧化二铁被还原时产生氧化亚铁（FeO），有显著的助熔作用，但氧化亚铁过多，又会使焙烧温度范围减少，不利于焙烧控制。氧化钠和氧化钾不仅有助熔作用，使焙烧温度降低，而且使焙烧温度范围较宽，有利于焙烧控制。三氧化硫多对设备和管道腐蚀严重。

3. 高强超轻粉煤灰陶粒的生产工艺

（1）生产工艺流程　利用粉煤灰生产陶粒有塑性法成球和磨细法成球两种工艺。根据原料不同，料球制备方法差异很大。一般要掺加20%～25%的黏结剂（页岩、黏土或煤矸石），以防止料球在窑内滚碎。由于粉煤灰中Al_2O_3含量较高（20%～35%），为有效降低焙烧温度，需掺加一定量的助熔剂。

塑性法制粒成球是将粉煤灰、黏结剂和外掺剂经准确计量、混合、搅拌和轮碾等工序，使其达到均匀混合和水分匀化后，送入成球机成球。磨细成球法是将原料按计量配比混合磨细（各种配料混合磨细或部分粉煤灰混合磨细），预加水搅拌（含水率10%～12%），用圆盘成球机制粒成球。

（2）高强粉煤灰陶粒的生产　密度等级在600～900级的高强陶粒其相应的强度要比普通陶粒高1～2个密度等级，而吸水率要低7%，其他指标则与普通陶粒相同，因此，生产高强度陶粒不仅是增加其密度，其相应的强度等指标也得提高。所以，生产高强度陶粒必须要采取一套工艺技术措施，即对原料及其组分应进行选择；对塑性法和粉磨法的原料和混合料必须进行充分均化处理和必要的组分调整；根据原料的性能选择合理的热工制度；采取正确的冷却制度。通过上述四道工序的调整和控制才可能生产出合格的高强陶粒，否则是生产不出高强陶粒的。高强粉煤灰陶粒的生产，当前有两种窑炉工艺可采用。

① 回转窑工艺。采用回转窑工艺生产高强粉煤灰陶粒，我国于20世纪70年代末80年

代初分别由陕西建研院和上海建研院研制成功，所生产的高强粉煤灰陶粒用当时的混凝土配制技术已达 CL50 和 CL60。采用回转窑生产工艺的粉煤灰用量视粉煤灰和黏结剂的性能而定，粉煤灰掺量一般在 70%～80%之间，为防止料球在运动过程中破碎，故黏合剂的用量比烧结机工艺高 8%～10%。

② 烧结机工艺。采用烧结机工艺生产粉煤灰陶粒，在我国虽有 30 余年的生产经验，但其产品性能达不到高强陶粒的指标。英国莱泰克的烧结机工艺技术，据资料介绍其产品性能可达到高强陶粒的指标。大庆地区已引进此项技术，建成规模为年产 30 万立方米的粉煤灰陶粒厂，希望通过这条引进线把我国的烧结机工艺技术提高到一个新水平。

(3) 超轻粉煤灰陶粒的生产　根据试验研究，各地方的粉煤灰除了少数含有高钙、高铁的灰种外，一般的粉煤灰都有烧胀性能，其膨胀系数一般在 2.0～3.5 之间。按常规料球制备采用塑性制粒法和磨细成球法，因料球含水率较高（18%左右），宜采用双筒回转窑。双筒回转窑对调节物料在干燥、预热带和焙烧带的停留时间和相应的焙烧制度更为有利，但其构造相对复杂，重量和造价比单筒回转窑高，漏风和维修量也相应增加。

双筒回转窑有高差式和插接式两种：前者前后两窑高差较大，使窑尾标高增高 1.5～2m，配套的设备和土建工程费用明显增加，联结两窑的中间烟室漏风多、热损失大，导料槽易烧坏，在国内外已呈淘汰趋势；后者是当前国内发展最快的先进窑型，缺点是两窑插接处（插入深度 400～800mm）有一定的漏风和扬尘，需设置高性能的转动密封装置。双筒回转窑两窑的安装斜度相同，均在 4°左右，各有独立的传动装置，一般配用电磁调速三相异步电动机。调速范围：干燥预热窑一般 1～3r/min，焙烧窑一般 1.2～3.6r/min。生产时通过电动调速求得物料在两窑内的最佳停留时间。对高强陶粒，由于焙烧温度较高，焙烧时间比超轻和普通陶粒长 3～5min，其燃料装置也应做适当调整。以煤粉燃料为例，应将喷煤嘴向窑内多深入 300～380mm，适量增加一次风机的风压和风量，改用长火焰的喷煤嘴，使煤粉喷出速度自 30～40m/s 提高至 40～50m/s，并适当调节阀门增加窑尾抽力，使燃烧火焰长度从原来的 2～3m 延长至 3～4m。

从窑头卸出的陶粒温度 900～1000℃，如直接卸入空气中或水池中急冷，会明显降低陶粒强度，因此相对正规的陶粒厂都配有陶粒冷却机。国外常用的有多筒冷却机、单筒冷却机、竖式冷却机、分层冷却机、篦式冷却机等；国内常用的有单筒冷却机、遥运冷却机和竖式分层冷却机等。

篦式冷却机和遥运冷却机属通风型和空中快冷型，不利于提高陶粒强度。多筒冷却机和单筒冷却机属自然通风缓慢冷却型，利于提高陶粒强度，但效率低，卸料温度高（200～300℃），热利用率低。竖式分层冷却机也属通风型冷却，但实现了陶粒 700～1000℃、400℃以下快冷，400～700℃缓冷（用热风冷却）的最佳冷却制度，冷却效率高（约 25 min）、卸料温度低（机外气温＋ 50℃）、陶粒余热利用率高（排出的热风 300～400℃，部分用于烘干碎煤或原料，部分送入窑内作一次、二次热风）。

4. 粉煤灰陶粒生产线设备

粉煤灰陶粒生产线流程为：粉煤灰→混合匀化→成球盘制粒→焙烧→冷却→成品。其生产线主要是由轮碾机、双轴搅拌机、制粒机、回转窑、滚筒筛等设备组成的，下面就对这几种常用的设备进行简单的介绍。

(1) 轮碾机　轮碾机是以碾砣和碾盘为主要工作部件而构成的物料破碎、粉碎和混炼的设备。碾盘回转式轮碾机有一对碾砣和一个碾盘，物料在转动的碾盘上被碾砣碾碎。碾盘外圈有筛孔，碾碎的物料从筛孔中卸出。在耐火材料工业中主要用于破（粉）碎中等硬度的黏土、熟料、硅石等，一般用来对物料进行中碎和细碎。用这种干碾机破碎的产品颗粒近似球形，棱角不尖锐。干碾机构造较简单，制造和维修比较容易，进料尺寸要求不太严格，但能量消耗大、生产效率较低。

（2）双轴搅拌机 双轴搅拌机利用两根呈对称状的螺旋轴的同步旋转，在输送干灰等粉状物料的同时加水搅拌，均匀加湿干灰粉状物料，达到使加湿物料不冒干灰又不会渗出水滴的目的，从而便于加湿灰装车运输或转入其他输送设备。主要适用于火力发电厂、矿山等行业粉煤灰或类似物料加湿装车的场合。

（3）制粒机 陶粒砂制粒机也叫做陶粒砂制粒锅、陶粒砂成球盘、陶粒砂造粒机，主要由圆盘、大伞齿轮、圆锥齿轮、主轴箱、横轴、调角机构、刮刀装置、传动装置、底座等组成。电动机由三角皮带与减速机连接传动，减速机出轴端联有圆锥齿轮，并与大伞齿轮啮合。大伞齿轮由螺栓与圆盘连接，这样电动机启动后，圆盘也随之运转。圆盘通过主轴、双列向心球面滚子轴承、横轴，承重于底座。主轴的尾端与调角机械的螺杆螺纹连接。由于双列向心球滚子轴承的作用，通过调节调角机的螺杆，使主轴与圆盘在一定范围内转动，以保证调节成球盘倾斜度的需要。通过改变电动机出轴和减速机入轴上的皮带轮直径，可以调节成球盘的转速。

（4）陶粒回转窑 陶粒回转窑内热式回转窑中温（950～1050℃）煅烧超细高岭土工艺技术成熟、国内先进，代表着超细高岭土煅烧技术的发展方向。这种煅烧技术能耗低、产量高，产品经脱水、脱炭增白，性能稳定，可用于造纸及涂料等工业领域，具有以下特点：①结构简单，具有单位体积大、窑炉寿命长、运转率高、操作稳定、传热效率高、热耗低等优点；②温度自动控制，超温报警，二次进风余热利用，窑衬寿命长；③具有先进的窑头窑尾密封技术及装置，运行稳定、产量高。

（5）陶粒砂滚筒筛 滚筒筛主要由电机、减速机、滚筒装置、机架、密封盖、进出料口组成。滚筒装置倾斜安装于机架上。电动机经减速机与滚筒装置通过联轴器连接在一起，驱动滚筒装置绕其轴线转动。当物料进入滚筒装置后，由于滚筒装置的倾斜与转动，使筛面上的物料翻转与滚动，合格物料（筛下产品）经滚筒外圆的筛网排出，不合格的物料（筛上产品）经滚筒末端排出。由于物料在滚筒内的翻转、滚动，使卡在筛孔中的物料可被弹出，防止筛孔堵塞。滚筒筛砂机、滚筒筛分机与滚筒筛的原理构造几乎相同，只是人们对它的认识和叫法上存在差异。

三、脱硫石膏的综合利用

燃煤发电机组安装的烟气脱硫系统每年要产生近亿吨副产品——脱硫石膏。另外，我国年产磷肥 1100 万吨，每年还要产生磷石膏 4000 万吨，并且磷石膏多年的蓄积已达数亿吨。因此，开展化学石膏的综合利用势在必行。

1. 生产石膏砌块

脱硫石膏砌块是以脱硫石膏为主的一种新型墙体材料，石膏砌块具有自重轻、强度高、外形整齐、表面光滑、防火、隔热、隔声并可吸收空气中的水分等优点，并具有可锯、可钉、可钻、可刨等易加工特性，可以实现施工的干法作业，是一种新型的绿色环保建材。2006 年我国新型墙体材料产销量为 5.75 亿立方米，假如其中 5%（约 3000 万立方米）由石膏砌块取代，每年可转化 2000 万吨脱硫石膏。

2. 石膏砂浆

新型石膏砂浆与传统的水泥石灰类砂浆相比，具有轻质、高强、节能等特点，且黏结性能较好，不易起壳和开裂。由于石膏本身具有很好的和易性、可塑性，同时热导率小，具有一定的保温性能，因此可以有效解决各类墙体的保温问题。

3. 纸面板石膏

近10年来，在纸面石膏板的引导下，石膏深加工产品市场得到了飞速发展，其产品原料的比例已从10年前仅占我国石膏矿产量的10%左右提高到2007年的30%；1997年我国大陆年产纸面石膏板8200万平方米，而到2007年的年产量已达到约9亿平方米，年产量的平均增长幅度达到了30%，从而成为当前建筑石膏最主要的用途，但规模较大的一些纸面石膏板生产厂家都是自己生产建筑石膏，形成制粉、制板一条龙生产线。

4. 用于制作路渣和高附加值的脱硫石膏等

自流平石膏是自流平地面找平石膏的简称，能在混凝土楼板上自动流平，即在自身重力作用下形成平滑表面，成为较理想的建筑物地面找平层，是铺设地毯、木地板和各种地面装饰材料的基层找平材料。在浇灌24h后，即可在上面行走，48h后可以在上面进行作业。干燥后，一般不需进行修整，其平整度即能达到要求，既减少了楼地面重量，又节省了大量黏合剂。

第四节　冶金工业固体废物处理利用工艺与设备

一、黑色冶金工业固体废物

钢铁联合企业生产过程中产生的固体废物主要有铁渣、钢渣、尘泥（包括除尘灰、氧化铁皮）、粉煤灰及废耐火材料等。

1. 高炉渣

高炉矿渣亦称高炉渣。冶炼生铁时，加入高炉的铁矿石、燃料和助熔剂等在炉内1300～1600℃高温下，发生高温反应生成铁和炉渣。高炉渣是由脉石、灰分、助熔剂和其他不能进入生铁中的杂质组成的混合物。用贫铁矿炼铁时，每吨生铁产生1.0～1.2t高炉渣；用富铁矿炼铁时，每吨生铁只产生0.25t高炉渣。

采用水淬工艺处理高炉渣是高炉渣最为普遍的处理技术。对于部分高炉重矿渣的处理，主要采用冷却、破碎、磁选、筛分，最后加工成碎石的处理工艺。高炉渣的主要用途有：生产矿渣水泥、矿渣砖、混凝土制品、替代普通砂和碎石用于工程建设、生产膨胀矿渣作轻质混凝土制品和防火隔热材料、生产具有保温和隔声等性能的矿渣棉。

(1) 高炉渣的成分　高炉渣中的各种氧化物以各种形式的硅酸盐矿物存在。经岩相分析，高炉渣由许多复杂的矿物组成，见表6-3，高炉渣主要成分的典型范围见表6-4。

表6-3　高炉渣的矿物组成

矿物名称	分子式	矿物名称	分子式
硅灰石	$CaO \cdot SiO_2$	黄长石	$M(2CaO \cdot MgO \cdot 2SiO_2) \cdot n(CaO \cdot MgO \cdot SiO_2)$
硅钙石	$3CaO \cdot 2SiO_2$		
甲型硅灰石	$2CaO \cdot 2SiO_2$	方柱石	$2CaO \cdot Al_2O_3 \cdot 2SiO_2$
尖晶石	$MgO \cdot Al_2O_3$	铝方柱石	$2CaO \cdot Al_2O_3 \cdot 2SiO_2$
钙镁橄榄石	$CaO \cdot MgO \cdot SiO_2$	辉石	$M(MgO \cdot SiO_2) \cdot n(CaO \cdot MgO \cdot 2SiO_2)$
铁蔷薇辉石	$3CaO \cdot MgO \cdot 2SiO_2$	斜辉石	$MgO \cdot SiO_2$
钙长石	$CaO \cdot Al_2O_3 \cdot 2SiO_2$	透辉石	$CaO \cdot MgO \cdot 2SiO_2$

表 6-4 高炉渣主要成分的典型范围

种类	$w_B/\%$				R	备注
	CaO	SiO_2	Al_2O_3	MgO		
炼钢生铁	38～44	30～38	8～15	5～10	1.05～1.20	
铸造生铁	37～41	35～40	10～17	2～5	0.95～1.05	
锰铁	38～42	26～30	11～19	2～9	1.30～1.50	
硅锰铁	43～45	43～45	8～10	约 2	约 1.0	$w(MnO)=5\%\sim10\%$

碱性高炉渣中最常见的矿物有黄长石、硅酸二钙、橄榄石、硅钙石、硅灰石和尖晶石。酸性高炉渣冷却时全部凝结成玻璃体，在缓慢冷却时出现结晶的矿物相，如黄长石、假硅灰石、辉石和刻长石等。各种特殊高炉渣中均含有特有成分，钛铁高炉渣的矿物中几乎都含有钛；锰铁渣中存在着锰橄榄石（$2Mn\cdot SiO_2$）矿物；高铝渣中存在着大量的铝酸一钙（$CaO\cdot Al_2O_3$）、三铝酸五钙（$5CaO\cdot 3Al_2O_3$）、二铝酸钙（$CaO\cdot 2Al_2O_3$）等。

（2）高炉渣处理利用新工艺　高炉渣利用的重要方面是制作建筑材料，如水泥、混凝土的掺合料、石膏、空心砖、高炉矿渣微粉、矿渣刨花板、筑路填料、矿渣棉、微晶玻璃等。

① 高炉渣配制水泥。对高炉水淬渣不同细度、不同添加量的水泥胶砂强度、混凝土强度进行了试验研究。掺磨细水淬渣粉可以配制 C40 以上的混凝土，添加量可以达到 35%以上。在相同掺量下，随着水淬渣细度的增加，混凝土各个龄期的强度增加；在相同细度下，随着水淬渣粉掺量的增加，混凝土的早期强度明显降低，但后期强度增长很快，28d 后可超过不掺渣粉的混凝土强度。用矿渣代替黏土配料，可在生料中起晶种作用，改善生料的易烧性，而且可增加台时产量，降低热耗，提高水泥的稳定性。

② 高炉渣微粉技术。通常的高炉渣粉（粒化高炉矿渣）一直作为水泥混合材料使用，由于水淬矿渣比水泥熟料难磨，所以在水泥中矿渣粒度较粗，除了较细的颗粒活性得到发挥外，较粗颗粒矿渣活性没有得到发挥，仅起到微集料的作用。实践证明当矿渣粉细度在 $400m^2/kg$ 以上时（俗称为微粉），将高炉渣微粉作混凝土掺合料可使新拌混凝土泌水少、可塑性好，水化析热速度慢，减少或避免大体积混凝土温度裂缝，使硬化后的混凝土具有良好的抗硫酸盐、抗氯盐、抗海水性能，提高混凝土密实性，使其具有良好的抗炭化性能，抑制混凝土的碱骨料反应，大大提高混凝土的耐久性。

③ 碱矿渣水泥和碱矿渣混凝土。在高炉渣细粉内加入渣量 5%～6%的碱金属（钠和钾）化合物而获得的碱矿渣胶凝材料可以制作水泥。利用碱矿渣水泥制成的混凝土强度高、混合料流动性好、硬化速度快、水化热低、抗渗性极好、抗冻性高、抗侵蚀性和护筋性优良，成为较理想的新型建筑材料。

④ 用高炉渣生产硅肥。硅肥是一种以氧化硅和氧化钙为主的矿物质肥料，它是水稻等作物生长不可缺少的营养元素之一。施用硅肥对于作物主要有以下作用：a. 对作物有重要的营养作用；b. 有利于提高作物的光合作用；c. 增强作物对病虫害的抵抗能力；d. 提高作物的抗倒伏能力；e. 有效预防作物的烂根病；f. 有改善作物品质的作用，提高成品率。水稻生产过程中要吸收大量的硅，有 20%～25%的硅是由灌溉水提供的，75%～80%的硅来自土壤。以亩产稻谷 500kg 计算，其茎秆和稻谷吸收硅量多达 75kg/亩，比吸收的氮、磷、钾 3 者总和高出 1.5 倍。生产硅肥的主要原材料是炼铁过程中产生的钢渣和水渣。我国高炉水渣资源非常丰富，硅肥的加工过程为：把水渣磨细，细度为 80～100；添入适量硅元素活化剂；搅拌混合后装袋（或搅拌混合造粒后装袋）。

⑤ 用高炉渣生产矿渣棉。矿渣棉是以矿渣为主要原料，经熔化、高速离心法或喷吹法

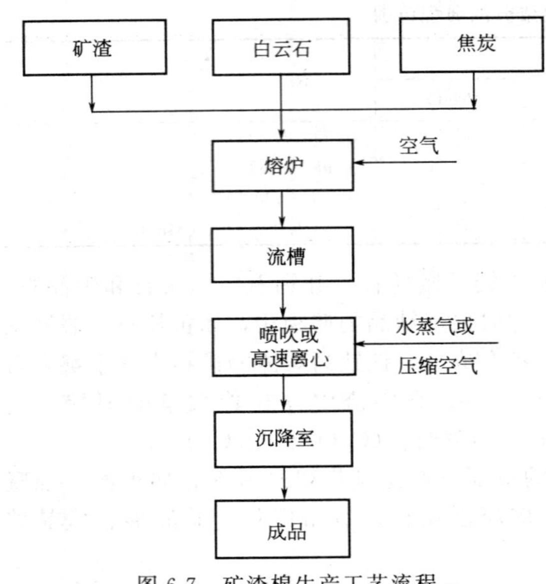

图 6-7 矿渣棉生产工艺流程

制成的一种白色棉丝状矿物纤维材料，其工艺流程见图 6-7。

矿渣棉可用作保温材料、吸声材料和防火材料等，由它加工的成品有保温板、保温毡、保温筒、保温带、吸声板、窄毡条、吸条带、耐火板及耐热纤维等，广泛用于冶金机械、建筑、化工和交通等部门。

2. 钢渣

钢渣是在转炉、电炉或精炼炉熔炼过程中产生的由炉料杂质、造渣材料等熔化形成的以氧化物为主，有时还含有少量氟化物、硫化物及渣钢渣粒的冶炼废物，产生量约占钢铁企业固废总量的 25%。一般每炼一吨钢，产生 200～300t 钢渣。钢渣可以返回供烧结、炼铁或钢之用，也可用于公路基、水泥、铁路道砟、沥青拌和料和农肥等方面。

(1) 钢渣的成分　钢渣的主要化学成分有氧化钙、二氧化硅、氧化铁、五氧化二磷和游离氧化钙等，有的钢渣还含有二氧化铁和五氧化二钒等。我国钢渣的化学成分见表 6-5。

表 6-5　钢渣的化学成分　　单位：%

名称		SO_2	Al_2O_3	CaO	MgO	MnO	FeO	S	P_2O_5	f-CaO	碱度
转炉钢渣		15～25	3～7	46～60	5～20	0.8～4	12～25	<0.4	0～1	1.6～7	2.1～3
平炉钢渣	初期渣	21	2.55	25.25	6.55	2.17	31.64	—	1.21	—	0.88
	精炼渣	13.25	4.85	47.6	10.38	1.87	14.21	—	4.29	—	2.32
	出钢渣	10.06	2.98	46.27	12.47	0.92	20.42	0.10	4.85	—	3.12
电炉钢渣	前期渣	21.3	11.05	41.6	13.48	1.39	9.14	0.04	—	—	1.18
	后期渣	17.38	3.44	58.53	11.34	1.79	0.85	0.10	—	—	3.6

(2) 钢渣的处理

① 钢渣的热态处理。钢渣成分复杂，流动性差别大，性能不稳定，处理技术发展缓慢，主要有热态处理和冷态加工两个环节。前者是指高温熔渣处理成常温固态渣的过程，侧重于钢渣的快速、清洁处理；后者是指固态渣经破碎、磁选等工序，加工成不同粒度、不同金属含量的尾渣、渣粉、渣钢的过程，侧重于钢渣的资源化利用。在实际生产中，两个环节区分并不明显，一般采取适当的组合工艺，如对流动性较好的液态钢渣采取“风淬/滚筒＋磁选”工艺，流动性较差的采取“热焖/水淬＋破碎＋磁选”工艺。

热态钢渣的处理工艺应考虑的原则为：a. 安全可靠，处理能力大；b. 渣和金属分离度高，利于金属回收；c. 可有效消解 f-CaO，满足尾渣利用要求；d. 工艺简单，经济性好，无二次污染。目前，国内外比较典型的炼钢熔渣热态处理工艺及优缺点见表 6-6。

表 6-6　热态钢渣处理工艺及其优缺点

处理工艺	工艺流程	优　点	缺　点
热泼	熔渣泼倒入渣床，空冷至表面固化，反复喷淋适量水，使炉渣急冷碎裂	工艺成熟，排渣快，便于机械化生产，适用范围广	占地大，破碎加工量大，损耗设备，环境污染大

续表

处理工艺	工艺流程	优点	缺点
浅盘水淬	熔渣在浅盘内急冷至700℃，翻倒入渣车二冷至200℃，倒入水池三冷至100℃以下捞出	布局紧凑，自动化程度高，处理能力大，操作安全，粉尘少，渣粒活性高	工艺环节多，投资和运行费用比热泼高，渣盘易变形，蒸汽腐蚀厂房和设备
水淬	熔渣在流出、下降过程中被高压水分割、击碎，因急冷收缩而破裂、粒化	工艺简单，占地小，适用于黏度低、流动性好的钢渣	处理率低，耗水多，易爆，尾渣致密，难磨细、活性差
热焖	通过控制喷水量和热焖温度，使罐内钢渣充分裂化、碎化和粉化，焖至常温，进行挖掘、筛分、磁选等后处理	对钢渣无碱度、黏度要求，机械化程度高，渣钢分离好，尾渣 f-CaO 低、活性高	占地大、投资高、处理周期长，尾渣粒度不均，800℃以上的钢渣需经过冷却
风淬	熔渣被高速气流击碎，渣滴收缩凝固成球形颗粒，撒落在水池中	能有效回收熔渣显热，耗水少，排渣快，粒化彻底	噪声大，水蒸气产量大，要求钢渣的流动性好
滚筒	熔渣在滚筒内，通过多介质同步发生水淬急冷、钢渣固化和碎化、渣钢分离等工艺过程	流程短、占地少，渣钢分离好，钢渣粒度均匀，金属回收率高，环保性能好	设备复杂，投资和运行费用高，维修难度大，要求钢渣流动性好
粒化轮	熔渣被粒化轮强制粒化后，经转鼓提升、脱水、磁选后实现渣铁分离	占地小，能耗低，粉尘少，自动程度高，粒化效果好	设备磨损严重，金属回收率低，钢渣流动性要好

② 钢渣的冷态加工。由于各个钢厂排渣设备配置不同、钢渣性质各异，钢渣的冷态加工多是粗碎、破碎、磁选、风选等单项工艺的组合，如鞍钢对热焖处理后的钢渣，先通过“三筛、二破、三磁选”粗选出40%的含铁物料，再经“球磨机湿磨、筛分分级、磁滑轮分选”的深度处理，选出品位大于90%、粒径1.5～100mm的精块铁，作为废钢原料用于转炉生产，而湿磨后、筛分分级出的渣浆，再用螺旋分级机重选、水选出铁品位为55%、粒径小于1.5mm的精铁粉用于烧结，其余尾渣用作建材原料。

莱钢的渣铁分离生产工艺可归纳为“三破七选四筛分”，使球磨料和尾渣质量大大提升，达到钢渣资源全部利用和闭路循环。

白俄罗斯OP公司针对钢渣粉的精细风选工艺，可从粒度0～10mm的粒化钢渣中回收0.08mm以上的金属颗粒（单纯采用磁选方法很难实现，因为钢渣中的细小非金属物料同样被磁铁吸附），分选后的尾渣粉用作水泥原料。

(3) 钢渣的综合利用新技术

① 高效节能粉磨设备。钢渣颗粒硬度较大，难以磨细，用立磨粉磨设备振动大、磨损严重，用传统的球磨机电耗大，生产成本高。法国机械设备集团公司（FCB）生产的卧式辊磨（HOROMILL）具有粉磨电耗低、设备运转稳定、性能可靠、操作方便、容易维护、研磨部件的使用寿命长等优点，但实际应用并不多。因此，针对不同的硬度、易磨性和细度，开发高效节能的粉磨设备，提高物料的比表面积，促使其晶体结构及表面物化性质发生变化，使钢渣性能得以充分发挥，对开创钢渣广泛应用的新局面大有助益。

② 钢渣稳定工艺。国内相关企业一直致力于钢渣稳定工艺的研究开发，如德国的罐式钢渣加压热焖自解工艺、日本住友的自然陈化箱处理工艺以及近来出现的高温熔渣改性处理等。因此，开发钢渣稳定化的工艺是提高钢渣综合利用率、扩大资源化利用范围的必然要求。

③ 热态熔渣干式粒化技术。针对当前钢渣黏度大、流动性差的特点，开发新型热态熔渣干式粒化技术，兼具回收余热、减少水资源消耗和后续产品综合利用的功能，是未来钢渣处理工艺研究的热点和难点，也是钢渣真正由废物变为钢厂副产品、节能降耗的最佳途径。

④ 高温熔渣的直接产品化。利用熔渣的高温特性，在线进行“调质处理”，不仅可降低

后续冷态渣游离氧化钙的含量，更可直接生产产品，如利用热态熔渣直接生产矿棉、岩棉或微晶玻璃等，从而将熔渣余热回收和高附加值利用有机结合起来。

⑤ 热态熔渣冶金回用技术的开发。采用合适的处理工艺对热态熔渣调质预处理，除去硫、磷杂质之后，再重返冶炼过程，可有效回收熔渣显热和有价资源，在循环利用周期、保护环境、回收熔渣显热等方面具有固态渣二次利用无法比拟的优点，应成为钢铁企业未来节能减排的重点。

3. 含铁尘泥

在钢铁生产过程中，烧结、炼铁、炼钢和轧钢等均会产生含铁尘泥，尘泥含铁一般在30%～70%。主要用于：烧结配料、金属化球团直接入高炉冶炼（提高了铁品位，而且在球团制作过程中可消除尘泥中的铅、锌等，国外采用较为多)、炼钢冷却剂或脱磷剂等（代矿石)。

(1) 利用高炉含锌污泥生产农用硫酸锌　锌肥是农作物生长所需的最重要的微量元素肥料之一。作物缺锌则影响其生长发育和产量，甚至可使作物萎缩及枯死。土壤中有效锌含量在 $(0.5\sim1.0)\times10^{-6}$ 的为潜在缺锌，低于 0.5×10^{-6} 的为严重缺锌。据了解，我国的缺锌土地很多，东北、西北及沿海等地区普遍缺锌。

杭州钢铁集团公司的炼铁原料中有相当部分的铁矿含锌，致使高炉煤气洗涤污泥的锌含量较高，该污泥每年产生量在 1 万余吨左右。由于污泥中含有锌铅铁等多种元素，风吹雨淋而造成二次污染，不仅占用大片土地污染环境，而且又浪费了宝贵资源。经过多年研究，公司采用湿法浸出工艺处理高炉含锌污泥，生产农用级的硫酸锌产品，取得了较好的经济效益、社会效益和环境效益。硫酸锌生产工艺为：污泥由小车运至制浆池，制浆后泵入浸出槽，并加入硫酸，在常温下机械搅拌一定的时间，用泥浆泵把浸出槽内的泥浆用泵打入板框压滤机，经过滤、漂洗后，洗液用泵打回浸出槽，返回二次浸出，浸出渣运往制砖厂。在浸出池中，污泥中的锌与硫酸反应生成硫酸锌，同时污泥中的有些碱性氧化物也与硫酸反应形成硫酸盐。有的硫酸盐不溶于水，如硫酸铅等；而有的硫酸盐是可溶于水的，如硫酸亚铁。不溶于水的硫酸盐随污泥经板框压滤机过滤后进入泥渣除去，而可溶的硫酸盐则随硫酸锌一起进入滤液中。因此，为了提高产量还需进行净化处理。净化槽的滤液在一定温度下，用压缩空气作氧化剂并同时起到搅拌作用。净化后，用泥浆泵把净化槽内的浑浊液泵入板框压滤机，经过滤漂洗后，净化渣与浸出渣合并外运，净化液和少量漂洗液泵入浓缩锅进行浓缩。经浓缩后，用泵将浓缩液泵入结晶反应釜，用水作冷却剂，机械搅拌结晶，用离心机洗涤、抛干后包装入库，结晶母液返回浓缩。

(2) 高炉瓦斯泥的利用

① 铁的回收。高炉瓦斯泥是高炉冶炼过程中随高炉煤气排出的固体灰尘经湿式除尘得到的产物，主要由矿粉、焦粉和熔剂粉尘等组成，含铁量一般在 35%左右，可作为烧结配料加以利用。但是瓦斯泥在烧结厂仅能作配料渗入矿粉中使用，因此其利用量有限。武钢采用提高瓦斯泥品位再用于烧结工艺，采用两段重选流程或预先分级的一段重选流程，使得精泥产出率 25%、铁品位大于 60%、铁回收率大于 45%。重选后瓦斯泥尾泥用于制砖和配烧水泥熟料。

② 含铁尘泥可采用生产直接还原铁或再将其还原成铁锭的方式而加以利用，工艺过程为：首先将含铁尘泥通过碾磨机、混合机、造球机制作成生球团，然后通过回转底式炉制成直接还原铁，作为炼钢原料进行利用，还可再将直接还原铁通过电炉还原成铁锭进行利用（适用于不锈钢类)，含铁尘泥通过回转底式炉时可消除尘泥中的锌等有害元素，采用这一技术生产过程中产生的尘泥可全部得到利用。美国的 RedSmelt 是其典型工艺技术，已在美国

运行了 25 年，并由 EPA 选为炉尘处理最有效的工厂。

③ 日本钢管公司将细粒化高炉渣覆盖在海边海床上以隔绝海边富集的胶质泥沙。由于高炉渣含有硅酸盐，可促进海水中硅藻的繁殖，防止赤潮发生。这项应用技术为大量消化高炉渣开辟了一条新途径。

二、铜冶炼工业固体废物

铜是一种最重要的有色金属，其消费量和生产量仅次于铝。在铜冶炼工业飞速发展的同时也带来严重的环境问题，以火法炼铜为例，每生产 1t 铜将产生 2～3t 渣，大部分堆存在渣场，既占用土地又污染环境，也是资源的巨大浪费，已经成为阻碍铜冶炼企业持续发展的重要因素。

1. 铜冶炼过程与固体废物的产生

我国 90%以上的精铜产量均由火法工艺生产。本研究重点讨论精铜火法冶炼工艺固体废物的产生。精铜火法冶炼工艺原则流程及其固体废物的产生节点与种类如图 6-8 所示。

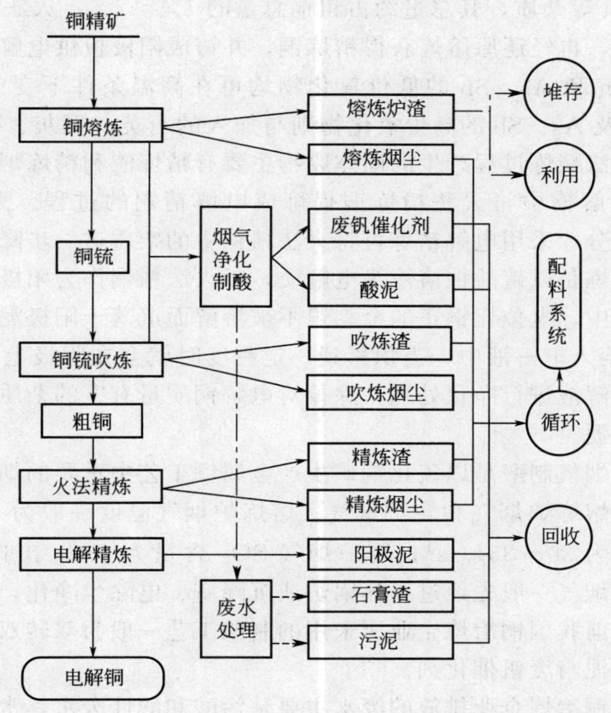

图 6-8 铜冶炼工艺与固体废物的产生

(1) 铜熔炼 铜熔炼是炼铜工艺的 3 大工序之一，是铜冶炼过程的重要环节，熔炼技术水平直接影响冶炼企业的生产技术水平。目前我国铜冶炼行业主要的熔炼工艺有：a. 闪速炉熔炼工艺；b. 熔池熔炼工艺，如白银熔炼法（白银炉）、富氧顶吹浸没熔炼法（奥斯麦特炉、艾萨炉）、诺兰达熔池熔炼法（诺兰达炉）及富氧底吹熔池熔炼法（水口山炉）；c. 密闭鼓风炉熔炼工艺。

熔炼过程是将铜精矿配以适当数量的熔剂、返料、燃料，送入氧气或空气，将物料熔化，氧气与精矿内的元素发生反应。当加热至 1200～1300℃，铜精矿中的铁、硫和铜分离，分别形成炉渣和铜锍以及含 SO_2 烟气。熔炼炉中流出的液态铜锍进入吹炼转化炉再进行吹炼，产生的含 SO_2 烟气经废热锅炉、电除尘等净化工艺后进入制酸系统。铜熔炼工艺过程产生的固体废物主要有熔炼炉渣和熔炼烟尘。

（2）铜锍吹炼　铜锍吹炼也是炼铜工艺的3大工序之一，目前我国主要采用转炉吹炼工艺。铜锍吹炼是在熔融状态的锍中鼓入空气或氧气，并加入石英砂，鼓入炉内熔体中的氧先将部分 FeS 和 Cu_2S 分别氧化成 FeO 和 Cu_2O，再由作为 O 传递者的 Cu_2O 氧化 FeS。当炉内 FeS 全部被氧化并与 SiO_2 造渣后，Cu_2S 才开始氧化，生成的 Cu_2O 立即与 Cu_2S 交互反应放出 SO_2 并生成金属铜。

在吹炼反应过程中生成的 SO_2 烟气经炉口进入废热锅炉和收尘系统，经烟气净化后进入制酸系统生产硫酸；铜锍中含有的 Pb 和 Zn 在吹炼中几乎全部进入烟尘；As 和 Sb 大部分以氧化物形态或挥发除去，或进入炉渣，少量残留于粗铜中；贵金属 Au 和 Ag 则全部转入粗铜中。铜锍吹炼过程产生的固体废物主要为吹炼渣（转炉渣）和吹炼烟尘（转炉烟尘）。

（3）粗铜精炼　粗铜精炼也是炼铜工艺的3大工序之一，粗铜精炼分为火法精炼和电解精炼。目前我国粗铜火法精炼基本采用回转式阳极炉精炼。矿产粗铜常含有 S、Fe、Pb、Zn、Ni、As、Sb、Bi 等杂质，其总量约占粗铜总量的1%～2%。火法精炼是将矿产粗铜中的杂质经过氧化除去，再经还原熔炼获得精炼铜，并铸成阳极板供电解精炼用。在火法精炼过程中，杂质中的 Zn 和 As、Sb 的低价氧化物均可在高温条件下变成气体挥发除去，而 Fe、Pb、Co、Sn 以及 As、Sb 的高价氧化物则与加入的石英、石灰、碳酸钠等熔剂生成各种盐类进入炉渣。火法精炼过程产生的固体废物主要有精炼渣和精炼烟尘。

电解精炼是在电解槽中将火法精炼铜提炼成电解精铜的过程。火法精炼铜一般含有0.15%左右的杂质成分，采用电解精炼可将火法精铜中的杂质进一步降低到符合产品质量标准的要求。铜电解精炼是以硫酸铜溶液为电解质，以火法精铜作为阳极，纯铜片或不锈钢板作为阴极。电解过程中，电位比铜正的金、银不被溶解而沉落于阳极泥中；与铜电位接近的 As、Sb 可与铜一起溶入电解液中，当积累到一定程度时就会在阴极上析出，降低电解铜的质量，因此必须对电解液进行净化处理，除掉对电解铜质量有害的杂质。电解精炼过程所产生的固体废物为阳极泥。

（4）烟气制酸　烟气制酸是以硫化铜矿生产金属铜工艺中重要的烟气治理技术。用于制酸的烟气主要来源于熔炼炉烟气和转炉烟气。熔炼炉烟气温度一般为1230℃，SO_2 含量为12%～15%，含尘量为30～35g/m^3；转炉烟气 SO_2 含量为6%，出口温度为800℃左右。熔炼炉和转炉排出的烟气一般先经过废热锅炉或沉降室、电除尘净化，符合制酸要求后烟气再进入制酸系统。目前我国铜冶炼企业所采用的制酸工艺一般为双转双吸。制酸工序所产生的固体废物主要有酸泥与废钒催化剂。

（5）废水治理　铜冶炼企业排放的废水主要是污酸和酸性废水，常用的处理方法为分步石灰中和法。污酸处理是先将污酸用石灰乳中和至 pH＝2，再进入酸性废水处理站处理。酸性废水处理采用石灰-铁盐两段处理法，每段采用石灰乳中和酸，并投加铁盐，将 pH 值调整至9，去除污水中的重金属离子。污酸处理过程主要产生石膏渣，酸性废水处理过程主要产生污泥。

2. 主要固体废物的种类与特性

（1）炉渣　铜冶炼过程产生的炉渣主要有3个来源，即熔炼炉渣、吹炼渣和精炼渣。其中精炼渣一般直接返回配料系统循环利用，目前部分企业已将吹炼渣经过贫化后，也返回了配料系统循环利用。炼铜炉渣的冷却方式有3种：自然冷却方式、水淬方式以及保温冷却＋水淬方式。炉渣中铜矿物的结晶粒度大小与炉渣的冷却速度密切相关，炉渣缓慢冷却有利于铜相粒子迁移、聚集、长大和改善渣的可磨性。空气冷却的铜渣为黑色，外表为玻璃状，大部分呈致密块状，脆而硬。随着含铁量的变化，密度也在变化，一般为 218～318g/cm³。在高温下经过水冲骤冷的水淬渣，呈轴黑色小颗粒且多孔，粒径为 0～4mm，渣有少部分呈片状、针状及矿渣棉，大部分呈玻璃态，属于酸性低活性矿渣。水淬渣堆积密度为 116～213g/cm³。铜渣具有良好的机械特性，如坚固性、耐磨性、稳定性等。

炼铜炉渣的主要矿物组成为铁硅酸盐、磁性氧化铁、铁橄榄石（$2FeO \cdot SiO_2$）、磁铁矿（Fe_3O_4）和某些脉石组成的无定形玻璃体。铜渣中含有 Cu、Pb、Zn、Co、Ni、Au、Ag 和 Fe 等多种有价金属，一般情况下 Fe 的含量超过 40%，Cu 的含量超过 0.5%。铜渣的典型成分是：Fe30%～40%；$SiO_2$35%～40%；$Al_2O_3$10%；CaO10%；Cu0.15%～2.11%。铜渣中的铜主要以辉铜矿（Cu_2S）、金属铜、氧化铜形式存在，铁主要以硅酸盐的形式存在。不同的炼铜工艺所产生的炼铜炉渣的化学组成有所不同，表 6-7 给出了不同冶炼方法的铜渣组成。

表 6-7 不同冶炼方法的铜渣组成 单位：%

冶炼方法	SiO_2	FeO	Fe_2O_3	CaO	MgO	Al_2O_3	S	Cu
密闭鼓风炉	31～39	33～42	3～10	6～10	0.8～7.0	4～12	0.2～0.45	0.35～2.4
诺兰达法	22～25	42～52	19～29	0.5～2	1.0～1.5	0.5	5.2～7.9	3.4～5
瓦纽科夫法	22～25	48～52	8	1.1～2.4	1.2～1.6	1.2～4.5	0.55～0.65	2.1～3.2
三菱法	30～35	51～58	—	5～8	—	2～6	0.55～0.65	1.8～2.4
艾萨法	31～34	40～45	6～8	1.5～3	1～2	0～0.5	2.8	1～2
闪速熔炼法	28～38	38～54	12～15	5～15	1～3	2～12	0.46～0.79	0.2～0.5
Inco 闪速熔炼	32～35	48～54	10～12	1.5～2.5	1.4～2.2	4～5	1.1	0.9～1.7
转炉吹炼	16～28	48～65	12～29	1～2	0～2	5～10	1.5～7.0	1.1～2.9
特尼恩特转炉	26.5	48～55	20	9.3	7	0.8	0.8	0.46

炉渣是铜冶炼过程中产生量较大的废物，其富含多种金属和有价资源，并有较好的机械和物理特性，目前国内外已有许多企业利用选矿技术或贫化技术对铜含量较低的炉渣进行处理，以增加铜资源的回收量。经炉渣处理后的终渣含有极低水平的可浸出金属，性质稳定，并具有极好的机械性能，可以作为产品出售给磨料工业和建筑工业。

(2) 烟尘　铜冶炼过程烟气净化系统收集获得的烟尘，富含目标金属，可以再循环返回熔炼炉。转炉烟气除尘器收集的烟尘（白烟尘）含有较高的 Pb 金属，属于危险废物，一般应回收有价金属或出售给有资质的企业进行回收。

(3) 酸泥　冶炼烟气制酸过程中，烟气被稀酸清洗，所带入的烟尘进入清洗酸中形成废酸，这部分废酸过滤所产生的酸泥（砷滤饼、铅滤饼），由于含有 As、Pb 等污染物，属于危险废物，应回收有价金属或出售给有资质企业进行回收。酸泥的处置通常在尾矿池或内衬 HDPE（高密度聚乙烯）的集水区进行。

(4) 阳极泥　铜电解精炼过程产生的阳极泥富集了金、银等贵金属，是回收贵金属的宝贵原料。

(5) 废水处理污泥　废水处理产生的污泥富含多种有价金属，既可以作为二次原料返回熔炼炉，也可以出售给有资质企业回收有价资源。

(6) 废旧内衬与耐火材料　当熔炉包括熔炼炉、转化炉、阳极精炼炉以及电解槽因磨损要求更换内衬时，将会产生大量的废旧内衬。

其中一些内衬中可能渗透了大量的铜，这些内衬可以被用做二次进料进入转化炉，否则这些内衬应当进行处理处置。

3. 铜冶炼工业固体废物减量化

（1）冶炼过程废物最小化　对于大多数冶炼企业而言，炉渣、污泥和过滤粉尘的再循环被认为是工艺过程的一部分。冶炼过程产生的炉渣、浮沫与浮渣的数量依赖于原料中的杂质，一般不能显著地降低。通过使用现代过程控制技术来优化熔炉操作条件，可以使炉渣、浮沫与浮渣的产生最小化，如通过避免过热的方式。

废旧内衬与耐火材料的产生量可以通过以下措施来降低：a. 精心构筑熔炉的砖内衬；b. 连续使用熔炉，最小化温度变化；c. 缩短助熔剂的影响时间；d. 避免使用强烈的助熔剂；e. 仔细清洁熔炉和坩埚；f. 减少熔炉的扰动。

（2）大气污染削减系统废物的最小化　通过使用氧气或富氧空气来代替环境空气通常可以降低废气的产生量，例如铜熔炼过程中，Inco 法和 Noranda 法在燃烧过程中使用氧气或富氧空气，尾气量越小，烟尘量越小。采用完全密封的熔炉所产生的烟尘量远远低于半密封炉或敞开炉所产生的烟尘量。废旧滤袋的数量可以通过使用强度更高、更耐用的现代过滤材料来减少。使用现代可靠的织物替代滤袋相对容易，但是需要考虑不同情况下的技术要求和相关的投资成本，使用过的滤袋可以再循环至熔炼炉。

（3）废水处理废物的最小化　将湿式除尘洗涤器水直接或经处理后再循环至洗涤器，减少湿式除尘洗涤器所产生的废水量。

（4）非工艺（过程）废物的最小化　经常性维护、修理和预防性检修可以使得因泄漏而造成的油损失最小，增加每次换油的时间间隔。还可以通过使用过滤的方法来实现废油量的减少，延长服务寿命。例如，通过安装旁路过滤器来实现对小部分油的连续净化。

（5）替代原料的使用　金属熔炼过程产生的炉渣、浮沫与浮渣的数量主要受到原料中目标金属浓度的影响，或者相反，受到原料杂质水平的影响，高品位原料可以减少熔炼过程废物的产生。可用原料的选择将会影响废物与残余物的产生量。例如在铜的生产过程中，铜矿或进料中的杂质如砷、铅、镍和锌既可以进入炉渣也可以进入工艺废气，杂质数量的增加将导致炉渣和废气烟尘产量的增加。因此，使用杂质含量低的精矿或二次进料将会减少炉渣和废气烟尘的产生量。

但是替代原料的使用受到各种不同因素的影响，如：a. 某些冶炼厂只能处理其所属矿山开采的原料；b. 替代原料的可得性；c. 替代原料增加的成本；d. 运输成本，距离因素可能会限制冶炼厂接受替代原料的能力；e. 替代原料中其他有毒物质的水平。

4. 铜冶炼工业固体废物综合利用

废物与残余物的环境管理分为两大类，即回收（再循环或再利用）与处理处置。确定什么是废物和什么可以回收，不同企业是不同的，这要通过综合考虑技术、环境和经济因素来确定。只有当没有再循环或再利用的可能性时，才可以考虑进行处理处置。铜冶炼工业废物/残余物的综合利用方法见表 6-8。

表 6-8　铜冶炼工业废物/残余物的综合利用方法

产生源	废物/残余物	可采用方法
原料处理	粉尘，清扫垃圾	主体过程（工艺）进料
熔炼炉	炉渣	处理后做建材，磨料工业，耐火材料，矿山回填，渣场堆存
转炉	转炉渣	再循环熔炼
精炼炉	精炼渣	再循环熔炼
炉渣处理	贫化渣	建筑材料，研磨剂，矿山回填，渣处理中生成的冰铜再循环，炉渣堆存

续表

产生源	废物/残余物	可采用方法
熔化炉	浮沫	处理后返回工艺过程再循环
	炉渣和盐渣	金属回收,回收盐和其他物质
电解精炼	溢流电解液	镍回收
	阳极屑	若被污染再循环至熔炼炉;若清洁则再循环至熔化炉
	阳极残渣	回收贵金属
硫酸厂	催化剂	再生
	酸性污泥	安全处置
	弱酸	中和,污泥安全处置,水排放
炉内衬	耐火材料	用作造渣助剂,处置
酸洗	废酸	回收
干法除尘系统	除尘器粉尘	再循环至工艺过程,回收其他金属
湿式除尘系统	除尘器污泥	返回工艺过程或回收其他金属(汞),处置
废水处理污泥	氢氧化物或硫化物污泥	再循环或安全处置

三、铅的冶炼工业固体废物

我国是精炼铅生产和消费大国，铅冶炼工业飞速发展的同时也带来了严重的环境问题，固体废物的环境管理就是其中的主要问题之一。铅冶炼过程中有大量固体废物产生，既包括工艺过程产生的各种废渣，烟气和废水处理过程产生的各种粉尘、污泥，也包括非工艺过程所产生的各种废料，如废旧内衬与耐火材料等。这些固体废物含有大量的宝贵资源，如重金属、贵金属等。

1. 铅冶炼的原料特征与工艺过程

炼铅的原料主要为硫化铅精矿和硫化铅与硫化锌混合精矿。铅精矿伴生的可回收的有价元素多达二十余种，大体分为三类：a. 重金属，其占伴生金属综合回收总量的95%以上，包括铜、镐、秘、镍、钻、砷、锑、汞等；b. 贵金属，包括金、银、铂、把等；c. 稀散金属，包括镓、铟、锗、磅、硒、铊、铼等。铅精矿中有价元素的含量不同，产出的中间产物中有价元素的含量波动也很大，但在冶炼过程中，有价元素的分布是有明显规律的。在烧结过程中，95%的汞进入烟气，70%的铊、30%～40%的镉、硒、碲以及部分砷、锑进入烟尘；在鼓风炉熔炼过程中，几乎全部的金、银和大部分铜、砷、秘、锡、硒、碲进入粗铅，80%以上的锑、锗及50%以上的铟进入炉渣，80%～90%的镐进入烟尘；火法精炼除铜、锡时，粗铅中的铜、锡、铟大部分进入铜浮渣，金、银、铋等进入阳极铅后大部分再进入阳极泥。

铅冶炼过程分为粗铅生产与粗铅精炼。粗铅生产工艺可分为两大类，即烧结-熔炼法和直接熔炼法。这两种基本的火法冶炼工艺均适用于以硫化铅或硫化铅与硫化锌混合精矿为原料生产精铅，也适用于处理与再生原料混合的精矿。目前我国铅冶炼企业所采用的主要工艺包括：a. 富氧熔池熔炼，如水口山法（SKS）、ISA法、Ausmelt法、Kaldo法、QSL法、Kivcet法等；b. 烧结机-鼓风炉炼铅工艺；c. 烧结-密闭鼓风炉工艺（ISP）。

粗铅精炼包括火法精炼和电解精炼。粗铅火法精炼包括粗铅熔析和加硫除铜、氧化精炼、加锌除银与除锌、除铋等过程。

2. 铅冶炼产生的主要固体废物与特性

烧结-鼓风炉熔炼生产过程中产生的固体废物与残余物见表6-9，直接熔炼法生产过程中产生的固体废物与残余物见表6-10，粗铅精炼过程中产生的固体废物与残余物见表6-11。

表 6-9　烧结-鼓风炉熔炼过程中产生的典型废物与残余物

过程源	废物/残余物	潜在去向
烧结机	集尘	浸出镉后返回烧结
	烧结返矿	返回烧结
炉渣烟化	炉渣	防水建筑材料
	铜锍	至铜熔炼炉
	蒸气	能量转换
硫酸装置	硫酸(H_2SO_4)	副产品出售
	甘汞(氯化亚汞)	出售或控制处置
	酸泥	处置
镉回收	镉锌沉淀	出售
竖炉/鼓风炉	炉渣	烟化炉吹炼或处置
	集尘	返回烧结
废水处理	污泥	返回烧结

表 6-10　直接熔炼法过程中产生的典型废物与残余物

过程源	废物/残余物	潜在去向	过程源	废物/残余物	潜在去向
Kivcet			QSL		
熔炼装置	炉渣	控制处置	熔炼装置	炉渣	铺设道路
	烟道粉尘Ⅰ	返回熔炉		烟道粉尘	浸出镉后返回熔炼
	烟道粉尘Ⅱ	至锌浸出		蒸汽	能量转化
	蒸汽	能量转换	硫酸装置	硫酸	出售
硫酸装置	硫酸	出售		甘汞	出售
	甘汞	出售		酸泥	返回熔炼
	酸泥	控制处置	镉回收	镉锌沉淀	出售
水处理	污泥	返回熔炼	水处理	淤泥	返回熔炼
ISA/Ausmelt			Kaldo		
熔炼装置	原炉渣	返回熔炼	TBRC(Kaldo)	炉渣	至烟化
	最终炉渣	建筑材料或处置		烟道粉尘	返回熔炼
	烟道粉尘	熔炼或浸出		蒸汽	能量转化
	浮渣	返回熔炼	硫酸装置	硫酸	出售
	氧化锌粉尘	至锌熔炼		甘汞	出售
	蒸汽	能量转化		酸泥	控制处置
硫酸装置	硫酸	出售	水处理	污泥	
	汞沉淀	生产甘汞			
	酸泥	返回熔炼			
粉尘浸出	镉锌沉淀	至锌熔炼			
	铅残余物	返回熔炼			
水处理	淤泥	返回熔炼			

表 6-11　粗铅精炼过程中产生的典型废物与残余物

精炼过程	废物/残余物	潜在去向
除铜	铜浮渣	回收铜与铅
电解	阳极泥	回收金银铋等稀贵金属
	溢流电解液	回收金属
	阳极屑	返回熔炼炉或熔化炉

铅冶炼过程所产生的固体废物或残余物可以分为如下几类。

(1) 炉渣　炉渣是铅冶炼过程中产生量较大的废物，包括烧结、熔炼、精炼等所产生的残渣。铅冶炼炉渣的产生量是金属产量的10%～70%。

(2) 浮渣与浮沫　铅精炼、熔化等过程产生的浮渣、浮沫富含目标金属铅，一般直接返回工艺过程熔炼或精炼。

(3) 烟气净化系统废物　烟气净化系统产生的废物与残余物包括烟尘、酸泥以及副产品硫酸等。烟尘主要来源于烧结、熔炼等工段。铅冶炼过程烟气净化系统收集获得的烟尘富含有价金属，如锗、镓、铟和砷等以及铅。冶炼烟气制酸过程中，烟气被稀酸清洗，所带入的烟尘进入清洗酸中形成废酸，废酸过滤产生的酸泥（砷滤饼、铅滤饼）由于含有 As、Pb 等污染物，属于危险废物。含有 SO_2 的烟气用于生产硫酸。

(4) 废水处理产生的污泥　废水处理系统产生的主要废物与残余物为石膏（$CaSO_4$）和金属的氢氧化物。

(5) 废旧内衬与耐火材料　除工艺过程废物之外，铅冶炼过程也会产生非工艺过程废物，如烧结机、熔炼炉、熔化炉以及电解槽等更换下来的废旧内衬。

3. 废物再循环再利用

(1) 炉渣再循环再利用　为更进一步回收炉渣中的有价金属，直接将炉渣如水淬渣、浸出渣再循环至前端工艺过程回收铅或在烟化炉中对炉渣进行处理，回收有价金属后，再循环至主体工艺过程回收铅。

铅冶炼厂产生的含铁和锌的炉渣可送至炉渣烟化炉，添加煤粉和鼓入空气，通过高温处理使锌气化，形成以氧化锌为主的烟尘，利用布袋除尘器收集烟尘，再对烟尘进行浸出处理，回收锌、铟、锗和镉。

鼓风炉、密闭鼓风炉和直接熔炼过程产生的炉渣，如铅水淬渣，占到固体废物总量的90%左右。铅水淬渣中可浸出的金属含量较低，属于一般固体废物，可以直接用于生产建筑材料。

目前国内大部分铅冶炼企业将冶炼渣出售给建筑材料生产企业，部分企业在渣场堆存。

(2) 浮渣与浮沫再循环再利用　浮渣与浮沫中的金属含量相对较高（20%～80%），因此浮渣与浮沫可直接再循环至主体工艺过程，如铜浮渣可以返回还原熔炼回收粗铅，生产铜。

具有高金属含量的浮渣与浮沫可用做回收其他有价金属的二次原料。

(3) 烟气净化系统废物再循环再利用　干法除尘系统（如布袋或静电除尘器）收集到的大多数烟尘可直接返回熔炼炉。湿法除尘系统如湿式除尘洗涤器去除的烟尘则形成尘泥也可再循环至熔炼过程，但再循环之前通常需要进行脱水处理（如过滤、干燥）。

当烟气净化使用布袋过滤器时，将产生废旧过滤材料。这些过滤材料中含有金属及其化合物颗粒，可以作为二次原料再循环至火法冶炼工艺，否则应将废旧过滤材料进行处置。

铅冶炼中硫资源的利用是一个突出问题。铅精矿平均含硫量为15%～18%，铅冶炼过程产生的富含 SO_2 的烟气可以生产硫酸，作为副产品出售。

未能再循环的粉尘、尘泥可以提供给其他金属冶炼厂用做原料。富含锌的粉尘可作为锌厂原料进行处理再利用；含砷烟尘、砷滤饼可作为回收砷的原料；含汞酸泥可作为生产甘汞的原料。

目前我国大部分铅冶炼厂收集得到的烟尘和尘泥均再循环返回熔炼系统，或出售给下游有资质的企业回收有价金属。

(4) 废水处理产生的废物再循环再利用　根据污泥的组成，确定其是否可以再循环回收金属或用作其他目的。若金属含量高，则可以作为二次原料返回熔炼炉。

酸性污泥中和处理产生的石膏，可以依据其物理特性和化学稳定性，用做尾矿覆顶或制作建筑板材。酸泥的处置通常在尾矿池或内衬 HDPE（高密度聚乙烯）的集水区进行。富含其他有价金属的污泥，可以出售给有资质的企业回收有价资源。此外铅电解精炼过程产生的阳极泥，富集了金、银、铋等稀贵金属，是回收稀贵金属的宝贵资源。

(5) 废旧内衬与耐火材料再循环再利用　废旧炉内衬可以在熔炉中进行处理，使之形成惰性炉渣，或制作成熔融金属出口的堵塞砖。

耐火材料经过碾磨分离金属之后，可以用于生产建筑材料，分离出的金属可以再循环至熔炼过程或提供给其他有色金属厂回收金属。

4. 废物的安全处置

对于无法再循环再利用的废物，应依据其特性进行处置。依据《国家危险废物名录(2008)》以及《危险废物鉴别标准》(GB 5085.1～7—2007) 判断需要进行处置的废物是否属于危险废物。危险废物的贮存、填埋应遵守《危险废物贮存污染控制标准》(GB 18597—2001)、《危险废物填埋污染控制标准》(GB 18598—2001)，一般固体废物的贮存、处置应遵守《一般工业固体废物贮存、处置场污染控制标准》(GB 18599—2001)。

铅冶炼过程产生的固体废弃物一般采取渣场堆存或在填埋场进行处置。

总之，铅冶炼过程和烟气与废水处理系统所产生的固体废物可以采取以下三种方式处理：①内循环至工艺过程或上游过程；②送至下游过程处理回收其他金属；③最终安全处置。表 6-12 给出了铅冶炼工业废物与残余物的综合管理方法。

表 6-12　铅冶炼工业废物与残余物的综合管理方法

产生源	废物/残余物	可采用的方法
原料处理	粉尘,清扫垃圾	主体过程(工艺)进料
熔炼炉	炉渣	处理后用做建材,磨料工业,耐火材料,矿山回填;渣场堆存
精炼炉	精炼渣	再循环熔炼
熔化炉	浮沫	处理后返回工艺过程再循环
	炉渣和盐渣	回收金属、盐和其他物质
电解精炼	溢流电解液	回收金属
	阳极屑	若被污染再循环至熔炼炉,若清洁则再循环至熔化炉
	阳极泥	回收贵金属
硫酸厂	催化剂	再生
	酸性污泥	再利用或安全处置
	弱酸	中和,污泥安全处置,水排放
炉内衬	耐火材料	用做造渣助剂,处置
干法除尘系统	粉尘	再循环至工艺过程,回收其他金属
湿式除尘系统	污泥	返回工艺过程或回收其他金属(汞),处置
废水处理污泥	氢氧化物或硫化物污泥	再循环或安全处置

四、铝工业固体废物

随着铝工业的飞速发展，生产氧化铝排出的固体废物赤泥量也日益增加，大约每产 1t 氧化铝要排放 1.0～1.8t 的赤泥，据统计到目前为止我国赤泥年排放量达到 $(4500～5000)\times10^4$t，累计堆放量达到几亿吨而其利用率仅为 15%左右。世界上大量的赤泥是采用海洋排放与陆地堆存的方法来进行处置，我国主要采用筑坝湿法陆地堆放方式处理，靠自然沉降分离对溶液返还再回用。该法易造成土壤碱化，污染地下水。

赤泥的主要污染物为碱、氟化物、钠及铝等，其含量较高，超过了国家规定的排放标准《一般工业固体废物贮存、处置场污染控制标准》(GB 18599—2001)，人们长期摄取这些物质，必然会影响身体健康。另一种方法是将赤泥干燥脱水后干法堆放，但这种堆存方法占用大量土地，并需要一定的基建费用，而且赤泥中许多可利用的成分得不到合理利用，造成资源的二次浪费。因此，赤泥造成的环境污染，已使赤泥综合利用成为阻碍铝工业可持续发展的一项难题。

1. 赤泥特性

(1) 赤泥理化性质　赤泥呈灰色和暗红色粉状物，颜色会随含铁量的不同发生变化，密度2840～2870g/m³，赤泥的含水率86%～90%，饱和度94.4%～99.1%，持水量79%～93.23%，粒径0.075～0.005mm，比表面积64.09～196.9m²/g，空隙比2.53～2.95。

(2) 赤泥的矿物组成　赤泥的成分只要取决于铝土矿的成分、氧化铝的生产方法及生产过程中所加入的添加剂等，从大量文献可知：赤泥中均含有一定量的 Fe_2O_3、Al_2O_3、CaO、SiO_2 等有价金属，其含量分别在24%～29%、10%～18%、8%～11%和4%～8%，因此对赤泥中有价金属回收具有重要意义。

2. 从赤泥中回收有价金属

(1) 从赤泥中回收铁　铁是赤泥的主要成分，但直接作为炼铁原料时含量还很低，因此有些国家先将赤泥预焙烧后入沸腾炉内，使赤泥中的 Fe_2O_3 转变为 Fe_3O_4。还原物在经过冷却、粉碎后用湿式或干式磁选机分选，得到含铁63%～81%的磁性产品，铁回收率为83%～93%，是一种高品位的炼铁精料。目前，我国即采用直接还原焙烧、磁选制得铁精矿产品，之后进一步将残渣中的铁分离即对铁提取，最后将占赤泥总量60%以上的残渣用于生产建筑材料，从而实现赤泥零排放。

(2) 从赤泥中回收铝、钛、钒、锰等金属　利用苏打灰烧结和苛性碱浸出，可以从赤泥中回收90%以上的氧化铝，而沸腾炉还原的赤泥，经分离出非磁性产品后，加入碳酸钠或碳酸钙进行烧结，在pH＝10的条件下，浸出形成的铝酸盐，再经加水稀释浸出，使铝酸盐水解析出，铝被分离后剩下的渣在80℃条件下用50%的硫酸处理，获得硫酸钛溶液，再经过水解而得到 TiO_2；分离钛后的残渣再经过酸处理、煅烧、水解等作业，可以从中回收钒、铬、锰等金属氧化物。赤泥还可以直接浸出生产冰晶石（Na_3AlF_6）。

(3) 从赤泥中回收稀有金属　从赤泥中回收稀有金属的主要方法有还原熔炼法、硫酸化焙烧法、非酸洗液浸出法、碳酸钠溶液浸出法等。国外从赤泥中提取稀土稀有元素的主要采用酸浸-提取工艺，酸浸包括盐酸浸出、硫酸浸出、硝酸浸出等。由于硝酸具有较强的腐蚀性，且随之的提取工艺介质不能与之相衔接，因此，大多采用盐酸、硫酸浸出。

3. 赤泥在环境领域中的应用

(1) 在处理废水中的应用

① 除去水中的重金属离子。国外某企业研究结果表明，赤泥可以用于处理含有 Cu^{2+}、Zn^{2+}、Cd^{2+}、Pb^{2+} 的废液，不经焙烧的赤泥直接处理废液就可使其达到排放标准，焙烧后的赤泥处理废水效果更加显著。赤泥还表现出较好的重金属吸附能力。用赤泥与硬石膏的混合物加水制成在水溶液中稳定性好的集料，这种集料对重金属离子吸附性能较强。

② 除去废水中的 PO_4^{3-}、F^-、As^{3+} 等离子。Shiao曾用20%盐酸处理过的赤泥除去溶液中的 PO_4^{3-} 取得较好的结果。另外，采用赤泥可除去电厂废水中的氟，可在一定程度上代替某些铝盐或钙盐净水剂，配以絮凝剂聚合硫酸铁，能使排放废水的氟含量降到10mg/L以下，该方法简单、成本低、不产生二次污染。赤泥对废水中的砷也有较强的去除率，在含100mg/L砷的废水100mL中加入100mg赤泥，在pH＝5～6时振动24h可除去99.5%的砷，试验数据表明赤泥作为砷离子的吸附剂对废水进行处理理论上是可行的。但是，由于赤泥本身含有大量化学物质，在目前的技术条件下直接用于废水净化剂还有一定困难。

③ 用作某些废水的澄清剂。筛选粒径为0.1mm的赤泥为原料，加入硫酸，升温通入氧气并搅拌，然后在90℃的恒温水浴中反应2h，冷却、过滤，即得 $Fe_2(SO_4)_3$ 和 $Al_2(SO_4)_3$

溶液，该溶液与在一定酸度条件下聚合的硅酸混合，沉化 2h，即得聚铝铁复合絮凝剂，它兼有聚铁絮凝剂和聚铝絮凝剂的优点，具有工艺简单、投资少、净水效果好的特点，但由于赤泥本身含有大量的化学物质，在对废水有害物质的吸附过程中，势必对水的浊度和毒性有一定的影响。

(2) 在治理废气中的应用　拜尔法赤泥中含有赤铁矿、针铁矿、一水硬铝石、含水硅铝酸钠、方解石等，经热处理后可形成多孔结构，比表面积可达 40～70m^2/g，因此，在硫化氢废气污染治理过程中，可利用其较佳的吸附性能，和硫酸烧渣、平炉尘等一道为主要原料制备廉价的氧化系脱硫剂。

对赤泥作烟气脱硫的研究表明，脱硫效率可达 80%。如果在赤泥中添加碳酸钠，可提高赤泥吸附二氧化硫的能力。此外，赤泥还可以处理含氮氧化物的污染气体，此法不但解决了工业废渣的回收利用问题，还能获得显著的经济效益。

(3) 赤泥对土壤污染的修复作用　土壤中的重金属污染将导致植物中毒，微生物活性降低，一些对土壤肥力起关键控制作用的过程如生物固氮、植物残渣分解、养料循环等将受到严重影响，最终影响农作物的产量和生长。赤泥对土壤重金属污染有一定的环境修复作用，经过赤泥的修复，土壤中微生物增多、土壤孔隙增大、农作物种子和叶中的重金属含量降低，但长期使用又会引起渗漏，从而造成地下水的二次污染。

第五节　矿业工业固体废物处理利用工艺与设备

矿业工业固体废物主要来源于采矿产生的废石和选矿产生的尾矿，其数量庞大、成分复杂、难以处理。随着我国国民经济的快速稳定增长，矿山开发力度加大，矿山固体废物也逐年增加，这些固体废物长期堆存地表，不仅占用大量土地资源，而且危害环境，造成土壤和水环境的污染，破坏植被，加速土地荒漠化。矿石废物以其量大、处理比较复杂而成为矿区环境保护的难题之一。

一、煤矸石的综合利用

煤矸石是在煤的掘进、开采和洗选过程中排出的固体废物，约占煤炭产量的 15%。煤矸石弃置不用，占用大片土地。煤矸石中的硫化物逸出或浸出会污染大气、农田和水体。矸石山还会自燃发生火灾，或在雨季崩塌，淤塞河流造成灾害。中国积存煤矸石达 10 亿吨以上，每年还将排出煤矸石 1 亿吨。为了消除污染，自 20 世纪 60 年代起，很多国家开始重视煤矸石的处理和利用。

1. 煤矸石的组成和特性

不同产地的矸石其组成成分及特性是不同的；同一产地的矸石，由于煤层的生成年代、成煤条件和开采等情况不同，矸石的组成和特性也不相同。因此须根据矸石类型确定加工利用工艺方向，制定综合利用方案，把矸石转化为有用物质。

(1) 煤矸石的组成　矸石中的主要矿物有硅酸盐类矿物（石英、长石类、闪石类、辉石类)、黏土矿物（高岭土类、膨润土类、水云母类)、碳酸盐矿物（方解石、白云石、菱铁矿)、硫化物（硫铁矿和白铁矿)、铝土矿（一水硬铝矿、一水软铝矿和三水铝矿）和其他矿物（石膏、磷灰石和金红石)。

煤矸石的化学组成是评价矸石特性、决定利用途径、指导生产的重要指标。通常所指的煤矸石化学成分是矸石锻烧所产生的灰渣的化学成分，一般由无机化合物（矿岩）转变成氧化物，尚有部分烧失量。煤矸石的化学成分随着成煤地质年代、环境、地壳运动状况和开采加工方式不同而有较大的波动范围。我国矸石的主要化学成分一般以 SiO_2 和 Al_2O_3 为主，前者含量一般在 40%～60%；后者含量在 15%～30%，但在高岭土和铝质岩为主的矸石中可达 40%。矸石中 CaO 含量一般都很低，只有少数矿的矸石可作为石灰石利用。绝大部分矸石中 Fe_2O_3 的含量小于 10%。

根据矸石含碳量大小可分为低碳矸石（含碳 0～4%）、少碳矸石（含碳 4%～8%）、中碳矸石（含碳 8%～12%）、次高碳矸石（含碳 12%～20%）和高碳矸石（含碳＞20%）。高碳矸石的发热量可高于 8338kJ/kg，适合做燃料，然后用其灰渣做建材原料；少碳矸石到次高碳矸石可做多孔烧结料；低碳矸石适合在回转窑中用于生产陶粒，也可生产饰面砖；一般含碳量高的矸石不宜做蒸养制品的硅质材料和水泥的混合料，但可能是烧砖和制水泥的好原料。

我国大部分矸石含硫量比较低，一般低于 1%。根据矸石中硫分含量大小可分为四类：低硫矸石（硫分含量＜0.5%）、少硫矸石（硫分含量为 0.5%～1.5%）、中硫矸石（硫分含量为 1.5%～3.0%）和高硫矸石（硫分含量＞3%）。低硫矸石可用于生产陶瓷和耐火材料，生产硅酸合金只能用低硫矸石；高硫矸石可考虑从中回收硫铁矿。

煤矸石中的氯主要以 NaCl 或 KCl 的形式存在，一般含量在 0.01%～0.2%，高者可达 1%。在煤矸石燃烧时会强烈腐蚀管道和锅炉受热面。煤矸石中砷的含量极少，一般为 3～5μg/g，高者超过 100μg/g。煤矸石燃烧时，砷会形成剧毒物质 As_2O_3，其随烟气进入大气。

(2) 煤矸石的特性 在一些筛分和分选（磁选、电选等）工序中，由于每一种工艺和设备能处理的物质的粒度都是一定的，煤矸石的几何尺寸对矸石的处理和利用会产生非常大的影响。根据矸石颗粒大小可分为粗粒矸石（粒径＞25mm）、中粒矸石（粒径为 1～25mm）和细粒矸石（粒径＜1mm）。

发热量是煤矸石最重要的质量指标，是煤矸石作为能源的使用价值高低的体现。一般煤矸石发热量的大小随着挥发分和固定碳含量的增加而增加，随灰分含量的增加而降低。

我国煤矸石的发热量一般在 3350～6270kJ/kg。根据发热量的高低可分为：低发热量矸石（发热量＜2092kJ/kg）、中发热量矸石（发热量为 3350～8360kJ/kg）和高发热量矸石（发热量＞8360kJ/kg）。低发热量矸石用做一般建材原料，中发热量以上矸石用做沸腾炉的燃料，高发热量矸石可进行气化。具体情况见表 6-13。

表 6-13 煤矸石热值的合理利用途径

热值/(kJ/kg)	合理利用途径	说明
＜2090	回填、修路、造地、制骨料	制骨料以砂岩类未燃矸石为宜
2090～4180	烧内燃砖	CaO 含量低于 5%
4180～6270	烧石灰	渣可做混合材、骨料
6270～8360	烧混合材、制骨料、代土节煤烧水泥	用于小型沸腾炉供热产气
8360～10450	烧混合材、制骨料、代土节煤烧水泥	用于大型沸腾炉供热发电

2. 煤矸石的综合利用

(1) 煤矸石的能源利用 在有些矸石中，往往混入发热量较高的煤、煤矸石连生体和碳质岩。从煤矸石中回收煤炭，其实质是依据煤矸石中各组分（煤、无机矿物）的物理性质、物理化学性质、化学性质的不同将这些成分分离的过程。

根据前面煤矸石含碳量和发热量的有关论述，将符合相应要求的煤矸石用于供热发电。利用热值大于3770kJ/kg的中发热量至高发热量煤矸石做燃料，可通过沸腾炉带动背压式汽轮发电机组发电。

(2) 从煤矸石中回收有用矿物　硫铁矿是化学工业制备硫酸的重要原料。据不完全统计，我国和煤共生的硫铁矿资源比较丰富，储量约16.4亿吨，占全国硫铁矿保有储量的一半以上。一般硫铁矿在原煤洗选过程中富集于洗矸中。

有些煤矸石的主要矿物成分为高岭石，属煤系高岭岩矿物原料。煤系高岭岩经提纯、超细粉碎、煅烧等工艺深加工后，可生产出物理性能和化学性能均好于普通高岭土的高岭石产品，不但可以充分综合利用有限的矿物资源，而且可以取得较好的经济效益和社会效益。

煤矸石不仅含有勃土、石英、方解石和硫铁矿等矿物，还有少量镓、钒和锗等稀有元素。富镓煤矸石主要是指镓含量大于30g/t的煤矸石，因其含镓品位达到了镓的工业品位，所以就有回收的可能。

(3) 用煤矸石生产建筑材料　利用和黏土成分相近的煤矸石烧制砖瓦在技术上比较成熟，应用已很广泛，部分企业还生产了高级建筑材料，如饰面砖等产品。用煤矸石替代黏土生产砖瓦可以做到烧砖不用土或少用土，烧砖不用煤或少用煤，大量节省耕地，减少污染。

近年来，许多国家都在研究和开发把煤矸石应用于水泥工业的方法，逐步形成一种生产水泥的新工艺技术。目前，我国水泥品种有60余种，煤矸石在水泥工业中主要有三大应用途径，分别是做普通水泥的原燃料、生产水泥混合材、生产无熟料及少熟料水泥。

陶粒一般用做轻混凝土的骨料，也称为轻骨料。有的煤矸石在高温焙烧时具有发气膨胀的特性，是生产轻骨料的理想原料之一。以煤矸石替代黏土生产陶粒，既可以处理工业固体废物，同时也能减少黏土消耗以及保护农田和宝贵的土地资源。矸石陶粒的生产工艺类似黏土陶粒，可单独或与其他原料配合，经磨细、配料、搅拌、成球、干燥和焙烧（1100～1300℃）而形成表皮坚硬、内部有微细膨胀气孔的人造轻骨料。

(4) 用煤矸石生产化工产品　煤矸石作为化工原料，主要是用于生产无机盐类化工产品，可以用来生产结晶氯化铝、聚合氯化铝、氢氧化铝、氧化铝，制取炭黑，还可以生产沸石分子筛。用煤矸石生产功能性粉体材料是煤矸石高值利用的途径之一，它能充分发挥煤矸石组成元素的特性。煤矸石经过粉碎之后，在粉体表面引入增强、耐磨、阻燃和导电等功能性基团，这种粉体能作为高级功能性填料应用于橡胶、塑料等许多材料中，能赋予材料独特的物理化学性能。

(5) 煤矸石的其他用途　对处于开发早期、尚未形成大面积沉陷区或未终止沉降没有形成塌陷稳定区的矿区，可采用预排矸复垦。神东公司大柳塔煤矿井下及洗煤外排矸石，按规划设计分区征用沟壑地排矸，在沟口建起拦渣坝，集中排放，填沟造地，上覆黄土碾压，植树种草，使煤矸石山堆场变成平整林地。矸石复垦土地作为建筑用地时，应采用分层回填、分层压实的方法充填矸石，以获得较高的地基承载能力和稳定性。

用煤矸石做填筑材料，充填沟谷、采煤沉陷区等低洼区建筑工程用地，填筑铁路、公路路基等，称为工程填筑。煤矸石工程填筑是以获得高的充填实度，使煤矸石地基具有较高的承载力并保持足够的稳定性为目的的。施工通常采用分层填筑方法，边回填边压实。地下采煤造成大量地表沉陷，引起地面原有结构的破坏，危及沉陷区工业及民用建筑物和人民生命财产。用煤矸石做回填材料，无论是工程回填还是矿井回填对煤矸石的质量要求都不高，特别适合处理成分复杂、难以利用的煤矸石。

矸石肥料的作用在于使土壤的微生物群落提高有机物和氮、磷化合物的活性，并提供B、Zn、Cu、Mn和Mo等元素。利用煤矸石生产肥料，依照原理和工艺的不同，主要可分为煤矸石微生物肥料和煤矸石有机复合肥料。以煤矸石和廉价的磷矿粉为载体，外加添加剂等即可制成煤矸石微生物肥料，主要以固氮菌肥、磷肥和钾细菌肥为主。

二、矿山废石与尾矿的处理与资源化

1. 矿山废石与尾矿的特点及危害

矿山固体废物的成分十分复杂，含有多种有害成分甚至放射性物质。大量矿山固体废物堆存，不仅严重地污染土壤、空气、水域和地下水，而且造成滑坡和泥石流等环境地质灾害，威胁着人类的生存和社会发展。

(1) 环境污染 矿山固体废物因长期堆存地表，暴露在大气中，久经日晒雨淋，多会风化成粉末状，这些松散堆积的粉末状物质在干旱或风季里会随风扬起，飘浮在空气中，严重污染大气环境。据对河南几个有色金属矿山的调查实测表明，由废石、尾矿扬起的粉尘导致矿区采场附近和生活福利区空气中的粉尘含量超标 10～14 倍，矿区的大气污染相当严重。特别是在狂风季节，细粒粉末状物质腾空而起，随风可形成长达数里的“黄龙”。这些扬尘降落地表后，严重污染周围的土壤、水源，还造成土地沙化。如我国的鞍山，由于长期的铁矿开发，形成了长达 30 多平方公里的排土场和 6 个尾矿库，这个号称全国最大的排土场和尾矿库几乎寸草不生，形成了一个人工造就的巨大戈壁，而且它也是鞍山最大的粉尘污染源。据专家考证，矿山粉尘是沙尘暴产生的重要尘源之一。

矿山固体废物中含有多种有毒、有害物质。黄铁矿、磁黄铁矿等金属硫化物与重金属元素 Cd、Cu、Hg、Mo、Pb、Zn、As 及一些放射性物质普遍存在于采矿废石中，这些有毒有害物质随雨水流失，渗透地表，污染水体和土壤，危害水生生物，影响农作物生长，导致农业减产、鱼虾死亡。更可怕的是，这些有毒有害物质会通过食物链进入人体，从而危及人体健康。不少金属矿山的固体废物中含有放射性物质。据实测资料统计，在非铀金属矿山当中，有 30%以上矿山的废石中含有放射性物质。此外，尾矿中除含有以上有毒有害物质外，还残留有毒的浮选药剂，如氯化物、氰化物、硫化物、松油、有机絮凝剂、表面活性剂等，这些选矿药剂受到阳光、雨水、空气的作用以及它们的相互作用，会产生有害气体、液体或酸性水，加剧了重金属的流失，严重污染水源和土壤，对矿山及其周边地区造成严重的危害。

(2) 破坏生态 我国是名副其实的废石排放第一大国。目前，我国矿山固体废物堆存的数量已经达到数百亿吨，这些固体废物占用着大量的土地，侵占着山林和耕地，直接影响农业生产。如果堆存不当，易加剧水土流失，引起生物链的不良反应，动物种群的迁移，导致大面积的地表变态，也引起了小区域的气候变异。例如：我国的某些矿区，现已造成大面积地表植被破坏，导致了严重的风沙化，引起了小区域气候变异。某些矿区绿山变成了石山、秃山，水土流失逐年加剧。规模较大的废石堆在风力、水力、重力等自然力的作用下，容易引起滑坡、塌落，雨水量大时易导致泥石流的发生，破坏生态环境，使植物、动物的物种减少。可见，矿山固体废物会造成生态环境难以恢复的破坏。

(3) 诱发地质和工程灾害 矿山固体废物堆存诱发地质和工程灾害事故在世界历史上早有佐证。著名的例子有 1998 年发生在西班牙阿斯纳科利亚尔和 2000 年发生在瑞典阿尔蒂克矿的尾矿库溃坝事故。我国也是这类事故多发的国家。据资料：20 世纪 80 年代以来，我国发生泥石流和溃坝事故近百起。如 1999 年 7 月，酒钢黑沟铁矿排土场发生泥石流，堵塞酒泉、嘉峪关两市唯一的水源——北大河，造成多处厂房被毁，直接经济损失 4000 多万元。又如 2000 年广西南丹县大厂镇鸿图选矿厂发生的尾矿库溃坝，殃及附近居民住宅区，造成 70 人伤亡，其中 28 人死亡，几十人失踪。矿山地质灾害和工程灾害频发，治理难度很大，而且代价昂贵。因此，要预防这类灾害发生需从根本上消除隐患，治理堆存固废和再利用资源。

2. 矿山固体废物的综合利用

矿山固体废物的地表堆存给环境带来了巨大的压力，给自然生态、人类健康和生命财产安全带来了极大的危害和潜在威胁，给国民经济带来了巨大的损失。但这些固体废物中常含有许多有用金属元素，可通过技术回收利用，而且来源于矿岩的废石和尾矿本身所具有的物化特性使其具备了很好的二次开发的基础条件。因此，对矿山固体废物进行综合利用，变废为宝，是矿山固体废物处理的最佳途径。目前，对矿山固体废物综合利用的途径主要有以下几个方面。

(1) 回收利用　目前的开采技术和选矿技术未能百分之百地利用矿产资源，矿山生产排放的废石中仍含有许多有用元素。以铁矿为例，我国铁矿资源共伴生组分很丰富，大约有30余种，但目前能够回收的仅有20余种。大量有用金属元素及可利用的非金属矿物遗留在固体废物中，造成矿产资源开发的巨大浪费。现在，这些废石中的金属资源可通过回收技术再次被人类利用。据资料统计，以江西德兴铜矿现有的废石容量（约12亿吨）估算，通过堆浸技术可回收铜30.8万吨。我国紫金山金铜矿利用该公司研发的新技术可回收平均品位在0.487g/t的剥离废石中的金，资源利用率大大提高。现在，许多矿山固体废物中的有用元素都得到了回收利用。以江西为例，德兴铜矿从含铜废石中回收金、银、钼等；大余钨矿从尾矿中回收铋、钼等；银山铅锌矿从尾矿中回收绢云母，从含钽、铌的矿渣中综合回收铀；武山铜矿从尾矿中回收有用成分铜、硫、金、银等贵金属。攀枝花铁矿年产铁矿石1350万吨，从铁尾矿石中回收了钒、钛、钴、金等多种有色金属和稀有金属。攀钢密地选矿厂每年产生尾矿近750万吨，尾矿中的二氧化钛品位为8%～9%，折合品位47%的钛精矿有近140万吨。2010年，攀钢从尾矿中回收钛精矿达到50万吨。

(2) 用作工业原料　矿山固体废物中含有多种金属化合物和矿物成分，物化性能优越，使其在工业中用途广泛。目前，矿山固废的主要利用途径有建材，如水泥、玻璃、陶瓷、保温、隔热、隔声材料等；铸石、铸砂的原料；宝石、彩石的颜料；耐火材料等。国内外关于矿山固体废物的工业用途的例子很多。如我国宜春钽铌矿中锂云母可用于提取锂盐和氢氧化锂的原料，可直接应用于陶瓷、玻璃工业。利用尾矿制砖是目前研究得比较多，同时也是最成功的尾矿利用途径之一。目前铁、铅锌、铜、金、钨等尾矿砖都已研制成功，并达标投入生产。总之，矿山固体废物的工业用途很多，一般根据其矿物组成和物化特性来决定其最佳用途。

(3) 回填材料　矿山因采矿需要而进行长期的井下开采，会使采空区不断扩大，因而需要大量的充填材料。采空区的充填，可有效防止地面沉降塌陷、开裂，减少环境地质灾害的发生。用矿山生产带来的固体废物当作填充材料，就地取材，可大大降低填充成本，同时也为矿山固体废物开辟了另一条综合利用途径。自从凡口铅锌矿在1965年试验尾矿充填采矿方法成功之后，相继有铜绿山铜铁矿、凤凰山铜矿、大姚铜矿、麻阳铜矿、铜官山铜矿、红透山铜矿等均采用此方法，使大量尾矿得到利用。

(4) 农业用途　有些矿山固体废物中含有改良土壤的成分，可以用作土壤改良剂。如利用含钙尾矿作土壤改良剂，施于酸性土壤中，可达到中和酸性、改良土壤的目的。矿山固体废物中往往含有一定量的能促进植物生长的肥力和微量元素，用作肥料可改善土壤团粒结构，提高土壤的空隙度和透气性，有利于土壤中水的流动循环，以供给植物充分的养分，促进植物的生长发育。对于不具备肥力的固体废物，可通过覆土、掺土、施肥等方法处理，造地复垦用于植被绿化。如中条山有色金属公司在篦子沟矿韩家沟、莫家洼两个服务期满的尾矿库上覆土植被、造田复垦；铜官山铜矿在服务期满的尾矿库上覆土建房、植树造林，盘古山钨矿在服务期满的尾矿库上覆土植被、植树造林、建公园和旱冰场等。

三、蛇纹石尾矿固体废弃物资源化的途径

我国拥有丰富的蛇纹石矿产资源，分布地域广泛，主要产地有四川石棉县、江苏东海县、河南信阳市、陕西宁强县等，已探明贮量超过五亿吨，目前年开采量在200万～300万吨，主要作为钙、镁、磷肥的生产原料，少量用于耐火材料、土壤改良和建筑材料的原材料。在开采和利用蛇纹石的过程中将会产生大量的蛇纹石废弃物，称之为蛇纹石粉矿或尾矿，约占开采量的三分之一到三分之二，作为采矿废弃物，既浪费了矿产资源，又堆积占用了大量的土地，不仅造成环境污染，更严重地破坏了自然生态，影响正常的生产秩序。其中90%以上蛇纹石都是作为石棉尾矿而丢弃，而目前尾矿的利用率仅占排放量的2%左右，因此蛇纹石作为固体废弃物的排放量巨大。合理开发蛇纹石尾矿固体废弃物资源化的途径，在获得经济效益的同时，也改善了生态环境，同时可加快可持续发展进程。

1. 蛇纹石尾矿固体废弃物的物化性质和危害

（1）蛇纹石尾矿固体废弃物的物化性质　蛇纹石尾矿矿物成分复杂，主要矿物为蛇纹石、橄榄石、透闪石和方解石等，次要矿物为磁铁矿、赤铁矿和褐铁矿等，蛇纹石的化学成分主要有MgO、FeO、Fe_2O_3、Al_2O_3、SiO_2等，另外还含有Ni、Cr、Co等氧化物，其中有价元素为镁和硅，氧化镁的含量在30%～40%。因此，合理提取有价元素镁和硅是蛇纹石尾矿固体废弃物资源化的关键。

（2）蛇纹石尾矿固体废弃物的危害　蛇纹石尾矿作为固体废弃物，不仅占用大量土地，还对环境带来危害：污染土壤、空气和水环境。在蛇纹石开采和加工过程中，排出近三分之一的尾矿，难以解决废石和尾矿的场地，大多就地堆放在矿区附近，随降水流入水体或渗入土壤，严重污染下游水系及其附近的土壤，直接影响当地居民的生产和生活用水，亦会造成矿区周围土壤结构改变；部分尾矿堆积到沟谷等低洼带，随雨季的洪水倾泻而下，容易导致滑坡、泥石流或堵塞河道，引发安全事故，破坏生态环境。矿区开采的蛇纹石经筛分后，筛上的碎石和石棉纤维堆积如山，这些尾矿中所含大量的细小石棉短纤维，将会弥漫在空气当中，形成严重的环境污染。经研究发现，石棉是一种致癌物质，能导致石棉肺、肺癌和间皮癌。石棉纤维可以分裂为极细的元纤维，元纤维直径一般为$0.5\mu m$，长度在$5\mu m$以下，这种纤维呈结晶状，具有锐利的尖刺，能刺入肺泡和胸膜，使胸膜变厚，最后形成癌变或间皮癌。

我国大量堆存和正在排放的蛇纹石尾矿，既是开采和利用蛇纹石和石棉过程中排放的废弃物，严重危害人的身体健康、污染环境，同时也是数量巨大的二次资源，这些特性已为人类所共识。合理综合利用蛇纹石尾矿，充分发挥它的资源效益已成为亟待解决的问题。

2. 蛇纹石尾矿固体废弃物资源化途径

我国蛇纹石尾矿产量巨大，对蛇纹石尾矿的开发利用日趋重视，自20世纪80年代以来，国内外已重视并大量开展对蛇纹石尾矿的综合开发利用的研究工作，现已取得一定的进展。随着科学技术的发展，蛇纹石以其独特的晶体结构、化学组成、可分解性，已被广泛地应用于农业、陶瓷、耐火材料、化工、冶金和环境等行业。

（1）作路基路面和充填采矿区　蛇纹石在开采和利用过程中，会产生大量的废弃物，约占开采量的三分之一到三分之二，作为采矿废弃物，浪费了矿产资源，又堆积占用大量的土地，不仅造成环境污染，更严重地破坏了自然生态，影响正常的生产秩序。采用蛇纹石尾矿固体废弃物作道路基础面和回填采矿区，成本低廉，施工方便，是大量消化和处理蛇纹石尾

矿的有效利用途径之一。

(2) 作为矿质肥料和生产钙镁磷肥　蛇纹石尾矿中的 Mg、Si 及其他的一些微量元素对土壤有一定的改良作用，Mg、Si 等元素也是可被植物吸收和促进植物生长的有用养分，利用蛇纹石尾矿作为农肥，在国内外已得到广泛的应用。根据生产原理和使用方法的不同，可以直接施用或和其他肥料配合施用，一般利用蛇纹石尾矿生产成钙镁磷肥。

将蛇纹石矿粉直接用作肥料，经农业生产施用，增产效果明显。通过酸蚀试验和蛇纹石分解的测试研究，发现蛇纹石中的氢氧镁石易于破坏，镁离子作为交换离子态存在于土壤中，易被农作物吸收，残留的二氧化硅也逐渐被农作物吸收。同时蛇纹石中的铬、钴、锰等微量元素也是植物生长所需要的微量肥料（简称微肥）。前苏联、波兰、捷克等国家曾将蛇纹石直接作为缓效的镁肥或配合其他肥料施入茶园、马铃薯、玉米、三叶草和甜菜中来提高其产量。将蛇纹石与钾长石、磷矿粉、蛇纹石及焦炭共同入炉煅烧后，可制成钙镁磷钾肥，这种肥料具有物理性质好、不吸水、不结块、不含游离酸，对包装材料无腐蚀，生产工艺简单等优点。

(3) 在陶瓷生产中的应用　经过研究和实践表明，蛇纹石尾矿是一种可以利用的陶瓷工业原料，经高温烧制的陶瓷制品具有硬度大、耐热性能好等特点。

用蛇纹石尾矿生产出品质优良的日用陶瓷制品，基本方法是将蛇纹石尾矿除杂粉磨，并在 700℃温度条件下煅烧以除去其中的纤维，然后和长石、石英以及高岭土等混合注浆成型，经高温煅烧出的陶瓷样品不变形，无裂痕，晶莹剔透，洁白如玉，性能检测可与滑石瓷相媲美。

(4) 在耐火材料中的应用　利用蛇纹石的化学成分、矿物组成以及热特性，低温合成蛇纹石耐火材料，其荷重软化温度可达 1170℃，常温耐压强度高，热稳定性好。目前比较成熟的工艺是以蛇纹石尾矿为原料加入 15%～20%的镁砂以及一定的结合剂，在 1550℃的高温下烧结制成镁橄榄石耐火材料，可使得耐火度和荷重软化温度明显提高。

将蛇纹石加入镁砂、粉煤灰和水玻璃等，混合均匀，在一定压力下成型，脱模后蒸压养护就得到耐火材料制品，性能已达到国内蒸压耐火制品的先进水平。

在蛇纹石中加入适量的白云石，能生成以方镁石为主要矿物，硅酸二钙、硅酸三钙为结合物的镁钙质耐火材料。日本还利用短纤维和蛇纹石粉制备耐火热衬板。

(5) 生产化工产品　提取蛇纹石尾矿有益组分并合成再生出新的工业高级制品，已成为蛇纹石尾矿高新技术利用的重要方向，主要有以下产品。

(6) 从蛇纹石中制取高镁产品　蛇纹石尾矿中 MgO 的含量比较高，使其成为制取高镁产品的重要原料之一，目前制取的高镁产品主要有金属镁、氧化镁、氢氧化镁、碳酸镁等。

澳大利亚利用当地堆积的蛇纹石尾矿提取纯度高达 99.93%的金属镁，由于采用蛇纹石尾矿不需要任何选矿作业，降低了生产成本。

利用蛇纹石为原料生产氧化镁的技术在国内已经开发成功，并且很成熟。从蛇纹石中提取氧化镁，主要采用酸浸法，将蛇纹石粉磨后酸浸，酸浸滤液结晶析出粗硫酸镁，在硫酸镁溶液中加入工业碱制成碱式碳酸镁，然后煅烧得到氧化镁。

首先制得蛇纹石酸浸液，在常温常压条件下结晶制取出硫酸镁，粗硫酸镁中因含有少量铁离子、铝离子等杂质成分，必须预先除去，经除杂净化后的精制硫酸镁溶液在适宜的条件下用氨水沉淀，得到氢氧化镁。

酸浸蛇纹石尾矿制取硫酸镁，进一步净化硫酸镁，采用水热合成方法制备镁盐晶须。

(7) 制备硅系列产品　蛇纹石尾矿在提取镁产品后，其不溶物约 40%，主要是为 SiO_2 残余。如此大量的 SiO_2 若不加以回收利用，必然浪费资源又污染环境。经过 X 射线衍射和偏光显微镜鉴定其形态为近球形无定性的 SiO_2，进一步经红外光谱分析测定其性质与沉淀法制出的白炭黑极为近似。提镁后的残渣可以用来制备多孔的 SiO_2 产品，如白炭黑、无水偏硅酸钠或者直接合成六次配位有机硅化物。此外，多孔 SiO_2 在造纸、酿造和污物净化等方面用途广泛。

(8) 生产铁红　蛇纹石中伴生有磁铁矿，常采用磁选的方式回收磁铁矿，但其岩石中的 Fe_2O_3 存留在酸浸蛇纹石制得的粗硫酸镁中，通常用采碱法使铁离子沉淀出来。沉淀出来的氢氧化铁经煅烧后可以生产铁红颜料。

(9) 冶金助剂　蛇纹石是一种理想的冶金助剂。随着高炉冶炼技术的发展，对矿产烧结的质量和固体燃耗的要求越来越高。大量的试验研究表明，通过添加蛇纹石强化高铁低硅烧结，能够提高烧结矿转鼓强度，从而能达到降低烧结固体燃耗、节能节耗的目的。高炉烧结加入 MgO 含量比较高的蛇纹石，将降低球团矿还原膨胀率，还可以显著提高球团矿抗压强度，这些为蛇纹石的利用开发了新途径。

(10) 从蛇纹石中回收矿产品　蛇纹石矿通常与铂族元素、铬铁矿、镍铜矿等稀缺元素矿床共生和伴生。用纯碱熔融、盐酸酸解法浸取其中的 Pd^{2+}、Ni^{2+}、Pt^{2+}，获得金属离子的混合溶液，从中萃取这些稀有元素，是回收利用 Pd、Ni、Pt 等贵重金属的有效途径。蛇纹石回收稀缺元素前景可观，萃取过程中，滤液均可循环使用，不污染环境，而且会不同程度地给矿区带来一定的经济效益和社会效益。

(11) 在环境方面的应用　蛇纹石经灼烧脱水后具有较高的吸附作用，这种吸附是通过蛇纹石的羟基及不饱和 Si—O—Si 键来实现的，一方面 Si—O—Si 键断裂后暴露在空气中的氧可以吸附重金属离子，使其固着下来。同时，蛇纹石表面的羟基析出进入水溶液，使溶液呈碱性，并使水溶液中未被吸附的金属离子沉淀下来。

因此，蛇纹石对处理含重金属的工业废液具有重要的意义。

第六节　石化工业固体废物处理利用工艺与设备

石化工业固体废物包括以石油和天然气为原料，生产石油产品和石油化工产品过程中产生的各种废物。

石化危险废物主要是来源于各装置的废催化剂、废酸、废碱、釜底残渣、重组分油、废吸附剂、污水场污泥等，其中污水场污泥主要是隔油池、浮选池的油泥和生物曝气池废活性污泥。这些固体废物多数具有易燃性、毒性、反应性、刺激性、腐蚀性等危险特性，其形态有固态、半固态和液态等不同类型。依据《危险废物鉴别标准》和《国家危险废物名录》，多数的石油化学工业废物属于危险废物，必须进行妥善的处理和处置。石化危险废物的处理方式主要是两类，包括焚烧处理和安全填埋处置，但也有一些价值比较高的废物是可以进行回收利用的，例如废油、废催化剂、废酸、废碱、废活性炭等。下面列举一些有代表性的石化企业废物产量及处理方法，见表 6-14。

表 6-14　石化企业废物产量及处理方法

企　业	1	2	3	4	5	6	7
建设情况	已建	已建	拟建	拟建	拟建	拟建	拟建
装置能力	800kt 乙烯	900kt 乙烯	12000kt 炼油 800kt 乙烯	800kt 乙烯	800kt 乙烯	12500kt 炼油 1000kt 乙烯	10000kt 炼油 1000kt 乙烯

续表

企　业	1	2	3	4	5	6	7
固废量/(kt/a)	85.5	50.85	0.042	1197.5	320	67	465.7
危废量/(kt/a)				297.1	16		197.8
固废焚烧量/(kt/a)	14.1	11.248	55	6.125		11.7	17
污泥量/(kt/a)	10.7	1.3(隔油池)	3.5	6.08	4.6 填埋	11.5	14
污泥占固废焚烧量比例/%	76		56（除 Pox 废渣外）	99		98	82
拟处理方式	自建焚烧	焚烧外委;污水处理外委	自建焚烧	外委市固废中心,自建废液焚烧	自建废液焚烧,固废填埋	外委市危废中心焚烧	自建焚烧

一、石化工业污泥干化焚烧

石化行业中污水场产生的污泥占危险废物的比例较大，除了含有重金属、细菌、病原体等，还含有较多的油分、有机质，自身热值较高，如何有效处理污泥是焚烧处置危险废物的关键所在。目前，国内外污泥最终处置方式主要有填埋、土地利用、焚烧。污泥填埋因投资少、容量大、易操作等优点曾被广泛运用，但由于占地大，选址受限，脱水污泥含水率高需经再处理，黏稠的污泥给填埋作业增加困难以及存在污泥填埋渗滤液对地下水的潜在污染等因素，加之污泥填埋处置标准要求越来越高，如欧盟国家规定 2005 年以后，有机物含量大于 5%的污泥被禁止填埋，即污泥必须经过热处理才能满足填埋要求，世界范围内污泥填埋的比例正趋逐年下降。

焚烧是最彻底的减量方法，能最大限度地实现减量化、稳定化和无害化，可以减量至原湿泥体积的 15%以下。然而石化污泥由于大量水分的存在，机械脱水后含水 80%～85%的污泥热值较低，基本为 1256～2512kJ/kg，不但无法利用污泥自身热值，为了确保稳定燃烧，还需添加大量辅助燃料。在我国石油化工行业已建的焚烧设施当中，由于危险废物中混有大量的污水场脱水污泥，几乎所有直接焚烧工艺都存在一个共性问题，即燃料消耗大，运行费用高。

污泥热干化目前正被国内石化行业密切关注，污泥热干化始于 20 世纪 40 年代，在 90 年代大规模应用于市政污泥处置，干化是利用热源加热脱水后污泥，进一步去除污泥中的毛细水，污泥含固率最高可达 95%，污泥的减量超过 60%，完全干燥后的污泥热值能达到 14～19MJ/kg，如果将污泥的含水率降到一定程度，燃烧是可行的，而且高温烟气中的热量可以满足部分甚至全部干化的需要。因此，可以说污泥干化或半干化事实上是污泥资源化的首要步骤。从经济性、运输处置、能源消耗方面考虑，无论直接填埋或直接焚烧，污泥干化都是一个重要中间环节，干化技术减量化、资源化等优点显著。

1. 流化床干化技术

流化床干化技术将含水率达 99%的生化活性污泥首先通过机械脱水工艺，将污泥含水率降至 80%左右；通过螺旋输送机输送至湿泥料仓，湿泥被螺旋输送机送入流化床干燥器干化（流化床的产生是利用风机送出的带压空气经过 1157MPa、280℃蒸汽加热后，通过风帽分配气体，托起细小的颗粒物成床）。流化床温度约 115℃。经过干化的污泥成颗粒状经排出口排出，干污泥颗粒粒径 3～5mm。经冷却后的干污泥颗粒进入污泥颗粒料仓（污泥颗粒含水率小于10%），经汽车运输至填埋场填埋。流化床干燥器中产生的气体、粉尘和带出的少部分污泥颗粒由干燥器上部排出，进入旋风分离器，将气体和粉尘、污泥颗粒分离出来。分离出来的粉尘、污泥颗粒进入旋风分离器下部的一个粉仓，由粉仓出料口出料，经混合器与脱水污泥混合后（该操作每15min进行一次），重新进入流化床干燥器干化成型。旋风分离器分离出来水蒸气、气体进入急冷塔冷却，冷却水和冷凝水排出循环使用，气体（主要是空气）则进入除雾器干燥后进入风机循环使用。开工阶段需要使用氮气控制粉尘浓度和含氧量，正常含氧量不大于8%，生产运行正常情况下转入正常后则不需要。流化床干化技术热利用效率高，污泥的干化粒径可控制，易于运输；但工艺要求高，运行控制温度高，能耗高，配套设备多。

2. 薄层干化技术

薄层干化技术工艺为间接加热，导热油等热媒在涡轮干燥器的外套内循环，脱水污泥进入干燥器内，与圆柱形反应器同轴的转子在不同位置上装配有不同曲线的桨叶，含水污泥在并流循环的热工艺气体带动下，被高速旋转的转子带动桨叶所形成的涡流在反应器内壁上形成一层物料薄层，该薄层以一定的速率从反应器进料一侧向另一侧移动，从而完成接触、反应和干燥。薄层干化技术热利用效率高，工艺要求低，干化程度易于控制，能耗低，污泥产品的含固率在60%～95%之间可调，配套设备少。

3. 盘式干化技术

盘式干化技术将机械脱水后的污泥送入污泥缓冲料仓，然后通过污泥泵送至涂层机，在涂层机中返混的干污泥颗粒与进入的脱水污泥进行混合，形成有湿污泥附着的污泥颗粒；污泥颗粒被送入盘式干燥器，倒入干燥器上部，均匀分布在顶层圆盘上，通过与中央转动主轴相连的耙臂上耙子的作用，污泥颗粒在圆盘上做圆周运动，污泥颗粒在重力作用下降至圆盘底部；颗粒在圆盘上运动时被直接进行表面加热干化。颗粒逐盘增大，最终形成坚实的固体颗粒，俗称“珍珠工艺”。盘式干化技术干化产品粒径均匀，硬度高、粉尘少，干化机内粉尘含量最低，安全性高，辅助设备少。

4. 带式干化技术

带式干化技术将加热的介质（空气）通过风机穿过网带，对网带上的污泥进行加热和蒸发，污泥摊铺晾晒或半干化挤压成面条型，以免黏结网带，可采用不同工艺温度（40～140℃），一般采取干泥返混。带式干燥机结构复杂，由于温度较低，气体量较大，热利用效率相对流化床较低，但工艺要求低，运行控制温度低，运行温度可根据操作具体情况控制，能耗低。

5. 转鼓干燥技术

转鼓干燥技术将脱水后的污泥输送至干化机的进料斗，经过螺旋输送机送至干化机内。干化机由转鼓和翼片螺杆组成，转鼓和翼片螺杆分别通过加热，同向或反向旋转，污泥在连续移动过程中被干化。转鼓沿加热方向分布为三个温度区域：高温（370℃）、次高温（340℃）、低温（85℃）。转鼓内部为负压，使水汽和粉尘不能外逸，污泥经转鼓和翼片螺杆推移和加热，被逐步烘干至粒状，在转鼓后端低温区经过空气阀由螺旋输送机送至污泥料仓。转鼓干燥技术热利用效率相对流化床较低，但工艺要求较高，干化程度易于控制，能耗高，对污泥进行干化处理，对废物减量、节约能源、降低能耗、回收利用以及干污泥的汽车运输有很大意义。

6. 污泥干化+废物焚烧工艺

国内某一特大型工程，企业自建的焚烧装置处理能力约为17kt/a，其中含水85%的污泥为 14kt/a，占焚烧总量的 82%左右，其他废渣液为废焦炭、废焦油、废溶剂、废矿物油和塔釜残液等，其热值较高平均为 33149～37168MJ/kg。为充分利用占比重较大的污泥，选用污泥干化＋焚烧工艺，其工艺流程见图 6-9。

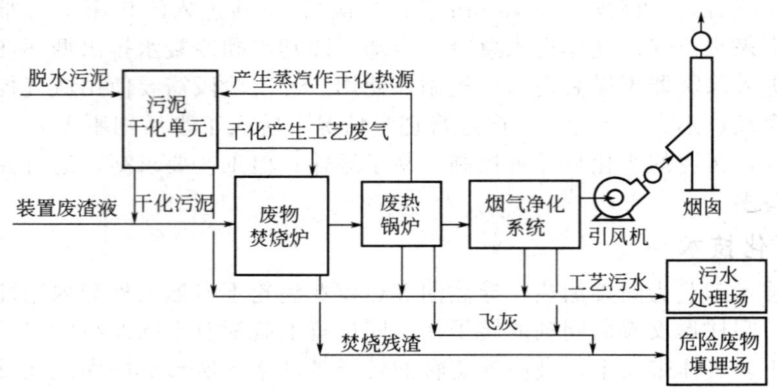

图 6-9 危废干化焚烧流程示意

焚烧系统设置余热锅炉，用于回收烟气中的热能并产生蒸汽，所产蒸汽一部分通过管道送至干化系统作为干化热源，其余送往蒸汽管网。蒸汽经换热器间接干化或半干化污泥，在干化过程中不再消耗其他热能。为彻底处理危险废物，活性污泥干化后要进一步焚烧，经初步能量衡算，选择污泥干化至 50%左右，并将之与其他高热值废渣液进行合理配比进料，完全可达到整个系统能量平衡，仅在开车启炉时需要少量燃料。干化产生的工艺废气洗涤后循环使用。

对于该工程而言，由于工业废物中污水场脱水污泥占待焚烧废物的 82%，脱水污泥含水率高达 85%～89%，若采用直接焚烧工艺，燃料油消耗约为 230～300kg/h，按燃料 3500 元/t、年操作 7500h 计算，仅燃料费用每年需 600 万～780 万元。而将干化和焚烧相结合将能有效地降低燃料消耗，焚烧产生的蒸汽也能在干化过程中加以利用和外送。干化＋焚烧方案与直接焚烧方案对比见表 6-15。

表 6-15 干化＋焚烧方案与直接焚烧方案对比

项　目	方案 1	方案 2
工艺方案	直接焚烧	污泥干化＋焚烧
处理工艺	污泥浓缩离心脱水旋转窑＋废热锅炉＋烟气处理	污泥浓缩离心脱水污泥间接半干化旋转窑＋废热锅炉＋烟气处理
燃料油消耗/(kg/h)	230～300	0～60
燃料费用/(万元/a)	600～780	0～155
综合评述	工艺成熟运行成本高	技术先进、可行；运行费用低；投资较高，技术含量高、安全性要求高

干化＋焚烧方案与直接焚烧方案相比，减少燃料消耗 1700t/a；对焚烧产生的蒸汽既能合理利用，又是一项收益；降低了装置运行费用，提高了干化产品处理处置的灵活性。

二、废催化剂的回收利用

全世界每年石油化工产业中投入使用的催化剂超过 40 万吨。催化剂使用一段时间后，因催化活性丧失而最终报废排出系统。随着石化产业的高速发展，据不完全统计，世界每年报废的催化剂多达数十万吨，我国也有数万吨之多。这些报废的催化剂中含有大量贵重的稀有金属资源，再生回收这些稀有金属，有着巨大的社会效益、经济效益和环境效益。

1. 加氢处理失活催化剂的再生利用

失活后催化剂的再生利用是目前各大炼厂的首要选择。对于简单的焦炭沉积而引起的催化剂失活，通常在一定的条件下对催化剂上的焦炭进行燃烧处理即可再生。直到催化剂由于多次再生烧结而丧失了绝大部分的活性比表面积，催化性能无法恢复为止。

20 世纪 70 年代中期以前，大部分炼厂在固定床反应器中对失活催化剂进行“原位再生”，即向反应器中通入空气以燃烧失活催化剂和反应设备上的炭，然后硫化使其恢复活性。但原位再生过程中常发生“热点”和“飞温”现象，并且在催化剂床层会产生催化剂粉末，使得反应器再次开工后易引起堵塞和热量分布不均。目前，国外 90%以上的炼厂采用器外再生方法。该方法可以严格地控制再生反应的工艺条件；再生后的加氢处理催化剂通常具有较好的性能；还可以剔除催化剂粉末和碎片，避免反应器内产生高压降；且环保、安全，可减少装置停开工时间。

目前全球主要有 Porocel、Eurecat 和 Tricat 3 个公司提供器外再生设备，且都有各自的专利技术，分别为 Tricat 公司的流动床技术、Porocel 公司的流动床-移动带联合技术和 Eurecat 公司的回转窑技术。

渣油加氢处理装置上失活的催化剂除了含有大量的积炭外，还沉积有大量的金属，对此，目前还没有商业化的再生技术能用于生产。这些金属污染物常聚集在催化剂外表面，堵塞孔口，使得催化剂孔内的大量高活性表面无法利用。如果能采取某些化学处理方法对这些金属选择性地脱除而不明显影响原催化剂的物理化学特性，则这类催化剂就可能再生和恢复活性。许多研究者们在这方面进行了大量的探索，并取得了一些进展。如 Trimm 和 Furimsky 等研究了使用有机或无机溶剂将渣油加氢废催化剂上的金属污染物滤除的方法，有一定的效果，但存在对钒的脱除选择性低、恢复活性有限等障碍。Marafi 等针对渣油加氢处理失活催化剂的再生开发了如图 6-10 所示的再生工艺流程，此方法可以活化再生 70%以上的加氢处理废催化剂，活性可恢复到新鲜催化剂的 95%左右，且具有较好的经济可行性。

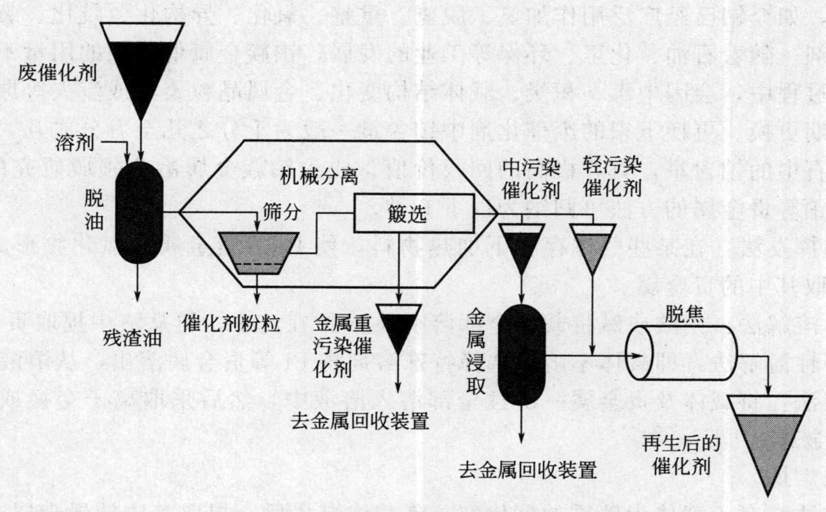

图 6-10　渣油加氢处理废催化剂再生工艺流程

2. 废催化剂中铑的回收利用

铑的有机金属化合物作为均相催化剂，具有高活性、高选择性和使用寿命长的特点。由丙烯生产正丁醛的生产工艺中，一氯三苯膦铑作为特效催化剂，由于此种催化剂含铑量高，对废催化剂中铑的回收利用其经济效益相当可观。用王水溶解、离子交换回收铑的工艺，操作简单、成本低，铑回收率＞97%，纯度＞99.95%。铑的回收步骤如下。

（1）焚烧　致密状金属铑难溶于王水，但处于高分散状态的细微铑粉则溶于王水。此种废催化剂由于含有大量有机物，采用盐酸加氯酸钠溶解时，虽经多次溶解也难以溶解完全，采用王水直接溶解时，虽然采用滴加硝酸的方式，但当溶液中硝酸含量上升到一定浓度时，由于废催化剂中的有机物被硝酸氧化为二氧化碳气体，致使溶液溢出，造成铑溶解损失，为减少损失需先将废催化剂焚烧，去除有机物，获得的含铑渣中铜、铝、铁杂质量为0.3%。

（2）铑渣溶解　焚烧后的铑渣置于烧杯中，加入适量的王水，加热至沸腾溶解，并分批加入王水直至溶解液呈现无色为止，此时渣中99%以上的铑进入溶液，同时铜、铁、镍等杂质金属也进入溶液中。将溶液加热浓缩赶硝，以便赶去多余的硝酸，破坏亚硝基化合物，待溶液浓缩至黏稠糊状时加入浓盐酸，继续蒸发至液面无棕色气体产生为止。然后加入铑量0.5倍的氯化钠饱和溶液，继续蒸发至稠糊状，反复三次加入去离子水，浓缩蒸发除去多余盐酸加水稀释调pH值为2～3，并使溶液含铑量为25g/L左右，以备交换。

（3）离子交换　由于废催化剂中铂、钯、金、银含量较低，其他贱金属含量较少，因此铑的提纯可采用阳离子交换树脂进行除杂。采用723型阳离子树脂，使用前将树脂预处理并湿法上注，用6mol/L盐酸以一定的流速从上向下流过树脂层，直至流出液经检验无铁离子为止，并用去离子水压出交换柱内过剩的盐酸，接着用饱和氯化钠溶液将树脂转化成钠型，最后用盐酸酸化水将柱内的液体调为pH＝2～3，将含铑液进行交换，交换速度视交换柱大小、柱装树脂量而定。

（4）甲酸还原　将交换好的含铑液加热至70～80℃，加碱液调pH＝7，加入甲酸还原，还原过程中不断加入碱液以保持pH值不变，并煮沸30min，这时铑已完全还原成铑黑，上清液清亮无色，过滤洗去钠离子，烘干氢气还原，得到纯度为99.95%的铑粉。

3. 废催化剂中铂的回收利用

1823年德拜莱勒发现铂对乙醇的氧化和氢的氧化有催化作用，从而揭开了铂族金属应用的新篇章，如今铂已经广泛用作加氢、脱氢、重整、氧化、异构化、歧化、裂解和脱氨基反应的催化剂。随着石油、化工、环保等工业的发展，铂族金属催化剂的用量不断增加，催化剂在使用过程中，会因中毒、积炭、载体结构变化、金属晶粒聚集或流失等原因而失去活性，需要定期更换。更换下来的废催化剂中铂含量一般为千分之几至万分之几，但仍远远高于一般铂矿石中的铂含量，具有极高的回收价值，成为铂族金属冶金领域研究的热点之一。目前，回收铂等贵金属的方法可归纳为以下6种。

① 高温挥发法：在某些气体存在下加热物料，使Pt等贵金属以氯化物形式挥发出来，经吸收后提取其中的贵金属。

② 载体溶解法：用酸或碱将载体全部溶解，Pt留在渣中，再从渣中提取贵金属。

③ 选择性溶解法：即载体不溶，选择特殊溶剂将Pt等贵金属溶出，从溶液中提取Pt。

④ 全溶法：将载体及贵金属一次性全部溶入溶液中，然后采取离子交换或萃取法回收溶液中的贵金属。

⑤ 火法熔炼。

⑥ 燃烧法：对于载体为碳质的催化剂，将载体燃尽后，提取其中的贵金属。

（1）Pt/C催化剂中Pt的回收　Pt/C催化剂的载体为活性炭骨架，为了富集铂，直接烧除炭是最经济可行的办法，但直接焙烧炭时，由于燃烧不充分会冒出大量黑烟，导致贵金属损失量较大。通过添加25%的熟石灰作为成型黏结剂、助燃剂、捕集剂，抑制了黑烟的产生，将炭的燃点降至 200℃，焙烧温度降到 400℃，有效地富集了贵金属。认为熟石灰的助燃性是由于在 OH^- 的催化作用下，C 与 H_2O 反应生成可燃性气体 CO 和 H_2，降低了炭的燃点。甲酸沉淀法回收铂碳催化剂的工艺如图 6-11 所示。

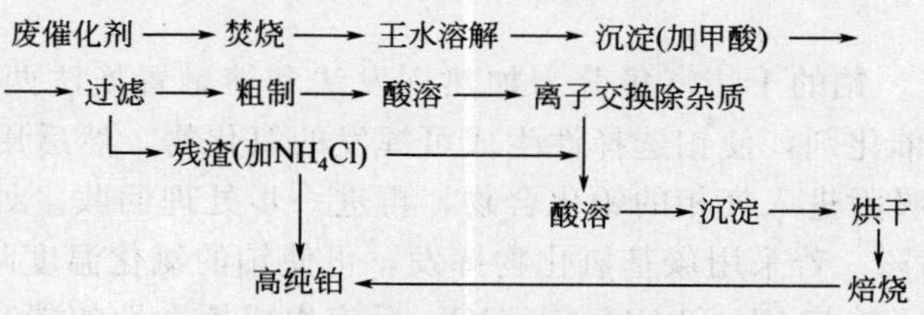

图 6-11 铂碳催化剂回收工艺流程

首先对废催化剂进行烧炭处理，焚烧后的铂渣在一定温度下用王水溶解，但温度不能过高，以免溶液挥发而影响回收率，反应到铂渣不再溶解为止。此时 Pt 以络合物形式进入溶液，但 Fe、Cu 等金属也进入溶液。为了除去溶液中的 Fe、Cu、Zn 等杂质离子，采用氢氧化物沉淀法除去部分金属离子，将除杂后的滤液慢慢蒸干，除去溶液中的硝酸，然后用盐酸调节 pH 值为 3～4，加热后加入甲酸，并用 NaOH 溶液保持溶液 pH 值为 3～4，防止杂质离子对 Pt 粗制的影响。反应完全后过滤，沉淀物烘干制得粗铂，总反应式为：

$$H_2[PtCl_6]+6NaOH+2HCOOH \longrightarrow Pt+6NaCl+2CO_2+6H_2O$$

用硝酸将粗铂再次溶解，缓慢蒸干除去 HNO_3，用蒸馏水冲洗、溶解。通过离子交换树脂除去溶液中少量金属离子杂质，得到较纯的铂化合物溶液，最后通过前述甲酸沉淀法得到精制铂。

(2) Pt/Al_2O_3 催化剂中 Pt 的回收

① 催化剂预处理。在催化反应中积炭或结焦几乎是不可避免的。积炭会覆盖催化剂的活性位或堵塞催化剂的孔道，从而导致催化剂失活。废催化剂载体孔道中往往存在大量的积炭，积炭及有机物的存在，在溶解过程中容易产生“暴溢”，造成金属损失。另一方面，在催化过程中，催化剂中贵金属与物料中的硫结合形成硫化物，影响贵金属的溶解。因此，为提高回收效率，常常需要预先将废载体催化剂经过焙烧处理，除去炭和硫化物等。500～800℃焙烧可以除去绝大多数的附着物。焙烧温度超过 400℃时，硫已几乎全部除掉，炭残留量约 2.3%，到 600℃时炭的脱除已接近完全。

② 铂的湿法富集。铂的湿法富集方法主要包括溶解载体法和选择性浸出活性组分两类，消解剂通常选择酸、碱、氰化物等。酸溶解法综合回收铂催化剂的工艺流程如图 6-12 所示。

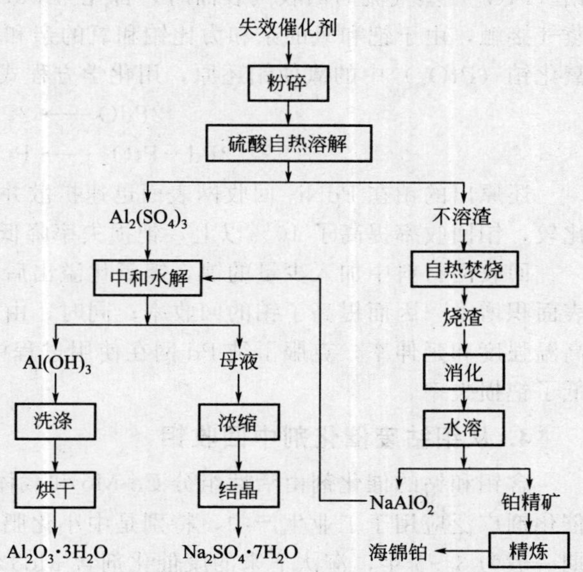

图 6-12 酸溶解法综合回收铂催化剂的工艺流程

失效重整催化剂粉碎后，先用稀硫酸将占载体 70%～80%的 γ-Al_2O_3 溶解分离，金属铂得到初步富集。此时，硫酸不溶渣中的炭含量大于 40%，常压有氧（空气）条件下即可燃烧，燃烧释放出相当于优质煤 50%的热量，如再加入适量助燃剂提高其发热值，就能实现自热焚烧脱除积炭。脱炭渣产出率约为废催化剂质量的15%～20%，再用消化转溶法分离残余的α-Al_2O_3，就可获得Pt含量3%～4%的铂精矿。消化反应在NaOH熔点（572K）以上温度下进行，以水溶解产生的$NaAlO_2$。铂精矿按传统方法精炼为纯铂，含铝溶液则用中和沉淀法产出氢氧化铝产品。

③ 铂的干法富集。铂的干法富集分为加热挥发法和熔融置换法两类主要方法。用氯气及含氯气体高温处理催化剂，使铂选择性生成可挥发的氯化物，然后用水、碱液、氯化物配合剂或吸附剂吸收，吸附进入气相的铂化合物，再进一步处理回收。处理温度在900℃以上时，铂提取率超过95%。若采用羰基氯化物挥发，可使铂的氯化温度降低到500℃以下。羰基氯化物挥发法是基于铂与Cl_2和CO或$COCl_2$反应生成挥发性的羰基氯化物，见反应式。

$$Pt+Cl_2+CO \longrightarrow Pt(CO)Cl_2\uparrow$$

$Pt(CO)Cl_2$的最佳挥发温度为150～250℃，当高于250℃时，铂的羰基氯化物将发生分解。

用熔炼法处理失效催化剂的原理与熔炼矿物原料相同。在高温熔融条件下，加入熔剂使载体分解并熔为炉渣，加入捕集剂形成熔融的贱金属合金相或熔锍使铂族金属与炉渣分离，从而有效富集铂族金属。熔融载体的实质是配入熔剂使载体转变为低熔点、低黏度的炉渣，配入捕集剂捕集贵金属，两相熔体分离后再从捕集剂中提取贵金属，这和火法熔炼含贵金属的矿物原料的原理相同。

(3) Pt合金催化剂中Pt的回收　硝酸生产中，用Pt、Pt-Rh、Pt-Pd-Rh等铂合金网作氨氧化反应的催化剂。氨氧化反应是在750～950℃、1～10atm条件下进行的，在此温度和压力条件下，催化剂表面形成易挥发的氧化铂，导致铂损失，损失的铂有50%呈胶体铂泥沉积在硝酸贮槽中，有25%被尾气带走，其余在废热锅炉、快冷器及管道中呈灰尘微粒状沉积。一般情况下，每生产1t硝酸就会损失铂0.05～0.5g；另一方面，替换下来的废催化剂数量也非常大，因此，铂合金催化剂的回收利用显得非常重要。

从氨氧化法中回收Pt的方法通常有炉灰回收法、过滤回收法和捕集网回收法3种，其中捕集网回收法的回收效率最高，因而最实用。世界各国均采用高Pd合金捕集网，将其置于催化网下面，用以回收挥发的PtO_2。目前对于$PdNi_5$合金捕集网的研究比较多。当氧化铂（PtO_2）蒸气流向回收网表面时，首先与$PdNi_5$回收网表面多层结构中的氧化钯（PdO）蒸气接触，由于钯和氧的亲和力比铂和氧的亲和力大，从氧化钯（PdO）中分解出的钯夺取氧化铂（PtO_2）中的氧使铂还原，用化学方程式表示为：

$$2PdO \longrightarrow 2Pd+O_2\uparrow$$

$$2Pd+PtO_2 \longrightarrow Pt\downarrow+2PdO$$

还原出的铂在$PdNi_5$回收网表面迅速扩散并与钯形成固溶体。$PdNi_5$合金网与纯Pd网比较，铂回收率提高了10%以上，钯损失率降低3%左右。

回收网材料中加入少量的镍，镍氧化溢出后，在回收网表面形成空穴，使得回收网有效表面积增大，因而提高了铂的回收率；同时，由于$PdNi_5$合金网与纯Pd网相比具有较好的高温强度和延伸率，克服了纯Pd网在使用过程中易破裂的缺点，因而提高了铂回收率，降低了钯损失率。

4. 从钼钴废催化剂中回收钼

含钼和钴的催化剂由活性组分Co-Mo和载体组成，目前主要是Co-Mo-Al_2O_3系，此类催化剂广泛应用于工业生产中，特别是中小化肥厂和石油工业中的催化加氢脱硫，其更换周期一般为3～5年，淘汰下来的废催化剂含Mo3%～12%、Co1%～4%和大量的Al_2O_3，废催化剂主要成分见表6-16。

表 6-16　废催化剂主要成分

元素	Mo	Co	Fe	K	Al
含量/%	5.02	1.12	0.34	3.23	32.61

采用加压碱浸提钼，钴留在浸出渣中，浸出液经酸化处理后采用萃取法富集回收钼，反萃液酸沉可生产钼酸铵。

(1) 加压碱浸　将球磨后的废催化剂（90%≥200目）每次取100g按5∶1的液固比配制矿浆，同时加入Na_2CO_3，然后将矿浆放入加压釜内加盖密闭升温、钼的浸出率随温度的升高而增加，在钼被浸出的同时，废催化剂中的铝也被浸出，浸出液终点pH值越低，铝含量越低。浸出温度为150℃时，钼的浸出率较高，同时浸出液中的铝含量较低。钼的浸出率随纯碱加入量的增加而增加，但同时浸出液的终点pH值也随之升高，浸出液中铝含量随之增加，选择纯碱加入量为理论量的1.3倍较为理想。

(2) 萃取　加压碱浸液经酸化处理后，采用N235萃取回收料液中的钼，萃取原液含Mo7.21g/L。有机相为20%N235-10%异辛醇-煤油，混合时间为3min的条件下，测定钼理论萃取级数为3级，考虑到萃取的级效率，选择钼萃取级数为4级。

(3) 酸沉回收钼　反萃液用硝酸调节溶液终点pH＝2.0，固液分离后产品在70℃烘干2h，四钼酸铵产品质量满足国标要求，萃取率可达到99.64%。

三、废酸的回收利用

1. 磺化废酸的回收

磺化过程中磺酸基取代碳原子上的氢、卤素或硝基的过程，为石化工业中常用的工序。经过磺化反应，除了增加产物的水溶性和酸性外，还可以使产品具有表面活性。芳烃经磺化后，其中的磺酸基可进一步被其他基团如羟基（—OH）、氨基（$-NH_2$）、氰基（—CN）等取代，生成多种生成物，所得生成物还可以制备一系列有机中间体或精细化学品，但是磺化过程副产废酸量大，治理难度高。

4,4-二氨基二苯乙烯-2,2-二磺酸（DSD酸）是一种重要的染料中间体，是生产二苯乙烯系荧光增白剂染料的原料，其中对硝基甲苯（PNT）磺化制备对硝基甲苯邻磺酸（NTS）是DSD酸生产的重要步骤。目前，国内多采用20%发烟硫酸磺化工艺，此工艺具有操作简便、工艺成熟、产量与产品质量稳定等诸多优点。

DSD酸磺化过程产生大量废硫酸，其色度为500～600倍，COD值高于7000mg/L，硫酸浓度为55%～60%，NTS浓度约为1%，还有少量固体悬浮物。该废酸若直接排放，不仅浪费了大量的资源，而且会造成二次污染，并使水体和土壤酸化，对生态环境造成严重危害。有的厂家将不经任何净化处理的废酸送到磷肥厂，用来制造普钙，这种做法也会引起二次污染。还有的厂家采用中和法处理该废酸，此法若无合适的途径处理产物硫酸钙，在经济和环境上都是不可取的。近年来国内外科研工作者对DSD酸副产磺化废酸的处理方法进行了研究。

(1) 浓缩法　浓缩法是在加热浓缩废稀硫酸的过程中，使其中的有机污染物发生氧化、聚合等反应，转变为深色胶状物或悬浮物后过滤除去，该法具有去除杂质和浓缩硫酸的双重作用。高温浓缩是在常压下进行的，此时硫酸的沸点在300℃左右，可能会破坏废酸中的残余物。该浓缩有两种装置：锅式浓缩器和鼓式浓缩器。锅式浓缩器可将硫酸浓度从＜70%浓缩到95%～96%。江苏淮河化工总厂采用大锅间接浓缩法对4,4-二氨基二苯乙烯-2,2-二磺酸（DSD酸）生产过程中产生的磺化废酸进行处理，将废酸进行抽滤后压入浓缩塔和浓缩炉升温浓缩，炉内温度控制在700～800℃之间。浓缩出质量分数为96%～98%浓硫酸后，冷却至40℃以下，可以用于DSD酸生产中的氧化和还原工序的酸析。从浓缩塔顶出来的含硫酸蒸气喷水吸收，制成稀硫酸做它用。

(2) 液膜萃取法　液膜萃取法是一种新开发的可应用于废水治理的萃取技术，它综合了固体膜分离法和传统溶剂萃取法的优点，其实质是选用难溶于水的油类（如煤油）制成性能稳定的油包水乳液，外水相中的溶质进入油膜后，立即透过膜与内水相中的溶质反应，从而去除水相中的有机物。采用Span80（或与E644、E205、ELC复配）作为表面活性剂，三辛胺为流动载体，二甲苯为膜溶剂，NaOH作为内包相试剂的乳状液膜体系，净化处理高浓度的NTS工业废液。实验结果证明，NTS和COD的最高去除率分别达99.4%和96.2%。乳状液膜表面积大，厚度小，传质速率快，处理废液量大，工艺过程较常规分离技术简单，分离出的物质可以回收利用，不易产生二次污染，因而在废水及废酸处理方面有极大的应用前景。

(3) 湿式空气氧化法　湿式空气氧化法（WAO）是在适当的温度和压力下，向水相中通入空气或氧气对有机物进行氧化的方法。在6～17MPa、150～350℃的条件下，采用该法对高浓度NTS工业废液进行氧化处理，TOC去除率可达95%以上。表明WAO法对一系列含苯系衍生物有毒废水均有显著的降解效果，WAO法不需要加入催化剂即可对废液中有机物进行氧化，成本较低。

(4) 热解吸收法　热解吸收工艺主要有两大步骤：废酸热分解、工业废气冷却和热回收。硫酸分解反应是一个高吸热反应，所以当反应温度升到500℃以上时，硫酸开始分解为SO_3和水。SO_3的热分解是SO_2催化氧化的可逆反应，它吸热较少，但需要较高的分解温度。所以，为保证废硫酸热分解的转化率最高，反应最好在1000℃下进行；废硫酸的热分解也可以在850℃以下的温度下进行，但反应速度太慢。同时，随着废硫酸的分解，废气也在同一过程中分解。离开分解炉的气体中有大量热量可以回收，回收热量多少取决于废酸分解生成的SO_2总量，包括燃烧的气体。最终SO_2气体可冷却到300～450℃，经净化送返硫酸厂。该法适用于各种工业废硫酸的处理，尽管废酸所含的有机物杂质在高温反应过程中也发生分解，只要经合理的净化则不会影响最终SO_2的质量。

2. 烷基苯装置废酸液的处理利用

某石化公司化工三厂烷基苯的生产过程是：苯与烯烃在三氯化铝作用下进行烷基化反应，生成物经沉淀分离，上为产品烷基苯，下为泥脚酸液。泥脚酸液量每天10t，其中含有大量的苯、烷基苯、轻油、高沸物、三氯化铝络合物等。

该厂采用泥脚酸液水解工艺，每年可从泥脚酸液回收879t泥脚油、1379t$AlCl_3$和537t苯。回收的苯经脱水后返回纯苯罐，取得了较好的经济效益和环境效益。

(1) 工艺原理　泥脚水解主要是利用三氯化铝与水分解将活性络合物破坏掉。

$$Al_2Cl_6 \cdot C_6H_5 \cdot RHCl + H_2O \longrightarrow C_6H_5R + 2AlCl_3 + H_2O + HCl\uparrow$$

$$AlCl_3 + 3H_2O \longrightarrow Al(OH)_3 + 3HCl\uparrow$$

(2) 工艺流程　来自烷基苯装置的泥脚酸液送入预处理罐，新鲜水与泥脚按一定比例混合进入水解罐进行水解，水解后的油和水混合物排入油水分离罐，油水在罐内分层，油苯从上部溢流进入油罐，再用泵打入蒸苯釜，蒸出的苯经冷凝器进入碱洗罐，经碱洗进入苯罐送回烷基苯车间使用。由蒸苯釜底排出的油品送入贮罐待出售。由水分离罐底排出的三氯化铝水溶液再用泵打入水解釜循环水解，待其相对密度达到1.25时，即可放入贮罐待出售。工艺流程见图6-13。

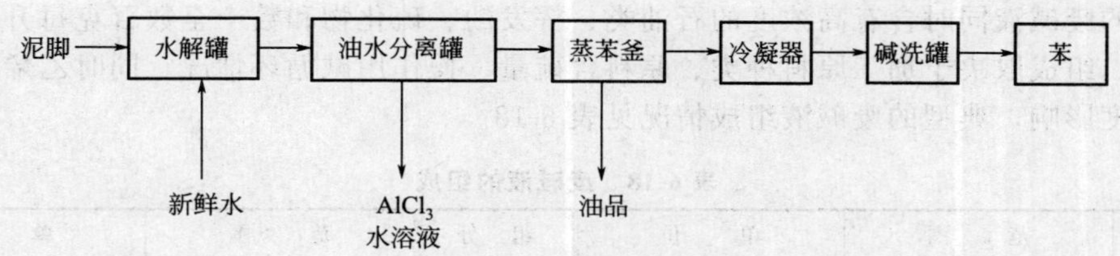

图 6-13 泥脚酸液回收苯流程示意图

(3) 主要工艺控制条件 水解釜温度<110℃；回收苯的标准为 K. K<90℃；水：泥脚为 5：1；pH 值为 6～8；蒸苯釜温度<110℃；颜色淡黄。

3. 从己二酸废液中回收二元酸

某石油化纤公司在生产己二酸时每年产生约 1.01 万吨的二元酸废液。二元酸废液的主要成分是丁二酸、戊二酸及草酸，占总废液量的 33%～34%；此外，废液中尚存 8.4%的己二酸、57%的水、0.6%的硝酸及少量的铜、钒催化剂等。

(1) 回收工艺 二元酸的组成波动较大，一般情况下，二元酸占总废液量的 25%～45%，硝酸含量也高于设计值。根据己二酸与其他二元酸溶解度、熔点、沸点等物理性质的不同，采用冷却、结晶、蒸发的回收工艺路线。二元酸回收工艺流程见图 6-14。

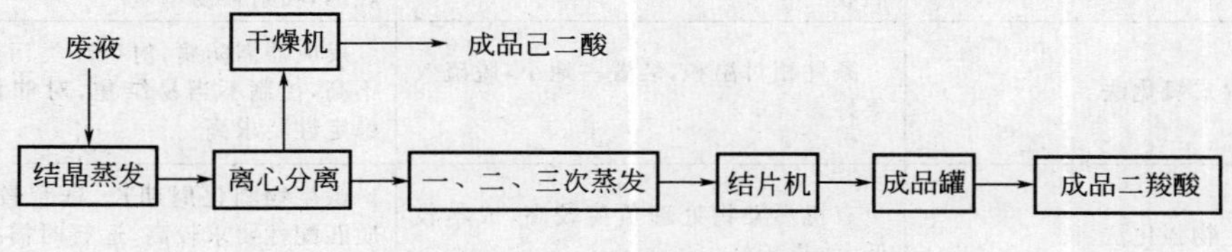

图 6-14 二元酸回收工艺流程

废液中己二酸的含量为 8%左右，由于己二酸在水中的溶解度小（20℃，每 100g 水中溶解 2g 己二酸），首先将废液打入结晶釜中，用冷却水冷却，使大部分己二酸结晶析出悬浮于溶液中，经过离心分离、洗涤、干燥得到己二酸回收产品。离心分离己二酸后的母液经一、二、三次蒸发器蒸发浓缩后，进行冷却、结晶即得到产品丁二酸、戊二酸。

(2) 工艺条件 二元酸回收工艺主要设备操作条件见表 6-17。当蒸气压力超过工艺指标时，会产生严重的泡沫夹带，致使物料从二次蒸气出口排出。

表 6-17 二元酸回收工艺主要设备操作条件

名　称	流量/(m^3/h)	蒸气压力/MPa
一次蒸气	1.0～2.0	0.15
二次蒸气	0.8～1.0	0.15
三次蒸气	终点温度 150℃	0.2～0.8

(3) 回收效果 得到含量在 90%以上的二羧酸产品（丁二酸、戊二酸、己二酸混合物），回收率达 98%以上。

四、废碱的回收利用

炼化企业产生的废碱液主要包括汽油碱渣、柴油碱渣、液态烃碱渣和乙烯废碱液，其中汽油碱渣、柴油碱渣、液化气碱渣主要产生于炼油厂，分别来源于汽油脱硫醇装置、柴油电精制装置和液态烃脱硫醇装置；乙烯废碱液主要产生于乙烯蒸汽裂解装置。炼化企业生产过程中产生的废碱液同时含有高浓度的石油类、挥发酚、硫化物和数十至数百克每升的无机盐和总碱度，组成取决于加工原料种类、原料含硫量、操作用碱循环情况，同时乙烯废碱液还受裂解深度影响，典型的废碱液组成情况见表 6-18。

表 6-18 废碱液的组成

组　分	范　围	单　位	组　分	范　围	单　位
NaOH	0.8～2	%	溶解的烃	0.1～0.3	%
Na_2S	0.5～5	%	COD	20000～50000	mg/L
Na_2CO_3	1～10	%	BOD	5000～15000	mg/L
NaRS	0～0.2	%	pH 值	≥12	无量纲
氰化物	0～0.05	%			

目前对炼油废碱液的处理主要从脱硫（脱臭）、脱酚、降低碱度和 COD 等方面入手，根据在处理过程中是否对某些物质进行分离回收，可将其划分为达标处理工艺和综合利用处理工艺两类，各种炼油废碱液处理工艺的优缺点见表 6-19。

表 6-19 炼油废碱液主要处理工艺对比

工　艺		优　点	缺　点
达标处理工艺	焚烧法	流程简单，处理彻底，盐类物质可回收	设备投资大，运行成本较高，需添加助燃剂，喷射器易堵塞
	催化湿式氧化法	条件相对温和，装置占地小，脱硫效果好	反应器需防腐，对杂环类污染物降解率不高，控制不当易结焦，对催化剂活性和稳定性要求高
	高效生物强化法	有机污染物处理负荷较高，成本较低，效果较好	微生物驯化周期长，选育较困难，对水质匹配性要求较高，运行时需投加专用营养液
	高级化学氧化法	效果较好，处理后废碱液可回用于生产	药剂成本高，废渣需进一步处理
综合利用处理工艺	酸化法	可回收酚、环烷酸或硫酸钠等副产物	药剂成本较高，设备腐蚀严重，处理程度不够彻底
	树脂吸附法	对硫化物和酚吸附作用显著，解吸再生方便	处理作用相对单一，在碱性条件下吸附效率相对较低
	电解法	工艺简单，可回收硫黄	能耗高，用水量大，处理时间较长
	化学沉淀法	脱硫效果理想，可得到焦亚硫酸钠副产物，处理后的废碱液可以回用	药剂投加量大，需建反应池和高温灼烧炉

1. 乙烯废碱液的处理

乙烯装置裂解气中主要含有酸性气体 CO_2、H_2S 以及少量 HCN、RSH 等，这些酸性气必须经过碱洗塔脱除至可以排放的浓度标准（$H_2S<1\times10^{-6}$，$CO_2<1\times10^{-6}$），裂解气才能进入下一步的流程中。处理过程为：酸性气通过与浓度为 18%左右的碱液逆流接触发生不可逆化学吸收，从而生成 Na_2S 和 Na_2CO_3，实现脱除酸性气的目的，过剩的 NaOH 随废碱从吸收塔排出。碱洗塔排出的废碱液中含有 NaHS、Na_2S、NaOH、Na_2CO_3 和少量的 $Na_2S_2O_3$ 等。另外，乙烯废碱液还含有硫醇等有机硫化物，因而废碱液具有难闻的臭味。

(1) 乙烯废碱液的除油　油类在废碱液中以乳化油、分散油、浮油和溶解油等形式存在。分散油和乳化油在废碱液中的浓度一般为 100～300mg/L，这些油比较稳定，而且可能进一步发生聚合，影响后续的处理过程。因此，去除乳化油和分散油是乙烯废碱液除油工作的重点。废碱液中溶解油的浓度一般在 20m/L 以下，考虑到溶解油的物理性质非常稳定，而且其含量很低，不会影响乙烯废碱液的进一步处理或综合利用，因此，一般都不把溶解油作为除油对象。

我国早期引进的乙烯装置普遍采用波纹斜板式隔油池（TPI）机械除油和平板式隔油池PPD或裂解汽油（或加氢汽油）萃取结合对乙烯裂解废碱液进行除油，可同时除掉废碱液中的大部分分散油、全部浮油和乳化油，经过处理后的废碱液可以采用湿式氧化法等方法进行处理。但是该工艺的缺点也很明显，那就是会散发大量恶臭气味，对周围空气造成严重的污染。国外采用液液萃取-蒸汽汽提的方法对乙烯废碱液进行除油，该方法利用经加氢处理的富含芳烃的溶剂作萃取剂，在多级逆流萃取塔中进行多级萃取，将废碱液中的低聚物和单体去除。经过该方法处理后，废碱液中的油浓度低于10mg/L。此外，采用负载型固体絮凝剂，控制碱液浓度为3～12g/mL，在20～60℃下搅拌20min，然后利用高速离心机分离出絮状物。经处理后，可以将废碱液中油浓度降到1mg/L以下。

（2）乙烯废碱液氧化物沉淀脱硫再生法　乙烯废碱液中含有大量的硫离子，因此硫离子的脱除是一个重要的课题。脱硫技术是以脱除乙烯废碱液中的无机硫化物为目标，以固体金属氧化物如ZnO、CuO等将硫化钠转化成氢氧化钠，并将硫离子以金属硫化物沉淀的形式去除的一种方法。

① ZnO沉淀法。用ZnO沉淀法再生乙烯废碱液，在碱性条件下，ZnO首先发生以下反应。

$$2NaOH + ZnO \longrightarrow Na_2ZnO_2 + H_2O$$

由于锌酸钠的溶解度比氧化锌大得多，因此锌酸钠溶解后，与硫化钠发生下列反应。

$$Na_2ZnO_2 + Na_2S + 2H_2O \longrightarrow 4NaOH + ZnS$$

生成的ZnS可以通过焙烧还原成ZnO，实现循环使用。当废碱液中硫化钠与氧化锌的物质的量之比为1∶1、反应温度为80℃、硫化钠浓度在100～200g/L、反应时间为1h时，硫化钠的转化率可达95%。

② CuO沉淀法　用CuO沉淀法再生废碱液，反应式如下。

$$CuO + Na_2S + H_2O \longrightarrow CuS + 2NaOH$$

$$4NaSR + 2CuO + 2H_2O \longrightarrow 2CuSR + 4NaOH + R_2S_2$$

反应生成的沉淀通过焙烧生成可以重复使用的CuO。在反应温度为20～30℃、CuO与Na_2S物质的量之比为1.56∶1、反应时间为30min的条件下，总硫化物的转化率为95%左右。

（3）乙烯废碱液的脱硫、脱碳联合再生技术　该方法是采用过渡金属氧化物沉淀法脱硫和苛化法脱碳，可以将乙烯废碱液中的Na_2S和Na_2CO_3再生为NaOH，从而再生回用乙烯废碱液，实现污染物的资源化利用。苛化法是以乙烯废碱液中的无机碳酸盐为处理对象，采用苛化剂将无机碳酸盐转化氢氧化钠，并将碳酸根以沉淀的形式除去，使乙烯废碱液能够得到再生回用，目前主要有CuO、MgO沉淀法和金属氧化物沉淀法和苛化法。

① CuO、MgO沉淀法。采用CuO、MgO沉淀法分别在30～90℃和40～90℃的条件下将Na_2S、Na_2CO_3再生为NaOH，反应式如下。

$$CuO + Na_2S + H_2O \longrightarrow CuS + 2NaOH$$

$$MgO + Na_2CO_3 + H_2O \longrightarrow MgCO_3 + 2NaOH$$

他们将再生后得到的碱液返回乙烯裂解碱洗塔循环利用，反应生成的CuS、$MgCO_3$沉淀均带有异味，因此采用真空焙烧将CuS制成商品出售，将$MgCO_3$沉淀直接出售。此法将乙烯废碱液进行了彻底处理，使乙烯废碱液得到了完全再生。

② 金属氧化物沉淀法和苛化法。采用过渡金属氧化物沉淀法和苛化法顺次将乙烯裂解废碱液中的Na_2S和Na_2CO_3再生为NaOH，目标是将再生后的碱液回用于裂解气碱洗系

统。实验证明，废碱液中的 Na_2S 和 Na_2CO_3 转化成 NaOH 的转化率分别达到 95%和 85%以上，再生碱的苛化率（NaOH 占碱液中所有提供碱度物质的比率）能够达到 90%以上。同时也对再生碱液循环使用的可行性进行了考察：完全再生碱液的腐蚀率小于 0.1056mm/a，属于允许范围内；完全再生碱液吸收二氧化碳前后，Ca^{2+} 浓度变化不大，因此结垢趋势不明显；废碱液循环再生实验结果发现，吸收速率与新鲜碱液十分相近，表明了其吸收性能可以满足裂解气碱洗的需要；同时再生碱液发泡高度为 216cm，消泡时间为 210s，比碱洗塔中碱段和弱碱段碱液的发泡能力小得多，都在允许范围之内。

2. 碳化法处理石油废碱渣

为了满足车用燃料和基本有机化工原料的质量要求，消除石油产品中含硫化合物、酚、环烷酸等杂质的影响，常采用碱精制、碱净化工艺对半成品油进行精制。即用 NaOH 溶液与油品中的酸性物质进行酸碱反应，生成相应的盐类，这些盐类大部分都溶于水，以碱渣的形式排出。碱渣一般颜色较深，伴有恶臭味，含有较高浓度的含硫化合物、酚类和环烷酸类的钠盐、油类和反应残余的游离 NaOH 等污染物。

安庆石化总厂炼油厂采用低浓度二氧化碳和稀氢氧化钠溶液反应生成碳酸钠的工艺处理炼油废碱液，成功地回收了环烷酸、粗酚及碳酸钠，流程如图 6-15 所示。

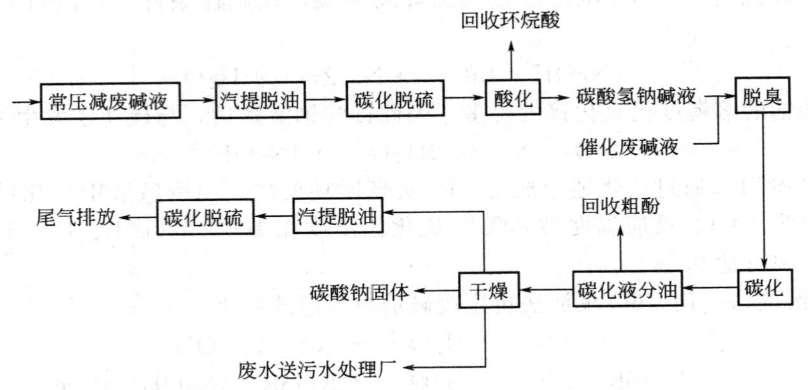

图 6-15　低浓度二氧化碳石油废碱渣流程

经汽提脱除油的蒸馏废碱液在碳化脱硫塔内与二氧化碳逆流接触反应，废碱液中的环烷酸钠盐转化为乳状的环烷酸，回收环烷酸后的废碱液与催化废碱液一起进入脱臭塔进行脱臭处理，然后进入碳化塔。在碳化塔内与二氧化碳逆流接触反应，分离出粗酚。余下的废碱液经喷雾干燥塔以固体形式回收碳酸钠。喷雾干燥塔尾气经旋风分离器、复喷复挡除尘器、湿式除尘器除尘后，排入大气。

五、精蒸馏残渣的回收利用

1. 用蒸馏法从有机氯化物废液中回收有机氯

国内某石化公司有机合成厂的环氧乙烷、环氧丙烷生产装置的分馏塔液的主要成分是有机氯化物，包括二氯乙烷、二氯丙烷、氯乙醇、氯丙醇、氯代乙醚、氯代丙醚等。它们大多用作溶剂，或作合成浸透剂、杀虫剂、洗涤剂的原料。它们的共同特性是易燃，有刺激性臭味，对人体及生物的危害主要表现在使神经系统麻痹，对造血系统和肝脏有损害。主要副产品的产生量为：二氯乙烷 120t/a；二氯代乙醚 60t/a；二氯丙烷 200t/a；二氯代丙醚 70t/a。当反应控制不好、碱度过大时，会生成乙二醇和丙二醇。上述副产物混合于水中作为环氧乙烷、环氧丙烷精馏塔的釜液排出，排放量为400～500kg/d。

(1) 工艺原理 由于环氧化物釜液中的有机氯化物不溶于水，且沸点相差较大，很容易利用精馏的原理将它们分开。先将油与水相分开，再将油相中的各种有机氯代物用精馏分开。

(2) 工艺流程 环氧乙烷釜液的处理工艺流程见图6-16。环氧化物釜液收集在原料罐内，经切水、中和后进入二氯乙烷、二氯丙烷精馏塔。塔顶排出二氯乙烷、二氯丙烷，塔釜留下重组分，这部分重组分再送入二氯乙醚、二氯丙醚精馏塔，提取二氯乙醚、二氯丙醚，最终剩下的釜液仍可作为有机溶剂或作为防水涂料的原料等加以利用。

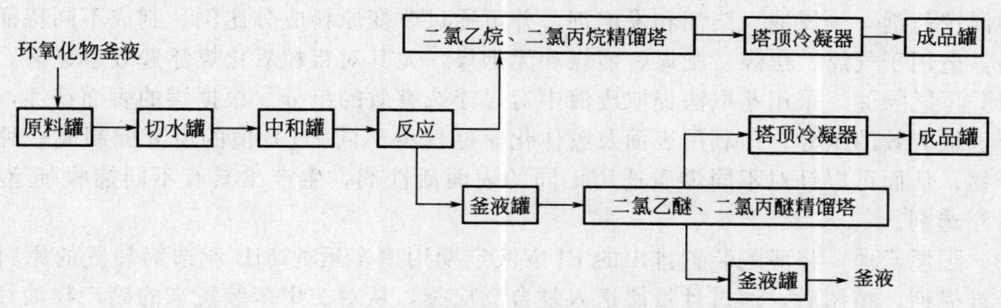

图6-16 环氧乙烷釜液的处理工艺流程

(3) 主要设备及工艺控制条件 该工艺的主要设备为精馏塔，主要工艺控制条件见表6-20。操作注意事项为：精馏塔塔釜加热时要注意缓慢加热，若升温速度过快，会造成溢塔；碱洗后的物料需达到HCl＜0.005%，HCl含量高时会加快设备腐蚀。

表6-20 主要工艺控制条件

项 目	单位	指标
碱洗罐	碱浓度	2%，pH＞10
碱洗后物料	以HCl%计	＜0.005
二氯乙烷蒸馏塔顶温	℃	50～78
二氯丙烷蒸馏塔顶温	℃	65～91
釜压：二氯乙烷/二氯丙烷	MPa	＜0.04/＞0.04
回流比：二氯乙烷/二氯丙烷		3/4
流出：二氯乙烷/二氯丙烷		
顶温	℃	(80±1)/(94±2)
釜温	℃	(82±2)/(98±2)
釜压	MPa	＜0.04/＞0.04
回流比		1/1

(4) 利用效果 回收的二氯乙烷、二氯丙烷的浓度可达97%以上，二氯乙醚、二氯丙醚的浓度可达95%以上，所剩下的残液为其他有机氯化物，可回收作燃料或做防水涂料的溶剂。

2. 利用EI废液生产MB系列浮选剂

国内某石油化纤公司在生产环己酮、环己醇的过程中，产生醇酮装置EI废液，其组成及产生量见表6-21。

表 6-21　醇酮装置 EI 废液组成及产生量

精馏塔顶轻组分 产生量:533kg/h 废液温度:130℃		精馏塔底重组分 产生量:18kg/h 废液温度:50℃		精馏塔顶轻组分 产生量:533kg/h 废液温度:130℃		精馏塔底重组分 产生量:18kg/h 废液温度:50℃	
醇	20	环己烷	9.45	二价酸	95	甲基环戊烷	0.36
酮	1	C5	4.14	环己基己二酸酯	325	苯	0.63
HPOCaP	25	C6	0.54	Cr	1	重组分	1.80
一价酸	52	环戊烷	0.27	磷酸锌酯	14	叔丁醇	0.81

该厂以 EI 废液和其他副产物为原料，生产出无毒、无污染的 MB 系列浮选剂，可代替传统的浮选药剂——煤油、柴油和发泡剂，并可通过改变原料成分比例，制成不同特征的系列产品，适用于气煤、焦煤、肥煤、瘦煤和无烟煤，尤其对粗粒氧化煤浮选效果显著。

(1) 工艺原理　采用萃取法提取废液中对煤浮选有效的组分。根据煤的表面特性，选取对煤浮选最有效的组分，即利用表面及胶体化学原理将不同 HLB 值的组分配制成一种均一的混合物，从而可以针对不同煤质选用不同的表面活性剂，生产出具有不同捕收-起泡性能的 MB 浮选剂。

(2) 工艺流程　将醇酮装置排出的 EI 废液定期用槽车运往 MB 浮选剂装置的原料贮罐内，经过提纯、精制后，通过计量罐送入复合反应釜，从对二甲苯装置来的副产物油经分离后也通过计量罐送入复合反应釜，在釜内发生一定的反应，然后进行中和处理，并在此加入一定量的促进剂。中和反应后，物料进入混配罐，通过机械搅拌，将不同 HLB 值的组分配制成为均匀的混合物。混合物进入沉降罐沉降分离，自然沉降 48h 后，将上清液打入产品罐，下部渣油进一步回收。将一定量的添加剂投入净化器内，一段时间后采样化验，合格产品送成品贮罐，外销出厂。工艺流程见图 6-17。

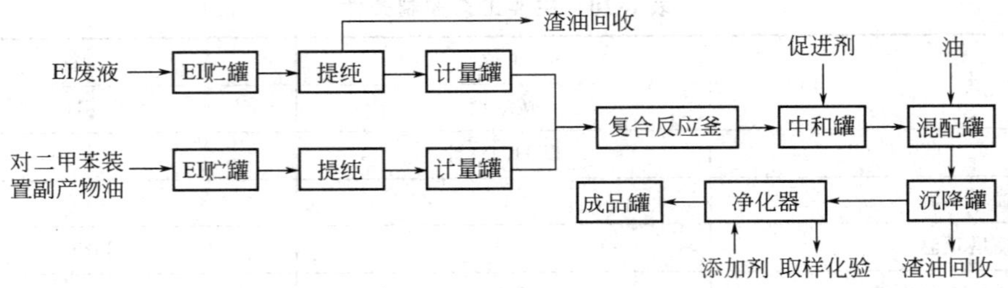

图 6-17　MB 浮选剂工艺流程示意图

第七节　医药及医疗工业固体废物处理利用工艺与设备

医药及医疗工业固体废物是指医药生产过程中和医疗卫生机构在医疗、预防、保健以及其他相关活动中产生的具有直接或者间接感染性、毒性以及其他危害性的废物。医疗及医疗工业固体废物通常带有大量细菌和病毒，污染环境、传播疾病、威胁健康，其中医疗废物已经纳入《国家危险废物名录》。

一、医疗废物的处理处置技术

医疗废物的处理目的是杀灭病原微生物，使垃圾废物稳定化（有机物无机化）、安全化（有毒有害物质无害化）和减量化。医疗废物的主要处理技术有高温焚烧法（以回转窑、热解焚烧炉、炉排炉等为主)、高压蒸气灭菌法、等离子体技术法、微波辐射灭菌法、化学消毒法，其他的一些技术还包括填埋处理、热解技术、辐照技术和液态合金处理技术等。各种方法的技术原理和优缺点见表 6-22。

表 6-22　常见医疗废物处理处置方法技术原理及优缺点对比

方法	主要设备	技术原理	优缺点
焚烧法	焚烧炉烟气净化装置	废物中的有机碳氢化合物在高温和充足的氧气条件下完全燃烧,最终化为灰烬。经过焚烧处理后,可完全杀灭细菌,使绝大部分有毒有害有机物转变成无机物	体积和质量显著减少,消毒灭菌和污染物去除效果好,适用于多种废物,技术成熟,运行稳定;但建设投资较高,需要昂贵的净化装置处理可能污染空气的尾气
高压蒸汽法	压力容器高压釜	利用高温高压蒸汽穿透力强的特点,使高温高压蒸汽穿透物体内部,从而使微生物的蛋白质凝固变性而死亡,可有效地阻止各种细菌繁殖体、芽孢以及各种病毒和真菌孢子	方法简易,占地面积小,易于进行生物监测,消毒效果好;但可处理的医疗废物类别有限,处理后的废物在体积和质量方面变化不大,易产生有害气体和臭气
电磁波消毒法	电磁波发生器、电磁波辐射室	利用微生物细胞极性分子吸收能量高的特性,将其置于电磁波高频振荡的能量场中,物体在电磁波的作用下吸收能量产生电磁共振并加剧分子运动,使其内部和外部同时升温,杀死细菌	处理彻底,灭菌效率高,兼容较明显,设备简单,占地面积小;但处理废物类型受限
化学消毒法	消毒剂储罐、消毒容器	将机械破碎后的医疗废物与化学消毒剂充分混合,并停留足够长的时间,使医疗废物中的细菌被杀死	操作方法简便,一次性投资少,不会产生燃烧副产物;但达不到减量和毁形的目的,高效消毒剂往往是危险物质,不适于进行药品、化学品和多种传染性废物的消毒
等离子体热解法	等离子体弧电源、等离子体发生器、等离子体焚烧炉	利用等离子体产生的高温,杀死医疗废物中的所有微生物,摧毁残留的细胞毒类药物、药品和有毒的化学药剂	温度可达 1200～3000℃,彻底达到无害化,占地体积小;但技术新,运行管理要求高,投资及运行成本高

各种处理处置方法对医疗废物的适用范围见表 6-23。

表 6-23　各种处理处置方法对医疗废物的适用范围

系统	感染性废物	解剖废物	锐器	医药药品	细胞毒类废物	化学废物
焚烧法	√	√	√	√	√	√
高压蒸汽法	√	√	√	×	×	×
电磁波消毒法	√	×	√	×	×	×
化学消毒法	√	√	√	×	×	×
等离子体热解法	√	√	√	√	√	√
卫生填埋法	√	√	√	可处理小部分	×	×

医疗垃圾处理技术对照见表 6-24。

表 6-24　不同类型医疗垃圾可选用处理技术对照表

垃圾	热解焚烧炉	单室焚烧炉或城市垃圾焚烧炉	化学机械消毒	高压蒸汽消毒	微波辐照消毒	封装	卫生填埋	排到污水系统	其他方法
传染性垃圾	可以	可以	少量	可以	可以(湿垃圾)	不可	不可	不可	
病理性垃圾	可以	不可	不可	不可	不可	不可	不可	不可	
损伤性垃圾	可以	不可	可以	可以	不可	可以	不可	不可	
药物性垃圾	少量或高温≥850℃	不可	不可	不可	不可	可以	少量	不可	过期药物退回供应商
化学性垃圾	少量		不可	不可	不可	不可	特殊情况下可以	少量液体消毒	未用化学品退回供应商

二、药渣的回收利用

我国中医药学历史悠久，中药业是我国传统产业之一。中药企业在生产出大量中成药的同时，会产生相当数量的药渣，这些药渣的妥善处理常常令厂家和环保部门感到棘手。据统计，我国每年仅植物类药渣的排放量就高达65万余吨，仅天津某制药厂每年就可产生3000t植物类中药渣。药渣一般为湿物料，极易腐败，有臭味，早期中药渣处理的形式主要包括填埋、焚烧、固定区域堆放等。药渣由于雨水冲淋，易造成对周边环境的污染，在地下水位较浅的地区，对水质的影响尤为严重。

1. 废弃中药渣催化裂解制取生物油

生物质裂解是在完全无氧或有限供氧条件下进行的生物质降解反应，是利用热能切断生物质大分子的化学键，使之转变为低分子物质的过程，主要产物有生物质炭、生物质焦油、生物质酢液和生物质燃气。由生物质直接裂解得到的燃油存在不稳定、含氧量高、热值低、腐蚀性强等缺点。燃油的升级途径主要有加氢裂解和催化裂解等，其中催化裂解操作条件相对简单，处理成本较低，能够有效脱除裂解油中的氧，从而提高燃油的品质。采用Al_2O_3、沸石分子筛ZSM-5、介孔分子筛SBA-15及负载金属Sn、Cu、Ni、Al、Mg的介孔分子筛SBA-15作为催化剂，对中药渣催化裂解制取燃油进行了研究，考察了裂解温度、催化剂种类、催化剂投加量等对催化裂解油产率及油品的影响。

中药渣催化裂解在两段两相式生物质催化裂解固定床反应器中进行。该装置分为裂解段（裂解炉）和催化段（催化炉），在裂解段中发生固相反应，催化段中发生气相反应，两段参数可分开控制，可方便地优化操作条件。例如：裂解温度、压力和催化温度可在2个炉中分别加以控制，从而可提高反应条件的可控性和催化剂的选择性。反应过程中以150mL/min的流速通入氮气确保裂解炉内的无氧环境。裂解段产生的气体通过催化段中的催化剂层进行催化反应，然后经过冷凝器，可冷凝气冷凝，得到液态燃油和水，分别进行收集；不冷凝气用气袋收集；裂解炉产生的固体残渣用残渣收集器收集。两段两相式中药渣催化裂解资源化工艺流程如图6-18所示。

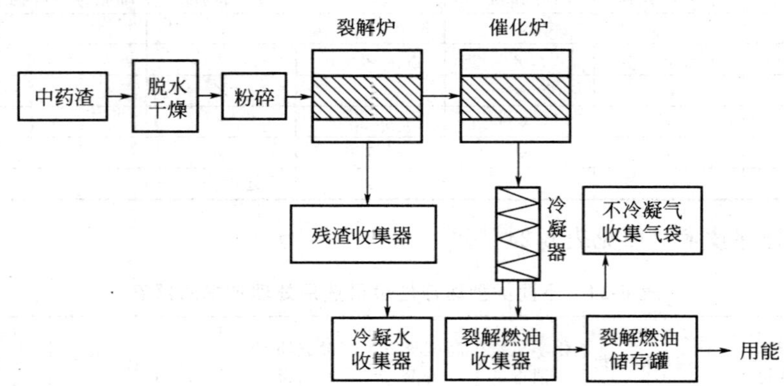

图6-18　两段相式中药渣催化裂解资源化处理工艺流程

2. 甘草药渣中黄酮类化合物的提取

甘草为豆科甘草属植物甘草、胀果甘草或光果甘草的干燥根及根茎，富含三萜和黄酮类成分，其中五环三萜类化合物甘草酸是主要有效成分之一。医药生产企业常采用水提、含水醇提、碱提等方法从甘草药材中提取甘草酸，提取后所剩余的甘草药渣通常作为工业废料弃去。甘草药渣中富含大量的黄酮类化合物，其结构与甘草原药材中所含黄酮类化合物基本相似。这些黄酮类成分具有广泛的生物活性，如抑菌、抗真菌、增强机体免疫功能、抗 HIV、抗肿瘤、抗溃疡、抗氧化、保肝及降血糖等。

(1) 复合酶法 利用复合酶法结合醇提法提取甘草药渣，通过改变酶的种类、添加量等单因素对甘草药渣中甘草黄酮提取条件进行优化，得到纤维素酶添加量为50U/mL，果胶酶100U/mL，反应 pH＝6.0，温度 55℃，作用 120min，最终得率达到 2.3%。

与直接醇提法比较，该法黄酮得率提高了 25%以上。

(2) 甘草固体发酵法 通过黑曲霉菌株的固体发酵以提高甘草药渣中甘草黄酮的提取率，确定总黄酮提取率最高的发酵工艺：甘草药渣-麸皮（6：4），发酵时间 3d，接种量6.0%，1.2 倍的初始含水量。

(3) 溶剂法提取甘草药渣中黄酮类化合物 将水提甘草药渣液浓缩后，分别经活性炭和大孔树脂色谱处理，将洗脱液浓缩后，用有机溶剂重结晶即制得光甘草定。采用溶剂法对甘草药渣进行提取发现，甲醇或乙醇提取药渣中的黄酮类物质提取率相差不大，分别为10.6%、9.9%，而超临界 CO_2 萃取法的收率更高。通过应用化学分离转化法，在 pH＞7 的条件下将黄酮和木质素进行分离，得到一种既可以增加甘草药渣中黄酮的提取率又能回收木质素和纤维素的方法。对 3 种甘草药渣中的黄酮含量进行比较发现，胀果甘草药渣和乌拉尔甘草药渣中总黄酮的含量基本相当，并明显高于光果甘草药渣。采用微波辅助乙醇提取甘草药渣中的总黄酮，确定最佳工艺为预泡时间 1h，固液比 1：18，乙醇浓度 70%（质量分数），微波时间 50s，微波次数 1 次，且采用最佳提取方案使最大黄酮提取率可达 4.1%。用醋酸乙酯提取甘草药渣后回收有机溶剂即可得到甘草黄酮，其收率可稳定在 4.0%以上，总黄酮含量则可稳定在 30%以上。先将甘草药渣用有机溶剂提取，然后将提取物经大孔树脂柱进行分离，水洗除去杂质后再以有机溶剂进行洗脱，洗脱液干燥即得甘草总黄酮。

第八节 电子固体废物处理设备与应用

21 世纪以来，科学技术的迅猛发展使人类社会的生产和生活方式发生了深刻变革，以信息技术为核心的电子工业，成为推动社会经济发展和人类文明进步的重要支柱性产业。近年来，随着电子信息产业的快速发展，层出不穷的技术创新与持续的市场膨胀需求加速了电子产品的更新换代，产生了大量的电子废弃物。据统计，世界上每小时就有 4000t 电子垃圾产生，全球每年电子电器设备废料产量高达（2000～5000）$\times 10^4$t，并以每年 3%～8%的速度增长，数量如此庞大的电子废弃物给全球的生态环境造成了巨大的威胁，成为困扰全球可持续发展的新环境问题。

一、电子废弃物概况

1. 电子废弃物的概念和组成

电子废弃物（Waste from Electrical and Electronic Equipment，WEEE）俗称电子垃圾，是各种接近其使用寿命终点的电子产品的通称，包括已经报废的电脑、电话机、手机和家用电器等电子产品。欧盟《废弃电子电器设备指令》（简称 WEEE 指令）中将电子电器产品定义为依靠电流或电磁场才能够正常工作的产品，其使用的交流或直流电压分别不超过1000V 或 1500V，电子废弃物就是废弃的定义内的电子电器产品，并包括所有的附件、零部件和消耗品。

我国借鉴了欧盟的定义，在2007年国家环境保护总局签发的《电子废物污染环境防治管理办法》中，将电子废弃物定义为废弃的电子电器产品电子电气设备及其废弃零部件、元器件和国家环境保护总局会同有关部门规定纳入电子废物管理的物品、物质，包括工业生产活动中产生的报废产品或者设备、报废的半成品和下脚料，产品或者设备维修、翻新、再制造过程产生的报废品，日常生活或者为日常生活提供服务的活动中废弃的产品或者设备，以及法律法规禁止生产或者进口的产品或者设备。

电子废弃物作为固体废弃物的一类，具有资源性和危害性的双重特性。从资源的角度看，电子废弃物是一个资源宝库，其中含有大量可回收的有色金属、黑色金属、塑料、玻璃以及一些仍有使用价值的零部件等，如废弃计算机显示器的塑料机壳、机箱的金属外壳、阴极射线管显示器中的玻璃以及印刷电路板中的各种金属都可通过相应的办法予以回收。表6-25列出了常见的四种家用电器中所含的主要材料。

表6-25　四种家用电器所含的主要成分　　单位：%

材料	电视机	电冰箱	空调	洗衣机
铁	10	50	55	53
铜	3	4	17	4
铝	2	3	7	3
塑料	23	40	11	36
玻璃	57	—	—	—
其他	5	3	10	4
总计	100	100	100	100

2. 电子废弃物的危害

电子废弃物普遍含有对人类环境和身体健康有危害的物质。报废的电视、电脑、手机、冰箱等电子垃圾，含有铅、镉、汞、铬、聚氯乙烯塑料、溴化阻燃剂等大量有毒有害物质。在一般情况下，这些物质在较长时期内是相对稳定的，一旦进入环境，就会严重污染土壤和水源，威胁生态系统安全，对人身健康带来直接和长期的危害。广东地区已经出现多起由于废旧家电在拆解过程中污染环境，进而引起人类疾病的案例，另外，由于采用落后的处理方式，如加热、露天焚烧、强酸洗手段提取电子垃圾中的贵重金属，由此产生的大量废气、废液、废渣，严重破坏了周边环境，危害了人体健康，造成十分恶劣的影响。如果处理不当，这些物质就会污染土壤、水源、动植物，并最终对人类的身体健康和生命安全造成严重危害。铅物质的扩散将导致人体神经、血液系统以及肾脏的破坏。汞主要存在于显示器中，汞中毒可以分为无机汞中毒和有机汞中毒，无机汞中毒主要是吸入汞蒸气引起的，若长期吸入汞蒸气，会引发口腔炎、蛋白尿、高血压以及消化不良，当吸入量达到0.1g时会引起急性中毒；有机汞中毒主要表现为侵害神经系统，先是四肢末端、唇、舌等开始有针刺般或火辣辣的异常感觉，随着出现广泛的知觉障碍，使听力低下，运动失调。铬广泛应用于电镀，对人体毒性强的主要是六价铬。六价铬能透过皮肤，进入人体细胞，直至损伤DNA。镉的主要来源是电池，镉中毒的主要表现是引发骨痛病，发病者会腰痛、背痛，且四肢骨以及肋骨容易发生病理性骨折。在电子电器塑料机壳或线路板制造中，为了提高材料的抗高温性以及使其达到安全标准，往往在材料中添加溴化阻燃剂。溴化阻燃剂燃烧时释放出二噁英和呋喃，被人体吸入将引起头晕、胸闷等不适，也已证明二噁英和呋喃具有致癌作用。表6-26列出电子废弃物所含的有毒有害物质及其潜在的危害。

表 6-26　电子废弃物所含的有毒有害物质及其危害

名称	主要来源/用途	毒性或危害描述
氯氟烃化合物	电冰箱、空调	破坏臭氧层，加剧温室效应
溴化阻燃剂	线路板、电缆、WEEE外壳	燃烧时产生多溴联苯并二噁英/呋喃等强烈的致癌物质。多溴联苯醚(PBDE)可导致内分泌紊乱；多溴联苯(PBB)可增加淋巴和消化系统癌症的发病率
铅	阴极射线管、焊锡、电容器、显示器、线路板	损伤中枢和末梢神经系统、血液系统、肾脏、内分泌系统，影响儿童大脑发育，对植物、动物和微生物均有急性和慢性毒副作用
汞	显示器、传感器、电容器、手机、电池	水中的无机汞可形成甲基汞，甲基汞易通过食物链进入人体，造成内脏慢性损伤。有机汞中毒主要表现为侵害神经系统，造成知觉障碍、听力低下、运动失调
镉	电池、计算机显示器、线路板、半导体	可通过呼吸和食物被人体吸收引起中毒，表现为腰痛、背痛，易发生病理性骨折
铬(Ⅵ)	线路板、金属镀层	易通过细胞膜并被人体吸收，非常低的浓度就可产生强烈过敏症状，还可以导致DNA损伤
含PVC的塑料	电线、WEEE外壳	燃烧时产生强烈致癌物质二噁英和呋喃，被人体吸入将引起头晕、胸闷等不适

与其他固体废弃物相比，电子废弃物造成的危害具有潜在性、长期性和难以恢复性的特点。电子废弃物中的有毒有害物质一旦进入到环境中去，既可对生态环境造成直接污染，也可在土壤环境或水环境中富集，最终通过食物链进入人体，给人类生存与健康带来不可估量的影响。

3. 印刷线路板及其特点

印刷线路板（Printed Circuit Board，PCB）是电子工业的基础，是用于电子元件连接为主的互连件，它通过自身提供的线路和焊接部件，装配上各种元件如电阻、电容、半导体集成芯片，从而成为具有一定功能的电子部件。装备上各种元件的印刷线路板也称为“印刷电路板”。印刷线路板是各类电子产品的重要组成部分，广泛应用于计算机及元器件、通信设备、测量和控制仪器仪表、家庭电子用具等领域。在世界范围内，印刷线路板的产值约占电子元件工业总产值的18%，年销售额约占19%。

印刷线路板的组成包括基板和装配在基板上的多种电子元器件。作为基板的覆铜层压板种类繁多，按机械性能可分为刚性和挠性；从结构来分有单面、双面和多层印制板；按不同绝缘材料可分为有机树脂类、金属基和陶瓷基；按增强材料可划分为玻纤布基、纸基和复合基等；按用途可分为通用型和特殊型。基板上还通过焊接和贴装形式装配了多种类型的电子元件，包括如二极管、集成块、电容器和电阻等。

印刷线路板中通常含有约30%的塑料、30%的惰性氧化物和40%的金属，其中的金属可简单分为两大类：①基本金属，如铜、铝、铁、镍、锡和铅等；②贵金属和稀有金属，如金、银、把、铂等。表6-27列出了典型的线路板的物质元素组成。

从材料组成来看，废印刷线路板中含有的金属、塑料、玻璃纤维等物质都是有用的资源，尤其是金属品位相当于普通矿物中金属品位的几十倍至几百倍，具有很高的回收利用价值。然而铅、铬、汞、福等重金属和卤素阻燃剂等有害物质也给废印刷电路板的回收处理带来了很大的困难，这些物质如果得不到妥善处置，不仅会引起新的环境污染，而且会造成资源的严重浪费。因此废弃印刷电路板的合理处置与资源化回收成为电子废弃物回收利用的关键技术之一。

表 6-27　典型的线路板的物质元素组成　　单位：%

物质	组成	含量	物质	组成	含量
金属	铜	20	难熔氧化物	硅	15
	锌	1		氧化铝	6
	铝	2		碱土金属氧化物	6
	铅	2		其他	3
	镍	2		氧化物合计	30
	铁	8	塑料	含氮聚合物	1
	锡	4		C—H—O 聚合物	25
	其他金属	1		卤素聚合物	4
	金属合计	40		塑料合计	30

二、电子废弃物资源化

随着各国对环境保护及二次资源回收利用的重视，电子废弃物资源化研究成为城市垃圾资源化领域的热点及难点之一。

1. 电子废弃物资源化策略

任何产品都有从获得原料进行生产，然后投入使用，直至不能满足用户需求而报废这样一个生命周期。对于废弃产品，可直接填埋或焚烧，也可通过资源化再循环而延长其生命周期，电子废弃物资源化是通过现代技术与加工工艺，在规范的市场运作下，最大限度地开发并且利用电子废弃物中所蕴含的经济附加值、材料和能源，使其成为具有较高品位、便于回收的资源的过程。其内涵可归结于"减量化、再利用、再循环"的循环经济理念，包括资源化过程在内的电子产品生命周期如图 6-19 所示。

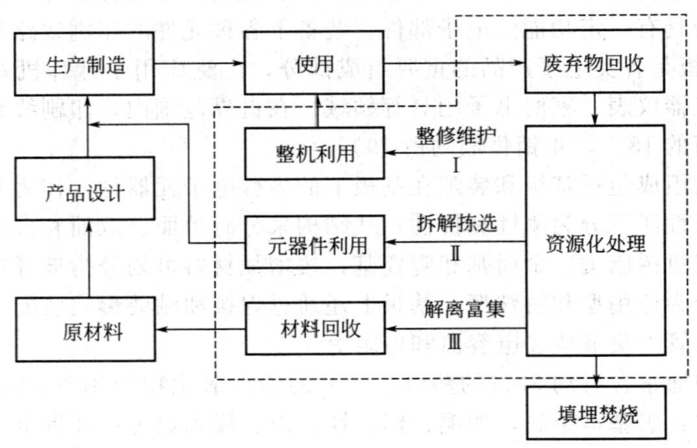

图 6-19　电子产品生命周期组成图

电了电器设备在结束其使用寿命后进入回收阶段，根据产品的设计属性、结构、功能和使用情况，可以将其回收过程分为三个层次：①修理或升级后的整机再利用；②拆解拣选后的元器件回收利用；③组成材料的回收利用。

其中通过修理或升级后的整机重新使用和元器件的回收利用，能最大化地回收蕴含在电子电器产品中的财富，具有明显的经济效益和环保效益，是电子废弃物资源化的最佳形式和首选途径。对不可一再利用的设备和元件进行材料回收，充分回收其中的有价物质，实现最大程度的资源化，也是从根本上解决环境和资源问题的最终途径。

发达国家由于电子废弃物回收资源充足，回收技术先进但劳动力成本高，所以他们处理电子废弃物的一般模式是：整体粉碎→多级分选→回收有价资源→回收热能→环保处理有毒有害物质→废弃物填埋。

欧洲国家废弃电子电器的处理水平领先全球。欧洲多数国家回收处理技术专业化程度很高，业务分工很细，处理方法主要可归纳为五个阶段：回收、产品分类、部件拆卸、部件分类、专业化处理。部件拆卸要采用手工进行简单拆解，对危险物质和含有危险物质的元件、部件要先拆除或抽吸，进行专业化处理。部件分类是将危险物质、拆解的材料和部件分类，一部分可以直接回送到原材料制造商进行回收处理，一部分由专业处理中心回收处理。专业化处理阶段的技术路线主要取决于不同产品和专业处理方法（热处理或机械处理）。

在美国，每年会产生至少 300 万吨的电子垃圾。纽约长岛的电子废物销毁公司有一台近 5m 高、18m 长的大型粉碎机，成堆的硬盘、打印机、传真机和手机以每小时六吨的速率通过传送带进入这台粉碎机里。为防止碎屑乱飞，粉碎机周围修建了厂房。粉碎机的钢刀片将电子产品的零部件分解成小于 10cm 的碎片并再返回到传送带上，传送带上的电磁铁会将其中含铁的材料剔除分离。切碎后的材料从电子废物销毁公司运到安大略湖的 MaSeR 回收公司，分解为玻璃、塑料、铜和铁等基础材料，然后出售。切碎过程结束后，电子废物销毁公司将废物装入 2000 磅的储存器，用船运到加拿大的精炼厂，粉碎的基础成分主要含颗粒状的铜、塑料、铁、银、金、铂等。

我国的基本情况是除了电器回收成本高昂、劳动力成本相对低廉之外，二手电器使用还存在着巨大需求，因此我国电子废弃物回收利用工艺路线应当具有经济适用、环保高效、低成本高附加值的特点。根据我国国情和废弃物处理处置减量化、资源化和无害化原则，确定的电子废弃物回收利用工艺路线如图 6-20 所示。

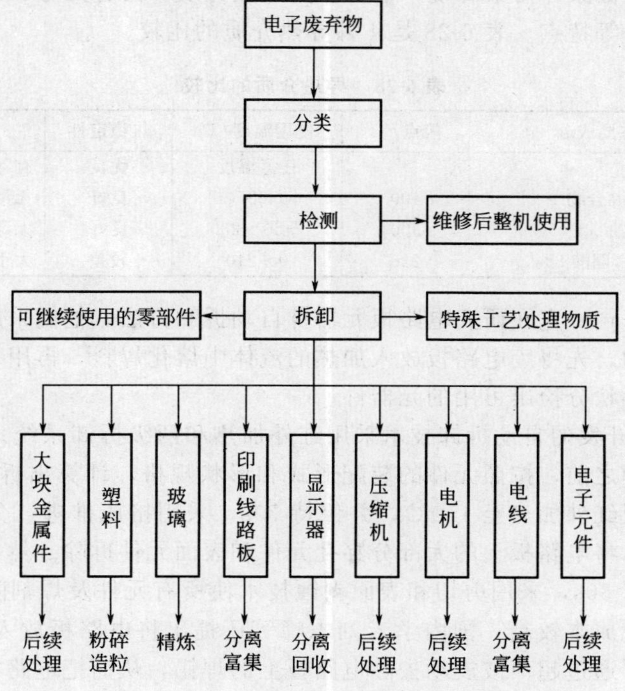

图 6-20 电子废弃物回收利用工艺路线

2. 废弃线路板上电子元件的拆卸技术

拆卸是将一些有回收价值的元器件和有害物质从废线路板上拆除下来的系统过程。根据电子元件的连接特征，采用机械力、切割、加热以及化学方法可以完成大部分拆卸过程。传统的废线路板拆卸操作一般由手工完成，生产效率低，工作环境差，随着废线路板数量增多，必须考虑拆卸的效率和经济性问题。废线路板的自动拆解一直是各国研究人员努力开发的目标。自动拆解包括选择性拆解和同时拆解两种形式。选择性拆解是以拆除基板上特殊元件（有用和有害元件）为目标的，这需要功能强大的实时识别系统及时地把特殊元件挑选出来。同时拆解是加热整块线路板熔化焊剂，从而使元件从板上同时剥落下来，然后再将元件分类处理，此法效率高，但可能会损坏元件，在后面还需要增加分拣过程。

废弃印刷电路板上含有的很多元器件具有寿命长、可靠性高等特点，通过拆卸、检测，可以重新利用，这样可提高电路板回收利用的价值。而且提前拆卸和收集有剧毒组分的元器件也有利于路板的回收。元器件的安装有三种方式：插入式安装、表面贴装、元器件直接安装。插入式安装将元器件插入到电路板的导孔中，然后另一面进行焊接；表面贴装是将表面贴装的元器件焊接在元器件的同一层面；元器件直接安装是将元器件直接粘在基板上，然后采用线焊法、载带法、倒装法、梁式引线法等封装技术连接到电路板上，其焊接面在元器件同一层面。

在拆卸时，焊料的去除是关键，然后可通过机械法实现电子元器件从电路板上的拆卸。印刷电路板中常用的焊料是焊锡，通常是锡或者锡铅合金（锡 63%，铅 37%）。一般情况下合金的熔点低于组成它的任何一种金属，锡的熔点是 231.89℃，铅的熔点是 327℃。标准锡焊的熔点是 183℃。故国内外就此特性提出了很多有关元器件拆卸工艺。

通常以导热油、硅油、石蜡油等流体作为导热介质。空气作为取材最容易的导热介质，价格低廉，但传热效率较低，可控性差，并且在加热过程中电子元件产生有毒气体随空气散发，影响工作人员的健康，污染环境；油类作为导热介质，具有无毒、无刺激性气味、对人体伤害小、环境友好等特点。表 6-28 是 4 种导热介质的比较。

表 6-28 导热介质的比较

导热介质	主要成分	闪点/℃	使用温度/℃	热稳定性	备注
空气	普通空气	—	任意温度	优良	有毒气体散发污染环境
导热油	直链烃类混合物	400	0～350	良好	无毒无味，可循环使用
硅油	苯甲基硅油	300	−50～250	良好	无毒无味，可长期循环使用
石蜡油	石蜡 92%，硼酸 8%	220	0～210	较差	大于 160℃时冒黑烟

德国的 FAPS 公司一直在研究电路板元器件自动拆卸方法，他们采用与电路板自动装备相反的原则进行拆卸，先将废电路板放入加热的流体中熔化焊料，再用一种 SCARA 机械装置，根据元器件的形状分捡出可用的元器件。

日本 NEC 公司开发的自动拆卸技术采用红外加热和两级拆卸系统。该系统不包括识别系统，但在拆卸处理之前，按照元件的装配形式和形状规格，计算出拆卸所需的力的大小。首先，将废弃电路板红外加热至 180℃，并保持 70s，采用挤压推进（分别利用垂直和水平方向的冲击力作用）将电路板上的大部分穿孔元件和表面元件拆除。然后，再次将电路板加热至相同温度并保持 30s，采用剪切和表面剥蚀技术使所有元件及焊剂除去。国外开发的自动或半自动拆卸系统成本较高，国内学者刘志峰等还提出将电路板放入 220℃的液体油中，目的为熔化焊锡，再通过超声波震动去除电路板上的焊锡，从而把电路板上的元器件拆卸下来。此种方法元器件和焊锡的脱落率达 90%，电子元器件的损坏率也只有 5%左右。

合肥工业大学采用液体作为加热介质，将带元器件的废线路板浸入高温液体中使焊点脱焊而达到拆解的目的。目前我国在废线路板的拆解方面处于起步阶段，加快这方面的研究非常必要。废线路板的加热方式有红外线加热、激光加热、流体加热。红外线加热的优点是效率高、温度可控，缺点是由于功率高，不利于均匀加热。激光加热方法成本高，能量聚集高，不适合同步拆除；流体加热方式具有热能利用率高、加热均匀、环境相对友好等特点，具有较大优越性。

3. 废弃线路板的干法处理工艺

干法处理工艺是根据线路板组成材料间物理性质的差异，采用物理方法分离回收的过程，主要包括破碎和物料分选两个阶段。

(1) 破碎　破碎是废弃线路板机械回收处理过程的一个重要环节。按功能不同破碎机械包括破碎机和粉磨机两类。按构造与工作原理的不同，常用的破碎机有颚式、锤式、圆锥、反击式和辊式破碎机等；常用的粉磨机有球磨机、自磨机、风扇磨、振动磨和气流磨等。通常情况下，通过物料硬度、强度、黏结性等性能，以及对处理物料粒度组成及最大粒度等要求，对破碎机械进行选择。线路板经过破碎，原本以一定方式连接在一起的异种材料发生解离，形成相对独立的单体，便于后续工艺进行分离和富集。

覆铜层压板是制造印刷线路板基板的主要材料，它是以增强材料作为基材，浸以树脂为主体的黏结剂，经过加热干燥，制成半固化状态的黏结片，一面或两面覆以铜箔，经热压而制成的一种板状复合材料，其结构如图 6-21 所示。

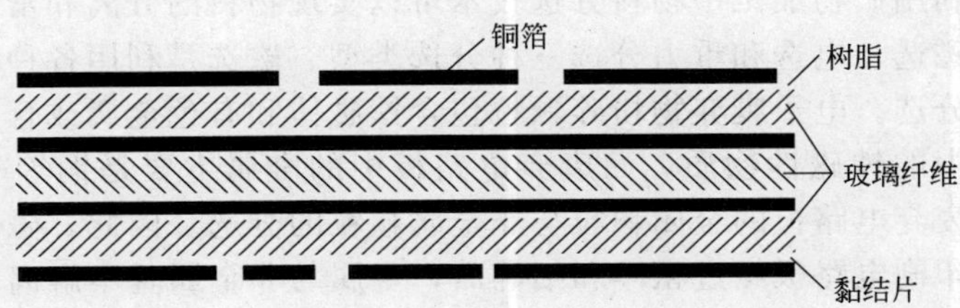

图 6-21　印刷线路板基板剖面结构示意图

线路板基板是由金属层（铜箔为主）与非金属层（树脂和玻璃纤维）构成的层状结构，其中金属层和非金属按层分布，叠加有序。线路板整体可以看作是金属与非金属构成的二元矿物。与天然矿物成分间紧密相连不同，印刷线路板中不同组分之间的黏结力和结合力远小于同种组分之间的内部作用力，因此在受到外力破碎作用时，线路板会沿不同组分之间的结合面发生破裂实现解离。

与矿物、塑料等相比，线路板有其独特的破碎特性，首先，废线路板经预处理后主要由强化树脂板和树脂板上附着的铜线等金属及电子器件组成，硬度较高，韧性较强，在剪切力和冲击力作用下更容易破碎。另外，大多数基板中有纤维结构，该结构在剪切作用下更容易被破碎。常规破碎机中颚式破碎机等主要依靠挤压力对物料进行破碎，很难达到令回收物料充分解离的效果。锤式破碎机以冲击和剪切力作为主要作用力，更适合线路板的破碎。通过对线路板易碎性的进一步分析，同时由于原物料的二维尺寸很大，不能直接用粉磨机进行粉碎；考虑到破碎后物料颗粒粒度的均匀性，单一破碎难以达到预期效果；破碎后物料粒度尺寸要求应在 0.3～3mm，单一剪切式破碎机难以达到要求。因此，本流程欲采用 2 级破碎，即 1 级粗粉破碎和 2 级细粉磨碎过程相结合，在粗粉过程选用施力方式以劈碎和磨碎为主的剪切式旋转破碎机；在细粉过程中，采用施力方式主要为冲击和磨削的冲击式旋转磨碎机。

冲击式破碎机的粉碎过程决定了物粒的最终粒径及粒度分布，因此，实验前需要确定粉

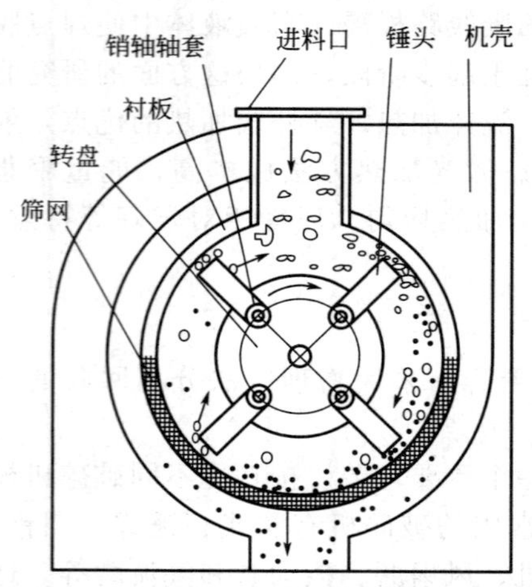

图 6-22　冲击式破碎机的结构及物料在其内部的破碎过程

磨过程的工艺参数，同时需清楚颗粒粉碎过程以更好地对其进行控制，并对破碎机进行改进。冲击式破碎机的结构示意图及物料在冲击式破碎机内的破碎过程如图 6-22 所示。

其主要工作部件为带有锤头的转子，转子由主轴、圆盘、销轴和锤头组成，物料自上部给料口入机内，受高速运动的锤头的冲击、剪切、研磨作用而粉碎，在转子下部设有筛板，粉碎物料中小于筛孔尺寸的粒级通过筛板排出，大于筛孔尺寸的粗粒级阻留在筛板上继续受到锤头的打击和研磨，最后通过筛板排出机外。此粉碎机对物料粉碎的方式主要有如下形式：①高速旋转的锤头对物料实施的冲击粉碎作用及磨削作用；②颗粒与衬板间的高速碰撞粉碎作用；③颗粒间的碰撞粉碎作用。

力学试验表明，废弃线路板作为一种由玻璃纤维强化树脂和其上附着的金属所构成的片状复合材料，表现出较高的硬度和韧性、良好的抗弯性，实际过程中选择带有高强度的剪切、冲击作用的破碎设备，通过多级破碎可以获得较好的破碎效果。

（2）物料分选　依据线路板破碎产物中颗粒间的密度、导电性、磁性、粒度、形状表面性质等性质差异，利用矿物加工中物料分选技术可以实现物料的分离和富集。

分选主要分为磁选、电选和重力分选三种分选类型。磁选是利用各种物质的磁性差异在不均匀磁场中进行分选。电子废弃物粉碎颗粒包含铁磁体和有色金属或合金，磁选只能分选出破碎废弃电路板中的铁磁性物质，而废弃电路板中的金属主要是铜等非铁磁性物质。因此，该方法不适合废弃电路板的金属颗粒与非金属颗粒的分选。因此，磁选常常和电选结合分选印刷电路板，印刷电路板经过粗碎和细碎后，金属与非金属基本解离，金属是以铜为主的富集体，可以通过磁选先分离出含铁磁性物料，非金属主要是玻璃纤维和树脂、热固性塑料，此时，铜、非金属两类物质的导电性差别显著，十分适合电选分选。

电选又分为涡流分选和静电分选。涡流分选是利用涡电流力分选金属和非金属。该法的原理：由于被处理的导体内部产生涡流电流，与空间磁场产生电磁感应，进而金属导体颗粒受到排斥力作用，而非金属内部不会产生涡流电流，不受到排斥力作用，这样就达到金属与非金属分选的效果，但要求被分选物料颗粒的形状规则、平整，而且粒度不能太小，如果金属导体粒度太小，导体内部产生涡流电流就不足以使金属受到足够大的排斥力作用，金属与非金属不能有效分选。因此，该技术分选废弃电路板的金属颗粒与非金属颗粒会有一定的限制。

一般来说，破碎废弃电路板的粒度 0.6mm 以下，才能实现金属颗粒与非金属颗粒的完全分选。静电分选是让不同性质的物料通过高压静电中的电晕电极带电，当所有颗粒与接地圆筒接触后，导体物料所带的电荷很快就消失，而非导体物料则能长时间地保留所带电荷。静电分选机也是常用的分离非铁金属和塑料的方法，进料颗粒均匀时分选效果较好，可以分选尺寸小于 0.1mm 的颗粒，甚至从粉尘中回收贵重金属，近年来引起了各国学者的关注。

重选即利用组分间密度的差异进行分离。重选常用的介质有空气、水、重液或重悬浮液，在介质中，颗粒在浮力和阻力作用下，不同密度和粒度的颗粒产生不同的运动轨迹，从而达到分离目的。浙江台州开发的摇床设备（液体浮选技术）主要用水作为介质，这种处理技术会产生大量的污泥和废水等，而水中含有铜、铅等金属，再次造成了环境污染，液体浮选技术的不足也限制了设备的进一步推广，这种以水作为介质已基本不能满足工艺要求。PCB中非金属组分的密度为1～1.8g/cm^3，金属组分的粒度为2.6（铝）～19.3g/cm^3（金），因此，悬浮液密度要足够大，既要满足能把非金属组分等轻材料浮起来，又要满足金属等重材料沉淀，从工艺的要求来说还要具备便宜、无毒、无腐蚀性。国外的文献指出仅有少数有机溶液满足要求，比如丙酮稀释的四溴乙烷（相对密度2.5），饱和氯化锌溶液。重选除对微细粒级分选效果较差外，还能有效处理各种不同粒度的原料，它的设备结构简单，不耗费贵重生产材料，作业成本低廉。但是重选的回收金属的品位较差，悬浮液分选后的金属和非金属材料均要经过干燥、清洗等过程。

目前，上述的几种物理分选技术在工业中都有应用，但是每种方法都有它自身的缺陷，为了提高回收效率和回收的金属品位，可以将几种分选方法整合在一条回收生产线上。但综合各方法进行比较可以发现，磁选只能分选出破碎废弃电路板中的铁磁性物质，因此铁磁选只能是一种预分选处理；涡流分选在大多数的回收生产线上也有应用，用以回收印刷电路板第一次被破碎后粒度较大的金属，由于尺寸的限制，涡流分选也只能作为一种前处理工艺，以减低后续作业的压力。重力分选往往作为最后一道工序。目前，世界各国相继开发了机械物理法回收电子废弃物的工艺流程。瑞典的Scandinavian RecyclingAB（SR）开发了一种旋转式破碎机，在中间转筒周围安装一套能够自由旋转的压碎环，依靠压碎环与设备内壁之间的剪切作用破碎物料，使用这种破碎机可以减小解离后金属的缠绕作用。而锤磨机破碎的缺点之一是解离的金属容易缠绕成球状。

德国Daimler Benz Ulm Research Center开发了四段式处理工艺：预破碎、液氮冷冻后粉碎、分类、静电分选，具体采用的工艺见图6-23。

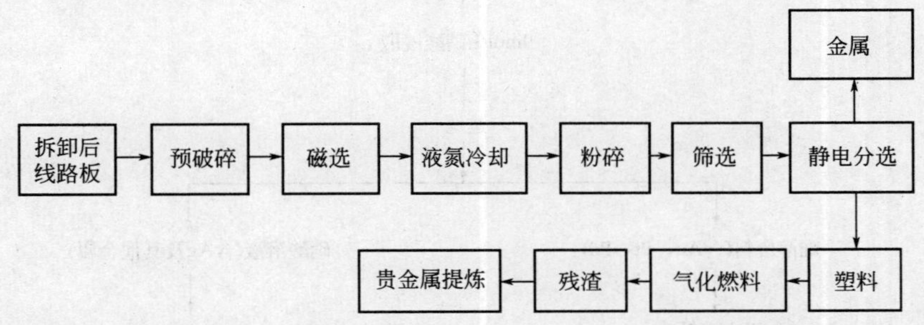

图6-23　德国Daimler Benz Ulm Research Center的废弃线路板回收处理工艺

这种方法具有的三个特点：①液氮冷却有利于破碎；②破碎时会产生大量的热，在整个粉碎过程中持续通入－196℃的液氮可以防止塑料燃烧（氧化），从而避免形成有害气体；③以前的工艺在分离小于1mm的细粒时一般就达到极限，该公司研制的电分选设备可以分离尺寸小于0.1mm的颗粒，甚至可以从粉尘中回收贵重金属。

日本NEC公司开发了图6-24所示的废弃线路板的干法处理工艺。

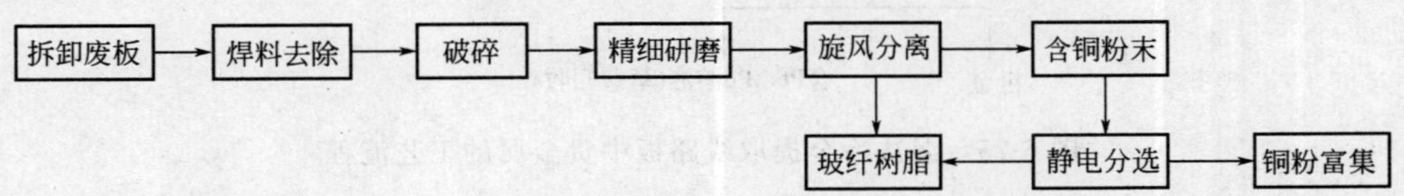

图6-24　日本NEC公司开发的废线路板干法处理工艺

4. 废弃电路板的湿法处理工艺

湿法处理工艺的基本原理是依据各种金属化学稳定性的差异，通过形成浸取液分步从废线路板中回收铜、锡、铅、金、银等金属。

湿法冶金中最常用到的是硝酸-王水浸出工艺，同时这种工艺从技术层面来说也是最成熟的。现就以此工艺为例子介绍湿法冶金的主要化学反应和工艺流程。从废弃印刷线路板中回收金发生的一系列主要化学反应有如下：

$$Ag+2HNO_3 = AgNO_3+NO_2\uparrow+H_2O$$
$$Au+4HCl+HNO_3 = HAuCl_4+NO\uparrow+2H_2O$$
$$3Pt+18HCl+4HNO_3 = 3H_2PtCl_6+8H_2O+4NO\uparrow$$
$$3Pd+18HCl+4HNO_3 = 3H_2PdCl_6+8H_2O+4NO\uparrow$$
$$2HAuCl_4+3Na_2SO_3+3H_2O = 2Au\downarrow+3Na_2SO_4+8HCl$$
$$H_2PtCl_6+Na_2SO_3+H_2O = H_2PtCl_4+Na_2SO_4+2HCl$$
$$H_2PdCl_6+Na_2SO_3+H_2O = H_2PdCl_4+Na_2SO_4+2HCl$$

湿法冶金工艺包括预处理、浸金和沉淀金三个步骤。预处理主要指废弃印刷线路板有机物的去除，将废弃印刷线路板用破碎机破碎至一定粒度，然后加热至400℃左右除去有机物。将经预处理的部件浸泡在9mol/L的硝酸溶液中并加热，贵金属银、贱金属和金属氧化物溶解在热硝酸溶液中，过滤，得到含银及其他有色金属的硝酸溶液，用电解或化学方法回收银。用王水继续浸泡线路板，金、钯和铂溶于王水溶液中，过滤，滤液经蒸发浓缩后亚硫酸钠或草酸、甲酸、硫酸亚铁等还原剂沉淀滤液中的金，然后用萃取或氨水沉淀溶液中的钯和铂。其工艺流程见图6-25。

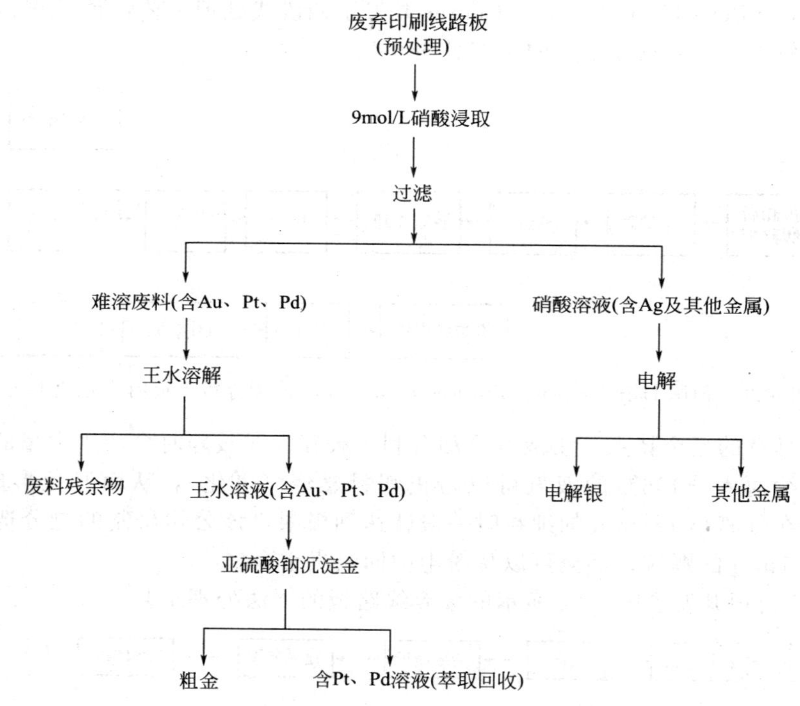

图6-25 湿法冶金提取线路板中贵金属的工艺流程

湿法冶金技术由于贵金属回收率高、经济效益显著等特点受到了很多研究者的青睐，但是湿法冶金技术的很多缺陷影响了该技术的大力推广，比如消耗化学试剂大、工艺复杂，引入了大量酸性废水等二次污染，难以处理；而且硝酸、王水等浸取液具有腐蚀性和毒性，对设备的防腐性要求高，而且稍有不慎就会严重污染环境。目前，国内外很多学者致力于湿法冶金技术中对环境毒性小的浸金剂的研究，以逐步改善湿法冶金的缺点。国内以东华大学为代表进行了一系列的研究。用氧化酸代替传统工艺的硝酸浸预处理印刷线路板，其中二氧化锰作为氧化剂在硫酸溶液中浸出铜、铝、铁、锡、铅等贱金属；用低毒性的硫脲、硫代硫酸钠和次氯酸分别代替传统工艺中的氰化物和王水浸金液，试验结果表明，铜和铝的浸出率达到85%以上，锌和铁浸出率达到90%以上。硫脲、硫代硫酸钠、次氯酸钠等浸金液中金的浸出率分别为92.3%、93.2%、93.47%。张潇尹在此基础上又提出了采用硫氰酸钠作为络合物与二氧化锰形成高速且高效的浸金体系，浸金率超过96%。国外的一些学者进行了提高回收铜、银等个别金属纯度的研究。另外，一些研究者还提出采用液膜萃取法回收线路板中贵的金属，金的萃取率可达96%。

5. 废线路板的热处理技术

(1) 焚烧　焚烧法是先将废印刷电路板粉碎至一定粒径，然后送入温度600～800℃的焚化炉中焚烧，线路板中有机成分在氧化气氛下分解被破坏，焚烧后的残渣为裸露的金属或其氧化物及玻璃纤维，经粉碎后可由物理和化学方法分别回收。

含有机成分的气体则进入二次焚化炉（温度1000～1200℃）燃烧后，再经急冷塔碱液、除尘过滤处理后排放。由于电路板阻燃剂中含有氯、溴等成分，焚烧过程中温度控制不当会产生二噁英等剧毒物质，因此对焚化炉及其空气污染防治设施的要求极为严格。

(2) 热解　将废线路板置于缺氧或无氧条件下热解，不仅可避免复杂的金属与聚合物材料分离，而且还能从热解产物中回收热能和化学原料，环境污染小，极具吸引力。废线路板热解的一般工艺流程如图6-26所示。

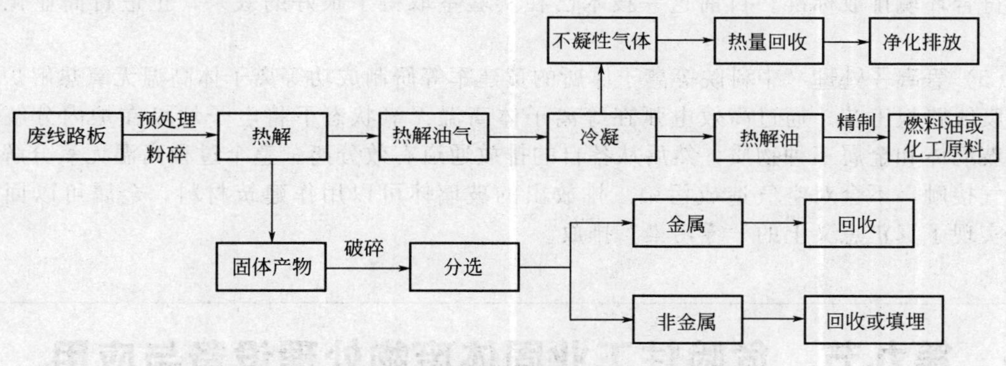

图6-26　废线路板热解的一般工艺路线

先拆除线路板上的元件，然后将板材粉碎至一定尺寸送入反应器中热解。环氧树脂等聚合物材料在惰性气体保护下加热到一定温度发生热分解，生成低分子量物质。冷凝由反应器出来的热解油气，得到不凝性气体和液态热解油。金属和玻璃纤维等成分基本不发生性质变化，留在反应器中作为固相残渣，采用简单的物理方法即可分离回收。目前废弃印刷线路板的热解技术在国外尚处于试验研究阶段，国内研究不多，离真正工业化应用还有一段距离。

(3) 火法冶金　印刷线路板的处理工艺可以追溯到20世纪70年代，出现了火法冶金技术，这种工艺主要应用于电子废弃物中贵金属的提取，并在20世纪80年代得到广泛应用。火法冶金的基本原理是利用冶金炉高温加热剥离非金属物质，贵金属熔融于其他金属熔炼物料或熔盐中，再加以分离。非金属物质主要是印刷线路板上的有机材料，一般呈浮渣物分离去除，而贵金属与其他金属呈合金态流出，再精炼或电解处理。火法冶金有焚烧熔出工艺、高温氧化熔炼工艺、浮渣技术、电弧炉烧结工艺等。下面介绍一种常用的火法冶金提取电子废弃物贵金属的方法，工艺流程见图6-27。

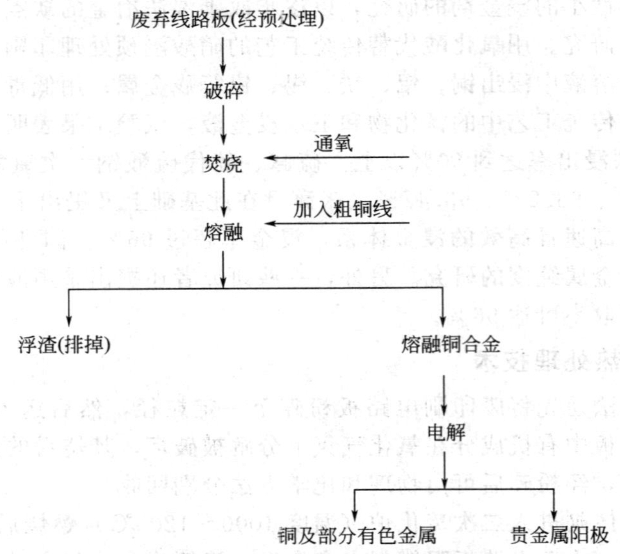

图 6-27　火法冶金提取贵金属的工艺流程

(4) 微波处理　有学者开发了简单清洁的微波回收处理废印刷线路板工艺。该工艺利用微波直接加热废弃线路板物料，废弃物体积减小 50%；其中的金属和贵金属可回收并销售，利用微波加热下的碳化硅床分解有机废气，最终的玻璃化产物可将有害成分固定化，能够很好地符合环境排放标准。目前这一技术已在实验室取得了很好的效果，正进行商业化放大研究。

(5) 等离子处理　中科院等离子体所的黄建军等研制成功等离子体高温无氧热解炉回收处理废线路板工艺。通过高效电弧在等离子体高温无氧状态下将电子垃圾在炉内分解成气体、玻璃体和金属三种物质，然后从各自的排放通道有效分离。整个过程高温无氧分解，不和氧气接触，不会对空气造成污染。排放出的玻璃体可以用作建筑材料，金属可以回收使用，实现了真正意义上的“零污染”排放。

第九节　危险性工业固体废物处理设备与应用

一、危险废物的定义

危险废物（hazardous waste）具有物理、化学或生物危害特性，对人类或其他生命体具有危害或潜在危害。危险废物可能直接造成生命体中毒，也可能导致意外燃烧和爆炸等事故，如果处置不当，危险废物中的有毒有害成分可能通过大气、土壤、水体等各种途径（如图 6-28）直接或间接地危害人类生命安全和健康。

危险废物可以是液态、固态或半固态，可以是废弃的商用产品，或者是制造工艺过程中的副产品。对于危险废物，至今还没有统一的定义，不同国家或组织都有各自的解释，但都强调对人类和环境的毒性或潜在毒性。作为国际社会为加强危险废物管理协作的基础性文件，在 1989 年签订的《控制危险废料越境转移及其处置巴塞尔公约》（《巴塞尔公约》）也没有对危险废物做出明确的定义，仅在其附件中列出了应加以控制的 45 种废物类别及须特别考虑的 2 种废物类别，《巴塞尔公约》还列出了危险特性的等级，包括易爆、易燃、腐蚀性、传染性、毒性等。

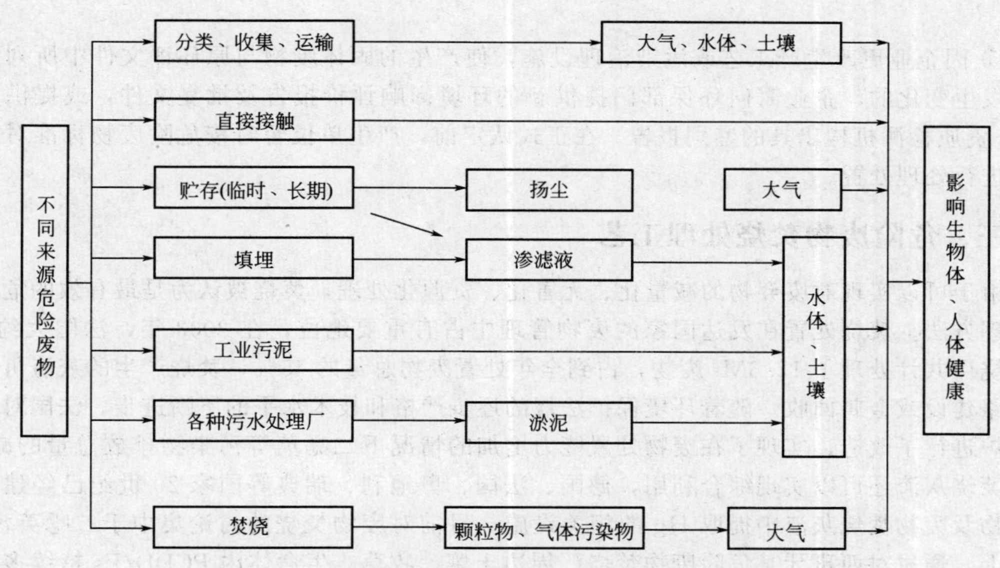

图 6-28 危险废物对环境影响途径

二、危险废物的鉴别

1. 危险废物鉴别标准

危险废物管理是我国固体废物环境管理的重点，我国 2007 年修订公布的《危险废物鉴别标准》对危险废物的定义“是指列入国家危险废物名录或者根据国家规定的危险废物鉴别标准和鉴别方法认定的具有腐蚀性、毒性、易燃性、反应性和感染性等一种或一种以上危险特性，以及不排除具有以上危险特性的固体废物”。《危险废物鉴别标准》规定了危险废物的鉴别程序和鉴别规则，并对危险废物的腐蚀性、急性毒性、浸出毒性、易燃性、反应性等危险特性技术指标做了详细的规定。

2. 国家危险废物名录

我国环境保护部和国家发展和改革委员会在 2008 年最新公布的《国家危险废物名录》在 1998 年版本的基础上进行了完善，将危险废物按照不同特性和行业来源划分为 49 类，包括医疗废物和工业行业所产生的危险废物，其中增列 HW49 类——具有危险废物特性的“非特定行业”来源危险废物。同时规定未列入《国家危险废物名录》和《医疗废物分类目录》的固体废物和液态废物，“由国务院环境保护行政主管部门组织专家，根据危险废物鉴别标准和鉴别方法认定具有危险特性的，属于危险废物，适时增补进本名录”。

3. 工业危险废物鉴别及程序

① 凡列入《国家危险废物名录》的属于危险废物，不需要进行危险特性鉴别。

② 依照《废弃危险化学品污染环境防治办法》，列入《危险化学品名录》的化学品废弃后属于危险废物，不需要鉴别。

③ 凡在建设项目环境影响评价批复及“三同时”验收中已明确确定的危险废物，不需要进行危险特性鉴别，统一按照批复和验收文件要求进行管理。

④ 对原建设项目环境影响评价中未明确，但环保部门在监管中发现企业存在疑似危险废物的，由环保部门委托有 CMA 资质的检测机构依照 GB 5085.1～6 鉴别标准进行危险特性鉴别，凡具有腐蚀性、毒性、易燃性、反应性等一种或一种以上危险特性的，即属于危险

废物。

⑤ 因企业更改生产工艺或污染治理设施，使产生的固体废物与原环评文件中所列危险特性发生变化的，企业需向环保部门提供新的环境影响评价报告及批复文件，或提供具有CMA资质检测机构出具的鉴别报告。在正式认定前，产生单位暂时按危险废物标准对该类废物进行处理处置。

三、危险废物焚烧处理工艺

由于可以实现对废弃物的减量化、无害化、资源化处理，焚烧被认为是最有效的危险废物处理方法。焚烧处置在发达国家的废物管理中占有重要地位，在2003年，法国大约130个焚烧厂共计处理了12.6Mt废物，占到全年处置废物总量的45%，焚烧产生的灰渣可以用于道路建设或金属回收。随着环境保护法规的逐步严格和技术水平的不断进步，法国对废物焚烧炉进行了改造，实现了在废物处置能力增加的情况下二噁英等污染物排放总量的减少。废物焚烧灰渣还可以实现综合利用，德国、法国、奥地利、瑞典等国家20世纪已经建成了从废物及废物焚烧灰渣中提取Hg的相关设施。目前对废物焚烧的讨论集中于二噁英污染，实际上，通过对西班牙某危险废物焚烧厂周边土壤、牧草、生命体内PCDD/Fs持续多年的研究表明，采用先进的焚烧方式处理危险废物，完全可以做到对周边环境污染的最小化，而且对焚烧场工作人员体内PCDD/Fs监测也表明，焚烧炉周围的工作环境是安全的，对其他国家危险废物焚烧炉的持续研究也证明了危险废物焚烧炉对周边环境的“近零污染”。对中国哈尔滨某固废焚烧炉的监测表明，在合理的燃烧条件下，完全可以满足二噁英较低的排放要求，危险废物焚烧装置的大型化将成为以后的重点方向，经过研究，已经发现可针对不同的危险废物，通过调整燃烧颗粒粒径及停留时间等手段实现有机废物的完全破坏，达到安全无害处置的目的。必要的预处理，例如通过机械等手段从垃圾中分拣出PVC等含Cl成分，不仅有利于保护焚烧设施，而且有助于减少污染物的生成。焚烧系统工艺流程如图6-29所示。

1. 破碎和上料系统

系统采用分系统进料方式，按固体废物、桶装废物、废液、辅助燃料分别进料设计。用贮仓上方的抓斗起重机将储仓内的危险废物抓起送入链板输送机料斗，通过链板输送机输送至回转窑料斗中，通过两级密封门，由推料机构送入窑内。桶装废物采用斗式提升机进料，送至回转窑料斗中，通过两级密封门推料进入窑内焚烧。低热值废液危险废物通过废液雾化泵直接喷入回转窑内焚烧；高热值废液（油）由雾化泵送入二燃室内销毁。少量不能与其他废液（油）混合液体废物，通过临时废液雾化泵直接喷入回转窑内。

2. 焚烧系统

包括回转窑、二燃室、沉降室和辅助设备。回转窑在负压状态下运行，窑内温度850～1000℃，固态和半固态物料沿着回转窑的倾斜角度和旋转方向向后缓慢移动，燃尽的残渣从窑尾排出，残渣掉进水封刮板出渣机，经水急速冷却后带出。烟气从窑尾进入二燃室，二燃室温度控制在1100℃以上，烟气在高温下停留时间不小于2s，使烟气中的微量有机物及二噁英得以充分分解，分解效率超过99.99%，确保进入焚烧系统的危险废物充分燃烧完全。在二燃室后设沉降室，以保证换热与净化设备的正常运行。尘粒突然降速，在重力作用下落入底部，从而达到除去大颗粒粉尘的目的。

焚烧炉的结构设计与废物的种类、性质和燃烧特性等因素有关，不同的焚烧方式有相应的焚烧炉与之相配合。目前国内外采用的废弃物焚烧炉主要有以下几种类型：炉排焚烧炉、炉床焚烧炉、流化床焚烧炉、多层炉以及回转窑焚烧炉。由于回转窑焚烧技术具有对物料适

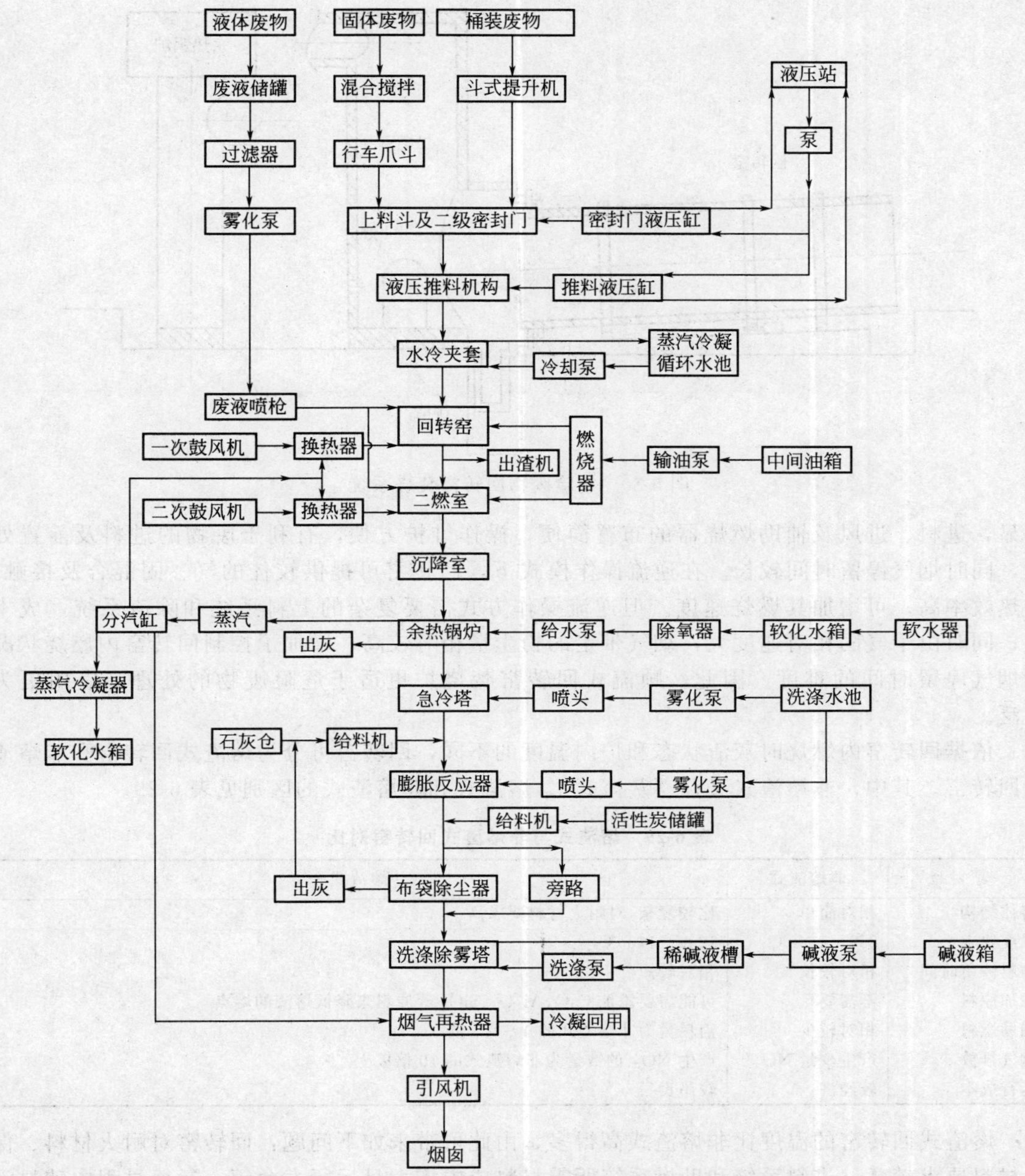

图 6-29 焚烧系统工艺流程

应性强，可以处理任何形态的固体、液体废弃物，焚烧处理时对入炉燃料的形状要求不高，不需要复杂的预处理过程等优点，在固体废弃物焚烧处理中得到了广泛的应用。在国家环境保护总局发布的《危险废物污染防治技术政策》中明确指出："危险废物的焚烧宜采用以旋转窑炉为基础的焚烧技术"。世界范围内，回转窑焚烧炉在处理工业固体废弃物领域内占有85％的市场份额，同时也是美国环保署推荐使用的焚烧设备，典型的回转窑式垃圾焚烧装置如图 6-30 所示。

（1）回转窑运转形式的确定　按气体、固体在回转窑内的流动方向不同，可分为顺流式和逆流式回转窑两种。在顺流操作方式下，危险废弃物在窑内预热、燃烧以及燃尽阶段较为

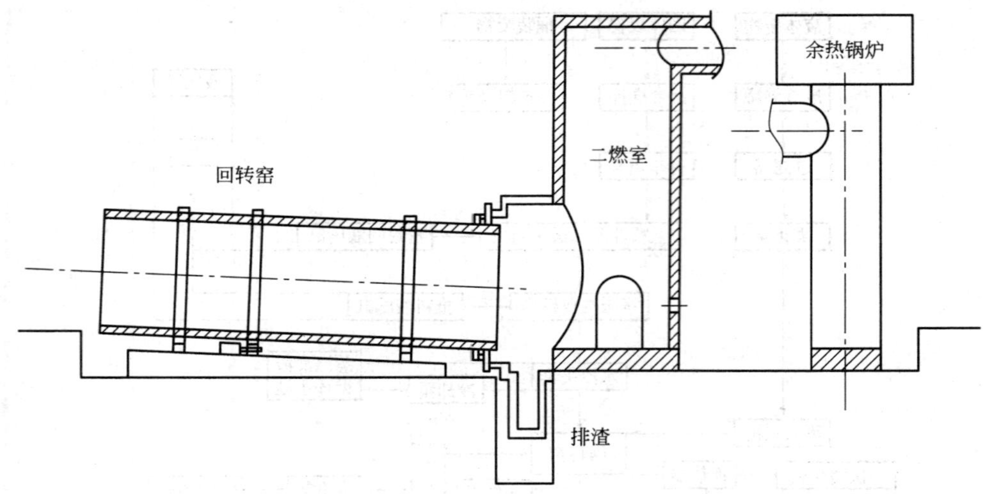

图 6-30 危险废物回转窑焚烧系统

明显，进料、进风及辅助燃烧器的布置简便，操作维护方便，有利于废物的进料及前置处理，同时烟气停留时间较长。在逆流操作模式下，回转窑可提供较佳的气、固混合及接触，传热效率高，可增加其燃烧速度。但逆流操作方式需要复杂的上料系统和除渣系统，成本高；同时由于气固相对速度大，烟气带走的粉尘量相对较高，增加了控制回转窑内燃烧状况和烟气停留时间的难度。因此，顺流式回转窑焚烧炉更适于危险废物的处理，应用更为广泛。

依据回转窑内燃烧时灰渣状态和炉内温度的不同，回转窑可分为熔渣式回转窑和非熔渣式回转窑。其中，非熔渣式又称“灰渣式”。熔渣式和非熔渣式的区别见表 6-29。

表 6-29 熔渣式与非熔渣式回转窑对比

项目	非熔渣式	熔渣式
窑体结构	相对简单	比较复杂，对耐火材料要求高
温度要求	850～1000℃	1200～1430℃
物料停留时间	相对较长	相对较短
添加原料	不需要	可能需要添加 CaO、Al_2O_5、SiO_2 等原料来降低熔渣的熔点
辅助燃料	相对较少	消耗量为非熔渣式的 1～1.5 倍
烟气排放	产生少量 NO_x	产生 NO_x 的数量为非熔渣式的 10 倍以上
运行成本	较经济	较昂贵

熔渣式回转窑的温度比非熔渣式高得多，由此可带来如下问题：回转窑对耐火材料、保温材料要求较高；进料系统和助燃系统所需材料成本增大且运行寿命短；运行过程中辅材消耗大，较昂贵；烟气中重金属和 NO_x 含量高，增加了后续烟气处理成本。虽然熔渣式回转窑熔渣热灼减率低，焚烧彻底，但是考虑运行成本、耐火材料的使用寿命等问题，并不占优势。所以，非熔渣式回转窑在处理危险废物领域较熔渣式更为经济实用，在工程中的应用越来越广泛。

(2) 回转窑处理危险废物的设计　一般来讲，用于危险废物处理的回转窑，其典型的长径比值为 3.4～4.2，而回转窑的尺寸须根据容积热负荷参数来确定。回转窑容积热负荷参数决定炉内燃烧状况的好坏，回转窑容积热负荷的范围为 $(4.2～104.5)\times10^4$ kJ/(m^3 · h)。目前，很多项目确定回转窑尺寸采用的方法是：首先，根据危险废物的成分计算出废物的热值，再根据废物的处理量确定出每小时废物在回转窑内燃烧所产生的热量，然后根据选定的容积热负荷确定出回转窑的容积，最后结合回转窑的长径比，确定回转窑的尺寸。回转窑的倾斜角度一般在 1°～3°，转速为 1～5r/min，回转窑的转动方向结合进料方式和助燃方式确定。

处理难焚烧的危险废物可采用大长径比与低转速的回转窑；而热值较高、容易燃烧的危险废物，燃烧需要的时间稍短一些，可采用较大倾斜角与较高转速的回转窑来处理。

危险废物进入焚烧炉后首先接受到辅助燃烧器火焰和高温窑壁的热辐射而完成加热、水分蒸发和可燃分析出的过程。随着温度的升高，固态物质开始分解燃烧。废物中气态成分和固态物质析出的可燃气体在高温状态也会快速分解燃烧。在回转窑中，废物中的无机可燃成分被燃尽，长链环状物质会被分解成短链物质进入二燃室进一步分解焚烧。

焚烧系统的运行应满足“3T＋1E”控制原则，“3T＋1E”是指温度（temperature）、时间（time）、扰动（turbulence）和空气过剩系数综合控制的原则。“3T＋1E”原则能确保危险废物的有害成分的充分分解，从源头上控制酸性气体、有害气体（二噁英类物质）的生成，全面控制烟气排放造成的二次污染。温度是保证在焚烧炉中危险废物得到彻底破坏的最重要的因素。回转窑（一燃室）设计温度为 1000℃，运行温度为 850～1000℃。二燃室设计温度为 1300℃，正常运行温度为 1100℃。二燃室采用和一燃室不同的温度设计，保证了危险废物在二燃室中可充分焚毁。温度达到设计值后，为了使危险废物充分焚毁，停留时间必须足够长。通常，固体物质在回转窑内的停留时间为 30～120min；烟气在回转窑内的流速控制在 3～4.5m/s，停留时间约 2s；烟气在二燃室的流速一般控制在 2～6m/s，保证停留时间大于 2s。

送入炉膛中的废物必须同氧气充分接触，才能在高温下全部快速高效地氧化，这就要求对废弃物进行适当的搅动。搅动越频繁，废物和空气混合越均匀，越有利于焚烧。在工程实际中，主要利用供风布置和辅助燃烧器的布置来增加扰动。在危险废物燃烧过程中，空气过剩系数反映了燃烧状况。空气过剩系数大，燃烧速度快，燃烧充分，但供风量较大，产生的烟气量大，使后续的烟气处理负荷增大，不够经济。反之，则燃烧不完全甚至产生黑烟，有害物质分解不彻底。根据多年的实践经验，通常取回转窑的空气过剩系数为 1.1～1.3，回转窑＋二燃室总过剩空气量系数为 1.7～2.0。

(3) 回转窑耐火材料选择　耐火材料是决定焚烧炉使用寿命的关键，其选用原则如下：①良好的耐磨性，以抵抗固体物料的磨损和热气流的冲刷；②良好的化学稳定性，以抵抗炉内化学物质的侵蚀；③良好的热稳定性，以抵抗炉温的变化对材料的破坏；④高致密性，通透气孔率小，减少酸性气体侵入钢制外壳发生酸性腐蚀的概率；⑤合适的耐火度选择，经济耐用。

目前，在国内外危险废物焚烧工程中，回转窑采用的耐火砖主要有莫来石刚玉砖、高铝砖等，可根据危险废物的成分进行选择。工程设计中，回转窑常采用 300mm 的耐高温、耐腐蚀、耐磨的复合高铝砖作为耐火隔热层。耐火层采用致密高铝耐火材料，隔热层采用轻质高铝耐火材料，两种材料压制成一体，再经过高温烧结，线性变化系数几乎相同，在高温下不会断开。由于引入了轻质隔热复合层，采用复合高铝砖可使回转窑筒体表面温度在 180℃左右，避开了氯化氢气体低温（＜150℃）和高温腐蚀区（＞360℃），保证了本体的长时间使用。

(4) 焚烧系统的监控　利用回转窑焚烧危险废物系统的正常运行，离不开安全监控。通常回转窑焚烧系统需要监控的参数主要有：回转窑焚烧温度、回转窑内压力、回转窑外表面温度和焚烧烟气中的氧含量等。另外，还应装设观察孔和高温摄像装置，以便观察和监视窑内废物焚烧状况。

温度监测通常通过热电偶温度计测量来实现，具体做法是：在烟气温度较稳定的回转窑的尾端设置多个热电偶监测点，利用各温度计的平均温度来反映回转窑的焚烧温度。如果温度过低，则增大辅助燃料的供应量或适当减少进料量；反之，则减少或暂停辅助燃料的供应，或者增大进料量。

回转窑外表面温度设计值一般为180℃，波动范围为150～360℃。温度过高或过低，会加大对回转窑外包钢板的腐蚀，减少其使用寿命。另外，回转窑外表面的温度，还可以反映回转窑内部燃烧状况。所以，在回转窑运行过程中需要对其外表面温度进行监测，监测一般通过红外监测仪进行。

回转窑内压力是焚烧系统正常运行的重要参数，焚烧系统要求负压运行。负压由烟气处理部分的引风机的抽力形成，以维持回转窑内压力为－100Pa左右为标准。负压过大，系统漏风增加，引风机电耗高；负压过小，燃烧工况波动时，窑内气体可能溢出窑外。为此，在回转窑尾部端板，安装有差压变送器，将回转窑内压力实时传入中控室监控系统，参与焚烧控制与报警。当回转窑压力过高时，控制系统发出报警；当高于高限设定值时，控制系统将自动停止进料，焚烧系统进入“待料”状态。

根据国家危险废物控制标准，烟气中的含氧浓度应为6%～10%，即相当于空气过量系数40%～91%。二燃室出口烟道装有氧含量检测仪，监测烟气中的含氧浓度，将二燃室出口烟气氧含量控制在6%～10%。二燃室出口处烟气的氧含量和温度参与进料连锁控制，只有当温度、氧含量高于设定的最低限值时才允许进料，这样可以保证危险废物燃烧充分，降低颗粒物带出量及延长耐火材料使用寿命。

(5) 回转窑处理危险废物工程中结焦问题　回转窑处理危险废物过程中的结焦情况主要有两种：低熔点盐类在炉内的结焦；窑尾出渣口部位的密封片处缝隙有冷空气渗入和除渣机中的水分蒸发导致局部温度下降而形成结焦。

低熔点盐类在炉内的结焦，此种结焦方式形成的原理是在焚烧处理废物的过程中，危险废物在高温下会进行分解，分解后的元素在高温下会重新组合，形成一部分低熔点盐类（主要是碱性成分和卤化物的结合）。这些低熔点盐类在高温下非常黏稠，它们会发生自身黏结并黏附其他物质而在回转窑内结焦。这类结焦不易清除，通常采用如下一些措施防止结焦：①进料时将含有钠、钾等成分的废物与卤素含量高的废物安排在不同的时间段进行焚烧；②对于含盐量较高的废物采取与其他废物搭配，例如掺入溶点高的物质如石灰等，再进行焚烧；③控制焚烧温度，合理供风；④选择可防止挂壁的耐火砖。如果窑内已经出现较严重的低熔点盐结焦时，可以适当降低回转窑燃烧温度，待低熔点盐顺利焚烧进入出渣系统后再将窑内温度调整到正常运行温度。

窑尾出渣口密封片处的缝隙有冷空气渗入和除渣机中的水分蒸发导致局部温度下降而形成结焦，此种结焦方式主要由灰渣遇冷凝固造成，清除方式如图6-31所示。

利用安装在回转窑后端板上的除焦燃烧喷嘴进行熔化使其脱落，为防止此类方式结焦，可采用高效的密封装置，防止冷空气侵入。

(6) 回转窑处理危险废物工程中的安全问题　利用回转窑处理危险废物系统存在的最大安全问题是：回转窑内压力在短时间内迅速增高，超过极限值，造成设备损坏，有害烟气等物质外泄，甚至发生爆炸。造成回转窑内压力迅速升高的主要原因有两个：回转窑内的危险废物发生爆燃；系统突然停电，导致后续烟气处理系统中引风机停止工作。

为确保回转窑焚烧系统的安全，除采用连锁控制安全系统外，在机械设计方面还有两套安全防护措施：①除渣机水封槽的一级泄压。除渣机水封槽正常运行时起到密封作用，使窑内烟气与外部大气隔绝。当窑内压力高于安全设定值时，烟气就突破水封自动泄放，保证焚

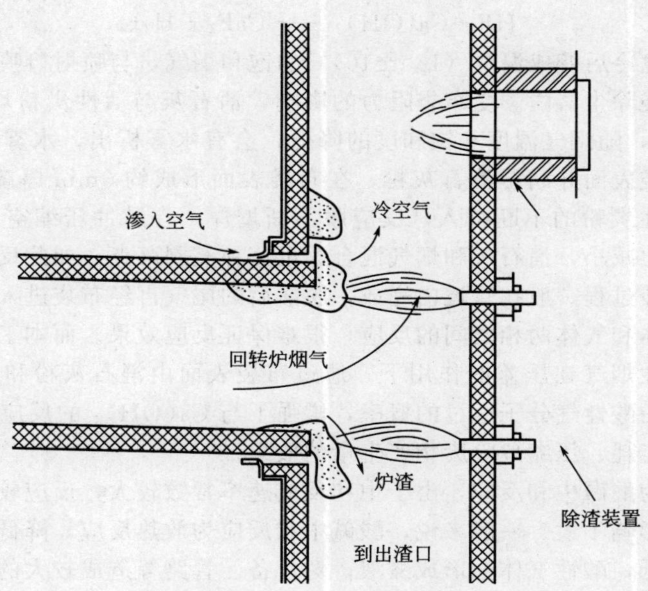

图 6-31 回转窑尾部结焦清除方式

烧系统的安全。②紧急排放烟囱的二级泄压。二燃室的顶端设计一段紧急排放烟囱。烟囱通向室外，系统正常运行时处于封闭状态，但当焚烧系统内的压力达到限定值时，内部高压烟气就可冲开烟囱上的门盖，排向大气，保护系统的安全。

3. 烟气脱酸净化系统

在大多数适宜焚烧处置的危险废物（如漆渣、化工釜残、废化学试剂等）中，都含有S、Cl、F等的成分。由于焚烧破坏了废物原有的分子结构，S、Cl、F等元素以酸性气体状态存在，通过湿法急冷塔后会产生H_2SO_4、H_2SO_3、HCl、HF等酸性物质，需要加入碱性物质对这些酸性物质予以脱除。

典型的回转窑焚烧炉干法脱酸工艺流程如图 6-32 所示，其中二燃室、急冷塔、除尘净化系统设有收尘（渣）系统。

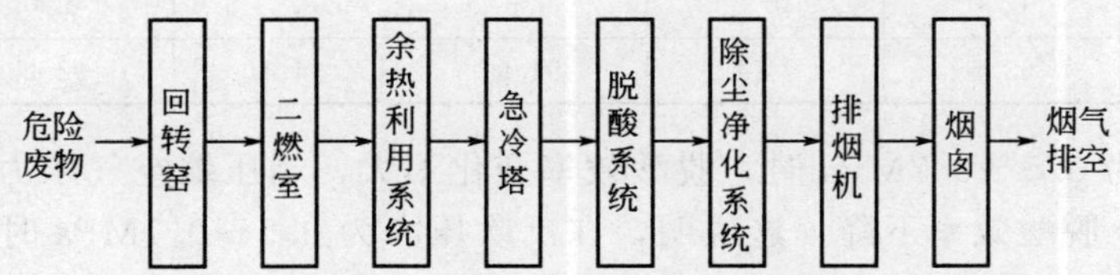

图 6-32 典型的回转窑焚烧炉干法脱酸工艺流程

炉外低温区是大量生成二噁英的区域，为减少“二噁英”再合成的机会，烟气在急冷降温段 200～550℃的滞留时间小于 1s。在上述工艺流程中，配伍后的物料中 S、Cl、F 等元素经焚烧和急冷后，温度降至 200℃左右，形成的饱和酸性气体全部进入烟气净化系统。设计急冷塔时，既要满足降温幅度，又要满足降温时间要求。

含有 S、Cl、F 等成分的酸性气体通过湿法急冷塔后会生成H_2SO_4、H_2SO_3、HCl、HF等强腐蚀性酸。脱酸系统采用消石灰粉作为脱酸剂，发生如下酸碱中和反应：

$$H_2SO_3+Ca(OH)_2 \longrightarrow CaSO_3+H_2O$$

$$H_2SO_4+Ca(OH)_2 \longrightarrow CaSO_4+H_2O$$

$$HCl+Ca(OH)_2 \longrightarrow CaCl_2+H_2O$$

$$HF + Ca(OH)_2 \longrightarrow CaF_2 + H_2O$$

焚烧尾气经过急冷后变成温度（180±10）℃的饱和烟气，与喷射口喷入的250目消石灰粉混合后，进入布袋除尘器内。受布袋阻力的影响，消石灰与活性炭粉均匀挂在布袋表面，形成“挂袋”；同时，随烟气温度和饱和度的降低，会有水雾析出，水雾在负压的作用下吸附在“挂袋”后布袋表面并润湿消石灰粉，在布袋表面形成约3mm厚疏松的中和反应膜。随着消石灰粉和活性炭粉的不断喷入，反应膜不断增厚，在脉冲压缩空气的作用下局部剥落，由于剥落处阻力减小，消石灰和烟气混合物迅速补充剥落点，如此反复。

传统的干法脱酸过程一般在管道内完成，脱酸后的尾气再经布袋进入排气系统排放。由于脱酸反应属于固体和气体两相之间的反应，很难保证反应效果。而本工艺以布袋除尘器腔体作为反应区，酸性烟气在压差的作用下，通过布袋表面由消石灰粉和活性炭组成的反应膜，降低了没反应的酸性气分子通过的概率，增强了与 $Ca(OH)_2$ 的反应效果，达到减少消石灰使用量、降低能耗、压缩危险废物产生量的效果。

温度脱酸反应为酸碱中和反应，由于中和反应速率常数较大，反应较迅速，因此，反应温度对于反应效果影响不大。一般来说，酸碱中和反应为放热反应，降低反应温度对于反应有利；但是温度过低，酸性气体会形成酸液，对设备、管路等造成较大的腐蚀。因此考虑结露和布袋使用寿命等因素，通常控制温度在170～190℃之间。

烟气流速直接影响到烟气与脱酸剂的接触时间，而反应时间直接影响酸性物质的脱除效果，烟气流速越小，反应时间越长，脱酸效果越好。为保证反应充分所需的小流速，同样处理负荷下，所需要的过滤面积就要增加。因此本法脱酸采用的滤袋面积是普通滤袋面积的6～8倍，根据生产经验，一般将烟气流速控制在7mm/s以下，使烟气缓慢通过布袋，以确保足够的反应时间，使中和反应充分进行，同时消石灰利用率达到最高。

合理控制调整反吹风压力可以减少消石灰使用量、减少危险废物产生量、降低成本、满足排放标准。为考察反吹压力对脱酸效果的影响，仍以处理能力为15t/d的焚烧炉数据为例，在物料配伍后成分稳定（烟气量基本稳定），消石灰喷入量为20kg/h，逐渐减小压缩空气压力，测得 SO_2 脱除率变化数据见表6-30。

表6-30　不同反吹压力下 SO_2 的脱除率

反吹压力/MPa	0.8	0.7	0.6	0.5	0.4	0.3
SO_2 脱除率	93.5	95.1	94.9	94.4	92.2	91.8

当反吹压力为0.5～0.7MPa时，脱酸效率变化不大，当压缩空气压力超过0.7MPa或低于0.5MPa时，脱酸效率下降。这说明，在反吹压力为0.5～0.7MPa时，可以使中和反应膜保持适宜的厚度和较好的完整性，酸性气体反应率增加；在反吹压力大于0.7MPa时，反吹空气影响了反应膜的稳定，脱酸效率下降；反吹压力低于0.5MPa时，反吹效果不好，过滤布袋局部发生粘袋现象，影响脱酸效果。因此，最佳的反吹压力为0.5～0.7MPa。

4. 国外危险废物焚烧炉运行及污染物排放

随着焚烧技术的进步，危险废物焚烧处置过程中的污染物排放量不断降低，德国巴伐利亚州的统计显示，由于烟气净化技术水平较低，1989—1990年之间危险废物焚烧炉的PCDD/Fs最低排放量为0.8TEQng/m^3，较高的排放浓度可以达到2.0～6.9ngTEQ/m^3，技术水平更为落后的焚烧设施排放浓度甚至达到15ngTEQ/m^3。到1995年德国Biebesheim地区新投产的危险废物焚烧炉CDD/Fs的排放就可以被控制在0.22～0.47ngTEQ/m^3。1996年年底，德国要求新建的危险废物焚烧炉在烟气净化系统投运的条件下，PCDD/Fs的排放浓度要能够低于 0.01ngTEQ/m^3。1999 年在 Catalonia 地区投产的年处理能力为 30000t/a 的危险废物焚烧炉是西班牙首座危险废物工业应用焚烧炉，焚烧炉采用旋转炉工艺，运行温度为 1100℃，烟气处理系统包括电除尘、催化还原以及洗涤塔，其烟气的 PCDD/Fs 排放浓度只有 0.025ngTEQ/m^3。

韩国对 50 个小型垃圾焚烧炉的 PCDFs 和 PCBs 排放进行监测发现，PCDFs 的排放浓度为 0.05～609.27ngTEQ/m^3，PCBs 为 0.02～188.46ngTEQ/m^3，而且大型焚烧炉的污染物排放明显较低。法国的统计显示，近年来法国焚烧炉的数量逐年减少，焚烧炉大型化趋势明显，越来越多的危险废物焚烧炉采用回转窑焚烧方式，荷兰 Rozenburg 地区 2003 年建设的回转窑危险废物焚烧炉，配备二燃室焚烧系统和余热锅炉，回转窑设计焚烧温度 1300℃。美国 Aiken 地区的危险废物焚烧炉也采用回转窑及二燃室系统，根据危险废物热值的不同，焚烧系统热量输入控制在 27.9MBtu/h 左右。1997 年调试期间的数据表明该焚烧炉对氯苯的焚烧破坏率可以达到 99.99985%，PCDD/Fs 的排放浓度最低 1.71ng/dscm（7% O_2）（dscm 表示每立方干燥标准空气）。土耳其 Kocaeli 地区的危险废物、医疗废物焚烧厂 1997 年开始投入运行，处理能力为 35000t/a，炉型结构为回转窑焚烧炉，采用电除尘和文丘里除尘系统，其烟气中 PCDD/F 排放浓度只有 0.02～0.08ngTEQ/m^3。随着技术的进步，垃圾焚烧过程中产生的二噁英排放不断降低，冰岛从 1990—2008 年二噁英的排放减少了 66%，主要来自于垃圾焚烧过程中的排放量降低。

5. 危险废物焚烧飞灰及底渣特性

虽然危险废物的平均灰分含量较低，但是由于需要焚烧处置的危险废物总量庞大，每年将产生大量焚烧底渣和飞灰，由于重金属和有机污染物含量较高，危险废物焚烧所产生的灰渣被认定为危险废物，虽然对垃圾焚烧灰渣进行综合利用是以后的方向，但目前我国大部分灰渣还都需要进行安全填埋处置。由于危险废物焚烧底渣中的重金属含量较高，填埋前的预处理成本以及灰渣填埋场防渗漏成本较高，众多学者对危险废物焚烧灰渣的固化和稳定化进行了研究，目前比较简单的方法是通过向危险废物焚烧底渣中掺入 CaO，达到降低重金属淋出的目的，从而降低填埋成本。对灰渣的固化处理需要根据灰渣的具体性质进行操作，因为危险废物焚烧过程中入炉物料性质差别较大，不同的给料过程导致底渣特性差别较大。Juric 的研究发现城市固废的焚烧底渣中含有大量的 SiO_2 和 CaO，完全可以用作水泥原料，并在水泥加工过程中实现重金属的稳定化处理。如果对 MSW 焚烧灰渣进行玻璃化处理，可以进一步降低其重金属淋出率，提高灰渣密度，降低填埋成本。

四、等离子体技术在危险废物处理中的运用

随着环境污染的日益严重，大量传统的废物处理技术已不能适应污染治理的需要，对于复杂的有害混合废料如放射性物质、重金属残渣、污染土壤等，传统的焚烧工艺难以满足环境要求，应用等离子体技术处理环境污染物，尤其是有毒复杂污染物，是近年开发出来的最具有发展前途和引人瞩目的一项环境污染治理的高新技术。20 世纪 90 年代，美国、德国、瑞士等发达国家将等离子体技术应用到废物处理中，取得了不俗的业绩，至今不同商用的等离子体设备系列在很多国家投入使用。

等离子焚烧技术可以容易地获得焚烧高温，绝大部分有毒有害废物在其焚烧温度下马上彻底分解，不会产生二噁英，不会带来二次污染。正是基于这些优点，等离子焚烧技术在危险废物处理方面越来越受到重视，具体应用技术和焚烧装备得到大量研究和开发。

1. 等离子技术和原理

(1) 等离子态的基本概念　等离子态是物质存在的一种状态，与固态、液态和气态并

列，俗称“第四态”，是由大量相互作用但仍处在非束缚状态下的带电离子组成的宏观体系。和物质的另外三态相比，等离子体可以存在的参数范围异常宽广（其密度、温度以及磁场强度都可以跨越十几个数量级），等离子体的形态和性质受外加电磁场的强烈影响，并存在极其丰富的集体运动，因而能量极为集中，并具有极高的电热效率（85%以上），产生的高温可以还原一切难以还原和难溶的物质，瞬间即可完成，因而目前得到广泛的重视和应用。专家们预测，21世纪将是等离子体广泛应用的时代，它将在能源、材料、信息、环境、通信、生物工程等领域发挥不可替代的重要作用。

(2) 等离子体产生的方法和原理　产生等离子体的方法和途径很多，涉及许多微观过程、物理效应和实验方法，如气体放电法、光电离和激光辐射电离法、射线辐照法、燃烧法、冲击波法等。

由于等离子体中含有离子、电子、激发态原子、分子、自由基等极活泼的化学反应物种，使它的化学反应性质与固、液、气三态有本质的区别，特别突出的一点是等离子体化学反应的能量水平高。

等离子体化学反应过的能量传递过程大致如下：

电场＋电子⟶高能电子

$$\text{高能电子＋分子（或原子）} \longrightarrow \left\{\begin{array}{l}\text{受激基团}\\ \text{受激原子}\\ \text{游离基团}\end{array}\right\} \text{活性基团}$$

活性基团＋分子（或原子）⟶生成物＋热

活性基团＋活性基团⟶生成物＋热

以上过程表示，电子先从电场获得能量，通过碰撞（激发或电离）将能量转移到分子或原子中去，那些获得能量的分子或原子被激发，同时有部分分子被电离，从而成为活性基团，然后这些活性基团与分子或原子或者活性基团之间相互碰撞后形成稳定产物和热。高能电子同样也被卤素和氧气等电子亲和力较强的这类物质俘获，成为负离子，这类负离子具有很好的化学活性，在等离子体化学反应中起到重要的作用。

2. 等离子技术的特点

等离子体技术中的高温、常压这一创新方式，使离子体焚烧炉比一般的焚烧炉具有以下特点与优点。

① 由热等离子体技术制成的焚烧炉可以避免二噁英的产生。一般的焚烧会产生强致癌物二噁英，这主要是因为燃烧的温度不高和不完全燃烧引起的，普通焚烧炉温度在800℃左右，而且在开始点火、中途进料、熄火时炉温难免低于700℃，而等离子炉火焰温度高达18000～20000℃，炉内燃烧部分的平均温度在2000℃，由于炉温高、燃烧快，停留时间短，效率高，被处理的物料能够在瞬间达到高温；环保标准高，不产生二噁英等剧毒物质，避免对人体和环境造成二次污染。

② 热等离子状态使超高温化学反应成为可能。通常在一般状态下使物质进行数千摄氏度的高温反应是极其困难的，仅反应器材质都成问题，等离子体则不同，这是因为等离子体与任何容器并非直接接触，两者之间会形成一个电中性的薄层，即等离子体鞘，使高温不会直接传导给器壁，此外，还可以用电磁场来控制等离子体，同时可运用冷却手段等，这样上万摄氏度的高温反应在技术上就容易实现了。

③ 整套设备小型化，且结构比较简单，装置操作方便，启动停机快，可全部实现自动控制，因而运行安全、可靠。

3. 等离子法处理危险废物的原理及设备

(1) 等离子体处理危险废物的基本原理　等离子体的能量密度很高，离子温度和电子温度相近，整个体系的表观温度高达上万度，而且各种离子的反应活性被大大激发，在如此之高的反应温度和反应活性粒子的作用下，各种超高温化学反应得以进行，污染物被彻底分解；若有氧气存在，可发生氧化（燃烧）反应，使污染物转变为 CO_2、H_2O 等简单化合物，从而达到去除污染物的目的，尤其是对难处理和有特殊要求的污染物，其先进性和优越性更加明显。

热等离子体处理废物分 3 种类型。①等离子体氧化-焚化：指非易燃的固体废物在等离子炉中熔融并被氧化解毒。②等离子高温分解：指易燃的固体废物在还原性气体中熔化、气化并被分解为小分子气体。③脉冲冲击波：利用脉冲产生的压力冲击波分解固体废物，并将其分离成可回收利用的金属、塑料、无机物等。

等离子体的氧化焚烧法产生的副产物大多是可以回收利用的建筑材料和氧化金属，等离子体高温分解一般产生合成气体，如 CO、CO_2、H_2、C_xH_y、NO_x 等的混合气体。由于产生 NO_x，因此需要对其尾气进行脱氮处理。

(2) 高温等离子反应器　在瑞士和德国等发达国家使用高温等离子反应器来处理危险废物和受化学武器污染的土壤，反应器原理如图 6-33 所示。等离子反应器通过使用电流或电磁场，等离子焰顶部电弧温度可以达到 10000～20000℃，这样的电弧具有了很高的能量密度，可将原料加热到 1600～1800℃，这一温度已经超过了直火旋转炉所能达到的温度。如此高的温度可以使一般固废物熔融而变得完全无毒，从而无需倾倒于专用的危险物处置场所。该等离子反应器主体部分为离心机，离心机内有装等离子炬的柱形室，要处理的废料装入离心机内边运转边加热。经过几个小时运转，电弧的高温已经将废料热解，此时离心机停止转动，融化的材料通过中心排料管放入矿渣车内。

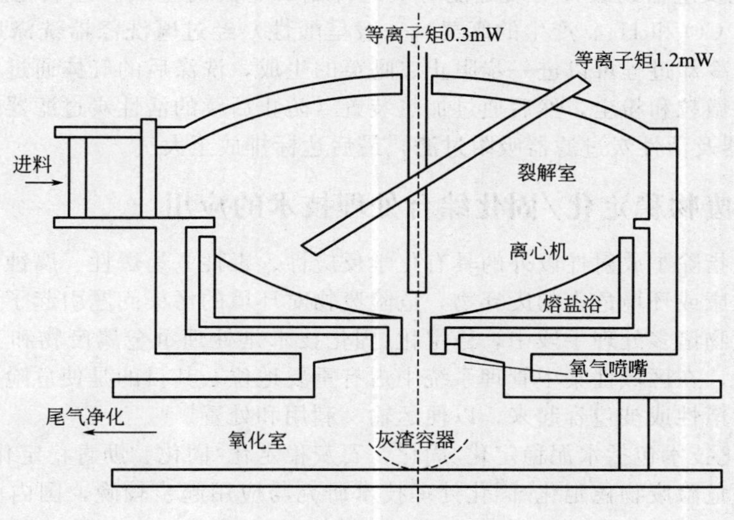

图 6-33　高温等离子反应器

使在热分解过程中产生的废气通过中心口输送到氧化室，向氧化室中喷射氧气以燃烧残留的有机气体，随后废气流入废气净化系统以除去有害气体。

(3) 等离子氧化反应器　日本某公司使用等离子氧化反应器如图 6-34 所示，来处理旧日军化学武器爆炸后产生的废气，工艺流程见图 6-35。

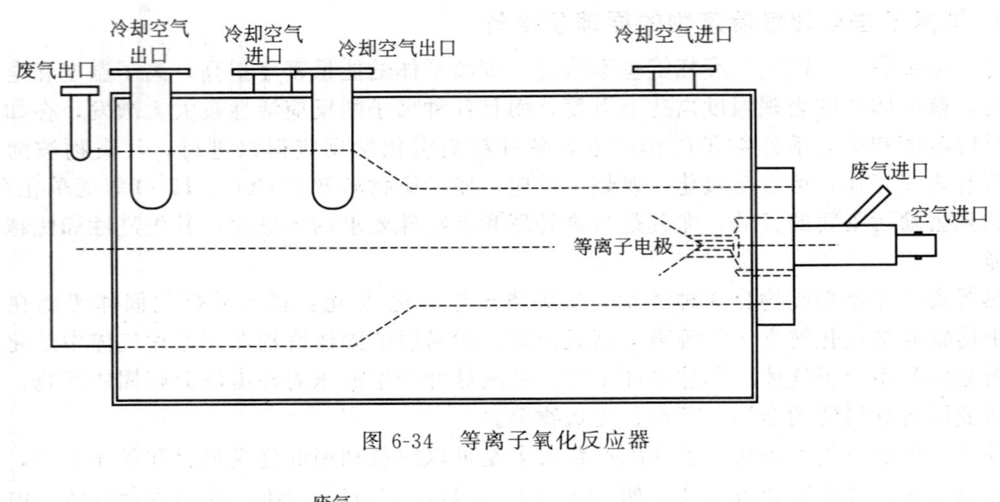

图 6-34 等离子氧化反应器

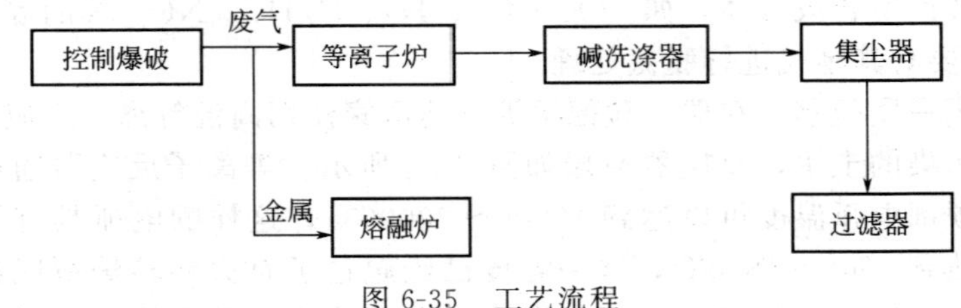

图 6-35 工艺流程

先用乳胶炸药包裹好废旧化学武器，插上雷管，一切就绪后送入控制爆破舱中进行爆破，爆破产生的金属碎片送到热熔融炉中再进行无害化处理，废气则通过等离子炉进行氧化处理；工作状态下等离子氧化反应器电极的中心温度为1200℃，炉温达到900℃，气体在炉内停留2s，氧化反应器的最大功效是能有效地抑制二噁英的生成。经氧化反应器处理后的气体产物主要为CO和H_2。产生的废气（一般呈酸性）经过碱洗涤器洗涤后得到中和，同时也得到冷却，冷却过程可以进一步阻止二噁英的生成，洗涤后的气体通过集尘器脱去含重金属（如砷）的微粒和粉尘，然后通过加热装置（防止后续的活性炭过滤器装置失活）后进入HEPA过滤器及活性炭过滤器吸附过滤，最后达标排放至大气。

五、危险废物稳定化/固化综合处理技术的应用

危险废物是指除了放射性以外的具有化学反应性、毒性、易爆性、腐蚀性等能引起或可能引起对人类健康或环境危害的废弃物，危险废物对环境的污染问题引起了世界各国的普遍关注。在危险废物诸多处理手段中，稳定化/固化技术是处理重金属废物和其他非金属危险废物的重要手段，在区域性集中管理系统中占有重要地位，其目的是使危险废物中的所有污染组分呈现化学惰性或被包容起来，以便运输、利用和处置。

稳定化/固化技术包括水泥稳定化/固化、石灰稳定化/固化、沥青稳定化/固化、药剂稳定化等。我国对危险废物稳定化/固化处理技术研究与应用起步较晚，国内已有的研究大多是借鉴国外的研究成果，而且多数研究成果在实验室中获得，且只是针对单一危险废物种类，不能完全适用于工程中危险废物成分的复杂性和多样性。我国危险废物种类繁多且成分复杂，某种危险废物中可能含有几十种污染成分，同时我国各地经济发展水平不均匀，各地危险废物污染情况又很严重，如果采取单一的固化技术难以从整体上解决我国危险废物的污染问题。从国外的研究成果与实际应用来看，水泥基固化与稳定剂将是我国处置有害固体废物的重要选择。因此，综合水泥固化廉价性和药剂稳定化、低增容比的优势，采用水泥固化

为主、药剂稳定化为辅的综合处理技术，既能解决重金属的污染，保证固化块的强度，又因药剂的合理化使用可降低增容比，提高安全填埋场的服务年限。

1. 综合处理工艺流程

系统主体设备包括抓斗起重机、可直接固化废物称量系统、上料皮带机、双轴搅拌机、气路系统、水泥贮存筒仓、飞灰贮存筒仓、螺旋输送机、水泥及飞灰称量系统、稳定剂溶液制备系统、稳定剂溶液称量系统、模具换位机、环锤破碎机、除尘系统及内燃叉车等。

系统将可直接固化的危险废物和回转窑焚烧炉的飞灰，首先经厂内化验室分析试验，每批废物试验块的基本配比为水泥、水、硫化钠（稳定剂）、硫代硫酸钠（稳定剂）分别为废物量的 15%、15%、0.2%、0.2%。配比需根据试验块的稳定化/固化试验和浸出试验的结果进行调整，确定后以指导下步的稳定化/固化处理工作。浸出试验结果要求能满足《危险废物填埋污染控制标准》中的填埋物入场要求。可直接固化废物直接卸入废物暂存坑内，利用抓斗起重机将坑内废物送入可直接固化废物称量系统的料仓内，废物经称量后送入上料皮带机上，再送入双轴搅拌机内，焚烧炉的飞灰经仓泵被打入飞灰贮存筒仓，水泥（固化剂）由散装水泥罐车直接打入水泥贮存筒仓。两贮存筒仓底部均设有螺旋输送机，将水泥、飞灰分别送入水泥及飞灰称量料斗内，按规定比例配比的水泥、飞灰进行称量后，再进入双轴搅拌机。稳定剂溶液由清水和稳定剂预先在稳定剂溶液制备系统内配制而成，由稳定剂溶液称量系统完成该溶液的输送、计量，再送入到双轴搅拌机内，经双轴搅拌机将废物和各类配料搅拌均匀后，下料至模具换位机上的固化块模具内，然后用叉车将固化块模具运至养护场内进行养护。固化块养护好经检测合格后运往填埋场处置。

当可直接固化废物的粒度较大需要破碎时，由抓斗起重机将废物送入环锤破碎机内破碎，破碎后的废物落入可直接固化废物暂存坑内。工艺流程中有几个环节容易产生灰尘，因此设置一套引风除尘系统，以改善厂房内的环境。除尘系统收集的粉尘可通过飞灰进筒仓输送系统进入飞灰贮存筒仓。工艺流程见图 6-36。

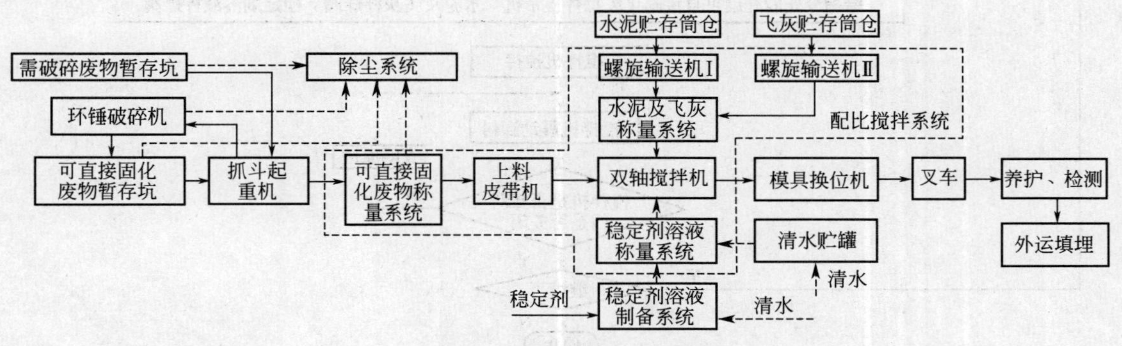

图 6-36　综合处理工艺流程框图

2. 综合处理工艺流程的系统控制

其固化块的配比搅拌系统是实现废物稳定和固化的关键，故采用控制室集中控制。配比搅拌系统，按照微机控制流程的时序要求，对其计量-投料-搅拌-出料生产过程实施自动控制，其他设备为现场控制，配比搅拌系统控制原理见图 6-37。

配比搅拌系统控制流程图见图 6-38。

① 配比搅拌系统有 3 个秤：可直接固化废物秤、水泥及飞灰秤、稳定剂溶液秤。

② 首先开启空压机、上料皮带机和双轴搅拌机，做好自动运行的准备工作。

③ 把操作台上的运行方式选在自动位置，按微机上的启动按钮，则整个配比搅拌系统

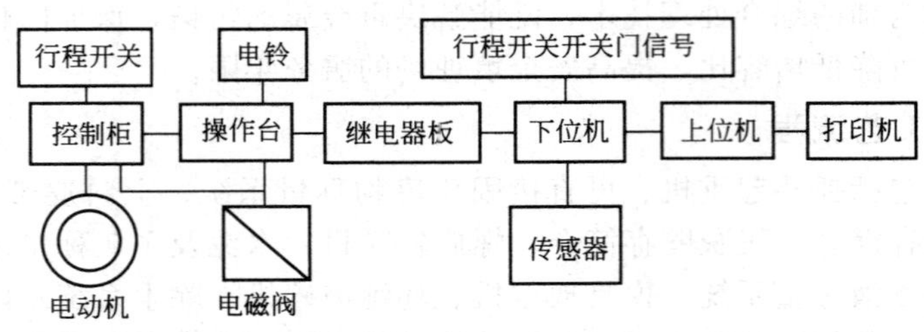

图 6-37 配比搅拌系统控制原理框图

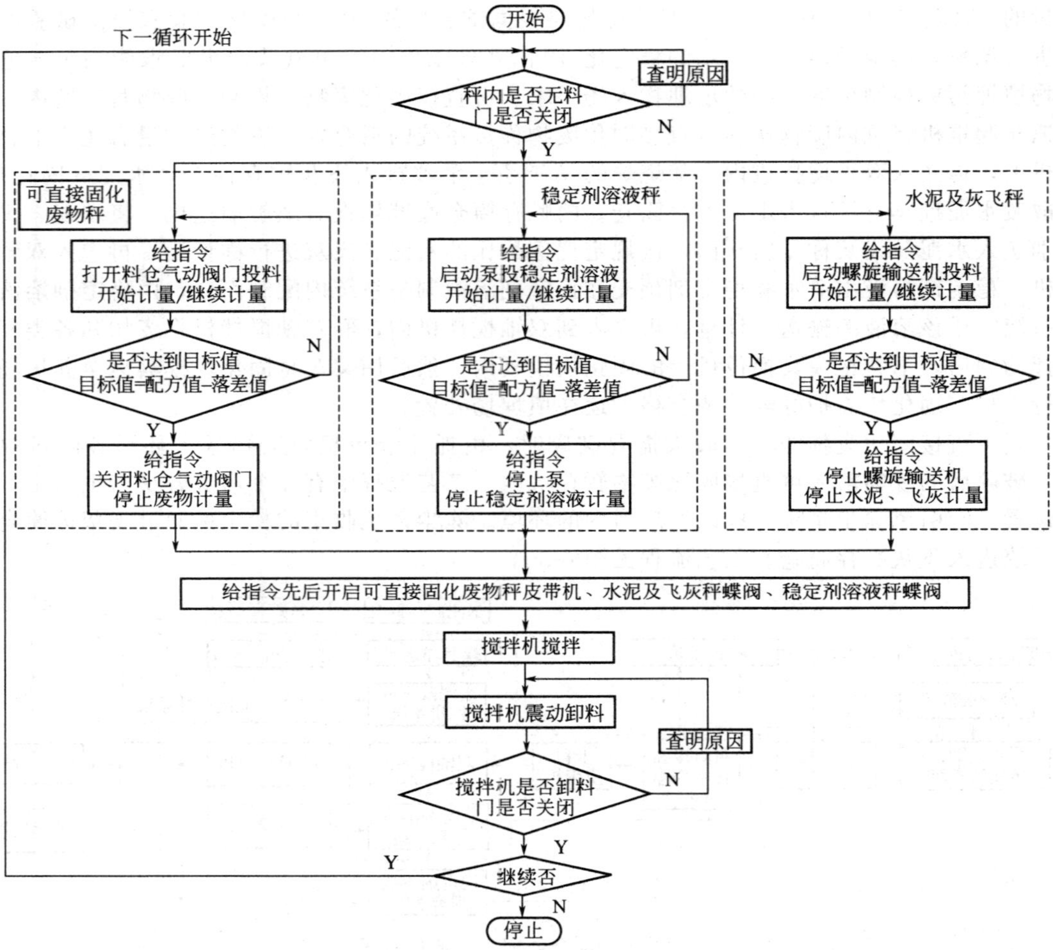

图 6-38 配比搅拌系统控制流程图

注：水泥及飞灰秤是水泥与飞灰先后叠加计量。

就按既定的流程运行。

④ 首先检测各个秤的皮重，如果皮重没有超过设定值，限位开关检测到门是关闭的，则微机发指令开始计量；如果皮重超过设定值，微机报警，待处理完毕后再发指令计量。当计量到设定的配方值—落差值时，停止计量。待 3 个秤都计量完毕后就判断搅拌机是否已卸料，搅拌机门是否已关闭，如果这两个条件都满足，则开始向搅拌机投料，首先投可直接固化废物，几秒钟后开始投水泥和飞灰以及稳定剂溶液，3 个秤投料完毕后就开始下一个循环的计量，而搅拌机也按既定的搅拌时间搅拌，完毕后开始卸料，卸料完毕后搅拌机关门，开

始下一个循环。

第十节 应急性工业固体废物处理设备与应用

近年来，世界许多国家的政府越来越注意防止突发性环境污染事故的发生，采取多种防范措施。但是环境污染事故，包括重大、恶性环境污染一事故并未能被杜绝。污染事故对受污染地区居民的生命和财产造成严重的危害，对当地生态环境造成难以估量的破坏。环境污染事故不同于一般的环境污染，其特点一是污染事故爆发的突然性，它无固定的排污方式，突然发生，来势凶猛，在很短时间内往往难以控制，防不胜防；二是污染事故结果的危害性。瞬时性的一次大量排污，其破坏性极大，会打乱一定区域内人群正常的生活和生产秩序，还可能造成人员的伤亡和社会财富的巨大损失。三是污染事故影响的长期性。遗留下来需要花大量投资、长期整治和恢复的难题。

应该清醒地看到，我国还存在着较严重的环境污染事故的隐患，主要表现在以下方面：①工业污染事故隐患多，特别是化学工业和石油化学工业行业问题更突出；②工业废渣处置不当；③对有毒化学品的运输及安全管理还存在着漏洞；④海洋船只的溢油事故以及放射源的流失等。针对以上情况，我国政府已着手制定并实施了有关对策：第一，坚持“预防为主，安全第一”的方针，严格控制新污染事故隐患的产生，把好规划布局关；第二，采取措施根除或整治一批原有污染事故的隐患；第三，制定污染事故应急处理方案，使救援工作专业化和社会化。

一、农药对土壤污染事故的应急处理处置

此类污染事故的应急处理包括因各种原因产生的农药对土壤或地面的污染事故，如事故现场各种固状农药、溢漏在地面或土地上的液剂农药，各种农药包装物，以及受农药污染的大气回落尘埃等。

进入事故现场的人员首先要有自我保护措施，穿戴防毒面具及保护服。针对污染物的产生来源，尽快完成现场采样分析，以便能迅速制定污染物清除处理方案。事故现场的处理处方案应视具体情况而定，对于量小、低毒、中毒的农药处理，先用覆土或干砂掩盖，然后清扫到安全地区，并掩埋到远离住宅区和水源地的防渗深坑中。对于液态农药用锯末、干土或粒状吸附物处理后再掩埋到防渗深坑中。对于高毒农药及其包装物应先经化学处理，而后在具有防渗结构的沟槽中掩埋，要求远离住宅区和水源地，并且设立有毒标志。现场清除工作应尽量彻底，用铲土装置设备（铁锹、铲上车、推土机等）一直清除到未污染的土层，清除物全部集中处理。对于事故现场清除的大量污染物及处理物，应采用焚烧、生物处理、物理化学处理后再采用陆上抛弃处理法（地下掩埋、压缩包装、渗透或蒸发池、与土壤混合等）集中处理。对于回落到地面上受农药污染的大气尘埃物，应在地表面上先覆一层锯末或干土再清扫，可能的情况下将受污染的地表层土全部清除掉或全部覆盖一层新土。

二、氰化物突发性污染事故应急处理

氰化物是指含有氰根的化合物。常见的氰化物有氰化钠（NaCN）、氰化钾（KCN）和氰化氢（HCN），三者均属剧毒的化学物质，易溶于水。当水中游离氰化物浓度在 1mg/L 以上可使水和废水中微生物繁殖受到影响，浓度在 0.3～0.5mg/L 之间可使鱼致死。氰化物进入人体即破坏血液中氧的传输，会使新陈代谢作用停止，发生细胞内窒息以致死亡。

1. 氰化物污染基本处理方法

氰化物污染的常用处理方法有碱性氯化法、酸碱中和法及络合吸收法。

(1) 碱性氯化法　泄漏的氢氰酸及其盐类在水中的毒性主要是以氰离子（CN^-）的形式表征出来的。处置泄漏事故时，可以利用CN^-的还原性用氯气、漂白粉、次氯酸钠等氧化剂与CN^-发生反应，最终使CN^-氧化成CO_2和N_2从而使其失去毒性。但必须注意的是漂白粉释放出的游离氯也会对人的呼吸系统造成严重危害，不能过量使用。

(2) 酸碱中和法　根据氢氰酸具有的弱酸性，可用强碱与其发生中和反应，生成的盐无挥发性，故中和反应对 HCN 的消除具有一定的实用意义，处理剂可用石灰水、烧碱水溶液、氨水等，但其水溶液仍然剧毒，需经收集再进一步处理。空气中的二氧化碳就能置换出水溶液中的CN^-生成 HCN。因此对其流散范围一定要严加控制，否则将造成一定程度的二次污染。

(3) 络合吸收法　络合吸收法是利用氰根离子易与银和铜金属离子络合生成银氰络合物和铜氰络合物，这些络合物是无毒的产物。活性炭是载体，当其表面附着的氰化银或氰化铜遇到氰化氢后能迅速进行络合反应生成银氰络合物和铜氰络合物而起到消毒作用。

2. 氰化物河岸附近泄漏的应急现场处理

一定要防止泄漏物流入水体、地下水管道或排洪沟等限制性空间。若是丙烯腈、乙腈等腈类液体泄漏，这类物质高度易燃、易爆，要注意防止爆炸或火灾事故的发生。现场应杜绝火源、火种，所使用的工具必须是防爆型的。

在靠事故发生地附近的河岸建拦河坝，在坝内投入大量次氯酸钙和生石灰等消毒品快速氧化分解氰化物。小量泄漏时应急人员可使用活性炭或其他惰性材料吸收，也可以用大量水冲洗，冲洗水稀释后排入废水系统。

大量泄漏时可借助现场环境通过挖坑、挖沟、围堵或引流等方式使泄漏物汇聚到低洼处并收容起来，也可根据现场实际情况先用大量水冲洗泄漏物和泄漏地点，冲洗后的水溶液必须收集起来集中处理，建议使用泥土、沙子作收容材料。可以使用抗溶性泡沫、泥土、沙子或塑料布、帆布覆盖降低氰化物蒸气危害，喷雾状水或泡沫冷却和稀释蒸汽以保护现场人员。用防爆泵转移泄漏物至槽车或有盖的专用收集器内回收或运至废物处理场所处置。

废水溶液的处理可采用碱性氯化法，其过程为先将含氰废水调整到 pH＝8.5～9，再加入氯离子氧化剂使氰化物氧化分解，氯离子氧化剂可以是漂白液（主要成分为 NaClO），这种方法操作简单，方便，处理后的废水含氰量很低。

三、突发性污染事故预警系统的 3S 技术系统

3S 技术系统，指地理信息系统（GIS）、卫星遥感系统（RS）和全球定位系统（GPS），3S 是数字环保的重要内容，它的 3 个系统的集成应用是环境信息系统的基础。

在突发性危险废物污染事故中，利用卫星遥感可快速、形象、直观地了解事故地点周围环境如城镇区域和居民点分布、植被和土地类别等地貌特征、环境监控点位、事故可能波及的范围等重要现场信息，使救援决策更加符合实际。我国自主知识产权的地球资源卫星（Cbers）投入运行，计划发射环境与灾害小卫星并含雷达星，这将更加方便卫星遥感应用和技术水平的提高，使突发性危险废物污染事故的实时性处置更具操作性和可靠性。

在环境领域应用比较普遍的主要是美国陆地卫星（Land-sat）、法国斯波特卫星（Spot）和中巴地球资源卫星（Cbers）。前两种卫星影像质量较高，使用历史长，积累了大量的历史资料和应用经验，但卫片价格昂贵，限制了其大量推广应用。而中巴资源卫星则价格便宜，卫片质量不影响使用，其空间分辨率（20～30m）和时间分辨率（20～30d）与上述两种卫

星相近，但其价格则极为优惠，使建立动态遥感数据库成为可能。因此，卫星遥感主要依靠中巴资源卫星 Cbers，辅以美国陆地卫星 Landsat 和法国斯波特卫星 Spot 等。

GPS 技术的应用体现在其准确定位功能上，在解决突发性危险废物污染事故的时候，GIS、RS 的应用必须借助 GPS 的精确定位，以确定事故发生地点、影响范围、监控断面等。

当前，处理应急事故的交通和通信手段已经相当发达，简单用移动电话即可迅速将发生事故的信息在第一时间内通报到上一级指挥机构；关键是如何指挥紧急救援，特别是高层指挥机构在事故初期未能到达现场期间，如何更多、更详尽地了解现场情况及时做出正确判断和决策。在这方面，3S 技术的综合运用将发挥强大优势。GPS 及移动通信设备可作为常规必备仪器，工作人员方便使用。地理信息系统可选 Arcview/Arcinfor，Map-Gis、Erdas 等软件系统，3S 应急指挥系统如图 6-39 所示。

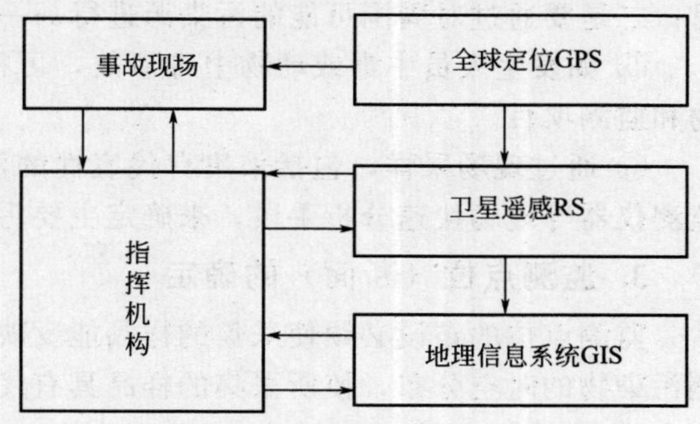

图 6-39 3S 应急指挥系统

事故发生后，距离事故地点最近的基层人员立即采用 GPS 现场定位，将其定位结果反馈到远离现场的应急指挥机构或高层指挥机构。指挥机构根据事故地点经纬度，迅速调用实时卫星遥感影像定性了解周围的环境概况和地形地貌，初步判断可能污染的河流、区域和可能影响的人群，确定主要环境保护目标，布设环境监控点位，选择救援路线等。借助 GIS 技术可详细了解事故周围环境、地形地貌、河流水文、受影响区域和人群、到达现场的最佳路线等。在专家系统及模型库等支持下实时下达指令，确定警戒范围，遥控指挥救援抢险。上述过程，可在接到 GPS 报告后十几分钟内完成，为救援赢得宝贵的时间。

四、污染事故土壤的应急监测

1. 现场监测

监测站应急监测指挥人员在接到发生污染事故的电话通知后，首先应问清污染事故的原因、类别（是空气污染还是水体污染），可能的污染物，事故发生详细地点，然后立即启动应急监测预案，召集应急监测分队成员，将相应的应急监测设备仪器和防护装备装车，出发赶赴现场。监测仪器最好选用能够当场读出监测数据的快速监测设备。同时，还应当至少保持一台监测车在站里随时待命，事故现场如需增加监测设备则可迅速增援。

到达事故现场后，监测指挥人员应立即向事故现场总指挥报到，并向有关人员了解事故情况，尽快确定监测项目和监测点位，如果是空气污染事故，监测人员应立即穿着保护服，戴防毒面具，并监测风向风速。在确认污染源、监测项目和监测点位后，监测指挥人员应立即将监测人员分组按点位（断面）分别进行监测，每组都必须配备通信工具，保持通信畅通。

2. 监测项目的筛选

① 对于已知污染物的突发性环境化学污染事故，可根据已知污染物来确定主要监测项目，同时应考虑该污染物在环境中可能产生的反应，衍生成其他有毒有害物质的可能性。

② 对固定源引发的突发性污染事故，要通过对引发事故固定源（单位）的有关人员（如管理、技术人员和使用人员等）的调查询问，以及事故的位置、工艺流程、所用设备、原辅材料、生产产品等的调查，同时采集有代表性的污染源样品，确定主要污染物和监测

项目。

③ 对流动源引发的突发性污染事故，应对有关人员（如货主、驾驶员、押运员等）进行询问，以及检查运送危险化学品或危险废物的外包装、准运证。

④ 对于未知污染物的突发性污染事故，一是要通过污染事故的一些现场特征，如气味、挥发性、遇水的反应性、颜色以及对周围环境、作物的影响，初步确定主要污染物和监测项目；二是要通过对周围可能的污染源进行一一排查，来验证主要污染物。

⑤ 如发生人员中毒或动物中毒事故，可根据中毒反应的特殊症状，初步确定主要污染物和监测项目。

⑥ 通过现场采样，包括采集有代表性的污染源样品，利用试纸、快速检测管和便携式监测仪器等现场快速分析手段，来确定主要污染物和监测项目。

3. 监测点位（断面）的确定

监测点位的布设必须使采集的样品能反映所监测环境的真实状况，必须充分考虑到所监测污染物的时空分布，使所采集的样品具有代表性。对于土壤污染事故应按以下要求确定监测点位。

① 应以事故地点为中心，在事故发生地及其周围一定距离内按一定间隔圆形布点采样，并根据污染物的特性在不同深度采样，同时应采集未受污染区域的土壤样品作为对照样品。必要时，还应采集在事故发生地周围的农作物样品。

② 在相对开阔的污染区域采集垂直深 10cm 的表层土。一般在 10cm×10cm 范围内，采用梅花形布点方法或根据地形采用蛇形布点方法，采样点不少于 5 个。

③ 将多点采集的土壤除去石块、草根等杂物，现场混合后取 1～2kg 样品装在塑料袋里密封。

④ 在污染或事故地点如果有地下水，则还要对地下水进行布点监测。

4. 监测频次的确定

污染物进入周围环境以后，随着稀释、扩散、降解和沉降等自然作用以及应急处理处置以后，其浓度会逐步降低。为了掌握事故发生后的污染程度、范围及变化趋势，常常需要实时进行连续的跟踪监测，因此应急监测在事发、事中和事后等不同阶段均应进行，但各阶段的监测频次不尽相同。原则上，采样频次主要依据现场污染状况确定：事故刚发生时，可适当加密频次；待摸清污染物变化规律后，可适当减少频次。对于土壤污染事故，事故发生地受污染区域 1～2 次/天，视处置进展情况逐步降低频次，应急监测结束以后，再监测 1 次；对照点应在应急监测期间监测 1 次，以平行双样数据为准。

5. 监测结果的上报

应急监测的数据上报最突出的特点是对上报的及时性要求较高，因为污染物扩散迁移很快，浓度变化较大，数据上报迟缓就会事过境迁，失去意义；同时应急监测数据对于现场指挥部掌握污染物扩散情况、对周围环境污染程度以及决定是否疏散周围居民区群众具有重要参考意义。

因此，应急监测数据上报一定要及时、准确。对于空气污染事故，在开始阶段应每 10min 左右口头上报一次各点位监测数据，以后随着污染物浓度降低逐步减少上报频次，但每天应出一份书面监测报告，对当天的监测情况进行总结分析；对于地表水、地下水以及土壤污染事故，应当在每次监测数据出来后立即口头上报，每天应出一份书面监测报告，对当天的监测情况进行总结分析；对于需要跟踪监测的，每天报出一份书面监测报告；在每个应急监测完全结束后，应最后出一份总的监测报告，对本次应急监测数据进行汇总分析。

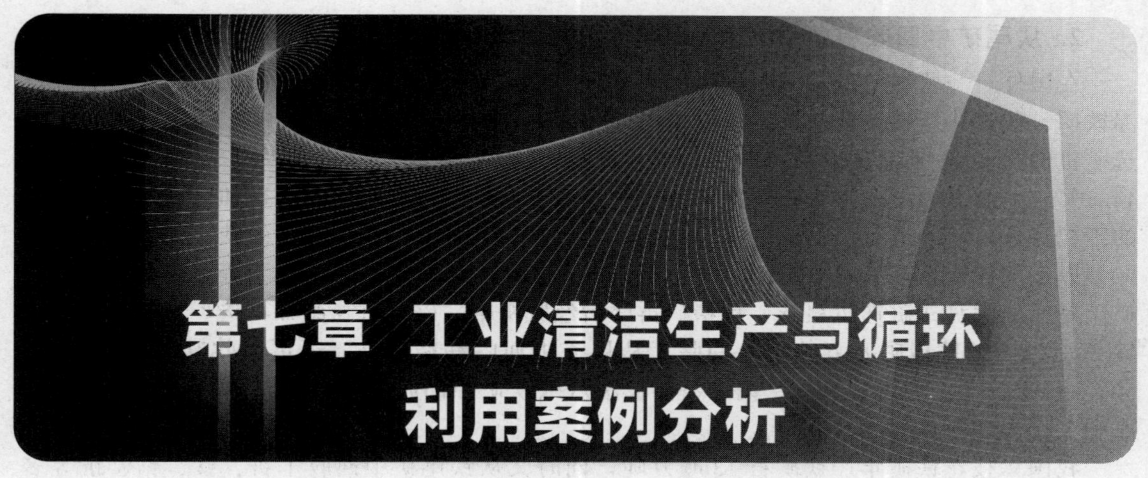

第七章 工业清洁生产与循环利用案例分析

第一节 一般工业废物资源化案例

一、尾矿库的综合利用

尾矿已成为我国目前产出量最大、综合利用率最低的大宗固体废物之一，全国各类矿山共产出各类废石 162.3 亿吨，其中煤矸石 35.6 亿吨，各种尾矿约 50 亿吨。尾矿中，铁矿尾矿 26 亿吨，有色金属矿尾矿 21 亿吨，金矿尾矿 3 亿吨。与粉煤灰、煤矸石等大宗工业固体废物相比，尾矿的综合利用技术更复杂，难度更大。我国矿产资源单一矿种少，共生矿和伴生矿较多，由于技术、设备及以往管理体制等原因，尾矿中含有多种有价金属和矿物未得到完全回收，综合利用率只有 13.3%，造成矿产资源的大量浪费。

1. 尾矿的组分

我国尾矿来源按行业划分主要包括黑色金属尾矿、有色金属尾矿、稀贵金属尾矿和非金属矿尾矿。主要类型尾矿的化学成分见表 7-1。

表 7-1 主要类型尾矿的化学成分

序号	尾矿类型	化学成分/%											
		SiO_2	Al_2O_3	Fe_2O_3	TiO_2	MgO	CaO	Na_2O	K_2O	SO_3	P_2O_5	MnO	烧铁
1	鞍山式铁矿	73.3	4.07	11.60	0.16	4.22	3.04	0.41	0.95	0.25	0.19	0.14	2.18
2	岩浆型铁矿	37.2	10.35	19.16	7.94	8.50	11.10	1.60	0.10	0.56	0.03	0.24	2.74
3	火山型铁矿	34.9	7.42	29.51	0.64	3.68	8.51	2.15	0.37	12.46	4.58	0.13	5.52
4	矽卡岩型铁矿	33.1	4.67	12.22	0.16	7.39	23.00	1.44	0.40	1.88	0.09	0.08	13.5
5	矽卡岩型钼矿	47.5	8.04	8.57	0.55	4.71	19.80	0.55	2.10	1.55	0.10	0.65	6.46
6	矽卡岩型金矿	47.9	5.78	5.74	0.24	7.97	20.20	0.90	1.78		0.17	6.42	
7	斑岩型钼矿	65.3	12.13	5.98	0.84	2.34	3.35	0.60	4.62	1.10	0.28	0.17	2.83
8	斑岩型铜钼矿	72.2	11.19	1.86	0.38	1.14	2.33	2.14	4.65	2.07	0.11	0.03	2.34
9	斑岩型铜矿	62.0	17.89	4.48	0.74	1.71	1.48	0.13	4.88				5.94
10	岩浆型镍矿	36.8	3.64	13.83		26.90	4.30			1.65			11.3
11	细脉型钨锡矿	61.2	8.50	4.38	0.34	2.01	7.85	0.02	1.98	2.88	0.14	0.26	6.87
12	石英脉型稀有矿	81.1	8.79	1.73	0.12	0.01	0.12	0.21	3.62	0.16	0.02	0.02	
13	碱性岩型稀土矿	41.4	15.25	13.22	0.94	6.70	13.4	2.58	2.98				1.73

2. 从尾矿中回收有价金属和矿物

在国外，一些铁矿选厂主要采用高梯度磁选机，从弱磁选、重选和浮选尾矿中回收细粒赤铁矿。如瑞典斯特拉萨铁矿石选厂采用大型的 Sala480 型转盘式磁选机处理弱磁选和螺旋选矿机的尾矿，结果从含铁 11.15%的尾矿中可得到含铁 42.61%的精矿，铁回收率为 44.1%。美国采用湿式铁轮高梯度磁选机对螺旋选矿机的镜铁矿细粒尾矿和氧化铁燧岩矿石的细粒浮选尾矿等进行了有效的回收。前苏联奇卡纳尔采选公司的钒钛磁铁矿在磁选出含铁 60%以上的钒铁精矿后，正试验从磁选尾矿中回收钛铁矿、金、铂族元素等。我国大孤山选矿厂尾矿经圆盘式磁选机粗选，粗精矿再磨后经脱水槽、磁选机、细筛再选，每年可回收含铁 60%左右的铁精矿 8 万吨。人们除了从尾矿中回收铁精矿外，还可回收其他有用成分。芬兰用 Skim-Air 型浮选机以“闪速”浮选法从磁铁矿中回收铜；巴西正试验从康赛高和法布利卡行含铁石英岩中回收金。

我国攀枝花铁矿年产铁矿石 1350 万吨，同时又从铁尾矿中回收了钒、钛、钴、钪等多种有色金属和稀有金属。新桥硫铁矿尾矿经阶段磨矿、阶段浮选试验，获得品位为铜 6.32%、金 6.41%的金铜精矿，其回收率分别为铜 43.7%、金 23.1%。

下面介绍国内几家铁矿选矿厂采用不同工艺和设备对尾矿中铁进行回收利用的生产实例。

(1) 首钢大石河铁矿　大石河铁矿是首钢主要的原料基地之一，所处理的矿石属鞍山式磁铁石英岩，生产给矿铁品位 25%左右，脉石矿物以石英为主，占到 45%～55%。由于设备长期运转老化以及给矿量不断增加的影响，尾矿品位呈上升趋势。选矿品位指标见表 7-2。

表 7-2　选矿品位指标　　单位：%

给矿			精矿			尾矿品位
浓度	−200 目含量	品位	产率	品位	回收率	
21	71	28.13	28.28	56.65	55.94	18.35

选矿厂采用“内循环方式”对所有磁选段的尾矿进行回收。回收尾矿工程分为两大部分，第一部分是采用北京矿冶研究总院研制的 BKW 型尾矿再选机对其中的 2 号和 3 号浓密机尾矿底流进行再选。BKW 型尾矿再选机是针对磁铁矿选矿厂尾矿特点开发的专用磁选机，具有分选区场强高、高矿液面、大磁包角等特点。槽体形式也不同于常规筒式磁选机，具有大分选室和多尾流通道，适合尾矿低浓度、大体积量的特点。第二部分是采用 3 台高场强磁选机对其他系列的尾矿进行再选。可从 Fe 品位为 28.13%的给矿中，一次分选得到 Fe 品位为 56.65%的合格铁精矿，作业收率为 55.94%。内循环数质流程图见图 7-1。

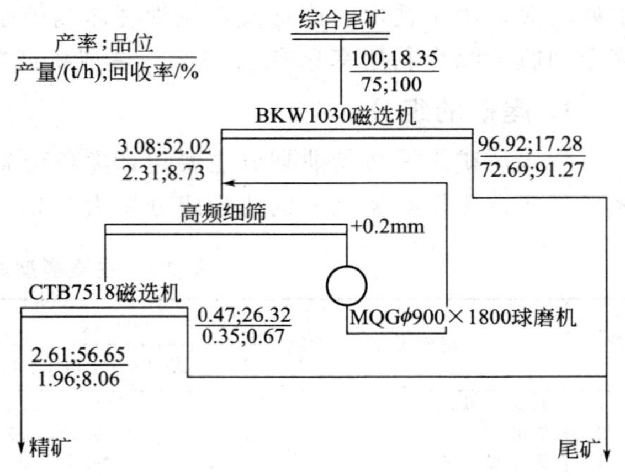

图 7-1　内循环数质流程图

考察结果表明，尾矿品位降低了 1.73%，尾矿磁性铁损失率由 20%下降到 10%左右。在入选品位 10%的情况下，金属回收率由 75.75%提高到 79.00%，对精矿粉品位的影响只有 0.10% ～0.20%。按 1∶3.15 的选矿比计算，20 个月回收的精矿粉相当于处理 25 万吨原矿的产量，节约了大量资源。

(2) 承钢黑山铁矿　黑山铁矿是一座年处理原矿 100 万吨的铁矿山，年产铁精矿 39 万吨。处理的矿石类型为大庙式钒钛磁铁矿，是承钢集团主要原材料基地之一。选矿流程为两段磨矿、两次磁选，两次磁选尾矿合在一起成为综合尾矿。两段磁选尾矿合为最终尾矿，经 ϕ45m 浓缩机浓缩后由砂泵输送到尾矿坝堆存。选别精矿品位 58.5%，回收率 65%，精矿细度为－200 目 65%。尾矿中含有 4.83%的钛磁铁矿，选矿厂从 1995 年开始就把这部分钛磁铁矿作为回收对象进行回收研究。从 2001 年元月起开始采用 BKW-1030 型尾矿再选机对尾矿进行再选，再选粗精矿经过高频振动细筛进行筛分，细粒级进入 CTB-7518 型永磁磁选机，粗粒级进入球磨机细磨后返回高频振动细筛。

(3) 昆钢上厂铁矿　昆钢上厂铁矿矿石为单一赤铁矿，选矿厂的分选系统中仅有破碎和分级设备而无磨矿设备。分选设备为 CS-1、CS-2 型感应辊磁选机和大粒度、细粒跳汰机，用于回收 0.2 mm 以上铁矿物，而粒度小于 0.2mm、铁品位为 22%左右的细粒尾矿（为多段粗粒原矿洗矿机和中细粒矿石脱水分级机溢流）未经选别就直接排入到矿区尾矿库中。

为了将矿山废弃物加以资源化利用，于 1999 年开展了尾矿资源回收利用的试验研究，采用赣州有色冶金研究所研制的 Slon-1500mm 立环脉动高梯度磁选机（图 7-2），进行回收尾矿的工业试验和生产改造。生产试验结果表明，对品位为 22.00%左右的给矿，采用 Slon-1500 mm 一次粗选、一次精选、高梯度磁选流程选别，可获得产率 13.00%以上、品位 52.00%左右的精矿。不仅充分利用了铁矿资源，创造了较好的经济效益，也解决了尾矿库堆存的近千万吨微细粒尾矿（－0.2 mm）长期不能回收的难题，延长尾矿库服务年限 15 年以上。

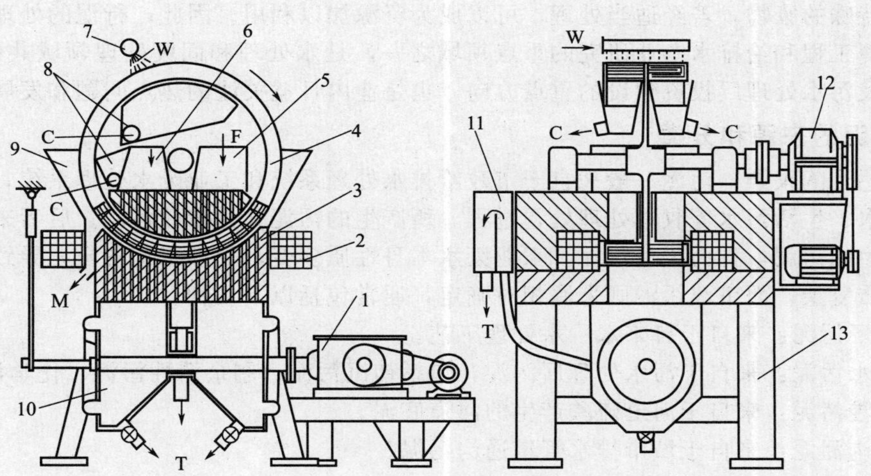

图 7-2　Slon-1500mm 立环脉动高梯度磁选机结构示意图

1—脉动机构；2—激磁线圈；3—铁轭；4—转环；5—给矿斗；6—漂洗水；7—精矿中洗水管；8—精矿斗；9—中矿斗；10—尾矿斗；11—液面斗；12—转环驱动机构；13—机架；F—给矿；W—清水；C—精矿；M—中矿；T—尾矿

(4) 梅山铁矿　梅山铁矿是中国大型地下铁矿，年采选综合生产能力 400 万吨。原矿经破碎、筛分、洗矿分级以及磁选-重选预选抛尾，得到粗精矿、0.5～65mm 干尾矿和 0～0.5mm 湿式尾矿（简称重选尾矿），0.5～65mm 干尾矿直接作为建筑材料销售。粗精矿经细碎筛分、两段连续磨矿分级、浮选脱硫，得到硫精矿和脱硫铁精矿，脱硫铁精矿经过弱磁选-强磁选降磷，得到最终铁精矿和降磷尾矿。重选尾矿和降磷尾矿通过浓缩，混合在一起称为综合尾矿。

综合尾矿中含铁矿物主要为 $FeCO_3$ 和 Fe_2O_3，铁分布率达到 86.75%，粒度很细，−0.074mm粒级占 83.16%，−0.037mm 粒级占 67.72%，含有高岭土、长石等黏土质矿物。

1990 年开始在 1 号、3 号、4 号尾矿输送泵站各安装 1 台 ϕ1050mm×1800mm 湿式永磁筒式弱磁选机，回收其中的磁性矿物，每年可选出铁品位 58%的精矿 1 万吨左右。尾矿经浓缩后用 ϕ1050mm×1800mm 湿式永磁筒式弱磁选机进行两次磁选，用 2 台 Slon-1500mm 立环脉动高梯度磁选机扫选。尾矿选别指标为 Fe 回收率 68.00%，精矿品位 56.00%左右，每年可回收铁精矿 7 万～8 万吨。

国内还有鞍钢集团所属选矿厂、攀钢集团密地选矿厂、武钢集团程潮铁矿、大冶铁矿、包钢选矿厂等众多大中型铁矿选矿厂对尾矿中有价金属的回收利用做了研究并进行了生产探索，因地制宜地开展了多种形式的尾矿再选工艺，均取得了比较好的经济和社会效益。

二、污泥处理与资源化

污泥通常是指污水处理过程所产生的含水固体沉淀物质。其物质组成包括：①水分，含水量达 95%左右或更高；②挥发性物质和灰分，前者是有机杂质，后者是无机杂质；③病原体，如细菌、病毒和寄生虫等，这些病原体大量存在于生活污水、医院污水、食品工业废水和制革工业废水等的污泥中；④有形物质，如氰、汞、铬或某些难分解的有毒有机物。

在污水处理过程中，将污染物与污水分离，在完成污水净化的同时，产生了大量污泥。这些污泥中含有各种污染物质，如果不加以有效地处理处置，仍然会污染环境，同时，污泥又是一种特殊的废物，若经适当处理，可以成为资源加以利用。因此，行泥的处理与资源化是目前环境工程和给排水专业研究的重点领域之一，是水处理和固废处理领域共同的课题，是给水厂及污水处理厂投资建设的重点方向，也是业内日益关注的热点问题和发展重点。

1. 污泥的来源和分类

(1) 污泥的来源　污泥一般来自于市政给排水处理系统和工业废水处理系统，前者包括给水、雨水、生活污水等收集处理处置过程，所产生的污泥称为市政污泥。后者来自于厂矿企业所产生的污泥，称为工业污泥。工业废水本身性质多变，处理工艺各异，导致工业污泥来源和性质复杂，而市政污泥则来源相对确定，通常包括以下几种。

① 水厂污泥：来自于自来水厂水处理工艺。

② 污水污泥：来自于污水处理厂污泥，包括初沉污泥、剩余活性污泥、化学污泥等。

③ 疏浚污泥：来自于河道硫酸产生的河道底泥。

④ 通沟污泥：来自于城市排水管道通沟污泥。

⑤ 栅边：来自泵站。

在上述各种污泥中，污水污泥产量最大，对环境的不良影响最大，处理处置的难度最大，目前也是人们最关心的污泥种类。污水污泥处理已经成为当前污水处理的重点、难点和热点问题。因此，在排水或市政行业所说的污泥通常指的是污水污泥，因此，本书描述的主要是污水污泥。

除污水污泥外，通沟污泥也是不可忽略的。通沟污泥的处理在国内刚刚起步，但随着城市排水系统的治理和完善，在保持城市暴雨时下水道畅通的同时，通沟污泥量也在逐渐增大。

(2) 污泥的分类　按性质可将污水污泥分为以有机物为主的污泥和以无机物为主的沉渣。

① 有机污泥：以有机物为主的污泥（有机物占 60%以上），如生活污水处理过程中产生

的混合污泥，工业废水处理过程中产生的生物处理污泥等，有机污泥流动性好，管道输送容易，但脱水性能差。

② 无机污泥：以无机物为主的污泥，如混凝沉淀污泥、化学沉淀污泥、沉砂池的沉渣等。无机污泥流动性差，但容易脱水。

2. 污水污泥常用处置方式

(1) 污泥土地利用　污泥土地利用能改善土壤的理化性质和生物学性质，增强土壤肥力，促进植物生长，是污泥非常重要的资源化综合利用方式。这种方式主要是将污泥用于农田等施肥；垦荒地、贫瘠地等受损土壤的修复及改良；园林绿化建设；森林土地施用等。

从经济的发展、城市生态环境和资源环境的开发与有效利用等方面分析，土地利用越来越被认为是一种积极、有效、有前途的污泥处置方式。在大多数发展中国家，土地利用和填埋仍是污泥处置的主要途径，但是随着经济的发展、人口的膨胀、可填埋的场地日益减少，土地利用将是一个主要的发展方向。

① 污泥土地利用的现状。土地利用被认为是有发展潜力的一种污泥处置方式。由于污泥的资源性特点，世界水环境组织（WEF）于 1995 年已将污泥更名为生物固体，从而更加明确了污泥应该作为资源来利用的观念。英、美、法等国家城镇污泥的农用比率越来越大，有的高达 80%以上；近年来，随着美国联邦和州政府多年的提倡、支持，根据美国环保署的估计，污泥土地利用在美国已经成为最主要的污泥处置方式，在其 15300 个污水处理厂中，有 45%的污泥用于农、林业；加拿大水和废水学会 2001 年提出的加拿大污水污泥处置的技术使用情况表明土地利用的污泥数量最多，占 41.1%。

在中国，污水污泥土地利用很早就开始了，如 1961 年北京高碑店污水处理厂的污泥大多被当地农民施用于土地。近年来，我国对污泥农用进行了很多的测定和分析。堆肥后的污泥产品，用在城市园林绿地，其施用结果表明堆肥污泥对草坪、花卉及树木的生长是有促进作用的；用在盆栽试验，可以明显提高栽培基质的有效氮、磷含量，还可以增强植物的抗旱能力和盆栽栽培基质的保水能力。生活污泥在苏州市的农用研究表明：施用污泥后的土壤结构明显改善，土地肥力增加，另外可以防止土壤板结，孔隙增多，通气透水性加强。我国是一个发展中的国家，又是一个农业大国，相对其他污泥处置方式而言，城市污泥的土地利用是更符合我国国情的。

② 污泥土地利用的可行性。污泥中含有丰富的有机营养成分（如氮、磷、钾等）和植物所需的各种微量元素（如 Ca、Mg、Cu、Zn、Fe 等），是非常有价值的资源。其中有机物的质量分数一般为 60%～70%。污泥在经过堆肥后会形成大量腐殖质和许多易被植物吸收状态的营养物质，能够增加土壤肥力，促进作物的生长。另外污泥中的有机质可以用来改良土壤，防止土壤板结和增加地力。城市污水污泥有机物含量一般高于普通农家肥，据统计美国城市污泥中平均含有机质 31%、总氮 3%、总磷 2.5%、总钾 0.4%。此外，根据美国华盛顿州的调查表明，对于一些树种施用污泥，可以增加树木的高度和直径。我国部分城市污水处理厂污泥所含的营养成分及含量见表 7-3。

表 7-3　污泥中营养成分与农家肥比较

污泥产地	总氮/%	总磷/%	总钾/%	有机物/%
杭州四宝污水厂	1.1	1.15	0.74	31.8
北京酒仙桥污水厂	3.15	0.614	0.39	62
北京高碑店污水厂	3.31	0.275	1.26	35.7

续表

污泥产地	总氮/%	总磷/%	总钾/%	有机物/%
广州大坦沙污水厂	1.8	2.24	1.49	31.7
苏州城西污水厂	4.65	1.22	0.44	34.3
太原北郊污水厂	2.76	1.04	0.49	40.31
天津纪庄子污水厂	3.5	1.3	0.39	40
桂林市污水厂	4.8	2.1	0.85	39.6
合肥王小郢污水处理厂	4.8	1.2	—	38.12
合肥琥珀山庄污水处理厂	3.3	0.7	—	69.63
厩肥	0.4～0.8	0.2～0.3	0.5～0.9	15～20

根据第六次全国森林资源清查结果：我国有森林面积1.75亿公顷，森林覆盖率18.21%，森林蓄积124.56亿立方米。人工林保存面积0.53亿公顷，即7.95亿亩，蓄积15.05亿立方米，我国污泥作为林用具有一定的条件。

同时，我国也是产煤大国，其他金属和非金属矿藏的开采也具相当规模，有大量的矿区土地未加改良，由于采矿而废弃的土地面积仍以每年 3.3×10^4 ha左右的速度发展；修筑铁路、公路和修浚港湾航道以及其他基本建设，有大量的取土及挖出物，需要恢复植被；平整土地、修筑梯田，有许多生土熟化问题。如果将我国污水污泥应用到上述这些受严重扰动的土壤中，一方面利用污泥改善了土壤结构，另一方面也可以缓解污泥带来的环境污染。

③ 污泥土地利用指标。污水污泥中存在大量的病原物质，其中肠道寄生虫、微生物细菌及各种病毒是污水污泥处中常见的病原物质，污泥中这些病原污染物含量很大，当污泥农用时，主要病原污染物随污泥的土地利用进入土壤中，可能会对土壤-植物系统、地表水、地下水系统产生影响，造成环境和人类健康风险。故污泥土地利用前须经过稳定化和无害化处理，污泥中有机物降解率和卫生指标需符合国家有关标准，没有达到稳定化的污泥不允许土地利用，并应特别注意污泥中重金属的含量，污泥中任何一种重金属含量超标时，均不得进行利用。污水污泥土地利用污染浓度限值及各项指标见表7-4。

表7-4 污泥土地利用指标限值

利用类型	指标类型	控制项目	限值	
			酸性土壤	碱性土壤
园林绿化	理化指标	pH值	6.5～8.5	5.5～7.8
		含水率/%	<40	
	养分指标	总养分/%	≥3	
		有机质含量/%	≥25	
	卫生学指标	粪大肠菌群值	>0.01	
		蠕虫卵死亡率/%	>95	
	污染浓度限值/(mg/kg干污泥)	总镉	<5	<20
		总汞	<5	<15
		总铅	<300	<1000
		总铬	<600	<1000
		总砷	<75	<75
		总镍	<100	<200
		总锌	<2000	<4000
		总铜	<800	<1500

续表

利用类型	指标类型	控制项目	限值	
			酸性土壤	碱性土壤
	物理指标	含水率/%	≤60	
		粒径/mm	≤10	
		杂物	无粒度>5mm的金属、陶瓷、塑料、瓦片等有害物质,杂质质量≤3%	
	卫生学指标	粪大肠菌群值	≥0.01	
		蠕虫卵死亡率/%	≥95	
	营养学指标	有机质含量/(g/kg,干基)	≥200	
		氮磷钾含量/(g/kg,干基)	≥30	
		pH值	5.5～9	
农用泥质	污染浓度限值/(mg/kg干污泥)	污泥分类	A级	B级
		总砷	<30	<75
		总镉	<3	<15
		总铬	<500	<1000
		总铜	<500	<1500
		总汞	<3	<15
		总镍	<100	<200
		总铅	<300	<1000
		总锌	<1500	<3000
		苯并[a]芘	<2	<3
		矿物油	<500	<3000
		多环芳烃(PAHs)	<5	<6

注：表中A级污泥允许施用作物为蔬菜、粮食作物，油料作物、果树、饲料作物、纤维作物，但要求蔬菜收获前30天禁止施用；B级污泥允许施用作物为油料作物、果树、饲料作物、纤维作物，禁止施用于蔬菜、粮食作物。

④ 污泥土地利用的环境影响。可以采用土壤酶的活性来反映污泥的施用对土壤环境质量的影响。一定量的污泥与无机肥料混施能提高土壤脲酶、多酚氧化酶及中性磷酸酶的活性，对过氧化氢酶的活性影响不大，在一定污泥施用量的情况下，随着污泥施用量的增加，土壤多酚氧化酶、中性磷酸酶活性均表现出增加的趋势，但污泥施用量的继续增加能显著降低土壤中这两种酶的活性，在作者所采用的污泥施用量范围内，土壤中重金属的含量虽然还没有显著增加，但已影响了土壤的微生态环境。

关于污泥土地利用对水质的影响，一些国家进行了室内外试验，我国山西省农科院土壤肥料研究所张强等进行了“城市污泥施入土壤后营养元素的淋洗及对土壤肥力和地下水”影响室内模拟试验。结果表明，在前几个月内，无论熟化污泥或是生污泥，其NH_4^+-N、NO_3^--N、NO_2^--N都只有较少部分被淋洗，但长时期内，将会有大量氮淋洗到土壤或地下水。研究表明堆肥化后的污泥施用于园林绿地对环境造成的影响，指出硝酸盐对地面水和地下水的污染是最为令人关注的问题。

当按一般施肥量进行农用时，不会造成土壤重金属的累积，当用量高达通常用量的4倍时，土壤中的Cu、Zn、Pb、Cd等元素的含量亦未超过土壤安全控制标准。天津市污灌区环境质量普查发现，大量施用污泥的土壤中汞、镉、铅明显积累。

(2) 污泥填埋处置　污泥土地填埋始于 20 世纪 60 年代，污泥的土地填埋技术经过 40 多年的发展，已经趋于成熟，是一种便利和经济的污泥处置方法。其优点是投资少、处理量大、效果明显，对污泥的卫生学指标和重金属指标要求比较低。缺点是受到填埋场所的限制较大，随着污泥量的增加，大面积选址更加困难，特别是在人口稠密的国家；对污泥的土力学性质要求较高，地基需作防渗处理以防地下水污染等；同时填埋并未最终避免环境污染，而只是延缓了污染产生的时间。目前我国的填埋形式一般采用污泥与城市生活垃圾混合的卫生填埋，污泥单独卫生填埋国内应用不是很多。

① 填埋处置现状。污泥土地填埋在欧洲仍占大部分，用于填埋的污泥占污泥总量的 40%；卢森堡、意大利、希腊污泥填埋分别占 80%、85%和 90%；在德国，只有含固率超过 35%的污泥才能用于填埋；目前由于填埋二次污染严重，且土地资源越来越少，新建填埋场的数量越来越少，导致填埋与焚烧的费用差距在不断缩小。另外因为污泥中的有机污染物可对土壤造成污染、污泥填埋渗滤液对地下水的污染等因素，世界各国对污泥填埋处置技术要求越来越高。在这样的形势下，污泥填埋处置比例正在逐步下降，例如英国污泥填埋比例由 1980 年的 27%下降到 2005 年的 6%。据 Biocycle 杂志的调查表明：2000 年美国大部分污泥被有效利用，仅有 4 个州的 50%以上的污泥被填埋，且污泥填埋的比例正逐步下降，美国许多地区甚至已经禁止污泥填埋。

考虑到我国国情和现有经济条件，在相当一段时间内，我国的脱水污泥填埋仍将是一种不可或缺的过渡性处置途径。但是从长远看，填埋是一种不可循环的最终处置方式，需要大面积的土地，各国对污泥填埋处置技术标准要求越来越高，且除了要满足各种标准后，还要考虑与环卫部门的沟通以及需要达到填埋场要求的技术参数，其应用比例将会逐渐减少。

② 填埋处置泥质要求。目前我国的填埋形式一般采用污泥与城市生活垃圾混合的卫生填埋，污泥混合填埋分为污泥、垃圾混合填埋和污泥用作覆盖土进行混合填埋。

污泥、垃圾混合填埋是先将污泥堆积在固体废物的上层并进行尽可能充分的混合，然后将混合物平展、压实，最后像通常的固体废物填埋一样进行覆土。混合填埋时污染物浓度限值及理化指标要满足表 7-5 中要求。

表 7-5　污泥和垃圾混合填埋时污染物浓度及理化指标限值

指标类别	控制项目	最高允许含量
污染物/(mg/kg 干污泥)	总镉	<20
	总汞	<25
	总铅	<1000
	总铬	<1000
	总砷	<75
	总镍	<200
	总锌	<4000
	总铜	<1500
	石油类	<3000
	挥发酚	<40
	总氰化物	<10
理化指标	污泥含水率/%	≤60
	pH 值	5～10
	混合比例/%	≤8

污泥用作垃圾处理场的覆盖土，是先将污泥改性，通过向污泥中添加一些材料来提高污泥的含固率，增强抗剪强度和防渗性能，然后将其代替黏土作为垃圾填埋场的覆土。污泥用于垃圾填埋场覆土进入填埋场时的基本指标及卫生学指标要满足表 7-6 的要求。

表 7-6　用作垃圾处理场的覆盖土的污泥指标

序　　号	控制项目	限　　值
1	含水率	＜45%
2	臭气浓度	＜2 级(六级臭度)
3	施用后苍蝇密度	＜5 只/(笼・天)
4	横向剪切强度	＞25kN/m^2
5	粪大肠菌群值	＞0.01
6	蠕虫卵死亡率/%	＞95

③ 填埋处置环境影响。由于污泥含有大量的有毒有害物质，如任意填埋这些污泥则可能对环境造成影响。例如，露天填埋的污泥经雨水或其他地表水的浸泡，在堆埋过程中以渗滤液的形式溢出，渗滤液中的病原菌和重金属可能对环境产生二次污染，因此，邻近水域水质可能恶化。填埋场产生的气体主要是甲烷，若不采取适当措施会引起爆炸和燃烧。

(3) 污泥焚烧处置　焚烧法是一种高温热处理技术，即以一定的过剩空气量与被处理的有机废物在焚烧炉内进行氧化分解反应，废物中的有毒有害物质在高温中氧化热解而被破坏。污泥焚烧处置法是最彻底、最大程度的减容方法，可迅速破坏全部有机质，杀死病原体，其产物为无菌、无臭的无机残渣，且在恶劣的天气条件下不需存储设备。其缺点是污泥中的重金属会随着烟尘的扩散而污染空气，残余灰烬也富含污染物，进行再填埋处理易造成灰烬污染，且成本是其他工艺的 2～4 倍；另一方面，污泥必须保证较低的含水率才能制作合成燃料，这就需要提高污泥的脱水程度。从目前的技术水平看，所需成本较高。

① 污泥焚烧处置发展。从 1990 年代起就开始以焚烧工艺作为处理市政污泥的方法，据 EPA 估计，1993 年，美国共有 343 座活性污泥焚烧炉，其中 277 座为多炉膛炉，66 座是流化床焚烧炉。

在欧洲和日本等地，焚烧技术已成功应用。在德国境内，已有近 40 个污水处理厂拥有多年的污泥焚烧工艺的实际运行经验，在丹麦，每年约有 25%的污泥在 32 座焚烧厂中处理。瑞士政府宣布：从 2003 年 1 月 1 日起瑞士将禁止污水厂的污泥用于农业，所有污水处理厂的污泥都要进行焚烧处理。焚烧法处置污泥在日本发展迅速，且应用得最广，例如 1984 年处理量占 72%。现在日本规模较大的污水处理厂大都采用焚烧法处理污泥。1992 年，日本采用焚烧炉处理 75%的市政污泥。

由于我国开展污水污泥处理处置相对较晚，在干化焚烧技术和设备的发展方面还比较落后，目前的研究主要还停留在污泥干化焚烧技术的探讨方面，浙江大学热能所在用异重流化床燃用洗煤泥的基础上，从 1992 年起就在国内系统的开展了污泥流化床焚烧技术的研究，并已取得很大成功；清华大学的硕士研究生在 2001 年首次对北京地区的城市市政污泥的焚烧处理进行了研究，研究了重金属在焚烧过程中的迁移特性，并提出污泥灰渣处理的建议。目前对专用设备的开发和研制及应用等均还处于发展阶段。目前已建的污泥干化焚烧设施基本都是进口的。

② 污泥焚烧处置泥质要求。污泥用于单独焚烧时的理化指标应满足表 7-7。

表 7-7　污泥单独焚烧理化指标

焚烧类别	控制项目			
	pH	含水率/%	低位热值/(kJ/kg)	有机物含量/%
自持焚烧	5～10	<50	>5000	>50
助燃焚烧	5～10	<80	>3500	≥50
干化焚烧	5～10	<80	>3500	>50

③ 污泥焚烧处置环境影响。污水污泥焚烧过程包括分解、氧化、聚合等反应。焚烧所产生的废气中含有的二噁英污染问题，以及悬浮的未燃烧或部分燃烧的废物、灰分等少量颗粒物。未完全燃烧产物有CO、H_2、醛、酮和稠环碳氢化合物，还有氮氧化物、硫氢化物等，如果处理不当就会造成二次污染。

(4) 污泥建筑材料利用　近几年来，随着循环经济理念在环境领域研究的深入，废弃物被处理过程中，首先应对其循环利用的可行性进行论证。生产污水污泥建筑材料是污泥资源化利用的一种途径，不仅实现了污水污泥的变害为利，而且建筑材料可以有效地把重金属离子束缚在其中，以减少重金属对土壤的污染。污泥材料化利用，其处理的最终产物是可在各种类型建筑工程中使用的材料制品，其内容包含了利用污泥及其焚烧产物制造砖块、水泥、陶粒、玻璃、生化纤维板等。

从20世纪80年代开始，人们对污泥制作建筑材料进行可行性研究，并取了一些研究成果与工程应用。日本是世界上对污泥建材利用最重视、最积极的国家，日本神户市1995年将污泥焚烧灰作为沥青混合料的替代物，经试验证明取得良好效果；日本京都市利用熔融石料化设备，将污泥制成污泥石料化熔渣与天然碎石等同使用；日本东京都下水道局自20世纪80年代中期，开始研究污泥制砖技术，现已通过烧结工艺生产污泥黏土混合砖、污泥焚烧灰制地砖和混凝土的填料等，现已形成规模生产；从1991年至今，日本已有八家城市污水厂先后引进了污泥焚烧灰制砖技术，并已经建造了一座11万吨/年的生态水泥厂。在欧洲和北美，对污泥的建材利用技术也相当重视，据2003年数据，德国已有10%的污泥直接用于建造业；美国在利用污泥制造“生物砖”、水泥、瓦片等方面进行了大量的研究，1994年，美国威斯康星（Wisconsin）公司建成世界上第一家利用城市污泥生产陶粒的工厂；20世纪90年代以来，中国学者也进行了大量污泥建材利用的研究，并取得了一定的成果。利用污水污泥来替代河道淤泥或部分黏土烧制轻质陶粒，在广州华惠轻质陶粒制品厂已获得成功试验，并且已经应用于实际生产。池长江等在1999年以污泥为主要原料，掺以黏土和少量固体燃料研制生产出污泥陶粒。

第二节　有害工业废物无害化案例

一、硫酸锌溶液的净化新技术

硫酸锌溶液净化是将中性硫酸锌浸出液中的有害杂质除去至符合锌电解沉积要求的过程，为湿法炼锌流程的组成部分。

净液主要采用锌粉置换法，净液的目的主要是除去杂质和残留在溶液中比锌有更正标准电极电位的砷、锑、锗等杂质，同时使铜、镉、钴等有价金属得到富集，以便进一步回收。

焙砂经过浸出段后，实际所得浸出液中含锌130～150g/L，其他杂质为：Cu 0.2～0.4g/L，Cd 0.5～0.7g/L，Co 0.01～0.04g/L，N 0.002～0.007g/L，As 0.0002～

0.0004g/L，Sb 0.0003～0.0004g/L。这些杂质对锌电积十分有害，锌电积前浸出液中的铜、镉、钴、镍等有害杂质必须净化至允许含量以下。

净液有一段、二段、三段和四段之分，视溶液杂质含量而定，作业方式有间断作业和连续作业。连续净液的优点是生产率高，易于实现自动化，但操作控制要求较高。

在选定净液流程时，除主要满足电解工序对新液的要求外，还要考虑杂质在净液渣中的富集率和锌粉用量等因素。由于各厂处理的原料不一、浸出流程不一，净化前液的成分各异，因而在生产实践中根据具体情况可选用各种不同的净液方法和方式。

目前我国株洲冶炼厂采用锌粉、黄药法；为了应付原料的变化，保证电锌质量，正试验反向锑盐法。沈阳冶炼厂采用砷盐净液法。西北冶炼厂采用反向锑盐法。世界各国湿法炼锌厂净液大多采用砷盐法和反向锑盐法，以达到深度净化的目的。表 7-8 列出国外某些湿法炼锌厂硫酸锌溶液的净化实例。

国内外个别湿法炼锌厂采用了铅锑合金锌粉法。

1. 锌粉-黄药法

黄药是一种有机试剂，包括 C_2H_5OCSSK、$C_2H_5OCSSNa$、C_4H_9OCSSK 和 $C_4H_9OCSSNa$ 等黄酸盐。

浸出液净化过程包括两个工序：先加锌粉置换除铜、镉；再加黄药除钴。前者是利用铜与镉的氧化还原标准电位分别为+0.344V 和−0.40V，均较锌−0.762V 为正的原理，铜容易优先沉淀，置换除镉比除铜难，要求过量多倍的锌粉。为了强化锌粉对镉的置换作用，要求溶液中有一定的铜镉比。镉会复溶，净液温度越高及净液和过滤时间越长，镉的复溶就越多。锌粉置换除铜、镉的过程只能在机械搅拌槽或流态化槽内进行，不能采用空气搅拌槽，因为空气中的氧使锌粉氧化，增加锌粉消耗，并使已置换的镉复溶。必要时，精心控制技术条件，可分别置换得出铜渣和镉渣，将 Cu^{2+}、Cd^{2+} 还原成 Cu 和 Cd 沉淀除去。后者则是向溶液中加入 $CuSO_4$，使 Co^{2+} 氧化成 Co^{3+}，而后加入磺酸盐（$2C_4H_9OCSSK$）使和 Co^{3+} 成钴盐（$(C_4H_9OCSS)_3Co$ 沉淀除去。钴、镍是溶液中最难除去的杂质。置换法要求加入过量的锌粉，保持较高的置换温度，为了降低锌粉消耗，可采用砷盐或锑盐作活化剂，提高净液效果。黄药除钴法是利用黄药与钴杂质离子生成难溶化合物的原理，由于黄药能与铜、镉等其他金属生成化合物，故一般在除铜、镉后再加黄药除钴。

此法第一段用锌粉除铜、镉，第二段用黄药除钴。采用此法时，新液中铜、镉的浓度能得到有效控制，能分别回收有价金属铜、镉、钴，蒸汽消耗低，但是此法的砷、锑、镍等杂质净化深度较差。

图 7-3 为株冶硫酸锌溶液流态化连续净化除铜、镉，黄药间断净化除钴设备连接图（目前压滤机改用管式过滤器）。

锌金属回收率即锌在净化过程中的损失主要是铜镉渣和钴渣带起的锌量，以及机械和其他不能回收损失的锌量。实践证明，铜镉渣产出率为 3.0%～3.5%，其中含锌 35%～45%。在镉回收的浸出过程中，85%的锌进入溶液，此溶液返回锌系统后锌回收约 95%。故此项锌的损失一般占原料含锌量的 0.2%～0.3%。

钴渣产出率一般为 0.4%～0.5%，经酸洗后含锌约 50%，在钴回收过程中锌 40%进入溶液，此溶液返回锌系统后锌回收约 95%，此项锌的损失约占原料含锌量的 0.02%。

其他损失包括机械损失和滤布带走损失等，此项损失约占原料含锌量的 0.2%。

以上三项损失的锌量占原料含锌量的 0.4%～0.5%，故净化过程中锌的回收率一般为 99.5%。

表 7-8　国外湿法炼锌厂硫酸锌溶液净化实例

厂别	生产能力/(10^4t/a)	浸出流程	净化段数及方式	净液技术条件	溶液名称	溶液成分/(mg/L)							
						Zn/(g/L)	Cu	Cd	Co	Ni	As	Sb	Ge
皮里港锌厂(澳)	4.5	氧化锌烟尘一段酸性浸出，终酸 2g/L，上清液加石灰通空气至 pH＝3.5～4.5	两段间断	一段加锌粉、硫酸铜、砒霜除 Ni、Co，85℃，pH＝3.5～4.5，2h 二段加锌粉、硫酸铜除 Cd，75℃，pH＝3.5～4.5	净化前液	155	210	6	1500				
					净化后液	167	0.18	0.35	0.02			0.064	
蒂明斯厂(加)	12.0	热酸浸出黄钾铁矾法	两段间断	一段加粗锌粉、砒霜除 Cu、Co、Ni，95℃，pH＝3.5～4.0，1.5h 二段加锌粉、硫酸铜除 Cd，75℃，pH＝4.0，1.5h	净化前液	150	700	700	25				
					净化后液	170	0.1	<0.5	0.2				
弗林·弗朗锌厂(加)	7.35	一段中性，二段酸性连续浸出	两段连续	一段加锌粉、砒霜除 Cu、Cd、As、Sb，85℃，pH＝5.2 二段加锌粉、硫酸铜除残 Cd、Ge，75℃	净化前液	136	468	168	12.7		0.9	0.11	0.06
					净化后液	138	1.3	0.5	11.2		0.04	0.02	0.006
萨格特锌厂(美)	8.0	一段连续浸出	三段连续	一段加锌粉、砒霜除 Cu、Co、As、Sb，95℃，4～5h 二段加锌粉、硫酸铜除 Cd、残 Co，65℃，3～4h 三段加锌粉除残 Cd	净化前液	150	300	1000	30				
					净化后液	175	1	1	1		1	1	
克拉克斯维尔锌厂(比)	8.1	一段中性，二段弱酸连续浸出	两段连续	一段加含 Pb1%的锌粉除 Cu、Cd 二段加锌粉、锑氧除 Ni、Co、Ge，90℃	净化前液	150	0.2	500	0.8	0.5		0.15	0.3
					净化后液	150	0.2	0.2	0.03	0.01		0.01	0.2
奥文佩尔特锌厂(比)		针铁矿法	两段连续	一段加锌粉除 Cu、Cd，50～60℃ 二段加锌粉、锑氧除 Co、Ni、Sb、Ge 等，80～85℃	净化前液	150～160	400～500	400～600	20～30	10～30	0.05～0.1	0.1	0.02～0.05
					净化后液		0.2	1	1	0.05	0.02	0.02	0.02
瓦利菲尔德锌厂(加)	13.05	一段间断浸出，终点 pH＝4～4.6	两段间断	一段加锌粉、硫酸铜、锑氧除 Cu、Co、Ni、As、Sb，85～95℃，pH＝4.0，2～2.5h 二段加锌粉、硫酸铜除 Cd，<80℃，1～1.5h	净化前液	150	400	300	2.0	<0.5	0.9	0.9	
					净化后液	170					0.2	0.2	
特雷尔锌厂(加)	27.2	两段连续浸出：一段酸性，二段中性；另氧压浸出	两段连续	一段加锌粉除 Co、Cu、Ni、Cd，78℃ 二段加锌粉除残 Cd，78℃	净化前液	143	60	200	1.5	0.5		0.8	0.1
					净化后液	144	0.1	0.3	0.3	<0.1		0.02	0.02

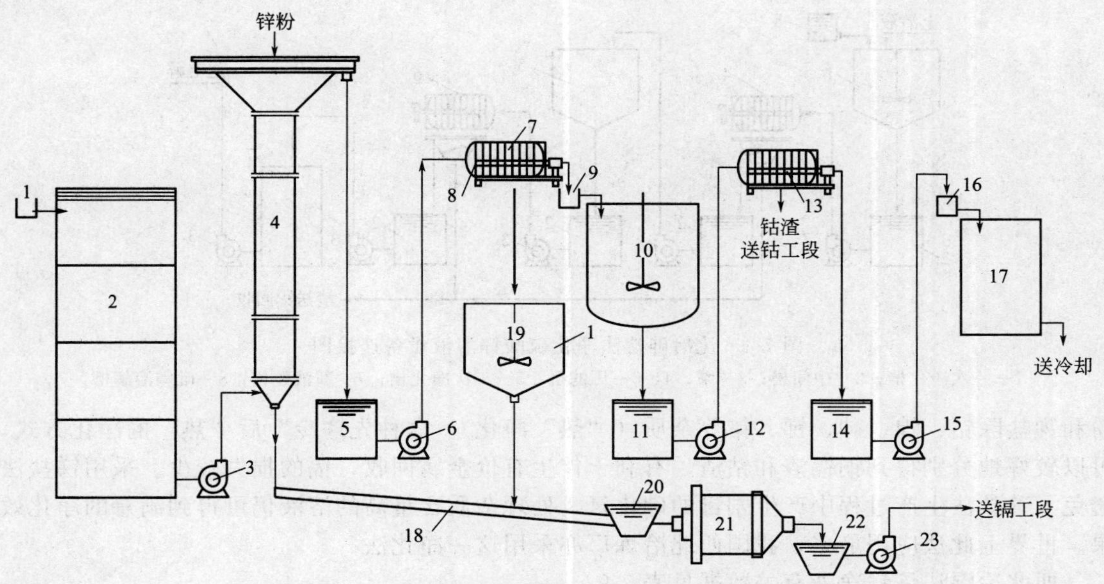

图 7-3　株冶硫酸锌溶液流态化连续净化除铜、镉，黄药间断净化除钴设备连接图

1—上清液溜槽；2—冷却塔；3—上清液输送泵；4—流态化除铜、镉槽；5，11，14，20，21—中间槽；6—除铜、镉压滤泵；7—除铜、镉压滤机；8，9—溜槽；10—除钴槽；12—除钴压滤泵；13—除钴压滤机；15—新液输送泵；16—新液溜槽；17—新液贮槽；18—铜、镍渣溜槽；19—铜、镉渣浆化槽；22—铜、镍渣球磨机；23—铜、镍渣输送泵

2. 砷盐法

砷盐法是用砷盐作锌粉活化剂在 353～368K 下加锌粉、As_2O_3 和 $CuSO_4$ 除铜、钴和镍及部分镉；然后在不加热情况下加锌粉除残镉，即两段净化。当 $CuSO_4$ 与锌粉作用时，首先在锌粉表面沉积铜，形成 Cu-Zn 微电池。Co^{2+} 等杂质金属离子在微电池的铜阴极上析出，形成 Zn-Cu-Co 合金。这种形态的钴仍不稳定，易于复溶。当有 As_2O_3 存在时，As^{3+} 也在阴极上被还原，形成 Zn-Cu-Co-As 合金，使 Co^{2+} 降至电积要求的程度。

砷盐净化可有效地除去溶液中的 Co^{2+} 和 Ni^{2+}，但是操作过程中会生成 AsH_3 等有毒气体，净化过程产生的 Cu-Co 渣被 As 污染，给回收其中的有价金属带来困难。

沈阳冶炼厂 1969 年开始用砷盐法净化，采用白砷（As_2O_3）代替黄药除 Co，取消了氧化锌浸出上清液除砷锑过程。一次净化时浸出液中加入（As_2O_3）、锌粉、硫酸铜，同时除去 As、Sb、Ni、Cu、Ge，二次净化时浸出液中加入 $KMnO_4$ 除 Fe，加锌粉除残 Cd。经过两次净化，可基本除净有害杂质，电解电流效率可提高到 90%，实现了深度净化，提高了新液质量。

图 7-4 为沈冶砷盐法净化硫酸锌溶液设备连接图。

白砷净化溶液的条件与指标：一次净化，温度 60～70℃，白砷、锌粉和硫酸铜的用量分别为 0.15kg/m³、0.5kg/m³ 和 0.2kg/m³，终液含 Co 降到 0.002g/L；二次净化，50～60℃，用空搅拌除铁，净化后溶液含铁$<$0.01g/L，铜$\leqslant$0.5g/L，Cd$\leqslant$0.002g/L。

3. 反向锑盐法

反向锑盐法是先在较低温度下除铜、镉（“冷”净化），然后在高温（80～90℃）下加锌

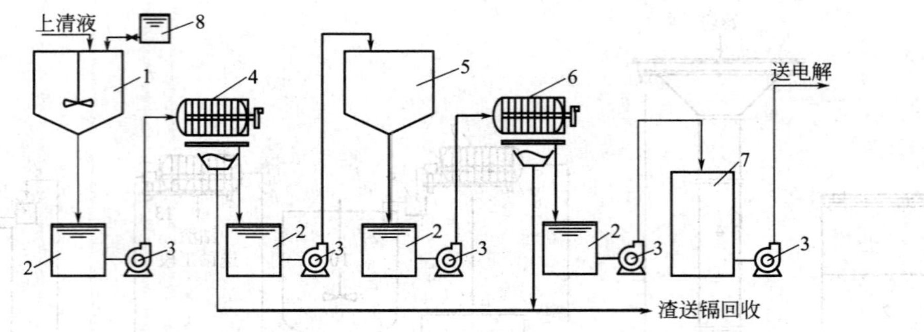

图 7-4　沈冶砷盐法净化硫酸锌溶液设备连接图

1—一次净化槽；2—中间槽；3—泵；4，6—压滤机；5—二次净化槽；7—新液贮槽；8—砒霜溶解槽

粉和锑盐除钴、镍、砷、锑、锗等杂质（“热”净化）。这种先“冷”后“热”的净化方式，可以较好地分别得到铜镉渣和钴渣，有利于伴生有价金属回收，镉的损失较少。采用锑盐法避免了砷盐法生产过程中产生剧毒的砷化氢，处理杂质含量高的溶液仍可得到满意的净化效果。世界上此法应用最多，我国西北冶炼厂亦采用这一净化法。

西北冶湿法炼锌净液有关数据见表 7-9。

表 7-9　中性上清液成分　　单位：g/L

Zn	Cu	Cd	As	Sb	Ni	Co	Fe
1.50	0.147	0.342	0.0003	0.0005	0.007	0.0012	0.02

4. 铅锑合金锌粉法

日本会津（Aizu）电锌厂曾采用铅锑合金锌粉除钴，合金锌粉含锑 0.02%～0.05%、铅 0.05%～1.0%。采用合金锌粉净液，与砷盐法相比，可避免剧毒砷化氢的产生，与锑盐法相比，可避免锑额外地带入溶液中。

我国柳州锌品厂第一段用锌粉除铜和镉；第二段用铅锑合金锌粉除镍、钴、锗。

第一段的技术操作条件如下：酸度为 pH＝5～5.2；温度＜55℃；锌粉：溶液中铜、镉的 1.7 倍；反应时间 30～40min；搅拌方式机械搅拌。

第二段的技术操作条件如下：溶液酸度为 pH＝5.4；温度 80～85℃；普通锌粉用量 $1kg/m^3$ 溶液；合金锌粉成分为 Pb 1.5%～2.5%，Sb 0.15%～0.25%；合金锌粉用量为 $1kg/m^3$ 溶液；反应时间为 40min。

净化前液含 Cd 3mg/L，净化后液含量：Cu 0.1mg/L，Cd 1mg/L，Ni 1mg/L，Co 1mg/L，Ge 0.04mg/L。

一次净化渣成分：Zn 30%～40%，Cu 4.9%，Fe 0.94%，As 0.25%，Sb 0.01%，H_2O 40%～50%。净化渣率为 $2.85kg/m^3$ 溶液。

一段净化渣采用低酸、高温处理，即前液酸度控制在 40～45g/L，温度 75～85℃，搅拌时间 4h，终点 pH ＝5.0。锌的浸出率平均达到 94.34%，镉的浸出率平均达到 85.59%，后液含钴小于 0.005g/L。

二次净化渣成分：Zn 40%～50%，Cd 1.3%～1.5%，Cu 1.36%，Co 0.014%，As 0.02%，Sb 0.01%，Ge 0.01%，H_2O 40%～50%。净化渣率为 $4.2kg/m^3$ 溶液。

净液材料消耗：锌粉 20～21kg/t 锌，高锰酸钾 0.1～0.2kg/t 锌，合金锌粉 20～21kg/t 锌。

本法第二段净液温度为 80～85℃，消耗蒸汽较多；另外，上清液含钴高时，合金锌粉耗量较大。

二段渣的处理采用中酸常温处理，即前液酸度控制在55～60g/L，常温下搅拌4h，终点pH = 5.0。锌浸出率平均达到94.99%，镉浸出率平均达到91.29%，后液含钴小于0.008g/L。

二、危险废物及医疗废物处置案例

虽然危险废物焚烧处理的工程应用中还存污染物排放、灰渣处理等诸多需要进一步解决的问题，而且由于公众对危险废物运输风险和危险废物处置设施运行可能对周边造成的环境风险的关注，引发了一些围绕危险废物运输路线设计、处置场地选址的公众事件，但是实践表明，只要在方案出台前做好风险评估和信息沟通，让公众从早期开始参与危险废物处理过程风险评价，以及提供一定的激励措施等手段，公众对危险废物焚烧处置是可以接受的。毕竟焚烧处置已经被证明为目前为止最为可行的危险废物安全处置手段。

目前公众对危险废物焚烧炉处置最为关注的是焚烧过程中二噁英等持久性有机污染物的污染问题，实际上常规燃料燃烧过程中也存在二噁英排放问题，只要措施得当，危险废物焚烧处置过程中的二噁英排放可以被降到很低。通过对PCDFs和PCBs排放进行监测研究发现，缺少必要的烟气污染物控制装置和不合理的废物送入方式的小型焚烧炉的污染物排放远高于大型焚烧炉。Ling对电站锅炉、大型MSW焚烧炉、医疗废物焚烧炉、小型MSW焚烧炉飞灰中的PCDD/Fs的分析结果表明在废物焚烧处置工艺的选择上，应该实现焚烧设施大型化。

1. 焚烧系统介绍

杭州市危险废物及医疗废物处置项目处理的工业危险废物以固态、液态废物为主，主要是热值较高和毒性较大的废有机溶剂、农药废物、医药废物、废矿物油、精（蒸）馏残渣/液、含酚废物、有机磷化合物等，以及污水处理的含油污泥、印染污水污泥、剧毒化学品等，状态上划分包括固体废物、液体废物、半固体膏状废物。为保障焚烧炉稳定安全运行，危险废物入炉前，需根据成分、热值等参数及废弃物间的相容性进行掺混配比，配比后入炉废物平均低位热值为12.9MJ/kg。项目设计6个有效容积为$30m^3$的液体暂存罐，暂存罐内的废液经废液泵输送至回转窑和二燃室：热值低于25MJ/kg的废液进入回转窑，高于25MJ/kg的废液进入二燃室，替代部分二燃室的辅助燃油，半固体膏状废物采用木屑干化后同固体废物一起进料。回转窑焚烧炉要求进料最佳粒度不超过100mm×100mm×200mm，不满足要求的废物需要经过破碎机处理，破碎后的废物进入预处理区暂存坑，在预处理区进行不同来源危险废物的配料掺混，整个预处理区为密闭负压状态，空气被焚烧炉鼓风机引入炉内焚烧处理，以防止有害气体泄露。废物被抓斗送入炉前料仓后，经料仓底部的链板输送机送入炉前中间料斗，料斗底部设有计量装置。

危险废物焚烧系统由回转窑、二次燃烧室及控制系统组成。经过预处理的各类危险废物按照适当比例配比后通过不同的进料途径进入焚烧系统，在回转窑连续旋转下，废物在窑内不停翻动，完成干燥、气化和燃烧，通过调节回转窑转速，可以调整物料在回转窑内的停留时间，由于物料在回转窑内的停留时间较长，当到达回转窑出口端时，能够实现较好的燃烬效果，残渣自窑尾落入渣斗，由水封出渣机连续排出。危险废物在回转窑内燃烧所需风量由窑头不同的送风系统送入，回转窑出口的烟气进入二燃室，烟气在二燃室的停留时间大于2s，经过再次高温燃烧，进一步降低二燃室出口烟气中有机组分含量。经过充分燃烧的高温烟气送入余热锅炉实现热量回收。考虑到危险废物来源的复杂性和成分多变性及送入回转窑内的物料热值波动较大，为确保焚烧系统的安全稳定运行，回转窑头和二次燃烧室布置了辅助燃烧器，辅助燃料用轻质柴油。当废物热值低于1.17MJ/kg，含水率高于50%时，回转窑需加入燃油助燃。焚烧系统和烟气处理系统主要技术参数见表7-10。

表7-10 焚烧系统和烟气处理系统主要设计技术参数

回转窑尺寸	$D_i=3m, L=11.4m$	急冷塔烟气进口温度	500℃
回转窑转速	$n=0.2\sim2r/min$	急冷塔烟气出口温度	180℃
回转窑安装倾角	1.5°	急冷塔停留时间	<1s
回转窑炉温	850～1050℃	布袋除尘器烟气进口温度	190℃
废物入炉平均热值	12.9MJ/kg	布袋除尘器烟气出口温度	175℃
废物停留时间	40～73min	洗涤塔烟气进口温度	175℃
废物充填系数	4%～7%	洗涤塔烟气出口温度	70℃
二燃室尺寸	$D_i=3.6m, L=13.5m$	洗涤塔出口烟气量	$2.9\times10^4m^3/h$
二燃室温度	1100～1200℃	烟囱高度	45m
二燃室停留时间	>2s	消石灰消耗量	120kg/h
余热锅炉烟气进口温度	1100～1250℃	活性炭消耗量	10kg/h
余热锅炉烟气出口温度	500～550℃	辅助燃油量	50～300kg/h

为了提高经济性，在二燃室后部布置余热锅炉，通过余热锅炉将高温烟气中的部分热能回收，所产生蒸汽供内部使用，烟气温度在余热锅炉内由1100～1200℃降至500℃左右后进入急冷塔。为了抑制烟气温度降低过程中二噁英的合成，需要严格控制余热锅炉出口烟气温度不能太低，烟气由余热锅炉出口以后，经由急冷塔实现快速降温，急冷塔压力雾化喷头将水雾化成小于30μm，直接与烟气进行传质传热交换，利用烟气的热量使喷淋的水分蒸发，从而使烟气在塔内迅速降温至200℃左右，烟气在急冷塔内的停留时间<1s，急冷塔出来的烟气进入布袋除尘器除去粉尘。烟气在进布袋除尘器前通过流化床反应器喷入消石灰粉和活性炭粉，使烟气中的酸性气体被$Ca(OH)_2$中和，烟气中的PCDD/PCDF等有毒有害成分则由活性炭吸附。经布袋除尘器净化后的烟气进入洗涤塔，烟气中的有害成分在洗涤塔内进一步去除，焚烧系统及烟气净化系统见图7-5。

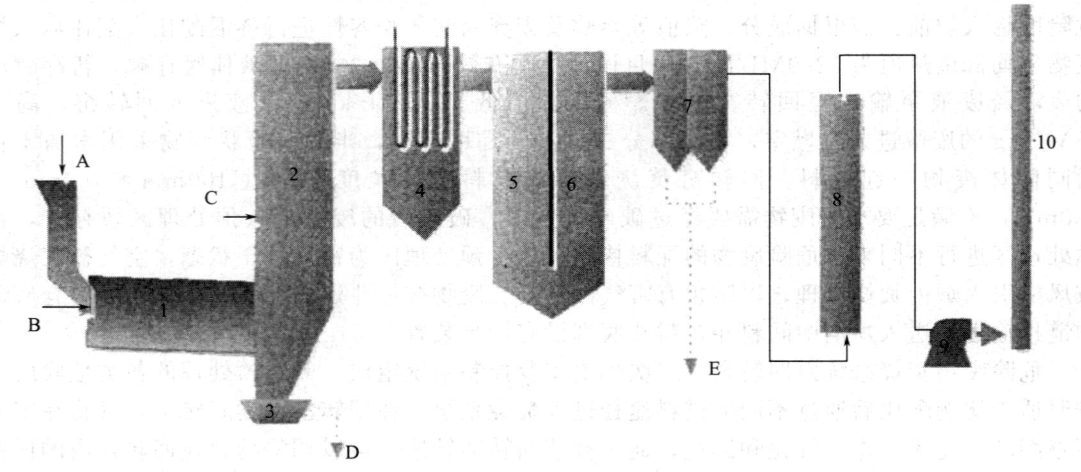

图7-5 废物焚烧及烟气流程示意图

1—回转窑；2—二燃室；3—水冷渣槽；4—余热锅炉；5—急冷塔；6—反应塔；7—布袋除尘器；8—洗涤塔；9—引风机；10—烟囱；A—进料口；B—一次风；C—二次风；D—底渣；E—飞灰

余热锅炉、急冷塔、布袋除尘器底部分别设置有飞灰收集装置，收集的飞灰送至稳定/固化车间处理，回转窑窑尾的出渣经磁选机分离出金属后，运至稳定/固化车间处理后送入填埋场进行填埋处理。

2. 焚烧物料

对送入焚烧系统进行处理的危险废物进行掺混对于稳定焚烧系统的安全运行至关重要，虽然回转窑焚烧系统具有较强的燃料适应性，可以满足组分和燃烧特性差别较大的危险废物在同一个焚烧系统内进行处理，但为了保证回转窑耐火材料的安全和整个焚烧系统的污染物排放达标，以及降低烟气净化系统的运行成本，实现污染物的较低排放，仍需要将进入焚烧系统的危险废物均匀性控制在合理的范围内。不同来源的危险废物具有迥异的燃烧特性和成分含量。对于高挥发分含量的危险废物，如果没有经过科学配比，其送入回转窑内的物料量过于集中，将可能导致大量挥发分在短时间内集中析出，在回转窑窑头送风量不做调整的情况下，回转窑内将出现空气量不足的现象，导致危险废物受热以后的气体产物在窑内不能充分燃烧，大量可燃性气体组分进入二燃室和后部烟气系统。由于挥发分的析出是吸热过程，高挥发分危险废物送入回转窑后，窑内前段区域的温度大幅度降低，危险废物热分解产生的固态残渣会由于回转窑内温度的降低而不能有效燃烬，从而形成回转窑排渣中可燃组分含量超标。

在热分解过程中，危险废物中绝大部分的Cl元素会在300～600℃之间的较窄温度区间内集中以HCl的形式析出，而高硫含量危险废物中的S元素则在400℃以前以SO_2的形式析出，高氮含量危险废物中的N元素则会在430℃之前集中释放，在氧气充足的条件下，所析出的含N气态产物被氧化并最终生成NO_x。对高氯、高硫和高氮含量的危险废物，如果没有通过掺混配比就送入焚烧系统，大量污染物HCl、SO_2、NO_x等就会在低温阶段集中释放，不但增加了烟气净化成本，更容易导致焚烧系统污染物排放超标。

此外，根据前文的研究可以发现，不同的危险废物燃烧特性有很大的差异，高挥发分危险废物在500℃左右即可实现燃烬，热值较高的危险废物氨纶废料的热值高达34.8MJ/kg，而重金属含量较高的制革污泥即使在干燥条件下的热值只有8.52MJ/kg，燃烬温度则达到800℃，考虑到制革污泥中较高的水分含量，送入回转窑焚烧系统的制革污泥基本很难实现直接燃烧。如果进入焚烧系统的危险废物组分差异较大，势必会导致危险废物焚烧系统运行太大的工况波动，不利于回转窑焚烧系统的稳定运行。

危险废物的掺混和配比的根本目的是稳定焚烧系统运行工况、控制污染物排放，但不同危险废物的掺混和配比并不是简单的破碎和混合，这种掺混建立在对不同来源危险废物基本特性的全面分析的基础上。除此之外，还要考虑不同危险废物组分之间的反应性，避免由于盲目掺混造成严重事故。不同来源的危险废物成分和理化特性有很大差别，送往杭州市危险废物处置中心的危险废物在物理形态上可以大致分为散装固态危险废物、半固态危险废物、医疗废物、桶装危险废物、液态危险废物和气态危险废物等。为了保证焚烧系统安全运行和污染物排放的有效控制，需要对不同来源、不同形态的危险废物进行必要的预处理，例如为了保证焚烧物料的均匀性，需要对体积较大的危险废物进行必要的破碎处理，而一些半固态的危险废物，需要与木屑掺混才能经给料系统送入焚烧炉。并按照不同比例进行掺混。掺混配比过程不仅需要考虑不同危险废物的性质，防止发生剧烈反应，还需要控制危险废物中S、Cl、N等元素的含量，对S、Cl、N等元素含量较高的危险废物，在掺混配伍时需要适当降低其在掺烧中的比重。

送往杭州市危险废物处置中心的进行焚烧处理的危险废物主要包括废油墨、废油漆，蒸馏有机残渣、废有机溶剂残渣等工业危险废物，这些物料在进入焚烧系统预处理程序之前，需要进行必要的成分分析，主要分析内容包括热值、挥发分含量、灰分含量，以及S、Cl等元素的含量。根据危险废物基本成分分析结果，对物料进行掺混，由于不同时期送往处置中心的危险废物物料有所差异，但根据不同物料的分析结果对送入焚烧系统的物料进行配比，保证了危险废物焚烧炉入炉物料性质的基本稳定。表 7-10 列出了危险废物焚烧炉在某运行周期内的配比掺混比例，可以发现在表中所列各危险废物中，水处理污泥的热值较低，仅为 1.1MJ/kg，如果单纯对水处理污泥进行焚烧处理，将需要消耗大量辅助燃料，从而导致危险废物焚烧处理成本的增加，但是在将低热值的水处理污泥与热值较高的其他危险废物如含有机氰氯化钠残渣、蒸馏有机残渣、废有机溶剂残留物等进行掺混，可以使送入焚烧炉的物料平均热值达到 16.4MJ/kg，不但有效解决了水处理污泥的焚烧问题，而且避免了集中焚烧高热值危险废物带来的窑内温度过高对回转窑耐火材料安全性的威胁。需要焚烧处理的有机卤化残液 Cl 含量较高，见表 7-11。可以通过物料掺混阶段降低其在混合后物料中的比例来减少其高 Cl 含量带来的负面影响。

表 7-11　2.4t/h 危险废物焚烧炉在运行周期内焚烧物料成分分析

名称	比例	热值/(MJ/kg)	S/%	Cl/%	105℃挥发分/%	灰分/%
含有机氰氯化钠残渣	0.21	27.2	0.63	0.18	48.50	0.25
蒸馏有机残渣	0.14	28.9	0.08	0.76	14.59	0.39
废油漆	0.10	29.1	—	0.28	87.60	—
废油墨	0.01	21.6	0.27	0.32	94.00	1.90
废有机溶剂残留物	0.08	27.8	0.18	0.13	28.45	8.92
有机卤化残液	0.03	9.8	0.20	13.84	99.66	0.05
塑料模废料	0.07	8.5	0.06	0.18	0.11	75.73
水处理污泥	0.36	1.1	—	0.01	69.63	19.85
平均值		16.4	0.17	0.62	52.27	13.29

注："—"表示未测出。

3. 运行工况

为了研究两段式回转窑危险废物焚烧系统运行过程中污染物的排放情况，分别对杭州市危险废物处置中心示范项目 1.44×10^4t/a（2.4t/h）的危险废物回转窑高温焚烧系统运行过程中烟气污染物排放进行了测定。在该运行周期内，危险废物焚烧炉（2.4t/h）自点火到按计划停炉，期间不间断连续运行 18 天，在该周期内焚烧炉运行稳定。浙江省环境监测站在 2009 年 6 月 24 日对处置能力为 2.4t/h 的危险废物焚烧炉进行了污染物排放监测，监测期间平均负荷为 2.1t/h，运行负荷为 90%，活性炭和消石灰供应量分别为 10kg/h 和 120kg/h。图 7-6 给出了焚烧系统在污染物排放监测期间的主要运行温度测点（窑头、窑尾，二燃室、二燃室出口）记录情况。

4. 监测结果分析

（1）监测方法　烟气中污染物排放的监测按照《危险废物焚烧污染控制标准》(GB 18484—2001）中规定的焚烧设施排放气体分析方法进行，其中 SO_2 采用 HJ/T 56—2000 中规定的方法进行测定，Pb、Cu 采用 EPA 200.8—1994，监测点位于烟囱段，见表 7-12。

（2）监测结果　2.4t/h 危险废物焚烧系统烟气排放污染物的监测结果见表 7-13，可以发现，虽然"回转窑＋二燃室＋余热锅炉"焚烧系统的实际运行参数并未达到设计值，而且由于在实际运行过程中，二燃室的助燃燃烧器并未投用，导致二燃室在运行过程中的温度基本维持在 900～1100℃，低于危险废物焚烧系统设计值 1100～1200℃的温度要求，但烟气监测结果表明该焚烧系统仍然具有非常好的燃烧效果，烟气中 CO 的排放浓度小于 2.5 mg/m^3，远低于国家 80mg/m^3 的限定值，该焚烧系统实现了烟气中常规污染物排放全部满足国家限定标准。由于在危险废物预处理阶段通过科学配比，有效控制了进入回转窑焚烧系统的

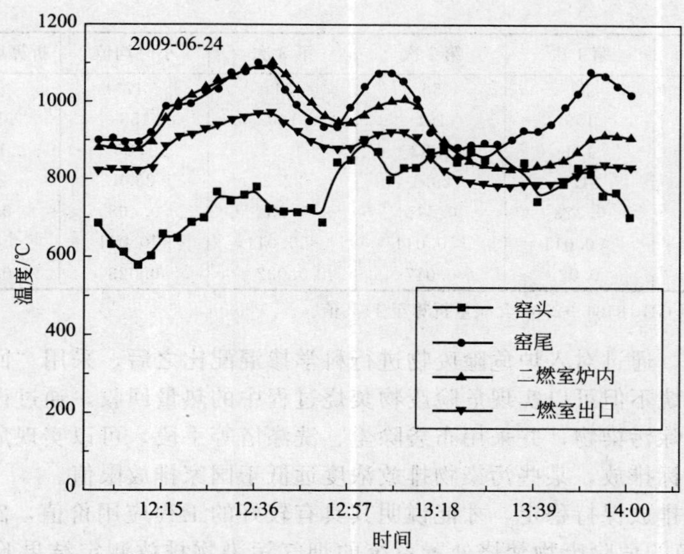

图 7-6 第一次监测期间焚烧系统温度曲线

表 7-12 危险废物焚烧排放气体分析方法

监测因子	监 测 方 法	方法来源
烟尘	重量法	GB/T 16157—1996
SO_2	碘量法	HJ/T 56—2000
NO_x	定电位电解法	①
CO	定电位电解法	①
HCl	离子色谱法	①
HF	氟离子选择电极法	①
Hg	冷原子荧光光度法	①
Pb	ICP-AES 法	EPA200.8—1994
Cu	ICP-AES 法	EPA200.8—1994
烟气流量	固定污染源排气中颗粒物测定与气态污染物采样方法	GB/T 16157—1996
烟气黑度	林格曼烟气黑度图法	①

①《空气和废气监测分析方法》(第四版)。

危险废物物料中的 S 和 Cl 含量，有效保持了焚烧物料中 S 和 Cl 含量的稳定性，以及在烟气处理系统中添加消石灰去除烟气中的酸性气体组分，烟囱位置监测表明的 SO_2 的排放浓度只有 $46mg/m^3$，远低于国家限定标准 $300mg/m^3$，HCl 的排放浓度只有 $25.1mg/m^3$，也低于国家的限定标准 $70mg/m^3$。烟气通过布袋除尘器后粉尘浓度可以有效控制在 $40.4mg/m^3$ 左右，不但减少了危险废物焚烧带来的粉尘污染，更有效降低了在飞灰颗粒表面富集的重金属的排放，烟气中的重金属 Pb、Cu、Hg 的排放水平也低于国家限定标准。

表 7-13 2.4t/h 处置规模危险废物焚烧炉污染物排放监测结果

监测项目	第 1 次	第 2 次	第 3 次	小时均值	折算后排放值	标准限值
废气温度/℃		77		—	—	—
废气量 $Q_{snd}/(m^3/h)$		2.83×10^4		2.83×10^4	1.91×10^4	—
含氧量/%	9.19	10.9	12.3	10.8	11	—
烟气黑度/级	1	1	1	1	—	1
烟尘/(mg/m³)	44.9	37.9	39	41.2	40.4	80
CO/(mg/m³)	<2.5	<2.5	<2.5	<2.5	<2.4	80

续表

监测项目	第1次	第2次	第3次	小时均值	折算后排放值	标准限值
SO_2/(mg/m³)	53	56	31	47	46	300
NO_x/(mg/m³)	159	161	140	153	150	500
HF/(mg/m³)	1.1	1.33	1.33	1.25	1,22	7
HCl/(mg/m³)	31.4	23.1	22.2	25.6	25.1	70
Pb/(mg/m³)	0.323	0.548	0.534	0.468	0.459	1
Cu/(mg/m³)	<0.011	<0.011	<0.011	<0.011	<0.011	—
Hg/(mg/m³)	0.02	0.017	0.032	0.023	0.022	0.1

注：测定结果为按照 GB 18484—2001 含氧量折算至11%值。

测定结果表明，通过对入炉危险废物进行科学掺混配比之后，采用“回转窑＋二燃室＋余热锅炉”焚烧系统不但可以实现危险废物焚烧过程中的热量回收，通过设置急冷塔和添加消石灰、活性炭脱除污染物，并采用布袋除尘、洗涤塔等手段，可以实现危险废物焚烧处置过程中污染物的达标排放，某些污染物排放浓度远低于国家排放限值。

焚烧炉污染物排放保持稳定，才能说明其具有较好的工程应用价值，2009年7月23日对2.4t/h处置规模的危险废物焚烧处置系统的烟气污染物排放测定结果验证了两段式回转窑危险废物焚烧炉在稳定运行期间较低的污染物排放水平，见表7-14，在该次测定中同步监测了烟气中的重金属等污染物排放，测定结果进一步表明，该危险废物焚烧炉具有良好的烟气污染物排放特性。

表7-14 回转窑焚烧系统（2.4t/h）污染物排放监测结果

监测因子	第1周期		第2周期		标准限值
	进口	出口	进口	出口	
废气温度/℃	262	64	251	66	—
标态废气量 Q_{snd}/(m³/h)	2.32×10^4	2.37×10^4	2.44×10^4	2.47×10^4	—
含氧量/%	10.78	12.46	9.61	11.60	—
烟尘/(mg/m³)	1.18×10^3	14.27	695	11.43	80
CO/(mg/m³)	—	1.92	—	1.63	80
SO_2/(mg/m³)	195	13.1	320	10.4	300
NO_x/(mg/m³)	203	185	163	148	500
HF/(mg/m³)	2.64	1.83	—	2.23	7
HCl/(mg/m³)	61.6	7.83	58.8	6.11	70
Pb/(mg/m³)	—	0.32	—	0.26	1
Hg/(mg/m³)	—	$<5.0\times10^{-3}$	—	$<5.0\times10^{-3}$	0.1
Cd/(mg/m³)	—	$<2.78\times10^{-3}$	—	$<2.48\times10^{-3}$	0.1
As/(mg/m³)	—	0.462	—	0.672	1.0(合计)
Ni/(mg/m³)	—	0.064	—	$<3.17\times10^{-3}$	
Cu/(mg/m³)	—	<0.015	—	$<2.49\times10^{-3}$	4.0(合计)
Sn/(mg/m³)	—	0.025	—	6.33×10^{-3}	
Cr/(mg/m³)	—	<0.028	—	$<3.28\times10^{-3}$	
Sb/(mg/m³)	—	0.132	—	0.142	
Mn/(mg/m³)	—	<0.082	—	<0.074	
烟气林格曼黑度/级	—	<1	—	<1	1

注：测定结果为按照 GB 18484—2001 含氧量折算至11%值。

（3）二噁英排放测定结果

① 吸附剂对二噁英排放的影响。二噁英的排放始终是危险废物以及其他废物焚烧处置的关注重点，为了研究该2.4t/h处置规模的危险废物焚烧系统运行过程中二噁英的排放特

性，浙江大学分析测试中心二噁英实验室和环境监测机构多次对危险废物焚烧系统烟气中的二噁英排放进行了测定。为了研究危险废物焚烧过程中烟气净化系统所喷入的活性炭吸附剂对二噁英排放的影响，对稳定运行的回转窑焚烧炉（2.4t/h）在活性炭喷入和停用的两个工况下的烟气中二噁英排放进行测定，根据测定结果可以发现，该“回转窑＋二燃室”焚烧系统（2.4t/h）在运行过程中，如果不投入活性炭，其烟囱位置所监测到的二噁英排放量只有 0.413I-TEQng/m^3，见表 7-15，该排放值完全满足我国关于危险废物焚烧处置二噁英排放限值 0.5TEQng/m^3 的要求，即在采用两段式回转窑焚烧系统，并对烟气进行净化处理，在对危险废物焚烧飞灰用布袋除尘器除灰的条件下，不添加活性炭就可以实现二噁英的达标排放，充分表明了该焚烧系统的良好性能，只是在不喷入活性炭吸附剂的条件下，烟气中二噁英排放浓度比较接近于排放限值。在烟气处理系统中喷入活性炭吸附剂以后（活性炭量 10kg/h）烟气中的二噁英排放显著降低，测定结果显示在焚烧系统正常运行条件下，在烟气处理系统添加活性炭以后烟囱位置二噁英排放测定值仅有 0.029TEQng/m^3。

表 7-15　回转窑焚烧系统烟气二噁英排放

检测项目	执行时间	排放值	标准限值	备　注
二噁英/(I-TEQng/m^3)	10:40～12:10 13:00～14:30	0.413 0.029	0.5 0.5	未投活性炭 投活性炭

② 二噁英排放测定分析。为了详细研究两段式回转窑危险废物焚烧系统在运行过程中的二噁英排放特性，选择一个完整运行周期对杭州市危险废物处置中心 2.4t/h 处置规模焚烧炉的二噁英排放水平进行检测。运行周期内回转窑焚烧系统所焚烧物料的基本分析见表 7-16，其中水处理污泥、塑料膜废料、染料污泥等废料具有较高的灰分含量，若不进行必要的掺混处理，这些物料在焚烧过程中不但不能够维持回转窑内的稳定燃烧，而且容易导致窑内严重结圈。不同时期送到处置中心的来料有所改变，导致不同运行周期内物料种类差异明显，但通过对物料进行预混处理，使送入回转窑焚烧的物料特性尽可能保持了较小的波动。

表 7-16　第二次监测期间焚烧危险废物成分分析

样品名称	比例	热值/(MJ/kg)	S/%	Cl/%	挥发分/%	灰分/%	容重/(kg/m^3)
涂料废渣	0.02	0.9	0.14	0.09	72.94	3.35	0.7
水处理污泥	0.05	5.7	2.88	0.23	27.45	41.13	1.2
油漆渣	0.14	24.4	—	0.64	37.89	3.45	0.8
废过滤材料	0.03	1.5	0.09	0.64	41.62	3.27	0.5
不合格品	0.04	29.2	6.17	0.37	2.19	4.86	0.3
废油抹布	0.01	24.5	—	0.33	31.03	10.67	0.3
脲醛树脂	0.04	9.3	0.77	0.87	36.43	0.06	0.8
抹布手套等	0.04	38.2	0.40	0.92	20.16	1.70	0.3
不织布	0.04	15.4	0.47	—	12.63	1.04	0.3
脲烷	0.022	29.8	—	0.05	2.24	0,06	0.8
脱棕残渣	0.04	25.8	0.11	0.32	17.59	1.31	0.6
油漆渣	0.04	5.5	0.38	0.05	1.50	5.32	0.6
切断片	0.1	33.6	0.61	0.36	1.05	0.02	0.8
塑料膜废料	0.04	8.5	0.06	0.18	0.11	75.73	0.8
沾污物	0.03	19.8	2.27	1.01	15.10	0.50	0.4
废包装纸袋	0.02	27.0	0.06	0.58	1.90	1.50	0.4
纸塑混合物	0.04	19.3	0.23	0.53	5.40	7.80	0.3
结晶片	0.08	20.0	0.16	0.16	33.72	0.01	0.5

续表

样品名称	比例	热值/(MJ/kg)	S/%	Cl/%	挥发分/%	灰分/%	容重/(kg/m³)
染料污泥	0.02	0.1	—	0.23	53.18	40.24	1.5
涂料	0.024	12.3	—	0.84	51.00	0.49	0.8
胶水	0.024	11.0	—	—	—	—	—
蒸馏残渣	0.04	28.9	0.22	0.76	4.21	0.68	0.8
废砂	0.02	7.8	1.41	0.03	43.01	24.01	1.2
油漆渣	0.02	0.7	0.38	0.03	68.11	9.75	0.8
废农药包装物	0.03	22.5	0.33	0.32	4.26	11.25	0.3
平均值		19.4	0.69	0.41	21.68	8.63	0.65

注："—"表示未测出。

此外，部分危险废物中的S、Cl等元素含量较高，在这些物料的焚烧过程中，容易导致大量SO_2、HCl以及二噁英等污染物的产生，而根据不同来源危险废物的特性分析，通过物料掺混、配伍等措施，不但可以保持送入炉内物料的平均热值基本稳定，还实现了S、Cl等元素的稳定，焚烧以后产生的污染性气体组分的量维持在烟气净化系统的处理能力内，有效减轻了烟气处理系统的运行调节压力，可以保持危险废物焚烧过程中污染物排放始终处于较低水平。

该焚烧系统此次启动从投入燃烧器进行升温到开始向回转窑焚烧系统投入危险废物，共历时28h（包括在升温过程中为了满足二噁英排放测定需要，在各采样时间内保持回转窑运行温度的稳定所需的时间），此次点火启动阶段相关测温点所记录的升温曲线如图7-7所示。根据危险废物回转窑焚烧系统运行要求，在开始向回转窑焚烧系统内送入危险废物物料之前，活性炭给料系统、石灰石给料系统以及布袋除尘器相继投入运行，以保证有效减少危险废物焚烧过程中污染物的排放。

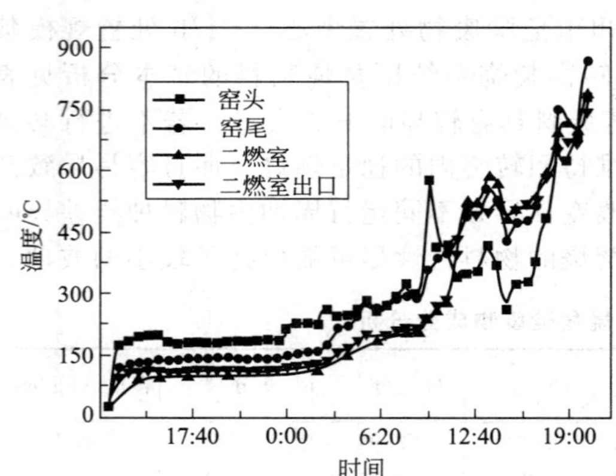

图7-7 危险废物焚烧炉（2.4t/h）点火升温曲线

为了研究该回转窑危险废物焚烧系统在启动过程中的二噁英释放特性，浙江大学分析测试中心二噁英实验室在窑温升至300℃、600℃，以及开始向回转窑内投入危险废物物料以后在烟囱采样点对二噁英排放情况进行了分析（表7-17），此次测定发现，虽然在危险废物焚烧系统的启动升温阶段并没有向焚烧炉内投入危险废物，但是由于没有在烟气净化系统中喷入消石灰、活性炭吸附剂，以及在点火阶段停用飞灰布袋除尘器，导致对烟气没有采取任何污染物控制措施，该阶段的二噁英排放浓度较高。在窑温升至300℃和600℃时，烟气中二噁英的排放量分别达到3.683I-TEQng/m³和5.488I-TEQng/m³。

表7-17 2.4t/h危险废物焚烧炉点火升温阶段二噁英排放测定结果

工况	300℃	600℃	开始投料
数据/(I-TEQng/m³)	3.683	5.488	0.346

注：由于受时间限制，点火升温阶段二噁英排放测定只取了一个样。

对危险废物焚烧炉点火启动阶段的二噁英排放，此前并没有引起太多的关注，本次测定表明，虽然回转窑式危险废物焚烧系统的点火启动阶段时间较短，但是在该阶段的二噁英排放浓度十分高，而且出于保护布袋除尘器的需要，在回转窑启动期间停用了飞灰收集装置，导致焚烧系统在启动升温阶段二噁英以较高的浓度直接排放进入环境。根据本文对回转窑启动过程中二噁英排放的测定，有必要在点火升温阶段尽早投用烟气净化系统，减少二噁英的环境排放。

由于向焚烧系统内投入危险废物焚烧物料之前，烟气净化系统开始运转，相继投入消石灰和活性炭，并投用布袋除尘器，所以测定结果显示，当开始向回转窑内投入物料以后，二噁英排放浓度出现大幅度降低，但此时烟气中的二噁英排放浓度仍然比回转窑正常运行时高10倍左右，从而验证了在不稳定运行工况下二噁英排放浓度的确很高。

当回转窑焚烧系统开始投入危险废物物料并稳定运行一段时间以后，对焚烧炉(2.4t/h)正常运行工况下的二噁英排放进行了检测，测定期间焚烧系统相关温度测点温度记录如图7-8所示，此间平均给料量为2.6t/h，活性炭和消石灰供应量分别为10kg/h和120kg/h。由于危险废物从回转窑前端进入以后，经历了水分、挥发分析出阶段，该阶段属于吸热过程，而且从窑头部位送入窑内的空气温度较低，所以稳定运行阶段，如果没有投用窑头助燃燃烧器，窑头部位将维持在较低温度。为稳定回转窑窑头部位的温度在合适范围，需要适时投用窑头助燃燃烧器，燃烧器投用和退出期间对窑头温度测点温度记录影响较大。

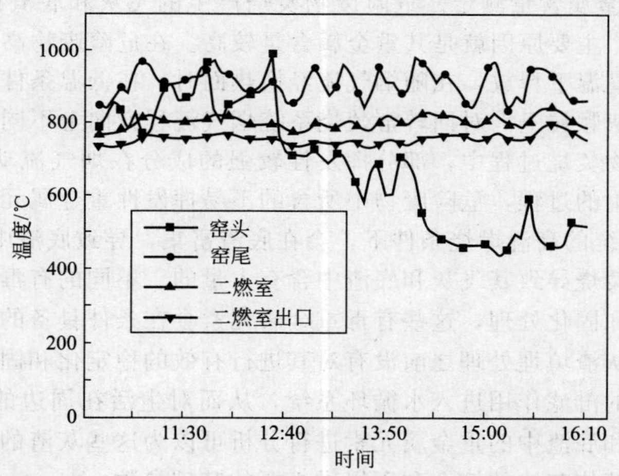

图7-8 第二次检测期间2.4t/h危险废物焚烧炉运行温度曲线

温度记录显示，除了回转窑前端，焚烧系统其他部位温度基本稳定，二燃室燃烧温度基本稳定在800℃左右，回转窑尾部温度在800～1000℃之间波动，窑尾的温度测点基本反映了该部位的温度情况，而且回转窑窑尾温度在温度监测点中为最高温度，根据温度记录结果来看，检测期间焚烧系统总体运行稳定。

焚烧炉（2.4t/h）在该运行周期内危险废物焚烧系统及烟气处理系统稳定运行之后烟气测定结果显示该危险废物焚烧炉稳定运行过程中，二噁英排放数据不但完全满足我国危险废物焚烧装置二噁英排放限值要求，而且低于发达国家0.1TEQng/m^3 的危险废物焚烧二噁英排放限值，测定结果见表7-18。

表7-18 危险废物焚烧炉（2.4t/h）稳定运行阶段二噁英排放测定结果

编号	试样1	试样1	平均值	限定值
数据/(I-TEQng/m^3)	0.038	0.031	0.035	0.5

注：TEQ表示毒性当量。

(4) 重金属排放测定结果

① 烟气中重金属排放。由于进行焚烧处置的危险废物中包含不同生产工艺来源的工业污泥，如制革污泥、电镀污泥，此外，一些需要特殊处理的工业残渣等也会造成危险废物焚烧过程中重金属排放量的增加，所以危险废物焚烧过程中的重金属释放和污染问题要比其他焚烧炉更为严重。对危险废物焚烧炉烟气排放中的重金属进行测定，不但有助于调整入炉焚烧物料的配比情况，更可以为以后的重金属污染物控制提供详细的参考数据。

对 2.4t/h 危险废物焚烧炉稳定运行期间烟气中重金属排放浓度测定结果见表 7-19（按氧气浓度 11%折算后），该焚烧系统烟气的重金属处于较低的排放水平，完全满足我国相关排放限值要求。

表 7-19 2.4t/h 危险废物焚烧炉烟气中重金属排放测定

污染物	排放值/(mg/m^3)	限定值/(mg/m^3)
Hg	0.0071	0.1
Cd	0.0151	0.1
Pb	0.2115	1
As+Ni	0.0194	1
Cr+Mn+Cu+Sn+Sb	0.0698	4

② 固态废渣中重金属含量测定。危险废物焚烧产生的飞灰和底渣被作为需要特别处理的危险废物进行管理，主要原因就是其重金属含量较高。在危险废物高温燃烧过程中，部分易挥发性金属元素在高温下释放，在随烟气流经换热面时，在低温条件下发生冷凝，并吸附在比表面积较大的飞灰颗粒上。对回转窑焚烧系统烟气流程方向上不同部位的飞灰和灰渣采样分析显示在危险废物焚烧过程中，部分挥发性较强的成分在烟气流动方向上凝结、结晶，并在飞灰颗粒表面吸附的过程，危险废物中所含的不易挥发性重金属元素（如制革污泥中的 C 元素等），在焚烧系统的高温燃烧条件下，会在底渣富集，导致底渣中的重金属含量超标。

危险废物的高温焚烧导致其飞灰和底渣中含有大量的、不同的有毒重金属元素，如果不能得到妥善的稳定化和固化处理，这些有毒重金属元素会在条件具备的情况下从灰渣中释放重新进入环境。如果灰渣填埋处理之前没有对其进行有效的稳定化和固化处理，这些重金属元素会经过自然环境的淋滤作用进入水循环系统，从而对生活在周边的民众健康构成威胁。对危险废物焚烧飞灰和底渣中的重金属元素进行分析可以为这些灰渣的安全处理提供必要的依据，也为危险废物焚烧灰渣的综合利用提供必要的基础参数。

对 2.4t/h 危险废物焚烧系统飞灰和底渣中重金属含量测定结果见表 7-20，可以发现该

表 7-20 飞灰和底渣中重金属含量及排放限值 单位：$\times10^{-6}$

重金属	飞灰	底渣	农用污泥中污染物控制标准（在中性和碱性土壤上 pH>6.5）
Be	—	0.92	—
Cr	39.5	1399.06	1000
Mn	129.7	—	—
Ni	24.5	724.34	200
Cu	460.5	3765.03	500
As	374	1.66	75
Cd	6.4	—	20
Sn	160.8	—	—
Sb	141.1	—	—
Hg	1.2	11.52	15
Pb	800	193.39	1000
Zn	—	869.27	1000

检测日期：2009 年 10 月 30 日。检测单位：浙江大学分析测试中心。

危险废物焚烧炉的飞灰和底渣中部分重金属含量较高，飞灰中的 Cu 和 Pb 含量虽然低于国家相关控制标准，但是其含量已经比较接近标准限值，As 含量则严重超标。一些不易挥发的金属元素，则大量在底渣中富集，焚烧底渣中的 Cr、Ni、Cu 含量较高，Zn 的含量则接近国家限值，所以该焚烧系统的飞灰和底渣都需要进行有效的固化和稳定化才能送入灰渣填埋场进行填埋处理。如果考虑对危险废物焚烧灰渣进行综合利用，将其用作道路建设、建材原料等用途，则需要深入研究其在不同利用途径下的重金属浸出特性，防止在废弃物资源化的过程中造成环境污染，甚至带来生态灾难。

第三节　工业生产清洁生产案例

一、铅锌硫化矿浮选的清洁生产案例

南京栖霞山锌阳矿业有限公司所属铅锌矿地处长江南岸，是华东地区最大的铅锌硫银有色金属中型矿山。该矿选矿厂日处理 1300t 高硫铅锌矿，产出选矿废水 5400m^3/d，尾矿等矿渣 400t/d。为了矿山能够可持续发展，近几年来锌阳矿业有限公司通过和广东工业大学共同进行合作研究，并投入较多的改造资金，使铅锌硫化矿选矿过程的清洁生产水平得到了较大提高。

1. 新工艺提高资源利用率

1998 年以前，锌阳矿业有限公司所属选矿厂磨浮设计为两个生产系列，产出硫化铅、硫化锌、硫化铁 3 种精矿，浮选工艺为铅、锌、硫依次浮选，浮选药剂制度为：矿浆在自然 pH 值条件下，用 $ZnSO_4+Na_2SO_3$ 作锌硫抑制剂，丁铵黑药＋苯胺黑药作为捕收剂优先选铅；铅尾用石灰作 pH 值调整剂，$CuSO_4$ 作活化剂，310 复合黄药作捕收剂选锌；锌尾用 310 复合黄药选硫。

为了进一步提高铅、锌、硫的浮选指标和矿产资源的综合利用率，同时简化浮选流程结构和浮选药剂制度，为后续扩大生产规模创造条件，1998 年锌阳公司选矿厂采用了广东工业大学、中南工业大学联合研制的浮选新工艺—硫化矿电位调控浮选清洁利用新技术。经过工艺流程结构和药剂制度的不断完善，选矿厂电位调控浮选清洁利用新工艺的生产技术指标与 1997 年的传统工艺指标相比有明显提高，见表 7-21。

表 7-21　硫化矿电位调控浮选清洁利用新工艺与原工艺生产指标对比

类别	原矿品位/%				精矿品位/%				回收率/%			
	Pb	Zn	S	Ag/(g/t)	Pb	Zn	S	Ag/(g/t)	Pb	Zn	S	Ag
原工艺	2.93	6.33	17.93	73	52.1	52.6	37.5	743	85.9	87.0	68.8	51.5
新工艺	4.47	8.00	26.28	128	62.8	53.3	38.3	1131	90.0	91.9	77.9	58.1

采用新工艺后（2003 年 5～9 月），铅精矿品位和回收率分别提高 10.7%和 4.1%，锌精矿品位和回收率分别提高 0.7%和 4.9%，硫精矿品位和回收率分别提高 0.8%和 9.1%，产品总回收率增加了 24.7 个百分点。

2. 选矿废水的处理与回用

锌阳公司选矿厂每天总用水量为 5900m^3，3 种精矿产品及尾矿充填等带走 500m^3/d，最终产生 5400m^3/d 的废水。选矿废水由 5 股废水混合而成，它们分别是铅精矿溢流水、锌精矿溢流水、硫精矿溢流水、锌尾浓缩水和尾矿水。选矿混合废水中含有较复杂的各种选矿药剂成分和多种重金属离子，处理难度较大，而选矿生产每天还需要补充 5900m³ 的新鲜水。根据清洁生产的原则，最佳的办法莫过于找到一种可行的废水回用工艺，这种工艺既能使废水得到全部回用，又能保证生产工艺的最优化运行。为达到此目的，经过大量的水处理试验和选矿对比试验研究，并结合各种实用的废水回用技术，最终提出了部分废水优先直接回用，其余适度净化处理后再回用，全部废水回用于选矿生产的方案，其工艺流程见图 7-9。

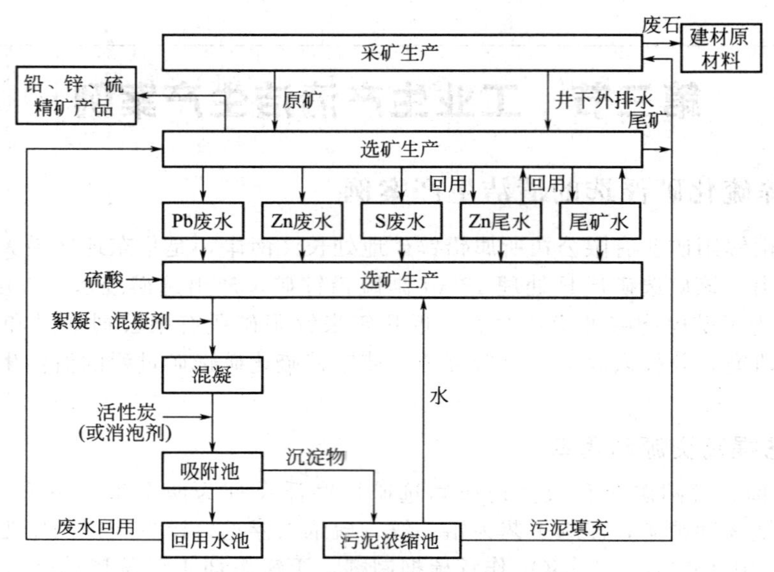

图 7-9　浮选废水回用工艺流程图

尾矿浓缩废水和锌尾水主要可直接回用于选矿工序中的选硫作业，其余类型的废水需经过处理后再回用，处理方法为混凝、吸附工艺，吸附的沉淀物经浓缩后作为采矿区充填料或建材原材料，其中吸附采用活性炭作为吸附介质。

(1) 部分选矿废水优先直接回用

① 尾矿水直接回用于选硫和破碎作业。尾矿浓缩废水 pH 为中性，含有大量捕收能力极强的 310 复合黄药、起泡剂、硫酸根离子等，废水量 650t/d，由于本身为选硫的母液，应对选硫十分有利，但对选铅和选锌相对不利。故可把尾矿浓缩废水直接回用于选硫作业，从而充分利用尾矿浓缩废水中的选硫残留药剂进行选硫。在试验成功的基础上，2002 年 1 月对尾矿水路进行了改造，通过近两年的生产使用表明，尾矿水直接用于选硫后，选硫作业的回收率由 91.70%提高到 96.43%，尾矿硫品位由 2.97%降低到 2.23%，选硫 310 复合黄药由 370g/t 降低到 310g/t，选硫回收率作业回收率提高 4.73%，见表 7-22。

表 7-22　尾矿水直接选硫工业生产指标对比

时　间	水　源	硫回收率/%	尾矿硫品位/%	310 复合黄药用量/(g/t)
2002 年 2 月—2003 年 9 月	尾矿浓缩废水	96.43	2.23	310
2001 年 1 月—2002 年 1 月	新鲜水	91.70	2.97	370

② 锌尾水部分优先直接回用于选锌作业和精矿冲矿。锌尾水在该公司各种选矿废水中属于流量最大的废水，现在每天废水量约 2700t，占废水处理量的一半，该废水 pH=12.40 左右，水中含有的主要选矿药剂成分有选锌和选铅的一些残留药剂。经分析，锌尾水直接回

用于选锌不但没有坏处，而且对于节约选锌药剂成本和适当提高锌选矿指标还有好处，完全可以直接回用于选锌。另外，锌尾水直接用作硫精矿、锌精矿、铅精矿泡沫冲矿水，使精矿在陶瓷过滤机过滤时处于碱性环境中过滤，有利于改善脱水效果。

如果将锌尾水用作为选锌作业补加水和各种精矿泡沫冲矿水，可以用掉1800t/d左右，还能大大减少生产石灰加入量，减少废水处理量和废水处理费用。在试验室对比试验成功的基础上，2003年5月完成了锌尾水直接用于选锌和精矿冲矿作业的改造，使用后指标和药剂变化见表7-23。

表7-23 锌尾水直接用于选锌生产指标对比

时间	石灰/(kg/t)	选锌药剂用量/(g/t)			选锌补加水	名称	品位/%			回收率/%		
		捕收剂	硫酸铜	起泡剂			Pb	Zn	S	Pb	Zn	S
2003年1～4月	9.5	351	387	49	总废水	锌精矿	1.57	53.39	30.81	4.8	90.7	15.7
						铅精矿	61.64	5.06	18.53	89.5	4.1	4.5
						原矿	4.47	7.99	26.74	100	100	100
2003年5～8月	7.4	264	353	52	锌尾水	锌精矿	1.25	53.25	30.38	3.9	91.9	16.0
						铅精矿	62.75	5.22	18.01	90.0	4.2	4.4
						原矿	4.47	8.00	26.28	100	100	100

从2003年半年的锌尾水直接用于选锌的生产实践可以看出，由于锌尾水中含有选锌的药剂，捕收剂用量由351g/t降低到264g/t，硫酸铜的用量从387g/t降低到353g/t，石灰总用量由9.5kg/t降低到7.4kg/t，分别有不同程度的降低；锌回收率从90.7%提高到91.9%，同时由于回水中选锌的药剂浓度降低，铅的精矿品位由61.64%提高到62.75%。

综上可知，占整个废水总量75.05%的锌尾水和尾矿水可分别直接回用于选锌和选硫作业。

(2) 选矿废水经过适度净化处理后再回用 铅精矿、锌精矿溢流废水，根据其水质特点也可以返回到各自的作业工序，但由于铅、锌精矿的溢流水量较小，水量不够稳定，生产较难控制，因此仍然集中到一起处理后再回用。对于硫精矿溢流水，由于呈碱性，对选硫不利，必须处理后再回用。多余的锌尾浓缩溢流水为高碱性水，由于含有较多的选矿药剂，如铜离子等对选铅十分有害，pH值高对选硫也不利等，因此这些水必须经过处理后再回用。有关该类废水的混凝、沉淀具体工艺流程和实验效果可参照文献。

(3) 整个工艺的综合运用效果 根据2000年对该公司选矿废水处理设计，2001年4月完成了选矿污水处理站的建设，经过近2个月的调试，7月交付正常生产。到目前为止，整个废水净化与回用工程系统的设备运行正常，废水流动顺畅，混凝沉淀效果很好，出水中重金属含量明显降低，净化处理后出水的回用对浮选生产指标影响很小，现场工业调试结果基本达到了设计要求。对该公司历年的生产报表进行统计分析，表7-24中除了硫的回收率基本稳定外，其余金属的回收率均有一定程度的提高。

表7-24 近年来废水回用对选矿指标的实际影响

选矿废水利用情况	废水利用率/%	时 间	精矿品位/%				精矿回收率/%			
			Pb	Zn	S	Ag/(g/t)	Pb	Zn	S	Ag
不回用	0	1987—1993年	49.1	47.3	35.1	1614	76.9	74.1	76.9	39.1
部分混凝沉淀后回用	30～50	1994—2001年6月	53.0	50.6	38.7	777	84.9	86.9	67.6	43.5

续表

选矿废水利用情况	废水利用率/%	时间	精矿品位/%				精矿回收率/%			
			Pb	Zn	S	Ag/(g/t)	Pb	Zn	S	Ag
尾矿水直接回用，其余适度处理再回用	95～100	2001年7月—2003年4月	61.6	53.4	38.9	1269	89.5	90.7	76.8	60.5
尾矿水、锌尾水直接回用，其余适度处理再回用	100	2003年5月—2003年9月	62.8	53.3	38.3	1131	90.0	91.9	77.9	58.1

从表7-23可看出，自采用硫化矿电位调控浮选工艺以后，废水回用率大大上升，而且直接回用的比例也提高到75%，这说明电位调控浮选更有利于废水的直接回用。

3. 选矿尾矿处理和利用

该选矿厂每天产出选矿尾矿约400t，由于不像别的选矿厂那样建有尾矿库，产出的尾矿无法储存和净化处理。20世纪80年代前，选矿的尾矿是经长江排放的，给长江造成了严重的污染，为此每年都要交几十万元的排污费。近年来通过研究，找到了一条解决矿山尾矿问题的最佳方案：最大限度地提高选矿回收率以降低尾矿产率；对尾矿进行分级处理，粗粒尾砂代替水砂打坝，细粒尾矿用于井下胶结充填；部分全尾矿浓缩脱水后外销用作水泥辅料，从而实现了尾矿固体废物的零排放，不但实现了矿产资源的有效合理利用，也消除了尾矿废渣对环境的污染，做到了矿山开采和保护环境的有机统一。固体废物的利用流程见图7-10。

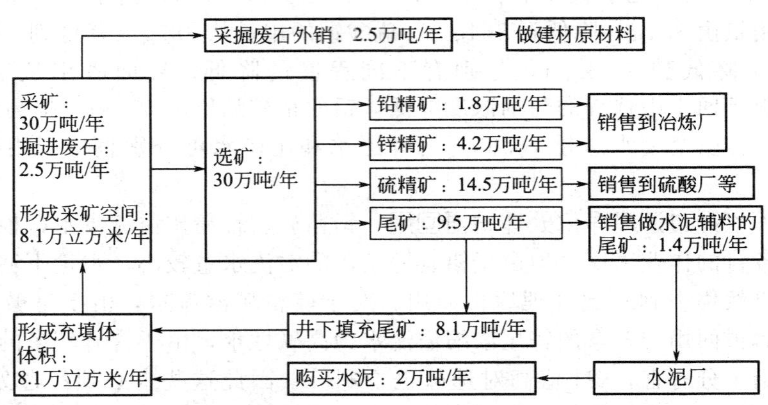

图7-10 固体废物的利用流程

二、铝冶金减废新清洁生产技术案例

1. 从铝土矿中提取氧化铝

铝土矿是含铝矿物和赤铁矿、针铁矿、高岭石、锐铁矿、金红石、钛铁矿等矿物的混合矿，是现代的炼铝原料。我国的铝土矿资源丰富，分布甚广，远景储量约为13亿吨，但大多为中、低品位的一水硬铝石型铝土矿，其特点是高铝、高硅和低铁。此种铝土矿中的氧化铝在碱溶液中的溶解度小，需要较高的温度和压力，才能加快其溶解，因此生产氧化铝的能耗和碱耗较高。

我国2002年共生产氧化铝541万吨，按1t氧化铝生产需要消耗2.2t铝土矿，2002年国内消耗铝土矿资源约1190万吨；按生产1t氧化铝消耗1.2t石灰石进行计算，2002年共消耗石灰石649.2万吨；按1t氧化铝生产需要1.2t煤进行计算，年需要煤649.2万吨；按每生产1t氧化铝需耗水11t，2002年全国氧化铝生产耗水量为5951万吨。总体上，每生产1t氧化铝约需要消耗资源15.6t，即产品与资源之比为1∶15.6，如果仅考虑铝土矿、石灰石、煤等具有不可再生性的一次性资源，那么氧化铝资源利用率为27%。

生产氧化铝的原理是首先把氧化铝从矿石中溶解出来，同杂质分离，然后把溶液中的氧化铝沉淀出来，达到提取的目的。

从矿石提取氧化铝有多种方法，例如拜耳法历来是生产氧化铝的主要方法，它采用三水铝石型铝土矿，用拜耳法生产的氧化铝量占全世界总产量的95%，其余来自烧结法和联合法。针对我国一水硬铝石型铝土矿的难点，在氧化铝提取过程中，要设法强化溶出、分解，铝硅分离等关键环节。此外，鉴于优质铝土矿的储量毕竟是有限的，宜采取浮选技术，提高低品位铝矿的质量，以满足拜耳法所需。

(1) 拜耳-烧结联合法　这是拜耳法和烧结法联合并用的一种氧化铝生产方法。它用于处理氧化铝与氧化硅质量比为5～7的中等品位铝土矿，其特点是用烧结法系统所得的铝酸钠溶液来补充拜耳法系统中的碱损失。

有三种形式的拜耳-烧结联合法，即串联法、并联法和混联法，世界上只有美国、前苏联和中国曾采用拜耳-烧结联合法。其中，美国采用串联法，前苏联采用并联法和串联法，中国采用混联法。

混联法是先用拜耳法处理高品位铝土矿，然后用拜耳法赤泥加低品位铝土矿共同烧结的氧化铝生产方法。20世纪60年代后期，中国在处理低铁铝土矿时，拜耳法赤泥烧结配入的纯碱量不足以补充拜耳法系统的碱损失，于是采用拜耳法赤泥加入低品位铝土矿共同烧结的方法来扩大碱的来源。烧结法系统所产的铝酸钠溶液除补充拜耳法系统的碱耗外，多余的部分通过碳酸化分解产出氢氧化铝。混联法实际上相当于一个串联法厂与一个烧结法厂同时在生产，其工艺流程如图7-11所示。

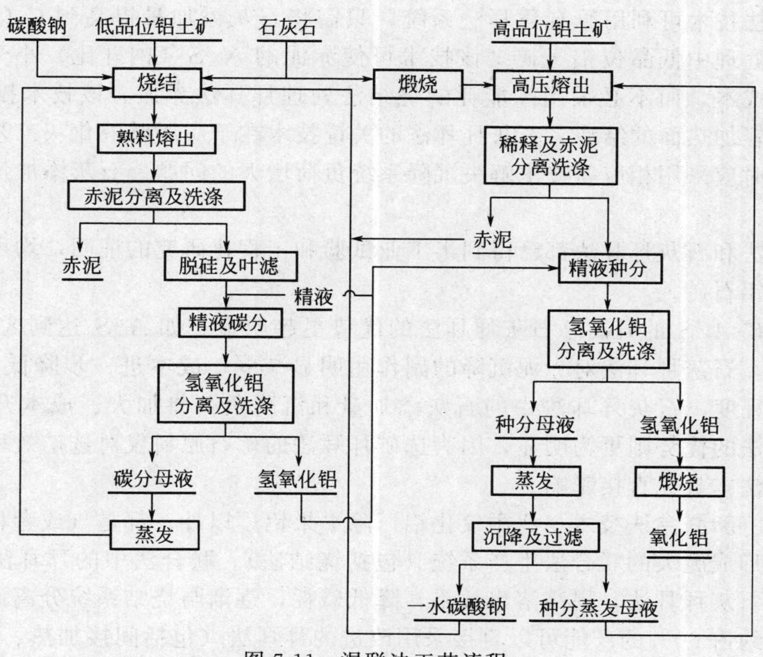

图7-11　混联法工艺流程

混联法的工艺特点如下。

① 生产过程中的全部碱损失都用价格较低的碳酸钠补充，不消耗苛性碱。

② 加种子分解母液蒸发时析出的一水碳酸钠直接送往烧结法系统配料，因而可免除拜耳法的碳酸钠苛化工序以及可免除苛化所得稀碱液的蒸发过程。

③ 一水碳酸钠吸附的有机物在炉料烧结过程中被烧掉，避免或减轻了有机物对拜耳法生产的不良影响。

④ 烧结法系统苛性比较低的溶液加入拜耳法溶液中，有利于提高铝酸钠的分解速度和制取砂状氧化铝产品。

由于烧结过程要消耗大量的热能，因而拜耳-烧结联合法仍然是一种高能耗的氧化铝生产方法。例如国际上所用的拜耳法，生产 1t 氧化铝的能耗为 9.58GJ，而混联法能耗为 38.24GJ，串联法能耗为 9GJ。到 20 世纪 80 年代后，世界上一些国家都在开发能耗低、生产流程简单的氧化铝生产新方法，这些新方法有拜耳-高压水化学法联合法和拜耳-水热法联合法，它们在未来有可能逐渐取代拜耳-烧结联合法。

(2) 改进的拜耳法技术　用传统的拜耳法技术处理中低品位矿，由于碱耗过高，氧化铝回收率过低，因而造成成本高、经济上不可行。但改进的拜耳法系统较简单、能耗低、投资省、效率高。平果氧化铝厂纯拜耳法处理高品位一水硬铝石矿的成功经验证明，我国氧化铝工业如采用拜耳法，同样可以达到国际先进水平的能耗和生产成本。

改进的拜耳法技术主要包括选矿拜耳法和石灰拜耳法。

选矿拜耳法采用浮选技术对中低品位铝土矿选矿，所得精矿的 A/S（铝硅比）大于 10，可直接用拜耳法处理。此流程中，中低品位铝土矿并不直接进入氧化铝生产系统。浮选技术可采用正浮选和反浮选，关键技术在于选矿药剂的选择、开发和应用，应最大限度地控制选矿药剂进入拜耳法系统。通过工业验证明，选精矿在拜耳法系统中的溶出、沉降性能优良。如采用双流法技术，可使选精矿在间接加热过程中的结疤问题得到圆满解决。可以通过选矿工艺的改进以及采取适当的技术措施，消除或大大减轻选矿药剂对拜耳法系统的影响。

石灰拜耳法技术可利用原有拜耳法系统，只需将石灰添加量提高到 CaO/SiO_2 大于 2，直接用拜耳法处理中低品位铝土矿。该技术可使赤泥的 N/S（钠硅比）小于 0.2，从而大大降低碱耗和成本，而不必采用高能耗的烧结法处理拜耳法赤泥。该技术投资小，简单易行，而且可减轻加热面的结疤。石灰拜耳法的关键技术在于应用碱液化灰工艺，以减少反苛化的影响；同时应采用相应新技术解决沉降系统负荷增大的问题。石灰添加量应通过实验研究求得最佳化。

选矿拜耳法和石灰拜耳法都已得到半工业试验和工程化研究的证明，均可经济地处理中低品位一水硬铝石矿。

随着铝土矿 A/S 的升高，石灰拜耳法的优势更趋明显。如 A/S 达到 8～9，石灰用量可以大大减少，石灰拜耳法对赤泥沉降的副作用明显减弱，成本进一步降低。但如矿石 A/S 下降到一定程度，石灰拜耳法中的石灰添加量和沉降负荷将加大、成本升高。而此条件下，选矿拜耳法的优势则更为明显，因为选矿拜耳法的矿石原料仅对选矿效率和回收效率有影响，对拜耳法本身无直接影响。

(3) 改进的新联合法技术　我国氧化铝厂除平果铝厂以外，都是（或者将是）联合法生产厂家，已经形成庞大的联合法生产系统（包括烧结法）。联合法中的拜耳法系统可以通过选矿拜耳法和石灰拜耳法，提高溶出效果，降低碱耗，逐渐与烧结系统分离而独立，也就是现有联合法中约占 60%的产能可以直接采用改进的拜耳法（包括间接加热、强化溶出技术）处理。

联合法中的烧结法系统可以通过提高矿石品位 A/S 至 5～6，即采用我国资源量较大的中等品位铝土矿，以达到强化烧成、提高系统循环效率和产出率、降低能耗的目的，因而也形成相对独立的强化烧结法系统。

但联合法中两种技术仅仅互相独立，还不能使联合法系统达到最优化配置。改进的新联合法，应充分发挥已有的烧结法的某些特殊优势，弥补我国一水硬铝石矿拜耳法生产的某些不足。

主要开发、应用的与此相关的关键技术如下。

① 烧结法低分子比粗液与拜耳法溶出矿浆合流脱硅。该技术的主要目的是：利用烧结粗液分子比低（OX 约为 1.2 左右）的优势，通过合流，有效地降低一水硬铝石矿拜耳法溶出矿浆的 OX，大大提高拜耳法种分的产出率和全流程循环效率，同时有利于砂状氧化铝的生产。

② 取消或减小烧结法种分，烧结法精液全部深度脱硅进行连续碳分生产砂状氧化铝。

该技术的主要目的是：利用烧结法碳分分解率可达 90%以上，大大高于烧结法种分分解率，同时易于生产砂状氧化铝的优点（已经攻关成功），提高烧结法的总循环效率。烧结法粗液脱硅所需调整液可以用拜耳法系统相应的洗液或分解母液代替，以达到拜耳、烧结两大体系母液的相互交换，有利于消除有机物对拜耳法的影响。

③ 烧结法母液加种深度碳分，所得的细氢氧化铝用于拜耳法溶出后增浓技术。

此技术的主要目的是：进一步提高烧结法循环效率，同时更好地降低拜耳法精液的 OX，使拜耳法种分精液 OX 达到 1.4 左右，为实现拜耳种分完全砂状化打下重要基础。

联合法系统经过以上改进后，将充分发挥联合法的优势，实现高效低耗处理中低品位铝土矿，提高产量，大幅度降低能耗，生产出高质量的砂状氧化铝。

当联合法系统中的拜耳法无法强化时，可考虑改造成串联法处理中低品位铝土矿。在串联法中，烧结法的生产比例可以尽可能缩小，同时上述联合法的某些改进技术同样可用于串联法。

2. 铝电解新工艺

铝电解需要原料氧化铝、冰晶石和炭素电极，1t 铝约需用 2t 氧化铝、0.1t 冰晶石、0.5t 炭素阳极。铝电解用电量甚大，1t 铝需要直流电能 13000～15000kW·h，电费占铝生产成本的 20%～40%。铝工业需要大量而廉价的电能，首先是水电，其次是煤和天然气的热电以及核电。俄罗斯、加拿大、挪威、巴西和委内瑞拉诸国也是主要产铝国家，他们都用水电。一般而言，铝工业发达的国家大多数拥有丰富的水电，铝厂建立在水电供应充沛的地区。炼铝用的电能之中，水电约占 70%。

铝的工业生产普遍采用冰晶石-氧化铝熔融盐电解法。电解过程在电解槽内进行，直流电经过电解质使氧化铝分解，依靠电流的焦耳热维持电解温度 950～970℃。电解产物，在阴极上是液体铝，在阳极上是氧，它使炭阳极氧化而析出气体 CO_2 和 CO。铝液用真空抬包抽出，经净化澄清后，浇注成铝锭，其品位一般达到 99.5%～99.7%。

铝电解中目前研究的新工艺有低温铝电解、硼化钛-胶体氧化铝涂层阴极、氮化硅结合的碳化硅耐火材料用作铝电解槽侧壁内衬等。

(1) 低温铝电解　低温铝电解由于具有提高电流效率、节省电能、延长电解槽寿命、利于使用惰性材料电极和绝缘内衬等优点，成为今后铝电解工业发展的方向。低温铝电解中选用 Al_2O_3 为原料，而不是其他的铝盐，将更具有实际意义，因为 Al_2O_3 价格较低、吸水性较小、便于运输和储存、电解时产生 CO_2（用炭阳极时）和 O_2 气体（用惰性阳极时），符合清洁生产工艺的要求。对以 Al_2O_3 为原料的低温铝电解，按 Al_2O_3 和 Al 在电解质中的不同状态，将所使用的电解质分为三类：轻电解质、重电解质和含有悬浮氧化铝的电解质。

① 轻电解质。轻电解质中有钠冰晶石体系和钠钾冰晶石混合体系，这些体系的共同之

处是组成为 Na_3AlF_6-(K_3AlF_6)-AlF_3-CaF_2-MgF_2-LiF-(KF)-Al_2O_3，氧化铝溶解在其中，铝液下沉，阴极在槽底。电解质中 NaF/AlF_3 摩尔比为1.0～2.0，电解温度为800～900℃，电流效率可达到85%～90%。

② 重电解质。重电解质有组成为 Na_3AlF_6-AlF_3-BaF_2-CaF_2-Al_2O_3 和 Na_3AlF_6-AlF_3-$BaCl_2$-$CaCl_2$-Al_2O_3 混合体系。氧化铝溶解在电解质中铝液上浮，阴极和阳极垂直平行排放在槽中。电解质 NaF/AlF_3 摩尔比为1.0～2.0，电解温度为700～800℃，电流效率可达到90%。将来宜建造类似于镁电解用的电解槽，能够大幅度地提高生产率。

③ 含有悬浮氧化铝的电解质。Beck 研究了在 NaF-AlF_3-LiF 体系中的低温悬浮氧化铝电解工艺。卢惠民研究了 NaF-KCl 和 NaF-（KCl＋LiCl）体系的物理化学性质，并在该体系中进行了低温悬浮氧化铝电解工艺的研究。在这些低温电解质中，氧化铝仅能少量溶解，大部分悬浮在支持电解液中，能在700～800℃下电解，不发生阳极效应，电解过程稳定，电流效率较高，但是槽电压较高。

④ 各类电解质的比较。从现实性来看，轻电解质体系具有现实的应用意义，因为它不需要改变现在通用的工业电解槽的结构，只需要改变电解质的组成以及氧化铝的品种（即采用低温煅烧的氧化铝，以增进其溶解性能）和相应的生产操作技术，便能够实现850～900℃的低温电解。当然这还需要更加严密而精确的氧化铝加料技术。从长远来看，重电解质体系电解质的液相温度较低，能在700～800℃范围内电解，并且有利于电解槽的结构设计，使之像镁电解槽那样成为多室的，生产能力大为提高，该电解质应用前景良好。含有悬浮氧化铝的电解质，尽管能实现700～800℃的低温电解，但存在着如何使氧化铝悬浮起来和微细氧化铝的制备问题。与轻电解质和重电解质相比，该电解质工业化应用的难度要大。

(2) 硼化钛-胶体氧化铝涂层阴极　硼化钛是一种新的工程陶瓷材料，它的熔点高、导电率高、致密性能好、硬度大，耐熔融铝液和冰晶石熔体的浸蚀，能被铝良好地润湿。研究表明，TiB_2 也是唯一在铝中溶解度很小、导电率高，并且能为铝润湿的材料。用硼化钛涂层阴极的电解槽进行生产显示了节能降耗、提高电流效率和延长槽寿命的良好效果，国内外公布的资料表明，有硼化钛涂层阴极的电解槽寿命可达2000d。目前工业上主要应用碳热还原法生产硼化钛。常用的比较成熟的是电弧炉、碳管炉和电感应加热炉，用氢气保护或让系统置于真空条件下。显然，此类生产方法需要专用的高温设备，设备投资大、能耗高、生产效率低、生产成本高，限制了硼化钛的应用。因此，降低硼化钛的生产成本，是其能够在铝电解槽上工业化推广应用的关键。我国有大小石墨化炉几十座，在石墨化炉上副产硼化钛，能够提高硼化钛的生产率，降低生产成本，因此，在石墨化炉上副产硼化钛一直是该学科领域科技人员关注的课题。在不影响石墨化炉工艺操作和生产的情况下，合理地利用石墨化炉空间和余热搭载副产 TiB_2，既省设备投资，又节约能源，生产成本只是原材料费，其售价只有国外同类产品的1/3（国外售价90美元/kg）。

综合新近国内外已报道的硼化钛阴极材料共有四种：①TiB_2-炭胶涂层；②TiB_2 等离子喷涂层；③TiB_2 电镀层；④TiB_2 烧结体。前三者的基体为石墨或炭。目前看来，造价低廉而又比较简便的为 TiB_2-炭胶涂层材料，现已在工业上应用。然而，由于 TiB_2-炭胶涂层材料内含有70%的沥青、焦炭和树脂胶，在实际使用中易被钠和铝侵蚀而过早损坏，使得这项很有意义的技术在工业化过程中受到阻碍。近来，美国声称研究出了一种新型的 TiB_2 涂层材料，其中的黏结剂用胶体氧化铝和少量的有机物，工业试验结果证明，这种1mmTiB_2-氧化铝涂层阴极材料在使用500天后仍然有0.6mm，效果显著。

(3) 氮化硅结合的碳化硅耐火材料用作铝电解槽侧壁内衬　随着大型预焙槽的广泛采用，侧部炭块破损的问题日益严重，影响正常的电解制度，降低了槽寿命。因此，国内外均在研究新型侧壁材料，部分或全部地代替碳素侧壁材料。研究表明，Si_3N_4-SiC 耐火材料具有良好的抗蚀能力和较大的高温电阻率，比碳素材料优越，可以代替碳素侧部炭块，具有推广价值，前景可观。

3. 铝生产过程中的污染物控制

铝生产过程中的污染物分为以下 3 类。

① 气态物质。如氟化氢（HF）气体、二氧化硫（SO_2）气体、电解质蒸汽、沥青烟气等，是在铝电解过程中和电极生产过程中产生的。

② 固体粉尘。是指铝矿粉碎时产生的粉尘，如氧化铝（Al_2O_3）粉尘、冰晶石和氟化铝粉尘等，它们是在氧化铝生产过程中产生的。

③ 固态废弃物。是指氧化铝生产过程中排放的赤泥、铝电解生产过程中排放的废旧炭阴极和炭渣等。

这些污染物对于从事生产的劳动者以及周围环境是十分有害的，造成生产工人患尘肺病和氟骨病，并影响周围农作物生长。

国家卫生标准规定，车间粉尘中 SiO_2 质量浓度在 10mg/m^3 以下，Al_2O_3 质量浓度在 6mg/m^3 以下，氟的质量浓度应少于 1mg/m^3。实际上往往超过此标准，产生多种危害，因此必须加以治理。固态废弃物、废弃炭阴极和赤泥往往堆置在旷野中，致使土地和河流受到严重污染。对上述气态和固体污染物以及赤泥和废阴极炭块应该加以净化或者回收处理。

以巴林铝厂为例，巴林铝厂（Aluminium Bahrain）兴建于 1968 年，至 1996 年扩大生产规模到 50 万吨，有四个电解槽系列。其第四系列采用 30 万安大型预焙阳极电解槽。全厂投资 2 亿美元，建造了先进的烟气净化设施。所用的干式净化装置，不仅控制了烟气排放量，而且每年回收价值 500 万美元的氟化物和氧化铝。

巴林铝厂的电解槽烟气总量约为 900×10^4 m^3/h，采用砂状氧化铝作吸收剂。每座气体净化器内有 2 个吸收装置，即主反应器和袋滤器。烟气从主反应器的底部供入，在那里与载氟的循环氧化铝汇合，大部分的氟化物被吸收掉。从主反应器出来的烟气通过上方的隔板分离掉载氟氧化铝，最后进入袋滤器室，在那里又与供入的新鲜氧化铝相遇，进行净化，净化完了的气体从上方排出。当载氟氧化铝达到一定的含氟量时，便从下方排出，进入储槽中供铝电解槽使用，此种净化模式称为两段汇流法。当供入的烟气中 HF 的质量浓度为 280mg/m^{3}时，从净化器中排放出的气体氟化物总质量浓度降低到 1.0mg/m^3，其中颗粒物质量浓度降至 1.0mg/m^3，其净化效率达到 99%。

铝电解槽接受从净化器中排放的载氟氧化铝时，产品原铝中的杂质硅和铁等的含量稍稍增多，但并不影响品位等级，而其最大的收益是节省氟盐。

三、株冶和韶冶锌冶炼过程的生命周期评价和清洁生产措施

1. 生命周期评价方法

锌冶炼过程的生命周期评价范围包括锌冶炼工艺系统所有主辅工序。依据物料流向，株冶锌冶炼系统划分为焙烧、浸出、电解、锌品生产、渣处理及辅助工序 6 个子模块。韶冶则划分为烧结、熔炼、锌精炼、碳化硅生产、动力与电站、运输 6 个模块，对锌冶炼系统外的电、焦炭、煤及铅锌精矿开采、锌材料的使用及回收、运输等过程的环境负担未加考虑。功能单位定义为吨（t）基础锌（含锌 99.995%）。

对于锌、铅、硫酸等共产品，环境影响分配采用系统扩展和替换方法，即锌产品承担共生产过程及废弃物处理过程的环境影响。环境影响主要考虑能源消耗、温室气体排放、酸

雨、重金属污染以及固体废弃物五个方面，并分别用能源总需求（GER）、温室效应指数（GWP）、酸化指数（AP）、重金属当量（HME）及固体废弃物负担（SWB）5个环境指数（Eco-indicator）表征。

2. 生命周期评价结果

2000年株冶湿法炼锌及韶冶ISP炼锌工艺环境影响指数值见表7-25。从表7-25可以看出，株冶能源总需求指数GER明显高于韶冶火法工艺，而火法工艺全球变暖指数GWP又远高于湿法工艺，达5倍多，在酸化指数上，株冶湿法工艺为火法工艺的近2倍，在重金属指数和固体废弃负担上，两者差别不大。

表7-25 株冶和韶冶锌冶炼过程的环境影响指数

影响指数	GER/(t标准能耗)	GWP/(tCO_2-eq)	ACP/($kgSO_2$-eq)	HME/(kgPb-eq)	SWB/t
株冶/湿法	2.692	2.156	18.969	0.137	0.323
韶冶/火法	2.128	10.926	10.994	0.202	0.582

株冶、韶冶在酸化指数、全球变暖指数方面差强人意，在火法工艺上，中国SO_x和CO_2排放值远高于日本，接近日本的3倍；湿法工艺上，两者CO_2排放相差不大，但株冶SO_x排放几乎达到日本的7倍。因此，下一步应将SO_2等酸雨气体及CO_2温室气体排放控制作为我国锌冶炼过程环境改善的重点和关键。另外，中国在能源使用方面，不论火法还是湿法，直接炭质“脏”能源使用率较高，国外在火法冶炼中已经用天然气等清洁能源部分取代煤、焦粉等较“脏”能源，在而中国基本上不使用天然气。在湿法冶炼中，国外企业主要使用电力能源，而中国仍大量使用焦粉、煤气。这会造成国内锌冶炼排放大量的酸雨气体与温室气体，也是进一步调整能源结构时必须重视的问题。

火法（韶冶）冶炼过程的烧结、熔炼及动力与电站是ACP和GWP的主要贡献者，湿法（株冶）冶炼过程的渣处理、辅助工序是ACP和GWP的主要贡献者，是锌冶炼工艺环境指数改善的关键。

3. 锌冶炼清洁生产措施

(1) 锌冶炼过程SO_2零排放措施　无论是株冶还是韶冶，目前SO_2气体排放量都远高于国外水平，因此，实施SO_2气体排放控制，实现SO_2零排放将是将来一段时间内株冶、韶冶治理污染、改善环境的重要工作。具体地，韶冶SO_2排放主要源自烧结机头、烧结机尾、电站锅炉以及硫酸生产，其中烧结机头低浓度SO_2烟气排放的SO_2约占排放总量的50%。株冶锌生产过程的SO_2排放主要来自于锌挥发窑、锌多膛炉收尘及硫酸生产，其中锌挥发窑占SO_2排放总量的66.5%，应作为SO_2零排放工程的重点。

目前，国内外烟气脱硫主要采用石灰石/消石灰（浆）作为吸收剂，但投资与运行成本高，且脱硫石膏渣处理与堆放也存在问题。吸收剂除石灰石/消石灰外，也可使用氨水、氢氧化钠、亚硫酸钠溶液、氢氧化镁浆、氧化锌浆或氯基硫酸铝溶液。例如目前韶冶硫酸生产尾气就是采用氨水吸收处理，吸收产物硫酸氢铵作为化肥销售。当然相对于石灰而言，氨水、氢氧化钠、亚硫酸钠溶液作吸收剂原料成本高，但它通过吸收产物直接销售或循环利用能显著降低运行成本，因而在冶炼、化工厂得到了一定推广。

锌矿烧结、浸出渣挥发产生的烟气同时还含重金属，采用氢氧化钠或氨水作吸收剂、脱硫产品中有重金属杂质，既不能直接向外销售，又不能返回工艺过程回收利用，若采用铅锌冶炼过程产生的次级氧化锌作吸收剂，同时利用富余生产设施处理脱硫产物（亚硫酸锌），回收有价金属，不仅节省脱硫剂和回收副产品加工费用，而且脱硫效率高（达90%～

97%），回收利用SO_2，不产生二次污染，适宜于锌冶炼烟气脱硫处理。早在20世纪六七十年代，日本安中冶炼厂（Annaka Refinery）就采用氧化锌吸收酸分解脱硫技术处理锌浸出渣挥发窑的低浓度SO_2烟气。

氧化锌脱硫有吸收-热分解、吸收-酸分解、吸收-空气氧化三种工艺路线，具体可视企业情况而定。SO_2污染控制除了采用烟气脱硫技术外，还应通过清洁生产，例如使用水电、天然气等清洁能源，从源头控制SO_2的产生与排放。

（2）韶冶锌冶炼能源结构调整　仅从能源消耗量角度考虑，ISP工艺在所有炼锌工艺中，能耗最小，同时韶冶能耗已达到国内外ISP厂家中的先进水平。但是韶冶采用的主要为冶金焦、无烟块等“较脏”的炭质能源，使用过程中排放大量CO_2温室气体和SO_2、NO等酸雨气体，从而导致韶冶锌产品全球变暖指数（GWP）、酸化指数（ACP）远高于国外同类企业水平。随着关于控制温室气体排放的京都议定书签订与实施，国外著名锌冶炼公司，例如澳大利亚的Pasminco公司已经主动采取措施，降低CO_2温室气体排放，并已取得显著成绩，到时高CO_2排放将成为韶冶锌产品进入国际市场的绿色壁垒。因此，韶冶应及早行动，调整能源结构，采用清洁能源，以达到清洁生产的目的。

具体讲，韶冶近期可以根据国家西电东送、西气东输工程建设进度，在成本可以接受的情况下，尽可能多采用水电、天然气等清洁能源，最终在锌蒸馏等设备上使用电力能源，从而减少SO_2与CO_2排放。实际上，在国外，例如日本，锌蒸馏炉采用的都是电能，因而SO_2与CO_2排放较少。远期，韶冶应基于国外在太阳能炼锌方面的研究成果，积极探索太阳能炼锌在ISP系统上应用的可能性。

（3）株冶挥发回转窑原料调整与工艺改造　LCA发现挥发窑渣处理作业存在重大问题。①采用脏能源“焦粉”作燃料，能源效率低、能耗高、温室气体排放量大。②低浓度SO_2烟气未经处理即排放，是株冶的重要酸雨气体排放源，导致株冶锌产品酸雨指数居高不下。③浸出渣中的铁未得以回收利用，造成最终固体废渣量大。挥发窑已成为影响株冶锌系统环境绩效的关键，因此宜将之作为株冶进一步环境改善与推行清洁生产的重点，其中低浓度SO_2烟气脱硫处理，株冶正在采用前面介绍的氧化锌脱硫技术进行技术改造。

四、铅锌硫化矿浮选的清洁生产

南京栖霞山锌阳矿业有限公司所属铅锌矿地处长江南岸，是华东地区最大的铅锌硫银有色金属中型矿山。该矿选矿厂日处理1300t高硫铅锌矿，产出选矿废水5400m^3/d，尾矿等矿渣400t/d。为了矿山能够可持续发展，近几年来锌阳矿业有限公司通过和广东工业大学共同进行合作研究，并投入较多的改造资金，使铅锌硫化矿选矿过程的清洁生产水平得到了较大提高。

1. 新工艺提高资源利用率

1998年以前，锌阳矿业有限公司所属选矿厂磨浮设计为两个生产系列，产出硫化铅、硫化锌、硫化铁3种精矿，浮选工艺为铅、锌、硫依次浮选，浮选药剂制度为：矿浆在自然pH值条件下，用$ZnSO_4+Na_2SO_3$作锌硫抑制剂，丁铵黑药＋苯胺黑药作为捕收剂优先选铅；铅尾用石灰作pH调整剂，$CuSO_4$作活化剂，310复合黄药作捕收剂选锌；锌尾用310复合黄药选硫。

为了进一步提高铅、锌、硫的浮选指标和矿产资源综合利用率，同时简化浮选流程结构和浮选药剂制度，为后续扩大生产规模创造条件，1998年锌阳公司选矿厂采用了广东工业大学、中南工业大学联合研制的浮选新工艺-硫化矿电位调控浮选清洁利用新技术。经过工艺流程结构和药剂制度的不断完善，选矿厂电位调控浮选清洁利用新工艺的生产技术指标与

1997 年的传统工艺指标相比有明显提高，见表 7-26。

表 7-26 硫化矿电位调控浮选清洁利用新工艺与原工艺生产指标对比表

类别	原矿品位/%				精矿品位/%				回收率/%			
	Pb	Zn	S	Ag/(g/t)	Pb	Zn	S	Ag/(g/t)	Pb	Zn	S	Ag
原工艺	2.93	6.33	17.93	73	52.1	52.6	37.5	743	85.9	87.0	68.8	51.5
新工艺	4.47	8.00	26.28	128	62.8	53.3	38.3	1131	90.0	91.9	77.9	58.1

采用新工艺后（2003 年 5～9 月），铅精矿品位和回收率分别提高 10.7%和 4.1%，锌精矿品位和回收率分别提高 0.7%和 4.9%，硫精矿品位和回收率分别提高 0.8%和 9.1%，产品总回收率增加了 24.7 个百分点。

2. 选矿废水的处理与回用

锌阳公司选矿厂每天总用水量为 5900m^3，3 种精矿产品及尾矿充填等带走 500m^3，最终产生 5400m^3 的废水。选矿废水由 5 股废水混合而成，它们分别是铅精矿溢流水、锌精矿溢流水、硫精矿溢流水、锌尾浓缩水和尾矿水。选矿混合废水中含有较复杂的各种选矿药剂成分和多种重金属离子，处理难度较大，而选矿生产每天还需要补充 5900m^3 的新鲜水。根据清洁生产的原则，最佳的办法莫过于找到一种可行的废水回用工艺，这种工艺既能使废水得到全部回用，又能保证生产工艺的最优化运行。为达到此目的，经过大量的水处理试验和选矿对比试验研究，并结合各种实用的废水回用技术，最终提出了部分废水优先直接回用，其余适度净化处理后再回用，全部废水回用于选矿生产的方案，其工艺流程如图 7-12 所示。

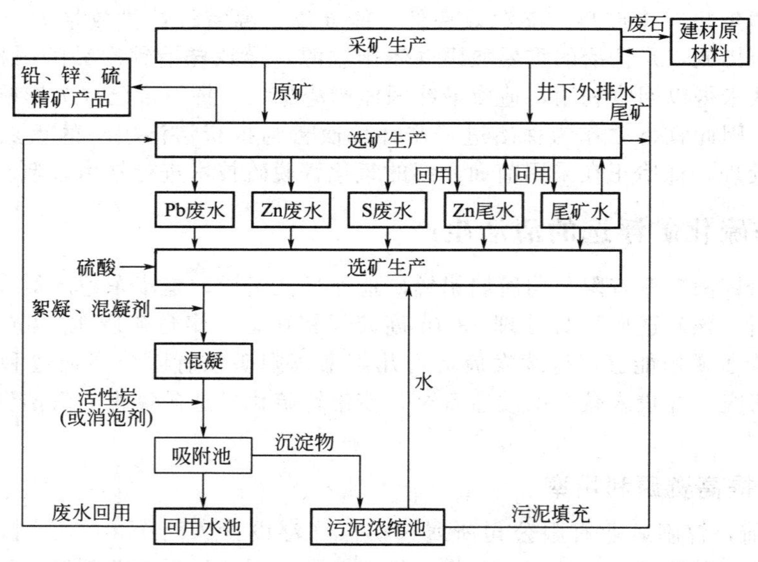

图 7-12 浮选废水回用工艺流程

从图 7-12 可看出，尾矿浓缩废水和锌尾水主要可直接回用于选矿工序中的选硫作业，其余类型的废水需经过处理后再回用，处理方法为混凝、吸附工艺，吸附的沉淀物经浓缩后作为采矿区充填料或建材原材料，其中吸附采用活性炭作为吸附介质。

(1) 部分选矿废水优先直接回用

① 尾矿水直接回用于选硫和破碎作业。尾矿浓缩废水 pH 值为中性，含有大量捕收能力极强的 310 复合黄药、起泡剂、硫酸根离子等，废水量 650t/d，由于本身为选硫的母液，

应对选硫十分有利，但对选铅和选锌相对不利。故可把尾矿浓缩废水直接回用于选硫作业，从而充分利用尾矿浓缩废水中的选硫残留药剂进行选硫。在试验成功基础上，2002 年 1 月对尾矿水路进行了改造，通过近两年的生产使用表明，尾矿水直接用于选硫后，选硫作业的回收率由 91.70％提高到 96.43％，尾矿硫品位由 2.97％降低到 2.23％，选硫 310 复合黄药由 370g/t 降低到 310g/t，选硫回收率作业回收率提高 4.73％（表 7-27）。

表 7-27 尾矿水直接选硫工业生产指标对比

时 间	水 源	硫回收率/％	尾矿硫品位/％	310 复合黄药用量/(g/t)
2002 年 2 月～2003 年 9 月	尾矿浓缩废水	96.43	2.23	310
2001 年 1 月～2002 年 1 月	新鲜水	91.70	2.97	370

② 锌尾水部分优先直接回用于选锌作业和精矿冲矿。锌尾水在该公司各种选矿废水中属于流量最大的废水，现在每天废水量约 2700t，占废水处理量的一半，该废水 pH＝12.40 左右，水中含有的主要选矿药剂成分有选锌和选铅的一些残留药剂。经分析，锌尾水直接回用于选锌不但没有坏处，而且对于节约选锌药剂成本和适当提高锌选矿指标还有好处，完全可以直接回用于选锌。另外，锌尾水直接用作硫精矿、锌精矿、铅精矿泡沫冲矿水，使精矿在陶瓷过滤机过滤时处于碱性环境中过滤，有利于改善脱水效果。

如果将锌尾水用作为选锌作业补加水和各种精矿泡沫冲矿水，可以用掉 1800t/d 左右，还能大大减少生产石灰加入量，减少废水处理量和废水处理费用。在试验室对比试验成功的基础上，2003 年 5 月完成了锌尾水直接用于选锌和精矿冲矿作业的改造，使用后指标和药剂变化见表 7-28。

表 7-28 锌尾水直接用于选锌生产指标对比

时间	石灰/(kg/t)	选锌药剂用量/(g/t)			选锌补加水	名称	品位/％			回收率/％		
		捕收剂	硫酸铜	起泡剂			Pb	Zn	S	Pb	Zn	S
2003 年 1～4 月	9.5	351	387	49	总废水	锌精矿	1.57	53.39	30.81	4.8	90.7	15.7
						铅精矿	61.64	5.06	18.53	89.5	4.1	4.5
						原 矿	4.47	7.99	26.74	100	100	100
2003 年 5～8 月	7.4	264	353	52	锌尾水	锌精矿	1.25	53.25	30.38	3.9	91.9	16.0
						铅精矿	62.75	5.22	18.01	90.0	4.2	4.4
						原 矿	4.47	8.00	26.28	100	100	100

从 2003 年半年的锌尾水直接用于选锌的生产实践可以看出，由于锌尾水中含有选锌的药剂，捕收剂用量由 351g/t 降低到 264g/t、硫酸铜的用量从 387g/t 降低到 353g/t，石灰总用量由 9.5kg/t 降低到 7.4kg/t，分别有不同程度的降低；锌回收率从 90.7％提高到 91.9％，同时由于回水中选锌的药剂浓度降低，铅的精矿品位由 61.64％提高到 62.75％。

综上可知，占整个废水总量 75.05％的锌尾水和尾矿水可分别直接回用于选锌和选硫作业。

(2) 选矿废水经过适度净化处理后再回用　铅精矿、锌精矿溢流废水，根据其水质特点也可以返回到各自的作业工序，但由于铅、锌精矿的溢流水量较小，水量不够稳定，生产较难控制，因此仍然集中到一起处理后再回用。对于硫精矿溢流水，由于呈碱性，对选硫不利，必须处理后再回用。多余的锌尾浓缩溢流水为高碱性水，由于含有较多的选矿药剂，如铜离子等对选铅十分有害，pH 值高对选硫也不利等，因此这些水必须经过处理后再回用。有关该类废水的混凝、沉淀具体工艺流程和实验效果可参照文献。

(3) 整个工艺的综合运用效果　根据 2000 年对该公司选矿废水处理设计，2001 年 4 月完成了选矿污水处理站的建设，经过近 2 个月的调试，7 月交付正常生产。到目前为止，整个废水净化与回用工程系统的设备运行正常，废水流动顺畅，混凝沉淀效果很好，出水中重金属含量明显降低，净化处理后出水的回用对浮选生产指标影响很小，现场工业调试结果基本达到了设计要求。对该公司历年的生产报表进行统计分析，表 7-29 中除了硫的回收率基本稳定外，其余金属的回收率均有一定程度的提高。

表 7-29　近年来废水回用对选矿指标的实际影响

选矿废水利用情况	废水利用率/%	时　间	精矿品位/%				精矿回收率/%			
			Pb	Zn	S	Ag/(g/t)	Pb	Zn	S	Ag
不回用	0	1987—1993 年	49.1	47.3	35.1	1614	76.9	74.1	76.9	39.1
部分混凝沉淀后回用	30～50	1994～2001 年 6 月	53.0	50.6	38.7	777	84.9	86.9	67.6	43.5
尾矿水直接回用，其余适度处理再回用	95～100	2001 年 7 月～2003 年 4 月	61.6	53.4	38.9	1269	89.5	90.7	76.8	60.5
尾矿水、锌尾水直接回用，其余适度处理再回用	100	2003 年 5 月～2003 年 9 月	62.8	53.3	38.3	1131	90.0	91.9	77.9	58.1

从表 7-28 可看出，自采用硫化矿电位调控浮选工艺以后，废水回用率大大上升，而且直接回用的比例也提高到 75%。这说明电位调控浮选更有利于废水的直接回用。

3. 选矿尾矿处理和利用

该选矿厂每天产出选矿尾矿约 400t，由于不像别的选矿厂那样建有尾矿库，产出的尾矿无法储存和净化处理。20 世纪 80 年代前，选矿的尾矿是经长江排放的，给长江造成了严重的污染，为此每年都要交几十万元的排污费。近年来通过研究，找到了一条解决矿山尾矿问题的最佳方案：最大限度地提高选矿回收率以降低尾矿产率；对尾矿进行分级处理，粗粒尾砂代替水砂打坝，细粒尾矿用于井下胶结充填；部分全尾矿浓缩脱水后外销用作水泥辅料，从而实现了尾矿固体废物的零排放，不但实现了矿产资源的有效合理利用，也消除了尾矿废渣对环境的污染，做到了矿山开采和保护环境的有机统一。固体废物的利用流程见图 7-12。

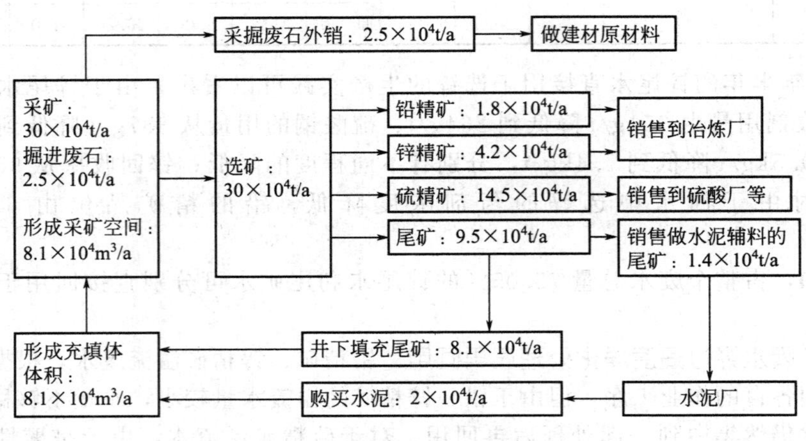

图 7-13　固体废物的利用流程

第四节　工业废物再生资源循环利用案例

一、从铜镉渣中回收镉

硫酸锌溶液净化产出的铜镉渣一般含 Cd 5%～10%，Cu 1.5%～5%，Zn 28%～50%，此为提取镉的主要原料之一。目前国内外从铜镉渣中提取镉的方法主要是采用湿法流程。

从铜镉渣中采用湿法流程提取镉的主要工序有：铜镉渣浸出；置换沉淀镉绵；镉绵溶解（造液）；硫酸镉溶液净化；镉电解沉积和阴极镉熔化铸锭。因硫酸锌溶液净化流程不同，产出的铜镉渣成分亦各异，故提取镉的流程亦有差别。镉冶炼流程见图 7-14 和图 7-15。由于

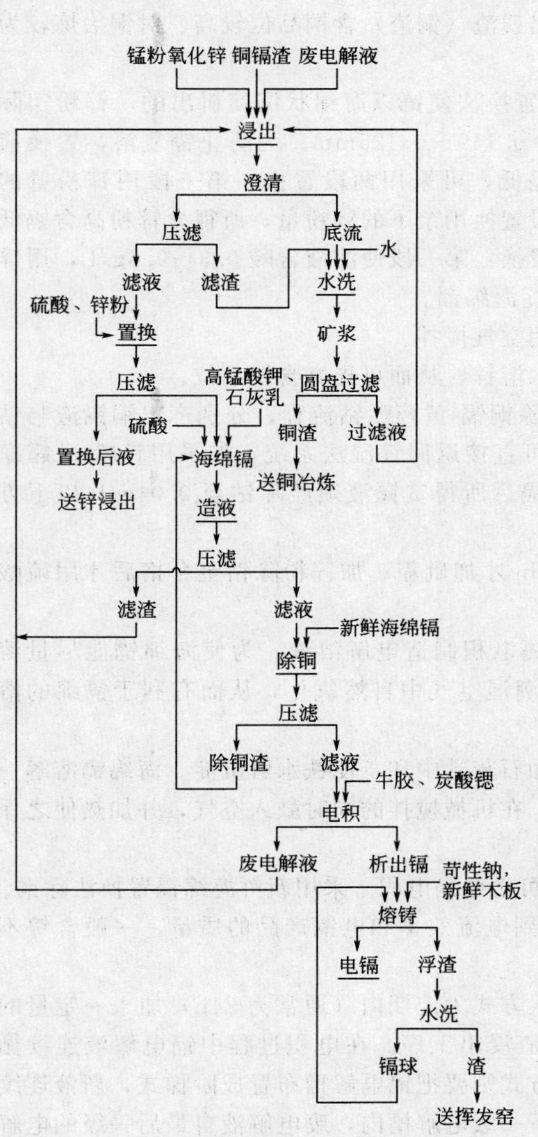

图 7-14　镉冶炼流程实例之一

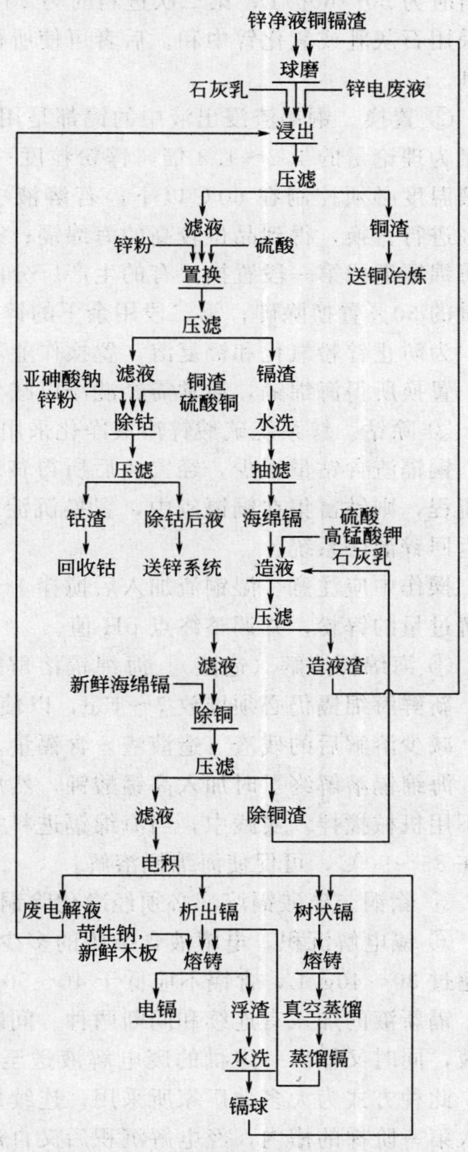

图 7-15　镉冶炼流程实例之二

其原料铜镉渣产于锌粉-砒霜净化流程，铜镉渣中含钴，因此需设除钴工序。此外，镉电积时析出的树枝状阴极镉或熔铸浮渣经水洗后得到的镉球，可经真空蒸馏提纯后熔铸成镉锭。近年来，一些生产厂用较纯净锌粉置换所得的较纯海绵镉，不经电解沉积，直接压团熔铸，成品镉锭含 Cd99.995%以上。

(1) 原料　湿法炼锌厂提取镉的主要原料是铜镉渣或铜镉钴渣。为保证镉浸出率，铜镉渣在浸出前通常需经球磨，要求粒度大于 0.2mm 的小于 5%。

(2) 技术工艺

① 铜镉渣浸出。铜镉渣的浸出液固比通常控制在（6～7）∶1，浸出温度 70～90℃。为了尽可能多地使镉进入溶液而其他杂质（特别是铜）尽可能少地溶解和少利用中和剂，浸出时的始酸含量是比较讲究的，有的生产厂始酸控制在 10g/L 左右，有的分段控制：第一次进料时为 50～60g/L；第二次进料时为 25～30g/L，终点 pH 值一般为 4.8～5.4。pH 值控制采用石灰乳或氧化锌中和。后者可使所得浸出残渣（铜渣）含铜品位较高、对铜冶炼较为有利。

② 置换。铜镉渣浸出液中的镉都是用锌粉置换法使镉以海绵状沉淀析出的，锌粉实际用量为理论量的 1.2～1.3 倍，锌粉粒度一般为 0.149～0.125mm。为防止镉复溶，置换前溶液温度必须控制在 60℃以下，若溶液中含镉低，可采用两段置换：第一段用锌粉量的 80%进行置换，得到品位较高的海绵镉；第二段置换用余下的锌粉量，所得含锌粉高含镉低的海绵镉返回第一段置换。有的生产厂分两段置换：第一段使溶液含酸 0.3～0.5g/L，用锌粉量的 30%置换除砷；第二段用余下的锌粉沉淀海绵镉。

为防止锌粉氧化和镉复溶，置换作业不宜用空气搅拌。

置换所得海绵镉，通常需经洗涤以减少其水溶锌，从而可提高含镉品位。

③ 除钴。锌系统硫酸锌溶液净化采用锌粉除铜镉-黄药除钴流程，分别产出铜镉渣与钴渣，铜镉渣含钴量很少，经置换后所得贫镉液可直接返回锌湿法系统，如采用锌粉-砒霜净化流程，则钴富集在铜镉渣中，置换沉淀海绵镉后所得贫镉液须经除钴至 0.04g/L 以下方能返回锌湿法系统。

操作中应注意，湿铜渣加入后搅拌 1～15min 才加砒霜；加锌粉除钴至合格后才用硫酸溶解过量的锌粉，并调整终点 pH 值。

④ 海绵镉溶解（造液）。海绵镉溶解是为镉电积制造电解溶液。为使海绵镉能尽量溶解，新鲜海绵镉仍必须堆放 7～15d，以使其在潮湿空气中自然氧化，从而有利于镉绵的溶解，减少溶解后的残渣（造液渣）含镉量。

海绵镉溶解终了时加入高锰酸钾，然后再加石灰乳中和，使铁水解沉淀。海绵镉溶解一般不用机械搅拌。实践中，当海绵镉进料完后，在机械搅拌的同时鼓入空气，并加热使之保持在 85～90℃，可促使海绵镉溶解。

⑤ 除铜。硫酸镉溶液必须经净化除铜后方可送往镉电积。采用新鲜海绵镉置换法除铜。

⑥ 镉电解沉积。电解液含杂质的多少影响到电流效率和电镉产品的质量，一般含锌不应超过 30～40g/L，含镉不应低于 40～50g/L。

镉新液的加入有连续和间断两种。间断加入方式为定期内（通常为 24h）加入一定量的新液，同时又抽出一定量的废电解液送至铜镉渣浸出工序。在电积过程中镉电解液连续循环。此种方式为大多数厂家所采用。连续加入方式则要把镉电解槽布置成阶梯式，新液连续加入第一阶梯的槽内，经电解沉积后又自流至下一级电解槽内，废电解液自最后一级的电解槽内流出。并连续送至镉电解废液贮槽内，以供铜镉渣浸出。

镉电解通常采用低电流密度，一般为 60～90A/m^2，但也有小于 30A/m^2 和高达 110～220A/m^2 的。电流密度大，容易在阴极上生成树枝状镉，产生短路，降低电流效率，阴极镉质量降低。电解液温度一般控制在 25～33℃。温度过高，阴极复溶量大，从而降低电流效率；温度过低使电解液电阻增大，也不利镉的电解沉积。析出周期通常为 24h，也有 16h 或 48h 的，取决于电流密度和电解方法。槽电压通常为 2.4～2.5V，在定期加入新液时，开始的槽电压高达 4V，经过一定电解时间后便降至 2.5～2.6V。同极中心距一般为 100mm，也有 75mm 的；澳大利亚里斯登厂采用旋转阴极，阴极间距达 220mm。

⑦ 熔铸。通常熔铸温度为 400～550℃，熔前在熔镉锅内加入苛性钠，温度升至熔化温度时才进料，严禁镉片堆放在锅内缓慢熔化，苛性钠覆盖厚度 10～20mm，待镉完全熔化时，用新鲜木板搅拌以还原渣中的镉珠，待镉熔体金属光泽明亮后，再用筛子将木炭和渣捞净。

铸模前锭模温度应为 100～120℃，并用石蜡涂模。铸模时应保证镉锭表面覆盖碱的厚度为 5～10mm，以防止表面缩孔和气孔的产生。

⑧ 蒸馏精炼。镉电积时产生的树枝状镉和熔铸时所产生的浮渣，经水洗处理后所得镉粒含有较多杂质，这部分物料可采用真空蒸馏法进行精炼。

(3) 产物-镉锭　镉锭的化学成分应符合一级品（Cd＞99.99%）或精一级品（Cd＞99.995%）的要求。镉锭的表面光滑，有较粗的结晶花纹，无飞边毛刺、缩孔及夹渣。锭重 6.5～8kg，棒重（1±0.1）kg。

二、从黄酸钴中回收钴

硫化锌精矿一般含钴 0.0003%～0.007%，当平均含钴达 0.005%时则应予回收。用湿法炼锌流程处理硫化锌精矿时，焙烧矿中的钴有 30%～40%进入溶液，用黄药净化除钴时有 30%～35%的钴进黄酸钴中。

由于黄酸钴含有钙、镁、锌、锰、砷、锑、钢、铁、镉等杂质，因而从黄酸钴中提取氧化钴的冶炼流程必须经过一系列除杂质的净化过程。图 7-16 为从黄酸钴中提取氧化钴的工艺流程实例。

该流程的特点是：

① 利用黄酸盐的疏水性，采用浮选法进一步富集钴，还可除掉钙镁及锌铁的氧化物。

② 采用酸洗除去黄酸钴中锌和锰。

③ 用硫酸化焙烧，以分解黄酸钴使之呈可溶性的硫酸钴并挥发除去砷锑。

④ 采用萃取法除铜、锰、锌、镐、铁等杂质。萃取法除杂质可以达到深度净化的目的，且可实行自动控制。

(1) 原料　用黄药净化硫酸锌溶液除钴时，所得黄酸钴。黄酸钴通常以矿浆或醇饼形式被输送到钴回收工段，以其自然浓度进行浮选。

(2) 技术工艺

① 浮选。黄酸盐是很好的起泡剂，疏水性很强，浮选可将钙、镁的硫酸盐及锌、铁的氢氧化物等亲水性物质分离除去，达到富集钴的目的。

② 酸洗。用稀硫酸洗去黄酸钴中的锌和锰。

③ 焙烧。采用硫酸化焙烧酸洗渣以分解黄酸盐，使之成可溶性硫酸盐并挥发除去其中的砷和锑。焙烧在直焰焙烧炉中进行。在拌酸和焙烧过程中都放出大量刺激性硫醇气体，劳动条件差。

④ 浸出。硫酸钴易溶于中性或微酸性的溶液中，用水作溶剂，可使硫酸钴溶解进入溶液。

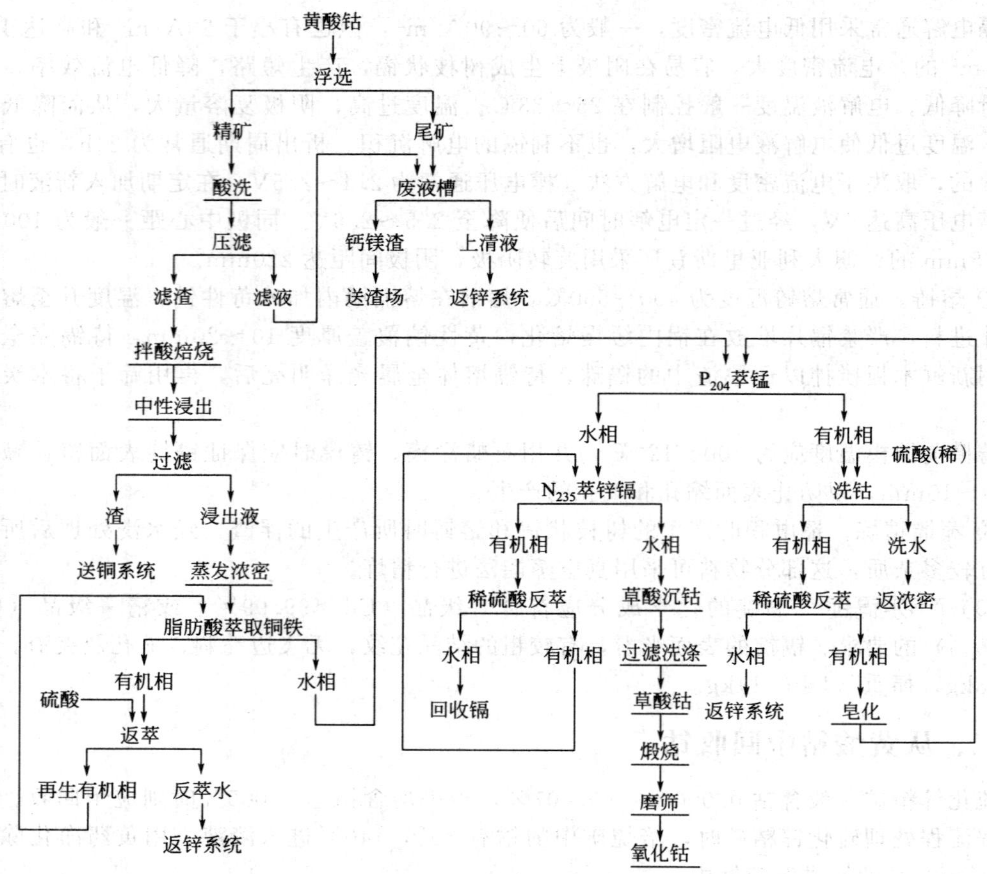

图 7-16　从黄酸钴制取氧化钴工艺流程图

⑤ 浓缩。为使浸出熔液含钴浓度提高，需将浸出液用蒸汽间接加热进行蒸发浓缩。浓缩液密度要求夏季为 1.3，冬季为 1.2。

⑥ 净化。采用 C_7～C_9 脂肪酸对浸出溶液进行两次萃取，硫酸钴溶液中的铜、铁进入有机相以达到除去铜、铁的目的。

采用 P204 烷基磷脂型萃取剂，通过 6 级萃取，除去硫酸钴溶液中的锰、锌。用 3 级对负载有机相洗涤可能进入有机相中的钴，再用 3 级进行反萃以再生有机相，洗涤剂和反萃剂均为含硫酸 40～60g/L 的溶液。为了保持萃取过程中的 pH 值，P204 必须先用含 NaOH 大于 30％的液碱进行皂化至 pH＝5.8～6.4，P204 在运转一定时期后，积累了一定的铁，从而降低了萃取效果，须用稀盐酸洗铁。

采用叔胺型 N235 萃取剂去除硫酸钴溶液中的锌和镉。

⑦ 单酸沉钴。经净化后的钴溶液采用草酸作沉淀剂，由于在沉钴过程中不断释放出氢离子，使溶液酸度增加，不利于钴沉淀，故需用液碱调节溶液的 pH 值。

⑧ 煅烧。将草酸钴置于瓷质坩埚内，放在不锈钢架的电炉上，控制炉温在 650～700℃，包括升温在内，每炉 24h。当炉温降至 300℃左右即取出坩埚，将烧好的物料倒入不锈钢盘中与空气中的氧进一步氧化，冷却后进行细磨、筛分、包装。

三、从氧化锌酸浸液中萃取提铟

常规湿法炼锌过程中，浸出渣经挥发处理时，除铅、锌外，渣中的稀散金属铜、锗、镓等也部分进入氧化锌烟尘，湿法炼锌的铟、锗、镓等主要从氧化锌烟尘中回收。

从氧化锌烟尘中回收铟、锗、镓有两种方法：一种是用锌粉从氧化锌酸浸液中进行置换，铟、锗、锌进入置换渣中。置换渣即为提铟、锗、镓的原料。原则流程为：置换渣-二段逆流酸浸-分别萃取回收铟、锗、镓。此法流程长，金属回收率较低，在铜、锗、镓富集过程中，有砷化氢产出，劳动条件及环境卫生差。另一种方法是采用离心萃取器直接从氧化锌酸浸液中直接萃取铟、锗、镓（图7-17），这种工艺省去了置换与置换渣的浸出，大大地简化了流程，改善了劳动条件和操作环境，并能提高金属回收率。

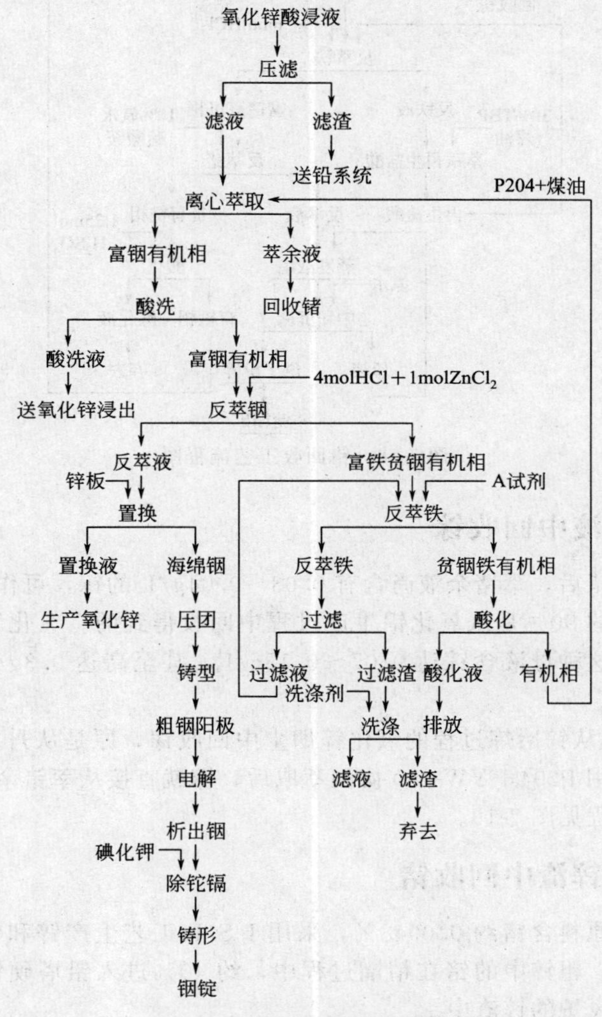

图7-17　铟回收工艺流程图

四、从萃铟余液中回收锗

氧化锌酸浸压滤液经离心萃取后，余液中含有锗、镓等稀有金属，其中锗、镓的含量较高，可作回收锗、镓的原料。

从萃铟余液中回收锗，有丹宁沉锗法，P204和YW-100在硫酸体系内协同萃取锗和镓，H106萃取锗、镓等。用丹宁沉锗需消耗大量丹宁，且丹宁对锌电解的电流效率产生不良影响。生产H106的合成原料需进口，来源不易解决。株冶采用P204＋YW-100协同萃锗，萃锗过程系在硫酸体系中进行，但 YW-100 水溶性大，化学稳定性差，不能循环使用，故从硫酸体系中萃取锗、镓的最理想的萃取剂还有待探索。

图 7-18 为锗回收工艺流程图。

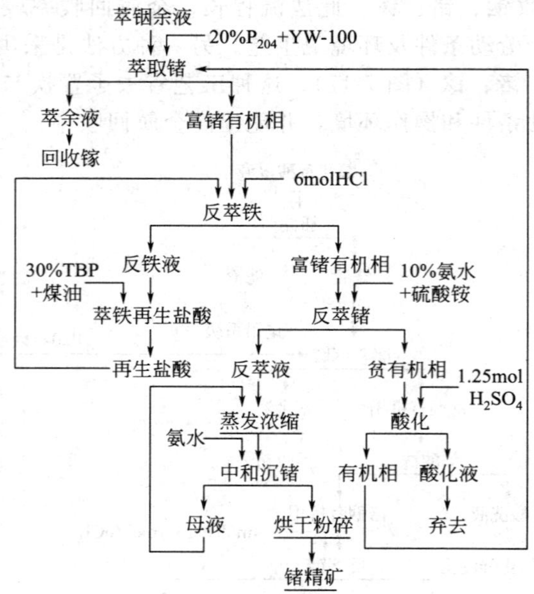

图 7-18　锗回收工艺流程图

五、从萃锗余液中回收镓

萃铟余液离心萃锗后，萃锗余液尚含有 0.03～0.04g/L 的镓，可作为提镓的原料。

目前世界产镓量的 90％是从氧化铝生产过程中回收得到的。氧化铝生产过程中镓主要富集于蒸发母液中，这种母液含镓达 0.07～0.15g/L，甚至高达 0.3g/L，是回收镓的主要原料。

我国自 1975 年起从锌冶炼过程的氧化锌烟尘中回收镓，原是从丹宁沉锗后的丹宁废液中提取，锗的提取改用 P204＋YW-100 协同萃取后，镓就直接从萃锗余液中提取了。

镓的回收工艺流程见图 7-19。

六、从硬锌和锌渣中回收锗

韶关冶炼厂进厂原料含锗约 0.0048％，采用 I. S. P 工艺生产锌和铅金属时，原料中约 55％的锗进入粗锌中。粗锌中的锗在精馏过程中，约 40％进入铅塔硬锌，40％进入 B 号塔硬锌，其余大多在鼓风炉的锌渣中。

硬锌采用蒸馏法得锌粉和锗渣。锌渣采用浸出-丹宁沉锗得锗精矿（中浸液经处理得七水硫酸锌）。含锗产物用氯气浸出-蒸馏法制取四氯化锗，最后将其水解成二氧化锗。二氧化锗经还原可制得金属锗。由铅锌精矿至金属锗总回收率达 35％～55％。

硬锌处理工艺流程见图 7-20，锌渣处理工艺流程见图 7-21，二氧化锗和金属锗生产工艺流程见图 7-22。

七、电炉-电解法处理锌窑渣

锌窑渣是湿法炼锌过程中经过回转窑处理后的残渣。其特点是含铁、锌、银较高，并含

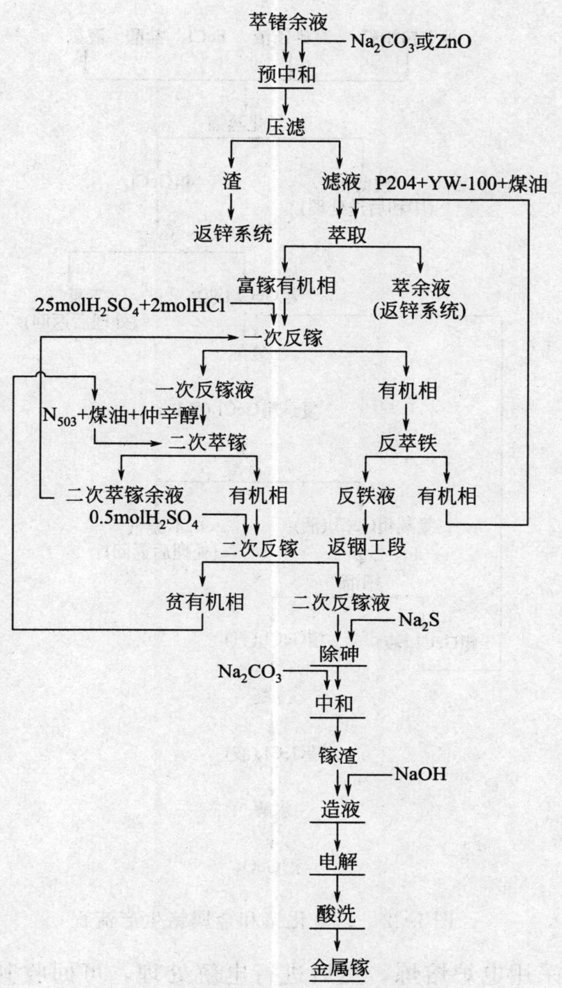

图 7-19　镓的回收工艺流程

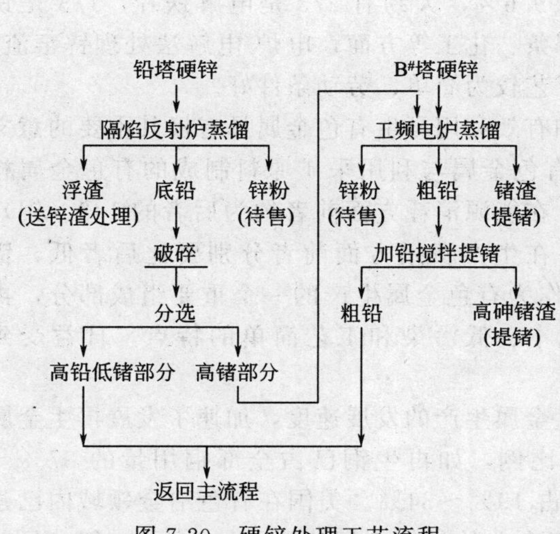

图 7-20　硬锌处理工艺流程

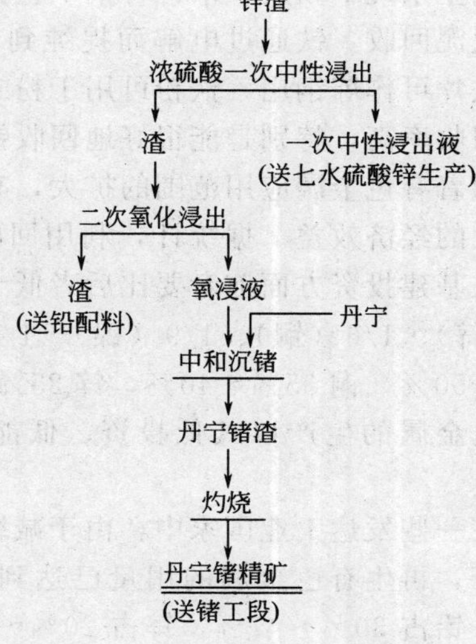

图 7-21　锌渣处理工艺流程

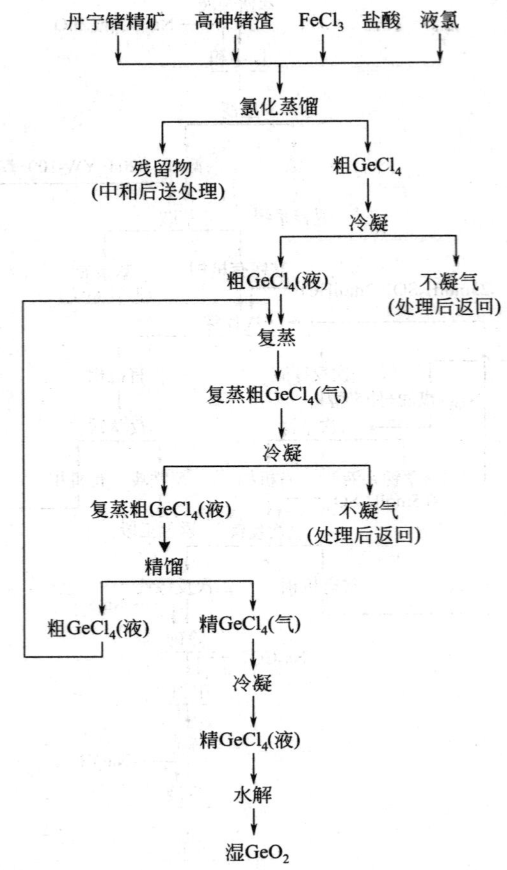

图 7-22 二氧化锗和金属锗生产流程

有 20%左右的炭。先采用电炉熔炼，然后进行电解处理，可回收其中的有价金属。其工艺是：首先将渣进行磁选，选出磁性铁，并在电炉中熔融成含铜生铁。炉料中的锌、铅和部分铟从烟尘系统中收集下来；含铜生铁铸成阳极进行电解，其中的铜、铟、镓，金、银等沉积于阳极泥回收。铁通过电解而提纯到含铁大于 99.6%，大约有 2/3 是电解铁片，1/3 是铁粉。铁片可作炼钢用，铁粉可用于粉末冶金、焊条、化工等方面，电炉-电解法处理锌窑渣，金属回收率高，特别是能很好地回收铁，生产工艺较为简单、劳动条件好。

随着有色金属应用范围的扩大，充分回收和有效利用再生有色金属具有极其重要的意义和重大的经济效益。据统计，利用回收的再生有色金属与利用采矿原料制成的有色金属相比，在基建投资方面前者要比后者低十分之九；在能源消耗方面前者约为后者的 1/3（钼）、1/4（锌）、1/6（铜）、1/9（镍）、1/37（镁）；在生产费用方面前者分别要比后者低，铝 40%～50%，铜 35%～40%，锌 25%～30%。作为有色金属生产的一个重要组成部分，再生有色金属的生产以其低投资、低能耗、低成本、低污染和工艺简单的特点，日益受到重视。

在一些发达工业国家中，由于减缓了对原生金属生产的发展速度，加速了发展再生金属的生产，再生有色金属的用量已达到了很高的比例，如再生铜已占全部铜用量的 37%～48%，铅占 30%～47%，锌占 20%～28%，铝占 19%～34%。美国在有色冶金领域内已建立了高度专业化的再生冶金部门，再生冶炼加工企业的规模一般为 1 万～3 万吨/年，目前已建成了三个大于10万吨/年规模的再生铝厂，欧洲各国对再生金属的利用也很重视，早在90年代就投入巨资用于有色金属循环利用的研究。

近20年来，中国经济发展很快，有色金属消耗量迅速上升，产生了大量可回收的有色金属废料，同时再生有色金属的生产也取得了较快的发展。2005年初步统计，铜、铝、铅、锌四种再生金属利用量373万吨，占总产量的23%。但是目前，再生金属产业生产相当粗放；研究与开发薄弱；资源利用水平不高；环境二次污染仍然严重。

1. 再生铝

铝是最重要的有色金属品种，广泛用于国防、建筑、运输、包装等行业和日常生活领域。铝工业之所以能成为一种可持续发展的工业，不仅在于铝具有良好的性能（密度小、塑性变形性能好等），而且由于其相当高的可回收性，它是最具回收与再生利用价值的工程金属，其回收节能效果甚佳，能反复循环利用。铝废料再生的能耗仅为制取原铝的3%～5%。

废铝的回收和再生利用不仅节能效果显著，而且可以减少或避免铝生产中和发电工业生产中的CO_2和CO排放量，这对于防治大气污染有重要意义，所以再生铝被誉为“绿色金属”。废铝回收和再生利用可以节约铝矿和石油焦、萤石等资源。我国优质铝矿并不丰富，一部分氧化铝还要从国外进口，回收利用废铝其经济价值确实是很大的。

我国再生铝产量较低，1999年再生铝产量为21万吨，只占当年总铝产量的75%。生产厂设备落后，规模小，生产效率和热效率低，回收率也不高。除广东佛山1989年引进的一条再生铝生产线采用转炉熔炼工艺外，大部分仍采用感应电炉和单室反射炉熔炼工艺。

(1) 原料　我国再生铝和铝合金原料，按物理形态分为三类。

含铝废件和块状残料，包括用板材、线材、型材生产铝制品或铸造、锻造铝制品时的废件废料，如飞机、船舶废件、废易拉罐、牙膏皮、废铝电线电缆等。

铝和铝合金机加工产生的废屑。

熔炼铝和铝合金过程产生的浮渣、烟炉灰等。

(2) 废铝再生的生产工艺　废铝再生方法一般包括预处理、熔炼和合金调配三个步骤。

① 预处理。含铝废杂物料在熔炼前的预处理阶段，包括分类、解体、切割、磁选、打包和干燥等工作。预处理的目的是清除易爆物、铁质零件和水分，并使之具有适宜的块度。

② 熔炼。经预处理的废铝在炉内熔化、精炼和调整合金成分，一般在反射炉和电炉内进行。炉内有双室（预热室和熔炼室）。精炼是熔炼的重要环节，其中包括往熔化的铝液或合金液表面上添加熔剂覆盖，以免铝液受空气氧化，同时通入气体对液体施加搅拌作用，促使其中的夹杂物和氢气分离出来。精炼用的气体有氯气、氮气、氨气和其他混合气体，例如氯的体积分数为12%的氯氮混合气体。精炼用的熔剂有$ZnCl_2$、$MnCl_2$、C_2Cl_6和碱金属盐类的混合物，例如质量分数为30%NaCl+25%KCl+45%Na_3AlF_6组成的混合物。气体或熔剂的用量，视铝料被污染程度而异。精炼温度一般高于铝或铝合金熔点75～100℃，温度过低，氧化物夹杂物不易分离出来；温度过高，则铝合金和铝中溶解的氢气量增加。

③调整合金成分。由于有的合金成分在熔炼过程中有损失，在精炼处理之后要向液态铝合金中添加合金元素，使熔炼后的铝合金符合产品标准要求。

再生铝的生产一般根据废铝原料的组成，采用火法熔炼生产不同牌号的铝合金。我国生产厂规模较小，大部分仍采用感应电炉和单室反射炉。如长沙铝厂采用坩埚感应电炉熔炼生产再生铝，金属回收率91%～95%，热效率65%，电能消耗600～700kW·h/t合金。上海宝华冶炼厂采用单室反射炉熔炼生产铸铝合金，金属回收率90%，热效率25%～35%。

(3) 废铝再生工厂实例　于1993年建成的阿卢马克斯废铝再生公司（Alumax Recycling）位于荷兰科克拉得镇（Kerkrade）。它用废幕墙型材、商店门窗型材、门窗废料、废型材等为原料，经再生处理后铸成挤压建筑型材用的锭坯，回收的这类废料被称为“污染的废铝”。所谓“污染”，就是指废铝上有涂层和（或）铝塑混合物。

门窗与幕墙废型材上不但有涂层，还往往混有作为密封的聚酰胺条。阿卢马克斯废铝再生公司是当前全球最先进的这类企业之一，在对环境无害的清洁条件下回收此种废铝，熔铸成优质6063合金锭坯，锭坯直径145～254mm，长度小于等于6m。在生产这类坯锭时使用少量的原铝、纯镁与纯硅，以及作为晶粒细化剂的Al-Ti-B丝中间合金。

为了形成一个有效的废建筑铝型材“链”，欧洲六家大的铝建筑装修企业组建了一个废铝回收公司，将收集的废建筑型材全部集中到科克拉得厂再生，这既有利于环境保护，又保证了科克拉得厂有足够的原料。

专为熔化废料的熔炼炉其容量为50t，用天然气加热。炉内有2个室——预热室与熔化室，被气冷悬挂隔板一分为二。只有熔炼室受到直接加热，而预热室受熔炼室流出的烟气间接加热。此烟气经隔板上的孔流入预热室，其量受到严格控制，以便达到所需的预热温度，使污染物发生部分燃烧与熔化。

预热废料时，从污染物热分解出来的气体由再循环风机打入熔炼室，同时混入一定量的空气，使它们发生完全燃烧，形成对环境无害的燃烧产物。

熔炼炉有2个出铝口，上口供铝液流入铸造机，下口供炉膛清理用。

静置炉用天然气加热，有2个燃烧嘴，在此炉内调整所配合金成分，同时能精确地控制铸造温度在730℃。炉门的开闭与炉体倾斜均由液压系统控制。由于炉体倾斜角度控制精确，能保持熔液流量与水平稳定，可铸出高质量的坯锭。为此，需要添加合金元素锭、搅拌与扒渣，采用气体来净化铝液，还用Al-Ti-B晶粒细化剂添加于流槽内的铝液中。

该厂的主要特点是：在再生处理废建筑铝材时，不经脱漆与粉碎处理，不用任何盐类物质作熔剂，烟气经过严格的净化处理，不排出对环境有害的气体与固态物质；能源利用效率高，只有5MJ/kg，仅相当于原铝生产能耗（148MJ/kg）的3.4%。

2. 再生铜

我国杂铜的回收利用是废杂有色金属回收利用最好的一种。1999年处理杂铜产出的再生金属铜量约34万吨，占当年电铜总产量的29%。在再生铜的处理工艺上，尤其是在湿法冶金方面，近年来取得了很大进步。在收购环节上也加强了对杂铜原料的分类管理。

(1) 原料　国内再生铜的生产原料主要是铜废件、铜合金生产或机械加工过程中的废料、铜渣及铜灰、废旧电线电缆、废电路板等。黄杂铜和紫杂铜是我国再生铜的主要原料，占铜原料的90%以上。近年来，通过废电路板回收生产的再生铜量也有一定的增长。

(2) 生产现状及工艺　根据原料的不同，我国再生铜的生产主要有以下几种方法：

① 纯净紫杂铜生产线锭铜。熔炼设备一般采用反射炉或竖炉，经熔化、氧化、还原和浇铸四个阶段，铜回收率大于99.5%。

② 纯净杂铜生产铜合金。将纯净杂铜配入适量的纯金属或中间合金，经配料、熔化、去气、脱氧、调整成分、精炼、浇铸等环节，生产出不同牌号的铜合金。过程铜回收率93%～95%。

③ 废杂铜生产再生铜。国内一般采用二段法生产。废杂铜经鼓风炉还原熔炼或转炉吹炼，再经反射炉精炼成阳极铜。过程铜回收率大于99%。

④ 氧化铜渣生产硫酸铜。采用氧化焙烧-鼓泡塔浸出-搅拌结晶工艺生产一级品硫酸铜。

(3) 再生铜生产新进展　除目前常用的火法生产方法外，国内一些单位针对不同的含铜物料，采用湿法工艺处理杂铜也有不同程度的进展。如重庆市钢铁研究所用氨浸法处理复铜废钢料、用直接电解法从合金杂铜中制取电铜、采用高电流密度法从废铜料中生产紫铜管。

西北矿冶研究院用乙腈法处理含铜杂料生产纯铜粉。北京矿冶研究总院用矿浆电解法从铜渣中生产铜粉和硫酸锌，废杂铜直接电解生产电解铜和铜粉等。

3. 再生锌

1999 年我国的再生锌产量只有 2 万吨，占当年锌总产量的 12%。再生锌生产所用的原料主要来自热镀锌灰及锌渣、锌制品生产过程的废品废件及次氧化锌、含锌工业垃圾等。我国再生锌的生产主要以火法为主，有平罐法、精馏法、电热法等，生产再生锌锭和锌化工产品如锌粉、氧化锌等。在湿法回收生产再生锌方面，北京矿冶研究总院采用氨法生产活性氧化锌的工艺已应用于工业生产，活性电解锌粉的生产工艺已取得了专利并应用于工业生产，另外锌锰干电池综合回收工艺也已有工业实践，可同时回收锌、铜和二氧化锰等，金属锌回收率 81.3%，铜回收率 85.5%。同时由于再生金属原料收集困难，以废旧干电池为例，我国废旧干电池的年产量约 100 亿只，年耗锌量约 20 万吨。但由于干电池收集困难，这部分再生锌的重要原料至今仍没能很好利用。

4. 再生镍、钴

由于中国国内的镍、钴产量远不能满足国内经济发展的需要（尤其是钴），加之国际金属钴价近年来的大幅上扬，镍、钴的再生回收在中国得到了很大的发展，通过镍、钴废料回收再生镍、钴化工产品的生产厂已达 20 余家，生产规模 50～200tCo/a，年总产量折合金属钴量约为 2500t。

（1）原料　中国国内的镍钴废料主要来自高温合金钢、镍铬合金钢废料，废硬质合金、废磁钢、废镍钴催化剂等。近年来，来自俄罗斯、美国、加拿大和非洲的进口镍、钴废料占了镍、钴再生原料的很大一部分。

（2）生产现状及工艺

① 熔铸—电解造液—净化—电解流程。国内早期的镍、钴废料再生厂如南京钢厂钴车间，主要是针对国内镍、钴废料的特点设计建造的。废合金钢经吹炼除杂-浇铸，再经电溶解造液、中和除铁、三异辛胺萃取除 Cu、Co，氯气深度净化，净化后液返回电解生产电镍。被萃取的钴经反萃后，再经三异辛胺萃取分离，离子交换除铅、铜，不溶阳极电积生产电钴。

② 废料酸溶—D2 EHPA 萃取除杂—PC-88A 萃取分离镍钴—草酸沉淀流程。该流程是目前国内普遍采用的处理镍、钴废料包括进口废料的流程。镍、钴废料经盐酸或硫酸酸溶-D2EHPA 萃取除 Fe、Cu、Zn—PC-88A 或 Cyanex272 萃钴—盐酸反萃—$CoCl_2$ 草酸沉淀—草酸钴煅烧生产氧化钴。PC-88A 萃余液经碳铵沉淀生产碳酸镍或浓缩结晶生产硫酸镍。北京矿冶研究总院研究采用此工艺已在国内建厂六家，其镍钴回收率均大于 90%，其原则工艺流程见图 7-23。

传统的湿法冶金工艺及应用已形成了一套完整的体系，但从生态环境的角度重新考虑，清洁生产过程应消耗较低的能源和资源，排放较少的三废，并且在废弃之后易于分解、回收与再生。只有保持资源平衡、能量平衡和环境平衡，才能实现社会和经济的持续发展。

八、锡的回收

在有色金属冶金烟尘或其他废杂物料中，往往含有 0.5%～5%甚至更高含量的锡。废杂物料中锡的来源主要是熔炼废杂铜的烟尘和炉渣或其他综合回收有价金属中产生的烟尘和炉渣，如熔炼铅钔合金除杂过程中，所产生的烟尘和浮渣中均有锡存在，另外锡冶金的烟尘和电子产品镀锡、焊锡、锡合金等废杂物料小，也有大量的锡存在。

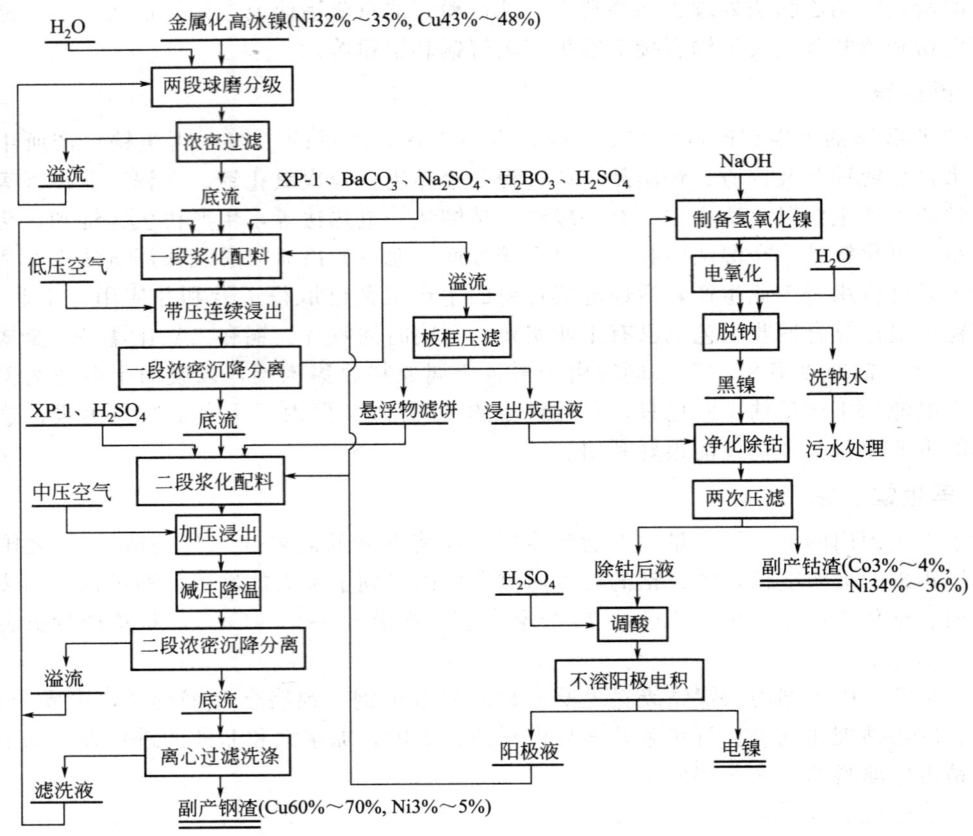

图 7-23　阜康冶炼厂高冰镍精炼工艺流程

在熔炼过程中，锡与氧易生成两个重要的氧化物，即氧化锡（SnO_2）和氧化亚锡（SnO）。氧化锡的分解压力很小，在高温时是稳定的化合物，但当有液体锡时，则易于挥发：

$$SnO_2(固)+Sn(液)=\!=\!=2SnO(气)$$

氧化亚锡易于挥发，是造成锡挥发进入烟尘的主要原因。因此，冶金烟尘中的锡主要是以氧化物或各种盐类存在的。因为在高温下，氧化锡呈酸性，能与碱性氧化物作用生成锡酸盐，如 Na_2SnO_3、K_2SnO_3、$CaSnO_3$，而氧化亚锡呈碱性，能与酸性氧化物如 SiO_2 等生成硅酸盐。因此，利用上述性质，可以在冶金过程中回收锡。

锡的用途广泛，40%的 Sn 用于制造马口铁，其中 90%用于饮料和食品包装，其次用于合金，合金以焊料、青铜、黄铜和巴比特耐磨合金为主，锡合金用于机械和军事工业，因为它具有良好的抗腐蚀和机械性能。纯锡用于镀锡、制造锡管及电器工业。

锡的氧化物用于陶瓷和珐琅原料，制造宝石玻璃。

1. 冶金废杂物料中锡的回收工艺

（1）火法熔炼回收锡　冶金废杂物料中，如冶金烟尘、浸出渣、铅精炼浮渣等，通常含锡不是很高，为 3%～5%，物料中的锡，由于其与氧的亲和力大，一般均是以氧化锡形态存在，炉料在焙烧过程中，氧化锡一部分因被氧化成 SnO 而挥发进入烟尘，一部分与酸性熔剂化合如 SiO_2 成为硅酸盐类，留于烧结块中，然后烧结块在鼓风炉的熔炼过程中被碳还原成锡，与铅组成铅锡合金。

$$PbO+C \longrightarrow Pb+CO$$
$$2PbO+C \longrightarrow Pb+CO_2$$
$$SnO_2+C \longrightarrow Sn+CO_2$$
$$SnO_2+2C \longrightarrow Sn+2CO$$
$$Sb_2O_3+3C \longrightarrow 2Sb+3CO$$
$$2Sb_2O_3+3C \longrightarrow 4Sb+3CO_2$$
$$Bi_2O_3+3C \longrightarrow 2Bi+3CO$$
$$Bi_2O_3+3CO \longrightarrow 2Bi+3CO_2$$

上式反应中，铅、铋、锡、锑在熔融状态时完全互熔，冷凝时则形成共晶合金，然后通过凝析、通空气氧化、电解或真空熔炼达到分离铅、锡、锑的目的。

(2) 火法硫化挥发回收锡　锡的废杂物料中，常伴随有铅、锑、铜、锌、砷等的硫酸盐或氧化物，其含量或高或低，不宜于直接熔炼提取锡，这主要是难于分离和冶炼费用太昂贵，因此，像低品位的含锡物料，通常用烟化炉或回转窑进行硫化挥发，以达到富集有价金属之目的。在有硫化剂和还原剂的条件下，其他反应机理为：

$$C+O_2 \longrightarrow CO_2$$
$$C+\frac{1}{2}O_2 \longrightarrow CO$$
$$SnO_2+CO \longrightarrow SnO+CO_2$$
$$2SnO+\frac{3}{2}S_2 \longrightarrow 2SnS\uparrow+SO_2$$
$$SnO+FeS \longrightarrow SnS\uparrow+FeO$$
$$Sn+\frac{1}{2}S_2 \longrightarrow SnS\uparrow$$

在烟化炉或回转窑中，将复杂的含锡物料与还原剂、硫化剂及石灰石混合投入炉内，加热至1200℃，由于硫化铁的分解产生的硫与被碳还原的SnO或Sn化合，产生硫化锡，其易挥发进入烟气中，烟气冷却后被布袋或泡沫收尘器收集下来，此时，锡及其他金属元素在烟尘中都得到富集，锡可达20%～40%。在硫化过程中，由于还原剂和硫化剂在炉料中产生大量的气泡，其表面积非常大，足可使炉料和还原剂、硫化剂充分接触作用，加速锡的硫化反应，由于FeS与SnS易生成锡冰铜，为避免锡冰铜生成，除控制黄铁矿过量外，在炉内要造成氧化气氛，使过量FeS氧化成FeO造渣。

① 火法硫化挥发技术条件。硫化剂的加入量按下式计算：

$$W=K_S\frac{0.269G\times w(Sn)}{w(S)}$$

式中　G——处理的炉料量，kg；

$w(Sn)$——炉料中Sn的质量分数，%；

$w(S)$——硫化剂中硫的质量分数，%；

K_S——过量系数，实践中一般为1.5～2。

还原剂使用粉煤，也可使用重油和天然气。渣型：FeO为35%～45%，SiO_2为25%～35%，CaO为6%～11%，Al_2O_3在10%以下。利用粉煤供热，温度控制在1200℃。供风，要区分熔化期和挥发期来控制空气过剩系数，熔化期空气过剩系数要大于1，挥发期应小于1。一般为微负压操作，以保证挥发的硫化亚锡迅速离开炉内并吸入空气氧化。炉渣含Sn 0.1%～0.2%以下即可排渣。

② 产物及产物金属分离。烟尘：含 Sn 30%～35%，含 Pb 5%～7%，含 As 2%～3%，含 Sb 1%～15%。渣：含 Sn 0.07%～0.2%，含 Pb 0.02%～0.39%，含 Sb 0.01%～0.2%。

烟尘如果采用火法回收，其他元素都进入合金中，进一步分离较难，冶炼费用太昂贵。采用 NaOH 和 Na_2S 的混合液，钠的比例即 $m(NaOH):m(Na_2S)$ 为 3∶1，并且在每升溶液中加入 30g $NaNO_3$，且加热至 85℃，再将锡烟尘投入浸出液，固液比为 3∶5，进行搅拌，停留 8h 后过滤，滤液含 Sn 103g/L，含 As 5.82g/L，其他 Sn、Bi、Cu、Pb 均存在于残渣中。将滤液冷却到 35℃以下时，溶液中的砷酸钠（Na_3AsO_4）析出结晶，并通入空气 2h，停留 2h 后过滤，滤饼干燥后，其渣含 Sn 35%，含 As 22.32%，此渣再返回提取锡，而滤液重新加热至 90℃，放进电解槽进行电解，电解以铜片做阳极，金属锡片做阴极，可得到 99.9%的电锡，电效达 98.4%。

(3) 烟气收尘　硫化挥发产生的烟气收尘采用泡沫收尘器，然后可直接从收尘器中浸出，简化浸出设备与工序。

2. 从废电子产品及边角料回收锡

现代电子工业十分发达，电子产品废料、边角料等产出也很多，这些物料中除了铜、铅、锌、铝、锰、镍、金、银等外，也有相当多的锡存在，特别是镀锡产品中含锡高达 3%～8%，因此也是回收锡的一类重要原料。其回收方法很多，介绍如下。

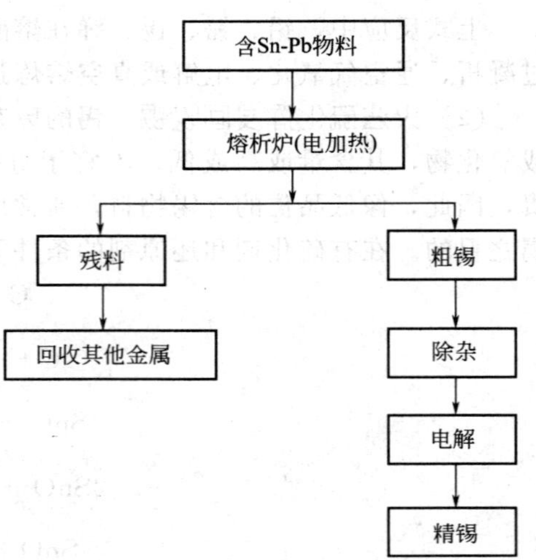

图 7-24　电热熔析回收锡工艺流程

(1) 熔析法　金属镀锡焊锡物料，锡含量较高，可以采用电热熔析法进行回收，熔析法工艺流程如图 7-24 所示，熔析装置如图 7-25 所示。

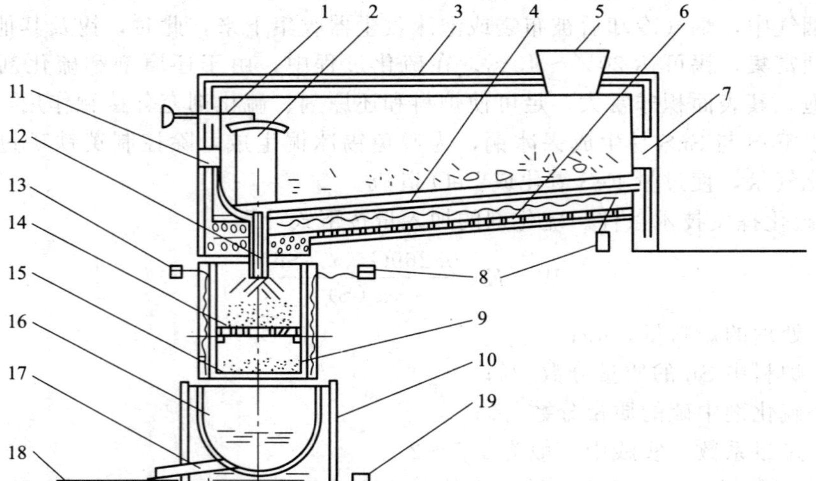

图 7-25　熔析装置结构示意图

1—热电偶；2—清理门；3—熔析炉；4—熔析底板（铁）；5—加料口；6—保温层；7—操作门；9—过滤桶；10—支架；11—观察孔；12—排液孔；14—假底筛；15—底筛；16—盛锡坩埚；17—溜槽；18—锡模；8，13，19—电阻丝

电热熔析炉用电阻丝加热，其上放置倾斜铁板作炉床，将要脱锡的物料投入，加热，使锡熔化聚积，然后，熔体碎屑流向铁桶，经过滤后流进桶里，桶底有筛孔，桶里装有焦炭粉或木炭粉，上面也有筛孔，熔化的锡流经炭粉流入盛锡坩埚，而残料留在过滤筛板上，并到盛满时清除，送去回收其他金属。盛锡坩埚中的锡视纯度进一步除杂或送去电解或直接应用。

上述方法一般是民营小企业生产脱锡时采用，设施简单，直收率不高。仍然有部分锡或留在边角料或留在含锡物料中，对这些残留的锡可用碱进一步溶浸，使其转入溶液中，再从溶液中回收。

(2) 电解脱锡　电解脱锡是基于金属含锡物料作阳极，用钢板作阴极，以 NaOH 溶液作电解液，在直流电作用下，将镀锡物料中的锡脱除，在阴极上沉积，然后剥离成为海绵锡。锡的阳极溶解反应用下式表示：

$$Sn+3OH^- \longrightarrow HSnO_2+H_2O+3e$$

$$Sn+6OH^- \longrightarrow [Sn(OH)_6]^{2-}+4e$$

$$HSnO_2+3OH^-+H_2O \longrightarrow [Sn(OH)_6]^{2-}+e$$

又由于下列反应容易进行：

$$2HSnO_2+2H_2O = Sn+[Sn(OH)_6]^{2-}$$

故在电解液中锡主要以四价锡离子 $[Sn(OH)_6]^{2+}$ 形态存在。在阴极，内于氢离子放电析出的超电压大，并且它在电解液个浓度太小，故在阴极上主要是 $Sn(OH)_6^{2-}$ 接受电子，锡被还原，其反应为：

$$Sn(OH)_6^{2-}+4e = Sn+6OH^-$$

电解开始时，在铁阴极上会有大量的氢析出，但当铁板被锡覆盖后，氢就不再析出。为了保持溶液中所需要的锡浓度稳定，不致使锡酸钠、亚锡酸钠水解生成亚锡酸（H_2SnO_2）和锡酸（H_2SnO_3）时沉淀进入渣中，而降低溶液中锡的浓度，溶液中必须保持有过剩的氢氧化钠。

① 电解装置。电解槽由 5mm 的钢板焊成长方形，阳极由角铁焊成框架，由薄钢板钻孔焊成阳极篮，阴极为 2.5mm 的钢板，电解液采用下进上出式流动。根据生产规模定槽数，电解槽排成阶梯式，电液由上至下流动。电解脱锡工艺流程如图 7-26 所示。

② 电解作业。阳极篮装有已经洗涤去污的含锡物料，在电解中，阳极篮里废料中的锡溶解生成 Na_2SnO_2 和 Na_2SnO_3，由于 SnO_2^{2-} 和 SnO_3^{2-} 不稳定，随即水解生成 $HSnO_2^-$、$Sn(OH)_6^{2-}$，其中后者最为稳定，电解时，在阴极上放电离子是 $Sn(OH)_6^{2-}$，析出海绵锡，由于阳极易钝化，槽压在不断地变化，范围由 0.5～2.5V，同时电解液中 NaOH 易碳酸化，生成 Na_2CO_3，其质量分数超过 2.5%，此时电阻增大，使槽压升高，槽压超过 3V 时，不仅出现水的电解，而且产生氢和氧，易发生爆炸，要用 CaO 来调整，使 Na_2CO_3 转变成 $CaCO_3$，更新溶液。电解一般 3～7h，电效不低于 90%，锡回收率高达 90%以上，每吨锡电耗为 3000～4000kW · h，每吨锡的 NaOH 消耗为 750～950kg。

电解液成分：游离 NaOH 为 5%～6%，Na_2SnO_3 为 1.5%～2.5%，Na_2CO_3 小于 2.5%，总碱度为 10%。

配液：1m³ 水中加入 100kg NaOH，温度可升至 40℃，再间接加热至 65～70℃，然后将含 Sn 物料装入阳极篮（装料）。

③ 海绵锡火法熔炼。从阴极取出的海绵锡易氧化，故应保存在水中，或加入 0.3%的酒石酸或 0.05%的甲酚磺酸，以防止氧化；海绵锡洗涤后压团，在 110～120℃下干燥，然后

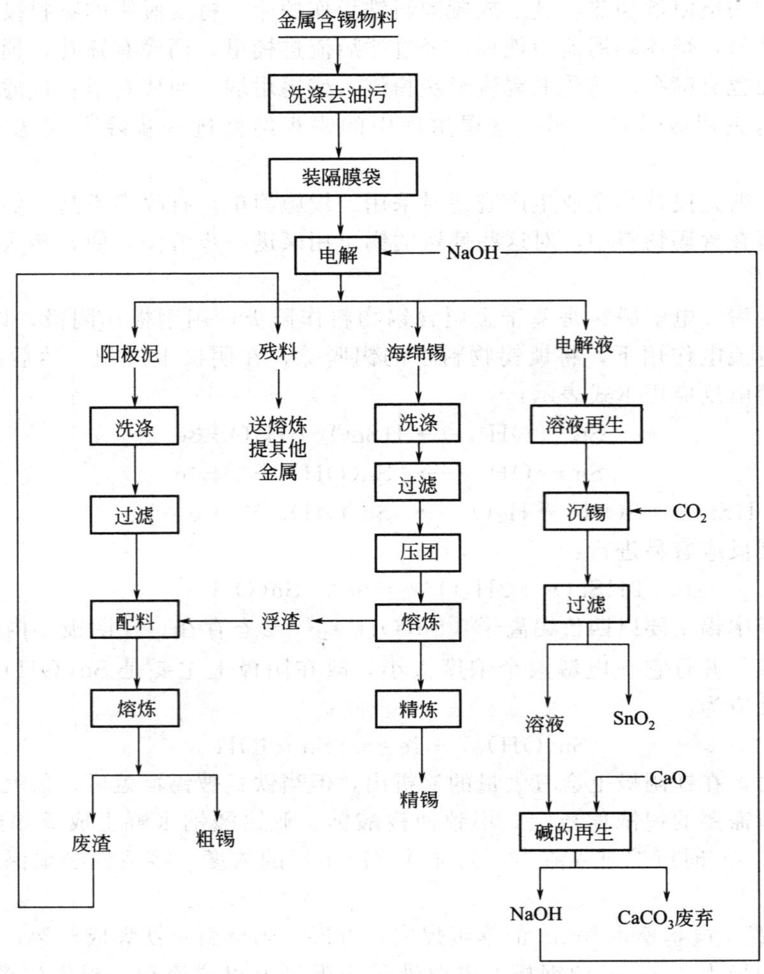

图 7-26　电解脱锡工艺流程

装入预先盛有熔融锡的炉内，炉温保持350～400℃，并用木炭松香盖于其上。当炉内已装满，液面升高75%时，停止加团块，得到熔炼粗锡，然后按常规除杂。即根据锡的熔点低，采用熔析除Fe、As，加硫除Cu，冷却结晶除Pb、Bi，采用加铝深度除As、Sb。

④ 电解液再生处理

a. 电解液提锡。一是采用不溶性阳极提锡，但电效低，每1kg锡的电耗为18～21kW·h，二是用 CO_2 和 Na_2CO_3 化学沉淀Sn，生成 SnO_2 沉淀，沉淀物过滤，干燥还原熔炼得粗锡。

b. 污物和临杂物采用过滤除之。

c. 苛性造碱。用CaO乳和溶液中的 Na_2CO_3 反应，生成 Ca_2CO_3 沉淀和NaOH，反应温度为70～80℃，过滤除去 $CaCO_3$，将NaOH调整至所需质量浓度，即可返回使用。

(3) 碱性浸出-电积回收组

① 碱性溶液浸出锡。碱性浸出锡是用NaOH做溶剂，在有氧化剂存在下，使锡以锡酸钠形式溶解于溶液中，反应式为：

$$Sn+2NaOH+O_2 \longrightarrow Na_2SnO_3+H_2O$$

碱性浸出锡工艺流程如图7-27所示。

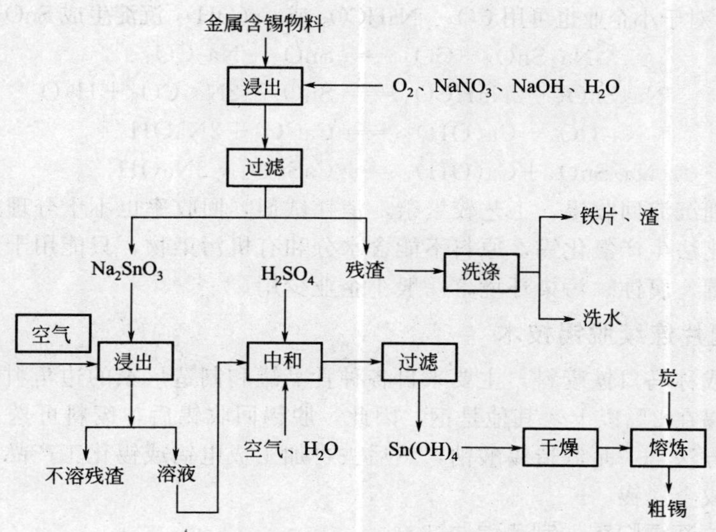

图 7-27　碱性浸出锡工艺流程

氧化剂有醋酸铅［$Pb(C_2H_2O_2)_2$］、PbO、$NaNO_3$、空气等。当用 Pb（$C_2H_2O_2$）$_2$ 作氧化剂时，锡进入溶液，而铅进入渣中，从溶液中分离出铅再用醋酸溶解生成 $Pb(C_2H_2O_2)_2$ 返回使用。当用硝石（$NaNO_3$）作氧化剂时，溶锡效果好，硝石易于分解出氧和 $NaNO_2$，两者都有氧化作用。

$$4Sn+6NaOH+2NaNO_3 \longrightarrow 4Na_2SnO_3+2NH_3$$

为加速氧化通空气，但溶液吸收空气中的 CO_2 生成 Na_2CO_3，使 NaOH 消耗多，为此，要将再生 NaOH 返回使用。

碱浸技术条件如下：

a. NaOH 为 180～200g/L。

b. $NaNO_3$ 为 28g/L。

溶解的锡分离后，Na_2SnO_3 溶液转至沉淀槽，用 H_2SO_4 中和沉淀出 $Sn(OH)_4$。

$$Na_2SnO_3+H_2SO_4+H_2O \longrightarrow Sn(OH)_4\downarrow+Na_2SO_4$$

沉淀物经洗涤干燥后，可熔炼还原的金属锡，其产出金属锡成分见表 7-30。

表 7-30　碱性浸出产出金属锡成分

元素	Pb	Sb	Bi	Al	As	Cu	Sn
含量/%	0.01	0.018	0.001	0.003	0.01	0.015～0.027	余量

1t 锡消耗 NaOH 4.25t，H_2SO_4 2.5t，硝石 0.85t。

② 用不溶阳极电积金属锡。碱性溶液浸出的锡是海绵锡，不适宜直接电积致密金属锡，因为要产出致密金属锡，要将溶液中 Sn^{2+} 的浓度降低，不形成海绵锡，为达到此目的，浸出液中用有机氧化剂——硝基苯甲酸（$Na_2C_6H_4COOH$）时，就可以增加锡的溶解速度而得到不含二价锡 Sn^{2+} 的碱性溶液，而溶液中主要含有四价锡离子，即［$Sn(OH)_6$］$^{2-}$，此溶液就可以进行电积，电积的电流密度可达 280～300A/m^2，槽压为 3～3.5V，金属锡回收率大于 90%。

生产 1t 再生锡需要消耗原材料 NaOH 150kg，Na_2CO_3 550kg，蒸汽 120t，硝基苯甲酸 50kg，电耗 4300kW·h，总收率为 95%。

碱性浸出锡，对于小企业也可用 CO_2、$NaHCO_3$ 或 $Ca(OH)_2$ 沉淀生成 SnO_2，反应为：

$$Na_2SnO_3 + CO_2 \xlongequal{} SnO_2 + Na_2CO_3$$

$$Na_2SnO_3 + 2NaHCO_3 \xlongequal{} SnO_2 + 2Na_2CO_3 + H_2O$$

$$Na_2CO_3 + Ca(OH)_2 \xlongequal{} CaCO_3 + 2NaOH$$

$$Na_2SnO_3 + Ca(OH)_2 \xlongequal{} CaSnO_3 + 2NaOH$$

利用上述原理沉淀回收锡，工艺较繁杂，消耗试剂，回收率也不十分理想。

另外采用氯化法生产氯化锡，原料不能含水分和有机污染物，只能用干燥氯气。该方法的缺点是氯气有毒，腐蚀、污染环境，一般小企业少用。

3. 废镀锡钢片连续脱锡技术

废镀锡钢片或称马口铁废料，主要来自各种食品罐和制造厂家的边角料等，量大且比较分散。锡钢片含锡在2%以上，其他是钢，因此，脱锡回收锡后，废料可送去炼钢或制铁红等。连续回收的方法：一是制造锡酸钠，然后去再加工成电锡或锡化工产品；二是直接生产成海绵锡再精炼成金属锡。

(1) 废锡钢片连续脱锡，制造锡酸钠

① 工艺过程。由于来自废弃的食品罐或包装物，一般较脏并且还有各种表面涂料——漆，涂料的品种有丙烯酸系、醇酸树脂、环氧胺、环氧酚醛、松香树脂、聚丁二烯和乙烯树脂等。因此，这些原料首先要清洗，然后脱漆。脱漆的方法有火法或湿法，但火法污染环境；湿法是用8%的 NaOH 溶液煮至微沸，一般 30min 即可把漆层脱净。晾干可进行破碎至 50～60mm 的碎片，然后从一端装入一个圆筒形脱锡槽内，内装有螺旋叶片，圆筒体上钻有孔，螺旋起到搅动和运输的作用，钻孔便于溶液对流，此圆筒形脱锡槽安装在一个充满 NaOH 和 $NaNO_3$ 溶液的槽内，圆筒脱锡槽由一台电机带动做圆周运动，将脱锡好了的废钢片从另一端卸出，并且有一定倾斜度，不致使溶液流出，卸出的废钢片进入输送带，经过四级输送带，每级输送带有喷水淋洗废钢片，将废钢片上的残液洗净，每级的洗水由每级的盛液池接收，后面一级接收的洗水洗前面一级，最后，洗液均返回原始脱锡溶液槽，废镀锡钢片连续脱锡设备如图 7-28 所示。

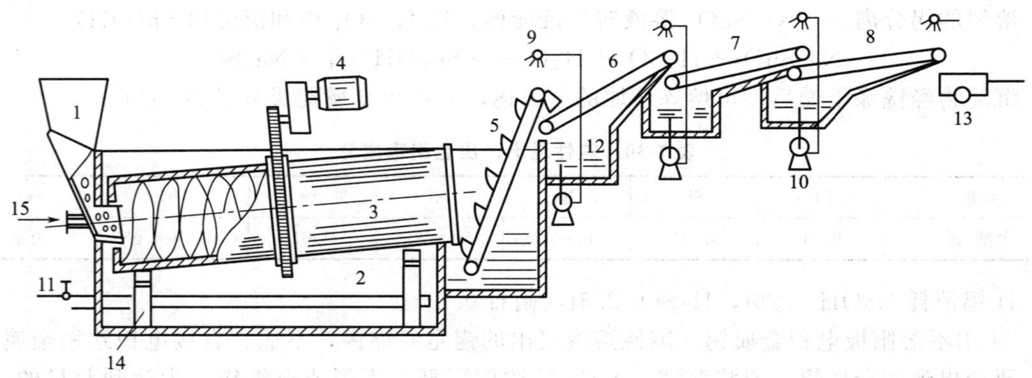

图 7-28 废镀锡钢片连续脱锡设备

1—加料斗；2—溶液槽；3—脱锡筒；4—传动装置；5—排料斗；6～8—传料带；9—淋洗头；10—泵；11—蒸汽管；12—集水池；13—箕斗车；14—支撑架；15—喷水管

洗净了的废钢片作为产品出售。脱锡后在槽中因有氧化剂存在，反应生成锡酸钠。

$$Sn + 2NaOH + O_2 \xlongequal{} Na_2SnO_3 + H_2O$$

达到一定饱和浓度的锡酸钠连续地从溶液中抽出，过滤得到锡酸钠，此锡酸钠可以进一步加工成电锡或锡化工产品，工艺流程如图 7-29 所示。

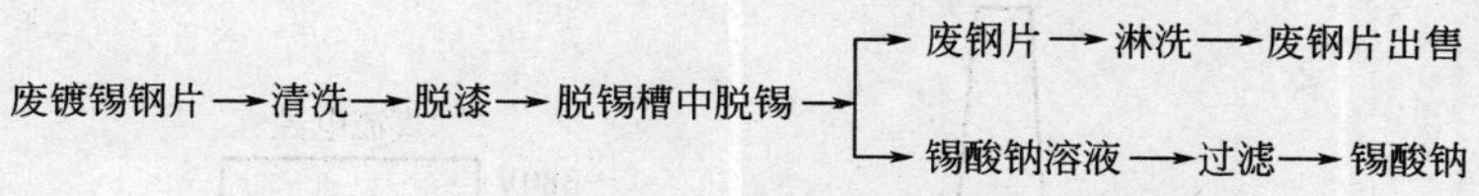

废镀锡钢片→清洗→脱漆→脱锡槽中脱锡→废钢片→淋洗→废钢片出售；脱锡槽中脱锡→锡酸钠溶液→过滤→锡酸钠

图 7-29　废镀锡钢片脱锡制造锡酸钠工艺流程

② 工艺技术条件控制。工艺技术条件控制如下：a. 废镀锡钢片清洗破碎至 50～60mm 碎片；b. 用 8%～10%的 NaOH 溶液煮至微沸将碎片脱漆；c. 脱漆后晾干，并观察是否洁净，否则影响产品质量；d. 脱锡槽中溶液配置含 NaOH 20%～30%，含 $NaNO_3$ 2%～10%（或 $NaNO_2$）；e. 溶液通入过热蒸汽（或电加热、煤加热均可）至沸点以上；f. 脱锡时间大约为 20min；g. 圆筒转速应以废钢片脱锡干净卸出为前提。

(2) 废镀锡钢片连续点解脱锡制造海绵锡　有研究者利用锡钢片在碱溶液中易于脱锡的原理，同时碱溶液做电解质能使铁钝化，又能导电，并能阻止锡酸钠水解。铁与锡在碱性溶液中 25℃时的标准电极电位的不同。

$$[Sn(OH)_6]^{2-}+4e = Sn+6OH^- \qquad E^{\ominus}=-0.916V$$

$$[Sn(OH)_3]^{-}+2e = Sn+3OH^- \qquad E^{\ominus}=-0.91609V$$

$$[Fe(OH)_2]+2e = Fe+2OH^- \qquad E^{\ominus}=-0.877V$$

三者比较，锡比铁的标准电位更负，在阳极溶解时，锡钢片上的锡比铁优先溶解，而达到脱锡之目的，故用锡钢片做阳极溶解脱锡。有如下反应：

$$Sn+6OH^- -4e = Sn(OH)_6^{2-} \quad (Sn 为四价)$$

$$Sn+3OH^- -2e = Sn(OH)_3^{-} \quad (Sn 为二价)$$

$$4OH^- -4e = 2H_2O+O_2\uparrow$$

在阴极上有如下反应：

$$Sn^{4+}+4e = Sn$$

$$Sn^{2+}+2e = Sn$$

$$H_2O+e = \frac{1}{2}H_2+OH^-$$

由此，电解得到锡呈海绵状沉积在阴极上。

① 作业过程。将清洗、脱漆、破碎至 50～60mm 且洁净的锡钢片，由阳极转鼓的一端从加料斗加入一个长圆筒形的阳极转鼓内，长圆筒形体上钻有孔，以便使溶液对流，圆筒内装有中心轴，轴上有螺旋装置，此螺旋使装入圆筒内的物料从加料端缓慢移动至卸料端，在阳极转鼓中心轴上，配有供电装置，并能驱动作旋转传动，整个阳极转鼓安装在一个长的充满碱性溶液的电解脱锡槽内，阳极转鼓两侧配有阴极板，以沉积锡，槽内有蒸汽加热管（没有蒸汽，用煤或电热从槽体外加热），使溶液保持在 50～60℃或更高温度，对脱锡越有利。阳极转鼓内，由于中心轴转动螺旋不断地翻动物料，反应表面不断更新，化学反应加快，脱锡效果好。马口铁废料中回收锡的工业试验流程如图 7-30 所示。

废镀锡钢片试验使用该装置处理了 3t 物料，获得海绵锡的直收率为 87%～99%，残极废钢片含锡 0.004%，阴极电效平均大于 67%。

② 工艺技术条件控制。工艺技术条件控制如下。

a. 电解溶液含 NaOH 47～65g/L，溶液温度为 50～60℃；b. 电流密度为 400～500 A/m^2，槽压为 3.5～4.5V；c. 阴极材料为不锈钢板。

③ 脱锡影响因素。脱锡的影响因素从扩大试验表明，NaOH 的质量浓度对脱锡的影响不大，但温度、电流密度和时间对脱锡有明显的影响，见表 7-31～表 7-33。

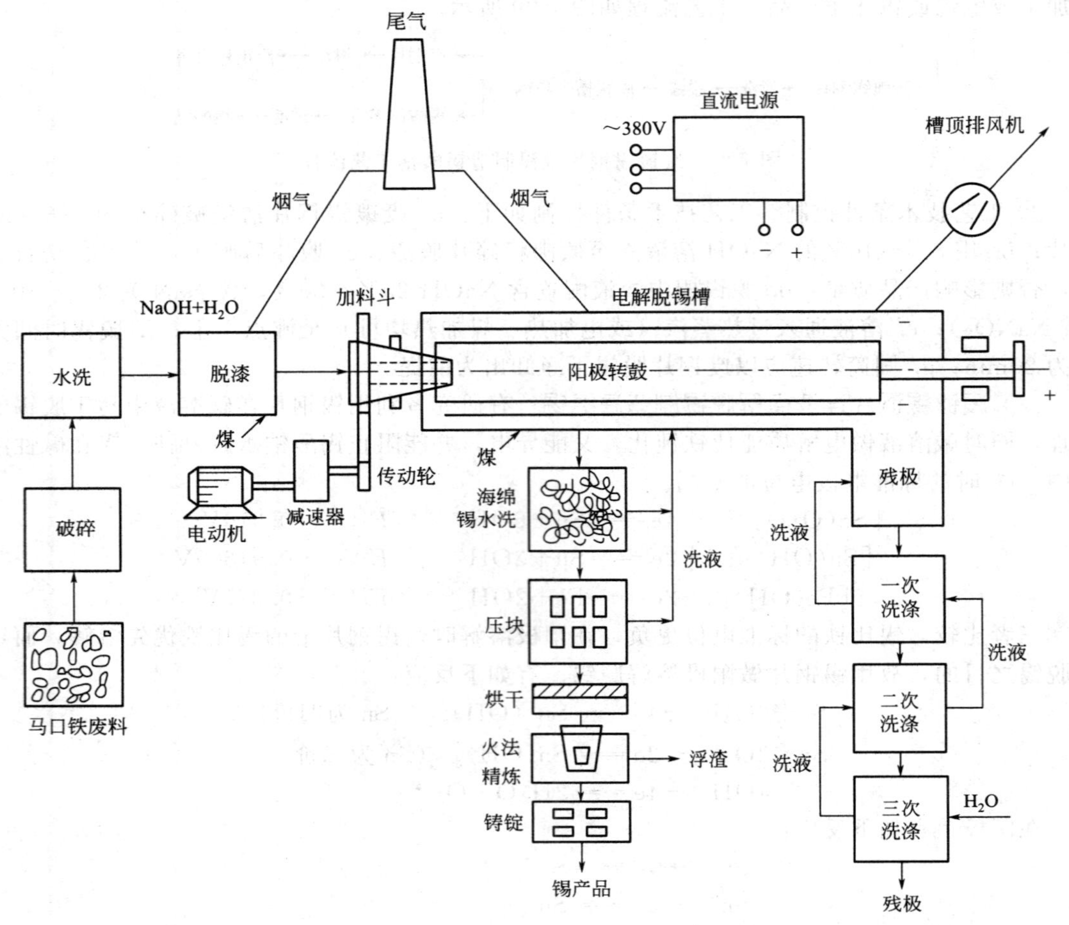

图 7-30　马口铁废料中回收锡的工业试验流程

表 7-31　不同温度下的脱锡率

编号	ρ(NaOH)/(g/L)	温度/℃	J/(A/m²)	槽压/V	原料含 Sn 量/%	残极含 Sn 量/%	脱 Sn 率/%
1	65.36	常温	400	4.5	2.26	0.12	94.7
2	62.76	常温	400	4.5	2.26	0.1	95.6
3	62.76	50	400	4.5	2.26	0.003	99.9
4	52.81	50	400	4.5	2.26	0.003	99.9

表 7-32　不同阴极电流密度下的脱锡率

编号	温度/℃	ρ(NaOH)/(g/L)	J/(A/m²)	槽压/V	原料含 Sn 量/%	残极含 Sn 量/%	脱 Sn 率/%
1	50	72.76	200	3	2.26	0.070	96.9
2	50	52.81	400	4.5	2.26	0.003	99.9
3	50	82.81	400	4.5	2.26	0.003	99.7
4	50	47.10	533	5.0	2.26	0.004	99.8

表 7-33 不同脱锡时间的脱锡率

编号	温度/℃	ρ(NaOH)/(g/L)	J/(A/m²)	脱 Sn 时间	槽压/V	原料含 Sn 量/%	残极含 Sn 量/%	脱 Sn 率/%
1	50	47.10	400	18min0s	4.5	2.26	0.020	99.1
2	50	47.10	400	19min0s	4.5	2.26	0.010	99.6
3	50	47.10	400	20min40s	4.5	2.26	0.004	99.8
4	50	47.10	400	22min0s	4.5	2.26	0.004	99.8

电流密度和温度越高，越有利于脱锡，因此，控制作业温度在 50℃，电流密度为 $400A/m^2$，足以满足脱锡的技术条件要求，达到良好效果。

④ 海绵锡精炼。获得的海绵锡，必须精炼，其中主要是含钠、铁。铁主要是氧化铁锈吸附在海绵锡上，必须用清水将海绵锡洗净，然后压块烘干。用火法进行精炼，精炼时加入少量松香和锯末或 $ZnCl_2$ 不停地搅拌，$ZnCl_2$ 浮在表面上，将熔体中的杂质吸收，经一次精炼可生产达 99.9%的精锡。含锡 90%的海绵锡经一次精炼后其杂质含量为：Fe 0.091%、Pb 0.021%、Cu 0.0098%、Zn<0.02%、Bi<0.0014%、Sb<0.006%、Ag<0.01%。原材料消耗见表 7-34。

表 7-34 原材料消耗（回收 1t 锡的消耗量）

项目	煤/t	碱/kg	机械用电/kW·h	电解耗电/kW·h	工业水/t	人工(普工多)/个	马口铁原料费	残极量/t	锡量/t
消耗量	9	610	2079	4421	200	500	随行就市	119	1

九、铜、镍、钴硫化物加压浸出及铂族金属回收

(1) 加压氨浸　加压氨浸从硫化镍精矿中提取镍的工艺比较简单，对环境污染轻，镍、钴、铜回收率分别可达 90%～95%、50%～75%、88%～92%，还能回收大部分硫，对处理难选的多金属矿特别有效。但它不适于处理含贵金属高的镍精矿。

浸出过程分为二段，典型的工艺流程如图 7-31 所示。第一段浸出温度为 358K，压力为 830kPa。第二段浸出温度为 353k，压力为 900kPa。从第一段浸出产出的溶液送去蒸氨除铜，除铜溶液进行氧化水解生产硫酸铵肥料，以氢还原方式产出镍粉。浸出过程在加压条件下由于反应温度升高和水溶液中参加反应的气体浓度加大而大大改善了反应的动力学条件。在一定的压力和温度条件下，当有氧存在时，镍精矿中的金属硫化物能与溶解的氧、氨和水反应，使其中的镍、钴、钢等生成可溶性的氨络合物进入溶液。

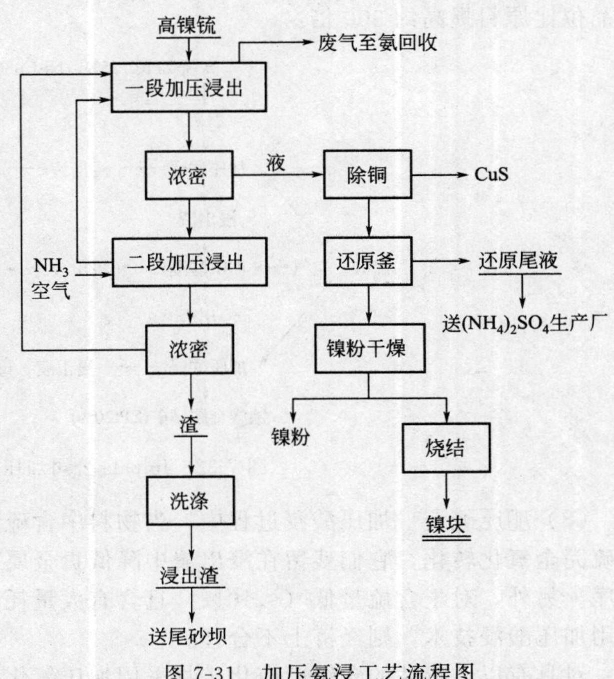

图 7-31 加压氨浸工艺流程图

加压氨浸处理有色金属硫化矿具有工艺简单、设备防腐容易解决、环

境污染轻，并能回收大部分硫的特点，对难选多金属硫化矿特别有效。但该法在处理含铂族铜镍硫化矿或其浮选精矿时，由于贵金属能形成氨络合物而在溶液中分散，造成溶液成分复杂、提取回收流程冗长，因而无法适用于处理含贵金属品位高的物料。另外，工业实施中还需考虑氨的回收，试剂消耗较大，也限制了该工艺的发展。

(2) 加压酸浸　随着设备材质及制造技术的发展，酸性介质的加压浸出得到了迅速发展。与加压氨浸相比，采用加压酸浸技术更适用于处理含铂族金属的硫化矿及铜镍锍。20世纪70年代以后建立的铂族金属生产厂，大多在火法熔炼后采用酸性加压浸出技术，这主要是因为它可在高效综合回收铜镍钴等有价金属的同时，铂族金属基本无分散损失，能够获得高品位的铂族金属精矿。

铜、镍、钴硫化物加压酸浸在工业上的应用主要分为两大类：一类是常压-加压酸浸，即浸出由一段或几段常压浸出和一段加压浸出组成，如芬兰奥托昆普公司哈贾瓦尔塔(Harjavalta)精炼厂；另一类是两段加压浸出，如南非的莱帕拉铂厂。这两类浸出的实质几乎是相同的。

哈贾瓦尔塔精炼厂处理的物料为粒状高镍锍，工艺流程由4部分组成，即磨矿、浸出、净化和电积。常压浸出为三段，浸出温度为90℃。常压浸出后，浸出渣送卧式五隔室高压釜进行加压浸出，加入高压釜的溶液为来自镍电积系统的阳极液。高压釜直径为2.9m、长11.5m，分为5个隔室，每个隔室有机械搅拌。加压反应的介质为硫酸，压力为2MPa，操作温度200℃，铂族金属富集率大于98%。采用类似流程的还有20世纪60年代投产的南非Springs镍精炼厂、英美Pindulla冶炼厂和70年代投产的美国Amax公司的镍港精炼厂。

由于铜、镍、钴等金属及其硫化物，在不同酸度、温度、氧分压条件下有不同的行为，要兼顾到贱金属的相互分离提取，加压酸浸技术常常用两段或多段选择性浸出。

Impala铂厂处理高锍的三段加压酸浸工艺流程见图7-32。第一段加压浸出(135℃，1MPa)产出含铜低的硫酸镍溶液，第二段(140℃，0.9MPa)将铜镍钴金属及硫化物氧化浸出分离，第三段(140℃，1MPa)分离残余的贱金属。三段加压浸出后可使浸出渣中贵金属品位比原料提高约300倍。

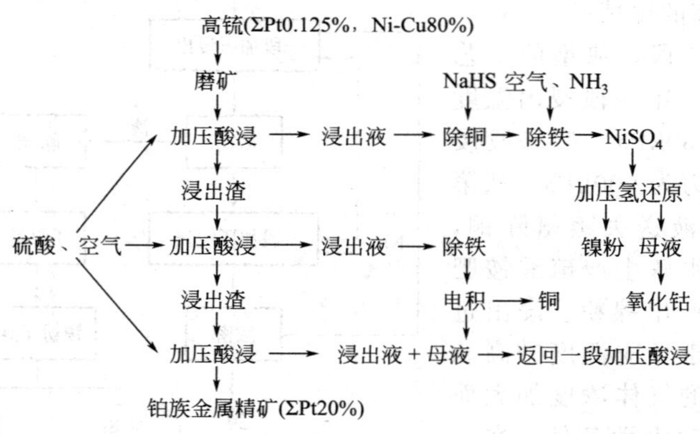

图7-32　Impala公司加压酸浸流程

(3) 加压碱浸　加压酸浸过程中，当物料中含硫高(>20%)时，通常的氧分压下很难使硫完全氧化转化，它们残留在浸出渣中降低贵金属的富集效果，从而增加了后续分离硫的工序。另外，对于含硫量低(<10%)且含有大量耗酸碱性脉石的硫化矿或其浮选精矿，若采用加压酸浸技术，则经济上不合理。

对具有以上特性的含铂族硫化矿物采用加压氧化碱浸工艺是适宜的。在碱性介质中，溶液中的氧浓度相对较高，加速了硫的氧化转化，有利于破坏矿物结构中硫化物对铂族金属的包裹，使铂族金属解离出来。而且，高压釜也可不用价格很贵的钛材，普通耐碱腐蚀的钢材即可满足工艺要求。

美国犹他州巴里克公司 Mercur 矿山曾采用加压氧化碱浸处理铜镍硫化矿，日生产能力达 750t。加压浸出温度为 215℃，压力为 3.4MPa，铂族金属富集比大于 20 倍。由于 NaOH 试剂费用较贵，美国专利提出 Na_2CO_3 可用作碱性剂，而 $Ca(OH)_2$ 仅适用于矿浆浓度在 20%以下的情况。

(4) 加压氰化　氰化法从 19 世纪末就被用于处理金矿石，估计目前世界上 85%以上的金矿是用该法处理。此方法能广泛应用的重要原因是，在碱性介质中氰化物可高选择性地络合溶解金、银，同时，用活性炭吸附、锌粉置换、阴离子交换树脂吸附等方法能方便有效地从氰化液中回收金。

加压氰化（或称高温氰化）处理含铂族金属物料是最近几年才出现的高新技术。通过提高反应温度来加快浸出速度，可使常温常压下不能氰化的铂钯发生氰化反应。美国国家矿物局已专门报道了用加压氰化回收失效催化剂中铂族金属的技术。

用加压氰化法处理氧化矿的含铂钯高品位金矿，其主要成分为：Au 90.9g/t，Pt 9.2g/t，Pd 2.19g/t，Fe 2.19%，SiO_2 62.7%，S 0.1%，并含有低于 0.02%的 Cu、Zn 或 Pb。所用的流程为：矿石球磨→混汞法提金→尾渣室温或高温氰化→活性炭吸附金铂钯→从载金炭回收金铂钯。最佳条件为空气加压，温度范围 100～125℃，时间 4～6h，pH=9.5～11.5。相应的贵金属浸出率为 Au 95%～97%，P 73%～79%，Pd 87%～92%。

十、难处理金矿的加压氧化

难处理金矿是指那些金以次显微形式存在，也可能是包含在黄铁矿或砷黄铁矿晶格中，即使矿石磨得很细也无法使金解离，以致不能用传统的氰化法加以回收的金矿物。在这一类矿物中，最具有代表性的载金矿物是黄铁矿和砷黄铁矿。通常，这类矿物要经过预处理再回收金。经典的工业生产方法是采用氧化焙烧预处理，氧化焙烧产出一种多孔焙砂，再进行氰化浸金。由于各国环保要求日益严格和焙烧本身的缺陷，这种方法已显得有些过时和落后了，近年发展起来的加压预氧化法能有效地从难处理金矿中提取金，因此，近年来一批采用加压预氧化的提金厂相继投产，处理工艺如图 7-33 所示。

许多难处理金矿可能含有一些碳酸盐，因此需要领先用酸处理，最好是用压力釜排出矿浆的洗水来分解碳酸盐，使原料在进入压力釜之前除去由碳酸盐分解所产生的二氧化碳，这有助于提高氧化段氧气的利用。将经酸处理的物料加入压力釜中用氧气氧化，用硫化物氧化时产生的热来维持所需的反应温度，如果需要，也可以通过加入水的办法来控制温度。压力釜排出的矿浆经闪蒸槽冷却，然后经固液分离以除去部分酸。矿浆在氰化之前还要经过洗涤。洗涤可除去加压氧化时溶出的铜、锌等，同时也可除去易水解成泥状物的铝、铁和镁等。由铂、铁和镁等化合物水解生成的这类泥状物会使溶液的黏度增加，而在含金矿浆氰化时，金易被这种泥状物吸附而造成损失；而在用活性炭吸附回收金时，活性炭易被它玷污。因此，矿浆洗涤是难处理金矿酸性加压分解流程中一道十分重要的作业。

黄铁矿和砷黄铁矿的加压氧化既能在碱性介质中进行，也能在酸性介质中进行，要根据物料的性质来选择合适的加压预氧化工艺。对一些可浮性差、含硫量低、含碳酸盐量高的难处理金矿（如美国内华达州许多金矿山的难处理金矿），可考虑选择碱性介质加压预氧化而要尽可能避免生成元素硫。碱性介质压力氧化产出的渣其基本组成是 Fe_2O_3，而矿石中的硫和砷可成为可溶性的硫酸盐和砷酸盐。酸性介质中的加压氧化发展得更快，因此我们将着重研究酸性加压氧化。

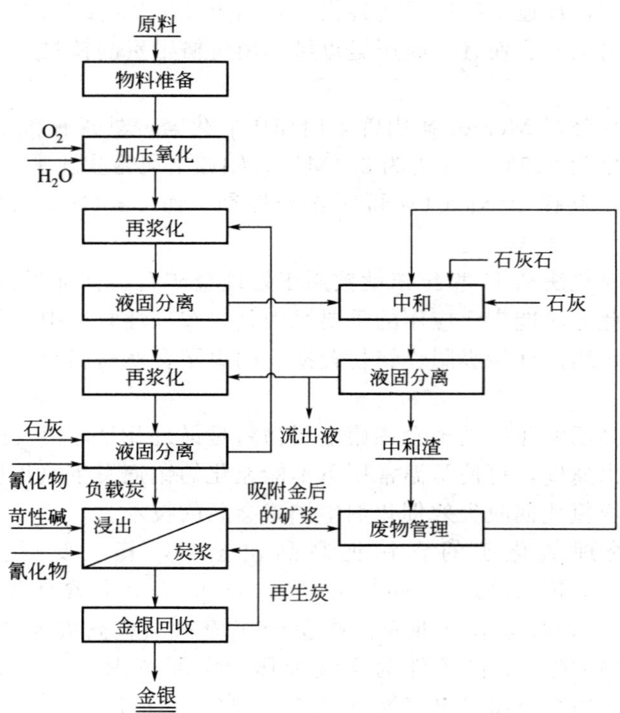

图 7-33 酸性介质加压预氧化难处理金矿流程

许多硫化矿物，像砷黄铁矿、磁黄铁矿和一些金属硫化物在氧化反应的初期和中期容易生成元素硫。生成的元素硫有可能包裹未氧化的硫化物，并易于团聚，使矿浆的氰化效果下降。采用高于硫熔点（391K）的加压氧化温度，如 443～453K 能有效地抑制元素硫的生成。

① 黄铁矿。水溶液中酸性压力氧化黄铁矿的产物主要有 Fe^{2+}，Fe^{3+}、SO_4^{2-}、S^0 等，Fe^{3+} 大都以赤铁矿、硫酸高铁或铁矾的形式沉淀，不同产物的形成取决于不同的氧化条件，如温度、时间、氧分压、酸度、硫酸盐浓度等。现已确定，黄铁矿氧化时有两个竞争反应存在：

$$FeS_2+7/2O_2+H_2O = FeSO_4+H_2SO_4$$

$$FeS_2+2O_2 = FeSO_4+S$$

当温度大大高于硫的熔点时，第一反应占优势。上述两反应产生的 Fe^{2+} 随后氧化成 Fe^{3+}。

$$2FeSO_4+1/2O_2+H_2SO_4 = Fe_2(SO_4)_3+H_2O$$

在氧化过程中，一些研究表明 Fe^{3+} 具有加速反应的作用，特别是在高压釜中反应的初期，Fe^{3+} 的作用非常明显。在高于 150℃时，Fe^{3+} 水解的两个主要反应是：

在低酸度下： $Fe_2(SO_4)_3+3H_2O \longrightarrow Fe_2O_3+3H_2SO_4$

在高酸度下： $Fe_2(SO_4)_3+2H_2O \longrightarrow 2FeOHSO_4+H_2SO_4$

铁矾类的化合物也能产生，但比 Fe_2O_3 和 $FeOHSO_4$ 要少。

$$3Fe_2(SO_4)_3+14H_2O \longrightarrow 2H_3OFe_3(SO_4)_2(OH)_6+5H_2SO_4$$

从方法的经济性来说，最好形成赤铁矿沉淀，这是由于随后的中和及金回收操作容易。一些研究工作表明，生成 Fe_2O_3 沉淀的条件是溶液中 H_2SO_4 含量的上限是 55g/L（温度为 170℃）和 70g/L（温度为 200℃）。如果溶液中含有惰性盐类。如 $MgSO_4$，则 H_2SO_4 含量的上限可扩展到 100g/L。

② 砷黄铁矿。一些研究表明，砷黄铁矿首先产生 H_3AsO_3 和 Fe^{2+}，随后又氧化成 H_3AsO_4 和 Fe^{3+}。他们在研究中还发现，在较低的温度（100～160℃）和高酸的条件下，有元素硫产生，而砷酸铁则水解成三价铁的化合物。

对于砷黄铁矿在酸性溶液中的压力氧化，一般认为发生如下化学反应：

$$2FeAsS+13/2O_2+3H_2O \longrightarrow 3H_3AsO_4+2FeSO_4$$

$$2FeAsS+7/2O_2+2H_2SO_4+H_2O \longrightarrow 2H_3AsO_4+2FeSO_4+2S^0$$

另有一些研究工作表明，元素硫的产生不是作为一种中间产物。事实上，存在两个相互竞争的化学反应，他们的产物不同，一个是 S^0，另一个是 SO_4^{2-}。加拿大舍利特公司的研究结果表明，高氧化温度可以避免元素硫的生成。

上述方程式中的 H_3AsO_4 是反应开始时的产物，当溶液的矿浆浓度高、反应时间长，温度高及酸度低时，X-衍射分析反应生成的沉淀为 $FeAsO\cdot 2H_2O$，因此存在如下反应：

$$Fe_2(SO_4)_3+2H_3AsO_4+4H_2O \longrightarrow 2FeAsO_4\cdot 2H_2O+3H_2SO_4$$

第五节　工业废物资源化利用案例

一、回收废电脑中贵金属的湿法冶金工艺

电脑板卡上的电路通常采用厚膜工艺制作，厚膜金基浆料中的金、银、钯、铂等贵金属一般以单质微粒形式悬浮于有机载体中，浆料中含有的无机胶黏剂通常为硼硅酸盐玻璃及 Al_2O_3、CuO、CdO、ZnO、TiO_2、NiO 等氧化物。板卡上还有一定量的金电极和铂或金钯铂合金引线。电脑板卡以外的其他元器件中金的存在形态与板卡中金的存在形态基本相似，主要是厚膜金浆料、含金合金或纯金丝。湿法冶金技术回收废电脑及其配件中的金时，所需进行的预处理操作内容通常包括拆解和挑拣不含贵金属的部件，将含有贵金属的部件在400℃左右加热以及粉碎至一定粒度等。预处理中对含有贵金属的部件进行加热处理的目的，是为了使部件中的大部分有机物分解除去，降低酸的消耗并使后续工艺简单化。粉碎至一定粒度的目的是为了在湿法冶金过程中能够使部件内部的金等贵金属顺利地转入溶液。

(1) 硝酸-王水湿法工艺　将经过上述预处理工序后的板卡等废电脑部件浸泡在约9mol/L的硝酸中并适当加热，可使这些部件中的 Ag、贱金属和 Al_2O_3、CuO、CdO、ZnO、TiO_2、NiO 等氧化物溶解，经过过滤，得到含银及其他有色金属的硝酸盐溶液，用电解或化学方法回收银。金、钯、铂等贵金属不溶于硝酸，仍留在板卡等部件上。将此时不溶的部件浸泡在王水中，加热至微沸状态，使金、钯、铂等贵金属溶解而进入溶液。过滤，将滤液蒸发浓缩至一定体积并分批加入少量盐酸赶硝。根据溶液中贵金属的含量高低加入适量水稀释至一定浓度，用亚硫酸钠或草酸、甲酸、水合肼、硫酸亚铁、甲醛等还原剂将溶液中的金还原成金颗粒沉淀下来。钯、铂则以配合物形式留在溶液中，用萃取方法或氨水沉淀铂、钯而得到回收。

硝酸-王水湿法技术在电脑板卡中回收金的过程中发生的主要化学反应式可用下列反应方程式表示：

$$Ag+2HNO_3 \longrightarrow AgNO_3+NO_2+H_2O$$

$$Au+4HCl+HNO_3 \longrightarrow HAuCl_4+2H_2O+NO$$

$$3Pt+18HCl+4HNO_3 \longrightarrow 3H_2PtCl_6+8H_2O+4NO$$

$$3Pd+18HCl+4HNO_3 \longrightarrow 3H_2PdCl_6+8H_2O+4NO$$

$$2HAuCl_4 + 3Na_2SO_3 + 3H_2O \longrightarrow 2Au\downarrow + 3Na_2SO_4 + 8HCl$$

$$H_2PtCl_6 + Na_2SO_3 + H_2O \longrightarrow H_2PtCl_4 + Na_2SO_4 + 2HCl$$

$$H_2PdCl_6 + Na_2SO_3 + H_2O \longrightarrow H_2PdCl_4 + Na_2SO_4 + 2HCl$$

硝酸-王水湿法技术从废电脑中回收金的原则工艺流程如图 7-34 所示。废电脑板卡通过此工艺处理，金的回收率可达到 94.5%以上，二次还原金粉的纯度在 99.95%以上。

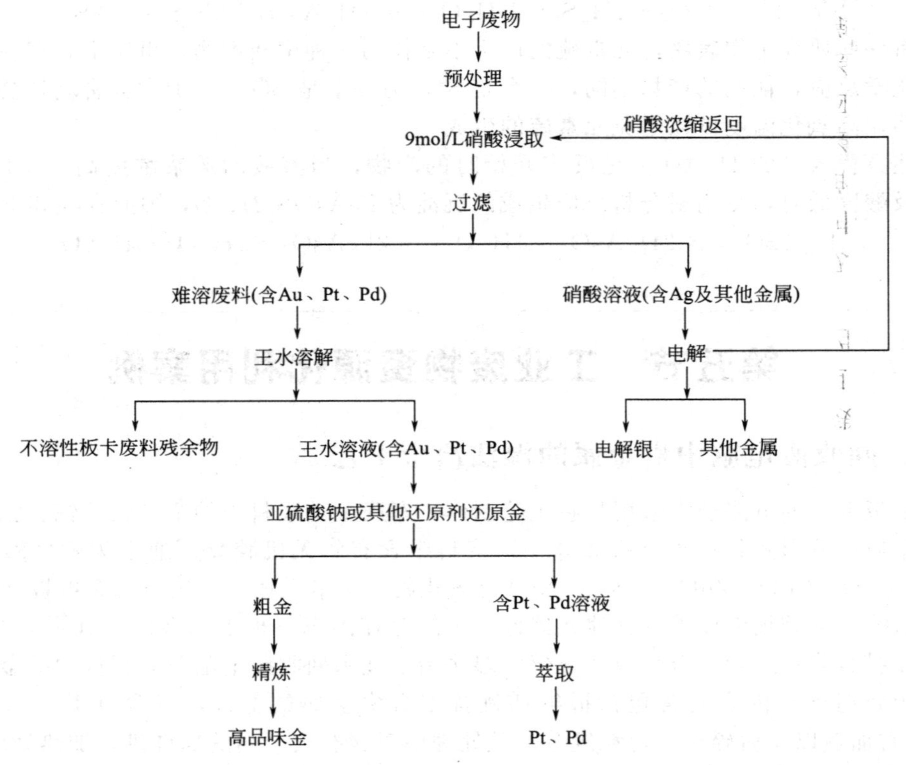

图 7-34　硝酸-王水湿法技术回收废电脑中贵金属的流程示意图

该工艺与火法回收工艺相比，其特点是：废气排放少；提取贵金属后的残留物易于处理；经济效益显著，因而目前比火法冶金回收技术应用得更为普遍和广泛。但是硝酸-王水湿法技术从电脑板卡中回收金的化学试剂消耗量大，工艺复杂性比火法高，产生的废水量比火法工艺多，在实际应用中尚有许多方面需要改进和完善。

(2) 双氧水-硫酸湿法工艺　将经过拆解和挑拣不含贵金属的废电脑部件及含有贵金属的废电脑部件，在 400℃左右加热以及粉碎至约 200 目，然后置于耐酸反应器中，加入一定量的水、H_2O_2 和稀硫酸浸泡一段时间，待反应平衡后，进行固液分离。不溶的固体物质为金等贵金属、部分氧化物以及少量的高分子化合物；液体为铜、镍、铁、锡等金属的硫酸盐溶液。把取出的已剥离完的废料用王水溶解，过滤得到含金王水溶液。用硫酸亚铁或草酸在加热条件下进行还原，得到粗金粉，再经过湿法或电解处理得到高纯度金粉或金锭。

硫酸的浓度和用量对金的回收率有较大影响。随着硫酸浓度的增大，金和铜等有色金属的回收率也相应增加。当硫酸浓度达到 1∶3 时，金的剥离率和回收率均可达到 98%左右，铜的回收率可达 99%以上。但是硫酸浓度太大时，由于 $[H^+]$ 浓度太高，导致 H_2O_2 消耗太快，与废料反应不充分，金的回收率反而下降。金和铜等有色金属的回收率随着硫酸用量的增加而提高。随着双氧水用量的增加，金的含水率增加。试验结果表明，1kg 废电脑板卡中加入 2L30%的 H_2O_2 和 2L 硫酸（1∶3），当固液比为 1∶2 且反应时间为 2h 时，金和铜等有色金属的回收率都可达到 98%以上。双氧水-硫酸湿法回收废电脑中金的工艺见图 7-35。

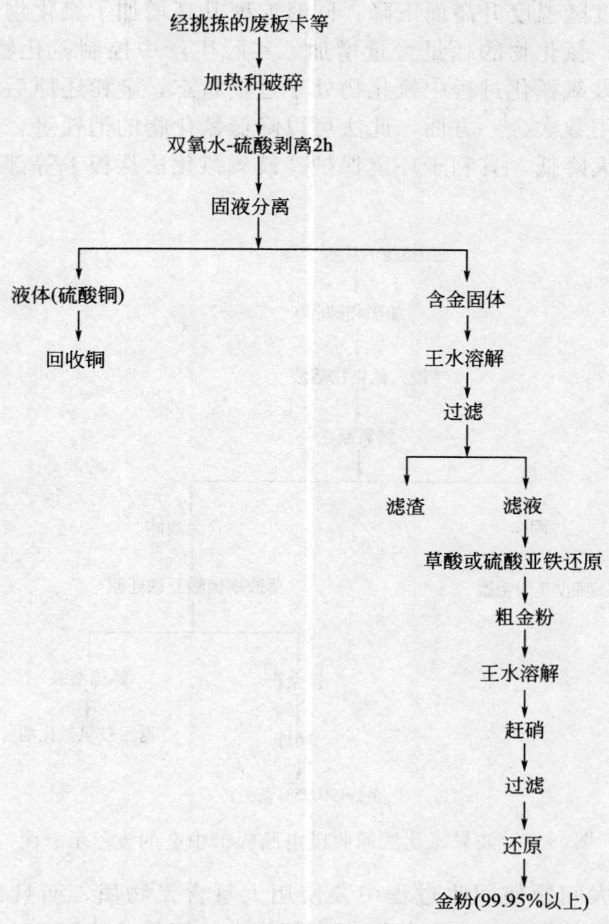

图 7-35 双氧水-硫酸湿法技术回收废电脑板卡中金的流程示意图

(3) 鼓氧氰化法工艺 氰化溶解法是回收废电脑中金的另一种湿法冶金技术，其原理是利用碱金属氰化物将板卡等废电脑部件表面的金、银溶解而进入溶液，与板卡等部件中的大部分物料分离，再通过还原方法使氰化溶液中的金、银还原出来。

金溶解的化学反应如下：

$$4Au+8NaCN+O_2+2H_2O \longrightarrow 4NaAu(CN)_2+4NaOH$$

此化学反应分以下两步进行：

$$2Au+4NaCN+O_2+2H_2O \longrightarrow 2NaAu(CN)_2+2NaOH+H_2O_2$$

$$2Au+4NaCN+H_2O_2 \longrightarrow 2NaAu(CN)_2+2NaOH$$

因此采用氰化法从板卡等废电脑部件中回收金时，必须向氰化物溶液中鼓入空气。在实际回收中，控制氰化物溶液中的氰化物和氧气浓度对提高板卡等部件表面金的溶解速度非常重要。研究结果表明：金在氰化物中的溶解度是氧消耗速度的 2 倍，是氰化物消耗速度的一半。在氰化物浓度较低时，金的溶解速度主要取决于氰化物的浓度。当氰化物浓度较高时，金的溶解速度主要取决于氧的浓度。当 $[CN^-]/[O_2]=6$ 左右时，金的溶解速度最快。为了减少氰化物的化学损失，在氰化物溶液中必须加入适量的碱（保护碱）并保持一定的碱度，可以大大降低氰化物的消耗量，同时也可以避免氰化物变成氰化氢气体进入大气造成污染和中毒。温度对金的浸出有较大影响。金的溶解度随温度的升高而增大（80℃达最大值），但氧在溶液中的溶解度随温度升高而下降；同时温度升高增加了氰化物的水解；其他非贵金属与氰化物作用加剧，氰化物的耗量大量增加。实际生产中控制氰化物溶液的温度在30℃左右较为适宜。由于鼓氧氰化过程中氰化物处于过量状态，金粉还原后所得含氰溶液可以返回鼓氧氰化池重复使用数次。一方面，此法可以降低氰化物的消耗量；另一方面也使最终废液中的游离氰含量大大降低，有利于环境保护。鼓氧氰化法从板卡等部件中回收金的流程如图7-36所示。

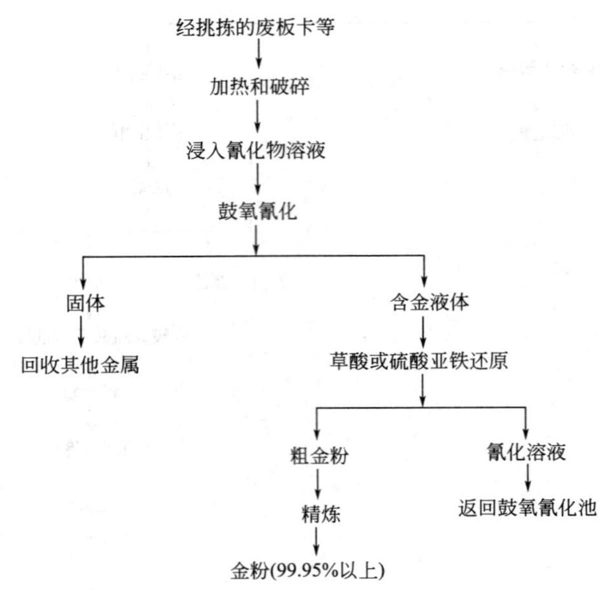

图7-36　鼓氧氰化法回收废电脑板卡中金的流程示意图

鼓氧氰化法的最大问题使回收过程中要使用大量含氰物质，而且只能回收板卡表面的金、银，对包裹于元器件内部或印制线路板内部的金、银很难溶解。

（4）生物技术回收废电脑中的金　利用细菌浸取金等贵金属是20世纪80年代开始研究的提取低含量物料中贵金属的新技术。开始时该技术主要用于从金矿石中提取金，利用某些微生物在金矿物表面的吸附作用及微生物的氧化作用来解决难浸金矿石的选冶问题。微生物生命活动的基本特征之一是吸附作用：细菌在其固紧器、菌毛或矿物表面黏性的作用下，能选择性地吸附在硫化矿物表面的晶界、位错区及某些活性中心，并利用其细胞内特有的活性酶的催化氧化作用，沿着金、硫化矿物晶界及晶体缺陷部位不断地氧化载金矿物，以获得自身新陈代谢所需的能量。氧化结果导致矿物晶格严重破坏，矿粒形成多孔状，金被暴露出来。有多种微生物能从溶液中吸附金，例如曲霉属生物体，预热处理后能有效地吸附金。聚氨基葡萄糖生物聚合体也可以有效地吸附各种金配合物。活性微生物和非活性微生物（死的）都曾用于试验条件下金的吸附。除微生物体外，蛋白质等生物分子也是捕集沉淀金的理想材料。这类生物物质常具有很高的金属键合容量，富集金时可使金浓度比富集前高几个数量级，并表现出很高的键合专一性。微生物吸附金可以分为利用微生物的代谢产物来固定金离子和利用微生物细胞直接固定金离子两种类型。前者是利用细菌产生的硫化氢固定金，当菌体表面吸附了金离子达到饱和状态时，能形成絮凝体沉降下来；后者是利用三价铁离子的氧化性使金等贵金属合金中的其他金属氧化成可溶物而进入溶液，使贵金属裸露出来便于回收。反应所得的二价铁离子被细菌再氧化，用于反复浸取合金中的贱金属。有文献报到：含10g/L 的三价铁离子和细菌溶液处理电子废料，温度为20～30℃，溶液 pH 值小于2.5，2d后可回收97%的金，并且含细菌的浸取液可再生重复使用。生物技术提取金等贵金属具有工艺简单、费用低、操作方便的优点，但是浸取时间较长，浸取率较低，目前尚未真正投入使用。它是较有前途的从废电脑中回收金等贵金属的新技术之一。

除了上述方法以外，利用活性炭、特种树脂等多孔性物质对贵金属的特殊吸附作用提取贵金属的方法也常见报道。如某化工冶金研究院采用新型树脂 R410 对含金废旧电子器件进行处理，金的浸出率、吸附率、解吸率均大于99.5%，总回收率约99.0%。该法所需设备简单，生产规模弹性大，污染小，是一种较好的可以用于电脑板卡中金回收的方法。

二、回收废电池中金属的湿法冶金工艺

1. 废铅酸蓄电池中的铅

(1) 全湿法工艺　全湿法工艺回收废铅酸蓄电池中铅的工艺路线是分离-溶浸-电解，回收铅的纯度可达99.9%以上，具有投资小、成本低、环境污染小、经济效益和社会效益明显的特点。工艺流程如图7-37所示。

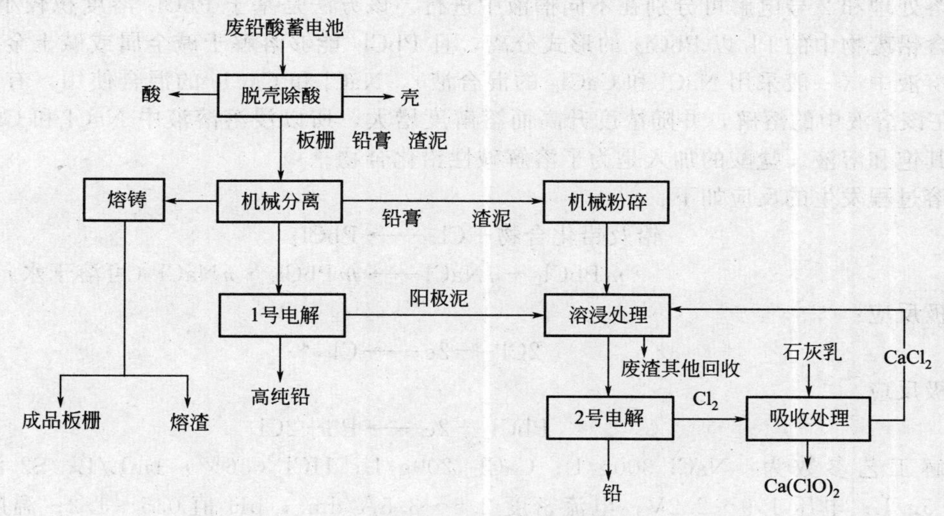

图 7-37　全湿法工艺回收铅的流程

全湿法工艺分为脱壳除酸、机械分离、机械粉碎、熔铸、1号电解、浸溶处理和2号电解等几个步骤。

脱壳除酸是指将铅酸蓄电池的胶木壳或塑料壳剥离的过程。尽量除尽废铅酸蓄电池中的 H_2SO_4 是脱壳除酸的关键。否则，残留的硫酸对后续工序的不良影响很大，在1号电解液中会使铅生成 $PbSO_4$ 沉淀，在2号电解液中会生成 $CaSO_4$，增加 $CaCl_2$ 的消耗量。

机械分离是通过机械方式将板栅、铅膏和渣泥等分开的过程。由于废铅酸蓄电池的板栅是金属 Pb 和含少量其他金属的铅合金，比较柔软，而铅膏的主要成分是 PbO 和 $PbSO_4$，较硬脆，因此可以通过机械变形、挤压或人工敲打的方式使板栅与铅膏等得到较完全的分离。分离所得板栅壳重铸为新板栅，也可在1号电解液中电解为高纯铅（>99.99%），但铅膏在1号电解液中难溶，故分离后用2号溶液浸溶。

机械粉碎的目的是为了使铅膏和渣泥等含铅物质具有较大的表面积，利于浸溶过程的进行，常用的机械粉碎方法为球磨和棒磨等。

熔铸是将合金成分较稳定的板栅进行熔化铸成新板栅的过程，在此过程中将有部分熔渣生成，返回至2号电解前进行溶浸处理。

1号电解的目的是使经过上述机械分离的板栅转化为高纯铅。电解液为氟硼酸盐溶液，电解液的原料为H_3BO_3、HF和PbO等，通过下列反应生成$Pb(BF_4)_2$络合物。

$$H_3BO_3+4HF \Longrightarrow HBF_4+3H_2O$$

$$2HBF_4+PbO \Longrightarrow Pb(BF_4)_2+H_2O$$

阳极反应：

$$Pb+2BF_4^- -2e \longrightarrow Pb(BF_4)_2$$

阴极反应：

$$Pb(BF_4)_2+2e \longrightarrow Pb+2BF_4^-$$

电解工艺参数为：H_3BO_3 145～160g/L；HF(42%) 420～450g/L；PbO 140～145g/L；对苯二酚5～10g/L；电压2～5V；电流密度1～3A/dm^2；温度为室温；阳极采用铅板栅；阴极采用不锈钢或铅板。

1号电解的电流效率达到98%以上，阴极电解铅的纯度可以达到99.99%以上。不溶于1号电解液的硫酸铅或其他铅合金、阳极泥壳经2号电解再次回收。

浸溶处理和2号电解可分别在不同槽液中进行。该方法是基于$PbCl_2$溶度积较小，Cl^-能够把含铅废物中的Pb以$PbCl_2$的形式分离，且$PbCl_2$能够溶解于碱金属或碱土金属的氯化物水溶液中（一般采用NaCl和$CaCl_2$的混合液）。NaCl和$CaCl_2$的混合使用，有助于在$PbCl_2$在该溶液中的溶解，并随浓度升高而溶解度增大，所以浸溶溶液中NaCl和$CaCl_2$中均采用其饱和溶液。盐酸的加入是为了溶解碱性铅化合物。

浸溶过程发生的反应如下：

$$\text{铅及铅化合物}+Cl^- \longrightarrow PbCl_2$$

$$mPbCl_2+nNaCl \longrightarrow mPbCl_2 \cdot nNaCl\text{（可溶于水）}$$

阳极反应：

$$2Cl^- -2e \longrightarrow Cl_2\uparrow$$

阴极反应：

$$PbCl_2+2e \longrightarrow Pb+2Cl^-$$

电解工艺参数为：NaCl 300g/L；$CaCl_2$ 200g/L；HCl（36%）1mL/L；S2添加剂0.5～1.5g/L；电压1.9～2.2V；电流密度2.5～3.5A/dm^2；pH值0.5～1.2；温度50～90℃；阳极采用石墨；阴极采用不锈钢或纯铅板。

由于$PbCl_2$溶解度随温度升高而加大（$PbCl_2$溶解度：13℃为13g/L；50℃为42g/L；100℃为100～110g/L），因此温度以50～90℃为宜。温度低，电解电压大，电流密度小，温度高，可以提高电流密度，但电流效率会降低。S2添加剂能使阴极析出铅，以光滑块状黏附在电极表面。若不加入S2添加剂，阴极铅将以粉末状析出，此时可在阴极套上防酸布袋进行收集。阳极将有氯气产生，将氯气引入$CaCl_2$溶液进行吸收，可以转化为$Ca(ClO)_2$和$CaCl_2$副产品。

2号电解的电流效率为55%～65%，阴极铅纯度大于99.9%。

(2) 碱式湿法工艺　陈维平等用碱式湿法工艺回收废铅酸蓄电池浆料中的铅。该工艺采用NaOH作脱硫剂，$FeSO_4$-H_2SO_4作还原转化剂，以NaOH-$KNaC_4H_4O_6$作电解液电解铅。在试验条件下，可以得到99.99%以上纯度的铅粉，电流效率达到98%以上，废蓄电池中铅的直接回收率大于95%，总回收率大于98%。该方法具有工艺过程稳定和环境污染小的特点。

由 $PbSO_4$、PbO_2、PbO 和铅粉构成的废蓄电池渣泥约占废铅酸蓄电池质量的50%左右。在强碱条件下，PbO 或 $Pb(HO)_2$ 是稳定的。Fe^{2+} 可以使 PbO_2 得到还原，同时 Fe^{2+} 被氧化，产生的 Fe^{2+} 可以使金属铅得到氧化。

用 NaOH 作脱硫剂的脱硫反应为：

$$PbSO_4 + 2NaOH \longrightarrow PbO\downarrow + Na_2SO_4 + H_2O \quad \text{(a)}$$

当 NaOH 过量及浓度较高时：

$$PbSO_4 + 3NaOH \longrightarrow NaHPbO_2 + Na_2SO_4 + H_2O \quad \text{(b)}$$

实际脱硫工艺分两步进行。第一步脱硫时加入的 NaOH 不过量，脱硫反应按反应式 (a) 进行，脱硫后的溶液中主要含 Na_2SO_4，但不含铅；第二步脱硫时补加 NaOH 至过量，部分脱硫反应按反应式（b）进行，所得固相中不含有 $PbSO_4$，所得滤液返回至第一步脱硫。各反应条件对脱硫率的影响程度从大到小依次为液固比、温度、粒度、配比。对于一定量的 NaOH，液固比间接地表征了溶液量与 NaOH 的浓度。液固比大，则溶液量大，NaOH 浓度低；液固比小，则溶液量小，NaOH 浓度高。溶液量大有利于脱硫，但 NaOH 浓度低不利于脱硫。

采用 $FeSO_4$-H_2SO_4 还原和转化浆料中的 PbO_2 和铅粉，反应过程如下：

$$PbO_2 + 2Fe^{2+} + SO_4^{2-} + 4H^+ \longrightarrow PbSO_4 + 2Fe^{3+} + 2H_2O$$

$$Pb + 2Fe^{3+} + SO_4^{2-} \longrightarrow PbSO_4 + 2Fe^{2+}$$

试验结果表明，当 H_2SO_4 : $PbO_2 \geqslant 4:1$（摩尔比）时，H_2SO_4 量的继续增加对还原效果影响极小。

脱硫工艺后，将滤渣中的 PbO 或 $Pb(OH)_2$ 用 NaOH-$KNaC_4H_4O_6$ 浸取，形成电解液，不溶解的 PbO_2 和铅粉（滤渣）送还原转化工艺。溶解和电沉积过程可用下列反应式表达：

$$C_4H_4O_6^{2-} + 2H_2O \longrightarrow H_2C_4H_4O_6 + 2OH^-$$

$$2Pb(OH)_2 + 2H_2C_4H_4O_6 \longrightarrow Pb_2(C_4H_4O_6)_2 + 4H_2O$$

$$Pb_2(C_4H_4O_6)_2 + C_4H_4O_6^{2-} \longrightarrow Pb_2(C_4H_4O_6)_3^{2-}$$

$$Pb(OH)_2 + OH^- \longrightarrow [Pb(OH)_3]^-$$

$$Pb_2(C_4H_4O_6)_3^{2-} + 4e \longrightarrow 2Pb\downarrow + 3C_4H_4O_6^{2-}$$

$$[Pb(OH)_3]^- + 2e \longrightarrow Pb + 3OH^-$$

$$H_2O + 2e \longrightarrow H_2\uparrow + 2OH^-$$

$$4OH^- - 4e \longrightarrow O_2\uparrow + 2H_2O$$

$$Pb^{2+} + 4OH^- - 2e \longrightarrow PbO_2\downarrow + 2H_2O$$

电沉积的工艺参数为：铅 40～100g/L；NaOH 150g/L；$KNaC_4H_4O_6 \cdot 4H_2O$ 150g/L；明胶 0.5g/L；电流密度 150～250A/m^2；温度为室温。

(3) 酸式湿法工艺　酸式湿法工艺回收废铅酸蓄电池中铅的原理是将经过预处理的含铅物质用酸进行溶解。在此过程中几乎所有的金属元素都将变成离子状态进入溶液。酸式湿法工艺回收废铅酸蓄电池中铅的方法是在酸浸溶液中，用适当的试剂使铅变成能够与其他金属相互分离的状态从混合物中分离出来。常用的分离方法有氢氧化物沉淀法和硫化沉淀法两种。

① 氢氧化物沉淀法。在酸浸溶液中的 Cu^{2+}、Ni^{2+} 等过渡金属离子和 Pb^{2+}、Sn^{2+} 等主族金属离子在适当的酸度条件下能够分别形成相应的氢氧化物沉淀，这是湿法工艺回收铅、锡等金属的化学基础。湿法工艺回收废电池中的金属一般采用多级沉淀方式进行。在多个聚氯乙烯塑料槽中分别设搅拌装置，构成多级沉淀池。每一级沉淀池分别用于一个或几个金属

离子的沉淀。

将酸浸溶液抽入一级沉降池，在搅拌下逐渐加入石灰水或氢氧化钠溶液，使体系的 pH 值处于 7.0 左右（中性），继续搅拌 2h，静置沉淀，此时溶液中的 Al^{3+}、Fe^{3+} 在此条件下均将变成相应的氢氧化物沉淀析出。压滤，将清液转入二级沉降池，继续在搅拌下加入石灰水或氢氧化钠溶液，使体系的 pH 值处于 9.0 以下，搅拌 2h，此时溶液中的 Cr^{3+}、Cu^{2+}、Sn^{2+} 等金属离子变成相应的氢氧化物沉淀，经过沉降和压滤后，将清液转入第三级沉降池。继续在搅拌下加入石灰水或氢氧化钠溶液，使体系的 pH 值处于 9～9.5，搅拌 2h，此时溶液中的 Pb^{2+} 沉降较为完全（约为 95%），同时溶液中如果含有 Zn^{2+}，也将同时以氢氧化物形式沉淀下来。压滤，将清液转入第四级沉降池，用于其他金属离子的沉降或用作废水处理池。

第三级沉降池所得铅的氢氧化物沉淀，可以采用直接熔炼和电解得到电解铅，或采用加入硝酸或乙酸的方法制备相应的可溶性铅盐产品。

② 硫化物沉降法。调酸浸溶液的 pH 值为 7～9，加入硫化钠溶液，此时溶液中的绝大部分金属都将变成硫化物沉淀沉降下来，可用下列方法提炼铅。

在所得硫化物混合固体中加入碳酸铵溶液加热至 80～90℃，用鼓风机通入空气，此时，混合硫化物中的硫化铅将转化为碳酸铅沉淀，而其他金属硫化物也将转化为可溶性的碳酸盐进入溶液。

$$2PbS+2(NH_4)_2CO_3+O_2+2H_2O \xlongequal{} 2PbCO_3\downarrow+2S+4NH_4OH$$

$$2MS+2(NH_4)_2CO_3+O_2+2H_2O \xlongequal{} 2MCO_3\downarrow+2S+4NH_4OH\text{（M 为其他金属）}$$

压滤，将碳酸铅沉淀与母液分离，母液用于提取其他金属。将碳酸铅用稀硝酸溶液溶解，过滤，得到硝酸铅溶液。经过浓缩结晶可以得到工业级硝酸铅。如果将所得硝酸铅用硫酸溶解，可沉淀得到纯度很高的硫酸铅，同时硝酸得到再生，可返回使用。沉淀所得硫酸铅通过一系列常规反应，可进一步深加工成其他工业所需的铅化合物，达到综合利用的目的。

2. 锌锰干电池

该法基于 Zn、MnO_2 可溶于酸的原理，将电池中的 Zn、MnO_2 与酸作用生成可溶性盐进入溶液，溶液经过净化后电解生产金属锌和电解 MnO_2 或生产其他化工产品（如立德粉、氧化锌等）、化肥等。湿法冶金又分为焙烧浸出法和直接浸出法。

(1) 焙烧浸出法　焙烧浸出法的原则流程图如图 7-38 所示。

对废干电池进行机械切割，分选出炭棒、铜帽、塑料，并使电池内部粉料和锌筒充分暴露。汞主要存在于浆糊纸与锌筒上，充分暴露有利于汞的蒸发。600℃温度下，在真空焙烧炉中焙烧 6～10h，使金属汞、NH_4Cl 等挥发为气相，通过冷凝设备加以回收，高价金属氧化物被还原成低价氧化物。焙烧产物用酸浸出后，用电解法从浸出液中回收金属。焙烧过程中发生的主要反应为：

$$MeO+C \longrightarrow Me+CO\uparrow \qquad A(s) \longrightarrow A(g)\uparrow$$

浸出过程发生的主要反应：

$$Me+2H^+ \longrightarrow Me^{2+}+H_2\uparrow$$

$$MeO+2H^+ \longrightarrow Me^{2+}+H_2O$$

电解时，阴极主要反应：

$$Me^{2+}+2e \longrightarrow Me$$

日本富士电机工业公司将废干电池经过破碎去除金属壳和锌筒，炉内通入空气在 400～1000℃温度下焙烧 3～20h，去除纸、碳棒、石墨、炭黑、塑料、浆糊等可燃物。焙烧后的产品经过粉磨后加以磁选，得到含铁 75%的产品。余料用 10～20mm 的筛分机筛选，得到纯度 93%的锌粒，剩下的粉末中含 32.6% Mn、28.1% Zn 和 Fe、Cu、Ni、Cd 等杂质。将此粉末用 20%的盐酸溶解，然后用氨水调 pH＝5，除铁、沉淀、过滤。澄清液用 28%的氨水调到 pH＝9，并添加 130g/L 及粒度为 4～10μm 的二氧化锰在 24h 内混合，按 $MnCl_2+MnO_2+2H_2O = Mn_2O_3+H_2O+2HCl$ 的反应式沉淀锰，干燥后的沉淀物含 62% Mn、1.7% Zn 以及 Fe、Ni、Cu、Cd（微量）。沉淀后的溶液含有 Zn43.1g/L、NH_4^+ 92.5g/L 和 Cl^- 134g/L。

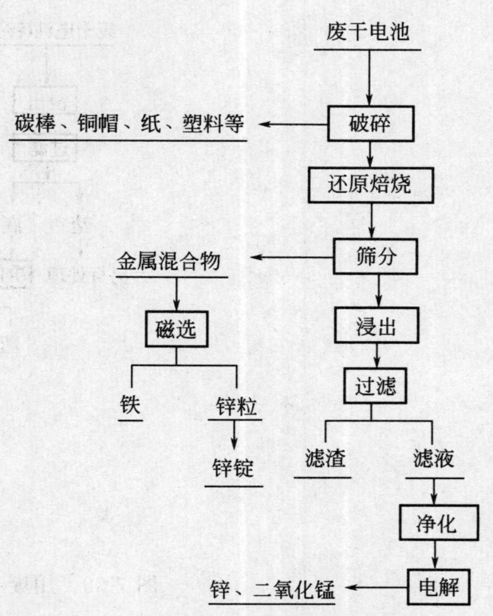

图 7-38 废干电池的还原焙烧-浸出法工艺流程

大内弘道将废电池焙烧除汞后的残渣（含锌 30%～60%、含锰 23%～30%）在 pH＝1 时用硫酸浸出其中的锌和锰，然后用 NaHS 中和，使 95.4%的 Zn 以 ZnS 的形态进入沉淀，极少量的锰与锌共同沉淀，此沉淀用作冶金原料。

1984 年由野村兴产公司伊藤木加矿业所在北海道开发成功含汞废物再生利用成套实验装置，并于 1985 年建成 6000t/a 再生装置。其工艺流程为：将干电池在回转炉中加热至 600～800℃，使汞气化后送入冷凝器中冷凝为粉状，回收后经过蒸馏成为纯度为 99.9%的汞成品。对从回转炉出渣中含的锌、锰、钾、铁等金属，先经过磁选机将锌、钾与铁、锰分离后分别作次要原料使用，此后还发表了以回收锌和二氧化锰为主的“焙烧-浸出-净化-锌、二氧化锰电解”的专利。

(2) 直接浸出法 直接浸出法是将废干电池破碎、筛分、洗涤后，直接用酸浸出其中的锌、锰等金属成分，经过滤，滤液净化后，从中提取金属并生产化工产品。

反应式为：

$$MnO_2+4HCl \longrightarrow MnCl_2+Cl_2\uparrow+2H_2O$$
$$2MnO_2+4HCl \longrightarrow 2MnCl_2+2H_2O$$
$$Mn_2O_3+6HCl \longrightarrow 2MnCl_2+Cl_2\uparrow+3H_2O$$
$$MnCl_2+2NaOH \longrightarrow Mn(OH)_2+2NaCl$$
$$Mn(OH)_2+\text{氧化剂} \longrightarrow MnO_2\downarrow+2HCl$$

电池中的 Zn 以 ZnO 的形式回收，反应式如下：

$$Zn^{2+}+2OH^- \longrightarrow ZnO \longrightarrow Mn(OH)_2\ (\text{无定型胶体}) \longrightarrow ZnO(\text{结晶体})+H_2O$$

湿法工艺种类较多，不同的工艺流程其产品也不同。图 7-39～图 7-41 为制备立德粉、化肥以及锌和电解二氧化锰的工艺流程。

1991 年，北京冶炼厂采用选矿处理锌锰干电池回收金属锌、铜、铁、二氧化锰和氯化铵，锌回收率达 81.3%，铜回收率 85.5%，该工艺还成功地解决了氯化铵对设备的腐蚀问题，设备能够长期运转。

德国马格德堡的“湿处理”装置，用硫酸溶解除铅酸蓄电池以外的各类电池，然后用离子交换树脂从溶液中提取各种金属，能够提取出电池中的 95%的金属物质。

3. 镍镉电池

废旧镍镉电池中有回收价值的材料主要是 Ni、$Ni(OH)_2$、Cd、$Cd(OH)_2$、Fe 等物质。

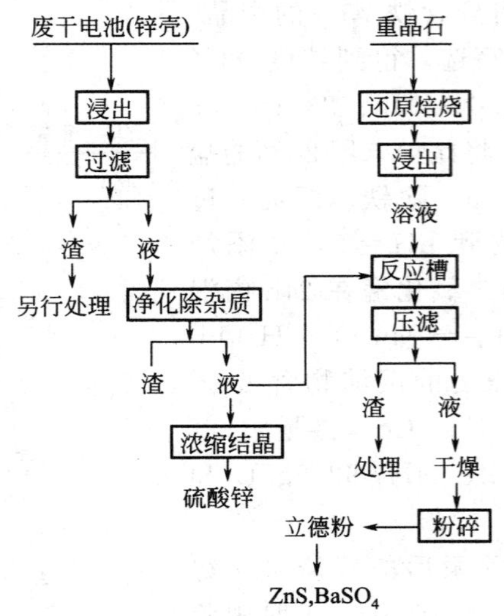

图 7-39　用废干电池生产立德粉的工艺流程

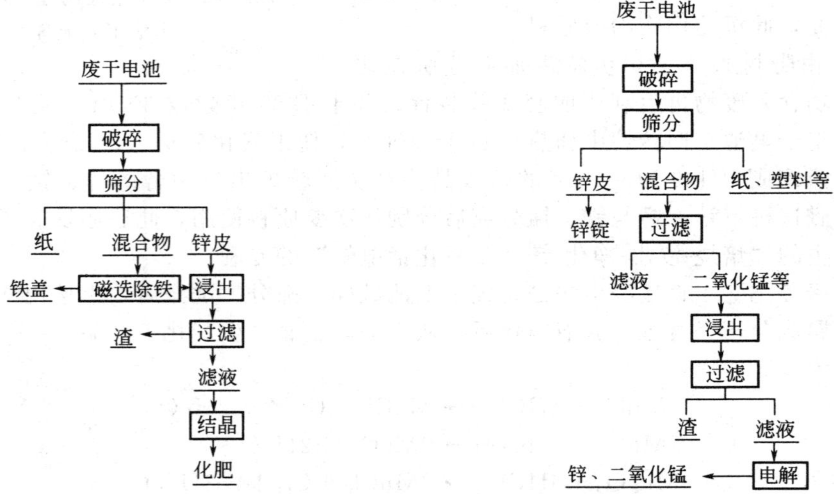

图 7-40　废干电池直接浸出法工艺流程　　　图 7-41　废干电池制备锌、二氧化锰工艺流程

湿法工艺一般采用硫酸浸出，少数采用氨水或盐酸浸出。硫酸浸出的成本低，但大量的铁参加反应，浸出剂消耗大且回收困难，二次污染严重。氨水浸出时，金属离子与氨之间的络合反应实现金属离子的浸出和分离回收，铁不参加反应，浸出剂易于回收，可循环利用，无二次污染。Ni^{2+}、Cd^{2+}的分离技术主要有电解沉积、沉淀析出、萃取以及置换等几种方式。

第一种方法是由日本东京资源公司提出的方法，将剥离被覆层后的废电池破碎并和污泥渣一并用硫酸浸出，以除去铁等杂质；然后在含镍、镉的溶液中吹入 H_2S，以形成 CdS 而分离；镍不溶于酸液中，可加入 Na_2CO_3 使之转化成 $NiCO_3$ 作为成品出售。

第二种方法是先用 H_2SO_4 将电池完全浸入到溶液中，然后采用下列方法分离镉和镍。

① 通过电解是镉在阴极电沉积。这种方法要求使用的电流密度较低，必须严格控制，以防止镍的电沉积，因此这种方法效率较低，成本较高。

② 用铝粉分段置换沉淀镉和镍。所回收的镉和镍纯度较低。

③ 用 NH_4HCO_3 选择性地沉淀 $CdCO_3$。这种方法在加入 NH_4HCO_3 的同时还须加入

大量的 $(NH_4)_2SO_4$，使镍离子形成镍氨络离子以降低镍的沉淀量，同时必须对过程严格控制，以防止 NH_4HCO_3 的分解。

第三种方法是先将镍镉电池用筛网分离活性物质，把这些物质溶于硫酸中，然后利用电解法回收阴极的镉，回收纯度为99.5%。剩下的电解质浓缩，用氧化剂氧化，调节pH值，使铁离子沉淀而镍离子不沉淀，所得的滤液用石膏混合、过滤以分离悬浮的石膏。将溶液冷却到室温时析出硫酸镍晶体。

三、玻璃钢废弃物回收生产SMC模塑料

玻璃钢废弃物的处理方法通常有：将玻璃钢废弃物作为燃料燃烧；高温裂解提取有用化学成分；机械粉碎，颗粒回收。由于目前大多数玻璃钢制品要求具有阻燃能力，而且绝大多数玻璃钢制品均含有大量的无机填料和增强材料，作为燃料燃烧并不理想。同样由于大多数玻璃钢制品中树脂的含量有限，加上设备投资昂贵，工艺复杂，高温裂解提取的化学品很有限，至少目前来讲不是最佳选择。

采用玻璃钢废弃物回收生产SMC模塑料是一种工艺简单、处理方便的玻璃钢废弃物的回收利用方法，并实现无害化、资源化利用。

1. 所用原材料

不饱和聚酯树脂、无碱玻璃纤维丝、滑石粉、轻质氧化镁、硬脂酸锌、苯乙烯、过氧化二异丙苯、偶联剂、聚苯乙烯（PS）等均为市售商业化产品。

2. 片状模塑料（SMC模塑料）的制备

按SMC配方称量不饱和聚酯，依次加入低收缩剂、填充料、硬脂酸锌、过氧化二异丙苯、偶联剂等组分，搅拌均匀后，加入轻质氧化镁，再用搅拌器高速搅拌，使其混合均匀，然后将配好的料从烧杯中取出，置于事先准备好的涤纶薄膜上。将剪切烘干、长约5m的短切玻璃纤维与树脂糊混合，使树脂完全浸渍玻璃纤维，压成片状，密封放置。

3. 板材的压制成型

将SMC模塑料放置3～5天后，取适量的料置于模具中，两边用薄膜覆盖。先在常温下预压，然后在135℃和150MPa的压力下压制成型，期间每隔1min放一次气，共放气2～3次，最后保压10min。把模具从压机中取出，待其冷却固化后，将板材制品取出。

四、石棉尾矿制白炭黑

白炭黑系粉末状的无定形二氧化硅和硅酸盐，因其微观结构与聚集体形态与炭黑类似，并在橡胶中有相近的补强性能，加之其外观为白色，故被称为白炭黑。白炭黑分子式为 $Si_2O \cdot nH_2O$，其中 nH_2O 是以表面羟基的形式存在，是一种白色、无毒、无定形、细粉状无机硅化合物，不溶于水及绝大多数酸，在空气中吸收水分后会成为聚集的细粒，能溶于苛性钠和氢氟酸。其化学稳定性好，耐高温不分解，不燃烧，具有很高的电绝缘性、多孔性等优异性能，广泛应用于橡胶、涂料、油墨以及胶黏剂等化工领域，可起到补强、增稠、抗结块、控制体系流变和触变等作用，是重要的化工添加剂。

1. 白炭黑的制备工艺

制备白炭黑的传统方法是利用硅酸钠（沉淀法）、四氯化硅或三氯一甲基硅烷（气相法）做硅源，除硅酸钠以外，其他成本都很高。新方法（离解法）采用廉价的非金属矿、禾本科植物及工业副产品作为硅源，大大降低了白炭黑的生产成本。

(1) 沉淀法　沉淀法又名硅酸钠酸化法，是将其原料水玻璃与无机酸（硫酸、盐酸或混酸等）反应制取硅酸，后经分解而制得白炭黑。沉淀法生产的白炭黑 SiO_2 含量达 90%左右，属于含水二氧化硅。沉淀法制备白炭黑工艺流程如图 7-42 所示。

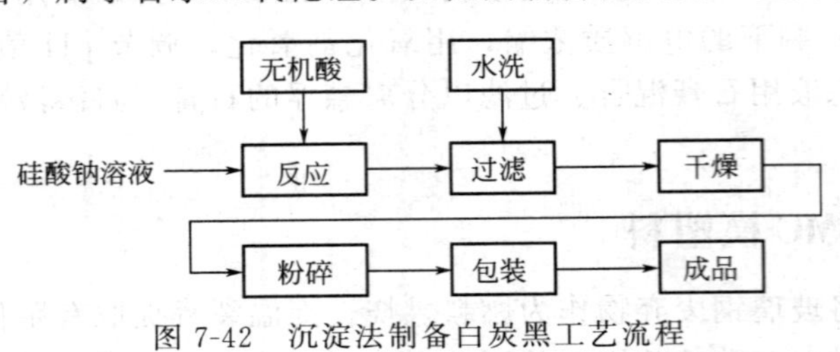

图 7-42　沉淀法制备白炭黑工艺流程

(2) 气相法　气相法生产白炭黑工艺又称热解法、干法或燃烧法。一般以四氯化硅（$SiCl_4$）或三氯一甲基硅烷（CH_3SiCl_3）、氧气（或、空气）以及氢作为原料，经高温水解而生成的一种无定形白色粉末。气相法制备白炭黑为球形颗粒，粒径为 7～40nm，SiO_2 含量高达 99.8%以上，比表面积大于 $400m^2/g$。该法生产白炭黑产品纯度较高、分散度高、粒子细而成球形，表面羟基少，因而具有优异的补强、增稠和触变性能及粒子的纳米效应，一般用于食品、化妆品等精细填料。

(3) 离解法　主要以非金属矿及其延伸物为硅源，采用沉淀法制备白炭黑。其技术关键是将结晶的二氧化硅和硅酸盐转变成非晶态二氧化硅，主要分为非金属矿法、禾本科植物法及工业副产品回收方法。

① 非金属矿法。非金属矿法就是以 SiO_2 成分达到一定含量的非金属矿作为原料制取白炭黑的工艺方法。该类非金属矿原料有高岭土、蛇纹石、硅灰石、硅藻土、膨润土、煤开石、海泡石等。利用非金属矿制取白炭黑，在技术上在技术上可行，经济效益良好，为非金属矿的深加工和综合利用提供了一条新路。

② 禾本科植物法。禾本科植物法就是以稻壳、谷壳等禾本科植物或其燃烧灰分为原料制取白炭黑的工艺方法。该法生产的白炭黑介于沉淀法和气相法中间，其白炭黑质量远远高于沉淀法，却接近于气相法；而它的成本不但远远低于气相法，而且也低于沉淀法。如果能保证充足的原料供给，用禾本科植物法制取白炭黑的生产工艺将具有很强的市场竞争力。

③ 工业副产品、废弃物回收方法。指用粉煤灰、高炉渣、石棉尾矿等工业废渣或尾矿渣以及磷肥厂副产氟硅酸、氟硅酸钠等工业副产物作为原料制备白炭黑的工艺方法。近年来，矿山企业在带来经济效益的同时，环境污染与经济协调发展的矛盾也日渐突出。该法最大的优点体现在废弃资源的回收利用，不仅消除了这些废弃物、副产物对环境的危害和对企业的消极影响；同时，在资源日趋紧张的大环境下，实现了废弃资源的再回收、再利用，缓解了资源需求的压力。

回收工业副产物、废弃物制备白炭黑的工艺也是以沉淀法为主，其优势在于原材料价格低廉、易得，且受政府和社会支持。但由于原料矿物成分、结构复杂多样，制得产品难以纯化，对工艺设计的要求较高。

2. 石棉尾矿制备白炭黑的研究现状

自 20 世纪 80 年代以来，国内外对石棉尾矿有用元素的回收利用进行了一些研究，如制备多孔二氧化硅、白炭黑以及提取氧化镁、金属镁等，加拿大诺兰达公司、澳大利亚 Golden Triangle Resources 公司及俄罗斯的阿斯别斯特市正投资兴建以石棉尾矿为原料的金属镁生产厂，形成大规模的工业化。从蛇纹石类矿物中提取二氧化硅制取沉淀白炭黑首先是由奥地利学者 F. 彼克纳于 1985 年提出。将其中的组分分离，常用的方法是通过酸浸法将镁、铁、铝、钙、钠、钾等可以与酸反应的成分浸出，进入滤液中，确保达到其与硅有效分离的目的。

国外进行的主要研究是采用盐酸、硫酸或混酸浸取石棉尾矿，或用碳酸钠、碳酸氢铵处理，制取二氧化硅产品及镁盐、氧化镁或镁金属。但多数研究只是为了回收石棉尾矿中的氧化镁或者镁，而没有考虑二氧化硅的回收。WALSH George R 及 DELMAS Michel P B 在采用盐酸浸取石棉尾矿后，进行过滤，得到镁盐，再用盐酸溶液洗涤滤渣，得到高比表面积的（B. E. T 最高 440m^2/g）二氧化硅。波兰报道了用 HNO_3 作浸取剂的加工流程。即用 HNO_3 浸取蛇纹石，分离出不溶性残渣，煅烧后得到纯度为 99.9%的 MgO，并在不同温度下分解出氧化铁、镍和钴的氧化物，最终溶液蒸干煅烧可得到纯度高于 98%的 MgO。奥地利提出了一种用蛇纹石生产 MgO 和多孔 SiO_2 的方法：将蛇纹石矿磨至 1mm 以下，用 HCl 进行多段浸取，过滤分离出 SiO_2，沉淀去除 Fe^{3+}、Ca^{2+} 后煅烧制得纯度为 98%的 MgO 产品。过滤所得到的 SiO_2 经干燥处理得到多孔 SiO_2 产品。目前，国外在石棉尾矿的综合利用方面主要以尾矿中的高含量镁为开发对象，生产附加值高的镁系列产品。

国内报道对石棉尾矿的综合利用研究倾向于轻质氧化镁、碳酸镁等镁系列工业产品的制备。对石棉尾矿制取白炭黑的工艺研究相对较少，且研究方法较单一，主要通过酸浸尾矿，经过滤后将酸浸渣与高浓度的烧碱溶液在高温下反应制得水玻璃，后采用经典的水玻璃制备白炭黑工艺。在实验室采用酸法浸取石棉尾矿制取白炭黑，其工艺路线为尾矿→磁选→酸浸（硫酸）→过滤→漂白（盐酸 5%）→过滤水洗→烘干→白炭黑。

以石棉尾矿为原料，通过水洗、筛选、净化提纯等工艺得到纤蛇纹石石棉束，以十二烷基苯磺酸钠为表面分散剂对其高速乳化分散，经 500℃高温煅烧后再对充分分散的纤蛇纹石石棉纤维进行酸浸等处理，获得了直径为 20～40mm 管状的无定形纤维状纳米氧化硅。该研究以纤蛇纹石所特有的管状结构为“模板”制备管状纤维纳米氧化硅具有较大的学术意义。使用石棉尾矿为原料，将矿粉进行强磁场磁选后经酸浸液、过滤，得到 90%左右的无定形硅粉，通过烧碱高温下将其融开，用来作为制作白炭黑的原料。通过碱溶酸浸渣制取水玻璃进而制得产品白炭黑的纯度较高，且质量较好。

中国矿业大学（北京）和甘肃阿克塞县富利达非金属公司合作，开发了用石棉尾矿制备超细氢氧化镁和超微细白炭黑的技术。该工艺的原则流程如下：首先对石棉尾矿进行酸浸，然后将酸浸产物过滤洗涤；酸浸后的滤渣加入碱和水进行反应，反应产物过滤除去不溶渣，制取高纯度硅酸钠，然后采用稀酸控制沉析超细 SiO_2；同时在沉析过程中适时添加粒子阻隔剂控制产品粒度，防止 SiO_2 粒子形成团聚体；超细 SiO_2 沉淀物经陈化后进行压滤、洗涤和干燥。该项技术已经在甘肃省阿克塞县建立了中试线，尾矿中镁和二氧化硅组分的回收率达到 80%以上。从该工艺提供的中试结果看，处理 1t 石棉尾矿制得超细氢氧化镁和超微细白炭黑可获利 1123.4 元，具有明显的经济效益、社会效益和环境效益。

第六节 可持续的工业废物处理案例

一、废塑料的回收与利用

塑料是由石油化工衍生的原料制成，目前它的产量以体积计已超过金属材料的产量。除极少数塑料管、板材以外，90%左右的塑料制品使用寿命只有 1～2 年，造成了废塑料数量的急剧增加。鉴于前面所叙及的填埋、热解、焚烧等处理方法，对废塑料的污染治理应侧重于它的回收、再生和综合利用。

1. 废塑料的再生利用

废塑料再生加工利用主要分为前处理、熔融混炼和成型三个步骤。

（1）前处理　将回收的废塑料除去异物，并按其种类加以分选，可根据它们的外观特征采用人工分选或采用重力分选、风力风选、静电分选等方法进行分选。分选后的废塑料要进行清洗，一般先用碱水清洗，然后再用清水冲净，干燥，并粉碎成小片或小块。

（2）熔融混炼　熔融混炼过程及所使用的机械和原塑料熔融混炼完全一样，即将预处理后的废塑料加入适量的改性剂在一定的温度下熔融混炼即可。

（3）成型　主要成型的方法有四种：压注成型、注射成型、延压成型和挤出成型。通过成型可以直接得到棒、板、片材或各种成型品，也可作为生产各种类型的塑料制品的原料使用。

塑料的再生方法又可分为单纯再生和复合再生两类。前者的原料是塑料生产厂和加工厂的废料，是单一树脂，可以和树脂加工方法一样进行加工造粒再利用。

复合再生是用不同种类树脂的混合物原料来制造再生制品。再生加工所得的塑料制品保留不少原有塑料的特性，它的优点是具有一定的耐久性、腐蚀性和强韧性，但膨胀系数大，负载大时可能产生弯曲。

废塑料的再生利用目前仍是废塑料综合利用的主要方式，并开发出许多较为成熟的技术。例如，日本塑料处理促进协会与朋东铁工所共同成功地开发了比较经济的废农用膜的干法处理技术。该工艺的基本过程为：先将废农膜碎为 50mm 左右的碎片，然后分两次将其干燥，在干燥装置中设置磁铁以除去铁屑或铁片，并经振动筛、筛选机分离除去土砂等杂质。再将已干净的片状薄膜进一步粉碎成 8mm 左右即可熔融造粒，然后作为原料加工成各种制品。

2. 废塑料的改性利用

利用某些填料对废塑料进行改性以增大它的应用范围也是近年来发展较快的一项工作。目前常用的填料有两大类——无机填料和有机填料。无机填料主要有碳酸钙、滑石粉、硅灰石、赤泥、粉煤灰等。有机填料主要选择木材加工废料木粉、锯屑及农副产品稻壳、玉米秆、麦秆等，这些惰性材料均需进行表面活化处理，才能与废塑料很好地复合。改性后的填料具有良好的填充性，并可提高塑料制品的稳定性和具有一定的增强效果。

以木屑为填充料所制成的塑料材料也称“合成木材”，这种材料密度小、强度高、耐腐蚀、耐热，可像木材一样使用，可锯、可钉、可钻，广泛用于建筑、家具、车辆及包装等方面。中国在 20 世纪 80 年代即开发出锯木屑与废塑料经高温混炼而制成的“合成本材”。

3. 废塑料在其他方面利用的新进展

废塑料通过过滤、精选、分级、碎、造粒、出膜等几道工序还可生产农用地膜。

废塑料的裂解转化近年来也取得了一定进展。美国阿莫科化学公司最近开发出一项新工艺，它的技术特点是先将收集的废塑料清洗，然后溶解于热的精炼油中进行加工。该公司已在中试装置中处理了很多不同的废塑料，使它们得到回收利用。例如 PS 裂解后得到高收率的芳烃石蜡油；PP 裂解后得到脂肪烃石蜡油；PE 则裂解成轻质石油气和石蜡油。日本的工业开发实验室和富士循环应用工业公司开发了将废塑料转化为汽油、煤油和柴油的技术。该法的工艺过程是将聚烯烃塑料（PE、PP、PS）或某些氮化塑料粉碎，通过两台反应器，在合成沸石 ZSM-5 的催化作用下进行气相接化转化，冷却后可得低沸点的油品。每千克塑料可生产 0.5L 汽油、0.5L 柴油和煤油，目前正在建造的实验设备每小时可处理 50kg 塑料，生产 30kg 汽油。

荷兰国家公路研究中心正在进行利用废塑料作铺路原料的研究，将废塑料粉碎、加热、熔剂化处理后添加到沥青中去用来铺路，所铺成的道路更具有弹性，与车轮摩擦的噪声也更小。这种废塑沥青已在两段公路上试验成功。

美国得克萨斯州立大学开发的专用技术可将废塑料制成混凝土，该技术采用黄沙、石子、液态 PET 和固化剂为原料生产混凝土。其中由废软饮料瓶（mT）加工成的液态 PET 可取代普通水泥中的水和泥浆，从而大大降低了混凝土的生产成本。

无论在国内或是国外，废塑料回收和综合利用都还处于起步阶段，但经过技术人员的努力，已取得许多可喜的成绩。目前，全世界每年废塑料的回收量约占总消耗量的 7%～8%，废塑料的再生和利用将会取得更大的进展。

4. 废塑料包装的回收利用途径

(1) 发泡聚苯乙烯包装材料的回收利用　发泡聚苯乙烯（PS）塑料是广泛使用的快餐食品盒、方便面袋及各种缓冲包装。它所包装的商品量大面广、流动性也大，因此它是“白色污染”的主要代表。它的回收利用具有重要的意义，其回收利用方式与途径见图 7-43。

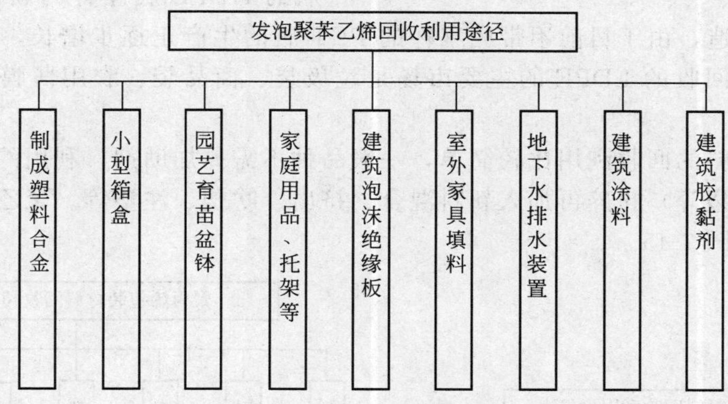

图 7-43　发泡聚苯乙烯回收利用方式与途径

回收利用发泡塑料聚苯乙烯（PS）时，首先进行挑选除去杂物、清洗、晾干等预处理，然后粉碎成粒或粉末，进行包装后转运到各个塑料加工厂。另外一种方法是将预处理过的废 PS 泡沫用特殊红外线加热器进行辐射处理，令其收缩，再加工利用。具体的加工利用如下。

将回收处理得到的 PS 料与新的 PS 料相混合，然后加入增塑剂，在加热焙融混炼后挤塑成各种塑料制品、容器、日用品、灯具等。

依 PS 的化学性质，不耐酸、芳烃、氯化烃、醚、高级醇等溶剂的特点以及软化点较低、加热熔融流动性好的特点，可用于制作各种胶黏剂及涂料，也可直接加入溶剂使之溶解成液体，这种聚苯乙烯溶剂已产生变型性并可广泛用作瓦楞纸箱的防潮剂、上光剂，同时还可作胶黏剂主料，还可用于建材作防漏或堵漏剂、防水涂料等。

(2) 聚氯乙烯包装的回收利用　聚氯乙烯（PVC）透明性好，呈深蓝色，热封效果也好。主要用作热成型泡罩包装，也用于水瓶、肉类的弹性外包装等。聚氯乙烯 PVC 在欧洲的使用远远高于美国和中国。

聚氯乙烯（PVC）回收利用的途径很多，包括用作各种管子、家庭用品、货物卡车的坐垫及包装用材。最近研究出用于工作服和辅助设备的包装，例如航空辅助设备的包装等。图 7-44 为聚氯乙烯（PVC）的主要回收利用途径。

(3) 聚乙烯包装的回收利用　聚乙烯（PE）分为高密度聚乙烯（HDPE）和低密度聚乙烯（LDPE）。回收的 HDPE 的最大市场是用在农业排水管，与不合格的树脂竞争，这种树脂能满足制造商的一般标准。然而回收的瓶子类的 HDPE，其利用已经超过排水管方面

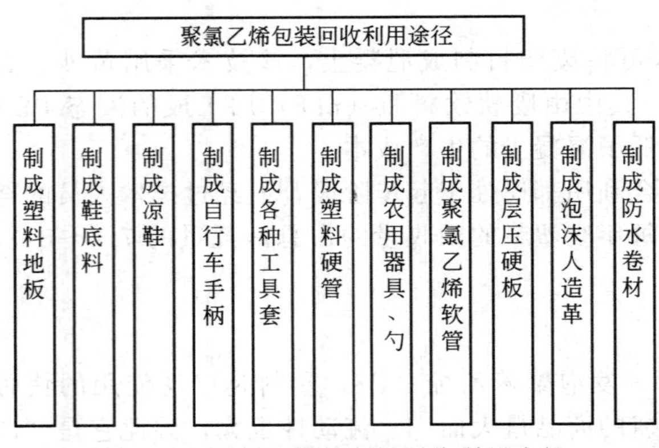

图 7-44 聚氯乙烯的主要回收利用途径

的应用。在美国大多数洗衣房用的液体洗涤剂包装瓶含有回收的 HDPE，夹在两层新料 DPE 之间。汽车机油包装瓶通常是用回收的 HDPE 和新料树脂混合制成的。最近一种多层 HDPE 瓶含有一个回收树脂的封闭层，用在限制与食品接触方面。回收 HDPE 的另一个大市场是用在薄膜生产上，特别是用于商品袋。托盘和塑料拼条也可消耗大量的回收树脂。非包装用途包括交通上用的锥形物和阻透物、花瓶、玩具、回收箱及家庭用物品等。饮料瓶的 HDPE 底座杯与新的树脂混合，还用于新底座杯的制造，由于目前不带底座杯的 PET 瓶的生产正逐步增长，因此，带底座杯的市场正在缩小。回收的 LDPE 的主要市场是垃圾袋、商品袋、农用薄膜、封皮、家庭用品及塑料拼条。

聚乙烯包装材料的回收利用比较简单，一般品种不需另加助剂，利用的加工工艺主要是将废料（包装膜、袋等）粉碎再加入新料混合、挤出、吹塑、注塑等。聚乙烯塑料包装材料的回收利用途径见图 7-45。

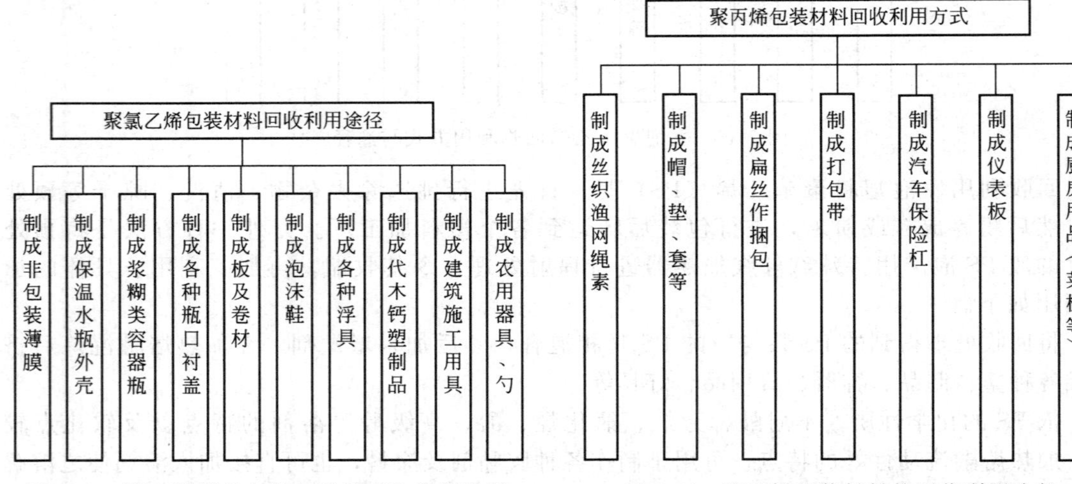

图 7-45 聚乙烯塑料包装材料的回收利用途径

图 7-46 聚丙烯包装材料的回收利用途径

(4) 聚丙烯包装的回收利用 聚丙烯（PP）在包装上的用量不太大（香烟膜除外），仅占型料包装材料的 10%左右。聚丙烯包装材料最多的是编织袋包装，另外还有周转箱、各种食品包装瓶、化学品和香烟等的包装薄膜。这类聚丙烯包装材料回收后具有很多新的用途，其回收利用方法是将回收的包装洗净、粉碎、挤出、拉伸、成型。对于回收材料可根据老化程度加入不等量的新的聚丙烯树脂。聚丙烯包装材料回收利用途径见图 7-46。

(5) 聚酯包装的回收利用 聚酯（PET）在包装上的应用最有代表性的是碳酸类软饮料瓶。PET 对氧气和二氧化碳的阻隔性是塑料中最好的。PET 瓶有逐渐取代玻璃瓶包装的趋势。

回收的 PET 包装最早的大市场是用于纤维填充聚酯作睡袋、救生衣及类似的用途，比较新的纤维市场包括地毯和工作服。废纤维市场包括汽车分油器盖、胶带、托盘甚至软饮料瓶。事实上，回收的 PET 进入食品包装的三种不同途径已被美国食品与医药管理局认可。

方法之一，在两层新树脂之间夹一层回收的 PET，对污染物迁移提供了阻透层。方法之二是一个三级回收过程，在该过程中，利用糖酵解作用或甲醇分解作用，把回收的 PET 破坏成单体，通过结晶法提纯，这种材料可以用在直接与食品接触的应用上。出于经济原因，这种再次聚合的 PET 一般与新树脂的混合比例是：回收料 25%，新料 75%。方法之三包括控制废料来源（一般指有保证金的瓶子），集中人力加工，确保除去大部分污染物（包装内外污物），这种材料也可用于直接与食品接触的应用上。

5. 聚苯乙烯回收利用实例

聚苯乙烯（PS）是一种性能良好、价格低廉的通用塑料。据统计在我国所有的塑料废品中，聚苯乙烯废品约占总量的 1/3。聚苯乙烯的主要产品是发泡聚苯乙烯塑料（EPS），它是由聚苯乙烯、发泡剂、阻燃剂等组成，广泛地用作包装、保温、防水、防震材料，尤其是随着家电、快餐食品业的发展，对这种聚苯乙烯泡沫塑料的需求量迅速增长。

由于聚苯乙烯泡沫塑料作为包装材料多为一次性使用，因它的化学性质稳定、密度小、体积大，在自然界中既不腐烂，也不降解，是日益严重的所谓“白色污染”的主要来源之一。大量废弃的包装材料不仅污染了环境，也造成了原材料的浪费，因此，对废聚苯乙烯泡沫塑料的回收利用是近年来人们一直关注和不断探讨研究的一个重要课题。

聚苯乙烯的利用方法归纳为如下几种：①废旧聚苯乙烯的再造粒；②废旧聚苯乙烯的直接利用；③废旧聚苯乙烯的改性利用；④废旧聚苯乙烯裂解回收苯乙烯及其他化工产品。

(1) 回收再造粒　废旧聚苯乙烯泡沫塑料的主要来源是包装材料和大量的一次性快餐用品与各种缓冲包装内衬。回收材料中含有大量的非聚苯乙烯杂质及油污，在回收处理之前，必须对它们进行分离和清洗。分离的一般方法是将废弃聚苯乙烯料置于水中进行分拣和清洗，清洗的方法是用洗涤剂和水进行班次清洗，对于油污严重的聚苯乙烯泡沫塑料，清洗可安排在粉碎前后分别进行。

回收再造粒有熔融造粒和溶剂造粒，造粒工艺流程见图 7-47。

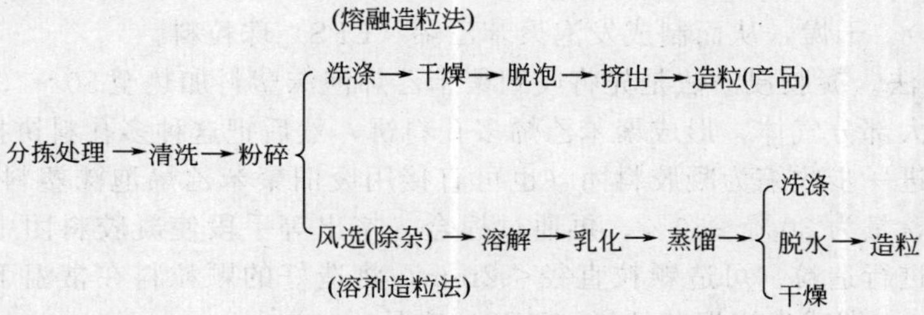

图 7-47　回收再造粒流程

回收得到的聚苯乙烯泡沫塑料综合性能低于原生树脂塑料。因此，这种聚苯乙烯颗粒塑料主要用于制造一些低值产品，如纽扣、文具以及一些盆、盒、罐等。如果要提高所制产品的附加值和品质，可在造粒前加入些改性剂、脱模剂、颜料等。

回收再造粒有专门的设备，聚苯乙烯泡沫塑料由料斗加入，同时加入少量溶剂，加热到 145℃使聚苯乙烯熔融流到底部，再经冷却、粉碎、造粒后即可重新使用。聚苯乙烯泡沫塑料熔融和凝固装置如图 7-48 所示。

(2) 回收再发泡　聚苯乙烯泡沫塑料多作一次性包装用品。其中除少数制成一次性餐饮盒使用后污染较大外，大部分泡沫塑料使用后本身性能和成色变化不大，这就为利用这些泡沫塑料再制可发性聚苯乙烯创造了条件。回收再发泡利用是最大限度发挥聚苯乙烯的特点和

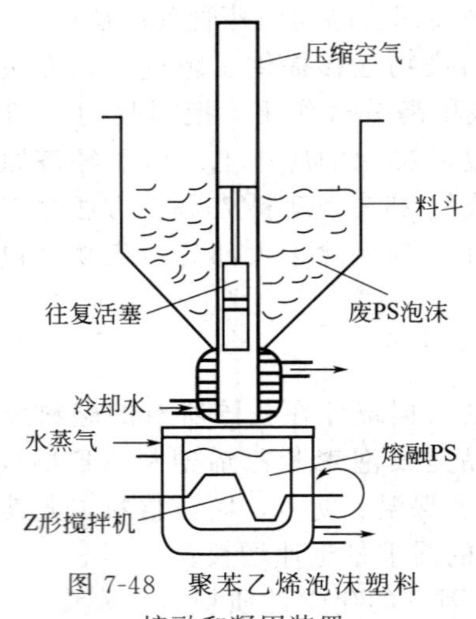

图 7-48　聚苯乙烯泡沫塑料熔融和凝固装置

回收利用的主要方向。

将再生聚苯乙烯制成可发性聚苯乙烯（EPS），最主要的是通过浸渍等方法在聚苯乙烯中再加入发泡剂，根据发泡剂的加入方法以及发泡的方法不同，可以将废旧聚苯乙烯再发泡的工艺过程分为溶解聚合浸渍法、球化浸渍法、凝胶浸渍法以及珠粒破碎再模塑法等。

① 溶解聚合浸渍法。溶解聚合浸渍法是利用聚苯乙烯聚合体能够溶解于其单体的特点，将废旧聚苯乙烯溶解于其单体中再进行悬浮聚合，已有的聚合体取代了部分单体转化的聚合体，从而大大减少了单体的作用。这个过程的特点是产品成本较低，但需在成套的发泡聚苯乙烯生产装置中进行，对废旧聚苯乙烯的清洁度要求较高，否则将影响聚合反应的进行。

聚合反应完成后得到珠状聚苯乙烯聚合物，用氮气赶走未聚合的苯乙烯单体，然后冷却，离心分离除去水，并反复用水清洗多次，最后用热风干燥。注意热风干燥温度不能太高，一般应控制在50℃以内。干燥所得珠状颗粒即为发泡聚苯乙烯（PS）产品，此产品再经预发泡，即可注塑成型。

② 球化浸渍法。球化浸渍法是把废旧聚苯乙烯泡沫塑料直接造粒，用其粒子再制可发性聚苯乙烯（EPS）。此法要求造粒前处理料粒径＜2mm。由于造粒前处理料为圆柱形，流动性不好，不利于发泡，故必须对聚苯乙烯圆柱形粒料进行球化处理，球化方法是将圆柱形料和其质量1%～3%的分散剂［如聚乙烯醇或$Ca(PO_4)_2$、$MgCO_3$等］加到水溶液中，在搅拌釜中边搅拌边加热至130～135℃，使圆柱形粒料悬浮于水相中并慢慢熔融软化，再依靠表面张力使其球化。

球化后的聚苯乙烯珠状料在搅拌釜中降温到118℃左右，加入丁烷、戊烷或石油醚类发泡剂，保持压力浸渍2～4h，使发泡剂渗入聚苯乙烯珠粒料内，然后冷却、过滤、洗涤、降温（在50℃以内）、干燥，从而制成发泡聚苯乙烯（EPS）珠粒料。

③ 凝胶浸渍法。凝胶浸渍法是先将废旧聚苯乙烯泡沫塑料加热至80～100℃后，加压脱去泡沫塑料中的大部分气体，形成聚苯乙烯多孔料饼，然后把这种多孔料饼投入装有可发性凝聚液的容器中进一步收缩为凝胶料团（也可直接用废旧聚苯乙烯泡沫塑料投入）。此凝胶料团干基中的湿含量为30%～50%，再通过捏合、挤出等手段使凝胶料团中的残余气泡尽可能排尽，然后进行造粒。可造颗粒直径＜2mm，将造好的颗粒料在常温下风干至干基湿含量为6%～10%，即成发泡聚苯乙烯（KPS）产品。

④ 球粒破碎再模塑法。这是一种新开发的、完全不同于前三种再生发泡聚苯乙烯（EPS）的方法。首先，在液体介质中，选用合适的软化、表面活性剂和消泡剂，将大块废旧聚乙烯泡沫塑料有选择性地破碎为直径4～8mm的球形珠粒，补加发泡剂后直接再模塑成泡沫塑料制品。

6. 直接制造轻质建材

以破碎成小块或颗粒的PS泡沫废料为主体，添加不同的填料，使用不同的胶黏剂可制成各种新型轻质建筑材料。例如，用废PS泡沫颗粒，以水泥为胶黏剂，碎木丝等纤维料为填料，加水混合，然后模塑成各种形状的轻质水泥板；在水泥和PS泡沫颗粒混合物中，内衬铁丝支架制成轻质泡沫板，可做成台面和墙板，表面贴花后还可制成各种装饰板，也可制成钢丝网水泥聚苯乙烯夹芯复合墙板。

德国巴斯夫（BAsF）公司采用回收的废PS泡沫生产复合建材。他们收集磨碎的聚苯乙烯包装泡沫材料，再将碎料与混凝土混合，可制得较标准的地板和天花板构件（空心槽形构件）。这些轻质的预制板除了搬运方便以外，还可用锯成不同的尺寸，其隔热性能优异，而价格却仅为混凝土构件的一半。

日本一家公司用水泥188～220kg，膨胀珍珠岩60～100kg，废PS泡沫颗粒1m^3（25kg）制成轻质屋顶隔热板。这种隔热板有多种型号，其中300号板的性能为：密度290kg/m^3，25℃时的热导率为0.078W/(m·K)，弯曲强度0.6MPa，相对湿度80%下的吸湿量为4%，可以冻融循环25次，而且承受高温火焰、煤气灯灼烧不燃，性能接近我国同型号的膨胀珍珠岩制品。

还有的以市售的二甲苯胺为黏结剂，与废PS泡沫颗粒（5～10mm）混成浆状后，在模具中用0.6～1.0MPa的压力成型，制成绝热隔离板，其性能为：密度80～100kg/m^3，抗压0.7MPa、热收缩率（60℃）0.5%～1.0%，热导率0.047～0.052W/(m·K)，不需要蒸汽加热，投资少且成本低。还有一种建筑轻质砌块，是以泥土为胶黏剂，按体积比1∶1.5与Ps泡沫颗粒均匀混合并压制成型，干燥后在1000～1300℃下煅烧而制成，适于高层建筑用的砌块。

二、废旧橡胶的资源化利用

1. 废旧橡胶来源与性质

废旧橡胶的来源渠道或途径较为复杂多样，但一般废旧橡胶有两大基本来源：①橡胶制品生产过程中产生的废品、边角料等，约占整个橡胶厂用橡胶的5%～10%；②使用、消费过程中产生的各类废旧橡胶，主要为废旧轮胎、胶鞋、胶带、胶管及工业橡胶制品等。交通运输行业的消耗量约占整个橡胶消费量的75%，其中轮胎占整个橡胶消耗量的50%左右，全世界每年轮胎生产量在10亿条以上（1000万吨以上）。我国目前报废轮胎在5000万～6000万条（约90万吨以上）。因此，世界各国均将废旧轮胎回收利用作为废旧橡胶工作的重点，合理回收利用这些废旧轮胎，具有十分重要的意义。

2. 废旧橡胶的资源化利用

废轮胎的综合利用方法可分为整体再用、制造再生胶、生产胶粉、焚烧转能、热解回收和掩埋储能六大类。

(1) 原形及改造利用　原形利用最主要的方式就是轮胎翻新（修）。轮胎翻修是指旧轮胎经局部修补、加工、重新贴覆胎面胶之后，进行硫化，恢复其使用价值的一种工艺流程。翻新一条胎的费用一般只相当于新胎生产的30%，而使用寿命可达新胎的60%～70%，一般载重轮胎能翻新2次以上，航空轮胎可翻新10次。因此，轮胎翻新引起了世界各国的普遍重视。

废旧轮胎还可做码头及船舶护舷、防破护堤、渔礁、漂浮灯塔等。通过裁剪、冲切及冲压等方式将废旧胎改造为胶垫、泥桶、马具及鞋底等，也是原形利用的一种方式，不过在这方面的利用量不大，而且发展余地也有限。

(2) 热能利用　美国、欧洲及日本的不少水泥厂、发电厂、造纸厂、钢铁厂及冶炼厂等采用废旧橡胶作燃料。由于其燃烧值较高（比煤约高5%～10%），成本低，能消耗大量的废旧轮胎，因此，此种利用方式目前大量存在。对水泥厂来说，由于废胎中的钢丝帘线和胎圈钢丝可代替制造水泥所需的铁矿石成分，从而可降低原材料成本。

(3) 热分解　废旧轮胎热解可产生液态、气态烃类化合物和炭残渣，这些产品经进一步加工处理能转化成具有各种用途的高价值产品，如炭黑转化成活性炭，液态产品被转化成高价值的燃料油和重要化工产品，气态产品被直接作为燃料等。据报道，采用此法可从每吨废胎中回收利用燃油 550kg、炭黑 350kg 和钢丝 150kg，具有较高的经济效益和环境效益。但目前存在设备投资大、运行费用高、热解产品的质量难以保证和废气处理难等问题。

(4) 再生橡胶　再生橡胶是指废旧橡胶经过粉碎、加热、机械分选等物理化学过程，使其弹性状态变成具有塑性的，能够再硫化的橡胶。生产再生胶的关键步骤为硫化胶的再生，硫化胶的再生习惯上称为“脱硫”，是一个与硫化相反的过程。生产工艺主要有油法（直接蒸汽静态法）、水油法（蒸煮法）、高温动态脱硫法、压出法、化学处理法、微波法等，但应用的原理基本上是水法和油法。

将废旧橡胶脱硫后制成再生胶，并掺入橡胶制品中，可降低成本。制造再生胶，能耗高，附加值低，还污染环境，加之再生胶性能欠佳，应用范围受到了限制，因此，在发达国家除特种橡胶外，基本上已不再生产再生橡胶。但仍有人在研究新型脱硫技术，以提高再生橡胶的质量和回收率。

(5) 制造胶粉　废旧轮胎在常温时为韧性材料，粉碎功耗大，难以达到 40 目以下的粉粒，常规粉碎时大量生热使胶粉老化变形，品质变差。为解决此问题，利用橡胶等高分子材料处在玻璃化温度以下时受机械作用很容易被粉碎成粉末状物质的性质，可采用低温粉碎的方式。

与生产再生胶相比，制造胶粉的加工过程简单，不存在废水、废气污染等问题，且性能优越，可广泛应用于各类橡胶制品、建筑、公路、机场、运动场地、装饰材料及塑料改性等方面，是集环保和资源再利用为一体的很有前途的回收方式，例如，将胶粉用于沥青路面，可比普通路面使用寿命延长一倍，道路噪声降低 70%，还能改善路面耐热和耐寒性（80℃高温不软，－35℃低温不裂）、防滑性及制动性，并缓解强光刺眼。因此，在近几年，胶粉的生产在国内外受到了重视。

目前应用已较成熟的工业化的胶粉生产方法有：室温粉碎（占胶粉总量的 63%）、温法粉碎（占胶粉总量的 13%）、冷冻粉碎（占胶粉总量 24%）和臭氧粉碎。冷冻粉碎工艺包括低温冷冻粉碎工艺、低温和常温并用粉碎工艺。胶粉主要应用于轮胎、胶鞋和其他的橡胶制品行业，混入沥青或水泥中做成道路等铺装材料制造各种新型建筑和工业材料。

3. 废橡胶制备改性沥青实例

采用废橡胶生产高质量的改性沥青，可以将废橡胶充分利用，有利于消除环境污染，而且还能改善沥青路面的性能。

(1) 配方　废橡胶改性沥青组成为（按质量计）：沥青 80%～84%、废橡胶粉 16%～20%、硫化剂≤0.1%、渗透剂≤0.1%。

其中，废橡胶粉粒径为 20～40 目。硫化剂选自硫黄、*N*,*N*-间亚苯基双马来酰亚胺（PDM）、二硫化四甲基秋兰姆（TMTD）或 4,4-二硫化二吗啉（DTDM）。渗透剂选自橡胶油或溶剂油。

(2) 操作步骤　将沥青于 190～210℃下加热熔化。将硫化剂、渗透剂和废橡胶粉加入上述热沥青中搅拌熔胀 20～45min，将所得的混合物在 190～210℃下在高速剪切机里高速剪切 15～60min，即得到废橡胶改性沥青。

【实例 1】　将 80 份沥青于 190℃下加热熔化；将 0.05 份硫黄、0.01 份橡胶油和 19.4 份废橡胶粉加入上述热沥青中搅拌溶胀 20min；将所得的混合物在 190℃下，以 2000r/min 的速度在高速剪切机里剪切 20min，即得废橡胶改性沥青。

【实例 2】　将 84 份沥青于 210℃下加热熔化；将 16 份废橡胶粉加入上述热沥青中搅拌

溶胀 30min；将所得的混合物在 210℃下，以 2500r/min 的速度在高速剪切机里剪切 60min，即得废橡胶改性沥青。

【实例 3】 将 81 份沥青于 195℃下加热熔化；将 0.08 份 N,N-间亚苯基双马来酰亚胺、0.07 份废橡胶油和 18.5 份废橡胶粉加入上述热沥青中搅拌溶胀 40min；将所得的混合物在 195℃下，以 2800r/min 的速度在高速剪切机里剪切 45min，即得废橡胶改性沥青。

【实例 4】 将 83 份沥青于 205℃下加热熔化；将 0.02 份 4,4-二硫化二吗啉、0.03 份废橡胶油和 16.95 份废橡胶粉加入上述热沥青中搅拌溶胀 35min；将所得的混合物在 205℃下，以 3000r/min 的速度在高速剪切机里剪切 15min，即得废橡胶改性沥青。

【实例 5】 将 82.5 份沥青于 210℃下加热熔化；将 0.1 份二硫化四甲基秋兰姆、0.1 份溶剂油和 17.3 份废橡胶粉加入上述热沥青中搅拌溶胀 45min；将所得的混合物在 210℃下，以 3000r/min 的速度在高速剪切机里剪切 35min，即得废橡胶改性沥青。

对实例 1～实例 5 所得的废橡胶改性沥青，分别做了以下性能实验，结果见表 7-35。

表 7-35 改性沥青性能

性能指标 / 实例	软化点 /℃	延度 (5℃)	针入度 (0.1mm)	离析	黏度 (180℃)
实例 1	61.5	15.6	60	0.85	2.023
实例 2	55.0	10.5	51.2	1.20	2.923
实例 3	68.6	16.5	42.6	0.15	2.240
实例 4	71.5	21.5	43	0.51	2.032
实例 5	72.8	33.5	45.5	0.07	2.008

该技术不仅具有环保效应，还能大大降低生产成本，且生产工艺简单，适合工厂大规模生产；先溶胀后剪切，大大提高了沥青与废橡胶粉的互溶性，延长了废橡胶改性沥青存储时间；加入添加剂包括硫化剂、渗透剂等，提高了废橡胶改性沥青的综合使用性能。

4. 废橡胶制备纳米级炭黑

随着纳米炭黑粉的应用范围越来越广泛，除了已被广泛应用在水处理、空气净化和一些基本原材料外，近年来纳米级的炭黑材料作为基础材料更是得到广泛应用。

将废橡胶清洗、粉碎、烘干后，加入热裂解反应器，送入液化气。加热升温至 400～550℃，加热时间为 10～20min，分离得到液化气、混合油和粗炭黑。液化气返回热裂解反应器，粗炭黑进行烘干粉碎至微米级。将微米级炭黑粉与工业酒精按 1∶(4～6) 的质量比混合，搅拌 30～50min 后，制备成微米炭黑-酒精胶体溶液。炭黑-酒精胶体溶液进入高速剪切粉碎机，在高转速 15000～20000/min 的条件下，进行 30～60min 反复粉碎，形成纳米炭黑-酒精胶体溶液。纳米炭黑-酒精胶体溶液在转速 15000～20000/min 的离心分离机中进行分离。在 80～95℃条件下进行振动烘干，制得纳米级炭黑。在上述方案的基础上，将分离的混合油经吸附剂吸附杂质和水，进入蒸馏釜，进一步分离汽油和柴油，得到附属产品。

该技术通过一套完整的工艺流程后，直接获得纳米级炭黑的附属油产品。整个工艺流程简单，借助现有的设备和工艺即可一次完成，产品质量达到纳米级水平，可替代目前纳米炭黑粉材料在工业中广泛使用。

5. 废轮胎制作双层彩色橡胶地垫

一般幼儿园、运动场所等防止碰撞的橡胶地垫，是用合成橡胶压制的，成本高、资源消耗大。采用废旧轮胎，经过处理作底层，采用多种化学原料与合成橡胶炼制的合成材料作表层，不仅降低成本，提高产品的弹性，更重要的是解决了废旧轮胎资源再利用的环保问题。

（1）制备黑胶粒作底层材料　把废旧轮胎筛选后，按0.5～6mm的规格切成黑胶粒，作底层材料。

（2）制备彩色合成橡胶颗粒作表层材料　选用按质量比计算20%～50%橡胶（如丁苯橡胶、顺丁橡胶、天然橡胶、氯丁橡胶、丁基橡胶、三元乙丙橡胶等），加入0.1%～2%的促进剂DM、0.1%～2%促进剂CZ、0.5%～3%的硫黄、0.2%～5%的硬脂酸、40%～60%的填料（如滑石粉、碳酸钙等）、2%～10%的软化剂（如机油、凡士林油、芳烃油、环烷油等）、1%～5%的颜料（如氧化铁、酞菁绿、耐晒黄、酞菁蓝、钛白粉等）、0.05%～0.5%的防老剂A、0.05～0.5%的防霉剂（如八羟基喹啉酮等）、0.05%～0.5%的紫外线吸收剂（如UV531等）、1%～6%的芳烃油，把上述化学原料混炼、硫化后，切成0.5～6mm的彩色、耐磨、耐老化、弹性好的合成橡胶颗粒，作表层材料。

（3）黏合剂　选用无毒的三元乙丙黏合剂或氯丁橡胶黏合剂。

（4）生产工艺　称取上述制备的80%～90%的黑橡胶粒，加入10%～18%的三元乙丙黏合剂或氯丁橡胶黏合剂，投入搅拌机，搅拌1～5min，将此混合物倒进已经预热的电热压机的热模中，摊平作底层。

称取上述制备的10%～20%彩色合成橡胶颗粒，加入1.5%～3.5%的三元乙丙黏合剂或氯丁橡胶黏合剂，投入搅拌机，搅拌1～5min，将此混合物倒进已经预热的电热压机的热模中，摊平作表层。

在0.2～0.8MPa、100～130℃下，热压10～20min成型，制成双层彩色橡胶地垫。

三、造纸工业废弃物的资源化利用

1. 制浆造纸的固体废弃物

制浆造纸过程中，出现的固体废物是多种多样的。①原料剩余物：树皮、树节、锯末、木块、革末、沙子、石块等。②制浆和造纸生产过程的纤维性浆渣：筛选去除的木浆渣、蔗髓，废纸制浆脱墨去除的污泥等。③硫酸盐浆厂碱回收系统固体废物：白泥、绿泥、绿砂等。④动力锅炉产生的灰粒：包括粉煤灰、炉箅和熔渣。⑤亚硫酸盐法制约工段，焚烧硫铁矿的烧渣；制备次氯酸盐漂液产生的仓灰渣。⑥污水处理场的污泥：细小纤维、化学污泥和生物污泥。⑦般工业废物：包装材料、废的金属、建筑材料等。⑧有害废物：腐浆防治剂、纸浆染料、助留剂、强酸、强碱等。

首先应当最大限度地减少固体废弃物的产生，其次进行回收利用。回收利用会带来一定的经济效益和环境效益，而且还会改善或优化资源的利用。

表7-36给出了制浆造纸过程产生的废物处理方式。

表7-36　制浆造纸过程产生的废物处理方式

编号	制浆造纸过程产生的废物	处理方法的建议	
		优选考虑	其次考虑
1	纸边和废纸	回收利用	焚烧
2	浆渣、回收纤维、纤维污泥	清洁后回收利用	焚烧
3	塑料材料	回收利用	焚烧
4	金属	回收利用	
5	可供回收生产能量的物料	焚烧	填埋

续表

编号	制浆造纸过程产生的废物	处理方法的建议	
		优选考虑	其次考虑
6	动力锅炉灰渣	回收利用	填埋
7	需填埋处置的物料	填埋	
8	有害废物	安全处置	

2. 有机废弃物的资源化综合利用

(1) 芦苇农用资源化利用　利用备料的苇末进行秀珍菇的栽培，试验证明，用1/3～2/3的苇末代替棉籽壳栽培秀珍菇是可行的，生物转化率达到72.1%～83.5%；而原料成本却下降16.4%～32.7%，经济效益提高7%左右。利用苇末作为秀珍菇生产的主要原料为食用菌生产开辟了一种廉价的新原料，且姑渣还可以作为无土栽培的基质，生产蔬菜花卉，其残渣还可以作为有机肥还田，多级利用，真正实现“零排放”。

(2) 备料苇毛生产饲料　天津某厂通过对备料的废弃物——苇毛与亚硫酸蒸煮红液采用一定的技术路线，研制出具有饲用价值、安全可靠的非常规新型饲料、饲用黏合剂、氯化苇毛饲料。这三种饲料与参比饲料的比较见表7-37。

表7-37　饲料与参比饲料成分比较　　单位：%

成分	干物质	粗蛋白	粗脂肪	粗纤维	粗灰分	无氮浸出物	钙	磷
尿素氨化饲料	91.6	13.7	1.0	15.7	20.7	44.0	2.22	0.13
碳铵氨化饲料	92.4	12.9	1.0	16.8	21.0	45.6	2.02	0.12
东北羊草(参比)	90.7	10.5	0.2	33.8	6.3	39.9	0.58	0.12
饲用黏合剂	91.9	4.1	0.5	—	15.2	72.1	—	0.05
次面粉(参比)	87.2	9.5	0.7	1.2	1.4	74.3	0.09	0.44

(3) 造纸污泥作有机肥料和土壤改良剂　造纸污泥含有大量的纤维素类有机质和氮、磷、钾、钙、镁、硅、铜、铁、锌、锰等多种植物营养成分，有效含量比猪粪还高，无重金属，是一种质优价廉的有机肥，但它含有多种病原菌，易腐败发臭。

将风干的造纸污泥直接用作土壤改良剂，对作物有明显的增产效果。但造纸污泥富含有机碳，施用时一定要补充无机氮肥，降低C/N比至10左右。用100%的风干造纸污泥做园艺基质效果不佳，在基质配方中污泥的合适用量为50%～60%。

为了提高造纸污泥中有机质的转化效率，可采用高温厌氧堆肥技术，它是无害化处理污泥的低成本技术。污泥堆肥作为商品有机肥在国外越来越普通，污泥堆肥化处理不仅可消除臭味，杀死病原菌和寄生虫卵，减少污泥体积与水分，并且由于生物降解作用，可消除有毒的有机污染物，使污泥中养分的形态更有利于植物吸收，提高污泥的农用价值。

通过调节水分及C/N比，在强制通风与定期翻堆的情况下，由于微生物作用，有机质发生降解，C/N比在不断下降，经过2个月左右高温堆肥，污泥可以转化为高效的有机肥料。从堆肥过程的物理、化学及生物学指标变化可以看出，添加富含纤维素降解菌的发酵料，可以加速造纸污泥的腐熟。利用造纸污泥堆肥与常用氮、磷、钾化肥混合，可制成高效有机复混肥；污泥复混肥不仅肥效长，而且有较好的保肥功能，能提高土壤肥力，有利于农业生产的可持续发展。

(4) 利用造纸污泥饲养蚯蚓　利用制浆造纸厂澄清池产生的富含纤维的污泥用作蚯蚓的

饲料，蚯蚓又是金鱼和鲤鱼等鱼类的饵料，蚯蚓的粪便还用作土壤改良剂。其具体做法是：在污泥中掺加适量的牛粪或鸡粪以及树皮、泥浆等作为混合物饲养蚯蚓。一般认为，蚯蚓每日进食的污泥量约等于体重（0.5g 左右）。蚯蚓一边进食，一边生长繁殖，经过 4～5 个月，体重约增加 9 倍。粪量是进食污泥量的一半。表 7-38 为利用蚯蚓处理造纸污泥的预期效果。

表 7-38　利用蚯蚓处理造纸污泥

项　　目	4 个月后	8 个月后	12 个月后	16 个月后
蚯蚓数量(10 万条)	100 万	1000 万	1 亿	10 亿
饲料量(1500kg/月)(含水 80%的污泥占 70%)	15t	150t	1500t	15000t
粪量(7500kg/月)(回收 50%的饲料)	7.5t	75t	750t	7500t
占地面积($4m^2$)(每 10 万条,约需要 $4m^2$)	$40m^2$	$400m^2$	$4000m^2$	利用空间

3. 白泥的资源化利用

白泥是化学法制浆黑液采用燃烧法回收烧碱过程中产生的一种固体废弃物。是由绿液中的碳酸钠与加入的石灰进行苛化反应以及过量的石灰与水反应的产物。

$$Na_2CO_3 + CaO + H_2O = 2NaOH + CaCO_3 \downarrow$$

$$CaO + H_2O = Ca(OH)_2 \downarrow$$

回收白泥的含水量在 50%以上。每回收 1t 活性碱（以 NaOH 计）产生绝干 $CaCO_3$ 量的理论值为 1250kg。由于有过量石灰、石灰杂质、原料中的灰分、残碱等因素的影响，实际绝干白泥的产生负荷明显高于上述 CaO 理论负荷。木浆碱回收绝干白泥产生量典型值为 1023kg/t 回收活性碱（$NaOH+Na_2S$，以 NaOH 计），麦草浆厂为 2000～2200kg/t 回收活性碱（NaOH，以 NaOH 计），木浆碱回收的白泥通常采用燃烧的方法，把白泥煅烧为石灰，重新返回系统，循环使用。麦草浆碱回收白泥的硅含量（7%～11%）远高于木浆碱回收白泥（<1%），无法采用石灰窑燃烧回收石灰，再回用于碱回收绿液的苛化。因此，白泥的资源化综合利用是十分必要的。

（1）利用白泥生产水泥　白泥可以作为湿法生产水泥的配料，与石灰石、黏土、铁粉、萤石等混合，生产普通硅酸盐水泥。其技术可行，工艺成熟，产品质量符合国家标准而且有销路。然而湿法生产水泥能耗高，不符合国家发展水泥的产业政策。应积极采用节能降耗工艺技术，考虑采用“湿法干烧”等节能工艺技术。

（2）利用白泥生产碳酸钙　白泥的主要成分是碳酸钙，经过中和、多级洗涤利筛选，可生产精制碳酸钙产品。生产的精制碳酸钙可以作为造纸填料用于抄纸的填料，生产的精制碳酸钙还可以作为塑料填料。例如广西南宁某纸厂（制浆原料全部为甘蔗渣）和广西柳州某纸厂（制浆原料为竹子、芒秆）就有过尝试。

（3）利用白泥少产去污粉　由于白泥含有部分可溶性碱（主要是碳酸钠、硅酸钠、硫酸钠等）和不溶于水的固形磷酸钙微粒，可利用白泥来配制去污粉使用。白泥作为清洗剂助剂分别具有下述作用：①硫酸钠能降低溶液的表面活力和胶束临界浓度，提高清洗剂的吸附速率和吸附量，增加溶质在表面活性剂中的增溶性，同时还有防止清洗剂结块的作用。②碳酸钠具有使清洗剂遇酸性污垢不会失去活性的作用，同时能与脂肪污垢发生皂化反应而生成肥皂，对去除油污有比较显著的效果；硅酸钠溶于水后，水解生成硅酸，在水中形成胶态的胶粒群，从而增加了清洗剂的胶体性能，也就加强了表面活性剂的去污能力，硅酸钠还具有稳定溶液 pH 值的作用。③碳酸钙不溶于水，在水中呈微粒状，清洗过程中起摩擦作用。所以用白泥代替碱性无机盐作助剂，添加适量的表面活性剂和专用助剂来复合成去污粉，达到良好的去污效果。

四、有色冶金工业废渣的综合利用

1. 有色冶金工业废渣的种类和组成

有色冶金工业废渣，是指在有色金属冶炼过程中所排放的暂时未被利用的固体废弃物。这些废弃物按生产工艺可分为：有色金属矿物在火法冶炼中形成的熔渣；有色金属矿物在湿法冶炼中排出的残渣；冶炼过程中排出的烟尘和湿法收尘所得污泥等。

有色金属矿石一般品位较低，成分复杂，虽经选矿富集和分离处理，但在冶炼过程中仍需加入大量熔剂进行造渣，以除去各种杂质。冶金工业生产过程中产生的炉渣数量很大，例如，炼铜厂每生产 1t 冰铜可产生 3～6t 炉渣，炼镍厂每生产 1t 镍冰铜可产生 6～10t 炉渣。在金属冶炼过程中，损失的金属大部分进入渣中，如冶炼铜时损失在渣中的金属约占 90%，冶炼铅时损失在渣中的金属约占 75%。炉渣中一般含有多种有色金属，铜冶炼厂的炉渣中除含有 0.4%的铜以外，还含有 2%～6%的锌和 0.05%～0.12%的铅，此外还含有少量其他有色金属。

据统计，我国有色金属冶炼渣每年约产 225 万吨（不含赤泥量）。其中，铜渣 100 万吨，铅锌渣 55 万吨，镍渣 20 万吨，汞渣 27 万吨，锑渣 14 万吨，锡渣 6 万吨。从中流失有色金属 5 万～10 万吨。我国数量最多的有色金属渣是氧化铝厂的残渣——赤泥，其次是铜渣，另外还有铅、锌、锡、镍、钴、锑、汞渣等。几种有色金属冶炼渣的化学组成见表 7-39。目前对有色冶金渣的利用率很低，仅少量铜渣、赤泥等用于生产水泥、矿渣棉等。

表 7-39　几种有色金属冶炼渣的化学组成　　单位：%

渣别	SiO_2	CaO	MgO	Al_2O_3	Fe	Cu	Pb	Zn	As	Sb	Ag	Ge	Ni
铜渣	30～40	4～15	1～5	2～10	25～38	0.2～1	<2	2～3	0.5	0.2			
铅渣	20～30	14～22	1～5	10～24	20～40	0.3	0.2～0.4	2					
锌渣	12～14				33	0.7	0.5	2			0.03	0.004	
镍渣	42～44	2～3			20～25								0.12～0.13
锡渣	29	2.3～4.0			30		0.13						

有色冶金工业废渣长期堆放于露天，渣中的某些成分经过迁移和转化，对周围环境造成不同程度的污染。这类废渣如不经治理就任意排放，就会对环境和人畜造成危害。国内已发生过多起事故：含砷渣污染水源，造成人畜中毒和死亡；含汞废渣污染饮用水和食物；镉渣严重污染农田土壤，造成大米含镉量超标。

根据《国家危险废物名录》有色金属采选和冶炼过程中产生的含铬废物、含铜废物、含锌废物、含砷废物、含硒废物、含镉废物、含锑废物、含碲废物、含汞废物、含铊废物、含铅废物等均为危险废物，必须根据《危险废物贮存污染控制标准》规定的收集、贮存、运输、处置危险废物的设施、场所等进行贮存。

冶炼炉渣中除了含有可回收利用的金属外，其他主要成分是 FeO、SiO_2、CaO、MgO、Al_2O_3 等造渣氧化物。根据其物相组成和各成分间的比例以及性质的不同，可选作生产铸石、水泥等建筑材料的原料，也可用作其他原材料。例如，富春江冶炼厂将水淬渣用于船厂喷砂除锈，义乌冶炼厂的转炉渣用于制造磷肥等。在这方面虽然已取得了不少成绩，但目前我国有色冶金工业废渣的利用率只有 17%，而日本的有色冶金工业废渣利用率达到了 55%，可见我国在有效利用有色冶炼废渣方面尚有很大潜力。

2. 炼铅锌渣的处理与利用

(1) 铅渣作建筑材料　熔融的鼓风炉炉渣，经烟化炉用烟化法回收铅、锌后的水淬渣，可用作以下建筑材料。

① 水淬渣代替骨料用于生产灰渣瓦。该水淬渣的物理机械性能接近甚至优于河砂，故可代替河砂作骨料，此渣又因其非晶体结构而具有一定的活性。这种活性在石灰、石膏或水泥熟料的激发下，表现为相当程度的水硬性。

在同样条件下，水淬渣瓦（掺量30%）的抗折强度比河砂作骨料的水泥瓦高15%左右。

② 水淬渣用作生产水泥的辅助原料。生产水泥的原料配比为石灰：水淬渣：黏土：萤石：白煤＝100：4：10：0.4：14。将配料在300℃下干燥，然后球磨到粒度120目左右，制成5～20mm的球粒，在1200～1300℃下煅烧，冷却后掺入煅烧量15%～30%的钢渣和4%的生石膏，研磨成细粉即可获得水泥成品。

加入水淬渣，可调整硅酸盐制品的某些化学成分，特别是Fe_2O_3，并可起助熔作用，降低煅烧温度。水淬渣粒度较细，有利于物料的均匀化。

③ 制铅锌渣铸石。铅锌渣通过磁选分离出磁性铁后，剩余渣可用来生产铸石。磁选后的铅锌渣中，除氧化镁和二氧化硅含量偏低外，其余的成分与铸石的成分相近。故加入15%左右的石英砂作为附加剂，就可用于生产铸石。

铅锌渣铸石制品的抗压强度达245.17～294.20MPa，与普通铸石相近，耐磨性比普通铸石好。

(2) 锌渣水淬后作建筑材料　锌渣有热馏残渣、锌白渣和浸取渣等，渣内含锌量尚高。采用烟化炉回收锌后，余渣水淬后可作建筑材料，如前苏联曾用铜-锌渣制造铸石。

烟化炉水淬锌渣可做筑路材料。此渣是炼锌过程中烟化炉排出的熔渣经水冲急冷而成的颗粒渣。烟化炉水淬后呈细颗粒状，质脆，细粉易于飞扬和流失，对环境造成污染，过去由于长期没有利用，占用了大量土地。通过研究认为，烟化炉水淬渣做筑路材料是稳定的，不会造成二次污染（放射性总比效应符合现行放射防护标准）。烟化炉水淬渣混合料强度能满足主要干道基层或次要干道基层的要求。如配比为锌渣：碎石：土：石灰＝55：5：37：7，其抗压强度为1.84MPa；锌渣：土：石灰＝70：20：10，其抗压强度为1.57MPa；锌渣：石灰＝85：15，其抗压强度为1.64MPa。总之，用烟化炉水淬渣作道路基层是可行的。

烟化炉水淬渣用于道路工程，可大量利用锌渣，从而能解决环境和堆渣占地问题。以路宽9m、基层厚30cm计算，每公里可用锌渣近3750t，减少锌渣占地250m^2，代替石灰、土使用，可少挖地250m^2。

(3) 综合处理法　有些综合性的冶炼厂，如铜、铅、锌冶炼厂，其大部分渣可在本厂范围内转移到其他工序中回收利用，最后弃渣只有铜水淬渣。如铅反射炉二次铜铅渣送铜鼓风炉处理回收铜；铅反射炉渣送铜鼓风炉回收铜；回转窑铅渣送铜鼓风炉回收铜、金、银；鼓风炉铅送回转炉处理回收铅、锌等。最后，可使固体废弃物达到全部回收利用。

3. 炼铜渣的处理与利用

炼铜渣一般采用深度脱铜的电热方法回收炼铜厂炉渣的有用成分，转炉渣一般作为返料送回反射炉回收铜，连续吹炼炉渣送铜鼓风炉（反射炉）处理。炉渣在提取各种有色金属以后可用于生产建筑材料、泡沫渣、碎石等。

反射炉排出的炉渣是炼铜过程中形成的最主要的固体废弃物，但国内直接用转炉渣作返料回收铜的尚不普遍，这里就炼铜渣的处理和利用情况予以介绍。

(1) 生产铜渣水泥　铜渣水泥是以炼铜密闭鼓风炉水淬渣和发电厂液态渣液为原料，掺入少量激发剂（石膏和水泥热料）经磨细制成的水泥。其各项技术性能符合 GB 13590—92 钢渣矿渣水泥标准。经工程使用证明，与其他品种水泥相比，铜渣水泥具有后期强度高、抗冻、抗碳化性能好、收缩率小等特点。这种水泥生产工艺简单，成本低，建厂投资少，节约能源。

生产铜渣水泥可耗渣 60%～75%。其生产流程为：将铜渣和电厂液态渣等原料晒干，过称混匀，经皮带运输机输送到水泥磨内磨细，然后装包出厂。

(2) 作水泥掺合料　生产矿渣水泥的掺合料高炉水渣紧缺，影响了矿渣水泥的生产。用铜渣代替部分高炉水渣，掺量可达 5%～45%，生产的 $325^{\#}$ 矿渣水泥完全符合要求。

(3) 制铜渣水泥小型砌块　用铜渣水泥作胶凝材料，用铜渣、尾砂作骨料生产小型砌块，耗渣量大（90%以上），可减轻对环境的污染和节省排渣费用，且节约用地，这项应用有深远的意义，值得推广。

生产流程：把计量好的尾砂、铜渣、水泥加水拌和，然后成型，脱模、自然养护，即得成品。成品自重轻，后期强度高。本流程可实现机械化或半机械化，生产效率高，节约能源，经济效益好。

(4) 配制铜渣砂浆　铜渣是有一定活性的工业废渣，是一种较理想的建筑骨料，用它代替黄砂配制的砂浆，有较高的和易性、密实性和抗冻性。

(5) 用作公路基材和铁路道渣　用铜鼓风炉水萃渣，按石灰∶铜渣∶土＝10∶75∶15 的配比制成的混合料，可用作路基材料。此处石灰是胶结材料，用量及质量必须严格掌握。

铜渣基材具有较高的机械强度，且在使用后的一年内还有明显的增长，水稳定性好。由于铜渣颗粒坚硬粗糙，一经压实，就有相当高的初始强度；又由于胶凝作用，在一定时间内强度会逐渐增长。这种路基受雨水侵袭不会翻浆，施工方便。

另外，铜渣还可直接用作铁路轨道底渣，铁道部于 1980 年 4 月，在（80）铁鉴字 704 号文中明确批复："同意采用铜陵矿渣（黑砂）作底渣"，这为铜矿渣在铁路建设中大量使用开创了先例，扩大了使用范围，使用该渣的优点是：铜渣道床不易下沉；渗水快，不腐蚀枕木，成本低。

(6) 生产铸石　国外生产铸石的方法有熔铸法和烧结法。

① 熔铸法。为提高铜的回收料率，炼铜时必须使熔渣过热。这种铜渣不易结晶，不适于制造耐磨材料，为此，国外采用在浇注钢渣耐磨制品时以过量的熔渣包住铸模的方法，延长矿渣在结晶温度范围内（800～1080℃）的停留时间。铜矿渣浇注温度为 1200℃左右。

用铜渣熔铸法可制管、弯管、泵零件等耐磨材料制品，熔铸的流程为：将熔液（1200℃左右）一次浇入铸槽，经过 2～3d 的退火后，清除过剩矿渣，脱去铸模，即得成品。

② 烧结法。用铜矿渣生产烧结铸石的主要困难是烧结温度范围窄，只有 10℃的间隔。若采用玻璃态的（即水淬的）铜矿渣代替结晶态的铜矿渣，特别是采用还原焙烧气氛，烧结范围可扩大至 250℃，有利于铜矿渣烧结铸石的生产。

烧结铜渣铸石的流程是：将水淬铜渣磨细、成型，再进行焙烧。成型方法有干压法（在 19.61MPa 压力下成型）和喷注法（用铸模机压入铸模中成型）。

铜渣铸石是一种高度耐磨、耐压和具有抗酸性能的良好材料。

(7) 生产矿渣棉　将铜渣与电厂的粒状玻璃态炉渣（即液态渣）混合配料，在池窑内熔化并经离心机微孔甩成细丝，构成矿渣棉。用铜矿渣生产的矿渣棉，其纤维细长而柔软，平均粒径 4～5μm，渣球含量 7%左右；容重 $100kg/m^3$；热导率 280.5W/(m·K)。

4. 炼镍钴渣的处理与利用

(1) 用镍钴渣制取硝酸钴　硝酸钴是生产环烷酸钴的主要原料之一。一般用金属钴加硝酸制取硝酸钴，造价较高，用冶炼镍钴的残渣可制取硝酸钴，降低其造价。其基本工序如下。

① 溶解：将镍钴渣用浓盐酸在高温下溶解，钴、锰、铜、镍、铁进入溶液，过滤后将滤渣弃去。

② 除铜、铁：将滤液加热至80～90℃，用铁丝置换除铜，沉淀渣回收铜，除铜后的溶液在60～80℃下，用氯酸钠作氧化剂将二价铁氧化成三价，再以碳酸钠调整pH值到3.5，使铁完全沉淀。

③ 沉淀钴锰：除铁后的溶液在80℃和pH＝1.5～2.2的条件下，以次氯酸钠溶液将钴、锰沉淀，分离后的溶液送去回收镍。

④ 硝酸溶解除锰：以硝酸处理沉淀物，使钴进入溶液而锰留在渣中，过滤分离。

⑤ 蒸发浓缩：将硝酸钴溶液蒸发浓缩，则得到含钴8%左右的硝酸钴产品。

此法比较简单，但钴的回收率低。

(2) 从镍磷铁电解镍阳极泥中提取贵金属　从镍磷铁（钙镁磷肥生产的副产物）电解制镍的残渣——阳极泥中提取贵金属铂、钯、金并兼得铜、镍的方法，在义乌化肥厂进行了半工业性试生产，形成了比较合理的工艺生产线。其流程是：水洗阳极泥→焙烧、熔炼→二次电解→二次泥焙烧、熔炼→水溶液氯化→铜片置换→铂精片→铂、钯、金，该工艺实现了综合回收，技术可行，能获得较高的精矿品位：Pt＋Pb＋Au＞6.12%。提取率为Pt 70%，Pb 90.1%，Au 94.7%，Ni 81.3%，Cu 85.8%。

(3) 镍渣用于生产建筑材料　镍渣是镍冶炼中镍熔炉电炉或鼓风炉产生的炉渣。水淬镍渣可以制砖，制水泥混合材料等。会理砖瓦厂曾用88%的水淬镍渣和5.2%的生石灰、3%～4%的二水石膏，再加3%～4%的水泥，混合磨细后，或者采用轮碾机进行湿碾后，制造砖瓦。

(4) 炼镍钴渣利用实例　金川有色金属公司是我国镍钴的主要产地。该公司和有关单位对镍钴的处理曾进行了大量工作，从而掌握了从镍钴渣中回收钴、镍、铜、贵金属及铂族元素等的一系列方法。例如，镍转炉渣含Ni 0.97%～2.33%，Co 0.24%～0.6%，Cu 0.6%～1.15%；用电弧炉进行贫化处理，贫化渣含Co 0.097%，产生的钴冰铜含Co 1.2%～2.0%，Ni 14.8%～18.2%；金属回收率为Co 84%～87%，Ni 87%～94%。镍钴转炉渣含Co 0.3%，经电炉贫化缓冷处理后，再选出富钴合金，钴回收率达80%。在镍钴电解流程中产生的各种渣，亦可分别进行镍和钴的回收。

沈阳冶炼厂用加锌除钴产生的锌钴渣氧化焙烧后硫酸浸取的方法，最后得硫酸钴，钴回收率为85%。

中条山有色金属公司的铜转炉渣中含Cu 1.2%，Co 0.44%，Sn 0.6%。用电炉贫化产出钴冰铜，含Co 1.6%，贫化渣含Co 0.085%，钴回收率87%。

5. 炼锡渣的处理与利用

云南云锡公司是我国锡的主要产地。该公司第一冶炼厂的反射炉富锡渣，直接送烟化炉挥发处理，弃渣含锡可降到0.07%，达到国际先进水平。

云南鸡街冶炼厂产生的锡渣进行烟化炉处理，弃渣含锡为0.106%。柳州冶炼厂的反射炉富集渣，用鼓风炉处理，熔渣入烟化炉硫化挥发，从烟尘中回收锡，挥发渣中含Sn 0.09%～0.12%。广州冶炼厂的锡渣，用硫化挥发法处理，从烟尘中回收锡，锡挥发率为91%。

锡渣还可以作水泥混合材。

6. 炼锑渣的处理与利用

湖南锡矿山矿务局是我国最大的锑产地。锑冶炼产出的砷碱渣是有害废渣，比较难处理。现已研究出湿法工艺，综合回收二次锑精矿，返回鼓风炉炼锑，并副产结晶砷酸钠混合盐，可用作玻璃澄清剂。

碱性精炼中生成的炉渣浮于锑液表面而被去除，因其含砷且水溶液呈碱性而被称为砷碱渣。砷碱渣主要组成为：亚锑酸钠、砷酸钠、碳酸钠、硫酸钠以及耙渣时夹带的少量金、锑。除亚锑酸钠及夹杂的少量金属锑以外，非他各组分水溶性较好，故先用碳酸化浸出-过滤的方法，将其分成两大部分。不溶性的亚锑酸钠及夹杂的少量金属锑组成的滤饼，经洗涤干燥后成为优质的二次锑精矿。滤液为砷酸钠、碳酸钠、硫酸钠、硫化钠的混合盐溶液。滤液通过蒸发-结晶-分离的方法，生产晶体砷酸钠混合盐。

锑渣可借反射炉进一步回收锑。锑冶炼时由鼓风炉和竖炉产出的锑废渣，可作生产水泥的掺合料。例如，锡矿山矿务局已用锑废渣生产水泥，供该矿务局矿坑填充时使用。

7. 炼汞渣的处理与利用

我国汞冶炼产生的高炉汞渣，含 Hg0.002%～0.003%，沸腾炉汞渣含 Hg0.003%，都需要进行治理。贵州汞矿用强化离心选矿方法处理汞渣，汞回收率达 99.87%，溢流残渣含 Hg0.0549%。

8. 赤泥的处理与利用

工业铝电解槽的炭阴极，原则上是不消耗的，但是经过 5～7 年之后，它浸透着大量电解质，并且受到表面上产生的钠和碳化铝的侵蚀而破裂，最终漏出电解质和铝，不得不因此停槽检修，重新铺砌新阴极，此种排放出来的废弃炭阴极量很大。以中国年产 200 万吨铝而论，每年排放废弃炭阴极量约为 40000t，其中含有 70%的碳和 30%的固体电解质，二者都是值得回收利用的，价值 1 亿元之巨。如果任其废弃于旷野之中，则会严重污染土地，危害人类生态环境。如果加以利用，不仅保护了环境，还可化废为宝。

美国凯撒铝公司把这种废旧内衬加以利用已有多年。该公司所属的几个电解铝厂（Ravehswood，Chalmette，Mead & Tacoma 三个铝厂）每年产出总量高达 40000～50000t 的废旧内衬，其中查尔梅特（Chalmette）铝厂每年从废旧内衬和洗涤液中收回 12000t 冰晶石，价值几百万美元，以及价值 100 万美元的其他产品。收回的冰晶石可以返回工厂去应用。

据报道，此种材料可用于以下 3 个方面。

① 作为水泥制造中的补充燃料。水泥的组成为 CaO-SiO_2-Al_2O_3-Fe_2O_3 系，它是一种大宗的廉价建筑材料。废旧内衬中的炭正好作为水泥制造中的补充燃料。其中的碱金属氟化物可在炉料烧结反应中作为催化剂，因此可降低熟料烧结温度，并减少燃料用量。

由于废旧内衬中含有很高的碱量，所以它不适用于制造低碱水泥，但是水泥原料中碱含量特别低的则例外。此外，废旧内衬材料比较坚硬，所以它不能和煤（水泥窑的燃料）放在一起磨，而应该分开磨。内衬材料中有金属铝是不利的，因为它在水泥窑中不会很快地氧化，如果残留在水泥成品中则是非常有害的。碱金属氟化物会使水泥窑内结固，水泥的颜色也会因采用废旧内衬而有所改变。

我国山东铝厂用此种炭阴极材料作为铝土矿烧结过程中的补充燃料。

② 作为化铁炉的萤石代用品。化铁炉内用石灰石和萤石作熔剂，其作用是降低炉渣的熔点和黏度。萤石（CaF_2）是一种比较贵的矿物原料，废旧内衬中正好含有相当多的氟，

故它可作为熔剂。

试验在直径为45.7cm的小鼓风炉内进行。炉缸容量为118kg铁，预热的空气从四个风口进入炉内，炉膛的面积为180cm^2，进风口的位置在出铁口以上60cm处。在添加废旧内衬的试验中获得下列结果：化铁炉的运行状态是正常的，生铁的质量是好的，属于灰口铁，未被铝污染。试验中，废旧内衬材料磨成50%为100目以下的细粉，与同样大小的石灰石粉混合，并配入膨润土（bentonite）作黏结剂，制成团块，其配比为61∶27∶2。废旧内衬材料并不影响灰口铁的力学强度，试验结果是令人满意的。但是还需要作进一步试验，以查明它对化铁炉内衬材料的影响以及经济上的合理性。至于用它代替炼钢中的萤石，由于问题较多，还未能轻易给予定论。

③ 从废旧内衬材料中回收氟盐。长久以来就认为，铝电解槽废旧阴极炭块是一种有价值的物料，不能轻易弃置不用。因为其中含碳量高达70%，其发热量估计为6960～11600kJ/kg。其中最有价值的化合物为氟盐，大约占30%。如果把碳分离开，可获得珍贵的氟盐。

美国凯撒公司用高温水解法处理废旧内衬材料，在温度1200℃下，燃烧废旧内衬材料，并通入水蒸气，使之与氟盐起反应，生成HF，此时内衬材料中所含的氰化物亦分解。HF用水吸收后，得到质量分数为25%的水溶液，可用来制造工业用氟化铝。同时，使废旧内衬对环境的污染问题得以解决。

东北大学翟秀静和邱竹贤研究了用很经济的浮选法分离废旧阴极材料中的炭和冰晶石。在此法中，炭以炭末的形式上浮，而电解质以底流的形式下沉。但是由于阴极材料中电解质等透入碳的晶格之间，二者不能截然分离，故浮选所得的溢流碳中电解质的质量分数约为5%。底流电解质中碳的质量分数约为5%，尚需在600℃左右温度下加以焙烧，把这部分剩余的炭烧掉。

从工业电解槽捞出来的炭渣，也可用浮选法分离碳和电解质。

附表：工业固体废物的分析与检测方法

标准名称	标准编号	发布时间	实施时间
一般工业固体废物贮存、处置场污染控制标准	GB 18599—2001	2001-12-28	2002-7-1
铁矿采选工业污染物排放标准	GB 28661—2012	2012-6-27	2012-10-1
农用污泥中污染物控制标准	GB 4284—84	1984-5-18	1985-3-1
固体废物　挥发性有机物的测定　顶空/气相色谱-质谱法	HJ 643—2013	2013-1-21	2013-7-1
固体废物　二噁英类的测定　同位素稀释高分辨气相色谱-高分辨质谱法	HJ 77.3—2008	2008-12-31	2009-4-1
固体废物　浸出毒性浸出方法　硫酸硝酸法	HJ/T 299—2007	2007-4-13	2007-5-1
固体废物　浸出毒性浸出方法　水平振荡法	HJ 557—2010	2010-2-2	2010-5-1
固体废物　浸出毒性浸出方法　醋酸缓冲溶液法	HJ/T 300—2007	2007-4-13	2007-5-1
固体废物　浸出毒性浸出方法　翻转法	GB 5086.1—1997	1997-12-22	1998-7-1
固体废物　总汞的测定　冷原子吸收分光光度法	GB/T 15555.1—1995	1995-3-28	1996-1-1
固体废物　铜、锌、铅、镉的测定　原子吸收分光光度法	GB/T 15555.2—1995	1995-3-28	1996-1-1
固体废物　砷的测定　二乙基二硫代氨基甲酸银分光光度法	GB/T 15555.3—1995	1995-3-28	1996-1-1
固体废物　总铬的测定　二苯碳酰二肼分光光度法	GB/T 15555.5—1995	1995-3-28	1996-1-1
固体废物　总铬的测定　直接吸入火焰原子吸收分光光度法	GB/T 15555.6—1995	1995-3-28	1996-1-1
固体废物　总铬的测定　硫酸亚铁铵滴定法	GB/T 15555.8—1995	1995-3-28	1996-1-1
固体废物　六价铬的测定　硫酸亚铁铵滴定法	GB/T 15555.7—1995	1995-3-28	1996-1-1
固体废物　六价铬的测定　二苯碳酰二肼分光光度法	GB/T 15555.4—1995	1995-3-28	1996-1-1
固体废物　镍的测定　直接吸入火焰原子吸收分光光度法	GB/T 15555.9—1995	1995-3-28	1996-1-1
固体废物　镍的测定　丁二酮肟分光光度法	GB/T 15555.10—1995	1995-3-28	1996-1-1
固体废物　氟化物的测定　离子选择性电极法	GB/T 15555.11—1995	1995-3-28	1996-1-1
固体废物　腐蚀性测定　玻璃电极法	GB/T 15555.12—1995	1995-3-28	1996-1-1
废矿物油回收利用污染控制技术规范	HJ 607—2011	2011-2-16	2011-7-1
废弃电器电子产品处理污染控制技术规范	HJ 527—2010	2010-1-4	2010-4-1
废弃机电产品集中拆解利用处置区环境保护技术规范(试行)	HJ/T 181—2005	2005-8-15	2005-9-1
工业固体废物采样制样技术规范	HJ/T 20—1998	1998-1-8	1998-7-1
工业污染源现场检查技术规范	HJ 606—2011	2011-2-12	2011-6-1
火电厂烟气脱硝工程技术规范　选择性催化还原法	HJ 562—2010	2010-2-3	2010-4-1
火电厂烟气脱硝工程技术规范　选择性非催化还原法	HJ 563—2010	2010-2-3	2010-4-1
火电厂烟气脱硫工程技术规范氨法	HJ 2001—2010	2010-12-17	2011-3-1
建设项目竣工环境保护验收技术规范黑色金属冶炼及压延加工	HJ/T 404—2007	2007-12-21	2008-4-1

参 考 文 献

[1] 邓琨. 固体废弃物综合利用技术的现状分析. 中国资源综合利用，2011，29 (1)：33-42.

[2] 姚之茂，徐成，赵丽娜. 铅冶炼工业综合固体废物管理研究. 中国有色冶金，2010 (3)：40-45.

[3] 李春雨. 典型危险废物在两段式回转窑焚烧系统内的热处置和结渣特性研究及其应用. 浙江大学博士学业论文，2011.

[4] 黄革，杨华雷，雷金林等. 等离子体技术在危险废物处理中的运用. 环境科技：2010，23 (增刊 1)：40-42.

[5] 张绍坤. 回转窑处理危险废物的工程设计. 节能与环保，2010 (4)：34-37.

[6] 杨红芬. 回转窑焚烧系统在危险废物处理中的应用. 节能与环保，2010 (4)：34-37.

[7] 方晓牧. 危险废物焚烧烟气净化中脱酸工艺条件的优化控制. 环境保护与循环经济. 56-57.

[8] 范玉宏，任志宏，陈郑宇等. 危险废物稳定化/固化综合处理技术的应用. 兵工自动化：2010，29 (7)：72-74.

[9] 苏小丽，孙传敏. 蛇纹石尾矿固体废弃物资源化的途径. 中国陶瓷工业，2010，17 (1)：37-39.

[10] 程妍东，陶德，梁英等. 钢铁企业固体废弃物资源化利用浅析. 北方环境，2011，23 (3)：71-73.

[11] 姚芝茂，徐成，赵丽娜. 铜冶炼工业固体废物综合环境管理方法研究. 环境工程，2010，28 (增刊)：230-231.

[12] 王书明，李岩. 电子垃圾治理研究综述. 西安电子科技大学学报 (社会科学版)，2009，19 (5)：45-50.

[13] 钱伯章. 国内外电子垃圾回收处理利用进展概述. 中国环保产业，2010，(08)：18-23.

[14] 徐敏. 废弃印刷线路板的资源化回收技术研究. 同济大学博士学业论文，2008.

[15] 郭晓娟. 热解技术处理废弃印刷线路板的实验研究. 天津大学博士学业论文，2008.

[16] 路洪洲，李佳，郭杰. 基于可资源化的废弃印刷线路板的破碎及破碎性能. 上海交通大学学报，2007，41 (4)：551-556.

[17] 汪多仁. 粉煤灰砖的开发与应用. 砖瓦世界，2010，(3)：14-19.

[18] 张永，张良平. 煤矸石的组成和特性与综合利用. 矿山地质灾害成灾机理与防治技术研究与应用，2009：455-460.

[19] 梁凯. 矿山固体废物的环境影响与综合利用. 能源环境保护，2011，25 (1)：1-3.

[20] 李旭昇，冯小明，王倩. 探索石化固体废物焚烧处理的最佳方案. 石油化工安全环保技术，2007，23 (4)：61-64.

[21] 薛小梅，刘利. 废催化剂中贵重金属回收的研究进展. 辽宁化工，2009，38 (11)：802-804.

[22] 赵桂良，高超，史建公等. 含铂废催化剂综合利用技术进展. 中外能源，2010，15 (3)：65-70.

[23] 刘勇军，刘晨光. 炼厂加氢废催化剂的综合利用. 化工进展，2010，29 (6)：1066-1069.

[24] 秦丽红. 4,4-二氨基二苯乙烯-2,2-二磺酸磺化工艺改进及磺化废酸治理研究. 天津大学硕士论文，2006.

[25] 胡霞国. 超重力技术应用于乙烯废碱液处理的探索性研究. 北京化工大学学硕士论文，2010.

[26] 李冬梅，冷冰. 炼化行业废碱液处理方案优化分析. 环境保护与循环经济，2011，(4) 51-53.

[27] 殷杰，唐娜. 碳化法处理石油废碱渣研究进展. 天津化工，2010，24 (2)：1-4.

[28] 杨青，张莉，李本高. 炼油废碱液处理现状及其展望. 工业水处理，2010，30 (4)：13-16.

[29] 刘益国. 浅谈如何针对不同城市选择合适的医疗垃圾处置方式. 工程建设. 2011，43 (2)：47-51.

[30] 孟小燕，于宏兵，王攀等. 低碳经济视角下中药行业药渣催化裂解资源化研究. 环境污染与防治. 2010，32 (6)：32-35.

[31] 刘芬，李宁，倪慧. 甘草药渣的研究进展. 中国现代中药，2011，12 (2)：6-9.

[32] 李宇斌，王恩德. 基于 3S 技术的危险废物污染事故预警系统. 安全与环境学报，2006，6 (4)：55-57.

[33] 岳杨，赵凯. 氰化物突发性污染事故应急处理及监测. 工程技术，2010，(4)：316.

[34] 赵晓东. 污染事故应急监测的现场组织. 环境科学与管理，2008，33 (2)：118-125.

[35] 王琪，黄启飞，李丽. 工业固体废物处理及回收利用. 北京：中国环境科学出版社，2006.

[36] 韩宝平. 固体废物处理与利用. 武汉：华中科技大学出版社，2010.

[37] 廖利，冯华，王松林. 固体废物处理与处置. 武汉：华中科技大学出版社，2010.

[38] 徐小军，管锡君，羊依金. 固体废物污染控制原理与资源化技术. 北京：冶金工业出版社，2007.

[39] 赵由才，牛东杰，柴晓利. 固体废物处理与资源化. 北京：化学工业出版社，2006.

[40] 曾现来，张永涛，苏少林. 固体废物处理处置与案例. 北京：中国环境科学出版社，2011.

[41] 魏先勋，陈信常，马菊元等. 环境工程设计手册 (修订版). 长沙：湖南科学技术出版社，2002.

[42] 孙明湖. 环境保护设备选用手册——固体废物处理、噪声控制及节能设备. 北京：化学工业出版社，2002.

[43] 赵胜利，黄宁生，朱照宇，塑料废弃物污染的综合治理研究进展，生态环境，2008 (6)：2473-2480.

[44] 赵延伟，塑料包装废弃物综合治理和回收利用，塑料包装，2008 (5)：65-67.

[45] 金声琅，曹利江，塑料包装废弃物的回收处理研究，资源开发与市场，2008 (7)：651-653.

[46] 王福员，吴正严. 粉煤灰利用手册. 北京：中国电力出版社，2004.
[47] 匡少平. 铬渣的无害化处理与资源化利用. 北京：化学工业出版社，2007.
[48] 辽宁省环境科学学会编. 节能环保与可持续发展：辽宁省环境科学学会 2008 年学术年会论文集. 北京：化学工业出版社，2008.
[49] 李鸿江，刘清，赵由才. 冶金过程固体废物处理与资源化. 北京：冶金工业出版社，2007.
[50] 赵由才，牛冬杰，柴晓利. 固体废物处理与资源化. 北京：化学工业出版社，2005.
[51] 牛冬杰，孙晓杰，赵由才. 工业固体废物处理与资源化. 北京：冶金工业出版社，2007.
[52] 彭长琪. 固体废物处理与处置技术. 武汉：武汉理工大学出版社，2009.
[53] 庄伟强. 固体废物处理与处置. 北京：化学工业出版社，2009.
[54] 刘维平. 资源循环利用. 北京：化学工业出版社，2009.
[55] 贾素云. 化工环境科学与安全技术. 北京：国防工业出版社，2009.
[56] 周天泽. 化学不承认废物. 武汉：湖北教育出版社，2001.
[57] 张文富，李文融. 化工小产品实用技术（五）. 天津：天津科学技术出版社，1995.
[58] 卢永昌. 气化概论. 北京：中国建筑工业出版社，1983.
[59] 王智友. 炼铜烟尘湿法处理回收有价金属的新工艺. 昆明：昆明理工大学，2009.
[60] 潘凤开. 氧化锌烟灰酸浸渣中有价金属氯化浸提及其余渣无害化处理. 长沙：中南大学，2010.
[61] 姚芝茂，赵丽娜，徐成. 锌冶炼工业有价金属回收潜力与现状分析. 中国有色冶金，2011，(1)：49-54.
[62] 龚竹青，李景升，郑雅杰，杨兴文. 全湿法处理回收银锌渣中有价金属. 中南工业大学学报，2003，34（5）：506-509.
[63] 秦红彬，张海龙，徐利华，任玲玲，张作顺. 钼尾矿中有价金属的提取与分离. 金属矿山，2010，(5)：175-179.
[64] 李仕庆，何静，唐谟堂. 火法-湿法联合工艺处理铅铋银硫化矿综合回收有价金属. 有色金属，2003，55（3）：39-41.
[65] 陈海清，刘亚雄. 从钴渣中综合回收有价金属的研究. 湖南有色金属，2006，22（4）：19-22.
[66] 徐惠忠. 固体废弃物资源化技术. 北京：化学工业出版社，2003.
[67] 刘红卫. 低品位氧化锌矿湿法冶金新工艺. 长沙：中南大学，2004.
[68] 李博，刘述平，唐湘平. 铜铅锌多金属共生矿湿法冶金研究进展. 矿产综合利用，2010（6）：33-36.
[69] 程义. Pb/Zn 冶炼废渣生物浸出条件优化及其菌群生态研究. 长沙：中南大学，2009.
[70] 王绍文，梁富智，王纪曾. 固体废弃物资源化技术与应用. 北京：冶金工业出版社，2003.
[71] 王雅静. 大厂老尾矿综合回收关键技术研究. 昆明：昆明理工大学，2008.
[72] 孙秀云，王连军，李建生，周学铁. 固体废物处置及资源化. 南京：南京大学出版社，2007.
[73] 王全亮. 硫铁矿烧渣综合利用研究. 昆明：昆明理工大学，2007.
[74] 李华伟. 硫铁矿烧渣资源化开发与利用研究. 昆明：昆明理工大学，2004.
[75] 姚坡. 硫铁矿烧渣回收金及制备聚合硫酸铁的试验研究. 西安：长安大学，2007.
[76] 谢巧玲，孙会栋，刘树明. 从镀管厂废酸液中制取氯化铁的研究. 邯郸师专学报，1999，9（3）：38-39.
[77] 张峭峰，方林木. 精炼废碱液回收利用小结. 中氮肥，2003（5）：22-24.
[78] 黄仁和，邱俊. 利用废渣废碱液年产 3000t 粒状五水偏硅酸钠工艺初步设计. 环境工程，2000，28（2）：44-47.
[79] 侯立杰，孙欣超，毛虎，李孝兰，牛继珍，王全杰. 利用钛白粉废酸液处理制革灰碱液的研究. 中国皮革，2008，37（15）：15-17.
[80] 李冬梅，冷冰. 炼化行业废碱液处理方案优化分析. 环境保护与循环经济，2011，(4)：51-53.
[81] 程婷，曹炳铖，何志祥，戴友芝. 湿式氧化法处理废碱液的研究进展. 广东化工，2007，34：(7) 56-58.
[82] 陈文松，宁寻安，白晓燕. 废酸液的资源化处理技术. 工业水处理，2008，28（3）：20-23.
[83] 刘小波，张海燕. 化工废碱液的处理与综合利用. 油气田地面工程，2005，24（12）：29.
[84] 赵彦永. 废碱液处理. 石油化工环境保护. 1997（1）：30-33.
[85] 陈昆柏. 固体废物处理与处置工程学. 北京：中国环境科学出版社，2005.
[86] 赵宜江，周守勇，薛爱莲，李梅生. 采用盐泥对直接染料废水脱色处理的研究. 环境工程学报，2008，2（3）：353-357.
[87] 王湖坤. 工业污泥处理与利用分析. 工业安全与环保，2005，31（3）：23-25.
[88] 李君. 油田油泥的处理与资源化利用技术研究. 武汉：武汉理工大学，2007.
[89] 杨继生，徐辉. 油泥砂处理技术研究. 上海化工，2008，33（5）：23-25.
[90] 白云起，周国江. 盐泥燃煤添加剂的研究. 煤质技术，2008：79-81.

[91] 丁奇生，刘龙，陈建南等编著. 水泥熟料烧成工艺与装备. 北京：化学工业出版社，2008.
[92] 高艳玲主编. 固体废物处理处置与资源化. 北京：高等教育出版社，2007.
[93] 姚燕主编. 建材工业节能减排技术指南. 北京：化学工业出版社，2010.
[94] 刘栋，张玉龙主编. 建筑涂料配方设计与制造技术. 北京：中国石化出版社，2008.
[95] 李东光主编. 工业废弃物回收利用实例. 北京：中国纺织出版社，2010.
[96] 沈旦申. 粉煤灰混凝土. 北京：中国铁道出版社，1989.
[97] 吴学礼. 粉煤灰轻度活性的研究. 硅酸盐建筑制品，1982.
[98] 唐永康. 粉煤灰质量的评定与分类方案探讨. 硅酸盐建筑制品，1983.
[99] 天津化工研究院. 铬盐工业“三废治理”现状及建议. 化工环保，1982，(3)：2，7.
[100] 徐建新，张建国. 浅谈碱渣的基本性质. 建筑技术开发，1998，25 (2)：35-36.
[101] 鞠丽艳，张雄. 高性能混凝土用多元复合矿物外加剂的优化配伍研究，粉煤灰综合利用，2003 (6)：3-6.
[102] 何北海，林鹿，刘秉钺. 造纸工业清洁生产原理与技术. 北京：中国轻工业出版社，2007.
[103] 王丽华，徐颖. 固体废物处理与资源化技术. 沈阳：辽宁大学出版社，2005.
[104] 杨福馨，候林青，杨连登. 包装材料的回收利用与城市环境. 北京：化学工业出版社，2002.
[105] 惠贺龙. 石棉尾矿制备白炭黑的清洁生产工艺研究. 成都理工大学硕士学位论文，2010.
[106] 白林. 四川养猪业清洁生产系统 LCA 及猪粪资源化利用关键技术研究. 四川农业大学博士论文，2007.
[107] 李春雨. 典型危险废物在两段式回转窑焚烧系统内的热处置和结渣特性研究及其应用. 浙江大学博士学业论文，2011.
[108] 曹伟华，孙晓杰，赵由才. 污泥处理与资源化应用实例. 北京，冶金工业出版社，2010.
[109] 毛焕. 污水厂污泥处置方法综合评价研究. 合肥工业大学硕士论文，2010.
[110] 谭宪章. 冶金废旧杂料回收金属实用技术. 北京：冶金工业出版社，2010.
[111] 李东光. 废旧塑料、橡胶回收利用实例. 北京：中国纺织出版社，2010. 8.